高等无机结构化学

（第3版）

麦松威　（香港中文大学化学系）

周公度　（北京大学化学学院）

王颖霞　（北京大学化学学院）

张羽伸　（香港中文大学化学系）

北京大学出版社

PEKING UNIVERSITY PRESS

图书在版编目（CIP）数据

高等无机结构化学 / 麦松威等编著. —3 版. —北京：北京大学出版社，2021.9
ISBN 978-7-301-32407-3

Ⅰ.①高… Ⅱ.①麦… Ⅲ.①无机化学 – 结构化学 Ⅳ.①O611.2②O641

中国版本图书馆 CIP 数据核字（2021）第 170964 号

书　　　名	高等无机结构化学（第 3 版）
	GAODENG WUJI JIEGOU HUAXUE（DI-SAN BAN）
著作责任者	麦松威　周公度　王颖霞　张羽伸　编著
责 任 编 辑	郑月娥　王斯宇　曹京京
标 准 书 号	ISBN 978-7-301-32407-3
出 版 发 行	北京大学出版社
地　　　址	北京市海淀区成府路 205 号　100871
网　　　址	http://www.pup.cn　新浪微博：@北京大学出版社
电 子 信 箱	zye@pup.pku.edu.cn
电　　　话	邮购部 010-62752015　发行部 010-62750672　编辑部 010-62754962
印 刷 者	涿州市星河印刷有限公司
经 销 者	新华书店
	787 毫米×1092 毫米　16 开本　52.75 印张　1320 千字
	2001 年 1 月第 1 版　2006 年 5 月第 2 版
	2021 年 9 月第 3 版　2024 年 8 月第 3 次印刷
定　　　价	168.00 元（精装）

内 容 简 介

　　本书是作者根据长期教研生涯中所积累的经验和体会，为研究生和高年级本科生编写的教材。为了系统地论述无机结构化学及近年化学的发展，作者对第 2 版的内容加以增删和修改。内容分化学键理论基础、化学中的对称性，以及元素结构化学选论和超分子结构化学三部分，共计二十章。第Ⅰ部分有量子理论导论、原子的电子结构、分子中的共价键、凝聚相中的化学键和计算化学等五章。第Ⅱ部分的前三章论述分子的对称性及其在分子轨道、分子振动和配合物等方面的应用，后两章分别介绍晶体的对称性，无机晶体结构和晶体材料。第Ⅲ部分系统地介绍无机物的结构化学，前七章分族论述主族元素，后三章则论述稀土元素和锕系元素、过渡金属簇合物，超分子结构化学及近期进展。本书还列出了最新的结构数据和有关资料供读者参考。

　　本书可用作大学高年级本科生和研究生学习微观结构有关课程，如化学键理论、高等无机化学、结构化学、晶体化学和材料科学等课程的教科书和参考书，也可供从事化学、材料、物理和生命科学等广大理工科的科技研究人员参考。

第 3 版

（2021 年）

麦松威　周公度　王颖霞　张羽伸

第 2 版

（2006 年）

麦松威　周公度　李伟基

第 1 版

（2001 年）

麦松威　周公度　李伟基

第3版序言

本书第 2 版于 2006 年出版,经历九次印刷,至今已有十多年。这期间世界科学迅猛发展,特别是信息科学和材料科学更是快速发展,出现崭新的面貌。从事这些工作迫切需要高素质的人才,需要新的化学科学知识的引导。同时,科学的发展又为化学科学的研究提供新的思路、方法和设备,能更深入地认识各种物质的结构和性能,合成新的化合物和材料。近年无机结构化学的丰富研究成果不断见于国际前沿学报,作为本书的编著者深感有责任将这些新的知识内容介绍给读者。

我们根据本书第 2 版十多年来使用的考验和读者们反映的意见,在这次再版时认为第 Ⅰ 和第 Ⅱ 两部分提供的基础知识,简明扼要,所介绍的一些基本原理和规律、基本概念和方法适合大学研究生以及和化学相关的科研人员用作教材和参考读物,在新版中只稍作修改,并增加一些新出版的文献。第 Ⅲ 部分在介绍元素结构化学和超分子结构化学时,增补近十多年来的一些重要研究进展,增添了许多新的内容。

万分遗憾的是,原书作者李伟基于 2016 年 1 月不幸离世。我们二人年事已高,所以在这次第 3 版编写过程中,邀请了两位年轻同人王颖霞和张羽伸参加编写工作,他们在百忙中,查阅资料,深入学习,将本书所涉及领域的新内容,撰写成文,介绍给读者。

作者感谢北京大学出版社郑月娥、王斯宇、曹京京编辑的帮助和精心细致的编辑加工。

麦松威,周公度
2021 年 1 月

第 2 版序言

本书第 1 版已面世五年了。这期间我们在撰写英文版书稿的过程中,根据对本书所涉及领域的认识、化学科学的新进展和读者反馈的意见,为第 1 版全面地进行了增删和修改,将内容从原来的十六章扩充到二十章。

在第 I 部分化学键理论基础中,新增了"计算化学"一章,介绍计算化学的新理论、新方法及计算得到的结果,以及和实验工作同步地互相促进的实例。在第 II 部分中,全面地修改晶体中的对称性,重点放在晶体的点阵结构和空间群的知识及其应用上,而删去用衍射法测定晶体结构的原理、方法和实践的内容。第 III 部分作了较大修改:一是用七章的篇幅系统而全面地介绍主族元素的结构化学;二是增加稀土元素的结构化学,为当前迅速发展的以稀土元素为基础的各种光电材料提供结构化学基础;三是新增加"超分子结构化学"一章,较详细地描述这一领域的新面貌和新进展。

我们根据长期教研经验,一方面对与结构化学有关的基础知识加以简明的介绍,另一方面对各族元素和各个分支领域的结构化学出现的新概念、新理论和新进展用大量的实例和数据加以阐述。相信这种安排可起到加强基础、扩展思维、有利创新的作用。

本书的英文版即将由牛津大学出版社出版,并编入国际晶体学会丛书之列。

作者感谢香港中文大学出版社和陆国燊社长慷慨地让出本书第 2 版的版权,由北京大学出版社单独出版。

作者感谢北京大学出版社段晓青编审和郑月娥编辑的帮助和精心细致的编辑加工。

麦松威,周公度,李伟基

2006 年 1 月

第 2 版第 4 次印刷附言

本书出版以来许多大学和研究所选用它作研究生教材,获得教师和学生的好评。我们感谢读者对本书的关爱和重视。在此期间,我们也努力编写和本书相配套的教材,编著出版了本书的英文版以及和本书对应的教学相关习题的中、英文版教材,这三本书是:

W.-K. Li, G.-D. Zhou and T. C. W. Mak. Advanced Structural Inorganic Chemistry. Oxford: Oxford University Press, 2008. [International Union of Crystallography Texts on Crystallography No. 10]

W.-K. Li, Y.-S. Cheung, K. K. W. Mak and T. C. W. Mak. Problems in Structural Inorganic Chemistry. Oxford: Oxford University Press, 2013.

李伟基,李奇,张羽伸,麦建华,麦松威,著. 无机结构化习题. 北京:北京大学出版社, 2013.

我们很高兴得到国际知名社会学家、香港中文大学前任校长金耀基教授为本书封面题写书名,我们深深地感谢他多年来对我们教学工作的支持。趁本书第 4 次印刷出版之际,对封面作了更换。

麦松威 周公度 李伟基

2014 年 10 月 16 日

第 1 版序言

在 21 世纪来临、化学科学迅速深入发展之际，我们非常高兴地应香港中文大学出版社之约编写这本教材，并衷心地感谢北京大学出版社和香港中文大学出版社合作为本教材出简体字版。

我们三人分别在香港中文大学和北京大学长期从事化学的教学和科研工作，先后教过无机化学、化学键、结构化学、量子化学、高等无机化学、群论、X 射线晶体学等课程。在近四十年的教研生涯中，积累了一些教学经验和体会，获得若干科学研究的成果，阅读了大量的专著、教材和文章。这些背景为我们编写教材积累和储备了较好的基础和丰富的素材。

结构化学是从微观的角度认识化学规律的学科。它是以电子因素和空间因素两条主线阐明化学物质的结构、性能和应用的一个化学分支学科，它涉及化学学科的整个领域，它的基本知识对于培养和造就新一代从事化学工作的人员是十分必要的。

本书的内容分为三部分：

第 I 部分是化学键理论基础，共计五章，介绍有关原子结构、化学键和分子结构、固体中的化学键、分子间作用和超分子的结构等基础的结构化学内容，以及这方面的新发展。我们本着温故知新、循序渐进的学习规律，先简明地介绍一些基本原理、基本概念、基本规律和方法，并复习一些大学本科基础课中所学的内容。接着介绍有关的新资料，使学生在坚实的基础上了解学科的新进展。

第 II 部分介绍对称性在化学中的应用，其中前三章从基本的概念和规律开始，通过大量的实例，对分子的对称性及其在谱学中的应用加以论述。后两章是晶体的点群和空间群的推导、空间群知识的介绍，以及应用晶体对称性知识讨论常见而重要的无机晶体结构和晶体材料。

第 III 部分为元素结构化学选论，分五章论述氢、硼、碳、硅、氮、磷、氧、硫等八个主族元素的基本结构化学及其新面貌。最后一章为过渡金属元素化合物的结构和金属-金属键的性质。在这六章中，我们根据长期从事结构化学的教学和科研的体会，简明地介绍有关元素的结构化学知识和经验规律，引导读者从典型元素的内容，举一反三地学习和了解各个元素结构化学的全貌。

我们在写作时，力求以简明通俗的语言表达有关理论；力求以实际化合物的结构数据说明结构化学的规律；力求引用最新的观点、最新的数据和最新的资料，引导读者进入有关主题的前沿。

本书可用作大学高年级本科生和研究生学习微观结构有关课程，如化学键理论、高等无机化学、结构化学、晶体化学和材料科学等课程的教科书和参考书，也可供从事化学、材料、物理和生命科学等广大理工科的科技研究人员参考。

在本书出版之际，我们衷心感谢香港中文大学出版社陆国燊社长、冯溢江先生，北京大学出版社段晓青编审和张冰女士等努力促进两社合作出版本书所做的大量工作。同时，我们感谢我们的妻子叶秀卿、刘志芬、庄爱贞对我们撰写工作的关心和支持。

麦松威，周公度，李伟基
2001 年 5 月

目　　录

第 I 部分　化学键理论基础

第Ⅱ部分　化学中的对称性

第Ⅲ部分　元素结构化学选论和超分子结构化学

第Ⅰ部分
化学键理论基础

　　化学键理论在快速发展的无机结构化学领域起着重要的作用。它帮助我们去了解各类化合物的结构、性质和反应性能。经常可以发现化学键理论在无机结构化学的各种研究课题中作为指导方针,包括合成路线的设计、分子和晶体中原子的空间排列、尚待制备的化合物的预期性质等。

　　这部分内容分为五章:量子理论导论、原子的电子结构、分子中的共价键、凝聚相中的化学键以及计算化学。因为这些章中的部分内容已包括在物理化学、量子化学和结构化学教科书之中,可以有把握地假设本书的大多数读者已对这里的一些内容有了一定的了解,所以在这部分具体内容的取舍上,不同于大学基础课的结构化学和物理化学,也不同于专门的量子化学课。主要是以提要的形式,归纳和复习结构化学的基础;以直述代替推论,介绍和引用化学键理论的新成果和新进展。

第 1 章　量子理论导论

为了全面地理解原子和分子的结构以及化学键理论,需要学习量子理论基础。虽然化学是一门实验科学,但是现在高功能的计算科学的发展,使量子力学所起作用的重要性日益增加。将量子力学方法用于解决化学问题通称量子化学。

理论化学的关键是分子的量子力学,它处理分子水平上能量的转移或转化的问题。虽然量子力学原理对于了解物质的电子结构从 20 世纪 30 年代起就已被认识,但其应用的数学,对分子体系的 Schrödinger(薛定谔)方程的通解,五十年来仍是难以对付的。但是随着新的理论和计算方法的稳定发展,以及近二十年来价格合理的、更大的和更快速的计算机投入运算,计算工作几乎和实验工作的准确性相当,或者其准确性至少足够为实验工作者所利用,而计算工作比实验工作的耗资少、耗时短,亦较容易控制。计算所得的成果常常用以引导实验化学家去合成或发现新的分子、去解释他们在实验室中所得到的结果。所以量子化学在化学的各个分支中的作用也显得日益重要:物理化学中用量子力学计算气体的熵、热焓等热力学函数,解释分子光谱,计算化学反应中过渡态的性质,了解分子间的作用力等;有机化学家用量子力学估计分子的相对稳定性,计算反应中间物的性质,研究化学反应的机理;分析化学家用量子力学了解谱线的频率和强度;无机化学家按量子力学的方法用配位场理论解释过渡金属配位化合物的性质等。总之,化学已离不开量子理论所起的指导作用。1998 年诺贝尔化学奖授予 W. Kohn 和 J. A. Pople,以表彰他们对量子化学发展的贡献,也是科学界对量子化学的作用在增长的认可的标志。在第 5 章将扼要地描述各类由计算化学富有成效地处理的无机结构化学问题。

本章介绍一些重要的量子理论的概念,以利于在以后对化学键理论的探讨。

1.1　光和实物粒子的波粒二象性

20 世纪初,科学家们已接受光既是一种粒子,也是一种波。光的波性特征显示在光的干涉和衍射实验中。光的微粒性可在光电效应和 Compton(康普顿)效应等实验中显现。根据这些背景,L. de Broglie(德布罗意)在 1924 年提出假设:既然光是一种微粒又是一种波,实物粒子也会有相似的二象性。他将 A. Einstein(爱因斯坦)的质能联系公式(1.1.1)和 M. Planck(普朗克)的量子化条件(1.1.2)式结合起来,得出光的波长 λ 和动量 p 的关系式(1.1.3):

$$E = mc^2 \tag{1.1.1}$$

$$E = h\nu \tag{1.1.2}$$

$$\lambda = \frac{c}{\nu} = \frac{hc}{h\nu} = \frac{hc}{mc^2} = \frac{h}{mc} = \frac{h}{p} \tag{1.1.3}$$

式中 c 是光速,h 是 Planck 常数,ν 是辐射频率。De Broglie 进一步假设具有静止质量为 m,运动速度为 v 的实物粒子也有相似的波长:

$$\lambda = \frac{h}{mv} = \frac{h}{p} \tag{1.1.4}$$

在进一步讨论之前,考察一下不同质量和速度的实物粒子所具有的波长,列于表 1.1.1 中。

表 1.1.1　不同粒子以不同速度运行时的波长

$[\lambda=h/p=h/mv;h=6.63\times10^{-34}\ \text{J s}]$

粒　子	m/kg	$v/\text{m s}^{-1}$	λ/pm
电子在 298 K	9.11×10^{-31}	1.16×10^{5}	6270^*
1 V 电子	9.11×10^{-31}	5.93×10^{5}	1230
100 V 电子	9.11×10^{-31}	5.93×10^{6}	123^{**}
He 原子在 298 K	6.65×10^{-27}	1.36×10^{3}	73.3
Xe 原子在 298 K	2.18×10^{-25}	2.38×10^{2}	12.8
一个 84 kg 短跑运动员按世界纪录的速度奔跑	8.40×10^{1}	1.00×10^{1}	7.90×10^{-25}

$* \ E=\dfrac{3}{2}kT=\dfrac{1}{2}mv^2;v=\left(\dfrac{3kT}{m}\right)^{\frac{1}{2}}=\left(\dfrac{3\times1.38\times10^{-23}\ \text{J K}^{-1}\times298\ \text{K}}{9.11\times10^{-31}\ \text{kg}}\right)^{\frac{1}{2}}=1.16\times10^{5}\ \text{m s}^{-1};$

$\lambda=\dfrac{h}{mv}=\dfrac{6.63\times10^{-34}\ \text{J s}}{9.11\times10^{-31}\ \text{kg}\times1.16\times10^{5}\ \text{m s}^{-1}}=6.27\times10^{-9}\ \text{m}=6270\ \text{pm}。$

$** \ E=100\ \text{eV}=100\times1.60\times10^{-19}\ \text{J}=1.60\times10^{-17}\ \text{J}=\dfrac{1}{2}mv^2;$

$v=\left(\dfrac{2E}{m}\right)^{\frac{1}{2}}=\left(\dfrac{2\times1.60\times10^{-17}\ \text{J}}{9.11\times10^{-31}\ \text{kg}}\right)^{\frac{1}{2}}=5.9\times10^{6}\ \text{m s}^{-1};$

$\lambda=\dfrac{h}{mv}=\dfrac{6.63\times10^{-34}\ \text{J s}}{9.11\times10^{-31}\ \text{kg}\times5.93\times10^{6}\ \text{m s}^{-1}}=1.23\times10^{-10}\ \text{m}=123\ \text{pm}。$

这个波长类似于晶体中原子的大小。

由表 1.1.1 所列的结果可以看出宏观粒子的波长太短,观察不到波动特征。另一方面,具有 100 eV 能量的电子,其波长处于 $100\sim200$ pm 之间,和晶体中原子间的距离相近。1927 年 C. J. Davisson(戴维逊)和 L. H. Germer(盖末尔)获得第一张晶体的电子衍射图,以实验证实 de Broglie 的假设。从此,科学家们开始接受实物粒子的波粒二象性。

1.2　不确定度原理和几率概念

在量子力学建立过程中,另一个重要进展是在 1927 年由 W. Heisenberg(海森堡)提出的不确定度原理。该原理最简单的表述是:"一个粒子的位置和动量不能同时地、准确地测定。"

定量地说:粒子在 x 方向上动量的不确定度(Δp_x)和粒子的 x 坐标位置的不确定度(Δx)的乘积和 Planck 常数 h 同一数量级:

$$\Delta x \cdot \Delta p_x \approx h \quad \text{或} \quad \Delta x \cdot \Delta p_x \geqslant \frac{h}{4\pi}=5.27\times10^{-35}\ \text{J s} \tag{1.2.1}$$

不确定度原理是微观粒子波粒二象性在测量中的客观效果,说明具有波性的粒子,不能同时有确定的坐标和动量。

式(1.2.1)也提供了定量判断经典力学适用范围的标准。对宏观物体,由(1.2.1)式表达的不确定数量实在太小,以至于不起实际作用,即可把 h 当作 0,这时物体就有确定的位置和动量,即服从经典力学。但微观粒子则受此规律制约。例如若把原子中电子的位置确定到 10^{-14} m(或 0.01 pm),按(1.2.1)式可得 $\Delta p_x=5.27\times10^{-21}$ kg m s^{-1}。对宏观物体动量的不确定度实在太小。但对于质量为 9.11×10^{-31} kg 的电子,这个不确定度就不可忽略。所以根据不确定度原理就不可能说一个已知具有准确速度的电子准确地在某一点上。必须强调这里所讨论的不确定度并不涉及所用的测量仪器的不完整性，它们是内在固有的不可测定性。N. Bohr(玻尔)为氢原子所提出的理论中电子的位置和速度都可精确计算，说明他的模型违反了不确定度原理。所以不能将 Bohr 提出的电子按确定轨道绕原子核运动的原子结构模型推广应用。

在原子的水平上接受承认了不确定度，就要强调几率(也称概率)，即在某体积元中找到电子的几率是多少百分数以及它可能具有的速度或动量等。

1.3　电子的波函数和几率密度函数

因为电子有波动特征，要用一个波动方程来描述它的运动，就像在经典力学中用来描述水波、弹簧或鼓(膜)的运动一样。如果是一维体系，经典的波动方程为

$$\frac{\partial^2 \Phi(x,t)}{\partial x^2} = \frac{1}{v^2} \frac{\partial^2 \Phi(x,t)}{\partial t^2} \tag{1.3.1}$$

式中 v 是波的传播速度，波函数 Φ 是在 x 点和 t 时刻波的位移。在三维空间中，波动方程变为

$$\left(\frac{\partial^2}{\partial x^2} + \frac{\partial^2}{\partial y^2} + \frac{\partial^2}{\partial z^2}\right)\Phi(x,y,z,t) = \nabla^2 \Phi(x,y,z,t)$$

$$= \frac{1}{v^2}\frac{\partial^2 \Phi(x,y,z,t)}{\partial t^2} \tag{1.3.2}$$

一个典型的波函数或波动方程的解，是已知的 sin 或 cos 函数，例如：

$$\Phi(x,t) = A\sin\frac{2\pi}{\lambda}(x-vt) \tag{1.3.3}$$

可以容易地证明函数 $\Phi(x,t)$ 满足方程(1.3.1)。必须记住一点，在经典力学中波函数是一个振幅的函数；在量子力学中，电子的波函数却有着完全不相同的含义。

按实物粒子波的本性和不确定度原理的几率概念，M. Born(玻恩)假定粒子的波函数已不再是振幅的函数，取代它的是粒子出现的几率。当这个波函数的绝对值越大，粒子出现的几率也就越大。下面给出这种几率的一个例子。

从不确定度原理人们已不再说一个电子的准确位置。反之，只可用几率密度函数来定义电子的位置。将几率密度函数用 $\rho(x,y,z)$ 表示，那么可说电子在 ρ 具有最大值的区域。实际上，$\rho(x,y,z)\mathrm{d}\tau$ 是电子在 (x,y,z) 点附近的微体积 $\mathrm{d}\tau(\equiv \mathrm{d}x\mathrm{d}y\mathrm{d}z)$ 中出现的几率。注意，ρ 的单位是(体积)$^{-1}$，而 $\rho\mathrm{d}\tau$ 则是几率，它没有单位。如果用不含时间的定态波函数 $\psi(x,y,z)$ 代表，Born 假定的几率密度函数 ρ 则是 ψ 的绝对值的平方：

$$\rho(x,y,z) = |\psi(x,y,z)|^2 \tag{1.3.4}$$

因为 ψ 有时是虚数，为了保证 ρ 为正值，当 ψ 为虚数时，则以共轭复数相乘：

$$|\psi(x,y,z)|^2 = \psi^*(x,y,z)\psi(x,y,z) \tag{1.3.5}$$

式中 $\psi^*(x,y,z)$ 是 $\psi(x,y,z)$ 的共轭复数，即将 $\psi(x,y,z)$ 中的 i 用 $-$i 置换。

用波函数描述具有波性的粒子的行为，是量子力学提出的第一个重要假设。将波函数和微粒出现的几率密度相联系，表达微粒运动的情况，是解决测量具有波粒二象性体系的性质的关键。当得到体系所处状态的波函数 ψ 和几率密度 $\rho = (|\psi|^2)$，有关该体系的许多问题，就可

以得到解决,下面结合一个实例进行讨论。

对于一个氢原子,其基态的波函数为

$$\psi_{1s} = \left(\frac{1}{\pi a_0^3}\right)^{\frac{1}{2}} \exp\left[-\frac{r}{a_0}\right] \tag{1.3.6}$$

式中 r 是电子离核的距离,a_0 的数值为 52.9 pm,是氢原子的第一个 Bohr 轨道的半径。a_0 称为 Bohr 半径。下面按波函数 ψ_{1s} 作一些计算:

(1) 求算在离核为 52.9 pm(即 a_0)的空间某一点上:① ψ_{1s} 的数值,② 电子出现的几率密度 ρ,③ 在 1 pm³ 体积中电子出现的几率 P。

解:① $\psi_{1s} = \left(\frac{1}{\pi a_0^3}\right)^{\frac{1}{2}} \exp\left[-\frac{r}{a_0}\right] = \left(\frac{1}{\pi a_0^3}\right)^{\frac{1}{2}} \exp[-1]$

$$= \left[\frac{1}{\pi(52.9 \text{ pm})^3}\right]^{\frac{1}{2}} \times 0.368 = 5.39 \times 10^{-4} \text{ pm}^{-3/2}$$

② $\rho = \psi_{1s}^* \psi_{1s} = |\psi_{1s}|^2 = (5.4 \times 10^{-4} \text{ pm}^{-3/2})^2 = 2.91 \times 10^{-7} \text{ pm}^{-3}$

③ 在空间该点附近 1 pm³ 体积中电子出现的几率:

$P = |\psi_{1s}|^2 \mathrm{d}\tau = (2.91 \times 10^{-7} \text{ pm}^{-3}) \times (1 \text{ pm}^3) = 2.91 \times 10^{-7}$

(2) 求算离核为 52.9 pm 处,厚度为 1 pm 的球壳中电子出现的几率。

解:球壳的体积(V)=球面积×球壳厚度=$4\pi r^2 \cdot \Delta r$

$= 4\pi \times (52.9 \text{ pm})^2 \times (1 \text{ pm}) = 3.52 \times 10^4 \text{ pm}^3$

$P = |\psi_{1s}|^2 \times V = (2.91 \times 10^{-7} \text{ pm}^{-3}) \times (3.52 \times 10^4 \text{ pm}^3) = 1.02 \times 10^{-2}$

即电子在离核为 a_0 处,厚度为 1 pm 球壳中出现的几率约为 1%。

根据上述计算,可获得氢原子的电子处在基态(即 1s 态)离核距离(r)不同时波函数 ψ_{1s} 值、几率密度 $|\psi_{1s}|^2$、1 pm³ 体积(即 $\mathrm{d}\tau = 1$ pm³)中的几率 $P(= |\psi_{1s}|^2 \mathrm{d}\tau)$,以及厚度为 1 pm 的球壳中的几率 $4\pi r^2 \psi_{1s}^2 \mathrm{d}r$,列于表 1.3.1 中。

表 1.3.1　氢原子 1s 态不同 r 值的 ψ_{1s},$|\psi_{1s}|^2$,1 pm³ 体积中的几率(P)
和离核为 r 的球壳中的几率$(4\pi r^2 \psi_{1s}^2 \mathrm{d}r, \mathrm{d}r = 1$ pm$)$

r/pm	0	26.45 (即 $\frac{a_0}{2}$)	52.9(即 a_0)	100	200
ψ_{1s}/pm$^{-\frac{3}{2}}$	1.47×10^{-3}	8.89×10^{-4}	5.39×10^{-4}	2.21×10^{-4}	3.34×10^{-5}
$|\psi_{1s}|^2$/pm^{-3}	2.15×10^{-6}	7.91×10^{-7}	2.91×10^{-7}	4.90×10^{-8}	1.12×10^{-9}
P	2.15×10^{-6}	7.91×10^{-7}	2.91×10^{-7}	4.90×10^{-8}	1.12×10^{-9}
$4\pi r^2 \psi_{1s}^2 \mathrm{d}r$	0	6.95×10^{-3}	1.02×10^{-2}	6.16×10^{-3}	5.62×10^{-4}

$\psi^* \psi \mathrm{d}\tau$ 代表在一确定位置上体积为 $\mathrm{d}\tau$ 的空间中发现电子的几率,而电子全部几率总和为 1,ψ 必须满足下一关系:

$$\int \psi^* \psi \mathrm{d}\tau = 1 \tag{1.3.7}$$

此时,ψ 称为归一化了。另一方面,若 $\int \psi^* \psi \mathrm{d}\tau = N$,其中 N 为一常数,则 $N^{-\frac{1}{2}} \psi$ 为一个归一化的波函数,$N^{-\frac{1}{2}}$ 称为归一化常数。

通常的情况是:一个给定的体系会有无限数目可接受的波函数 $\psi_1, \psi_2, \cdots, \psi_i, \psi_j, \cdots$,这些

波函数相互间为"正交的",即

$$\int \psi_i^* \psi_j \, \mathrm{d}\tau = \int \psi_j^* \psi_i \, \mathrm{d}\tau = 0 \qquad (1.3.8)$$

结合归一化的条件[方程(1.3.7)]和正交的条件[方程(1.3.8)],得到波函数间正交归一的关系:

$$\int \psi_i^* \psi_j \, \mathrm{d}\tau = \int \psi_j^* \psi_i \, \mathrm{d}\tau = \delta_{ij} = \begin{cases} 0, \text{当 } i \neq j \\ 1, \text{当 } i = j \end{cases} \qquad (1.3.9)$$

在方程(1.3.9)中,δ_{ij}称为 Kronecker delta 函数。因为$|\psi|^2$已是几率密度函数,ψ必须是有限的、连续的和单值的。

波函数在量子力学中起了核心的作用。波函数展示出原子和分子中电子的运动状态,是探讨化学键理论的重要基础。通常称在原子中的电子分布的波函数为原子轨道(atomic orbital, AO),称分子中电子分布的波函数为分子轨道(molecular orbital, MO)。

当知道原子中的电子在各种状态时(如$1s, 2s, 2p, 3s, 3p, 3d, \cdots$)的$\psi$表达式,就可计算出各状态的$\psi$在空间各处的大小和正、负值,并画出图形表示。图1.3.1(a)左边为ψ_{1s}-r关系曲线图,右边为r为某一定值时,ψ_{1s}的圆球形等值面,即通常表达的原子轨道轮廓图。图1.3.1(b)示出几率密度ψ_{1s}^2和$4\pi r^2 \psi_{1s}^2$对r的关系图。由于几率密度反映原子中电子分布情况,故又称为电子云。电子云的大小可用小黑点的稀密形象地表示,所以在图1.3.1(b)的右边形象地表达了ψ_{1s}^2的分布,即电子云图。它表明$1s$轨道在核附近有最大的几率密度,离核距离加大,密度稳定下降。

波函数不仅可表达出体系的图像,还可计算体系在波函数所代表状态可观察到的物理量A。在量子力学中,A有着相应的线性自轭算符$\hat{A}$。算符是一个函数转变为另一个函数的运算规则。当$\hat{A}$作用于ψ满足下一关系时:

$$\hat{A}\psi = a\psi \qquad (1.3.10)$$

波函数ψ称为算符$\hat{A}$的本征函数,a称为ψ状态下物理量A的本征值。下节讨论的 Schrödinger 方程:

$$\hat{H}\psi = E\psi \qquad (1.3.11)$$

就是通过它可以求出能量E和ψ的重要方程。

若物理量算符$\hat{A}$对体系波函数ψ的作用不能满足(1.3.10)式,即得不到常数a乘ψ,则可以通过下式求A的期望值(或平均值)$\langle A \rangle$:

$$\langle A \rangle = \int \psi^* \hat{A}\psi \, \mathrm{d}\tau \Big/ \int \psi^* \psi \, \mathrm{d}\tau \qquad (1.3.12)$$

若ψ已归一化,方程(1.3.12)成为

$$\langle A \rangle = \int \psi^* \hat{A}\psi \, \mathrm{d}\tau \qquad (1.3.13)$$

例如,氢原子中的电子在$1s$态时并没有确定位置,即没有本征值。这时可按(1.3.13)式求平均值。由于r的算符就是r,而对球函数而言,$\mathrm{d}\tau = 4\pi r^2 \mathrm{d}r$,代入(1.3.13)式得

$$\langle r \rangle = \int \psi_{1s}^* r \psi_{1s} 4\pi r^2 \, \mathrm{d}r = \frac{1}{\pi a_0^3} \int_0^\infty r \exp\left[-\frac{2r}{a_0}\right] \cdot 4\pi r^2 \, \mathrm{d}r$$

$$= \frac{3}{2} a_0 \qquad (1.3.14)$$

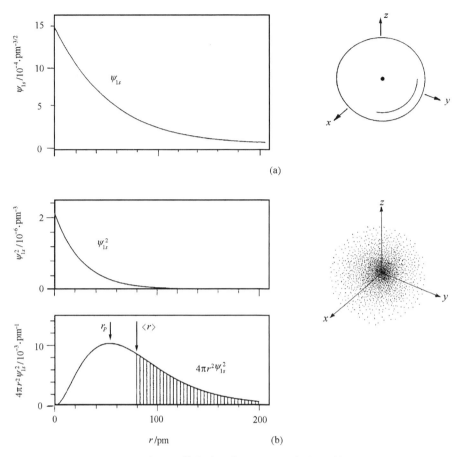

图 1.3.1 氢原子基态波函数(a)和几率密度(b)的图形。

在图 1.3.1(b)下面的 $4\pi r^2\psi_{1s}^2$-r 图中,标出了 $\langle r\rangle$,$\langle r\rangle=\dfrac{3}{2}a_0$,通过 $\langle r\rangle$ 将图形分成两半。这两半面积不等,左边没有阴影的面积要大于右边的面积,因为有一些几率的电子离核很远。所以处在小于 $\langle r\rangle$ 的电子几率稍多一点。图中亦标出 r_P,这时 $r(=a_0)$ 及 $4\pi r^2\psi_{1s}^2$ 的数值最大,r_P 称为电子离核最可几的距离。

1.4 电子的波动方程:Schrödinger 方程

在 1926 年,E. Schrödinger(薛定谔)提出了描述电子波性的方程。Schrödinger 方程的有效性完全依赖于它能对各种体系给出正确的答案。在经典力学中,牛顿方程($F=ma$)是不能推导出来的;同样地,在量子力学中,Schrödinger 方程也是不能推导出来的。因此下面所介绍的不能看作是一种推导过程,只能说是一种假设或一种新的创造。但在演绎过程中可看出物质的粒性已结合到波动方程之中。

波动的通用微分方程已列出于(1.3.2)式:

$$\nabla^2 \Phi(x,y,z,t) = \frac{1}{v^2} \frac{\partial^2 \Phi(x,y,z,t)}{\partial t^2} \tag{1.3.2}$$

其中波函数 Φ 有一个时间 t 的变数,因为体系的能量是和时间有关的。对一个不含时间变数的方程,亦即和时间无关的波动方程,可用以描述定态波或驻波(此处不考虑辐射过程)。为了获得和时间无关的方程,假定 $\Phi(x,y,z,t)$ 具有下面形式:

$$\Phi(x,y,z,t) = \psi(x,y,z) \cdot g(t) \tag{1.4.1}$$

式中 $\psi(x,y,z)$ 是空间坐标的函数,$g(t)$ 是时间 t 的函数。对于驻波,有几种可采用的函数,其中之一是

$$g(t) = \exp[2\pi \mathrm{i} \nu t] \tag{1.4.2}$$

式中频率 ν 和传播速度 v 及波长 λ 有关:

$$\nu = v/\lambda \tag{1.4.3}$$

将(1.4.2)式代入(1.4.1)式,得

$$\Phi = \psi \exp[2\pi \mathrm{i} \nu t] \tag{1.4.4}$$

将(1.4.4)式代入(1.3.2)式,得

$$\exp[2\pi \mathrm{i} \nu t] \cdot \nabla^2 \psi = \frac{1}{v^2} \psi \frac{\partial^2}{\partial t^2} \exp[2\pi \mathrm{i} \nu t]$$

$$= -\frac{4\pi^2 \nu^2}{v^2} \exp[2\pi \mathrm{i} \nu t] \psi \tag{1.4.5}$$

消去 $\exp[2\pi \mathrm{i} \nu t]$,得

$$\nabla^2 \psi = -\frac{4\pi^2 \nu^2}{v^2} \psi \tag{1.4.6}$$

将 $\lambda = h/p$ 波粒关系的方程代入

$$v = \nu\lambda = \nu(h/p) = h\nu/p \tag{1.4.7}$$

这样,方程(1.4.6)变为

$$\nabla^2 \psi = -\frac{4\pi^2 p^2}{h^2} \psi \tag{1.4.8}$$

将 p^2 用动能 T、总能量 E 和势能 V 表达,即

$$p^2 = 2mT = 2m(E-V) \tag{1.4.9}$$

得波动方程:

$$\nabla^2 \psi = -\frac{8\pi^2 m}{h^2}(E-V)\psi \tag{1.4.10}$$

或重排为

$$\left[-\frac{h^2}{8\pi^2 m} \nabla^2 + V\right]\psi = E\psi \tag{1.4.11}$$

或写成

$$\hat{H}\psi = E\psi \tag{1.4.12}$$

其中

$$\hat{H} = -\frac{h^2}{8\pi^2 m} \nabla^2 + V \tag{1.4.13}$$

方程(1.4.11)称为 Schrödinger 方程,是适用于电子波动的方程,这个方程的缩写形式为(1.4.12)式,式中 $\hat{H}$ 称为 Hamilton 算符。从方程(1.4.13)可看出 $\hat{H}$ 分为两部分:动能算符 $-\frac{h^2}{8\pi^2 m}\nabla^2$ 和势能算符 V。

量子力学描述原子或分子中电子运动状态的方法可归纳如下：

（1）通过写出体系的正确的势能函数 V，写出 Schrödinger 方程。

（2）解出描述电子运动的 Schrödinger 方程，得到电子的能量 E_i 及波函数 $\psi_i, i=1,2,\cdots$。

（3）给出第 i 态的几率密度函数 $|\psi_i|^2$ 及其他物理性质的数值。

通过体系的 Schrödinger 方程，可得体系的总能量和波函数。如上节所述，从波函数又可得体系所处状态的各种物理量值。体系的能量是体系的重要性质，它有总能量 E，动能 T 和势能 V 等内容。根据已知的 H 原子基态的波函数 ψ_{1s}［见式（1.3.6）］及量子力学的算符，就可以得到这些数值：

总能量值 E_{1s}：

$$\hat{H}\psi_{1s} = \left[-\frac{h^2}{8\pi^2 m}\nabla^2 - \frac{e^2}{4\pi\varepsilon_0 r}\right]\psi_{1s} \tag{1.4.14}$$

即可推得

$$E_{1s} = \frac{1}{4\pi\varepsilon_0}\left(-\frac{1}{2}\frac{e^2}{a_0}\right) = -2.18\times10^{-18}\,\text{J} = -13.6\,\text{eV} \tag{1.4.15}$$

平均势能 $\langle V\rangle$ 也能容易算得

$$\langle V\rangle = \int_0^{2\pi}\mathrm{d}\phi\int_0^{\pi}\sin\theta\mathrm{d}\theta\int_0^{\infty}(\pi a_0^3)^{-1}\exp\left[-\frac{r}{a_0}\right]\left(\frac{-e^2}{4\pi\varepsilon_0 r}\right)\exp\left[-\frac{r}{a_0}\right]r^2\mathrm{d}r$$

$$= -\frac{e^2}{4\pi\varepsilon_0 a_0} \tag{1.4.16}$$

平均动能 $\langle T\rangle$ 可从 E_{1s} 和 $\langle V\rangle$ 的差值算得

$$\langle T\rangle = E_{1s} - \langle V\rangle = \frac{1}{4\pi\varepsilon_0}\frac{e^2}{2a_0} \tag{1.4.17}$$

由计算可知，平均动能 $\langle T\rangle$ 和总能量 E 数值相等，符号相反：

$$E = -\langle T\rangle = \frac{1}{2}\langle V\rangle \tag{1.4.18}$$

这个关系式适用于由核和电子组成的原子和分子体系，即当在最低能量时，吸引力和排斥力均正比于 $1/r^2$。方程（1.4.18）是适用于原子和分子体系的维里定理（virial theorem）。

下面一节将处理几个量子力学的体系，以阐明这里所介绍的方法。

1.5　Schrödinger 方程的简单应用

在这一节中，将用量子力学处理一些简单的体系。在本节所给的几个例子中，粒子（即电子）都允许自由地运动，差别在于容器（即箱子）的形状。由于形状不同，边界条件不同，就有不同的能量（或称本征值）和不同的波函数（或称本征函数）。

1.5.1　一维箱中粒子

这个体系在一般的物理化学和结构化学基础中都有介绍，在这里列出，温故知新，更好地和后面例子进行对比讨论。

在此体系中，箱子是一维（只有长度）的，长度为 a。在箱中势能为 0，在边界上和边界以外势能为无穷大。

$$V = \begin{cases} 0, & 0 < x < a \\ \infty, & x \geqslant a, x \leqslant 0 \end{cases} \tag{1.5.1}$$

此体系的 Schrödinger 方程为

$$-\frac{h^2}{8\pi^2 m}\frac{\mathrm{d}^2}{\mathrm{d}x^2}\psi(x) = E\psi(x) \tag{1.5.2}$$

或

$$\frac{\mathrm{d}^2}{\mathrm{d}x^2}\psi = -\frac{8\pi^2 mE}{h^2}\psi \equiv -\alpha^2\psi \tag{1.5.3}$$

其中

$$\alpha^2 = 8\pi^2 mE/h^2 \tag{1.5.4}$$

解方程(1.5.3),得

$$\psi(x) = A\sin\alpha x + B\cos\alpha x \tag{1.5.5}$$

式中 A 和 B 是常数,要根据(1.5.1)式给出的边界条件来定。

在 $x=0$ 和 $x=a$ 处,势能无穷大。因此在这两点及其附近不可能找到微粒,即

$$\psi(0) = \psi(a) = 0 \tag{1.5.6}$$

由 $\psi(0)=0$,得

$$B = 0 \tag{1.5.7}$$

由 $\psi(a)=0$,得

$$A\sin\alpha x = 0 \tag{1.5.8}$$

这说明 A 或 $\sin\alpha x$ 至少有一个为 0。由于 $B=0$,若 A 再为 0,整个(1.5.5)式即波函数为 0,没有意义,不能接受。所以

$$\sin\alpha x = 0 \tag{1.5.9}$$

或

$$\alpha x = n\pi, \; n = 1, 2, 3, \cdots \tag{1.5.10}$$

由此得波函数:

$$\psi_n(x) = A\sin\frac{n\pi x}{a}, \; n = 1, 2, 3, \cdots \tag{1.5.11}$$

常数 A 可由归一化定出:

$$\int_0^a |\psi_n|^2 \, \mathrm{d}x = A^2 \int_0^a \sin^2\frac{n\pi x}{a} \, \mathrm{d}x = 1 \tag{1.5.12}$$

由此得到: $A = \sqrt{2/a}$。所以完整的波函数为

$$\psi_n(x) = \sqrt{2/a}\,\sin\frac{n\pi x}{a}, \; n = 1, 2, 3, \cdots \tag{1.5.13}$$

注意: ψ 的单位为(长度)$^{-1/2}$,ψ^2 的单位为(长度)$^{-1}$。

除波函数外,体系的能量也已定出。将(1.5.4)式和(1.5.10)式结合起来,得

$$\alpha = \frac{n\pi}{a} = \sqrt{\frac{8\pi^2 mE}{h^2}} \tag{1.5.14}$$

或者

$$E_n = \frac{n^2 h^2}{8ma^2}, \; n = 1, 2, 3, \cdots \tag{1.5.15}$$

图 1.5.1 示出一维箱中粒子的波函数、几率密度和 E_n 等图形和数据。从图 1.5.1 可以看到,电子在基态时($n=1$)最容易在箱子中心找到它。另外,若它处在第一激发态($n=2$),则在 $x=a/4$ 和 $x=3a/4$ 附近最容易找到它。

下面以基态 ψ_1 为例,计算其平均动量 $\langle p_x \rangle$ 及平均动量平方 $\langle p_x^2 \rangle$:

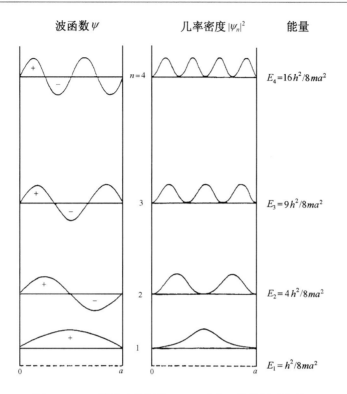

图 1.5.1　一维箱中粒子的 E_n，ψ_n 和 $|\psi_n|^2$ 的图形表示。

$$\langle p_x^2 \rangle = 2m\langle T \rangle = 2m\langle E \rangle = 2mh^2/8ma^2 = h^2/4a^2 \tag{1.5.16}$$

$\langle p_x \rangle$ 的计算则较为复杂。p_x 的量子力学算符 $\hat{p}_x$ 为 $-\dfrac{ih}{2\pi}\dfrac{\partial}{\partial x}$，故粒子在 ψ_1 的平均动量为

$$\langle p_x \rangle = \int_0^a \sqrt{\frac{2}{a}}\,\sin\frac{\pi x}{a}\left(-\frac{ih}{2\pi}\right)\frac{\partial}{\partial x}\sqrt{\frac{2}{a}}\,\sin\frac{\pi x}{a}\mathrm{d}x = 0 \tag{1.5.17}$$

$\langle p_x \rangle$ 为 0 是由于粒子有同等几率向左或向右运行，但 p_x 的平方只可以为正数，故 $\langle p_x^2 \rangle$ 不是 0。从统计学原理，动量的不确定度 Δp_x 为

$$\Delta p_x = \left[\langle p_x^2 \rangle - \langle p_x \rangle^2\right]^{\frac{1}{2}} = h/2a \tag{1.5.18}$$

粒子在基态 ψ_1 的位置平均值 $\langle x \rangle$ 和平方位置平均值 $\langle x^2 \rangle$ 可按下式算出：

$$\langle x \rangle = \int_0^a \left[\sqrt{\frac{2}{a}}\sin\frac{\pi x}{a}\right]x\left[\sqrt{\frac{2}{a}}\sin\frac{\pi x}{a}\right]\mathrm{d}x = a/2 \tag{1.5.19}$$

$$\langle x^2 \rangle = \int_0^a \left[\sqrt{\frac{2}{a}}\sin\frac{\pi x}{a}\right]x^2\left[\sqrt{\frac{2}{a}}\sin\frac{\pi x}{a}\right]\mathrm{d}x = a^2\left(\frac{1}{3} - \frac{1}{2\pi^2}\right) \tag{1.5.20}$$

其中 $\langle x \rangle$ 的结果与我们的直观感觉相同。从 $\langle x \rangle$ 和 $\langle x^2 \rangle$ 可导出电子位置的不确定度 Δx：

$$\Delta x = \left[\langle x^2 \rangle - \langle x \rangle^2\right]^{\frac{1}{2}} = a\left(\frac{1}{12} - \frac{1}{2\pi^2}\right)^{\frac{1}{2}} \tag{1.5.21}$$

不确定度 Δp_x 与 Δx 的乘积符合不确定度原理：

$$\Delta x \cdot \Delta p_x = a\left(\frac{1}{12} - \frac{1}{2\pi^2}\right)^{\frac{1}{2}} \cdot \frac{h}{2a} = 1.13 \times \frac{h}{4\pi} > \frac{h}{4\pi} \tag{1.5.22}$$

我们可以用另一途径来证明粒子在一维箱中的运动遵从不确定度原理。由量子力学得到一维箱中粒子的基态（或极小）能量为 $h^2/8ma^2$，是一个正值。如用经典力学处理同一问题，该

能量应为零。两种方法得到的能量之差可以被看成是零点能。零点能的存在意味着在量子力学中受束缚粒子的动能及动量均不为零。如果我们把基态能量表示为 $p_x^2/2m$,那么粒子的动量极小值为 $\pm h/2a$。因此,其不确定量 Δp_x 为 h/a;假设位置不确定量 Δx 为箱子的长度 a,那么 $\Delta x \Delta p_x$ 为 h。这和不确定度原理是一致的。

一维箱中粒子用量子力学处理所得的结果能用来描述共轭多烯分子中的离域 π 电子,这种近似称为自由电子模型。以丁二烯分子为例,分子中的 4 个 π 电子应处在 ψ_1 和 ψ_2 轨道,给出 $(\psi_1)^2(\psi_2)^2$ 组态。若将一个电子从 ψ_2 轨道激发到 ψ_3 轨道,需要的能量是

$$\Delta E = 5h^2/8ma^2 = hc/\lambda \tag{1.5.23}$$

箱子的长度 a 可近似估算如下:典型的 C—C 和 C=C 键长为 154 pm 和 135 pm,若允许 π 电子的运动超出端基碳原子一点,如约 70 pm,箱子的长度为 560 pm,即作为 a 的数值,按 (1.5.23)式,可算得 λ 为 207.0 nm,实验测定丁二烯吸收光的波长为 210.0 nm。所以这虽然是一个粗略模型,其结果却意外地好。

1.5.2　三维箱中粒子

三维箱的势能函数可表达为

$$V = \begin{cases} 0, & 0 < x < a \text{ 和 } 0 < y < b \text{ 和 } 0 < z < c \\ \infty, & x \geqslant a, x \leqslant 0 \text{ 和 } y \geqslant b, y \leqslant 0 \text{ 和 } z \geqslant c, z \leqslant 0 \end{cases} \tag{1.5.24}$$

它的 Schrödinger 方程为

$$-\frac{h^2}{8\pi^2 m} \nabla^2 \psi(x,y,z) = E\psi(x,y,z) \tag{1.5.25}$$

为了解此方程,需要进行变数分离,令

$$\psi(x,y,z) = X(x)Y(y)Z(z) \tag{1.5.26}$$

将方程(1.5.26)代入(1.5.25),可得

$$\nabla^2 \psi = \left(\frac{\partial^2}{\partial x^2} + \frac{\partial^2}{\partial y^2} + \frac{\partial^2}{\partial z^2}\right)XYZ = -\frac{8\pi^2 mE}{h^2}XYZ \tag{1.5.27}$$

或

$$YZ\frac{\partial^2 X}{\partial x^2} + XZ\frac{\partial^2 Y}{\partial y^2} + XY\frac{\partial^2 Z}{\partial z^2} = -\frac{8\pi^2 mE}{h^2}XYZ \tag{1.5.28}$$

将(1.5.28)式两边用 XYZ 除,得

$$\frac{1}{X}\left(\frac{\partial^2 X}{\partial x^2}\right) + \frac{1}{Y}\left(\frac{\partial^2 Y}{\partial y^2}\right) + \frac{1}{Z}\left(\frac{\partial^2 Z}{\partial z^2}\right) = -\frac{8\pi^2 mE}{h^2} \tag{1.5.29}$$

很明显,(1.5.29)式左边的三项每一项都应等于常数,即

$$\frac{1}{X}\frac{\partial^2 X}{\partial x^2} = -\alpha_x^2 \tag{1.5.30}$$

$$\frac{1}{Y}\frac{\partial^2 Y}{\partial y^2} = -\alpha_y^2 \tag{1.5.31}$$

$$\frac{1}{Z}\frac{\partial^2 Z}{\partial z^2} = -\alpha_z^2 \tag{1.5.32}$$

而这三个常数之和应受下式限制:

$$\alpha_x^2 + \alpha_y^2 + \alpha_z^2 = \frac{8\pi^2 mE}{h^2} \tag{1.5.33}$$

由此式可看出,每个自由度在总能量上都有它自己的贡献,可写成

$$\alpha_x^2 = \frac{8\pi^2 mE_x}{h^2}, \ \alpha_y^2 = \frac{8\pi^2 mE_y}{h^2}, \ \alpha_z^2 = \frac{8\pi^2 mE_z}{h^2} \tag{1.5.34}$$

$$E = E_x + E_y + E_z \tag{1.5.35}$$

方程(1.5.30)~(1.5.32)中的每一式都和一维箱的方程(1.5.2)或(1.5.3)相似,因而方程(1.5.30)~(1.5.32)的解就可以立即写出于下:

$$X_{n_x}(x) = \sqrt{\frac{2}{a}}\sin\frac{n_x\pi x}{a}, \quad n_x = 1,2,3,\cdots \tag{1.5.36}$$

$$Y_{n_y}(y) = \sqrt{\frac{2}{b}}\sin\frac{n_y\pi y}{b}, \quad n_y = 1,2,3,\cdots \tag{1.5.37}$$

$$Z_{n_z}(z) = \sqrt{\frac{2}{c}}\sin\frac{n_z\pi z}{c}, \quad n_z = 1,2,3,\cdots \tag{1.5.38}$$

总的波函数如方程(1.5.26)的形式则成为

$$\psi_{n_x,n_y,n_z}(x,y,z) = \sqrt{\frac{8}{abc}}\sin\frac{n_x\pi x}{a}\sin\frac{n_y\pi y}{b}\sin\frac{n_z\pi z}{c} \tag{1.5.39}$$

这里 ψ 的单位为(体积)$^{-1/2}$,ψ^2 的单位为(体积)$^{-1}$,ψ^2 为三维箱体系的几率密度函数。

如同波函数决定于量子数,体系的能量也和三个量子数相关:

$$E_{n_x,n_y,n_z} = (E_x)_{n_x} + (E_y)_{n_y} + (E_z)_{n_z} = \frac{h^2}{8m}\left(\frac{n_x^2}{a^2} + \frac{n_y^2}{b^2} + \frac{n_z^2}{c^2}\right)$$

$$n_x,n_y,n_z = 1,2,3,\cdots \tag{1.5.40}$$

如果势箱为一立方体,即 $a=b=c$,则方程(1.5.40)变为

$$E_{n_x,n_y,n_z} = \frac{h^2}{8ma^2}(n_x^2 + n_y^2 + n_z^2), \quad n_x,n_y,n_z = 1,2,3,\cdots \tag{1.5.41}$$

方程(1.5.41)对不同状态能量表达式有一个有趣的特点,即一组具有不同量子数和不同的波函数,可能有着相同的能量。当不同的状态有着相同的能量,它们被称为简并态。例如:

$$E_{1,1,2} = E_{1,2,1} = E_{2,1,1} = 6h^2/8ma^2 \tag{1.5.42}$$

注意 $\psi_{1,1,2}, \psi_{1,2,1}, \psi_{2,1,1}$ 是不同的波函数,但是它们的能量相同,都为 $6h^2/8ma^2$。同样:

$$E_{1,2,3} = E_{2,1,3} = E_{1,3,2} = E_{3,1,2} = E_{3,2,1} = E_{2,3,1} = 14h^2/8ma^2 \tag{1.5.43}$$

下面用三维箱中粒子模型了解色中心问题。当钠蒸气通过 NaCl 晶体后,晶体会呈现黄绿色,它是由下一过程所产生:

$$\delta Na(g) + NaCl(c) \longrightarrow (Na^+)_{1+\delta}(Cl^- e_\delta^-)(c), \ \delta \ll 1$$

在此"固态反应"中,被吸附的 Na 原子在晶体表面上电离,过多的电子扩散进入晶体内部并占据负离子位置的空位,同时等量的 Cl$^-$ 移向晶体表面,保持电中性。占据负离子空位的囚禁电子称为色中心或F-中心(F 来源于德文的颜色 Farbe)。图 1.5.2 示出在(Na$^+$)$_{1+\delta}$(Cl$^-$ e$^-$)晶体中的一个囚禁电子。在这实验中观察到的颜色与箱中粒子在两个能级间的跃迁有关。在定量地处理这个问题之前,可以饶有兴趣地注意到不同的颜色和主体晶体的性质有关,而和电子的来源无关。例如在钾蒸气中加热 KCl

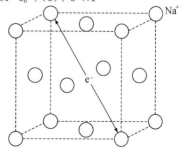

图 1.5.2　在卤化钠晶体中的色心(e$^-$ 标记)。
[注意电子的位置是一个卤离子 X$^-$ 的位置(已空缺),为清楚起见,X$^-$ 没有表示出来。]

晶体可得紫红色,在同样的钾蒸气中加热 NaCl 晶体则发出黄绿色。

实验测定 NaCl 和 NaBr 晶体的色心发色的最大吸收峰能量(ΔE)分别为 4.32×10^{-19} J(相当于波长 $\lambda = 460$ nm)和 3.68×10^{-19} J($\lambda = 540$ nm)。如果将 ΔE 作为三维箱中粒子的两个最低能级 $E_{1,1,1}$ 和 $E_{1,1,2}$ 间的能量差,则容易算得箱子的大小(用 l 表示):

$$\Delta E = 3 h^2 / 8 m l^2$$

在前面(1.5.41)式中箱子的大小 a,在此用 l 代替。对 NaCl 和 NaBr 的 l 值可容易地算得,l 值分别为 647 pm 和 701 pm,即 NaBr 晶体中的箱子的 l 值比 NaCl 箱子的 l 值长 54 pm。

NaCl 和 NaBr 的立方晶胞参数 a 分别为 563 pm 和 597 pm(表 10.1.4)。如图 1.5.2 所示,产生色心的电子占据的三维箱子的边长(以 l' 表示)可用立方晶胞的体对角线长减去两倍的正离子的半径(真实值或许要小一点):

$$l' = \sqrt{3} a - 2 r_{\mathrm{Na}^+}$$

r_{Na^+} 为 102 pm,对 NaCl 和 NaBr 晶体 l' 值分别为 771 pm 和 830 pm。由于这种模型的粗略性,所得的 l' 值在一定程度上和 l 值不同。尽管如此,由这两个晶体不同颜色计算所得的 l 值之差为 54 pm,与箱子模型计算得到的 l' 值之差 59 pm 符合得很好。

NaCl 和相关晶体的色心还将在 10.1.2 小节中讨论。

1.5.3 环中的粒子

在此体系中,电子只能沿着环的圆周运动,如图1.5.3 所示。其势能为

$$V = \begin{cases} 0, & r = R \\ \infty, & r \neq R \end{cases}$$

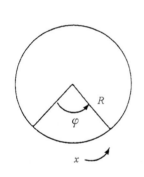

其 Schrödinger 方程为

$$-\frac{h^2}{8\pi^2 m}\frac{\mathrm{d}^2}{\mathrm{d}x^2}\psi(x) = E\psi(x) \qquad (1.5.44)$$

将变数 x 改成和角度 φ 有关的变数:

$$x = \varphi R \qquad (1.5.45)$$

方程(1.5.44)变为

$$\frac{\mathrm{d}^2}{\mathrm{d}\varphi^2}\psi(\varphi) = -\frac{8\pi^2 m E R^2}{h^2}\psi(\varphi) = -m_l^2 \psi(\varphi)$$

图 1.5.3 环中粒子的运动坐标关系。

$$(1.5.46)$$

$$m_l^2 = \frac{8\pi^2 m E R^2}{h^2} \qquad (1.5.47)$$

方程(1.5.46)的解很明显为

$$\psi(\varphi) = A \exp\left[i m_l \varphi\right] \qquad (1.5.48)$$

因为 $\psi(\varphi)$ 必须是单值的,故

$$\psi(\varphi + 2\pi) = \psi(\varphi) = A \exp\left[i m_l \varphi\right] = A \exp\left[i m_l (\varphi + 2\pi)\right] \qquad (1.5.49)$$

即

$$\exp\left[i m_l (2\pi)\right] = \cos 2 m_l \pi + i \sin 2 m_l \pi = 1 \qquad (1.5.50)$$

方程(1.5.50)要求

$$m_l = 0, \pm 1, \pm 2, \cdots$$

所以,波函数具有下一形式:

$$\psi_{m_l} = A \exp[im_l\varphi], \quad m_l = 0, \pm1, \pm2, \cdots \tag{1.5.51}$$

常数 A 可通过归一化条件定出

$$A^2\int_0^{2\pi}\psi_{m_l}^*\psi_{m_l}\,\mathrm{d}\varphi = A^2\int_0^{2\pi}\mathrm{d}\varphi = 2\pi A^2 = 1 \tag{1.5.52}$$

由此, 可推得

$$A = 1/\sqrt{2\pi} \tag{1.5.53}$$

归一化的波函数为

$$\psi_{m_l} = \frac{1}{\sqrt{2\pi}}\exp[im_l\varphi], \quad m_l = 0, \pm1, \pm2, \cdots \tag{1.5.54}$$

从方程(1.5.47)可推得这个体系所允许的能量

$$E_{m_l} = \frac{m_l^2 h^2}{8\pi^2 mR^2}, \quad m_l = 0, \pm1, \pm2, \cdots \tag{1.5.55}$$

从能量公式可以看出, 只有基态是非简并态, 而所有的激发态都是二重简并态。其能量高低如图 1.5.4 所示。

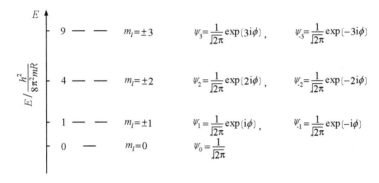

图 1.5.4　环中粒子运动的本征值和本征波函数。

将这个自由电子模型用于有 6 个 π 电子的苯分子, 这时 ψ_0, ψ_1 和 ψ_{-1} 为电子占据轨道, 而 ψ_2 和 ψ_{-2} 是空的。如果从 ψ_1(或 ψ_{-1})激发一个电子到 ψ_2(或 ψ_{-2})所需的能量为

$$\Delta E = 3h^2/8\pi^2 mR^2 = hc/\lambda \tag{1.5.56}$$

若取 $R = 140\,\mathrm{pm}$, 则可算得 $\lambda = 212.4\,\mathrm{nm}$。实验测定苯分子在 $208.0\,\mathrm{nm}$ 和 $184.0\,\mathrm{nm}$ 处有强吸收, 而在 $263.0\,\mathrm{nm}$ 处有弱吸收。

在 1.5.1 小节, 我们提到在一维箱中运动的粒子其基态能量不为零, 这是不确定度原理的必然结果。但是在环中运动的粒子的基态能量却为零。这违背了不确定度原理吗? 当然不是。在一维箱中, 位置变量 x 从 0 开始, 到箱子长度 a 结束。因此 Δx 最大为 a。但在环中, 中心角变量 φ 没有定畴, 它的取值可从 $-\infty$ 到 $+\infty$。在这种情况下, 我们无法估计位置的不确定量。

1.5.4　在一个三角形箱中的粒子

在结束本章之际, 介绍三角形箱中粒子问题的量子力学处理结果。在详细讨论前, 先要注意如果"箱子"是一个不等边三角形就没有已知的分析的解。实际上, 只有少数几种三角形体系其 Schrödinger 方程是有分析解的。此外, 所有这些可解的(二维的)体系, 其波函数也不再是两个函数每个只含一个变量的简单的乘积。

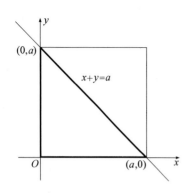

图 1.5.5 在直角等腰三角形箱中粒子的坐标系。

在下面的讨论中,用到了一些群论术语的记号,其意义将在第 6 章中阐明。

1. 直角等腰三角形箱

在图 1.5.5 中示出对直角等腰三角形所选的坐标系。在这种情况下,其 Schrödinger 方程是方程(1.5.2)和(1.5.25)简单的二维的类似方程:

$$\left(\frac{-h^2}{8\pi^2 m}\right)\left(\frac{\partial^2 \psi}{\partial x^2} + \frac{\partial^2 \psi}{\partial y^2}\right) = E\psi \qquad (1.5.57)$$

此问题的边界条件为:当 $x=0,y=0$ 或 $x+y=a$ 时, $\psi=0$。当引用 1.5.2 小节中方程(1.5.24)~(1.5.43),就容易得到下列波函数和能量数值(在以下式中,以 j,k 代替 n_x,n_y):

$$\psi_{j,k}(x,y) = \left(\sqrt{\frac{2}{a}}\sin\frac{j\pi x}{a}\right)\left(\sqrt{\frac{2}{a}}\sin\frac{k\pi y}{a}\right) \qquad (1.5.58)$$

$$E_{j,k} = \frac{h^2}{8ma^2}(j^2 + k^2), \qquad j,k = 1,2,3,\cdots \qquad (1.5.59)$$

这些就是二维四方箱中粒子问题的解。

由于 $E_{j,k}$ 的表达式对变换量子数 j 和 k 是对称的,即 $E_{j,k}=E_{k,j}$,换言之,$\psi_{j,k}$ 和 $\psi_{k,j}$ 是简并的波函数。

波函数 $\psi_{j,k}$ 满足了当 $x=0$ 和 $y=0$ 时 $\psi=0$ 的边界条件,但不满足当 $x+y=a$ 时 $\psi=0$ 的边界条件。为此需要将 $\psi_{j,k}$ 和 $\psi_{k,j}$ 作线性组合:

$$\psi'_{j,k} = (1/\sqrt{2})(\psi_{j,k} + \psi_{k,j})$$
$$= (\sqrt{2}/a)[\sin(j\pi x/a)\sin(k\pi y/a) + \sin(k\pi x/a)\sin(j\pi y/a)] \qquad (1.5.60)$$

$$\psi''_{j,k} = (1/\sqrt{2})(\psi_{j,k} - \psi_{k,j})$$
$$= (\sqrt{2}/a)[\sin(j\pi x/a)\sin(k\pi y/a) - \sin(k\pi x/a)\sin(j\pi y/a)] \qquad (1.5.61)$$

当 $j=k$,$\psi'_{k,j}$ 就是 $\psi'_{j,k}$(数字因子除外),而 $\psi''_{j,j}$ 为 0。因此 $\psi'_{j,j}$ 或 $\psi''_{j,j}$ 都不是可接受的解。另一方面,当 $k=j\pm1,j\pm3,\cdots$,而 $x+y=a$ 时,$\psi'_{k,j}$ 为 0;同时,当 $k=j\pm2,j\pm4,\cdots$,$\psi''_{k,j}$ 在相同条件下也为 0。所以,$\psi'_{k,j}(k=j\pm1,j\pm3,\cdots)$ 和 $\psi''_{k,j}(k=j\pm2,j\pm4,\cdots)$ 是等边直角三角形问题的解。这可清楚看出,这些函数不再是两个函数每个只含一个变数的简单乘积。此外,能量的表达式现变为

$$E_{k,j} = (h^2/8ma^2)(k^2 + j^2), \qquad k,j = 1,2,3,\cdots \text{且} j \neq k \qquad (1.5.62)$$

因为对一组量子数 (j,k) 只能写出一个波函数,即 $\psi'_{j,k}=\psi'_{k,j}$ 和 $\psi''_{j,k}=\psi''_{k,j}$(负号除外),四方箱问题的"系统的"简并性,即在方程(1.5.59)中,$E_{k,j}=E_{j,k}$ 已不复存在。这是可以预期的,因箱子的对称性由 D_{4h}(四方箱)降到 C_{2v}(直角等边三角形箱)。当然一些"偶然的"简并性仍在直角等边三角形箱中出现,例如 $E_{1,8}=E_{4,7}$。这种简并性可以用数论技术处理,很明显它已超出了本书的范围。

2. 等边三角形箱

等边三角形箱的坐标系示于图 1.5.6 中,而对方程(1.5.57)的边界条件则成为:当 $y=0$,$y=\sqrt{3}x$ 或 $y=\sqrt{3}(a-x)$ 时 $\psi=0$。有数种不同的方法可解这个问题,而这些方法所得的结果

乍看来很不同。事实上,有些表达方法是用多组量子数去指定单一的状态。而包含这些处理方法的数学,已超出本书的范围。下面仅介绍一种方法的结果,并从对称性观点讨论体系能量和波函数。

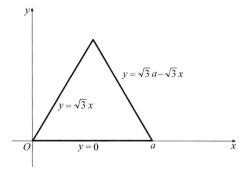

对这个二维体系,同样取两个量子数的一个组来指定一个状态。这个体系的能量可表达为

$$E_{p,q} = (p^2 + pq + q^2)(2h^2/3ma)$$
$$q = 0, 1/3, 2/3, 1, \cdots; p = q+1, q+2, \cdots$$
$$(1.5.63)$$

图 1.5.6　等边三角形箱的坐标系及三个边的方程指定的边界条件。

所以基态能量 E_0 为

$$E_0 = E_{1,0} = 2h^2/3ma \tag{1.5.64}$$

波函数 $\psi_{p,q}$ 可按它们的对称性质来分类。若将这个体系的对称性取为 C_{3v},在这个群中有三个对称类:A_1(对全部操作对称),A_2(对三重轴操作对称,而对于垂直镜面反对称),E(一个二维表示)。

对能级 $E_{p,0}$,波函数 $\psi_{p,0}$ 具有 A_1 对称性,这个能级为非简并性。另一方面,当 p 和 q 为正整数量子数时,能级 $E_{p,q}$ 为二重简并。这时一个波函数为 A_1 对称性,另一个为 A_2 对称性。当 p 和 q 为非整数($1/3, 2/3, 4/3, \cdots$)时,二重简并的波函数形成一个 E 组。表 1.5.1 列出等边三角形二维箱中粒子前七个态的量子数、能量和波函数的对称性。

表 1.5.1　等边三角形箱中粒子前七个态的量子数、能量和波函数的对称性

(p, q)	能量*	对称性
$(1, 0)$	1	A_1
$(1\frac{1}{3}, \frac{1}{3})$	$2\frac{1}{3}$	E
$(2, 0)$	4	A_1
$(1\frac{2}{3}, \frac{2}{3})$	$4\frac{1}{3}$	E
$(2\frac{1}{3}, \frac{1}{3})$	$6\frac{1}{3}$	E
$(2, 1)$	7	A_1, A_2
$(3, 0)$	9	A_1

* 以 E_0 的基态能量 $2h^2/3ma$ 为单位。

波函数 $\psi_{p,q}$ 的表达式为

$$\psi_{p,q}(A_1) = \cos[q\sqrt{3}\pi x/A]\sin[(2p+q)\pi y/A] - \cos[p\sqrt{3}\pi x/A]\sin[(2q+p)\pi y/A]$$
$$- \cos[(p+q)\sqrt{3}\pi x/A]\sin[(p-q)\pi y/A] \tag{1.5.65}$$

当 $q = 0$,

$$\psi_{p,0}(A_1) = \sin[2p\pi y/A] - 2\sin[p\pi y/A]\cos[p\sqrt{3}\pi x/A] \tag{1.5.66}$$

$$\psi_{p,q}(A_2) = \sin[q\sqrt{3}\pi x/A]\sin[(2p+q)\pi y/A] - \sin[p\sqrt{3}\pi x/A]\sin[(2q+p)\pi y/A]$$
$$+ \sin[(p+q)\sqrt{3}\pi x/A]\sin[(p-q)\pi y/A] \tag{1.5.67}$$

在方程(1.5.65)～(1.5.67)中,A 代表三角形的高。形成 E 组的两个波函数也同样可用

方程(1.5.65)和(1.5.67)表达,但此时量子数 p 和 q 为非整数值。

归纳在表 1.5.1 中的前七个态的波函数和对称性示于图 1.5.7 中。很明显,具有非整数量子数的能级都是二重简并的,它们的波函数形成一个 E 组。同样,A_1 波函数具有三重旋转轴和对称面的对称性,A_2 波函数具有三重旋转轴的对称性和对称面的反对称性。

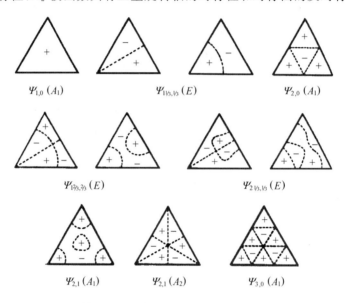

图 1.5.7　等边三角形箱前七个状态的波函数的图形表示。

3. 30°-60°-90°三角形箱

这是等边三角形的一半的三角形。从图 1.5.7 明显看出所有 A_2 函数和 E 函数其中一个组分具有一个节面,它将等边三角形分成两个 30°-60°-90°三角形。所以因禁在 30°-60°-90°三角形箱中的一个粒子具有方程(1.5.67)所给定的能量,其允许的量子数为 $q=1/3,2/3,1,\cdots$ 和 $p=q+1,q+2,\cdots$。在表 1.5.1 中所列的七个状态中,只有 E 态的一个组分和 A_2 态是此 30°-60°-90°三角形箱可接受的解。换句话说,图 1.5.7 所示 11 个函数中,只有 4 个是 30°-60°-90°三角形箱问题的解答。

参 考 文 献

［1］　P. W. Atkins and J. de Paula, *Physical Chemistry*, 7th ed., W. H. Freeman, New York, 2002.

［2］　R. J. Silbey and R. A. Alberty, *Physical Chemistry*, 3rd ed., Wiley, New York, 2001.

［3］　N. Levine, *Physical Chemistry*, 5th ed., McGraw-Hill, Boston, 2002.

［4］　R. S. Berry, S. A. Rice and J. Ross, *Physical Chemistry*, 2nd ed., Oxford University Press, New York, 2000.

［5］　P. W. Atkins and R. S. Friedman, *Molecular Quantum*, *Mechanics*, 3rd ed., Oxford University Press, New York, 1997.

［6］　S. M. Blinder, *Introduction to Quantum Mechanics*, Elsevier Academic Press, Amsterdam, 2004.

［7］　G. C. Schatz and M. A. Ratner, *Quantum Mechanics in Chemistry*, Prentice-Hall, Englewood Cliffs, 1993.

［8］　M. A. Ratner and G. C. Schatz, *Introduction to Quantum Mechanics in Chemistry*, Prentice-Hall,

Upper Saddle River，2001.

[9]　J. Simons and J. Nichols. *Quantum Mechanics in Chemistry*，Oxford University Press，New York，1997.

[10]　F. L. Pilar，*Elementary Quantum Chemistry*，2nd ed. ，McGraw-Hill，New York，1990.

[11]　I. N. Levine，*Quantum Chemistry*，5th ed. ，Prentice Hall，Upper Saddle River，2000.

[12]　J. E. House，*Fundamentals of Quantum Chemistry*，2nd ed. ，Elsevier Academic Press，San Diego，2004.

[13]　W. -K. Li，Degeneracy in the particle-in-a-square problem. *Am. J. Phys.* **50**，666(1982).

[14]　W. -K. Li，A particle in an isosceles right triangle. *J. Chem. Educ.* **61**，1034(1984).

[15]　W. -K. Li and S. M. Blinder. Particle in an equilateral triangle：exact solution for a particle in a box. *J. Chem. Educ.* **64**，130～132(1987).

[16]　曾谨言，量子力学导论，北京：北京大学出版社，1998.

[17]　徐光宪，黎乐民，量子化学：基本原理和从头计算法(上册)，北京：科学出版社，1980.

[18]　徐光宪，黎乐民，王德民，量子化学：基本原理和从头计算法(中册)，北京：科学出版社，1985.

[19]　徐光宪，黎乐民，王德民，陈敏伯，量子化学：基本原理和从头计算法(下册)，北京：科学出版社，1989.

[20]　唐敖庆，杨忠志，李前树，量子化学，北京：科学出版社，1982.

第 2 章　原子的电子结构

本章将用量子力学方法去研究原子的电子结构。先集中研究由一个电子和一个质子组成的氢原子,然后再去研究周期表中的其他原子。

2.1　氢　原　子

2.1.1　氢原子的 Schrödinger 方程

若将氢原子核放在直角坐标系的原点,电子的位置可由 x, y, z 给出,如图 2.1.1 所示。但是在直角坐标系中解氢原子的 Schrödinger 方程,将非常困难,而采用球极坐标系则容易求解。这两种坐标系间的关系如图 2.1.1 所示,它们之间的数学表达式为

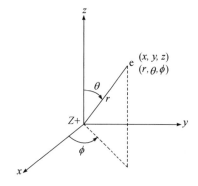

$$\begin{cases} z = r\cos\theta \\ x = r\sin\theta\cos\phi \\ y = r\sin\theta\sin\phi \end{cases} \tag{2.1.1}$$

它们之间还有一些有用的关系式:

$$r^2 = x^2 + y^2 + z^2 \tag{2.1.2}$$

$$\tan\phi = y/x \tag{2.1.3}$$

注意这两组变数各自有着不同的范围:

$$-\infty < x, y, z < \infty$$

$$\begin{cases} 0 \leqslant r < \infty \\ 0 \leqslant \theta \leqslant \pi \\ 0 \leqslant \phi \leqslant 2\pi \end{cases}$$

图 2.1.1　氢原子的直角坐标系 x, y, z 和球极坐标系 r, θ, ϕ。

另外,还有其他一些数学上的关系式,如 Laplacian 算符 ∇^2 及微体积元 $d\tau$ 分别为

$$\nabla^2 = \frac{\partial^2}{\partial x^2} + \frac{\partial^2}{\partial y^2} + \frac{\partial^2}{\partial z^2} = \frac{1}{r^2}\frac{\partial}{\partial r}\left(r^2\frac{\partial}{\partial r}\right) + \frac{1}{r^2\sin\theta}\frac{\partial}{\partial\theta}\left(\sin\theta\frac{\partial}{\partial\theta}\right) + \frac{1}{r^2\sin^2\theta}\frac{\partial^2}{\partial\phi^2} \tag{2.1.4}$$

$$d\tau = dxdydz = r^2dr\sin\theta d\theta d\phi \tag{2.1.5}$$

对于氢原子和其他单电子原子(如 He^+, Li^{2+}),核正电荷为 Z 时,势能函数 V 为

$$V = -Ze^2/4\pi\varepsilon_0 r \tag{2.1.6}$$

所以该体系的 Schrödinger 方程为

$$\left[-\frac{h^2}{8m\pi^2}\nabla^2 - \frac{Ze^2}{4\pi\varepsilon_0 r}\right]\psi(r,\theta,\phi) = E\psi(r,\theta,\phi) \tag{2.1.7}$$

或者为

$$\frac{1}{r^2}\frac{\partial}{\partial r}\left(r^2\frac{\partial}{\partial r}\psi\right)+\frac{1}{r^2\sin\theta}\frac{\partial}{\partial\theta}\left(\sin\theta\frac{\partial\psi}{\partial\theta}\right)+\frac{1}{r^2\sin^2\theta}\frac{\partial^2\psi}{\partial\phi^2}+\frac{8\pi^2 m}{h^2}\left(E+\frac{Ze^2}{4\pi\varepsilon_0 r}\right)\psi=0 \quad (2.1.8)$$

为了解方程(2.1.8),需要用变数分离法,设函数 ψ(含三个变数)是三个只含一个变数的函数的乘积:

$$\psi(r,\theta,\phi)=R(r)\cdot\Theta(\theta)\cdot\Phi(\phi) \quad (2.1.9)$$

将方程(2.1.9)的关系代入方程(2.1.8),并将方程乘以 $r^2\sin^2\theta$,而被 $R\Theta\Phi$ 除,经过变数分离可得下列三个只含一个变数的方程:

$$\frac{\mathrm{d}^2}{\mathrm{d}\phi^2}\Phi=-m_l^2\Phi \quad (2.1.10)$$

$$\frac{m_l^2\Theta}{\sin^2\theta}-\frac{1}{\sin\theta}\frac{\mathrm{d}}{\mathrm{d}\theta}\left(\sin\theta\frac{\mathrm{d}\Theta}{\mathrm{d}\theta}\right)-\beta\Theta=0 \quad (2.1.11)$$

$$\frac{1}{r^2}\frac{\mathrm{d}}{\mathrm{d}r}\left(r^2\frac{\mathrm{d}R}{\mathrm{d}r}\right)-\frac{\beta}{r^2}R+\frac{8\pi^2 m}{h^2}\left(E+\frac{Ze^2}{4\pi\varepsilon_0 r}\right)R=0 \quad (2.1.12)$$

在方程(2.1.10)~(2.1.12)中,m_l 和 β 是所谓"分离常数",它们最终将导出量子数。此外,$R(r)$ 称为径向函数,而 $\Theta(\theta)\Phi(\phi)$ 的乘积为 $Y(\theta,\phi)$,称为角函数。

$$Y(\theta,\phi)=\Theta(\theta)\Phi(\phi) \quad (2.1.13)$$

2.1.2 氢原子的角函数

在解方程(2.1.10)和(2.1.11)后,发现为了使函数有意义,分离常数 m_l 和 β 必须取下列数值:

$$m_l=0,\pm 1,\pm 2,\cdots$$
$$\beta=l(l+1),\quad l=0,1,2,3,\cdots$$

和
$$m_l=-l,-l+1,\cdots,l$$

整数 l 和 m_l 分别称为角量子数(或角动量量子数)和磁量子数。函数 $\Phi(\phi)$ 依赖于 m_l,因此可写为 $\Phi_{m_l}(\phi)$;$\Theta(\theta)$ 依赖于 l 和 m_l,应写为 $\Theta_{l,m_l}(\theta)$;它们的乘积 $Y(\theta,\phi)$ 则依赖于 l 和 m_l,可写成为

$$Y_{l,m_l}(\theta,\phi)=\Theta_{l,m_l}(\theta)\Phi_{m_l}(\phi) \quad (2.1.14)$$

$Y_{l,m_l}(\theta,\phi)$ 函数称为球谐函数。它决定电子波函数的角度特性,在化学键处理中是首先要考虑的问题。球谐函数描述原子轨道的角度部分,l 值则按下述小写字母予以标记:

$$l=0,1,2,3,4,\cdots$$
$$标记:s,p,d,f,g,\cdots$$

表 2.1.1 列出 $l\leqslant 3$ 的球谐函数。

球谐函数 $Y_{l,m_l}(\theta,\phi)$ 形成一个正交归一的函数组:

$$\int_0^{2\pi}\int_0^{\pi}Y_{l',m_l'}^*Y_{l,m_l}\sin\theta\mathrm{d}\theta\mathrm{d}\phi=\int_0^{2\pi}\Phi_{m_l'}^*\Phi_{m_l}\mathrm{d}\phi\cdot\int_0^{\pi}\Theta_{l',m_l'}^*\Theta_{l,m_l}\sin\theta\mathrm{d}\theta$$

$$=\begin{cases}1, & 当\ m_l'=m_l\ 和\ l'=l;\\0, & 当\ m_l'\neq m_l\ 或\ l'\neq l。\end{cases} \quad (2.1.15)$$

表 2.1.1　$l \leqslant 3$ 的球谐函数 Y_{l,m_l}

$$Y_{0,0} = \frac{1}{\sqrt{4\pi}}$$

$$Y_{1,1} = \sqrt{\frac{3}{8\pi}} \sin\theta \exp[\mathrm{i}\phi]$$

$$Y_{1,0} = \sqrt{\frac{3}{4\pi}} \cos\theta$$

$$Y_{1,-1} = \sqrt{\frac{3}{8\pi}} \sin\theta \exp[-\mathrm{i}\phi]$$

$$Y_{2,2} = \sqrt{\frac{15}{32\pi}} \sin^2\theta \exp[\mathrm{i}2\phi]$$

$$Y_{2,1} = \sqrt{\frac{15}{8\pi}} \sin\theta\cos\theta \exp[\mathrm{i}\phi]$$

$$Y_{2,0} = \sqrt{\frac{5}{16\pi}} (3\cos^2\theta - 1)$$

$$Y_{2,-1} = \sqrt{\frac{15}{8\pi}} \sin\theta\cos\theta \exp[-\mathrm{i}\phi]$$

$$Y_{2,-2} = \sqrt{\frac{15}{32\pi}} \sin^2\theta \exp[-\mathrm{i}2\phi]$$

$$Y_{3,3} = \sqrt{\frac{35}{64\pi}} \sin^3\theta \exp[\mathrm{i}3\phi]$$

$$Y_{3,2} = \sqrt{\frac{105}{32\pi}} \sin^2\theta\cos\theta \exp[\mathrm{i}2\phi]$$

$$Y_{3,1} = \sqrt{\frac{21}{64\pi}} (5\cos^2\theta - 1)\sin\theta \exp[\mathrm{i}\phi]$$

$$Y_{3,0} = \sqrt{\frac{63}{16\pi}} \left(\frac{5}{3}\cos^3\theta - \cos\theta\right)$$

$$Y_{3,-1} = \sqrt{\frac{21}{64\pi}} (5\cos^2\theta - 1)\sin\theta \exp[-\mathrm{i}\phi]$$

$$Y_{3,-2} = \sqrt{\frac{105}{32\pi}} \sin^2\theta\cos\theta \exp[-\mathrm{i}2\phi]$$

$$Y_{3,-3} = \sqrt{\frac{35}{64\pi}} \sin^3\theta \exp[-\mathrm{i}3\phi]$$

注意,量子数 m_l 出现在函数指数部分,球谐函数是个复数函数,不能在实空间中用它作图表示,但它可以通过线性组合,消去虚数部分,例如:

$$\frac{1}{\sqrt{2}}(Y_{1,1} + Y_{1,-1}) = \frac{1}{\sqrt{2}}\sqrt{\frac{3}{8\pi}}\sin\theta(\exp[\mathrm{i}\phi] + \exp[-\mathrm{i}\phi])$$

$$= \frac{1}{4}\sqrt{\frac{3}{\pi}}\sin\theta(\cos\phi + \mathrm{i}\sin\phi + \cos\phi - \mathrm{i}\sin\phi)$$

$$= \frac{1}{2}\sqrt{\frac{3}{\pi}}\sin\theta\cos\phi \tag{2.1.16}$$

由于 $\sin\theta\cos\phi$ 是由 r 的 x 分量所决定[见(2.1.1)式],所以将组合函数 $(1/\sqrt{2})(Y_{1,1} + Y_{1,-1})$ 称为 p_x 轨道的角函数。表 2.1.2 中列出 $l \leqslant 3$ 的原子轨道的角函数。在本章中,我们主要讨论 $s, p, d(l=0,1,2)$ 轨道,而 $f(l=3)$ 轨道则将于 8.11.1 小节中讨论。

在表 2.1.2 中给出的实数的角函数可以用来作图。在图 2.1.2 中示出 s, p 和 d 轨道角函数部分,并附带标明它们的正负号,而径向函数 $R(r)$ 则假定为常数。要注意这些图只代表轨道中角函数部分在各个方向上数值的大小分布形状,图中的图线不是以后将要示出的原子轨道的等值线(如图 2.1.4 和 2.1.6)。

从图 2.1.2 可以看出,如果有一个电子占据 s 轨道就会发现该电子在各个方向上有着相等的几率。另外,对一个 p_x 电子则主要沿着 $+x$ 或 $-x$ 轴分布。对一个在 d_{xy} 轨道中的电子,它在 xy 平面上的分布是沿着 $x=y$ 或 $x=-y$ 的方向伸展。对于其他轨道,电子主要延伸的方向,可通过这些图的帮助而看出来。

表 2.1.2　由复数球谐函数转为实函数的原子轨道角函数 $Y(l \leqslant 3)$

l	记　号	Y	l	记　号	Y
0	s	$\dfrac{1}{\sqrt{4\pi}}$	3	f_{z^3}	$\dfrac{1}{4}\sqrt{\dfrac{7}{\pi}}(5\cos^3\theta - 3\cos\theta)$
1	p_z	$\sqrt{\dfrac{3}{4\pi}}\cos\theta$		f_{xz^2}	$\dfrac{1}{8}\sqrt{\dfrac{42}{\pi}}\sin\theta(5\cos^2\theta - 1)\cos\phi$
	p_x	$\sqrt{\dfrac{3}{4\pi}}\sin\theta\cos\phi$		f_{yz^2}	$\dfrac{1}{8}\sqrt{\dfrac{42}{\pi}}\sin\theta(5\cos^2\theta - 1)\sin\phi$
	p_y	$\sqrt{\dfrac{3}{4\pi}}\sin\theta\sin\phi$		f_{xyz}	$\dfrac{1}{4}\sqrt{\dfrac{105}{\pi}}\sin^2\theta\cos\theta\sin2\phi$
2	d_{z^2}	$\dfrac{1}{4}\sqrt{\dfrac{5}{\pi}}(3\cos^2\theta - 1)$		$f_{z(x^2-y^2)}$	$\dfrac{1}{4}\sqrt{\dfrac{105}{\pi}}\sin^2\theta\cos\theta\cos2\phi$
	d_{xz}	$\dfrac{1}{4}\sqrt{\dfrac{15}{\pi}}\sin2\theta\cos\phi$		$f_{x(x^2-3y^2)}$	$\dfrac{1}{8}\sqrt{\dfrac{70}{\pi}}\sin^3\theta\cos3\phi$
	d_{yz}	$\dfrac{1}{4}\sqrt{\dfrac{15}{\pi}}\sin2\theta\sin\phi$		$f_{y(3x^2-y^2)}$	$\dfrac{1}{8}\sqrt{\dfrac{70}{\pi}}\sin^3\theta\sin3\phi$
	$d_{x^2-y^2}$	$\dfrac{1}{4}\sqrt{\dfrac{15}{\pi}}\sin^2\theta\cos2\phi$			
	d_{xy}	$\dfrac{1}{4}\sqrt{\dfrac{15}{\pi}}\sin^2\theta\sin2\phi$			

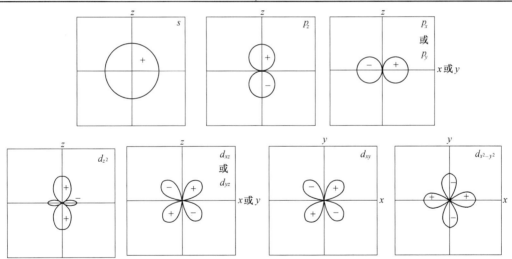

图 2.1.2　s,p 和 d 轨道的角函数。

2.1.3　氢原子的径向函数和总波函数

剩下需要解的是径向方程[方程(2.1.12)]，记住这时 β 为 $l(l+1)$，所以 $R(r)$ 的解也依赖于 l。此外，主量子数 n 也因解此方程而产生。既然径向函数同时依赖于 n 和 l，可以将它写成 $R_{n,l}(r)$。n 和 l 的取值关系为

$$n = 1,2,3,4,\cdots;$$
$$l = 0,1,2,\cdots,n-1\ (\text{总数为}\ n\ \text{个})。$$

由于 E 只出现在径向方程(2.1.12)式，它和 n 及 l 有关，而和 m_l 无关。但实际上只是和 n 有关。

单电子原子的径向函数的指数形式($n \leqslant 3$)列于表 2.1.3 中。

表 2.1.3　单电子原子的径向函数($n \leqslant 3$)

$$R_{1,0} = \left(\frac{Z}{a_0}\right)^{\frac{3}{2}} 2\exp\left[-\frac{Zr}{a_0}\right]$$

$$R_{2,0} = \left(\frac{Z}{2a_0}\right)^{\frac{3}{2}} \left(2-\frac{Zr}{a_0}\right)\exp\left[-\frac{Zr}{2a_0}\right]$$

$$R_{2,1} = \left(\frac{Z}{2a_0}\right)^{\frac{3}{2}} \left(\frac{Zr}{\sqrt{3}a_0}\right)\exp\left[-\frac{Zr}{2a_0}\right]$$

$$R_{3,0} = \left(\frac{Z}{3a_0}\right)^{\frac{3}{2}} \left[2-\frac{4Zr}{3a_0}+\frac{4}{27}\left(\frac{Zr}{a_0}\right)^2\right]\exp\left[-\frac{Zr}{3a_0}\right]$$

$$R_{3,1} = \left(\frac{Z}{3a_0}\right)^{\frac{3}{2}} \frac{2\sqrt{2}}{9}\left(\frac{2Zr}{a_0}-\frac{Z^2r^2}{3a_0^2}\right)\exp\left[-\frac{Zr}{3a_0}\right]$$

$$R_{3,2} = \left(\frac{Z}{3a_0}\right)^{\frac{3}{2}} \frac{4}{27\sqrt{10}}\left(\frac{Zr}{a_0}\right)^2\exp\left[-\frac{Zr}{3a_0}\right]$$

在表 2.1.3 中，Z 是原子的核电荷，a_0 是玻尔半径：

$$a_0 = \varepsilon_0 h^2/\pi m e^2 = 0.529 \times 10^{-10}\ \text{m} = 52.9\ \text{pm}$$

径向函数 $R_{n,l}$ 也形成一正交归一的函数组：

$$\int_0^\infty R_{n',l}^* R_{n,l} r^2 \mathrm{d}r = \begin{cases} 1, & \text{当 } n' = n; \\ 0, & \text{当 } n' \neq n. \end{cases} \tag{2.1.17}$$

对列在表 2.1.3 中的 6 个径向函数作图，示于图 2.1.3 中。这些函数的平方 $|R_{n,l}(r)|^2$ 和几率密度函数有关，将在后面详细讨论。

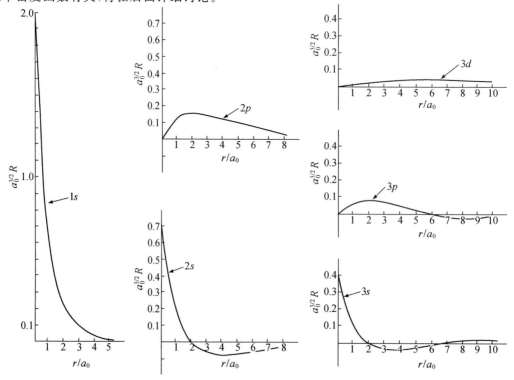

图 2.1.3　氢原子前 6 个径向函数图(具有同样的标度)。

　　总的波函数 $\psi(r,\theta,\phi)$ 是表 2.1.2 的角度函数 Y 和表 2.1.3 的径向函数 R 的简单乘积，ψ 函数的形式列于表 2.1.4 中。

表 2.1.4　单电子原子的总波函数 $\psi(r,\theta,\phi)$（实数形式，$n\leqslant3$，Z 为核电荷，a_0 为 Bohr 半径）

n	l	m_l	记　号	$\psi(r,\theta,\phi)$ *
1	0	0	$1s$	$N_1\exp[-\sigma]$
2	0	0	$2s$	$N_2(2-\sigma)\exp[-\sigma/2]$
2	1	0	$2p_z$	$N_2\sigma\exp[-\sigma/2]\cos\theta$
2	1	±1	$2p_x$	$N_2\sigma\exp[-\sigma/2]\sin\theta\cos\phi$
			$2p_y$	$N_2\sigma\exp[-\sigma/2]\sin\theta\sin\phi$
3	0	0	$3s$	$N_3\dfrac{1}{\sqrt{3}}(27-18\sigma+2\sigma^2)\exp[-\sigma/3]$
3	1	0	$3p_z$	$N_3\sqrt{2}(6-\sigma)\sigma\exp[-\sigma/3]\cos\theta$
3	1	±1	$3p_x$	$N_3\sqrt{2}(6-\sigma)\sigma\exp[-\sigma/3]\sin\theta\cos\phi$
			$3p_y$	$N_3\sqrt{2}(6-\sigma)\sigma\exp[-\sigma/3]\sin\theta\sin\phi$
3	2	0	$3d_{z^2}$	$N_3\dfrac{1}{\sqrt{6}}\sigma^2\exp[-\sigma/3](3\cos^2\theta-1)$
3	2	±1	$3d_{xz}$	$N_3\sqrt{2}\sigma^2\exp[-\sigma/3]\sin\theta\cos\theta\cos\phi$
			$3d_{yz}$	$N_3\sqrt{2}\sigma^2\exp[-\sigma/3]\sin\theta\cos\theta\sin\phi$
3	2	±2	$3d_{x^2-y^2}$	$N_3\dfrac{1}{\sqrt{2}}\sigma^2\exp[-\sigma/3]\sin^2\theta\cos2\phi$
			$3d_{xy}$	$N_3\dfrac{1}{\sqrt{2}}\sigma^2\exp[-\sigma/3]\sin^2\theta\sin2\phi$

* $\sigma=\dfrac{Zr}{a_0}$,　$N_1=\dfrac{1}{\sqrt{\pi}}\left(\dfrac{Z}{a_0}\right)^{3/2}$,　$N_2=\dfrac{1}{4\sqrt{2\pi}}\left(\dfrac{Z}{a_0}\right)^{3/2}$,　$N_3=\dfrac{1}{81\sqrt{\pi}}\left(\dfrac{Z}{a_0}\right)^{3/2}$。

　　一些有代表性的轨道的总波函数绘于图 2.1.4 中。从这些图形可以看出，全部 s 轨道都是球形对称的，$2s$ 轨道大于 $1s$ 轨道，$3s$ 又更大。在这些 s 轨道中，$2s$ 轨道有一个节面处于 $r=2a_0$ 处；$3s$ 轨道有两个节面分别处于 $r=1.91a_0$ 和 $r=7.08a_0$ 处。$2p_z$ 轨道不再是球形对称，它的绝对值在 $\theta=0°$ 和 $\theta=180°$ 时为极大值，而在 $\theta=90°$ 时波函数值为 0。换言之，xy 平面是节面。如图 2.1.4 所示，函数在 $0°<\theta<90°$ 范围为正值，而在 $90°<\theta<180°$ 范围变为负值。其他轨道波函数可以按同样的方式进行解释。

　　在图 2.1.4 中，最外的曲线代表 $\psi=0.5\times10^{-2}$ 或 -0.5×10^{-2} 的数值。对于 ψ_{1s}，$r=2.4a_0$；ψ_{2s}，$r=10.2a_0$；ψ_{3s}，$r=15.8a_0$。这些 r 值以及在 p 和 d 轨道中的其他 r 值可用以表示各个轨道的相对大小。用虚线表示的节面的半径分别为：ψ_{2s}，$r=2a_0$；ψ_{3s}，$r=1.91a_0$ 和 $7.08a_0$；ψ_{3p_z}，$r=6a_0$。

　　类氢原子波函数是三部分函数的乘积：

$$\psi_{n,l,m_l}(r,\theta,\phi)=R_{n,l}(r)\cdot\Theta_{l,m_l}(\theta)\cdot\Phi_{m_l}(\phi) \tag{2.1.18}$$

其中每一部分都归一化。对任意一个轨道，在空间 (r,θ,ϕ) 点微体积元 $d\tau=r^2dr\sin\theta d\theta d\phi$［方程 (2.1.5)］中发现电子的几率为

$$P=|\psi_{n,l,m_l}(r,\theta,\phi)|^2r^2dr\sin\theta d\theta d\phi \tag{2.1.19}$$

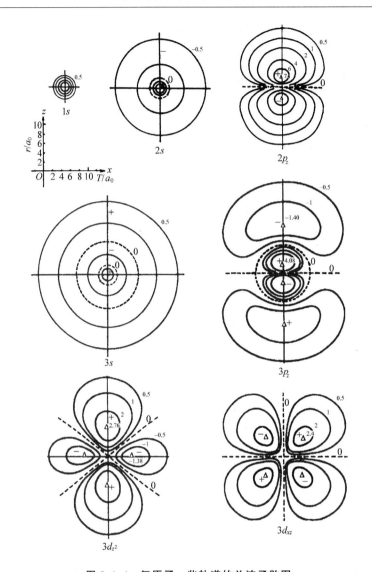

图 2.1.4　氢原子一些轨道的总波函数图。

(图中＋和－表示在这个区域中波函数的正和负,虚线示出节面的位置。

ϕ 的等值线的数值已乘以 100。)

如果对它的全部 θ 和 ϕ 的可能值进行积分,得

$$\int_0^\pi |\Theta_{l,m_l}|^2 \sin\theta\mathrm{d}\theta \cdot \int_0^{2\pi} |\Phi_{m_l}|^2\mathrm{d}\phi \cdot |R_{n,l}|^2 r^2\mathrm{d}r = r^2 R_{n,l}^2 \mathrm{d}r \equiv D_{n,l}\mathrm{d}r \qquad (2.1.20)$$

它代表发现电子在离核 $r\sim r+\mathrm{d}r$ 区间各个方向上的总几率。式(2.1.20)中 $D_{n,l}$ 函数称为径向几率分布函数。图 2.1.5 画出氢原子前面几个轨道的 $D_{n,l}$ 函数对 r 的图形。在每一曲线中,极大值代表电子出现最大可能的核和电子的距离,所以它很有价值。每条曲线的极大值和极小值的位置为

$1s$:极大值在 52.9 pm($1a_0$);

$2s$:极大值在 40.2($0.76a_0$)和 277.2 pm($5.24a_0$),极小值在 105.8 pm($2a_0$);

$2p$：极大值在 211.6 pm（$4a_0$）；

$3s$：极大值在 38.6（$0.73a_0$），222.2（$4.20a_0$）和 691.4 pm（$13.07a_0$），极小值在 101.0（$1.91a_0$）和 374.5pm（$7.08a_0$）；

$3p$：极大值在 158.7（$3a_0$）和 634.8 pm（$12a_0$），极小值在 317.4 pm（$6a_0$）；

$3d$：极大值在 476.1 pm（$9a_0$）。

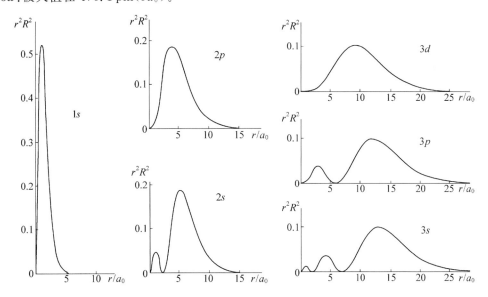

图 2.1.5　径向几率分布函数 $D_{n,l}$ 或 $|rR_{n,l}|^2$ 对 r 的图形。（前 6 个轨道，相同标度。）

在这些计算中，核电荷的取值为 1。以 $1s$ 电子为例，在 Bohr 理论中，$1s$ 轨道的半径为 $1a_0$。另一方面，在波动力学处理中，最可几的核-电子的距离为 $1a_0$。由此可以看出两种模型在基本原理上的差别。

从图 2.1.3～2.1.5 可以看到几点有意义的结论：

（1）原子轨道随着主量子数的增加而加大。

（2）只有 s 轨道在近核处有一定密度。

（3）$R_{n,l}(r)$ 的节点数目为 $(n-l)-1$。

（4）具有相同 n 值的轨道，l 较小者靠近核的密度较大，但它的主要极大值点却较远。

原子轨道 ψ 是 r,θ,ϕ 等变数的函数。换言之，在空间从一个点变到另一个点 ψ 值将发生改变。为了表达出三维空间的图形，对各种原子轨道 ψ 用一系列数值相等的曲线围成的曲面来表示。图 2.1.6 示出 $2s,2p$ 和 $3d$ 共 9 个氢原子轨道的形状。曲面标明的"＋"、"－"号，表示 ψ 数值的正负。在正负曲面的交界处，为节面所在的位置。例如 $2p_z$ 的节面处在通过原点垂直于 z 轴的平面。$3d_{x^2-y^2}$ 有两个节面，分别处在通过原点的 xz 平面和 yz 平面。

从各个原子轨道的图形可以了解 ψ 的等值曲面沿什么方向伸展。$2s$ 为圆球形，各个方向都相同。$2p_x,2p_y$ 和 $2p_z$ 分别沿着 x 轴、y 轴和 z 轴伸展。$3d_{x^2-y^2}$ 沿着 x 轴和 y 轴伸展，注意 x 轴为正值，而 y 轴为负值。$3d_{z^2}$ 的正值沿着 z 轴伸展，而在 xy 平面上圆柱对称地分布，没有特定的伸展方向。$3d_{xy},3d_{xz}$ 和 $3d_{yz}$ 则在下标标明的两个坐标轴间的平分线向外伸展。根据 p 轨道具有中心反对称、d 轨道具有中心对称的性质，可以更明确地了解 ψ 在空间的分布和伸展情况,为进一步理解在分子中原子之间由原子轨道互相叠加成键的情况奠定基础。

图 2.1.4 所示的轨道的形状说明,若已知电子占据这些轨道应怎样去寻找它。当一个电子占据 $2p_z$ 轨道,应从 $+z$ 和 $-z$ 方向去寻找。而最可能找到电子的位置是在 $+z$ 轴和 $-z$ 轴上离核 $4a_0$ 处(见图 2.1.5)。对一个在 $3p_z$ 轨道上的电子,也在同样的方向上找它,而最可能找到的地点是离核 $12a_0$ 处。

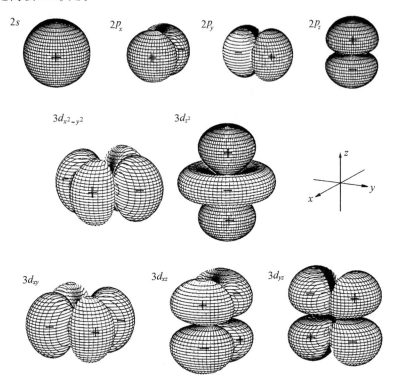

图 2.1.6　$2s$,$2p$ 和 $3d$ 原子轨道的三维形状。

2.1.4　类氢原子轨道的能级;总结

涉及能量 E 的径向函数[方程(2.1.12)]中并不包含 m_l,所以 s 轨道是非简并的,p 轨道是三重简并,d 轨道五重简并,f 轨道七重简并。但对单电子原子 E 同样和 l 无关。

$$E_n = -\frac{me^4}{8\varepsilon_0^2 h^2}\frac{Z^2}{n^2} = -\frac{e^2}{8\pi\varepsilon_0 a_0}\frac{Z^2}{n^2} = -13.6\left(\frac{Z^2}{n^2}\right)\text{eV} \qquad (2.1.21)$$

所以对氢原子(也只对单电子原子)的能级为:$E_{1s} < E_{2s} = E_{2p} < E_{3s} = E_{3p} = E_{3d} < E_{4s} = E_{4p} = E_{4d} = E_{4f}\cdots$。

总之,每个氢原子轨道由 3 个量子数描述,每个量子数都和轨道的一些性质相关:

(1) 主量子数 n:$n = 1,2,3,\cdots$,唯一地决定轨道的能量,也大体上决定了轨道的大小。

(2) 角量子数 l:$l = 0,1,2,\cdots,n-1$,决定轨道的形状。

(3) 磁量子数 m_l:$m_l = -l,-l+1,\cdots,l$,决定轨道的定向。

对比 Bohr 原子结构模型和波动力学模型两者所得的结果可得:

(1) 两种理论都有着相同的能量表达式。

（2）波函数能解释其他一些原子的性质，如光谱线的强度等。

（3）从解 Schrödinger 方程，量子数通过边界条件自然地出现，但在 Bohr 模型中量子数是人为规定的。

（4）在 Bohr 理论中，电子占据像行星绕太阳的轨道；在波动力学模型中，电子占据离域轨道，实验结果支持 Schrödinger 方程所得的图像。

2.2　氦原子和 Pauli 不相容原理

在着手处理这个问题前，先引进"原子单位"（atomic unit, a.u.），其定义列于表 2.2.1 中。

表 2.2.1　原子单位（a.u.）

长度	1 a.u. $= a_0 = 5.29177 \times 10^{-11}$ m（Bohr 半径）
质量	1 a.u. $= m_e = 9.109382 \times 10^{-31}$ kg（电子静质量）
电荷	1 a.u. $= \|e\| = 1.6021764 \times 10^{-19}$ C（电子电荷）
能量	1 a.u. $= \dfrac{e^2}{4\pi\varepsilon_0 a_0} = 27.2114$ eV（两个电子相距 a_0 的势能）
角动量	1 a.u. $= \dfrac{h}{2\pi}(\equiv\hbar) = 1.05457 \times 10^{-34}$ J s
其他	$4\pi\varepsilon_0 = 1$

量子力学处理问题时，总是试图解 Schrödinger 方程

$$H\psi = E\psi \tag{2.2.1}$$

得到波函数 ψ 和能量 E。但是精确地解 Schrödinger 方程往往不能实现，而采用近似的方法，其中一种方法是按粗略的模型得到 ψ'，当作（2.2.1）方程的近似解，再以它按下式得到近似的能量 E'：

$$E' = \int \psi'^* H\psi' \mathrm{d}\tau \Big/ \int \psi'^* \psi' \mathrm{d}\tau \tag{2.2.2}$$

2.2.1　氦原子：基态

氦原子的坐标系示于图 2.2.1 中，其势能函数若以原子单位表示为

$$V = -\frac{Z}{r_1} - \frac{Z}{r_2} + \frac{1}{r_{12}} \tag{2.2.3}$$

它的 Schrödinger 方程为

$$\left[-\frac{1}{2}\nabla_1^2 - \frac{1}{2}\nabla_2^2 - \frac{Z}{r_1} - \frac{Z}{r_2} + \frac{1}{r_{12}} \right]\psi = E\psi \tag{2.2.4}$$

式中 $\psi = \psi(r_1, \theta_1, \phi_1, r_2, \theta_2, \phi_2) = \psi(1,2)$。注意，$\nabla_1^2$ 和 ∇_2^2 分别影响到电子 1 和电子 2 的坐标。方程（2.2.4）没有分析解，但可按下面方法处理，求其近似解。首先作为非常粗略的一种近似，略去（2.2.3）式或（2.2.4）式中的电子间的相互作用项（$1/r_{12}$），则（2.2.4）式就变为

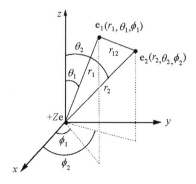

图 2.2.1　He 原子的坐标。

$$\left[-\frac{1}{2}\nabla_1^2 - \frac{Z}{r_1} \right]\psi(1,2) + \left[-\frac{1}{2}\nabla_2^2 - \frac{Z}{r_2} \right]\psi(1,2) = E\psi(1,2) \tag{2.2.5}$$

如果将 $\psi(1,2)$ 中的变数加以分离：

$$\psi(1,2) = \psi_1(1)\psi_2(2) \tag{2.2.6}$$

并将其代入(2.2.5)式则得

$$\psi_2(2)\left[-\frac{1}{2}\nabla_1^2-\frac{Z}{r_1}\right]\psi_1(1)+\psi_1(1)\left[-\frac{1}{2}\nabla_2^2-\frac{Z}{r_2}\right]\psi_2(2)=E\psi_1(1)\psi_2(2) \tag{2.2.7}$$

将(2.2.7)式等式左右两边均被 $\psi_1(1)\cdot\psi_2(2)$ 除，则得

$$\frac{\left[-\dfrac{1}{2}\nabla_1^2-\dfrac{Z}{r_1}\right]\psi_1(1)}{\psi_1(1)}+\frac{\left[-\dfrac{1}{2}\nabla_2^2-\dfrac{Z}{r_2}\right]\psi_2(2)}{\psi_2(2)}=E \tag{2.2.8}$$

很明显，(2.2.8)式左边的两项都应等于一个常数，分别称该常数为 E_a 和 E_b，并令

$$E_a+E_b=E \tag{2.2.9}$$

这样，简化的 Schrödinger 方程可分成两个相似的方程，每一个都只包含 1 个电子的坐标：

$$\left[-\frac{1}{2}\nabla_1^2-\frac{Z}{r_1}\right]\psi_1(1)=E_a\psi_1(1) \tag{2.2.10}$$

$$\left[-\frac{1}{2}\nabla_2^2-\frac{Z}{r_2}\right]\psi_2(2)=E_b\psi_2(2) \tag{2.2.11}$$

方程(2.2.10)和(2.2.11)与氢原子的 Schrödinger 方程式相同，差别仅在于这里 $Z=2$，仿照解氢原子的方法，可得基态波函数和能量（以原子单位）为

$$\psi_1(1)=\psi_{1s}(1)=\frac{1}{\sqrt{\pi}}Z^{\frac{3}{2}}\exp[-Zr_1] \tag{2.2.12}$$

$$\psi_2(2)=\psi_{1s}(2)=\frac{1}{\sqrt{\pi}}Z^{\frac{3}{2}}\exp[-Zr_2] \tag{2.2.13}$$

由此得

$$\psi(1,2)=\left(\frac{1}{\sqrt{\pi}}Z^{\frac{3}{2}}\exp[-Zr_1]\right)\left(\frac{1}{\sqrt{\pi}}Z^{\frac{3}{2}}\exp[-Zr_2]\right) \tag{2.2.14}$$

$$E_a=E_b=E_{1s}=-\frac{1}{2}Z^2\,\text{a.u.} \tag{2.2.15}$$

$$E=E_a+E_b=-Z^2\,\text{a.u.}=-108.8\,\text{eV} \tag{2.2.16}$$

实验测定的能量为 $-79.0\,\text{eV}$。

为了改进这个结果，需要了解在方程(2.2.14)的解中，由于略去电子间的相互作用而引起的误差。从式(2.2.12)～(2.2.14)中给出的 $\psi_1(1)$，$\psi_2(2)$ 和 $\psi(1,2)$ 可以看出，在这种近似解中每个电子都"看到"$+2$ 的核电荷，而从图 2.2.2 更真实的图像说明，每个电子只能"看到"一个介于 1 和 2 之间的"有效核电荷"(Z_{eff})。

$$1<Z_{\text{eff}}<2 \tag{2.2.17}$$

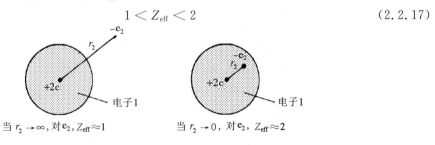

图 2.2.2　在氦原子中，电子"看到"的核电荷被另一个电子屏蔽的情况。

考虑到这种情况，方程(2.2.12)和(2.2.13)中的 $\psi_1(1)$ 和 $\psi_2(2)$ 变为

$$\psi_1(1) = \frac{1}{\sqrt{\pi}} Z_{\text{eff}}^{\frac{3}{2}} \exp[-Z_{\text{eff}} r_1] \tag{2.2.18}$$

$$\psi_2(2) = \frac{1}{\sqrt{\pi}} Z_{\text{eff}}^{\frac{3}{2}} \exp[-Z_{\text{eff}} r_2] \tag{2.2.19}$$

同样，
$$\psi(1,2) = \psi_1(1)\psi_2(2) \tag{2.2.6}$$

为了求得按照(2.2.18)，(2.2.19)和(2.2.6)式所给的试用波函数对应的能量，利用方程(2.2.2)得

$$E = E(Z_{\text{eff}}) = \frac{\iint \psi(1,2)\left[-\frac{1}{2}\nabla_1^2 - \frac{Z}{r_1} - \frac{1}{2}\nabla_2^2 - \frac{Z}{r_2} + \frac{1}{r_{12}}\right]\psi(1,2)\mathrm{d}\tau_1\mathrm{d}\tau_2}{\iint |\psi(1,2)|^2 \mathrm{d}\tau_1\mathrm{d}\tau_2} \tag{2.2.20}$$

可见，E 依赖于 Z_{eff}，除了积分中包含 $\frac{1}{r_{12}}$ 项之外，计算 E 不算太困难。跳过数学处理的细节，直接给出结果如下：

$$E = \left(Z_{\text{eff}}^2 - 2ZZ_{\text{eff}} + \frac{5Z_{\text{eff}}}{8}\right)\text{a.u.} \tag{2.2.21}$$

为了优选 Z_{eff} 的最佳值，改变 Z_{eff} 值使 E 达到最小：

$$\frac{\mathrm{d}E}{\mathrm{d}Z_{\text{eff}}} = 2Z_{\text{eff}} - 2Z + \frac{5}{8} = 0 \tag{2.2.22}$$

移项，得
$$Z_{\text{eff}} = Z - \frac{5}{16} \tag{2.2.23}$$

对于氦原子 $Z=2$ 的特殊情况，可得

$$Z_{\text{eff}} = \frac{27}{16} = 1.6875 \tag{2.2.24}$$

此数值符合(2.2.17)式所给的范围。将(2.2.23)式代入(2.2.21)式，得

$$E_{\min} = -Z_{\text{eff}}^2\ \text{a.u.} = -\left(Z - \frac{5}{16}\right)^2\text{a.u.} \tag{2.2.25}$$

对氦原子，$Z=2$：
$$E_{\min} = -(1.6875)^2\text{a.u.} = -2.85\text{a.u.} = -77.5\,\text{eV} \tag{2.2.26}$$

和 He 的能量的实验值 $-79.0\,\text{eV}$ 对比，经过上述简单的处理，就已得到非常合理的结果。但其差别尚有 $1.5\,\text{eV}$，若要进一步接近，则需要对尝试函数做出一些改进。

以上处理 He 原子的近似方法称为变分法。这个方法包括了以下步骤：

(1) 建立起带有一个或多个参数的尝试函数 $\psi(\alpha_1, \alpha_2, \cdots)$。

(2) 计算 $E(\alpha_1, \alpha_2, \cdots) = \int \psi^* \hat{H}\psi\mathrm{d}\tau / \int \psi^* \psi\mathrm{d}\tau$。

(3) 利用求最低能量的方法：

$$\frac{\partial E}{\partial \alpha_1} = \frac{\partial E}{\partial \alpha_2} = \cdots = 0$$

得到 $\alpha_1, \alpha_2, \cdots$ 的最佳值。

在 1959 年，C. L. Pekeris 对氦原子利用一个带有 1078 个参数的波函数，经过优化，所得的能量和实验测定值完全一样。

2.2.2 行列式型波函数和 Pauli 不相容原理

在处理氦原子时,每个电子都占据 $1s$ 型轨道,因此由(2.2.18),(2.2.19)和(2.2.6)式所给的波函数可简单地写为

$$\psi_{\text{He}}(1,2) = 1s(1)1s(2) \qquad (2.2.27)$$

但不能按同样的方式来处理含两个以上电子的原子。例如对 Li 原子,不能写成

$$\psi_{\text{Li}}(1,2,3) = 1s(1)1s(2)1s(3) \qquad (2.2.28)$$

因为按 Pauli 不相容原理,不能把 Li 原子的电子组态写成 $(1s)^3$。Pauli 原理说:在原子或分子中,任何两个电子不能有同一组量子数。

对于原子体系,每个电子由 4 个量子数规定:n, l, m_l 和 m_s。实际上,电子还有第 5 个量子数 s(自旋量子数),每个电子的 s 值都是 $\frac{1}{2}$。量子数 m_s 可以是 $\frac{1}{2}$ 或是 $-\frac{1}{2}$,它分别对应于自旋函数 α(自旋向上)和 β(自旋向下),自旋函数 α 和 β 形成正交归一的函数组:

$$\int \alpha\alpha \, \mathrm{d}\gamma = \int \beta\beta \, \mathrm{d}\gamma = 1 \qquad (2.2.29)$$

$$\int \alpha\beta \, \mathrm{d}\gamma = 0 \qquad (2.2.30)$$

式中 γ 称为自旋变数。将自旋函数加到(2.2.27)式的空间波函数上,得到 He 原子的总波函数

$$\psi_a(1,2) = 1s\alpha(1)1s\beta(2) \qquad (2.2.31)$$

但这个 ψ_a 含有电子可以分辨的意义:即电子 1 的自旋向上,电子 2 的自旋向下。同样地 He 原子的另一总波函数为

$$\psi_b(1,2) = 1s\alpha(2)1s\beta(1) \qquad (2.2.32)$$

有两种组合的方法使两个电子不可分辨:

$$(1/\sqrt{2})[\psi_a(1,2) + \psi_b(1,2)] = (1/\sqrt{2})[1s\alpha(1)1s\beta(2) + 1s\alpha(2)1s\beta(1)] \qquad (2.2.33)$$

这个函数对于交换两个电子是一个对称的波函数。

$$(1/\sqrt{2})[\psi_a(1,2) - \psi_b(1,2)] = (1/\sqrt{2})[1s\alpha(1)1s\beta(2) - 1s\alpha(2)1s\beta(1)] \qquad (2.2.34)$$

这个函数对于两个电子的交换是反对称的。在(2.2.33)和(2.2.34)式中的 $1/\sqrt{2}$ 因子是来自归一化常数。

Pauli 原理的另一说法是:电子波函数对于两个电子的交换必须是反对称的。所以 He 原子的波函数只能采用(2.2.34)式,即

$$\begin{aligned} \psi(1,2) &= (1/\sqrt{2})[1s\alpha(1)1s\beta(2) - 1s\alpha(2)1s\beta(1)] \\ &= 1s(1)1s(2)\{(1/\sqrt{2})[\alpha(1)\beta(2) - \beta(1)\alpha(2)]\} \\ &= (\text{对称的空间部分}) \times (\text{反对称的自旋部分}) \end{aligned} \qquad (2.2.35)$$

在前面处理 He 原子时,只用空间部分函数 $1s(1)1s(2)$ 来计算能量,而忽略自旋部分。这是正确的,因为能量和自旋无关。

在(2.2.35)式中,He 原子波函数可因子分解为空间(或轨道)部分和自旋部分。需要注意,只对 2 电子体系这种因子分解才有可能。方程(2.2.35)中 He 的 $\psi(1,2)$ 还可以写成另一种形式:

$$\psi(1,2) = (1/\sqrt{2})[1s\alpha(1)1s\beta(2) - 1s\alpha(2)1s\beta(1)]$$

$$= (1/\sqrt{2})\begin{vmatrix} 1s\alpha(1) & 1s\beta(1) \\ 1s\alpha(2) & 1s\beta(2) \end{vmatrix} \tag{2.2.36}$$

这称为 Slater(斯莱特)行列式,以纪念物理学家 J. C. Slater。因为一个行列式在交换任意两列或两行时都要改变它的符号,任何一个波函数写成行列式的形式也就代表当电子交换时必须是反对称。所以若将(2.2.36)式的行列式函数中的两行进行交换,则得

$$\psi(2,1) = (1/\sqrt{2})\begin{vmatrix} 1s\alpha(2) & 1s\beta(2) \\ 1s\alpha(1) & 1s\beta(1) \end{vmatrix}$$

$$= (1/\sqrt{2})[1s\alpha(2)1s\beta(1) - 1s\alpha(1)1s\beta(2)] = -\psi(1,2) \tag{2.2.37}$$

同样,这样的反对称波函数就自动满足 Pauli 不相容原理。例如,如果 He 原子的两个处于 $1s$ 轨道的波函数都具有相同的自旋向上状态时,

$$(1/\sqrt{2})\begin{vmatrix} 1s\alpha(1) & 1s\alpha(1) \\ 1s\alpha(2) & 1s\alpha(2) \end{vmatrix} = (1/\sqrt{2})[1s\alpha(1)1s\alpha(2) - 1s\alpha(1)1s\alpha(2)] = 0$$

$$\tag{2.2.38}$$

任意一个具有相同的两行或两列的行列式的函数,总是互相消去而恒等于 0。换句话说,一个体系中两个 $1s$ 轨道上的电子具有相同的 α 自旋态是不可能存在的。因此,如上述,Pauli 不相容原理可用另一种说法表述:"对一个具有 2 个或多个电子体系的波函数,在其中任意两个电子的标号互相交换,必须是反对称的。"

现在再看 Li 原子,显然 3 个电子不可能同时都处于 $1s$ 轨道,而应当是 2 个电子处于 $1s$ 轨道,它们的自旋方向相反,另一个电子处于 $2s$ 轨道,自旋可以是 α,也可以是 β。Li 原子基态的波函数的行列式可写成如下:

$$\psi(1,2,3) = \frac{1}{\sqrt{6}}\begin{vmatrix} 1s\alpha(1) & 1s\beta(1) & 2s\alpha(1) \\ 1s\alpha(2) & 1s\beta(2) & 2s\alpha(2) \\ 1s\alpha(3) & 1s\beta(3) & 2s\alpha(3) \end{vmatrix} \tag{2.2.39}$$

也可写成

$$\psi(1,2,3) = \frac{1}{\sqrt{6}}\begin{vmatrix} 1s\alpha(1) & 1s\beta(1) & 2s\beta(1) \\ 1s\alpha(2) & 1s\beta(2) & 2s\beta(2) \\ 1s\alpha(3) & 1s\beta(3) & 2s\beta(3) \end{vmatrix} \tag{2.2.40}$$

因此 Li 原子的行列式波函数有两个,它的基态是自旋二重态。另一方面,对 He 原子则只有一个行列式波函数,即(2.2.36)式,它的基态是单重态。

另一种描述 He 和 Li 的基态电子的方法分别为 He $1s^2$,Li $1s^2 2s^1$。由此很快就可知道电子处在什么轨道以及电子自旋的相互关系,这种对电子的描述称为原子的电子组态。

2.2.3　氦原子激发态:$1s^1 2s^1$ 电子组态

当氦原子中的一个电子从 $1s$ 轨道激发到 $2s$ 轨道,电子组态变为 $1s^1 2s^1$,按照电子的不可分辨性,两个空间部分的波函数可写成:

对称的空间部分:　$(1/\sqrt{2})[1s(1)2s(2) + 1s(2)2s(1)]$ $\qquad\qquad$ (2.2.41)

反对称的空间部分:$(1/\sqrt{2})[1s(1)2s(2) - 1s(2)2s(1)]$ $\qquad\qquad$ (2.2.42)

另一方面,对于自旋部分函数可写出四种:

对称自旋部分： $\alpha(1)\alpha(2)$ （2.2.43）

对称自旋部分： $\beta(1)\beta(2)$ （2.2.44）

对称自旋部分： $(1/\sqrt{2})[\alpha(1)\beta(2)+\alpha(2)\beta(1)]$ （2.2.45）

反对称自旋部分： $(1/\sqrt{2})[\alpha(1)\beta(2)-\alpha(2)\beta(1)]$ （2.2.46）

由于总的（空间×自旋）波函数必须是反对称的,四个可接受的函数可从式(2.2.41)～(2.2.46)的表述写出来:

$$\psi_1(1,2)=(1/\sqrt{2})[1s(1)2s(2)+1s(2)2s(1)]\cdot(1/\sqrt{2})[\alpha(1)\beta(2)-\alpha(2)\beta(1)]$$
$$=(1/\sqrt{2})\left[(1/\sqrt{2})\begin{vmatrix}1s\alpha(1)&2s\beta(1)\\1s\alpha(2)&2s\beta(2)\end{vmatrix}-(1/\sqrt{2})\begin{vmatrix}1s\beta(1)&2s\alpha(1)\\1s\beta(2)&2s\alpha(2)\end{vmatrix}\right] \quad (2.2.47)$$

$$\psi_2(1,2)=(1/\sqrt{2})[1s(1)2s(2)-1s(2)2s(1)]\cdot\alpha(1)\alpha(2)$$
$$=(1/\sqrt{2})\begin{vmatrix}1s\alpha(1)&2s\alpha(1)\\1s\alpha(2)&2s\alpha(2)\end{vmatrix} \quad (2.2.48)$$

$$\psi_3(1,2)=(1/\sqrt{2})[1s(1)2s(2)-1s(2)2s(1)]\cdot\beta(1)\beta(2)$$
$$=(1/\sqrt{2})\begin{vmatrix}1s\beta(1)&2s\beta(1)\\1s\beta(2)&2s\beta(2)\end{vmatrix} \quad (2.2.49)$$

$$\psi_4(1,2)=(1/\sqrt{2})[1s(1)2s(2)-1s(2)2s(1)]\cdot(1/\sqrt{2})[\alpha(1)\beta(2)+\alpha(2)\beta(1)]$$
$$=(1/\sqrt{2})\left[(1/\sqrt{2})\begin{vmatrix}1s\alpha(1)&2s\beta(1)\\1s\alpha(2)&2s\beta(2)\end{vmatrix}+(1/\sqrt{2})\begin{vmatrix}1s\beta(1)&2s\alpha(1)\\1s\beta(2)&2s\alpha(2)\end{vmatrix}\right] \quad (2.2.50)$$

因为 $E=\int\psi^*\hat{H}\psi d\tau$,而 $\hat{H}$ 和自旋无关,所以可清楚看出 ψ_2,ψ_3 和 ψ_4 具有相同的能量,显现出自旋三重态,而 ψ_1 则具有不同的能量,称为自旋单重态。后面将以 $^1\psi$ 和 $^3\psi$ 分别地代表单重态[(2.2.41)式]和三重态[(2.2.42)式]中的轨道(或空间)部分:

$$^1\psi(1,2)=(1/\sqrt{2})[1s(1)2s(2)+1s(2)2s(1)] \quad (2.2.51)$$

$$^3\psi(1,2)=(1/\sqrt{2})[1s(1)2s(2)-1s(2)2s(1)] \quad (2.2.52)$$

为了计算单重态和三重态的能量 ^1E 和 ^3E ,对 He 原子按原子单位:

$$\hat{H}=\left(-\frac{1}{2}\nabla_1^2-\frac{Z}{r_1}\right)+\left(-\frac{1}{2}\nabla_2^2-\frac{Z}{r_2}\right)+\frac{1}{r_{12}} \quad (2.2.53)$$

因而,

$$^1E=\iint{}^1\psi^*\hat{H}{}^1\psi d\tau_1 d\tau_2=E_{1s}+E_{2s}+J+K \quad (2.2.54)$$

式中,J 为库仑积分,K 为交换积分,它们的形式为

$$J=\iint 1s(1)2s(2)\left(\frac{1}{r_{12}}\right)1s(1)2s(2)d\tau_1 d\tau_2=\frac{34}{81}\text{ a.u.}=0.420\text{a.u.} \quad (2.2.55)$$

$$K=\iint 1s(1)2s(2)\left(\frac{1}{r_{12}}\right)1s(2)2s(1)d\tau_1 d\tau_2=\frac{32}{729}\text{ a.u.}=0.044\text{a.u.} \quad (2.2.56)$$

在推引(2.2.54)式时,跳过了一些数学步骤,回忆对 H 原子的处理:

$$E_n=-\frac{Z^2}{2n^2}\text{ a.u.} \quad (2.2.57)$$

对于 He 原子,$Z=2$:

$$E_{1s} = -2 \text{ a.u.} \tag{2.2.58}$$

$$E_{2s} = -\frac{1}{2} \text{ a.u.} \tag{2.2.59}$$

而　　　　　　　　$^1E = (-2.500 + 0.420 + 0.044) \text{ a.u.} = -2.036 \text{ a.u.} \tag{2.2.60}$

按同样的方法可得

$$^3E = \left(-\frac{5}{2} + J - K\right) \text{ a.u.}$$

$$= (-2.500 + 0.420 - 0.044) \text{ a.u.} = -2.124 \text{ a.u.} < {}^1E \tag{2.2.61}$$

现将 $1s^1 2s^1$ 组态产生的单重态和三重态的能量关系示于图 2.2.3 中。从上述的讨论以及对 He 原子 $1s^1 2s^1$ 组态的实例,可以看出对一个给定的组态可产生多个状态,这些状态由于电子的推斥作用有着不同的能量。

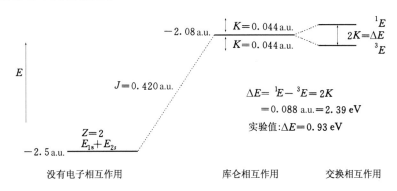

图 2.2.3　He 原子 $1s^1 2s^1$ 组态产生的单重态和三重态的能量关系图。

总结本节可得:

(1) 对 He 原子基态 $1s^2$ 只有一种波函数,即(2.2.36)式,所以 He 的基态是单重态。

(2) 对 Li 原子基态 $1s^2 2s^1$ 有两种波函数,即(2.2.39)式和(2.2.40)式,因此,Li 的基态是二重态。

(3) 对 He 原子的激发态 $1s^1 2s^1$,可得两种状态:一种是单重态,另一种是三重态,后者有较低的能量。

最后说明:由(3)可看出,简单地用 $1s^2 \rightarrow 1s^1 2s^1$ 来表明电子跃迁是不够明确的,因为这个写法并未指出跃迁的终态。为了说明电子的跃迁,需要详细标明始态和终态的情况。下面将进一步讨论这个问题。

2.3　多电子原子:电子组态和光谱项

2.3.1　多电子原子的 Schrödinger 方程及近似解

对一个含 n 个电子的原子,它的 Schrödinger 方程以原子单位表示为

$$\left(-\frac{1}{2}\sum_i \nabla_i^2 - \sum_i \frac{Z}{r_i} + \sum_{i<j}\frac{1}{r_{ij}}\right)\psi(1,2,\cdots,n) = E\psi(1,2,\cdots,n) \tag{2.3.1}$$

这个方程也没有分析解。解此方程最常用的近似模型是自洽场方法,它首先由 D. R. Hartree(哈特里)和 V. A. Fock(福克)引进。这一方法的物理图像和处理氦原子很相似:每个电子"看到"的是由核电荷及其他电子屏蔽后的有效核电荷。

图 2.3.1 示出钠原子($1s^2 2s^2 2p^6 3s^1$)的径向分布函数,阴影部分表示 Na^+($1s^2 2s^2 2p^6$)的电子分布,它表明 Na^+ 的 K 层和 L 层是两个靠近核而分布很密的同心环,这一图像类似于 Bohr 理论中的轨道。图 2.3.1 同时示出 $3s,3p$ 和 $3d$ 的径向分布函数。作为一般规律,s 轨道屏蔽最少(它"看到"最大的有效核电荷)或者说它钻得最深。当 l 增加,轨道钻到近核区减少,有效核电荷下降。因此,多于 1 个电子的原子,n 相同而 l 不同的轨道是不简并的。只有氢原子(及单电子离子)n 相同而 l 不同的轨道具有相同的能量[见(2.1.21)式]:

$$E_n = -\frac{Z^2}{2n^2} \text{ a.u.} \tag{2.3.2}$$

注意:只有单电子体系才有这种简并性。

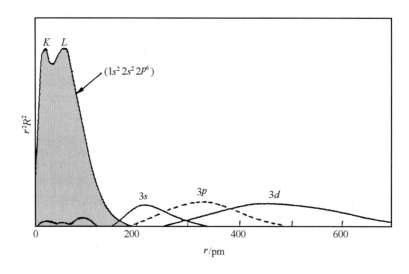

图 2.3.1　Na 原子的 $3s,3p$ 和 $3d$ 的径向分布函数 r^2R^2。(图中阴影部分为 Na^+ 的电子分布。)

多于 1 个电子的原子,每个电子(或轨道)是被下列量子数所表征:

n:基本上决定能量及其轨道大小。

l:它指明轨道的形状,也指明电子的轨道角动量为 $\sqrt{l(l+1)}h/2\pi$ 或 $\sqrt{l(l+1)}$ a.u.。

m_l:它指明轨道的取向,也指明电子的轨道角动量在 z 轴的分量为 $m_l h/2\pi$ 或 m_l a.u.。

s:对全部电子其值都是 $\frac{1}{2}$;也指明电子自旋角动量为 $\sqrt{s(s+1)}$ a.u. 或 $\sqrt{3}/2$ a.u.。

m_s:它的值是 $\frac{1}{2}$ 或 $-\frac{1}{2}$;一个电子的自旋角动量的 z 轴分量为 m_s a.u.。

注意 l 加 m_l 和 s 加 m_s 形成两个等当的角动量量子数对,前一对指轨道运动,后一对指自旋运动。

2.3.2　基态原子的电子组态和元素周期表

遵循 Pauli 不相容原理,将各元素原子中的电子排入可利用的最低能级轨道上,即得原子基态的电子组态。表 2.3.1 所示的竖排元素周期表中,只列出原子的价电子组态,略去了内层电子。例如 Li 的电子组态为 $1s^2 2s^1$,略去内层的 $1s^2$,写为 Li $2s^1$;Zn 的价电子组态 $3d^{10}4s^2$,略去了内层的 $1s^2 2s^2 2p^6 3s^2 3p^6$,略去部分为 Ar 原子的电子组态,所以也可将 Zn 的电子组态写为 $[\text{Ar}]3d^{10}4s^2$。

在周期表中,有的原子的价电子排布有反常现象,例如 Cr $3d^5 4s^1$,Cu $3d^{10}4s^1$,它们不是预期的 $4s^2$,这是因为 $3d$ 轨道的半充满和全充满会有额外的稳定性,这种稳定性来源于半充满和全充满组态的球形对称电子云分布。例如,对 p^3 组态,密度函数的角度分布正比于:

$$|p_x|^2 + |p_y|^2 + |p_z|^2$$
$$= \text{常数} \times [(\sin\theta\cos\varphi)^2 + (\sin\theta\sin\varphi)^2 + \cos^2\theta] = \text{常数} \qquad (2.3.3)$$

类似地,d^5 和 f^7 组态也具有球形对称的电子密度。

元素周期表中族的标记,显示出元素性质变化,同族元素价电子组态的相同或相似性,是周期表的核心内容。表 2.3.1 中从上到下依次用阿拉伯数字 1~18 来标记族,这也是 IUPAC 推荐的分族标记方法。

表 2.3.1 中还给出原子基态光谱项,由于内层轨道均为全充满,结合 Pauli 不相容原理,电子的总轨道角动量和总自旋角动量均为 0,故基态光谱项由价层电子组态决定。

按照原子基态价层电子组态的分布,元素分成 5 个区域:分别为 s 区元素,p 区元素,d 区元素,ds 区元素和 f 区元素。各区元素有相关的结构特点和性质,且有渐变性,是了解元素结构和性质的重要依据。

表 2.3.1 中,列出各元素的原子量是相对原子质量的简称,所列数值是 IUPAC 发布的 2018 原子量。IUPAC 每两年发布一次标准原子量,根据原子量数据的特点和有无,周期表中的元素可分为以下四大类:

第 1 类元素有 13 种,它们是:$_1$H、$_3$Li、$_5$B、$_6$C、$_7$N、$_8$O、$_{12}$Mg、$_{14}$Si、$_{16}$S、$_{17}$Cl、$_{18}$Ar、$_{35}$Br、$_{81}$Tl(左下角的数字表示原子序数,下同)。它们的原子量为区间值,这是由于自然界相应元素的同位素丰度在不同样品中分布不同,来源不同的样品的原子量有显著差异,故原子量为区间值。这 13 种元素除标准原子量外,给出常规原子量以方便使用。

第 2 类有 50 种,这些元素由两种或两种以上的同位素确定,但尚未定出其原子量的区间值,或者其同位素丰度在不同天然样品中变化很小而对原子量没有显著的影响,因此相应元素的原子量仍取单一值。这 50 种元素是:$_2$He、$_{10}$Ne、$_{19}$K、$_{20}$Ca、$_{22}$Ti、$_{23}$V、$_{24}$Cr、$_{26}$Fe、$_{28}$Ni、$_{29}$Cu、$_{30}$Zn、$_{31}$Ga、$_{32}$Ge、$_{34}$Se、$_{36}$Kr、$_{37}$Rb、$_{38}$Sr、$_{40}$Zr、$_{42}$Mo、$_{44}$Ru、$_{46}$Pd、$_{47}$Ag、$_{48}$Cd、$_{49}$In、$_{50}$Sn、$_{51}$Sb、$_{52}$Te、$_{54}$Xe、$_{56}$Ba、$_{57}$La、$_{58}$Ce、$_{60}$Nd、$_{62}$Sm、$_{63}$Eu、$_{64}$Gd、$_{66}$Dy、$_{68}$Er、$_{70}$Yb、$_{71}$Lu、$_{72}$Hf、$_{73}$Ta、$_{74}$W、$_{75}$Re、$_{76}$Os、$_{77}$Ir、$_{78}$Pt、$_{80}$Hg、$_{82}$Pb、$_{90}$Th、$_{92}$U。

第 3 类有 21 种,这些元素天然存在的仅有一种同位素,原子量由其同位素的本性决定,为单一值。这 21 种元素是:$_4$Be、$_9$F、$_{11}$Na、$_{13}$Al、$_{15}$P、$_{21}$Sc、$_{25}$Mn、$_{27}$Co、$_{33}$As、$_{39}$Y、$_{41}$Nb、$_{45}$Rh、$_{53}$I、$_{55}$Cs、$_{59}$Pr、$_{65}$Tb、$_{67}$Ho、$_{69}$Tm、$_{79}$Au、$_{83}$Bi、$_{91}$Pa。除铍外,其他 20 种的原子序数均为奇数。

第 4 类有 34 种元素,均无标准原子量。这是因为,这些元素所有的同位素均有放射性,没有适合测定原子量的样品。它们包括 $_{43}$Tc,$_{61}$Pm,$_{84}$Po 到 $_{89}$Ac(共 6 个),$_{93}$Np 到 $_{118}$Og(共 26 个)。在本周期表中,这些元素方框中,方括号[ ]内给出的数值是其半衰期最长的同位素的相对质量。

表 2.3.1　元素周期表

图例（位于表中左中部）：

原子序数　元素名称　元素符号
19　钾　K
39.10
$4s^1$　$^2S_{1/2}$
原子量　→
价电子组态　基态光谱项

族 \ 周期	1	2	3	4	5	6	7
1	1 氢 H　1.008　$1s^1$ $^2S_{1/2}$	3 锂 Li　6.69　$2s^1$ $^2S_{1/2}$	11 钠 Na　22.99　$3s^1$ $^2S_{1/2}$	19 钾 K　39.10　$4s^1$ $^2S_{1/2}$	37 铷 Rb　85.47　$5s^1$ $^2S_{1/2}$	55 铯 Cs　132.9　$6s^1$ $^2S_{1/2}$	87 钫 Fr　[223]　$7s^1$ $^2S_{1/2}$
2		4 铍 Be　9.012　$2s^2$ $^1S_0$	12 镁 Mg　24.31　$3s^2$ $^1S_0$	20 钙 Ca　40.08　$4s^2$ $^1S_0$	38 锶 Sr　87.62　$5s^2$ $^1S_0$	56 钡 Ba　137.3　$6s^2$ $^1S_0$	88 镭 Ra　[226]　$7s^2$ $^1S_0$
3				21 钪 Sc　44.96　$3d^14s^2$ $^2D_{3/2}$	39 钇 Y　88.91　$4d^15s^2$ $^2D_{3/2}$	57~71 La–Lu	89~103 Ac–Lr
4				22 钛 Ti　47.87　$3d^24s^2$ $^3F_2$	40 锆 Zr　91.22　$4d^25s^2$ $^3F_2$	72 铪 Hf　178.5　$5d^26s^2$ $^3F_2$	104 𬬻 Rf　[267]　$6d^27s^2$ $^3F_2$
5				23 钒 V　50.94　$3d^34s^2$ $^4F_{3/2}$	41 铌 Nb　92.92　$4d^45s^1$ $^6D_{1/2}$	73 钽 Ta　180.9　$5d^36s^2$ $^4F_{3/2}$	105 𬭚 Db　[268]　$6d^37s^2$ $^4F_{3/2}$
6				24 铬 Cr　52.00　$3d^54s^1$ $^7S_3$	42 钼 Mo　95.96　$4d^55s^1$ $^7S_3$	74 钨 W　183.8　$5d^46s^2$ $^5D_0$	106 𬭳 Sg　[271]　$6d^47s^2$ $^5D_0$
7				25 锰 Mn　54.94　$3d^54s^2$ $^6S_{5/2}$	43 锝 Tc　[98]　$4d^55s^2$ $^6S_{5/2}$	75 铼 Re　186.2　$5d^56s^2$ $^6S_{5/2}$	107 𬭛 Bh　[270]　$6d^57s^2$ $^6S_{5/2}$
8				26 铁 Fe　55.85　$3d^64s^2$ $^5D_4$	44 钌 Ru　101.1　$4d^75s^1$ $^5F_5$	76 锇 Os　190.2　$5d^66s^2$ $^5D_4$	108 𬭶 Hs　[271]　$6d^67s^2$ $^5D_4$
9				27 钴 Co　58.93　$3d^74s^2$ $^4F_{9/2}$	45 铑 Rh　102.9　$4d^85s^1$ $^4F_{9/2}$	77 铱 Ir　192.2　$5d^76s^2$ $^4F_{9/2}$	109 鿏 Mt　[276]　—
10				28 镍 Ni　58.69　$3d^84s^2$ $^3F_4$	46 钯 Pd　106.4　$4d^{10}$ $^1S_0$	78 铂 Pt　195.1　$5d^96s^1$ $^3D_3$	110 𫟼 Ds　[281]　—
11				29 铜 Cu　63.55　$3d^{10}4s^1$ $^2S_{1/2}$	47 银 Ag　107.9　$4d^{10}5s^1$ $^2S_{1/2}$	79 金 Au　197.0　$5d^{10}6s^1$ $^2S_{1/2}$	111 𬭸 Rg　[282]　—
12				30 锌 Zn　65.38　$3d^{10}4s^2$ $^1S_0$	48 镉 Cd　112.4　$4d^{10}5s^2$ $^1S_0$	80 汞 Hg　200.6　$5d^{10}6s^2$ $^1S_0$	112 鿔 Cn　[285]
13		5 硼 B　10.81　$2s^22p^1$ $^2P_{1/2}$	13 铝 Al　26.98　$3s^23p^1$ $^2P_{1/2}$	31 镓 Ga　69.72　$4s^24p^1$ $^2P_{1/2}$	49 铟 In　114.8　$5s^25p^1$ $^2P_{1/2}$	81 铊 Tl　204.4　$6s^26p^1$ $^2P_{1/2}$	113 鿭 Nh　[285]　—
14		6 碳 C　12.01　$2s^22p^2$ $^3P_0$	14 硅 Si　28.09　$3s^23p^2$ $^3P_0$	32 锗 Ge　72.63　$4s^24p^2$ $^3P_0$	50 锡 Sn　118.7　$5s^25p^2$ $^3P_0$	82 铅 Pb　207.2　$6s^26p^2$ $^3P_0$	114 𫓧 Fl　[289]　—
15		7 氮 N　14.01　$2s^22p^3$ $^4S_{3/2}$	15 磷 P　30.97　$3s^23p^3$ $^4S_{3/2}$	33 砷 As　74.92　$4s^24p^3$ $^4S_{3/2}$	51 锑 Sb　121.8　$5s^25p^3$ $^4S_{3/2}$	83 铋 Bi　209.0　$6s^26p^3$ $^4S_{3/2}$	115 镆 Mc　[289]　—
16		8 氧 O　16.00　$2s^22p^4$ $^3P_2$	16 硫 S　32.06　$3s^23p^4$ $^3P_2$	34 硒 Se　78.96　$4s^24p^4$ $^3P_2$	52 碲 Te　127.6　$5s^25p^4$ $^3P_2$	84 钋 Po　[209]　$6s^26p^4$ $^3P_2$	116 𫟷 Lv　[293]　—
17		9 氟 F　19.00　$2s^22p^5$ $^2P_{3/2}$	17 氯 Cl　35.45　$3s^23p^5$ $^2P_{3/2}$	35 溴 Br　79.90　$4s^24p^5$ $^2P_{3/2}$	53 碘 I　126.9　$5s^25p^5$ $^2P_{3/2}$	85 砹 At　[210]　$6s^26p^5$ $^2P_{3/2}$	117 鿬 Ts　[294]　—
18	2 氦 He　4.003　$1s^2$ $^1S_0$	10 氖 Ne　20.18　$2s^22p^6$ $^1S_0$	18 氩 Ar　39.95　$3s^23p^6$ $^1S_0$	36 氪 Kr　83.80　$4s^24p^6$ $^1S_0$	54 氙 Xe　131.3　$5s^25p^6$ $^1S_0$	86 氡 Rn　[222]　$6s^26p^6$ $^1S_0$	118 鿫 Og　[294]　—

镧系元素、锕系元素（←）

镧系元素	锕系元素
57 镧 La　138.9　$5d^16s^2$ $^2D_{3/2}$	89 锕 Ac　[227]　$6d^17s^2$ $^2D_{3/2}$
58 铈 Ce　140.1　$4f^15d^16s^2$ $^1G_4$	90 钍 Th　232.0　$6d^27s^2$ $^3F_2$
59 镨 Pr　140.9　$4f^36s^2$ $^4I_{9/2}$	91 镤 Pa　231.0　$5f^26d^17s^2$ $^4K_{11/2}$
60 钕 Nd　144.2　$4f^46s^2$ $^5I_4$	92 铀 U　238.0　$5f^36d^17s^2$ $^5L_6$
61 钷 Pm　[145]　$4f^56s^2$ $^6H_{5/2}$	93 镎 Np　[237]　$5f^46d^17s^2$ $^6L_{11/2}$
62 钐 Sm　150.4　$4f^66s^2$ $^7F_0$	94 钚 Pu　[244]　$5f^67s^2$ $^7F_0$
63 铕 Eu　152.0　$4f^76s^2$ $^8S_{7/2}$	95 镅 Am　[243]　$5f^77s^2$ $^8S_{7/2}$
64 钆 Gd　157.3　$4f^75d^16s^2$ $^9D_2$	96 锔 Cm　[247]　$5f^76d^17s^2$ $^9D_2$
65 铽 Tb　158.9　$4f^96s^2$ $^6H_{15/2}$	97 锫 Bk　[247]　$5f^97s^2$ $^6H_{15/2}$
66 镝 Dy　162.5　$4f^{10}6s^2$ $^5I_8$	98 锎 Cf　[251]　$5f^{10}7s^2$ $^5I_8$
67 钬 Ho　164.9　$4f^{11}6s^2$ $^4I_{15/2}$	99 锿 Es　[252]　$5f^{11}7s^2$ $^4I_{15/2}$
68 铒 Er　167.3　$4f^{12}6s^2$ $^3H_6$	100 镄 Fm　[257]　$5f^{12}7s^2$ $^3H_6$
69 铥 Tm　168.9　$4f^{13}6s^2$ $^2F_{7/2}$	101 钔 Md　[258]　$5f^{13}7s^2$ $^2F_{7/2}$
70 镱 Yb　173.1　$4f^{14}6s^2$ $^1S_0$	102 锘 No　[259]　$5f^{14}7s^2$ $^1S_0$
71 镥 Lu　175.0　$4f^{14}5d^16s^2$ $^2D_{3/2}$	103 铹 Lr　[262]　$5f^{14}7s^27p^1$ $^2P_{3/2}$

2.3.3　电子组态和光谱项

现在从一个给定的电子组态推引出电子状态。这些状态有多种名称:光谱项(或状态)、谱项符号和 Russell-Saunders 谱项(这是为纪念光谱学家 H. N. Russell 和 F. A. Saunders)。推引状态的方案称为 Russell-Saunders 偶合或 L-S 偶合。

每一个电子状态由 3 个角动量定义:总的轨道角动量 L,总的自旋角动量 S 和总的角动量 J。这些矢量定义为

$$L = \sum_i l_i \tag{2.3.4}$$

$$S = \sum_i s_i \tag{2.3.5}$$

$$J = L + S \tag{2.3.6}$$

在方程(2.3.4)和(2.3.5)中,l_i 和 s_i 分别为单个电子的轨道角动量矢量和自旋角动量矢量。对一个以量子数 L,S 和 J 定义的态,体系的总的轨道角动量、总的自旋角动量和总的角动量分别为 $\sqrt{L(L+1)}$,$\sqrt{S(S+1)}$ 和 $\sqrt{J(J+1)}$ a.u.。在量子力学中,当把两个矢量 A 和 B 加和在一起,可产生矢量 C,C 的取值只可以为:$A+B,A+B-1,\cdots,|A-B|$,其中的 A,B 和 C 分别是矢量 A,B 和 C 的量子数。所以从(2.3.6)式可得

$$J = L + S, L + S - 1, \cdots, |L - S| \tag{2.3.7}$$

每个状态根据 L 的数值用大写英文字母标记为

$$L 值: 0, \quad 1, \quad 2, \quad 3, \quad 4, \quad 5, \quad 6, \cdots$$
$$状态: S, \quad P, \quad D, \quad F, \quad G, \quad H, \quad I, \cdots$$

一个谱项的简明符号为

$$^{2S+1}L_J$$

例如状态 $^4G_{3\frac{1}{2}}$ 就表示它的 $L=4$,$S=1\frac{1}{2}$,$J=3\frac{1}{2}$,从(2.3.7)式得知,$L=4$,$S=1\frac{1}{2}$ 时,J 可以取值为 $5\frac{1}{2}$,$4\frac{1}{2}$,$3\frac{1}{2}$,$2\frac{1}{2}$。所以 $3\frac{1}{2}$ 是一个 J 的允许值。谱项中左上标 $2S+1$ 称为该状态的自旋多重性。当状态的自旋多重性为 $1,2,3,4,\cdots$ 时,该状态分别称为单重态、二重态、三重态、四重态……。通常允许 J 值的数目和状态的自旋多重性相同,例如前面的 ^4G 中有 4 个 J 值。但是也有例外,例如 ^2S 态的 $L=0$,$S=\frac{1}{2}$,J 值只有一个,为 $J=\frac{1}{2}$。

为了推引电子的状态,有时也需要分别用角动量 L 和 S 的 z 轴分量,称为 L_z 和 S_z。L_z 和 S_z 的大小分别为 M_L 和 M_S a.u.,这时,

$$M_L = \sum_i (m_l)_i = L, L-1, \cdots, -L \tag{2.3.8}$$

$$M_S = \sum_i (m_s)_i = S, S-1, \cdots, -S \tag{2.3.9}$$

同理,总角动量矢量 J 也有它的 z 轴分量 J_z,相应的大小为 M_J a.u.:

$$M_J = M_L + M_S = J, J-1, \cdots, -J \tag{2.3.10}$$

注意,(2.3.8)式~(2.3.10)式中的加和是数学加和,而不是矢量加和。

当在一个组态中只有一个电子,例如 H 原子的 $1s^1$,可得

$$L = l_1 = 0$$

说明这是一个 S 态。同理,

$$S = s_1 = \frac{1}{2}$$

$$2S + 1 = 2$$

所以只有 1 个谱项 ^2S,允许的 J 值为 $\frac{1}{2}$。从 s^1 组态只能出现 $^2S_{\frac{1}{2}}$ 这样一个状态,按同理可以容易地推得:

组　态	s^1	p^1	d^1	f^1
状　态	$^2S_{\frac{1}{2}}$	$^2P_{\frac{1}{2}}$, $^2P_{1\frac{1}{2}}$	$^2D_{1\frac{1}{2}}$, $^2D_{2\frac{1}{2}}$	$^2F_{2\frac{1}{2}}$, $^2F_{3\frac{1}{2}}$

　　下面讨论 s^2 组态,即 He 原子基态组态。这里的两个电子是等同的,因为它们有着相同的 n 值和 l 值。对这些体系必须牢记 Pauli 不相容原理,这两个电子同处一个轨道而自旋相反,常写成 $\underline{\uparrow\downarrow}$。

$$1s\ \underline{\uparrow\ \downarrow} \qquad M_L = \sum_i (m_l)_i \qquad M_S = \sum_i (m_s)_i$$

$$n = 1, l = 0, m_l = 0 \qquad M_L = 0 + 0 = 0 \qquad M_S = -\frac{1}{2} + \frac{1}{2} = 0$$

这个组态的唯一 (M_L, M_S) 组合为 $(0,0)$,这种组合称为微状态;这里 $M_L = 0, M_S = 0$。从 (2.3.8) 和 (2.3.9) 式得:$L = 0, S = 0$,所以 s^2 组态只有一种状态 $^1S_0$。

　　对于所有全充满的组态也得同样结果:只有一种状态 $^1S_0$。

组　态	s^2	p^6	d^{10}	f^{14}
状　态	$^1S_0$	$^1S_0$	$^1S_0$	$^1S_0$

对于 He 原子的激发态 $1s^1 2s^1$ 可表示为:

$n=1, l=0, m_l=0$	$n=2, l=0, m_l=0$	M_L	M_S
$\uparrow$	$\uparrow$	0	1
$\uparrow$	$\downarrow$	0	0
$\downarrow$	$\uparrow$	0	0
$\downarrow$	$\downarrow$	0	-1

由这 4 个微状态引出的 (M_L, M_S) 的分布为

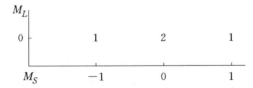

对于这样一个简单的分布很明显只有两个谱项从这里引出:^1S[它需要一个微状态 $(M_L = 0, M_S = 0)$] 和 ^3S[它需要 3 个微状态:$(0,1), (0,0), (0,-1)$]。其实前面已经讨论过 He 原子的 $1s^1 2s^1$ 激发态有两种状态,一个是单重态,一个是三重态,三重态的能量较低。如果加上正

常的 J 值,对 $ns^1 n's^1$ 组态出现两种状态:$^1S_0$ 和 $^3S_1$。

碳的组态 $1s^2 2s^2 2p^2$ 是在教科书中经常引用的例子。由于充满的亚层可导得 $L=0$ 和 $S=0$,所以这里只要考虑 p^2。对于 p^2 组态有 15 种微状态,列于表 2.3.2。这 15 种微状态的分布如下左图所示,而它是由 3 个小的分布组成,如右下 3 个图所示:

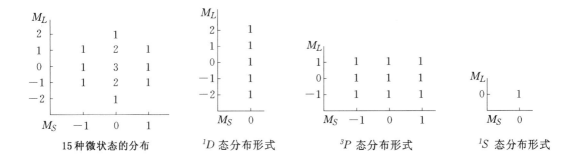

| 15 种微状态的分布 | ^1D 态分布形式 | ^3P 态分布形式 | ^1S 态分布形式 |

所以 p^2 组态可得 3 个谱项:$^1D,^3P$ 和 ^1S,如果加进允许的 J 值,则有:$^1D_2,^3P_2,^3P_1,^3P_0$ 和 $^1S_0$。能级 $^3P_2,^3P_1$ 和 $^3P_0$ 的差别仅在于 J 值,称为该谱项的多重性。对于轻元素,多重性间能级的差别很小,而不同谱项间能级的差别较大。

表 2.3.2　p^2 组态的 15 种微状态

$m_l = 1$	$m_l = 0$	$m_l = -1$	M_L	M_S
↑ ↓			2	0
	↓ ↑		0	0
		↑ ↓	−2	0
↑	↑		1	1
↓	↓		1	−1
↑	↓		1	0
↓	↑		1	0
	↑	↑	−1	1
	↓	↓	−1	−1
	↑	↓	−1	0
	↓	↑	−1	0
↑		↑	0	1
↓		↓	0	−1
↑		↓	0	0
↓		↑	0	0

通过写出给定组态的微状态,容易看出 l^n 组态和 l^{4l+2-n} 组态有着相同的状态,例如 p^2 和 p^4 有着相同状态。这是因为指派电子到轨道上的方式的数目和指派空穴到轨道上的方式的数目相等。因此 $C(1s^2 2s^2 2p^2)$ 和 $O(1s^2 2s^2 2p^4)$ 有着相同的状态。表 2.3.3 列出各等同电子组态出现的谱项符号(只列 L 和 S 值)。对于亚层中只有一个电子以及全充满亚层的组态已在前面列出。

表 2.3.3 s^n，p^n 和 d^n 组态出现的光谱项

组　态	LS 谱项	组　态	LS 谱项
p^1，p^5	^2P	d^3，d^7	$^2D(2)$，^2P，^2F，^2G，^2H，^4P，^4F
p^2，p^4	^1S，^1D，^3P	d^4，d^6	$^1S(2)$，$^1D(2)$，^1F，$^1G(2)$，^1I，
p^3	^2P，^2D，^4S		$^3P(2)$，^3D，$^3F(2)$，^3G，^3H，^5D
d^1，d^9	^2D	d^5	^2S，^2P，$^2D(3)$，$^2F(2)$，$^2G(2)$，
d^2，d^8	^1S，^1D，^1G，^3P，^3F		^2H，^2I，^4P，^4D，^4F，^4G，^6S

注意：表 2.3.3 每个组态中最后的那个谱项是基态谱项（见下一小节 Hund 规则的讨论）。谱项后括号内的数目指明该谱项出现次数，例如 d^3 组态有两种不同的 ^2D 谱项。

2.3.4 关于谱项的 Hund 规则

当一个组态出现多个谱项时，我们希望知道它们的相对能量高低次序，或者至少可以说出哪一个谱项的能量最低。为了实现这个要求，兹介绍 Hund（洪特）规则，它是首先由物理学家 F. Hund 提出的：

（1）对于给定的电子组态出现的状态，在能量上最低的是具有最高自旋多重性的状态。

（2）具有相同自旋多重性的状态，L 值最大者能量最低。

（3）对于少于半充满的组态，J 值最小者能量最低（多重态称为"正常"的）；对于多于半充满的组态，J 值最大者能量最低（多重态称为"反常"的）。

注意，严格地说，Hund 规则只能适用于等同电子组态来定它的基态。利用 Hund 规则可看出碳（$2p^2$）和氧（$2p^4$）都有着相同的 ^3P 基态谱项，但碳的基态为 $^3P_0$，而氧的基态是 $^3P_2$，图 2.3.2 给出一个完整的碳的状态能级次序。

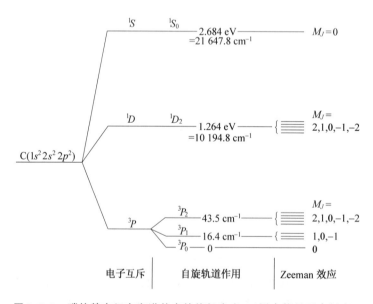

图 2.3.2 碳的基态组态光谱状态的能级次序。（图中能量不合标度。）

对一个 $^{2S+1}L_J$ 状态，它有 $(2J+1)$ 重简并性，即 $M_J = J, J-1, \cdots, -J$。这个简并性将会在外加磁场到样品上然后拍它的光谱时表现出来。

从上述的讨论再次注意到发生电子在态间的跃迁可以或者不可以包含组态的改变。以图 2.3.2 中的态为例，从基态 $^3P_0$ 到激发态 $^1D_2$ 的跃迁（$^3P_0 \longrightarrow {}^1D_2$，注意这个跃迁本来就不是允许的）并不包含组态的改变，因为它们的始态和终态都是 $2p^2$。

最后，我们对一个给定的组态不用写出全部微状态而可得到基态谱项。再用 p^2 组态为例，将两个电子排在 3 个 p 轨道，基态状态需要有最大 S 值（优先考虑）和 L 值。按此要求排放电子应当为

$$m_l \quad\quad 1 \quad\quad 0 \quad\quad -1$$

$$\boxed{\uparrow\ |\ \uparrow\ |\ } \quad\quad M_L = 1, \ M_S = 1$$

因为 M_L 从 L 到 $-L$ 排列，而 M_S 从 S 到 $-S$ 排列，所以可得 L 和 S 的最大值均为 1：$L=1$，$S=1$。基态谱项为 ^3P。

再举两个例子：

（1）p^3：

$$m_l \quad\quad 1 \quad\quad 0 \quad\quad -1$$

$$\boxed{\uparrow\ |\ \uparrow\ |\ \uparrow} \quad\quad M_L = 0, \ M_S = 1\frac{1}{2}$$

由此得 $L=0$，$S=1\frac{1}{2}$，基态谱项为 ^4S。

（2）d^7：

$$m_l \quad\quad 2 \quad\quad 1 \quad\quad 0 \quad\quad -1 \quad\quad -2$$

$$\boxed{\uparrow\downarrow\ |\ \uparrow\downarrow\ |\ \uparrow\ |\ \uparrow\ |\ \uparrow} \quad\quad M_L = 3, \ M_S = 1\frac{1}{2}$$

由此得 $L=3$，$S=1\frac{1}{2}$，基态谱项为 ^4F。

各种元素的原子基态价电子组态与光谱项数据列于表 2.3.1 中，该数据源于美国国家标准局 2019 年发表的化学元素周期表。

2.3.5　j-j 耦合

在上述讨论的 L-S 耦合中，假定电子的推斥作用远大于自旋-轨道作用。这个假定无疑地符合轻元素，例如碳原子的情况（见图 2.3.2）。但是按元素周期表从上往下看，这个假定变得越来越不适用。从表 2.3.4 所列光谱数据清楚说明这种 L-S 耦合方案渐趋不合适。

表 2.3.4　np^2 组态（$n=2\sim6$）产生的电子状态
的光谱数据（单位：cm^{-1}）

元　素	$^3P_0$	$^3P_1$	$^3P_2$	$^1D_2$	$^1S_0$
C	0.0	16.4	43.5	10 193.7	21 648.4
Si	0.0	77.2	223.31	6298.8	15 394.2
Ge	0.0	557.1	1409.9	7125.3	16 367.1
Sn	0.0	1691.8	3427.7	8613.0	17 162.6
Pb	0.0	7819.4	10 650.5	21 457.9	29 466.8

在极端的情况下,自旋-轨道作用远大于电子互斥作用,总的轨道角动量 L 和总的自旋角动量 S 已不再是"适当的"量子数,代替它们的为总角动量 J 来定义状态。J 是全部单个电子的总角动量 j 的矢量和:

$$\boldsymbol{J} = \sum_i \boldsymbol{j}_i \tag{2.3.11}$$

其中,

$$\boldsymbol{j}_i = \boldsymbol{l}_i + \boldsymbol{s}_i \tag{2.3.12}$$

可以用一个简单例子来说明。考虑电子组态 $p^1 s^1$,对于 p 电子 $j_1 = l_1 + s_1$,所以 j_1 值既可以是 $1\frac{1}{2}$,也可以是 $\frac{1}{2}$。对 s 电子,j_2 值为 $\frac{1}{2}$。当 $j_1 = 1\frac{1}{2}$ 而 $j_2 = \frac{1}{2}$ 进行耦合时,$\boldsymbol{J} = \boldsymbol{j}_1 + \boldsymbol{j}_2$,量子数 J 可为 1 或 2。当 $j_1 = \frac{1}{2}$ 而 $j_2 = \frac{1}{2}$ 进行耦合时,J 可为 0 或 1。所以对 $p^1 s^1$ 组态有 4 种状态 $J = 0, 1, 1, 2$。这些态可以关系到 Russell-Saunders 谱项,如图 2.3.3 所示。

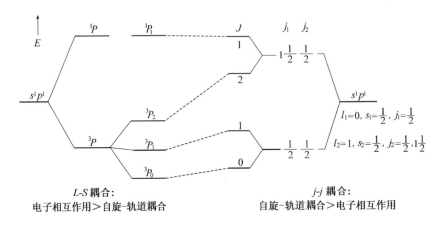

图 2.3.3　按 L-S 和 j-j 耦合方案由 $s^1 p^1$ 组态产生的电子状态相关图。

结束本小节前,我们再考虑一个稍微复杂的例子:两个等当 p 电子的情况。在 j-j 耦合方案中,Pauli 原理叙述为:"没有两个电子能同时具有 4 个相同的量子数 (n, l, j, m_j)。"对 np^2 组态,$l_1 = l_2 = 1$,$s_1 = s_2 = \frac{1}{2}$,这时 j_1 和 j_2 可分别等于 $1\frac{1}{2}$ 和 $\frac{1}{2}$。按 j-j 组合,它有 15 个微状态(正如 L-S 耦合),列于表 2.3.5 中。

表 2.3.5　按 j-j 耦合方案对 np^2 组态所得的微状态

j_1	j_2	$(m_j)_1$	$(m_j)_2$	M_J	J
$\frac{1}{2}$	$\frac{1}{2}$	$\frac{1}{2}$	$-\frac{1}{2}$	0	0
$\frac{1}{2}$	$\frac{1}{2}$	$\frac{1}{2}$	$1\frac{1}{2}$	2	
		$\frac{1}{2}$	$\frac{1}{2}$	1	
		$\frac{1}{2}$	$-\frac{1}{2}$	0	
		$\frac{1}{2}$	$-1\frac{1}{2}$	-1	
		$-\frac{1}{2}$	$1\frac{1}{2}$	1	2,1
		$-\frac{1}{2}$	$\frac{1}{2}$	0	
		$-\frac{1}{2}$	$-\frac{1}{2}$	-1	
		$-\frac{1}{2}$	$-1\frac{1}{2}$	-2	

续表

j_1	j_2	$(m_j)_1$	$(m_j)_2$	M_J	J
$1\frac{1}{2}$	$1\frac{1}{2}$	$1\frac{1}{2}$	$\frac{1}{2}$	2	
		$1\frac{1}{2}$	$-\frac{1}{2}$	1	
		$1\frac{1}{2}$	$-1\frac{1}{2}$	0	
		$\frac{1}{2}$	$-\frac{1}{2}$	0	2,0
		$\frac{1}{2}$	$-1\frac{1}{2}$	-1	
		$-\frac{1}{2}$	$-1\frac{1}{2}$	-2	

注意,在表 2.3.5 中下标 1 和 2 只是为了便利应用,因为电子是不可分辨的。利用这个方案推得的 5 个电子状态与图 2.3.3 示出的 $L\text{-}S$ 耦合方案推得的电子状态是相关的,如图2.3.4所示。

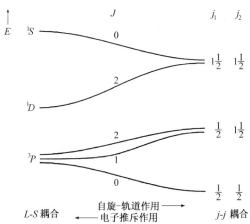

图 2.3.4　按 $L\text{-}S$ 和 $j\text{-}j$ 耦合方案由 np^2 组态产生的电子状态相关图。

2.4　原子的性质

本节讨论多种原子性质,它们是在上一节中已讨论的原子的电子组态的表现。这些性质包括电离能、电子亲和能、电负性等。其他的性质如原子和离子的半径将在后面章节中,作为在分子中和原子间相互作用有关的性质时进行讨论。在本节的末尾将讨论相对论效应对元素性质的影响。

2.4.1　电离能与电子亲和能

1. 电离能

一个原子的第一电离能 I_1 定义为:从气态的基态原子中移去一个电子所需的最低能量,通常用焓的改变量表示:

$$\text{A(g)} \longrightarrow \text{A}^+\text{(g)} + \text{e}^-\text{(g)}, \quad \Delta H = I_1 \tag{2.4.1}$$

原子的第二电离能 I_2 则指从气态的一价正离子中移去一个电子的焓的改变量:

$$\text{A}^+\text{(g)} \longrightarrow \text{A}^{2+}\text{(g)} + \text{e}^-\text{(g)}, \quad \Delta H = I_2 \tag{2.4.2}$$

以此类推。表 2.4.1 列出元素的 I_1 和 I_2 电离能值。电离能 I_1 和 I_2 随原子序数(Z)的变化情况示于图 2.4.1 中。

从图 2.4.1 I_1-Z 的整体来看：对每一族元素，电离能 I_1 随原子序数的增加而变小。对同一周期的元素，I_1 则随原子序数的增加而加大。稀有气体的 I_1 具有极大值，因为它们的满壳层电子组态($ns^2 np^6$)很难移去电子。和这种情况相似，具有充满亚层电子组态$[(n-1)d^{10} ns^2]$的 Zn，Cd，Hg 和 Pd 等的 I_1 也是处于峰值。N，P 和 As 等具有半充满壳层结构，它们的 I_1 处在小的峰值上。

在 I_1-Z 曲线上，碱金属处于极小值的位置，这是因为碱金属在满壳层外，只有一个结合较弱的电子；但在 I_2-Z 曲线上，碱金属则处于极大值，这是由于电离一个电子后，其一价正离子具有满壳层结构，和稀有气体的电子组态一样，再加上体系已带一个正电荷，使它们的 I_2 值较大，处在 $2.2 \sim 7.3 \, \text{MJ mol}^{-1}$ 范围。由这些数据就可以很好理解碱金属的许多化学性质。同样，对于 B，Al，Ga，In，Tl，因其 p 亚层只有一个电子，也容易电离，它们的一价正离子具有全充满的亚层结构(ns^2)。

表 2.4.1　元素的第一和第二电离能及电子亲和能

Z	元素	$I_1/(\text{MJ mol}^{-1})$	$I_2/(\text{MJ mol}^{-1})$	$Y/(\text{kJ mol}^{-1})$	Z	元素	$I_1/(\text{MJ mol}^{-1})$	$I_2/(\text{MJ mol}^{-1})$	$Y/(\text{kJ mol}^{-1})$
1	H	1.3120		72.77	47	Ag	0.7310	2.074	125.7
2	He	2.3723	5.2504	—	48	Cd	0.8677	1.6314	—
3	Li	0.5203	7.2981	59.8	49	In	0.5583	1.8206	29
4	Be	0.8995	1.7571	—	50	Sn	0.7086	1.4118	121
5	B	0.8006	2.4270	27	51	Sb	0.8316	1.595	101
6	C	1.0864	2.3526	122.3	52	Te	0.8693	1.79	190.1
7	N	1.4023	2.8561	—7	53	I	1.0084	1.8459	295.3
8	O	1.3140	3.3882	141.0	54	Xe	1.1704	2.046	—
9	F	1.6810	3.3742	327.9	55	Cs	0.3757	2.23	45.49
10	Ne	2.0807	3.9523	—	56	Ba	0.5029	0.9653	—
11	Na	0.4958	4.5624	52.7	57	La	0.5381	1.067	50
12	Mg	0.7377	1.4507	—	58	Ce	0.528	1.047	50
13	Al	0.5776	1.8167	44	59	Pr	0.523	1.018	50
14	Si	0.7865	1.5771	133.6	60	Nd	0.530	1.034	50
15	P	1.0118	1.9032	71.7	61	Pm	0.536	1.052	50
16	S	0.9996	2.251	200.4	62	Sm	0.543	1.068	50
17	Cl	1.2511	2.297	348.8	63	Eu	0.547	1.085	50
18	Ar	1.5205	2.6658	—	64	Gd	0.592	1.17	50
19	K	0.4189	3.0514	48.36	65	Tb	0.564	1.112	50
20	Ca	0.5898	1.1454	—	66	Dy	0.572	1.126	50
21	Sc	0.631	1.235	—	67	Ho	0.581	1.139	50
22	Ti	0.658	1.310	20	68	Er	0.589	1.151	50
23	V	0.650	1.414	50	69	Tm	0.5967	1.163	50
24	Cr	0.6528	1.496	64	70	Yb	0.6034	1.175	50
25	Mn	0.7174	1.5091	—	71	Lu	0.5235	1.34	50
26	Fe	0.7594	1.561	24	72	Hf	0.654	1.44	—
27	Co	0.758	1.646	70	73	Ta	0.761		60
28	Ni	0.7367	1.7530	111	74	W	0.770		60
29	Cu	0.7455	1.9579	118.3	75	Re	0.760		15
30	Zn	0.9064	1.7333	—	76	Os	0.84		110
31	Ga	0.5788	1.979	29	77	Ir	0.88		160
32	Ge	0.7622	1.5372	120	78	Pt	0.87	1.7911	205.3

续表

Z	元素	I_1/(MJ mol^{-1})	I_2/(MJ mol^{-1})	Y/(kJ mol^{-1})	Z	元素	I_1/(MJ mol^{-1})	I_2/(MJ mol^{-1})	Y/(kJ mol^{-1})
33	As	0.944	1.7978	77	79	Au	0.8901	1.98	222.7
34	Se	0.9409	2.045	194.9	80	Hg	1.0070	1.8097	—
35	Br	1.1399	2.10	324.6	81	Tl	0.5893	1.9710	30
36	Kr	1.3507	2.3503	—	82	Pb	0.7155	1.4504	110
37	Rb	0.4030	2.633	46.89	83	Bi	0.7033	1.610	110
38	Sr	0.5495	1.0643	—	84	Po	0.812		180
39	Y	0.616	1.181	0.0	85	At	—		270
40	Zr	0.660	1.267	50	86	Rn	1.0370		—
41	Nb	0.664	1.382	100	87	Fr	—		
42	Mo	0.6850	1.558	100	88	Ra	0.5094	0.9791	
43	Tc	0.702	1.472	70	89	Ac	0.49	1.17	
44	Ru	0.711	1.617	110	90	Th	0.59	1.11	
45	Rh	0.720	1.744	120	91	Ra	0.57		
46	Pd	0.805	1.875	60	92	U	0.59		

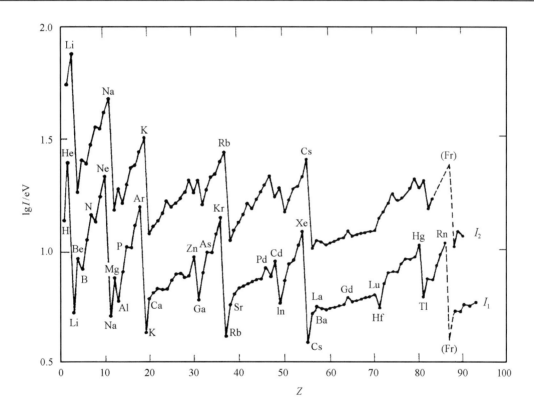

图 2.4.1　电离能(I)随原子序数(Z)的变化情况。（图中 I 以 eV 为单位并取对数值，下面曲线为 I_1-Z，上面曲线为 I_2-Z。）

碱土金属（Be，Mg，Ca，Sr，Ba）的 2 个价电子相对地较易电离，如图 2.4.1 所示。这些金属的 I_2 较小，在 I_2-Z 曲线上处于最低值，因此这些金属总是以 M^{2+} 出现。唯一的例外是 Be，它具有这一族中最高的（I_1+I_2）值，主要形成共价化合物。相似地 Zn，Cd，Hg 的电子组态为$\cdots(n-1)d^{10}ns^2$,它们也倾向于形成 M^{2+} 离子,但它们的 I_1 和 I_2 都较高,故其活泼性不如碱土金属。

最后,一个元素的电离能数值并不是唯一判断它的化学性质的依据,还要考虑其他因素的作用。例如,单从电离能的数值来看,Ca 容易形成 Ca^+ 而不易形成 Ca^{2+},可是化学中从未观察到 Ca^+。这是由于在晶体中 CaX_2 的点阵能远大于 CaX 的点阵能,它足够补偿 I_2 所需的能量(约 1000 kJ mol^{-1});在溶液中,Ca^{2+} 的水合能远大于 Ca^+,促使 Ca^+ 变为 Ca^{2+}。所以不论在溶液或固体中,碱土金属离子以 M^{2+} 形式存在。

2. 电子亲和能

电子亲和能(Y)是指气态的基态原子获得一个电子成为一价负离子所放出的能量:

$$A(g) + e^-(g) \longrightarrow A^-(g), \quad -\Delta H = Y \qquad (2.4.3)$$

换言之,A 的电子亲和能简单地说是 A^- 的电离能。表 2.4.1 中列出各种元素的电子亲和能。因为有些元素(例如稀有气体和 Zn,Cd,Hg 等)的负离子 A^- 不稳定,它的电子亲和能未能准确测出,表中没有给出它们的具体数值。在表 2.4.1 中只列出一种元素(N)具有负值的电子亲和能。这说明 N^- 是一个不稳定物种,它会自发地失去一个电子。

电子亲和能的绝对值较电离能小。Cl 原子具有最大电子亲和能,它的数值为 $348.8\,kJ\,mol^{-1}$。这个数值仍小于具有最小电离能的元素 Cs 的 I_1 值:$375.7\,kJ\,mol^{-1}$。

从表 2.4.1 所列的数据可看出,卤素的电子亲和能最大,因为当这些原子一旦得到一个电子形成一价负离子,它就具有满壳层结构。和卤素相邻的氧族元素,电子亲和能也较大。除卤素外,金(Au)具有最高的电子亲和能值,金能和卤素一样形成 CsAu 等盐类化合物,其原因将在本节后面相对论效应中讨论。镧系元素的电子亲和能值约在 $50\,kJ\,mol^{-1}$,相互间差别不大,表中一律用一个数值表示。

迄今,还没有发现已获得一个电子的 A^-,再获得另一个电子成为 A^{2-} 的电子亲和能为正值的物种。O^- 和 S^- 再加一个电子成为 O^{2-} 和 S^{2-} 的电子亲和能分别为 $-744\,kJ\,mol^{-1}$ 和 $-456\,kJ\,mol^{-1}$,它们都具有较大的负值。因此 O^{2-} 和 S^{2-} 在气相中是不稳定的。O^{2-} 和 S^{2-} 在固体和溶液中能稳定存在,其稳定性来源于点阵能、溶剂化能及进行化学反应形成更稳定的物种,例如:

$$O^{2-} + H_2O \longrightarrow 2OH^-$$

2.4.2 电负性的光谱标度(X_s)

对化学家而言,电负性是一个很有用的定性概念。它历史悠久,涉及面广。电负性概念最早是在 1835 年由 J. J. Berzelius 提出,他将化学结合归因于两类物质间电的吸引作用:电正性类由金属及其氧化物组成,电负性类由非金属及其氧化物组成。大约一百年后,1932 年,L. Pauling 定义电负性为"在一个分子中,一个原子将电子吸引到它自身的能力"。他依据两种原子所形成的异核键键能和两种同核键键能的平均值之间的差别,即 AB 键能与 A_2 和 B_2 键能平均值之差(Δ)提出元素的电负性定量标度数据,依据 A 和 B 的电负性差值 $|\chi_A - \chi_B|$ 正比 $(\Delta)^{\frac{1}{2}}$,从而提出各个元素的电负性的大小数值,称为电负性的 Pauling 标度 χ_P。几十年来,人们广泛地利用 χ_P 数据探讨化学问题。在 1934—1935 年间,R. S. Mullikan 以原子的第一电离能与电子亲和能之和作为电负性标度的依据,将这些数据乘以一个常数使其和 χ_P 拟合接近,

称为 χ_M。1958 年,A. L. Allred 和 E. G. Rochow 根据原子的有效核电荷 Z_{eff} 和原子的共价半径之商为依据,和 χ_P 拟合接近,提出电负性的标度 χ_{AR}。1989 年,L. C. Allen 提出"电负性是基态时自由原子价电子的平均单电子的能量",由于此单电子能量可由光谱测定,将能量数据乘以一个常数和 χ_P 拟合,即得电负性的光谱标度 χ_s。表 2.4.2 中列出各个元素的 χ_P 和 χ_s 值。

表 2.4.2 元素的电负性值(上面的数据为 χ_P,下面的数据为 χ_s)

H							He
2.20							—
2.300							4.160

Li	Be	B	C	N	O	F	Ne
0.98	1.57	2.04	2.55	3.04	3.44	3.98	—
0.912	1.576	2.051	2.544	3.066	3.610	4.193	4.787

Na	Mg	Al	Si	P	S	Cl	Ar
0.93	1.31	1.61	1.90	2.19	2.58	3.16	—
0.869	1.293	1.613	1.916	2.253	2.589	2.869	3.242

K	Ca	Ga	Ge	As	Se	Br	Kr
0.82	1.00	1.81	2.01	2.18	2.55	2.96	3.34
0.734	1.034	1.756	1.994	2.211	2.424	2.685	2.966

Rb	Sr	In	Sn	Sb	Te	I	Xe
0.82	0.95	1.78	1.96	2.05	2.10	2.66	2.95
0.706	0.963	1.656	1.824	1.984	2.158	2.359	2.582

Cs	Ba	Tl	Pb	Bi	Po	At	Rn
0.79	0.89	2.04	2.33	2.02	2.0	2.2	—
0.659	0.881	1.789	1.854	2.01	2.19	2.39	2.60

Sc	Ti	V	Cr	Mn	Fe	Co	Ni	Cu	Zn
1.36	1.54	1.63	1.66	1.55	1.83	1.88	1.91	1.90	1.65
1.19	1.38	1.53	1.65	1.75	1.80	1.84	1.88	1.85	1.59

Y	Zr	Nb	Mo	Tc	Ru	Rh	Pd	Ag	Cd
1.22	1.33	—	2.16	—	—	2.28	2.20	1.93	1.69
1.12	1.32	1.41	1.47	1.51	1.54	1.56	1.59	1.87	1.52

Lu	Hf	Ta	W	Re	Os	Ir	Pt	Au	Hg
—	—	—	2.36	—	—	2.20	2.28	2.54	2.00
1.09	1.16	1.34	1.47	1.60	1.65	1.68	1.72	1.92	1.76

　　由于 χ_P，χ_M，χ_{AR} 等在许多物理化学和结构化学的教科书中已有详细介绍，其中 χ_P 和 χ_{AR} 涉及元素之间的相互作用的物理量，χ_M 中电子亲和能的数据不够准确，而 χ_s 只由孤立自由的原子的结构参数所决定，所以下面只对电负性的光谱标度 χ_s 进行讨论。

　　χ_s 是根据原子的组态能(configuration energy，CE)来定元素的电负性。

$$CE = \frac{n\varepsilon_s + m\varepsilon_p}{n + m} \tag{2.4.4}$$

式中 n 和 m 分别为价层 s 轨道和 p 轨道的价电子数目，ε_s 和 ε_p 分别为 s 轨道和 p 轨道自由原子的光谱多重态平均的单电子价层原子轨道能。例如，O 原子的 ε_{2s} 和 ε_{2p} 是由不同的 $(2S+1)$ $\times(2L+1)$ 的多重态平均而得，可直接由已测定的光谱数据算出。表 2.4.3 列出周期表中前 8 种元素的 ε_s，ε_p 和 CE 值。由表可见，前面 4 种元素只涉及 S 态，ε_s 可直接由 I_1 数据获得。而 O 原子处在基态 $2s^2 2p^4$ 时，有 ^1S，^1D 和 ^3P 等多重态，需要取它们平均的能量；同样，电离后若为 $2s^2 2p^3$ 组态则要取 ^2P，^2D 和 ^4S 等多重态的平均能量，ε_{2p} 是这两个平均能量间的差值。为了求 ε_{2s}，要用 $2s^1 2p^4$ 组态的多重态 ^2P，^2S，^2D 和 ^4P 的平均能量。ε_{2s} 是 $2s^2 2p^4$ 和 $2s^1 2p^4$ 组态间的平均能量差值。根据各个元素的 CE 值(以 eV 为单位)乘上一个常数 $\left(\dfrac{2.30}{13.60}\right)$ 即得 χ_s。χ_s 是由孤立原子的价层电子能级高低推得，具有"平均原子"的性质，也真正反映了原子的化学行为。χ_s 是具有明确物理意义的一个原子结构参数，它和平均单个价电子的电离能有关。这个参数应反映原子在分子中吸引电子的能力。

表 2.4.3　周期表中前 8 种元素的 ε_s，ε_p 和 CE

元　素	电子组态	ε_p/eV	ε_s/eV	CE/eV	χ_s
H	$1s^1$	—	13.60	13.60	2.300
He	$1s^2$	—	24.59	24.59	4.160
Li	$1s^2 2s^1$	—	5.39	5.39	0.912
Be	$1s^2 2s^2$	—	9.32	9.32	1.576
B	$1s^2 2s^2 2p^1$	8.29	14.04	12.13	2.051
C	$1s^2 2s^2 2p^2$	10.66	19.42	15.05	2.544
N	$1s^2 2s^2 2p^3$	13.17	25.55	18.13	3.066
O	$1s^2 2s^2 2p^4$	15.84	32.36	21.36	3.610

　　图 2.4.2 和图 2.4.3 分别示出主族元素和过渡金属元素的电负性 χ_s 和族次间的关系。由这两个图可见，同一周期的元素由左向右随着族次增加电负性增加。稀有气体在同一周期中电负性最高，因为它们具有极强的保持电子的能力。在全部元素中 χ_s 最高的为 Ne，其次为 F，He，O 等。若将 Xe 和 F，O 比较，Xe 电负性较低，可以形成氧化物和氟化物。Xe 和 C 的电负性相近，在合适的条件下，可以形成共价键。图 2.4.4 示出包含 Xe—C 共价键化合物 $[F_5C_6XeNCMe]^+[(C_6F_5)_2BF_2]^- \cdot MeCN$ 中正离子的结构。

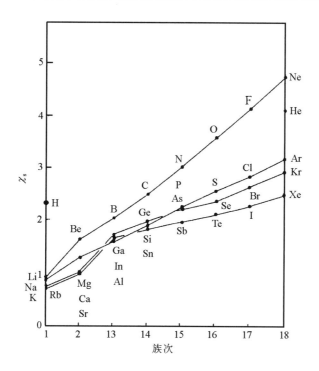

图 2.4.2 主族元素的电负性 χ_s 和族次的关系。

（第六周期元素的 χ_s 和第五周期同族

元素的 χ_s 很接近，为清楚起见，没有画出。）

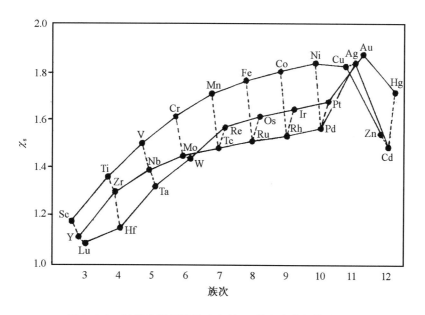

图 2.4.3 过渡金属元素的电负性 χ_s 值和族次间的关系。

由图 2.4.2 和 2.4.3 可见,金属元素的电负性较小,其值<2;非金属元素较大,其值>2;在 2 附近是类金属,如 B,Si,Ge,Sb,Bi 等正是金属和非金属交界的元素,它们多具有半导性。对于同一族元素,一般随着周期数的增加,χ_s 值减小,但过渡金属从第 7 族到第 12 族,第六周期元素的电负性反而比第五周期元素大,这是由于相对论效应所引起的。

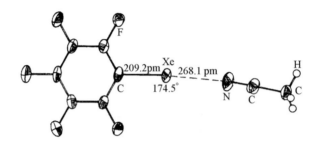

图 2.4.4　$[F_5C_6XeNCMe]^+$ 的结构。

1963 年,N. Bartlett 发现强氧化剂 PtF_6 可以氧化 O_2 形成盐 $(O_2)^+(PtF_6)^-$,而 Xe 的电离能和 O_2 的电离能(1.180 MJ mol^{-1})非常接近。据此,他将 Xe 和 PtF_6 一起进行反应,得到第一个稀有气体化合物,接着还合成了 XeF_2 和 XeF_4 等,开辟了稀有气体化合物的新领域。现在,许多包含 Xe—F,Xe—O,Xe—N 和 Xe—C 键的化合物已制得。Kr 的电离能 I_1 比 Xe 略高一点,现在 KrF,$[KrF]^+[Sb_2F_{11}]^-$ 和 $CrOF_4 \cdot KrF_2$(见左下图)等也已经得到。

Ar 的电离能 I_1 仍比氟低(见表 2.4.1),故[ArF]的盐可望制得。最近采用 HF 在 Ar 的气氛中进行光解制得 HArF。利用同位素物种 H—^{40}Ar—F,D—^{40}Ar—F 和 H—^{36}Ar—F 等的红外光谱测出 H—Ar 和 Ar—F 键长分别为 133 pm 和 197 pm(见 5.8.1 小节)。所以现在元素周期表中只剩下两种元素(He 和 Ne)尚未得到稳定的化合物。

2.4.3　相对论效应对元素性质的影响

近二十年来,相对论效应在化学中的作用引起了化学界广泛的关注。相对论效应的基础是原子中高速运动的电子,其相对质量 m 按下一关系而增加:

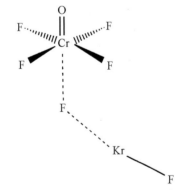

$$m = m_0 \bigg/ \sqrt{1 - \left(\frac{v}{c}\right)^2} \qquad (2.4.5)$$

式中 m_0 为电子静止质量,v 为电子运动速度,c 为光速,若用原子单位(a.u.)表示:

$$c \approx 137 \text{ a.u.}$$

一个原子的 $1s$ 电子的平均运动速度 $\langle v \rangle$ 近似地等于 Z a.u.,Z 为原子序数。例如对金原子,$Z=79$,则

$$\frac{\langle v \rangle}{c} \approx \frac{79}{137} \approx 0.58 \qquad (2.4.6)$$

代入(2.4.5)式,得

$$m = m_0 \big/ \sqrt{1 - (0.58)^2} = 1.23\ m_0 \qquad (2.4.7)$$

可见,m 约为 m_0 的 1.23 倍。这一结果显著地影响着电子的径向分布。由于 Bohr 半径和 $1/m$ 成正比,m 增加,半径缩小。考虑相对论效应时 $1s$ 轨道平均半径 $\langle r_{1s}\rangle_R$ 和不考虑相对论效应时 $1s$ 轨道的平均半径 $\langle r_{1s}\rangle_{NR}$ 之比 $\langle r_{1s}\rangle_R/\langle r_{1s}\rangle_{NR}=0.81$,即由于相对论效应 $1s$ 轨道大约收缩了 19%。

按照原子轨道的正交性,$1s$ 收缩就必然引起价层 $6s$ 轨道作相应的收缩。轨道收缩,半径减小,轨道的能量就会降低。所以对金原子而言,相对论效应的直接结果是使价层 $6s$ 轨道的能量降低。

由于轨道的对称性的差异,$1s$ 轨道的收缩并不要求其他 f,d,p 等轨道作相应的收缩。相反,s 电子收缩,增加了对核的屏蔽效应,对 d 和 f 电子而言,有效核电荷减小,和无相对论效应情况对比,f 和 d 电子径向分布出现膨胀,能量升高而呈不稳定化。这是间接的相对论的轨道膨胀。f 和 d 的这种膨胀对价层 s 电子而言,又减少了屏蔽,加强有效核电荷,进一步促使 s 轨道收缩。

对于不同的元素因为 Z 不同,d 和 f 亚层的电子数目不同,上述两种因素引起的影响程度不同。图 2.4.5 示出:$Z=55\sim100$ 号元素在有相对论效应时和无相对论效应时,$6s$ 轨道平均半径理论计算值之比 $\langle r_{6s}\rangle_R/\langle r_{6s}\rangle_{NR}$ 对原子序数 Z 的关系。

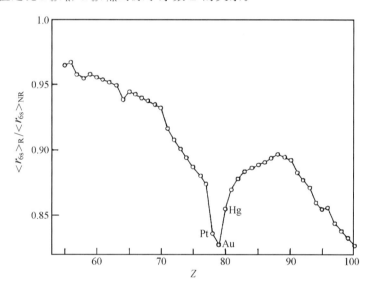

图 2.4.5　由 Cs($Z=55$)到 Fm($Z=100$)$6s$ 轨道的相对论收缩。
(以理论计算的 $\langle r_{6s}\rangle_R/\langle r_{6s}\rangle_{NR}$ 表示。)

由图 2.4.5 可见,相对论效应对不同元素的原子有着不同的影响,除超铀元素外,影响最大的是 Au,Pt 和 Hg。因为它们正处在 $4f$ 和 $5d$ 轨道充满电子的边缘上,受到直接和间接的相对论效应的作用最大。

下面就相对论效应对原子结构和元素性质的影响进行讨论。

1. 基态电子组态

对比第五周期和第六周期 d 区元素的电子组态,可以明显看出:由于第六周期元素 $6s$ 轨道电子相对论稳定效应大,导致元素的基态电子组态从第五周期价层的 $4d^{n-1}5s^1$ 或 $4d^n5s^0$ 变为第六周期价层的 $5d^{n-2}6s^2$ 或 $5d^{n-1}6s^1$,如表 2.4.4 所示。

表 2.4.4 第五、六周期过渡元素的价电子组态

周期数	族 次					
	5	6	7*	8	9	10
$n=5$	Nb d^4s^1	Mo d^5s^1	Tc d^5s^2	Ru d^7s^1	Rh d^8s^1	Pd $d^{10}s^0$
$n=6$	Ta d^3s^2	W d^4s^2	Re d^5s^2	Os d^6s^2	Ir d^7s^2	Pt d^9s^1

* Tc 的 d^5 是半充满组态。

2. 镧系收缩效应

镧系收缩效应深刻地影响第六周期元素的性质。例如从第 5 族的 Nb,Ta 到第 11 族的 Ag,Au,第五周期元素和第六周期元素的许多结构参数非常近似。相同价态的 Nb 和 Ta,Mo 和 W 的离子半径几乎相等,因而成为很难分离的一对元素。参考书列出 Ag 和 Au 的金属原子半径都是 144 pm,但最近对 Ag(Ⅰ)和 Au(Ⅰ)的配位化合物的对比研究显示,Au 的共价半径比 Ag 还要小 8 pm。以往对镧系收缩效应的解释完全归因于 $4f$ 电子的屏蔽效应所引起。现在考虑相对论效应,进行理论计算已得出明确的结论,镧系收缩效应是 $4f$ 电子的屏蔽效应和相对论效应(约占 30%)的共同结果。

3. $6s^2$ 惰性电子对效应

由于相对论效应和屏蔽效应使 $6s$ 轨道收缩,能级降低,直接影响有关元素的性质。例如 Tl,Pb 和 Bi 等元素倾向于形成较低价态的 Tl^+,Pb^{2+},Bi^{3+} 化合物,而保持 $6s^2$ 电子。从同族元素的电离能数据,即可了解这些性质的根源。Tl^+ 的半径(150 pm)比 In^+(140 pm)大,但第二和第三电离能(I_2 和 I_3)的平均值对 Tl 为 $4.848\,MJ\,mol^{-1}$,对 In 为 $4.524\,MJ\,mol^{-1}$,相差达 7%。即 Tl^+ 的半径虽较大,但它的 $6s$ 电子却比 In^+ 更难于电离。

4. 金和汞性质的差异

金和汞只差一个电子,它们的电子组态如下:

$$_{79}Au:[Xe]4f^{14}5d^{10}6s^1$$

$$_{80}Hg:[Xe]4f^{14}5d^{10}6s^2$$

由于相对论效应使 $6s$ 轨道收缩,能级下降,$6s$ 和 $5d$ 轨道一起形成最外层的价轨道,这时金具有类似于卤素的电子组态(差一个电子即为满壳层),它的有些化学性质和卤素相似。例如金可通过共价单键生成 Au_2 分子,存在于气相之中(像卤素 X_2 分子);金可以生成 RbAu 和 CsAu 等离子化合物,其中金呈一价负离子 Au^-,如同卤素(X^-)得一个电子形成稳定的满壳层结构。

汞具有类似于稀有气体电子组态,即价层的 d 和 s 为满壳层组态,它像稀有气体,形成单原子分子存在于气相中。从图 2.4.1 看,Hg 的第一电离能 I_1 和稀有气体相似,处于极大值。金属汞中原子间结合力一部分是范德华力,所以汞和金相比,性质上有显著差异:

(1) 汞密度低,为 $13.53\,g\,cm^{-3}$;金密度高,达 $19.32\,g\,cm^{-3}$。

(2) 汞熔点低,为 $-39℃$,常温下是液体;金的熔点高达 $1064℃$。

(3) 汞熔化热低,为 $2.30\,kJ\,mol^{-1}$;金的熔化热为 $12.8\,kJ\,mol^{-1}$。

（4）汞导电性差，电导率为 $10.4\,kS\,m^{-1}$；金是良导体，电导率为 $426\,kS\,m^{-1}$。

（5）汞可生成 Hg_2^{2+} 离子，它和 Au_2 是等电子体。

5. 金属的熔点

过渡金属及同周期的碱金属和碱土金属的熔点示于图 2.4.6 中。图中最上边的一条曲线为第六周期元素从 Cs 到 Hg 的熔点曲线。从 Cs 起随着原子序数增加熔点稳定上升，到 W 达极大；从 W 起随原子序数增加，熔点稳定下降，到 Hg 为最低。

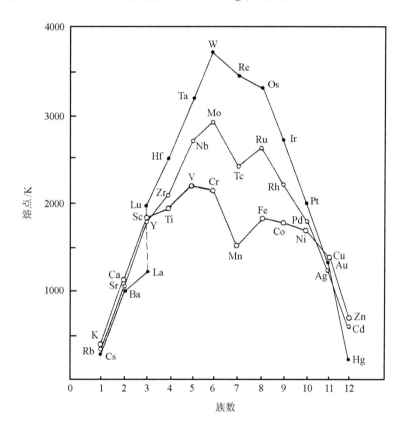

图 2.4.6　金属的熔点。（熔点数据见表 4.3.4。）

上述现象的出现我们认为和相对论效应有关，即 $6s$ 轨道收缩，能级降低，和 $5d$ 轨道一起共同组成 6 个价轨道。在金属晶体中，这 6 个价轨道和周围配位的相同金属原子的价轨道产生相互叠加作用。由于这 6 个价轨道和配位环境的对称性都很高，各个轨道均能参加成键作用，不会出现非键轨道。不论周围金属原子的配位型式如何，平均而言，每个原子形成 3 个成键轨道和 3 个反键轨道。在金属中这些成键轨道和反键轨道各自叠加，形成能带。由 N 个金属原子形成的成键轨道的能带，有 $3N$ 个能量相隔很近的能级。同样，有 $3N$ 个由反键轨道形成的反键能带。金属中的电子按能量由低到高的顺序填在这些能带之中，每个能级填自旋相反的两个电子。从 Cs 到 W，价电子数少于或等于 6 的原子，电子填入成键轨道，随着电子数的增加，能量降低增大，结合力加强，熔点稳定地逐步上升。到 W 原子时，有价电子 6 个，能级低的由成键轨道组成的能带全部占满，而能级高的反键轨道的能带全空，没有电子占据，这时金属原子间的结合力最强，熔点最高。W 以后的金属原子，价电子数大于 6，这时电子要填在反键轨道形成的能带中,原子间的结合力随着电子数的增加逐步减弱,相应地金属的熔点随着价电子数的增加而稳定地逐步下降,直至 Hg。这时 12 个价电子将成键轨道和反键轨道全部填满,原子间没有成键效应,和稀有气体相似,熔点最低。

相似的变化趋势也出现在第四周期由 K 到 Zn 和第五周期由 Rb 到 Cd 的金属中,但其效应不如第六周期明显。

金属的硬度、电导等其他一些物理性质,也可从这种电子填充情况进行分析,理解其规律。

6. 金的稀有气体化合物

最近合成出常量的 $AuXe_4^{2+}(Sb_2F_{11}^-)_2$,它是第一个具有稀有气体和贵金属共价键的化合物,它的成功合成是说明相对论效应促进金化合物稳定性的极好例子。这个暗红色的晶态化合物在 $-40℃$ 以下稳定。在 $AuXe_4^{2+}$ 正离子中,金原子呈二价 Au^{2+},为平面四方形构型,Au—Xe 键长 274 pm。这个正离子中的 Xe 作为一个 σ 给体提供电子给 Au^{2+}。计算表明,每个 Xe 原子余有 $+0.4e$ 正电荷。所以 Xe—Au 键和 XeF_4 中的 Xe—F 键类似,但 Xe—F 键中电子从 Xe 移向 F。

参 考 文 献

[1]　M. Karplus and R. N. Porter, *Atoms & Molecules*: *An Introduction for Students of Physical Chemistry*, Benjamin, New York, 1970.

[2]　J. E. Huheey, E. A. Keiter and R. L. Keiter, *Inorganic Chemistry*: *Principles of Structure and Reactivity*, 4th ed., HarperCollins, New York, 1993.

[3]　P. W. Atkins and J. de Paula, *Physical Chemistry*, 7th ed., W. H. Freeman, New York, 2002.

[4]　R. S. Berry, S. A. Rice and J. Ross, *Physical Chemistry*, 2nd ed., Oxford University Press, New York, 2000.

[5]　F. L. Pilar, *Elementary Quantum Chemistry*, 2nd ed., McGraw-Hill, New York, 1990.

[6]　I. N. Levine, *Quantum Chemistry*, 5th ed., Prentice Hall, Upper Saddle River, 2000.

[7]　E. U. Condon and H. Odabasi, *Atomic Structure*, Cambridge University Press, Cambridge, 1980.

[8]　J. Emsley, *The Elements*, 3rd ed., Clarendon Press, Oxford, 1998.

[9]　K. Balasubramanian(ed.), *Relativistic Effects in Chemistry*, Part A and Part B, Wiley, New York, 1997.

[10]　J. B. Mann, T. L. Meek and L. C. Allen, Configuration energies of the main group elements. *J. Am. Chem. Soc.* **122**, 2780~1783(2000).

[11]　J. B. Mann, T. L. Meek, E. T. Knight, J. F. Capitani and L. C. Allen, Configuration energies of the d-block elements. *J. Am. Chem. Soc.* **122**, 5132~5137(2000).

[12]　P. Pyykkö, Relativistic effects in structural chemistry. *Chem. Rev.* **88**, 563~594(1988).

[13]　N. Kaltsoyannis, Relativistic effects in inorganic and organometallic chemistry. *Dalton Trans.* 1~11(1997).

[14]　T. C. W. Mak and W. -K. Li, Probability of locating the electron in a hydrogen atom. *J. Chem. Educ.* **77**, 490~491(2000).

[15]　T. C. W. Mak and W. -K. Li, Relative sizes of hydrogenic orbitals and the probability criterion. *J. Chem. Educ.* **52**, 90~91(1975).

[16]　W. -K. Li, Two-parameter wave functions for the helium sequence. *J. Chem. Educ.* **64**, 128~129 (1987).

[17] W. -K. Li，A lesser known one-parameter wave function for the helium sequence and the virial theorem. *J. Chem. Educ.* **65**，963～964(1988).

[18] S. Seidel and K. Seppelt，Xenon as a complex ligand：the tetraxenongold(Ⅱ) cation in $AuXe_4^{2+}(Sb_2F_{11}^-)_2$. *Science* **297**，117～118(2000).

[19] G. Rayner-Canham，*The Periodic Table：Past，Present，and Future*，World Scientific，Singapore，2020.

[20] J. Emsley，*Nature's Building Blocks：An A-Z Guide to the Elements*，Oxford University Press，2011.

[21] P. F. Bernath，*Spectra of Atoms and Molecules*，2nd edn. ，Oxford University Press，New York，2005.

[22] K. Nakamoto，*Infrared and Raman Spectra of Inorganic and Coordination Compounds（Part A：Theory and Applications in Inorganic Chemistry；Part B：Applications in Coordination，Organometallic，and Bioinorganic Chemistry）*，6th edn. ，Wiley，Hoboken，HJ，2009.

[23] R. A. Nyquist，*Interpreting Infrared，Raman，and Nuclear Magnetic Resonance Spectra*，*Vols. 1 and 2*，Academic Press，San Diego，CA，2001.

[24] J. R. Ferraro and K. Nakamoto，*Introductory Raman Spectroscopy*，2nd edn. ，Academic Press，San Diego，CA，2003.

[25] 江元生,结构化学,北京:高等教育出版社,1997.

[26] 周公度,相对论效应在结构化学中的作用,大学化学,**20**(6),50～59(2005).

[27] 周公度,王颖霞,元素周期表和元素知识集萃,第 2 版,北京:化学工业出版社,2018.

[28] 周公度,叶宪曾,吴念祖,化学元素综论,北京:科学出版社,2012.

第 3 章　分子中的共价键

在讨论原子的电子结构以后,现在开始讨论分子的电子结构。很清楚,不论是什么样的理论来处理这个问题,都必须要回答"为什么分子能够形成"。例如两个 H 原子能形成 H_2 分子,而两个 He 原子却不能形成 He_2 分子。

回答这个问题的一种答案是:"两个原子反应形成分子,是因为分子的能量低于原子的能量和。"所以这个理论就需要说明当两个原子结合形成分子时有一个能量降低效应。如同原子的情况,分子的能量可通过量子力学加以计算。本章先以 H_2^+ 和 H_2 为例,阐明化学键原理,再讨论其他分子。

3.1　氢分子离子:成键和反键分子轨道

3.1.1　变分法

用变分法首先要有一个试用函数。当体系是一个分子,试用函数(最后变为"分子轨道")通常采用"原子轨道的线性组合"(LCAO):

$$\psi = c_1\varphi_1 + c_2\varphi_2 + \cdots + c_n\varphi_n \tag{3.1.1}$$

式中 $\varphi_1, \varphi_2, \cdots, \varphi_n$ 是已知的函数,系数 $c_1, c_2, \cdots, c_n$ 是有待优化确定的参变数。下面先采用最简单的组合来说明:

$$\psi = c_1\varphi_1 + c_2\varphi_2 \tag{3.1.2}$$

这个简单函数的能量可按下式求算:

$$
\begin{aligned}
E &= \frac{\displaystyle\int (c_1\varphi_1 + c_2\varphi_2)\hat{H}(c_1\varphi_1 + c_2\varphi_2)\,d\tau}{\displaystyle\int (c_1\varphi_1 + c_2\varphi_2)^2\,d\tau} \\[2mm]
&= \frac{c_1^2\displaystyle\int \varphi_1\hat{H}\varphi_1\,d\tau + 2c_1c_2\displaystyle\int \varphi_1\hat{H}\varphi_2\,d\tau + c_2^2\displaystyle\int \varphi_2\hat{H}\varphi_2\,d\tau}{c_1^2\displaystyle\int \varphi_1^2\,d\tau + 2c_1c_2\displaystyle\int \varphi_1\varphi_2\,d\tau + c_2^2\displaystyle\int \varphi_2^2\,d\tau} \\[2mm]
&= \frac{c_1^2 H_{11} + 2c_1c_2 H_{12} + c_2^2 H_{22}}{c_1^2 S_{11} + 2c_1c_2 S_{12} + c_2^2 S_{22}}
\end{aligned}
\tag{3.1.3}
$$

式中已按 $\hat{H}$ 的性质应用了下一关系:

$$\int \varphi_1\hat{H}\varphi_2\,d\tau = \int \varphi_2\hat{H}\varphi_1\,d\tau \tag{3.1.4}$$

还用了两个简化的记号:

$$H_{ij} = \int \varphi_i\hat{H}\varphi_j\,d\tau \tag{3.1.5}$$

$$S_{ij} = \int \varphi_i\varphi_j\,d\tau \tag{3.1.6}$$

利用改变 c_1 和 c_2 求 E 的极小值的偏微分关系为

$$(\partial E / \partial c_1) = 0 \tag{3.1.7}$$

$$(\partial E / \partial c_2) = 0 \tag{3.1.8}$$

将(3.1.7)和(3.1.8)式关系在(3.1.3)式中进行,得

$$\begin{cases} (H_{11} - ES_{11})c_1 + (H_{12} - ES_{12})c_2 = 0 \\ (H_{12} - ES_{12})c_1 + (H_{22} - ES_{22})c_2 = 0 \end{cases} \tag{3.1.9}$$

这个方程称为久期方程。很明显 $c_1 = c_2 = 0$ 是这方程组的解,但这没有意义。为了使 c_1 和 c_2 不为 0,则需要

$$\begin{vmatrix} H_{11} - ES_{11} & H_{12} - ES_{12} \\ H_{12} - ES_{12} & H_{22} - ES_{22} \end{vmatrix} = 0 \tag{3.1.10}$$

这个行列式称为久期行列式,在其中积分 H_{ij} 和 S_{ij} 都可按式(3.1.5),(3.1.6)利用已知的函数 φ_i 和 φ_j 进行计算,只有 E 是未知数。在解得 E 后,将它代入久期方程式解出 c_1 和 c_2。式(3.1.10)是 2×2 行列式,E 有两个值,所以可得两套系数,即最终可得两个波函数。

如果试用函数用式(3.1.1)的通用型,久期行列式为 $n \times n$ 维:

$$\begin{vmatrix} H_{11} - ES_{11} & H_{12} - ES_{12} & \cdots & H_{1n} - ES_{1n} \\ H_{12} - ES_{12} & H_{22} - ES_{22} & \cdots & H_{2n} - ES_{2n} \\ & & \vdots & \\ H_{1n} - ES_{1n} & H_{2n} - ES_{2n} & \cdots & H_{nn} - ES_{nn} \end{vmatrix} = 0 \tag{3.1.11}$$

这时 E 有 n 个根,将每一个 E 代入久期方程得

$$\begin{cases} (H_{11} - ES_{11})c_1 + (H_{12} - ES_{12})c_2 + \cdots + (H_{1n} - ES_{1n})c_n = 0 \\ (H_{12} - ES_{12})c_1 + (H_{22} - ES_{22})c_2 + \cdots + (H_{2n} - ES_{2n})c_n = 0 \\ \vdots \\ (H_{1n} - ES_{1n})c_1 + (H_{2n} - ES_{2n})c_2 + \cdots + (H_{nn} - ES_{nn})c_n = 0 \end{cases} \tag{3.1.12}$$

解之,得一套 $c_1, c_2, \cdots, c_n$ 的系数值。因为有 n 个 E,就有 n 套系数值,即可得 n 个波函数。

简单地说,开始时在方程(3.1.1)中引进 n 个原子轨道 $\psi_i (i = 1, 2, 3, \cdots, n)$,利用变分法构建出 n 个独立的分子轨道。

3.1.2　氢分子离子:能量

最简单的分子是氢分子离子 H_2^+,它的 Schrödinger 方程以原子单位表示为

$$\left(-\frac{1}{2} \nabla^2 - \frac{1}{r_a} - \frac{1}{r_b} + \frac{1}{r_{ab}} \right) \psi = E\psi \tag{3.1.13}$$

式中 r_a, r_b 和 r_{ab}(在这里作为常数)按图 3.1.1 来定义。当两个核相隔无穷远,而电子在 H_a 原子上,得

$$\psi_a = 1s_a = (1/\sqrt{\pi}) \exp[-r_a] \tag{3.1.14}$$

当两个核相隔无穷远,而电子在 H_b 原子上,得

$$\psi_b = 1s_b = (1/\sqrt{\pi}) \exp[-r_b] \tag{3.1.15}$$

当两个核接近,可想象分子轨道 ψ 将是由(3.1.14)和(3.1.15)两式所述的 ψ_a 和 ψ_b 的某种形式的结合。若假设结合的形

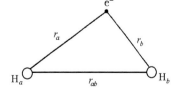

图 3.1.1　H_2^+ 分子的坐标系。

式为前面介绍的"原子轨道线性组合"（LCAO）：

$$\psi_{\mathrm{MO}} \equiv \psi = c_1\psi_a + c_2\psi_b \tag{3.1.16}$$

式中的系数 c_1 和 c_2 要用变分法测定，为此要为 E 解久期行列式：

$$\begin{vmatrix} H_{aa} - ES_{aa} & H_{ab} - ES_{ab} \\ H_{ab} - ES_{ab} & H_{bb} - ES_{bb} \end{vmatrix} = 0 \tag{3.1.17}$$

E 的解包含计算 6 个积分：S_{aa}，S_{bb}，S_{ab}，H_{aa}，H_{bb} 和 H_{ab}。首先 S_{aa} 和 S_{bb} 就是归一化积分：

$$S_{aa} = \int |1s_a|^2 \mathrm{d}\tau = S_{bb} = \int |1s_b|^2 \mathrm{d}\tau = 1 \tag{3.1.18}$$

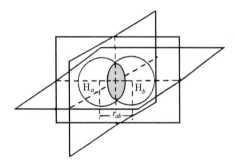

图 3.1.2 两个 1s 轨道的重叠。

（$S_{ab} = \int |1s_a||1s_b|\mathrm{d}\tau =$ 阴影区的体积。）

积分 S_{ab} 称为重叠积分，它的物理意义相当于两个轨道共同占有的体积，图 3.1.2 为这一积分的图形表示。很清楚地看出这个积分是 r_{ab} 的函数。当 $r_{ab} = 0$，$S_{ab} = 1$；当 r_{ab} 趋于无穷大，S_{ab} 为 0；所以它的数值介于 0 和 1 之间。通过数学方法解这积分，以原子单位表示为

$$\begin{aligned} S_{ab} &= \int (1s_a)(1s_b)\mathrm{d}\tau \\ &= (1 + r_{ab} + r_{ab}^2/3)\exp[-r_{ab}] \end{aligned} \tag{3.1.19}$$

通常 S_{ab} 用以衡量化学键的强度：S_{ab} 大，键强；S_{ab} 小，键弱。

含有 $\hat{H}$ 积分的结果以原子单位表示为

$$\begin{aligned} H_{aa} = H_{bb} &= \int (1s_a)\left[-\frac{1}{2}\nabla^2 - \frac{1}{r_a} - \frac{1}{r_b} + \frac{1}{r_{ab}}\right](1s_a)\mathrm{d}\tau \\ &= E_{1s} + \frac{1}{r_{ab}} + J \end{aligned} \tag{3.1.20}$$

式中，

$$\begin{aligned} J &= \int (1s_a)\frac{1}{r_b}(1s_a)\mathrm{d}\tau = \int (1s_b)\frac{1}{r_a}(1s_b)\mathrm{d}\tau \\ &= -\frac{1}{r_{ab}} + \left(1 + \frac{1}{r_{ab}}\right)\exp[-2r_{ab}] \end{aligned} \tag{3.1.21}$$

$$H_{aa} = H_{bb} = -\frac{1}{2} + \left(1 + \frac{1}{r_{ab}}\right)\exp[-2r_{ab}] \tag{3.1.22}$$

$$\begin{aligned} H_{ab} &= \int (1s_a)\left[-\frac{1}{2}\nabla^2 - \frac{1}{r_a} - \frac{1}{r_b} + \frac{1}{r_{ab}}\right](1s_b)\mathrm{d}\tau \\ &= S_{ab}\left(E_{1s} + \frac{1}{r_{ab}}\right) + K \end{aligned} \tag{3.1.23}$$

式中，

$$K = -(1 + r_{ab})\exp[-r_{ab}] \tag{3.1.24}$$

$$\begin{aligned} H_{ab} &= \left(\frac{r_{ab}^2}{3} + r_{ab} + 1\right)\exp[-r_{ab}] \cdot \left(\frac{1}{r_{ab}} - \frac{1}{2}\right) - (r_{ab} + 1)\exp[-r_{ab}] \\ &= -\left(\frac{r_{ab}^2}{6} + \frac{7}{6}r_{ab} + \frac{1}{2} - \frac{1}{r_{ab}}\right)\exp[-r_{ab}] \end{aligned} \tag{3.1.25}$$

从式（3.1.22）和式（3.1.25）可见，H_{aa}，H_{bb} 和 H_{ab} 都是 r_{ab} 的函数。此外，S 积分是一个 0 与 1 之间的数值（没有单位），而 H 积分值以能量为单位，全部 H 积分都为负值。将久期行列

式(3.1.17)展开,得

$$(H_{aa} - E)^2 - (H_{ab} - ES_{ab})^2 = 0 \tag{3.1.26}$$

由此式可得两个根:

$$E_S = \frac{H_{aa} + H_{ab}}{1 + S_{ab}} = -\frac{1}{2} + \frac{1}{r_{ab}} - \frac{1 + r_{ab}(r_{ab} + 1)\exp[-r_{ab}] - (r_{ab} + 1)\exp[-2r_{ab}]}{r_{ab}\left\{1 + \left(\dfrac{r_{ab}^2}{3} + r_{ab} + 1\right)\exp[-r_{ab}]\right\}} \tag{3.1.27}$$

和

$$E_A = \frac{H_{aa} - H_{ab}}{1 - S_{ab}} = -\frac{1}{2} + \frac{1}{r_{ab}} - \frac{1 - r_{ab}(r_{ab} + 1)\exp[-r_{ab}] - (r_{ab} + 1)\exp[-2r_{ab}]}{r_{ab}\left\{1 - \left(\dfrac{r_{ab}^2}{3} + r_{ab} + 1\right)\exp[-r_{ab}]\right\}} \tag{3.1.28}$$

可见 $E_S < E_A$。利用 $\mathrm{d}E_S/\mathrm{d}r_{ab} = 0$ 求 E_S 最低值,可得优化的键长值:

$$r_e = 2.494 \text{ a.u.} = 131.9 \text{ pm} \tag{3.1.29}$$

实验测定 H_2^+ 的核间距为 2 a.u. 或 105.8 pm。当 $r_{ab} = 2.494$ a.u. 时,$S_{ab} = 0.460$(相当大的重叠积分)。若将 $r_{ab} = 2.494$ a.u. 代入方程(3.1.27)可得

$$E_S = \left(-\frac{1}{2} + \frac{1}{r_{ab}} - 0.466\right) \text{a.u.} \tag{3.1.30}$$

H_2^+ 的电子解离能(D_e)为

$$\begin{aligned}
D_e &= E(\mathrm{H}) - E(\mathrm{H}_2^+) \\
&= \left\{-\frac{1}{2} - \left[\left(-\frac{1}{2}\right) + \left(\frac{1}{2.494}\right) - 0.466\right]\right\} \text{a.u.} \\
&= 0.065 \text{ a.u.} = 1.77 \text{ eV}
\end{aligned} \tag{3.1.31}$$

实验测定 D_e 值为 2.79 eV,如果将核电荷改用有效核电荷 Z_{eff},当 $Z_{\text{eff}} = 1.239$,则 $D_e = 2.34$ eV 且 $r_e = 106$ pm。

若将方程(3.1.27)和(3.1.28)的 E_S 和 E_A 对 r_{ab} 作图,所得曲线示于图 3.1.3 中。此曲线称为势能曲线。在图中,r_e 称为平衡键长,D_e 称为电子解离能。将分子解离并不需要 D_e,而只要图中所示的 D_o,所以 D_o 称为解离能。D_e 和 D_o 的差别在于零点(振动)能,它是分子的最低的振动能,这种能量即使在 0 K 时依然存在。由于 $E(\mathrm{H}_2^+)$ 的能量低于 $E(\mathrm{H}) + E(\mathrm{H}^+)$ [图 3.1.3 中用 $E(\mathrm{H}, \mathrm{H}^+)$ 表示],所以量子力学的结果说明 H_2^+ 是一个稳定的分子。

3.1.3 氢分子离子:波函数

在解得久期行列式[方程(3.1.17)]中的 E 后,现在着手定出(3.1.16)式中的系数 c_1 和 c_2,这是通过解久期方程求得

$$\left.\begin{aligned}
(H_{aa} - E)c_1 + (H_{ab} - ES_{ab})c_2 &= 0 \\
(H_{ab} - ES_{ab})c_1 + (H_{bb} - E)c_2 &= 0
\end{aligned}\right\} \tag{3.1.32}$$

当 $E = E_S = (H_{aa} + H_{ab})/(1 + S_{ab})$,$c_1 = c_2$,所以

$$\psi_S = c_1(\psi_a + \psi_b) \equiv c_1(1s_a + 1s_b) \tag{3.1.33}$$

通过归一化,得

$$\psi_S = (2 + 2S_{ab})^{-\frac{1}{2}}(1s_a + 1s_b) \tag{3.1.34}$$

波函数 ψ_S 称为成键分子轨道,因为它的能量低于组成它的原子轨道(见图 3.1.3)。

当 $E=E_A=(H_{aa}-H_{ab})/(1-S_{ab})$,将 E_A 代入久期方程(3.1.32),得 $c_1=-c_2$,所以,

$$\psi_A = c_1(\psi_a - \psi_b) \equiv c_1(1s_a - 1s_b) \tag{3.1.35}$$

通过归一化得

$$\psi_A = (2-2S_{ab})^{-\frac{1}{2}}(1s_a - 1s_b) \tag{3.1.36}$$

波函数 ψ_A 称为反键分子轨道,因为它的能量高于组成它的原子轨道(见图 3.1.3)。

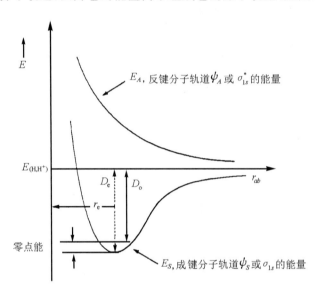

图 3.1.3　H_2^+ 的成键和反键分子轨道能量作为核间距离 r_{ab} 函数的图形。

图 3.1.3 是一个较详细的能量对核间距关系图,它可以简化为图 3.1.4。在图 3.1.4 中,可看出原子轨道 $1s_a$ 和 $1s_b$ 组合形成两个分子轨道:ψ_S(又称为 σ_{1s})和 ψ_A(又称为 σ_{1s}^*)。σ_{1s} 的能量低于组成它的原子轨道,是成键轨道;σ_{1s}^* 能量高于组成它的原子轨道,是反键轨道。所以 H_2^+ 基态电子组态为 σ_{1s}^1。

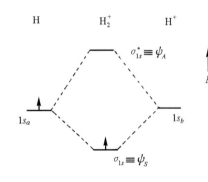

图 3.1.4　简化的 H_2^+ 能级图。

在简化的能级图(图 3.1.4)中,有一点应当指出:当一个成键轨道和一个反键轨道由两个原子轨道形成时,反键效应(即 $1s$ 和 σ_{1s}^* 间的能量差)大于成键效应(即 $1s$ 和 σ_{1s} 间的能量差)。如果仔细看一下 E_S 和 E_A 的表达式(3.1.27)和(3.1.28),就不难予以解释。E_S 和 E_A 的分母分别为 $1+S_{ab}$ 和 $1-S_{ab}$,由于 $0<S_{ab}<1$,所以 $1+S_{ab}>1$,而 $1-S_{ab}<1$。所以成键效应小于反键效应。如果略去重叠积分,令 $S_{ab}=0$,则成键效应和反键效应相同。

现在考察一下成键轨道 σ_{1s} 和反键轨道 σ_{1s}^* 以及它们的几率密度函数 $|\sigma_{1s}|^2$ 和 $|\sigma_{1s}^*|^2$。图 3.1.5(a)示出 σ_{1s} 轨道示意图。在由两个 $1s$ 轨道组合成 σ_{1s} 时,核间区域电子密度增加,σ_{1s} 轨道具有沿键轴呈圆柱对称的特点。

在图 3.1.5(b)中示出 σ_{1s}^*,由图可见 $1s$ 轨道的这种组合,核间没有电荷聚集而存在一个节

面,在这面上发现电子的几率为 0。如同 σ_{1s} 一样,σ_{1s}^* 也是沿键轴圆柱对称。

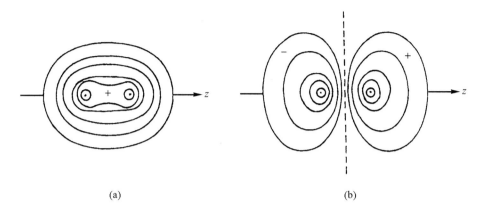

图 3.1.5　$\mathbf{H}_2^+$ 的分子轨道图:(a) $\boldsymbol{\sigma}_{1s}$,(b) $\boldsymbol{\sigma}_{1s}^*$。

σ_{1s} 轨道引起的核间电荷的聚集可从 $|\sigma_{1s}|^2$ 的几率密度函数表达式清楚地看出:

$$|\sigma_{1s}|^2 = |1s_a + 1s_b|^2 = |1s_a|^2 + |1s_b|^2 + 2|1s_a||1s_b| \tag{3.1.37}$$

图 3.1.6(a)示出沿着分子轴的 $|\sigma_{1s}|^2$ 的电子分布图,式(3.1.37)中 $2|1s_a||1s_b|$ 一项令核间区域电荷密度增加。对反键轨道 σ_{1s}^*,几率密度函数为

$$|\sigma_{1s}^*|^2 = |1s_a - 1s_b|^2 = |1s_a|^2 + |1s_b|^2 - 2|1s_a||1s_b| \tag{3.1.38}$$

图 3.1.6(b)示出沿着分子轴的 $|\sigma_{1s}^*|^2$ 的分布图,这时式(3.1.38)中 $-2|1s_a||1s_b|$ 一项令核间区域电荷密度减少。

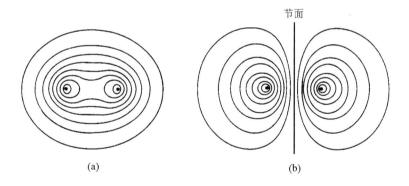

图 3.1.6　$\mathbf{H}_2^+$ 沿分子轴分布的几率密度图:(a) $|\boldsymbol{\sigma}_{1s}|^2$;(b) $|\boldsymbol{\sigma}_{1s}^*|^2$。

3.1.4　分子轨道理论简述

在 3.1.2 和 3.1.3 小节中,通过氢分子离子阐明了分子轨道理论,下面列出几个要注意的要点:

(1) 由于分子轨道是由原子轨道线性组合而成,由 n 个原子轨道组合起来将形成 n 个分子轨道。

(2) 当由 n 个原子轨道形成 n 个分子轨道,"通常"有一半是成键分子轨道,而另一半是反键分子轨道。但并不总是这样,例如,当有 3 个原子轨道形成 3 个分子轨道,不可能有一半是成键。此外,另有一种分子轨道尚未讨论:非键分子轨道,它是按既不得到能量也不损失能量来定义。

（3）成键分子轨道有两个特征：它的能量低于组成它们的原子轨道的能量和电荷在核间聚集。

（4）反键分子轨道的能量高于组成它们的原子轨道的能量，反键轨道的波函数在核间将有一个或多个节面，核间的电荷要减少。

我们可用图 3.1.4 的能级图描述具有 1～4 个电子的简单分子的成键情况，结果归纳在表 3.1.1 中。

表 3.1.1　分子轨道理论用于 H_2^+，H_2，He_2^+ 和 He_2

分　子	组　态	键能/(kJ mol^{-1})	键长/pm	说　明
H_2^+	σ_{1s}^1	255	106	原子间键由 1 个成键电子形成。
H_2	σ_{1s}^2	431	74	有 2 个成键电子，键比 H_2^+ 较强、较短。
He_2^+	$\sigma_{1s}^2\sigma_{1s}^{*\,1}$	251	108	键比 H_2^+ 略弱，因为反键效应大于成键效应。
He_2	$\sigma_{1s}^2\sigma_{1s}^{*\,2}$	推斥态		在 He_2 中没有键形成，因为反键效应大于成键效应。

3.2　氢分子：分子轨道理论和价键理论的处理

3.2.1　氢分子的分子轨道模型

在上节处理 H_2^+ 时，将 H_2^+ 中的单个电子排在 σ_{1s} 分子轨道上：

$$\sigma_{1s} = (2 + 2S_{ab})^{-\frac{1}{2}}(1s_a + 1s_b) \tag{3.2.1}$$

分子轨道理论首先由 F. Hund（他因 Hund 规则而闻名于世）和 R. S. Mulliken（马利肯）引进，后者因此项工作于 1966 年获得了诺贝尔化学奖。由于 σ_{1s} 可以排放两个电子，所以按分子轨道理论，H_2 分子的波函数为

$$\begin{aligned}\psi(1,2) &= (2 + 2S_{ab})^{-\frac{1}{2}}[1s_a(1) + 1s_b(1)](2 + 2S_{ab})^{-\frac{1}{2}}[1s_a(2) + 1s_b(2)] \\ &= \sigma_{1s}(1)\sigma_{1s}(2)\end{aligned} \tag{3.2.2}$$

从这个波函数可以看出，H_2 分子中的两个电子都处在椭球形的 σ_{1s} 轨道。它和 He 原子十分相似，只是 He 原子中的两个电子都处在球形 $1s$ 轨道上，波函数为 $1s(1)1s(2)$。要注意：σ_{1s} 已失去原子轨道身份的本质。

当用(3.2.2)式计算 H_2 分子的能量，可得 $D_e = 260\,\text{kJ mol}^{-1}$，$r_e = 85\,\text{pm}$。实验测定值为 458 kJ mol^{-1} 和 74 pm。如果将核电荷作为一个可变的参数，取 $Z_{\text{eff}} = 1.197$，则可得 $D_e = 337\,\text{kJ mol}^{-1}$，$r_e = 73\,\text{pm}$。所以虽然定量的结果只可称为良好，但分子轨道理论说明了 H_2 能稳定存在。

3.2.2　氢分子的价键模型

分子轨道法不是量子力学处理 H_2 分子的唯一方法。早在 1927 年，W. Heitler 和 F. London 就提出了价键模型，他们认为每个电子都处在一个原子轨道上。在这模型中，原子轨道的本质得以保留。有两种方法使 H_2 中两个电子处在一对 $1s$ 原子轨道上：一种方法是在以 H_a 原子为中心的 $1s$ 轨道上放电子 1，在以 H_b 原子为中心的 $1s$ 轨道上放电子 2：

$$\psi_I(1,2) = 1s_a(1)1s_b(2) \tag{3.2.3}$$

另一种方法是电子 1 处在 $1s_b$，电子 2 处在 $1s_a$：

$$\psi_{II}(1,2) = 1s_b(1)1s_a(2) \tag{3.2.4}$$

氢分子的价键波函数是 ψ_I 和 ψ_{II} 的线性组合：

$$\psi(1,2) = c_I \psi_I + c_{II} \psi_{II} = c_I 1s_a(1)1s_b(2) + c_{II} 1s_b(1)1s_a(2) \tag{3.2.5}$$

式中系数 c_I 和 c_{II} 由变分法决定。所以又需解 2×2 的久期行列式以求得 E。

$$\begin{vmatrix} H_{II} - ES_{II} & H_{III} - ES_{III} \\ H_{III} - ES_{III} & H_{IIII} - ES_{IIII} \end{vmatrix} = 0 \tag{3.2.6}$$

求得 E 后，代入久期方程解出系数 c_I 和 c_{II}：

$$\begin{cases} (H_{II} - ES_{II})c_I + (H_{III} - ES_{III})c_{II} = 0 \\ (H_{III} - ES_{III})c_I + (H_{IIII} - ES_{IIII})c_{II} = 0 \end{cases} \tag{3.2.7}$$

由于 $H_{II} = H_{IIII}$ 和 $S_{II} = S_{IIII}$，则(3.2.6)方程式的根为

$$E_+ = (H_{II} + H_{III})/(1 + S_{III}) \tag{3.2.8}$$

$$E_- = (H_{II} - H_{III})/(1 - S_{III}) \tag{3.2.9}$$

对于 H_2 分子原子间的距离示于图 3.2.1 中，其 Hamilton 算符以原子单位表示为

$$\hat{H} = -\frac{1}{2}\nabla_1^2 - \frac{1}{2}\nabla_2^2 - \frac{1}{r_{a1}} - \frac{1}{r_{b1}}$$

$$- \frac{1}{r_{a2}} - \frac{1}{r_{b2}} + \frac{1}{r_{12}} + \frac{1}{r_{ab}} \tag{3.2.10}$$

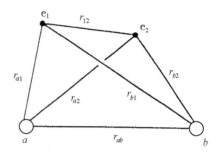

图 3.2.1 H_2 分子体系。

它的 H_{ij} 和 S_{ij} 积分为

$$S_{II} = S_{IIII} = \iint 1s_a(1)1s_b(2) \cdot 1s_a(1)1s_b(2)d\tau_1 d\tau_2$$

$$= \int 1s_a(1)^2 d\tau_1 \cdot \int 1s_b(2)^2 d\tau_2 = 1 \tag{3.2.11}$$

$$S_{III} = \iint 1s_a(1)1s_b(2) \cdot 1s_b(1)1s_a(2)d\tau_1 d\tau_2$$

$$= \int 1s_a(1)1s_b(1)d\tau_1 \cdot \int 1s_a(2)1s_b(2)d\tau_2$$

$$= S_{ab}^2 \tag{3.2.12}$$

式中 S_{ab} 为重叠积分，已在 H_2^+ 部分讨论过。

$$H_{II} = H_{IIII} = \iint 1s_a(1)1s_b(2)\hat{H} 1s_a(1)1s_b(2)d\tau_1 d\tau_2$$

$$= 2E_{1s} + \frac{1}{r_{ab}} + J_1 - 2J_2 \tag{3.2.13}$$

式中 J_1 和 J_2 称为库仑积分：

$$J_1 = \iint \frac{1}{r_{12}} |1s_a(1)1s_b(2)|^2 d\tau_1 d\tau_2 \tag{3.2.14}$$

$$J_2 = \iint \frac{1}{r_{a2}} |1s_a(1)1s_b(2)|^2 d\tau_1 d\tau_2$$

$$= \iint \frac{1}{r_{b1}} |1s_a(1)1s_b(2)|^2 d\tau_1 d\tau_2 \tag{3.2.15}$$

最后，

$$H_{III} = \iint 1s_a(1)1s_b(2)\hat{H} 1s_b(1)1s_a(2)d\tau_1 d\tau_2$$

$$= 2E_{1s}S_{ab}^2 + \frac{1}{r_{ab}}S_{ab}^2 + K_1 - 2K_2 \tag{3.2.16}$$

式中 K_1 和 K_2 称为共振积分:

$$K_1 = \iint \frac{1}{r_{12}} \mid 1s_a(1)1s_b(2)1s_b(1)1s_a(2) \mid d\tau_1 d\tau_2 \tag{3.2.17}$$

$$K_2 = \iint \frac{1}{r_{a1}} \mid 1s_a(1)1s_b(2)1s_b(1)1s_a(2) \mid d\tau_1 d\tau_2$$

$$= \iint \frac{1}{r_{b1}} \mid 1s_a(1)1s_b(2)1s_b(1)1s_a(2) \mid d\tau_1 d\tau_2 \tag{3.2.18}$$

将 H_{ij} 和 S_{ij} 代入(3.2.8)和(3.2.9)式中,则得

$$E_+ = 2E_{1s} + \frac{1}{r_{ab}} + \frac{J_1 - 2J_2 + K_1 - 2K_2}{1 + S_{ab}^2} \tag{3.2.19}$$

$$E_- = 2E_{1s} + \frac{1}{r_{ab}} + \frac{J_1 - 2J_2 - K_1 + 2K_2}{1 - S_{ab}^2} \tag{3.2.20}$$

注意,积分 J_1, J_2, K_1 和 K_2 都是 r_{ab} 的函数。以 E_+ 和 E_- 对 r_{ab} 作图,得到图 3.2.2 所示的曲线。由图可看出 E_+ 曲线中 H_2 分子的能量低于两个 H 原子的能量。所以价键法处理也得到稳定的 H_2 分子,虽然如图所示,计算的定量结果和实验的结果还有一定的差别。

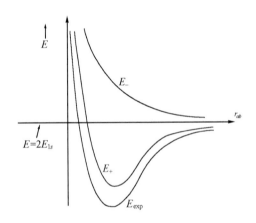

图 3.2.2　H_2 价键法处理所得的能量 E_+, E_- 和核间距 r_{ab} 的关系图。

当把 E_+ 代入久期方程(3.2.7)式,可得 $c_{\mathrm{I}} = c_{\mathrm{II}}$,通过归一化,可得波函数为

$$\psi_+ = (2 + 2S_{ab}^2)^{-\frac{1}{2}}[1s_a(1)1s_b(2) + 1s_b(1)1s_a(2)] \tag{3.2.21}$$

另一方面,若将 E_- 代入,则得 $c_{\mathrm{I}} = -c_{\mathrm{II}}$,通过归一化这时波函数为

$$\psi_- = (2 - 2S_{ab}^2)^{-\frac{1}{2}}[1s_a(1)1s_b(2) - 1s_b(1)1s_a(2)] \tag{3.2.22}$$

在简单地用价键法讨论 H_2 以后,下面将转到用分子轨道法处理 H_2 分子,较详细地讨论基态和激发态的波函数。通过这些讨论以了解分子轨道理论和价键理论的等当性。

3.2.3　分子轨道模型和价键模型的等当性

用分子轨道理论得到 H_2 的成键分子轨道 σ_{1s} 的波函数为

$$\sigma_{1s} = (2 + 2S_{ab})^{-\frac{1}{2}}(1s_a + 1s_b) \tag{3.2.23}$$

反键分子轨道 σ_{1s}^* 的波函数为

$$\sigma_{1s}^* = (2 - 2S_{ab})^{-\frac{1}{2}}(1s_a - 1s_b) \tag{3.2.24}$$

H_2 分子的基态电子组态为 σ_{1s}^2,它的没有归一化常数的波函数为

$$\psi_1(\sigma_{1s}^2) = [1s_a(1) + 1s_b(1)][1s_a(2) + 1s_b(2)] \tag{3.2.25}$$

再加上自旋部分,可得 H_2 分子基态时的总波函数:

$$\psi_1(\sigma_{1s}^2) = [1s_a(1)+1s_b(1)][1s_a(2)+1s_b(2)][\alpha(1)\beta(2)-\beta(1)\alpha(2)]$$

$$= \begin{vmatrix} \sigma_{1s}\alpha(1) & \sigma_{1s}\beta(1) \\ \sigma_{1s}\alpha(2) & \sigma_{1s}\beta(2) \end{vmatrix} \tag{3.2.26}$$

明显地,这是一个(自旋)单重态。

按相似方法,激发态 σ_{1s}^{*2} 的总波函数为

$$\psi_2(\sigma_{1s}^{*2}) = [1s_a(1)-1s_b(1)][1s_a(2)-1s_b(2)][\alpha(1)\beta(2)-\beta(1)\alpha(2)]$$

$$= \begin{vmatrix} \sigma_{1s}^*\alpha(1) & \sigma_{1s}^*\beta(1) \\ \sigma_{1s}^*\alpha(2) & \sigma_{1s}^*\beta(2) \end{vmatrix} \tag{3.2.27}$$

注意这也是一个单重态。不过和 $\psi_1(\sigma_{1s}^2)$ 相反,$\psi_2(\sigma_{1s}^{*2})$ 是一个推斥态。

对于激发态 $\sigma_{1s}^1, \sigma_{1s}^{*1}$,则有两种状态:1 个单重态和 1 个三重态,正与 He 的 $1s^1 2s^1$ 情况相同。这两个状态的波函数为

$$\psi_3(\sigma_{1s}^1 \sigma_{1s}^{*1}; S=0) = [\sigma_{1s}(1)\sigma_{1s}^*(2)+\sigma_{1s}(2)\sigma_{1s}^*(1)][\alpha(1)\beta(2)-\beta(1)\alpha(2)] \tag{3.2.28}$$

$$\psi_4(\sigma_{1s}^1 \sigma_{1s}^{*1}; S=1) = [\sigma_{1s}(1)\sigma_{1s}^*(2)-\sigma_{1s}(2)\sigma_{1s}^*(1)] \begin{cases} [\alpha(1)\beta(2)+\beta(1)\alpha(2)] \\ \alpha(1)\alpha(2) \\ \beta(1)\beta(2) \end{cases} \tag{3.2.29}$$

由价键理论所得的基态和激发态的波函数 ψ_+ 和 ψ_- 不加归一化因子,分别为

$$\psi_+ = 1s_a(1)1s_b(2) + 1s_b(1)1s_a(2) \tag{3.2.30}$$

$$\psi_- = 1s_a(1)1s_b(2) - 1s_b(1)1s_a(2) \tag{3.2.31}$$

将(3.2.25)式展开,H_2 基态的总波函数为

$$\psi_1(\sigma_{1s}^2) = [1s_a(1)1s_b(2)+1s_b(1)1s_a(2)] + [1s_a(1)1s_a(2)+1s_b(1)1s_b(2)]$$

$$= \psi_+ + \psi_i \tag{3.2.32}$$

式中, $\qquad\qquad \psi_i = 1s_a(1)1s_a(2) + 1s_b(1)1s_b(2) \tag{3.2.33}$

波函数 ψ_i 中的下标 i 是表示离子的,用以描述两个电子同时在一个核周围,即离子的结构。由此可以看出,价键的 ψ_+ 只具有共价键特征(两个原子共享一对电子),而分子轨道模型所得的 ψ_1 则为共价性和离子性对等地混合。

同样,将由分子轨道理论所得的 ψ_2 [(3.2.27)式]展开,可得

$$\psi_2(\sigma_{1s}^{*2}) = -[1s_a(1)1s_b(2)+1s_b(1)1s_a(2)] + [1s_a(1)1s_a(2)+1s_b(1)1s_b(2)]$$

$$= -\psi_+ + \psi_i \tag{3.2.34}$$

可见由 σ_{1s}^{*2} 电子组态产生的单重态也是共价性和离子性对等地混合,不过现在的线性组合系数有不同的符号。

从(3.2.32)和(3.2.34)两式相减不计常数可得 ψ_+:

$$\psi_+ = \psi_1 - \psi_2 \tag{3.2.35}$$

所以 H_2 分子基态的价键理论波函数 ψ_+ 是基态电子组态 σ_{1s}^2 和激发态电子组态 σ_{1s}^{*2} 按不同符号对等地混合。用来描述一个原子或分子的状态的组态混合物称为组态相互作用(CI)波函数。

很明显 ψ_+ 的缺点是它没有计及离子性的贡献。反之,ψ_1 中离子性的贡献又太多(50%)。若将离子性贡献加以优化,可将 ψ_+ 和离子性波函数 ψ_i 相混合:

$$\psi_+' = c_+ \psi_+ + c_i \psi_i \tag{3.2.36}$$

再通过解下面的 2×2 维久期行列式去定出 c_+ 和 c_i:

$$\begin{vmatrix} H_{++} - ES_{++} & H_{+i} - ES_{+i} \\ H_{+i} - ES_{+i} & H_{ii} - ES_{ii} \end{vmatrix} = 0 \qquad (3.2.37)$$

而相应久期方程为

$$\begin{cases} (H_{++} - ES_{++})c_+ + (H_{+i} - ES_{+i})c_i = 0 \\ (H_{+i} - ES_{+i})c_+ + (H_{ii} - ES_{ii})c_i = 0 \end{cases} \qquad (3.2.38)$$

由此所得优化结果 $c_i/c_+ = 0.16$。也就是说:"最好的"波函数的主要成分(约 6/7)是共价性,这也是我们所预期的。

相似的方法,可通过掺入适量的 φ_2(σ_{1s}^{*2} 组态)用以改进 ψ_1(σ_{1s}^2 组态):

$$\psi_1' = c_1 \psi_1 + c_2 \psi_2 \qquad (3.2.39)$$

优化的结果得 $c_2/c_1 = -0.73$。更重要的是说明改进的价键波函数 ψ_+' 和改进的分子轨道波函数 ψ_1' 是一致的、相同的。这也说明分子轨道理论和价键理论两个近似模型是等当的。

3.3　双原子分子

在讨论 H_2^+ 和 H_2 中的化学键以后,本节将对其他双原子分子进行讨论。先介绍制约分子轨道形成的两个原理:

(1) 由两个原子轨道 φ_A 和 φ_B 形成一个成键和一个反键分子轨道,φ_A 和 φ_B 必须能相互形成非零的重叠,即

$$S_{AB} = \int \varphi_A \varphi_B d\tau \neq 0 \qquad (3.3.1)$$

要使 $S_{AB} \neq 0$,φ_A 和 φ_B 应有相同的对称性。图 3.3.1 示出若干实例,(a)和(b)有净的重叠,但(c)因对称性不同,S_{AB} 为 0。

(2) 第二个判据是能量因素:φ_A 和 φ_B 要有相似的能量,才使它们能相互作用产生显著的成键(和反键)效应。这就是在讨论 H_2^+ 和 H_2 化学键时,只考虑 $1s$ 轨道的相互作用,而不考虑 H_a 原子上的 $1s$ 轨道和 H_b 原子上的 $2s$ 轨道相互作用的原因。因 $1s$ 和 $2s$ 之间由于能量差别较大,虽然有着非零的重叠,但它们不能有效地成键。

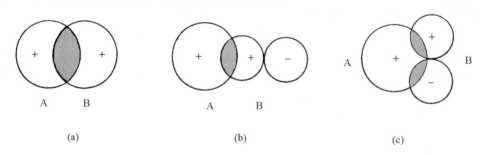

图 3.3.1　(a)和(b)非零重叠积分;(c)零重叠积分。

3.3.1　同核双原子分子

现在开始讨论具有 $2s$ 和 $2p$ 价轨道的同核双原子分子。这些原子通过价轨道进行相加或相减的组合,形成分子轨道,还要知道这些分子轨道能级的次序。

先考虑 $2s$ 轨道,它们如同 H_2^+ 和 H_2 的情况。当进行 $2s_a + 2s_b$ 组合,核间电荷密度增加,是 σ 成键轨道,称为 σ_{2s}。而进行 $2s_a - 2s_b$,核间电荷密度减少,有一个节面,是 σ 反键轨道,称为 σ_{2s}^*,如图 3.3.2 所示。

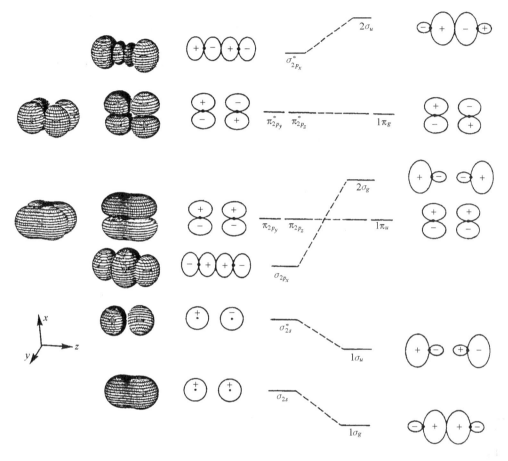

图 3.3.2　同核双原子分子的分子轨道形状和能级。

(左边的能级图适用于 O_2 和 F_2 分子;右边的能级图适用于同一周期的其他同核双原子分子。)

对 $2p$ 轨道,有两种叠加型式:处在键轴上的两个 $2p_z$ 是一种头对头的叠加型式,而垂直于键轴的两个 $2p_x$ 和两个 $2p_y$ 是另一种肩并肩的叠加型式。$2p_{z_a} + 2p_{z_b}$ 组合形成成键轨道,称为 σ_{2p_z},而 $2p_{z_a} - 2p_{z_b}$ 则是一个反键分子轨道 $\sigma_{2p_z}^*$。由于这两个分子轨道沿键轴圆柱对称,所以称它为 σ 轨道。

对于 $2p_x$ 轨道(或 $2p_y$ 轨道),它和键轴垂直,两个 $2p_x$ 轨道互相肩并肩地靠拢,在垂直键轴的 x 方向有两部分分别地互相叠加。这时沿键轴方向观看有一个节面,已不再具有圆柱对称,不是 σ 轨道,而称 π 轨道。由 $2p_{x_a} + 2p_{x_b}$ 叠加得 π_{2p_x}。由 $2p_{x_a} - 2p_{x_b}$ 叠加得 $\pi_{2p_x}^*$ 轨道。同样,$2p_{y_a} + 2p_{y_b}$ 得 π_{2p_y} 分子轨道,$2p_{y_a} - 2p_{y_b}$ 得 $\pi_{2p_y}^*$ 分子轨道。

注意,在同核双原子分子 X_2 中,X_a 原子上的 $2p_x$ 只能和 X_b 原子上的 $2p_x$ 叠加,它不能和 X_b 原子上的 $2p_y$ 和 $2p_z$ 叠加。所以 6 个 $2p$ 轨道之间,$2p_{x_a}$ 只和 $2p_{x_b}$ 作用,$2p_{y_a}$ 只和 $2p_{y_b}$ 作用,而 $2p_{z_a}$ 只和 $2p_{z_b}$ 作用。这样 8 个原子轨道(每个原子上有 1 个 $2s$ 和 3 个 $2p$),可形成 8 个分子轨道:$\sigma_{2s}, \sigma_{2s}^*, \sigma_{2p_z}, \sigma_{2p_z}^*, \pi_{2p_x}, \pi_{2p_x}^*, \pi_{2p_y}, \pi_{2p_y}^*$(为简化表达并使之适用于 $3s, 3p$ 等轨道,有时用 $\sigma_s,$

σ_s^* , σ_z , σ_z^* , π_x , π_x^* , π_y 和 π_y^* 等表示)。这些分子轨道的形状示于图 3.3.2 左边。左边部分有两种图形:最靠左边是以 O_2 为代表叠加所得的分子轨道的形状;靠中心的是保留原子轨道形状的分子轨道示意图及其能级。

分子轨道能级的相对高低,可由光电子能谱等实验或精确计算定出。对于第二周期元素的双原子分子,由于 $2s$ 和 $2p$ 能级差异大小不同,如表 3.3.1 所示,分子轨道能级高低的顺序有两种情况:对 O_2 和 F_2 ,因 O 原子和 F 原子中 $2s$ 和 $2p$ 的能级差较大,按照图 3.3.2 左边的顺序。对 Li_2 , Be_2 , B_2 , C_2 , N_2 等,因这些原子的 $2s$ 和 $2p$ 的能级差较小,由它们组成的对称性相同的分子轨道 σ_{2s} 和 σ_{2p_z} 以及 σ_{2s}^* 和 $\sigma_{2p_z}^*$ 能进一步相互作用,通过 s-p 混杂组成新的分子轨道,图 3.3.2 右边示出 σ_{2s} 和 σ_{2p_z} 进行 s-p 混杂后,扩大了能级差,使 $1\sigma_g$ 能级比 σ_{2s} 低, $2\sigma_g$ 能级比 σ_{2p_z} 高。同样, σ_{2s}^* 和 $\sigma_{2p_z}^*$ 通过 s-p 混杂后也进一步扩大能级差, $1\sigma_u$ 低于 σ_{2s}^* , $2\sigma_u$ 高于 $\sigma_{2p_z}^*$ 。分子轨道符号的改变是由于它们通过 s-p 混杂后,分子轨道已不再是单纯的 s 或 p 轨道组成,故改用 σ_g 和 σ_u ,下标 g 表示中心对称, u 表示中心反对称。

表 3.3.1   第二周期元素 $2s$ 和 $2p$ 轨道的能级差

原 子	Li	Be	B	C	N	O	F
$-E_{2s}/eV$	5.39	9.32	12.9	16.6	20.3	28.5	37.8
$-E_{2p}/eV$	3.54	6.59	8.3	11.3	14.5	13.6	17.4
$E_{2p}-E_{2s}/eV$	1.85	2.73	4.6	5.3	5.8	14.9	20.4

现将第二周期元素形成的同核双原子分子的情况列于表 3.3.2 中。表中最后一栏列出 AB 分子中 A 和 B 原子间的键级值。键级可简单地定义为键的数目,或是分子中的成键电子数减去反键电子数然后被 2 除所得的商。因此 H_2^+ (σ_{1s}^1)键级为 1/2 , H_2 (σ_{1s}^2)为 1 。 He_2^+ ($\sigma_{1s}^2\sigma_{1s}^{*1}$)为 1/2 而 He_2 ($\sigma_{1s}^2\sigma_{1s}^{*2}$)为 0 。

表 3.3.2   第二周期元素的同核双原子分子

X_2	价电子组态	键长/pm	键解离能/($kJ \cdot mol^{-1}$)	键 级
Li_2	$1\sigma_g^2$	267.2	110.0	1
Be_2	$1\sigma_g^2 \, 1\sigma_u^2$	—	—	0
B_2	$1\sigma_g^2 \, 1\sigma_u^2 \, 1\pi_u^2$	158.9	274.1	1
C_2	$1\sigma_g^2 \, 1\sigma_u^2 \, 1\pi_u^4$	124.25	602	2
C_2^{2-}	$1\sigma_g^2 \, 1\sigma_u^2 \, 1\pi_u^4 \, 2\sigma_g^2$	120	—	3
N_2	$1\sigma_g^2 \, 1\sigma_u^2 \, 1\pi_u^4 \, 2\sigma_g^2$	109.76	941.69	3
N_2^+	$1\sigma_g^2 \, 1\sigma_u^2 \, 1\pi_u^4 \, 2\sigma_g^1$	111.6	842.15	2.5
N_2^{2-}	$\sigma_{2s}^2\sigma_{2s}^{*2}\sigma_{2p_z}^2 \, \pi_{2p_x}^2\pi_{2p_y}^2 \, \pi_{2p_x}^{*1}\pi_{2p_y}^{*1}$	122.4	—	2
O_2	$\sigma_{2s}^2\sigma_{2s}^{*2}\sigma_{2p_z}^2 \, \pi_{2p_x}^2\pi_{2p_y}^2 \, \pi_{2p_x}^{*1}\pi_{2p_y}^{*1}$	120.74	493.54	2
O_2^+	$\sigma_{2s}^2\sigma_{2s}^{*2}\sigma_{2p_z}^2 \, \pi_{2p_x}^2\pi_{2p_y}^2 \, \pi_{2p_x}^{*1}$	112.27	626	2.5
O_2^-	$\sigma_{2s}^2\sigma_{2s}^{*2}\sigma_{2p_z}^2 \, \pi_{2p_x}^2\pi_{2p_y}^2 \, \pi_{2p_x}^{*2}\pi_{2p_y}^{*1}$	126	392.9	1.5
O_2^{2-}	$\sigma_{2s}^2\sigma_{2s}^{*2}\sigma_{2p_z}^2 \, \pi_{2p_x}^2\pi_{2p_y}^2 \, \pi_{2p_x}^{*2}\pi_{2p_y}^{*2}$	149	138	1
F_2	$\sigma_{2s}^2\sigma_{2s}^{*2}\sigma_{2p_z}^2 \, \pi_{2p_x}^2\pi_{2p_y}^2 \, \pi_{2p_x}^{*2}\pi_{2p_y}^{*2}$	141.7	155	1

由表 3.3.2 所列数据可知：

(1) Li_2 分子中的键比 H_2(74 pm, 432 kJ mol^{-1})要长、要弱，这是由于 Li_2 有内层电子，只能用较大的 $2s$ 轨道成键。

(2) Be_2 键级为 0，成键效应和反键效应抵消，处于推斥态，不能稳定存在。

(3) B_2 分子中的键比 Li_2 的强，因为 B 原子半径比 Li 小。在 B_2 分子中，有 2 个电子占据 2 个 $1\pi_u$ 轨道上，所以有 2 个未成对电子，呈顺磁性。

(4) C_2 分子键级为 2，具有双键特性，和它的键长及键解离能数据相符。C_2 分子的 $1\pi_u$ 和 $2\sigma_g$ 能级差很小，是一个具有低激发能的分子，吸收光的波数为 19 300 cm^{-1}。通常来说，其他双原子分子的激发能远比此值大。

(5) N_2 分子具有三重键，由 1 个 σ 键($1\sigma_g^2$)和 2 个 π 键($1\pi_u^4$)组成。由图 3.3.2 右边分子轨道图可见，它们都具有强成键作用，所以键长特别短，键能特别大。而 $1\sigma_u^2$ 和 $2\sigma_g^2$ 分别具有弱反键和弱成键性质，互相抵消，实际上成为参加成键作用很小的两对孤对电子，这和分子的 Lewis 结构式 ：N≡N： 一致。根据实验测定 N_2 分子的分子轨道能级图示于图 3.3.3(a)中。从 $2\sigma_g$ 激发到 $1\pi_g$ 轨道吸光的波数为 70 000 cm^{-1}，它是在真空紫外光区。N_2 分子电离掉一个电子成 N_2^+，由于去掉的是弱成键 $2\sigma_g$ 上的电子，虽然计算的键级为 2.5，但对键能和键长的影响很小。最近从 SrN_2 晶体结构测出 N_2^{2-}(diazenide)的键长与键级为 2 相符。

(6) O_2 分子的电子组态中有 $\pi_{2p_x}^{*1} \pi_{2p_y}^{*1}$，所以 O_2 是顺磁性分子，和实验测得结果一致，这是早期分子轨道理论的重大成就。O_2^+(二氧正离子)、O_2^-(超氧负离子)和 O_2^{2-}(过氧负离子)的键级分别为 $2\frac{1}{2}$，$1\frac{1}{2}$ 和 1。实验测得 O_2 分子的分子轨道能级图示于图 3.3.3(b)中。

(7) F_2 的键级为 1，具有单键性质。它和等电子体 O_2^{2-} 性质相似。分子轨道理论说明 Ne_2(它比 F_2 多两个电子)是键级为 0 的推斥态，至今没有实验证明它存在。

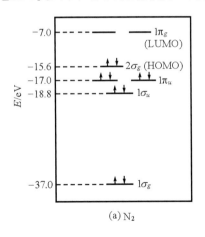 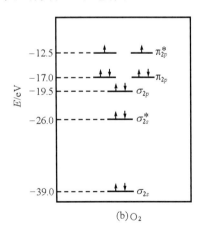

图 3.3.3 N_2 和 O_2 的分子轨道能级图。

结束本小节之前，我们简要地讨论一下对于闭壳层(如 N_2)和开壳层(如 O_2)双原子分子的计算结果。这些计算通常都由自洽场(SCF)方法开始。这一方法是由 D. R. Hartree 和 V. A. Fock 于 90 多年前发展起来的，故又称为 Hartree-Fock 模型，在 2.3.1 小节有简单的介绍。对于闭壳层体系，我们使用限制性 Hartree-Fock(RHF)波函数，其中自旋配对的电子占据相同的空间轨道。换句话说,计算得到的 N_2 能级图是和图 3.3.3(a)相似的。另一方面,对于开壳层体系的处理通常有两种方法。在限制性开壳层 Hartree-Fock(ROHF)方法中,相互配对的电子亦有相同的空间轨道函数。这种方法的缺点是电子强制配对会使变分能量较高。另一种处理方法是非限制性 Hartree-Fock(UHF)方法。这种方法把 α 电子和 β 电子放到不同的空间轨道。以 O_2 为例,我们计算得到两组不同的轨道能级,一组是 α 电子的能级,另一组是 β 电子的能级,这和图 3.3.3 (b)是完全不同的。这两组轨道具有不同的能量,甚至可能有不同的轨道顺序。通常来讲,使用 UHF 波函数会得到比 ROHF 低的能量。但是,UHF 波函数不是自旋算符的一个本征函数,该算符的本征值为 $S(S+1)$ a. u. ,其中 S 为总自旋量子数。所以如果一个 UHF 波函数的自旋算符期望值严重地偏离了 $S(S+1)$ a. u. ,它就很可能不是一个好的波函数。

3.3.2 异核双原子分子

本小节先讨论简单的异核双原子分子 HF,然后再处理由第二周期元素组成的分子 XY。

1. HF

在 HF 分子中,由于组成它的 H 原子 $1s$ 轨道的能量为 -13.6 eV,F 原子 $2p$ 轨道的能量为 -17.4 eV,能量相近能有效成键,而 F 原子 $2s$ 轨道能量为 -37.8 eV,和 H 的 $1s$ 相差太多,不能有效成键。所以只需要考虑 H 的 $1s$ 轨道和 F 的 $2p$ 轨道的成键问题。

若规定键轴为 z 轴,F 的 $2p_z$ 和 H 的 $1s$ 重叠成键。成键轨道 σ_z 可表达为

$$\sigma_z = c_1[1s(\mathrm{H})] + c_2[2p_z(\mathrm{F})] \tag{3.3.2}$$

式中系数 c_1 和 c_2 分别代表 H 的 $1s$ 和 F 的 $2p_z$ 对 σ_z 轨道相对的贡献量。由于两个核不同,原子轨道能量不同,c_1 不等于 c_2。

成键轨道的电子移向电负性大的原子,F 原子 $2p$ 轨道能量较低,在(3.3.2)式中,$c_2>c_1$,即 F 的 $2p_z$ 比 H 的 $1s$ 对成键轨道 σ_z 贡献更多的成分。实际上存在一个普遍规律:电负性大的原子的原子轨道对成键轨道贡献较多。

由 F 原子 $2p_z$ 和 H 原子 $1s$ 形成的反键轨道 σ_z^* 可表达为

$$\sigma_z^* = c_3[1s(\mathrm{H})] - c_4[2p_z(\mathrm{F})] \tag{3.3.3}$$

由于 F 的 $2p_z$ 轨道过半已用于形成 σ_z,很明显 $c_3>c_4$。因此电正性原子的原子轨道对反键轨道贡献较多。

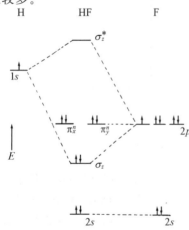

图 3.3.4 HF 的能级图。

F 原子的 $2p_x$ 和 $2p_y$ 适合于形成 π 分子轨道。但在 HF 分子中,H 原子的 $1s$ 轨道不具有合适的对称性去和 F 的 $2p_x$ 和 $2p_y$ 轨道重叠成键,所以 F 的 $2p_x$ 和 $2p_y$ 是非键轨道。按照定义,在一个分子中,一个非键分子轨道是一个单纯的原子轨道,它的电荷密度定域在原来的原子轨道上,不能得到也不失去能量。

HF 的分子轨道能级图示于图 3.3.4 中,通过虚线联系的情况可知,σ_z 分子轨道由 H 的 $1s$ 和 F 的 $2p_z$ 形成。由于 σ_z 的能级和 F 的 $2p$ 靠得较近,而和 H 的 $1s$

隔得较远,F 的 $2p_z$ 轨道的贡献较多;另一方面,σ_z^* 和 H 的 $1s$ 靠得较近而和 F 的 $2p$ 隔得较远,H 的 $1s$ 轨道对 σ_z^* 的贡献多于 F 的 $2p_z$。非键轨道 π_x^n 和 π_y^n 则分别地单独由 F 的 $2p_x$ 和 $2p_y$ 形成,所以它们的能量和 F 的 $2p$ 一样。

从能级图可以看出 HF 分子基态时的价电子组态为

$$2s^2 \sigma_z^2 \ \pi_x^{n\,2} \ \pi_y^{n\,2}$$

这 4 对价电子只有 σ_z^2 是 H 和 F 所共有,其他 3 对都处在 F 原子上,可将结构式写成 H—$\ddot{\underset{\cdot\cdot}{F}}$:,这和 Lewis 结构式一致。

在 σ_z 轨道上的两个电子不是平均地分配给 H 和 F。实验测定,HF 分子的偶极矩 μ 为 6.06×10^{-30} Cm,电子偏向于 F,即 H 原子端显电正性,F 原子端显电负性 H$\underset{\delta+}{—}\ \ \underset{\delta-}{F}$。H—F 的键长为 91.7 pm,如果完全是离子键 H$\overset{+}{---}\overset{-}{F}$,计算理论上的偶极矩为

$$(91.7 \times 10^{-12} \text{ m}) \times (1.60 \times 10^{-19} \text{ C}) = 1.47 \times 10^{-29} \text{ Cm}$$

由此可以看出只有部分电子移向 F 原子,形成极性共价键。在这个键中的离子键成分,也可根据实验测定的偶极矩和理论上完全离子化的偶极矩之比来计算,HF 分子的离子键成分为

$$\frac{6.06 \times 10^{-30} \text{ Cm}}{1.47 \times 10^{-29} \text{ Cm}} \times 100\% = 41\%$$

2. 第二周期元素组成的异核双原子分子

本小节讨论由第二周期元素组成的异核双原子分子 XY,并假设 Y 的电负性大于 X。

XY 分子轨道能级图简单地示于图 3.3.5 中。这些分子中成键的分子轨道 σ 和 π 以及反键的分子轨道 σ^* 和 π^* 的形成,与同核双原子分子相似,但价轨道的系数不同。Y 对成键轨道贡献大,X 对反键轨道贡献大;成键轨道上的电子偏向于 Y,反键轨道上的电子偏向于 X。由于 X 和 Y 不同,分子轨道已失去中心对称(g)和中心反对称(u)的意义,所以分子轨道采用 $1\sigma, 1\sigma^*, 2\sigma, \cdots$ 和 $1\pi, 1\pi^*, \cdots$ 记号标记。

下面通过实例讨论异核双原子分子中化学键的性质。

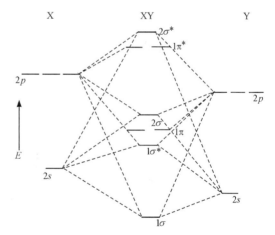

图 3.3.5　异核双原子分子 XY 的能级图。

(1) BN(8 个价电子体系)。实验测定 BN 分子基态时为顺磁性分子。BN 分子基态的价电子组态为

$$1\sigma^2 1\sigma^{*\,2} 1\pi^3 2\sigma^1$$

分子中有两个未成对电子,这是由于 1π 轨道和 2σ 轨道能级相近,2σ 能级高于 1π,但电子进入 1π 所需的成对能略高于电子进入高能级的 2σ,所以 BN 分子采取这种组态。BN 分子的键级为 2,键长 128 pm,键能 385 kJ mol^{-1}。和等电子体 C_2 分子的键长(124 pm)及键能(602 kJ mol^{-1})相比,键长相似,而键能要小很多,因此令人对此数据怀疑。由此可见,即使对最简单的双原子分子,还需要更多的实验工作。

（2）BO,CN 和 CO$^+$（9 个价电子体系）。这些分子的价电子组态为：$1\sigma^2 1\sigma^{*2} 1\pi^4 2\sigma^1$。它们的键长、键能和键级分别列于下表。由表可见，X—Y 间的键均比 C$_2$ 分子中的键强。

XY	键长/pm	键能/kJ mol^{-1}	键级
BO	120	800	2.5
CN	117	787	2.5
CO$^+$	112	805	2.5

（3）NO$^+$,CO,CN$^-$（10 个价电子体系）。这些分子的价电子组态为：$1\sigma^2 1\sigma^{*2} 1\pi^4 2\sigma^2 1\pi^{*0}$。键级为 3,键长都很短：NO$^+$ 106 pm,CO 113 pm,CN$^-$ 114 pm。CO 在化学和化学工业中是非常重要的分子,它的键能为 1070 kJ mol^{-1},比 N$_2$ 略强。通过实验测定所得价层分子轨道的能级示于图 3.3.6(a)中。

（4）NO（11 个价电子体系）。NO 分子的价电子组态为 $1\sigma^2 1\sigma^{*2} 1\pi^4 2\sigma^2 1\pi^{*1}$,键级为 2.5,键长为 115 pm,比 CO 和 NO$^+$ 长。键解离能为 627.5 kJ mol^{-1}。NO 分子在化学和生物化学中是非常重要的分子,将在 14.2 节中详细讨论。通过实验测定所得价层分子轨道能级图示于图 3.3.6(b)中。

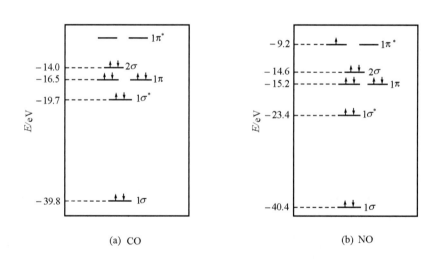

图 3.3.6 CO 和 NO 价层分子轨道能级图。

3.4 线性三原子分子和 sp^n 杂化方式

本节先讨论两个线性三原子分子的化学键：只有 σ 键的 BeH$_2$ 及有 σ 和 π 键的 CO$_2$,然后再用杂化轨道理论讨论其他多原子分子。在这一节的最后部分列出原子的共价半径。

3.4.1　氢化铍 BeH₂

BeH$_2$ 是只有 σ 键的三原子分子,选分子轴作为 z 轴,分子坐标如图 3.4.1 所示。BeH$_2$ 的分子轨道由 Be 原子的价轨道 $2s$ 和 $2p$ 以及两个 H 原子:H$_a$ 和 H$_b$ 的价轨道 $1s_a$ 和 $1s_b$ 共同组成。

对于多原子分子 AX$_n$,为了形成分子轨道,首先需要将 X 原子轨道进行线性组合,而这些组合和中心原子的轨道对称匹配。

在 BeH$_2$ 这个例子中,H 原子的 $1s_a$ 和 $1s_b$ 只有两种线性组合:

$$1s_a + 1s_b \quad 和 \quad 1s_a - 1s_b$$

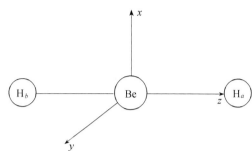

图 3.4.1　BeH₂ 分子的坐标。

其中,$1s_a + 1s_b$ 和 Be 原子的 $2s$ 轨道对称性匹配,可以组合形成成键分子轨道和反键分子轨道:

$$\sigma_s = c_1[2s(\text{Be})] + c_2[1s_a + 1s_b], \; c_2 > c_1 \tag{3.4.1}$$

$$\sigma_s^* = c_1{}'[2s(\text{Be})] - c_2{}'[1s_a + 1s_b], \; c_1{}' > c_2{}' \tag{3.4.2}$$

另外,$1s_a - 1s_b$ 和 Be 原子的 $2p_z$ 轨道对称性匹配,有着净的叠加,可形成 1 个成键分子轨道和 1 个反键分子轨道:

$$\sigma_z = c_3[2p_z(\text{Be})] + c_4[1s_a - 1s_b], \; c_4 > c_3 \tag{3.4.3}$$

$$\sigma_z^* = c_3{}'[2p_z(\text{Be})] - c_4{}'[1s_a - 1s_b], \; c_3{}' > c_4{}' \tag{3.4.4}$$

而 Be 原子上的 $2p_x$ 和 $2p_y$ 轨道和 $1s_a$ 或 $1s_b$(或它们的线性组合)没有净的叠加,因此它们是非键轨道:

$$\begin{cases} \pi_x^n = 2p_x(\text{Be}) \\ \pi_y^n = 2p_y(\text{Be}) \end{cases} \tag{3.4.5}$$

这样,由 6 个原子轨道(Be 原子上的 $2s$ 和 3 个 $2p$ 轨道及 2 个 H 原子上的 $1s$ 轨道)共同组成 6 个分子轨道(σ_s,σ_s^*,σ_z,σ_z^*,π_x^n 和 π_y^n)。注意这些分子轨道均具有离域性质,例如 1 个电子占据 σ_s 轨道,它的几率密度扩展到全部 3 个原子。表 3.4.1 列出 BeH$_2$ 分子轨道由 Be 和 H 的原子轨道组成的情况,其中 H 原子轨道的线性组合加上了适当的归一化常数。

表 3.4.1　BeH₂ 的分子轨道形成情况

Be 的轨道	H$_a$ 和 H$_b$ 的轨道	分子轨道
$2s$	$(1/\sqrt{2})(1s_a + 1s_b)$	σ_s,σ_s^*
$2p_z$	$(1/\sqrt{2})(1s_a - 1s_b)$	σ_z,σ_z^*
$2p_x$	—	π_x^n
$2p_y$	—	π_y^n

BeH$_2$ 分子轨道的能级图示于图3.4.2中。这个图的构建情况可理解如下:Be 原子的 $2s$ 和 $2p$ 轨道示于图的左边,$2p$ 能级高于 $2s$;H$_a$ 和 H$_b$ 的 $1s$ 能级示于右边;H 的、$1s$ 轨道能级低于 Be 的 $2s$,这是因为 Be 的电正性高于 H。有关分子轨道,包括成键轨道、非键轨道和反键轨

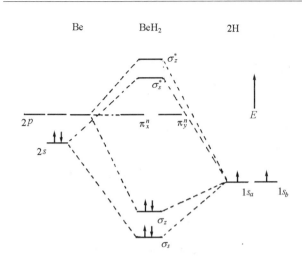

图 3.4.2　BeH_2 分子轨道的能级。

域分子轨道给我们提供的图像。

3.4.2　线性三原子分子的杂化理论

如果我们希望用定域的二电子键描述 BeH_2 的成键,这个分子的 4 个价电子应处于两个等同的成键轨道,这时可用杂化理论,它是价键模型主要组成部分。对 AX_n 体系,杂化理论先将 A 的原子轨道进行线性组合,而组合的杂化轨道直接指向 X 原子。对 BeH_2 三原子分子,将 Be 原子的 $2s$ 和 $2p_z$ 进行杂化,而 $2p_x$ 和 $2p_y$ 不参加,则

$$\varphi_1 = \frac{1}{\sqrt{2}}(2s + 2p_z) \quad (3.4.6)$$

$$\varphi_2 = \frac{1}{\sqrt{2}}(2s - 2p_z) \quad (3.4.7)$$

这两个杂化轨道指向两个 H 原子如图 3.4.3(a 和 b)所示。这两个杂化轨道很适当地与 H_a 和 H_b 上的 $1s$ 轨道重叠成键,如图 3.4.3(c),形成两个成键轨道:

道示于中间部分。和通常的情况相同,成键轨道能级低于组成它们的原子轨道,而相应的反键轨道能级高于组成它们的原子轨道。非键轨道能级与组成它的原子轨道相同。由于 BeH_2 有 4 个价电子,所以它的电子组态为 $\sigma_s^2\sigma_z^2$,按这种描述的方法,两个电子对键离域于 3 个原子之间。

从分子轨道法处理 BeH_2 所得的结论可看出:两个成键轨道 σ_s 和 σ_z 有着不同的形状和不同的能级。这和我们对 BeH_2 直觉地认为应有两个相同键长和相同键能的 Be—H 键相反,但不论怎样,这是离

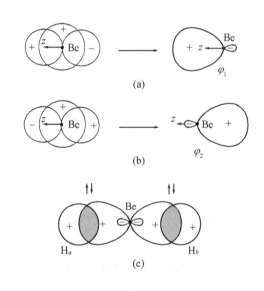

图 3.4.3　两个 sp 杂化轨道的形成(a 和 b),及 BeH_2 中 sp 杂化轨道及 H_a 和 H_b 重叠成键的情况(c)。

$$\psi_1 = c_5\varphi_1 + c_6 1s_a, \quad c_6 > c_5 \quad (3.4.8)$$

$$\psi_2 = c_5\varphi_2 + c_6 1s_b, \quad c_6 > c_5 \quad (3.4.9)$$

这样就有了两个等同的成键轨道 ψ_1 和 ψ_2,它们是定域轨道:ψ_1 定域在 Be 和 H_a 之间,ψ_2 定域在 Be 和 H_b 之间。即 BeH_2 中的两个成键电子对定域得很好。

3.4.3　CO_2

CO_2 分子既有 σ 键又有 π 键,分子的坐标系示于图 3.4.4 中。参加成键的原子轨道,对 C

原子有 $2s$ 和 $2p$,对 O 原子有 $2p$ 轨道。

CO_2 分子中 σ 键的形成和 BeH_2 相似,只要用 O 原子的 $2p_z$ 轨道代替 BeH_2 分子中 H 原子的 $1s$ 轨道即可,这时 σ 轨道的波函数如下:

$$\sigma_s = c_7 \cdot 2s(C) + c_8[2p_z(a) + 2p_z(b)], \quad c_7 > c_8 \tag{3.4.10}$$

$$\sigma_s^* = c_7' \cdot 2s(C) - c_8'[2p_z(a) + 2p_z(b)], \quad c_8' > c_7' \tag{3.4.11}$$

$$\sigma_z = c_9 \cdot 2p_z(C) + c_{10}[2p_z(a) - 2p_z(b)], \quad c_{10} > c_9 \tag{3.4.12}$$

$$\sigma_z^* = c_9' \cdot 2p_z(C) - c_{10}'[2p_z(a) - 2p_z(b)], \quad c_9' > c_{10} \tag{3.4.13}$$

π 分子轨道由 C 原子和 O 原子的 $2p_x$ 和 $2p_y$ 轨道形成。和前面所述相同,先对 O 原子的 $2p_x(a)$ 和 $2p_x(b)$ 进行线性组合,得

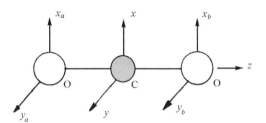

图 3.4.4 CO_2 分子的坐标。

$$2p_x(a) + 2p_x(b) \tag{3.4.14}$$

$$2p_x(a) - 2p_x(b) \tag{3.4.15}$$

再和中心 C 原子的 $2p_x$ 轨道叠加,形成 π 分子轨道,如图 3.4.5(a)。由于 $2p_x$ 和 $2p_y$ 的等同性,可得 x 和 y 两个方向的 π 分子轨道如下:

$$\pi_x = c_{11} \cdot 2p_x(C) + c_{12}[2p_x(a) + 2p_x(b)], \quad c_{12} > c_{11} \tag{3.4.16}$$

$$\pi_x^* = c_{11}' \cdot 2p_x(C) - c_{12}'[2p_x(a) + 2p_x(b)], \quad c_{11}' > c_{12}' \tag{3.4.17}$$

$$\pi_y = c_{11} \cdot 2p_y(C) + c_{12}[2p_y(a) + 2p_y(b)], \quad c_{12} > c_{11} \tag{3.4.18}$$

$$\pi_y^* = c_{11}' \cdot 2p_y(C) - c_{12}'[2p_y(a) + 2p_y(b)], \quad c_{11}' > c_{12}' \tag{3.4.19}$$

另一方面,(3.4.15)式的组合轨道和 $2p_x(C)$ 叠加互相抵消,如图 3.4.5(b),所以它是非键轨道。同理由于 y 方向和 x 方向的等同性,得非键分子轨道为

$$\pi_x^n = 2p_x(a) - 2p_x(b) \tag{3.4.20}$$

$$\pi_y^n = 2p_y(a) - 2p_y(b) \tag{3.4.21}$$

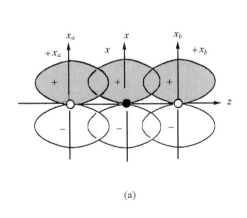

(a)

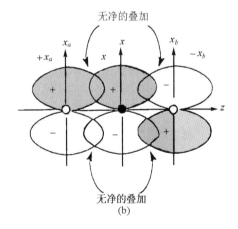

(b)

图 3.4.5 CO_2 分子中:(a) π_x 分子轨道的形成;(b) π_x^n 非键轨道与 C 的原子轨道不配合。

表 3.4.2 列出 CO_2 中分子轨道的构建情况,其中 O 原子轨道的组合加上了归一化常数。注意全部的成键和反键分子轨道的形成都涉及三个原子,而两个非键轨道则没有 C 的原子轨道参与。

表 3.4.2　CO₂ 分子中分子轨道构建情况

C 的轨道	O_a 和 O_b 的轨道	分子轨道
$2s$	$(1/\sqrt{2})[2p_z(a)+2p_z(b)]$	σ_s,σ_s^*
$2p_z$	$(1/\sqrt{2})[2p_z(a)-2p_z(b)]$	σ_z,σ_z^*
$2p_x$	$(1/\sqrt{2})[2p_x(a)+2p_x(b)]$	π_x,π_x^*
$2p_y$	$(1/\sqrt{2})[2p_y(a)+2p_y(b)]$	π_y,π_y^*
—	$(1/\sqrt{2})[2p_x(a)-2p_x(b)]$	π_x^n
—	$(1/\sqrt{2})[2p_y(a)-2p_y(b)]$	π_y^n

　　CO_2 分子轨道能级图示于图 3.4.6 中。注意 O 原子的 $2s$ 和 $2p$ 轨道的能级比相应的 C 原子轨道的能级低。CO_2 分子有 16 个价电子,其电子组态为

$$(2s_a)^2(2s_b)^2\sigma_s^2\sigma_z^2(\pi_x=\pi_y)^4(\pi_x^n=\pi_y^n)^4$$

所以 CO_2 分子有 2 个 σ 键,2 个 π 键,有 4 对非键电子处在 2 个 O 原子上。

　　利用杂化理论或价键理论对 CO_2 中化学键的描述,示于图 3.4.7 中。它和分子轨道描述的图形总体上是一致的,也是两个 σ 键,两个 π 键,每个 O 原子上有两对孤对电子。主要的差别在于价键的描述中全部化学键都是二中心二电子键,是定域于两个原子间的化学键,它的图像准确地和 Lewis 结构($:\ddot{O}=C=\ddot{O}:$)相同。杂化作用需要在两个正则结构间进行共振(以双箭头符号←→表示)。

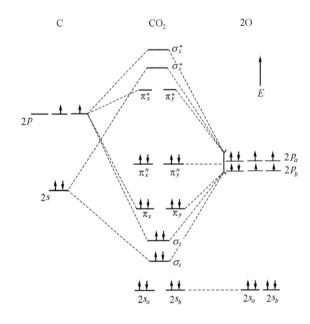

图 3.4.6　CO₂ 分子轨道能级图。

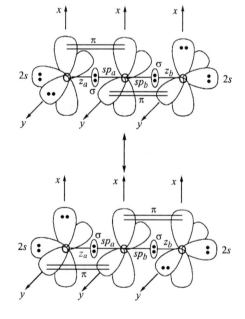

图 3.4.7　价键理论对 CO₂ 结构的描述。

3.4.4 sp^n 杂化轨道

1. sp 杂化轨道

对于 sp^n 杂化轨道的构建,可先从 s 轨道和 p_z 轨道杂化形成的 sp 杂化轨道出发来理解。sp 杂化形成两个等同的杂化轨道,一个指向 $+z$,一个指向 $-z$,根据(3.4.6)和(3.4.7)两式,可将波函数写成矩阵表达式:

$$\begin{vmatrix} \varphi_1 \\ \varphi_2 \end{vmatrix} = \begin{vmatrix} 1/\sqrt{2} & 1/\sqrt{2} \\ 1/\sqrt{2} & -1/\sqrt{2} \end{vmatrix} \begin{vmatrix} s \\ p_z \end{vmatrix} = \begin{vmatrix} a & b \\ c & d \end{vmatrix} \begin{vmatrix} s \\ p_z \end{vmatrix} \tag{3.4.22}$$

由此 2×2 系数矩阵式,可以了解这些系数之间具有下列关系:

(1) 由于每个原子轨道都完全地用于杂化轨道的构成,可得:$a^2 + c^2 = 1$ 和 $b^2 + d^2 = 1$;

(2) 根据杂化轨道的归一性,可得:$a^2 + b^2 = 1$ 和 $c^2 + d^2 = 1$;

(3) 根据杂化轨道间的正交性,可得:$ac + bd = 0$。

2. sp^2 杂化轨道

如果用一个 s 轨道和 p_x 及 p_y 轨道形成等性的杂化轨道 φ_1,φ_2 和 φ_3,这些轨道处在 xy 平面,相互间夹角为 $120°$,波函数的矩阵表达式为

$$\begin{vmatrix} \varphi_1 \\ \varphi_2 \\ \varphi_3 \end{vmatrix} = \begin{vmatrix} a & b & c \\ d & e & f \\ g & j & k \end{vmatrix} \begin{vmatrix} s \\ p_x \\ p_y \end{vmatrix} \tag{3.4.23}$$

若规定 φ_1 处在 x 轴,如图 3.4.8 所示,系数之间具有下列关系:

(1) 根据 s 轨道平均地参与形成 3 个 sp^2 杂化轨道,可得

$$a^2 = d^2 = g^2 = 1/3 \tag{3.4.24}$$

或

$$a = d = g = 1/\sqrt{3} \tag{3.4.25}$$

(2) 根据 φ_1 处在 x 轴上,p_y 对 φ_1 不可能有贡献,可得

$$c = 0 \tag{3.4.26}$$

(3) 由前面所得的 a,c 值及 $a^2 + b^2 + c^2 = 1$,可得

$$b = \sqrt{2/3} \tag{3.4.27}$$

(4) p_x 对 φ_2 和 φ_3 的贡献相等,以及 $b^2 + e^2 + j^2 = 1$,可得

$$e = j = -1/\sqrt{6} \tag{3.4.28}$$

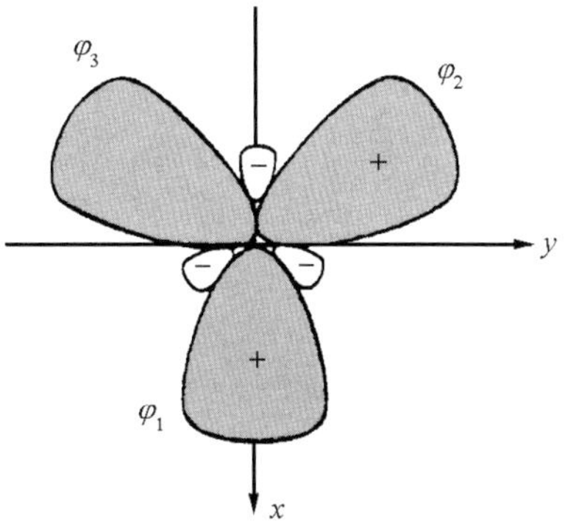

图 3.4.8 sp^2 杂化轨道的取向。

(5) p_y 对 φ_2 和 φ_3 的贡献相等,但 $f > 0$ 而 $k < 0$,以及 $c^2 + f^2 + k^2 = 1$,可得

$$f = 1/\sqrt{2} \tag{3.4.29}$$

$$k = -1/\sqrt{2} \tag{3.4.30}$$

将所得系数集中起来,得

$$\begin{vmatrix} \varphi_1 \\ \varphi_2 \\ \varphi_3 \end{vmatrix} = \begin{vmatrix} 1/\sqrt{3} & \sqrt{2/3} & 0 \\ 1/\sqrt{3} & -1/\sqrt{6} & 1/\sqrt{2} \\ 1/\sqrt{3} & -1/\sqrt{6} & -1/\sqrt{2} \end{vmatrix} \begin{vmatrix} s \\ p_x \\ p_y \end{vmatrix} \tag{3.4.31}$$

系数的正确性可用多种方法检验,例如,由 $\int \varphi_1 \varphi_2 d\tau = 0$,可得

$$ad + be + cf = 0 \qquad (3.4.32)$$

同样,φ_2 和 y 轴的夹角 θ 可计算得到:

$$\theta = \arctan\left(\frac{1/\sqrt{6}}{1/\sqrt{2}}\right) = \arctan\left(\frac{1}{\sqrt{3}}\right) = 30° \qquad (3.4.33)$$

为了证明 φ_1,φ_2 和 φ_3 是互相等同的,可计算它们的杂化指数,看出它们的指数是一样的。杂化轨道的杂化指数 n 定义为

$$n = \frac{p \text{ 轨道的集居数}}{s \text{ 轨道的集居数}} = \frac{\sum |\,p \text{ 轨道的系数}\,|^2}{|\,s \text{ 轨道的系数}\,|^2} \qquad (3.4.34)$$

由于 φ_1,φ_2 和 φ_3 为等性杂化,它们的 n 都应等于 2。在 BeH_2 分子中 sp 杂化,$n=1$。

BF_3 分子可用 sp^2 杂化成键来解释,它有三种共振正则结构,每种都有 3 个 σ 键和 1 个 π 键。σ 键由 B 原子的 sp^2 杂化轨道和 F 原子的 p_z 轨道叠加形成。其共振结构式可表达如下:

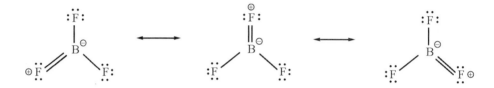

每个 B—F 键的键级为 $1\frac{1}{3}$,FBF 键角为 $120°$,这和实验测定的结果相符合。

3. sp^3 杂化轨道

对于 sp^3 杂化轨道早已知道杂化轨道间的夹角约为 $109°$,这键角 θ 可准确地计算得到(见图 3.4.9):

$$\theta = \arccos\left(-\frac{1}{3}\right) \approx 109.4712°$$

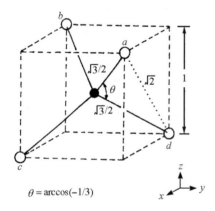

图 3.4.9　正四面体角的测定。

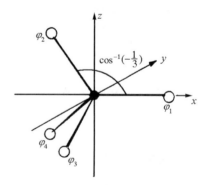

图 3.4.10　sp^3 杂化的"原始的"
(1931)Pauling 坐标系。

CH_4 分子中 C 原子的 4 个杂化轨道按立方体面对角线方向定向,如图 3.4.9 所示。这时

很容易地写出矩阵表达式：

$$\begin{vmatrix} \varphi_1 \\ \varphi_2 \\ \varphi_3 \\ \varphi_4 \end{vmatrix} = \begin{vmatrix} 1/2 & 1/2 & 1/2 & 1/2 \\ 1/2 & -1/2 & -1/2 & 1/2 \\ 1/2 & 1/2 & -1/2 & -1/2 \\ 1/2 & -1/2 & 1/2 & -1/2 \end{vmatrix} \begin{vmatrix} s \\ p_x \\ p_y \\ p_z \end{vmatrix} \tag{3.4.35}$$

当然需要用波函数的正交性等方法来加以检验。4 个 sp^3 杂化轨道 $\varphi_1,\varphi_2,\varphi_3$ 和 φ_4 分别直接指向正四面体的 4 个顶点 a,b,c 和 d，这些杂化轨道可分别和 H 原子的 $1s$ 轨道叠加成键。

如果改变坐系取向，4 个 sp^3 杂化轨道采用图 3.4.10 所示的坐标系，则矩阵行列式可写为

$$\begin{vmatrix} \varphi_1 \\ \varphi_2 \\ \varphi_3 \\ \varphi_4 \end{vmatrix} = \begin{vmatrix} 1/2 & \sqrt{3}/2 & 0 & 0 \\ 1/2 & -1/2\sqrt{3} & 0 & \sqrt{2/3} \\ 1/2 & -1/2\sqrt{3} & -1/\sqrt{2} & -1/\sqrt{6} \\ 1/2 & -1/2\sqrt{3} & 1/\sqrt{2} & -1/\sqrt{6} \end{vmatrix} \begin{vmatrix} s \\ p_x \\ p_y \\ p_z \end{vmatrix} \tag{3.4.36}$$

有趣的是，这种坐标系正是 1931 年 L. Pauling 在他首次构建 sp^3 杂化轨道时所采用的坐标。

下面以 H_2O 分子为例，讨论在一个原子中有一种以上杂化轨道的情况。图 3.4.11 中 φ_1 和 φ_2 是孤对电子占据的杂化轨道，φ_3 和 φ_4 是和 H 原子 $1s$ 轨道叠加成键的杂化轨道。如果 φ_1 的 s 轨道的系数为 $\sqrt{a/2}$，那么其他轨道的系数就可以按 a 表达出来，如下式所示：

$$\begin{vmatrix} \varphi_1 \\ \varphi_2 \\ \varphi_3 \\ \varphi_4 \end{vmatrix} = \begin{vmatrix} \sqrt{\dfrac{a}{2}} & \sqrt{\dfrac{1}{2}} & \sqrt{\dfrac{1}{2}-\dfrac{a}{2}} & 0 \\ \sqrt{\dfrac{a}{2}} & -\sqrt{\dfrac{1}{2}} & \sqrt{\dfrac{1}{2}-\dfrac{a}{2}} & 0 \\ \sqrt{\dfrac{1}{2}-\dfrac{a}{2}} & 0 & -\sqrt{\dfrac{a}{2}} & \sqrt{\dfrac{1}{2}} \\ \sqrt{\dfrac{1}{2}-\dfrac{a}{2}} & 0 & -\sqrt{\dfrac{a}{2}} & -\sqrt{\dfrac{1}{2}} \end{vmatrix} \begin{vmatrix} s \\ p_x \\ p_y \\ p_z \end{vmatrix} \tag{3.4.37}$$

而 φ_1 和 φ_2 间的夹角 α 以及 φ_3 和 φ_4 间的夹角 β 可推得如下：

$$\cot(\alpha/2) = \sqrt{\left(\frac{1}{2}-\frac{a}{2}\right)\Big/\left(\frac{1}{2}\right)} = \sqrt{1-a} \tag{3.4.38}$$

$$\cot(\beta/2) = \sqrt{\left(\frac{a}{2}\right)\Big/\left(\frac{1}{2}\right)} = \sqrt{a} \tag{3.4.39}$$

将(3.4.38)和(3.4.39)两式结合得

$$\cot^2(\alpha/2) + \cot^2(\beta/2) = 1 \tag{3.4.40}$$

实验测得 $\beta = \angle HOH = 104.5°$，所以，

$$\alpha = 115.4° \tag{3.4.41}$$

这个数值符合 VSEPR 理论的结果，即水分子中孤对电子间的夹角应大于键对电子间的夹角。

键对电子和孤对电子所占轨道的杂化指数 n_b 和 n_l 可表达如下：

$$n_l = n_1 = n_2 = \left(1-\frac{a}{2}\right)\Big/\left(\frac{a}{2}\right) = (2-a)/a$$

或

$$a = 2/(n_l+1) \tag{3.4.42}$$

$$n_b = n_3 = n_4 = \left(\frac{1}{2}+\frac{a}{2}\right)\Big/\left(\frac{1}{2}-\frac{a}{2}\right)$$

$$= (1+a)/(1-a)$$

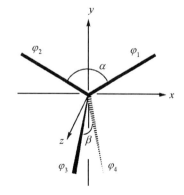

图 3.4.11 H_2O 分子杂化轨道坐标图。
（孤对电子占据 φ_1 和 φ_2，
O—H 键电子占据 φ_3 和 φ_4。）

或
$$a = (n_b - 1)/(n_b + 1) \tag{3.4.43}$$

结合式(3.4.42)与(3.4.43)可得到 n_b 和 n_l 的关系式：
$$n_b = (n_l + 3)/(n_l - 1) \tag{3.4.44}$$

最后,还可推出 β 与系数 a 的关系：
$$\cos\beta = \cos^2(\beta/2) - \sin^2(\beta/2)$$
$$= \left(\frac{a}{2}\right) \bigg/ \left(\frac{1}{2} + \frac{a}{2}\right) - \left(\frac{1}{2}\right) \bigg/ \left(\frac{1}{2} + \frac{a}{2}\right)$$
$$= (a - 1)/(a + 1) \tag{3.4.45}$$

由方程(3.4.43)得
$$\cos\beta = -1/n_b \quad 或 \quad n_b = -\sec\beta \tag{3.4.46}$$

对于 H_2O 分子,$\beta = 104.5°$,$n_b = 3.994$,$n_l = 2.336$,$a = 0.600$。

需要指出上述这种处理方法是假定 O—H 键是"直的",即杂化轨道 φ_3 和 φ_4 直接指向 H 原子。

3.4.5　原子的共价半径

共价键的基本特征是原子间通过原子轨道叠加成键。各种原子的结构有其特征性,两个原子间形成的共价键的键长和键能等的数值也和这两个原子有关。根据大量实验测定的数值,由 A 和 B 两个原子形成的共价单键、共价双键和共价叁键的键长,具有一定守恒性,据此可以将统计所得的键长划分成共价半径。例如,C(金刚石),Si,Ge,Sn(灰锡)晶体中,原子按照 sp^3 杂化轨道相互叠加成共价单键。根据原子间的距离分别为 154,235,245 和 281 pm,即推得 C,Si,Ge 和 Sn 原子的共价单键半径为 77,117,122 和 140 pm,有了这些数据,根据 C—O 共价单键的平均键长和电负性的差异,推得 O 原子共价单键半径为 74 pm。表 3.4.3 列出主族元素原子的共价半径。

表 3.4.3　主族元素原子的共价半径(单位: pm)

	H 37								He —
	Li 134	Be 111			B 88	C 77	N 74	O 74	F 71	Ne —
单键	Na 154	Mg 136			Al 125	Si 117	P 110	S 102	Cl 99	Ar —
	K 196	Ca 174	Cu 117	Zn 125	Ga 122	Ge 122	As 122	Se 117	Br 114	Kr 110
	Rb —	Sr 192	Ag 133	Cd 141	In 150	Sn 140	Sb 141	Te 137	I 133	Xe 130
	Cs —	Ba 198	Au 125	Hg 144	Tl 155	Pb 154	Bi 152			

	B	C	N	O	P	S
双键	79	67	62	60	100	94
叁键	71	60	55	—	—	—

不同作者列出的共价半径数据可能有差异,特别是对碱金属和碱土金属元素。这是源于影响键长的因素很多,例如：① A 和 B 两原子间电负性的差异,使共价键带有极性,即具有一定离子键成分。② 原子的配位数不同,键长不同,一般配位数大,键长加长。③ 成键原子周

围相邻原子的影响,例如在 13.3.3～13.3.4 小节讨论到 C—C 共价单键的键长,变动范围可从 136～164 pm。所以表 3.4.3 所列的数据,一方面是一种参考标准,可用来探讨化合物中键的性质和对化合物性质的影响,但另一方面却不可用来算出一个特定化合物的准确键长。

3.5　HMO 理论用于共轭多烯体系

3.5.1　Hückel 分子轨道理论及其应用于乙烯和丁二烯

HMO(Hückel Molecular Orbital)理论是 1931 年由 E. Hückel(休克尔)提出的一种近似方法。这个方法常用来处理共轭多烯的 π 键系统。

共轭多烯的能级框图示于图 3.5.1 中,从这个简图可以看出这些多烯的化学和物理性质主要由点线内的轨道所控制,即由 π 和 π* 分子轨道和非键轨道控制。因此在研究这些化合物的电子结构时,作为一级近似,可以忽略 σ 和 σ* 轨道,而集中研究 π 和 π* 轨道。

在共轭多烯分子中,每个 C 原子贡献一个 p 轨道和一个电子共同形成体系的 π 键,如图 3.5.2 所示。所以分子轨道的一般形式为

$$\psi = \sum c_i \varphi_i = c_1 \varphi_1 + c_2 \varphi_2 + \cdots + c_n \varphi_n \tag{3.5.1}$$

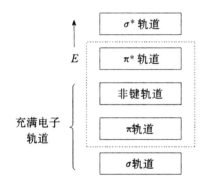

图 3.5.1　共轭多烯分子轨道能级框图。
（注意非键轨道不一定存在。）

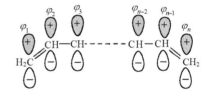

图 3.5.2　共轭多烯分子中 π 原子轨道。

如用变分法测定系数,首先要解 $n \times n$ 久期行列式:

$$\begin{vmatrix} H_{11} - ES_{11} & H_{12} - ES_{12} & \cdots & H_{1n} - ES_{1n} \\ H_{12} - ES_{12} & H_{22} - ES_{22} & \cdots & H_{2n} - ES_{2n} \\ \cdots & \cdots & & \cdots \\ H_{1n} - ES_{1n} & H_{2n} - ES_{2n} & \cdots & H_{nn} - ES_{nn} \end{vmatrix} = 0 \tag{3.5.2}$$

不同的近似方法意味着采用不同的方法计算积分 H_{ij} 和 S_{ij},由 Hückel 首先提出来的近似法可能是最简单的一种方法,这方法作下列假定:

(1) $S_{ij} = \delta_{ij}$,即 $i = j$ 时,$S_{ij} = 1$;$i \neq j$ 时,$S_{ij} = 0$。

(2) $H_{ii} = \alpha$,H_{ii} 称为库仑积分,每个相同原子轨道都有等同的值,注意 $\alpha < 0$。

(3) $H_{ij} = \beta$,当 φ_i 和 φ_j 是相邻的原子轨道。H_{ij} 称为共振积分,注意 $\beta < 0$。

(4) $H_{ij} = 0$,当 φ_i 和 φ_j 不是相邻的原子轨道。

注意假定(1)是极其"偏激"的,因为它忽略了原子轨道重叠成键的基本原理。解出方程 (3.5.2)中的 E 之后,再将每个 E 值代入下列久期方程,可定出系数 c_i 值:

$$\begin{cases} (H_{11} - ES_{11})c_1 + (H_{12} - ES_{12})c_2 + \cdots + (H_{1n} - ES_{1n})c_n = 0 \\ (H_{12} - ES_{12})c_1 + (H_{22} - ES_{22})c_2 + \cdots + (H_{2n} - ES_{2n})c_n = 0 \\ \qquad\cdots \qquad\qquad\qquad \cdots \qquad\qquad\qquad \cdots \\ (H_{1n} - ES_{1n})c_1 + (H_{2n} - ES_{2n})c_2 + \cdots + (H_{nn} - ES_{nn})c_n = 0 \end{cases} \qquad (3.5.3)$$

下面两例应用 HMO 方法来处理乙烯和丁二烯的 π 键系统。

1. 乙烯

乙烯参加形成 π 键的两个原子轨道示于图 3.5.3 中,其久期行列式为

$$\begin{vmatrix} \alpha - E & \beta \\ \beta & \alpha - E \end{vmatrix} = \begin{vmatrix} x & 1 \\ 1 & x \end{vmatrix} = 0 \qquad (3.5.4)$$

式中 $x = (\alpha - E)/\beta$。解(3.5.4)式得 $x = \pm 1$,这时其能量 E 分别为

$$E_1 = \alpha + \beta = E(\pi) \qquad (3.5.5)$$
$$E_2 = \alpha - \beta = E(\pi^*), \quad E_1 < E_2 \qquad (3.5.6)$$

将 E_1 和 E_2 代入下列久期方程:

$$\begin{cases} (\alpha - E)c_1 + \beta c_2 = 0 \\ \beta c_1 + (\alpha - E)c_2 = 0 \end{cases} \qquad (3.5.7)$$

解之,得 c_1 和 c_2,便导出分子轨道波函数。

$c_1 = c_2$,即

$$\psi_1 = \psi(\pi) = \sqrt{1/2}(\varphi_1 + \varphi_2) \qquad (3.5.8)$$

$c_1 = -c_2$,即

$$\psi_2 = \psi(\pi^*) = \sqrt{1/2}(\varphi_1 - \varphi_2) \qquad (3.5.9)$$

两个 π 电子占据 $\psi(\pi)$ 成键分子轨道,得 π 键的能量:

$$E_\pi = 2\alpha + 2\beta \qquad (3.5.10)$$

图 3.5.4 示出这种非常简单的能级图。注意在这种近似处理中,成键效应等于反键效应。这是由于假定 $S_{ij} = 0 (i \neq j$ 时),即轨道间没有重叠的结果。

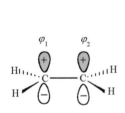

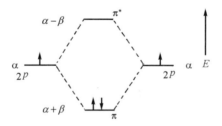

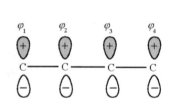

图 3.5.3　乙烯分子　　　　图 3.5.4　乙烯分子中 π 轨道能级图。　　　　图 3.5.5　丁二烯分子
中的 π 原子轨道。　　　　　　　　　　　　　　　　　　　　　　　　　　中的 π 原子轨道。

2. 丁二烯

丁二烯分子中参加形成 π 键的原子轨道示于图 3.5.5 中。这个体系的久期行列式为

$$\begin{vmatrix} \alpha-E & \beta & 0 & 0 \\ \beta & \alpha-E & \beta & 0 \\ 0 & \beta & \alpha-E & \beta \\ 0 & 0 & \beta & \alpha-E \end{vmatrix} = \begin{vmatrix} x & 1 & 0 & 0 \\ 1 & x & 1 & 0 \\ 0 & 1 & x & 1 \\ 0 & 0 & 1 & x \end{vmatrix} = 0, \quad x=\frac{\alpha-E}{\beta} \qquad (3.5.11)$$

展开这个行列式,得

$$x^4 - 3x^2 + 1 = 0$$

解之得
$$x=(\pm\sqrt{5}\pm1)/2=\pm1.618, \pm0.618 \qquad (3.5.12)$$

下面利用所解得的 x,去求算系数 c_i。表 3.5.1 列出丁二烯分子中 π 分子轨道的能级和波函数。波函数的图形示于图 3.5.6 中。注意波函数中节点的数目增加,它的能量也在增加。由于基态时 4 个 π 电子填入 ψ_1 和 ψ_2,所以 π 轨道的能量为

$$E_{\pi}=2(\alpha+1.618\beta)+2(\alpha+0.618\beta)=4\alpha+4.472\beta \qquad (3.5.13)$$

如果丁二烯 4 个 π 电子定域在两个 C=C 双键,从式(3.5.10),这时的能量应为:$2(2\alpha+2\beta)=4\alpha+4\beta$。对比上述结果可见,允许 π 电子离域,就使体系能量降低。这种使体系稳定而降低的能量称为离域能(DE)。丁二烯的离域能为

$$\mathrm{DE}=4\alpha+4.472\beta-4\alpha-4\beta$$
$$=0.472\beta<0 \qquad (3.5.14)$$

表 3.5.1　丁二烯分子中 π 轨道的 Hückel 能量和波函数

x	能量 E	波函数 ψ
1.618	$E_4=\alpha-1.618\beta$	$\psi_4(\pi^*)=0.372\varphi_1-0.602\varphi_2+0.602\varphi_3-0.372\varphi_4$
0.618	$E_3=\alpha-0.618\beta$	$\psi_3(\pi^*)=0.602\varphi_1-0.372\varphi_2-0.372\varphi_3+0.602\varphi_4$
−0.618	$E_2=\alpha+0.618\beta$	$\psi_2(\pi)=0.602\varphi_1+0.372\varphi_2-0.372\varphi_3-0.602\varphi_4$
−1.618	$E_1=\alpha+1.618\beta$	$\psi_1(\pi)=0.372\varphi_1+0.602\varphi_2+0.602\varphi_3+0.372\varphi_4$

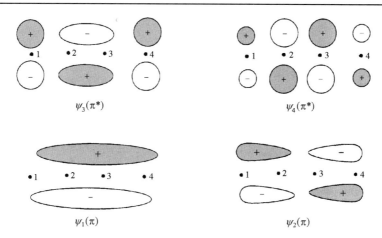

图 3.5.6　丁二烯分子中 π 和 π^* 分子轨道。

3.5.2　从波函数的对称性考虑来预示反应历程

示于图 3.5.6 中的丁二烯的 π 分子轨道,可以用来预示或合理地阐明化合物发生化学反

应的历程。例如，通过实验发现下面两个反应在不同条件下可得到不同的产物：

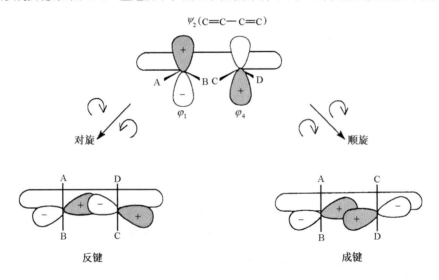

$$加热\atop 顺旋 \tag{3.5.15}$$

$$光照\atop 对旋 \tag{3.5.16}$$

1965 年美国化学家 R. B. Woodward(伍德沃德)和 R. Hoffmann(霍夫曼)提出的"轨道对称守恒原理"即 Woodward-Hoffmann 规则和日本化学家 K. Fukui(福井谦一)提出的"前线轨道理论"，可以很好地解释这些反应的历程和所得的产物，也可以解释其他化学反应。(1965年 Woodward 因他的合成工作获得诺贝尔化学奖。1981 年在 Woodward 去世后，Fukui 和 Hoffmann 因上述理论分享诺贝尔化学奖。)这些理论认为：一个化合物发生化学反应的历程是被最高占据轨道(HOMO)的对称性所控制。对于加热环化反应，如(3.5.15)式所示的反应是"基态化学"的反应，这时丁二烯的 HOMO 是 ψ_2。反之，光照环化反应，如(3.5.16)式所示的反应是"激发态化学"的反应，这时丁二烯的 HOMO 是 ψ_3。

丁二烯 ψ_2 的端基原子轨道 φ_1 和 φ_4 的正负号取向相反。当按照(3.5.15)式进行顺旋反应时，正好使 φ_1 和 φ_4 进行同号叠加而成键，如图 3.5.7 右边所示。若进行对旋反应，则 φ_1 和 φ_4 的异号轨道相遇而形成反键，如图 3.5.7 左边所示。所以在加热条件下，丁二烯发生的是顺旋环化反应。

图 3.5.7　丁二烯加热环化：以顺旋方式成键。

相反地,丁二烯 ψ_3 的端基原子轨道 φ_1 和 φ_4 的正负号取向相同,当按照(3.5.16)式进行对旋反应时,正好使 φ_1 和 φ_4 同号叠加而成键,如图 3.5.8 左边所示;而顺旋反应产生反键作用,如图 3.5.8 右边所示。所以,丁二烯在光照条件下,电子激发到 ψ_3,反应按对旋形式进行。

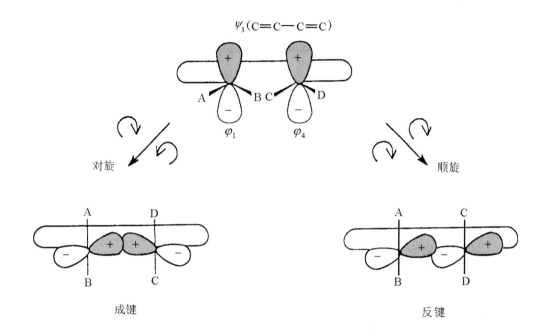

图 3.5.8　丁二烯光照环化:以对旋方式成键。

将上述理论用于 1,3,5-己三烯的环化反应:

$$\text{(图式)} \qquad (3.5.17)$$

可以明确合理地阐述它的反应机理。己三烯的久期行列式为

$$\begin{vmatrix} x & 1 & 0 & 0 & 0 & 0 \\ 1 & x & 1 & 0 & 0 & 0 \\ 0 & 1 & x & 1 & 0 & 0 \\ 0 & 0 & 1 & x & 1 & 0 \\ 0 & 0 & 0 & 1 & x & 1 \\ 0 & 0 & 0 & 0 & 1 & x \end{vmatrix} = 0, \quad x = \frac{\alpha - E}{\beta} \qquad (3.5.18)$$

按前述方法解出 x, E 和 ψ,所得结果列于表 3.5.2 中。

表 3.5.2　在 1,3,5-己三烯分子中 π 分子轨道的 Hückel 能量和波函数

x	能量 E	波函数 ψ	节点数
1.802	$\alpha-1.802\beta$	$\psi_6=0.232\varphi_1-0.418\varphi_2+0.521\varphi_3-0.521\varphi_4+0.418\varphi_5-0.232\varphi_6$	5
1.247	$\alpha-1.247\beta$	$\psi_5=0.418\varphi_1-0.521\varphi_2+0.232\varphi_3+0.232\varphi_4-0.521\varphi_5+0.418\varphi_6$	4
0.445	$\alpha-0.445\beta$	$\psi_4=0.521\varphi_1-0.232\varphi_2-0.418\varphi_3+0.418\varphi_4+0.232\varphi_5-0.521\varphi_6$	3
-0.445	$\alpha+0.445\beta$	$\psi_3=0.521\varphi_1+0.232\varphi_2-0.418\varphi_3-0.418\varphi_4+0.232\varphi_5+0.521\varphi_6$	2
-1.247	$\alpha+1.247\beta$	$\psi_2=0.418\varphi_1+0.521\varphi_2+0.232\varphi_3-0.232\varphi_4-0.521\varphi_5-0.418\varphi_6$	1
-1.802	$\alpha+1.802\beta$	$\psi_1=0.232\varphi_1+0.418\varphi_2+0.521\varphi_3+0.521\varphi_4+0.418\varphi_5+0.232\varphi_6$	0

由表 3.5.2 可以清楚地看出,随着节点数目的增加,轨道的能量在增加。基态时,己三烯分子中 6 个 π 电子占据 ψ_1,ψ_2 和 ψ_3,π 键的能量 E_π 和离域能 DE 分别为

$$E_\pi = 2(\alpha+1.802\beta) + 2(\alpha+1.247\beta) + 2(\alpha+0.445\beta) = 6\alpha + 6.988\beta$$

$$DE = 6\alpha + 6.988\beta - 3(2\alpha+2\beta) = 0.988\beta < 0$$

对于己三烯加热和光照时发生的环化反应,分别受 ψ_3 和 ψ_4(HOMO)所控制。图 3.5.9 示出己三烯加热环化采取对旋的方式,而光照环化则采取顺旋的方式。在相同条件下,己三烯的环化方式正好和丁二烯的环化方式相反。

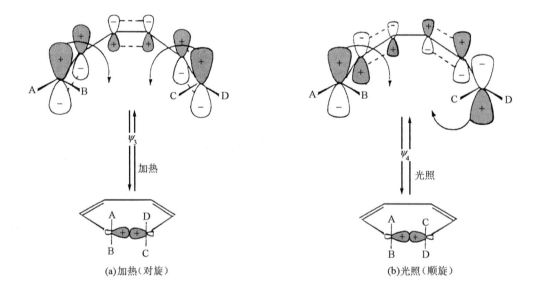

(a)加热(对旋)　　　　(b)光照(顺旋)

图 3.5.9　1,3,5-己三烯的环化反应:
(a) 受热环化采取对旋方式;(b) 光照环化采取顺旋方式。

参 考 文 献

[1]　R. McWeeny, *Coulson's Valence*, 3rd ed., Oxford University Press, Oxford, 1979.

[2]　J. N. Murrell, S. F. A. Kettle and J. M. Tedder, *The Chemical Bond*, Wiley, Chichester, 1978.

[3]　E. Cartmell and G. W. A. Fowles, *Valency and Molecular Structure*, 4th ed., Butterworth, London, 1977.

[4]　R. L. DeKock and H. B. Gray, *Chemical Structure and Bonding*, Benjamin/Cummings, Menlo Park, 1980.

[5]　M. Karplus and R. N. Porter, *Atoms & Moleculed: An Introduction for Students of Physical Chemistry*, Benjamin, New York, 1970.

[6]　N. W. Alcock, *Bonding and Structure: Structural Principles in Inorganic and Organic Chemistry*, Ellis Horwood, New York, 1990.

[7]　R. J. Gillespie and I. Hargittai, *The VSEPR Model of Molecular Geometry*, Allyn and Bacon, Boston, 1991.

[8]　R. J. Gillespie and P. L. A. Popelier, *Chemical Bonding and Molecular Geometry from Lewis to Electron Densities*, Oxford University Press, New York, 2001.

[9]　B. M. Gimarc, *Molecular Structure and Bonding: The Quantitative Molecular Orbital Approach*, Academic Press, New York, 1979.

[10]　Y. Jean and F. Volatron (translated by J. Burdett), *An Introduction to Molecular Orbitals*, Oxford University Press, New York, 1993.

[11]　V. M. S. Gil, *Orbitals in Chemistry: a Modern Guide for Students*, Cambridge University Press, Cambridge, 2000.

[12]　J. G. Verkade, *A Pictorial Approach to Molecular Bonding and Vibrations*, 2nd ed., Springer, New York, 1997.

[13]　J. K. Burdett, *Molecular Shapes: Theoretical Models of Inorganic Stereochemistry*, Wiley, New York, 1997.

[14]　A. Rauk, *Orbital Interaction Theory of Organic Chemistry*, 2nd ed., Wiley, New York, 2001.

[15]　T. A. Albright, J. K. Burdett and M.-H. Whangbo, *Orbital Interactions in Chemistry*, Wiley, New York, 1985.

[16]　T. A. Albright and J. K. Burdett, *Problems in Molecular Orbital Theory*, Oxford University Press, New York, 1992.

[17]　A. Haaland, *Molecules and Models: The Molecular Structures of Main Group Element Compounds*, Oxford University Press, Oxford, 2008.

[18]　I. Fleming, *Molecular Orbitals and Organic Chemical Reactions: Reference Edition*, Wiley, London, 2010.

[19]　W. J. Hehre, L. Radom, P. v. R. Schleyer and J. A. Pople, *Ab initio Molecular Orbital Theory*, Wiley, New York, 1986.

[20]　江元生,结构化学,北京:高等教育出版社,1997.

[21]　周公度,段连运,结构化学基础,第 5 版,北京:北京大学出版社,2017.

第 4 章　凝聚相中的化学键

在结构化学的研究和学习中,对物质的气、液、固与等离子体四态而言,固体物质最为重要。这是由于:第一,现代科学技术赖以发展的各种光学、电学和磁学材料,主要的存在形式是固体物质。第二,现代人们认识物质的结构以及结构和性能间的关系,主要是通过深入研究固体物质而获得,而对液态和气态研究的过程常常是在认识固体结构的基础上,为液态和气态物质的结构提出模型,再深入进行研究。第三,固体中原子间排列位置固定,在一种结构的基础上,可以设法通过掺入其他原子、除去一些原子或者使一些原子发生位移和变形等多种方式予以改造,而获得性质完全不同的材料。第四,固体中原子间可以通过多种型式的化学键结合在一起,物质的多样性源于化学键的多样性。

本章简要地讨论涉及凝聚相中共同存在的一些有关化学键的基本问题:离子键、金属键和能带理论,以及分子间作用力。在第 10 章中将对一些具体的无机晶体材料的结构进行讨论。

4.1　固体的化学分类

固体可依据将原子结合在一起的化学键型式适当地分类,如表 4.1.1 所示。

表 4.1.1　简单固体的分类

按化学键型式分类	实　　例
离子型	$NaCl, MgO, CaF_2, CsCl$
共价型	C(金刚石)$, SiO_2$(硅石)
分子型	Cl_2, S_8, As_4O_6(雌黄)$, HgCl_2, C_6H_6$(苯)
金属型	Na, Mg, Fe, Cu, Au

大多数固体含有较复杂的化学键,不能简单地归属于某一种键型,而是由多种型式的化学键将原子结合成固体,表 4.1.2 列出若干实例。这里的"金属键"一词是指电子离域在整块固体中。

表 4.1.2　由多种型式的化学键将原子结合成固体的一些实例

包含的键型	固体实例
离子键,共价键	ZnS, TiO_2
离子键,共价键,范德华力	CdI_2
离子键,金属键	$NbO, TiO_x (0.75 < x < 1.25)$
离子键,金属键,范德华力	$ZrCl$
离子键,共价键,金属键	$K_2Pt(CN)_4Br_{0.3} \cdot 3H_2O, (SNBr_x)_\infty (0.25 < x < 1.5)$
共价键,金属键,范德华力	C(石墨)
共价键,氢键	H_2O(冰)
离子键,共价键,金属键,范德华力	$TTF : TCNQ^*, Tl_2RbC_{60}$

* $TTF=$ （四硫富瓦烯）,　$TCNQ=$ （四氰代二甲苯醌）。

下面就表中所列的实例加以说明。对 ZnS,按 Zn 和 S 的氧化态通常都写成 Zn^{2+} 和 S^{2-},实际上由 Zn 转移两个电子到 S 是不完全的,所以形式上的 Zn^{2+} 和 S^{2-} 之间的化学键有着相当多的共价键型。同样,对于含高氧化态的金属离子化合物,如 TiO_2 也有着相同的情况。

在层型 CdI_2 结构中,I^- 按六方最密堆积排列,Cd^{2+} 处于堆积的八面体空隙之中,它们之间依靠离子键和共价键结合成无限层型分子。属于两个相邻的层型分子之间的 I 原子,通过范德华力结合。CdI_2 结构如图 4.1.1(a)所示。

在 TiO 和 NbO 中的金属原子呈低氧化态,它过多的价电子使原子间形成金属-金属键,在一维和二维方向上伸展。它使这些氧化物具有优良的导电性。

固态 ZrCl 的结构可看作先单纯由 Zr 原子或 Cl 原子独立地堆积成密堆积层,再按立方最密堆积的堆积方式 ABCABC…的次序将 Zr 原子层和 Cl 原子层按下面方式堆积而得:

$$Cl_{(A)}\ Zr_{(B)}\ Zr_{(C)}\ Cl_{(A)}\ \vdots\ Cl_{(B)}\ Zr_{(C)}\ Zr_{(A)}\ Cl_{(B)}\ \vdots\ Cl_{(C)}\ Zr_{(A)}\ Zr_{(B)}\ Cl_{(C)}$$

所以 ZrCl 是由 4 层原子堆积成的层型分子,如图 4.1.1(b)所示。在层中 Zr—Zr 和 Cl—Cl 原子间距离均为 342.4 pm。两层 Zr 之间通过金属键结合,Zr—Zr 距离为 308.7 pm。这比金属 α-Zr 中 Zr—Zr 距离 320 pm 略短一点。Zr—Cl 之间距离为 362.9 pm,它们主要依靠离子键,也有部分共价键将两层结合在一起。层型分子之间 Cl---Cl 接触距离为360.7 pm,它们依靠范德华力结合。

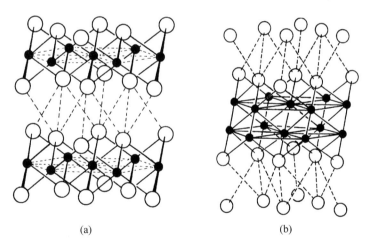

(a)　　　　　　　　　　(b)

图 4.1.1　CdI_2(a)和 ZrCl(b)的结构。

将 $K_2Pt(CN)_4$ 用 Br_2 进行氧化,可得部分氧化的配位化合物 $K_2Pt(CN)_4Br_{0.3}\cdot 3H_2O$。在该化合物中,平面四方形的 $[Pt(CN)_4]^{1.7-}$ 单元交错地堆积成链状结构。在链中,Pt 原子的 $5d_{z^2}$ 轨道互相叠加,使该晶体沿链方向具有金属键结构特征,并在此方向具有很好的导电性能。图4.1.2 示出 $[Pt(CN)_4]^{1.7-}$ 单元堆叠成一维长链,链中 Pt 原子 $5d_{z^2}$ 轨道叠加在一起的情况。

TTF(四硫富瓦烯)和 TCNQ(四氰代二甲苯醌)的 1∶1 加合物是第一个被发现的"分子金属"。它的晶体结构可理解为:TTF 和 TCNQ 首先分别按分子平面互相平行地堆叠,使分子间的 π 轨道互相重叠,形成能带,有着较强的相互作用并具有金属键性质。为了充分利用空间,同一种分子堆叠成"人"字形的层。其次,两种类型分子的堆叠层交替地堆积,

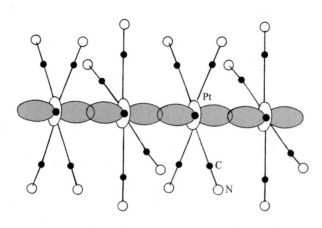

图 4.1.2 在 $K_2Pt(CN)_4Br_{0.3} \cdot 3H_2O$ 晶体结构中,

沿着 Pt 原子 $5d_{z^2}$ 轨道叠加的链的情况。

形成 π 结合的给体受体加合物 TTF：TCNQ,如图 4.1.3 所示。每个 TTF 分子 HOMO 上的电子(主要是 S 原子上的孤对电子)作为电子给体,将 0.69 个电子转移到 TCNQ 的 LUMO 上。电子的转移使层间具有部分离子键性质,而电子从一个能带转移到另一个能带,使得给体和受体都形成部分填充电子的能带,是导致 TTF：TCNQ 加合物具有优良导电性的根源。

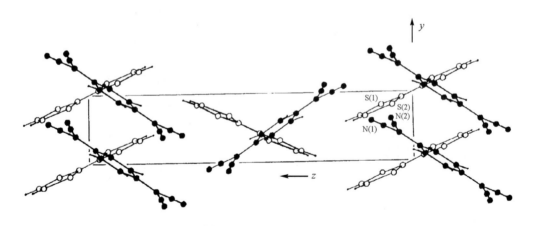

图 4.1.3 "分子金属"TTF：TCNQ 的晶体结构。

(图中示出结构沿 x 轴的投影。黑球代表 TCNQ 中的原子,白球代表 TTF 分子中的原子;

TTF 分子中心处于晶胞原点,TCNQ 分子处于晶胞中部。)

由两种元素 A 和 B 形成的二元化合物 A_nB_m,其键型与组成的两种元素的电负性 χ_A 和 χ_B 以及两种原子的电负性差($\Delta\chi$)有关。图 4.1.4 示出根据二元化合物中两种元素的平均电负性($\bar{\chi}$)和两种元素的电负性差值作"$\Delta\chi$-$\bar{\chi}$"关系图。根据 A_nB_m 在图中的分布,可将化合物的键型分为四种类型:离子型、金属型、半金属型和共价型,它们分别集中在键型三角形的四个区域之中。图中各种元素电负性值采用表 2.4.2 中的电负性光谱标度值 χ_s。例如,在 SF_4 中 F 的电负性为 4.19,S 的电负性为 2.59,由此可得 SF_4 的 $\bar{\chi}=3.39$,$\Delta\chi=1.60$,它处在第 IV 区,所以 SF$_4$ 中的键是共价键。另一个例子 ZrCl 中,$\chi_{Zr}=1.32,\chi_{Cl}=2.87,\bar{\chi}=2.20,$而 $\Delta\chi=$ 1.55,它处在 I 区和 IV 区的边界(图中未标出),ZrCl 的键型显示出既有离子性又有共价性的特征。

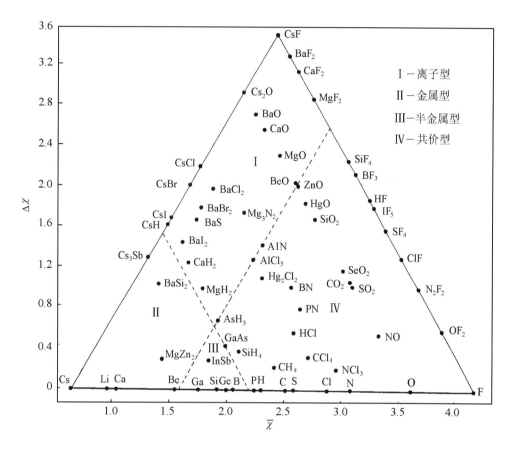

图 4.1.4　电负性和键型三角形。

4.2 离 子 键

离子键是正负离子间由静电力作用结合成离子化合物的化学键。

4.2.1 离子的大小: 离子半径

直接从测定晶体结构中的原子核间距离,可以推引出一组经验的离子半径。离子半径的加和性,可由碱金属卤化物核间距离的差值 Δr 近于常数加以证明。表 4.2.1 列出碱金属卤化物中原子核间的距离及其差值。

当选定某一个或两个离子的半径,例如选定 O^{2-} 的半径为 140 pm,F$^-$ 的半径为 133 pm,就可以根据实验测定的数据,推引出一组能互相自洽的离子半径。表 4.2.2 列出一组配位数为 6 的各种离子的半径。现对这个表所列的数据及其应用时要注意的问题加以说明:

表 4.2.1　碱金属卤化物中原子核间的距离及其差值(单位:pm)

正离子	负离子				Δr(平均)
	F⁻	Cl⁻	Br⁻	I⁻	
Li⁺	201	257	275	300	24
	⟩28	⟩24	⟩22	⟩23	
Na⁺	229	281	297	323	33
	⟩37	⟩33	⟩32	⟩30	
K⁺	266	314	329	353	14
	⟩16	⟩13	⟩15	⟩13	
Rb⁺	282	327	344	366	26
	⟩18	⟩29	⟩27	⟩29	
Cs⁺	300	356	371	395	

负离子	正离子					Δr(平均)
	Li⁺	Na⁺	K⁺	Rb⁺	Cs⁺	
F⁻	201	229	266	282	300	51
	⟩56	⟩52	⟩48	⟩45	⟩56	
Cl⁻	257	281	314	327	356	16
	⟩18	⟩16	⟩15	⟩17	⟩15	
Br⁻	275	297	329	344	371	24
	⟩25	⟩26	⟩24	⟩22	⟩24	
I⁻	300	323	353	366	395	

(1) 表 4.2.2 中的数据是选 O^{2-} 的半径为 140 pm,F^- 的半径为 133 pm 作为相对的参考标准值,从实验测定的原子间的距离进行划分。所以若改变参考标准值,所得的离子半径就会改变。不要将不同标准推出数据混合在一起使用。表中离子的价态是形式上的价态,即根据该化合物中各原子的氧化态推算而得,并不代表在该化合物中原子间电子转移的数目,即没有涉及化学键的具体型式,只是将实验测定的原子核间距离按所选标准进行划分,再通过优化修正的一种统计平均值。这种离子半径称为有效离子半径。

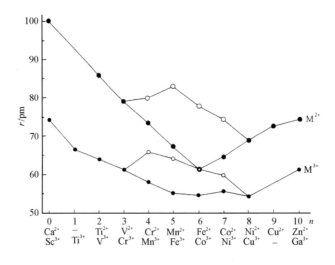

图 4.2.1　第一系列过渡金属元素的离子半径 r 和 d 电子数 n 的关系。(白圈为高自旋态。)

表 4.2.2　一组配位数为 6 的离子半径(单位：pm) *

离子	半径	离子	半径	离子	半径	离子	半径	离子	半径
Ac^{3+}	112	$Cr^{2+}(HS)$	80	Li^+	76	Pa^{4+}	90	Sm^{3+}	95.8
Ag^+	115	Cr^{3+}	61.5	Lu^{3+}	86.1	Pa^{5+}	78	Sn^{4+}	69.0
Ag^{2+}	94	Cr^{4+}	55	Mg^{2+}	72.0	Pb^{2+}	119	Sr^{2+}	118
Ag^{3+}	75	Cr^{5+}	49	$Mn^{2+}(LS)$	67	Pb^{4+}	77.5	Ta^{3+}	72
Al^{3+}	53.5	Cr^{6+}	44	$Mn^{2+}(HS)$	83.0	Pd^{2+}	86	Ta^{4+}	68
Am^{3+}	97.5	Cs^+	167	$Mn^{3+}(LS)$	58	Pd^{3+}	76	Ta^{5+}	64
Am^{4+}	85	Cu^+	77	$Mn^{3+}(HS)$	64.5	Pd^{4+}	61.5	Tb^{3+}	92.3
As^{3+}	58	Cu^{2+}	73	Mn^{4+}	53	Pm^{3+}	97	Tb^{4+}	76
As^{5+}	46	Cu^{3+}	54	Mn^{7+}	46	Po^{4+}	94	Tc^{4+}	64.5
At^{7+}	62	Dy^{2+}	107	Mo^{4+}	65.0	Po^{6+}	67	Tc^{5+}	60
Au^+	137	Dy^{3+}	91.2	Mo^{5+}	61	Pr^{3+}	99	Tc^{7+}	56
Au^{3+}	85	Er^{3+}	89.0	Mo^{6+}	59	Pr^{4+}	85	Te^{2-}	221
Au^{5+}	57	Eu^{2+}	117	N^{3+}	16	Pt^{2+}	80	Te^{4+}	97
B^{3+}	27	Eu^{3+}	94.7	N^{5+}	13	Pt^{4+}	62.5	Te^{6+}	56
Ba^{2+}	135	F^-	133	Na^+	102	Pt^{5+}	57	Th^{4+}	94
Be^{2+}	45	F^{7+}	8	Nb^{3+}	72	Pu^{4+}	86	Ti^{2+}	86
Bi^{3+}	103	$Fe^{2+}(LS)$	61	Nb^{4+}	68	Pu^{5+}	74	Ti^{3+}	67.0
Bi^{5+}	76	$Fe^{2+}(HS)$	78.0	Nb^{5+}	64	Pu^{6+}	71	Ti^{4+}	60.5
Bk^{3+}	96	$Fe^{3+}(LS)$	55	Nd^{3+}	98.3	Rb^+	152	Tl^+	150
Bk^{4+}	83	$Fe^{3+}(HS)$	64.5	Ni^{2+}	69.0	Re^{4+}	63	Tl^{3+}	88.5
Br^-	196	Fe^{4+}	58.5	$Ni^{3+}(LS)$	56	Re^{5+}	58	Tm^{2+}	103
Br^{7+}	39	Fr^+	180	$Ni^{3+}(HS)$	60	Re^{6+}	55	Tm^{3+}	88.0
C^{4+}	16	Ga^{3+}	62.0	Ni^{4+}	48	Re^{7+}	53	U^{3+}	102.5
Ca^{2+}	100	Gd^{3+}	93.8	No^{2+}	110	Rh^{3+}	66.5	U^{4+}	89
Cd^{2+}	95	Ge^{2+}	73	Np^{2+}	110	Rh^{4+}	60	U^{5+}	76
Ce^{3+}	101	Ge^{4+}	53	Np^{3+}	101	Rh^{5+}	55	U^{6+}	73
Ce^{4+}	87	Hf^{4+}	71	Np^{4+}	87	Ru^{3+}	68	V^{2+}	79
Cf^{3+}	95	Hg^+	119	Np^{5+}	75	Ru^{4+}	62.0	V^{3+}	64.0
Cf^{4+}	82.1	Hg^{2+}	102	Np^{6+}	72	Ru^{5+}	56.5	V^{4+}	58
Cl^-	181	Ho^{3+}	90.1	Np^{7+}	71	S^{2-}	184	V^{5+}	54
Cl^{7+}	27	I^-	220	O^{2-}	140	S^{4+}	37	W^{4+}	66
Cm^{3+}	97	I^{5+}	95	OH^-	137	S^{6+}	29	W^{5+}	62
Cm^{4+}	85	I^{7+}	53	Os^{4+}	63.0	Sb^{3+}	76	W^{6+}	60
$Co^{2+}(LS)$	65	In^{3+}	80.0	Os^{5+}	57.5	Sb^{5+}	60	Xe^{8+}	48
$Co^{2+}(HS)$	74.5	Ir^{3+}	68	Os^{6+}	54.5	Sc^{3+}	74.5	Y^{3+}	90.0
$Co^{3+}(LS)$	54.5	Ir^{4+}	62.5	Os^{7+}	52.5	Se^{2-}	198	Yb^{2+}	102
$Co^{3+}(HS)$	61	Ir^{5+}	57	P^{3+}	44	Se^{4+}	50	Yb^{3+}	86.8
Co^{4+}	53	K^+	138	P^{5+}	38	Se^{6+}	42	Zn^{2+}	74.0
$Cr^{2+}(LS)$	73	La^{3+}	103.2	Pa^{3+}	104	Si^{4+}	40.0	Zr^{4+}	72

* 数据摘自：R. D. Shannon, *Acta Crystallogr*, **A32**,751～767(1976). 表中 LS 和 HS 分别指低自旋态和高自旋态。

(2) 表中 Mn,Fe,Co,Ni 4 个元素的离子有的给出两个数值,这是由于这些离子有着不同的自旋状态,影响了离子的大小。小的离子半径值相应于低自旋(LS)状态,大的相应于高自旋(HS)状态。图 4.2.1 示出第一列过渡金属元素的离子半径 r 和 d 电子数 n 间的关系。

(3) 由于化学键的多样性(见 4.1 节),离子配位数不同常常伴随着成键型式的变化,因而离子半径的大小不同。总的趋势是配位数少,离子半径小;配位数多,离子半径大。但是离子半径随配位数改变的程度对于不同的原子和不同的价态差别很大。一般对于高价正离子,配位减少,半径减小的幅度很大。现将化学中常见的一些高价正离子四配位的有效离子半径列出于下:

离 子	B^{3+}	C^{4+}	Cr^{6+}	Mn^{7+}	Mo^{6+}	P^{5+}	Pb^{4+}	S^{6+}	Se^{6+}	Si^{4+}	Sn^{4+}	V^{5+}	W^{6+}	Zr^{4+}
半径/pm	11	15	26	25	41	17	65	12	28	26	55	35.5	42	59

对于低价高配位离子,以 6 配位的半径约为 1.0,8 配位约在 1.1,12 配位约在 1.2。

(4) 同一种元素不同价态的离子,价态高,价层电子数少,半径小;价态低(特别是负价态),价层电子数目多,离子半径大。这种变化趋势没有例外。

4.2.2 离子化合物的点阵能

一种离子化合物的点阵能 U,是指 1 mol 的晶态固体转变为组成它们的气态离子(热力学标准状态的温度和压力条件下,没有相互作用的气体)所需的能量。点阵能可按 Born-Landé(玻恩-朗德)方程计算:

$$U = \frac{N_0 A Z_+ Z_- e^2}{4\pi\varepsilon_0 r_e}\left(1 - \frac{1}{m}\right) \qquad (4.2.1)$$

也可按 Born-Mayer(玻恩-迈尔)方程计算:

$$U = \frac{N_0 A Z_+ Z_- e^2}{4\pi\varepsilon_0 r_e}\left(1 - \frac{\rho}{r_e}\right) \qquad (4.2.2)$$

上两式中: N_0 为 Avogadro 常数; A 为 Madelung(马德隆)常数; Z_+ 和 Z_- 为正、负离子所带的电荷; r_e 为晶体中正负离子间的平衡距离; m 为离子相互推斥势能 ar^{-m} 中的参数,通常取值为 9; ρ 为离子相互推斥势能另一种表达形式 $be^{-r/\rho}$ 中的参数,对于大多数晶体 ρ 值近似为一常数,其值为 34.5 pm。

表 4.2.3 给出若干离子晶体结构型式的 Madelung 常数(A),表中所给的数值是按上述公式将 Z_+ 和 Z_- 提出来而不包含在 A 中的简单几何因子。例如 MgO 和 NaCl 有相同结构,它们的 Madelung 常数亦相同。

表 4.2.3 Madelung 常数

化学式	名 称	空间群	配位型式	Madelung 常数
NaCl	氯化钠	$Fm\bar{3}m$	(6,6)	1.7476
CsCl	氯化铯	$Pm\bar{3}m$	(8,8)	1.7627
β-ZnS	立方硫化锌	$F\bar{4}3m$	(4,4)	1.6381
α-ZnS	六方硫化锌	$P6mc$	(4,4)	1.6413
CaF_2	氟化钙(萤石)	$Fm\bar{3}m$	(8,4)	2.5194
Cu_2O	氧化亚铜	$Pn3m$	(4,2)	2.2212
TiO_2	金红石	$P4/mnm$	(6,3)	2.408
TiO_2	锐钛矿	$I4/amd$	(6,3)	2.400
β-SiO_2	β-石英	$P6_222$	(4,2)	2.220
α-Al_2O_3	刚玉	$R\bar{3}c$	(6,4)	4.172

Kapustinskii(卡普斯钦斯基)注意到:若 Madelung 常数 A 被化学式中的离子数目(n)除,对许多晶体结构所得的商大致相同,约为 0.85。此外,各种结构型式的 A/n 和 r_e 两者都随配位数的增加而加大。这样,各种结构的 A/nr_e 比值将会近似地相同。根据这种考虑,Kapustinskii 提出:任何一种离子晶体的结构在能量上等当于假想的 NaCl 型的结构。这样晶体的点阵能就可用NaCl的 Madelung 常数以及采用(6,6)配位的离子半径进行计算。

将 $r_e = r_+ + r_-$(用 pm 为单位),$\rho = 34.5$ pm,$A = 1.7476$,代入(4.2.2)式并将 N, e, ε_0 等常数代入,得到 Kapustinskii 方程:

$$U = \frac{1.214 \times 10^5 Z_+ Z_- n}{r_+ + r_-}\left(1 - \frac{34.5}{r_+ + r_-}\right) \text{kJ mol}^{-1} \quad (4.2.3)$$

用(4.2.3)式计算点阵能,所得的结果和利用 Born-Haber 循环所得的结果列于表 4.2.4 中。

表 4.2.4　一些碱金属卤化物和二价过渡金属硫属化合物的点阵能(单位:kJ mol^{-1})

化合物	Born-Haber	Kapustinskii	化合物	Born-Haber	Kapustinskii
LiF	1009	952	CsF	715	713
LiCl	829	803	CsCl	640	625
LiBr	789	793	CsBr	620	602
LiI	734	713	CsI	587	564
NaF	904	885	MnO	3812	3895
NaCl	769	753	FeO	3920	3987
NaBr	736	734	CoO	3992	4046
NaI	688	674	NiO	4075	4084
KF	801	789	CuO	4033	4044
KCl	698	681	ZnO	3971	4142
KBr	672	675	ZnS(立方)	3619	3322
KI	632	614	ZnS(六方)	3602	3322
RbF	768	760	MnS	3351	3247
RbCl	678	662	MnSe	3305	3083
RbBr	649	626	ZnSe	3610	3150
RbI	613	590			

Kapustinskii 方程的重要应用之一是能预见未知化合物存在的可能性。从表 4.2.5 可看出所有碱金属的二卤化合物,除 CsF_2 外,从元素化合的生成焓来看,ΔH_f 都是正值,故它们都应是不稳定的。CsF_2 的 ΔH_f 虽然为负值,但涉及的歧化反应 $CsF_2 \longrightarrow CsF + \frac{1}{2}F_2$ 的反应焓为 -405 kJ mol^{-1},故 CsF_2 存在的可能性不高。

表 4.2.5　一些二卤化合物和氧化物的生成焓(ΔH_f:以 kJ mol^{-1} 为单位)

M	MF_2	MCl_2	MBr_2	MI_2	MO
Li	—	4439	4581	4740	4339
Na	1686	2146	2230	2427	2184
K	435	854	975	1117	1017
Rb	163	548	661	—	787
Cs	−126	213	318	473	515
Al	−774	−272	−146	8	−230
Cu	−531	−218	−142	−21	−155
Ag	−205	96	167	282	230

用 Born-Haber 循环推得点阵能后,可用 Kapustinskii 方程来推引复杂离子,例如 SO_4^{2-}, PO_4^{3-} 和 $SbCl_6^-$ 等的离子半径。用这种方法推得的半径称为离子的热化学半径。一些离子的热化学半径列于表 4.2.6 中。

表 4.2.6　多原子离子的热化学半径*

离　子	半径/pm	离　子	半径/pm	离　子	半径/pm	离　子	半径/pm
$AlCl_4^-$	295	$GeCl_6^{2-}$	328	O_2^-	158	$SnCl_6^{2-}$	349
BCl_4^-	310	GeF_6^{2-}	265	O_2^{2-}	173	$TiBr_6^{2-}$	352
BF_4^-	232	HCO_3^-	156	O_3^-	177	$TiCl_6^{2-}$	331
BH_4^-	193	HF_2^-	172	OH^-	133	TiF_6^{2-}	289
CN^-	191	HS^-	207	$PtCl_4^{2-}$	293	UCl_6^{2-}	337
CNS^-	213	HSe^-	205	$PtCl_6^{2-}$	313	VO_3^-	182
CO_3^{2-}	178	HfF_6^{2-}	271	PtF_6^{2-}	296	VO_4^{3-}	260
ClO_3^-	171	$MnCl_6^{2-}$	322	ReF_6^{2-}	277	WCl_6^{2-}	336
ClO^-	240	MnF_6^{2-}	256	RhF_6^{2-}	264	$ZnCl_4^{2-}$	286
CoF_6^{2-}	244	MnO_4^-	229	S_2^-	191	$ZrCl_6^{2-}$	358
CrF_6^{2-}	252	N_3^-	195	SO_4^{2-}	258	ZrF_6^{2-}	273
CrO_4^{2-}	256	NCO^-	203	$SbCl_6^-$	351		
$CuCl_4^{2-}$	321	NO_2^-	192	SeO_3^{2-}	239	Me_4N^+	201
$FeCl_4^-$	358	NO_3^-	179	SeO_4^{2-}	249	NH_4^+	137
$GaCl_4^-$	289	NbO_3^-	170	SiF_6^{2-}	259	PH_4^+	157

* 摘自：H. D. B. Jenkins and K. P. Thakur，*J. Chem. Educ*，**56**，576～577 (1979).

4.2.3　离子液体

离子液体是指一种只由离子组成的液体,但是这个名词还包含有一个附加的特殊的含义以区别经典的熔融盐。熔融盐通常为高熔点盐的液体相,如熔融的氯化钠,而离子液体存在于很低的温度(约<100℃)。已报道的最重要的离子液体是由下列正离子和负离子组成：

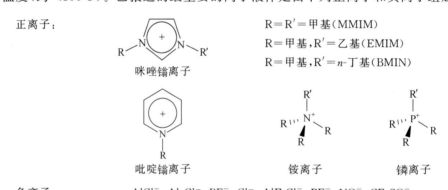

正离子：
咪唑鎓离子
R=R′=甲基(MMIM)
R=甲基,R′=乙基(EMIM)
R=甲基,R′=*n*-丁基(BMIN)

吡啶鎓离子　　铵离子　　鏻离子

负离子：　　$AlCl_4^-$，$Al_2Cl_7^-$，BF_4^-，Cl^-，$AlEtCl_3^-$，PF_6^-，NO_3^-，$CF_3SO_3^-$

离子液体的研究进展已显示出这些离子具有下列结构特点：

(1) 离子半径大。对一个离子液体评价的关键判据是它的熔点。对比列于表 4.2.7 中不同正离子的氯化物盐的熔点,清楚地表明了正离子的影响：碱金属氯化物有着小的正离子半径,它们具有高熔点的特征,而具有适当大小的有机正离子的氯化物在低温下熔化。除正离子影响外,带有相同电荷的负离子的尺寸增加,也会使熔点进一步下降,如表 4.2.7 所示。

表 4.2.7　一些盐和离子液体的熔点

盐或离子液体	mp/℃	盐或离子液体	mp/℃
NaCl	801	[EMIM]NO₂	55
KCl	772	[EMIM]NO₃	38
[MMIM]Cl	125	[EMIM]AlCl₄	7
[EMIM]Cl	87	[EMIM]BF₄	6
[BMIM]Cl	65	[EMIM]CF₃SO₃	−9
[BMIM]CF₃SO₃	16	[EMIM]CF₃CO₂	−14

（2）离子间的作用力弱。在离子液体中离子间的作用力弱,并且要尽可能地避免在分子间形成氢键。

（3）正负离子分别由有机和无机组分组成。在一般的情况下,离子液体的正负离子分别由有机正离子和无机负离子组成。一种离子液体的溶解度性能可在正离子中选用不同的烷基基团和选择不同的负离子而得到。

离子液体所具有的物理性质和化学性质使它们成为很有价值的潜在溶剂和作其他的用途:

（1）离子液体可在广泛范围内同时用作低温下无机和有机材料的优良溶剂。通常能将溶剂带入同一个相中。离子液体代表了一种独特的、新的用作过渡金属催化作用的反应介质。

（2）离子液体中的离子通常配位能力很差,所以它们可用作高度极性的溶剂,而不会干扰预期的化学反应。

（3）离子液体能与一系列有机溶剂互溶,提供作为非水的、极性选择的两相体系。疏水的离子液体也同时可用作能和水不互溶的极性的相。

（4）在离子液体中,离子间的相互作用力是强的静电库仑力。离子液体蒸气压低,没有可测量出来的蒸气压,因此它们可用于高真空体系去克服许多污染问题。它们的无挥发性特点的有利条件,可以引导产品防止不能控制的挥发作用,通过蒸馏去分离。

4.3　金属键和能带理论

金属的结构及金属键可用离域的价电子来表征,这些价电子使金属具有高电导性。离子键和共价键不同于金属键,它们的价电子定域于某些特定原子或离子上,不能自由地在整块固体中迁移。一些固体材料的物理性质列于表 4.3.1 中。

表 4.3.1　一些金属、半导体和绝缘体的电导性

种　类	材　料	电导率/(S m⁻¹)	带隙宽度/eV
金属	铜	6.0×10^7	0
	钠	2.4×10^7	0
	镁	2.2×10^7	0
	铝	3.8×10^7	0
零带隙半导体	石墨	2×10^5	0
半导体	硅	4×10^{-4}	1.11
	锗	2.2×10^{-4}	0.67
	砷化镓	1.0×10^{-6}	1.47
绝缘体	金刚石	1×10^{-14}	5.47
	聚乙烯	10^{-15}	—

固体的能带理论已发展到可阐明材料电性的原因。现将两种不同的方法叙述于下。

4.3.1　基于分子轨道理论的化学处理

一片金属可看作一个无限的分子,在其中所有原子都按密堆积型式排列。如果大量的钠原子聚集在一起,$3s$ 价轨道的相互作用将产生一组非常密集的分子轨道,如图 4.3.1 所示。因为每个分子轨道都离域到金属中的全部原子,金属钠的能态较适合于参照分子轨道来了解。能态的完整谱带称为能带。

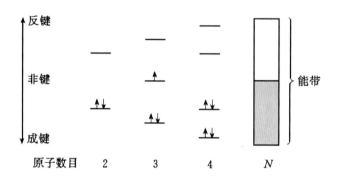

图 4.3.1　分子轨道的能带随着 Na 原子数目增加的演变情况。

(图中原子数目为 N 时能带中带阴影部分表示充满电子。)

在一个能带中,能态的分布并不均匀,能带的结构可较好地用能量 E 对态密度函数 $N(E)$ 作图表示,如图 4.3.2 所示。态密度函数表达出处在能量为 E 和 $E+\delta E$ 间能态的数目。

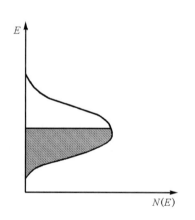

图 4.3.2　金属钠的 $3s$ 能带的态密度函数。

(图中阴影部分表示填满电子的能态。)

在每个能带中,能态的数目等于由全部原子提供的轨道的总数。对 $1\,mol$ 的金属,一个 s 能带将由 N_0 个态组成,而一个 p 能带则由 $3N_0$ 个态组成,这里 N_0 表示 Avogadro 常数。如果 s 和 p 轨道能级差大,这些能带保持分立状态,如图 4.3.3(a)所示。但是如果 s 和 p 轨道能级差小,能带会互相重叠并发生混杂。这种情况示于图 4.3.3(b),它适用于碱土金属和主族金属。

固体的电子性质和能带结构密切相关。根据能带的分布和电子填充情况,能带有不同的性质和名称:充满电子的能带叫满带,能级最高的满带叫价带(valence band);完全没有电子的能带叫空带,能级最低的空带叫导带(conductive band);各能带间不能填充电子的区域叫带隙(band gap),又称为禁带(forbidden band)。若一种材料只有全满和全空的能带,它不能改变电子的运动状态,故不能导电。含有部分填充电子的能带的材料才能导电,才是真正导电的能带(理应将这种能带叫导带,但许多文献不是这样称呼)。如果满带和空带重叠,它们合在一起形成一个未填满的能带。金属的能带特征就是有未填满电子的能带。绝缘体的能带特征是只有满带和空带,而且能量最高的满带(价带)和能量最低的空带(导带)之间的带隙很宽,$E_g \geqslant 5\,\mathrm{eV}$;在一般的电场条件下,难以把价带上的电子激发到导带而导电。半导体的能带结构特征也是只有满带和空带。但价带和导带之间的带隙较窄,$E_g \leqslant 3\,\mathrm{eV}$。在 0 K 时,电子从最低能级逐一往上填充,电子占据的最高能级称为 Fermi 能级 E_F。根据上述情况,固体的能带结构有四种基本的类型,示于图 4.3.3 中。

在金属钠和金属铜中,由价层 s 轨道叠加形成的半充满 s 能带是部分填充的能带,如图 4.3.3(a)。碱土金属和第 12 族金属(Zn,Cd,Hg)有着全充满的 s 能带,但由于 s-p 混杂,由满带和空带互相重叠而形成部分填充的能带,如图 4.3.3(b)。所以这些元素是很好的金属导体。绝缘体的价带和导带由较大的带隙隔开,如图 4.3.3(c)所示。金刚石中的 C 原子,由于 s 轨道和 p 轨道杂化成四面体的杂化轨道,在晶体中原子间的距离下,分裂成成键轨道和反键轨道,成键轨道组成价带,反键轨道组成导带,带隙宽度 $E_g = 5.47\,\mathrm{eV}$,所以金刚石是绝缘体。Si 和 Ge 的 E_g 较小,形成半导体,如图 4.3.3(d)。

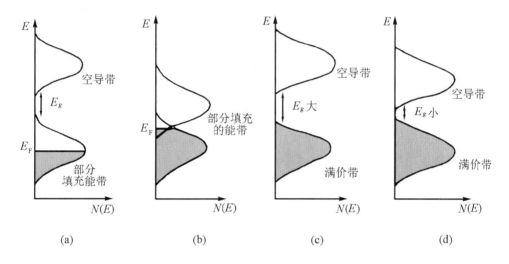

图 4.3.3　固体能带结构的四种基本类型:
(a) 具有能带不重叠的金属;(b) 具有能带重叠的金属;(c) 绝缘体;(d) 半导体。

4.3.2　半导体

本征半导体的能带结构和绝缘体相似,只是带隙较窄,通常处于 $0.5 \sim 3\,\mathrm{eV}$ 范围。它的导电机理是由于少数电子有着足够的热能,能够激发到空导带,空导带上有了少数电子而能导电。同时每当电子离开价带,就在价带产生空穴(+),有了空穴就可能改变价带中电子的运动情况而导电,或称空穴导电。本征半导体的态密度图示于图 4.3.4(a)中。

如在硅晶体中加入杂质原子,可导致能带状态的改变。当 As 原子掺杂到 Si 晶体中,As 的价电子比 Si 多,这些电子占据导带最低能量的电子给体能级。这种半导体称为 n 型半导体,它的态密度图如图 4.3.4(b)所示。当 Ga 原子掺杂到 Si 中,Ga 的价电子比 Si 少,这时紧挨着价带上部形成空穴能级,是带正电的受体能级,这种半导体称为 p 型半导体,它的态密度图示于图 4.3.4(c)中。Si 晶体掺很少量的 As 或 Ga 可以使它的电导增加几个数量级。

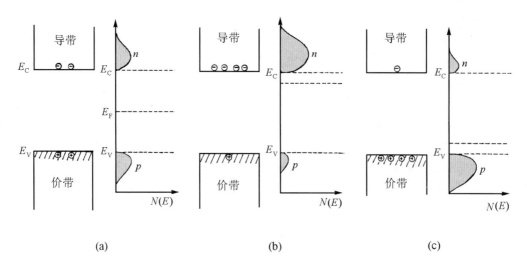

图 4.3.4　半导体态密度图：
（a）本征半导体；（b）n 型半导体；（c）p 型半导体。

在固体电子器件中，p-n 结是由一种类型的掺杂剂扩散到另一种类型的半导体层中制得。电子的迁移从 n 型区域到 p 型区域，形成一个没有载流子的空间电荷区域。离子化杂质的不平衡电荷导致能带的弯曲，直到 Fermi 能级相等时为止，如图 4.3.5（a）所示。

一个 p-n 结可用作整流，那是它沿一个方向的导电比另一个方向容易进行。在 p-n 结中，载流子的消耗有效地形成一个绝缘的势垒。如果正电势端接在 p 型端上，使 n 型端比 p 型端更负，这时能量势垒下降，载流子容易通过，电流较大，如图 4.3.5（b），图中 e 是荷负电的电子，h 是荷正电的空穴。如果正电势接到 n 型端上，更多的载流子将除去，势垒变得更宽，电流很小，如图 4.3.5（c）。

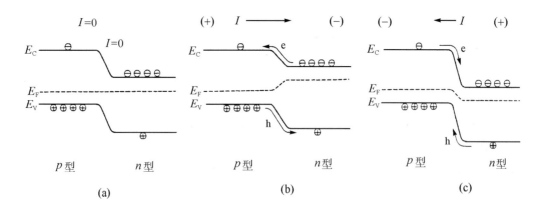

图 4.3.5　p-n 结中能级状态示意图：
（a）不外加电势；（b）正电势加于 p 型端；（c）正电势加于 n 型端。

4.3.3　4d 和 5d 过渡金属晶体结构型式的变异

　　沿着周期表中第五周期和第六周期过渡金属 d 电子数(n)的增加,按照立方最密堆积(ccp)、六方最密堆积(hcp)和体心立方堆积(bcp)结构计算的键能差的变化情况,示出于图 4.3.6中。图中以 ccp 结构作为标准,实线代表 bcp 的 d 键能减去 ccp 的 d 键能的差值,虚线代表 hcp 的 d 键能减去 ccp 的 d 键能的差值。所得结果列于表 4.3.2 中。

　　由图 4.3.6 可见,当 d 电子数在 1～4 之间,预见的结构和实验测定的一致,说明这时 d 键能对晶体结构型式起决定性作用。当 d 电子数在 5～10 之间,计算和实验并不完全符合,可能这时外层 s 电子对结构的影响等因素应当一起考虑。

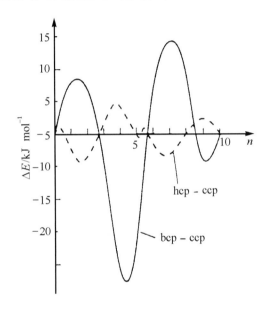

图 4.3.6　4d 和 5d 过渡金属在 ccp, hcp 和 bcp 等不同结构中, d 键能的差值 ΔE 随 d 电子数 n 的变化。[ΔE 值的单位由 mRyd atom^{-1} 换算而得($1\,\text{mRyd atom}^{-1} = 1.312\,\text{kJ mol}^{-1}$)。]

表 4.3.2　4d 和 5d 过渡金属的晶体结构

4d 金属及 d 电子数	结构	ΔE(hcp-ccp)	ΔE(bcp-ccp)	5d 金属及 d 电子数	结构	ΔE(hcp-ccp)	ΔE(bcp-ccp)
Y（1）	hcp	−	+	La（1）	六方	−	+
Zr（2）	hcp	−	+	Hf（2）	hcp	−	+
Nb（3）	bcp	+	−	Ta（3）	bcp	+	−
Mo（4）	bcp	+	−	W（4）	bcp	+	−
Tc（5）	hcp	≈0	−	Re（5）	hcp	≈0	−
Ru（6）	hcp	−	+	Os（6）	hcp	−	+
Rh（7）	ccp	−	+	Ir（7）	ccp	−	+
Pd（8）	ccp	≈0	+	Pt（8）	ccp	≈0	+
Ag（9）	ccp	+	−	Au（9）	ccp	+	−
Cd（10）	hcp	0	0	Hg（10）	三方	0	0

4.3.4　原子的金属半径

金属半径(r_{met})定义为在金属晶体中相邻原子核间距的一半,它和配位数(CN)有关。同一种金属的不同多晶型体的相对金属半径随 CN 而改变。当 CN 减少,r_{met} 也下降。相对的 r_{met} 值估计如下:

配位数(CN)	12	8	6	4
相对半径	1.00	0.97	0.96	0.88

例如,金属钡为 bcp 点阵结构,$a=502.5\,pm$(见表 10.3.2)。根据这些结果,Ba 原子的金属半径可算得:

$$r_{met}(CN=8)=218\,pm$$
$$r_{met}(CN=12)=224\,pm$$

列于表 4.3.3 中的 r_{met} 的数值是指有 12 配位数的原子。因为不是所有的金属都采用具有相同的 12 配位原子的结构,r_{met} 值只能靠实验测定值估算。ccp 结构有等同的 12 配位原子,可直接由实验测出的核间距求得。对 hcp 结构,有两组 6 配位原子,彼此并不准确地相等,本书采用两组的平均值。金属镓具有复杂的结构,在其中每个原子有 1 个距离为 244 pm,2 个为 270 pm,2 个为 273 pm,2 个为 279 pm 的相邻原子,取平均值得它的 r_{met} 值为 141 pm。

原子的金属半径可用以定义原子的相对大小,它隐含有它们的结构和化学性质。例如,在周期表同一族中由上到下原子的金属半径在增加,其第一电离能也随着降低,电负性值也下降。

表 4.3.3　原子的金属半径(CN=12)/pm

Li	Be																
157	112																
Na	Mg											Al					
191	160											143					
K	Ca	Sc	Ti	V	Cr	Mn	Fe	Co	Ni	Cu	Zn	Ga	Ge				
235	197	164	147	135	129	137	126	125	125	128	137	141	137				
Rb	Sr	Y	Zr	Nb	Mo	Tc	Ru	Rh	Pd	Ag	Cd	In	Sn	Sb			
250	215	182	160	147	140	135	134	134	137	144	152	167	158	169			
Cs	Ba	La	Hf	Ta	W	Re	Os	Ir	Pt	Au	Hg	Tl	Pb	Bi			
272	224	188	159	147	141	137	135	136	139	144	155	171	175	182			
Fr	Ra	Ac															
280	247	190															
	Ce	Pr	Nd	Pm	Sm	Eu	Gd	Tb	Dy	Ho	Er	Tm	Yb	Lu
	183	183	182	181	180	204	180	178	177	177	176	175	194	174
	Th	Pa	U	Np	Pu	Am	Cm	Bk	Cf					
	180	164	154	155	159	173	174	170	169					

4.3.5　金属元素的熔点、沸点和原子化焓

表 4.3.4 列出元素周期表前六个周期中金属元素的熔点和原子化焓 ΔH_{at}。影响金属熔点高低的相对论效应在 2.4 节中已进行讨论,它主要影响第六周期的元素。对第四周期而言,相对论效应不明显,$3d$ 能级低于 $4s$ 能级,d 成键能带的能级低于 s 能带。金属钒的价电子正好全部填满低能级的 d 成键能带,故具有最高的熔点和最高的原子化焓。

表 4.3.4　周期表前六个周期金属元素的熔点(mp/K,上面数值),沸点(bp/K,中间数值)
和原子化焓(ΔH_{at}/kJ mol^{-1},下面数值)[*]

	1	2	3	4	5	6	7	8	9	10	11	12	13	14	15	16
	Li	Be														
mp	454	1551														
bp	1620	3243														
ΔHat	135	309														
	Na	Mg											Al			
mp	371	922											934			
bp	1156	1363											2740			
ΔHat	89	129											294			
	K	Ca	Sc	Ti	V	Cr	Mn	Fe	Co	Ni	Cu	Zn	Ga	Ge		
mp	337	1112	1814	1933	2160	2130	1517	1808	1768	1726	1357	693	303	1211		
bp	1047	1757	3104	3560	3650	2945	2235	3023	3143	3005	2840	1180	2676	3103		
ΔHat	78	150	305	429	459	349	220	351	382	372	305	115	256	334		
	Rb	Sr	Y	Zr	Nb	Mo	Tc	Ru	Rh	Pd	Ag	Cd	In	Sn	Sb	
mp	312	1042	1795	2125	2741	2890	2445	2583	2239	1825	1235	594	429	505	904	
bp	961	1657	3611	4650	5015	4885	5150	4173	4000	3413	2485	1038	2353	2543	1908	
ΔHat	69	139	393	582	697	594	585	568	495	393	255	100	226	290	168	
	Cs	Ba	La	Hf	Ta	W	Re	Os	Ir	Pt	Au	Hg	Tl	Pb	Bi	Po
mp	302	1002	1194	2503	3269	3680	3453	3327	2683	2045	1338	234	577	601	545	527
bp	952	1910	3730	5470	5698	5930	5900	5300	4403	4100	3080	630	1730	2013	1883	1235
ΔHat	66	151	400	661	753	799	707	628	564	510	324	59	162	179	179	101

	Ce	Pr	Nd	Pm	Sm	Eu	Gd	Tb	Dy	Ho	Er	Tm	Yb	Lu
mp	1072	1204	1294	1441	1350	1095	1586	1629	1685	1747	1802	1818	1097	1936
bp	3699	3785	3341	≈3000	2064	1870	3539	3396	2835	2968	3136	2220	1466	3668
ΔHat	314	333	284	—	192	176	312	391	293	251	293	247	159	428

[*] 摘自：J. Emsley (ed), *The Elements*. 3rd ed., Clarendon Press, Oxford, 1998.

　　表 4.3.4 中所列金属原子化焓的数值,是衡量金属键强度的重要数据。对于过渡金属元素,原子化焓的大小和它的熔点的高低基本上同步变化;对于镧系元素,原子化焓大小彼此相差很大,和熔点的高低的变化并不一致,它尚未得到合理可信的解释,但 ΔH_{at} 和沸点基本上同步变化。

4.4　范德华作用

　　"分子间作用力"是分子间相互作用的总称,这些作用有别于共价键、离子键和金属键等作用力。分子间作用主要有：荷电基团、偶极子、诱导偶极子之间的相互作用,氢键、疏水基团相互作用,π⋯π 堆叠作用以及非键电子推斥作用等。大多数分子间作用能在 10 kJ mol^{-1} 以下,比一般的共价键键能小 1～2 个数量级,作用范围约为 0.3～0.5 nm。

　　荷电基团间的静电作用,其本质和离子键相当,又称盐键,如—COO$^-$ ⋯$^+$H$_3$N—,其作用能正比于互相作用的基团间荷电的数量,与基团电荷质心间的距离成反比。

　　偶极子、诱导偶极子和高级电极矩(如四极矩)间的相互作用,都正比于 r^{-6},其中 r 为相互作用体质心间的距离。这些作用通称范德华作用,将在本节详细讨论。

　　氢键作用是分子间最重要的强相互作用,详细内容将在11.2节讨论。

　　在蛋白质分子中,疏水侧链基团如苯丙氨酸、亮氨酸、异亮氨酸等较大的疏水基团,受水溶液中溶剂水分子的排挤,使溶液中蛋白质分子的构象趋向于把极性基团分布在分子表面,和溶剂分子形成氢键和盐键,而非极性基团聚集成疏水区,藏在分子的内部,这种效应即为疏水基团相互作用。这些作用既包括能量效应,也包括熵效应。

　　π$\cdots$π 堆叠作用是两个或多个平面型的芳香环平行地堆叠在一起产生的能量效应。最典型的是石墨层型分子间的堆叠,其中层间相隔距离为 335 pm。

　　非键电子推斥作用是一种近程作用,它存在于所有类型的基团间,其作用能正比于 $r^{-9} \sim r^{-12}$。

4.4.1　范德华作用的物理根源

1. 静电作用

　　一个极性分子,如 HCl,具有永久偶极矩 μ,它是由于中性分子内部电荷分布的不均匀性形成的。若两个极性分子的偶极矩分别为 μ_1 和 μ_2,它们之间的静电吸引能 $E_{\mu\mu}$ 强烈地和它们的相对取向有关,如果各种取向都相等,每种取向的 Boltzmann 权重因子为 $\exp[-E_{\mu\mu}/kT]$。由此出发推得静电作用能的平均值为

$$\langle E_{\mu\mu} \rangle_{\text{el}} = -\frac{2\mu_1^2\mu_2^2}{3(4\pi\varepsilon_0)^2 kTr^6} \qquad (4.4.1)$$

式中 r 是分子质心间的距离,k 为 Boltzmann 常数,T 为热力学温度,负值代表能量降低。由此式表达的静电吸引能通称 Keesom(葛生)能,它和分子间距离的 6 次方成反比,它和 kT 呈反比的关系来源于 Boltzmann 权重因子。

　　某些非极性分子,如 CO_2,具有电四极矩 Q,它对静电能也有着类似的贡献。偶极矩-四极矩以及四极矩-四极矩的作用能可分别表示如下:

$$\langle E_{\mu Q} \rangle_{\text{el}} = -\frac{\mu_1^2 Q_2^2 + \mu_2^2 Q_1^2}{(4\pi\varepsilon_0)^2 kTr^8} \qquad (4.4.2)$$

$$\langle E_{QQ} \rangle_{\text{el}} = -\frac{14 Q_1^2 Q_2^2}{5(4\pi\varepsilon_0)^2 kTr^{10}} \qquad (4.4.3)$$

2. 诱导作用

　　当一个极性分子和另一个非极性分子互相靠近时,极性分子的电场将使非极性分子中电荷的分布发生变形,从而使它产生诱导偶极矩。永久偶极矩和诱导偶极矩相互呈吸引作用。此相互吸引作用的能量称为诱导能,又称 Debye 能。极性分子的偶极矩为 μ_1,非极性分子的极化率为 α_2,相互之间平衡诱导能为

$$\langle E_{\mu\alpha} \rangle_{\text{ind}} = -\frac{\mu_1^2 \alpha_2}{(4\pi\varepsilon_0)^2 r^6} \qquad (4.4.4)$$

注意诱导能和温度无关,而和 r^6 成反比。

　　对于两个相互作用的极性分子,定向地平均的诱导能为

$$\langle E_{\mu\mu} \rangle_{\text{ind}} = -\frac{\mu_1^2 \alpha_2 + \mu_2^2 \alpha_1}{(4\pi\varepsilon_0)^2 r^6} \qquad (4.4.5)$$

3. 色散作用

　　分子中的电子不停地运动,甚至在非极性分子,如 H_2 中,在任何时间都会有瞬间电偶极矩存在。一个分子的瞬间偶极矩将会诱导出邻近第二个分子的瞬间偶极矩。两个同步的瞬间

偶极矩的相互作用,产生互相吸引的色散能,又称为 London 能。两个中性的非极性分子在其基态时的色散能为

$$E_{\mathrm{disp}} = -\frac{3\alpha^2 h\nu_0}{4(4\pi\varepsilon_0)^2 r^6} \tag{4.4.6}$$

式中 ν_0 是一个频率,在处理瞬间偶极矩时,一个带有电量 $+q$ 和 $-q$ 的偶极子正以这个频率 ν_0 在振荡。

在一般情况下,两个极性分子长程相互作用能可由上述三种能量加和而得。对于两个相同的中性分子,在自由转动的条件下,分子间吸引能 E 为

$$E = E_{\mathrm{el}} + E_{\mathrm{ind}} + E_{\mathrm{disp}} \tag{4.4.7}$$

即

$$E = -\frac{1}{(4\pi\varepsilon_0)^2 r^6}\left[\frac{2\mu^4}{3kT} + 2\mu^2\alpha + \frac{3\alpha^2 h\nu_0}{4}\right]$$

$$= (c_{\mathrm{el}} + c_{\mathrm{ind}} + c_{\mathrm{disp}})r^{-6} \tag{4.4.8}$$

表 4.4.1 列出一些简单分子的偶极矩和极化率的典型值,以及在 300 K 时 r^{-6} 项中的 3 个系数。除了 H_2O 分子较小和高极性以外,其他分子的色散项决定了长程相互作用能。而诱导能项的重要性总是最小。

表 4.4.1　在 300 K 时,相同分子对对长程分子间作用能贡献的比较

分　子	$10^{30}\mu/\mathrm{C\,m}$*	$10^{30}\alpha(4\pi\varepsilon_0)^{-1}/\mathrm{m}^3$	$10^{79}c_{\mathrm{el}}/(\mathrm{J\,m}^2)$	$10^{79}c_{\mathrm{ind}}/(\mathrm{J\,m}^2)$	$10^{79}c_{\mathrm{disp}}/(\mathrm{J\,m}^2)$
Ar	0	1.63	0	0	50
Xe	0	4.0	0	0	209
CO	0.4	1.95	0.003	0.06	97
HCl	3.4	2.63	17	6	150
NH_3	4.7	2.26	64	9	133
H_2O	6.13	1.48	184	10	61

* 偶极矩常用的单位是 Debye,在 SI 单位制中则用库仑米(Cm);1 Debye＝3.33×10^{-30} Cm。

1 mol 气体或一些简单分子的分子间三种吸引能的大小对比于表 4.4.2 中。附带一起列出多原子分子物种的键能和升华焓。计算假定一对分子在距离为 δ 时的作用,而于此距离总势能 $E(\delta)=0$。

表 4.4.2　一些简单分子的分子间作用能、键能和升华焓

分　子	δ/nm	吸引能/(kJ mol^{-1})			单键键能/(kJ mol^{-1})	$\Delta H_{\mathrm{S}}^0/(\mathrm{kJ\,mol}^{-1})$
		E_{el}	E_{ind}	E_{disp}		
Ar	0.33	0	0	−1.2	—	7.6
Xe	0.38	0	0	−1.9	—	16
CO	0.36	-4×10^{-5}	-8×10^{-4}	−1.4	343	6.9
HCl	0.37	−0.2	−0.07	−1.8	431	18
NH_3	0.260	−6.3	−0.9	−13.0	389	29
H_2O	0.265	−16.0	−0.9	−5.3	464	47

必须强调上述对长程吸引作用的讨论是颇为粗略的。这个课题的严格处理明显非常复杂,而对于大而有复杂结构的分子甚至不可能进行。

4.4.2   分子间相互作用的势能和范德华半径

广泛地用以描述分子间相互作用势能函数 V 对分子间距离 r 的关系是 Lennard-Jones(伦纳德-琼斯)12-6 势能:

$$V(r) = 4\varepsilon\left[(\delta/r)^{12} - (\delta/r)^{6}\right]$$

$$(4.4.9)$$

根据此势能函数所得的势能曲线示于图4.4.1,在其中 r_e 是平衡距离。

在表 4.4.3 中给出一些参数 ε 和 δ(ε 是用 ε/k 的形式,k 为 Boltzmann 常数)。对于简单而略有极化的物质,ε 和 δ^3 分别近似地正比于临界温度 T_c 和临界体积 V_c。

晶体结构数据表明在分子之间,一对原子间的非键距离只在很窄的范围内变动。当不存在氢键和配位键时,C,N 和 O 等原子间的接触距离对许多化合物都在 370 pm 左右。这一实验结果导致原子的范德华半径(r_{vdw})的概念。r_{vdw} 可用以计算凝聚相中相邻分子的原子间平均的最小接触距离。一些普通元素的 r_{vdw} 值列于表 4.4.4 中。

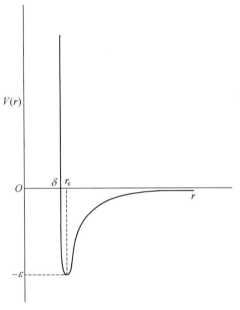

图 4.4.1   Lennard-Jones 12-6 势能。

[当 $r = \delta$ 时,$V(r) = 0$;当 $r = r_e = 2^{1/6}\delta$ 时 $V(r) = -\varepsilon$。]

表 4.4.3   Lennard-Jones 12-6 势能函数的参数

分　子	$(\varepsilon/k)/\mathrm{K}$	$10\delta/\mathrm{nm}$	T_c/K	$V_c/(\mathrm{cm^3\,mol^{-1}})$
Ne	47.0	2.72	44.4	41.7
Ar	141.2	3.336	150.8	74.9
K	191.4	3.575	209.4	91.2
Xe	257.4	3.924	289.7	118
N_2	103.0	3.613	126.2	89.5
O_2	128.8	3.362	154.6	73.4
CO_2	246.1	3.753	304.2	94
CH_4	159.7	3.706	190.5	99

一个原子的范德华半径的 2 倍接近于 Lennard-Jones 12-6 势能函数中的 δ 参数值,它也可以看作和最外层原子轨道的大小相关。例如,碳原子 $2p$ 轨道电子几率的 99% 是处在离核约190 pm 范围之内,这一数值和碳的 $r_{vdw} = 170$ pm 是相近的。

一些常见元素的范德华半径(r_{vdw})列于表 4.4.4 中。两个非键原子间的接触距离代表其范德华半径之和。1940 年代,Pauling 根据当时测定的晶体结构数据,提出 20 多种原子和甲基的范德华半径。随着大量晶体结构的测定,获得了丰富而又准确的结构数据,许多学者对这些数据进行系统分析、归纳整理和总结,各自提出有关元素原子的范德华半径值。表 4.4.4 中的数据选自胡盛志等给出的范德华半径,这套数据列出了原子序数 $Z = 1$ 到 $Z = 95$ 元素原子的范德华半径值,较为全面。表 4.4.4 中删去第 6～7 周期部分元素的数据,非金属元素采用的是平均值而非他们的推荐值。

表 4.4.4　原子的范德华半径 r_{vdw}（单位：pm）

原子	r_{vdw}	原子	r_{vdw}	原子	r_{vdw}
H	115	Bi	238	W	218
Li	214	O	143	Mn	205
Na	238	S	181	Tc	216
K	252	Se	194	Re	216
Rb	261	Te	216	Fe	204
Cs	275	F	138	Ru	213
Be	169	Cl	178	Os	216
Mg	200	Br	192	Co	200
Ca	227	I	211	Rh	210
Sr	242	He	140	Ir	213
Ba	259	Ne	154	Ni	197
B	168	Ar	163	Pd	210
Al	192	Kr	184	Pt	213
Ga	203	Xe	216	Cu	196
In	221	Sc	215	Ag	211
Tl	227	Y	232	Au	214
C	170	La	243	Zn	201
Si	193	Ti	211	Cd	218
Ge	205	Zr	223	Hg	223
Sn	223	Hf	223	Ce	242
Pb	237	V	207	Gd	234
N	153	Nb	218	Lu	224
P	188	Ta	222	Ac	247
As	208	Cr	206	U	241
Sb	224	Mo	217		

［参看：Hu Sheng-Zhi，Xie Zhao-Xiong，Zhou Zhao-Hui，70 years of Crystallographic van der Waals Radii，*Acta Phys. Chim. Sin.*，**26**(7)：1795～1800(2010).］

参 考 文 献

[1]　J. Emsley，*The Elements*，3rd ed.，Clarendon Press，Oxford，1998.

[2]　D. M. P. Mingos，*Essential Trends in Inorganic Chemistry*，Oxford University Press，Oxford，1998.

[3]　M. Ladd，*Chemical Bonding in Solids and Fluids*，Ellis Horwood，Chichester，1994.

[4]　W. E. Dasent，*Inorganic Energetics*，2nd ed.，Cambridge University Press，Cambridge，1982.

[5]　D. Pettifor，*Bonding and Structures of Molecules and Solids*，Clarendon Press，Oxford，1995.

[6]　P. A. Cox，*The Electronic Structure and Chemistry of Solids*，Oxford University Press，Oxford，1987.

[7]　H. Ibach and H. Lüth，*Solid State Physics：An Introduction to Principles of Materials Science*，2nd ed.，Springer，Berlin，1995.

[8]　W. Gans and J. C. A. Boeyens(eds.)，*Intermolecular Interactions*，Plenum，New York，1998.

[9]　J. I. Gersten and F. W. Smith，*The Physics and Chemistry of Materials*，Wiley，New York，2001.

[10]　T. Welton，Room-temperature ionic liquids—Solvents for synthesis and catalysis. *Chem. Rev.* **99**，2071～2083(1999).

［11］　P. Wasserscheid and W. Keim，Ionic liquids—New 'solutions' for transition metal catalysis. *Angew. Chem. Int. Ed.* **39**，3772~3789(2000).

［12］　Hu Sheng-Zhi，Xie Zhao-Xiong，Zhou Zhao-Hui，70 years of Crystallographic van der Waals Radii，*Acta Phys. Chim. Sin.* **26**(7)，1795~1800(2010).

［13］　B. Douglas and S.-M. Ho，*Structure and Chemistry of Crystalline Solids*，Springer，New York，2006.

［14］　I. D. Brown，*The Chemical Bond in Inorganic Chemistry：The Valence Bond Model*，Oxford University Press，New York，2002.

第5章 计 算 化 学

5.1 导　　言

传统上化学是实验科学,长期以来数学所起的作用很少。几十年来,计算化学家为了证明他们的工作是有意义的,他们常常引用物理学家 Dirac(狄拉克)的句子:

> "大部分物理学和全部化学的定律之数学基础,我们已完全了解,而唯一的困难仅仅是正确应用这些定律时所导出的方程,解起来太困难。"

P. A. M. Dirac(1902—1984)

Dirac 讲这话是在 1929 年,当时他才 27 岁。他是受聘于剑桥大学,出任牛顿曾担任过的教席。Dirac 上述的表述包括了好的消息和坏的消息:好的是指出理论上我们已知道怎样去做,坏的是说实际上却做不了。

在前面引文中,Dirac 所谈到的物理定律和数学理论,实际上是指量子理论,它已在第 1 章中简明地描述过。可以回忆起来,当以计算方法处理一个化学问题时,通常面对着解 Schrödinger 方程($H\psi=E\psi$)的困难。其中 Hamilton 算符 $\hat{H}$ 是一个数学实体,它是所研究的体系的特征。换言之,在此方程中,$\hat{H}$ 是已知的量,而 ψ 和 E 是待定的、未知的。其中 E 是体系的电子能量,而从 ψ 我们可知道在分子中电子如何分布。从这些解答中,关于对研究的体系有用的信息,如结构、能量、反应活性等都可能得到,或者至少可以推论出来。

一个体系的能量 E 是 Schrödinger 方程的解之一,它是很重要的。在第 3 章中所提到的原子和分子是较"简单的"物种,它们的行为完全受能量所支配。例如,两个原子碰撞时若导致能量降低,它们就将形成分子。同样,一个反应若能降低能量,它就会自发地进行。如果反应不能自发地发生,仍可以供给能量使其"引发反应"。因此,能量是了解或推测分子行为的一个重要性质。

虽然用量子力学原理去了解物质的电子结构从 1930 年就已开展,但应用这些原理涉及的数学问题,即解 Schrödinger 方程,在其后的 50 年中一直难以对付。但是随着新的理论和计算方法的稳步发展,以及近二十多年来计算机的迅速发展,计算有时甚至变得比实验更准确,或其准确性足够协助实验工作者。此外,和实验相比计算的成本低、耗时少、容易控制,计算的结果可用于指导实验工作者去尝试合成或发现新分子。如在第 1 章中所述,计算在化学中已受到科学界关注的标志是授诺贝尔奖给 W. Kohn 和 J. A. Pople,以表彰他们对量子化学的贡献。有趣的是,Pople 在获得诺贝尔奖的演讲中也同样提到上述引用的 Dirac 的句子。

本章的题目可以说是论文集的标题。事实上,本章的宗旨只限于给读者介绍从头计算可能得到哪些结果,以及计算怎样去补充实验的不足。因此讨论基本上是定性的,而将全部理论和数学的细节删去。

5.2 半经验的和从头计算的方法

对于一个由 n 个原子组成的分子,应当有 $3n-6$ 个独立的结构参数(键长、键角和双面角)。如果将对称性限制的条件加到体系上,结构参数的数目可能减少。例如,H_2O 有 3 个结构参数(2 个键长和 1 个键角)。但假定它具有 C_{2v} 对称性,它就只有 2 个独立的参数(1 个键长和 1 个键角)。分子的电子能量是这两个参数的函数,当取平衡结构时的键长和键角值,电子的能量处于最低值。有时对称性可以大量减少结构参数的数目。例如苯分子若不考虑对称性,12 个原子将有 30 个参数。但若考虑 6 个 C—H 单元形成正六角形,则将只有 2 个独立参数,即 C—C 和 C—H 键的键长。有关对称性概念将在下一章讨论。

有两种通用的近似方法去解分子体系的 Schrödinger 方程:半经验法和从头计算法。半经验法假定一个近似的 Hamilton 算符,并利用各种实验数据,如电离能、电子光谱的跃迁能、键能等进一步将积分加以简化。Hückel 分子轨道理论是这种方法的一个实例,已在第 3 章中加以描述。当它用于共轭烯烃,这个方法利用一个电子的 Hamilton 算符,以及利用库仑积分 α 和共振积分 β 作为调整参数以进行处理。

从头计算(ab initio,拉丁文的意义是"从头开始")法是利用一个"正确的"Hamilton 算符,它包括电子的动能、电子和核间的吸引能,以及电子之间的推斥能和核之间的推斥能。全部积分的计算除基本的常数外,一律不用任何实验数据。这个方法的一个实例是首先由 D. R. Hartree 和 V. Fock 于 20 世纪 20 年代引进的自洽场(SCF)法。这个方法已在第 2 章中原子结构计算方面加以简单描述。在进一步讨论之前,我们应明白从头计算并不意味着"准确"或"全部正确"。这是因为从头计算法仍是一种近似方法,如在 SCF 法处理中所看到的情况。

另一种和从头计算法密切相关而近年迅速增加其普及性的计算方法是密度泛函理论(DFT),它省略了波函数 ψ 的测定,代替它的是直接测定分子的电子几率密度 ρ,然后从 ρ 计算体系的能量。

从头计算和 DFT 计算现在已经可以用于研究较复杂的分子。这些计算的结果本身已有价值,但更有意义的是这些结果可以作为实验工作的指导或补充。很明显计算化学彻底改革了解答化学问题的途径。本章的其余部分将专注于从头计算和 DFT 方法。

从头计算被两个"参数"定义:一是所用的(原子的)基函数(或基组),另一是采用的电子相关的水平。这两个课题将在后面两节作较详细和定性的描述。

5.3 基   组

在从头计算法中用到的基组由原子函数组成。Pople 及其合作者已为各种基组设计出一种记号,这种记号将在下面讨论中使用。

5.3.1 最小基组

一个原子的最小基组是由数目刚够的函数组成,这些函数的轨道刚好接纳了该原子的电子。这样,对氢和氦,只有一个 s 型函数;对于 Li 到 Ne 等元素则有 $1s$,$2s$ 和 $2p$ 5 个函数,以此类推。最常用的最小基组是 STO-3G,它用 3 个高斯(Gaussian)型函数($r^{n-1}\mathrm{e}^{-\alpha r^2}$)来拟合一个 Slater 型轨道(STO,它的通式为 $r^{n-1}\mathrm{e}^{-ar}$)。

用 STO-3G 基组来计算分子的几何结构得到意外地好的结果,虽然发现它的成功部分是由于误差的偶然消除。另一方面,用最小基组所得的能量结果并不很好。

5.3.2　双ζ和分裂价基组

为了得到更好的基组,可将每个最小基组的 STO 用两个带有不同的轨道指数 ζ(zeta)的 STO 来代替。这就是双 ζ 基组。这一基组由一个"紧缩的"函数(带有一个大的 ζ)和一个"弥散的"函数(带有一个小的 ζ)线性组合而成,组合系数用 SCF 步骤优化。以 H_2O 为例,一个双 ζ 基组在每个 H 原子上有 2 个 $1s$ STO,在 O 原子上有 2 个 $1s$ STO,2 个 $2s$ STO,2 个 $2p_x$,2 个 $2p_y$ 和 2 个 $2p_z$ STO,总数为 14 个基函数。

如果只对价轨道用双 ζ 基组来描述,而内层轨道保留它们的最小基组的特性,则产生一个分裂的价基组。在早期的计算化学,以 3-21G 基组的使用较普遍。在此基组中,内层核心轨道用 3 个高斯函数描述。价层电子也是用 3 个高斯函数描述:较内部分用 2 个,较外部分用 1 个。近来,这种基组的普遍性已被 6-31G 基组超过,它的核心轨道是 6 个紧缩的高斯函数。价轨道的较内部分由 3 个高斯函数紧缩形成,而较外部分则由 1 个高斯函数表示。

同样,在一个原子中,若每个轨道都用 3 个 STO(带 3 个不同的 ζ 值)描述,则基组可以进一步改进。这样一个基组称为三重 ζ 基组。相应地,6-311G 基组是一个三重分裂价基组,它的核心轨道仍由 6 个高斯函数描述,而价轨道分裂成 3 个函数,它们分别用 3,1,1 个高斯函数组成。

5.3.3　极化函数和弥散函数

前面提到的分裂价(或双 ζ)基组,若加进极化函数相混合,可以进一步得到改善。极化函数有着较高的角动量量子数 l,所以它们相当于 H 和 He 原子的 p 轨道,Li 到 Ne 原子的 d 轨道。若加 d 轨道到非氢元素原子的分裂价轨道 6-31G 基组中,基函数变为 6-31G(d)。若把 p 轨道加到 6-31G(d)基组的氢原子中,则称为 6-31G(d,p)。

为什么加进极化函数可以改进基组的质量呢?可以氢原子为例说起:氢有一对称的电子分布,当氢原子和另一原子成键,它的电子分布将被吸引到另一个核。这种变形类似于将一定量的 p 轨道混合到氢的 $1s$ 轨道,产生一种 sp 杂化,如图 5.3.1(a)所示。一个碳原子的 p 轨道,混进一定量的 d 轨道,将使它的电子分布发生变形(或极化),如图 5.3.1(b)所示。这就不难看出极化函数加到基组之中,改善了基组描述成键情况的灵活性。例如,6-31G(d,p)基组描述带有桥氢原子体系的成键情况特别地好。

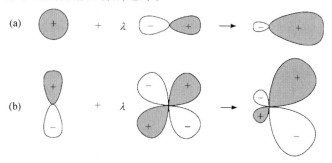

图 5.3.1　极化函数的加入使轨道变形,而且更有可变性。

前面的讨论适合于电子紧密束缚的体系。因此它们不适合于描述负离子,因为这个外加的电子通常是结合得很松的。实际上,即便是很大的基组,如像 6-311G(d,p),也没有离核很远而有显著的振幅的波函数。为了补救这种情况,可将弥散函数加到基组之中。之所以称其为弥散函数,是因为它们有着相对较小(10^{-2} 数量级)的 ζ 值。若加弥散函数到 6-31G(d,p) 基组的非氢原子中,基组变为 6-31+G(d,p)。弥散函数加到 6-31G(d,p) 基组的所有原子中,则称它为 6-31++G(d,p)。

随着将极化函数和弥散函数加到基组中,Pople 的记号变得较不方便。例如,6-311++G(3df,2pd) 基组对所有原子有一个单重 ζ 核心和三重 ζ 价层及弥散函数;而对非氢原子有 3 个 d 函数和 1 个 f 函数的极化函数;对氢原子有 2 个 p 函数和 1 个 d 函数的极化函数。

最后,还要注意除了已讨论的 Pople 的基组外,还有其他的基组。较普遍应用的有 Dunning-Huzinaga 基组、相关一致基组等。这些函数在此就不讨论了。

5.4   电 子 相 关

SCF 方法或 Hartree-Fock(HF) 理论是假定在一个分子中每个电子是在由核和其他电子产生的平均势场中运动。这个假定由于忽略了电子相关而变得有缺陷。什么是电子相关?简单而言,它是指在一个原子或分子中电子相互避开的倾向。以最简单的 He 原子为例,He 原子中的两个电子趋于相互避开有两种方法:一种是两个电子趋向于各处在核的相反的一侧,这称为角度相关;另一种是一个电子离核近于另一个电子,这称为径向相关。总之,电子不喜欢相互靠近。在一个体系中电子希望尽可能相互远离以降低能量。由于 HF 理论忽略了电子相关,所以相关能定义为 Hartree-Fock 能和真正的能量之间的差值。

我们可用几种方法去计算电子相关效应。下面将它分为三类:组态相互作用、微扰作用和偶合簇方法。

5.4.1   组态相互作用

在处理氢分子时,已提到如果基态组态 σ_{1s}^2 函数和一定量的激发态组态 σ_{1s}^{*2} 波函数相混,则基态波函数可以得到改进。这种方法称为组态相互作用(CI),这两个组态彼此相互作用可使体系的能量降低。注意,另一种激发态组态 $\sigma_{1s}^1 \sigma_{1s}^{*1}$ 不能发生上述的两个组态的相互作用。这是因为 $\sigma_{1s}^1 \sigma_{1s}^{*1}$ 没有合适的对称性性质,虽然它的能量低于 σ_{1s}^{*2}。

很清楚,在 CI 中,可以有一个以上的激发态组态参加。一个完整的 CI 是在所选基组的范围中尽可能最完全地进行处理。在多数情况下,一个完整的 CI 是不能实现的。因此我们必须考虑激发态的上限。若只考虑那些单激发波函数,则为组态相互作用的单激发(CIS) 计算。相似地,包含双激发(CID) 者称为组态相互作用的双激发计算。有时甚至一个完整的 CIS 或 CID 计算都可能非常困难,这时我们可以限制未占的分子轨道参加到相互作用中。若将 CIS 和 CID 组合起来,则为组态相互作用单激发和双激发(CISD) 计算。更高级 CI 处理包括 CISDT 和 CISDTQ 法,其中 T 和 Q 分别表示三激发和四激发态。这时,适合于引进下列记号:带有 6-31G(d) 基组的 CISD 计算,可简单地写出记号 CISD/6-31G(d)。用其他类型基函数进行的计算可按同样方法写出。此外,一个长的记号 CISD/6-311++G(d,p)

// HF/6-31G(d)则表示用 6-31G(d)基组在 HF 水平上优化分子结构,以它作为基础,用 6-311＋＋G(d,p)基组进行 CISD 的能量计算。在此例子中,耗时较多的几何优化是用低水平的 HF/6-31G(d)方法来计算,然后用高水平的 CISD/6-311＋＋G(d,p)方法作"单点"能量计算。

在已讨论到的 CI 方法中,在各种计算时只将激发态组态混合系数加以优化。如果在优化时同时将组态系数和基组函数一起计算,这种方法称为 MCSCF,它代表多组态的自洽场计算。一种较普遍的 MCSCF 技术是完整的活性空间 SCF(CASSCF)法,此方法将分子轨道分成三组:一是只包括能量低的双占轨道,它不参加 CI 计算;二是只包括能量高的空轨道,它也不参加 CI 计算;三是其他已占轨道和空的轨道,它形成"活性空间"。参加 CI 计算的组态,包括电子在活性空间中全部可能的组态。

最后,需要再次强调,CI 计算是基于变分法的,因此所得的能量不会低于真实的能量。这是变分法原理所规定。

5.4.2　微扰法

微扰理论是用于量子力学的一种近似方法。在 20 世纪 30 年代初,C. Möller(默勒)和 M. S. Plesset(普莱塞特)(MP)应用这种方法去处理电子相关问题。他们发现,用 HF 波函数作为零级近似波函数,零级和一级能量的总和相当于 HF 能量。所以电子相关能是二级、三级、四级等修正值的加和。虽然此方法在文献中长期应用,但是直到 20 世纪 80 年代,二级(MP2)能的修正值才有常规的计算。当前,三级(MP3)和四级(MP4)修正值的计算已变得很普遍了。

由于计算的效率高,得到分子的性质和结构参数的结果好,MP2 成为一种最常用的包括相关效应的计算方法。另一种广泛应用的方法是密度泛函法(DFT),它将在后面介绍。

和 CI 方法(它是变分法)不同,MP 修正是微扰法,而微扰法可以得到低于准确能量的能量值。此外,许多体系的 MP2,MP3 和 MP4 能量趋势的分析表明,微扰理论的收敛性较慢,或者甚至呈振荡趋势。

5.4.3　耦合簇和四重组态相互作用法

另一种改进 HF 描述的方法是耦合簇(CC)近似,其中 CC 波函数 ψ_{CC} 可写成簇算符 $\hat{T}$ 的指数作用于 HF 波函数 ψ_0 上:

$$\psi_{CC} = \exp[\hat{T}]\psi_0 = (\hat{T}_1 + \hat{T}_2 + \hat{T}_3 + \cdots)\psi_0$$

其中 $\hat{T}_1$ 形成单激发态,$\hat{T}_2$ 形成双重激发态,以此类推。

经验表明,$\hat{T}_i$ 的贡献在 $i = 2$ 后迅速下降。因此,当一个 CC 计算终止到 $i = 2$ 时,则成为耦合簇单激发和双激发(CCSD)法。若包括 $\hat{T}_3$ 项,则形成 CCSDT 法,此时全部三激发态都参加计算。注意这里介绍的 CC 法不是变分法。

现时完整的 CCSDT 模型作常规计算时费时太长。为了节约时间,首先进行 CCSD 计算,然后再作三激发的微扰近似计算。这种近似方法称为 CCSD(T)。

在 20 世纪 80 年代,Pople 及其合作者发展了非变分的四重组态相互作用(QCI)法,它是介于 CC 和 CI 的中间。类似于 CC 法,QCI 也有相应的 QCISD 和 QCISD(T)法。CCSD(T) 和 QCISD(T)都已被评价为现时计算方法中最可信的方法。

5.5 密度泛函理论

如前面所提及,密度泛函理论(DFT)不能直接产生波函数。该方法首先测定电子几率密度 ρ,并根据 ρ 计算体系的能量。为什么它称为密度泛函理论,以及什么是泛函? 可以用举例来定义泛函。变分积分 $W(\varphi) = \int \varphi \hat{H} \varphi \, d\tau / \int \varphi \varphi \, d\tau$ 是一个试用波函数 φ 的泛函,对一个给定的 φ 它产生一个带有能量单位的数值。换言之,泛函是一个函数的函数。所以在 DFT 理论中,体系的能量是电子密度 ρ 的泛函,而 ρ 本身是电子坐标的函数。

在 20 世纪 60 年代,Kohn(科恩)及其合作者给出:具有一非简并基态的分子,其能量及其他电子性质可以根据基态的电子几率密度 ρ 来测定。后来证明对带有简并的基态体系也同样可用。不久后,物理学家应用 DFT 的第一种形式(有时称为定域自旋密度近似,LSDA)去研究固体的电子结构,而且很快变为研究固体的常用方法。化学家后来才学会这种方法,可能是由于数值计算的困难。在 20 世纪 80 年代初期,在解决了数值计算困难以后,DFT 的 LSDA 计算法开始用于分子的计算,并且得到很好的结构参数结果。经过十多年的发展,DFT 方法已被加进广泛使用的软件包,如像 Gaussian。此后 DFT 计算已蓬勃发展。

如从头计算法包括了较粗略的 HF 法和精致的 CCSD(T)或 QCISD(T)法等,DFT 也同样有多种泛函供使用者选择。较普遍使用的 DFT 理论包括定域交换相关泛函 SVWN(在 Gaussian 软件包中与 LSDA 是同义词)和它的改进型 SVWN5,以及梯度修正泛函 BLYP 和杂化泛函 B3LYP 和 B3PW91。在这些泛函中,B3LYP 是最普及的一种。此外,DFT 方法也要用到从头计算中使用的基组,所以典型的 DFT 计算的记号是 B3LYP/6-31G(d)。

DFT 不断增加普及性的重要原因是它最基本的计算也包含有一定量的相关效应,而计算时间大致和没有包含相关效应的 HF 法相差不远。实际上,有一些 DFT 提倡者相信 DFT 将会取代 HF 及基于 HF 波函数(例如 MP,CC,CI 等)的相关的方法,但是是否能实现尚留待观察。

5.6 理论方法的成效

对一个分子进行计算,用从头计算法和 DFT 法可得到什么样的结果? 要回答这个问题可能需要一部专著或者至少一篇综述。但是对每个选定的方法的适用性和局限性有一个清楚的认识是很有用的。在本节中,将集中讨论各种理论方法计算分子的结构参数(键长、键角和双面角)以及振动频率的结果。在下一节将讨论各种组合方法,即那些利用低水平能量计算来组合出高水平的能量值的计算方法。此外,对这些方法所得的能量结果作些评估。

H_2O, O_2F_2 和 B_2H_6 等 3 个实例的结构参数和振动频率分别归纳在表 5.6.1~5.6.3 之中。为了容易对比,实验结果也列于表中。在每个表中,结构参数都用十种理论方法加以优化,其范围从常规的 HF/6-31G(d)到相对复杂的 QCISD(T)/6-31G(d)。后面 6 个相关方法,CISD(FC),CCSD(FC),…,QCISD(T)(FC),其中"FC"表示"冻核"近似。这种近似只计算价电子相关的能量,即分子的内层(核心)轨道的激发就不加考虑了。这些近似的基础是发生在价层轨道的化学变化是最重要的,而核心轨道实际上保持不变。另一方面,列于表中的 MP2(Full)方法,"Full"表示全部轨道,即价轨道和核心轨道都包括在相关的计算之中。

查看这些表可发现,对结构参数大多数理论方法都得到和实验值相符的好结果。通常理论值和实验值之间的符合程度随着方法的复杂性增加逐渐趋好。另一方面,也可看到对于 O_2F_2,理论方法 MP2(Full)/6-311＋G(d,p)给出不好的结果,特别是计算的 O—F 键长(185.0 pm)比实验值约长 28 pm,而 O—O 键长(112.9 pm)比实验值短 10 pm,这会给出错误的 $F^{\delta+}\cdots O^{\delta-}$—$O^{\delta-}\cdots F^{\delta+}$ 成键描述。由于我们无从知道哪一种方法会对特定的分子给出不能接受的结果,所以通常需要进行一系列计算以达到可靠的收敛结果。在表 5.6.1～5.6.3 中,最后五种理论方法对每种分子实际上给出相同的结果,这为计算的正确性提供了保证。总之,计算的键长值与实验值偏离在±2 pm 之内,而相应的键角和双面角的准确性也在±2°之内。有些分子的能量对双面角的改变并不十分敏感,这种情况令计算的双面角可信度较差。

现在讨论 H_2O,O_2F_2 和 B_2H_6 计算的振动频率。首先要注意这些频率的计算是浩繁的工作,这使高水平的计算只能用于较小体系。对比振动频率的计算值和实验值,可发现前者常常大于后者。事实上对这两者广泛地进行比较,HF/6-31G(d)频率的标度因子为 0.8929。换言之,在这个水平所得的振动频率计算值要比实验值平均约大 10%。另外,MP2(Full)/6-31G(d)频率标度因子为 0.9661,它很接近于 1。不过绝对的偏差仍在 100～200 cm^{-1} 范围,因为有些振动频率,特别是 X—H 键的伸缩振动波数可达数千。

表 5.6.1 H_2O 在各种水平的从头计算和 DFT 法计算所得的结构参数
(单位: pm 和度)和振动频率(单位: cm^{-1})

理论水平	O—H	H—O—H	$\nu_1(A_1)$	$\nu_2(A_1)$	$\nu_3(B_2)$
HF/6-31G(d)	94.7	105.5	1827	4070	4189
MP2(Full)/6-31G(d)	96.9	104.0	1736	3776	3917
MP2(Full)/6-311＋G(d,p)	95.9	103.5	1628	3890	4009
B3LYP/6-31G(d)	96.9	103.6	1713	3727	3849
B3LYP/6-311＋G(d,p)	96.2	105.1	1603	3817	3922
CISD(FC)/6-31G(d)	96.6	104.2	1756	3807	3926
CCSD(FC)/6-31G(d)	97.0	104.0	1746	3752	3878
QCISD(FC)/6-31G(d)	97.0	104.0	1746	3749	3875
MP4SDTQ(FC)/6-31G(d)	97.0	103.8	1743	3738	3869
CCSD(T)(FC)/6-31G(d)	97.1	103.8	1742	3725	3854
QCISD(T)(FC)/6-31G(d)	97.1	103.8	1742	3724	3853
实验值	95.8	104.5	1595	3652	3756

表 5.6.2　O$_2$F$_2$ 在各种水平的从头计算和 DFT 法计算所得的结构参数
（单位：pm 和度）和振动频率（单位：cm^{-1}）

理论水平	O—O	O—F	F—O—O	F—O—O—F	振动频率					
HF/6-31G(d)	131.1	136.7	105.8	84.2	210	556	709	1135	1145	1161
MP2(Full)/6-31G(d)	129.1	149.5	106.9	85.9	210	456	566	657	782	1011
MP2(Full)/6-311+G(d,p)	112.9	185.0	114.7	90.2	112	192	354	496	567	2032
B3LYP/6-31G(d)	126.6	149.7	108.3	86.7	215	481	575	732	787	1125
B3LYP/6-311+G(d,p)	121.6	155.1	109.8	88.4	217	443	528	682	691	1233
CISD(FC)/6-31G(d)	131.8	141.5	105.8	84.8	209	522	647	952	992	1080
CCSD(FC)/6-31G(d)	131.4	147.2	106.2	85.7	202	481	583	761	837	1009
QCISD(FC)/6-31G(d)	127.5	154.1	107.6	86.7	200	475	578	751	823	1006
MP4SDTQ(FC)/6-31G(d)	131.3	147.6	106.4	85.6	196	391	518	599	693	997
CCSD(T)(FC)/6-31G(d)	127.2	154.7	107.8	86.7	190	392	514	616	690	1065
QCISD(T)(FC)/6-31G(d)	128.8	152.8	107.2	86.7	189	386	510	617	688	1074
实验值	121.7	157.5	109.5	87.5	202	360	466	614	630	1210

表 5.6.3　B$_2$H$_6$ 在各种水平的从头计算和 DFT 法计算所得的结构参数
（单位：pm 和度）和振动频率（单位：cm^{-1}）

理论水平	B—H$_t^*$	B—H$_b^{**}$	H$_t$—B—H$_t$	H$_b$—B—H$_b$	振动频率									
HF/6-31G(d)	118.5	131.5	122.1	95.0	409	828	897	900	999	1071	1126	1193	1286	
					1303	1834	1933	2067	2301	2735	2753	2828	2843	
MP2(Full)/6-31G(d)	118.9	130.9	121.7	96.2	363	842	878	907	970	999	1017	1083	1240	
					1248	1817	1970	2112	2277	2693	2707	2793	2805	
MP2(Full)/6-311+G(d,p)	118.7	131.5	122.3	95.7	360	826	869	902	955	981	1010	1081	1218	
					1230	1766	1932	2039	2214	2643	2659	2741	2755	
B3LYP/6-31G(d)	119.1	131.7	121.9	95.6	354	799	851	889	946	977	1000	1054	1206	
					1211	1732	1864	2022	2205	2640	2653	2732	2745	
B3LYP/6-311+G(d,p)	118.6	131.6	121.9	95.8	358	797	849	894	936	949	992	1022	1190	
					1199	1701	1845	1980	2166	2598	2611	2686	2701	
CISD(FC)/6-31G(d)	119.1	131.2	121.6	96.0	377	841	872	898	968	1018	1019	1094	1235	
					1245	1815	1945	2092	2268	2678	2694	2774	2786	
CCSD(FC)/6-31G(d)	119.4	131.3	121.6	96.1	369	836	862	886	958	1001	1003	1073	1220	
					1228	1805	1933	2080	2249	2649	2663	2744	2756	
QCISD(FC)/6-31G(d)	119.4	131.4	121.6	96.1	369	835	861	885	957	1000	1001	1072	1219	
					1227	1801	1929	2076	2246	2646	2661	2742	2753	
MP4SDTQ(FC)/6-31G(d)	119.4	131.5	121.7	96.1	362	833	862	885	957	987	999	1063	1218	
					1225	1798	1935	2077	2242	2650	2664	2748	2759	
CCSD(T)(FC)/6-31G(d)	119.5	131.5	121.6	96.1	364	830	858	880	953	991	997	1062	1214	
					1222	1796	1925	2070	2237	2638	2653	2734	2746	
QCISD(T)(FC)/6-31G(d)	119.5	131.5	121.6	96.1	363	830	857	880	953	990	997	1062	1214	
					1222	1795	1924	2069	2236	2637	2652	2733	2745	
实验值	119.4	132.7	121.7	96.4	368	794	833	850	915	950	973	1012	1177	
					1180	1602	1768	1915	2104	2524	2525	2591	2612	

* H$_t$＝端接氢，** H$_b$＝桥连氢。

5.7　组合的方法

　　长期以来,计算化学家的目标是希望研制一种方法,其能量结果达到"化学的准确性",即其不准确度为±1 kcal mol^{-1}或±4 kJ mol^{-1}。现时,高水平的方法如 QCISD(T),CCSD(T)或

MP6 带有很大的基组可以达到这个要求。但是这些方法只是对很小的体系有可能做到。为了绕过这个困难,有人已提出组合的方法,可以计算带有十多个非氢原子的体系。

从 1990 年起,Pople 及其合作者发展了一系列 Gaussian-n(Gn)方法:1989 年 G1,1990 年 G2,1998 年 G3。此外,一些 G2 和 G3 的改进方法也已提出。因为 G1 没有持续多久,所以此处只讨论 G2 和 G3。G2 方法是 QCISD(T)/6-311+G(3df,2p)理论水平的近似。在此方法中,替代直接地计算花费大的方法,用一系列耗时较少的单点来组合而得到一个近似。G2 能量采用单点的加和定律再包含各种校正,例如零点振动能(ZPVE)校正、经验的"高水平"校正(HLC)等。另一方面,G3 方法为 QCISD(T)/G3L 近似,其中 G3L(L 表示大)是前面提到的 6-311+G(3df,2p)基组的改进版本。G3 方法也再次用一系列单点去组合(它比 G2 单点花费少),还进行多种校正,如 ZPVE,HLC,自旋-轨道相互作用等。

为了试验 G2 方法的准确性,Pople 及其合作者用了一组非常准确的实验数据,含有 55 个原子化能,38 个电离势,25 个电子亲和能和 7 个小分子的质子亲和能。后来这些工作者也提出一个有 148 个气相生成热的扩展 G2 试验组。对这个数据的扩展组,G2 和 G3 的平均绝对误差分别为 6.7 和 3.8 kJ mol^{-1}。而且实际上 G3 比 G2 花费少,这显示明智地设计一个基组的重要性。经验指出,对少于 10 个非氢原子的体系,期望的绝对不确定度对 G2/G3 约为 10~15 kJ mol^{-1}。

除 Gaussian-n 方法外,有一种 CBS(全基组)法,它包括 CBS-Q,CBS-q 和 CBS-4,这些也在计算化学家中受到一些好评。在这些方法中,特殊的步骤是设计用外推法去估算完全基组的极限能量。和 Gn 法相似,在 CBS 法中单点计算也同样需要。对前面提到的 148 个生成热的扩展 G2 试验组,绝对误差对于 CBS-Q,CBS-q 和 CBS-4 模型分别为 6.7,8.8 和 13.0 kJ mol^{-1}。

另一系列的组合计算法,Weizmann-n(Wn)(n=1~4),近来已由 Martin 及其合作者提出:在 1999 年为 W1 和 W2,2004 年为 W3 和 W4。对热化学计算,这些模型特别准确,他们的目的是在 CCSD(T)理论水平得到近似的 CBS 极限。在全部 Wn 方法中,明确地包含了核心-价层相关、自旋-轨道耦合和相对论效应。注意,例如在 G2 中带有"冻核"近似的单点计算,核心电子在电子相关效应中不参与计算。换言之,在 G2 理论中没有核心-价层效应。后来,在 G3 中,带有价层基组的 MP2 水平已计算到核心-价层相关。在 Wn 方法中,核心-价层相关是在带有"特殊设计"的核心-价层基组的较先进的 CCSD(T)水平去完成。

在 W3 和 W4 的方法中,三激发和四激发相关结合在一起,用以校正 CCSD(T)波函数的不完整性。其结果是非常复杂的 W3 和 W4 方法只能用于不超过 3 个非氢原子的分子体系。对于扩展 G2 试验组,按 W1 的不确定度为 ±1.98 kJ mol^{-1}。另一方面,对于原来的 G2 试验组,按 W2 和 W3 方法绝对误差分别为 1.50 和 0.89 kJ mol^{-1}。用 19 个原子化能组成的非常小的实验数据组试验时,按 W2,W3,W4a 和 W4b 方法各自的绝对误差为 0.96,0.64,0.60 和 0.71 kJ mol^{-1},其中 W4a 和 W4b 是 W4 方法的两个变异版本。

在介绍一些实例之前,需要注意从头计算法通常是对单个分子(或离子或自由基)处理。因此,严格地说理论结果只应和气相实验数据比较。若将计算结果与在固态、液相或溶液相实验中所得的实验结果比较,我们要特别留意。

5.8 计算和实验互补的实例

在上述讨论中,现时使用的计算方法已很简明地加以介绍。实际上,我们只对这些方法的名词和代码作了描述。不论怎样,现在将以文献中发现若干实际例子去看计算怎样作为实验的补充从而得到有意义的结论。

5.8.1 一种稳定的氩化合物:HArF

在 2000 年前,没有发现 He,Ne 和 Ar 的化合物。但是,这并没有使理论化学家失去信心,去为合成界提供一些可能存在的稀有气体化合物。2000 年 8 月在伦敦的一次会议上,有两篇标题引起人们的兴趣的墙报:一篇是由 M. W. Wong 写的"稳定的氦化合物 HHeF 的预测",另一篇是由 N. Runeberg 及其合作者写的"HArF 是第一个观察到的氩的化合物?"前一篇已于 2000 年 7 月发表,文中包含三原子分子 HHeF,HNeF 和 HArF 等计算的键长以及这些分子的振动频率。更令人感兴趣的是,在一个月后 Runeberg 等发表了发现 HArF 的实验论文。这个化合物是在固体氩基质中将 HF 光解制得,用红外光谱表征。他们发现实验测定的频率和计算值符合得很好。一年以后,Runeberg 组发表了有关 HArF 高质量的计算结果。

在较详细地讨论计算结果之前,先用基础的和定性的语言说明 HArF 的化学键。事后看来,HArF 为一个稳定的分子并不太惊奇,特别是由于它的 Kr 和 Xe 类似化合物已经存在。不论怎样,HArF 分子中的化学键可理解为三中心四电子(3c-4e)键,如图 5.8.1 所示。在此图中,H 的 $1s$ 轨道与 Ar 和 F 的 $2p$ 组合形成 3 个分子轨道:σ,σ^n 和 σ^*,它们分别具有成键、非键和反键的特征。两个低能级的分子轨道充满电子,为此稳定分子形成 3c-4e 键。

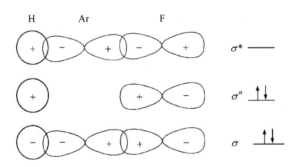

图 5.8.1 在 HArF 中的 3c-4e 键。

现在考虑计算的结果:HArF 的键长计算值列于表 5.8.1 中,而计算所得的振动频率及实验测定结果一起列于表 5.8.2 中。

考查两个表所列数据,可以看出对这个小分子可用非常先进的方法计算。表中所列的方法都已在前面作了介绍。对于基组,用 Dunning 的相关一致基组 aug-cc-pVnZ 函数,其中 n 从 2 到 5,分别为双 zeta,三 zeta,四 zeta 和五 zeta。很清楚,这些基组函数是为相关计算特别设计的。列于表 5.8.1 中的键长值互相自洽,是可信的。同时表 5.8.2 所列的振动频率的数据,计算值和实验值符合得很好。这可以使我们相信分子是直线形。按计算的结果,气相时

HArF 应当稳定,这就有待实验去证实。

表 5.8.1 HArF 的键长计算值(单位:pm)

方　　法	基　　组	H—Ar	Ar—F
CCSD	cc-pVTZ	133.4	196.7
CCSD(T)	aug-cc-pVDZ	136.7	202.8
CCSD(T)	aug-cc-pVTZ	133.8	199.2
CCSD(T)	aug-cc-pVQZ	133.4	198.0
CCSD(T)	aug-cc-pV5Z	132.9	196.9

表 5.8.2 HArF 的计算和实验得到的振动频率(单位:cm^{-1})

方　　法	基　　组	ν(Ar—F)	δ(H—Ar—F)	ν(Ar—H)
MP2	aug-cc-pVDZ	458	706	2220
CCSD	cc-pVTZ	488	767	2600
CCSD(T)	aug-cc-pVDZ	461	674	1865
CCSD(T)	aug-cc-pVTZ	474	725	2053
CCSD(T)	aug-cc-pVQZ	480	729	2097
CCSD(T)*	aug-cc-pVQZ	463	686	1925
实验值		435.7	687.0	1969.5

* 已对非谐性和基质效应作了校正。

考虑电荷分布,在 H,Ar 和 F 上的电荷分别估计为 0.18,0.66 和 -0.74 a.u.,这表明有相当数量的电荷从 F 迁移到 ArH。换言之,这个分子中的成键可用 $HAr^{\delta+}F^{\delta-}$ 离子键描述。两个基团的计算结果,提出了解离反应 HArF $\longrightarrow$ Ar + HF 的反应过程的图像。两个计算都预测反应过渡态具有弯曲结构,H—Ar—F 键角约为 $105°$。Wong 和 Runeberg 组对解离反应势垒的计算值分别为 96 和 117 $kJ\ mol^{-1}$。这个结果说明 HArF 安稳地处于势阱之中。同样,Wong 计算得 HHeF 的解离势垒约为 36 $kJ\ mol^{-1}$,它虽没有 HArF 那样深,但仍可鼓励实验工作者去制备 HHeF。

总之,HArF 代表了一个稀有的例子,它的计算先于实验工作,而且完美地展示出计算结果,在对小分子的认识和表征中起着不可少的作用。

5.8.2 一个全金属的芳香物种:Al_4^{2-}

苯 C_6H_6 当然是最著名的芳香体系。当它的一个或多个 CH 基团被其他原子置换,可得杂环芳香体系。熟识的例子有吡啶 $N(CH)_5$ 和嘧啶 $N_2(CH)_4$;而不常见的例子有磷苯 $P(CH)_5$ 和胂苯 $As(CH)_5$。同样也有杂原子为重过渡金属,例如 $L_nOs(CH)_5$ 和 $L_nIr(CH)_5$ 等。

但是,在一个芳香物种中全部原子都是金属则非常稀少。其中一个体系是在 2001 年由 A. I. Boldyrev 和 L. -S. Wang 等合成。他们利用激光蒸发超声簇光源,以 Cu/Al 合金为靶,制得 $CuAl_4^-$ 负离子产品。同样,若用 Al/Li_2CO_3 和 Al/Na_2CO_3 作靶子,则分别得 $LiAl_4^-$ 和 $NaAl_4^-$。合成这些负离子后,它们的垂直分离能(VDEs)用光电子能谱测定。如其名字的含意,VDE 是从一种物种的成键轨道分离出一个电子所需的能量,而在电离过程中,物种的结构保持不变。随后,VDE 数据可用从头计算的帮助来分析。

在讨论计算结果前,先尝试利用第 3 章中介绍的基础理论去了解 MAl_4^- 负离子中的化学键。首先注意芳香体系不是整个 MAl_4^- 离子而是与正离子配位的平面四方形 Al_4^{2-} 单元,它具有芳香特性。对于 Al_4^{2-},它有 14 个价电子,它的共振结构式可以容易地写出如下:

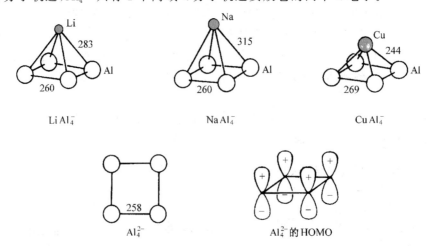

换言之,这个平面四方形二价负离子有 4 个 σ 键,1 个 π 键和两对孤对电子。因此,每个 Al-Al 键的键级为 $1\frac{1}{4}$,而且在这个平面环体系中有 2 个 π 电子,符合芳香物种的$(4n+2)$规则。

现在讨论计算结果。平面四方形的 Al_4^{2-} 结构和四方锥形的 $LiAl_4^-$,$NaAl_4^-$ 和 $CuAl_4^-$ 的结构示于图 5.8.2 中。$CuAl_4^-$ 的结构在 MP2/6-311+G(d)水平上加以优化,其他 3 个分子的优化在 CCSD(T)/6-311+G(d)水平上完成。考察这些结构可看出,四元环不会因为 M^+ 正离子的配位而使它发生明显的结构上的变化,特别是正离子为 Li^+ 或 Na^+ 时更是如此。当 M^+ 为 Cu^+,Al—Al 键长改变 11 pm。这种相对地较大的改变是由于 $CuAl_4^-$ 是在不同的理论水平上进行优化的结果。不管怎样,这四个物种的优化结构提供了 Al_4^{2-} 是一个芳香物种的论据。同样,示于图 5.8.2 中的 Al_4^{2-} 的 HOMO,非常相似于最稳定的苯的 π 分子轨道(见图 7.1.12)。唯一的差别在于苯是六元环,而 Al_4^{2-} 是四元环。同样,苯有 3 个充满电子的离域 π 分子轨道,Al_4^{2-} 只有 1 个离域 π 分子轨道安放它的两个 π 电子。

图 5.8.2　$LiAl_4^-$,$NaAl_4^-$,$CuAl_4^-$ 和 Al_4^{2-} 优化的结构及 Al_4^{2-} 的 HOMO。(键长单位:pm。)

　　$LiAl_4^-$，$NaAl_4^-$ 和 $CuAl_4^-$ 的计算的和实验的 VDE 总结在表 5.8.3 中。计算的 VDE 是基于图 5.8.2 所示的结构，用 6-311＋G(2df)基组和外部价轨道 Green 函数(OVGF)法所得。OVGF 模型是一种比较新的方法，它主要用来计算电子亲和能与电离能。由表 5.8.3 可见，计算结果和实验数据总体上符合得很好。这种符合也支持了 MAl_4^- 负离子为四方锥结构的结论。关于表中分子轨道的记号将在第 6 和第 7 章中讨论到。

表 5.8.3　$LiAl_4^-$，$NaAl_4^-$ 和 $CuAl_4^-$ 实验和计算的垂直电子分离能（VDE，单位：$kJ\ mol^{-1}$）

物　种	VDE 实验值	VDE^* 计算值	涉及的分子轨道
$LiAl_4^-$	207.4 ± 5.8	201.7	$3a_1$
	212.3 ± 5.8	209.4	$1b_1$
	272.1 ± 7.7	259.5	$2a_1$
	298.1 ± 3.9	286.6	$1b_2$
$NaAl_4^-$	196.8 ± 4.8	185.3	$3a_1$
	201.7 ± 4.8	197.8	$1b_1$
	260.5 ± 4.8	243.1	$2a_1$
	285.6 ± 4.8	275.9	$1b_2$
$CuAl_4^-$	223.8 ± 5.8	223.8	$2b_1$
	226.7 ± 5.8	230.6	$4a_1$
	312.6 ± 8.7	323.2	$2b_2$
	370.5 ± 5.8	352.2	$3a_1$

* VDE 是基于图 5.8.2 在 OVGF/6-311＋G(2df)理论水平上计算得到。

5.8.3　一种新的多氮离子：N_5^+

　　虽然氮是非常普通而又丰富的元素，但只有几种全由 N 原子组成的稳定的多氮物种，即它们只由 N 原子组成。在少数已知的例子中，二氮(N_2)在 1772 年分离出来，是最熟悉的。另一种是叠氮负离子(N_3^-)，它于 1890 年发现。其他的物种如 N_3 和 N_4 以及和它们相应的正离子 N_3^+ 和 N_4^+，仅在游离的气体或基质隔离的离子或自由基中观察到。N_5^+ 是在 1999 年由 K. O. Christe(克里斯特)等成功地以常量合成出来的多氮物种。

　　在讨论 N_5^+ 之前，要问为什么对多氮物种如此感兴趣，这要注意 N≡N 三重键的键能(在 N_2 中为 $942\ kJ\ mol^{-1}$)远大于 N—N 单键($160\ kJ\ mol^{-1}$)和 N＝N 双键($418\ kJ\ mol^{-1}$)。换言之，任何多氮物种分解成 N_2 的解离作用都将是高度放热的。因此，多氮化合物都是潜在的高能量密度材料(HEDM)。按定义在裂解反应时它具有很高的释放的能量与其本身质量的比值。很明显，HEDM 可用作火箭推进剂和爆炸物。

　　Christe 及其同事制备第一个 N_5^+ 化合物是按以下反应进行：

$$H_2F^+ AsF_6^- + HN_3 \xrightarrow[-78℃]{HF} N_5^+ AsF_6^- + HF$$

按作者所述，产物"$N_5^+ AsF_6^-$ 是高能的强氧化材料，它能猛烈地爆炸"。对合成的化合物记录了低温 Raman(－130℃)和红外光谱(－196℃)，并进行高水平的从头计算以便测定正离子的结构及对光谱进行指认。

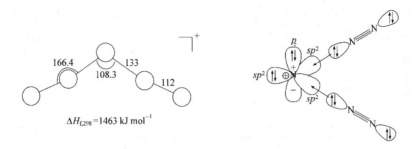

$\Delta H_{f,298} = 1463 \text{ kJ mol}^{-1}$

图 5.8.3　N_5^+ 优化的 V 形结构及其成键方式。（键长单位:pm,键角:度;生成热是在 G3 水平上计算。）

　　N_5^+ 的结构已在 CCSD(T)/6-311＋G(2d)水平上优化,示于图 5.8.3 中。这个结构近于 V 形,有两个短的末端键和两个较长的中心键。按此结构不难对此正离子作成键描述。中心 N 原子按 sp^2 杂化,和它相邻的 N 原子按 sp 杂化。对中心 N 原子,外向型 sp^2 杂化轨道及 p_z 轨道被 N^+ 的 4 个价电子填充,其余的两个 sp^2 杂化轨道接受两个 N_2 单元的孤对电子成键。基于这个简单描述,可以很快写出 N_5^+ 正离子的共振结构式如下:

虽然三个共振结构的重要性不相等,但可稳妥地说,两个末端 N—N 键的键级在 2 和 3 之间,其余两个键处于单键和双键之间。优化的键长和此图像相符。若简单化地认为只有这三种共振结构并假定三种的贡献相等,则末端键和中心键的 N—N 键级分别为 $2\frac{2}{3}$ 和 $1\frac{1}{3}$。

　　基于优化的结构,N_5^+ 的谐振频率已在 CCSD(T)/6-311＋G(2d)水平进行计算,这些结果以及实验数据列于表 5.8.4。当将实验和计算结果进行对比,可看到它们符合得很好,但要记住计算只是考虑单个正离子,而实验数据则是在固态下测量。这种符合对理论方法所得结构提供了支持。

表 5.8.4　N_5^+（在固体 $N_5^+ AsF_6^-$ 中）的 Raman 和红外谱带与气态 N_5^+ 的谐振频率的计算值（单位:cm^{-1}）及其指认

Raman	红　外	指　认	计算值*
2271	2270	$\nu_1(A_1)$	2229
2211	2210	$\nu_7(B_2)$	2175
—	1088	$\nu_8(B_2)$	1032
871	872	$\nu_2(A_1)$	818
672	—	$\nu_3(A_1)$	644
—	—	$\nu_5(A_2)$	475
—	420	$\nu_6(B_1)$	405
—	—	$\nu_9(B_2)$	399
209	—	$\nu_4(A_1)$	181

　　* 在 CCSD(T)/6-311＋G(2d)的理论水平得到。振动光谱的群论记号将在第 6 和第 7 章中说明。

　　最后需要指出,N_5^+ 的 V 形结构不应是唯一的,在文献中有其他 4 种结构[在 MP2/6-31G (d)水平优化]已识别出来,它们示于图 5.8.4 中。但是从 G3 计算所得的列于图 5.8.3 和

5.8.4 中 5 种异构体的生成热来看,V 形异构体是最稳定的一种。其他 4 种异构体都不稳定,其生成热都要比 V 形高出 $500\sim1000$ kJ mol^{-1}。

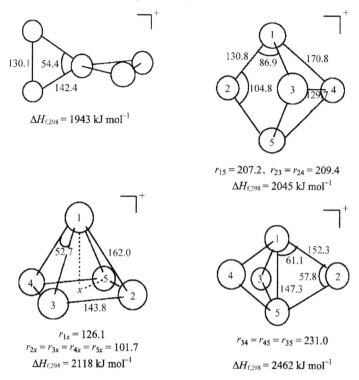

图5.8.4　四种其他 N_5^+ 异构体的优化结构及 G3 水平计算的生成热。(键长单位:pm,键角:度。)

5.8.4　带有稀有气体-金属键的线性三原子分子

进入 21 世纪以来,一系列通式为 NgMX(Ng 为 Ar,Kr,Xe;M 为 Cu,Ag,Au;X 为 F,Cl,Br)的直线形配合物已予以制备,并用物理方法表征。制备这些配合物是用激光使金属原子从它的固体中脱离出来,然后让这些等离子体与合适的产物母体进行反应,所形成的配合物稳定在超音速氩气流中,主要用微波谱对这些配合物进行表征。

NgMX 的直线形结构不易弯曲而带有较小的离心变形常数(一个分子的离心变形常数可用以测量它的可变性,其数值可用微波谱测定)。Ng—M 键长较短,Ar—Cu 约为 225 pm,Ar—Au 约 245 pm,Ar—Ag 约 265 pm 等。此外,基于离心变形常数,Ng—M 伸缩频率可以估算,其值大约在 100 cm^{-1}。表 5.8.5 归纳了 Ng—M 键长、伸缩频率和力常数等的实验值和计算值,还列出在 NgMX 中 Ng—M 键的电子解离能的计算值。这些计算结果是在 MP2 水平上获得的。用于 F 的基组是 6-311G(d,p),而对其他元素则用较高级的基组(如三 ζ 基组)。下面几段将从四个不同的、但相互关联的性质进行讨论。

1. Ng—M 键长

对比列于表 5.8.5 中的 Ng—M 键长的实验值和计算值可见,从头计算法描述的图像是很好的。为了对 Ng—M 键的本质有更好的理解,可将这些数值和一些其他标准参数,如范德华半径(r_{vdw})、离子半径(r_{ion})和共价半径(r_{cov})等进行估算。例如,取 $r_{cov}(Ng)+r_{cov}(M^I)$ 作为共价键的范围,取 $r_{vdw}(Ng)+r_{ion}(M^+)$ 作范德华键的范围。

表 5.8.5　**NgMX 配合物的 Ng—M 键长和伸缩频率 ν 的实验测定值**

(括号中为计算值),以及 Ng—M 键的力常数 k 和计算的电子解离能 D_e

NgMX	$r(Ng—M)/pm$	$\nu(Ng—M)/cm^{-1}$	$\nu(M—X)/cm^{-1}$	$k(Ng—M)/N\,m^{-1}$	$D_e/(kJ\,mol^{-1})$
ArCuF	222(219)	224(228)	621(674)	79	44
ArCuCl	227(224)	197(190)	418(456)	65	33
ArCuBr	230(226)	170(164)	313(350)	53	—
KrCuF	232(232)	185(—)	—	84	48
ArAgF	256(256)	141(127)	513(541)	36	14
ArAgCl	261(259)	135(120)	344(357)	34	16
ArAgBr	264(—)	124(—)	—(251)	30	—
KrAgF	259(260)	125(113)	513(544)	48	17
KrAgCl	264(263)	117(105)	344(352)	43	15
KrAgBr	266(269)	106(89)	247(255)	38	17
XeAgF	265(268)	130(—)	—	64	43
ArAuF	239(239)	221(214)	544(583)	97	55
ArAuCl	247(246)	198(184)	383(413)	78	42
ArAuBr	250(249)	178(165)	264(286)	65	—
KrAuF	246(245)	176(184)	544(—)	110	58
KrAuCl	252(251)	161(163)	383(409)	94	44
XeAuF	254(256)	169(165)	—	137	97

在 NgMX 配合物中,Ar—Ag 键长比较接近范德华键,而不接近共价键。例如,在 ArAgX 中,Ar—Ag 键长范围在 256~264 pm,$r_{vdw}(Ar)+r_{ion}(Ag^+)$ 之和为 269 pm,而 $r_{cov}(Ar)+r_{cov}(Ag^I)$ 之和为 226 pm。在另一端,在 XeAuF 中,Xe—Au 键长(254 pm)非常接近于共价键值:$r_{cov}(Xe)+r_{cov}(Au^I)$ 之和为 257 pm,但 $r_{vdw}(Xe)+r_{ion}(Au^+)$ 的范德华距离较长,为 295 pm。所以对比 NgMX 配合物全部结果来看,可得出结论是,Ng—M 键的共价性增加的次序是:Ar<Kr<Xe 和 Ag< Cu<Au。

2. 伸缩频率

NgMX 配合物具有小的离心变形常数(4~95 kHz),这和它们直线形骨架的不易变形性相一致。这些常数很好地和短的 Ng—M 键长相关,说明它们是强的 Ng—M 键。它们也同样导致高的 Ng—M 伸缩振动频率,全部都超过 100 cm^{-1}。Ng—M 和 M—X 频率用 MP2 方法计算的结果很好地与实验值相符,如表 5.8.5 所示。

NgMX 配合物的 Ng—M 伸缩振动常数列于表 5.8.5 中。这些数值近似地为 KrF_2 键伸缩振动的一半,范围从 ArAgBr 的 30 $N\,m^{-1}$(在 ArAgX 中,Ar—Ag 键长接近范德华距离范围)到 XeAuF 的 137 $N\,m^{-1}$(它的 Xe—Au 键长实际上是共价键范围)。作为比较,可以考虑以 Ar—NaCl 作为范德华作用结合的基准点,它的伸缩力常数值为 0.6 $N\,m^{-1}$。这样一来,在 NgMX 中 Ng—M 键比典型的范德华作用要强得多。

3. 电子解离能

如表 5.8.5 所列,计算的 Ng—M 解离能覆盖很大的范围,从 ArAgF 的 14 $kJ\,mol^{-1}$ 到 XeAuF 的 97 $kJ\,mol^{-1}$。作为比较,前面提到的范德华作用结合的 Ar—NaCl 配合物相应的数值为

$8\,kJ\,mol^{-1}$。同样,在 KrF_2 和 XeF_2 中平均的 Kr—F 和 Xe—F 键能分别为 49 和$134\,kJ\,mol^{-1}$。

将 Ng—M 键能和纯粹的静电诱导能,例如偶极-诱导偶极和电荷-诱导偶极作用进行比较是有启发的。不讨论计算的详情,可简单地估计偶极-诱导偶极能是电荷-诱导偶极能的大约35%。而且,对 NgAuF 配合物,电荷-诱导偶极作用大约是解离能的 10%,而对 NgCuF 和 NgAgF 配合物相应的数值约为 60%。作为对比,典型的范德华作用的 Ar-NaCl,电荷-诱导偶极作用却超过解离能。基于这些结果,可以认为在 NgCuF 和 NgAgF 配合物中 Ng—M 键的本质未必是静电作用。对 NgAuF 配合物,特别是 XeAuF,Xe—Au 键则几乎肯定不是静电性,而是共价键性质。

4. Ng—M 键的电荷分配

关于 Ng—M 键的本质也可以从配合物中电荷分配的研究得到一些理解。对 KrAuF,从 Kr 以 σ 型提供 0.21 个电子到 AuF,伴随有少量 π 型提供的电子。在 KrAuCl 中也发现相似的情况。对 ArAuF 和 ArAuCl 相应的数值为 $0.12\sim0.14$ 个电子。对 NgAgX 配合物,从 Ng 提供电子到 AgX 的数量则很小,大约只有 $0.06\sim0.07$ 个电子。对 XeAuF,它是迄今已知具有最大解离能的这类配合物,相应提供电子的数值为 0.26 个。对 XeAgF 大约只提供 0.1 个电子,远小于 XeAuF。所以在这类配合物中,"作用强度"又一次呈现出和以前相似的趋势: Ar<Kr<Xe 和 Ag<Cu<Au。

总之,NgMX 配合物的物理性质有定量的变异,但这些性质从一个配合物到另一个配合物显著地保持相似的定性规律。例如,所有的配合物都呈现短而不易变形的 Ng—M 键,它的伸缩振动频率都在 $100\,cm^{-1}$ 以上。Ng—M 键的解离能相对较大,在 Ng—M 键形成时有着显著的电子重排作用。我们不能单以静电作用来解释 Ng—M 键的解离能,也不可以解释成键时的电子重排。对于有最大作用强度的 XeAuF 配合物,Xe—Au 键具有共价键的本质。同时,也可以得出结论,对于其他 NgMX 配合物,也存在或大或小程度的 Ng—M 化学键。

关于本节所给的 4 个例子,在文献中每个都对有关化合物的制备进行描述,还包括有关的计算及其结果,用以解释各种物理方法所得的实验数据。很清楚,计算对实验工作者已变成很普遍的工具,它和红外光谱仪或质谱仪等设备没有大的差别。此外,这 4 个例子说明高水平的计算能给出更详细的成键图像。但我们也可以用在第 2 和第 3 章中介绍的简单概念,例如 Lewis 电子对、σ 键和 π 键、杂化方式和共振理论、离子半径、共价半径、范德华半径等,为这些新型的分子物种得到定性的却很有用的成键描述。

5.9　程　　序

本节介绍通用的许多软件包,它们可完成从头计算或 DFT 计算。这些程序大多数是商业软件,但也有少数是免费的。下面对一些程序作简要介绍,所列内容不是详尽无遗的。

(1) Gaussian (www.gaussian.com):这可能是最普及的软件包。它第一次发布是在1970 年,即为 Gaussian 70,最近的修订版是 Gaussian 03。它实际上可作各种类型的从头计算、DFT 和半经验计算。它容易使用,得到很好普及。

(2) Gamess (www.msg.ameslab.gov/GAMESS):这是另一个普遍使用的软件包,它是免费的。

(3) MOLPRO(www.molpro.net):这个程序对 CCSD 计算高度优化,它特殊的输入形式允许使用者去定义更复杂的计算步骤。

（4）SPARTAN（www. wavefun. com）：这是一个对使用者非常便利的程序,被实验有机和有机金属化学家广泛使用。其大部分超出 HF 水平的计算是用 Q-Chem 软件包(见下)完成。

（5）Q-Chem（www. q-chem. com）and SPARTAN（www. wavefun. com）：这个商业软件包可以进行各种水平的从头和 DFT 计算,也可以计算各种基态和激发态的性质,包括结构优化、能量、NMR 化学位移、溶剂效应等。

（6）NWChem（www. emsl. pnl. gov/docs/nwchem/newchem. html）：此程序对大学教师和科学院研究所的成员是免费的。

（7）MQPC（www. mqpc. org）：这个程序也是免费的,使用者可改变它的原代码来进行计算。

（8）MOPAC 2000（www. schrodinger. com/Products/mopac. html）：这个软件包主要是半经验计算。

（9）AMPAC（www. semichem. com/ampac/index. html）：这是另一个半经验计算的软件包。

（10）HyperChem（www. hyper. com）：这是一个廉价而适用于 PC 的软件包,用于分子的模拟和可视化。

参 考 文 献

[1]   P. W. Atkins and R. S. Friedman, *Molecular Quantum Mechanics*, 3rd ed., Oxford University Press, Oxford, 1997.

[2]   M. A. Ratner and G. C. Schatz, *Introduction to Quantum Mechanics in Chemistry*, Prentice-Hall, Upper Saddle River, NJ, 2001.

[3]   D. D. Fitts, *Principles of Quantum Mechanics：As Applied to Chemistry and Chemical Physics*, Cambridge University Press, Cambridge, 1999.

[4]   J. Simons and J. Nicholls, *Quantum Mechanics in Chemistry*, Qxford University Press, New York, 1997.

[5]   J. P. Lowe, *Quantum Chemistry*, 2nd ed., Academic Press, San Diego, 1993.

[6]   I. N. Levine, *Quantum Chemistry*, 5th ed., Prentice-Hall, Upper Saddle River, 2000.

[7]   A. Szabo and N. S. Ostlund, *Modern Quantum Chemistry*, Dover, Mineola, 1996.

[8]   T. Veszprémi and M. Fehér, *Quantum Chemistry：Fundamentals to Applications*, Kluwer/Plenum, New York, 1999.

[9]   F. Jensen, *Introduction to Computational Chemistry*, Wiley, Chichester, 1999.

[10]   E. Lewars, *Computational Chemistry：Introduction to the Theory and Applications of Molecular and Quantum Mechanics*, Kluwer Academic, Boston, 2003.

[11]   A. R. Leach, *Molecular Modelling：Principles and Applications*, 2nd ed., Prentice-Hall, Harlow, 2001.

[12]   W. J. Hehre, L. Radom, P. V. R. Schleyer and J. A. Pople, *Ab initio Molecular Orbital Theory*, Wiley, New York, 1986.

[13]   R. G. Parr and W. Yang, *Density-Functional Theory of Atoms and Molecules*, Oxford University Press, New York, 1989.

[14]   J. B. Foresman and A. Frisch, *Exploring Chemistry with Electronic Structure Methods*, 2nd ed., Gaussian Inc., Pittsburgh, 1996.

[15]   T. M. Klapötke and A. Schulz, *Quantum Chemical Methods in Main-Group Chemistry*, Wiley Chi-

chester，1998.

[16] J. Cioslowski(ed.)，*Quantum-Mechanical Prediction of Thermochemical Data*，Kluwer，Dordrecht，2001.

[17] J. A. Pople，M. Head-Gordon，D. J. Fox，K. Raghavachari and L. A. Curtiss，Gaussian-1 theory：A general procedure for prediction of molecular energy. *J. Chem. Phys.* **90**，5622～5629(1989).

[18] L. A. Curtiss，K. Raghavachari，G. W. Trucks and J. A. Pople，Gaussian-2 theory for molecular energies of first- and second-row compounds. *J. Chem. Phys.* **94**，7221～7230(1991).

[19] L. A. Curtiss，K. Raghavachari，P. C. Redfern，V，Rassolov and J. A. Pople，Gaussian-3(G3)theory for molecules containing first-and second-row atoms. *J. Chem. Phys.* **109**，7764～7776(1991).

[20] J. W. Ochterski，G. A. Petersson and J. A. Montgomery Jr.，A complete basis set model chemistry. V. Extensions to six or more heavy atoms. *J. Chem. Phys.* **104**，2598～2619(1996).

[21] J. A. Montgomery Jr.，M. J. Frisch，J. W. Ochterski and G. A. Petersson，A complete basis set model chemistry. VI. Use of density functional geometries and frequencies. *J. Chem. Phys.* **110**，2822～2827(1999).

[22] J. A. Montgomery Jr.，M. J. Frisch，J. W. Ochterski and G. A. Petersson，A complete basis set model chemistry. VII. Use of the minimum population localization method. *J. Chem. Phys.* **112**，6532～6542(2000).

[23] J. M. L. Martin and G. de Oliveira，Towards standard methods for benchmark quality *ab initio* thermochemistry-W1 and W2 theory. *J. Chem. Phys.* **111**，1843～1856(1999).

[24] S. Parthiban and J. M. L. Martin，Assessment of W1 and W2 theories for the computation of electron affinities，ionization potentials，heats of formation，and proton affinities. *J. Chem. Phys.* **114**，6014～6029(2001).

[25] A. D. Boese，M. Oren，O. Atasoylu，J. L. M. Martin，M. Kállay and J. Gauss，W3 theory：Robust computational thermochemistry in the kJ/mol accuracy range. *J. Chem. Phys.* **120**，4129～4142(2004).

[26] M. W. Wong，Prediction of a metastable helium compound：HHeF. *J. Am. Chem. Soc*，**122**，6289～6290(2000).

[27] N. Runeberg，M. Pettersson，L. Khriachtchev，J. Lundell and M. Räsänen，A theoretical study of HArF，a newly observed neutral argon compound. *J. Chem. Phys.* **114**，826～841(2001).

[28] L. Khriachtchev，M. Pettersson，N. Runeberg and M. Räsänen，A stable argon compound. *Nature* **406**，874～876(2000).

[29] X. Li，A. E. Kuznetsov，H. -F. Zhang，A. I. Boldyrev and L. -S. Wang，Observation of all-metal aromatic molecules. *Science* **291**，859～861(2001).

[30] K. O. Christe，W. A. Wilson，J. A. Sheehy and J. A. Boatz，N_5^+：A novel homoleptic polynitrogen ion as a high energy density material. *Angew Chem. Int. Ed.* **38**，2004～2009(1999).

[31] X. Wang，H. -R. Hu，A. Tian，N. B. Wong，S. -H. Chien and W. -K. Li，An isomeric study of N_5^+，N_5，and N_5^-：A Gaussian-3 investigation. *Chem. Phys. Lett*，**339**，483～489(2000).

[32] J. M. Thomas，N. R. Walker，S. A. Cooke and M. C. L. Gerry，Microwave spectra and structures of KrAuF，KrAgF，and KrAgBr；[83]Kr nuclear quadrupole coupling and the nature of noble gas-noble metal halide bonding，*J. Am. Chem. Soc.* **126**，1235～1246(2004).

[33] S. A. Cooke and M. C. L. Gerry，XeAuF，*J. Am. Chem. Soc.* **126**，17000～17008(2004).

[34] 林梦海，量子化学计算方法与应用，北京：科学出版社，2004.

[35] 郭纯孝，计算化学，北京：化学工业出版社，2004.

第Ⅱ部分
化学中的对称性

在研究分子和晶体的结构和性质时,对称性的应用非常重要。对称性有时是一个抽象的概念,与自然界和社会中的和谐和均衡相联系,但在化学中它永远是一个在不断发展的概念,起着非常实际的作用。

研究化学体系对称性特征的主要好处是可以用对称性论据去解决化学问题。特别是用群论这样的数学工具去简化问题,得到化学上有用的答案。这个方法的好处随着化学体系对称性的提高而增加。通常,对于高对称的分子和晶体,非常复杂的问题可以有精致而简单答案。即使对低对称体系,对称性论据也能得到有意义的结果,而用别的方法很难得到。

用群论之前,需要了解化学体系的对称性质。对于单个分子只需考虑物种本身的对称性,而不必考虑可能存在于物种间和相邻分子间的对称性。在试图测定一个分子的对称性时,则需要知道它具有的对称元素。对称元素定义为对称操作所依据的几何元素:一个轴、一个平面或一个点。作用在分子上的对称操作定义为依据对称元素对分子中的原子进行交换,交换后分子的取向和原子位置依然和交换前一样。第6章和第7章讨论分子的对称性和群论基础以及群论在化学中的应用。在第8章描述配位键,这时对称性和群论同样起重大作用。在这些章中,群论的讨论以应用为目标,它包括许多说明和实例,而删去全部数学的推导。

此外,晶体具有三维周期性的点阵结构,所以还必须考虑其他一些对称元素,包括平移、螺旋轴和滑移面。第9章和第10章讨论晶体和晶体材料的对称群和结构。

第 6 章　对称性和群论基础

在本章我们首先讨论对称性概念及任意给定分子的点群的鉴别。然后介绍群论的基本原理，主要集中在对称群的特征标表及其应用。

6.1　对称操作和对称元素

对称性是一个基本的概念，它对艺术、数学及自然科学的各个领域都至关重要。在化学学科领域，只要我们知道分子的对称性特征（即点群），就有可能定性地推论它的电子结构、振动光谱以及其他性质，如偶极矩和光学活性等。

为了测定分子的对称性，首先需要识别它可能具有的对称元素以及由这些对称元素产生的对称操作。对称操作和对称元素复杂地联系在一起，彼此容易混淆。下面我们先给出定义，然后用实例说明它们的差别。

对称操作是实行到分子中的一个原子交换操作（或者精确一点讲是坐标变换），交换以后得到和交换前完全等同的分子构型；换言之，分子的形状和取向没有改变，虽然部分原子或全部原子从它们的等当位置（周围环境与原先相似的相当点）上进行了移动。而对称元素是几何的元素，例如一个点、一条线，或是一个平面，依靠它对称操作得以进行。下面将依次讨论每一种类型的对称元素和对称操作。

1. （正当的）旋转轴 C_n

这是表示一个通过分子的轴，绕它旋转 $360°/n$，可以使分子形状和取向不发生改变。例如，H_2O 分子有一对称元素 C_2［图 6.1.1(a)］，也是一个对称操作 $\boldsymbol{C}_2$［本书中全部对称操作都用黑体］，即绕 C_2 轴旋转 $180°$。

在 NH_3 分子中［图 6.1.1(b)］有一对称元素 C_3 轴，它能产生两个对称操作：旋转 $120°$ 和旋转 $240°$。在一个分子中的 C_n 轴有时很容易鉴别，如 H_2O 和 NH_3，但有时则不容易。为了清楚地看出某一特殊旋转轴，我们需要以特定的取向画出该分子。图 6.1.2 示出 CH_4 分子的两种取向，其一容易看出 C_3 轴，另一则容易看出 C_2 轴。相似地图 6.1.3 示出 SF_6 分子的两种取向，其一容易看出 C_4 轴，另一则容易看出 C_3 轴。环己烷有一 C_3 轴和 3 个垂直于它的 C_2 轴，它们清楚地示于图6.1.4。在此分子中，C_3 轴称为主轴。

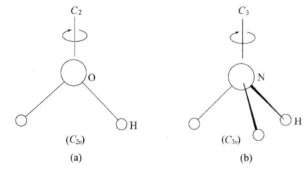

图 6.1.1　(a) H_2O 分子中的 C_2 轴；
(b) NH_3 分子中的 C_3 轴。

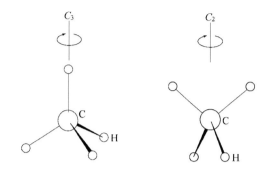

图 6.1.2　为了表明 C_3 轴和 C_2 轴，CH_4 的两种取向。

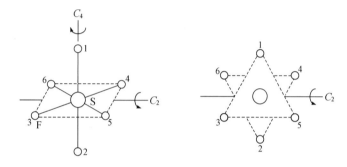

图 6.1.3　为了表明 C_4 轴和 C_3 轴，SF_6 的两种取向。
（右图中 C_3 轴垂直纸面，通过 S 原子；左右两图示出同一个 C_2 轴。）

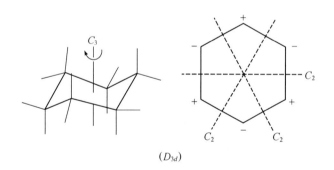

(D_{3d})

图 6.1.4　环己烷：右图 C_3 轴垂直纸面，通过分子的中心。
（＋和－号表示 C 原子分别处在纸面之上和纸面之下。）

2. 对称面 σ

对称面是通过分子的一个平面，依靠它全部原子进行反映。符号 σ 来自德文"Spiegel"，意思是镜子。在 H_2O 分子中［图 6.1.1(a)］，当一个 H 原子被它的同位素 D 置换，分子不再具有 C_2 对称轴，但分子的平面是对称面。

对称（镜）面可分为三类：第一类是垂直镜面 σ_v，它通过旋转轴 C_n。例如，H_2O 分子中［图 6.1.1(a)］有两个 σ_v；在 NH_3 分子中［图 6.1.1(b)］有 3 个 σ_v。一般而言，含有 C_n 的分子，如

果有 σ_v，它就会有 n 个 σ_v。

第二类是水平镜面 σ_h，它垂直于主旋转轴 C_n。图 6.1.5(a) 和 (b) 示出两个实例。注意在一些高对称分子中，有一个以上 σ_h，例如在八面体形 SF_6 分子中有 3 个 σ_h，它们互相垂直。

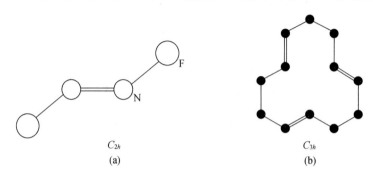

C_{2h} (a) C_{3h} (b)

图 6.1.5   (a) 在反式-N_2F_2 分子中，分子的平面是 σ_h；
(b)在全反式-1,5,9-环十二碳三烯分子中，包含全部 C 原子的平面是 σ_h。

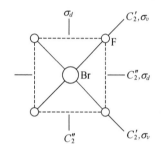

图 6.1.6   在 BrF_4^- 中的 C_2' 和 C_2'' 对称轴及按通用习惯的 σ_v 和 σ_d。

最后一类是对角镜面 σ_d。分子中有一个主轴 C_n 和 n 个 C_2 轴和 C_n 轴垂直，当有 n 个垂直镜面平分 C_2 轴时，这种垂直镜面称为对角镜面 σ_d。在环己烷中有 3 个 σ_d 处在 3 个 C_2 轴之间（图 6.1.4）。注意，有时 σ_v 和 σ_d 并不能明确地加以区分。例如在 BrF_4^- 中（图 6.1.6），除主轴 C_4 外，有 4 个 C_2 轴垂直于 C_4 轴，有 4 个 C_2 轴垂直镜面 σ_v 通过 C_4 轴。习惯上，两个通过 F 原子的 C_2 称为 C_2' 轴，而没有通过 F 原子的 C_2 称为 C_2'' 轴。此外，含有 C_2' 轴的垂直平面称为 σ_v，而含有 C_2'' 轴的垂直平面称为 σ_d。在群论中，可看出 C_2' 轴形成一对称操作类，C_2'' 轴形成另一不同的类，σ_v 和 σ_d 也一样分别各成一类。

3. 反演中心(或对称中心)i

反演操作是依靠反演中心进行，将客体中的每一点都反演到该点和反演中心连线另一端延伸线等距离处。具有反演中心的分子称为中心对称分子。前面讨论过的 8 个例子中，SF_6（图 6.1.3），环己烷（图 6.1.4），反式-N_2F_2[图 6.1.5(a)] 和 BrF_4^-（图 6.1.6）是中心对称分子。不具反演中心的分子为非中心对称分子。关于"不对称(dissymmetric)分子"一词是用以描述分子不能和它的镜像叠合的情况。事实上只具有一个或多个旋转轴对称元素的分子是不对称的。

4. 旋转-反映轴(映轴)S_n

旋转-反映轴简称映轴，又称不正当旋转轴(improper rotation axis)，它的对称元素和对称操作都用 S_n 表示。映轴 S_n 的意义是绕 S_n 轴旋转 $360°/n$，接着以垂直于轴的镜面进行反映。注意旋转反映操作 S_n 可先旋转或先反映，即 $S_n = \sigma \cdot C_n = C_n \cdot \sigma$。

在乙烷中，S_6 操作的例子示于图 6.1.7 中。很明显，CH_4 分子中（图 6.1.2）3 个 C_2 轴也是 S_4 轴。在 SF_6 分子中（图 6.1.3）C_4 和 C_3 轴分别为 S_4 和 S_6 轴。在环己烷中（图 6.1.4）C_3 轴也是 S_6 轴。最后，应指出，S_1 操作实际是 σ（如 HOD），S_2 操作等同于反演 i[如图 6.1.5(a) 中的反式-N_2F_2]。

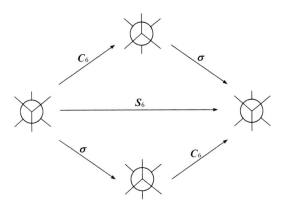

图 6.1.7 乙烷中的 S_6 操作。

5. 等同元素 E

等同操作 E 表示经过操作后分子全不变。任何一个分子都具有这种操作。E 的符号来自德文"Einheit",意思是等同。

6.2 分子的点群

6.2.1 分子点群的分类

当我们说某个分子属于某个特定的点群,其意思是指该分子具有一组特定的、自洽的对称元素系。下面将以具体实例描述一些最常见的点群。

1. **点群 C_1**

这个点群只有等同操作作为它的唯一对称元素,即它没有对称性。其实例包括甲烷的中心碳原子和 4 个不同基团键连的衍生物,如 CHFClBr。

2. **点群 C_s**

这个点群只有两个对称元素:E 和 σ。前面谈到的 HOD 属于 C_s 点群。其他的例子包括亚硫酰卤 SOX_2 和二级胺 R_2NH 等(图 6.2.1)。

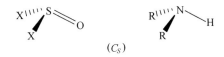

(C_S)

图 6.2.1 具有 C_s 对称性分子的实例:
亚硫酰卤(SOX_2)和二级胺(R_2NH)。

3. **点群 C_i**

这个点群只有两个对称元素:E 和 i。具有这种对称性的分子不是很多。图 6.2.2 给出两个实例。

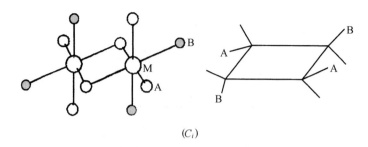

(*C_i*)

图 6.2.2　具有 *C_i* 对称性分子的实例。

4. 点群 *C_n*

这个点群具有对称元素：*E* 和 *C_n*。一些 *C_n* 点群的实例示于图 6.2.3 中。

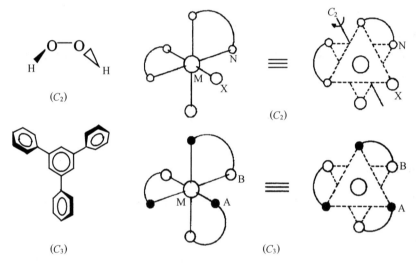

(*C_2*)　　　　　　　　　　　(*C_2*)

(*C_3*)　　　　　　　　　　　(*C_3*)

图 6.2.3　具有 *C_n* 对称性分子的实例。（二配位点配位体 N—N 是乙二胺 $H_2N—CH_2CH_2—NH_2$ 的缩写；A，B 是两个不同端基配位体，如像 $Me_2N—CH_2CH_2—NH_2$ 的缩写。）

5. 点群 *C_nv*

这个点群有对称元素 *E*，一个旋转轴 *C_n* 和 *n* 个 σ_v。H_2O［图 6.1.1(a)］和 NH_3［图 6.1.1 (b)］分别具有 *C_{2v}* 和 *C_{3v}* 对称性。其他实例示于图 6.2.4 中。

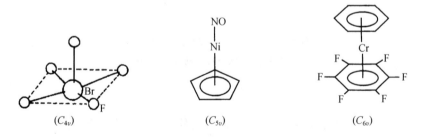

(*C_{4v}*)　　　　　　　　(*C_{5v}*)　　　　　　　　(*C_{6v}*)

图 6.2.4　具有对称性 *C_nv* 分子的实例。

6. 点群 C_{nh}

这个点群有对称元素 E,旋转轴 C_n 和垂直于 C_n 的水平镜面 σ_h。注意对称元素 S_n 也存在,它是 C_n 和 σ_h 已有的对称元素衍生的结果。同理,n 若为偶数,i 也存在。图 6.1.5 所示的反式-$N_2F_2(C_{2h})$ 和全反式-1,5,9-环十二碳三烯(C_{3h})是这个点群的实例。

7. 点群 D_n

这个点群有一个主轴 C_n 和 n 个 C_2 轴与它垂直。这个点群的实例很少。但一个重要而又有意义的例子是手性配合物离子三(乙二胺)铬(Ⅲ),如图 6.2.5 所示。

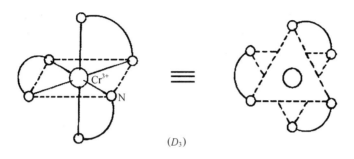

(D_3)

图 6.2.5　具有 D_3 对称性分子的实例。

(二配位点螯合配位体乙二胺以 N—N 表示。)

8. 点群 D_{nh}

这个点群有对称元素 E,1 个 C_n 轴,n 个 C_2 和 C_n 轴垂直,1 个 σ_h 也和 C_n 轴垂直。这些对称元素将衍生出和 C_n 共轴的 S_n 轴以及一组 n 个含 C_2 轴的 σ_v。当 n 为偶数,也存在对称中心 i。图 6.1.6 示出的 BrF_4^- 为 D_{4h} 点群的实例。图 6.2.6 给出 D_{2h},D_{3h},D_{5h} 和 D_{6h} 的实例。

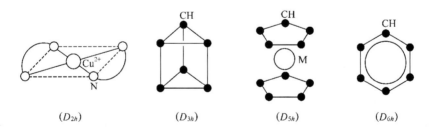

(D_{2h})　　　　(D_{3h})　　　　(D_{5h})　　　　(D_{6h})

图 6.2.6　具有 D_{nh} 对称性分子的实例。(二配位点配位体 N—N 是乙二胺的缩写。)

9. 点群 D_{nd}

这个点群由 E,一个主轴 C_n,n 个垂直于 C_n 轴的 C_2 轴,n 个处于 C_2 轴之间的 σ_d 等组成。这些元素将衍生出 S_{2n} 轴。图 6.1.4 所示的环己烷为 D_{3d} 对称性。其他 D_{nd} 的实例示于图 6.2.7中。

10. 点群 S_n

这个点群只有两个对称元素:E 和 S_n。由于 S_n 操作 n 次必产生 E,所以 n 应为偶数。这个点群的实例稀少,图 6.2.8 给出其中之一。

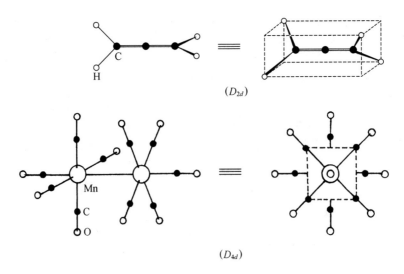

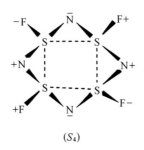

(S_4)

图 6.2.8　具有 S_n 对称性分子的实例。（注意 S 原子处于纸面，

而在 F 和 N 原子近旁标明的＋和－表示该原子在纸面之上或纸面之下。）

11. 点群 $D_{\infty h}$ 和 $C_{\infty v}$

对称的直线形分子如 H_2, CO_2, HCCH 等具有 $D_{\infty h}$ 对称性，而不对称的直线形分子，如 CO, HCN, FCCH 等属于 $C_{\infty v}$ 点群。

12. 点群 T_d, O_h 和 I_h

四面体形分子如 CH_4（图 6.1.2）有 24 个对称操作（E, $8C_3$, $3C_2$, $6S_4$ 和 $6\sigma_d$），属于 T_d 点群。八面体形分子如 SF_6（图 6.1.3）有 48 个对称操作（E, $8C_3$, $6C_2$, $6C_4$, $3C_2 = 3C_4^2$, i, $6S_4$, $8S_6$, $3\sigma_h$ 和 $6\sigma_d$），属于 O_h 点群。对于这两个重要的高对称点群，我们应该熟悉它们的全部对称操作。

球碳 C_{60} 是一个削角二十面体，具有 I_h 对称性。这个点群有 120 个对称操作，其中 60 个是旋转操作。图 6.2.9 示出球碳 C_{60} 分子中的 C_2, C_3 和 C_5 轴。

6.2.2　分子点群的判别

为了帮助学生判别分子所属的点群，很多化学家设计出多种流程图。其中一种流程图示于图 6.2.10 中。经验指出一旦我们熟识各种对称性，熟识从不同方向观察分子，我们不用流程图也可判别分子所属的点群。

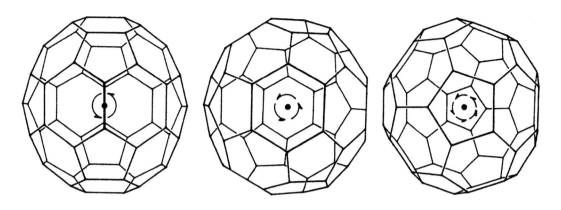

图 6.2.9　C_{60}（I_h 对称性）的 C_2，C_3 和 C_5 轴。

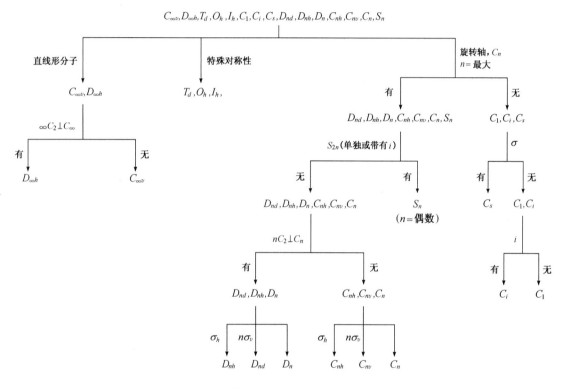

图 6.2.10　判别一个分子所属点群的流程图。

6.2.3　分子的对称性、偶极矩及光学活性

我们可从分子存在偶极矩与否得知分子的几何形状及对称性，反之亦然。例如，H_2O 和 NH_3 都存在偶极矩，说明前者不是直线形，后者不是平面三角形。不难阐明，具有偶极矩的分子只属于 C_n，C_s 或 C_{nv} 点群。

对于一个光学活性（即旋光性）分子，它和它的镜像相互不能叠合，即它们是不对称的（参见 6.1 小节）。按对称性的语言，一个光学活性分子不能有任何 S_n 对称性。由于 S_1 即为 σ，S_2 即为 i，所以任何具有镜面或对称中心的分子都没有光学活性。

6.3 特 征 标 表

在第 7 章,我们将阐述群论的各种化学应用,包括分子轨道理论、杂化理论、光谱选律、分子振动等。在进入这些论题之前,首先要引进对称群的特征标表。需要强调,下面的处理不依靠严格的数学方法,而是着重以实例和应用来表达。

根据群论,一个分子如属于一个确定的点群,这个分子的每一电子波函数或振动波函数必须具有该点群的不可约表示之一的对称性。为简单起见,有时以"对称种类"代替数学名词"不可约表示"。一个给定的点群,对称种类的数目是有限的,每一类的性质包含在该类的特征标中。一个点群全部的不可约表示的特征都包含在该点群的特征标表中。一个典型的例子 C_{2v} 点群的特征标表列于表 6.3.1 中,下面对它加以讨论。

表 6.3.1 C_{2v} 点群的特征标表

C_{2v}	E	C_2	$\sigma_v(xz)$	$\sigma_v(yz)$	基	
A_1	1	1	1	1	z	x^2, y^2, z^2
A_2	1	1	-1	-1	R_z	xy
B_1	1	-1	1	-1	x, R_y	xz
B_2	1	-1	-1	1	y, R_x	yz
Ⅱ区	Ⅰ区				Ⅲ区	Ⅳ区

每个特征标表可分为 4 个区:Ⅰ区到Ⅳ区。下面分区一一进行讨论。

Ⅰ区:在这个区中,C_{2v} 的 4 个对称操作 $[E, C_2, \sigma_v(xz), \sigma_v(yz)]$ 组成 4 个操作类,一类代表一种操作类型。按照群论,任何一个点群的不可约表示的数目等于对称操作类的数目。因此,对 C_{2v} 有 4 个不可约表示,而它的特征标则在该区中给出。第一个表示称为 A_1,全部的特征标都是 1,它表示任意一个具有 A_1 对称性的波函数(即基)和全部 4 个对称操作类的关系都是对称的(特征标为 1)。A_2 表示对于对称操作 E 和 C_2 是对称的,而对于两个镜面操作是反对称的(特征标为 -1)。对其余的两个表示 B_1 和 B_2,则和 C_2 及其中一个镜面呈反对称。

从数学角度来看,每一个不可约表示是一方阵,该表示的特征标是对角矩阵元之和,在 C_{2v} 特征标表的简单例子中,全部不可约表示都是一维的,也就是说特征标是矩阵的唯一元素;对于一维表示,操作 R 的特征标 $\chi(R)$ 是 1 或 -1。

在结束讨论Ⅰ区之前,考虑一个化学例子。水分子具有 C_{2v} 对称性,因此它的正则振动模式应有 A_1 或 A_2 或 B_1 或 B_2 对称性。H_2O 的三种正则振动模式见图 6.3.1。

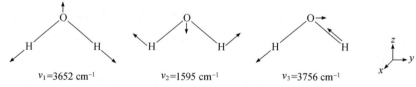

$\nu_1=3652\ cm^{-1}$ $\qquad$ $\nu_2=1595\ cm^{-1}$ $\qquad$ $\nu_3=3756\ cm^{-1}$

图 6.3.1 水分子的正则振动模式。[ν_1(对称伸缩)和 ν_2(弯曲振动)具有 A_1 对称性,而 ν_3(反对称伸缩)具有 B_2 对称性。]

从这些图形可以容易地看出原子的对称伸缩模式 ν_1 对 C_2，$\boldsymbol{\sigma}_v(xz)$ 和 $\boldsymbol{\sigma}_v(yz)$ 是对称的，所以 ν_1 有 A_1 对称性。相似地，弯曲振动模式 ν_2 也有 A_1 对称性。而反对称伸缩模式 ν_3 对 C_2 和 $\boldsymbol{\sigma}_v(xz)$ 是反对称的，但对 $\boldsymbol{\sigma}(yz)$ 是对称的，因此 ν_3 有 B_2 对称性。这个例子表明，一个分子的全部振动模式，都必须具有该分子所属点群的不可约表示之一的对称性。后面将示出分子的电子波函数也可按这种方式分类。

Ⅱ区：在这个区中，各个表示用 Mulliken（马利肯）记号，有关这些记号的意义列于表 6.3.2 中。

表 6.3.2　不可约表示的 Mulliken 记号

维数	
A：	一维，即 $\chi(E)=1$；对 C_n 操作为对称，即 $\chi(C_n)=1$
B：	一维，即 $\chi(E)=1$；对 C_n 操作为反对称，即 $\chi(C_n)=-1$
E：	二维，即 $\chi(E)=2$
T：	三维，即 $\chi(E)=3$
G：	四维，即 $\chi(E)=4$
H：	五维，即 $\chi(E)=5$
上标	
$'$：	对 $\boldsymbol{\sigma}_h$ 操作为对称，即 $\chi(\boldsymbol{\sigma}_h)=1$
$''$：	对 $\boldsymbol{\sigma}_h$ 操作为反对称，即 $\chi(\boldsymbol{\sigma}_h)=-1$
下标	
(a) g：	对 i 操作为对称，即 $\chi(i)=1$
u：	对 i 操作为反对称，即 $\chi(i)=-1$
(b) 对 A 和 B 表示	
1：	对 C_2 或 $\boldsymbol{\sigma}_v$ 操作为对称，即 $\chi(C_2)$ 或 $\chi(\boldsymbol{\sigma}_v)=1$
2：	对 C_2 或 $\boldsymbol{\sigma}_v$ 操作为反对称，即 $\chi(C_2)$ 或 $\chi(\boldsymbol{\sigma}_v)=-1$
(c) 对 E 和 T 表示	
下标的数字 1,2,… 不是对 C_2 或 $\boldsymbol{\sigma}_v$ 而言，只是以资识别，如 T_1 和 T_3 是两个不同的三维不可约表示。	
$C_{\infty v}$ 和 $D_{\infty h}$ 点群	
Σ^+：一维，对 $\boldsymbol{\sigma}_v$ 或 C_2 为对称，即 $\chi(E)=1$，$\chi(\boldsymbol{\sigma}_v)$ 或 $\chi(C_2)=1$	
Σ^-：一维，对 $\boldsymbol{\sigma}_v$ 或 C_2 为反对称，即 $\chi(E)=1$，$\chi(\boldsymbol{\sigma}_v)$ 或 $\chi(C_2)=-1$	
Π：二维，即 $\chi(E)=2$	
Δ：二维，即 $\chi(E)=2$	
Φ：二维，即 $\chi(E)=2$	
小写字母（$a,b,e,t,\sigma,\pi,\cdots$）用于表达单个轨道的对称性； 大写字母（$A,B,E,T,\Sigma,\Pi,\cdots$）用于表达整体状态的对称性。	

C_{2v} 点群的全部对称类都是一维的，所以都是 A 或 B 表示。前面两个对称类 $\chi(C_2)=1$，所以用 A 表示，后两个 $\chi(C_2)=-1$，所以用 B 表示。下标 1,2 可按表 6.3.2 标上，但这里 B_1 和 B_2 的分类不能明确地指认。在 A_1 表示中，全部特征标都等于 1，又称为全对称（totally symmetric)表示 Γ_{TS}。这一表示存在于所有的点群中,但每一点群不一定都将 Γ_{TS} 称为 A_1。在 C_{3v} 和 C_{4v} 点群中,除 A,B 表示外,还存在简并度大于 1 的 E 表示。

在结束讨论不可约表示的标志之前,我们用 C_{2v} 点群为例重复以前提到的内容:因为这个点群只有 4 个对称类,即 A_1,A_2,B_1 和 B_2,所有 C_{2v} 点群分子(如 H_2O,H_2S 等)的电子波函数或振动波函数都必定有这 4 种表示之一的对称性,而且它们也都是一维表示。后面的例子将讨论简并的表示,如 E,T_1,T_2 等。

Ⅲ区:在表的这一部分共有 6 个符号:x,y,z,R_x,R_y,R_z,它们分别代表平移的三个分量 (x,y,z) 和围绕 x,y,z 轴的 3 个旋转(R_x,R_y,R_z)。对于 C_{2v} 特征标表,z 出现在 A_1 行,这意味着平移的 z 分量具有 A_1 对称性。类似地,x 和 y 分量分别具有 B_1 和 B_2 对称性。至于旋转 R_x,R_y,R_z 的对称性则可从表中看出来。

推导这些结果的另一种方法是将 x,y,z 分别作为 AX_n 分子中中心原子 A 的 p_x,p_y 和 p_z 轨道。H_2S 是具有 C_{2v} 对称点群的分子,对此分子通常是按下面方法建立它的直角坐标系:将主轴(这时主轴为 C_2 轴)作为 z 轴,因 H_2S 为平面分子,取 x 轴垂直于分子平面,这样,y 轴则按右手坐标系定向。按这个常用方法,在 H_2S 分子中 S 原子的 p_x,p_y 和 p_z 轨道示于图 6.3.2 中。

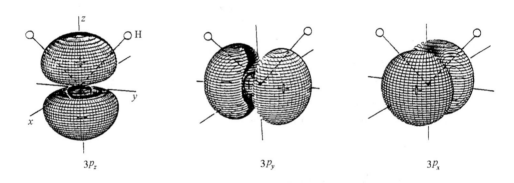

$3p_z$ $3P_y$ $3P_x$

图 6.3.2 在 H_2S 分子中 S 原子的 3 个 p 轨道。

检查这些轨道的定向,很明显地看出 p_z 轨道对 C_{2v} 点群的全部 4 个操作:$E,C_2,\sigma_v(xz)$,$\sigma_v(yz)$ 都是对称的。所以 p_z 轨道具有 A_1 对称性。另一方面,p_x 轨道对 E 和 $\sigma_v(xz)$ 是对称的,而对 C_2 和 $\sigma_v(yz)$ 是反对称的,所以 p_x 为 B_1 对称。按此很容易证明 p_y 轨道为 B_2 对称。

Ⅳ区:在这个区中有 6 个符号 x^2,y^2,z^2,xy,xz,yz。有时用 x^2 和 y^2 的组合 x^2-y^2 和 x^2+y^2 代替 x^2 和 y^2。按Ⅲ区的讨论方法,可用 AX_n 分子中的 A 原子的 d 轨道函数进行讨论。同样以 H_2S 分子为例,这 6 个函数 $d_{xy},d_{yz},d_{xz},d_{z^2},d_{x^2-y^2},d_{x^2+y^2}$ 的图形示于图 6.3.3 中(注意 x^2+y^2 不是 A 原子的 d 轨道之一)。

检查这 6 个函数,很明显地看出 x^2+y^2,x^2-y^2,z^2 对 C_{2v} 点群的 4 个操作都是对称的,因此 x^2,y^2 和 z^2 具有 A_1 对称性。注意 x^2 和 y^2 是 x^2+y^2 和 x^2-y^2 的简单的线性组合。相似地,xy 函数相对于 E 和 C_2 为对称,所以为 A_2 对称。xz 和 yz 函数的对称性也就容易按这一方法定出。

在有些书中所列的特征标表包含有"Ⅴ区",它是指中心原子 A 的 7 个 f 轨道的对称类。由于本书只简略地讨论到 f 轨道(见 8.11 节),在此就不详细讨论了。

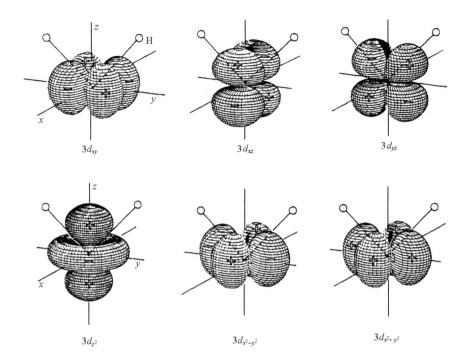

图 6.3.3　H_2S 分子中 S 原子的 6 个函数:d_{xy} ,d_{yz} ,d_{xz} ,d_{z^2} ,$d_{x^2-y^2}$,$d_{x^2+y^2}$。

一些重要的点群的特征标表列于本章末的附录 6.1 中。

注意所有点群的特征标都满足下列正交归一的关系:

$$\frac{1}{h} \sum_{R} \chi_i(\boldsymbol{R}) \chi_j(\boldsymbol{R}) = \delta_{ij} = \begin{cases} 1, & \text{当 } i = j \\ 0, & \text{当 } i \neq j \end{cases} \tag{6.3.1}$$

式中 h 为点群的阶(在点群中对称操作的数目,如 C_{2v} 点群 $h=4$),$\chi_i(\boldsymbol{R})$ 是第 i 个不可约表示(Γ_i)的对称操作 $\boldsymbol{R}$ 的特征标。这个关系式可用下面两个例子阐明。

当 $\Gamma_i = \Gamma_j = A_2$ 时,(6.3.1)式变为

$$\frac{1}{4}\left[(1)(1) + (1)(1) + (-1)(-1) + (-1)(-1)\right] = 1 \tag{6.3.2}$$

当 $\Gamma_i = A_2$,$\Gamma_j = B_1$,(6.3.1)式变为

$$\frac{1}{4}\left[(1)(1) + (1)(-1) + (-1)(1) + (-1)(-1)\right] = 0 \tag{6.3.3}$$

仍符合(6.3.1)式的正交、归一的关系。

在详细地讨论了 C_{2v} 点群之后,我们将对 C_{3v} 和 C_{4v} 点群进行讨论,这两个点群的特征标表分别列于表 6.3.3 和表 6.3.4 中。

表 6.3.3　C_{3v} 点群的特征标表

C_{3v}	E	$2C_3$	$3\sigma_v$		基
A_1	1	1	1	z	x^2+y^2, z^2
A_2	1	1	-1	R_z	
E	2	-1	0	(x,y), (R_x,R_y)	$(x^2-y^2,xy),(xz,yz)$

表 6.3.4　C_{4v} 点群的特征标表

C_{4v}	E	$2C_4$	C_2	$2\sigma_v$	$2\sigma_d$	基	
A_1	1	1	1	1	1	z	x^2+y^2, z^2
A_2	1	1	1	-1	-1	R_z	
B_1	1	-1	1	1	-1		x^2-y^2
B_2	1	-1	1	-1	1		xy
E	2	0	-2	0	0	$(x,y), (R_x, R_y)$	(xz, yz)

从表 6.3.3 可见，C_{3v} 点群的 6 个操作分成三类：$E, 2C_3(C_3$ 和 $C_3^{-1}), 3\sigma_v$。所以这个点群有三种对称类。按群论，如果一个点群的不可约表示的维数分别为 $l_1, l_2, \cdots,$ 则

$$\sum_i l_i^2 = h \tag{6.3.4}$$

式中 h 是群的阶。所以 C_{3v} 点群的 $h=6, l_1=1, l_2=1, l_3=2$。

考察表 6.3.3 可见，第一个一维（全对称）表示称为 A_1，第二个一维表示称为 A_2，它对于 C_3^1, C_3^2 操作是对称的，而对于 3 个 σ_v 操作是反对称的。从这些结果很明显地看出，对于一个表示同一类的操作有着相同的特征标，因此加以归并。同样，A_1 和 A_2 表示是互相"正交"的，如(6.3.1)式的规定：

$$\frac{1}{h}\sum_R \chi_{A_1}(R)\chi_{A_2}(R) = \left(\frac{1}{6}\right)[(1)(1)+2(1)(1)+3(1)(-1)] = 0 \tag{6.3.5}$$

C_{3v} 点群的最后一个对称类为二维表示 E。如果分析一个具有 C_{3v} 对称的 PH_3 分子中 P 原子的 p 轨道，可得出 p_z 轨道具有 A_1 对称性，而 p_x 和 p_y 轨道形成一个不可约的组，它具有 E 对称。换句话说，没有单个函数具有 E 对称，而要以两个函数形成一个 E 组，而 E 表示是同时和 A_1 及 A_2 正交。同样，$d_{x^2-y^2}$ 和 d_{xy} 轨道形成一个 E 组，而 d_{xz} 和 d_{yz} 轨道组成另外一个 E 组。附带地指出，E 表示的来源是从德文"entartet"，意思是简并或不正常。注意切勿与等同操作 E 混淆，它是来自"Einheit"，意思是单一或个体。

相似的情况存在于 C_{4v} 点群，如表 6.3.4 所示。C_{4v} 有五类操作，因此有五种不可约表示。它的阶 $h=8$，有 4 个一维和 1 个二维表示。对于一个具有 C_{4v} 对称的 AX_4（或 AX_5）分子，A 原子的 p_z 轨道具有 A_1 对称性（注意 z 轴为 C_4 轴），而 p_x 和 p_y 轨道形成一个 E 对。对于 A 原子中的 d 轨道，d_{z^2} 具有 A_1 对称性，$d_{x^2-y^2}$ 轨道具有 B_1 对称性，d_{xy} 具有 B_2 对称性，而 d_{xz} 和 d_{yz} 轨道则形成 E 组。

6.4　直积及其应用

6.4.1　直积

在这一节中将讨论两个不可约表示的直积，直积在运算公式中用 $\otimes$（或 $\times$）符号表示。讨论直积的概念时，开始似乎抽象，但是一旦将它加以应用，就变得容易接受。

当两个不可约表示 Γ_i 和 Γ_j 形成直积 Γ_{ij}，即

$$\Gamma_i \otimes \Gamma_j = \Gamma_{ij} \quad \text{或} \quad \Gamma_i \times \Gamma_j = \Gamma_{ij} \tag{6.4.1}$$

直积 Γ_{ij} 具有下列特性：

(1) Γ_{ij} 的维数是 Γ_i 和 Γ_j 的维数的乘积。

（2）Γ_{ij} 对操作 $\boldsymbol{R}$ 的特征标等于 Γ_i 和 Γ_j 的特征标对相同操作的乘积：

$$\chi_{ij}(\boldsymbol{R}) = \chi_i(\boldsymbol{R})\chi_j(\boldsymbol{R}) \tag{6.4.2}$$

（3）直积 Γ_{ij} 通常为一个可约表示，即是若干个不可约表示的组合。下式为不可约表示 Γ_k 出现在直积 Γ_{ij} 中次数的决定方法：

$$n_k = \left(\frac{1}{h}\right)\sum_R \chi_{ij}(\boldsymbol{R})\chi_k(\boldsymbol{R}) \tag{6.4.3}$$

下面用实例加以说明。对 C_{3v} 点群 3 个不可约表示形成的直积列于表 6.4.1 中。

表 6.4.1 C_{3v} 点群不可约表示的直积

C_{3v}	E	$2C_3$	$3\boldsymbol{\sigma}_v$	
A_1	1	1	1	
A_2	1	1	-1	
E	2	-1	0	
$A_1 \otimes A_1$	1	1	1	$\equiv A_1$
$A_1 \otimes A_2$	1	1	-1	$\equiv A_2$
$A_1 \otimes E$	2	-1	0	$\equiv E$
$A_2 \otimes A_2$	1	1	1	$\equiv A_1$
$A_2 \otimes E$	2	-1	0	$\equiv E$
$E \otimes E$	4	1	0	$\equiv (A_1 + A_2 + E)^*$

$*$ $n(A_1) = (1/6)[(4)(1) + 2(1)(1) + 3(0)(1)] = 1.$

      $n(A_2) = (1/6)[(4)(1) + 2(1)(1) + 3(0)(-1)] = 1.$

      $n(E) = (1/6)[(4)(2) + 2(1)(-1) + 3(0)(0)] = 1.$

      即 $E \otimes E \equiv A_1 + A_2 + E.$

由表所列的结果说明，两个不可约表示的直积有时也是不可约表示；如若不是，它的组成很容易按（6.4.3）式定出。

详细考察（6.4.3）式可以看出运算时要被点群的阶 h 除，在遇到 $C_{\infty v}$ 和 $D_{\infty h}$ 点群时，这种无穷大阶的点群使该方程得不到明确的结果。所幸的是，在大多数情况下，$C_{\infty v}$ 和 $D_{\infty h}$ 点群可约表示的分解可以由观察达到。在文献中（见本章参考文献[13]）也有一种绕过（6.4.3）式的方法。后面将用实例阐明。

依据上述对 C_{3v} 点群表示的直积实例，可以引出下面关于全对称表示（Γ_{TS}）的两点结论（或规则）：

（1）任何 Γ_i 表示与 Γ_{TS}（下标 TS 表示全对称）的直积就是 Γ_i。

（2）Γ_i 表示和它自身的直积，即 $\Gamma_i \otimes \Gamma_i$，是 Γ_{TS} 或包含 Γ_{TS}。

这些结论对鉴定非零积分是很有用的，而非零积分涉及分子体系的量子力学的各种应用。这是下一小节要处理的问题。

6.4.2 鉴定非零积分和光谱选律

当计算量子化学中一些积分时，直积的重要性就很清楚地显现出来。举一个简单的例子：

$$I_1 = \int \phi_i \phi_j \, d\tau \tag{6.4.4}$$

I_1 是一个原子的 ψ_i 轨道和另一个原子的 ψ_j 轨道的重叠积分。只有被积函数对该分子所属点群的全部对称操作均是恒定不变时,积分 I_1 才不为 0。当被积函数 $\psi_i\psi_j$ 对所有对称操作都是恒定时,按群论的语言,它意味着 $\psi_i\psi_j$ 的表示(标记为 Γ_{ij})是 Γ_{TS} 或包含 Γ_{TS}。为了使 Γ_{ij} 是或包含 Γ_{TS},Γ_i(ψ_i 的表示)和 Γ_j(ψ_j 的表示)必须是相同的。用化学键的语言,若两个原子轨道有着非零重叠,它们必须先有相同的对称性。

上述所讨论的条件也可以用另一简单积分来说明:

$$I_2 = \int_{-\infty}^{\infty} f(x)\,\mathrm{d}x \qquad\qquad (6.4.5)$$

当 $f(x)$ 为奇函数,即 $f(-x)=-f(x)$ 时,$I_2=0$。积分 I_2 成为 0,是因为被积函数 $f(x)$ 对反向操作是反对称的。

另一个在量子化学中经常出现的积分是 ψ_i 和 ψ_j 轨道之间的能量相互作用积分:

$$I_3 = \int \psi_i \hat{H} \psi_j\,\mathrm{d}\tau \qquad\qquad (6.4.6)$$

式中 $\hat{H}$ 为 Hamilton 算符。因为 $\hat{H}$ 是分子能量的算符,它对全部对称操作必须是不变(或对称)的。也就是说,它具有 Γ_{TS} 对称性。由此而来,I_3 的被积函数的表示的对称性是可简化的:

$$\Gamma_i \otimes \Gamma_{TS} \otimes \Gamma_j = \Gamma_i \otimes \Gamma_j$$

对 $\Gamma_i\otimes\Gamma_j$ 可以是 Γ_{TS} 或包含 Γ_{TS},即需要 $\Gamma_i=\Gamma_j$。用量子化学的语言,只有具有相同对称性的轨道才会彼此发生作用。

现考虑下式的积分:

$$I_4 = \int \psi_i \hat{A} \psi_j\,\mathrm{d}\tau \qquad\qquad (6.4.7)$$

式中 $\hat{A}$ 为某些量子力学算符,在量子化学中这种积分是很普遍的。这种积分的数值不能为 0,因为若为 0 就没有意义了。I_4 不为零的条件是:$\Gamma_i\otimes\Gamma_A\otimes\Gamma_j$ 是 Γ_{TS} 或包含 Γ_{TS}。为了满足这个条件,$\Gamma_i\otimes\Gamma_j$ 必须是或包含 Γ_A。下面我们将考虑 I_4 的一个特殊例子。

在光谱学中,处于具有 ψ_i 波函数的第 i 态和具有 ψ_j 波函数的第 j 态之间的电子跃迁的强度,$\boldsymbol{I}$ 的分量 I_x,I_y 和 I_z 有以下关系:

$$I_x \propto \left| \int \psi_i x \psi_j\,\mathrm{d}\tau \right|^2 \qquad\qquad (6.4.8)$$

$$I_y \propto \left| \int \psi_i y \psi_j\,\mathrm{d}\tau \right|^2 \qquad\qquad (6.4.9)$$

$$I_z \propto \left| \int \psi_i z \psi_j\,\mathrm{d}\tau \right|^2 \qquad\qquad (6.4.10)$$

I_x,I_y 和 I_z 不为零值的条件决定电偶极跃迁的选律。从前面讨论明显可见,对于处在波函数为 ψ_i 和 ψ_j 状态间的允许跃迁,直积 $\Gamma_i\otimes\Gamma_j$ 必须是或包含 Γ_x,Γ_y 或 Γ_z。换句话说:$\Gamma_i\otimes\Gamma_j\otimes\Gamma_x$(或 Γ_y 或 Γ_z)必须是或包括全对称表示。现在应用这些方法去分析一个具有 C_{2v} 对称性的分子(如 H_2S)在其 A_2 和 B_2 态之间的电子跃迁是不是允许的:

$\Gamma_i=A_2$,$\Gamma_x=B_1$,$\Gamma_j=B_2$:$A_2\otimes B_1\otimes B_2=A_1$,在 x 方向是允许的。

$\Gamma_i=A_2$,$\Gamma_y=B_2$,$\Gamma_j=B_2$:$A_2\otimes B_2\otimes B_2=A_2$,在 y 方向是禁阻的。

$\Gamma_i=A_2$,$\Gamma_z=A_1$,$\Gamma_j=B_2$:$A_2\otimes A_1\otimes B_2=B_1$,在 z 方向是禁阻的。

所以,$A_2\longleftrightarrow B_2$ 跃迁在 x 方向是允许的,或者说是 x 极化的。对 C_{2v} 分子的全部允许跃迁的极化总结在图 6.4.1 中。

一个为人们熟知关于中心对称体系(它们具有对称中心)的选律是 Laporte(拉波特)定则。对于这种体系其状态可分类为 g(偶)或 u(奇)。Laporte 定则说明只有 g 态和 u 态间的跃迁才是允许的,即两个 g 态间的跃迁和两个 u 态间的跃迁是禁阻的。结合前面的讨论,这个规则就很容易证明。

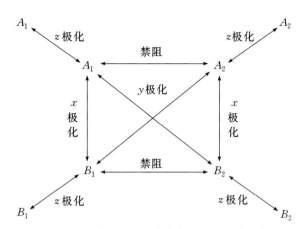

图 6.4.1　在 C_{2v} 对称的分子中全部允许跃迁的极化作用。

对于中心对称体系,由于偶极矩矢量的 3 个分量均为 u,对于 $g \longleftrightarrow g$ 跃迁,跃迁偶极矩的总体对称性是

$$g \otimes u \otimes g = u(反对称)$$

所以这种跃迁是不允许的。

对于 $u \longleftrightarrow u$ 跃迁,可得

$$u \otimes u \otimes u = u(反对称)$$

这种跃迁也同样是禁阻的。

对于 $u \longleftrightarrow g$ 跃迁,可得

$$u \otimes u \otimes g = g(对称)$$

所以它是允许的。

在这一小节中介绍了利用被积函数的对称性,可以确定非零积分,从而可推引出电子光谱的选律。

6.4.3　分子谱项

在线性分子中处理成键作用时,我们称这些体系的分子轨道为 σ 轨道或 π 轨道。现在我们得知,σ 和 π 实际上是 $C_{\infty v}$ 或 $D_{\infty h}$ 点群的不可约表示。对于非线性分子,我们不用 σ 和 π 的名称而改用分子所属对称点群的不可约表示的符号。例如 H_2O 和 H_2S 等 C_{2v} 点群的分子,用 a_1, a_2, b_1 或 b_2 作为分子轨道的名称。注意,这里是以小写字母表示分子轨道,用大写字母表示整体的电子状态。这和前面原子结构中的用法相似,以 $s, p, d, \cdots$ 小写字母代表轨道,以 $S, P, D, \cdots$ 大写字母表示原子的电子状态。如果分子轨道有着某种不可约表示的对称性,则其电子状态或分子谱项符号也一样。本小节着手处理这个问题。

当电子组态为全充满的状态,则它只有一种电子状态,那就是 $^1\Gamma_{TS}$,其中 Γ_{TS} 为全对称表示。当电子组态仅有一个电子在开壳层,即 $(\Gamma_i)^1$,这时也只有一项,那就是 $^2\Gamma_i$。当两个开壳

层都有一个电子$(\Gamma_i)^1(\Gamma_j)^1$时,态的对称性是$\Gamma_i\otimes\Gamma_j=\Gamma_{ij}$,其整体状态包括自旋$^1\Gamma_{ij}$和$^3\Gamma_{ij}$。

下面应用这个方法处理一个实例。乙烯分子具有D_{2h}对称性。D_{2h}点群的特征标示于表6.4.2中。这个点群有8个对称类。乙烯的分子轨道必须具有这8个表示之一的对称性。事实上其基态电子组态为

$$(1a_g)^2(1b_{1u})^2(2a_g)^2(2b_{1u})^2(1b_{2u})^2(3a_g)^2(1b_{3g})^2(1b_{3u})^2(1b_{2g})^0$$

所以这个分子的8对电子占据离域分子轨道$1a_g$到$1b_{3u}$,而LUMO是$1b_{2g}$。注意这些轨道的名称就是D_{2h}点群的对称类。换言之,分子轨道是用分子所属点群的不可约表示来标记。对乙烯分子有3个充满电子的轨道具有A_g对称性,最低能级轨道称为$1a_g$,其次的为$2a_g$,余类推。相似地,有2个充满电子的轨道具有B_{1u}对称性,它们称为$1b_{1u}$和$2b_{1u}$。除了最低能量的两个分子轨道外,其他列出的7个轨道的形状如图6.4.2所示。用D_{2h}特征标表来查核,可以容易地证实这些轨道都有标记的对称性。附带地,在图6.4.2中未画出的两个充满电子的轨道$1a_g$和$1b_{1u}$分别是两个C原子$1s$轨道的和及差。乙烯分子的基态为^1A_g。乙烯正离子的电子组态为$\cdots(1b_{3u})^1$,电子状态为$^2B_{3u}$。具有电子组态为$\cdots(1b_{3u})^1(1b_{2g})^1$的激发态,其电子状态按照$B_{3u}\otimes B_{2g}=B_{1u}$,当为$^1B_{1u}$和$^3B_{1u}$。

表6.4.2　D_{2h}点群的特征标表

D_{2h}	E	$C_2(z)$	$C_2(y)$	$C_2(x)$	i	$\sigma(xy)$	$\sigma(xz)$	$\sigma(yz)$		
A_g	1	1	1	1	1	1	1	1		x^2,y^2,z^2
B_{1g}	1	1	−1	−1	1	1	−1	−1	R_z	xy
B_{2g}	1	−1	1	−1	1	−1	1	−1	R_y	xz
B_{3g}	1	−1	−1	1	1	−1	−1	1	R_x	yz
A_u	1	1	1	1	−1	−1	−1	−1		
B_{1u}	1	1	−1	−1	−1	−1	1	1	z	
B_{2u}	1	−1	1	−1	−1	1	−1	1	y	
B_{3u}	1	−1	−1	1	−1	1	1	−1	x	

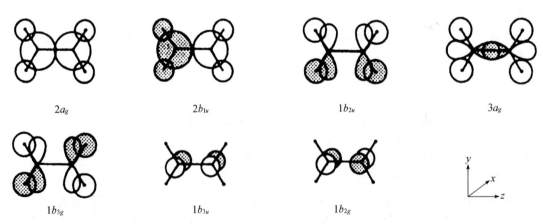

$2a_g$　　　　　$2b_{1u}$　　　　　$1b_{2u}$　　　　　$3a_g$

$1b_{3g}$　　　　　$1b_{3u}$　　　　　$1b_{2g}$

图6.4.2　一些乙烯的分子轨道。(基态时所示的轨道中只有$1b_{2g}$没有电子。)

在组态中,如果有若干全充满的轨道和一个具有2个等价电子的开壳层,将会衍生出单态

和三重态。在此情形下,我们要考虑 Pauli 不相容原理。为了确定这些状态的空间对称性,我们应用以下公式:

$$n=2: \qquad \chi(\boldsymbol{R},\text{单态})=\frac{1}{2}\left[\chi^2(\boldsymbol{R})+\chi(\boldsymbol{R}^2)\right] \tag{6.4.11}$$

$$\chi(\boldsymbol{R},\text{三重态})=\frac{1}{2}\left[\chi^2(\boldsymbol{R})-\chi(\boldsymbol{R}^2)\right] \tag{6.4.12}$$

在方程(6.4.11)和方程(6.4.12)中,$\chi^2(\boldsymbol{R})$ 是 $\chi(\boldsymbol{R})$ 的平方,而 $\chi(\boldsymbol{R}^2)$ 是操作 $\boldsymbol{R}^2$ 的特征标。按群论,$\boldsymbol{R}^2$ 必须是该点群的一个操作。

对一个具有 C_{3v} 对称性的分子,当有 2 个电子在 e 轨道上,即对组态 $(e)^2$(注意 e 为二维,有 2 个轨道,将 e 全充满需要 4 个电子),可按表 6.4.3 推引出下列电子状态。

表 6.4.3　C_{3v} 点群 $(e)^2$ 组态电子状态的推引

C_{2v}	E	$2C_3$	$3\boldsymbol{\sigma}_v$	
A_1	1	1	1	
A_2	1	1	-1	
E	2	-1	0	
R	E	C_3	$\boldsymbol{\sigma}_v$	
R^2	E	C_3	E	
$\chi(\boldsymbol{R})$ 在 E 表示中	2	-1	0	
$\chi^2(\boldsymbol{R})$ 在 E 表示中	4	1	0	
$\chi(\boldsymbol{R}^2)$ 在 E 表示中	2	-1	2	
$\chi(\boldsymbol{R},\text{单态})=\frac{1}{2}\left[\chi^2(\boldsymbol{R})+\chi(\boldsymbol{R}^2)\right]$	3	0	1	$\equiv {}^1E+{}^1A_1$
$\chi(\boldsymbol{R},\text{三重态})=\frac{1}{2}\left[\chi^2(\boldsymbol{R})-\chi(\boldsymbol{R}^2)\right]$	1	1	-1	$\equiv {}^3A_2$

按照 Hund 规则,在这已推出的 3 个电子状态中,能量最低的应为 ${}^3A_2$。所以,对于具有 C_{3v} 对称性的分子,组态中包含 e 轨道将导致下列电子状态:

$$(e)^1: {}^2E; \qquad (e)^2: {}^3A_2(\text{最低能量}), {}^1E, {}^1A_1;$$
$$(e)^3: {}^2E; \qquad (e)^4: {}^1A_1。$$

注意 $(e)^1$ 和 $(e)^3$ 是相互共轭组态,有着相同的电子状态,它如同原子体系中的 p^1 和 p^5 组态。

下面考虑三维不可约表示,以具有 O_h 对称性分子的 T_{2g} 表示为例。对于 $(t_{2g})^1$ 和 $(t_{2g})^5$ 组态,其电子状态只有 ${}^2T_{2g}$。对于 $(t_{2g})^2$ 和 $(t_{2g})^4$,利用式(6.4.11)和(6.4.12)可推出其电子状态有 ${}^3T_{1g}$(最低能量),${}^1T_{2g}$,${}^1E_g$ 和 ${}^1A_{1g}$。这些谱项的详细推导总结于表 6.4.4 中。对于 $(t_{2g})^6$ 为一闭壳层组态,它的状态只有 ${}^1A_{1g}$,这是一个具有全对称空间波函数的单重态。对于 t_{2g} 轨道剩下一个 $(t_{2g})^3$ 组态,将有二重态和四重态,为了推引这些状态,需要用到下面公式:

$$n=3: \qquad \chi(\boldsymbol{R},\text{二重态})=\frac{1}{3}\left[\chi^3(\boldsymbol{R})-\chi(\boldsymbol{R}^3)\right] \tag{6.4.13}$$

$$\chi(\boldsymbol{R},\text{四重态})=\frac{1}{6}\left[\chi^3(\boldsymbol{R})-3\chi(\boldsymbol{R})\chi(\boldsymbol{R}^2)+2\chi(\boldsymbol{R}^3)\right] \tag{6.4.14}$$

在方程(6.4.13)和方程(6.4.14)中,$\chi(\boldsymbol{R}^3)$ 是操作 $\boldsymbol{R}^3$ 的特征标,它当然也是该点群的一个操作。应用这些方程,可以为 $(t_{2g})^3$ 组态推出下列状态:${}^4A_{2g}$(能量最低),${}^2T_{2g}$,${}^2T_{1g}$ 和 ${}^2E_g$,

如表 6.4.4 所示。

表 6.4.4　由 $(t_{2g})^2$ 和 $(t_{2g})^3$ 组态推引电子状态

O_h	E	$8C_3$	$6C_2$	$6C_4$	$3C_4^2$	i	$6S_4$	$8S_6$	$3\sigma_h$	$6\sigma_d$	
A_{1g}	1	1	1	1	1	1	1	1	1	1	
A_{2g}	1	1	-1	-1	1	1	-1	1	1	-1	
E_g	2	-1	0	0	2	2	0	-1	2	0	
T_{1g}	3	0	-1	1	-1	3	1	0	-1	-1	
T_{2g}	3	0	1	-1	-1	3	-1	0	-1	1	
A_{1u}	1	1	1	1	1	-1	-1	-1	-1	-1	
A_{2u}	1	1	-1	-1	1	-1	1	-1	-1	1	
E_u	2	-1	0	0	2	-2	0	1	-2	0	
T_{1u}	3	0	-1	1	-1	-3	-1	0	1	1	
T_{2u}	3	0	1	-1	-1	-3	1	0	1	-1	
R	E	C_3	C_2	C_4	C_4^2	i	S_4	S_6	σ_h	σ_d	
R^2	E	C_3	E	C_4^2	E	E	C_4^2	C_3	E	E	
R^3	E	E	C_2	C_4	C_4^2	i	S_4	i	σ_h	σ_d	
T_{2g} 中 $\chi(R)$	3	0	1	-1	-1	3	-1	0	-1	1	
T_{2g} 中 $\chi(R^2)$	3	0	3	-1	3	3	-1	0	3	3	
T_{2g} 中 $\chi(R^3)$	3	3	1	-1	-1	3	-1	3	-1	1	
由 $(t_{2g})^2$ 推引											
$\chi(R, 单态)$	6	0	2	0	2	6	0	0	2	2	$\equiv {}^1A_{1g}+{}^1E_g+{}^1T_{2g}$
$\chi(R, 三重态)$	3	0	-1	1	-1	3	1	0	-1	-1	$\equiv {}^3T_{1g}$
由 $(t_{2g})^3$ 推引											
$\chi(R, 二重态)$	8	-1	0	0	0	8	0	-1	0	0	$\equiv {}^2E_g+{}^2T_{1g}+{}^2T_{2g}$
$\chi(R, 四重态)$	1	1	-1	-1	1	1	-1	1	1	-1	$\equiv {}^4A_{2g}$

考虑到完整性,下面给出具有 4 个或 5 个等价电子的开壳层体系用到的公式:

$n=4$:　$\chi(R, 单态)=\dfrac{1}{12}\big[\chi^4(R)-4\chi(R)\chi(R^3)+3\chi^2(R^2)\big]$　(6.4.15)

$\chi(R, 三重态)=\dfrac{1}{8}\big[\chi^4(R)-2\chi^2(R)\chi(R^2)+2\chi(R^4)$

$-\chi^2(R^2)\big]$　(6.4.16)

$\chi(R, 五重态)=\dfrac{1}{24}\big[\chi^4(R)-6\chi^2(R)\chi(R^2)+8\chi(R)\chi(R^3)$

$-6\chi(R^4)+3\chi^2(R^2)\big]$　(6.4.17)

$n=5$:　$\chi(R, 二重态)=\dfrac{1}{24}\big[\chi^5(R)-2\chi^3(R)\chi(R^2)-4\chi^2(R)\chi(R^3)$

$+6\chi(R)\chi(R^4)+3\chi(R)\chi^2(R^2)-4\chi(R^2)\chi(R^3)\big]$　(6.4.18)

$\chi(R, 四重态)=\dfrac{1}{30}\big[\chi^5(R)-5\chi^3(R)\chi(R^2)+5\chi^2(R)\chi(R^3)$

$+5\chi(R^2)\chi(R^3)-6\chi(R^5)\big]$　(6.4.19)

$\chi(R, 六重态)=\dfrac{1}{120}\big[\chi^5(R)-10\chi^3(R)\chi(R^2)+20\chi^2(R)\chi(R^3)$

$-30\chi(R)\chi(R^4)+15\chi(R)\chi^2(R^2)$

$-20\chi(R^2)\chi(R^3)+24\chi(R^5)\big]$　(6.4.20)

这些推导方法对于高对称性的分子,如 $B_{12}H_{12}^{2-}$(I_h 对称性)很有用处。

在这一节的最后,将讨论方程(6.4.3)不适用的线性分子的实例。对于具有 $(1\pi)^1(2\pi)^1$ 组态和 $C_{\infty v}$ 对称性的线性分子 XYZ,可将直积 $\pi\otimes\pi$ 分解为 $C_{\infty v}$ 点群的对称类,如表 6.4.5 所示。

表 6.4.5　具有 $C_{\infty v}$ 点群分子的 $\pi\otimes\pi$ 的直积

$C_{\infty v}$	E	$2C_\infty^\varphi$	$\cdots$	$\infty\sigma_v$
$\Sigma^+(\equiv A_1)$	1	1	$\cdots$	1
$\Sigma^-(\equiv A_2)$	1	1	$\cdots$	-1
$\Pi(\equiv E_1)$	2	$2\cos\varphi$	$\cdots$	0
$\Delta(\equiv E_2)$	2	$2\cos2\varphi$	$\cdots$	0
$\Phi(\equiv E_3)$	2	$2\cos3\varphi$	$\cdots$	0
$\cdots$	$\cdots$	$\cdots$	$\cdots$	$\cdots$
$\Gamma(\Pi\otimes\Pi)$	4	$4\cos^2\varphi=2+2\cos2\varphi$	$\cdots$	0

利用检查 $\chi(C_\infty^\varphi)$ 的方法来分解 $\Gamma(\Pi\otimes\Pi)$,可看出 $\Gamma(\Pi\otimes\Pi)$ 必须包含一次 Δ,从 $\Gamma(\Pi\otimes\Pi)$ 消去 Δ,产生特征标 $(2,2,\cdots,0)$,它是由 Σ^+ 和 Σ^- 简单加和而得。所以,从电子组态 $(1\pi)^1(2\pi)^1$ 可以得到下列状态:$^3\Delta,^1\Delta,^3\Sigma^+,^1\Sigma^+,^3\Sigma^-$ 和 $^1\Sigma^-$。

除了从给定的电子组态推引电子光谱中的选律和电子状态外,群论对化学问题有许多富有成效的应用。将在后两章中讨论这些应用。

参 考 文 献

[1]　A. Vincent, *Molecular Symmetry and Group Theory*, 2nd ed., Wiley, Chichester, 2001.

[2]　R. L. Carter, *Molecular Symmetry and Group Theory*, Wiley, New York, 1998.

[3]　Y. Öhrn, *Elements of Molecular Symmetry*, Wiley, New York, 2000.

[4]　F. A. Cotton, *Chemical Applications of Group Theory*, 3rd ed., Wiley, New York, 1990.

[5]　G. Davison, *Group Theory for Chemists*, Macmillan, London, 1991.

[6]　R. L. Flurry, Jr., *Symmetry Groups: Theory and Chemical Applications*, Prentice-Hall, Englewood Cliffs, 1980.

[7]　S. F. A. Kettle, *Symmetry and Structure: Readable Group Theory for Chemists*, Wiley, Chichester, 1995.

[8]　M. F. C. Ladd, *Symmetry and Group Theory in Chemistry*, Ellis Horwood, Chichester, 1998.

[9]　D. C. Harris and M. D. Bertolucci, *Symmetry and Spectroscopy: An Introduction to Vibrational and Electronic Spectroscopy*, Oxford University Press, New York, 1978.

[10]　B. D. Douglas and C. A. Hollingsworth, *Symmetry in Bonding and Spectra: An Introduction*, Academic Press, Orlando, 1985.

[11]　B. S. Tsukerblat, *Group Theory in Chemistry and Spectroscopy: A Simple Guide to Advanced Usage*, Academic Press, London, 1994.

[12]　S. K. Kim, *Group Theoretical Methods and Applications to Molecules and Crystals*, Cambridge

University Press,Cambridge,1999.

[13] D. P. Strommen and E. R. Lippincott,Comments on infinite point groups. *J. Chem. Educ.* **49**,341~ 342(1972).

[14] M. Ladd,*Symmetry of Crystals and Molecules*, Oxford University Press, New York, 2014.

[15] A. M. Lesk, *Introduction to Symmetry and Group Theory for Chemists*, Kluwer, Dordrecht, 2004.

[16] K. C. Molloy, *Group Theory for Chemists: Fundamental Theory and Applications*, 2nd ed., Woodhead Publishing, Cambridge, 2011.

[17] J. Demaison, J. E. Boggs and A. G. Csaszar (eds.), *Equilibrium Molecular Structures: From Spectroscopy to Quantum Chemistry*, CRC Press, Boca Raton, FL, 2011.

[18] F. Weinhold and C. R. Landis, *Valency and Bonding: A Natural Bond Orbital Donor-Acceptor Perspective*, Cambridge University Press, Cambridge, 2005.

[19] P. W. M. Jacobs,*Group Theory with Applications in Chemical Physics*, Cambridge University Press, Cambridge, 2005.

[20] J. Cioslowski (ed.), *Quantum-Mechanical Prediction of Thermochemical Data*, Kluwer, Dordrecht, 2001.

[21] M. Reiher and A. Wolf, *Relativistic Quantum Chemistry: The Fundamental Theory of Molecular Science*, Wiley-VCH, Weinheim, 2009.

[22] K. Balasubramanian (ed.),*Relativistic Effects in Chemistry*, Part A and Part B, Wiley, New York, 1997.

[23] J. B. Foresman and A. Frisch,*Exploring Chemistry with Electronic Structure Methods*, 3rd ed., Gaussian, Inc., Wallingford, CT, 2015.

[24] R. G. Parr and W. Yang,*Density-Functional Theory of Atoms and Molecules*, Oxford University Press, New York, 1989.

[25] D. S. Sholl and J. A. Steckel, *Density Functional Theory: A Practical Introduction*, Wiley, Hoboken, NJ, 2009.

[26] W.-K. Li,Identification of molecular point groups. *J. Chem. Educ.* **70**,485~487(1993).

[27] 高松,陈志达,黎乐民,分子对称性群,北京:北京大学出版社,1996.

[28] 唐有祺,对称性原理:对称图像的群论原理,北京:科学出版社,1977.

[29] 唐有祺,对称性原理:有限对称群的表象及其群论原理,北京:科学出版社,1979.

[30] 李丙瑞,结构化学,北京:高等教育出版社,2004.

附录 6.1 常用点群的特征标表

1. 无轴点群

C_1	E
A	1

C_s	E	σ_h			
A'	1	1	x,y,R_z	x^2,y^2,z^2,xy	$xz^2,yz^2,x(x^2-3y^2),y(3x^2-y^2)$
A''	1	-1	z,R_x,R_y	yz,xz	$z^3,xyz,z(x^2-y^2)$

C_i	E	i			
A_g	1	1	R_x,R_y,R_z	x^2,y^2,z^2,xy,xz,yz	
A_u	1	-1	x,y,z		全部立方函数

2. C_n 点群

C_2	E	C_2			
A	1	1	z,R_z	x^2,y^2,z^2,xy	$z^3,xyz,z(x^2-y^2)$
B	1	-1	x,y,R_x,R_y	yz,xz	$xz^2,yz^2,x(x^2-3y^2),y(3x^2-y^2)$

C_3	E	C_3	C_3^2		$\varepsilon=\exp(2\pi i/3)$	
A	1	1	1	z,R_z	x^2+y^2,z^2	$z^3,x(x^2-3y^2),y(3x^2-y^2)$
E	$\left\{\begin{matrix}1 \\ 1\end{matrix}\right.$ $\begin{matrix}\varepsilon \\ \varepsilon^*\end{matrix}$ $\left.\begin{matrix}\varepsilon^* \\ \varepsilon\end{matrix}\right\}$			$(x,y),(R_x,R_y)$	$(x^2-y^2,xy),(yz,xz)$	$(xz^2,yz^2),[xyz,z(x^2-y^2)]$

C_4	E	C_4	C_2	C_4^3			
A	1	1	1	1	z,R_z	x^2+y^2,z^2	z^3
B	1	-1	1	-1		x^2-y^2,xy	$xyz,z(x^2-y^2)$
E	$\left\{\begin{matrix}1 \\ 1\end{matrix}\right.$ $\begin{matrix}i \\ -i\end{matrix}$ $\begin{matrix}-1 \\ -1\end{matrix}$ $\left.\begin{matrix}-i \\ i\end{matrix}\right\}$				$(x,y),(R_x,R_y)$	(xz,yz)	$(xz^2,yz^2),[x(x^2-3y^2),y(3x^2-y^2)]$

C_5	E	C_5	C_5^2	C_5^3	C_5^4		$\varepsilon=\exp(2\pi i/5)$	
A	1	1	1	1	1	z,R_z	x^2+y^2,z^2	z^3
E_1	$\left\{\begin{matrix}1 \\ 1\end{matrix}\right.$ $\begin{matrix}\varepsilon \\ \varepsilon^*\end{matrix}$ $\begin{matrix}\varepsilon^2 \\ \varepsilon^{2*}\end{matrix}$ $\begin{matrix}\varepsilon^{2*} \\ \varepsilon^2\end{matrix}$ $\left.\begin{matrix}\varepsilon^* \\ \varepsilon\end{matrix}\right\}$					$(x,y),(R_x,R_y)$	(yz,xz)	(xz^2,yz^2)
E_2	$\left\{\begin{matrix}1 \\ 1\end{matrix}\right.$ $\begin{matrix}\varepsilon^2 \\ \varepsilon^{2*}\end{matrix}$ $\begin{matrix}\varepsilon^* \\ \varepsilon\end{matrix}$ $\begin{matrix}\varepsilon \\ \varepsilon^*\end{matrix}$ $\left.\begin{matrix}\varepsilon^{2*} \\ \varepsilon^2\end{matrix}\right\}$						(x^2-y^2,xy)	$[xyz,z(x^2-y^2)],[x(x^2-3y^2),y(3x^2-y^2)]$

C_6	E	C_6	C_3	C_2	C_3^2	C_6^5	$C_6=C_3\times C_2$		$\varepsilon=\exp(2\pi i/6)$
A	1	1	1	1	1	1	z,R_z	x^2+y^2,z^2	z^3
B	1	-1	1	-1	1	-1			$x(x^2-3y^2),y(3x^2-y^2)$
E_1	$\left\{\begin{matrix}1\\1\end{matrix}\right.$	$\begin{matrix}\varepsilon\\\varepsilon^*\end{matrix}$	$\begin{matrix}-\varepsilon^*\\-\varepsilon\end{matrix}$	$\begin{matrix}-1\\-1\end{matrix}$	$\begin{matrix}-\varepsilon\\-\varepsilon^*\end{matrix}$	$\left.\begin{matrix}\varepsilon^*\\\varepsilon\end{matrix}\right\}$	$(x,y),$ (R_x,R_y)	(xz,yz)	(xz^2,yz^2)
E_2	$\left\{\begin{matrix}1\\1\end{matrix}\right.$	$\begin{matrix}-\varepsilon^*\\-\varepsilon\end{matrix}$	$\begin{matrix}-\varepsilon\\-\varepsilon^*\end{matrix}$	$\begin{matrix}1\\1\end{matrix}$	$\begin{matrix}-\varepsilon^*\\-\varepsilon\end{matrix}$	$\left.\begin{matrix}-\varepsilon\\-\varepsilon^*\end{matrix}\right\}$		(x^2-y^2,xy)	$[xyz,z(x^2-y^2)]$

C_7	E	C_7	C_7^2	C_7^3	C_7^4	C_7^5	C_7^6		$\varepsilon=\exp(2\pi i/7)$
A	1	1	1	1	1	1	1	z,R_z	x^2+y^2,z^2	z^3
E_1	$\left\{\begin{matrix}1\\1\end{matrix}\right.$	$\begin{matrix}\varepsilon\\\varepsilon^*\end{matrix}$	$\begin{matrix}\varepsilon^2\\\varepsilon^{2*}\end{matrix}$	$\begin{matrix}\varepsilon^3\\\varepsilon^{3*}\end{matrix}$	$\begin{matrix}\varepsilon^{3*}\\\varepsilon^3\end{matrix}$	$\begin{matrix}\varepsilon^{2*}\\\varepsilon^2\end{matrix}$	$\left.\begin{matrix}\varepsilon^*\\\varepsilon\end{matrix}\right\}$	$(x,y),$ (R_x,R_y)	(xz,yz)	(xz^2,yz^2)
E_2	$\left\{\begin{matrix}1\\1\end{matrix}\right.$	$\begin{matrix}\varepsilon^2\\\varepsilon^{2*}\end{matrix}$	$\begin{matrix}\varepsilon^{3*}\\\varepsilon^3\end{matrix}$	$\begin{matrix}\varepsilon^*\\\varepsilon\end{matrix}$	$\begin{matrix}\varepsilon\\\varepsilon^*\end{matrix}$	$\begin{matrix}\varepsilon^3\\\varepsilon^{3*}\end{matrix}$	$\left.\begin{matrix}\varepsilon^{2*}\\\varepsilon^2\end{matrix}\right\}$		(x^2-y^2,xy)	$[xyz,z(x^2-y^2)]$
E_3	$\left\{\begin{matrix}1\\1\end{matrix}\right.$	$\begin{matrix}\varepsilon^3\\\varepsilon^{3*}\end{matrix}$	$\begin{matrix}\varepsilon^*\\\varepsilon\end{matrix}$	$\begin{matrix}\varepsilon^2\\\varepsilon^{2*}\end{matrix}$	$\begin{matrix}\varepsilon^{2*}\\\varepsilon^2\end{matrix}$	$\begin{matrix}\varepsilon\\\varepsilon^*\end{matrix}$	$\left.\begin{matrix}\varepsilon^{3*}\\\varepsilon^3\end{matrix}\right\}$			$[x(x^2-3y^2),y(3x^2-y^2)]$

C_8	E	C_8	C_4	C_2	C_4^3	C_8^3	C_8^5	C_8^7	$C_8=C_4\times C_2$		$\varepsilon=\exp(2\pi i/8)$
A	1	1	1	1	1	1	1	1	z,R_z	x^2+y^2,z^2	z^3
B	1	-1	1	1	1	-1	-1	-1			
E_1	$\left\{\begin{matrix}1\\1\end{matrix}\right.$	$\begin{matrix}\varepsilon\\\varepsilon^*\end{matrix}$	$\begin{matrix}i\\-i\end{matrix}$	$\begin{matrix}-1\\-1\end{matrix}$	$\begin{matrix}-i\\i\end{matrix}$	$\begin{matrix}-\varepsilon^*\\-\varepsilon\end{matrix}$	$\begin{matrix}-\varepsilon\\-\varepsilon^*\end{matrix}$	$\left.\begin{matrix}\varepsilon^*\\\varepsilon\end{matrix}\right\}$	$(x,y),$ (R_x,R_y)	(xz,yz)	(xz^2,yz^2)
E_2	$\left\{\begin{matrix}1\\1\end{matrix}\right.$	$\begin{matrix}i\\-i\end{matrix}$	$\begin{matrix}-1\\-1\end{matrix}$	$\begin{matrix}1\\1\end{matrix}$	$\begin{matrix}-1\\-1\end{matrix}$	$\begin{matrix}-i\\i\end{matrix}$	$\begin{matrix}i\\-i\end{matrix}$	$\left.\begin{matrix}-i\\i\end{matrix}\right\}$		(x^2-y^2,xy)	$[xyz,z(x^2-y^2)]$
E_3	$\left\{\begin{matrix}1\\1\end{matrix}\right.$	$\begin{matrix}-\varepsilon\\-\varepsilon^*\end{matrix}$	$\begin{matrix}i\\-i\end{matrix}$	$\begin{matrix}-1\\-1\end{matrix}$	$\begin{matrix}-i\\i\end{matrix}$	$\begin{matrix}\varepsilon^*\\\varepsilon\end{matrix}$	$\begin{matrix}\varepsilon\\\varepsilon^*\end{matrix}$	$\left.\begin{matrix}-\varepsilon^*\\-\varepsilon\end{matrix}\right\}$			$[x(x^2-3y^2),y(3x^2-y^2)]$

3. C_{nv} 点群

C_{2v}	E	C_2	$\sigma_v(xz)$	$\sigma_v(yz)$			
A_1	1	1	1	1	z	x^2,y^2,z^2	$z^3,z(x^2-y^2)$
A_2	1	1	-1	-1	R_z	xy	xyz
B_1	1	-1	1	-1	x,R_y	xz	$xz^2,x(x^2-3y^2)$
B_2	1	-1	-1	1	y,R_x	yz	$yz^2,y(3x^2-y^2)$

C_{3v}	E	$2C_3$	$3\sigma_v$			
A_1	1	1	1	z	x^2+y^2,z^2	$z^3,x(x^2-3y^2)$
A_2	1	1	-1	R_z		$y(3x^2-y^2)$
E	2	-1	0	$(x,y),(R_x,R_y)$	$(x^2-y^2,xy),(xz,yz)$	$(xz^2,yz^2),[xyz,z(x^2-y^2)]$

C_{4v}	E	$2C_4$	C_2	$2\sigma_v$	$2\sigma_d$			
A_1	1	1	1	1	1	z	x^2+y^2,z^2	z^3
A_2	1	1	1	-1	-1	R_z		
B_1	1	-1	1	1	-1		x^2-y^2	$z(x^2-y^2)$
B_2	1	-1	1	-1	1		xy	xyz
E	2	0	-2	0	0	$(x,y),(R_x,R_y)$	(xz,yz)	$(xz^2,yz^2),[x(x^2-3y^2),y(3x^2-y^2)]$

C_{5v}	E	$2C_5$	$2C_5^2$	$5\sigma_v$			
A_1	1	1	1	1	z	x^2+y^2,z^2	z^3
A_2	1	1	1	-1	R_z		
E_1	2	$2\cos72°$	$2\cos144°$	0	$(x,y),(R_x,R_y)$	(xz,yz)	(xz^2,yz^2)
E_2	2	$2\cos144°$	$2\cos72°$	0		(x^2-y^2,xy)	$[xyz,z(x^2-y^2)],[x(x^2-3y^2),y(3x^2-y^2)]$

C_{6v}	E	$2C_6$	$2C_3$	C_2	$3\sigma_v$	$3\sigma_d$			
A_1	1	1	1	1	1	1	z	x^2+y^2,z^2	z^3
A_2	1	1	1	1	-1	-1	R_z		
B_1	1	-1	1	-1	1	-1			$x(x^2-3y^2)$
B_2	1	-1	1	-1	-1	1			$y(3x^2-y^2)$
E_1	2	1	-1	-2	0	0	$(x,y),(R_x,R_y)$	(xz,yz)	(xz^2,yz^2)
E_2	2	-1	-1	2	0	0		(x^2-y^2,xy)	$[xyz,z(x^2-y^2)]$

4. C_{nh} 点群

C_{2h}	E	C_2	i	σ_h			
A_g	1	1	1	1	R_z	x^2,y^2,z^2,xy	
B_g	1	-1	1	-1	R_x,R_y	xz,yz	
A_u	1	1	-1	-1	z		$z^3,xyz,z(x^2-y^2)$
B_u	1	-1	-1	1	x,y		$xz^2,yz^2,x(x^2-3y^2),y(3x^2-y^2)$

C_{3h}	E	C_3	C_3^2	σ_h	S_3	S_3^5			$\varepsilon=\exp(2\pi i/3)$
A'	1	1	1	1	1	1	R_z	x^2+y^2,z^2	$x(x^2-3y^2),y(3x^2-y^2)$
E'	$\begin{cases}1\\1\end{cases}$	$\begin{matrix}\varepsilon\\\varepsilon^*\end{matrix}$	$\begin{matrix}\varepsilon^*\\\varepsilon\end{matrix}$	$\begin{matrix}1\\1\end{matrix}$	$\begin{matrix}\varepsilon\\\varepsilon^*\end{matrix}$	$\begin{matrix}\varepsilon^*\\\varepsilon\end{matrix}$	(x,y)	(x^2-y^2,xy)	(xz^2,yz^2)
A''	1	1	1	-1	-1	-1	z		z^3
E''	$\begin{cases}1\\1\end{cases}$	$\begin{matrix}\varepsilon\\\varepsilon^*\end{matrix}$	$\begin{matrix}\varepsilon^*\\\varepsilon\end{matrix}$	$\begin{matrix}-1\\-1\end{matrix}$	$\begin{matrix}-\varepsilon\\-\varepsilon^*\end{matrix}$	$\begin{matrix}-\varepsilon^*\\-\varepsilon\end{matrix}$	(R_x,R_y)	(xz,yz)	$[xyz,z(x^2-y^2)]$

C_{4h}	E	C_4	C_2	C_4^3	i	S_4^3	σ_h	S_4			
A_g	1	1	1	1	1	1	1	1	R_z	x^2+y^2,z^2	
B_g	1	-1	1	-1	1	-1	1	-1		x^2-y^2,xy	
E_g	$\begin{cases}1\\1\end{cases}$	$\begin{matrix}i\\-i\end{matrix}$	$\begin{matrix}-1\\-1\end{matrix}$	$\begin{matrix}-i\\i\end{matrix}$	$\begin{matrix}1\\1\end{matrix}$	$\begin{matrix}i\\-i\end{matrix}$	$\begin{matrix}-1\\-1\end{matrix}$	$\begin{matrix}-i\\i\end{matrix}$	(R_x,R_y)	(xz,yz)	
A_u	1	1	1	1	-1	-1	-1	-1	z		z^3
B_u	1	-1	1	-1	-1	1	-1	1			$xyz,z(x^2-y^2)$
E_u	$\begin{cases}1\\1\end{cases}$	$\begin{matrix}i\\-i\end{matrix}$	$\begin{matrix}-1\\-1\end{matrix}$	$\begin{matrix}-i\\i\end{matrix}$	$\begin{matrix}-1\\-1\end{matrix}$	$\begin{matrix}-i\\i\end{matrix}$	$\begin{matrix}1\\1\end{matrix}$	$\begin{matrix}i\\-i\end{matrix}$	(x,y)	$(xz^2,yz^2),[x(x^2-3y^2),y(3x^2-y^2)]$	

C_{5h}	E	C_5	C_5^2	C_5^3	C_5^4	σ_h	S_5	S_5^7	s_5^3	S_5^9		$\varepsilon=\exp(2\pi i/5)$	
A'	1	1	1	1	1	1	1	1	1	1	R_z	x^2+y^2,z^2	
E'_1	$\begin{cases}1\\1\end{cases}$	$\begin{matrix}\varepsilon\\\varepsilon^*\end{matrix}$	$\begin{matrix}\varepsilon^2\\\varepsilon^{2*}\end{matrix}$	$\begin{matrix}\varepsilon^{2*}\\\varepsilon^2\end{matrix}$	$\begin{matrix}\varepsilon^*\\\varepsilon\end{matrix}$	$\begin{matrix}1\\1\end{matrix}$	$\begin{matrix}\varepsilon\\\varepsilon^*\end{matrix}$	$\begin{matrix}\varepsilon^2\\\varepsilon^{2*}\end{matrix}$	$\begin{matrix}\varepsilon^{2*}\\\varepsilon^2\end{matrix}$	$\begin{matrix}\varepsilon^*\\\varepsilon\end{matrix}\Big\}$	(x,y)		(xz^2,yz^2)
E'_2	$\begin{cases}1\\1\end{cases}$	$\begin{matrix}\varepsilon^2\\\varepsilon^{2*}\end{matrix}$	$\begin{matrix}\varepsilon^*\\\varepsilon\end{matrix}$	$\begin{matrix}\varepsilon\\\varepsilon^*\end{matrix}$	$\begin{matrix}\varepsilon^{2*}\\\varepsilon^2\end{matrix}$	$\begin{matrix}1\\1\end{matrix}$	$\begin{matrix}\varepsilon^2\\\varepsilon^{2*}\end{matrix}$	$\begin{matrix}\varepsilon^*\\\varepsilon\end{matrix}$	$\begin{matrix}\varepsilon\\\varepsilon^*\end{matrix}$	$\begin{matrix}\varepsilon^{2*}\\\varepsilon^2\end{matrix}\Big\}$		(x^2-y^2,xy)	$[x(x^2-3y^2),y(3x^2-y^2)]$
A''	1	1	1	1	1	-1	-1	-1	-1	-1	z		z^3
E''_1	$\begin{cases}1\\1\end{cases}$	$\begin{matrix}\varepsilon\\\varepsilon^*\end{matrix}$	$\begin{matrix}\varepsilon^2\\\varepsilon^{2*}\end{matrix}$	$\begin{matrix}\varepsilon^{2*}\\\varepsilon^2\end{matrix}$	$\begin{matrix}\varepsilon^*\\\varepsilon\end{matrix}$	$\begin{matrix}-1\\-1\end{matrix}$	$\begin{matrix}-\varepsilon\\-\varepsilon^*\end{matrix}$	$\begin{matrix}-\varepsilon^2\\-\varepsilon^{2*}\end{matrix}$	$\begin{matrix}-\varepsilon^{2*}\\-\varepsilon^2\end{matrix}$	$\begin{matrix}-\varepsilon^*\\-\varepsilon\end{matrix}\Big\}$	(R_x,R_y)	(xz,yz)	
E''_2	$\begin{cases}1\\1\end{cases}$	$\begin{matrix}\varepsilon^2\\\varepsilon^{2*}\end{matrix}$	$\begin{matrix}\varepsilon^*\\\varepsilon\end{matrix}$	$\begin{matrix}\varepsilon\\\varepsilon^*\end{matrix}$	$\begin{matrix}\varepsilon^{2*}\\\varepsilon^2\end{matrix}$	$\begin{matrix}-1\\-1\end{matrix}$	$\begin{matrix}-\varepsilon^2\\-\varepsilon^{2*}\end{matrix}$	$\begin{matrix}-\varepsilon^*\\-\varepsilon\end{matrix}$	$\begin{matrix}-\varepsilon\\-\varepsilon^*\end{matrix}$	$\begin{matrix}-\varepsilon^{2*}\\-\varepsilon^2\end{matrix}\Big\}$			$[xyz,z(x^2-y^2)]$

C_{6h}	E	C_6	C_3	C_2	C_3^2	C_6^6	i	S_3^5	S_6^5	σ_h	S_6	S_3		$\varepsilon=\exp(2\pi i/6)$	
A_g	1	1	1	1	1	1	1	1	1	1	1	1	R_z	x^2+y^2,z^2	
B_g	1	-1	1	-1	1	-1	1	-1	1	-1	1	-1			
E_{1g}	$\begin{cases}1\\1\end{cases}$	$\begin{matrix}\varepsilon\\\varepsilon^*\end{matrix}$	$\begin{matrix}-\varepsilon^*\\-\varepsilon\end{matrix}$	$\begin{matrix}-1\\-1\end{matrix}$	$\begin{matrix}-\varepsilon\\-\varepsilon^*\end{matrix}$	$\begin{matrix}\varepsilon^*\\\varepsilon\end{matrix}$	$\begin{matrix}1\\1\end{matrix}$	$\begin{matrix}\varepsilon\\\varepsilon^*\end{matrix}$	$\begin{matrix}-\varepsilon^*\\-\varepsilon\end{matrix}$	$\begin{matrix}-1\\-1\end{matrix}$	$\begin{matrix}-\varepsilon\\-\varepsilon^*\end{matrix}$	$\begin{matrix}\varepsilon^*\\\varepsilon\end{matrix}\Big\}$	(R_x,R_y)	(xz,yz)	
E_{2g}	$\begin{cases}1\\1\end{cases}$	$\begin{matrix}-\varepsilon^*\\-\varepsilon\end{matrix}$	$\begin{matrix}-\varepsilon\\-\varepsilon^*\end{matrix}$	$\begin{matrix}1\\1\end{matrix}$	$\begin{matrix}-\varepsilon^*\\-\varepsilon\end{matrix}$	$\begin{matrix}-\varepsilon\\-\varepsilon^*\end{matrix}$	$\begin{matrix}1\\1\end{matrix}$	$\begin{matrix}-\varepsilon^*\\-\varepsilon\end{matrix}$	$\begin{matrix}-\varepsilon\\-\varepsilon^*\end{matrix}$	$\begin{matrix}1\\1\end{matrix}$	$\begin{matrix}-\varepsilon^*\\-\varepsilon\end{matrix}$	$\begin{matrix}-\varepsilon\\-\varepsilon^*\end{matrix}\Big\}$		(x^2-y^2,xy)	
A_u	1	1	1	1	1	1	-1	-1	-1	-1	-1	-1	z		z^3
B_u	1	-1	1	-1	1	-1	-1	1	-1	1	-1	1			$x(x^2-3y^2),y(3x^2-y^2)$
E_{1u}	$\begin{cases}1\\1\end{cases}$	$\begin{matrix}\varepsilon\\\varepsilon^*\end{matrix}$	$\begin{matrix}-\varepsilon^*\\-\varepsilon\end{matrix}$	$\begin{matrix}-1\\-1\end{matrix}$	$\begin{matrix}-\varepsilon\\-\varepsilon^*\end{matrix}$	$\begin{matrix}\varepsilon^*\\\varepsilon\end{matrix}$	$\begin{matrix}-1\\-1\end{matrix}$	$\begin{matrix}-\varepsilon\\-\varepsilon^*\end{matrix}$	$\begin{matrix}\varepsilon^*\\\varepsilon\end{matrix}$	$\begin{matrix}1\\1\end{matrix}$	$\begin{matrix}\varepsilon\\\varepsilon^*\end{matrix}$	$\begin{matrix}-\varepsilon^*\\-\varepsilon\end{matrix}\Big\}$	(x,y)		(xz^2,yz^2)
E_{2u}	$\begin{cases}1\\1\end{cases}$	$\begin{matrix}-\varepsilon^*\\-\varepsilon\end{matrix}$	$\begin{matrix}-\varepsilon\\-\varepsilon^*\end{matrix}$	$\begin{matrix}1\\1\end{matrix}$	$\begin{matrix}-\varepsilon^*\\-\varepsilon\end{matrix}$	$\begin{matrix}-\varepsilon\\-\varepsilon^*\end{matrix}$	$\begin{matrix}-1\\-1\end{matrix}$	$\begin{matrix}\varepsilon^*\\\varepsilon\end{matrix}$	$\begin{matrix}\varepsilon\\\varepsilon^*\end{matrix}$	$\begin{matrix}-1\\-1\end{matrix}$	$\begin{matrix}\varepsilon^*\\\varepsilon\end{matrix}$	$\begin{matrix}\varepsilon\\\varepsilon^*\end{matrix}\Big\}$			$[xyz,z(x^2-y^2)]$

5. D_n 点群

D_2	E	$C_2(z)$	$C_2(y)$	$C_2(x)$			
A	1	1	1	1		x^2,y^2,z^2	xyz
B_1	1	1	-1	-1	z,R_z	xy	$z^3,z(x^2-y^2)$
B_2	1	-1	1	-1	y,R_y	xz	$yz^2,y(3x^2-y^2)$
B_3	1	-1	-1	1	x,R_x	yz	$xz^2,x(x^2-3y^2)$

D_3	E	$2C_3$	$3C_2$		(x 轴和 C_2 一致)	
A_1	1	1	1		x^2+y^2,z^2	$x(x^2-3y^2)$
A_2	1	1	-1	z,R_z		$z^3,y(3x^2-y^2)$
E	2	-1	0	$(x,y),(R_x,R_y)$	$(x^2-y^2,xy),(xz,yz)$	$(xz^2,yz^2),[xyz,z(x^2-y^2)]$

D_4	E	$2C_4$	$C_2(=C_4^2)$	$2C'_2$	$2C''_2$	(x 轴和 C'_2 一致)	
A_1	1	1	1	1	1	x^2+y^2,z^2	
A_2	1	1	1	-1	-1	z,R_z	z^3
B_1	1	-1	1	1	-1	x^2-y^2	xyz
B_2	1	-1	1	-1	1	xy	$z(x^2-y^2)$
E	2	0	-2	0	0	$(x,y),(R_x,R_y)$ (xz,yz)	$(xz^2,yz^2),[x(x^2-3y^2),y(3x^2-y^2)]$

D_5	E	$2C_5$	$2C_5^2$	$5C_2$		(x 轴和 C_2 一致)		
A_1	1	1	1	1			x^2+y^2,z^2	
A_2	1	1	1	-1	z,R_z			z^3
E_1	2	$2\cos72°$	$2\cos144°$	0	$(x,y),(R_x,R_y)$		(xz,yz)	(xz^2,yz^2)
E_2	2	$2\cos144°$	$2\cos72°$	0			(x^2-y^2,xy)	$[xyz,z(x^2-y^2)],[x(x^2-3y^2),y(3x^2-y^2)]$

D_6	E	$2C_6$	$2C_3$	C_2	$3C'_2$	$3C''_2$		(x 轴和 C'_2 一致)		
A_1	1	1	1	1	1	1			x^2+y^2,z^2	
A_2	1	1	1	1	-1	-1	z,R_z			z^3
B_1	1	-1	1	-1	1	-1				$x(x^2-3y^2)$
B_2	1	-1	1	-1	-1	1				$y(3x^2-y^2)$
E_1	2	1	-1	-2	0	0	$(x,y),(R_x,R_y)$		(xz,yz)	(xz^2,yz^2)
E_2	2	-1	-1	2	0	0			(x^2-y^2,xy)	$[xyz,z(x^2-y^2)]$

6. D_{nd} 点群

D_{2d}	E	$2S_4$	C_2	$2C'_2$	$2\sigma_d$		(x 轴和 C'_2 一致)		
A_1	1	1	1	1	1			x^2+y^2,z^2	xyz
A_2	1	1	1	-1	-1	R_z			$z(x^2-y^2)$
B_1	1	-1	1	1	-1			x^2-y^2	
B_2	1	-1	1	-1	1	z		xy	z^3
E	2	0	-2	0	0	$(x,y),(R_x,R_y)$		(xz,yz)	$(xz^2,yz^2),[x(x^2-3y^2),y(3x^2-y^2)]$

D_{3d}	E	$2C_3$	$3C_2$	i	$2S_6$	$3\sigma_d$		(x 轴和 C_2 一致)	
A_{1g}	1	1	1	1	1	1		x^2+y^2,z^2	
A_{2g}	1	1	-1	1	1	-1	R_z		
E_g	2	-1	0	2	-1	0	(R_x,R_y)	$(x^2-y^2,xy);(xz,yz)$	
A_{1u}	1	1	1	-1	-1	-1			$x(x^2-3y^2)$
A_{2u}	1	1	-1	-1	-1	1	z		$y(3x^2-y^2),z^3$
E_u	2	-1	0	-2	1	0	(x,y)		$(xz^2,yz^2),[xyz,z(x^2-y^2)]$

D_{4d}	E	$2S_8$	$2C_4$	$2S_8^3$	C_2	$4C'_2$	$4\sigma_d$		(x 轴和 C'_2 一致)	
A_1	1	1	1	1	1	1	1		x^2+y^2,z^2	
A_2	1	1	1	1	1	-1	-1	R_z		
B_1	1	-1	1	-1	1	1	-1			
B_2	1	-1	1	-1	1	-1	1	z		z^3
E_1	2	$\sqrt2$	0	$-\sqrt2$	-2	0	0	(x,y)		(xz^2,yz^2)
E_2	2	0	-2	0	2	0	0		(x^2-y^2,xy)	$[xyz,z(x^2-y^2)]$
E_3	2	$-\sqrt2$	0	$\sqrt2$	-2	0	0	(R_x,R_y)	(xz,yz)	$[x(x^2-3y^2),y(3x^2-y^2)]$

D_{5d}	E	$2C_5$	$2C_5^2$	$5C_2$	i	$2S_{10}^3$	$2S_{10}$	$5\sigma_d$		(x 轴和 C_2 一致)	
A_{1g}	1	1	1	1	1	1	1	1		x^2+y^2,z^2	
A_{2g}	1	1	1	-1	1	1	1	-1	R_z		
E_{1g}	2	$2\cos72°$	$2\cos144°$	0	2	$2\cos72°$	$2\cos144°$	0	(R_x,R_y)	(xz,yz)	
E_{2g}	2	$2\cos144°$	$2\cos72°$	0	2	$2\cos144°$	$2\cos72°$	0		(x^2-y^2,xy)	
A_{1u}	1	1	1	1	-1	-1	-1	-1			
A_{2u}	1	1	1	-1	-1	-1	-1	1	z		z^3
E_{1u}	2	$2\cos72°$	$2\cos144°$	0	-2	$-2\cos72°$	$-2\cos144°$	0	(x,y)		(xz^2,yz^2)
E_{2u}	2	$2\cos144°$	$2\cos72°$	0	-2	$-2\cos144°$	$-2\cos72°$	0			$[xyz,z(x^2-y^2)]$ $[x(x^2-3y^2),$ $y(3x^2-y^2)]$

D_{6d}	E	$2S_{12}$	$2C_6$	$2S_4$	$2C_3$	$2S_{12}^5$	C_2	$6C'_2$	$6\sigma_d$		(x 轴和 C'_2 一致)	
A_1	1	1	1	1	1	1	1	1	1		x^2+y^2,z^2	
A_2	1	1	1	1	1	1	1	-1	-1	R_z		
B_1	1	-1	1	-1	1	-1	1	1	-1			
B_2	1	-1	1	-1	1	-1	1	-1	1	z		z^3
E_1	2	$\sqrt{3}$	1	0	-1	$-\sqrt{3}$	-2	0	0	(x,y)		(xz^2,yz^2)
E_2	2	1	-1	-2	-1	1	2	0	0		(x^2-y^2,xy)	
E_3	2	0	-2	0	2	0	-2	0	0			$[x(x^2-3y^2),$ $y(3x^2-y^2)]$
E_4	2	-1	-1	2	-1	-1	2	0	0			$[xyz,z(x^2-y^2)]$
E_5	2	$-\sqrt{3}$	1	0	-1	$\sqrt{3}$	-2	0	0	(R_x,R_y)	(xz,yz)	

7. D_{nh} 点群

D_{2h}	E	$C_2(z)$	$C_2(y)$	$C_2(x)$	i	$\sigma(xy)$	$\sigma(xz)$	$\sigma(yz)$		
A_g	1	1	1	1	1	1	1	1		x^2,y^2,z^2
B_{1g}	1	1	-1	-1	1	1	-1	-1	R_z	xy
B_{2g}	1	-1	1	-1	1	-1	1	-1	R_y	xz
B_{3g}	1	-1	-1	1	1	-1	-1	1	R_x	yz
A_u	1	1	1	1	-1	-1	-1	-1		xyz
B_{1u}	1	1	-1	-1	-1	-1	1	1	z	$z^3,z(x^2-y^2)$
B_{2u}	1	-1	1	-1	-1	1	-1	1	y	$yz^2,y(3x^2-y^2)$
B_{3u}	1	-1	-1	1	-1	1	1	-1	x	$xz^2,x(x^2-3y^2)$

D_{3h}	E	$2C_3$	$3C_2$	σ_h	$2S_3$	$3\sigma_v$		(x 轴和 C_2 一致)	
A'_1	1	1	1	1	1	1		x^2+y^2,z^2	$x(x^2-3y^2)$
A'_2	1	1	-1	1	1	-1	R_z		$y(3x^2-y^2)$
E'	2	-1	0	2	-1	0	(x,y)	(x^2-y^2,xy)	(xz^2,yz^2)
A''_1	1	1	1	-1	-1	-1			
A''_2	1	1	-1	-1	-1	1	z		z^3
E''	2	-1	0	-2	1	0	(R_x,R_y)	(xz,yz)	$[xyz,z(x^2-y^2)]$

D_{4h}	E	$2C_4$	C_2	$2C'_2$	$2C''_2$	i	$2S_4$	σ_h	$2\sigma_v$	$2\sigma_d$		x 轴和 C'_2 一致
A_{1g}	1	1	1	1	1	1	1	1	1	1		x^2+y^2,z^2
A_{2g}	1	1	1	-1	-1	1	1	1	-1	-1	R_z	
B_{1g}	1	-1	1	1	-1	1	-1	1	1	-1		x^2-y^2
B_{2g}	1	-1	1	-1	1	1	-1	1	-1	1		xy
E_g	2	0	-2	0	0	2	0	-2	0	0	(R_x,R_y)	(xz,yz)
A_{1u}	1	1	1	1	1	-1	-1	-1	-1	-1		
A_{2u}	1	1	1	-1	-1	-1	-1	-1	1	1	z	z^3
B_{1u}	1	-1	1	1	-1	-1	1	-1	-1	1		xyz
B_{2u}	1	-1	1	-1	1	-1	1	-1	1	-1		$z(x^2-y^2)$
E_u	2	0	-2	0	0	-2	0	2	0	0	(x,y)	$(xz^2,yz^2),[x(x^2-3y^2),y(3x^2-y^2)]$

D_{5h}	E	$2C_5$	$2C_5^2$	$5C_2$	σ_h	$2S_5$	$2S_5^3$	$5\sigma_v$		(x轴和C_2 一致)	
A'_1	1	1	1	1	1	1	1	1		x^2+y^2, z^2	
A'_2	1	1	1	-1	1	1	1	-1	R_z		
E'_1	2	$2\cos72°$	$2\cos144°$	0	2	$2\cos72°$	$2\cos144°$	0	(x,y)		(xz^2,yz^2)
E'_2	2	$2\cos144°$	$2\cos72°$	0	2	$2\cos144°$	$2\cos72°$	0		(x^2-y^2,xy)	$[x(x^2-3y^2), y(3x^2-y^2)]$
A''_1	1	1	1	1	-1	-1	-1	-1			
A''_2	1	1	1	-1	-1	-1	-1	1	z	z^3	
E''_1	2	$2\cos72°$	$2\cos144°$	0	-2	$-2\cos72°$	$-2\cos144°$	0	(R_x,R_y)	(xz,yz)	
E''_2	2	$2\cos144°$	$2\cos72°$	0	-2	$-2\cos144°$	$-2\cos72°$	0		$[xyz,z(x^2-y^2)]$	

D_{6h}	E	$2C_6$	$2C_3$	C_2	$3C'_2$	$3C''_2$	i	$2S_3$	$2S_6$	σ_h	$3\sigma_d$	$3\sigma_v$		(x轴和C_2 一致)	
A_{1g}	1	1	1	1	1	1	1	1	1	1	1	1		x^2+y^2, z^2	
A_{2g}	1	1	1	1	-1	-1	1	1	1	1	-1	-1	R_z		
B_{1g}	1	-1	1	-1	1	-1	1	-1	1	-1	1	-1			
B_{2g}	1	-1	1	-1	-1	1	1	-1	1	-1	-1	1			
E_{1g}	2	1	-1	-2	0	0	2	1	-1	-2	0	0	(R_x,R_y)	(xz,yz)	
E_{2g}	2	-1	-1	2	0	0	2	-1	-1	2	0	0		(x^2-y^2,xy)	
A_{1u}	1	1	1	1	1	1	-1	-1	-1	-1	-1	-1			
A_{2u}	1	1	1	1	-1	-1	-1	-1	-1	1	1	1	z	z^3	
B_{1u}	1	-1	1	-1	1	-1	-1	1	-1	1	-1	1		$x(x^2-3y^2)$	
B_{2u}	1	-1	1	-1	-1	1	-1	1	-1	1	1	-1		$y(3x^2-y^2)$	
E_{1u}	2	1	-1	-2	0	0	-2	-1	1	2	0	0	(x,y)	(xz^2,yz^2)	
E_{2u}	2	-1	-1	2	0	0	-2	1	1	-2	0	0		$[xyz,z(x^2-y^2)]$	

D_{8h}	E	$2C_8$	$2C_8^3$	$2C_4$	C_2	$4C'_2$	$4C''_2$	i	$2S_8^3$	$2S_8$	$2S_4$	σ_h	$4\sigma_v$	$4\sigma_d$		(x轴和C'_2 一致)	
A_{1g}	1	1	1	1	1	1	1	1	1	1	1	1	1	1		x^2+y^2, z^2	
A_{2g}	1	1	1	1	1	-1	-1	1	1	1	1	1	-1	-1	R_z		
B_{1g}	1	-1	-1	1	1	1	-1	1	-1	-1	1	1	1	-1			
B_{2g}	1	-1	-1	1	1	-1	1	1	-1	-1	1	1	-1	1			
E_{1g}	2	$\sqrt2$	$-\sqrt2$	0	-2	0	0	2	$\sqrt2$	$-\sqrt2$	0	-2	0	0	(R_x,R_y)	(xz,yz)	
E_{2g}	2	0	0	-2	2	0	0	2	0	0	-2	2	0	0		(x^2-y^2, xy)	
E_{3g}	2	$-\sqrt2$	$\sqrt2$	0	-2	0	0	2	$-\sqrt2$	$\sqrt2$	0	-2	0	0			
A_{1u}	1	1	1	1	1	1	1	-1	-1	-1	-1	-1	-1	-1			
A_{2u}	1	1	1	1	1	-1	-1	-1	-1	-1	-1	-1	1	1	z	z^3	
B_{1u}	1	-1	-1	1	1	1	-1	-1	1	1	-1	-1	-1	1			
B_{2u}	1	-1	-1	1	1	-1	1	-1	1	1	-1	-1	1	-1			
E_{1u}	2	$\sqrt2$	$-\sqrt2$	0	-2	0	0	-2	$-\sqrt2$	$\sqrt2$	0	2	0	0	(x,y)	(xz^2,yz^2)	
E_{2u}	2	0	0	-2	2	0	0	-2	0	0	2	-2	0	0		$[xyz, z(x^2-y^2)]$	
E_{3u}	2	$-\sqrt2$	$\sqrt2$	0	-2	0	0	-2	$\sqrt2$	$-\sqrt2$	0	2	0	0		$[x(x^2-3y^2), y(3x^2-y^2)]$	

8. S_n 点群

S_4	E	S_4	C_2	S_4^3			
A	1	1	1	1	R_z	x^2+y^2, z^2	$xyz, z(x^2-y^2)$
B	1	-1	1	-1	z	x^2-y^2, xy	z^3
E	$\left\{\begin{matrix}1\\1\end{matrix}\right.$	$\begin{matrix}i\\-i\end{matrix}$	$\begin{matrix}-1\\-1\end{matrix}$	$\left.\begin{matrix}-i\\i\end{matrix}\right\}$	$(x,y), (R_x, R_y)$	(xz, yz)	$(xz^2, yz^2), [x(x^2-3y^2), y(3x^2-y^2)]$

S_6	E	C_3	C_3^2	i	S_6^5	S_6	$S_6=C_3\times C_i$		$\varepsilon=\exp(2\pi i/3)$
A_g	1	1	1	1	1	1	R_z	x^2+y^2, z^2	
E_g	$\left\{\begin{matrix}1\\1\end{matrix}\right.$	$\begin{matrix}\varepsilon\\\varepsilon^*\end{matrix}$	$\begin{matrix}\varepsilon^*\\\varepsilon\end{matrix}$	$\begin{matrix}1\\1\end{matrix}$	$\begin{matrix}\varepsilon\\\varepsilon^*\end{matrix}$	$\left.\begin{matrix}\varepsilon^*\\\varepsilon\end{matrix}\right\}$	(R_x, R_y)	$(x^2-y^2, xy), (xz, yz)$	$z^3, x(x^2-3y^2), y(3x^2-y^2)$
A_u	1	1	1	-1	-1	-1	z		
E_u	$\left\{\begin{matrix}1\\1\end{matrix}\right.$	$\begin{matrix}\varepsilon\\\varepsilon^*\end{matrix}$	$\begin{matrix}\varepsilon^*\\\varepsilon\end{matrix}$	$\begin{matrix}-1\\-1\end{matrix}$	$\begin{matrix}-\varepsilon\\-\varepsilon^*\end{matrix}$	$\left.\begin{matrix}-\varepsilon^*\\-\varepsilon\end{matrix}\right\}$	(x,y)	$(xz^2, yz^2), [xyz, z(x^2-y^2)]$	

S_8	E	S_8	C_4	S_8^3	C_2	S_8^5	C_4^3	S_8^7			$\varepsilon=\exp(2\pi i/8)$
A	1	1	1	1	1	1	1	1	R_z	x^2+y^2, z^2	z^3
B	1	-1	1	-1	1	-1	1	-1	z		z^3
E_1	$\left\{\begin{matrix}1\\1\end{matrix}\right.$	$\begin{matrix}\varepsilon\\\varepsilon^*\end{matrix}$	$\begin{matrix}i\\-i\end{matrix}$	$\begin{matrix}-\varepsilon^*\\-\varepsilon\end{matrix}$	$\begin{matrix}-1\\-1\end{matrix}$	$\begin{matrix}-\varepsilon\\-\varepsilon^*\end{matrix}$	$\begin{matrix}-i\\i\end{matrix}$	$\left.\begin{matrix}\varepsilon^*\\\varepsilon\end{matrix}\right\}$	$(x,y), (R_x, R_y)$		(xz^2, yz^2)
E_2	$\left\{\begin{matrix}1\\1\end{matrix}\right.$	$\begin{matrix}i\\-i\end{matrix}$	$\begin{matrix}-1\\-1\end{matrix}$	$\begin{matrix}-i\\i\end{matrix}$	$\begin{matrix}1\\1\end{matrix}$	$\begin{matrix}i\\-i\end{matrix}$	$\begin{matrix}-1\\-1\end{matrix}$	$\left.\begin{matrix}-i\\i\end{matrix}\right\}$		(x^2-y^2, xy)	$[xyz, z(x^2-y^2)]$
E_3	$\left\{\begin{matrix}1\\1\end{matrix}\right.$	$\begin{matrix}-\varepsilon^*\\-\varepsilon\end{matrix}$	$\begin{matrix}-i\\i\end{matrix}$	$\begin{matrix}\varepsilon\\\varepsilon^*\end{matrix}$	$\begin{matrix}-1\\-1\end{matrix}$	$\begin{matrix}\varepsilon^*\\\varepsilon\end{matrix}$	$\begin{matrix}i\\-i\end{matrix}$	$\left.\begin{matrix}-\varepsilon\\-\varepsilon^*\end{matrix}\right\}$	(xz, yz)		$[x(x^2-3y^2), y(3x^2-y^2)]$

9. 线性分子的点群

$C_{\infty v}$	E	$2C_\infty^\varphi$	$\cdots$	$\infty\sigma_v$		$C_{\infty v}=C_\infty\times C_s$	
$A_1\equiv\Sigma^+$	1	1	$\cdots$	1	z	x^2+y^2, z^2	z^3
$A_2\equiv\Sigma^-$	1	1	$\cdots$	-1	R_z		
$E_1\equiv\Pi$	2	$2\cos\varphi$	$\cdots$	0	$(x,y); (R_x, R_y)$	(xz, yz)	(xz^2, yz^2)
$E_2\equiv\Delta$	2	$2\cos2\varphi$	$\cdots$	0		(x^2-y^2, xy)	$[xyz, z(x^2-y^2)]$
$E_3\equiv\Phi$	2	$2\cos3\varphi$	$\cdots$	0			$[x(x^2-3y^2), y(3x^2-y^2)]$
$\cdots$	$\cdots$	$\cdots$	$\cdots$	$\cdots$			

$D_{\infty h}$	E	$2C_\infty^\varphi$	$\cdots$	$\infty\sigma_v$	i	$2S_\infty^\varphi$	$\cdots$	∞C_2		$D_{\infty h}=D_\infty\times C_i$	
$A_{1g}\equiv\Sigma_g^+$	1	1	$\cdots$	1	1	1	$\cdots$	1		x^2+y^2, z^2	
$A_{2g}\equiv\Sigma_g^-$	1	1	$\cdots$	-1	1	1	$\cdots$	-1	R_z		
$E_{1g}\equiv\Pi_g$	2	$2\cos\varphi$	$\cdots$	0	2	$-2\cos\varphi$	$\cdots$	0	(R_x, R_y)	(xz, yz)	
$E_{2g}\equiv\Delta_g$	2	$2\cos2\varphi$	$\cdots$	0	2	$2\cos2\varphi$	$\cdots$	0		(x^2-y^2, xy)	
$\cdots$	$\cdots$	$\cdots$	$\cdots$	$\cdots$	$\cdots$	$\cdots$	$\cdots$	$\cdots$			
$A_{1u}\equiv\Sigma_u^+$	1	1	$\cdots$	1	-1	-1	$\cdots$	-1	z	z^3	
$A_{2u}\equiv\Sigma_u^-$	1	1	$\cdots$	-1	-1	-1	$\cdots$	1			
$E_{1u}\equiv\Pi_u$	2	$2\cos\varphi$	$\cdots$	0	-2	$2\cos\varphi$	$\cdots$	0	(x,y)	(xz^2, yz^2)	
$E_{2u}\equiv\Delta_u$	2	$2\cos2\varphi$	$\cdots$	0	-2	$-2\cos2\varphi$	$\cdots$	0		$[xyz, z(x^2-y^2)]$	
$E_{3u}\equiv\Phi_u$	2	$2\cos3\varphi$	$\cdots$	0	-2	$2\cos3\varphi$	$\cdots$	0		$[x(x^2-3y^2), y(3x^2-y^2)]$	
$\cdots$	$\cdots$	$\cdots$	$\cdots$	$\cdots$	$\cdots$	$\cdots$	$\cdots$	$\cdots$			

10. 立方体点群

T	E	$4C_3$	$4C_3^2$	$3C_2$			$\varepsilon=\exp(2\pi i/3)$
A	1	1	1	1		$x^2+y^2+z^2$	xyz
E	$\begin{Bmatrix}1 & \varepsilon & \varepsilon* & 1 \\ 1 & \varepsilon* & \varepsilon & 1\end{Bmatrix}$					$(2z^2-x^2-y^2, x^2-y^2)$	
T	3	0	0	-1	$(R_x,R_y,R_z),(x,y,z)$		$(x^3,y^3,z^3),[x(z^2-y^2),y(z^2-x^2),$ $z(x^2-y^2)]$

T_h	E	$4C_3$	$4C_3^2$	$3C_2$	i	$4S_6$	$4S_6^5$	$3\sigma_h$			$\varepsilon=\exp(2\pi i/3)$
A_g	1	1	1	1	1	1	1	1		$x^2+y^2+z^2$	
A_u	1	1	1	1	-1	-1	-1	-1			xyz
E_g	$\begin{Bmatrix}1 & \varepsilon & \varepsilon* & 1 & 1 & \varepsilon & \varepsilon* & 1 \\ 1 & \varepsilon* & \varepsilon & 1 & 1 & \varepsilon* & \varepsilon & 1\end{Bmatrix}$									$(2z^2-x^2-y^2, x^2-y^2)$	
E_u	$\begin{Bmatrix}1 & \varepsilon & \varepsilon* & 1 & -1 & -\varepsilon & -\varepsilon & -1 \\ 1 & \varepsilon* & \varepsilon & 1 & -1 & -\varepsilon* & -\varepsilon & -1\end{Bmatrix}$										
T_g	3	0	0	-1	3	0	0	-1	(R_x,R_y,R_z)	(xz,yz,xy)	$(x^3,y^3,z^3)[x(z^2-y^2),$ $y(z^2-x^2),z(x^2-y^2)]$
T_u	3	0	0	-1	-3	0	0	1	(x,y,z)		

T_d	E	$8C_3$	$3C_2$	$6S_4$	$6\sigma_d$			
A_1	1	1	1	1	1		$x^2+y^2+z^2$	xyz
A_2	1	1	1	-1	-1			
E	2	-1	2	0	0		$(2z^2-x^2-y^2, x^2-y^2)$	
T_1	3	0	-1	1	-1	(R_x,R_y,R_z)		$[x(z^2-y^2),y(z^2-x^2),z(x^2-y^2)]$
T_2	3	0	-1	-1	1	(x,y,z)	(xy,xz,yz)	(x^3,y^3,z^3)

O	E	$6C_4$	$3C_2(=C_4^2)$	$8C_3$	$6C_2$			
A_1	1	1	1	1	1		$x^2+y^2+z^2$	
A_2	1	-1	1	1	-1			xyz
E	2	0	2	-1	0		$(2z^2-x^2-y^2, x^2-y^2)$	
T_1	3	1	-1	0	-1	$(R_x,R_y,R_z)(x,y,z)$		(x^3,y^3,z^3)
T_2	3	-1	-1	0	1		(xy,xz,yz)	$[x(z^2-y^2),y(z^2-x^2),z(x^2-y^2)]$

O_h	E	$8C_3$	$6C_2$	$6C_4$	$3C_2(=C_4^2)$	i	$6S_4$	$8S_6$	$3\sigma_h$	$6\sigma_d$			
A_{1g}	1	1	1	1	1	1	1	1	1	1		$x^2+y^2+z^2$	
A_{2g}	1	1	-1	-1	1	1	-1	1	1	-1			
E_g	2	-1	0	0	2	2	0	-1	2	0		$(2z^2-x^2-y^2, x^2-y^2)$	
T_{1g}	3	0	-1	1	-1	3	1	0	-1	-1	(R_x,R_y,R_z)		
T_{2g}	3	0	1	-1	-1	3	-1	0	-1	1		(xz,yz,xy)	
A_{1u}	1	1	1	1	1	-1	-1	-1	-1	-1			
A_{2u}	1	1	-1	-1	1	-1	1	-1	-1	1			xyz
E_u	2	-1	0	0	2	-2	0	1	-2	0			
T_{1u}	3	0	-1	1	-1	-3	-1	0	1	1	(x,y,z)		(x^3,y^3,z^3)
T_{2u}	3	0	1	-1	-1	-3	1	0	1	-1			$[x(z^2-y^2),y(z^2$ $-x^2),z(x^2-y^2)]$

11. 三角二十面体点群

I	E	$12C_5$	$12C_5^2$	$20C_3$	$15C_2$		$\eta^\pm = \frac{1}{2}(1+\sqrt{5})$	
A	1	1	1	1	1		$x^2+y^2+z^2$	
T_1	3	η^+	η^-	0	-1	$(x,y,z),(R_x,R_y,R_z)$		
T_2	3	η^-	η^+	0	-1			(x^3,y^3,z^3)
G	4	-1	-1	1	0			$[x(z^2-y^2),y(z^2-x^2),z(x^2-y^2),xyz]$
H	5	0	0	-1	1		$(2z^2-x^2-y^2,x^2-y^2,xy,xz,yz)$	

I_h	E	$12C_5$	$12C_5^2$	$20C_3$	$15C_2$	i	$12S_{10}$	$12S_{10}^3$	$20S_6$	15σ		$\eta^\pm = \frac{1}{2}(1\pm\sqrt{5})$	
A_g	1	1	1	1	1	1	1	1	1	1		$x^2+y^2+z^2$	
T_{1g}	3	η^+	η^-	0	-1	3	η^-	η^+	0	-1	(R_x,R_y,R_z)		
T_{2g}	3	η^-	η^+	0	-1	3	η^+	η^-	0	-1			
G_g	4	-1	-1	1	0	4	-1	-1	1	0			
H_g	5	0	0	-1	1	5	0	0	-1	1		$(2z^2-x^2-y^2,x^2-$	
A_u	1	1	1	1	1	-1	-1	-1	-1	-1		$y^2,xy,yz,zx)$	
T_{1u}	3	η^+	η^-	0	-1	3	$-\eta^-$	$-\eta^+$	0	1	(x,yz)		
T_{2u}	3	η^-	η^+	0	-1	3	$-\eta^+$	$-\eta^-$	0	1			(x^3,y^3,z^3)
G_u	4	-1	-1	1	0	-4	1	1	-1	0			$[x(z^2-y^2),y(z^2-x^2),$
H_u	5	0	0	-1	1	-5	0	0	1	-1			$z(x^2-y^2),xyz]$

注意：含有 C_5 对称性的点群，下列关系式很有用：

$$\eta^+ = \tfrac{1}{2}(1+\sqrt{5}) = 1.61803\cdots = -2\cos144°$$

$$\eta^- = \tfrac{1}{2}(1-\sqrt{5}) = -0.61803\cdots = -\cos72°$$

$$\eta^+\eta^+ = 1+\eta^+,\ \eta^-\eta^- = 1+\eta^-,\ \eta^+\eta^- = -1$$

第 7 章　群论在分子结构中的一些应用

本章将讨论群论对化学问题的一些应用,包括应用分子轨道和杂化理论的成键讨论、红外和拉曼光谱中的选律、分子振动的对称性等。虽然大多数所用的论证是定性的,但亦可得到有意义的结果和结论。

7.1　分子轨道理论

在第 3 章中已提及这个课题。当利用分子轨道理论处理分子的成键作用时,需要求解以下久期行列式:

$$
\begin{vmatrix}
H_{11} - ES_{11} & H_{12} - ES_{12} & \cdots & H_{1n} - ES_{1n} \\
H_{12} - ES_{12} & H_{22} - ES_{22} & \cdots & H_{2n} - ES_{2n} \\
\vdots & \vdots & & \vdots \\
H_{1n} - ES_{1n} & H_{2n} - ES_{2n} & \cdots & H_{nn} - ES_{nn}
\end{vmatrix} = 0
\tag{7.1.1}
$$

在方程(7.1.1)中,只有能量 E 未知,而相互作用能的积分 $H_{ij}(\equiv \int \varphi_i \hat{H} \varphi_j \mathrm{d}\tau)$ 和重叠积分 S_{ij} ($\equiv \int \varphi_i \varphi_j \mathrm{d}\tau$)可从已知的原子轨道计算。当解出 E(总共 n 个)之后,可在下列久期方程中代入每个 E,定出系数 c_i:

$$
\begin{cases}
(H_{11} - ES_{11})c_1 + (H_{12} - ES_{12})c_2 + \cdots + (H_{1n} - ES_{1n})c_n = 0 \\
(H_{12} - ES_{12})c_1 + (H_{22} - ES_{22})c_2 + \cdots + (H_{2n} - ES_{2n})c_n = 0 \\
\qquad\vdots \qquad\qquad\qquad\quad \vdots \qquad\qquad\qquad\qquad\qquad \vdots \\
(H_{1n} - ES_{1n})c_1 + (H_{2n} - ES_{2n})c_2 + \cdots + (H_{nn} - ES_{nn})c_n = 0
\end{cases}
\tag{7.1.2}
$$

在分子轨道理论中,分子轨道是原子轨道的线性组合:

$$
\psi = \sum_{i=1}^{n} c_i \varphi_i = c_1 \varphi_1 + c_2 \varphi_2 + \cdots + c_n \varphi_n
\tag{7.1.3}
$$

因为从方程(7.1.1)得到 n 个 E 值,每个 E 值可引出一组系数,即一个分子轨道,所以 n 个原子轨道形成 n 个分子轨道。

如果久期行列式能对角方块因子化,方程(7.1.1)的求解就变得较为容易。例如:

$$
n \left\{ \left| \begin{matrix} k \times k & & 0 \\ & l \times l & \\ 0 & & m \times m \end{matrix} \right| \right. = | k \times k | \times | l \times l | \times | m \times m | = 0
\tag{7.1.4}
$$

而 $k + l + \cdots + m = n$。即求解几个较小的行列式,$(k \times k)$ 维,$(l \times l)$ 维,$(m \times m)$ 维以代替求解一个大的 $(n \times n)$ 维行列式。利用体系的对称性的有利条件,正好可按群论解决(或简化)这个问题。在本节中将用几个典型的分子体系说明久期行列式的约化。

7.1.1　$AH_n(n = 2 \sim 6)$分子

为了形成 AH_n 分子的分子轨道,需要将 H 原子中的原子轨道组合起来,并和中心 A 原子的轨道相匹配。用群论方法可系统简明地推引出合适的原子轨道的线性组合。

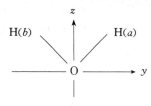

图 7.1.1　H_2O 分子坐标系。
（按习惯 z 轴选在 C_2 轴上,
x 轴和分子平面垂直。）

先以 H_2O 作为第一个例子,分子采用的坐标系示于图 7.1.1 中。

假定 O 原子的 $2s$ 和 $2p$ 轨道与 H 原子的 $1s$ 轨道发生成键作用,这时所需解的行列式的维数为 6×6。先着手确定参加的原子轨道的对称性。从 H_2O 分子具有的 C_{2v} 点群的特征标表可以看出,O 原子的 $2p_x, 2p_y$ 和 $2p_z$ 轨道分别具有 B_1, B_2 和 A_1 的对称性,$2s$ 轨道是全对称的,也具有 A_1 对称性。为了确定由 H 原子的 $1s$ 轨道组合产生的表示的特征标,可用一个简单的规则,即**一个操作的特征标等于不被该操作移动的矢量的数目**。对 2 个按图 7.1.1 排布的 H 原子 $1s$ 轨道按对称操作进行判别,可得

C_{2v}	E	C_2	$\sigma_v(xz)$	$\sigma_v(yz)$	
Γ_H	2	0	0	2	$\equiv A_1 + B_2$

换句话说,两个 $1s$ 轨道将形成两个线性组合,一个具有 A_1 对称性,另一个具有 B_2 对称性。从这两个线性组合出发,需要用投影算符以进一步推出轨道组合的系数。

投影算符的定义为

$$P^i = \sum_{j=1}^{h} \chi^i(\boldsymbol{R}_j)\boldsymbol{R}_j \tag{7.1.5}$$

式中 P^i 为 Γ_i 表示的投影算符,$\chi^i(\boldsymbol{R}_j)$ 为对于对称操作 $\boldsymbol{R}_j$ 的 Γ_i 表示的特征标,而加和是对全部对称操作进行。为了推引具有 A_1 对称性的 H 原子 $1s$ 轨道的线性组合,将算符 P^{A_1} 作用到 H(a) 的 $1s$ 轨道(标为 $1s_a$)。将 C_{2v} 点群中每个对称操作作用于 $1s_a$ 上的结果如下:

C_{2v}	E	C_2	$\sigma_v(xz)$	$\sigma_v(yz)$
$1s_a$	$1s_a$	$1s_b$	$1s_b$	$1s_a$

将 P^{A_1} 用于 $1s_a$ 得

$$\begin{aligned} P^{A_1}(1s_a) &= [1 \cdot E + 1 \cdot C_2 + 1 \cdot \sigma_v(xz) + 1 \cdot \sigma_v(yz)](1s_a) \\ &= 2(1s_a) + 2(1s_b) \\ &\Rightarrow (2)^{-\frac{1}{2}}[1s_a + 1s_b] \quad \text{(归一化以后)} \end{aligned} \tag{7.1.6}$$

为了获得具有 B_2 对称性的组合:

$$\begin{aligned} P^{B_2}(1s_a) &= [1 \cdot E + (-1)C_2 + (-1)\sigma_v(xz) + 1\sigma_v(yz)](1s_a) \\ &= 2(1s_a) - 2(1s_b) \\ &\Rightarrow (2)^{-\frac{1}{2}}[1s_a - 1s_b] \quad \text{(归一化以后)} \end{aligned} \tag{7.1.7}$$

表 7.1.1 归纳出在 H_2O 中形成分子轨道的方法。从这些结果可看出,原来的 6×6 的久期行列式可简化为 3 个较小行列式:1 个为 3×3,具有 A_1 对称性函数;1 个为 2×2,具有 B_2 对称

性;1 个为 1×1,具有 B_1 对称性。H_2O 分子的能级图如图 7.1.2 所示。

表 7.1.1　在 H_2O 中分子轨道的形成概况

对称性	O 原子的轨道	H 原子的轨道	分子轨道
A_1	$2s$ $2p_z$	$(2)^{-\frac{1}{2}}(1s_a+1s_b)$	$1a_1,2a_1,3a_1$
B_1	$2p_x$	—	$1b_1$
B_2	$2p_y$	$(2)^{-\frac{1}{2}}(1s_a-1s_b)$	$1b_2,2b_2$

由图 7.1.2 可见,有两个成键轨道($1a_1$ 和 $1b_2$),两个非键轨道($2a_1$ 和 $1b_1$),两个反键轨道($2b_2$ 和 $3a_1$)。成键和非键轨道均填满电子,其基态的电子组态为

$$(1a_1)^2(1b_2)^2(2a_1)^2(1b_1)^2(2b_2)^0(3a_1)^0$$

它的电子状态为 $^1A_1$。这个成键图说明 H_2O 有两个 σ 键、两个充满电子的非键轨道。这一结果和人们已熟识的价键描述定性地相符。

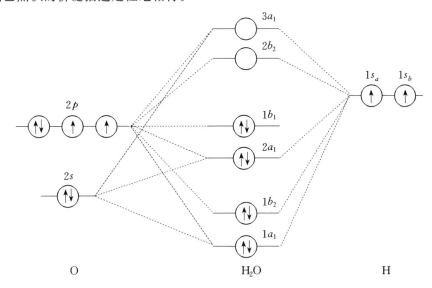

图 7.1.2　H_2O 分子能级图概况。

附带地提及,根据图 7.1.2 可得出能量最低的激发态的电子组态为

$$(1a_1)^2(1b_2)^2(2a_1)^2(1b_1)^1(2b_2)^1(3a_1)^0$$

由于 $b_1\otimes b_2=a_2$,体系的状态为 $^3A_2$ 和 $^1A_2$。由此,可容易地说明,对具有 C_{2v} 对称性的分子,$A_1\rightarrow A_2$ 的电子跃迁是不允许的。换言之,$^1A_1\rightarrow{}^1A_2$ 是自旋允许而对称性禁阻的,而 $^1A_1\rightarrow{}^3A_2$ 是自旋和对称性都禁阻的。

下面讨论较为复杂的体系:具有 D_{3h} 对称性的 BH_3 分子。BH_3 是不稳定的物种,它能自发地二聚化而成为二硼烷 B_2H_6。BH_3 的坐标系示于图 7.1.3 中。

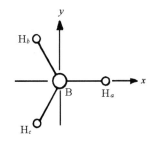

图 7.1.3　BH_3(D_{3h} 对称性)的坐标系。

从 D_{3h} 的特征标表(附录 6.1)立即可以看出 B 原子的 $2s$ 和 $2p_z$ 轨道分别具有 A_1' 和 A_2'' 对称性,而 $2p_x$ 和 $2p_y$ 轨道则形成 E' 组。为了决定 H 原子 $1s$ 轨道组合的对称性,需要列出下表:

D_{3h}	E	$2C_3$	$3C_2$	σ_h	$2S_3$	$3\sigma_v$	
Γ_H	3	0	1	3	0	1	$\equiv A_1' + E'$

所以 H 原子 $1s$ 轨道的 3 个线性组合中,一个为 A_1' 对称性,其余两个形成 E' 组。为了获得明确的函数,需要列出下列对称操作的结果:

D_{3h}	E	$2C_3$	$3C_2$	σ_h	$2S_3$	$3\sigma_v$
$1s_a$	$1s_a$	$1s_b, 1s_c$	$1s_a, 1s_b, 1s_c$	$1s_a$	$1s_b, 1s_c$	$1s_a, 1s_b, 1s_c$

由投影算符可得不同对称性的线性组合如下:

$$\begin{aligned}
P^{A_1'}(1s_a) &= 1(1s_a) + 1(1s_b + 1s_c) + 1(1s_a + 1s_b + 1s_c) \\
&\quad + 1(1s_a) + 1(1s_b + 1s_c) + 1(1s_a + 1s_b + 1s_c) \\
&= 4(1s_a + 1s_b + 1s_c) \\
&\Rightarrow (3)^{-\frac{1}{2}}(1s_a + 1s_b + 1s_c) \qquad \text{(归一化以后)}
\end{aligned}$$
$$(7.1.8)$$

$$\begin{aligned}
P^{E'}(1s_a) &= 2(1s_a) - 1(1s_b + 1s_c) + 2(1s_a) - 1(1s_b + 1s_c) \\
&= 4(1s_a) - 2(1s_b + 1s_c) \\
&\Rightarrow (6)^{-\frac{1}{2}}[2(1s_a) - 1s_b - 1s_c] \qquad \text{(归一化以后)}
\end{aligned}$$
$$(7.1.9)$$

此外,还需要另一个组合使 E' 组完成。不难推导,当把 $P^{E'}$ 操作到 $1s_b$ 和 $1s_c$ 上,可得下列结果:

$$P^{E'}(1s_b) = (6)^{-\frac{1}{2}}[2(1s_b) - 1s_a - 1s_c] \qquad (7.1.10)$$

$$P^{E'}(1s_c) = (6)^{-\frac{1}{2}}[2(1s_c) - 1s_a - 1s_b] \qquad (7.1.11)$$

由于 E' 组中的两个组合必须是**线性独立的**,(7.1.10)式和(7.1.11)式的加和可产生方程 (7.1.9)(除了归一化因子以外)。利用(7.1.10)式和(7.1.11)式之差,可得另一个线性组合:

$$[2(1s_b) - 1s_a - 1s_c] - [2(1s_c) - 1s_a - 1s_b] = 3[1s_b - 1s_c]$$
$$\Rightarrow (2)^{-\frac{1}{2}}(1s_b - 1s_c) \qquad \text{(归一化以后)} \qquad (7.1.12)$$

很明显,有不同的方法去选择 E' 组的组合。下面选用由(7.1.9)式和(7.1.12)式所给的函数,因为这些函数分别和 B 原子的 $2p_x$ 和 $2p_y$ 轨道叠加,如图 7.1.4 所示。表 7.1.2 归纳了在

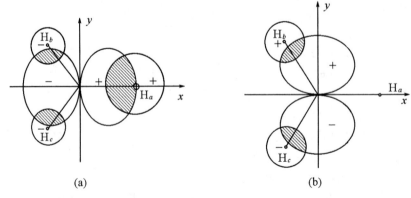

图 7.1.4 **(a) B 原子 $2p_x$ 轨道与 $(6)^{-\frac{1}{2}}[2(1s_a) - 1s_b - 1s_c]$ 线性组合之间的叠加;**

(b) B 原子 $2p_y$ 轨道与 $(2)^{-\frac{1}{2}}(1s_b - 1s_c)$ 线性组合之间的叠加。

〔注意:按对称性,在(a)中的叠加等于(b)中的叠加。〕

BH_3 中的分子轨道是怎样形成的。从这些结果可以看出,原来 7×7 的久期行列式(B 原子和 H 原子总共有 7 个价层原子轨道)方块因子化为 3 个 2×2 和 1 个 1×1 行列式。1×1 具有 A_2 对称性,1 个 2×2 具有 A_1' 对称性,而其余 2 个 2×2 形成 E' 组。

表 7.1.2　在 BH_3 中分子轨道的形成概况

对称性	B 原子的轨道	H 原子的轨道	分子轨道
A_1'	$2s$	$(3)^{-\frac{1}{2}}(1s_a+1s_b+1s_c)$	$1a_1', 2a_1'$
E'	$\begin{cases} 2p_x \\ 2p_y \end{cases}$	$\begin{cases} (6)^{-\frac{1}{2}}[2(1s_a)-1s_b-1s_c] \\ (2)^{-\frac{1}{2}}[1s_b-1s_c] \end{cases}$	$1e', 2e'$
A_2''	$2p_z$	—	$1a_2''$

注意,两个 E' 组的 2×2 行列式有着相同的根,即只要解两个行列式中的一个即可。对 BH_3 的能级图示于图 7.1.5 中。按照这幅能级图,BH_3 的基态电子组态为 $(1a_1')^2(1e')^4$。基态电子状态为 $^1A_1'$。

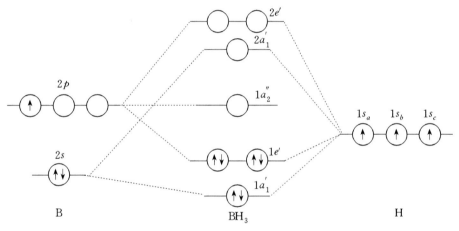

图 7.1.5　BH_3 分子的能级图。

下面讨论具有高对称性的 CH_4 分子,它属于 T_d 点群。图 7.1.6 示出 CH_4 分子的坐标系。

CH_4 分子有 8 个价原子轨道:C 原子的 $2s$ 和 $2p$ 轨道以及 H 原子的 $1s$ 轨道。关于 C 的轨道,$2s$ 具有 A_1 对称性,而 3 个 $2p$ 轨道为一个 T_2 组。由 H 原子 $1s$ 轨道组成的可约表示有下列特征标:

T_d	E	$8C_3$	$3C_2$	$6S_4$	$6\sigma_d$	
Γ_H	4	1	0	0	2	$\equiv A_1+T_2$

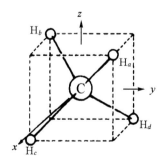

图 7.1.6　CH_4 分子的坐标系。

所以 4 个 H 原子 $1s$ 轨道形成一个具有 A_1 对称性的线性组合,而其余 3 个组合形成 T_2 组。为了获得这些组合,可利用下列对称操作的结果:

T_d	E	$8C_3$	$3C_2$	$6S_4$	$6\sigma_d$
$1s_a$	$1s_a$	$2(1s_a),2(1s_b)$	$1s_b,1s_c$	$2(1s_b),2(1s_c)$	$3(1s_a),1s_b$
		$2(1s_c),2(1s_d)$	$1s_d$	$2(1s_d)$	$1s_c,1s_d$

按上述关系用投影算符,可获得如下线性组合:

$$P^{A_1}(1s_a)=1(1s_a)+1[2(1s_a)+2(1s_b)+2(1s_c)+2(1s_d)]+1[1s_b+1s_c+1s_d]$$
$$+1[2(1s_b)+2(1s_c)+2(1s_d)]+1[3(1s_a)+1s_b+1s_c+1s_d]$$

$$\Rightarrow \frac{1}{2}(1s_a+1s_b+1s_c+1s_d) \qquad （归一化以后） \tag{7.1.13}$$

$$P^{T_2}(1s_a)=3(1s_a)-1(1s_b+1s_c+1s_d)-1[2(1s_b)+2(1s_c)+2(1s_d)]$$
$$+1[3(1s_a)+1s_b+1s_c+1s_d]$$

$$\Rightarrow 6(1s_a)-2(1s_b)-2(1s_c)-2(1s_d) \qquad （归一化以后） \tag{7.1.14}$$

相似地,当将 P^{T_2} 分别应用于 $1s_b,1s_c$ 和 $1s_d$,可得

$$P^{T_2}(1s_b)=6(1s_b)-2(1s_a)-2(1s_c)-2(1s_d) \tag{7.1.15}$$

$$P^{T_2}(1s_c)=6(1s_c)-2(1s_a)-2(1s_b)-2(1s_d) \tag{7.1.16}$$

$$P^{T_2}(1s_d)=6(1s_d)-2(1s_a)-2(1s_b)-2(1s_c) \tag{7.1.17}$$

为了获得 T_2 组的 3 个线性组合,将方程(7.1.14)～(7.1.17)按下列方式组合:

$$方程(7.1.14)+(7.1.15)=4(1s_a)+4(1s_b)-4(1s_c)-4(1s_d)$$

$$\Rightarrow \frac{1}{2}(1s_a+1s_b-1s_c-1s_d)（归一化以后） \tag{7.1.18}$$

$$方程(7.1.14)+(7.1.16)\Rightarrow \frac{1}{2}(1s_a-1s_b+1s_c-1s_d)（归一化以后） \tag{7.1.19}$$

$$方程(7.1.14)+(7.1.17)\Rightarrow \frac{1}{2}(1s_a-1s_b-1s_c+1s_d)（归一化以后） \tag{7.1.20}$$

有很多途径可将方程(7.1.14)～(7.1.17)组合得到具有 T_2 对称性的三个组合,这里得到的三个组合[方程(7.1.18)～(7.1.20)]分别和 C 原子的 $2p_z,2p_x$ 和 $2p_y$ 轨道有效地叠加,如图 7.1.7 所示。

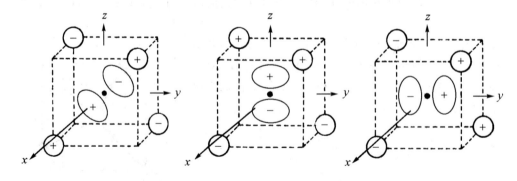

图 7.1.7　在 CH_4 分子中,C 原子的 $2p_x,2p_z$ 和 $2p_y$ 轨道与 H 原子的 $1s$ 轨道组合之间的叠加。

表 7.1.3 归纳了在 CH_4 分子中分子轨道的形成概况。这个分子原来的久期方程为 8×8,约化成 4 个 2×2,其中 1 个具有 A_1 对称性,而其他 3 个形成 T_2 组。换言之,只要解 A_1 的 2×2

行列式以及 3 个形成 T_2 组的行列式中的一个即可。利用对称性可知形成 T_2 组的 3 个行列式应具有相同的根。CH_4 分子轨道能级图示于图 7.1.8 中。

表 7.1.3　在 CH_4 中分子轨道的形成概况

对称性	C 的轨道	H 的轨道	分子轨道
A_1	$2s$	$\frac{1}{2}(1s_a + 1s_b + 1s_c + 1s_d)$	$1a_1, 2a_1$
T_2	$\begin{cases} 2p_x \\ 2p_y \\ 2p_z \end{cases}$	$\begin{cases} \frac{1}{2}(1s_a - 1s_b + 1s_c - 1s_d) \\ \frac{1}{2}(1s_a - 1s_b - 1s_c + 1s_d) \\ \frac{1}{2}(1s_a + 1s_b - 1s_c - 1s_d) \end{cases}$	$\left.\right\} 1t_2, 2t_2$

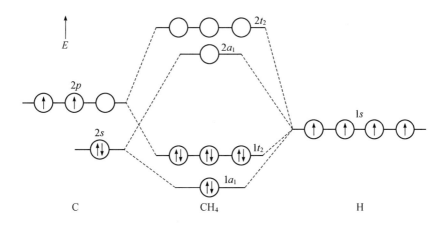

图 7.1.8　CH_4 分子轨道能级图。

按图 7.1.8 所示，CH_4 的基态电子组态为 $(1a_1)^2(1t_2)^6$，而基态状态为 $^1A_1$。

此前，已利用 H_2O, BH_3 和 CH_4 作为实例阐明建立原子轨道的线性组合的方法。在这些例子中，所有的配位原子的轨道彼此都是相同的。对于配位原子具有不等同位置的分子，则可以首先按等同位置的原子轨道进行线性组合，然后将具有相同对称性的组合再进一步组合。下面以具有三方双锥结构（D_{3h} 对称性）的假想的 AH_5 分子为例。图 7.1.9 示出一个适合这个分子的坐标系。很显然，这个分子有两套 H 原子：赤道上的氢原子 H_c、H_d 和 H_e 与 A 原子相距较近，而轴上的 H_a 和 H_b 与 A 原子相距较远。

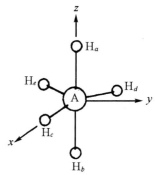

图 7.1.9　对于假想的具有三方双锥结构（D_{3h} 对称性）的 AH_5 分子坐标系。

将 H_a 和 H_b 的 $1s$ 轨道进行线性组合，两个（未归一化的）组合为

$$1s_a + 1s_b (A_1' \text{ 对称性})$$

$$1s_a - 1s_b (A_2'' \text{ 对称性})$$

另一方面，3 个赤道上的 H 原子的 $1s$ 轨道的组合为

$$1s_c + 1s_d + 1s_e (A_1' \text{ 对称性})$$

$$2(1s_c) - 1s_d - 1s_e \text{ 和 } 1s_d - 1s_e\ (E' \text{ 对称性})$$

若假定中心 A 原子利用 ns 和 np 轨道成键,则可容易地将结果列于表 7.1.4 中。注意还可进一步将两个具有 A_1' 对称性的配位体线性组合,取其和及差组合起来。

表 7.1.4　在 AH_5(D_{3h} 对称性)中分子轨道的形成概况

对称性	A 的轨道	H 的轨道	分子轨道
A_1'	ns	$(2)^{-\frac{1}{2}}(1s_a + 1s_b)$ $(3)^{-\frac{1}{2}}(1s_c + 1s_d + 1s_e)$	$\left.\right\} 1a_1',2a_1',3a_1'$
E'	$\begin{cases} np_x \\ np_y \end{cases}$	$(6)^{-\frac{1}{2}}[2(1s_c) - 1s_d - 1s_e]$ $(2)^{-\frac{1}{2}}(1s_d - 1s_e)$	$\left.\right\} 1e',2e'$
A_2''	np_z	$(2)^{-\frac{1}{2}}(1s_a - 1s_b)$	$1a_2'',2a_2''$

在本小节最后,将讨论高对称的具有 O_h 点群的八面体分子 AH_6。分子的坐标系示于图 7.1.10 中。如果假定中心 A 原子提供 ns,np 和 nd 轨道成键,其久期行列式的维数为 15×15。为了获得 6 个 $1s$ 轨道的线性组合,先推出它的特征标如下:

O_h	E	$8C_3$	$6C_2$	$6C_4$	$3C_2 = C_4^2$	i	$6S_4$	$8S_6$	$3\sigma_h$	$6\sigma_d$	
Γ_H	6	0	0	2	2	0	0	0	4	2	$\equiv A_{1g} + E_g + T_{1u}$

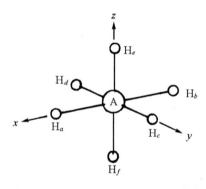

图 7.1.10　具有 O_h 对称性的 AX_6 八面体分子的坐标系。

为了得到明确的组合,利用下列 O_h 的对称操作作用于 H_a 原子的 $1s$ 轨道,其结果为

O_h	E	$8C_3$	$6C_2$	$6C_4$	$3C_2 = C_4^2$	i	$6S_4$	$8S_6$	$3\sigma_h$	$6\sigma_d$
$1s_a$	$1s_a$	$2(1s_c),2(1s_d)$	$2(1s_b)$	$2(1s_a)$	$1s_a$	$1s_b$	$2(1s_b)$	$2(1s_c),2(1s_d)$	$2(1s_a)$	$2(1s_a)$
		$2(1s_e),2(1s_f)$	$1s_c,1s_d$	$1s_c,1s_d$	$2(1s_b)$		$1s_c,1s_d$	$2(1s_e),2(1s_f)$	$1s_b$	$1s_c,1s_d$
			$1s_e,1s_f$	$1s_e,1s_f$			$1s_e,1s_f$			$1s_e,1s_f$

由此直接推得的结果列于表 7.1.5 中。由此可见,15×15 的久期行列式因子分解为 3 个形成 T_{2g} 组的 1×1 行列式,1 个具有 A_{1g} 对称性的 2×2 行列式,2 个形成 E_g 组的 2×2 行列式以及 3 个形成 T_{1u} 组的 2×2 行列式。换言之,只需要解出 1 个 1×1 和 3 个 2×2 久期行列式,就可以为这个高对称分子获得 15 个分子轨道的能量。这个例子也说明群论对解出大的久期行列式有极大的简化。

表 7.1.5　在 $AH_6(O_h$ 对称性)中分子轨道的形成概况

对称性	A 的轨道	H 的轨道	分子轨道
A_{1g}	ns	$(6)^{-\frac{1}{2}}(1s_a+1s_b+1s_c+1s_d+1s_e+1s_f)$	$1a_1,2a_1$
E_g	$\begin{cases}nd_{z^2}\\nd_{x^2-y^2}\end{cases}$	$\begin{cases}(12)^{-\frac{1}{2}}[2(1s_e)+2(1s_f)-1s_a-1s_b-1s_c-1s_d]\\\dfrac{1}{2}(1s_a+1s_b-1s_c-1s_d)\end{cases}$	$\left.\right\}\,1e_g,2e_g$
T_{2g}	$\begin{cases}nd_{xy}\\nd_{xz}\\nd_{yz}\end{cases}$	$\begin{cases}-\\-\\-\end{cases}$	$\left.\right\}\,1t_{2g}$
T_{1u}	$\begin{cases}np_x\\np_y\\np_z\end{cases}$	$\begin{cases}(2)^{-\frac{1}{2}}(1s_a-1s_b)\\(2)^{-\frac{1}{2}}(1s_c-1s_d)\\(2)^{-\frac{1}{2}}(1s_e-1s_f)\end{cases}$	$\left.\right\}\,1t_{1u},2t_{1u}$

7.1.2　环共轭多烯的 Hückel 理论

在第 3 章中,曾介绍过 Hückel 分子轨道理论,并将它应用到一系列共轭多烯链的 π 体系中。本小节则按体系的对称性质用 Hückel 理论处理环多烯分子。

先以苯作为例子,组成 π 键的 6 个 p 原子轨道的标记示于图 7.1.11 中。应用 Hückel 理论近似所得 6×6 久期行列式的形式为

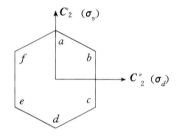

图 7.1.11　苯的 π 键中包含原子轨道的标记。

$$\begin{vmatrix} \alpha-E & \beta & 0 & 0 & 0 & \beta \\ \beta & \alpha-E & \beta & 0 & 0 & 0 \\ 0 & \beta & \alpha-E & \beta & 0 & 0 \\ 0 & 0 & \beta & \alpha-E & \beta & 0 \\ 0 & 0 & 0 & \beta & \alpha-E & \beta \\ \beta & 0 & 0 & 0 & \beta & \alpha-E \end{vmatrix}=0 \qquad (7.1.21)$$

若考虑这一体系具有 D_{6h} 对称性,按它的特征标表(见附录 6.1)可将 6 个 π 分子轨道的对称性定出:

D_{6h}	E	$2C_6$	$2C_3$	C_2	$3C_2'$	$3C_2''$	i	$2S_3$	$2S_6$	σ_h	$3\sigma_d$	$3\sigma_v$	
Γ_π	6	0	0	0	-2	0	0	0	0	-6	0	2	$\equiv A_{2u}+B_{2g}+E_{1g}+E_{2u}$

推引 Γ_π 的特征标时记住:一个操作的特征标是等于不被该操作移动的矢量的数目。以前对 AH_n 分子在确定 Γ_H 时,H 原子的 1s 轨道是球形对称的,而现在 p 轨道则具有方向性。以 σ_h 操作为例,通过反映,p 轨道的方向倒过来,因此 $\chi(\sigma_h)=-6$。

将 Γ_π 进行分解,方程(7.1.21)的久期行列式可因子分解为 6 个 1×1 方块:1 个具有 A_{2u} 对称性,1 个具有 B_{2g} 对称性,有 2 个形成 E_{1g} 组(它们的根是相同的),剩余 2 个形成 E_{2u} 组(它们的根也是相同的)。为了推引这 6 个线性组合,可应用下列结果进行:

D_{6h}	E	$2C_6$	$2C_3$	C_2	$3C_2'$	$3C_2''$	i	$2S_3$	$2S_6$	σ_h	$3\sigma_d$	$3\sigma_v$
p_a	p_a	p_b, p_f	p_c, p_e	p_d	$-p_a, -p_c$ $-p_e$	$-p_b, -p_d$ $-p_f$	$-p_d$	$-p_c, -p_e$	$-p_b, -p_f$	$-p_a$	p_b, p_d p_f	p_a, p_c p_e

非简并的线性组合,可通过投影算符直接推引得到:

$$P^{A_{2u}} = (6)^{-\frac{1}{2}}(p_a + p_b + p_c + p_d + p_e + p_f) \qquad \text{(归一化以后)} \qquad (7.1.22)$$

$$P^{B_{2g}}_{p_a} = (6)^{-\frac{1}{2}}(p_a - p_b + p_c - p_d + p_e - p_f) \qquad \text{(归一化以后)} \qquad (7.1.23)$$

对 E_{1g} 的第一组元也容易推得

$$P^{E_{1g}}_{p_a} = (12)^{-\frac{1}{2}}(2p_a + p_b - p_c - 2p_d - p_e + p_f) \qquad \text{(归一化以后)} \qquad (7.1.24)$$

对 E_{1g} 的第二组元则先将 $P^{E_{1g}}$ 操作于 p_b 和 p_c:

$$P^{E_{1g}}_{p_b} = p_a + 2p_b + p_c - p_d - 2p_e - p_f \qquad (7.1.25)$$

$$P^{E_{1g}}_{p_c} = -p_a + p_b + 2p_c + p_d - p_e - 2p_f \qquad (7.1.26)$$

从(7.1.25)式减去(7.1.26)式可得(7.1.24)式(除了归一化常数以外)。若将(7.1.25)式和(7.1.26)式相加,则得

$$\frac{1}{2}(p_b + p_c - p_e - p_f) \qquad \text{(归一化以后)} \qquad (7.1.27)$$

换言之,E_{1g} 的两个组合为式(7.1.24)和(7.1.27)。按同样方法处理,引出形成 E_{2u} 组的两个线性组合:

$$E_{2u}: \begin{cases} (12)^{-\frac{1}{2}}(2p_a - p_b - p_c + 2p_d - p_e - p_f) & (7.1.28) \\ \dfrac{1}{2}(p_b - p_c + p_e - p_f) & (7.1.29) \end{cases}$$

关于这 6 个分子轨道的能量,可按已讨论过的 Hückel 近似方法计算出来:

$$E(a_{2u}) = \alpha + 2\beta \qquad (7.1.30)$$

$$E(e_{1g}) = \alpha + \beta \qquad (7.1.31)$$

$$E(e_{2u}) = \alpha - \beta \qquad (7.1.32)$$

$$E(b_{2g}) = \alpha - 2\beta \qquad (7.1.33)$$

π 能级以及相应的分子轨道波函数示于图 7.1.12 中。因为苯中有 6 个 π 电子,所以 a_{2u} 和 e_{1g} 轨道是充满电子的。这样可给出 $^1A_{1g}$ 基态时总的 π 能量为

$$E_\pi = 6\alpha + 8\beta \qquad (7.1.34)$$

如果 3 个 π 键为定域键,它们的总能量为 $3(2\alpha + 2\beta) = 6\alpha + 6\beta$(见 3.5.1 小节)。因此,苯分子的离域能(DE)为

$$\text{DE} = 2\beta \qquad (7.1.35)$$

β 若按第一原理计算是较困难的工作。这个参数可由实验近似求得

$$|\beta| \approx 18 \text{ kcal mol}^{-1} = 75 \text{ kJ mol}^{-1} \qquad (7.1.36)$$

环多烯的另一个例子是萘,有关其坐标系及原子轨道的标记示于图 7.1.13 中。其 10×10 久期行列式为

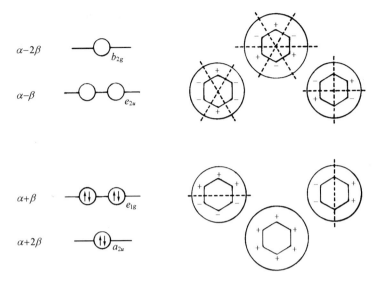

图 7.1.12　苯分子 π 轨道的能级图及 6 个 π 分子轨道的波函数。

$$\begin{vmatrix} \alpha-E & \beta & 0 & 0 & 0 & 0 & 0 & 0 & \beta & 0 \\ \beta & \alpha-E & \beta & 0 & 0 & 0 & 0 & 0 & 0 & 0 \\ 0 & \beta & \alpha-E & \beta & 0 & 0 & 0 & 0 & 0 & 0 \\ 0 & 0 & \beta & \alpha-E & 0 & 0 & 0 & 0 & 0 & \beta \\ 0 & 0 & 0 & 0 & \alpha-E & \beta & 0 & 0 & 0 & \beta \\ 0 & 0 & 0 & 0 & \beta & \alpha-E & \beta & 0 & 0 & 0 \\ 0 & 0 & 0 & 0 & 0 & \beta & \alpha-E & \beta & 0 & 0 \\ 0 & 0 & 0 & 0 & 0 & 0 & \beta & \alpha-E & \beta & 0 \\ \beta & 0 & 0 & 0 & 0 & 0 & 0 & \beta & \alpha-E & \beta \\ 0 & 0 & 0 & \beta & \beta & 0 & 0 & 0 & \beta & \alpha-E \end{vmatrix} = 0 \qquad (7.1.37)$$

借助于 D_{2h} 特征标表，可以定出这个体系的 10 个分子轨道的对称性：

D_{2h}	E	$C_2(z)$	$C_2(y)$	$C_2(x)$	i	$\sigma(xy)$	$\sigma(xz)$	$\sigma(yz)$	
Γ_π	10	0	0	-2	0	-10	2	0	$\equiv 2A_u + 3B_{2g} + 2B_{3g} + 3B_{1u}$

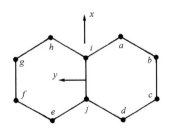

图 7.1.13　萘分子中 π 键的原子轨道的标记。

（按右手坐标轴系，z 轴由纸面向上。）

方程(7.1.37)的久期行列式可以因子分解为 2 个 2×2 和 2 个 3×3 方块。为了得到这 10

个组合的明确形式,需要有上述 8 个对称操作作用在每个轨道的结果。同样,因为体系有三种结构上不等同的 C 原子(p_a,p_d,p_e,p_h;p_b,p_c,p_f,p_g;p_i,p_j),就需要有对称操作作用在这三类原子的 p 轨道上的结果,如下表所示:

D_{2h}	E	$C_2(z)$	$C_2(y)$	$C_2(x)$	i	$\sigma(xy)$	$\sigma(xz)$	$\sigma(yz)$
p_a	p_a	p_e	$-p_d$	$-p_h$	$-p_e$	$-p_a$	p_h	p_d
p_b	p_b	p_f	$-p_c$	$-p_g$	$-p_f$	$-p_b$	p_g	p_c
p_i	p_i	p_j	$-p_j$	$-p_i$	$-p_j$	$-p_i$	p_i	p_j

按表中的结果以及上述同样的方法,可以推得 10 个分子轨道的组合形式:

$$A_u: \quad \psi_1 = \frac{1}{2}(p_a - p_d + p_e - p_h) \tag{7.1.38}$$

$$\psi_2 = \frac{1}{2}(p_b - p_c + p_f - p_g) \tag{7.1.39}$$

$$B_{2g}: \quad \psi_3 = \frac{1}{2}(p_a - p_d - p_e + p_h) \tag{7.1.40}$$

$$\psi_4 = \frac{1}{2}(p_b - p_c - p_f + p_g) \tag{7.1.41}$$

$$\psi_5 = (2)^{-\frac{1}{2}}(p_i - p_j) \tag{7.1.42}$$

$$B_{3g}: \quad \psi_6 = \frac{1}{2}(p_a + p_d - p_e - p_h) \tag{7.1.43}$$

$$\psi_7 = \frac{1}{2}(p_b + p_c - p_f - p_g) \tag{7.1.44}$$

$$B_{1u}: \quad \psi_8 = \frac{1}{2}(p_a + p_d + p_e + p_h) \tag{7.1.45}$$

$$\psi_9 = \frac{1}{2}(p_b + p_c + p_f + p_g) \tag{7.1.46}$$

$$\psi_{10} = (2)^{-\frac{1}{2}}(p_i + p_j) \tag{7.1.47}$$

下面将要建立起这 4 个较小的久期行列式,以具有 A_u 对称性的组合为例:

$$H_{11} = \int \psi_1 \hat{H} \psi_1 \, d\tau = \frac{1}{4} \int (p_a - p_d + p_e - p_h) \hat{H}(p_a - p_d + p_e - p_h) d\tau = \alpha \tag{7.1.48}$$

$$H_{12} = \int \psi_1 \hat{H} \psi_2 \, d\tau = \frac{1}{4} \int (p_a - p_d + p_e - p_h) \hat{H}(p_b - p_c + p_f - p_g) d\tau = \beta \tag{7.1.49}$$

$$H_{22} = \int \psi_2 \hat{H} \psi_2 \, d\tau = \frac{1}{4} \int (p_b - p_c + p_f - p_g) \hat{H}(p_b - p_c + p_f - p_g) d\tau = \alpha - \beta \tag{7.1.50}$$

A_u 的久期行列式为

$$A_u: \quad \begin{vmatrix} \alpha - E & \beta \\ \beta & \alpha - \beta - E \end{vmatrix} = 0 \tag{7.1.51}$$

同样其他 3 个的久期行列式应为

$$B_{2g}: \quad \begin{vmatrix} \alpha - E & \beta & \sqrt{2}\beta \\ \beta & \alpha - \beta - E & 0 \\ \sqrt{2}\beta & 0 & \alpha - \beta - E \end{vmatrix} = 0 \tag{7.1.52}$$

$$B_{3g}: \quad \begin{vmatrix} \alpha - E & \beta \\ \beta & \alpha + \beta - E \end{vmatrix} = 0 \tag{7.1.53}$$

$$B_{1u}: \quad \begin{vmatrix} \alpha - E & \beta & \sqrt{2}\beta \\ \beta & \alpha + \beta - E & 0 \\ \sqrt{2}\beta & 0 & \alpha + \beta - E \end{vmatrix} = 0 \qquad (7.1.54)$$

在解这些久期行列式时，以 $x = \dfrac{\alpha - E}{\beta}$ 进行替代会更容易些。总之，10 个分子轨道的能量都易得到，利用这些能量可得到相应的久期行列式的系数。关于萘分子 10 个 π 分子轨道的能量和波函数列于表 7.1.6 中。从这些结果获得基态的电子组态和状态为

$$(1b_{1u})^2 (1b_{3g})^2 (1b_{2g})^2 (2b_{1u})^2 (1a_u)^2, \qquad {}^1A_g$$

将全部 π 电子的能量加和起来，得到：

$$E_{\pi} = 10\alpha + 13.684\beta \qquad (7.1.55)$$
$$DE = 3.684\beta \qquad (7.1.56)$$

另外，还可以得到下列允许的电子跃迁：

$${}^1A_g \rightarrow [\cdots\cdots(1a_u)^1 (2b_{3g})^1], \qquad {}^1B_{3u} \qquad\qquad x \text{ 极化}$$
$${}^1A_g \rightarrow [\cdots\cdots(1a_u)^1 (2b_{2g})^1], \qquad {}^1B_{2u} \qquad\qquad y \text{ 极化}$$
$${}^1A_g \rightarrow [\cdots\cdots(2b_{1u})^1 (1a_u)^2 (2b_{3g})^1], \qquad {}^1B_{2u} \qquad\qquad y \text{ 极化}$$

注意这三种跃迁都是为 $g \longleftrightarrow u$，和 Laporte 规则相符。

在上一小节中，讨论到 AH_n 体系中 σ 分子轨道的构筑，这一小节则处理环共轭体系中的 π 分子轨道。在大多数分子中，既有 σ 键又有 π 键，这时可以把这两小节中讨论过的方法结合起来处理这些分子。

表 7.1.6　萘分子的 π 分子轨道的 Hückel 能量及波函数

轨 道	能 量	波函数
$3b_{2g}$	$\alpha - 2.303\beta$	$0.3006(p_a - p_d - p_e + p_h) - 0.2307(p_b - p_c - p_f + p_g) - 0.4614(p_i - p_j)$
$2a_u$	$\alpha - 1.618\beta$	$0.2629(p_a - p_d + p_e - p_h) - 0.4253(p_b - p_c + p_f - p_g)$
$3b_{1u}$	$\alpha - 1.303\beta$	$0.3996(p_a + p_d + p_e + p_h) - 0.1735(p_b + p_c + p_f + p_g) - 0.3470(p_i + p_j)$
$2b_{2g}$	$\alpha - \beta$	$0.4082(p_b - p_c - p_f + p_g) - 0.4082(p_i - p_j)$
$2b_{3g}$	$\alpha - 0.618\beta$	$0.4253(p_a + p_d - p_e - p_h) - 0.2629(p_b + p_c - p_f - p_g)$
$1a_u$	$\alpha + 0.618\beta$	$0.4253(p_a - p_d + p_e - p_h) + 0.2629(p_b - p_c + p_f - p_g)$
$2b_{1u}$	$\alpha + \beta$	$0.4082(p_b + p_c + p_f + p_g) - 0.4028(p_i - p_j)$
$1b_{2g}$	$\alpha + 1.303\beta$	$0.3996(p_a - p_d - p_e + p_h) + 0.1735(p_b - p_c - p_f + p_g) + 0.3470(p_i - p_j)$
$1b_{3g}$	$\alpha + 1.618\beta$	$0.2629(p_a + p_d - p_e - p_h) - 0.4253(p_b + p_c - p_f - p_g)$
$1b_{1u}$	$\alpha + 2.303\beta$	$0.3006(p_a + p_d + p_e + p_h) + 0.2307(p_b + p_c + p_f + p_g) + 0.4614(p_i + p_j)$

在结束本小节之前，注意一个提供给用者的简单 Hückel 分子轨道（SHMO）计算程序（又称计算器）现可通过 http：//www. chem. ucalgary. ca/shmo/此网站获得。利用这个计算程序，平面共轭分子的 Hückel 能量和波函数可飞快地获得。

7.1.3　含有 d 轨道的环形体系

有时一个环形 π 体系也包含 d 轨道。这种体系的一个例子是无机的卤化磷腈（NPX_2）$_3$。

这里有 6 个原子轨道参与 π 键的形成,它们是 N 原子上的 3 个 p 轨道和 P 原子上的 3 个 d 轨道。这些轨道及其在分子平面上作了标记的叶瓣示于图 7.1.14 中。注意这 6 个轨道的叠加效率比不上苯中的 π 轨道,因为这些轨道之间不可避免地存在"不匹配"的对称性,如图中标记的 f 轨道。

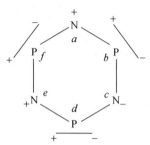

图 7.1.14   在 $(NPX_2)_3$ 中 N2p 轨道和 P3d 轨道参与形成 π 键的标记。

(只标出平面上部轨道叶瓣的符号。在这种情况下 f 原子的轨道不可避免地不匹配。)

d 轨道参与结合使群论的处理步骤增加了复杂性。表 7.1.7 列出了 6 个原子轨道的线性组合的推引中一些有用的细节。

表 7.1.7   对 $(NPX_2)_3$ π 体系,原子轨道线性组合的推导中一些有用的细节

D_{3h}	E	$2C_3$	$3C_2$	σ_h	$2S_3$	$3\sigma_v$	
Γ_p	3	0	-1	-3	0	1	$\equiv A_2'' + E''$
Γ_d	3	0	1	-3	0	-1	$\equiv A_1'' + E''$
c	c	$-a, -e$	$a, -c, e$	$-c$	a, e	$-a, c, -e$	
d	d	$-b, -f$	$-b, d, -f$	$-d$	b, f	$b, -d, f$	

利用表 7.1.7 的结果,原子轨道的线性组合就能容易推出:

$$P^{A_2''} c = (3)^{-1/2}(a - c + e) \qquad (归一化以后) \tag{7.1.57}$$

对简并的 E'' 对可得

$$P^{E''} a = 2a + c - e$$
$$P^{E''} c = a + 2c + e$$
$$P^{E''} e = -a + c + 2e$$

因为第一式是后两式之差,故我们可选择第一式以及后两式之和:

$$E'': \begin{cases} (6)^{-1/2}(2a + c - e) \\ (2)^{-1/2}(c + e) \end{cases} \tag{7.1.58}$$

同样地,

$$P^{A_1''} b = (3)^{-1/2}(b - d + f) \tag{7.1.59}$$

$$E'': \begin{cases} (6)^{-1/2}(b + 2d + f) \\ (2)^{-1/2}(b - f) \end{cases} \tag{7.1.60}$$

当用 E'' 对称性形成 2×2 行列式,不难示出(7.1.58)式的第一部分和(7.1.60)式的第二部分相互作用。类似地,(7.1.58)式的第二部分和(7.1.60)式的第一部分相互作用。不需要经过任何定量的处理,就可示出 6 个 π 分子轨道的能量高低次序和节点的特性,如图 7.1.15 所示。

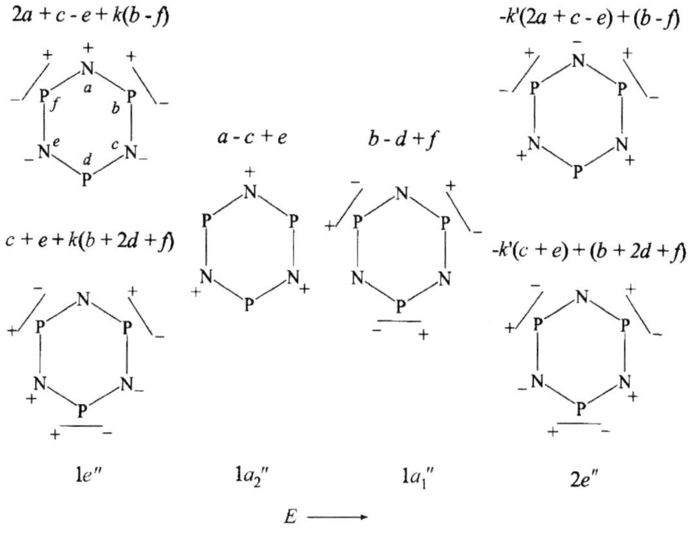

图 7.1.15　(NPX₂)₃ 的 6 个 π 分子轨道。

在图 7.1.15 的 6 个分子轨道之中，$1e''$ 和 $2e''$ 分别为成键和反键分子轨道，$1a_2''$ 和 $1a_1''$ 则为非键轨道。体系的基态组态为 $(1e'')^4(1a_2'')^2$。可明显地看出，对这个化合物 6 个 π 电子的离域作用不如苯分子那样好，因此这个环不如苯环坚固。此外，磷的 d 轨道参与化合物这种类型的成键作用，在无机化学中已是一个重要的课题。实际上，磷的 d 轨道参与这个分子的成键有多种形式，将会在第 15 章中讨论。这里主要是讨论与 π 分子轨道的对称性质有关的内容。

7.2　杂化轨道的构建

在第 3 章中已经讨论过，在 AX_n 体系中中心原子 A 上的杂化轨道是其原子轨道的线性组合，杂化轨道指向各 X 原子。在该章中对 sp^n 杂化轨道的构建已加以说明。本节将全部用群论的观点讨论杂化轨道系数矩阵和分子轨道之间的关系，以及考虑有 d 轨道参与的杂化轨道。

7.2.1　杂化作用方案

如前所述，如果利用 1 个 s 和 3 个 p 原子轨道构建 4 个等同的杂化轨道，它们将指向四面体的四个顶点。这是构建 4 个这种轨道的唯一方法吗？如果不是，有什么其他的原子轨道可以用来形成 4 个这种杂化轨道呢？为了回答这个问题，就需要定出这 4 个指向四面体顶点的杂化轨道的各种表示。按上节方法可得

T_d	E	$8C_3$	$3C_2$	$6S_4$	$6\sigma_d$	
Γ_σ	4	1	0	0	2	$\equiv A_1 + T_2$

这一结果表示组成这 4 个杂化轨道所需的中心原子轨道，其中一个必须具有 A_1 对称性，另外 3 个则应形成一个 T_2 组。从 T_d 点群的特征标表的 III 区和 IV 区得知，s 轨道具有 A_1 对称性，

而 3 个 p 轨道或 d_{xy}，d_{xz} 和 d_{yz} 轨道的集合可形成 T_2 组。换言之，杂化作用的方案，既可以是熟识的 sp^3，也可以是不太熟识的 sd^3，或者将这两种方案混合在一起。

从对称性的基础上看，sp^3 和 sd^3 两种方案是完全等同的。可是，对于一个特定的化合物，有时一种方案比另一种方案有利。例如，在 CH_4 中，C 原子利用 $2s$ 和 $2p$ 轨道形成一组 sp^3 杂化轨道。但若 C 原子利用 $2s$ 轨道和 $3d$ 轨道去形成 sd^3 杂化轨道，就不会稳定，因 $3d$ 比 $2p$ 能量要高出约 $950\ kJ\ mol^{-1}$。另一方面，对于四面体过渡金属配离子，如 MnO_4^-，其中的 Mn 很可能是利用 3 个 $3d$ 轨道代替 $4p$ 轨道去形成 4 个 sd^3 杂化轨道。

下面讨论几种重要分子类型的可能杂化方案。

AX_3：平面三角形，D_{3h} 对称性。按照上节方法可得

D_{3h}	E	$2C_3$	$3C_2$	σ_h	$2S_3$	$3\sigma_v$	
Γ_σ	3	0	1	3	0	1	$\equiv A_1'(s;d_{z^2})+E'[(p_x,p_y);(d_{xy},d_{x^2-y^2})]$

因此，可能的杂化方案包括：sp^2，d^2s，p^2d 和 d^3 等。鉴于中心原子的电子结构，其中 sp^2 常见于主族元素，d^2s[此写法表示 $(n-1)d$ 及 ns]可在过渡金属中出现，而 p^2d 和 d^3 出现机会甚微。

AX_4：平面四方形，D_{4h} 对称性。按照上节方法可得

D_{4h}	E	$2C_4$	C_2	$2C_2'$	$2C_2''$	i	$2S_4$	σ_h	$2\sigma_v$	$2\sigma_d$	
Γ_σ	4	0	0	2	0	0	0	4	2	0	$\equiv A_{1g}(s;d_{z^2})+B_{1g}(d_{x^2-y^2})$ $+E_u(p_x,p_y)$

因此，可能的杂化方案包括：dsp^2 和 p^2d^2。其中 dsp^2 常见于过渡金属，而 p^2d^2 出现机会甚微。

AX_5：三方双锥，D_{3h} 对称性。按前述方法可得

D_{3h}	E	$2C_3$	$3C_2$	σ_h	$2S_3$	$3\sigma_v$	
Γ_σ	5	2	1	3	0	3	$\equiv 2A_1'(s;d_{z^2})+A_2''(p_z)$ $+E'[(p_x,p_y);(d_{xy},d_{x^2-y^2})]$

因此，可能的杂化方案包括：dsp^3 和 d^3sp。其中 sp^3d 可在主族元素中出现，而 dsp^3 和 d^3sp 可在过渡金属元素中出现。

AX_5：四方锥形，C_{4v} 对称性。按前述方法可得

C_{4v}	E	$2C_4$	C_2	$2\sigma_v$	$2\sigma_d$	
Γ_σ	5	1	1	3	1	$\equiv 2A_1(s;p_z;d_{z^2})+B_1(d_{x^2-y^2})$ $+E[(p_x,p_y);(d_{xz},d_{yz})]$

因此，可能的杂化方案包括：dsp^3，d^3sp，d^2sp^2，sd^4，d^2p^3 和 pd^4。实际上常见的只有 dsp^3（过渡金属）。

AX_6：八面体，O_h 对称性。按前述方法可得

O_h	E	$8C_3$	$6C_2$	$6C_4$	$3C_2$	i	$6S_4$	$8S_6$	$3\sigma_h$	$6\sigma_d$	
Γ_σ	6	0	0	2	2	0	0	0	4	2	$\equiv A_{1g}(s)+E_g(d_{z^2},d_{x^2-y^2})$
											$+T_{1u}(p_x,p_y,p_z)$

因此,唯一的可能杂化方案为 d^2sp^3。其中 sp^3d^2 可在主族元素中出现,而 d^2sp^3 可在过渡金属元素中出现。

一旦决定了哪些原子轨道参与杂化轨道的形成,就可以应用前述方法去获得杂化轨道的明确线性组合。

7.2.2　杂化轨道的系数矩阵和分子轨道波函数间的关系

前面已多次提到,为一个 AX_n 分子构建杂化轨道时,可将 A 原子上的原子轨道线性组合起来,使其所组成的杂化轨道指向配位体 X。另一方面,为了形成分子轨道,又需要将配位体上的轨道与它和 A 原子上对称性相匹配的轨道线性组合起来。详细地研究这两种陈述,并不意外地发现杂化轨道的系数矩阵和配位体轨道的线性组合彼此是相关联的。对这种联系的另一个基础是两种矩阵都是从分子的对称性质推引出来的。如果研究一个特殊的例子,这种关系就会非常明显。

从方程(3.4.31),对于具有 D_{3h} 对称性的 AX_3 或 AH_3 分子的 sp^2 杂化轨道为

$$
\begin{vmatrix} h_1 \\ h_2 \\ h_3 \end{vmatrix} = \begin{vmatrix} (3)^{-1/2} & (2/3)^{1/2} & 0 \\ (3)^{-1/2} & -(6)^{-1/2} & (2)^{-1/2} \\ (3)^{-1/2} & -(6)^{-1/2} & -(2)^{-1/2} \end{vmatrix} \begin{vmatrix} s \\ p_x \\ p_y \end{vmatrix}
\tag{7.2.1}
$$

由表 7.1.2 可知,AH_3 分子的配位体轨道的线性组合具有下面形式:

$$
\begin{vmatrix} (3)^{-1/2} & (3)^{-1/2} & (3)^{-1/2} \\ (2/3)^{1/2} & -(6)^{-1/2} & -(6)^{-1/2} \\ 0 & (2)^{-1/2} & -(2)^{-1/2} \end{vmatrix} \begin{vmatrix} 1s_a \\ 1s_b \\ 1s_c \end{vmatrix}
\tag{7.2.2}
$$

明显看出矩阵(7.2.1)是(7.2.2)式的转置矩阵,反过来也一样。另外,可以容易地核对 sp^3 杂化轨道的系数矩阵(3.4.35)式和 CH_4 中配位体轨道的线性组合的系数矩阵(表 7.1.3)也有同样的关系。

总之,有两种方法定出一组杂化轨道的明确的表达方式。第一种方法已在第 3 章中表述,它利用了杂化轨道间正交、归一的关系,以及体系的几何学和对称性。第二种方法是将合适的投影算符作用到配位体的轨道,用以得到配位体轨道的线性组合。杂化轨道的系数矩阵是配位体轨道线性组合的系数矩阵的简单的转置矩阵。所以这两种方法自然就彼此相关。它们的差别只是后者正式用上群论技术,如投影算符、不可约表示的应用和分解等,而前者没有。

7.2.3　有 d 轨道参与的杂化轨道

在 7.2.1 小节中已介绍了许多包含有 d 轨道的杂化作用方案。实际上,有 d 轨道参与的杂化轨道的构建,并无任何技术上的困难。若以指向直角坐标轴的八面体的 d^2sp^3 杂化轨道为例(见图 7.1.10),由表 7.1.5 可得配位体轨道的线性组合系数矩阵:

$$\begin{vmatrix} (6)^{-1/2} & (6)^{-1/2} & (6)^{-1/2} & (6)^{-1/2} & (6)^{-1/2} & (6)^{-1/2} \\ -(12)^{-1/2} & -(12)^{-1/2} & -(12)^{-1/2} & -(12)^{-1/2} & 2(12)^{-1/2} & 2(12)^{-1/2} \\ 1/2 & 1/2 & -1/2 & -1/2 & 0 & 0 \\ (2)^{-1/2} & -(2)^{-1/2} & 0 & 0 & 0 & 0 \\ 0 & 0 & (2)^{-1/2} & -(2)^{-1/2} & 0 & 0 \\ 0 & 0 & 0 & 0 & (2)^{-1/2} & -(2)^{-1/2} \end{vmatrix} \begin{vmatrix} 1s_a \\ 1s_b \\ 1s_c \\ 1s_d \\ 1s_e \\ 1s_f \end{vmatrix}$$

用此结果，很容易得到杂化波函数：

$$\begin{vmatrix} h_a \\ h_b \\ h_c \\ h_d \\ h_e \\ h_f \end{vmatrix} = \begin{vmatrix} (6)^{-1/2} & -(12)^{-1/2} & 1/2 & (2)^{-1/2} & 0 & 0 \\ (6)^{-1/2} & -(12)^{-1/2} & 1/2 & -(2)^{-1/2} & 0 & 0 \\ (6)^{-1/2} & -(12)^{-1/2} & -1/2 & 0 & (2)^{-1/2} & 0 \\ (6)^{-1/2} & -(12)^{-1/2} & -1/2 & 0 & -(2)^{-1/2} & 0 \\ (6)^{-1/2} & 2(12)^{-1/2} & 0 & 0 & 0 & (2)^{-1/2} \\ (6)^{-1/2} & 2(12)^{-1/2} & 0 & 0 & 0 & -(2)^{-1/2} \end{vmatrix} \begin{vmatrix} s \\ d_{z^2} \\ d_{x^2-y^2} \\ p_x \\ p_y \\ p_z \end{vmatrix}$$

$$(7.2.3)$$

在(7.2.3)式中，杂化轨道 $h_a, h_b, \cdots, h_f$ 分别指向 $1s_a, 1s_b, \cdots, 1s_f$ 轨道（见图7.1.10）。

最后，考虑一个非等同位置的体系，如具有 D_{3h} 对称性的三方双锥分子 AX_5。如前所述，一种可能的组合方案是 dsp^3 杂化，其中 d 轨道只有 d_{z^2} 轨道参加。

如果利用 d_{z^2} 和 p_z 轨道构建轴向的杂化轨道 h_a 和 h_b，则 s, p_x 和 p_y 轨道将构建赤道上的杂化轨道 h_c, h_d 和 h_e（见图7.1.9）。这样就可以立即写出这些杂化的波函数：

$$\begin{vmatrix} h_a \\ h_b \\ h_c \\ h_d \\ h_e \end{vmatrix} = \begin{vmatrix} (2)^{-1/2} & (2)^{-1/2} & 0 & 0 & 0 \\ (2)^{-1/2} & -(2)^{-1/2} & 0 & 0 & 0 \\ 0 & 0 & (3)^{-1/2} & 2(6)^{-1/2} & 0 \\ 0 & 0 & (3)^{-1/2} & -(6)^{-1/2} & (2)^{-1/2} \\ 0 & 0 & (3)^{-1/2} & -(6)^{-1/2} & -(2)^{-1/2} \end{vmatrix} \begin{vmatrix} d_{z^2} \\ p_z \\ s \\ p_x \\ p_y \end{vmatrix} \qquad (7.2.4)$$

但是，我们没有理由假定 h_a 和 h_b 仅由 p_z 和 d_{z^2} 轨道组成。如果我们利用 s 和 p_z 轨道组成轴向的杂化轨道，利用 d_{z^2}, p_x 和 p_y 组成赤道上的杂化轨道，则可将杂化轨道写成

$$\begin{vmatrix} h_a \\ h_b \\ h_c \\ h_d \\ h_e \end{vmatrix} = \begin{vmatrix} 0 & (2)^{-1/2} & (2)^{-1/2} & 0 & 0 \\ 0 & -(2)^{-1/2} & (2)^{-1/2} & 0 & 0 \\ -(3)^{-1/2} & 0 & 0 & 2(6)^{-1/2} & 0 \\ -(3)^{-1/2} & 0 & 0 & -(6)^{-1/2} & (2)^{-1/2} \\ -(3)^{-1/2} & 0 & 0 & -(6)^{-1/2} & -(2)^{-1/2} \end{vmatrix} \begin{vmatrix} d_{z^2} \\ p_z \\ s \\ p_x \\ p_y \end{vmatrix} \qquad (7.2.5)$$

很明显，(7.2.4)式和(7.2.5)式都是极限的情况。包含这两种情况的一般表达式为

$$\begin{vmatrix} h_a \\ h_b \\ h_c \\ h_d \\ h_e \end{vmatrix} = \begin{vmatrix} (2)^{-1/2}\sin\alpha & (2)^{-1/2} & (2)^{-1/2}\cos\alpha & 0 & 0 \\ (2)^{-1/2}\sin\alpha & -(2)^{-1/2} & (2)^{-1/2}\cos\alpha & 0 & 0 \\ -(3)^{-1/2}\cos\alpha & 0 & (3)^{-1/2}\sin\alpha & 2(6)^{-1/2} & 0 \\ -(3)^{-1/2}\cos\alpha & 0 & (3)^{-1/2}\sin\alpha & -(6)^{-1/2} & (2)^{-1/2} \\ -(3)^{-1/2}\cos\alpha & 0 & (3)^{-1/2}\sin\alpha & -(6)^{-1/2} & -(2)^{-1/2} \end{vmatrix} \begin{vmatrix} d_{z^2} \\ p_z \\ s \\ p_x \\ p_y \end{vmatrix} \qquad (7.2.6)$$

为了从(7.2.6)式获得(7.2.4)和(7.2.5)式，只需要分别将 α 角定为90°和0°即可。

不难看出 5 个杂化轨道形成一组正交、归一的波函数,其中参数 α 在此矩阵中可由一系列的方法去测定,例如利用杂化轨道和配位体轨道之间的重叠趋于最大,或者利用体系的能量趋于最小等。这种有关定量的方法明显地超出了本章(或本书)的范围,不再进行更深入地讨论了。

7.3　分子的振动

在红外和拉曼光谱中检测到的分子振动,为了解分子的几何和电子结构提供了非常有用的信息。如前所述,一个分子的每种振动波函数必须具有该分子点群的一种不可约表示的对称性。分子的振动运动是用群论处理问题富有成果的另一个课题。

7.3.1　正则模式的对称性和活性

一个由 N 个原子组成的分子有着 $3N$ 个自由度,其中包括 3 个平动、3 个转动自由度,剩余的 $(3N-6)$ 个自由度为振动自由度。对于线性分子,只有 2 个转动自由度,所以其振动自由度为 $(3N-5)$ 个。下面将以 NH_3 分子为例,说明如何测定分子振动的对称性和活性。

步骤 1　对于一个属于某个点群的分子,先根据它的几何构型及对称性定出分子的表示 $\Gamma(N_0)$,它的特征标是在这个点群中不被对称操作移动的原子数目。NH_3 分子属 C_{3v} 点群。$\Gamma(N_0)$ 值列出如下:

C_{3v}	E	$2C_3$	$3\sigma_v$
$\Gamma(N_0)$	4	1	2

步骤 2　将每个 $\Gamma(N_0)$ 的特征标乘以适当的因子 $f(R)$ 以获得 Γ_{3N},$3N$ 自由度的表示。现示出对于操作 R 怎样定出因子 $f(R)$。当 R 为一个旋转角为 ϕ 的旋转操作,可得

$$f(C_\phi) = 1 + 2\cos\phi \tag{7.3.1}$$

这样,$f(E)=3,f(C_2)=-1,f(C_3)=f(C_3^2)=0,f(C_4)=f(C_4^3)=1,f(C_6)=f(C_6^5)=2$,等等。

当 R 为一旋转角为 ϕ 的映轴 S_ϕ,则得

$$f(S_\phi) = -1 + 2\cos\phi \tag{7.3.2}$$

这样,$f(S_1)=f(\sigma)=1,f(S_2)=f(i)=-3,f(S_3)=-2,f(S_4)=f(S_4^3)=-1,f(S_6)=f(S_6^5)=0$,等等。所以对于 NH_3 分子:

C_{3v}	E	$2C_3$	$3\sigma_v$
$f(R)$	3	0	1
$\Gamma_{3N} = f(R) \times \Gamma(N_0)$	12	0	2

将 Γ_{3N} 进行分解就容易获得

$$\Gamma_{3N} = 3A_1 + A_2 + 4E \tag{7.3.3}$$

步骤 3　从 Γ_{3N} 减去平动 $(\Gamma_x,\Gamma_y,\Gamma_z)$ 和转动 $[\Gamma(R_x),\Gamma(R_y),\Gamma(R_z)]$ 等对称类,获得振动表示 Γ_{vib}。

$$\Gamma_{vib} = \Gamma_{3N} - \Gamma_{trans} - \Gamma_{rot} \tag{7.3.4}$$

对于 NH_3 可得

$$\Gamma_{vib} = (3A_1 + A_2 + 4E) - (A_1 + E) - (A_2 + E)$$
$$= 2A_1 + 2E \tag{7.3.5}$$

由此可见,在 NH_3 分子的 6 个振动中,2 个具有 A_1 对称性,其余 4 个形成 2 个 E 组。

步骤 4　若分子的振动模式具有红外(IR)活性,它必须使分子的偶极矩产生变化。由于偶极矩组分的对称类和 $\Gamma_x,\Gamma_y,\Gamma_z$ 相同,所以具有和 Γ_x,Γ_y 或 Γ_z 相同对称性的正则模式将具红外活性。这里使用的论点非常相似于电偶极跃迁的选律的推导(见 7.1.3 小节)。以此检查 NH_3 分子的振动模式,它的 6 个振动均为红外活性,但它只有 4 个可分辨的频率。

另一方面,一个分子的拉曼(R)活性的振动模式必须令分子的极化率张量改变。极化率张量组分具有 $\Gamma_{x^2},\Gamma_{y^2},\Gamma_{z^2},\Gamma_{xy},\Gamma_{yz}$ 和 Γ_{xz} 的对称性。具有这些对称性的正则模式就具拉曼活性。从 C_{3v} 特征标表可知,在 NH_3 分子的拉曼谱中将可观察到 4 种基本频率,因其 6 个振动均呈拉曼活性。由上可得

$$\Gamma_{vib}(NH_3) = 2A_1(R/IR) + 2E(R/IR) \tag{7.3.6}$$

NH_3 分子的 4 种观察到的频率及其正则模式的图形示于图 7.3.1 中。从这图中可以得出 ν_1 和 ν_3 为伸缩振动模式,而 ν_2 和 ν_4 为弯曲振动模式。注意,伸缩振动的数目应等于键的数目,图中 ν_3 和 ν_4 只示出一种模式,故标以 ν_{3a} 和 ν_{4a}。从 NH_3 的实例可以看出伸缩振动的频率要高于弯曲振动。

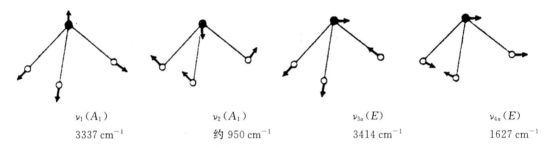

$\nu_1(A_1)$　　　　　$\nu_2(A_1)$　　　　　$\nu_{3a}(E)$　　　　　$\nu_{4a}(E)$
3337 cm^{-1}　　　约 950 cm^{-1}　　　3414 cm^{-1}　　　1627 cm^{-1}

图 7.3.1　NH_3 分子的振动模式及其频率。(对 E 的模式这里只示出一种组分。)

在讨论其他例子前,应注意中心对称的分子(具有对称中心),Γ_x,Γ_y 和 Γ_z 是"u"(奇)类对称,而 $x,y,$ 和 z 任意两个的乘积则为"g"(偶)类对称。所以这些分子的红外活性模式对拉曼是禁阻的,而拉曼活性模式对红外也是禁阻的。换言之,没有一个振动模式同时在红外和拉曼光谱中出现,这个关系称为相互排斥规则。

另外一个有用的关系是:全对称不可约表示 Γ_{TS} 在各个点群中总是和 x,y 及 z 的二元乘积(一个或多个)有关,所以全对称振动模式总是具有拉曼活性。

全对称振动模式除了总是具有拉曼活性外,它还易于从光谱中辨认出来。在图 7.3.2 中,散射的拉曼辐射可分解为两部分强度组分:$I_\perp$ 和 $I_\parallel$。这两部分的强度比称为去极化比,用符号 ρ 表示。

$$\rho = I_\perp / I_\parallel \tag{7.3.7}$$

如果入射辐射是平面偏振光,例如由拉曼光谱仪中的激光所产生,散射理论指出全对称模式为 $0 < \rho < \dfrac{3}{4}$,而其他非全对称模式的 $\rho = \dfrac{3}{4}$。具有 $0 < \rho < \dfrac{3}{4}$ 的振动谱带称为极化谱带,而 $\rho = \dfrac{3}{4}$ 者称为去极化谱带。实际上,对于高对称的分子,极化谱带常常是 $\rho \approx 0$,它使得鉴定全

对称模式较为简单。

图 7.3.2 示出 CCl_4 的 $\nu_1(A_1)$ 和 $\nu_2(E)$ 拉曼谱带的强度 $I_\perp$ 和 $I_\parallel$。由图可见，$\nu_1(A_1)$ 的 $I_\perp$ 十分近于 0，精确的测量可得 $\nu_1(A_1)$ 的 $\rho=0.005\pm0.002$，而 $\nu_2(E)$ 的 $\rho=0.72\pm0.002$，这和散射理论的结果是一致的。

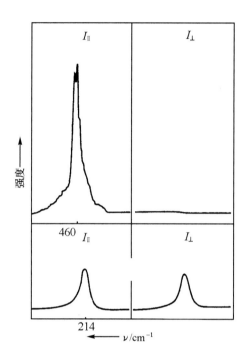

图 7.3.2　CCl_4 的拉曼谱带强度 $I_\perp$ 和 $I_\parallel$：$\nu_1(A_1)$（图上半部分），
$\nu_2(E)$（图下半部分）。（在 ν_1 带中的分裂是由于 Cl 的同位素效应。）

7.3.2　几个用作说明的实例

在本小节中将用几个简单的实例来说明在前几节中谈到的各种原理和技术，其中将特别强调分子的伸缩振动。

1. 反式 - N_2F_2

N_2F_2 分子能以两种几何形状存在：反式和顺式。这里只研究具有 C_{2h} 对称性的反式异构体。它的振动模式所衍生的结果列出于下。

C_{2h}	E	C_2	i	σ_h	
$\Gamma(N_0)$	4	0	0	4	
$f(R)$	3	-1	-3	1	
Γ_{3N}	12	0	0	4	$\equiv 4A_g+2B_g+2A_u+4B_u$

$$\Gamma_{\text{vib}}(\text{反式-}N_2F_2)=3A_g(\text{R})+A_u(\text{IR})+2B_u(\text{IR}) \tag{7.3.8}$$

　　所以,反式-N_2F_2 的红外光谱有 3 条谱带,同时也有 3 条拉曼谱带。由于它是一个中心对称的分子,没有同时在两光谱发生的谱带出现。

　　图 7.3.3 给出反式-N_2F_2 的正则模式及观察到的频率。注意这个分子具有 3 个键,因此它有 3 个伸缩振动模式:$\nu_1(A_g)$ 是两个 N—F 键的对称伸缩振动,$\nu_2(A_g)$ 是 N=N 键的伸缩振动,$\nu_4(B_u)$ 是两个 N—F 键的不对称伸缩振动。因为 N—F 键的对称伸缩振动和 N=N 键的伸缩振动都有相同的对称性(A_g),ν_1 和 ν_4 是这两种伸缩类型的混合。在这三种伸缩模式中,$\nu_2(A_g)$ 具有最高的能量,因为 N=N 是双键,而 N—F 是单键。

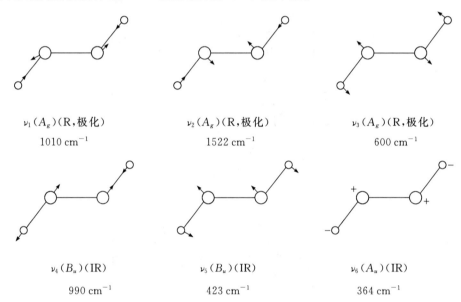

$$\nu_1(A_g)(\text{R},极化)$$
$$1010 \text{ cm}^{-1}$$

$$\nu_2(A_g)(\text{R},极化)$$
$$1522 \text{ cm}^{-1}$$

$$\nu_3(A_g)(\text{R},极化)$$
$$600 \text{ cm}^{-1}$$

$$\nu_4(B_u)(\text{IR})$$
$$990 \text{ cm}^{-1}$$

$$\nu_5(B_u)(\text{IR})$$
$$423 \text{ cm}^{-1}$$

$$\nu_6(A_u)(\text{IR})$$
$$364 \text{ cm}^{-1}$$

图 7.3.3　反式-N_2F_2 的正则模式及其频率。

(注意 ν_1,ν_2 和 ν_4 是伸缩振动的谱带。)

2. CF_4

CF_4 是一个具有 T_d 对称性的四面体分子,其振动模式的对称性推引出来,列出于下:

T_d	E	$8C_3$	$3C_2$	$6S_4$	$6\sigma_d$	
$\Gamma(N_0)$	5	2	1	1	3	
$f(R)$	3	0	-1	-1	1	
Γ_{3N}	15	0	-1	-1	3	$\equiv A_1+E+T_1+3T_2$

$$\Gamma_{\text{vib}}(CF_4) = A_1(\text{R}) + E(\text{R}) + 2T_2(\text{IR/R}) \tag{7.3.9}$$

所以 CF_4 有 2 条红外谱带及 4 条拉曼谱带,其中 2 条是同位置出现的。正则模式及各自的频率示于图 7.3.4 中。注意图中 $\nu_1(A_1)$ 和 $\nu_3(T_2)$ 为伸缩振动带。同样,这个实例也说明高对称性分子会有少量红外谱带,这一"规则"的基础在于高对称性点群中,x,y 和 z 通常结合成一简并表示。

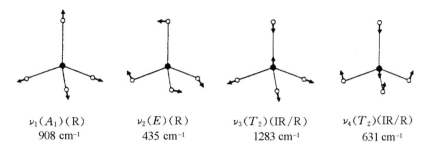

$$\nu_1(A_1)(\mathrm{R}) \qquad \nu_2(E)(\mathrm{R}) \qquad \nu_3(T_2)(\mathrm{IR/R}) \qquad \nu_4(T_2)(\mathrm{IR/R})$$
$$908 \ \mathrm{cm}^{-1} \qquad 435 \ \mathrm{cm}^{-1} \qquad 1283 \ \mathrm{cm}^{-1} \qquad 631 \ \mathrm{cm}^{-1}$$

图 7.3.4 CF_4 的正则模式及其频率。(图中对简并模式只示出一种。)

3. XeF_4

这个分子具有 D_{4h} 对称性的平面四方形结构。其振动模式的对称性可按常用方法推出，列出于下：

D_{4h}	E	$2C_4$	C_2	$2C_2'$	$2C_2''$	i	$2S_4$	σ_h	$2\sigma_v$	$2\sigma_d$
$\Gamma(N_0)$	5	1	1	3	1	1	1	5	3	1
$f(\mathbf{R})$	3	1	-1	-1	-1	-3	-1	1	1	1
Γ_{3N}	15	1	-1	-3	-1	-3	-1	5	3	1

$$\Gamma_{3N} = A_{1g} + A_{2g} + B_{1g} + B_{2g} + E_g + 2A_{2u} + B_{2u} + 3E_u$$
$$\Gamma_{\mathrm{vib}}(XeF_4) = A_{1g}(\mathrm{R}) + B_{1g}(\mathrm{R}) + B_{2g}(\mathrm{R}) + A_{2u}(\mathrm{IR}) + B_{2u} + 2E_u(\mathrm{IR}) \qquad (7.3.10)$$

所以 XeF_4 在它的红外光谱和拉曼光谱中各有 3 条谱带。由于分子具有对称中心，没有一个谱带是同时发生的。此外，有一个“静止”模式 B_{2u} 对称性在红外和拉曼光谱中都显示不出来。图 7.3.5 给出 XeF_4 的正则模式及其频率。

图 7.3.5 所示的正则模式中，$\nu_1(A_{1g})$，$\nu_2(B_{2g})$ 和 $\nu_6(E_u)$ 为伸缩振动模式，它们可以直接地从图形的表示中看出来。如将 4 个 Xe—F 键标为 a, b, c 和 d，$\nu_1(A_{1g})$ 振动模式应为 $a+b+c+d$，“$+$”指示压缩模式，“$-$”指示伸展模式。如果用投影算符 $P^{A_{1g}}$ 操作在 a 上，通过组合可得到 $a+b+c+d$。相似地，如果用投影算符 $P^{B_{2g}}$ 操作在 a 上，将得到 $a-b+c-d$，它可转写成 $\nu_2(B_{2g})$。若用 P^{E_u} 操作在 a 上，将得到 $a-c$；将 P^{E_u} 操作在 b 上，得 $b-d$。将这两种结合进一步组合，得 $(a-c)\pm(b-d)$，其中之一示于图 7.3.5 中，而另一种没有示出。一个分子的伸缩振动通常就可按这种方式推引。

4. SF_4

这个分子具有 C_{2v} 对称性，它有两种类型的 S—F 键，轴上的和赤道上的。这个分子的振动模式列于下：

C_{2v}	E	C_2	$\sigma_v(xz)$	$\sigma_v'(yz)$
$\Gamma(N_0)$	5	1	3	3
$f(\mathbf{R})$	3	-1	1	1
Γ_{3N}	15	-1	3	3

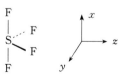

$$\Gamma_{3N} = 5A_1 + 2A_2 + 4B_1 + 4B_2$$
$$\Gamma_{\mathrm{vib}}(SF_4) = 4A_1(\mathrm{IR/R}) + A_2(\mathrm{R}) + 2B_1(\mathrm{IR/R}) + 2B_2(\mathrm{IR/R}) \qquad (7.3.11)$$

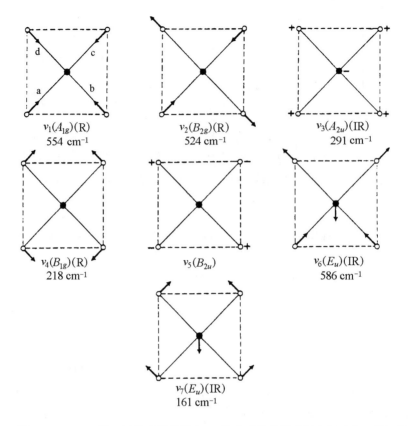

图 7.3.5　XeF$_4$ 的正则模式及其频率。（注意对简并模式图中只示出一种组分。）

所以 SF$_4$ 分子应有 9 条拉曼谱带和 8 条红外谱带。红外的 8 条谱带均可在拉曼谱中找到。SF$_4$ 的正则振动模式及其频率示于图 7.3.6 中。从图 7.3.6 中可以看出伸缩振动模式，它包括 ν_1（赤道键上的对称伸缩），ν_2（轴键的对称伸缩），ν_6（轴键的不对称伸缩）和 ν_8（赤道键的不对称伸缩）。

上面讨论到三种五原子分子的振动光谱，它们是 CF$_4$，XeF$_4$ 和 SF$_4$，其对称性分别为 T_d，D_{4h} 和 C_{2v}。在它们的红外光谱中分别观察到 2 条，3 条和 8 条谱带。这些结果符合经验的判断：对称性越高的分子红外谱带越少。

5. PF$_5$

PF$_5$ 分子具有 D_{3h} 对称性，为三方双锥结构。如同 SF$_4$ 分子，PF$_5$ 有着两种类型的化学键，赤道上的 P—F 键和轴上的 P—F 键。这个分子的振动模式可按下列方法推出：

D_{3h}	E	$2C_3$	$3C_2$	σ_h	$2S_3$	$3\sigma_v$	
$\Gamma(N_0)$	6	3	2	4	1	4	
$f(\mathbf{R})$	3	0	-1	1	-2	1	
Γ_{3N}	18	0	-2	4	-2	4	$\equiv 2A_1' + A_2' + 4E' + 3A_2'' + 2E''$

$$\Gamma_{\text{vib}}(\text{PF}_5) = 2A_1'(\text{R}) + 3E'(\text{IR/R}) + 2A_2''(\text{IR}) + E''(\text{R}) \qquad (7.3.12)$$

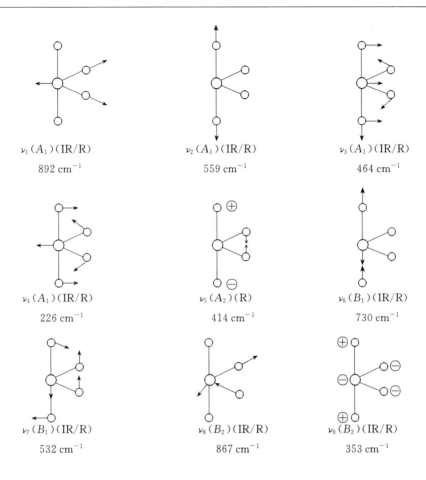

$\nu_1(A_1)$(IR/R)
892 cm^{-1}

$\nu_2(A_1)$(IR/R)
559 cm^{-1}

$\nu_3(A_1)$(IR/R)
464 cm^{-1}

$\nu_4(A_1)$(IR/R)
226 cm^{-1}

$\nu_5(A_2)$(R)
414 cm^{-1}

$\nu_6(B_1)$(IR/R)
730 cm^{-1}

$\nu_7(B_1)$(IR/R)
532 cm^{-1}

$\nu_8(B_2)$(IR/R)
867 cm^{-1}

$\nu_9(B_2)$(IR/R)
353 cm^{-1}

图 7.3.6 **SF$_4$ 的正则振动模式及其频率。**

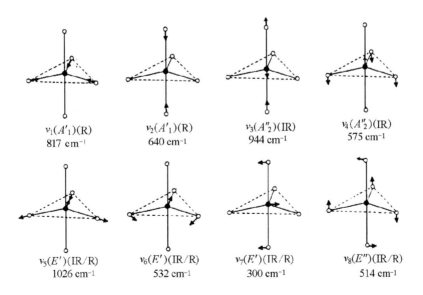

$\nu_1(A'_1)$(R)
817 cm^{-1}

$\nu_2(A'_1)$(R)
640 cm^{-1}

$\nu_3(A''_2)$(IR)
944 cm^{-1}

$\nu_4(A''_2)$(IR)
575 cm^{-1}

$\nu_5(E')$(IR/R)
1026 cm^{-1}

$\nu_6(E')$(IR/R)
532 cm^{-1}

$\nu_7(E')$(IR/R)
300 cm^{-1}

$\nu_8(E'')$(IR/R)
514 cm^{-1}

图 7.3.7 **PF$_5$ 的正则模式及其频率。**（对于简并模式仅示出其中的一种。）

　　所以这个分子有 5 条红外和 6 条拉曼的谱带，其中有 3 条是同时发生的。PF_5 的正则模式及其频率示于图 7.3.7 中。从此图可见，$\nu_1(A_1')$ 和 $\nu_5(E')$ 是赤道键的伸缩振动模式，而 $\nu_2(A_1')$ 和 $\nu_3(A_2'')$ 是轴键的对称和不对称伸缩振动模式。回忆在 7.1 节中 AH_3 分子中的情况，BH_3 分子 3 个函数 a,b 和 c 线性组合的推引结果应为 $a+b+c,2a-b-c$ 和 $b-c$，其中后两者是简并的。图 7.3.7 中 $\nu_1(A_1')$ 模式与 $a+b+c$ 是等价的，而 $\nu_5(E')$ 等价于 $2a-b-c$。剩余的一个组合 $b-c$ 没有示于图中。

　　6. SF_6

　　这个高对称分子具有 O_h 对称性及八面体结构。与 SF_4 及 PF_5 都有两种类型的键相反，在 SF_6 中的 6 个键是等价的。分子的振动模式可推引出，如下表：

O_h	E	$8C_3$	$6C_2$	$6C_4$	$3C_2=C_4^2$	i	$6S_4$	$8S_6$	$3\sigma_h$	$6\sigma_d$
$\Gamma(N_0)$	7	1	1	3	3	1	1	1	5	3
$f(\mathbf{R})$	3	0	-1	1	-1	-3	-1	0	1	1
Γ_{3N}	21	0	-1	3	-3	-3	-1	0	5	3

$$\Gamma_{3N}=A_{1g}+E_g+T_{1g}+T_{2g}+3T_{1u}+T_{2u}$$

$$\Gamma_{vib}(SF_6)=A_{1g}(R)+E_g(R)+2T_{1u}(IR)+T_{2g}(R)+T_{2u} \qquad (7.3.13)$$

所以 SF_6 分子有 3 条拉曼和 2 条红外谱带，彼此没有同时发生的情况。T_{2u} 模式是静止的。SF_6 振动的正则模式及其频率示于图 7.3.8 中。由图可以清楚地看出，$\nu_1(A_{1g})$，$\nu_2(E_g)$ 和 $\nu_3(T_{1u})$ 是伸缩振动模式。回忆 7.1 节八面体 AH_6 分子的情况，SF_6 分子中 6 个 S—F 键：a，$b,\cdots,f,a$ 和 b 共线，c 和 d,e 和 f 也共线。则 $\nu_1(A_{1g})$ 等价于 $a+b+c+d+e+f;\nu_2(E_g)$ 等价于 $2e+2f-a-b-c-d;\nu_3(T_{1u})$ 等价于 $e-f$。图 7.3.8 中没有示出 E_g 的另外一个组分 $a+b-c-d$，也没有示出 T_{1u} 中的另外两个组分 $a-b$ 和 $c-d$。这 6 种组合和表 7.1.5 中 AH_6 分子的配位体轨道的组合是相同的。

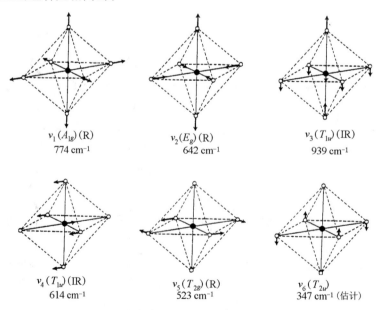

$\nu_1(A_{1g})(R)$　　　　$\nu_2(E_g)(R)$　　　　$\nu_3(T_{1u})(IR)$
774 cm⁻¹　　　　642 cm⁻¹　　　　939 cm⁻¹

$\nu_4(T_{1u})(IR)$　　　　$\nu_5(T_{2g})(R)$　　　　$\nu_6(T_{2u})$
614 cm⁻¹　　　　523 cm⁻¹　　　　347 cm⁻¹（估计）

图 7.3.8　SF_6 的振动正则模式及其频率。（对于简并模式只示出一种组分。）

7.3.3　金属羰基配合物中 CO 的伸缩振动

在前面举例的分子中原子数目相对较少,所以将分子的全部$(3N-6)$个振动加以研究和介绍。但是,对原子数目很多的分子,通常适合于集中关注某种振动类型。这类研究的基本实例是金属羰基配合物中 CO 的伸缩振动模式。

大多数金属羰基配合物呈现尖锐而较强的 CO 谱带,它处在 $1800\sim2100\ \text{cm}^{-1}$。因为 CO 伸缩振动模式很少和其他模式耦合,它们的吸收带不会被其他振动所遮盖。CO 伸缩振动谱带常可单独提供有价值的有关羰基配合物的几何结构和电子结构的信息。前已谈及,自由 CO 的吸收带为 $2155\ \text{cm}^{-1}$,它相应于 $C\equiv O$ 三重键的伸缩振动。另一方面,酮和醛约在 $1715\ \text{cm}^{-1}$ 处出现,它形式上相应于 $C=O$ 双键的伸缩振动。由此可见,在金属羰基配合物中,CO 键级在 $2\sim3$,这种观察的结果,可用下述简单成键方式合理地解释。

M—C 键是由 C 原子提供孤对电子给金属原子 M 的 d_{z^2} 空轨道(见图 7.3.9 上半部)。π 键是由金属 $d\pi$ 电子反馈给 CO 的空的 π^* 轨道(见第 3 章)。CO 的 π^* 轨道由电子占据将降低 CO 键的键级,因而降低 CO 伸缩振动频率(见图 7.3.9 下半部)。这两部分的成键作用,可用下面的共振结构式表达:

$$\overset{\ominus}{M}-C\equiv O^{\oplus} \quad\longleftrightarrow\quad M=C=O$$
$$（\text{Ⅰ}） \qquad\qquad （\text{Ⅱ}）$$

结构(Ⅰ)(具有较高的 CO 频率)有利于正电荷聚集于金属原子上,而结构(Ⅱ)(具有较低的 CO 频率)有利于负电荷(因反馈作用增加)聚集在金属原子上。所以,羰基化合物上的净电荷对 CO 伸缩振动频率有着深刻的影响,这可由表 7.3.1 中的两个等电子体系说明。

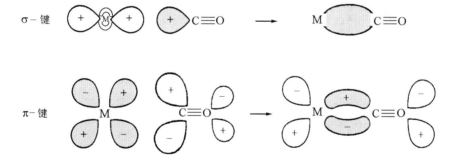

图 7.3.9　在金属羰基化合物中的 σ 和 π 成键作用。

CO 伸缩振动模式的鉴定及其活性的测定可按常规的群论技术去完成。现以具有 D_{3h} 对称性,三方双锥结构的 $Fe(CO)_5$ 为例说明。在这分子中包括 5 个 CO 伸缩振动的表示 Γ_{CO}。按对称操作可得

D_{3h}	E	$2C_3$	$3C_2$	σ_h	$2S_3$	$3\sigma_v$	
Γ_{CO}	5	2	1	3	0	3	$\equiv 2A_1' + A_2'' + E'$

$$\Gamma_{CO}[Fe(CO)_5] = 2A_1'(R) + A_2''(IR) + E'(IR/R) \qquad (7.3.14)$$

表 7.3.1　一些八面体和四面体金属羰基化合物的 CO 伸缩振动频率

	← 结构（Ⅰ）的重要性增加方向		
	$V(CO)_6^-$	$Cr(CO)_6$	$Mn(CO)_6^+$
$\nu(A_{1g})/cm^{-1}$	2020	2119	2192
$\nu(E_g)/cm^{-1}$	1895	2027	2125
$\nu(T_{1u})/cm^{-1}$	1858	2000	2095
	$Fe(CO)_4^{2-}$	$Co(CO)_4^-$	$Ni(CO)_4$
$\nu(A_1)/cm^{-1}$	1788	2002	2125
$\nu(T_2)/cm^{-1}$	1786	1888	2045
	结构（Ⅱ）的重要性增加方向 →		

所以在红外和拉曼谱中分别有 2 条和 3 条伸缩振动谱带。在 $Fe(CO)_5$ 分子中，CO 伸缩模式及其频率示于图 7.3.10 中。

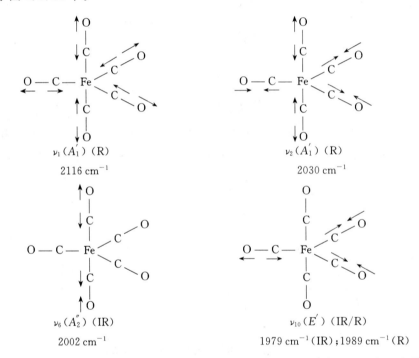

$\nu_1(A_1')$ (R)
2116 cm^{-1}

$\nu_2(A_1')$ (R)
2030 cm^{-1}

$\nu_6(A_2'')$ (IR)
2002 cm^{-1}

$\nu_{10}(E')$ (IR/R)
1979 cm^{-1}(IR)；1989 cm^{-1}(R)

图 7.3.10　$Fe(CO)_5$ 分子中 CO 伸缩振动模式及其频率。［对 $\nu_{10}(E')$ 仅示出一个组分。］

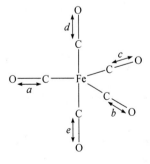

　　示于图 7.3.10 中的 CO 伸缩模式，可容易地用标准的群论技术获得。若规定赤道上的 CO 基团为 a,b 和 c，轴上的为 d 和 e（见左图）。这 5 个基团的组合简单地为：A_1'，$a+b+c$；E'，$2a-b-c$ 和 $b-c$；A_1'，$d+e$；A_2'，$d-e$；其中"＋"表示伸长，"－"表示缩短。因为有两个 A_1' 组合，可以进一步组合成 $k(a+b+c)+(d+e)$ 和 $k'(-a-b-c)+(d+e)$，式中 k 和 k' 是常数。示于图 7.3.10 的伸缩模式为这 5 种线性组合的简单图形表示，但 E' 模式的一个组分，$b-c$，没有示出。最后，注意在图 7.3.10 中 $\nu_1(A_1')$ 称为呼吸模

式,因为这时全部羰基一致地伸长和缩短。对于羰基配合物,如 $Fe(CO)_5$,通常呼吸模式具有最高的能量。

对于具有 T_d 对称性的四面体羰基配合物 $M(CO)_4$,可直接地将 CO 伸缩振动的表示写出:

$$\Gamma_{CO}[M(CO)_4] = A_1(R) + T_2(IR/R) \tag{7.3.15}$$

对于具有 O_h 对称性的八面体羰基配合物 $M(CO)_6$ 则为

$$\Gamma_{CO}[M(CO)_6] = A_{1g}(R) + E_g(R) + T_{1u}(IR) \tag{7.3.16}$$

由于羰基配合物的结构和 CO 伸缩振动谱带的数目有着直接的联系,当用群论方法对每个可能的结构计算出羰基配合物中 CO 伸缩振动谱带的数目,并和它的光谱进行比较,通常可以直接推断在配合物中 CO 基团的排列。现用一个八面体的 $M(CO)_4L_2$ 配合物的顺式和反式异构体为例说明。对反式异构体,具有 D_{4h} 对称性,可推得

$$\Gamma_{CO}[反式\text{-}M(CO)_4L_2] = A_{1g}(R) + B_{1g}(R) + E_u(IR) \tag{7.3.17}$$

所以在拉曼光谱中有两条 CO 的伸缩振动谱带,而红外光谱只有一条。对 C_{2v} 对称性的顺式异构体,可推得

$$\Gamma_{CO}[顺式\text{-}M(CO)_4L_2] = 2A_1(IR/R) + B_1(IR/R) + B_2(IR/R) \tag{7.3.18}$$

所以有 4 条红外和拉曼同时发生的谱带。当 M 为 Mo 而 L 为 PCl_3 时,反式异构体就只有一条红外伸缩振动谱带,而顺式异构体有 4 条。这些结果归纳在图 7.3.11 中。图中还示出 CO 的伸缩振动模式。由图可见,它显现出顺式异构体两个 A_1 模式并不强烈地耦合。同样,这两个实例也反映出高对称分子有较少的红外活性谱带的一般规则。

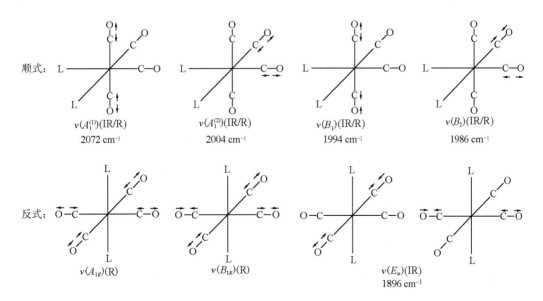

图 7.3.11　顺式-和反式-$[Mo(CO)_4(PCl_3)_2]$的 CO 伸缩振动模式及其红外谱带。

在有些情况下,两种异构体的 CO 伸缩振动谱带有着相同的数目,但它们仍可以根据谱带的相对强度区分开来。今以(A)顺式-和(B)反式-$[(\eta^5\text{-}C_5H_5)Mo(CO)_2PPh_3(C_4H_6O)]^+$ 的光谱为例。这两个离子的结构式及其红外光谱示于图 7.3.12 中。在这两个谱图中,两条谱带均

为(1)对称的和(2)反对称的 CO 伸缩振动模式。根据前一个例子顺式-Mo(CO)₄(PCl₃)₂,我们知道对称伸缩(1)具有略高的能量。而强度比(A)和(B)不同,起因于两个 CO 基团间的夹角不同。

有关图 7.3.13 中伸缩振动模式的偶极矢量 $\boldsymbol{R}$ 是两个独立的 CO 基团偶极的和或差。由于对称和不对称伸缩的强度分别正比于 $\boldsymbol{R}_s^2$ 和 $\boldsymbol{R}_a^2$。这两个强度之比可简单表达为

$$\frac{I(1)}{I(2)} = \frac{\boldsymbol{R}_s^2}{\boldsymbol{R}_a^2} = \frac{(2r\cos\theta)^2}{(2r\sin\theta)^2} = \cot^2\theta \tag{7.3.19}$$

式中 2θ 是两个 CO 基团所夹的角度。在图 7.3.12 图谱(A)中,$\dfrac{I(1)}{I(2)} = 1.44$,$2\theta$ 为 79°,这表明这个图谱应为顺式异构体。在图谱(B)中,$\dfrac{I(1)}{I(2)} = 0.32$,$2\theta$ 为 121°,表明这个图谱为反式异构体。

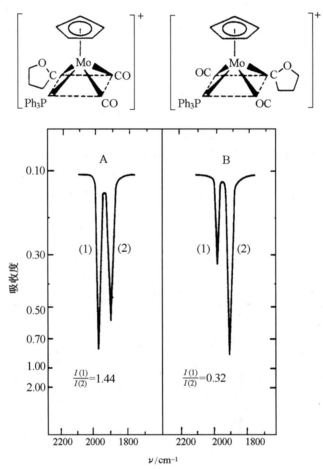

图 7.3.12 (A)顺式-和(B)反式-$[(\eta^5\text{-}C_5H_5)Mo(CO)_2PPh_3(C_4H_6O)]^+$ 的 CO 伸缩振动谱带及其相对强度。

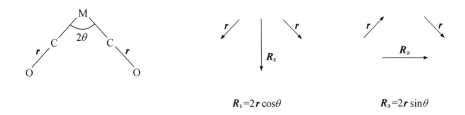

图 7.3.13　在 M(CO)₂ 部分中,两个独立的 CO 偶极子(r)怎样结合成偶极矢量 R 的图形。

(如图所示,有两种组合的方法,因而有两个 R: R_s 和 R_a。)

在多核羰基配合物中,羰基和多个金属配位,CO 配体有两种不同的方法和金属成键。除已讨论到的端接形式外,还有桥式,即一个羰基和两个金属结合(有时还多于两个)。对于桥式,假定一个 CO 基团给每个金属原子提供一个电子,同样,两个金属原子也反馈电子给 CO 配体,因而它相对于端接羰基降低了振动频率。实际上,大多数桥式羰基的吸收带范围在 1700 ~1860 cm⁻¹。现以 $Co_2(CO)_8$ 为例,在固态时它具有 C_{2v} 对称性,结构如下:

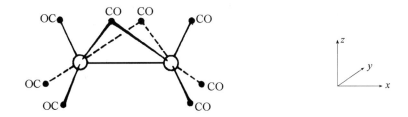

为了推引 CO 伸缩振动模式,可将桥连和端接分开推引如下:

C_{2v}	E	C_2	$\sigma_v(xz)$	$\sigma_v'(yz)$
$(\Gamma_{CO})_b$	2	0	0	2
$(\Gamma_{CO})_t$	6	0	2	0

$$(\Gamma_{CO})_b[Co_2(CO)_8] = A_1(IR/R) + B_2(IR/R) \tag{7.3.20}$$

$$(\Gamma_{CO})_t[Co_2(CO)_8] = 2A_1(IR/R) + A_2(R) + 2B_1(IR/R) + B_2(IR/R) \tag{7.3.21}$$

所以在红外光谱中有 7 条伸缩谱带,和实验观察一致。端接的 CO 伸缩频率为 2075,2064,2047,2035 和 2028 cm⁻¹,两个桥连 CO 伸缩峰处在 1867 和 1859 cm⁻¹。

作为最后一个例子,研究高对称的 $Fe_2(CO)_9$,它具有 D_{3h} 对称性,如右下图所示。CO 伸缩振动模式的对称性可推引于下:

D_{3h}	E	$2C_3$	$3C_2$	σ_h	$2S_3$	$3\sigma_v$
$(\Gamma_{CO})_b$	3	0	1	3	0	1
$(\Gamma_{CO})_t$	6	0	0	0	0	2

$$(\Gamma_{CO})_b[Fe_2(CO)_9]=A_1'(R)+E'(IR/R) \tag{7.3.22}$$

$$(\Gamma_{CO})_t[Fe_2(CO)_9]=A_1'(R)+A_2''(IR)+E'(IR/R)+E''(R) \tag{7.3.23}$$

所以应有 3 条红外谱带：2066(A_2'')，2038(E'，端接)和 1855 cm^{-1}(E'，桥连)。

在上述例子中，我们纯粹用对称性判断振动光谱，可获得有关结构和键的信息。很明显，定性的处理有它的局限性，例如不能对观察到的振动谱带进行可靠的指认。进行精确的工作，则必须用定量的方法，而这超出了本书的范围。

7.3.4　线性分子

在本小节将考察少数几个线性分子的振动光谱，以阐明已讨论过的原理。

1. 氰化氢和二氧化碳

HCN 和 CO_2 分别具有 $C_{\infty v}$ 和 $D_{\infty h}$ 对称性，都有两个化学键，因此都有两个伸缩模式和一个(二重简并)弯曲模式。在 CO_2 中，两个键是等同的，可以按一个对称的和一个反对称的方法去耦合，给出对称的和不对称的伸缩模式。而对 HCN 则简单地存在 C—H 和 C≡N 伸缩模式。对这两个三原子分子观察到的频率及其指认归纳在表 7.3.2 中。

表 7.3.2　HCN 和 CO_2 的正则模式及其观察到的频率

	对称性	ν/cm^{-1}	正则模式	活　性	描　　述
HCN	Π	712	H—C≡N	IR/R	弯曲
	Σ^+	2089	←H←C≡N→	IR/R	C≡N 伸缩
	Σ^+	3312	←H—C→N→	IR/R	C—H 伸缩
CO_2	Π_u	667	O=C=O	IR	弯曲
	Σ_g^+	1388	←O=C=O→	R	对称伸缩
	Σ_u^+	2349	←O　C→ ←O	IR	不对称伸缩

2. 氰

氰 N≡C—C≡N 是一个对称直线形分子。它有 3 个伸缩振动模式和 2 个(二重简并)弯曲振动模式。正如同 CO_2 的情况，没有重合的谱带。因此谱带的指认非常简易，归纳在表 7.3.3 中。

表 7.3.3　氰的正则模式及其观察到的频率

对称性	ν/cm^{-1}	正则模式	活　性	描　　述
Π_u	226	N≡C—C≡N	IR	不对称弯曲
Π_g	506	N≡C—C≡N	R	对称弯曲
Σ_g^+	848	←N ←C　C→ N→	R	C—C 伸缩
Σ_u^+	2149	←N　C→ C→ ←N	IR	不对称 C≡N 伸缩
Σ_g^+	2322	←N　C→ ←C　N→	R	对称 C≡N 伸缩

3. 低氧化碳

低氧化碳 O=C=C=C=O 有 4 个伸缩振动模式和 3 个（二重简并）弯曲模式。光谱的指认可按前面叙述的方法进行，归纳于表 7.3.4 中。

表 7.3.4　低氧化碳的正则模式及其观察到的频率

对称性	$\nu/\mathrm{cm^{-1}}$	正则模式	活　性	描　　述
Π_u	557	O=C=C=C=O	IR	不对称 C—C—O 弯曲
Π_g	586	O=C=C=C=O	R	对称弯曲
Π_u	637	O=C=C=C=O	IR	不对称 C—C—C 弯曲
Σ_g^+	843	O→ C→ C ←C ←O	R	对称 C—C 伸缩
Σ_u^+	1570	←O ←C C→ ←C ←O	IR	不对称 C—C 伸缩
Σ_g^+	2200	O→ ←C C C→ ←O	R	对称 C—O 伸缩
Σ_u^+	2290	←O C→ C→ C→ ←O	IR	不对称 C—O 伸缩

表 7.3.2～7.3.4 中所给指认的大多数是按定性的论据，需要强调，对某些指认定量处理是不可或缺的。

最后，在此提及有用的"替换"方法去推导一个线性分子振动模式的对称性。低氧化碳无疑具有 $D_{\infty h}$ 对称性，但它的振动模式可用 D_{2h} 特征标表来推导，其步骤归纳于下：

D_{2h}	E	$C_2(z)$	$C_2(y)$	$C_2(x)$	i	$\sigma(xy)$	$\sigma(xz)$	$\sigma(yz)$
$\Gamma(N_0)$	5	5	1	1	1	1	5	5
$f(\boldsymbol{R})$	3	-1	-1	-1	-3	1	1	1
Γ_{3N}	15	-5	-1	-1	-3	1	5	5

$$\Gamma_{3N} = 2A_g + 2B_{2g} + 2B_{3g} + 3B_{1u} + 3B_{2u} + 3B_{3u}$$

$$\Gamma_{\mathrm{vib}}(\mathrm{C_3O_2}, D_{2h}) = 2A_g + B_{2g} + B_{3g} + 2B_{1u} + 2B_{2u} + 2B_{3u} \tag{7.3.24}$$

注意在推导这些结果时已考虑到：

$$\Gamma_{\mathrm{vib}}(\mathrm{C_3O_2}, D_{2h}) = \Gamma_{3N} - \Gamma_{\mathrm{trans}} - \Gamma(R_x) - \Gamma(R_y)$$

对这个线性分子给出总数为 10 个振动模式的结果。当将分子的轴选为 z 轴，就没有必要计算 R_z 旋转（它具有 B_{1g} 对称性）。

将 D_{2h} 点群中的对称类转变为 $D_{\infty h}$ 点群可用右边的相关图，所以用点群的对称类的语言，即可得到：

$$\Gamma_{\mathrm{vib}}(\mathrm{C_3O_2}, D_{\infty h}) = 2\,\Sigma_g^+ + \Pi_g + 2\,\Sigma_u^+ + 2\,\Pi_u \tag{7.3.25}$$

D_{2h}		$D_{\infty h}$
A_g	z^2	Σ_g^+
B_{2g}	xz	Π_g
B_{3g}	yz	
B_{1u}	z	Σ_u^+
B_{2u}	y	Π_u
B_{3u}	x	

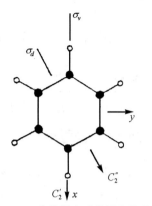

图 7.3.14 苯分子中对称元素的位置。

7.3.5 苯和相关化合物的振动光谱

1. 苯的振动光谱

通过合成所有可能的 2 个，3 个和 4 个等取代基的衍生物，有机化学家证明苯分子的结构具有 D_{6h} 的对称性。利用物理的方法，如 X 射线和中子衍射、NMR 以及振动光谱等也可得到同样的结论。下面讨论借助群论，诠释实验的 IR 和 Raman 光谱数据。

苯分子对称元素的位置示于图 7.3.14 中。根据对称元素的排布，苯分子的 30 个正则振动可按通常的方法推引如下：

D_{6h}	E	$2C_6$	$2C_3$	C_2	$3C_2'$	$3C_2''$	i	$2S_3$	$2S_6$	σ_h	$3\sigma_d$	$3\sigma_v$
$\Gamma(N_0)$	12	0	0	0	4	0	0	0	0	12	0	4
$f(\boldsymbol{R})$	3	2	0	-1	-1	-1	-3	-2	0	1	1	1
Γ_{3N}	36	0	0	0	-4	0	0	0	0	12	0	4

$$\Gamma_{3N} = 2A_{1g} + 2A_{2g} + 2B_{2g} + 2E_{1g} + 4E_{2g} + 2A_{2u} + 2B_{1u} + 2B_{2u} + 4E_{1u} + 2E_{2u}$$

$$\Gamma_{\text{vib}}(C_6H_6) = 2A_{1g}(R) + A_{2g} + 2B_{2g} + E_{1g}(R) + 4E_{2g}(R) + A_{2u}(IR) + 2B_{1u}$$
$$+ 2B_{2u} + 3E_{1u}(IR) + 2E_{2u} \tag{7.3.26}$$

观察到的 IR 和 Raman 活性振动所期望的数目分别为 $4(A_{2u}$ 和 $3E_{1u})$ 和 $7(2A_{1g}，E_{1g}$ 和 $4E_{2g})$。苯的 20 个正则振动示于图 7.3.15 中。图中还标出 IR 和 Raman 活性振动模式及其所观察到的频率。图中 $\nu(CH)$ 和 $\nu(CC)$ 代表 C—H 键和 C—C 键的伸缩正则模式，δ 和 π 分别是在平面内和平面外的变形。对于每一个二重简并振动，如 E_{1g}，则只示出一种组分，而略去等当的另一种。

在下表中，由碳环的 12 个振动产生的表示用 Γ_C 表达，而 Γ_{C-C} 和 Γ_{C-H} 表示则分别代表 C—C 和 C—H 键的伸缩振动。

D_{6h}	E	$2C_6$	$2C_3$	C_2	$3C_2'$	$3C_2''$	i	$2S_3$	$2S_6$	σ_h	$3\sigma_d$	$3\sigma_v$
$\Gamma(N_0)(\text{环})$	6	0	0	0	2	0	0	0	0	6	0	2
$f(\boldsymbol{R})$	3	2	0	-1	-1	-1	-3	-2	0	1	1	1
$\Gamma_{3N}(\text{环})$	18	0	0	0	-2	0	0	0	0	6	0	2
Γ_{C-C}	6	0	0	0	0	2	0	0	0	6	2	0
Γ_{C-H}	6	0	0	0	2	0	0	0	0	6	0	2

$$\Gamma_{3N}(\text{环}) = A_{1g} + A_{2g} + B_{2g} + E_{1g} + 2E_{2g} + A_{2u} + B_{1u} + B_{2u} + 2E_{1u} + E_{2u}$$

$$\Gamma_C(\text{碳环振动}) = \Gamma_{3N}(\text{环}) - \Gamma(\text{平动}) - \Gamma(\text{转动})$$
$$= A_{1g} + A_{2g} + B_{2g} + E_{1g} + 2E_{2g} + A_{2u} + B_{1u} + B_{2u} + 2E_{1u} + E_{2u} - (A_{2u} + E_{1u})$$
$$- (A_{2g} + E_{1g})$$
$$= A_{1g} + B_{2g} + 2E_{2g} + B_{1u} + B_{2u} + E_{1u} + E_{2u}$$

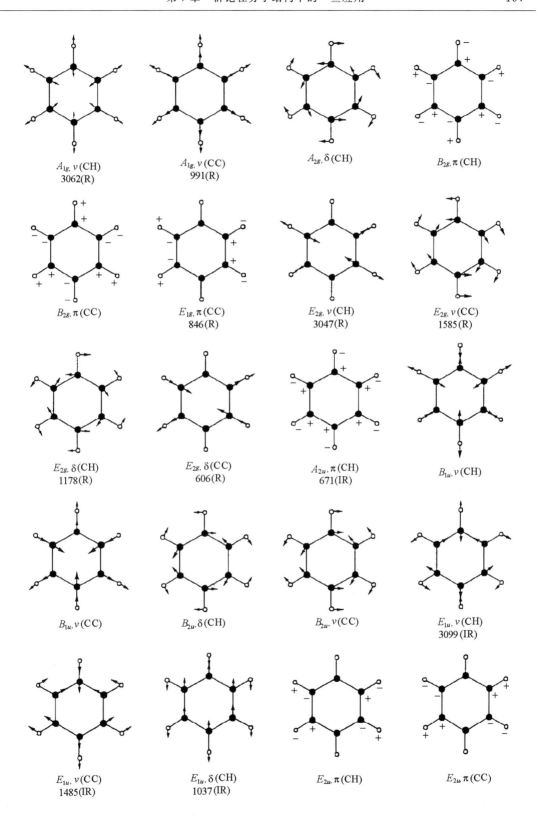

图 7.3.15　苯分子的 20 个正则振动模式,标出光谱活性模式和观察到的频率。(单位：cm^{-1}。)

同样，$\Gamma_{C-C} = A_{1g} + E_{2g} + B_{2u} + E_{1u}$，这是 C—C 伸缩振动模式；$\Gamma_{C-H} = A_{1g} + E_{2g} + B_{1u} + E_{1u}$，这是 C—H 伸缩振动模式。

由(7.3.26)式示出的分解 $\Gamma_{vib}(C_6H_6)$ 的表示，可用另一种方法进行，即将它分为平面内的振动表示 $\Gamma_{vib}(x,y)$ 和平面外的振动表示 $\Gamma_{vib}(z)$。为此需首先推引由 12 个原子的 x,y 坐标产生的表示 $\Gamma_{2N}(x,y)$：

D_{6h}	E	$2C_6$	$2C_3$	C_2	$3C_2{}'$	$3C_2{}''$	i	$2S_3$	$2S_6$	σ_h	$3\sigma_d$	$3\sigma_v$
$\Gamma_{2N}(x,y)$	24	0	0	0	0	0	0	0	0	24	0	0
$\Gamma(x,y)=E_{1u}$	2	1	-1	-2	0	0	-2	-1	1	2	0	0
$R_z=A_{2g}$	1	1	1	1	-1	-1	1	1	1	1	-1	-1

现在，苯的平面内振动的表示化简为 $\Gamma_{2N}(x,y) - E_{1u} - A_{2g}$，由此得

$$\Gamma_{vib}(x,y) = 2A_{1g} + A_{2g} + 4E_{2g} + 2B_{1u} + 2B_{2u} + 3E_{1u} \qquad (7.3.27)$$

$\Gamma_{vib}(x,y)$ 的维数为：24(在平面内运动的总自由度数)-2(在 x,y 方向分子的平动)-1(分子绕 z 轴旋转，R_z)$=21$。此外，苯分子平面外的振动的表示就容易得到：

$$\Gamma_{vib}(z) = \Gamma_{vib}(C_6H_6) - \Gamma_{vib}(x,y) = 2B_{2g} + E_{1g} + A_{2u} + 2E_{2u} \qquad (7.3.28)$$

苯分子的红外和拉曼光谱示于图 7.3.16 中。可以看出在 991 和 3062 cm^{-1} 的拉曼谱线代

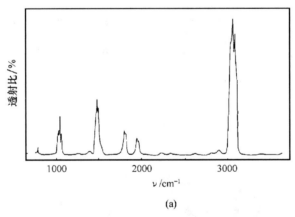

(a)

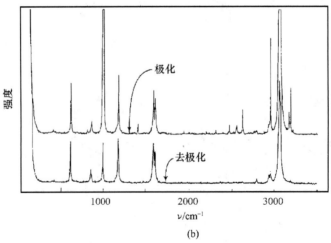

(b)

图 7.3.16　苯的(a)IR 和(b)Raman 光谱。

表 A_{1g} 振动,它的 $\rho = I_\perp / I_\parallel \ll 3/4$,而其他均为 $\rho = 3/4$。注意附加的弱的谱带也出现,它们是由 $2\nu_i$(第一泛频或泛频)、$\nu_i - \nu_i$(差频)或 $\nu_i + \nu_i$(合频)产生,不再在此讨论。

2. $C_6O_6^{2-}$ 的振动光谱

玫棕酸二价负离子 $C_6O_6^{2-}$ 和苯是同构体,所以它的振动光谱可按照和苯同样的方式进行分析,如表 7.3.5 所示。表中 20 个正则模式的次序和图 7.3.15 相同。

表 7.3.5 $C_6O_6^{2-}$ 的正则振动

对称类	正则模式	IR	Raman	计算值	活性	描述
		ν/cm^{-1}				
A_{1g}	$\nu(CO)$		1669	1594	Raman(Pol.)	对称的 CO 伸缩
A_{1g}	$\nu(CC)$		553	580	Raman(Pol.)	碳环整体膨胀(呼吸)收缩
A_{2g}	$\delta(CO)$			854	非活性	面内 CO 弯折(面内环扭曲)
B_{2g}	$\pi(CO)$			—	非活性	环弯曲
B_{2g}	$\pi(CC)$			—	非活性	面外 CO 弯折
E_{1g}	$\pi(CC)$		未观察到	—	Raman	面外环弯曲
E_{2g}	$\nu(CO)$		1546	1562	Raman	CO 伸缩
E_{2g}	$\nu(CC)$		1252	1222	Raman	CC 伸缩
E_{2g}	$\delta(CO)$		436	420	Raman	面内 CO 弯折
E_{2g}	$\delta(CC)$		346	339	Raman	面内环变形
A_{2u}	$\pi(CO)$	235		—	IR	面外 CO 弯折
B_{1u}	$\nu(CO)$			1551	非活性	CO 伸缩
B_{1u}	$\nu(CC)$			489	非活性	面内环变形
B_{2u}	$\delta(CO)$			451	非活性	面内 CO 弯折
B_{2u}	$\nu(CC)$			1320	非活性	CC 伸缩
E_{1u}	$\nu(CO)$	1449		1587	IR	CO 伸缩
E_{1u}	$\nu(CC)$	1051		1031	IR	CC 伸缩
E_{1u}	$\delta(CO)$	386		340	IR	面内 CO 弯折
E_{2u}	$\pi(CO)$			—	非活性	面外 CO 弯折
E_{2u}	$\pi(CC)$			—	非活性	面外环变形

3. 二苯金属配合物的振动光谱

二苯铬 $Cr(C_6H_6)_2$ 是具有 D_{6h} 对称性的重叠式夹心型结构,它的 69 个 $(3 \times 25 - 6)$ 正则振动为

$$\Gamma_{vib}[Cr(C_6H_6)_2] = 4A_{1g}(R) + A_{2g} + 2B_{1g} + 4B_{2g} + 5E_{1g}(R) + 6E_{2g}(R) + 2A_{1u}$$
$$+ 4A_{2u}(IR) + 4B_{1u} + 2B_{2u} + 6E_{1u}(IR) + 6E_{2u} \qquad (7.3.29)$$

所以对这种类型的配合物预期它有 15 条 Raman 和 10 条 IR 谱带。列在表 7.3.6 中的是一些第 6 族过渡金属二苯配合物观察到的 IR 频率。

表 7.3.6　一些二苯金属配合物观察到的 IR 频率(单位:cm⁻¹)

配合物	$\nu(CH)$	$\nu(CC)$	$\delta(CH)$	$\delta(CC)$	$\pi(CH)$		环歪斜	ν (M-环)	δ (环-M-环)
$[Cr(C_6H_6)_2]$	3037	—	1426	999	971	833	794	490	459	140
$[Cr(C_6H_6)_2]^{2+}$	3040	—	1430	1000	972	857	795	466	415	144
$[Mo(C_6H_6)_2]$	3030	2916	1425	995	966	811	773	424	362	—
$[W(C_6H_6)_2]$	3012	2898	1412	985	963	882	798	386	331	—

在表 7.3.6 中,"环歪斜"是描述由环互相倾斜(不平行)所引起的振动,ν(M-环)是由金属(M)和环(C_6H_6)之间距离改变引起的振动,而 δ(环-M-环)是分子对称性从 D_{6h} 变为 D_{6d} 又变回 D_{6h} 的变化过程中而引起的扭曲运动。

参 考 文 献

[1] F. A. Cotton, *Chemical Applications of Group Theory*, 3rd ed., Wiley, New York, 1990.

[2] S. F. A. Kettle, *Symmetry and Structure: Readable Group Theory for Chemists*, Wiley, Chichester, 1995.

[3] S. K. Kim, *Group Theoretical Methods and Applications to Molecules and Crystals*, Cambridge University Press, Cambridge, 1999.

[4] D. C. Harris and M. D. Bertolucci, *Symmetry and Spectroscopy: An Introduction to Vibrational and Electronic Spectroscopy*, Oxford University Press, New York, 1978.

[5] B. D. Douglas and C. A. Hollingsworth, *Symmetry in Bonding and Spectra: An Introduction*, Academic Press, Orlando, 1985.

[6] L. Pauling, *The Nature of the Chemical Bond and the Structure of Molecules and Crystals: An Introduction to Modern Structural Chemistry*, 3rd ed., Cornell University Press, Ithaca, New York, 1960.

[7] J. N. Murrell, S. F. A. Kettle and J. M. Tedder, *The Chemical Bond*, Wiley, Chichester, 1978.

[8] J. K. Burdett, *Molecular Shapes: Theoretical Models of Inorganic Stereochemistry*, Wiley, New York, 1980.

[9] B. M. Gimarc, *Molecular Structure and Bonding: The Quantitative Molecular Orbital Approach*, Academic Press, New York, 1979.

[10] T. A. Albright, J. K. Burdett and M. -H. Whangbo, *Orbital Interactions in Chemistry*, Wiley, New York, 1985.

[11] T. A. Albright and J. K. Burdett, *Problems in Molecular Orbital Theory*, Oxford University Press, New York, 1992.

[12] J. G. Verkade, *A Pictorial Approach to Molecular Bonding and Vibrations*, 2nd ed., Springer, New York, 1997.

[13] R. S. Drago, *Physical Methods for Chemists*, Saunders, Fort Worth, 1992.

[14] E. A. B. Ebsworth, D. W. H. Rankin and S. Cradock, *Structural Methods in Inorganic Chemistry*, 2nd ed., CRC Press, Boca Raton, 1991.

[15] J. R. Ferraro and K. Nakamoto, *Introductory Raman Spectroscopy*, Academic Press, Boston, 1994.

[16] K. Nakamoto, *Infrared and Raman Spectra of Inorganic and Coordination Compounds* (Part A:

Theory and Applications in Inorganic Chemistry；Part B：Applications in Coordination，Organome-
tallic，and Bioinorganic Chemistry），5th ed. ，Wiley，New York，1997.

［17］　高松，陈志达，黎乐民，分子对称性群，北京：北京大学出版社，1996.

［18］　唐有祺，对称性原理：对称图像的群论原理，北京：科学出版社，1977.

［19］　唐有祺，对称性原理：有限对称群的表象及其群论的原理，北京：科学出版社，1979.

第 8 章　配位化合物中的化学键

配位化合物简称配合物,又称为金属络合物或络合物。它们由一个或多个配位中心 M (金属原子或离子)组成,每个中心由数个配位体(单原子或多原子的负离子或中性分子)所包围。配位体 L 围绕金属中心 M 构成配位球。配位结构一词用以描述配位体的空间排列,配位数则是表示直接和 M 键相连的配位体原子的数目。如果和 M 键相连的配位体全部都是同一种类型,这种配合物为同配位(homoleptic),反之称为杂配位(heteroleptic)。一个金属配合物可以是正离子、负离子或中性分子,依赖于金属中心和配位体电荷的总和。配合物可以是分立的单核、双核或多核分子,或以链、层或骨架型的配位聚合物存在。由金属中心原子间的相互作用即金属-金属键稳定的二核或多核聚合物在第 19 章中讨论。一些配位聚合物的例子将在第 20 章中讨论。

本章主要用两种简单模型讨论单核同配位的配合物 ML_n 的化学键。第一种称为晶体场理论(CFT),它假定 M 和 L 间是离子键,即用纯的静电作用处理。第二种是在第 3 章和第 7 章讨论过的分子轨道理论,它假定 M 和 L 间是共价键。本章将对这两种模型进行比较。

8.1　晶体场理论:在八面体和四面体配合物中 d 轨道能级的分裂

为了考虑中心原子和周围配位体之间的静电作用,晶体场理论示出金属原子的电子怎样受到配位体电荷的影响。首先考虑金属离子 M^{m+} 被 6 个按高对称的八面体排列的配位体配位的情况,如图 8.1.1 所示。若金属离子有一 d 电子,在配位体不存在时,这个电子可以等同地占据 5 个简并 d 轨道中的任意一个。但是,当存在八面体排列的配位体时,d 轨道不再是简并状态,或者说能级高低已不等同。特别是如图 8.1.2 所示,d_{z^2} 和 $d_{x^2-y^2}$ 轨道的叶瓣直接指向配位体,而 d_{xy},d_{yz} 和 d_{xz} 轨道的叶瓣却指向配位体的间隙。当配位体带负电荷时(或者偶极矩的负电荷端指向金属),d_{xy},d_{yz} 和 d_{xz} 轨道将会比其他两个轨道有利于电子的占据。从配位体的排列看,d_{xy},d_{yz} 和 d_{xz} 轨道有相同的电子占据条件,因此它们是简并轨道。另一方面,d_{z^2} 和 $d_{x^2-y^2}$ 轨道被电子占据的可能性较少。若将 d_{z^2} 轨道看作由 $d_{z^2-x^2}$ 和 $d_{z^2-y^2}$ 两个轨道线性组合而得,即

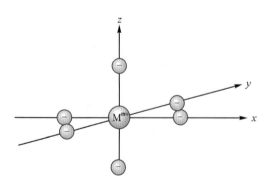

图 8.1.1　ML_6 八面体配位的坐标。

$$d_{z^2-x^2} + d_{z^2-y^2} \propto z^2 - x^2 + z^2 - y^2 = 3z^2 - r^2 = r^2(3\cos^2\theta - 1) \propto d_{z^2} \quad (8.1.1)$$

因此在一个八面体配合物中,d_{z^2} 和 $d_{x^2-y^2}$ 形成一对简并的轨道,它们的能级应高于 d_{xy},d_{yz} 和 d_{xz}。

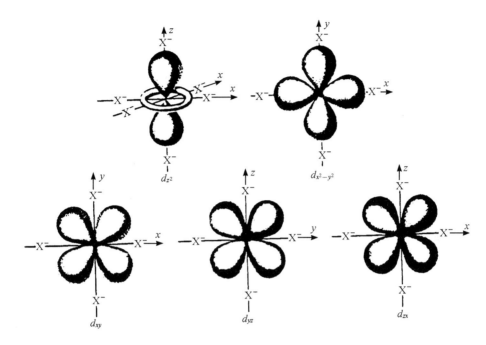

图 8.1.2　八面体配合物中 **5** 个 *d* 轨道的电荷密度函数图。

用相似的方法,不难看出当一个金属离子被 4 个按四面体排列的配位体配位时,d_{z^2} 和 $d_{x^2-y^2}$ 则比 d_{xy},d_{yz} 和 d_{xz} 有利于电子占据。图 8.1.3 和 8.1.4 示出 ML_4 四面体配合物的配位状况。

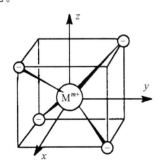

图 8.1.3　**ML_4** 四面体配合物的坐标。

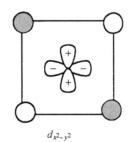
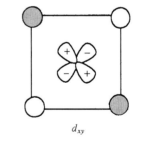

图 8.1.4　**ML_4** 四面体配合物中 $d_{x^2-y^2}$ 和 d_{xy} 轨道及配位体的几何排布沿 *z* 轴投影图。(带阴影的球表示上面两个配位体,白球代表下面两个配位体。)

图 8.1.5 示出八面体和四面体配位化合物中金属原子 *d* 轨道能级的分裂状况。从图 8.1.5(a)中可见在一个八面体配合物中,d_{z^2} 和 $d_{x^2-y^2}$ 这一对轨道结合在一起称为 e_g 轨道,而 d_{xy},d_{yz} 和 d_{xz} 轨道合称 t_{2g} 轨道。这两组轨道间的能级差称为 Δ_o,下标"o"表示八面体。为了保持分裂前后 *d* 轨道的能量重心不变,即一组轨道(在这里是 t_{2g} 轨道)能量降低,而由另一组

轨道(这里是 e_g 轨道)能量升高来补偿。t_{2g} 轨道比分裂前低 $\frac{2}{5}\Delta_o$,而 e_g 轨道比分裂前高 $\frac{3}{5}\Delta_o$。t_{2g} 和 e_g 是 O_h 点群的两个不可约表示。

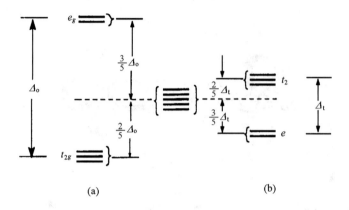

图 8.1.5　八面体配合物(a)和四面体配合物(b)中金属原子 d 轨道能级的分裂。

图 8.1.5(b)表示四面体配合物的情况,这时 d_{z^2} 和 $d_{x^2-y^2}$ 这组轨道称为 e 轨道。d_{xy},d_{yz} 和 d_{xz} 这组轨道则称为 t_2 轨道。同样,t_2 和 e 是 T_d 点群的两个不可约表示。两组轨道的能量差为 Δ_t,下标"t"表示四面体。同样,维持轨道能量的重心不变的条件,t_2 轨道处在比分裂前高 $\frac{2}{5}\Delta_t$ 处,而 e 轨道处在比分裂前低 $\frac{3}{5}\Delta_t$ 处。当八面体配合物和四面体配合物的金属离子间、配位体间以及金属原子与配位原子间的距离相同时,可以推导出

$$\Delta_t = \frac{4}{9}\Delta_o$$

由于晶体场理论是一种较粗略的模型,我们很少认真地用到这个精确的关系,但是它具有启发性和合理性,能够帮助我们理解四面体场的分裂能的大小。在条件相同的情况下,Δ_t 大约是 Δ_o 的一半。

当用量子力学按晶体场理论进行准确计算处理时可得

$$\Delta_o = 10Dq \tag{8.1.2}$$

式中,

$$D = 35Ze^2/4a^5 \tag{8.1.3}$$

$$q = \frac{2}{105}\int_0^\infty R_{nd}^2 r^4 r^2 \mathrm{d}r = \frac{2}{105}\langle r^4 \rangle \tag{8.1.4}$$

Z 为每个配位体所带的电荷,a 是金属原子和配位原子的距离,R_{nd} 是金属原子中 nd 轨道的径向函数。晶体场分裂能 Δ_o(或 $10Dq$)和 Δ_t 很少是直接计算测定,通常是从光谱测量中推引得到。

8.2　光谱化学系列,高自旋和低自旋配合物

本节简单地考虑影响晶体场分裂能 Δ_o(或 $10Dq$)的大小的因素。在一般情况下,Δ_o 随着金属原子在元素周期表中的周期数的增加而加大,即第四周期<第五周期<第六周期。Δ_o 也随着金属离子荷电数量的增加而加大,即 $M^{2+}<M^{3+}<M^{4+}$。对于配位体对 Δ_o 的影响,可按

下列光谱化学系列的次序考虑 Δ_o 的增加：$I^- < Br^- < S^{2-} < SCN^- < Cl^- < NO_3^- < F^- < OH^- < C_2O_4^{2-} < H_2O < NCS^- < CH_3CN < NH_3 < en(H_2N—CH_2—CH_2—NH_2) < dipy(2,2'-联吡啶) < phen(邻菲咯啉) < NO_2^- < CN^- < CO$。

这个系列的次序很难用点电荷模型加以解析，例如中性的配位体 CO 具有最高的 Δ_o 等。但是这个系列的次序却可以用金属离子和配位体间的共价键相互作用合理地予以解释。

基于电子层构建原理和 Hund 规则，可以根据八面体场中能级的分裂给出某个八面体配合物基态时的电子组态，如图 8.2.1 所示。对于 $d^1 \sim d^3$ 和 $d^8 \sim d^{10}$ 配合物，基态时只有一种电子组态，它们分别为

$$d^1 : t_{2g}^1 ; \quad d^2 : t_{2g}^2 ; \quad d^3 : t_{2g}^3 ; \quad d^8 : t_{2g}^6 e_g^2 ; \quad d^9 : t_{2g}^6 e_g^3 ; \quad d^{10} : t_{2g}^6 e_g^4$$

但是对于 $d^4 \sim d^7$ 配合物，则有高自旋和低自旋两种电子组态。在高自旋配合物中分裂能（Δ_o）小于成对能，这时电子多占 t_{2g} 和 e_g 轨道，而避免电子成对。对低自旋配合物，分裂能大于成对能，这时电子成对地优先占据 t_{2g} 轨道，直至填满 t_{2g} 轨道后再占据高能级的 e_g 轨道。

对第四周期过渡元素八面体配合物，究竟是属于高自旋还是属于低自旋主要取决于配位体的性质。另一方面，对第五、六周期过渡元素八面体配合物，由于 Δ_o 较大，成对能较小，低自旋较为有利。对于较大的 $4d$ 和 $5d$ 轨道，影响成对能的电子的推斥作用比较小的 $3d$ 轨道要小。

对于四面体配合物，因为分裂能 Δ_t 大约为 Δ_o 的一半，极有利于高自旋组态，实际上，低自旋的四面体配合物很少见到。

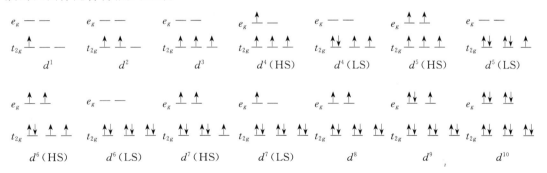

图 8.2.1　具有 $d^1 \sim d^{10}$ 金属离子的八面体配合物的电子组态。

[当 Δ_o 小于成对能为高自旋（HS）配合物，而当 Δ_o 大于成对能为低自旋（LS）配合物。]

8.3　Jahn-Teller 变形和其他晶体场

示于图 8.2.1 中的 14 种八面体配合物的电子组态，严格来说只存在 5 种。其他 9 种不存在，是由 Jahn-Teller（姜-泰勒）变形所引起。按照 H. A. Jahn 和 E. Teller 在 1937 年提出的理论，任何具有简并性电子状态的非线性分子将会发生几何构型的畸变，以降低简并性。而且若原来的体系具有对称中心，在变形后的体系中依然保持对称中心。由图 8.2.1 可以看出，只有 d^3, d^5（HS），d^6（LS），d^8 和 d^{10} 有着非简并性的基态，因此这 5 种不会出现 Jahn-Teller 变形。另一方面，其他 9 种体系会因它的八面体形发生变形而降低轨道简并性。

在八面体配合物中，由 t_{2g} 轨道发生的 Jahn-Teller 变形较小，而由奇数电子处在 e_g 轨道发生的变形则较大。今以 $d^9(t_{2g}^6 e_g^3)$ 八面体配合物为例说明：这时轨道的简并性出现在 e_g 轨道。为了保持体系的对称中心，配合物出现四方变形：处在 z 轴上的两个配位体或者受压缩，或者受拉长，而处在 xy 平面上的 4 个配位体保持它们原来的位置不变，如图 8.3.1 所示。一个八面体配合物发生四方变形时，金属离子 d 轨道产生的两种晶体场分裂情况归纳在图 8.3.2 中。由此图可清楚看到不论电子组态为 $e_g^4 b_{2g}^2 a_{1g}^2 b_{1g}^1$（沿轴向拉长）或是 $b_{2g}^2 e_g^4 b_{1g}^2 a_{1g}^1$（沿轴向压缩），在能量上都将比原来的八面体配合物的电子组态 $t_{2g}^6 e_g^3$ 有利。正是这种能量上的稳定性导致 Jahn-Teller 变形。沿 z 轴拉长的熟识的例子是 Cu(II) 的卤化物 CuX_2。在这些体系中，每个 Cu^{2+} 离子被 6 个卤素离子包围，4 个键较短，2 个键较长。它们的结构数据示于图 8.3.3 中。

有关沿 z 轴轴向拉长的四方配合物的轨道分裂图，已示于图 8.3.2 中。如果拉长的键继续拉长，δ_1 和 δ_2 将会继续增大，最后这两个轴上的配位体将移走，而形成四方平面配合物。它的轨道分裂图示于图 8.3.4 中。

大多数四方平面配合物具有 d^8 组态，也有一些为 d^9 组态。实际上所有 d^8 四方平面配合物都是反磁性，而示于图 8.3.4 中的最高轨道 b_{1g} 为空轨道。同样，d^8 平面四方形配合物中第四周期的过渡金属通常有着强场配位体，这是因为处在 b_{2g} 和 b_{1g} 间的能隙为 Δ_o。强场配位体将产生大的 Δ_o，而有利于低自旋或反磁性的电子组态。例如 Ni^{2+} 离子（d^8 电子组态）和强场配位体可形成四方平面配合物，如 $Ni(CN)_4^{2-}$，而和弱场配位体则形成四面体形、顺磁性的配合物，如 $NiCl_4^{2-}$。对于第五、六周期的过渡金属，Δ_o 较大，这时与弱场配位体也能形成四方平面配合物，如 $PtCl_4^{2-}$。

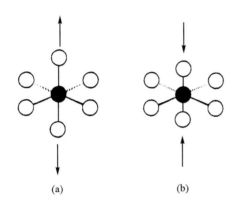

图 8.3.1　一个八面体配合物两种四方变形实例：**(a) 沿轴拉长**；**(b) 沿轴压缩。**（变形后对称中心保留。）

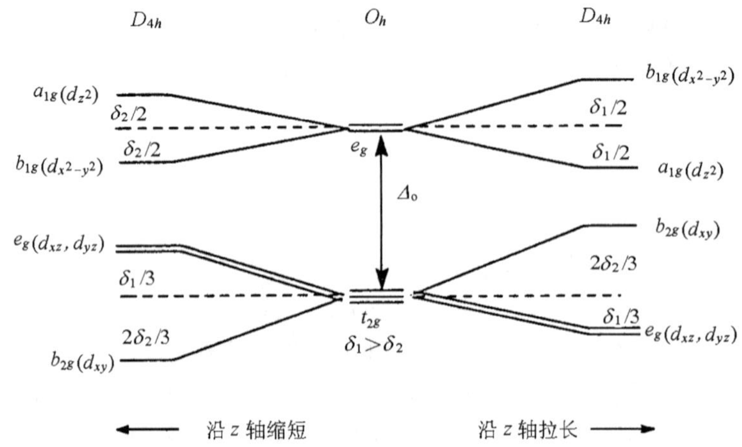

D_{4h}　　　　　　　　O_h　　　　　　　　D_{4h}

$a_{1g}(d_{z^2})$　　　　　　　　　　　　　　　　　　　$b_{1g}(d_{x^2-y^2})$

$\delta_2/2$　　　　　　　　　　　　　　　　　　$\delta_1/2$

$b_{1g}(d_{x^2-y^2})$　　　$\delta_2/2$　　e_g　　　$\delta_1/2$　　$a_{1g}(d_{z^2})$

Δ_o

$e_g(d_{xz}, d_{yz})$　　　　　　　　　　　　　　　　　$b_{2g}(d_{xy})$

$\delta_1/3$　　　　　　　　　　　　　　　　　$2\delta_2/3$

$2\delta_2/3$　　t_{2g}　　　$\delta_1/3$

$b_{2g}(d_{xy})$　　　$\delta_1 > \delta_2$　　$e_g(d_{xz}, d_{yz})$

$\longleftarrow$ 沿 z 轴缩短　　　　　沿 z 轴拉长 $\longrightarrow$

图 8.3.2　两个在 z 轴上的配位体压缩或拉长的四方变形的晶体场分裂，δ_1 显著大于 δ_2。

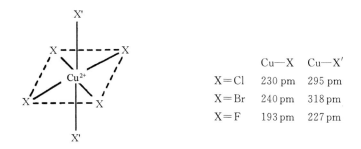

图 8.3.3 Jahn-Teller 变形的实例：CuX_2 2 个长 Cu—X 键和 4 个短 Cu—X 键。

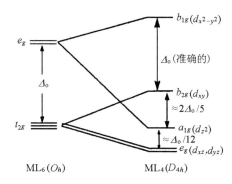

图 8.3.4 八面体 ML_6 和四方平面 ML_4 配合物能级分裂图。

8.4 光谱项的八面体晶体场分裂

在前面几节中说明了处在八面体晶体场中金属原子的 5 个 d 轨道的能级会产生分裂，形成 t_{2g} 和 e_g 两组。在光谱状态的语言中可以说成 d^1 电子组态的 ^2D 谱项将分别从 t_{2g}^1 和 e_g^1 电子组态分裂成 $^2T_{2g}$ 和 ^2E_g 状态。那么 d^n 电子组态中其他谱项如 F 和 G 怎样进行分裂呢？在本节中将讨论在八面体晶体场中这些谱项的分裂。

八面体配合物 ML_6 具有 O_h 对称性，为简单起见我们用 O 点群进行分析。O 点群只有旋转对称操作和 5 个不可约表示，A_1，A_2，$\cdots$，T_2。它的特征标表列于表 8.4.1 中。可以看出，O_h 和 O 点群间的主要差别是前者有对称中心 i，而后者没有。其结果使 O_h 点群有 10 个对称类：A_{1g}，A_{1u}，A_{2g}，A_{2u}，$\cdots$，T_{2g}，T_{2u}。

表 8.4.1 O 群的特征标表

O	E	$6C_4$	$3C_2(=C_4^2)$	$8C_3$	$6C_2$		
A_1	1	1	1	1	1		$x^2+y^2+z^2$
A_2	1	-1	1	1	-1		
E	2	0	2	-1	0		$(2z^2-x^2-y^2,\ x^2-y^2)$
T_1	3	1	-1	0	-1	$(R_x,R_y,R_z);(x,y,z)$	
T_2	3	-1	-1	0	1		(xy,xz,yz)

为了说明一个八面体晶体场怎样将一个有（2L＋1）简并度的光谱项分裂,首先需要定出一个轨道角动量量子数为 L 的原子状态进行一个旋转操作的特征标。可以证明,绕 z 轴转动 α 的特征标 χ 为

$$\chi(\alpha) = \sin\left(L + \frac{1}{2}\right)\alpha \Big/ \sin\frac{\alpha}{2} \qquad (8.4.1)$$

在特殊的全同操作中,α＝0,则可得

$$\chi(\alpha = 0) = 2L + 1 \qquad (8.4.2)$$

利用这些公式,可以直接得到在 O 点群中对任意 L 值的各种旋转的 χ 值。同时还可以用这些 χ 值作为特征标和 O 点群的各种表示推导出不可约表示,并将结果列于表 8.4.2 中。为了说明怎样获得这些结果,以 L＝3 的 F 谱项为例加以说明。从公式(8.4.2)可得

$$\chi(\boldsymbol{E}) = 7 \qquad (8.4.3)$$

利用公式(8.4.1)可得

$$\chi(\boldsymbol{C}_4) = \sin\left(3 + \frac{1}{2}\right)(90°) \Big/ \sin45° = -1 \qquad (8.4.4)$$

$$\chi(\boldsymbol{C}_2) = \sin\left(3 + \frac{1}{2}\right)(180°) \Big/ \sin90° = -1 \qquad (8.4.5)$$

$$\chi(\boldsymbol{C}_3) = \sin\left(3 + \frac{1}{2}\right)(120°) \Big/ \sin60° = 1 \qquad (8.4.6)$$

将公式(8.4.3)～(8.4.6)的结果组合起来,得有关 F 谱项的表示为

O	$\boldsymbol{E}$	$6\boldsymbol{C}_4$	$3\boldsymbol{C}_2(=\boldsymbol{C}_4^2)$	$8\boldsymbol{C}_3$	$6\boldsymbol{C}_2$
$F, L=3$	7	−1	−1	1	−1

按此即可推导出它的不可约表示为 $A_2 + T_1 + T_2$。注意 F 是来自 d 轨道的电子组态的组合,而 d 轨道是偶函数,因此,在八面体晶体场中从这个谱项分裂的电子态应为 A_{2g}, T_{1g} 和 T_{2g}。列于表 8.4.2 的其他结果,可按相似的方法推得。

表 8.4.2　O 点群中原子谱项的表示及谱项状态的生成

谱项	L	$\boldsymbol{E}$	$6\boldsymbol{C}_4$	$3\boldsymbol{C}_2(=\boldsymbol{C}_4^2)$	$8\boldsymbol{C}_3$	$6\boldsymbol{C}_2$	生成的状态
S	0	1	1	1	1	1	A_1
P	1	3	1	−1	0	−1	T_1
D	2	5	−1	1	−1	1	$E + T_2$
F	3	7	−1	−1	1	−1	$A_2 + T_1 + T_2$
G	4	9	1	1	0	1	$A_1 + E + T_1 + T_2$
H	5	11	1	−1	−1	−1	$E + 2T_1 + T_2$
I	6	13	−1	1	1	1	$A_1 + A_2 + E + T_1 + 2T_2$

8.5　八面体配合物能级图

对一个具有给定电子组态的八面体配合物,在定出有哪些能级存在以后,将讨论这些光谱谱项的能级图。

8.5.1　Orgel 图

首先研究带有单个 d 电子的八面体配合物 ML_6。在 O_h 对称性晶体场中，d^1 组态只有一个谱项 ^2D，它可分裂为 ^2E_g 和 $^2T_{2g}$。^2E_g 和 $^2T_{2g}$ 能级分别来自电子组态 e_g^1 和 t_{2g}^1。从图 8.1.5(a) 可看到，e_g 轨道的能量要比 d 轨道（指未分裂前）的能量高出 $(3/5)\Delta_o$（或 $6Dq$），而 t_{2g} 能量则比 d 轨道能量低 $(2/5)\Delta_o$（或 $4Dq$）。将这些结果组合起来，可得到图 8.5.1 所示的能级图。在这图中，光谱能级的能量作为 Dq 函数，$Dq=\Delta_o/10$，即 Dq 为八面体晶体场分裂能的十分之一。而 ^2E_g 和 $^2T_{2g}$ 能级间能量的差别总是 $10Dq$。这样的图称为 Orgel 图，此名称为纪念化学家

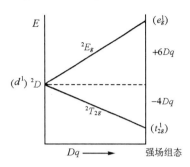

图 8.5.1　d^1 八面体配合物的 Orgel 图。

L. E. Orgel（奥吉尔），是他在 20 世纪 50 年代将这些图加以推广。

对于 d^6 组态，基态谱项为 ^5D，它在 O_h 场中将分裂为 ^5E_g 和 $^5T_{2g}$。对于高自旋 d^6 配合物，唯一的五重态谱项，当来自 $t_{2g}^4 e_g^2$，是 $^5T_{2g}$；来自 $t_{2g}^3 e_g^3$ 则是 ^5E_g，这些和 d^1 的情况相当，只不过现在是自旋五重态。换句话说，对于这样的一个配合物只有一种自旋允许的跃迁存在 $^5T_{2g} \rightarrow$ ^5E_g。所以 d^1 和高自旋 d^6 的八面体配合物有着相同 Orgel 图。（注意 d^6 组态有 16 个谱项，而 ^5D 是一个五重态谱项。其余 15 个谱项则为三重态和单重态，在现在这个讨论中将它们忽略。）

如第 2 章所述，d^9 和 d^1 组态只有一种谱项 ^2D。对于一个 d^9 八面配合物，^2D 谱项也分裂为 $^2T_{2g}$ 和 ^2E_g 态，它们之间的能量差是 $10Dq$。但是对于 d^9 组态，它和 d^1 组态比较相当于一个等当的空位或是一个正电子，能量的次序则正好和 d^1 情况相反。换句话说，对 d^9 配合物 ^2E_g 态低于 $^2T_{2g}$ 态，态间能量差也是 $10Dq$。

相似地，d^4 是 d^6 的空位配对物，能级次序正好相反，它们都具有 ^5D 基态谱项，在八面体场中，该谱项分裂为 $^5T_{2g}$ 和 ^5E_g。在 d^4 的情况下，五重态分别来自高自旋电子组态 $t_{2g}^3 e_g^2$ 和 $t_{2g}^3 e_g^1$，从产生它们的组态推想，对 d^4 配合物，^5E_g 态应比 $^5T_{2g}$ 态具有较低的能量。高自旋 d^4 配合物正好和一个高自旋的 d^6 八面体配合物相反。

将前面讨论的 d^1，高自旋 d^4 和 d^6 以及 d^9 的八面体配合物的结果归纳起来，可得到示于图 8.5.2 的 Orgel 图，由于八面体配合物和四面体配合物有相反的能级次序（参见图 8.1.5），因此 d^1 八面体配合物和 d^9 四面体配合物有着相同的 Orgel 图，而 d^6 八面体配合物和 d^4 四面体配合物也相同。所以，图 8.5.2 的 Orgel 图也可用于 d^1，d^4，d^6 和 d^9 的四面体配合物。基于四面体不是中心对称，它们的状态不需要用下标 g 和 u 加以区分，所以图 8.5.2 已将下标 g 和 u 删去，但用作八面体配合物时需要补上。

对于 d^2 八面体配合物，有两个三重态谱项 ^3F（基态）和 ^3P，在八面体晶体场中，有三种组态按能量高低次序为 $t_{2g}^2 < t_{2g}^1 e_g^1 < e_g^2$。由表 8.4.2 可以清楚地看出在一个八面体配位场中 ^3P 不分裂而易名为 $^3T_{1g}(P)$，没有能量的改变，而 ^3F 谱项分裂为 $^3T_{1g}(F)$，$^3T_{2g}$ 和 $^3A_{2g}$ 态 [因为在此体系中，有两个 $^3T_{1g}$ 态，其一为 $^3T_{1g}(P)$，另一个为 $^3T_{1g}(F)$]。在用微扰处理晶体场势能时，可得 $^3T_{1g}(F)$ 的能量要比 ^3F 低 $6Dq$，而 $^3T_{2g}$ 和 $^3A_{2g}$ 则分别比 ^3F 的能量高 $2Dq$ 和 $12Dq$（注意“重心”保持不变）。这些结果归纳在图 8.5.3 中。注意图中所示出的分裂是由

于一个谱项内组分之间的相互作用所引起,这种作用有时称为一级晶体场相互作用。除一级相互作用外,还有来自不同谱项而对称性相同的组分之间的相互作用,它称为二级晶体场相互作用。以图8.5.3中的能级为例,在所示的4个状态中,只有$^3T_{1g}(P)$和$^3T_{1g}(F)$有着相同的对称性,因此它们会有进一步的相互作用。在量子力学中,当两个相同对称性的态再作用,高能级的则更高,而低能级的则更低。经过二级相互作用的结果示于图8.5.4中。图中高能级$^3T_{1g}(P)$向上行,而低能级$^3T_{1g}(F)$向下行。

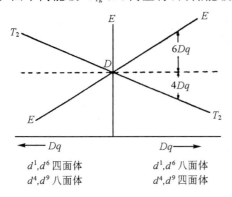

图 8.5.2　d^1,高自旋 d^4 和 d^6 及
d^9 配合物的 Orgel 图。

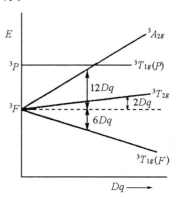

图 8.5.3　d^2 八面体配合物能级图,
不考虑二级晶体场相互作用。

　　如同图 8.5.2 的 d^1 和 d^6 体系,图 8.5.4 的 d^2 Orgel 图也同样适用于 d^7 八面体配合物及 d^3 和 d^8 的四面体配合物。而且,反向的分裂图形适用于 d^3 和 d^8 八面体配合物以及 d^2 和 d^7 四面体配合物。这些结果归纳在图 8.5.5 中。

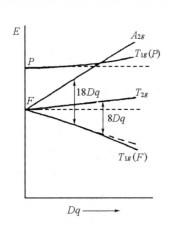

图 8.5.4　d^2 八面体配合物的 Orgel 图,
包含二级晶体场相互作用。

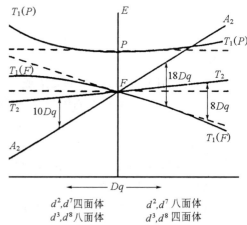

图 8.5.5　d^2,d^3,高自旋 d^7 及
d^8 配合物的 Orgel 图。

　　图 8.5.2 和 8.5.5 所示的两个 Orgel 图,可对除 d^0,d^5 和 d^{10} 以外的所有 d^n 体系处理其自旋允许的跃迁。先局限于讨论八面体配合物的情况。对 d^1 和 d^9 配合物只有一种跃迁出现:

$$d^1: {}^2T_{2g} \rightarrow {}^2E_g, \qquad d^9: {}^2E_g \rightarrow {}^2T_{2g}$$

$[Ti(H_2O)_6]^{3+}$ 的 d^1 配合物,跃迁带在 20 300cm^{-1}。由于激发态 ^2E_g(源于 e_g^1 组态)的 Jahn-

Teller 变形,其吸收带在约 17 500 cm^{-1} 出现肩状突出峰。对于 d^2 配合物,基态为 $^3T_{1g}(F)$,可以有三种跃迁:

$$^3T_{1g}(F) \to {}^3T_{2g}, \quad {}^3T_{1g}(F) \to {}^3T_{1g}(P), \quad {}^3T_{1g}(F) \to {}^3A_{2g}$$

对 [V(H$_2$O)$_6$]$^{3+}$,这些跃迁分别出现在 17 000,25 000 和 37 000 cm^{-1}(有时会被电荷转移跃迁所遮掩)。对一个 d^3 体系,基态为 $^4A_{2g}$,可能的跃迁有

$$^4A_{2g} \to {}^4T_{2g}, \quad {}^4A_{2g} \to {}^4T_{1g}(F), \quad {}^4A_{2g} \to {}^4T_{1g}(P)$$

对 [Cr(H$_2$O)$_6$]$^{3+}$,这些跃迁谱带分别出现在约 17 500,24 700 和 37 000 cm^{-1}。

最后,关于 d^0,d^5 和 d^{10} 体系,d^0 和 d^{10} 不出现 $d \to d$ 跃迁谱带,对高自旋 d^5 配合物也没有自旋允许的跃迁。但对一个 d^5 配合物 [Mn(H$_2$O)$_6$]$^{2+}$ 的电子光谱将在下一小节讨论。

8.5.2　d-d 跃迁谱线的强度和谱带宽度

d-d 跃迁或晶体场跃迁是指电子从受到晶体场干扰的 d 轨道的能级跃迁到相同类型的能级。换言之,电子原来处在中心金属离子,跃迁后依然处在该离子的激发态上。当配合物具有 O_h 对称性,对这个点群的特征标表的研究说明,一个电偶极允许的跃迁必须是"g"态和"u"态间的跃迁,即 $u \longleftrightarrow g$(Laporte 选律)。由于这里讨论到的晶体场的状态都是中心对称"g"态,电偶极允许的跃迁是明显地不可能。即所有的 d-d 跃迁都是对称禁阻的,因而强度很低。d-d 跃迁可以观察到是由于电子运动和分子振动间的相互作用。8.10 节将讨论到这种作用。

除对称性的选律以外,还有自旋的选律:$\Delta S = 0$,即具有相同自旋状态之间的跃迁是允许的。而自旋禁阻(如 $\Delta S = \pm 1$)的跃迁所观察到的强度很弱,大约只有允许跃迁的强度的百分之一。

自旋禁阻的 d-d 跃迁可以观察到是通过自旋-轨道耦合的机理。这个机理将在本小节末段讨论。

对于第四周期过渡金属原子八面体配合物,跃迁的摩尔吸光系数 ε(单位为 dm^3 mol^{-1} cm^{-1})从 Mn(Ⅱ)配合物的 0.01 到没有螯合的 Co(Ⅲ)和 Ni(Ⅱ)配合物的 25～30。四面体配合物由于它们没有对称中心而有较强的跃迁(50～200)。例如,[Ti(H$_2$O)$_6$]$^{3+}$ 的 $^2T_{2g} \to {}^2E_g$ 跃迁的 ε 大约为 5,而 [V(H$_2$O)$_6$]$^{3+}$ 的 d-d 跃迁也有相似的强度。

对于 [Mn(H$_2$O)$_6$]$^{2+}$ 的 d-d 跃迁,因它是 d^5 组态,基态为 ^6S,在八面体晶体场中变为 $^6A_{1g}$,这是一个六重态,而其余的态为自旋四重态或二重态。图 8.5.6 示出包含六重态和全部四重态的 Orgel 图。[Mn(H$_2$O)$_6$]$^{2+}$ 的吸收光谱则示于图 8.5.7 中。由于这个体系的全部跃迁都是对称和自旋禁阻的,其 ε 值非常低,因此,这个正离子是很浅的粉红色。[作为比较,Mn(Ⅱ)的四面体配合物是黄绿色,色较强,摩尔吸光系数为 1.0～4.0。]有关 [Mn(H$_2$O)$_6$]$^{2+}$ 的图谱的指认如下:

跃　　迁	$\tilde{\nu}/\text{cm}^{-1}$	跃　　迁	$\tilde{\nu}/\text{cm}^{-1}$
$^6A_{1g} \to {}^4T_{1g}(G)$	18 800	$^6A_{1g} \to {}^4E_g(D)$	29 700
$\to {}^4T_{2g}(G)$	23 000	$\to {}^4T_{1g}(P)$	32 400
$\to {}^4E_g(G)$	24 900	$\to {}^4A_{2g}(F)$	35 400
$\to {}^4A_{1g}(G)$	25 100	$\to {}^4T_{1g}(F)$	36 900
$\to {}^4T_{2g}(D)$	28 000	$\to {}^4T_{2g}(F)$	40 600

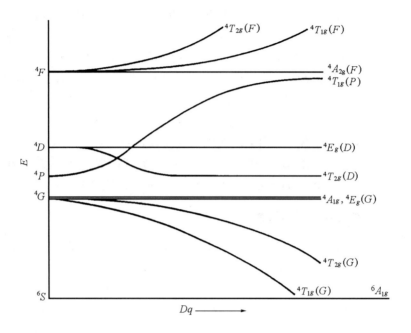

图 8.5.6　d^5 八面体配合物的 Orgel 图。

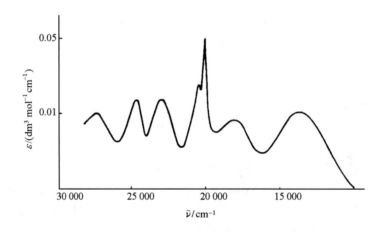

图 8.5.7　$[Mn(H_2O)_6]^{2+}$ 的光谱。（注意谱带强度极低，
因为所有的跃迁都是对称和自旋禁阻的。）

　　示于图 8.5.7 的 $[Mn(H_2O)_6]^{2+}$ 光谱的另一个特点是它的谱线带宽的可变性。理论考虑指出，谱线的宽度依赖于有关跃迁的两态的相对斜率。作为配位体振动体，使它 Dq 值改变 [参看方程(8.1.3)和(8.1.4)]。如果激发态的能量是对 Dq 敏感的函数，而基态不敏感，谱带就会变宽。这种论断定性地示于图 8.5.8 中。从图 8.5.6 中关于 d^5 配合物的 Orgel 图可以看出，$^6A_{1g}$ 基态与 $^4A_{1g}(G)$、$^4E_{1g}(G)$ 及 $^4E_g(D)$ 激发态的能量都和 Dq 无关。因此从这个基态到 3 个激发态跃迁的谱带都较窄，和实际观察到的情况一致。

在结束本小节前,将简单地讨论自旋禁阻跃迁怎样通过自旋-轨道相互作用而获得一定强度。今以 d^5 组态为例,对两个最稳定的 ^6S 和 ^4G 谱项组分间的自旋-轨道耦合作用加以说明。当产生 L-S 耦合,^6S 变为 $^6S_{2\frac{1}{2}}$,而 ^4G 分裂为 $^4G_{5\frac{1}{2}}$, $^4G_{4\frac{1}{2}}$, $^4G_{3\frac{1}{2}}$ 和 $^4G_{2\frac{1}{2}}$,这些谱项内的自旋-轨道耦合有时称为一级自旋-轨道相互作用。此外,下标数值 J 相同的态,如 $^6S_{2\frac{1}{2}}$ 和 $^4G_{2\frac{1}{2}}$ 将会进一步相互作用。这种谱项间的耦合,称为二级自旋-轨道相互作用。这些作用的结果是 ^6S 谱项得到一些四重态特性而 ^4G 谱项获得一些六重态特性。若以数学式表示自旋-轨道耦合前后的波函数 ψ 和 ψ',则

$$\psi'(^6S_{2\frac{1}{2}}) = a\psi(^6S_{2\frac{1}{2}}) + b\psi(^4G_{2\frac{1}{2}}), \quad a \gg b$$

$$\psi'(^4G_{2\frac{1}{2}}) = c\psi(^4G_{2\frac{1}{2}}) + d\psi(^6S_{2\frac{1}{2}}), \quad c \gg d$$

这种少量的混杂导致六重态-四重态跃迁的非零强度,因为选律 $\Delta S=0$ 已不再完全适用了。在 8.7 节中将进一步详细讨论配合物的自旋-轨道耦合。

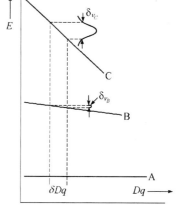

图 8.5.8　谱带宽度随基态和激发态的斜率比而变化的图形。

[图中的例子基态(A)能量不随 Dq 而改变,激发态 B 和 C 则随 Dq 改变。δDq 是因配位体振动 Dq 改变的范围。$\delta\nu_B$ 和 $\delta\nu_C$ 分别为 A→B 和 A→C 跃迁的谱带宽度。]

8.5.3　Tanabe-Sugano 图

在图 8.5.2 和 8.5.5 的 Orgel 图中,有一个缺点:基态能量随 Δ_o(或 Dq)增加而降低。为补救这一情况,日本物理学家 Y. Tanabe(田边)和 S. Sugano(菅野)将配合物的基态能量当作一个水平线来代表。图 8.5.9 示出 d^2, d^3 和 d^8 八面体配合物的 Tanabe-Sugano 图。在这些图中,与基态具有不同自旋多重度的态也包含在其中。这

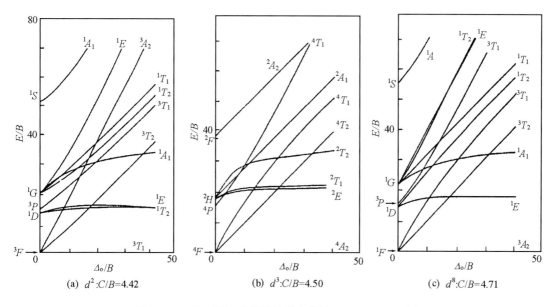

(a) d^2:C/B=4.42　　(b) d^3:C/B=4.50　　(c) d^8:C/B=4.71

图 8.5.9　d^2, d^3 和 d^8 八面体配合物的 Tanabe-Sugano 图。

(纵轴 E/B 和横轴 Δ_o/B 为无单位数量。B 和 C 为 Racah 参数,
用以表达原子谱项的能量。注意状态的下标"g"已删去。)

样,应用这些图自旋禁阻的跃迁也就考虑进去了。图的坐标为 E/B 和 Δ_o/B,它们都是没有单位的数量,B 和 C 是 Racah 参数,它们均用来表达自由原子谱项的能量。因此这种图可用于电子组态相同、配位体不同的各种金属配合物。

$d^4 \sim d^7$ 八面体配合物的 Tanabe-Sugano 图示于图 8.5.10 中,在这些图中,每个图有两部分被垂线分开,左边部分用于高自旋配合物,右边部分则用于低自旋配合物。以 d^6 图为例,高自旋 d^6 配合物基态为 $^5T_{2g}$,而低自旋 d^6 配合物基态为 $^1A_{1g}$。这和图 8.2.1 是一致的,它说明高自旋 d^6 配合物有 4 个未成对电子(或有一五重态),而低自旋 d^6 配合物为反磁性(或一单重态)。

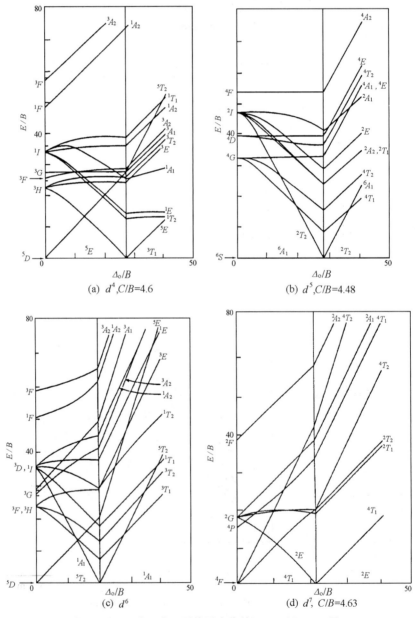

图 8.5.10　$d^4 \sim d^7$ 八面体配合物的 Tanabe-Sugano 图。

(纵轴 E/B 和横轴 Δ_o/B 均为无单位数量。

B 和 C 为 Racah 参数,用以表达原子谱项的能量。状态下标的"g"已删去。)

8.5.4 一些金属配合物的电子光谱

在本小节我们利用一些配合物的电子光谱以说明前面几个小节中讨论过的原理。

1. $[\mathrm{Co(H_2O)_6}]^{2+}$ 和 $[\mathrm{CoCl_4}]^{2-}$

这两个是 d^7 配合物,它们的光谱示于图 8.5.11 中。从谱带的位置和强度可以很容易地推得 $[\mathrm{Co(H_2O)_6}]^{2+}$ 是淡紫色,而 $[\mathrm{CoCl_4}]^{2-}$ 为深蓝色。借助于图 8.5.5 和一些定量的结果,每个光谱的谱带可指认为下列的跃迁:

$$[\mathrm{CoCl_4}]^{2-}: {}^4A_2 \rightarrow {}^4T_1(P)$$

$$[\mathrm{Co(H_2O)_6}]^{2+}: {}^4T_{1g}(F) \rightarrow {}^4T_{1g}(P)$$

而其他自旋允许的跃迁没有清晰地看到。

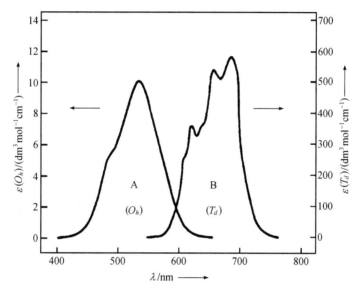

图 8.5.11 $[\mathrm{Co(H_2O)_6}]^{2+}$ 的可见光谱(曲线 **A**)和 $[\mathrm{CoCl_4}]^{2-}$ 的可见光谱(曲线 **B**)。(ε 的刻度左边用于曲线 **A**,右边用于曲线 **B**。)

对于八面体配合物 ${}^4T_{1g}(F) \rightarrow {}^4A_{2g}$ 应有与观察到的谱带类似的能量。但 ${}^4T_{1g}(F)$ 起因于 $t_{2g}^5 e_g^2$ 组态,而 ${}^4A_{2g}$ 来源于 $t_{2g}^3 e_g^4$ 组态。所以这是一个二电子过程,因此跃迁较弱。同时 ${}^4T_{1g}(F) \rightarrow {}^4T_{2g}$ 跃迁出现在近红外区。对四面体配合物 ${}^4A_2 \rightarrow {}^4T_1(F)$ 跃迁也发生在近红外区。同时,${}^4A_2 \rightarrow {}^4T_2$ 发生在能量更低的区域。

2. 反式-$[\mathrm{Cr(en)_2F_2}]^+$

这是一个 d^3 配合物,具有 D_{4h} 对称性(严格地说这个体系为 D_{2h} 对称性)。因此示于图 8.5.5 的 Orgel 图已不能用。但若将这个正离子看作拉长的八面体形,则"原来的"三重简并 T 态将分裂成两个谱项(E 和 A 或 B)。分裂的能级图示于图 8.5.12。根据这个能级图以及示于图 8.5.13 的这个配合物的谱带,就能很好地将图谱直接地指认出来:

跃 迁	$\tilde{\nu}/\mathrm{cm}^{-1}$	跃 迁	$\tilde{\nu}/\mathrm{cm}^{-1}$
${}^4B_{1g} \rightarrow {}^4E_g$	18 500	${}^4B_{1g} \rightarrow {}^4A_{2g}$	29 300
$\rightarrow {}^4B_{2g}$	21 700	$\rightarrow {}^4A_{2g}$	41 000(肩峰)
$\rightarrow {}^4E_g$	25 300	$\rightarrow {}^4E_g$	43 700(计算值)

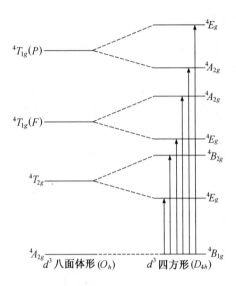

图 8.5.12 当晶体场环境从八面体形(O_h)变到四方形
(D_{4h})时,d^3 离子能级的分裂。

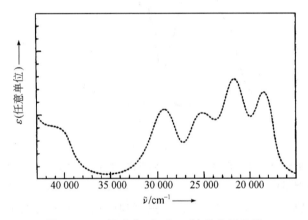

图 8.5.13 反式-$[Cr(en)_2F_2]^+$ 的电子光谱。

3. 顺式-$[Co(en)_2F_2]^+$ 和反式-$[Co(en)_2F_2]^+$

这些是低自旋 d^6 配合物,具有一个 $^1A_{1g}$ 基态。按照示于图 8.5.10 的 Tanabe-Sugano 图,对于 d^6 八面体配合物两个最低能量的单重激发态为 $^1T_{1g}$ 和 $^1T_{2g}$。当这个配合物的对称性因置换作用形成顺式-或反式-$[CoX_4Y_2]^+$ 而降低时,这两个三重简并的激发态会分裂。如果配位体 X 和 Y 的光谱序列相差较远,$^1T_{1g}$ 态的分裂较显著,特别是对反式异构体分裂更大。这一结果示意地归纳在图 8.5.14 中。注意在图中 $^1T_{2g}$ 的分裂非常之小,因而完全予以忽略。期望的电子跃迁都在各自的光谱中观察到。最后应注意由于顺式异构体没有对称中心,它的谱带有着较大的强度。

4. $[Ni(H_2O)_6]^{2+}$ 和 $[Ni(en)_3]^{2+}$

这些是 d^8 配合物,将再次利用图 8.5.5 的 Orgel 图来解释图 8.5.15 中它们的电子光谱。三种期望的自旋允许的跃迁已观察到:

跃　迁	$[Ni(H_2O)_6]^{2+}$	$[Ni(en)_3]^{2+}$
$^3A_{2g} \rightarrow ^3T_{2g}$	$9\,000\ cm^{-1}$	$11\,000\ cm^{-1}$
$\rightarrow ^3T_{1g}(F)$	$14\,000\ cm^{-1}$	$18\,500\ cm^{-1}$
$\rightarrow ^3T_{1g}(P)$	$25\,000\ cm^{-1}$	$30\,000\ cm^{-1}$

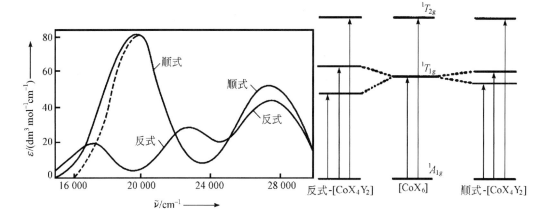

图 8.5.14　顺式-和反式-$[Co(en)_2F_2]^+$ 的可见光谱。

（虚线表示最强的谱带实际是由两个跃迁重叠组成。在顺式异构体中，$^1T_{1g}$ 态略有分裂导致谱带的不对称性。对反式异构体，分裂较大，可观察到两个分立的谱带。涉及这两个电子光谱的能级示于右边。）

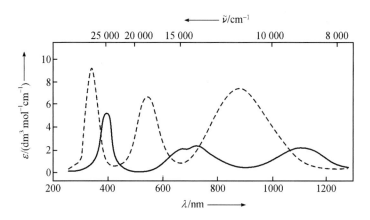

图 8.5.15　$[Ni(H_2O)_6]^{2+}$（实线）和 $[Ni(en)_3]^{2+}$（虚线）的电子光谱。

　　因为乙二胺（en）是比水强的配位体，$[Ni(en)_3]^{2+}$ 的全部跃迁都比 $[Ni(H_2O)_6]^{2+}$ 相应的跃迁有着更高的能量。同样，由于 $[Ni(H_2O)_6]^{2+}$ 有对称中心，它的谱带强度较低。从这些光谱可推断 $[Ni(en)_3]^{2+}$ 为紫色，而 $[Ni(H_2O)_6]^{2+}$ 为绿色。

　　最后，注意在 $[Ni(H_2O)_6]^{2+}$ 光谱中，中间谱带的分裂是由于 $^3T_{1g}(F)$ 和 ^1E_g 态之间的自旋-轨道相互作用（参见图 8.5.9）。在由 6 个 H_2O 分子产生的 Δ_o 值中，这两个态的能量很近。但在 3 个 en 分子的强场中，这两个态分得较远。其结果，在 $[Ni(en)_3]^{2+}$ 的光谱中没有观察到分裂。

　　在本小节中讨论到所给例子的光谱。很明显利用 Orgel 图和（或）Tanabe-Sugano 图可对这些光谱进行定性分析。但在有些情况下，为了做出确定的指认和解释，进行定量的处理是必不可少的。

8.6 弱场和强场近似的关系

在图 8.5.9 示出的 d^2 配合物的 Tanabe-Sugano 图中，$^3T_{1g}$ 基态与从 t_{2g}^2 强场组态推引的结果一致。实际上这种一致性对各种状态都可推得。为此，首先为弱场和强场近似给出一个形式上的定义。

在弱场时，晶体场的相互作用小于金属原子内的电子相斥作用。在这种近似中，对 d^2 组态 Russell-Saunders 谱项 $^3F, ^3P, ^1G, ^1D$ 和 ^1S 是良好的基函数。当加上晶体场，这些谱项按表 8.4.2 所示的结果分裂：

$$^3F \rightarrow {}^3A_{2g} + {}^3T_{1g} + {}^3T_{2g}$$
$$^3P \rightarrow {}^3T_{1g}$$
$$^1G \rightarrow {}^1A_{1g} + {}^1E_g + {}^1T_{1g} + {}^1T_{2g}$$
$$^1D \rightarrow {}^1E_g + {}^1T_{2g}$$
$$^1S \rightarrow {}^1A_{1g}$$

这就是弱场近似所产生的状态。

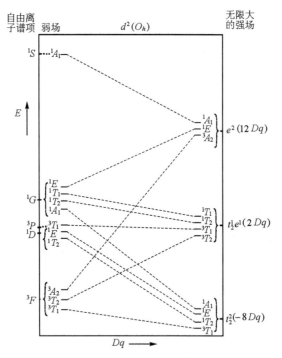

图 8.6.1 d^2 八面体配合物的相关图。

（因为所有轨道和状态均具有"g"对称性，故删去下标"g"。注意连接三重态的线组成了

图 8.5.4 和 8.5.5 所示的 Orgel 图。）

在强场时，上述电子的相斥作用小于晶体场的相互作用。这时带有 2 个 d 电子的体系则需要考虑三种晶体场组态：$t_{2g}^2, t_{2g}^1 e_g^1$ 和 e_g^2（能量依次增加）。按在 7.1.4 小节中描述的标准的群论方法可从这些组态得到下列状态，现在直接达到下列结果：

$$t_{2g}^2 \rightarrow {}^3T_{1g} + {}^1A_{1g} + E_g + {}^1T_{2g}$$

$$t_{2g}^1 e_g^1 \longrightarrow {}^3T_{1g} + {}^3T_{2g} + {}^1T_{1g} + {}^1T_{2g}$$

$$e_g^2 \longrightarrow {}^3A_{2g} + {}^1A_{1g} + {}^1E_g$$

当然,这些状态和弱场近似所得的结果是相同的。这两套状态是相关的,示于图 8.6.1 中。在画这些连线时,使线的交叉减到最少,甚至对不同对称性的状态也这样。注意连接三重态的 4 条线组成 d^2 配合物的 Orgel 图(参看图 8.5.4 和 8.5.8)。

8.7　在配合物中自旋-轨道相互作用:双群

在前面谈到对于具有轨道角动量 L 的状态,旋转角度 α 的特征标为

$$\chi(\alpha) = \sin\left(L + \frac{1}{2}\right)\alpha \Big/ \sin\frac{\alpha}{2} \tag{8.4.1}$$

当用此公式去推导一个配合物的晶体场状态时,曾假定自旋-轨道相互作用很弱而将它略去。

当自旋-轨道相互作用较强,定义一个状态的量子数已不再是 L,而是总角动量量子数 J。量子数 J 可以是整数或半整数。当 J 为整数时,可用 J 代替 L 继续利用(8.4.1)式。当 J 为半整数时,情况就较为复杂,考虑以下式的 $\chi(\alpha+2\pi)$ 代替(8.4.1)式:

$$\begin{aligned}
\chi(\alpha + 2\pi) &= \sin\left[\left(J + \frac{1}{2}\right)(\alpha + 2\pi)\right] \Big/ \sin\left[\frac{1}{2}(\alpha + 2\pi)\right] \\
&= \sin\left[2\pi + \left(J + \frac{1}{2}\right)\alpha\right] \sin\left(\pi + \frac{2}{\alpha}\right) \\
&= \sin\left[\left(J + \frac{1}{2}\right)\alpha\right] \Big/ -\sin\left(\frac{\alpha}{2}\right) \\
&= -\chi(\alpha) \tag{8.7.1}
\end{aligned}$$

为了克服这个困难,H. Bethe(贝特)引进旋转 2π,称之为 $\boldsymbol{R}$,它不同于等同操作 $\boldsymbol{E}$。然后将每个旋转群加以扩展,方法是将 $\boldsymbol{R}$ 和全部存在的旋转相乘,得到新的点群的对称操作,称为双群。例如 O 点群有着旋转操作 $\boldsymbol{E}, 8\boldsymbol{C}_3, 3\boldsymbol{C}_2, 6\boldsymbol{C}_4$ 和 $6\boldsymbol{C'}_2$(表 8.4.1),而它相应的双群 O' 则有旋转操作 $\boldsymbol{E}(=\boldsymbol{R}^2), \boldsymbol{R}, (4\boldsymbol{C}_3, 4\boldsymbol{C}_3^2\boldsymbol{R}), (4\boldsymbol{C}_3^2, 4\boldsymbol{C}_3\boldsymbol{R}), (3\boldsymbol{C}_2, 3\boldsymbol{C}_2\boldsymbol{R}), (3\boldsymbol{C}_4, 3\boldsymbol{C}_4^3\boldsymbol{R}), (3\boldsymbol{C}_4^3, 3\boldsymbol{C}_4\boldsymbol{R})$ 和 $(6\boldsymbol{C'}_2, 6\boldsymbol{C'}_2\boldsymbol{R})$ 等 48 个共 8 类对称操作。O' 群的特征标表示于表 8.7.1 中。从这个表可以看出:

(1) O' 群有 8 个不可约表示,头 5 个和 O 群(表 8.4.1)相同,后面 3 个 O' 群的表示是新的。

(2) 对于这些表示有两种旋转类型记号:一种是按 Bethe 用的 $\Gamma_1, \Gamma_2, \cdots, \Gamma_8$,而另一种为 $A'_1, A'_2, \cdots, G'$,是按 Mullikin 记号,这是最早提出的双群的表示记号。

表 8.7.1　双群 O' 的特征标表

O' ($h=48$)		$\boldsymbol{E}=\boldsymbol{R}^2$ ($\alpha=4\pi$)	$\boldsymbol{R}$ ($\alpha=2\pi$)	$4\boldsymbol{C}_3$ $4\boldsymbol{C}_3^2\boldsymbol{R}$	$4\boldsymbol{C}_3^2$ $4\boldsymbol{C}_3\boldsymbol{R}$	$3\boldsymbol{C}_2$ $3\boldsymbol{C}_2\boldsymbol{R}$	$3\boldsymbol{C}_4$ $3\boldsymbol{C}_4^3\boldsymbol{R}$	$3\boldsymbol{C}_4^3$ $3\boldsymbol{C}_4\boldsymbol{R}$	$6\boldsymbol{C'}_2$ $6\boldsymbol{C'}_2\boldsymbol{R}$
Γ_1	A'_1	1	1	1	1	1	1	1	1
Γ_2	A'_2	1	1	1	1	1	-1	-1	-1
Γ_3	E'_1	2	2	-1	-1	2	0	0	0
Γ_4	T'_1	3	3	0	0	-1	1	1	-1
Γ_5	T'_2	3	3	0	0	-1	-1	-1	1
Γ_6	E'_2	2	-2	1	-1	0	$\sqrt{2}$	$-\sqrt{2}$	0
Γ_7	E'_3	2	-2	1	-1	0	$-\sqrt{2}$	$\sqrt{2}$	0
Γ_8	G'	4	-4	-1	1	0	0	0	0

下面用表 8.7.1 去定 O 对称性中的带有半整数量子数 J 的表示,结果列于表 8.7.2 中,对于带有整数 J 的态也全面地包括在内。换句话说,这个表包括全部列在表 8.4.2 的结果以及半整数的 J 值。

为了表明如何得到列在表 8.7.2 中转动操作的特征标,以 $J=\frac{1}{2}$ 为例,推出 $\chi(R=2\pi)$:

$$\chi(R=2\pi)=\lim_{\alpha\to2\pi}\left[\sin\left(\frac{1}{2}+\frac{1}{2}\right)\alpha\Big/\sin\frac{\alpha}{2}\right]=\lim_{\alpha\to2\pi}\left[2\cos\alpha/\cos\frac{\alpha}{2}\right]=-2 \qquad (8.7.2)$$

表 8.7.2　O 或 O' 对称性的表示(状态包括整数和半整数的 J 值)

J	$E=R^2$	R	$4C_3$ $4C_3^2R$	$4C_3^2$ $4C_3R$	$3C_2$ $3C_2R$	$3C_4$ $3C_4^3R$	$3C_4^3$ $3C_4R$	$6C_2'$ $6C_2'R$	在 O 或 O' 中的 Γ_s
0	1								Γ_1
½	2	-2	1	-1	0	$\sqrt{2}$	$-\sqrt{2}$	0	Γ_6
1	3								Γ_4
1½	4	-4	-1	1	0	0	0	0	Γ_8
2	5								$\Gamma_3+\Gamma_5$
2½	6	-6	0	0	0	$-\sqrt{2}$	$\sqrt{2}$	0	$\Gamma_7+\Gamma_8$
3	7								$\Gamma_2+\Gamma_4+\Gamma_5$
3½	8	-8	1	-1	0	0	0	0	$\Gamma_6+\Gamma_7+\Gamma_8$
4	9								$\Gamma_1+\Gamma_3+\Gamma_4+\Gamma_5$
4½	10	-10	-1	1	0	$\sqrt{2}$	$-\sqrt{2}$	0	$\Gamma_6+2\Gamma_8$
5	11								$\Gamma_3+2\Gamma_4+\Gamma_5$
5½	12	-12	0	0	0	0	0	0	$\Gamma_6+\Gamma_7+2\Gamma_8$
6	13								$\Gamma_1+\Gamma_2+\Gamma_3+\Gamma_4+2\Gamma_5$
6½	14	-14	1	-1	0	$-\sqrt{2}$	$\sqrt{2}$	0	$\Gamma_6+2\Gamma_7+2\Gamma_8$

现在以 d^5 八面体配合物的 ^4D 谱项(一个激发态)为例进行分析。如果不考虑自旋-轨道耦合,在八面体晶体场中该谱项分裂为表 8.7.2 中 $^4\Gamma_3$ 和 $^4\Gamma_5$ 两个状态。当加进自旋-轨道相互作用,这些状态将进一步分裂。这时自旋量子数 S 为 $1\frac{1}{2}$,这个自旋态具有 Γ_8 对称性(表 8.7.2),当这种自旋态和轨道部分(Γ_3 和 Γ_5)相互作用,所得的结果为

$$\Gamma_3\otimes\Gamma_8=\Gamma_6+\Gamma_7+\Gamma_8$$
$$\Gamma_5\otimes\Gamma_8=\Gamma_6+\Gamma_7+2\Gamma_8$$

这表明 $^4\Gamma_3$ 分裂成 3 个状态,而 $^4\Gamma_5$ 分裂成 4 个状态。注意自旋量子数 S 此时就不再用来定义电子状态。

若自旋-轨道相互作用大于晶体场作用,则 J 是加于晶体场前的量子数。对于 ^4D,$J=\frac{1}{2}$,$1\frac{1}{2}$,$2\frac{1}{2}$,$3\frac{1}{2}$。在一个八面体晶体场中,借助表 8.7.2,可得 4 个状态的分裂情况:

$$J=\frac{1}{2}\to\Gamma_6, \qquad\qquad J=1\frac{1}{2}\to\Gamma_8$$
$$J=2\frac{1}{2}\to\Gamma_7+\Gamma_8, \qquad\qquad J=3\frac{1}{2}\to\Gamma_6+\Gamma_7+\Gamma_8$$

获得以上两组状态的途径是相关的,如图 8.7.1 所示。当处理带有半整数 J 值状态的自旋-轨道相互作用时,需要用到双群,这是很重要的一点。

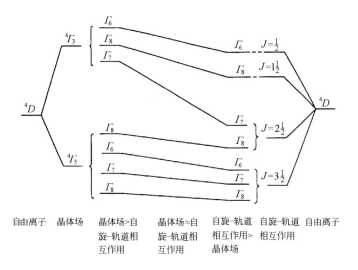

图 8.7.1　有关 ^4D 电子状态的自旋-轨道相互作用和八面体晶体场的相对效应。

8.8　八面体配合物的分子轨道理论

在配合物的晶体场处理中,中心金属离子和配位体之间的相互作用看作纯粹的静电作用,即离子键。如果考虑金属原子和配位体之间轨道的叠加,即共价键,就需要用到分子轨道理论,此理论的基本概念已在第 3 章和第 7 章中讨论过。

8.8.1　八面体配合物中的 σ 键

先处理只有金属-配位体 σ 键的配合物,例子包括 $[M(H_2O)_6]^{n+}$ 和 $[M(NH_3)_6]^{n+}$ 等,其中 M^{n+} 是第四周期过渡元素,n 为 2 或 3。配合物的坐标系示于图 8.8.1 中。由 6 个配位体轨道产生的表示为

O_h	E	$8C_3$	$6C_2$	$6C_4$	$3C_2(=C_4^2)$	i	$6S_4$	$8S_6$	$3\sigma_h$	$6\sigma_d$
Γ_σ	6	0	0	2	2	0	0	0	4	2

由此可推引出 $\Gamma_\sigma = A_{1g} + E_g + T_{1u}$。配位体轨道的 6 个线性组合可立即产生,它们和合适的金属原子轨道在对称性上匹配。这些将归纳在表 8.8.1 和图 8.8.2 中。只有 σ 键的 ML_6 的分子轨道能级图示于图 8.8.3 中。

表 8.8.1　在 ML₆ 配合物中 σ 分子轨道的形成

对称性	金属轨道	配位体 σ 轨道	分子轨道
A_{1g}	s	$(1/\sqrt{6})(\sigma_1+\sigma_2+\sigma_3+\sigma_4+\sigma_5+\sigma_6)$	$1a_{1g}, 2a_{1g}$
E_g	$\begin{cases} d_{x^2-y^2} \\ d_{z^2} \end{cases}$	$\begin{cases} (1/2)(\sigma_1-\sigma_2+\sigma_3-\sigma_4) \\ (1/\sqrt{12})(2\sigma_5+2\sigma_6-\sigma_1-\sigma_2-\sigma_3-\sigma_4) \end{cases}$	$1e_g, 2e_g$
T_{1u}	$\begin{cases} p_x \\ p_y \\ p_z \end{cases}$	$\begin{cases} (1/\sqrt{2})(\sigma_1-\sigma_3) \\ (1/\sqrt{2})(\sigma_2-\sigma_4) \\ (1/\sqrt{2})(\sigma_5-\sigma_6) \end{cases}$	$1t_{1u}, 2t_{1u}$
T_{2g}	$\begin{cases} d_{xy} \\ d_{yz} \\ d_{zx} \end{cases}$	——	$1t_{2g}$

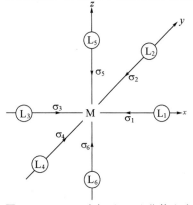

从图 8.8.3 所示的能级图可见，从 6 个配位体提供的 6 电子对将进入 $1t_{1u}$，$1a_{1g}$ 和 $1e_g$ 轨道，而剩下的 $1t_{2g}$ 和 $2e_g$ 轨道用来放置金属离子的 d 电子。$1t_{2g}$ 轨道较 $2e_g$ 轨道稳定，它们之间的能级差即为 Δ_o，这在整体上和晶体场理论是一致的（参看图 8.1.5）。但是两个理论处理的方法和途径不同。晶体场理论所得的 t_{2g} 轨道比 e_g 轨道稳定是由于前者指向配位体之间的空当上，而后者直接指向配位体。分子轨道理论所得的 $1t_{2g}$ 轨道比 $2e_g$ 轨道稳定是由于前者是非键轨道，而后者是反键 σ^* 轨道。

图 8.8.1　ML₆ 坐标系。（配位体和中心金属离子仅以 σ 键结合。）

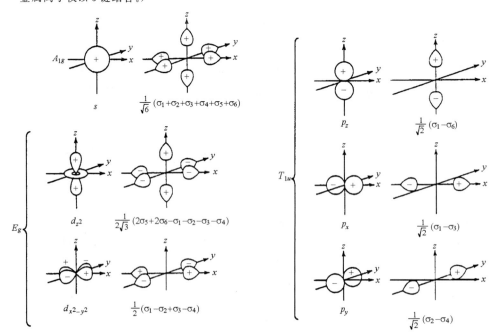

图 8.8.2　在 ML₆ 中，和中心金属离子的原子轨道对称性匹配的 σ 配位体轨道的线性组合。

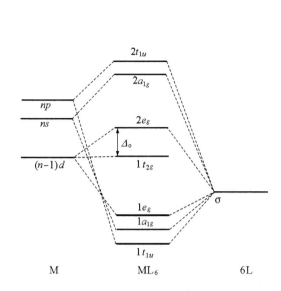

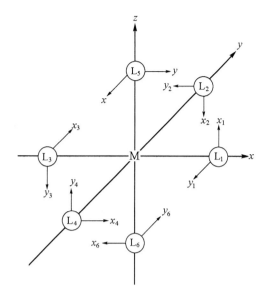

图 8.8.3　八面体配合物 ML_6 的能级图。
（金属原子 M 和配位体 L 间只有 σ 键。）

图 8.8.4　ML_6 配合物中，12 个
配位体 π 轨道取向的坐标系。

8.8.2　有 π 键的八面体配合物

在配合物 ML_6 中，若配位体也有 π 轨道可用于 M 和 L 之间的相互成键作用，这时成键的图像将变得较为复杂。如果配位体 π 轨道按图 8.8.4 所示的坐标定位，则 12 个配位体 π 轨道的表示可推得如下：

O_h	E	$8C_3$	$6C_2$	$6C_4$	$3C_2(=C_4^2)$	i	$6S_4$	$8S_6$	$3\sigma_h$	$6\sigma_d$
Γ_π	12	0	0	0	-4	0	0	0	0	0

由此可推出：

$$\Gamma_\pi = T_{1g} + T_{1u} + T_{2g} + T_{2u}$$

将它们以适当的对称性进行 12 个线性组合的情况列于表 8.8.2 中。

表 8.8.2　具有 O_h 对称性 ML_6 配合物的 π 配位体轨道（图 8.3.4）对称性适合的线性组合

对称性	组　合	对称性	组　合
T_{1g}	$\frac{1}{2}(x_2+y_4-x_5-y_6)$ $\frac{1}{2}(x_1+y_3-y_5-x_6)$ $\frac{1}{2}(-y_1+y_2-x_3+x_4)$	T_{1u}	$\frac{1}{2}(y_1-x_3+x_5-y_6)$ $\frac{1}{2}(-y_2+x_4+y_5-x_6)$ $\frac{1}{2}(x_1-x_2-y_3+y_4)$
T_{2g}	$\frac{1}{2}(x_1+y_4+x_5+y_6)$ $\frac{1}{2}(x_1+y_3+y_5+x_6)$ $\frac{1}{2}(y_1+y_2+x_3+x_4)$	T_{2u}	$\frac{1}{2}(y_1-x_3-x_5+y_6)$ $\frac{1}{2}(-y_2+x_4-y_5+x_6)$ $\frac{1}{2}(-x_1-x_2+y_3+y_4)$

因为没有 T_{1g} 或 T_{2u} 对称性的金属原子轨道存在，表 8.8.2 中给出的具有这两种对称性的配位体 π 轨道的组合，实际上就成为非键轨道。同样，具有 T_{1u} 对称性的配位体 π 轨道的组合

在和金属原子np轨道重叠时,其效率将低于同样对称性的 σ 组合(表 8.8.1)。图 8.8.5 以图形对比这两种组合,由图可见,具有 T_{1u} 对称性的配位体 π 轨道和中心金属原子 p_z 轨道组成的分子轨道叠合不多,是弱键。所以最重要的参加形成 π 键的配位体轨道是具有 T_{2g} 对称性的组合。图 8.8.6 示出配位体的 T_{2g} 对称轨道和中心金属原子 d 轨道的叠加情况。

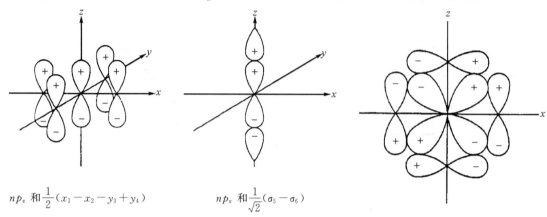

np_z 和 $\frac{1}{2}(x_1-x_2-y_3+y_4)$ $\qquad$ np_z 和 $\frac{1}{\sqrt{2}}(\sigma_5-\sigma_6)$

图 8.8.5 T_{1u} 对称的 π 配位体轨道和 σ 组合的配位体轨道与同一个中心金属原子的 np_z 轨道叠加的比较。(从图可以看出配位体和金属原子之间 σ 型的叠加是较有效的相互作用。)

图 8.8.6 配位体和金属原子之间具有 T_{2g} 对称性的 π 型轨道的叠加。

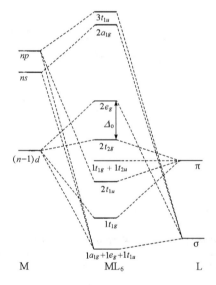

图 8.8.7 一个八面体配合物 ML_6 的轨道能级示意图。(图中配位体有充满电子的 π 轨道用于成键。和只有 σ 键的配合物相比,本图中的 Δ_o 较小。)

当充满 π 电子的配位体和金属原子成键,例如 F^-,Cl^-,OH^- 等配位体和金属原子形成的配合物,轨道能级图示意于图 8.8.7 中。配位体的电子充填至 $1t_{1g}$ 和 $1t_{2u}$,而金属原子的 d 电子则从 $2t_{2g}$ 起充填。我们可见 $2e_g$ 轨道保持 σ^* 反键的性质,而 $2t_{2g}$ 轨道变为 π^* 反键轨道(回忆在图 8.8.3 中对于只有 σ 键的配合物,$1t_{2g}$ 为非键轨道)。其结果和只有 σ 键的配合物对比,现在体系的 Δ_o 较小。图 8.8.8(a) 示出 Δ_o 减小,意味着电子从配位体流向金属原子(L→M)。

相反,当配位体有着低能级的空的 π^* 轨道去和金属原子成键,例如 CO,CN^-,PR_3 等,原来的非键 t_{2g} 轨道现在变为 π 成键轨道,而 e_g 轨道依然是反键 σ^* 轨道。其结果和只有 σ 键的配合物相比,Δ_o 增大,电子进入这些 π 键 t_{2g} 轨道,电子看起来是从金属原子流向配位体(M→L),如图 8.8.8(b) 所示,形成 σ-π 配键。

将本小节内容归纳起来,对金属配合物的晶体场理论和分子轨道理论加以对比。这两个理论都得到 e_g 轨道的能级高于 t_{2g} 轨道。晶体场理论只从静电作用考虑,认为 e_g 轨道直接指向配位体,而 t_{2g} 轨道则指向配位体间的空当上。分子轨道理论从中心金属原子的轨道和配位体轨道的叠加来考虑。在只有 σ 键的配合物中，e_g 轨道是 σ^* 反键轨道，t_{2g} 轨道是非键轨道。对于 π 轨道充满电子的配位体形成的配合物，e_g 轨道保持 σ^* 反键轨道，t_{2g} 轨道变为 π^* 反键轨道，导致 Δ_o 缩小；对于有空的 π^* 轨道的配位体形成的配合物，e_g 轨道仍保持 σ^* 反键轨道，而 t_{2g} 轨道变为 π 成键轨道，导致 Δ_o 增大。

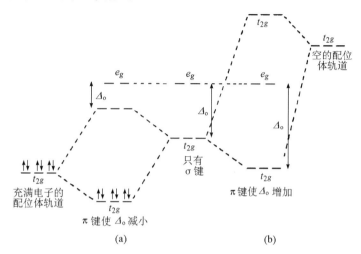

图 8.8.8　两种 π 成键效应对比：(a) 用充满电子的 π 配位体轨道形成 $L \rightarrow M$, Δ_o 较小；
(b) 用空的 π 配位体轨道形成 $M \rightarrow L$, Δ_o 较大。

8.8.3　18 电子规则

在研究主族元素的化合物时，常用到八隅律，它是指具有 8 个价电子的稀有气体原子的电子组态呈现特殊的稳定性。过渡金属原子价层除 s 和 p 4 个轨道外，还有 5 个 d 轨道，因此稳定的电子组态应为 18 个价电子。由此为过渡金属化合物提出 18 电子规则，这个规则有些时候有用，但并不是严格地遵循。按此规则可将配合物分成三类：① 其电子组态完全和 18 电子规则无关；② 具有 18 个或少于 18 个价电子；③ 准确地有 18 个价电子。根据图 8.8.3 的能级图可说明这三类化合物的电子结构。

对于① 类配合物，包括许多第四周期过渡金属化合物（表 8.8.3），$1t_{2g}$ 轨道是非键轨道，Δ_o 较小。$2e_g$ 轨道略带反键性，电子占据并不耗费多少能量，因此对 d 电子数目没有限制或限制很小。

表 8.8.3　三种类型配合物和 18 电子规则的关系

① 类配合物	价电子数目	② 类配合物	价电子数目	③ 类配合物	价电子数目
$[Cr(NCS)_6]^{3-}$	15	$[WCl_6]^{2-}$	13	$[V(CO)_6]^-$	18
$[Mn(CN)_6]^{3-}$	16	$[WCl_6]^{3-}$	14	$[Mo(CO)_3(PF_3)_3]$	18
$[Fe(C_2O_4)_3]^{3-}$	17	$[TcF_6]^{2-}$	15	$[HMn(CO)_5]$	18
$[Co(NH_3)_6]^{3+}$	18	$[OsCl_6]^{2-}$	16	$[(C_2H_5)Mn(CO)_3]$	18
$[Co(H_2O)_6]^{2+}$	19	$[PtF_6]$	16	$[Cr(CO)_6]$	18
$[Ni(en)_3]^{2+}$	20	$[PtF_6]^-$	17	$[Mo(CO)_6]$	18
$[Cu(NH_3)_6]^{2+}$	21	$[PtF_6]^{2-}$	18	$[W(CO)_6]$	18

对于②类配合物,包括许多第五、六周期过渡金属化合物(表 8.8.3),$1t_{2g}$ 轨道依然是非键轨道,而 Δ_o 较大。$2e_g$ 轨道是强反键轨道,倾向于不被电子占据。占据 $1t_{2g}$ 轨道的 d 电子数依然不受限制,因此引致 18 个或少于 18 个价电子的配合物。

对于③类配合物,包括许多金属羰基化合物及其衍生物(表 8.8.3),$1t_{2g}$ 轨道由于反馈键的形成,它是强的成键轨道,$2e_g$ 轨道是强反键轨道,倾向于不被电子占据,而 $1t_{2g}$ 轨道倾向于充满电子。如果从完全占据的 $1t_{2g}$ 轨道上拿走电子,便损失键能,导致配合物不稳定。因此这种配合物刚好具有 18 个价电子。

8.9　四方平面配合物的电子光谱

在本节中将以四方平面配合物 ML_4 为例,讨论在配合物中观察到的各种电子跃迁。

8.9.1　四方平面配合物 ML_4 的能级图

对一个四方平面配合物 ML_4(D_{4h} 对称性)的坐标系示于图 8.9.1 中。和中心金属原子轨道对称性相匹配的配位体轨道的线性组合以及它们所形成的分子轨道列于表 8.9.1 中。对于这种类型配合物的能级图示意于图 8.9.2 中。

由图 8.9.2 可见,最稳定的分子轨道为具有 B_{1g},A_{1g} 和 E_u 对称性的成键 σ 轨道。在它们之上为处于配位体的成键和非键 π 轨道。所有这些轨道都充满电子。在这两组轨道之上,有 5 个轨道处于 4 个能级,它们实质上是反键 σ^* 和 π^* 轨道,这些轨道主要是在金属原子 M 的 d 轨道。4 个能级的高低次序随不同配位体 L 而异,但最高能级总是 $b_{1g}(d_{x^2-y^2})$ 轨道。能级次序的高低都可从四方平面卤化物和氰化物的成键结果来理解。有趣的是,这种能级高低次序和晶体场理论所得的结果相同(图 8.3.4),在这里再次看出晶体场理论和分子轨道理论有异途同归的关系。

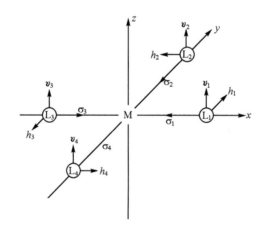

图 8.9.1　四方平面配合物 ML_4 的坐标系。

(图中配位体 σ 轨道标以 $\sigma_1,\cdots,\sigma_4$;配位体 π 轨道标以 $v_1,\cdots,v_4$ 和 $h_1,\cdots,h_4$。)

表 8.9.1　四方平面配合物 ML_4 分子轨道的形成

对称性	金属轨道	配位体轨道		分子轨道
A_{1g}	s, d_{z^2}	$\frac{1}{2}(\sigma_1+\sigma_2+\sigma_3+\sigma_4)$		$1a_{1g},2a_{1g},3a_{1g}$
A_{2g}	—	$\frac{1}{2}(h_1+h_2+h_3+h_4)$		$1a_{2g}$
A_{2u}	p_z	$\frac{1}{2}(v_1+v_2+v_3+v_4)$		$1a_{2u},2a_{2u}$
B_{1g}	$d_{x^2-y^2}$	$\frac{1}{2}(\sigma_1-\sigma_2+\sigma_3-\sigma_4)$		$1b_{1g},2b_{1g}$
B_{2g}	d_{xy}	$\frac{1}{2}(h_1-h_2+h_3-h_4)$		$1b_{2g},2b_{2g}$
B_{2u}	—	$\frac{1}{2}(v_1-v_2+v_3-v_4)$		$1b_{2u}$
E_g	$\begin{cases} d_{xz} \\ d_{yz} \end{cases}$	$\begin{cases} \dfrac{1}{\sqrt{2}}(v_1-v_3) \\ \dfrac{1}{\sqrt{2}}(v_2-v_4) \end{cases}$		$1e_g,2e_g$
E_u	$\begin{cases} p_x \\ p_y \end{cases}$	$\begin{cases} \dfrac{1}{\sqrt{2}}(\sigma_1-\sigma_3) \\ \dfrac{1}{\sqrt{2}}(\sigma_2-\sigma_4) \end{cases}$	$\begin{cases} \dfrac{1}{\sqrt{2}}(h_4-h_2) \\ \dfrac{1}{\sqrt{2}}(h_1-h_3) \end{cases}$	$1e_u,2e_u,3e_u$

　　如果配位体有低能级 π^* 轨道可利用来作反馈相互作用,例如 CO 和 CN^- 等,就将会有一系列反键 π^* 轨道,它们处在 $b_{1g}(d_{x^2-y^2})$ 轨道之上,而且主要是在配位体上,其他的反键 σ^* 轨道将是非常不稳定的。

　　在 8.3 节中提到,大多数四方平面配合物具有 d^8 组态。这一结果与图 8.9.2 所示的能级图一致,8 个电子占据相对较稳定的 e_g,a_{1g} 和 b_{2g} 4 个轨道,而能级较高但不稳定的 b_{1g} 轨道是空的。

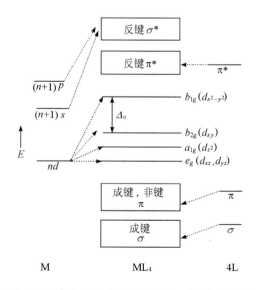

图 8.9.2　四方平面配合物 ML_4 的能级示意图。[图中标以 π^* 的能级方块
仅出现在配位体具有低能级的 π^* 轨道(例子包括 CO,CN^-,PR_3 等)。]

　　利用图 8.9.2 所示的能级图,可以得出 3 种类型的电子跃迁:① d-d 跃迁;② 配位体到金属原子(L→M)跃迁;③ 金属原子到配位体(M→L)的电荷转移跃迁。对 d^8 四方平面配合物,

① 有 3 种自旋允许的 d-d 跃迁,电子从 b_{2g},a_{1g} 和 e_g 轨道激发到 b_{1g} 轨道;② 对称性允许的 L→M 电荷转移跃迁,即从 σ 或 π 成键轨道激发一个电子到 b_{1g} 轨道;③ M→L 电荷转移跃迁,即对 π 接受体配位体,从充满电子的 3 个"金属"能级激发一个电子到最低能级的"配位体"轨道上。电荷转移是电子从高度定域的一个原子或基团的轨道转移到高度定域的另一个原子或基团的轨道。这些电荷转移多数发生在紫外区,它们和 d-d 转移相比具有较高的能量和强度。

在以前的讨论中,我们看到晶体场理论能够解释 d-d 电子跃迁。但是由于这个理论是基于静电作用,注意力集中在配位体对金属原子轨道的影响。因此我们不能利用它去解释 L→M 与 M→L 电荷转移的光谱。

8.9.2　四方平面卤化物和四方平面氰化物的电子光谱

利用图 8.9.2 所示的能级图,可以容易地推导出适用于两类化合物的能级图:一类适用于卤化物的示于图 8.9.3,另一类用于氰化物的示于图 8.9.4。下面利用这两个图来解释四方平面 ML_4 配合物的一些光谱数据。

1. d-d 谱带

$[PtCl_4]^{2-}$ 溶液的 d-d 光谱示于图 8.9.5 中。谱带较弱是由于它们是对称禁阻的跃迁。如前所述,可望有 3 条谱带出现。下面直接将观察到的 3 条谱带指认于下:

$^1A_{1g} \rightarrow {}^1A_{2g}$	$(2b_{2g} \rightarrow 2b_{1g})$	$21\,000\ \mathrm{cm}^{-1}$
$^1A_{1g} \rightarrow {}^1B_{1g}$	$(2a_{1g} \rightarrow 2b_{1g})$	$25\,500\ \mathrm{cm}^{-1}$
$^1A_{1g} \rightarrow {}^1E_{g}$	$(2e_{g} \rightarrow 2b_{1g})$	$30\,200\ \mathrm{cm}^{-1}$

轨道的符号参看图 8.9.3。

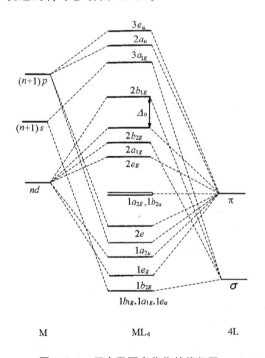

图 8.9.3　四方平面卤化物的能级图。

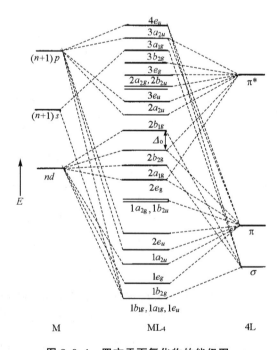

图 8.9.4　四方平面氰化物的能级图。

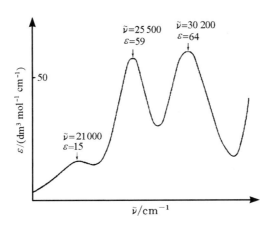

图 8.9.5 ［PtCl₄］²⁻的水溶液 *d-d* 光谱。

2. L→M 电荷转移光谱

图 8.9.6 示出［PtCl₄］²⁻的电子光谱,由图可见到两个强的谱带。从它们的能量和强度特征,可知它们是电荷转移谱带。和图 8.9.5 的 *d-d* 跃迁相比,电荷转移谱带处于高能态而且强度要高出 10^3 数量级。因此这些跃迁必定是对称允许的跃迁。借助图 8.9.3 的定性处理,再加一些定量分析可将谱带指认如下:

$^1A_{1g} \rightarrow {}^1E_u$	$(2e_u \rightarrow 2b_{1g})$	36 000 cm⁻¹
$^1A_{1g} \rightarrow {}^1A_{2u}$	$(1b_{2u} \rightarrow 2b_{1g})$	36 000 cm⁻¹
$^1A_{1g} \rightarrow {}^1E_u$	$(1e_u \rightarrow 2b_{1g})$	44 900 cm⁻¹

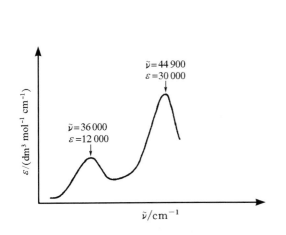

图 8.9.6　在含过量 Cl⁻的水溶液中,［PtCl₄］²⁻
的电荷转移光谱。(这些谱带的强度大大强于
［PtCl₄］²⁻中的 *d-d* 跃迁谱带。)

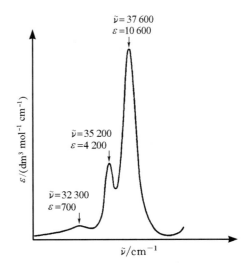

图 8.9.7　在水溶液中［Ni(CN)₄］²⁻的电荷
转移光谱。(它的谱带强度大大强于
［Ni(CN)₄］²⁻中的 *d-d* 跃迁谱带。)

3. M→L 电荷转移光谱

图 8.9.7 示出,在[$Ni(CN)_4$]$^{2-}$电子光谱中有 3 个很接近的谱带。因为 CN^- 有空的低能级 π^* 轨道,这 3 个谱带可指认为从充满电子的金属原子 d 轨道能级(在图 8.9.4 中 $2e_g$,$2a_{1g}$ 和 $2b_{2g}$)跃迁到第一个可用的配位体能级($2a_{2u}$)上。$2a_{2u}$ 能级定域在 4 个 CN^- 基团,并被金属原子 p_z 轨道稳定化。这 3 个谱带可指认为

$^1A_{1g} \rightarrow {}^1B_{1u}$	($2b_{2g} \rightarrow 2a_{2u}$)	32 300 cm^{-1}
$^1A_{1g} \rightarrow {}^1A_{2u}$	($2a_{1g} \rightarrow 2a_{2u}$)	35 200 cm^{-1}
$^1A_{1g} \rightarrow {}^1E_u$	($2e_g \rightarrow 2a_{2u}$)	37 600 cm^{-1}

注意 $^1A_{1g} \rightarrow {}^1B_{1u}$ 跃迁是形式上对称禁阻,但它是 Laporte 允许跃迁($g \longleftrightarrow u$)。因此,它的跃迁强度处于 Laporte 禁阻的 d-d 谱带和对称允许的电荷跃迁谱带之间。

8.10　在过渡金属配合物中振动-电子相互作用

对一个中心对称的配合物,d-d 跃迁是 Laporte 禁阻的($g \longleftrightarrow\!\!\!\!\times g$)。但事实上这些跃迁可以观察到,这是由振动-电子相互作用所引起,即振动的波函数和电子的波函数混杂的结果。定性地看,电子跃迁发生在配合物的振动瞬间,这些振动破坏了分子的对称性。当发生这种振动,状态失去"g"特性,使电子跃迁变成了少量的对称允许。图 8.10.1 示出一个八面体 ML_6 配合物的两种振动模式,它们使分子失去对称中心。

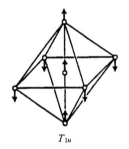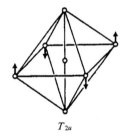

T_{1u}　　　　　　　　T_{2u}

图 8.10.1　在一个八面体配合物 ML_6 中的两种振动模式,它使分子失去对称中心。

当振动运动和电子运动产生耦合,从基态 ψ' 跃迁到激发态 ψ'' 的强度积分成为

$$\int (\psi'_e \psi'_v) x (\psi''_e \psi''_v) d\tau \qquad (x \text{ 也可以是 } y \text{ 或 } z)$$

式中 ψ_e 和 ψ_v 分别为给定状态电子的波函数和振动的波函数。当用对称性来判别这个积分的数值时,首先注意 ψ'_v 是全对称型,因而可以忽略(这是因为它们在基态时都是全对称模式)。现在需要判断它们是否存在对称性为 Γ_v 振动,即使是 $\psi''_e x \psi'_e$ 乘积表示,$\Gamma(\psi''_e x \psi'_e)$ 不包含全对称表示 Γ_{TS},乘积表示 $\Gamma(\psi''_e x \psi'_e) \otimes \Gamma_v$ 则包含。当 $\Gamma(\psi''_e x \psi'_e) \otimes \Gamma_v$ 含有 Γ_{TS},强度积分不为零。同样,若 $\Gamma(\psi''_e x \psi'_e) \otimes \Gamma_v$ 包含 Γ_{TS},就需要 $\Gamma(\psi''_e x \psi'_e)$ 包含 Γ_v。

下面实例将能表明上述判断。对一个 d^1 八面体配合物 ML_6 的基态为 $^2T_{2g}$,而这个配合物的激发态为 ^2E_g。在 O_h 点群中,$\Gamma_{x,y,z}$ 为 T_{1u}。同时,这个配合物有着下列振动模式:

$$\Gamma_{\text{vib}} = A_{1g} + E_g + 2T_{1u} + T_{2g} + T_{2u}$$

对 $^2T_{2g} \rightarrow {}^2E_g$ 跃迁,则有

$$\Gamma_{2g} \otimes T_{1u} \otimes E_g = A_{1u} + A_{2u} + E_u + 2T_{1u} + 2T_{2u}$$

所以,要这个电子跃迁有一定强度,它必须伴随 T_{1u} 或 T_{2u} 对称性的振动一起进行。

最后再举一个例子。平面配合物 Cu(3-Ph acac)$_2$ 具有 D_{2h} 对称性,其结构示于图 8.10.2 中。在这化合物的晶体光谱中,观察到 4 个 y 极化谱带,它们是下面状态间的跃迁:

$$^2B_{1g} \rightarrow {}^2A_g \text{(两重)}$$

$$^2B_{1g} \rightarrow {}^2B_{2g}$$

$$^2B_{1g} \rightarrow {}^2B_{3g}$$

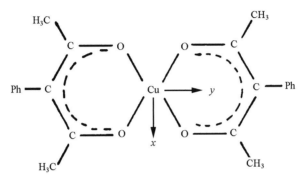

图 8.10.2 具有 D_{2h} 对称性的平面配合物 Cu(3-Ph acac)$_2$ 的结构。

属于 D_{2h} 点群平面配合物 MA$_2$B$_2$ 的 "u" 振动模式的对称性为 A_u,B_{1u},B_{2u} 和 B_{3u},由此容易定出相应于禁阻跃迁而又获得强度的振动。

在 D_{2h} 点群中,$\Gamma_y = B_{2u}$,对 $^2B_{1g} \rightarrow {}^2A_g$ 跃迁可得 $B_{1g} \otimes A_g \otimes B_{2u} = B_{3u}$,即 B_{3u} 振动模式是必需的。对 $^2B_{1g} \rightarrow {}^2B_{2g}$ 跃迁,$B_{1g} \otimes B_{2g} \otimes B_{2u} = B_{1u}$,即 B_{1u} 振动模式是必需的。最后,对 $^2B_{1g} \rightarrow {}^2B_{3g}$ 跃迁,$B_{1g} \otimes B_{3g} \otimes B_{2u} = A_u$,即 A_u 振动模式伴随电子跃迁。

8.11 f 轨道及其晶体场分裂式样

在结束本章之际,将讨论 f 轨道的形状及其在八面体和四面体晶体场中这些轨道能级的分裂式样,其结果可用于研究稀土元素的配合物。

8.11.1 f 轨道的形状

对于七重简并 f 轨道的角函数,并没有唯一的方法或一种惯例的方法去表达。所有这些轨道都有 3 个节面和 u(ungerade)对称性。较常用的图样有两组:"通用组" 和 "立方组"。f 轨道的角函数列于表 8.11.1 中,而这些函数的图形示于图 8.11.1 中。其中立方组的函数尤为适用于八面体和四面体晶体场的分裂模式。

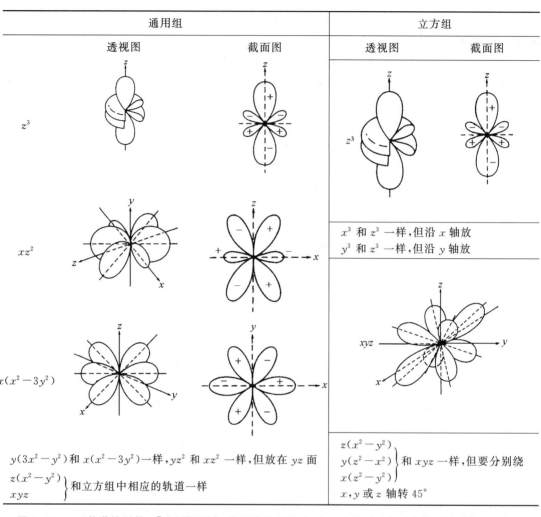

图 8.11.1 f 轨道的形状。[z^3 透视图中，为了清楚起见，切出一个截面示出两个轴环的形状。立方组中用细线隔成三组：x^3，y^3 和 z^3 属 t_{1u}；xyz 属 a_{2u}；$z(x^2-y^2)$，$y(z^2-x^2)$ 和 $x(z^2-y^2)$ 属 t_{2u}。]

表 8.11.1 f 轨道的角函数

轨 道*	通用组	立方组
z^3	$\frac{1}{4}(7/\pi)^{1/2}(5\cos^3\theta-3\cos\theta)$	$\frac{1}{4}(7/\pi)^{1/2}(5\cos^3\theta-3\cos\theta)$
$z(x^2-y^2)$	$\frac{1}{4}(105/\pi)^{1/2}\sin^2\theta\cos\theta\cos2\varphi$	$\frac{1}{4}(105/\pi)^{1/2}\sin^2\theta\cos\theta\cos2\varphi$
xyz	$\frac{1}{4}(105/\pi)^{1/2}\sin^2\theta\cos\theta\sin2\varphi$	$\frac{1}{4}(105/\pi)^{1/2}\sin^2\theta\cos\theta\sin2\varphi$
x^3	—	$\frac{1}{4}(7/\pi)^{1/2}\sin\theta\cos\varphi(5\sin^2\theta\cos^2\varphi-3)$
$x(z^2-y^2)$	—	$\frac{1}{4}(105/\pi)^{1/2}\sin\theta\cos\varphi(\cos^2\theta-\sin^2\theta\sin^2\varphi)$
xz^2	$\frac{1}{8}(42/\pi)^{1/2}\sin\theta(5\cos^2\theta-1)\cos\varphi$	—
$x(x^2-3y^2)$	$\frac{1}{8}(70/\pi)^{1/2}\sin^3\theta\cos3\varphi$	—
y^3	—	$\frac{1}{4}(7/\pi)^{1/2}\sin\theta\sin\varphi(5\sin^2\theta\sin^2\varphi-3)$
$y(z^2-x^2)$	—	$\frac{1}{4}(105/\pi)^{1/2}\sin\theta\sin\varphi(\cos^2\theta-\sin^2\theta\cos^2\varphi)$
yz^2	$\frac{1}{8}(42/\pi)^{1/2}\sin\theta(5\cos^2\theta-1)\sin\varphi$	—
$y(3x^2-y^2)$	$\frac{1}{8}(70/\pi)^{1/2}\sin^3\theta\sin3\varphi$	—

* z^3 代表 f_{z^3} 轨道，下同。

细看列于表 8.11.1 和图 8.11.1 中的 f 轨道,可以看到 z^3, $z(x^2-y^2)$ 和 xyz 3 个轨道在两组中是一样的。其余两组的 4 个轨道有线性变换的关系:

$$f_{x^3} = -\tfrac{1}{4}\big[(6)^{1/2} f_{xz^2} - (10)^{1/2} f_{x(x^2-3y^2)}\big] \tag{8.11.1}$$

$$f_{y^3} = -\tfrac{1}{4}\big[(6)^{1/2} f_{yz^2} + (10)^{1/2} f_{y(3x^2-y^2)}\big] \tag{8.11.2}$$

$$f_{x(z^2-y^2)} = \tfrac{1}{4}\big[(10)^{1/2} f_{xz^2} + (6)^{1/2} f_{x(x^2-3y^2)}\big] \tag{8.11.3}$$

$$f_{y(z^2-x^2)} = \tfrac{1}{4}\big[(10)^{1/2} f_{yz^2} - (6)^{1/2} f_{y(3x^2-y^2)}\big] \tag{8.11.4}$$

8.11.2　f 轨道能级晶体场分裂式样

在八面体晶体场中,7 个 f 轨道将分裂成 2 个三重简并轨道组和 1 个非简并的轨道。若仔细考察 O_h 点群的特征标表将容易地得到有关的信息:x^3, y^3 和 z^3 轨道形成 t_{2u} 组;$z(x^2-y^2)$, $y(z^2-x^2)$ 和 $x(z^2-y^2)$ 轨道形成 t_{1u} 组;而剩余的一个 xyz 轨道具有 a_{2u} 对称性。下面将讨论这些三组轨道的能级次序。

将 6 个配位体放在立方体的面心位置,如图 8.11.2 所示,可以看出 t_{2u} 轨道(x^3, y^3, z^3)有叶瓣直接指向配位体,因此它们具有最高的能量。a_{2u} 轨道(xyz)的 8 个叶瓣直接指向立方体的顶角,换言之,xyz 轨道的 8 个叶瓣尽可能地远离配位体,因此它有最低的能量。t_{1u} 轨道的叶瓣指向立方体棱的中心,它们的能量低于 t_{2u} 轨道,而高于 a_{2u} 轨道。当用微扰理论定量地处理这个问题,可得 t_{2u} 轨道能级升高(较未分裂时)$6Dq'$,而 t_{1u} 和 a_{2u} 轨道分别降低 $2Dq'$ 和 $12Dq'$。这些结果归纳于图 8.11.2 中。需要注意在图 8.11.2 中所给的晶体场参数 Dq' 关系于金属原子的 f 轨道,而不是方程(8.1.3)和(8.1.4)的 d 轨道。细看图 8.11.2 中能级的分裂,可见能量的重心依然保持不变,即 t_{2u} 轨道升高的能量正好和 t_{1u} 及 a_{2u} 轨道降低的能量相平衡。

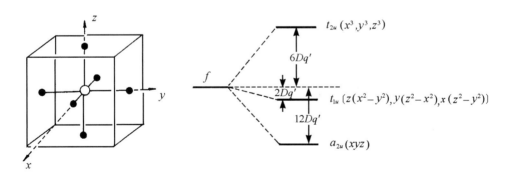

图 8.11.2　八面体晶体场中 f 轨道能级的分裂。(配位体处在立方体面的中心。)

在四面体晶体场中,按和八面体场相似的分析,可以引出它的能级的分布当如图 8.11.3 右边所示。这时最低能级轨道是三重简并的 t_1 轨道(x^3, y^3, z^3)。a_1 轨道(xyz)能级最高。三重简并的 t_2 轨道$[z(x^2-y^2), y(z^2-x^2), x(z^2-y^2)]$能级高度处于中间。同样,四面体配位化合物中能隙的宽度要比八面体配合物小。由于四面体配合物已不再是中心对称的体系,所以就没有必要再加下标来区分。在四面体配合物中,轨道对称性的分类可以容易地从 T_d 点群的特征标表中得到。

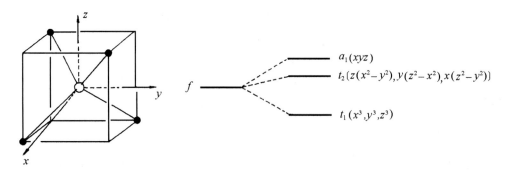

图8.11.3 四面体晶体场中 f 轨道能级的分裂。（配位体交替地处于立方体的 4 个顶角上。）

参 考 文 献

[1] F. A. Cotton, G. Wilkinson, C. A. Murillo and M. Bochmann, *Advanced Inorganic Chemistry*, 6th ed. , Wiley, New York, 1999.

[2] N. N. Greenwood and A Earnshaw, *Chemistry of the Elements*, 2nd ed. , Butterworth-Heinemann, Oxford, 1997.

[3] J. E. Huheey, E. A. Keiter and R. L. Keiter, *Inorganic Chemistry：Principles of Structure and Reactivity*, 4th ed. , Harper Collins, New York, 1993

[4] W. W. Porterfield, *Inorganic Chemistry：A Unified Approach*, Academic Press, San Diego, 1993.

[5] B. E. Douglas, D. H. McDaniel and J. J. Alexander, *Concepts and Models of Inorganic Chemistry*, 3rd ed. , Wiley, New York, 1994.

[6] C. E. Housecroft and A. G. Sharpe, *Inorganic Chemistry*, Prentice-Hall, Harlow, 2001.

[7] G. L. Miessler, P. J. Fisher and D. A. Tarr, *Inorganic Chemistry*, 5th ed. , Pearson, Upper Saddle River, NJ, 2013.

[8] J. A. McCleverty and T. J. Meyer (editors-in-chief), *Comprehensive Coordination Chemistry* Ⅱ：*Form Biology to Nanotechnology*, Elsevier Pergamon, Amsterdam, 2004.

[9] B. D. Douglas and C. A. Hollingsworth, *Symmetry in Bonding and Spectra：An Introduction*, Academic Press, Orlando, 1985.

[10] R. S. Drago, *Physical Methods for Chemists*, Saunders, Fort Worth, 1992.

[11] C. J. Ballhausen, *Introduction to Ligand Field Theory*, McGraw-Hill, New York, 1962.

[12] B. N. Figgis and M. A. Hitchman, *Ligand Field Theory and its Applications*, Wiley-VCH, New York, 2000.

[13] C. K. Jørgenson, *Modern Aspects of Ligand Field Theory*, North-Holland, Amsterdam, 1971.

[14] T. M. Dunn, D. S. McClure and R. G. Pearson, *Some Aspects of Crystal Field Theory*, Harper&Row, New York, 1965.

[15] M. Jacek and Z. Gajek, *The Effective Crystal Field Potential*, Elsevier, New York, 2000.

[16] J. S. Griffith, *The Theory of Transition-Metal Ions*, Cambridge University Press, Cambridge, 1961.

[17] I. B. Bersuker, *Electronic Structure and Properties of Transition Metal Compounds：Introduction*

to the Theory，Wiley，New York，1996.

［18］　J. E. House，*Inorganic Chemistry*，3rd ed.，Elsevier/Academic Press，London，2020.

［19］　N. S. Hosmane，*Advanced Inorganic Chemistry：Applications in Everyday Life*，Elsevier/Academic Press，London，2017.

［20］　M.-C. Hong and L. Chen（eds.），*Design and Construction of Coordination Polymers*，Wiley，Hoboken，New Jersey，2009.

［21］　C. J. Ballhausen and H. B. Gray，*Molecular Orbital Theory*，Benjamin，New York，1965.

［22］　T. A. Albright，J. K. Burdett and M. -H. Whangbo，*Orbital Interactions in Chemistry*，Wiley，New York，1985.

［23］　T. A. Albright and J. K. Burdett，*Problems in Molecular Orbital Theory*，Oxford University Press，New York，1992.

［24］　徐志固，蔡启瑞，张乾二，现代配位化学，北京：化学工业出版社，1987.

［25］　卜显和，配位聚合化学（上、下），北京：科学出版社，2019.

第 9 章　晶体中的对称性

一颗单晶体是一均匀的固体,其中每一部分都有同样的性质。但是,它并非总是各向同性的,它的物理性质,例如热导、电导、折射率或非线性光学效应等通常是随着不同的方向而异的。

9.1　晶体作为一种几何图形

绝大多数纯化合物都可以结晶,但是单个晶粒样品往往很细小而且不完整。一颗生长完整的晶体形成多面体,它具有平的面、直的棱和尖的顶点。简单地说,晶体可定义为一个均匀的、各向异性的固体,具有天然的多面体外形。

9.1.1　面间角

1669 年 Steno 发现对任何晶态材料,尽管它的大小和形状各异(即它的习性不同),但各个晶体中相应晶面间的夹角是相等的。这就是**面间角守恒定律**(law of constancy of interfacial angles)。想象晶体的几何性质(外形),可以在晶体内部设一原点,从它出发画出对各个晶面的垂直线,得到更好的形象。这一组放射形垂直线与各单个晶体的大小和形状无关,它是晶体外形的一组不变的表示。在图 9.1.1 中,(a)示出完整的六角平面晶体;(b)示出从它内部的一个点到各个晶面的垂直线,(c)和(d)分别示出外形很不一样的两个晶体样品,但它们都具有相同的一组放射的垂直线。

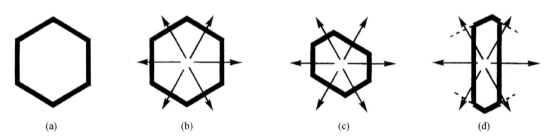

(a)　　　　　　　(b)　　　　　　　(c)　　　　　　　(d)

图 9.1.1　从晶体内部一点到六角晶面的一组放射形垂直线的表示。

(虚线表示平面外延。)

9.1.2　Miller 指数

为了对晶面进行数学描述,可按图 9.1.2(a)所示,选任意 3 个不相平行的面(如果可能,选相互正交的面),将它们的交线作为坐标轴,以 O 点作为原点,这些轴标记为 OA, OB 和 OC。取另一个以实线表示的面作标准面,它和这些轴的截点分别为 A', B' 和 C',截距定义为 $a, b,$ c。$a : b : c$ 的比率称为**轴率**(axial ratios)。

现设在晶体中有任意一个晶面如虚线所示,它和坐标轴 OA, OB 和 OC 相截,截距分别为

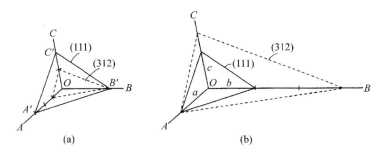

图 9.1.2　标准面、截距和 Miller 指数。

$a/h, b/k$ 和 c/l，当 h, k, l 为没有公因子的整数时，则这个面的 Miller 指数为(hkl)。任意一个晶面的 Miller 指数都可以用它们在坐标轴上的截距分别用 a, b, c 除，并取其倒数而得，必要时要将它们化为没有公因子的整数。如果一个晶面和任一坐标轴平行，截距成为无穷大，则相应该轴的 Miller 指数为 0。标准面的 Miller 指数为(111)。图 9.1.2(a)中虚线所示的晶面在 3 个轴上的截距分别为 $a/3, b, c/2$，它的 Miller 指数为(312)。在图 9.1.2(b)中画出的虚线平面，和图(a)中的虚线平面平行，它在轴上的截距为 $a, 3b, 3c/2$，很明显它的 Miller 指数也为(312)。

在 1784 年，Haüy 提出**有理指数定律**(law of rational indices)，它说明一个晶体的全部晶面都可以用 Miller 指数描述，常见晶面的 h, k, l 都是数值较小的整数。一个八面体的 8 个晶面为(111)，($\bar{1}$11)，(1$\bar{1}$1)，(11$\bar{1}$)，(1$\bar{1}\bar{1}$)，($\bar{1}$1$\bar{1}$)，($\bar{1}\,\bar{1}$1)，($\bar{1}\,\bar{1}\,\bar{1}$)。这一组 8 个晶面的晶形记号为{111}。立方体 6 个晶面的晶形记号为{100}。一些立方晶系晶体的晶形记号的实例示于图9.1.3和9.1.4 中。

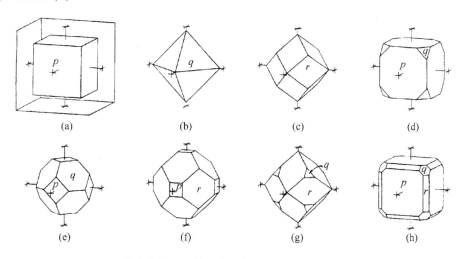

图 9.1.3　具有完整晶面的立方晶体的理想外形用晶形记号描述：
(a) $p\{100\}$, (b) $q\{111\}$, (c) $r\{110\}$ 及不同的组合(d～h)。

9.1.3　32 种晶体学点群(晶类)

用于描述点群对称性的 Hermann-Mauguin 记号(和第 6 章中用的 Schönflies 记号体系形成对照)在晶体学中广泛地应用。一个 n 重旋转对称轴简单地用 n 表示。n 重反轴用 $\bar{n}$ 表示，

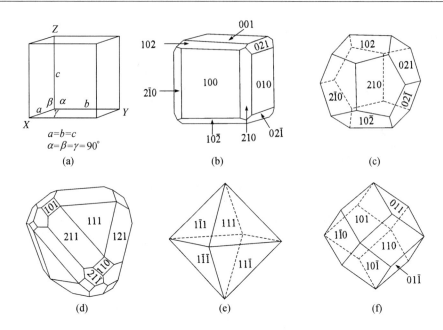

图 9.1.4 用 Miller 指数指标化的一些立方晶体的晶面。

[(a) 立方晶胞及标明的坐标轴;(b) 和(c)黄铁矿 FeS_2 的两种晶形(点群 $m3$);(d) 黝铜矿,Cu_3SbS_3 (点群 $\bar{4}3m$);(e) 尖晶石,$MgAl_2O_4$(点群 $m\bar{3}m$);(f) 铁铝榴石(石榴石),$Fe_3Al_2(SiO_4)_3$(点群 $m\bar{3}m$)。]

它是指一个物体旋转 $360°/n$,再通过轴上的一个点进行反演。注意 $\bar{1}$ 为对称中心(或反演中心),$\bar{2}$ 和镜面 m 相同,而 $2/m$ 则表示 2 重对称轴并有和它垂直的镜面。

一个单晶体可看作一个有限物体,它在不同方向上可能有一定的点对称元素的组合。在数学上的意义是从这些对称元素引出的对称操作组成一个群。一个晶体具有的对称元素的自洽配置被称为一种晶体学点群(crystallographic point group)或一种晶类(crystal class)。在 1830 年,Hessel 示出对称元素 n 和 $\bar{n}(n=1,2,3,4$ 和 $6)$共有 32 种自洽组合,称为 32 种点群,它适合于晶态化合物外形的描述。这个重要结果是有理指数定律的自然推论,并可用下面的方法推演。

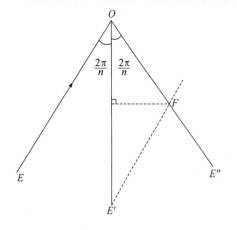

图 9.1.5 由一个 n-轴联系的垂直平面。

考虑一个晶体有 n 重旋转轴(通常简称为 n-轴)。在图 9.1.5 中,OE,OE',OE''代表通过 O 点围绕对称轴相继转 $2\pi/n$ 产生的垂直平面的水平投影。采用 n-轴(OE),OE' 和 OE'' 作为参考轴,并指定后两者为单位长度。其次,考虑一个平行于 OE 的平面 $E'F$,它在三条轴上的截距分别为 ∞,1 和 $[\sec(2\pi/n)]/2$。所以平面 $E'F$ 的 Miller 指数为 $[0,1,2\cos(2\pi/n)]$,它必须为整数。由于 $|\cos(2\pi/n)|\leqslant 1$,$2\cos(2\pi/n)$ 的可能数值为 $\pm 2,\pm 1,0$。因此 $\cos(2\pi/n)=1,1/2,0,-1/2,-1$,由此分别得 $n=1,6,4,3,2$。

所以,按照有理指数定律,在晶体中 n-轴中的 n 只能为 1,2,3,4 和 6。由于反演中心的存在,$\bar{1},\bar{2}(=m),\bar{3},\bar{4}$ 和 $\bar{6}$ 也同样可能在晶体中存在。

9.1.4　极射赤平投影

32 个晶体学点群通常用一等当点体系的极射赤平投影表示。一个特定的点群 $\bar{4}$ 的极射赤平投影用图 9.1.6 所示的方法推出。考虑一个理想的晶体,它的晶面显示出它的晶体学点群 $\bar{4}$ 的全部对称性。晶体被一个球包围,画出从晶体内部一点到全部晶面的垂直线,放射形的法线交球面于一组点 A,B,C 和 D。从球的南极 S 出发画出与处于北半球的点 A 和 B 的连线,它们和赤道平面的交点为 A′ 和 B′,用白的小球表示。相似地,从北极 N 出发,画出与处于南半球的点 C 和 D 的连线,它们和赤道平面上的交点为 C′ 和 D′,用小黑球表示。这样赤道平面的圆中的一组点 A′,B′,C′ 和 D′ 就如实地表达出点群 $\bar{4}$ 的对称性。

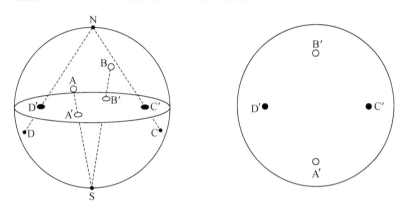

图 9.1.6　晶体学点群 $\bar{4}$ 的极射赤平投影。

一个点群的极射赤平投影由在赤道平面的圆中全部的交点及相关的对称性符号组成。点群 $\bar{4}3m$ 的极射赤平投影和对称元素的位置示于图 9.1.7 中,图中的符号示出沿立方体主轴的 3 个 $\bar{4}$-轴、沿体对角线的 4 个 3-轴、垂直于面对角线的 6 个镜面。

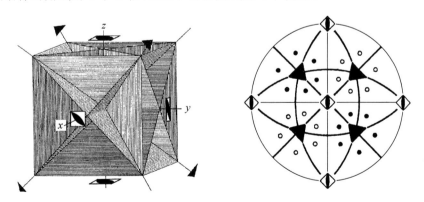

图 9.1.7　点群 $\bar{4}3m$ 的对称元素和极射赤平投影。

全部 32 个晶体学点群的极射赤平投影排列示于图 9.1.8 中。对每个点群都并排地示出等当点图和对称元素图。注意图中的粗线代表镜面。图中对称元素的图形符号的含义于表 9.3.2 中显示。

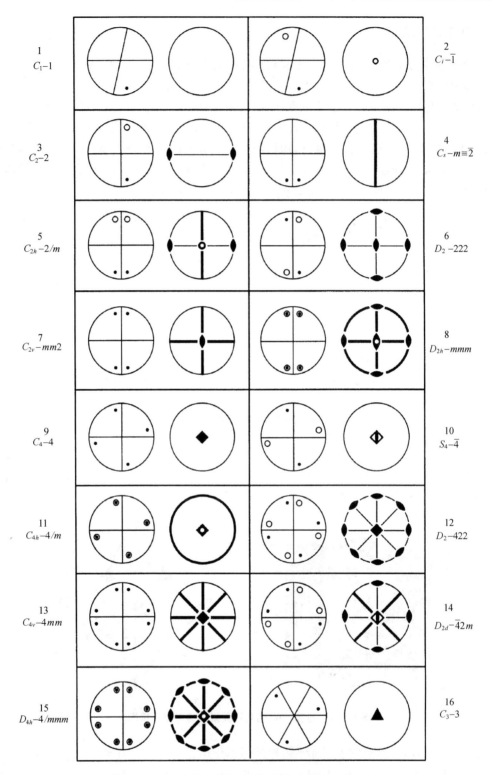

图 9.1.8　32 个晶体学点群(晶类)的极射赤平投影图。

(左图示出一般的等当点位置,右图示出对称元素。全部图中 z 轴垂直于纸面。注意黑点
和白球有可能重叠。粗线代表镜面。)

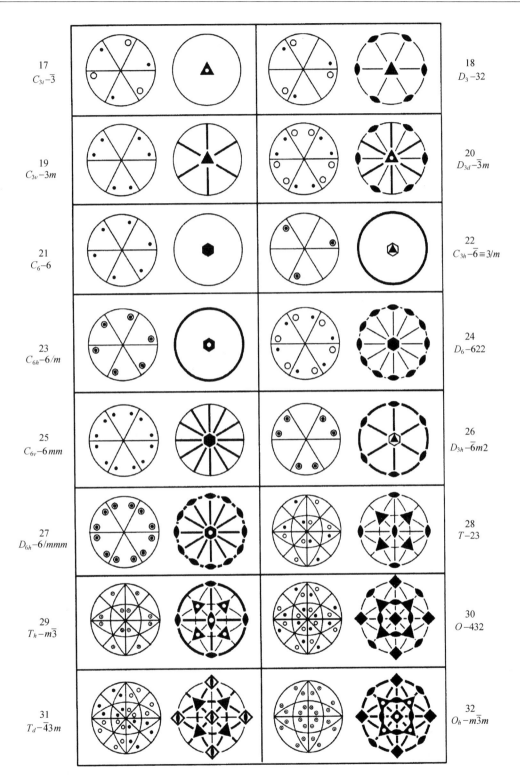

图 9.1.8(续)　32 个晶体学点群(晶类)的极射赤平投影图。

9.2　晶体作为一种点阵

9.2.1　点阵的概念

　　晶体外部形态的对称性自然地导出单晶体是一种三维周期结构的概念,即它是由基本的结构单位在三维空间以规整的周期性重复构成。这样一种无限周期结构能用**点阵**(lattice)或空间点阵(space lattice)适当地和完整地描述。点阵是一组点(数学上的点,没有尺度),它们有着相同的环境。

　　一个无限地伸展的直线的和规整的点的体系,称为一维点阵,它由矢量 a 或重复距离 a 完整地描述。一个平面规整的点列称为二维点阵,它可由两个矢量 a 和 b 或重复的距离 a 和 b 以及它们间的夹角 γ 描述。相似地,在三维空间规整地分布的点,则组成空间点阵(或简单点阵),它可由一组不共面的矢量 a,b,c 或 6 个参数:重复间距 a,b,c 和矢量间的夹角 α,β,γ 描述。角度尽可能选钝角,特别是选 90° 和 120°。一维、二维和三维点阵用图 9.2.1 示意。

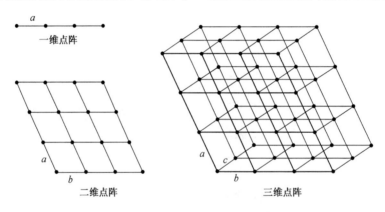

图 9.2.1　一维、二维和三维点阵。

9.2.2　晶胞

　　为了更好地了解无限伸展的点阵,可将注意力集中在它的一小部分,称为晶胞,它是一个在 8 个顶角上有点阵点的平行六面体。整个点阵由相同的晶胞在三维空间重复堆叠而成。一个晶胞若只在顶角上有点阵点称为素晶胞,它只含一个结构基元(一个点阵点)。如选带心的晶胞,其中点阵点的数目便多于一个。

　　图 9.2.2(a)示出一个二维点阵可选择不同的晶胞。当晶胞的边长标明为 (a_1,b_1),(a_2,b_1) 和 (a_2,b_2) 时,它们是素晶胞。其中有一个边长为 (a_1,b_2) 者则为带心晶胞(或复晶胞)。注意图中用虚线标出的晶胞,虽然不是一种好的选择,但仍是正当合理的。

　　图 9.2.2(b)示出三维点阵所选的一种素晶胞。通常 3 个矢量 a,b,c 按右手坐标系排列,晶胞的大小形由 6 个参数规定:边长 a,b,c 和夹角 α,β,γ。三斜晶胞的体积可按下式计算:

$$V = abc(1-\cos^2\alpha-\cos^2\beta-\cos^2\gamma+2\cos\alpha\cos\beta\cos\gamma)^{\frac{1}{2}}$$

对于其他晶系可由此式推出。

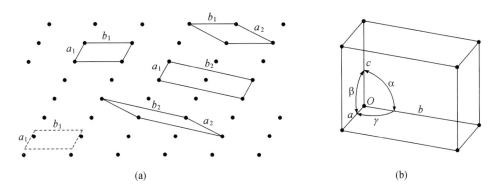

图 9.2.2　**(a) 二维点阵晶胞的不同选择;(b) 三维点阵的素晶胞。**

　　晶胞的选择依赖于晶体结构中存在的对称元素。实际上,晶胞尽可能地选择使其部分或全部的夹角为 90° 或 120°。晶胞通过 3 个不同方向的平移重复而产生整个空间点阵。

　　晶胞包含描述晶体结构所需的最基本的结构信息的最小数量。对一个特定的晶态化合物,每一点阵点是和基本的结构基元相联系,它可能是一个原子或多个原子、一个分子或多个分子。换言之,如果知道了晶胞中全部原子的坐标,有关原子排列、分子堆积的全部信息就已得到,还能推出原子间的距离和键角等参数。

9.2.3　14 种 Bravais 点阵

　　在 1850 年,Bravais(布拉维)指出全部三维点阵可分为 14 种不同的类型,称为 14 种 Bravais 点阵,它们的晶胞示于图 9.2.3 中。素点阵用记号 P 表示。C 面带心点阵用记号 C 表示,它是指由 a 和 b 两轴所规定的晶胞中一对相对的 C 面的中心上加一点阵点;同样地,记号 A 和 B 分别用来表示 A 面和 B 面带心的情况。若各个面都带心,则以记号 F 表示。记号 I 表示晶胞中心有一点阵点。记号 R 表示 R 心,在以前文献中用作菱面体点阵,它基于一个菱面体的晶胞(具有 $a=b=c$ 和 $\alpha=\beta=\gamma\neq90°$)而用。现在菱面体点阵表达为六方晶胞的 R 心点阵类型(hR),即在六方晶胞中除原点外在 $(2/3,1/3,1/3)$ 和 $(1/3,2/3,2/3)$ 处加点阵点。一个六方晶胞共有 3 个点阵点。这种点阵点位置的六方晶胞称正向(obverse)晶胞。若 3 个点阵点的位置为 $(0,0,0),(1/3,2/3,1/3),(2/3,1/3,2/3)$ 则称反向(reverse)晶胞。国际表中不采用反向晶胞。

9.2.4　7 种晶系

　　14 种 Bravais 点阵分属于 7 种晶系。晶系由晶体所具有的特征对称元素来划分,即将 9.1.4 小节描述的 32 个晶体学点群(晶类)分成 7 种晶系,各个晶系按最适宜的(即标准的)坐标系划分成晶胞,它们的特征对称元素在晶胞中的位置和取向列于表 9.2.1 中。

9.2.5　晶胞变换

　　考虑晶胞的两种不同选择:一种为面心晶胞,其轴为 $(\boldsymbol{a}_1,\boldsymbol{b}_1,\boldsymbol{c}_1)$,另一种为素晶胞,其轴为 $(\boldsymbol{a}_2,\boldsymbol{b}_2,\boldsymbol{c}_2)$,如图 9.2.4 所示。这样可写出:

表 9.2.1　7 种晶系的特性

晶　系	晶体学点群	晶　胞	标准的晶轴
三斜	$1,\bar{1}$	$a \neq b \neq c$ $\alpha \neq \beta \neq \gamma$	a,b,c 不共面
单斜	$2,m,2/m$	$a \neq b \neq c$ $\alpha = \gamma = 90°$	主轴 b 平行于 2-轴或垂直于 m； a,c 最小的点阵矢量垂直于 b
正交	$222,mm2,mmm$	$a \neq b \neq c$ $\alpha = \beta = \gamma = 90°$	a,b,c 每个都沿一个 2-重轴定向，或垂直于镜面
四方	$4,\bar{4},4/m,422,$ $4mm,\bar{4}2m,4/mmm$	$a = b \neq c$ $\alpha = \beta = \gamma = 90°$	c 平行于 4-或 $\bar{4}$-轴取向；a,b 最小的点阵矢量垂直于 c
三方	$3,\bar{3},32,3m,\bar{3}m$	菱面体安置 $a = b = c$ $\alpha = \beta = \gamma \neq 90°$ 且 $<120°$	a,b,c 选用由 3-或 $\bar{3}$-轴相关的最小的不共面点阵矢量
		六方安置 $a = b \neq c$ $\alpha = \beta = 90°$ $\gamma = 120°$	c 平行于 3-或 $\bar{3}$-轴；a,b 最小的点阵矢量垂直于 c
六方	$6,\bar{6},6/m,622,$ $6mm,\bar{6}2m,6/mmm$	$a = b \neq c$ $\alpha = \beta = 90°$ $\gamma = 120°$	c 平行于 6-或 $\bar{6}$-轴； a,b 最小的点阵矢量垂直于 c
立方	$23,m\bar{3},432,\bar{4}3m,m\bar{3}m$	$a = b = c$ $\alpha = \beta = \gamma = 90°$	a,b,c 每个平行于一个 2-轴（23 和 $m\bar{3}$），$\bar{4}$-轴（$\bar{4}3m$），或平行于一个 4-轴（432，$m\bar{3}m$）

$$a_2 = \tfrac{1}{2}a_1 \qquad\qquad + \tfrac{1}{2}c_1 \qquad\qquad a_1 = \quad a_2 + b_2 - c_2$$
$$b_2 = \tfrac{1}{2}a_1 + \tfrac{1}{2}b_1 \qquad\qquad 和 \qquad\qquad b_1 = -a_2 + b_2 + c_2$$
$$c_2 = \qquad\quad \tfrac{1}{2}b_1 + \tfrac{1}{2}c_1 \qquad\qquad c_1 = \quad a_2 - b_2 + c_2$$

它们的关系可表达成四方矩阵形式：

		h_1	k_1	l_1				h_2	k_2	l_2
		a_1	b_1	c_1				a_2	b_2	c_2
h_2	a_2	$\tfrac{1}{2}$	0	$\tfrac{1}{2}$		h_1	a_1	1	1	-1
k_2	b_2	$\tfrac{1}{2}$	$\tfrac{1}{2}$	0		k_1	b_1	-1	1	1
l_2	c_2	0	$\tfrac{1}{2}$	$\tfrac{1}{2}$		l_1	c_1	1	-1	1

对于这两种晶胞衍射指标 hkl 间的关系，可按同样方式变换，例如：

$$h_2 = \tfrac{1}{2}h_1 + 0k_1 + \tfrac{1}{2}l_1$$

其体积比等于变换矩阵的行列式的模量。若取左边矩阵，则

$$V_2/V_1 = \tfrac{1}{4}$$

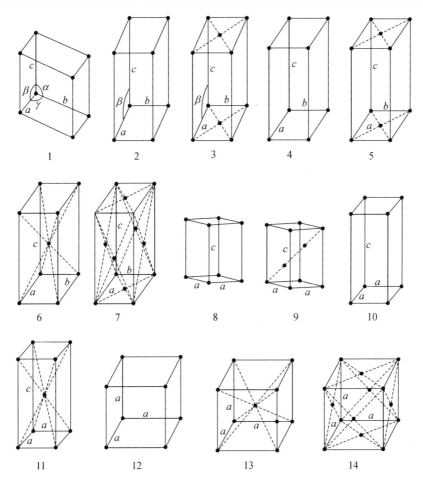

图 9.2.3　14 种 Bravais 点阵。

[(1) 简单三斜(aP),(2) 简单单斜(mP),(3) C 心单斜(mC),(4) 简单正交(oP),(5) C 心正交
(oC),(6) 体心正交(oI),(7) 面心正交(oF),(8) 简单六方(hP),(9) R 心六方(hR),(10) 简单
四方(tP),(11) 体心四方(tI),(12) 简单立方(cP),(13) 体心立方(cI),(14) 面心立方(cF)。]

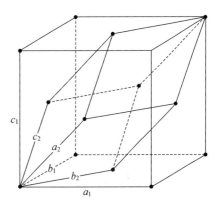

**图 9.2.4　由两组矢量描述的
面心晶胞和素晶胞。**

作为一个具体的实例,R 心六方点阵(正向)可取
菱面体素晶胞和体积大 3 倍的 R 心六方晶胞,它们间
的关系示于图 9.2.5 中。这两种晶胞相应的两套晶轴
分别标以下标"r"和"h",它们间的关系如下:

$$a_r = \tfrac{2}{3}a_h + \tfrac{1}{3}b_h + \tfrac{1}{3}c_h \qquad\qquad a_h = a_r - b_r$$
$$b_r = -\tfrac{1}{3}a_h + \tfrac{1}{3}b_h + \tfrac{1}{3}c_h \quad \text{和} \quad b_h = \qquad b_r - c_r$$
$$c_r = -\tfrac{1}{3}a_h - \tfrac{2}{3}b_h + \tfrac{1}{3}c_h \qquad\qquad c_h = a_r + b_r + c_r$$

相应的一对变换矩阵很容易写出,体积比 V_r/V_h
可算得为 $\tfrac{1}{3}$。

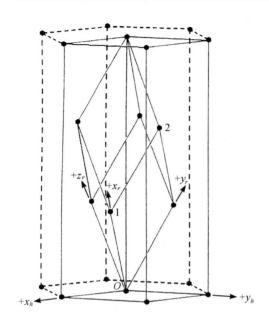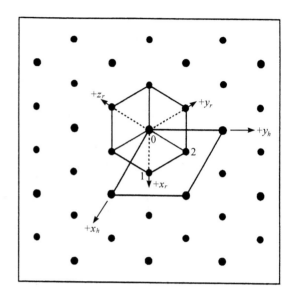

图 9.2.5　hR(正向)点阵的菱面体素晶胞和 R 心六方晶胞的关系。
(右图黑点的大小表示不同的高低。)

9.3　空间群简介

　　一个无限伸展的周期结构可以通过点对称操作或 $la+mb+nc$ 平移而自相复原,这里 a,b,c 是点阵矢量,l,m,n 是任意正或负整数,包括零。特别是将点阵沿轴向前或向后作任意的平移对称操作,点阵依然不变。这就意味着除点对称操作外,一类新的对称操作可用于结构单元周期排列的晶体中,这些新的对称操作对应的对称元素称为螺旋轴和滑移面,它们是将旋转和反映操作分别和点阵平移相结合而得。

9.3.1　螺旋轴和滑移面

　　螺旋轴 n_m 完成的对称操作等同于旋转 $2\pi/n$ 弧度(或 $360°/n$)接着沿 n 轴的方向作 m/n 平移,其中 n 为轴次,$n=1,2,3,4$ 或 6,而下标 m 是小于 n 的整数。在晶体点阵中,总共有 11 种螺旋轴,它们是 $2_1,3_1,3_2,4_1,4_2,4_3,6_1,6_2,6_3,6_4$ 和 6_5。图 9.3.1 示出 4-,$\bar{4}$-,4_1-,4_2-,4_3-轴的等当点位置。小圆圈代表任意一个物体(一个原子,一个原子基团,一个分子或几个分子)。"+"号表示处于包含参考坐标轴 x 轴和 y 轴(x 轴水平,y 轴垂直)的平面之上,"-"号表示处于平面之下。在所示的 $\bar{4}$-轴中,圆圈之内的逗号表示原来物体已转变为它的镜像。

　　将反映和平移相结合得滑移面。若滑移方向平行于 a 轴,用记号 a 表示轴滑移面,它的操作是在平面上进行反映接着沿 a 轴方向平移 $a/2$。相似地,轴滑移面 b 和 c 中平移的分量分别为 $b/2$ 和 $c/2$。

　　一个螺旋轴和一个滑移面产生等当物体是两种本质上不同的方法。考虑一个不对称物体(例如手性分子,它用一只左手表示)处于靠近晶胞原点的 (x,y,z) 位置上,2_1-轴将左手沿

$(x=0,z=0)$ 线旋转滑移,产生处于 $(\bar{x},\frac{1}{2}+y,\bar{z})$ 位置上的左手,如图 9.3.2(a)所示。另一方面,处于 $x=0$ 的 b 滑移面使它在 $(\bar{x},\frac{1}{2}+y,z)$ 位置上产生右手,如图 9.3.2(b)所示。若一个滑移面的平移同时存在两个轴的方向上,该滑移面称为双向轴滑移面,用 e 表示。e 滑移面在 7 个正交晶系的 A-,C-和 F-心空间群,5 个四方晶系的 I-心空间群和 5 个立方晶系的 I-和 F-心空间群中存在,并导致 5 个正交晶系的 A-心和 C-心空间群改变符号。它们是:No. 39,$Abm2 \rightarrow Aem2$;No. 41,$Aba2 \rightarrow Aea2$;No. 64,$Cmca \rightarrow Cmce$;No. 67,$Cmma \rightarrow Cmme$;No. 68,$Ccca \rightarrow Ccce$.

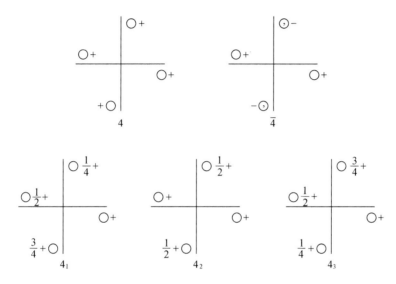

图 9.3.1　一个 4-,$\bar{4}$-,4_1-,4_2-和 4_3-轴相关的等当点。

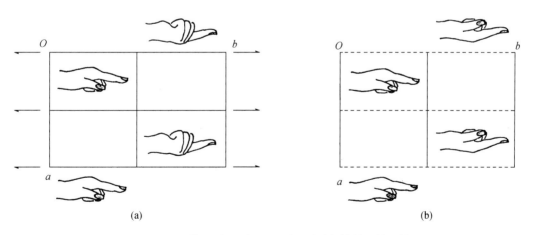

图 9.3.2　2_1 轴(a)和滑移面(b)对不对称物体效果的比较。

　　如果一个滑移面的平移平行于一个面的对角线,即平行于 $(a+b)/2$,$(b+c)/2$ 或 $(c+a)/2$,则该滑移面称为对角滑移面,用 n 表示。在四方、三方和立方晶系中,还出现滑移量为 $(a+b+c)/2$ 的 n 滑移面,但不常见。第三种类型的滑移面是金刚石滑移面 d,它在正交晶系和四方晶系中滑移量为$(a\pm b)/4,(b\pm c)/4$或$(c\pm a)/4$，在立方晶系中为$(a\pm b\pm c)/4$。

9.3.2　对称元素的图形符号

不同的图形符号用以标记不同的对称元素：对称轴垂直于投影平面、对称轴平行于投影平面、对称轴倾斜于投影平面、对称面垂直于投影平面和对称面平行于投影平面。这些符号分别示于表 9.3.1～9.3.5 中。

表 9.3.1　对称轴垂直于投影平面的符号和对称中心在平面中的图形

对称元素 （右手螺旋旋转）	印刷符号	图形符号	平行于轴的最短 点阵矢量的平移单位	对称元素 （右手螺旋旋转）	印刷符号	图形符号	平行于轴的最短 点阵矢量的平移单位
全同	1	无	无	二重旋转轴	2		无
二重螺旋轴："2 下标 1"	2_1		1/2	三重旋转轴	3		无
三重螺旋轴："3 下标 1"	3_1		1/3	三重螺旋轴："3 下标 2"	3_2		2/3
四重旋转轴	4		无	四重螺旋轴："4 下标 1"	4_1		1/4
四重螺旋轴："4 下标 2"	4_2		1/2	四重螺旋轴："4 下标 3"	4_3		3/4
六重旋转轴	6		无	六重螺旋轴："6 下标 1"	6_1		1/6
六重螺旋轴："6 下标 2"	6_2		1/3	六重螺旋轴："6 下标 3"	6_3		1/2
六重螺旋轴："6 下标 4"	6_4		2/3	六重螺旋转："6 下标 5"	6_5		5/6
对称中心	$\bar{1}$		无	三重反轴	$\bar{3}$		无
四重反轴	$\bar{4}$		无	六重反轴	$\bar{6}$		无
带对称中心的二重轴	$2/m$		无	带对称中心的二重螺旋轴	$2_1/m$		1/2
带对称中心的四重轴	$4/m$		无	带对称中心的 4_2 螺旋轴	$4_2/m$		1/2
带对称中心的六重轴	$6/m$		无	带对称中心的 6_3 螺旋轴	$6_3/m$		1/2

表 9.3.2　对称轴平行于投影平面

对称轴	图形符号	对称轴	图形符号
二重旋转轴 2		四重螺旋轴 4_2	
三重螺旋轴 2_1		四重螺旋轴 4_3	
四重旋转轴 4		四重反轴 $\bar{4}$	
四重螺旋轴 4_1			

表 9.3.3　对称轴倾斜于投影平面(只对立方空间群)

对称轴	图形记号		对称轴	图形记号	
二重旋转轴 2			三重螺旋轴 3_1		
二重螺旋轴 2_1			三重螺旋转 3_2		
三重旋转轴 3			三重反轴 $\bar{3}$		

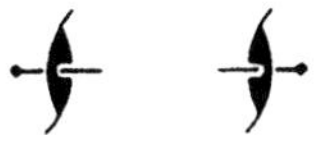

表 9.3.4　对称面垂直于投影平面

对称面	图示符号	滑移矢量(以平行于和垂直于投影面的点阵平移矢量为单位)	印刷符号
镜　面	————	无	m
轴向滑移面	- - - - -	平行于投影面某方向的 1/2	a,b 或 c
轴向滑移面	············	垂直于投影面方向的 1/2	a,b 或 c
双向轴滑移面	—·· —··	分别平行于和垂直于投影面方向的 1/2	e
对角滑移面	—·—·—·	平行于投影面某方向的 1/2 加上垂直于投影面方向的 1/2	n
金刚石滑移面 (一对面,仅出现于有心晶胞中)*	—·—·←·—· —·—·→·—·	平行于投影面某方向的 1/4 加上垂直于投影面方向的 1/4(箭头指示平行于投影面的方向,此时垂直分量为正)	d

 *　d 滑移面只出现于正交 F 空间群、四方 I 空间群和立方 I 及 F 空间群。它们总是成对地、具有交替滑移矢量出现,例如 $1/4(\boldsymbol{a}+\boldsymbol{b})$ 和 $1/4(\boldsymbol{a}-\boldsymbol{b})$。

表 9.3.5　对称面平行于投影平面

对称面	图示符号*	滑移矢量(以平行于投影面的点阵平移矢量为单位)	印刷符号
镜　面	⌐$\frac{1}{4}$	无	m
轴向滑移面	 ↓ ↑→	箭头方向的 1/2 点阵矢量	a,b 或 c
双向轴滑移面	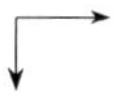 ↓→	任一箭头方向的 1/2 点阵矢量	e

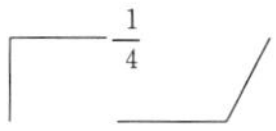

续表

对称面	图示符号*	滑移矢量（以平行于投影面的点阵 平移矢量为单位）	印刷符号
对角滑移面		箭头方向的 1/2 点阵矢量	n
金刚石滑移面 （一对面，仅出现 于有心晶胞中）	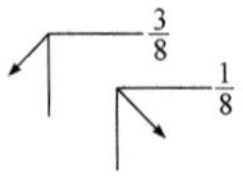 $\frac{3}{8}$　$\frac{1}{8}$	箭头方向滑移矢量的 1/2，它是面心矢量 或体心矢量之半，也就是惯用晶胞的对角 线的 1/4	d

> * 图示符号旁的数字 1/4,3/8,1/8 等表示该面相对于投影面的高度（以投影面法向的点阵平移矢量为单位）。

9.3.3　Hermann-Mauguin 空间群符号

空间群（space group）一词指明一组自洽的对称操作，它在数学含义上形成一个群，它带来一个无限伸展的、自相重复的三维周期结构。在 1885 年到 1894 年间，Fedorov, Schönflies 和 Barlow 独立推出了 230 个空间群。空间群的 Hermann-Mauguin 记号包含一组符号，其充分地对全部对称元素及与晶胞轴的取向关系加以完整的规定。它由两个部分组成。第一部分是点阵类型的符号：P,C（或 A 或 B），I,F 或 R（以前 H 也曾用以表示六方点阵）。第二部分是一组对称元素的符号，使它充分全面地反映空间群的对称性，而不列出其他一定会出现的对称元素。所写对称元素的次序表明对称元素的取向，它和点群中表达的方式相同。在此系统中对称元素联系的平面表示对称元素的取向垂直于平面。符号 1 和 $\bar{1}$ 通常是删去，除非只有它存在或作为一个需要的空位。如果两个对称元素有相同的取向，而且都是必需时，它们的符号用"/"斜线分开，例如 $2/m$ 表示一个二重轴和垂直于它的镜面。

9.3.4　晶体学国际表

230 个空间群在"International Tables for Crystallography"的"Volume A：Space-Group Symmetry"中描述。对每一个空间群都有沿着轴向的详细图形投影，显示出晶胞中存在的对称元素，并给出一般的和特殊的等效点系位置按 Wyckoff（威科夫）设计的字母（或位置）安排、多重性和每个位点对称性等。

国际表的这一卷，是"International Tables for X-ray Crystallography"的"Volume I：Symmetry Groups"的扩充和更新，后者用较简化的表示。230 个空间群列于表 9.3.6 中。

表 9.3.6　230 个空间群在各晶系和点群中的分布和排列次序*

序　号	晶系和点群		空间群
	三斜		
1	$1(C_1)$		$P1$
2	$\bar{1}(C_i)$		$P\bar{1}$
	单斜		
3～5	$2(C_2)$		$P2,P2_1,C2$

序　号	晶系和点群	空间群
6～9	$m(C_s)$	Pm,Pc,Cm,Cc
10～15	$2/m(C_{2h})$	$P2/m,P2_1/m,C2/m,P2/c,\underline{P2_1/c},C2/c$
	正交	
16～24	$222(D_2)$	$P222,\underline{P222_1},\underline{P2_12_12},\underline{P2_12_12_1},\underline{C222_1},C222,F222,I222,I2_12_12_1$
25～46	$mm2(C_{2v})$	$Pmm2,Pmc2_1,Pcc2,Pma2_1,Pca2_1,Pnc2_1,Pmn2_1,Pba2,Pna2_1,Pnn2,$ $Cmm2,Cmc2_1,Ccc2,Amm2,Aem2,Ama2,Aea2,Fmm2,\underline{Fdd2},Imm2,Iba2,$ $Ima2$
47～74	$mmm(D_{2h})$	$Pmmm,\underline{Pnnn},Pccm,\underline{Pban},Pmma,\underline{Pnna},Pmna,\underline{Pcca},Pbam,\underline{Pccn},Pbcm,Pn$- $nm,Pmmn,\underline{Pbcn},\underline{Pbca},Pnma,Cmcm,Cmce,Cmmm,Cccm,Cmme,\underline{Ccce},$ $Fmmm,\underline{Fddd},Immm,Ibam,\underline{Ibca},Imma$
	四方	
75～80	$4(C_4)$	$P4_1,\underline{P4_1},P4_2,\underline{P4_3},I4,\underline{I4_1}$
81～82	$\overline{4}(S_4)$	$P\overline{4},I\overline{4}$
83～88	$4/m(C_{4h})$	$P4/m,P4_2/m,\underline{P4/n},\underline{P4_2/n},I4/m,\underline{I4_1/a}$
89～98	$422(D_4)$	$P422,\underline{P42_12},P4_122,\underline{P4_12_12},\underline{P4_222},\underline{P4_22_12},\underline{P4_322},\underline{P4_32_12},I422,\underline{I4_122}$
99～110	$4mm(C_{4v})$	$P4mm,P4bm,P4_2cm,P4_2nm,P4cc,P4nc,P4_2mc,P4_2bc,I4mm,I4cm,I4_1md,$ $\underline{I4_1cd}$
111～122	$\overline{4}m(D_{2d})$	$P\overline{4}2m,P\overline{4}2c,P\overline{4}2_1m,\underline{P\overline{4}2_1c},P\overline{4}m2,P\overline{4}c2,P\overline{4}b2,P\overline{4}n2,I\overline{4}m2,I\overline{4}c2,I\overline{4}2m,I\overline{4}2d$
123～142	$4/mmm(D_{4h})$	$P4/mmm,P4/mcc,\underline{P4/nbm},\underline{P4/nnc},P4/mbm,P4/mnc,\underline{P4/nmm},\underline{P4/ncc},$ $P4_2/mmc,P4_2/mcm,\underline{P4_2/nbc},\underline{P4_2/nnm},P4_2/mbc,P4_2/mnm,\underline{P4_2/nmc},$ $\underline{P4_2/ncm},I4/mmm,I4/mcm,\underline{I4_1/amd},\underline{I4_1/acd},$
	三方	
143～146	$3(C_3)$	$P3,P3_1,P3_2,R3$
147～148	$\overline{3}(C_{3i})$	$P\overline{3},R\overline{3}$
149～155	$32(D_3)$	$P312,P321,\underline{P3_112},\underline{P3_121},\underline{P3_212},\underline{P3_221},R32$
156～161	$3m(C_{3v})$	$P3m1,P31m,P3c1,P31c,R3m,R3c$
162～167	$\overline{3}m(D_{3d})$	$P\overline{3}1m,P\overline{3}1c,P\overline{3}m1,P\overline{3}c1,R\overline{3}m,R\overline{3}c$
	六方	
168～173	$6(C_6)$	$P6,\underline{P6_1},\underline{P6_5},\underline{P6_2},\underline{P6_4},P6_3$
174	$\overline{6}(C_{3h})$	$P\overline{6}$
175～176	$6/m(C_{6h})$	$P6/m,P6_3/m$
177～182	$62(D_6)$	$P622,\underline{P6_122},\underline{P6_522},\underline{P6_222},\underline{P6_422},P6_322$
183～186	$6m(C_{6v})$	$P6mm,P6cc,P6_3cm,P6_3mc$
187～190	$\overline{6}m(D_{3h})$	$P\overline{6}m2,P\overline{6}c2,P\overline{6}2m,P\overline{6}2c$
191～194	$6/mmm(D_{6h})$	$P6/mmm,P6/mcc,P6_3/mcm,P6_3/mmc$
	立方	
195～199	$23(T)$	$P23,F23,I23,\underline{P2_13},I2_13$

续表

序 号	晶系和点群	空间群
$200\sim206$	$m\bar{3}(T_h)$	$Pm\bar{3},P\underline{n\bar{3}},Fm\bar{3},F\underline{d\bar{3}},Im\bar{3},\underline{Pa\bar{3}},Ia\bar{3}$
$207\sim214$	$43(O)$	$P432,P4_232,F432,\underline{F4_132},I432,\underline{P4_332},\underline{P4_132},I4_132$
$215\sim220$	$\bar{4}3m(T_d)$	$P\bar{4}3m,F\bar{4}3m,I\bar{4}3m,P\bar{4}3n,F\bar{4}3c,\underline{I\bar{4}3d}$
$221\sim230$	$m\bar{3}m(O_h)$	$Pm\bar{3}m,\underline{Pn\bar{3}n},Pm\bar{3}n,\underline{Pn\bar{3}m},Fm\bar{3}m,Fm\bar{3}c,\underline{Fd\bar{3}m},\underline{Fd\bar{3}c},Im\bar{3}m,\underline{Ia\bar{3}d}$

* 表中标下划线的空间群是能够通过晶体所属的 Laue 点群和系统消光唯一定出的。230 个空间群包含 11 对对映异构体：$P3_1(P3_2),P3_112(P3_212),P3_121(P3_221),P4_1(P4_3),P4_122(P4_322),P4_12_1 2(P4_32_1 2),P6_1(P6_5),P6_2(P6_4),P6_122$ $(P6_522),P6_222(P6_422)$ 和 $P4_132(P4_332)$。若光学异构体分子的（＋）-异构体结晶成一种对映体的空间群的晶体，则（－）-异构体结晶成对映的另一种晶体。这一对对映异构体的两个成员可用 X 射线衍射法（反常散射法）区分，当绝对手性还不知道时，在分类上可将这一对对映异构空间群算在一起，导致空间群只区分出 219 种。但是一旦不对称单位的手性确定，一种对映体重复排列的空间群和另一种空间群是完全不同的。实际上给定的一种手性化合物不可能结晶出两种对映的空间群的晶体，因它们在堆积上和能量上是完全不同的。

9.3.5　等效点的坐标

在晶体学中，等效点的坐标每个都用相应晶胞边长的分数表示，所以它们都是分数坐标。对于任意一个空间群，选定了原点（通常尽可能选在 $\bar{1}$ 位置上），全部等效点坐标就可推出。表 9.3.7 示出从具有分数坐标 (x,y,z) 的原型点，通过各种对称元素相应的对称操作推引出其他相关的点。注意一个由 n 个原子组成的分子的坐标 (x,y,z) 是由 $3n$ 个原子坐标（x_i,y_i,z_i，$i=1,2,3,\cdots,n$）表示。

表 9.3.7　原子坐标的推引

对称元素	分数坐标
对称中心在原点 $(0,0,0)$	$x,y,z;\bar{x},\bar{y},\bar{z}$；或 $\pm(x,y,z)$
对称中心在原点 $(1/4,0,0)$	$x,y,z;1/2-x,\bar{y},\bar{z}$；
镜面在 $y=0$	$x,y,z;x,\bar{y},z$
镜面在 $y=1/4$	$x,y,z;x,1/2-y,z$
c 滑移面在 $y=0$	$x,y,z;x,\bar{y},1/2+z$
c 滑移面在 $y=1/4$	$x,y,z;x,1/2-y,1/2+z$
n 滑移面在 $y=0$	$x,y,z;1/2+x,\bar{y},1/2+z$
n 滑移面在 $y=1/4$	$x,y,z;1/2+x;1/2-y,1/2+z$
d 滑移面在 $x=1/8$	$x,y,z;1/4-x,1/4+y,1/4+z$
2-轴沿着线 $0,0,z$（即 c）	$x,y,z;\bar{x},\bar{y},z$
2-轴沿着线 $0,1/4,z$	$x,y,z;\bar{x},1/2-y,z$
2_1-轴沿 c	$x,y,z;\bar{x},\bar{y},1/2+z$
2_1-轴沿线 $1/4,0,z$	$x,y,z;1/2-x,\bar{y},1/2+z$
4-轴沿 c	$x,y,z;y,\bar{x},z;\bar{x},\bar{y},z;\bar{y},x,z$

续表

对称元素	分数坐标
$\overline{4}$-轴沿 c（$\overline{1}$ 在原点）	$x,y,z;y,\overline{x},\overline{y},;\overline{z};\overline{x},\overline{y},z;\overline{y},x,\overline{z}$
$\overline{4}$-轴沿 c（$\overline{1}$ 在 $0,0,1/4$）	$x,y,z;y,\overline{x},1/2-z;\overline{x},\overline{y},z;\overline{y},x,1/2-z$
4_1-轴沿线 $1/4,1/4,z$ 而原点在 2	$x,y,z;y,1/2-x,1/4+z;1/2-x,1/2-y,1/2+z;1/2-y,$ $x,3/4+z$
3-轴沿 c	$x,y,z;\overline{y},x-y,z;y-x,\overline{x},z$
$\overline{3}$-轴沿 c 而 $\overline{1}$ 在原点	$\pm(x,y,z;\overline{y},x-y,z;y-x,\overline{x},z)$
6-轴沿 c	$x,y,z;x-y,x,z;\overline{y},x-y,z;\overline{x},\overline{y},z;y-x,\overline{x},z;y,y-x,z$
3-轴沿立方晶胞体对角线 $[111]$	$x,y,z;z,x,y;y,z,x$
C 心在 ab 面	$x,y,z;x,1/2+y,1/2+z$ 或 $(0,0,0;1/2,1/2,0)+$
I 心	$x,y,z;1/2+x,1/2+y,1/2+z$；或 $(0,0,0;1/2,1/2,1/2)+$
F 心	$(0,0,0;1/2,1/2,0;0,1/2,1/2;1/2,0,1/2)+$
R 心，正向安置	$x,y,z;2/3+x,1/3+y,1/3+z;1/3+x,2/3+y,2/3+z,$ 或 $(0,0,0;2/3,1/3,1/3;1/3,2/3,2/3)+$
R 心，反向安置	$x,y,z;1/3+x,2/3+y,1/3+z;2/3+x,1/3+y,2/3+z$ 或 $(0,0,0;1/3,2/3,1/3;2/3,1/3,2/3)+$

图 9.3.3 示出由一个通过原点沿 c 轴定向的 4-,3-和 6-轴联系的坐标的推引。利用这些数据容易写出 $\overline{4}$-,$\overline{3}$-和 $\overline{6}$-轴相应的坐标。如果选择不同的原点,可得不同的坐标组。

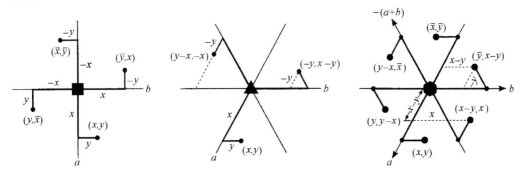

图 9.3.3　和 4-,3-及 6-轴相关的等效点坐标的推引。

9.3.6　空间群图表

表 9.3.8 归纳出在点群或空间群符号中位置的次序。注意 $\overline{2}$-轴等于垂直于它的镜面 m。例如在正交晶系中,$mm2$ 涉及镜面垂直于 a 和 b,2 重轴沿着 c。在六方晶系中,$\overline{6}2m$ 表示 $\overline{6}$-轴沿着 c,2 重轴沿着 a,b 和 $a+b$（即 $[110]$）,镜面垂直于 a,b 和 $[110]$。在另外一些书和表中,以 $\overline{6}m2$ 代替 $\overline{6}2m$。在立方晶系中,$\overline{4}3m$ 表示有 3 个 $\overline{4}$-轴沿着立方体三条边的轴,4 个 3-轴沿着立方体的体对角线 $\langle111\rangle$,6 个镜面垂直于面对角线 $\langle110\rangle$。在 $m\overline{3}$ 中,第一个位

置表示镜面垂直于立方体的轴,第二个位置表示 $\bar{3}$-轴沿着体对角线,第三个位置空缺,表示在 <110>方向没有对称元素。在旧的符号中,当 3-轴和 $\bar{3}$-轴是一致时,用 $m3$ 而不用 $m\bar{3}$。

表 9.3.8 在点群和空间群的国际符号中位置的次序

晶 系	在国际符号中的位置		
	第 1 位	第 2 位	第 3 位
三斜	只用一个符号		
单斜	第 1 种安置:$2,2_1$ 或 $\bar{2}$ 沿着单轴 c 轴* 第 2 种安置:$2,2_1$ 或 $\bar{2}$ 沿着单轴 b 轴(习惯用)		
正交	$2,2_1$ 或 $\bar{2}$ 沿着 a	$2,2_1$ 或 $\bar{2}$ 沿着 b	$2,2_1$ 或 $\bar{2}$ 沿着 c
四方	$4,4_1,4_2,4_3$ 或 $\bar{4}$ 沿着 c	$2,2_1$ 或 $\bar{2}$ 沿着 a 和 b	2 或 $\bar{2}$ 沿着[110]和[$1\bar{1}0$]
三方	$3,3_1,3_2$ 或 $\bar{3}$ 沿着 c	2 或 $\bar{2}$ 沿着 a,b 和[110]	2 或 $\bar{2}$ 垂直于 a,b 和[110]
六方	$6,6_1,6_2,6_3,6_4,6_5$ 或 $\bar{6}$ 沿着 c	2 或 $\bar{2}$ 沿着 a,b 和[110]	2 或 $\bar{2}$ 垂直于 a,b 和[110]
立方	$4,4_1,4_2,4_3,\bar{4},2,2_1$ 或 $\bar{2}$ 沿着 a,b 和 c	3 或 $\bar{3}$ 沿着<111>	2 或 $\bar{2}$ 沿着<110>

* 注意 $\bar{2}$-轴等同于镜面 m 垂直于它,例如 $\bar{2}$ 沿着 a 表示 m 垂直于 a。

现以最常见的空间群 $P12_1/c1$(No.14)作为适当的实例,来阐述空间群表的应用。在 Hermann-Mauguin 命名中,第 1 位给出点阵的符号,P 表示为素点阵(即不带心的点阵);第 2 位的符号 1 表示相对于 a 轴没有对称元素;接着 $2_1/c$ 表明沿着 b 轴有 2_1-轴以及 c 滑移面垂直于它(表 9.3.8 中习惯上用第 2 种安置);最后符号 1 表明沿 c 轴没有对称元素。$2_1/c$ 的 Laue 对称性为 $2/m$(它是不考虑 2_1-轴和 c 滑移面中的平移部分),所以空间群属于单斜晶系。简化的符号 $P2_1/c$ 通常代替全的 $P12_1/c1$,而旧的 Schönflies 符号 C_{2h}^5(C_{2h} 点群中推出的第 5 号空间群)已少用。

空间群 $P2_1/a$ 在旧的文献中常用以代替 $P2_1/c$,在此情况单轴仍为 b 轴,但滑移面则为 a。如果将垂直于 2_1-轴选不同的轴,将滑移面改变为对角滑移面 n,空间群的符号就变为 $P2_1/n$(这种选择常使 β 角接近 90°)。此外,如果 c 选作单轴(不是习惯上用的第 1 种安置),空间群的符号将变为 $P2_1/a$ 或 $P2_1/b$。同一个空间群可能有几种不同的符号,它决定于轴的选择及其标记。

在下面的讨论中,为简单起见,选用在"International Tables for X-Ray Crystallography, Volume I"中 $P2_1/c$(No.14)空间群组成的一对对称性图,如图 9.3.4 所示。

在这两个图中,原点都处于晶胞的左上角,a 轴指向下方,b 轴水平地向右,c 轴向着观察者。图 9.3.4(b)示出对称元素和它们的位置。每一对共线的半个箭头代表平行于 b 的 2_1-轴,标明的 1/4 指示它的高度在 $z=1/4$ 处。点线代表 c 滑移面,滑移部分从图的平面向上。小的圆圈代表对称中心,它在 $P2_1/c$ 空间群中必定存在,而在空间群符号中未清楚地标明。注意 3 种类型的对称元素必定沿着点阵平移的 1/2 单位间隔处出现。

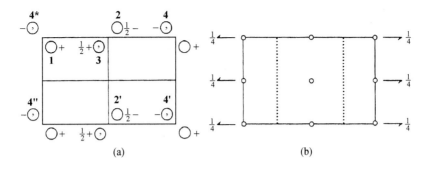

图 9.3.4　空间群 $P2_1/c$ 的图形：(a) 一般等效点位置；(b) 对称元素。

（在"International Tables for X-Ray Crystallography, Volume I"中的图形。在左图中附
加的黑体数字供以后讨论用。）

图 9.3.4(a)示出在空间群中一般等效位置的位置和坐标。为了看出这个图可从右边的
对称性图导出，我们在晶胞中附加一般点的标记 **1**，同时用大白圆圈表示。这个位置(x,y,z)
在 ab 平面之上有一任意分数的高度 z，通常习惯地在其旁标上＋号。对于 $x=0,z=1/4$
的 2_1 螺旋轴，首先旋转将 **1** 的位置带到晶胞外在顶上的 $(\bar{x},y,1/2-z)$ 位置，然后沿 b 轴平
移 $b/2$ 将后者带到 **2** 的位置，它的坐标为 $(\bar{x},1/2+y,1/2-z)$，在其旁标明 $1/2-$（一代表
$-z$ 高度）。对于在 $y=1/4$ 的 c 滑移面，首先反映将 **1** 带到坐标为 $(x,1/2-y,z)$ 点，接着沿 c
轴平移 $c/2$ 将其带到 **3** 的位置，它的坐标为 $(x,1/2-y,1/2+z)$，其旁标明的 $1/2+$ 表示其
高度为 $1/2+z$，圆圈内的逗点表示它的坐标和环境是 **1** 的坐标和环境的镜像。从位置 **2** 开
始，通过 $y=3/4$ 的滑移面产生在 $(\bar{x},1-y,\bar{z})$ 的位置，将它标记为 **4**。**2′** 和 **4′** 可分别沿 a 将 **2**
和 **4** 平移一单位矢量而得。注意 **1** 和 **4′** 是由处于 $(1/2,1/2,1/2)$ 的对称中心相关联，**2** 和 **3**
是由处于 $(0,1/2,1/2)$ 的对称中心相关联，而 **3** 和 **2′** 也是由处于 $(1/2,1/2,1/2)$ 的对称中心
关联。**4*** 的位置为 $(\bar{x},\bar{y},\bar{z})$，通常选来替代 **4**，因它和 **1** 通过原点的对称中心相关。等效点
1,**4***,**2** 和 **3** 组成在空间群 $P2_1/c$ 中一组一般等效点系。对称操作的进一步进行不会产生
新的位置，所以这 4 个位置反映了这个空间群的全对称性。在表 9.3.9 的第一行中用
Wyckoff 记号 $4(e)$ 表示。

一组等效点系的 Wyckoff 标记由两部分组成：① 多重性 M，它是晶胞中等效点位置的数
目；② 从下而上按小写斜体英文字母的次序表示各个等效点系。素晶胞中 M 等于点群的级
数，可从空间群推得；对于带心晶胞，M 等于点群的级数乘以晶胞中点阵点的数目的乘积。特
殊位置的多重性总是一般位置的公因子。

注意从图 9.3.4(b)可以推出图 9.3.4(a)，反之亦可，所以一个空间群的全部对称性可从
其中的任意一个充分表达出来。

考虑示于图 9.3.4(a)中空间群 $P2_1/c$ 的一般的等效位置，让位置 **1** 接近晶胞原点，换
言之让坐标 $x\to0,y\to0,z\to0$，这样 **4″** 位置也接近原点，这样一来 **2** 和 **3** 就自动地靠近
$(0,1/2,1/2)$ 处的对称中心。当 **1** 的坐标 $x=0,y=0,z=0$，**1** 和 **4*** 合成一个，**2** 和 **3** 也成了
一个位置。所以占据对称中心$(\bar{1})$的位置 $(0,0,0)$ 和 $(0,1/2,1/2)$，等效点系中点的数目就
只有 2，在 Wyckoff 记号中标记为 $2(a)$，是一组特殊位置。其他特殊等效点系中的位置有
$2(b),2(c)$ 和 $2(d)$，它们都处在对称中心上，其坐标分别为：$(1/2,0,0),(0,0,1/2)$ 和 $(1/2,$
$0,1/2)$，如表 9.3.9 所示。

表 9.3.9 空间群 $P2_1/c$ 的一般和特殊位置

位置的数目	Wyckoff 记号	位点对称性	等效点系位置的坐标
4	*e*	1	$x,y,z;\bar{x},\bar{y},\bar{z};\bar{x},1/2+y,1/2-z;x,1/2-y,1/2+z$
2	*d*	$\bar{1}$	1/2,0,1/2;1/2,1/2,0
2	*c*	$\bar{1}$	0,0,1/2;0,1/2,0
2	*b*	$\bar{1}$	1/2,0,0;1/2,1/2,1/2
2	*a*	$\bar{1}$	0,0,0;0,1/2,1/2

由上可见，为了描述晶体结构，只需标明晶胞中每一套等效点系中的一个原子的坐标，这套等效点系其他原子的位置就可从空间群推出。若上述讨论的 **1** 是由多个原子组成的单位，则只要将 **1** 代表的每个原子的坐标位置定出，晶胞中全部原子位置也就得到。在晶胞中，和晶体学对称性独立无关的原子的集合称为晶体结构的不对称单位(asymmetric unit)。注意不对称单位可用不同的方法去选择和表达。在国际表中常选晶胞的一部分空间及其内容作为不对称单位。空间群 $P2_1/c$ 选 $0\leqslant x\leqslant 1, 0\leqslant y\leqslant 1/4, 0\leqslant z\leqslant 1$ 范围中的 1/4 晶胞作为不对称单位。

9.3.7 一些常见空间群的图表

除 $P2_1/c$ 外，常见的空间群 $C2/c$(No. 15)，$P2_12_12_1$(No. 19)和 $Pbca$(No. 61)的对称性图和等效点系位置示于表 9.3.10 中。

表 9.3.10 一些常见空间群的对称性图和等效点系位置

Monoclinic $2/m$ No.15 $C2/c$ (C_{2h}^6)

位置的数目	Wyckoff 记号	位点对称性	等效点系位置的坐标 (0,0,0;1/2,1/2,0)+
8	*f*	1	$x,y,z;\bar{x},\bar{y},\bar{z};\bar{x},y,1/2-z;x,\bar{y},1/2+z$
4	*e*	2	$0,y,1/4;0,\bar{y},3/4$
4	*d*	$\bar{1}$	1/4,1/4,1/2;3/4,1/4,0
4	*c*	$\bar{1}$	1/4,1/4,0;3/4,1/4,1/2
4	*b*	$\bar{1}$	0,1/2,0;0,1/2,1/2
4	*a*	$\bar{1}$	0,0,0;0,0,1/2

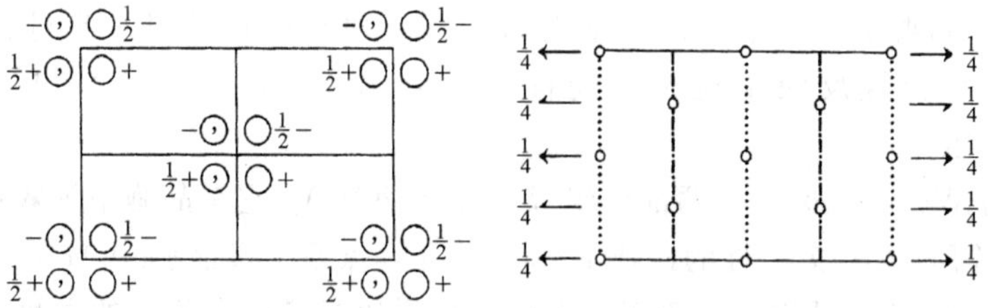

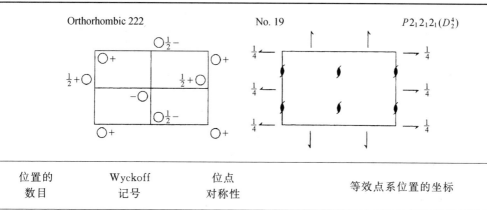

Orthorhombic 222　　　　No. 19　　　　$P2_12_12_1(D_2^4)$

位置的 数目	Wyckoff 记号	位点 对称性	等效点系位置的坐标
4	a	1	$x,y,z;1/2-x,\bar{y},1/2+z;$ $1/2+x,1/2-y,\bar{z};\bar{x},1/2+y,1/2-z$

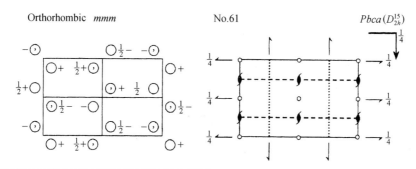

Orthorhombic mmm　　　　No.61　　　　$Pbca(D_{2h}^{15})$

位置的 数目	Wyckoff 记号	位点 对称性	等效点系位置的坐标
8	c	1	$x,y,z;1/2+x,1/2-y,\bar{z};\bar{x},1/2+y,1/2-z;$ $1/2-x,\bar{y},1/2+z;\bar{x},\bar{y},\bar{z};1/2-x,1/2+y,z;$ $x,1/2-y,1/2+z;1/2+x,y,1/2-z$
4	b	$\bar{1}$	$0,0,1/2;1/2,1/2,1/2;0,1/2,0;1/2,0,0$
4	a	$\bar{1}$	$0,0,0;1/2,1/2,0;0,1/2,1/2;1/2,0,1/2$

　　注意每个空间群都可以按三种方式来表达：一般等效点系位置图、对称元素配置图以及一般等效位置表。读者应能查证从其中的一种方式推出其他两种方式。

9.3.8　国际表的使用

　　全部 230 个空间群的详细信息已在"International Tables for Crystallography"中的"Volume A：Space Group Symmetry"列出。在表 9.3.11 的左列中复制出空间群 $C2/c$ 的表，而在右列则示出各种特点的解释。它可和表 9.3.10 所给的关于 $C2/c$ 信息相比较。

表 9.3.11　空间群 $C2/c$(No. 15)的详细信息

$C\,2/c$	C_{2h}^{6}	$2/m$	Monoclinic
No. 15	$C\,1\,2/c\,1$	Patterson symmetry: $C\,1\,2/m\,1$	

C_{2h}^{6} 是 Schönflies 符号

Patterson 对称性: $C1\,2/m\,1$

UNIQUE AXIS b, **CELL CHOICE 1**

单轴为 b,它导出 $C2/c$。替换晶胞的选择描述在另页。

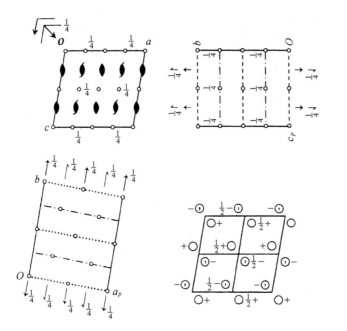

晶胞沿 b, a 和 c 向下的 3 种投影(示出对称元素),以及一种沿 b 向下的投影(示出一般的等效点系)。

c_{p} 是 c 的投影

a_{p} 是 a 的投影

○ 代表等效点

⊙ 是由○通过第二类对称操作(反演、反映)产生。
+,-: 坐标处在沿单轴 b 投影的平面之上或之下。

Origin at $\bar{1}$ on glide plane c

原点: 指定的原点的位置。

Asymmetric unit $0\leqslant x\leqslant 1/2;\,0\leqslant y\leqslant 1/2;\,0\leqslant z\leqslant 1/2$

不对称单位

Symmetry Operations

对称操作

For $(0,0,0)+$ set

(1) 1　(2) $2,0,y,1/4$　(3) $\bar{1},0,0,0$　(4) $c,x,0,z$

For $(1/2,1/2,0)+$ set

(1) $t(1/2,1/2,0)$　　(2) $2(0,1/2,0)$　　　$1/4,y,1/4$

(3) $\bar{1}$　$1/4,1/4,0$　(4) $n(1/2,0,1/2)$　　$x,1/4,z$

序号(在括号中)及操作位置(等同操作,2 重旋转轴,反演,c 滑移面)。

Generators selected　(1); $t(1,0,0)$;　$t(0,1,0)$;　$t(0,0,1)$;

$t(1/2,1/2,0)$;　　(2); (3)

选用的生成操作
等同操作,轴向和带心平移,2 重旋转轴及反演。

Positions

Multiplicity	Coordinates	Reflection conditions

Wyckoff letter,

Site symmetry　　$(0,0,0)+(1/2,1/2,0)+$　General：

8	f	1	(1) x,y,z	(2) $\bar{x},y,\bar{z}+1/2$	hkl: $h+k=2n$
			(3) $\bar{x},\bar{y},\bar{z}$	(4) $x,\bar{y},\bar{z}+1/2$	$h0l$: $h,l=2n$
					$0kl$: $k=2n$
					$hk0$: $h+k=2n$
					$0k0$: $k=2n$
					$h00$: $h=2n$
					$00l$: $l=2n$

Special：as above，plus

4	e	2	$0,y,1/4$	$0,\bar{y},3/4$	no extra conditions
4	d	$\bar{1}$	$1/4,1/4,1/2$	$3/4,1/4,0$,	hkl: $k+l=2n$
4	c	$\bar{1}$	$1/4,1/4,0$	$3/4,1/4,1/2$	hkl: $k+l=2n$
4	b	$\bar{1}$	$0,1/2,0$	$0,1/2,1/2$	hkl: $l=2n$
4	a	$\bar{1}$	$0,0,0$	$0,0,1/2$,	hkl: $l=2n$

Symmetry of special projections

Along[001]c2mm　　　Along[100]p2gm　　　Along[010]p2

$a'=a_p$　$b'=b$　　$a'=1/2b$　$b'=c_p$　　$a'=1/2c$　$b'=1/2a$

Origin at $0,0,z$　　　Origin at $x,0,0$　　　Origin at $0,y,0$

Maximal non-isomorphic subgroups

I	$[2]C121(C2)$	$(1;2)+$
	$[2]C\bar{1}(P\bar{1})$	$(1;3)+$
	$[2]C1c1(Cc)$	$(1;4)+$
IIa	$[2]P12/c1(P2/c)$	$1;2;3;4$
	$[2]P12/n1(P2/c)$	$1;2;(3;4)+(1/2,1/2,0)$
	$[2]P12_1/n1(P2_1/c)$	$1;3;(2;4)+(1/2,1/2,0)$
	$[2]P12_1/c1(P2_1/c)$	$1;4;(2;3)+(1/2,1/2,0)$
IIb	none	

Maximal isomorphic subgroups of lowest index

IIc　$[3]C1\,2/c1(b'=3b)(C2/c)$；

　　$[3]C1\,2/c1(c'=3c)(C2/c)$；

　　$[3]C1\,2/c1(a'=3a\;ora'=3a,c'=-a+c\;ora'=3a,c'=a+c)$
　　　$(C2/c)$

Minimal non-isomorphic supergroups

I　$[2]Cmcm$；$[2]Cmca$；$[2]Cccm$；$[2]Ccca$；$[2]Fddd$；

　　$[2]Ibam$；$[2]Ibca$；$[2]Imma$；$[2]I4_1/a$；$[3]P\bar{3}12/c$；

　　$[3]P\bar{3}2/c1$；$[3]\,R\bar{3}2/c$

II　$[2]F12/m1(C2/m)$；$[2]C12/m1(2c'=c)(C2/m)$；

　　$[2]P12/c1(2a'=a,2b'=b)(P2/c)$

位置

多重性，Wyckoff 记号，位点对称性，每组等效点系的坐标。

一般位置多重性＝8，系统消光；C 点阵 hkl 中（$h+k$）奇数消光；c 滑移面 $h0l$ 中 h，l 奇数消光；其他条件只提供多余的信息。

特殊位置为 $4(a)$ 到 $4(e)$，$4(a)$ 总是列最后。如果一个原子占 $4(c)$，它在 hkl 衍射中只有（$k+l$）为偶数时有贡献。

特殊投影的对称性
平面群和沿 c，a，b 向下投影的轴

最大不同构子群
t 子群类型 I（同点阵平移），k 子群类型 II（同晶类），亚子群 IIa（同晶胞），IIb 和 IIc（较大的晶胞）子群的指数列在方括号内

最低指数的最大同构子群
指数，全国际符号，点阵矢量，和习惯用符号

最小不同构母群
t 母群

k 母群

9.4 空间群的测定

9.4.1 Friedel 定律

一个衍射(又称反射)指标为 hkl 的衍射强度正比于结构因子 F_{hkl} 的平方,F_{hkl} 表达为

$$F_{hkl} = \sum_j f_j \cos 2\pi (hx_j + ky_j + lz_j) + i \sum_j f_j \sin 2\pi (hx_j + hy_j + lz_j)$$

式中 f_j 是第 j 号原子的原子散射因子。F_{hkl} 是对晶胞中全部原子的加和,它通常是个复数。上式可简单写为

$$F_{hkl} = A + iB$$

由此可得 $|F_{hkl}|^2 = A^2 + B^2$。对于衍射指标为 $\overline{hkl}$ 的结构因子 $F_{\bar{h}\bar{k}\bar{l}}$,由于 $A_{hkl} = A_{\bar{h}\bar{k}\bar{l}}$,$B_{hkl} = -B_{\bar{h}\bar{k}\bar{l}}$,可得 $|F_{\bar{h}\bar{k}\bar{l}}|^2 = A^2 + B^2$。

即衍射 hkl 和 $\overline{hkl}$ 的强度是相同的,所以衍射图显示出中心对称的图像,甚至对非中心对称结构的晶体也是如此,这一关系称为 Friedel 定律。注意 Friedel 定律在原子散射因子 f 计及原子反常散射效应时会被破坏,即不遵守 Friedel 定律。反常散射出现在所用的 X 射线波长接近原子的吸收限,X 射线被原子有较多的吸收的情况。

9.4.2 Laue 点群

作为 Friedel 定律的结果,衍射图像显示出中心对称点群的对称性。例如,晶体的点群为 2,它的衍射图要加上 $\bar{1}$ 对称性,将出现 $2/m$ 点群。同样的结果也适用于点群为 m 的晶体。所以从它们的衍射图不能区分出 $2, m$ 和 $2/m$ 点群。同样的效应也出现在其他晶系。所以 32 个晶体学点群根据衍射图的对称性只能区分出 11 种 Laue 点群(简称 Laue 群),如表 9.4.1 所列。

表 9.4.1 衍射对称性的 11 种 Laue 群

晶 系	晶体学点群	Laue 群
三斜	$1, \bar{1}$	$\bar{1}$
单斜	$2, m, 2/m$	$2/m$
正交	$222, mm2, mmm$	mmm
四方	$4, \bar{4}, 4/m$	$4/m$
	$422, 4mm, \bar{4}2m, 4/mmm$	$4/mmm$
三方	$3, \bar{3}$	$\bar{3}$
	$32, 3m, \bar{3}m$	$\bar{3}m$
六方	$6, \bar{3}, 6/m$	$6/m$
	$622, 6mm, \bar{6}2m, 6/mmm$	$6/mmm$
立方	$23, m\bar{3}$	$m\bar{3}$
	$432, \bar{4}3m, m\bar{3}m$	$m\bar{3}m$

晶体的衍射对称性知识对晶体的分类是有用的。若观察到的 Laue 群为 $4/mmm$,则它为四方晶系,晶体学点群应选 $422, 4mm, \bar{4}2m$ 和 $4/mmm$ 其中之一,其空间群也必和这个选定的点群相联系。

9.4.3 从系统消光推引带心点阵和平移对称元素

在单晶体的衍射图中,系统消光是因存在点阵带心以及螺旋轴和滑移面等平移对称元素。这些消光对一个未知晶体的空间群的推引是极为有用的。

1. 点阵带心的效应

在图 9.4.1 中,画出素晶胞(P)、体心(I)和面心(F)晶胞的点阵平面(100),(110) 和 (111),用阴影标明。在 I-点阵中,带心的点处在(100) 和(111) 中的两个面之间,它们对 X 射线衍射的贡献,正好准确地消除处在晶胞顶角上的点阵点的贡献。所以 100 和 111 衍射系统地不存在,而观察到 200,110,222 等衍射,因点阵点处在和这些衍射相应的点阵面上。同样地,在 F-点阵中,衍射 100 和 110 系统地消失,而 200,220 和 111 等衍射能观察到。

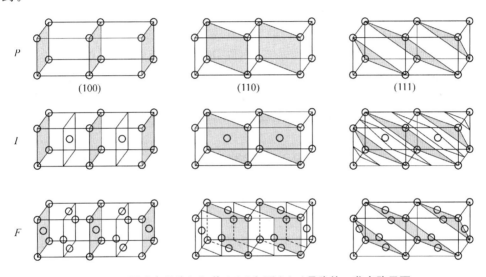

图 9.4.1 通过素晶胞(P)、体心(I)和面心(F)晶胞的一些点阵平面。

为了后文中一般情况下讨论的需要,从几何上用到以下定理:"一个空间点阵从原点 O 到点阵点 L 的线 OL,用矢量 $\boldsymbol{OL}=u\boldsymbol{a}+v\boldsymbol{b}+w\boldsymbol{c}$ 表示,它可被一组(hkl)平面分成($uh+vk+wl$)部分。"

示于图 9.4.2 中的是二维 C 心晶胞,取 $\boldsymbol{OL}=\boldsymbol{a}+\boldsymbol{b}$,$OL$ 线通过 C 心点,它被(320)面分成 5 份。在晶胞顶角上的点阵点处于(320)面上,而 C 心的点阵点则不是。很容易看出,对($hk0$)面,当 $h+k$ 为偶数,C 心点落在面上,而当 $h+k$ 为奇数,C 心点则不落在面上,而在两面的正中间。后一种情况下,C 心点对 X 射线的散射,正好抵消顶角上的点的散射,即当 $h+k$ 为奇数时,衍射 $hk0$ 系统消光。反之,衍射 $hk0$ 出现 $h+k$ 为奇数的系统消光说明存在 C 心。

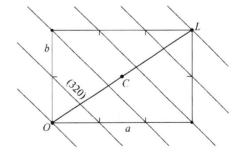

图 9.4.2 C 心晶胞的 OL 线被(320)面分成 5 份,C 心点处于两个面的正中间。

对于一个 F-心点阵,衍射 hkl 只能同时在 $h+k,k+l$ 和 $l+h$ 都为偶数时观察到,即 h,k,l 必须全为奇数或全为偶数。这一结果可从 F-心点阵的等效点系为:(x,y,z),$(x,y+1/2,z+1/2)$,$(x+1/2,y,z+1/2)$,$(x+1/2,y+1/2,z)$ 推出。按结构因子表达式:

$$F_{hkl} = \sum_{j=1}^{n/4} f_j \exp[\mathrm{i}2\pi(hx_j + ky_j + lz_j)]\{1 + \exp[\mathrm{i}2\pi(k/2 + l/2)]$$
$$+ \exp[\mathrm{i}2\pi(k/2 + l/2)] + \exp[\mathrm{i}2\pi(k/2 + l/2)]\}$$

对于衍射 hkl 型,当 h,k,l 指数为全奇或全偶时,即 $h+k=2n$,$h+l=2n$,$k+l=2n$ 时,可得

$$F_{hkl} = 4\sum_{j=1}^{n/4} f_j \exp[\mathrm{i}2\pi(hx_j + ky_j + lz_j)]$$

若 h,k,l 指数奇偶混杂(即不为全奇和全偶),则 $F_{hkl}=0$,例如 $F_{112}=0$,$F_{300}=0$ 等。

对一个 I-心点阵,$\boldsymbol{OL} = \boldsymbol{a} + \boldsymbol{b} + \boldsymbol{c}$ 矢量通过 I 心点。衍射 hkl 可能被观察到的条件是 $h+k+l$ 为偶数,因为这时 OL 线被点阵面 (hkl) 分成 $h+k+l$ 份,I-点落在面上。

对于 R 心六方点阵正向晶胞(见图 9.2.5),取 $\boldsymbol{OL} = -\boldsymbol{a} + \boldsymbol{b} + \boldsymbol{c}$,它通过 $(-1/3, 1/3, 1/3)$,$(-2/3, 2/3, 2/3)$ 和 $(-1,1,1)$ 点。OL 线被点阵面 (hkl) 分成 $-h+k+l$ 份,此时 $-h+k+l$ 必须为 3 的整数倍,才能使全部点阵点落在 (hkl) 面上。所以对衍射 hkl 的系统消光条件为 $-h+k+l \neq 3n$。对六方 R 心的反向晶胞系统消光的条件为 $h-k+l \neq 3n$。

2. 螺旋轴和滑移面的效应

由垂直于 c 轴的 n 滑移面产生的不对称物体的排列图像,示于图 9.4.3(a)中。衍射 $hk0$ 和 z 轴坐标无关,结构在 ab 平面上的投影和 C-心点阵完全相同。因此,$hk0$ 衍射的系统消光为 $h+k=$ 奇数,表示有一个 n 滑移面垂直于 c 轴。注意这个条件是包括在 C-心之中,所以对于 C-心点阵这种系统消光不能判定 n 滑移面是否存在。

按同样的方法,对衍射 $hk0$ 存在 k 为奇数的系统消光,表示垂直于 c 轴存在 b 滑移面,如图 9.4.3(b)所示。

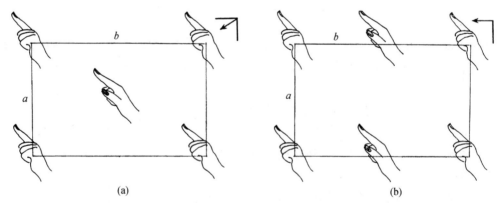

(a)   (b)

图 9.4.3 垂直于 c 轴的 n 滑移面(a)和 b 滑移面(b)对于不对称物体的排列结果。

考虑平行于 b 轴的 2_1-轴,如图 9.4.4 所示,$(0k0)$ 面和 x 轴及 z 轴的坐标无关。衍射 $0k0$ 出现 k 为奇数的系统消光表示平行于 b 轴有 2_1-轴。和带心点阵与滑移面相比,这种系统消光是一种很弱的条件,而且已包括在它们之中。由于 $0k0$ 衍射数目很少,有些弱的衍射可能观察不到,所以用这种系统消光来定螺旋轴常常不可靠。

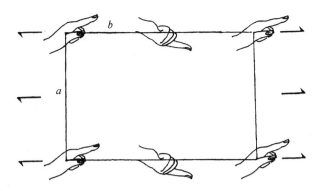

图 9.4.4　沿 b 轴的 2_1-轴对不对称物体排列的结果。

用数学分析方法可推导系统消光。设晶胞中有 c 滑移面垂直于 b 轴,有一原子坐标为 (x,y,z),由它的等效点系得另一原子的坐标为 $(x,-y,1/2+z)$。由这两个原子所得的结构因子为

$$F_{hkl} = f\{\exp[2\pi i(hx + ky + lz)] + \exp[2\pi i(hx - ky + l/2 + lz)]\}$$

对特殊的情况 $k=0$,可得

$$F_{h0l} = f\exp[2\pi i(hx + lz)][1 + \exp(\pi il)] = f\exp[2\pi i(hx + lz)][1 + (-1)^l]$$

此式表明若 l 为奇数,F_{h0l} 为 0;若 l 为偶数,$F_{h0l}=2\exp[2\pi i(hx+lz)]$。所以 $h0l$ 型衍射只在 l 为偶数时出现,即衍射 $h0l$ 的 l 为奇数的系统消光指明有 c 滑移面垂直于 b 轴。

对于平行于 c 轴的 2_1-轴,等效点系为 x,y,z 和 $-x,-y,z+1/2$。

$$F_{hkl} = \sum_{j=1}^{n} f_j \exp[i2\pi(hx_j + ky_j + lz_j)]$$

$$= \sum_{j=1}^{n/2} f_j\{\exp[i2\pi(hx_j + ky_j + lz_j)] + \exp[i2\pi(-hx_j - ky_j + l(z_j + 1/2))]\}$$

当 h 和 k 都为 0,$F_{00l} = \sum_{j=1}^{n/2} f_j \exp[i2\pi lz_j](1 + \exp[i2\pi l/2])$。

此式表明:当 l 为奇数,$F_{00l} = 0$;当 l 为偶数,$F_{00l} = 2\sum_{j=1}^{n/2} f_j \exp[i2\pi lz_j]$。所以当 $00l$ 型衍射出现 l 为奇数的系统消光,可得 c 方向有 2_1- 轴。

由不同类型的带心点阵、滑移面和螺旋轴的系统消光,列于表 9.4.2 中,利用它可作空间群的推导。

表 9.4.2　由衍射的系统消光测定点阵类型、螺旋轴和滑移面

点阵类型	衍射类型	消光条件
A- 面带心点阵	hkl	$k+l=$ 奇数
B- 面带心点阵	hkl	$h+l=$ 奇数
C- 面带心点阵	hkl	$h+k=$ 奇数
F- 面心点阵	hkl	h,k,l 不全奇或全偶
I- 体心点阵	hkl	$h+k+l=$ 奇数
hR 点阵		
正向晶胞	hkl	$-h+k+l \neq 3n$
反向晶胞		$h-k+l \neq 3n$

螺旋轴	衍射类型	消光条件
$2_1,4_2$ 或 6_3 沿 a	$h00$	$h=$ 奇数
b	$0k0$	$k=$ 奇数
c	$00l$	$l=$ 奇数
$3_1,3_2,6_2$ 或 6_4 沿 c	$00l$	$l\neq 3n$
4_1 或 4_3 沿 a	$h00$	$h\neq 4n$
b	$0k0$	$k\neq 4n$
c	$00l$	$l\neq 4n$
6_1 或 6_5 沿 c	$00l$	$l\neq 6n$

滑移面	衍射类型	消光条件
a 滑移面$\perp b$	$h0l$	$h=$ 奇数
$\perp c$	$hk0$	$h=$ 奇数
b 滑移面$\perp a$	$0kl$	$k=$ 奇数
$\perp c$	$hk0$	$k=$ 奇数
c 滑移面$\perp a$	$0kl$	$l=$ 奇数
$\perp b$	$h0l$	$l=$ 奇数
n 滑移面$\perp a$	$0kl$	$k+l=$ 奇数
$\perp b$	$h0l$	$h+l=$ 奇数
$\perp c$	$hk0$	$h+k=$ 奇数
d 滑移面$\perp a$	$0kl$	$k+l\neq 4n$
$\perp b$	$h0l$	$k+l\neq 4n$
$\perp c$	$hk0$	$h+k\neq 4n$

9.4.4 从系统消光推导空间群

一些通过系统消光推导空间群的实例示于表 9.4.3 中。注意有些条件是多余的,因它们已包括在更普遍的条件之中。有些空间群可唯一地测定,而有些只是缩小到几种可能的范围之中。表 9.4.4 列出不能从系统消光唯一测定的空间群。

表 9.4.3　按系统消光推导空间群的实例

晶　系	从系统消光推出的对称性并加说明	可能的空间群
单斜	(a)无系统消光	$P2,Pm,P2/m$
	hkl:$(h+k)$奇数消光→C 心 $h0l$:h 奇数消光→不是新的 (b)$h0l$:l 奇数消光→c 滑移面$\perp b$ 轴 $0k0$:k 奇数消光→不是新的	$Cc,C2/c$
正交	hkl:无系统消光→P $0kl$:l 奇数消光→c 滑移面$\perp a$ 轴 (a)$hk0$:$(h+k)$奇数消光→n 滑移面$\perp c$ 轴 $h0l$:l 奇数消光→c 滑移面$\perp b$ 轴	$Pccn$
	hkl:$(h+k)$奇数消光→C 心 $0kl$:k 奇数消光→不是新的 (b)$h0l$:h 奇数消光→不是新的 $h0l$:l 奇数消光→c 滑移面$\perp b$ 轴 $hk0$:$(h+k)$奇数消光→不是新的	$Cmcm$ $C2cm\equiv Ama2$ $Cmc2_1$

晶　系	从系统消光推出的对称性并加说明	可能的空间群
四方	Laue 点群 $4/m$ hkl：无系统消光→P (a) $hk0$：$(h+k)$ 奇数消光→n 滑移面⊥c 轴 　　$00l$：l 奇数消光→4_2 轴∥c 轴	$P4_2/n$
	Laue 点群：$4/m$ hkl：$(h+k+l)$ 奇数消光→I 心 (b) $hk0$：$(h+k)$ 奇数消光→不是新的 　　$00l$：l 奇数消光→不是新的	$I4,I\bar{4},I4/m$
	Laue 点群：$4/mmm$ (c) 系统消光同(b)	$I422,I4mm$ $I\bar{4}m2(m⊥a,b;2∥ab$ 面对角线) $I\bar{4}2m$(二重轴∥$a,b;m⊥ab$ 面对角线)
三方 (用六方晶胞)	Laue 点群：$\bar{3}$ (a) hkl：$(-h+k+l)≠3n$ 消光→R 心 　　$00l$：$l≠3n$ 消光→不是新的	$R3,R\bar{3}$
	Laue 点群：$\bar{3}m$ (b) 系统消光同(a)	$R32,R3m,R\bar{3}m$
六方	Laue 点群：$6/m$ (a) kkl：无系统消光→P 　　$00l$：l 奇数消光→$6_3∥c$ 轴	$P6_3,P6_3/m$
	Laue 点群：$6mmm$ (b) 系统消光同(a)	$P6_322$
立方	Laue 点群：$m\bar{3}$ (a) hkl：$(h+k),(k+l),(l+h)$ 奇数消光→F 心 　　$0kl$：$(k+l)≠4n$ 消光→d 滑移面⊥a 轴	$Fd\bar{3}$
	Laue 点群：$m\bar{3}m$ (b) hkl：$(h+k),(k+l),(l+h)$ 奇数消光→F 心	$F432,F\bar{4}3m,Fm\bar{3}m$

表 9.4.4　不能从系统消光唯一测定的空间群

Laue 群	从系统消光得到的空间群符号[*]	可能的空间群[**]
三斜 $\bar{1}$	$P□$	$P1,P\bar{1}$
单斜 $2/m$	$P□$	$Pm,P2,P2/m$
	$P□c$	$Pc,P2/c$
	$P2_1□$	$P2_1,P2_1/m$
	$C□$	$Cm,C2,C2/m$
	$C□c$	$Cc,C2/c$

Laue 群	从系统消光得到的空间群符号*	可能的空间群**
正交 *mmm*	*P* □ □ □	$Pmm2,P222,Pmmm$
	Pc □ □	$Pcm2_1(=Pmc2_1),Pc2m(=Pma2),Pcmm(=Pmma)$
	Pn □ □	$Pnm2_1(=Pmn2_1),Pnmm(=Pmmn)$
	Pcc □	$Pcc2,Pccm$
	Pca □	$Pca2_1,Pcam(=Pbcm)$
	Pba □	$Pba2,Pbam$
	Pnc □	$Pnc2,Pncm(=Pmna)$
	Pna □	$Pna2_1,Pnam(=Pnma)$
	Pnn □	$Pnn2,Pnnm$
	C □ □ □	$Cmm2,Cm2m(=Amm2),C222,Cmmm$
	C □ *c*	$Cmc2_1,C2cm(=Ama2),Cmcm$
	C □ *a*	$Cm2a(=Abm2),Cmma$
	C □ *ca*	$C2ca,Cmca$
	Ccc □	$Ccc2,Cccm$
	I □ □ □	$Imm2,I222,I2_12_12_1,Immm$
	I □ *a*	$Ima2,Imam(=Imma)$
	Iba □	$Iba2,Ibam$
	F □ □ □	$Fmm2,F222,Fmmm$
四方 $4/m$	*P* □	$P\bar{4},P4,P4/m$
	*P*4₂ □	$P4_2,P4_2/m$
	I □	$I\bar{4},I4,I4/m$
四方 $P4/mmm$	*P* □ □ □	$P\bar{4}2m,P\bar{4}m2,P4mm,P422,P4/mmm$
	P □ 2₁ □	$P\bar{4}2_1m,P42_12$
	P □ □ *c*	$P\bar{4}2c,P4_2mc,P4_2/mmc$
	P □ *b* □	$P\bar{4}b2,P4bm,P4/mbm$
	P □ *bc*	$P4_2bc,P4_2/mbc$
	P □ *c* □	$P\bar{4}c2,P4_2cm,P4_2/mcm$
	P □ *cc*	$P4cc,P4/mcc$
	P □ *n* □	$P\bar{4}n2,P4_2nm,P4_2/mnm$
	P □ *nc*	$P4nc,P4/mnc$
	I □ □ □	$I\bar{4}m2,I\bar{4}2m,I4mm,I422,I4/mmm$
	I □ *c* □	$I\bar{4}c2,I4cm,I4/mcm$
	I □ □ *d*	$I\bar{4}2d,I4_1md$

Laue 群	从系统消光得到的空间群符号*	可能的空间群**
三方 $\bar{3}$	$P\,\Box$	$P3, P\bar{3}$
	$R\,\Box$	$R3, R\bar{3}$
三方 $\bar{3}m$	$P\,\Box\,\Box\,\Box$	$P3m1, P31m, P312, P321, P\bar{3}1m, P\bar{3}m1$
	$P\,\Box\,c\,\Box$	$P3c1, P\bar{3}c1$
	$P\,\Box\,\Box\,c$	$P31c, P\bar{3}1c$
	$R\,\Box\,\Box$	$R3m, R32, R\bar{3}m$
	$R\,\Box\,c$	$R3c, R\bar{3}c$
六方 $6/m$	$P\,\Box$	$P6, P\bar{6}, P6/m$
	$P6_3$	$P6_3, P6_3/m$
六方 $6/mmm$	$P\,\Box\,\Box\,\Box$	$P\bar{6}m2, P\bar{6}2m, P6mm, P622, P6/mmm$
	$P\,\Box\,c\,\Box$	$P\bar{6}c2, P6_3cm, P6_3/mcm$
	$P\,\Box\,\Box\,c$	$P\bar{6}2c, P6_3mc, P6_3/mmc$
	$P\,\Box\,cc$	$P6cc, P6/mcc$
立方 $m\bar{3}$	$P\,\Box\,\Box$	$P23, Pm\bar{3}$
	$I\,\Box\,\Box$	$I23, I2_13, Im\bar{3}$
	$F\,\Box\,\Box$	$F23, Fm\bar{3}$
立方 $m\bar{3}m$	$P\,\Box\,\Box\,\Box$	$P\bar{4}3m, P432, Pm\bar{3}m$
	$P\,\Box\,\Box\,n$	$P\bar{4}3n, Pm\bar{3}n$
	$I\,\Box\,\Box\,\Box$	$I\bar{4}3m, I432, Im\bar{3}m$
	$F\,\Box\,\Box\,\Box$	$F\bar{4}3m, F432, Fm\bar{3}m$
	$F\,\Box\,\Box\,c$	$F\bar{4}3c, Fm\bar{3}c$

* 符号 $\Box$ 代表此位置可能有点对称元素。

** 对正交晶系,选不同轴的标准 Hermann-Mauguin 符号示于括号中。

9.5 晶体结构选择的空间群

9.5.1 分子的对称性和位点的对称性

在分子晶体中,因分子占据较低的点对称性的位置上,分子的理想对称性常不能全部表达。例如在萘的晶体结构中,具有理想对称性 D_{2h} 的 $C_{10}H_8$ 分子处在对称性为 $\bar{1}$ 的位置上。可是六次甲基四胺分子 $(CH_2)_6N_4$ 却在晶体中保持了它的 T_d 对称性。联苯分子 $C_6H_5—C_6H_5$ 在气态时为非平面构象,二面角为 $45°$,D_2 对称性,但在晶体中它却占据 $\bar{1}$ 对称性位置,是一个完全平面型的分子。

在很稀少的情况下结晶过程会引起化合物的组成产生转变。例如,PCl_5 是三方双锥分子,但它的晶体结构是由四面体的 PCl_4^+ 和八面体的 PCl_6^- 离子堆积形成。同样,PBr_5 晶体由 PBr_4^+ 和 Br^- 离子组成;PBr_6^- 离子的生成受到周围大的溴离子间空间推斥的阻碍。

9.5.2 原子和基团等效位置的指认

在晶体中对称元素的存在限制了晶胞中可安放原子的数目。如果空间群没有能产生特殊位置的点对称元素,原子只能处于一般位置上,在晶胞中它们的数目严格地为该位置多重性的倍数。例如,在空间群 $P2_12_12_1$ 中,只有一套多重性为 4 的等效位置,这样,属于这个空间群的任何晶体,在晶胞中原子只能 4 个一组地出现。化合物二水合可待因溴化氢 $C_{18}H_{21}O_3N \cdot HBr \cdot 2H_2O$ 晶体属这个空间群,晶胞中化学式的数目 $Z=4$,所以式中每个原子都以 4 的倍数的数目存在。

若空间群除一般位置外还有特殊位置,在晶胞中可以存在的每种原子类型的数目就有较多的地点。例如,$FeSb_2$ 属于空间群 $Pnnm$,$Z=2$。这个空间群具有一种 8-重的一般位置、三种特殊的 4-重位置(位点对称性 2 或 m),以及四种 2-重位置(位点对称性 $2/m$)。Fe 原子必须放在一种 2-重位置上,Sb 原子可放在三种剩余的 2-重位置中的两种或 4-重位置中的一种,而不能放在 8-重位置上。

在简单的无机晶体中,每个晶胞中只有少数几个原子,只考虑等效点系有时就能解决晶体结构,或者少数几种可能的结构。例如若组成为 AB 的立方晶体,$Z=4$。它的结构就只能是 NaCl 型或 ZnS 型。前者属于空间群 $Fm\bar{3}m$,后者为 $F\bar{4}3m$,这两种结构的可能性可从两种结构类型的 X 射线衍射强度的期望值和实际观察值的对比来区分。这种类型的推导,是基于在晶体结构中单个原子的作用来考虑,它通常可用于二元或三元合金和矿物等无机化合物。

对于分子晶体考虑对称性是最有用的。大多数有机和金属有机晶体的构建单元不是单个原子,而是已组成分子的一组原子,此时整个分子在数量和对称性上必须遵循等效点的限制。如果分子占据一般位置它具有对称性为 1,分子不需要有任何强加于它的对称性。但是当分子处于特殊位置,它至少要具有该特殊位置的对称性。相应地,如果空间群和分子占据的等效点已知道,分子的最低对称性就已定出。这种信息对化学家在分子可能出现的几种构型中判断出正确的一个是很有用的。在分子晶体中,全部分子通常是等当的,但不总是如此。处于等当的情况时,所有的分子占据同一种等效点系,这说明它们相互是被空间群的各种对称操作所关联。另一方面,若分子占据两种或多种一般或特殊的 Wyckoff 位置,这时它们化学上是等当的,晶体学上有差异。

下面 3 个化合物都结晶成具有空间群 $P2_1/c$。分子结构有用的信息可从晶胞中分子数目少于空间群的倍数 4 而推出。

(1)萘。因为 $Z=2$,分子应占据 $\bar{1}$ 对称中心位置。换言之在分子 $C_{4a}—C_{8a}$ 键的中心点是反演中心。参看右图关于原子的编号,不对称单位可选分子的一半,例如右边的(1～4,4a)或左边的(5～8,8a),上一半(1,2,7,8,8a)或下一半(3,4,4a,5,6)。注意萘分子理想的分子对称性 D_{2h} 并未在晶体中全用上,这样化学上等同的键长和键角有着不同的测定值。

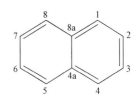

(2) 联苯。因为 $Z=2$,在分子中心连接两个 C_6H_5 环的 C—C 键的中点是对称中心 $\bar{1}$,这就说明两个环要共平面。在晶体中联苯分子的共平面构象不同于溶液及气相中的非平面构象。这是晶体中苯环间的分子间作用力对分子堆积稳定化的贡献。

(3) 二茂铁。$Z=2$,分子应处于特殊的 $\bar{1}$ 对称性位置上。一对环戊二烯基(Cp)应是交错型。事实上较为复杂。在 173 K 和 298 K,分别用 X 射线和中子衍射对二茂铁的晶体结构进行深入的研究,说明在这两种温度下,表观的 Cp 环都呈交错式排列,这是由于分子存在不同取向的无序分布。一种两个 Cp 环从重叠式转离 12°的无序模型示于图 9.5.1 中。(精确的重叠式 D_{5h} 构象转角为 0°,精确的交错式 D_{5d} 构象转角为 36°。)

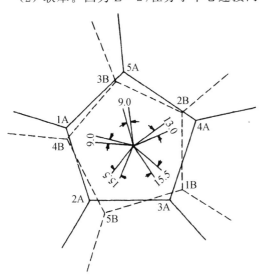

图 9.5.1 二茂铁的无序模型中,一种可能的接近重叠式构象。

作为一个测定结构的实例,对碱式醋酸铍的原子和基团的等效点系位置的指认详细地示出于下。

碱式醋酸铍具有分子晶体性质,而不像离子性的盐那样。X 射线分析表明它由分立的 $Be_4O(CH_3COO)_6$ 分子组成。晶体为立方晶系,$a=1574$ pm,$\rho_X=1.39$ g cm^{-3},$Be_4O(CH_3COO)_6$ 的相对分子质量为 406,所以

$$Z=\rho N_0 V/M=(1.39)(6.023\times10^{23})(15.74\times10^{-8})^3/406\approx8$$

Laue 群为 $m\bar{3}$。观察到的 hkl 衍射中,h,k,l 均全为奇数或全为偶数,说明它为 F-点阵。在 $0kl$ 衍射中,$(k+l)=4n$,指明存在 d 滑移面。所以空间群唯一地确定为 $Fd\bar{3}$(No.203)。

因 $Z=8$,一个分子组成不对称单位,处在特殊位置 $8(a)$ 或 $8(b)$ 上,$8(a)$ 更适合,所以在晶体中分子的对称性为 23。

对于空间群 $Fd\bar{3}$(No.203)的一般和特殊等效点系,如表 9.5.1 所示(原点在 23)。利用这个表可以指认全部原子的位置参数,而确定晶体和原子的结构。

表 9.5.1   Fd$\bar{3}$ 空间群的等效位置

Wyckoff 位置	位点对称性	坐标 $(0,0,0;0,1/2,1/2;1/2,0,1/2;1/2,1/2,0)+$
96(g)	1	$x,y,z;\cdots$
48(f)	2	$x,0,0;\cdots$
32(e)	3	$x,x,x;\cdots$
16(d)	$\bar{3}$	$5/8,5/8,5/8;\cdots$
16(c)	$\bar{3}$	$1/8,1/8,1/8;\cdots$
8(b)	23	$1/2,1/2,1/2;3/4,3/4,3/4$
8(a)	23	$0,0,0;1/4,1/4,1/4$

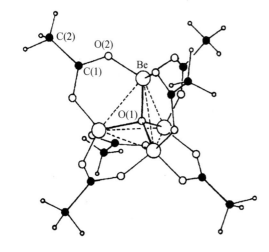

图 9.5.2   Be$_4$O(CH$_3$COO)$_6$ 分子的结构。

Be$_4$O(CH$_3$COO)$_6$ 的原子序号和分子结构示于图 9.5.2 中。原子位置的指认可按下述步骤进行,碱性氧 O(1)处于 8(a)。Be 处于 32(e),而不是 16(c)+16(d),因为它是四面体配位而不是八面体配位,分子具有 3 重轴而不是 $\bar{3}$-轴。羧基碳 C(1)处在 48(f),具有 2 重轴,甲基碳 C(2)也处于 48(f)的 2 重轴上。醋酸根的 O(2)处于 96(g)。这样,晶体和分子的结构就由 6 个参数:Be 的 x,C(1)的 x,C(2)的 x,O(2)的 x,y,z所决定。下列指认说明晶体结构的描述需要 6 个位置参数(忽略 H 原子)。H 原子是无序地定向,它们占据一般的位置 96(g),每个位置的占有率为 1/2,如表 9.5.2 所示。

表   9.5.2

位置指认	坐标参数	说明
Be$_4$O(CH$_3$COO)$_6$ 在 8(a)	无	分子的对称性为 T-23
O(1)在 8(a)	无	碱性 O 原子处在 Be 原子四面体中心
Be(1)在 32(e)	x_{Be}	Be 原子处在 C_3 轴
O(2)在 96(g)	x_{02},y_{02},z_{02}	羧基 O 原子处在一般位置
C(1)在 48(f)	x_{c1}	羧基 C 原子处在 C_2 轴上
C(2)在 48(f)	x_{c2}	甲基 C 原子处在同一 C_2 轴上
1/2 H(1)在 96(g) 1/2 H(2)在 96(g) 1/2 H(3)在 96(g)	x_{H1},y_{H1},z_{H1} x_{H2},y_{H2},z_{H2} x_{H3},y_{H3},z_{H3}	甲基 H 原子位置占有率为 1/2,甲基绕 C—C 键有二重取向无序

在此晶体结构中，$Be_4O(CH_3COO)_6$ 分子的对称性为 23。中心 O 原子被 4 个 Be 原子按四面体配位，每个 Be 原子又被 4 个 O 原子按四面体配位，6 个醋酸根对称地连在四面体的 6 条边上。H 原子按统计占有率为 1/2 分布在相应甲基的两个等当取向的两组位置。虽然 $Be_4O(CH_3COO)_6$ 分子的理想点群为 T_d-$\overline{4}3m$，但在晶体中分子的对称性降低为子群 T-23，分子的 $\overline{4}$ 和 m 的对称元素没有用上。

9.5.3　外消旋晶体和外消旋混合物

一个外消旋晶体在其中心对称空间群的晶体中，含有该化合物等量的两种对映异构体。由直线阵列的金属离子沿中心轴排列，绕该轴桥连多点配位体螺旋排列成螺旋体，若螺旋体结晶成一中心对称的空间群，则右手螺旋和左手螺旋必将等量地共存。

一个外消旋混合物是含有纯化合物的两种对映体的单晶体，按 50∶50 的百分含量组成的混合物。每一种对映体的单晶体都有机会被选出供 X 射线结构分析使用。其空间群一定是非中心对称的。

对于手性化合物，在晶体中它的结构基块有可能结合成手性结构，例如右手性（或左手性）螺旋或三叶螺旋桨形。经典的无机化合物 α-石英，其右旋型的空间群是 $P3_121$(No. 152)，左旋型的空间群是 $P3_221$(No. 154)。一个有机化合物例子是尿素管道型包含物，它结晶成六方空间群 $P6_122$(No. 178) 或 $P6_522$(No. 179)。有关这个化合物的结构将在 9.6.5 小节中讨论。

9.5.4　晶体中空间群的分布

现在，每年报道晶体结构的数目达一万多个。这些晶体结构的数据主要储存在下列三个数据库中：剑桥晶体结构数据库（CSD，其中包括有机化合物、有机金属化合物和含有机配体的金属配合物）、无机晶体结构数据库（ICSD，其中包括无机化合物）和金属数据文件（MDF，其中包括金属和合金）。

对这三个数据库进行统计研究，发现晶体所属晶系和空间群的分布情况如下：

(1) 无机化合物较平均地分布在 7 个晶系，分布最多的晶系依次为正交、单斜和立方，这三个晶系中的分布数目共占总数的 60%。

(2) 有机化合物集中分布在低级晶系，分布最多的晶系依次为单斜、正交和三斜，这三个晶系中的分布数目共占总数的 95%。

(3) 在全部化合物中，中心对称的空间群占 75%～80%；有机结构中不含反轴的空间群（又称 Sohncke 群）约占非中心对称空间群的 80%。

(4) 在 1992 年对 86 000 个化合物进行统计说明，无机化合物约有 57% 出现在常见的 18 个全部为中心对称的空间群中，而有机化合物有 93% 出现在 18 个常见空间群中，其中 8 个没有对称中心，它们包括 5 个可能只由一种纯的对映体分子组成的空间群。无机晶体和有机晶体分布最多的前 18 个空间群中有 8 个是相同的。表 9.5.3 列出无机晶体和有机晶体在最常见的 18 个空间群中的分布情况。

(5) 最常见的三个空间群为 $P2_1/c$，$P\overline{1}$ 和 $C2/c$，其中 $P2_1/c$ 空间群对有机晶体占统治地位。

(6) 在测定结构时，最容易定错的空间群为 Cc（正确的可能是 $C2/c$，$Fdd2$ 或 $R\overline{3}c$），$P1$（正确的为 $P\overline{1}$），$Pna2_1$（正确的为 $Pnma$）和 Pc（正确的为 $P2_1/c$）。

表 9.5.3 晶体在最常见的空间群中的分布情况(黑体表示中心对称的空间群)

名 次	无机晶体		有机晶体	
	空间群	占比/%	空间群	占比/%
1	**Pnma**	8.25	**P2₁/c**	36.57
2	**P2₁/c**	8.15	**P1̄**	16.92
3	**Fm3̄m**	4.42	P2₁2₁2₁	11.00
4	**P1̄**	4.35	**C2/c**	6.95
5	**C2/c**	3.82	P2₁	6.35
6	**P6₃/mmc**	3.61	**Pbca**	4.24
7	**C2/m**	3.40	Pna2₁	1.63
8	**I4/mmm**	3.39	**Pnma**	1.57
9	**Fd3̄m**	3.03	P1	1.23
10	**R3̄m**	2.47	**Pbcn**	1.01
11	**Cmcm**	1.95	Cc	0.97
12	**P3̄m1**	1.69	C2	0.90
13	**Pm3̄m**	1.46	Pca2₁	0.75
14	**R3̄**	1.44	**P2₁/m**	0.64
15	**P6/mmm**	1.44	P2₁2₁2	0.53
16	**Pbca**	1.34	**C2/m**	0.49
17	**P2₁/m**	1.33	**P2/c**	0.49
18	**R3̄c**	1.10	**R3̄**	0.46

参看:W. H. Baur and D. Kassner, *Acta Crystallogr.*, **B 48**, 356~369 (1992).

9.6 晶体结构测定中空间群应用实例

一个晶态化合物的精确描述,首先需要它的空间群和不对称单位中原子的坐标等数据。在本节中介绍作为说明用的化合物的实例,它们分别属于 7 个晶系中所选的空间群。

9.6.1 三斜和单斜空间群

1. 空间群 P1̄(No.2),多重性=2

六甲基苯 C_6Me_6,在高于 383 K 为塑性相Ⅰ,室温下为晶相Ⅱ,低于 117.5 K 为晶相Ⅲ。晶相Ⅱ和Ⅲ均结晶成空间群 P1̄,Z=1。所以分子必坐落在对称中心上,位点对称性为 1̄,远低于分子的理想对称性 D_{6h}。不对称单位由半个分子组成。

1929 年 Lonsdale 测定晶相Ⅱ的晶体结构,明确地解决以后 70 多年中涉及芳香分子体系的几何学和键型的讨论。所测六甲基苯的键长和晶体结构示于图 9.6.1 中。六甲基苯分子处在接近垂直于(111)的平面上。晶相Ⅲ结构非常近似于晶相Ⅱ,主要的差别是分子层间有着剪切过程,使它具准三方更密堆积的排列。

顺铂 *cis*-PtCl₂(NH₃)₂,Z=2,分子占一般位置,实验测定的分子和晶体结构示于图9.6.2中。

2. 空间群 P2₁(No.4),多重性=2

对于不具有中心对称的分子,特别是天然产物和生物分子,这是最常见的空间群。例如,蔗糖是非还原性糖,X 射线分析显示它的 α-D-吡喃葡糖-β-D-呋喃果糖苷骨架是由 α-葡萄糖和 β-果糖键连而成。分子内的氢键及晶体结构示于图 9.6.3 中。

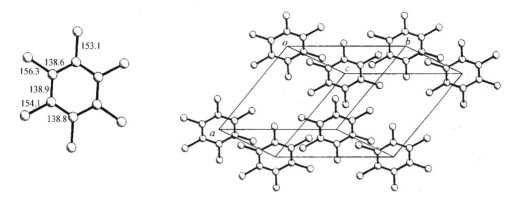

图 9.6.1 C_6Me_6 的分子和晶体结构。 (键长单位为 pm。)

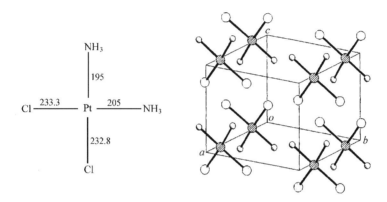

图 9.6.2 cis-$PtCl_2(NH_3)_2$ 的分子和晶体结构。 (键长单位为 pm。)

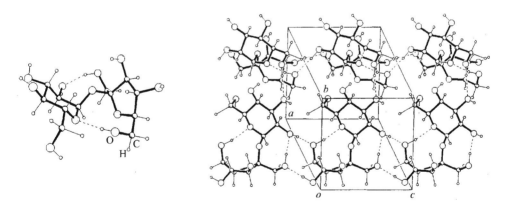

图 9.6.3 蔗糖的分子和晶体结构。

3. 空间群 $P2_1/c$ (No.14)，多重性＝4

萘结晶于这个空间群，$Z=2$，实验测得的分子结构及分子堆积示于图 9.6.4 中。

双-(环辛四烯)铀也结晶成 $P2_1/c$ 空间群，晶胞中含两个分子，所以 $U(C_8H_8)_2$ 分子占据位点对称性为 $\bar{1}$ 的特殊位置上。分子具有重叠构象，它可指认处于 $2(a)$ 位置。相似地，在 $K_2[Re_2Cl_8]\cdot 2H_2O$ 晶体中，二价负离子 $[Re_2Cl_8]^{2-}$ 的两半相互呈重叠构象。实验测定

[Re_2Cl_8]$^{2-}$ 的结构在实验误差内呈 D_{4h} 对称性,图 9.6.5 示出[Re_2Cl_8]$^{2-}$ 及其钾盐的晶体结构。

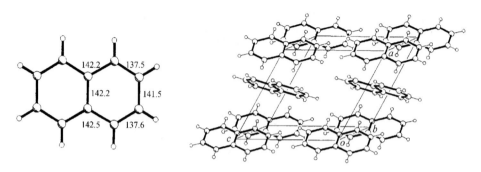

图 9.6.4 萘的分子和晶体结构。(键长单位为 pm。)

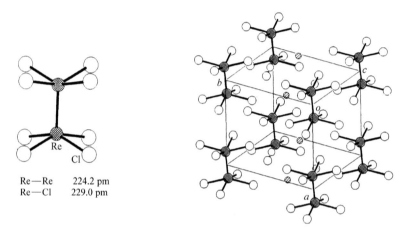

Re—Re   224.2 pm
Re—Cl   229.0 pm

图 9.6.5 [Re_2Cl_8]$^{2-}$ 及其钾盐的晶体结构。

亚铁酞菁晶体,$Z=2$,分子占据 $\bar{1}$ 位点,它的分子和晶体结构示于图 9.6.6 中。

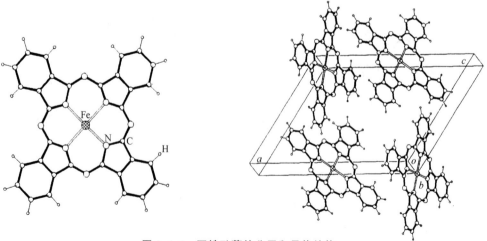

图 9.6.6 亚铁酞菁的分子和晶体结构。

N''-氰基-N,N-二异丙基胍结晶为空间群 $P2_1/c$,$Z=40$。不对称单位含 10 个分子,在图

9.6.7中用 **A** 到 **J** 标记。这些在晶体学上独立而结构上相似的分子,构成 5 个由氢键结合的二聚体(**AB**,**CD**,**EF**,**GH**,**IJ**),它们进一步通过附加氢键连接成扭曲的条带,它沿[101]方向伸展形成一无限螺旋,螺旋周期为 5 个二聚体单位。

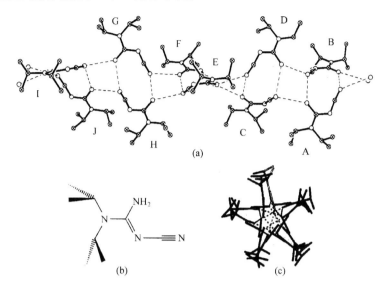

图 9.6.7　(a) 在不对称单位中,10 个独立的分子形成氢键结合的条带;(b) N''-氰基-N,N-二异丙基胍的结构式;(c) 不对称单位沿[101]的投影,它呈现出螺旋结构。

[参看: X. Hao, J. Chen, A. Cammers, S. Parkin and C. P. Block, *Acta Crystallogr. Sect.* **B 61**, 218~226(2005).]

4. 空间群 $C2/c$(No. 15),多重性=8

三甲基铝为二聚体,理想的分子对称性为 D_{2h},分子式应写为 Al_2Me_6。晶胞中含 4 个二聚分子。分子可处于 $4(a)$ 位点,对称性为 $\bar{1}$,也可处于 $4(e)$ 位点,对称性为 2,实验发现应处于前者。图 9.6.8 示出实验测定的分子和晶体结构。

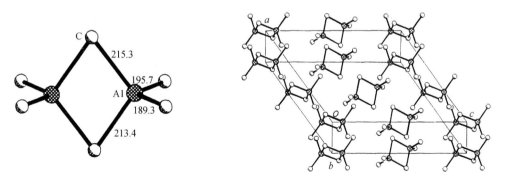

图 9.6.8　Al_2Me_6 的分子和晶体结构。(键长单位为 pm。)

9.6.2　正交空间群

1. 空间群 $P2_12_12_1$(No. 19),多重性=4

化合物 $(Me_4N)_2[Fe_4S_4(SC_6H_5)_4]$ 结晶成 $P2_12_12_1$ 空间群,$Z=4$,不对称单位由 2 个

Me_4N^+ 正离子和 1 个四核 $[Fe_4S_4(SC_6H_5)_4]^{2-}$ 二价负离子组成。图 9.6.9 示出分子和晶体结构。

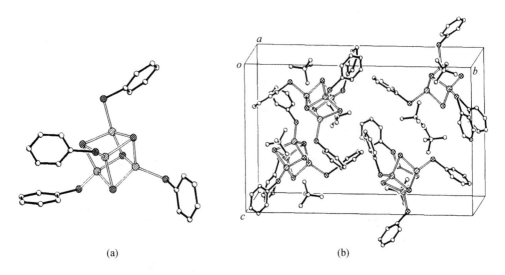

(a)　　　　　　　　　　　　　(b)

图 9.6.9　$[Fe_4S_4(SC_6H_5)_4]^{2-}$ 的分子结构(a)及 $(Me_4N)_2[Fe_4S_4(SC_6H_5)_4]$ 的晶体结构(b)。

2. 空间群 $Pnma$(No.62)，多重性 $=8$

六氯环磷腈 $(PNCl_3)_2$，$Z=4$。空间群 $Pnma$(No.62)具有位点对称性为 $\bar{1}$ 和 m 的特殊位置；很清楚 $\bar{1}$ 应排除在外，分子有镜面通过环上的一个 PCl_2 基团及对面的 N 原子。图 9.6.10 示出分子和晶体的结构。

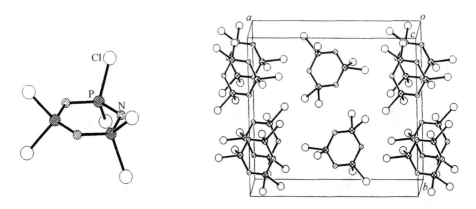

图 9.6.10　$(PNCl_3)_2$ 的分子和晶体结构。

Dewar 苯衍生物 $1',8':3,5$-萘并$[5.2.2]$旋桨式-3,8,10-三烯，$C_{18}H_{14}$，$Z=4$。晶体学镜面通过 C(1)和 C(2)原子以及 C(8)—C(8')，C(9)—C(9')和 C(10)—C(10')键的中心点。图 9.6.11 示出扭曲环中的键长和晶体结构。

3. 空间群 $Cmce$(No.64)，多重性 $=16$

若正交黑磷的化学式简单地写作 P，则其 $Z=8$。空间群 $Cmce$ 的特殊位置为 $4(a)2/m$，$4(b)2/m$，$8(c)\bar{1}$，$8(d)2$，$8(e)2$，$8(f)m$ 及一般位置 $16(g)1$。独立的 P 原子实际上处在 $8(f)$，

由它产生连续双层结构,它是一严重折皱的六方网格,在其中每个 P 原子都以共价键和层中的另外 3 个相连。在图 9.6.12 右边示出晶体结构透视图,左边示出两折皱层的投影。

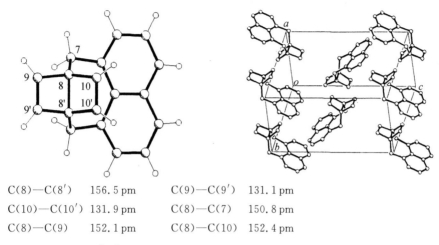

C(8)—C(8$'$)	156.5 pm	C(9)—C(9$'$)	131.1 pm
C(10)—C(10$'$)	131.9 pm	C(8)—C(7)	150.8 pm
C(8)—C(9)	152.1 pm	C(8)—C(10)	152.4 pm

图 9.6.11　1$'$,8$'$∶3,5-萘并[5.2.2]旋桨式-3,8,10-三烯的分子和晶体结构。

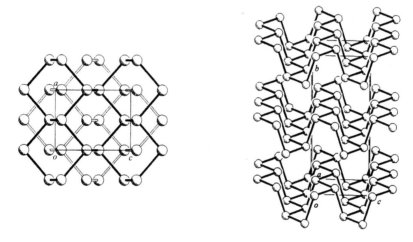

图 9.6.12　黑磷晶体结构的两种图形。

9.6.3　四方空间群

1. 空间群 $P4_1 2_1 2$(No.90),多重性＝4

化合物 1,1$'$-联二萘存在的稳定构象是手性分子。在晶态,它存在高熔点(159℃)和低熔点(145℃)两种晶形,后者是一种外消旋晶体,空间群为 $C2/c$。

在具有高熔点的手性晶体结构中,晶体学的 2 重轴平分中心的 C(1)—C(1$'$)键,分子对 C(1)—C(1$'$)键呈反式排列,二面角 103.1°。图 9.6.13 示出分子结构和堆积。

2. 空间群 $P\bar{4}2_1 m$(No.113),多重性＝8

尿素是第一个在实验室中合成的有机化合物,是 1828 年 Wöhler(维勒)的功绩。在晶体中,尿素分子占据 2(c),此时分子的对称性 mm2 可完全用上。每个 H 原子都形成 N—H⋯O

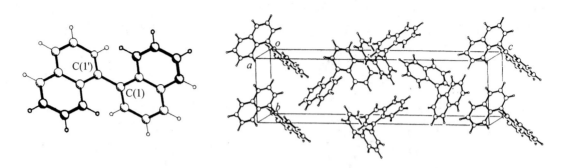

图 9.6.13　1,1′-联二萘的分子和晶体结构。

氢键,这使室温下尿素以固态存在。在尿素结构中,一个化学上有意义的特点是它提供了关于羰基 O 原子形成 4 个 N—H⋯O 氢键的质子受体的第一个实例。图 9.6.14 示出尿素的晶体结构。

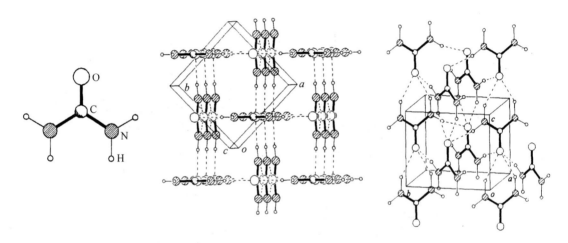

图 9.6.14　尿素的晶体结构。

3. 空间群 $I4/mmm$(No. 139),多重性=32

化合物 XeF_2 和 CaC_2 Ⅰ 型是同晶型体,$Z=2$,三原子分子占据 $2(a)$,位点对称性为 $4/mmm$。Hg_2Cl_2(甘汞)有着非常相似的晶体结构,虽然它是四原子分子。图 9.6.15 对比地示出 XeF_2 和 Hg_2Cl_2 的分子结构和晶体堆积。

4. 空间群 $I4/mcm$(No. 140),多重性=32

新近制得的次氨基铍酸钙 $Ca[Be_2N_2]$ 结晶成这个空间群,它的 $a=556.15\,pm$,$c=687.96\,pm$,$Z=4$。

在晶体结构中含有平面的次氨基铍酸 $4\cdot8^2$ 网格($4\cdot8^2$ 表示每个格点为 1 个四元环和 2 个八元环所共有),网格按 ABAB⋯ 顺序堆积,相互略有旋转,在其中 Be 原子和 N 原子沿 [001] 方向交替排列。处于次氨基铍酸层间的略呈变形的八角形空隙由 Ca^{2+} 离子填充,如图 9.6.16 所示。原子在晶胞中的位置列于下表:

原　子	Wyckoff 位置	位点对称性	坐　标 $(0,0,0;1/2,1/2,1/2)+$		
Be	8(h)	mm	$x,1/2+x,0;\bar{x},1/2-x,0;1/2+x,\bar{x},0;1/2-x,x,0;x=0.372$		
N	8(h)	mm	$x,1/2+x,0;\bar{x},1/2-x,0;1/2+x,\bar{x},0;1/2-x,x,0;x=0.833$		
Ca	4(a)	42	$0,0,1/4;0,0,3/4$		

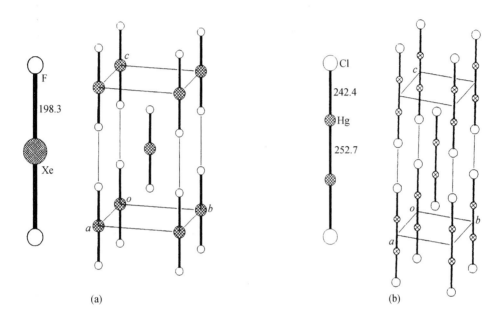

图 9.6.15　**XeF₂ (a) 和 Hg₂Cl₂ (b) 的分子和晶体结构。**（键长单位为 pm。）

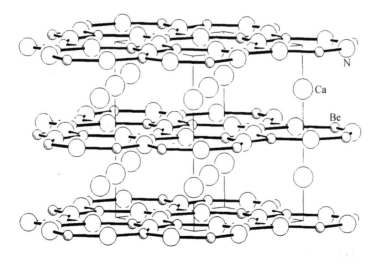

图 9.6.16　**Ca[Be₂N₂]的晶体结构。**

[参看：E. N. Esenturk, J. Fettinger, F. Lam and B. Eichhorn, *Angew. Chem. Int. Ed.*
43,2132~2134(2004).]

5. 空间群 $I\bar{4}2d$（No. 122），多重性＝16

meso-四苯基卟吩合铁（Ⅱ）[Fe(TPP)]，$C_{44}H_{28}N_4Fe$，$Z=4$。分子占 $4(a)$ 位置，位点对称性为 $\bar{4}$，它有褶边结构。卟吩和吡咯平面间的二面角以及卟吩和苯环平面间的二面角分别为 12.8°和 78.9°。图 9.6.17 示出[Fe(TPP)]的分子和晶体结构。

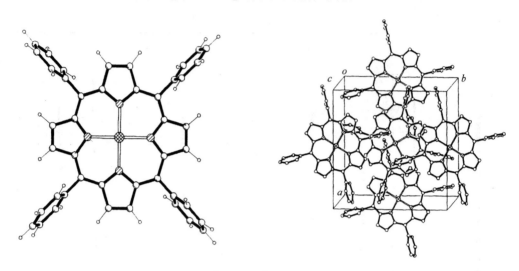

图 9.6.17　[Fe(TPP)]的分子和晶体结构。

9.6.4　三方空间群

1. 空间群 $P\bar{3}$（No. 147），多重性＝6

[K(2,2,2-Crypt)]$_2$[Pt@Pb$_{12}$] 盐的晶体结构中含有一个由 12 个 Pb 原子组成的笼，其中心包有一个 Pt 原子，用符号[Pt@Pb$_{12}$]$^{2-}$ 表示，它是一个近于完整的十二面体的对称性 I_h。晶胞中 $Z=1$，负离子占 $1(a)$，位点对称性为 $\bar{3}$，正离子[K(2,2,2-Crypt)]$^+$ 处在 $2(d)$，位点对称性 3。图 9.6.18 示出[Pt@Pb$_{12}$]$^{2-}$ 的分子结构。

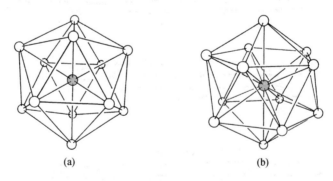

(a)　　　　　　　　　　(b)

图 9.6.18　[Pt@Pb$_{12}$]$^{2-}$ 的分子结构：(a) 沿 $\bar{3}$-轴向下看；(b) 透视图。

2. 空间群 $R\bar{3}$（No. 148），多重性＝6（菱面体素晶胞）

立方烷是在 1964 年由 Eaton(伊顿)首次合成制得。在晶体中，$Z=1$，分子具有 $\bar{3}$ 对称性，所以有两个独立的碳原子分别占据 6(f)一般位置和 2(c)特殊位置,后者位点对称性为 $\bar{3}$。
C—C 键长为 155.3 pm 和 154.9 pm。C—C—C 键角为 89.3°,89.6° 和 90.5°,它们接近于正立方体的期望值。图 9.6.19 示出立方烷的分子结构和晶体堆积。

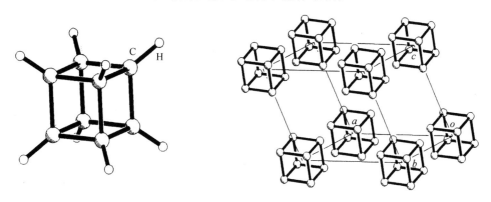

图 9.6.19　立方烷的分子和晶体结构。

3. 空间群 $R\bar{3}c$(No.167),多重性=36(六方 R-心晶胞)

s-三嗪的六方晶胞的 $Z=6$,分子占 2(a)位置,位点对称性 32。分子呈平面形,但显著偏离规整的六边形。中子衍射研究得 C—N 和 C—H 键长分别为 131.5 pm 和 93 pm,N—C—N 键角为 125°。图 9.6.20 示出分子结构及晶胞中分子的堆积。分子平行于 c 轴按 $c/2$ 等间距地排成柱状。除上方和下方一对分子相邻外,每个分子还被另外 6 个分子包围,中心到中心的距离为 570 pm。

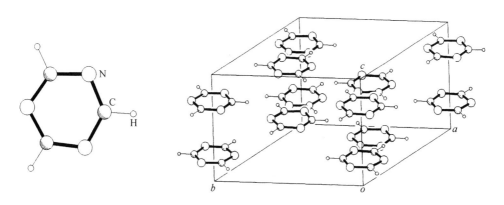

图 9.6.20　s-三嗪的分子和晶体结构。

晶态 s-三嗪冷却时会发生相变,室温时为三方 hR-心点阵结构(空间群 $R\bar{3}c$),冷却到 198 K 以下变为单斜结构(空间群 C2/c)。

4. 空间群 $R\bar{3}m$(No.166),多重性=36(六方 R-心晶胞)

硼元素三方晶体(α-R12 硼)的六方晶胞含有 36 个 B 原子,它组成 3 个 B_{12} 二十面体。这种 B_{12} 占据 3(a)位置,位点对称性为 $\bar{3}m$,所以不对称单位含 2 个独立的 B 原子,它占据 18(h)位置,位点对称性为 m。

在 α-R12 硼的晶体结构中,B_{12} 二十面体排成近似的立方最密堆积,相互连接成三维骨架。

图 9.6.21 示出：(a) 垂直于 $\bar{3}$-轴由 B_{12} 三角二十面体相互连接成的层，以及(b)近似地沿着 X 轴的晶体结构透视图，注意处在 $z=0,1/3,2/3,1$ 上三角二十面体的层间的连接。详细结构参见 13.2 节。

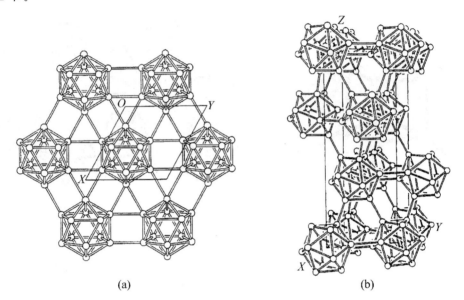

(a)　　　　　　　　　　　　　　　(b)

图 9.6.21　α-R12 硼的晶体结构：(a) 由 B_{12} 三角二十面体连接成的层；(b) 层间的连接。

9.6.5　六方空间群

1. 空间群 $P6_{1}22$(No.178)，多重性＝12

尿素能与 n-烷烃及其衍生物(包括醇、酯、醚、醛、酮、羧酸、胺、腈、硫醇和硫醚)形成晶态非计量的同晶形系列包合物。其六方晶体属于空间群 $P6_{1}22$(No.178)或 $P6_{5}22$(No.179)，晶胞中含 6 个尿素分子，处于 6(a)位置，位点对称性为 2。主体尿素分子排成三重扭曲的螺旋体，它们由氢键交联形成通道的管壁。通道中客体分子紧密地堆积[图 9.6.22(a)]。主体分子和六方通道管壁近于共平面，通道排列成很有特色的蜂窝状结构[图 9.6.22(b)]。主体的结构由处于六方通道管壁中的 N—H···O 氢键所稳定，在此结构中，每个 NH_2 基形成 2 个给体键，每个 O 原子形成 4 个受体键。通道容纳主链 C 原子为 6 以上的 n-烷烃及其衍生物，主体分子和客体分子的分子间作用力也是使包合物稳定的重要因素。通道中的客体分子通常都存在位置无序结构。

2. 空间群 $P6/mcc$(No.192)，多重性＝24

绿柱石的化学式为 $Be_3Al_2[Si_6O_{18}]$，$a=920.88$ pm，$c=918.96$ pm，$Z=2$。绿柱石的结构是在 1926 年由 Bragg 和 West 所测定。原子坐落在下述的一般和特殊位置上：

原　子	Wyckoff 位置	位点对称性	x	y	z
Si	12(l)	m	0.3875	0.1158	0
Be	6(f)	222	1/2	0	1/4
Al	4(c)	32	2/3	1/3	1/4
O(1)	12(l)	m	0.3100	0.2366	0
O(2)	24(m)	1	0.4988	0.1455	0.1453

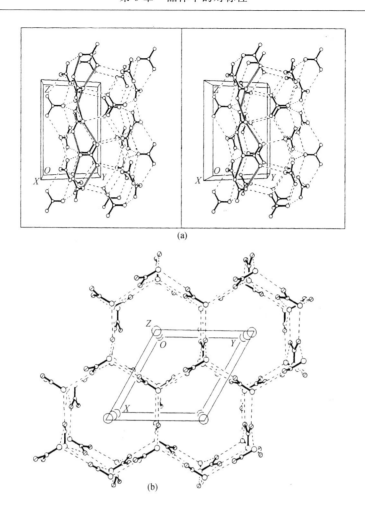

图 9.6.22　(a) 氢键结合的尿素主体结构立体图;(b) 尿素包合物的管道型结构沿 c 轴透视图。
[图(a)中通常平行于 c 轴,由氢键肩并肩地连接的尿素条带由双线表示。图(b)中中心圆圈代表客体分子。]

晶体结构由[SiO_4]四面体组成。四面体共用顶点 O(1)原子形成六元环,环形[Si_6O_{18}]$^{2-}$ 排成平行的层,处于 $z=0$ 和 $1/4$ 的平面。它们进一步通过 O(2)及 Be^{II} 及 Al^{III} 成键连接,形成三维骨架,如图 9.6.23 所示。[SiO_4]四面体中 Si—O 键长为 $159.2\sim162.0$ pm,[BeO_4]四面体中 Be—O 键长为 165.3 pm,[AlO_6]八面体中 Al—O 键长为 190.4 pm。

3. 空间群 $P6_3/mmc$(No. 194),多重性＝24

氟化铁铯 $Cs_3Fe_2F_9$ 的晶体结构由二核共面八面体 $Fe_2F_9^{3-}$ 单位和 Cs^+ 离子堆积组成。晶胞参数 $a=634.7$ pm,$c=1480.5$ pm,$Z=2$。原子和基团所处的位置示于下表:

原子/基团	Wyckoff 位置	位点对称性	x	y	z
Cs(1)	2(d)	$\bar{6}m2$	1/3	2/3	3/4
Cs(2)	4(f)	$3m$	1/3	2/3	0.43271
Fe	4(e)	$3m$	0	0	0.15153
F(1)	6(h)	mm	0.1312	0.2624	1/4
F(2)	12(k)	1	0.1494	0.2988	0.5940
$Fe_2F_9^{3-}$	2(b)	$\bar{6}m2$	0	0	1/4

$Fe_2F_9^{3-}$ 负离子结构和晶体的堆积示于图 9.6.24 中。

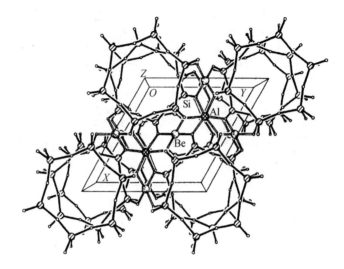

图 9.6.23　绿柱石的晶体结构。

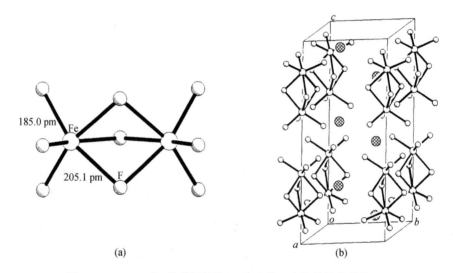

图 9.6.24　$Fe_2F_9^{3-}$ 的分子结构(a)和它的 Cs^+ 盐的晶体结构(b)。

9.6.6　立方空间群

1. 空间群 $Pa\bar{3}$(No. 205),多重性 = 24

明矾是一类水合复盐,具有化学通式 $M^IM^{III}(XO_4) \cdot 12H_2O$,式中 M^I 为一价金属如 Na^+,K^+,Rb^+,Cs^+,NH_4^+ 或 Tl^+,M^{III} 为三价金属如 Al^{3+},Cr^{3+},Fe^{3+},Rh^{3+},In^{3+} 或 Ga^{3+},X 为 S 或 Se。它们结晶成空间群 $Pa\bar{3}$(No. 205),而存在三种不同晶型 α,β 和 γ。M^I 大小增长的次序通常是 γ,α,β,但不是绝对的。只有少数几种 γ 明矾的 M^I 为 Na^+,多数硫酸铯的明矾为 β 型,但当 M^{III} 为 Co,Rh 和 Ir 时例外,这些硫酸铯的明矾为 α 型。钾铝明矾(钾矾)$KAl(SO_4)_2 \cdot 12H_2O$ 最常见,它属于 α 型。

$KAl(SO_4)_2 \cdot 12H_2O$ 的晶体结构属立方晶系，$a = 1215.8$ pm，$Z = 4$；若化学式写作 $K_2SO_4 \cdot Al_2(SO_4)_3 \cdot 24H_2O$，则 $Z = 2$。衍射图的 Laue 群为 $m\bar{3}$。系统消光为：$0kl$ 衍射 k 为奇数，$h0l$ 衍射 l 为奇数，$hk0$ 衍射 h 为奇数。从这些条件可唯一地确定空间群为 $Pa\bar{3}$ (No. 205)。空间群符号说明它是素点阵，垂直 a 轴有一 b 滑移面。滑移量 $b/2$，4 个 $\bar{3}$-轴沿晶胞体对角线分布。因为晶体属立方晶系，符号 a 也表明垂直 b-轴有 c 滑移面，垂直 c-轴有 a 滑移面。

钾矾结构的全部原子坐标参数可指认到空间群 $Pa\bar{3}$ 的一般和特殊等效位置中：

Wyckoff 位置	位点对称性	坐　　标
24(d)	1	$x, y, z; \bar{x}, \bar{y}, \bar{z}; \cdots$
8(c)	3	$x, x, x; \bar{x}, \bar{x}, \bar{x}; \cdots$
4(b)	$\bar{3}$	$1/2, 1/2, 1/2; 1/2, 0, 0; 0, 1/2, 0; 0, 0, 1/2$
4(a)	$\bar{3}$	$0, 0, 0; 0, 1/2, 1/2; 1/2, 0, 1/2; 1/2, 1/2, 0$

晶胞中有 4 个 K^+ 和 4 个 Al^{3+}，它们可分别指认到 $\bar{3}$ 位点的 4(a) 和 4(b)。反过来的指认也没有真正的差别，只要将晶胞原点移动即得。一旦 4(a) 和 4(b) 都安置了原子，8 个 S 原子必须指认到 8(c)，它指明 SO_4^{2-} 坐在 3 重轴上，32 个 SO_4^{2-} 中的 O 原子应安置在 8(c) 和 24(d)，因 SO_4^{2-} 为四面体形，只有它的 1 个 O 原子坐在 3 重轴上，这样 SO_4^{2-} 有两种独立的 O 原子。48 个水的 O 原子可指认在 $2 \times 24(d)$，96 个 H 原子可指认到 $4 \times 24(d)$。这样非氢原子的坐标参数可归纳在下表中：

指　认	参　数	说　明
K(1) 在 4(a)	无	4(a) 和 4(b) 可任意选
Al(1) 在 4(b)	无	4(a) 已占，只能选 4(b)
S(1) 在 8(c)	x_S	S 原子处于 3 重轴
O(1) 在 8(c)	x_{O1}	S—O 键处于 3 重轴
O(2) 在 24(d)	x_{O2}, y_{O2}, z_{O2}	其他 SO_4^{2-} 的 O 在一般位置
O(1w) 在 24(d)	$x_{O1w}, y_{O1w}, z_{O1w}$	H_2O 分子配位于 K^+
O(2w) 在 24(d)	$x_{O2w}, y_{O2w}, z_{O2w}$	H_2O 分子配位于 Al^{3+}

所以非氢原子的结构只要定 11 个参数，对 H 原子还要加 $12 (= 4 \times 3)$ 个。当 H_2O 分子配位到 K^+ 或 Al^{3+} 上，因 $\bar{3}$ 对称操作使它产生八面体的配位环境。所以 $KAl(SO_4)_2 \cdot 12H_2O$ 的晶体结构可理解为八面体的 $[K(H_2O)_6]^+$ 和 $[Al(H_2O)_6]^{3+}$ 以及四面体的 SO_4^{2-} 进行堆积。结构式可写作 $[K(H_2O)_6] \cdot [Al(H_2O)_6] \cdot 2SO_4$。由此可将钾矾结构看作 3 种物质分别安放在 Wyckoff 位置的 4(a)，4(b) 和 8(c) 上。这两种水合离子的位点对称性为 $\bar{3}$（是正八面体对称群 $m\bar{3}m$ 的子群）。钾矾的晶体结构示于图 9.6.25 中。

β 和 γ 明矾的典型例子分别是 $CsAl(SO_4)_2 \cdot 12H_2O$ 和 $NaAl(SO_4)_2 \cdot 12H_2O$。在 α 和 γ 明矾中 6 个由 O(1w) 产生的中心为 M^I 的 H_2O 分子八面体呈压扁形。反之，在 β 明矾中这 6

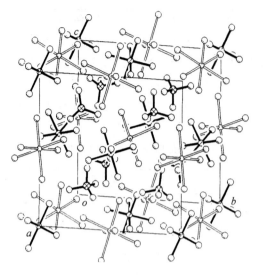

图 9.6.25　钾矾的晶体结构。

个 H_2O 分子处在近于平面,围绕大的 M^I 的六边形。在 α 和 β 明矾中,S—O(1)键远离着最近的 M^I 原子,但在 γ 明矾中 S—O(1)键向着靠近它。因此,在 γ 明矾中 M^I 的配位数为 8[6 个 H_2O 分子和 2 个 SO_4^{2-} 中的 O(1)];对 α 和 β 明矾,M^I 配位数增加到 12[6 个 H_2O 分子和 6 个 SO_4^{2-} 中的 O(2)]。在 α 和 β 明矾中,$M^{III}(H_2O)_6$ 是变形的八面体,它的主轴接近平行于晶胞轴;相反,在 γ 明矾中,$M^{III}(H_2O)_6$ 是很规整的八面体,但它绕晶胞的体对角线约转 40°。β 和 γ 明矾的晶体结构对比地示于图9.6.26 中。

2. 空间群 $I\bar{4}3m$(No.217),多重性＝48

六次甲基四胺$(CH_2)_6N_4$ 是第一个被测定晶体结构的有机分子。晶体属立方晶系,$a＝702$ pm,实验测定的密度 $\rho＝1.33\,\mathrm{g\,cm^{-3}}$,$Z＝\rho N_0 V/M＝1.33×(6.023×10^{23})×(7.02×10^{-8})^3/140≈2$,即晶胞中包含 2 个分子。

从 X 射线衍射照相图得 Laue 群为立方 $m\bar{3}m$,系统消光为:衍射 $hkl,h＋k＋l＝$ 奇数。$432,\bar{4}3m$ 和 $m\bar{3}m$ 3 个点群都属于同一个 Laue 群 $m\bar{3}m$,而空间群 $I432,I\bar{4}3m$ 和 $Im\bar{3}m$ 都和观察到的 Laue 对称性及系统消光相符。进一步考虑$(CH_2)_6N_4$ 分子既没有 4 重轴也没有对称中心,真正的空间群可明确地确定为 $I\bar{4}3m$,这个空间群的一般和特殊等效点系如下表所示:

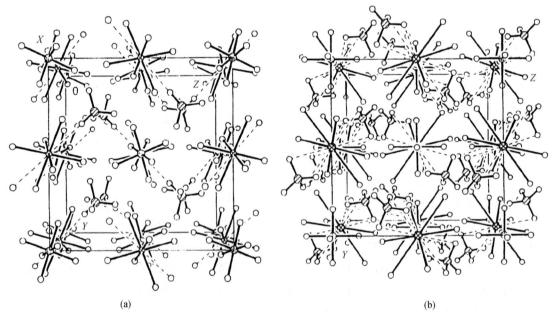

(a)　　　　　　　　　　　　　　(b)

图 9.6.26　(a) γ 明矾 $NaAl(SO_4)_2 \cdot 12H_2O$ 和 (b) β 明矾 $CsAl(SO_4)_2 \cdot 12H_2O$
的晶体结构。(M^I 和 SO_4^{2-} 间的键用虚线表示。)

Wyckoff 位置	位点对称性	坐标$(0,0,0;1/2,1/2,1/2)+$
48(h)	1	$x,y,z;\cdots$
24(g)	m	$x,x,z;\cdots$
24(f)	2	$x,1/2,0;\cdots$
12(e)	mm	$x,0,0;\cdots$
12(d)	$\bar{4}$	$1/4,1/2,0;\cdots$
8(c)	$3m$	$x,x,x;\cdots$
6(b)	$\bar{4}2m$	$0,1/2,1/2;\cdots$
2(a)	$\bar{4}3m$	$0,0,0$

全部原子,包括 H 原子在晶胞中的位置可按空间群 $I\bar{4}3m$ 指认到下表的特殊位置上:

指　认	参　数	说　明
$(CH_2)_6N_4$ 在 2(a)	无	分子对称性为 T_d
N 在 8(c)	x_N	N 在 C_3 轴和 3 个 σ_d 的交点上
C 在 12(e)	x_C	C 在 2 个 σ_d 的交线上
H 在 24(g)	x_H,z_H	次甲基的 H 处在 σ_d 上

当 $(CH_2)_6N_4$ 分子按体心排列组成结构,4 个坐标参数就可用以描述整个晶体的完整结构。而且 C 和 N 的分数坐标还和化学数据相关:① 在一个轴的方向上,相邻分子中 C 原子范德华距离 $\approx 368\,pm$;② C—N 单键键长 $\approx 148\,pm$。

具有分数坐标为 $(x_C,0,0)$ 和 $(1-x_C,0,0)$ 的两个 C 原子相互是靠得最近的。所以,$a[(1-x_C)-x_C]=368\,pm$,由此导出 $x_C=0.238$。再根据在 $(x_C,0,0)$ 的 C 原子到达处与 (x_N,x_N,x_N) 的 N 原子间的化学键键长可推出 $a[(0.238-x_N)^2+x_N^2+x_N^2]^{1/2}=148\,pm$。解此方程可得 $x_N=0.127$ 或 0.032。考虑分子的大小尺寸,前者是正确的,即 $x_N=0.127$。图 9.6.27 示出 $(CH_2)_6N_4$ 的分子和晶体结构。

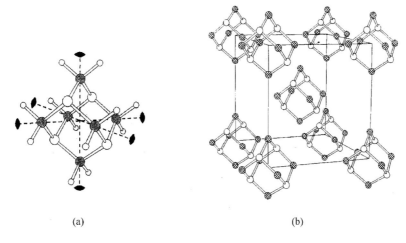

(a)　　　　　　　　　　(b)

图 9.6.27　(a) $(CH_2)_6N_4$ 的分子结构;(b) $(CH_2)_6N_4$ 的晶体结构。

[(a) 中 H 用小白球表示,3 个 2 重轴每个通过一对 C 原子,4 个 3 重轴每个通过一个 N 原子,6 个 σ_d 每个上有一个次甲基;(b) 中 H 未示出。]

甲基锂$(CH_3Li)_4$也结晶成$I\overline{4}3m$空间群，$a=724\ pm$，$Z=2$。四聚体单位可用 Li 的四面体并在每个面外加甲基的 C 原子来表达，也可以用一变形的立方体 4 个顶点安置 Li，另 4 个顶点安置 CH_3 来表示。$(CH_3Li)_4$ 单位中心及组成它的原子的坐标位置列于下表：

原子或基团	Wyckoff 位置	位点对称性	x	y	z
Li	$8(c)$	$3m$	0.131	0.131	0.131
C	$8(c)$	$3m$	0.320	0.320	0.320
H	$24(g)$	m	0.351	0.351	0.192
$(CH_3Li)_4$	$2(a)$	$\overline{4}3m$	0	0	0

甲基锂的晶体结构不是由分立的$(CH_3Li)_4$分子构成。由于四聚体内 Li—C 键长为 231 pm，四聚体间 Li—C 键长为 236 pm，相差不大，这种四聚体单位互相结合在一起形成三维的多聚网络。图 9.6.28 示出$(CH_3Li)_4$的结构。

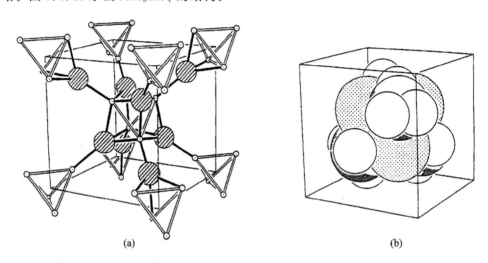

(a)   (b)

图 9.6.28   (a)高聚的 $(CH_3Li)_4$ 晶体结构；(b) $(CH_3Li)_4$ 单位空间充满的模型。

3. 空间群 $Fd\overline{3}m$(No.227)，多重性$=192$

尖晶石 $MgAl_2O_4$ 的结构是在 1915 年由 W. H. Bragg 和 S. Nishikawa 独立测得。它实质上是 O^{2-} 作立方最密堆积，Mg^{2+} 和 Al^{3+} 分别占据四面体和八面体的空隙之中。$a=808.00\ pm$，$Z=8$，原子处于特殊位置，如下表所示：

原 子	Wyckoff 位置	位点对称性*	x	y	z
Mg	$8(a)$	$\overline{4}3m$	0	0	0
Al	$16(d)$	$\overline{3}m$	5/8	5/8	5/8
O	$32(e)$	$3m$	0.387	0.387	0.387

* 原点在 $\overline{4}3m$，即距离对称中心$(\overline{3}m)$的$(-1/8,-1/8,-1/8)$处。

图 9.6.29 示出尖晶石的晶体结构,晶胞分成 8 份。MgO_4 四面体和 AlO_6 八面体交替地排列,所以每个 O^{2-} 都为 1 个四面体和 3 个八面体所共有。

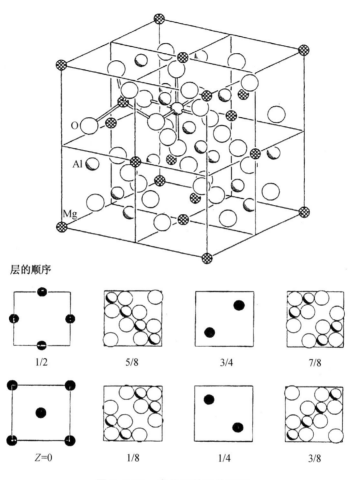

图 9.6.29　尖晶石的晶体结构。

通式为 $8G_L \cdot 16G_S \cdot 136H_2O$ 的第 Ⅱ 类水合包合物也结晶成空间群 $Fd\overline{3}m$,晶胞参数 $a \approx 1.7\,\mathrm{nm}$,$Z=1$。水分子由 O—H⋯O 氢键连接形成主体骨架,它由五角十二面体(由 12 个五边形面构成,理想的对称性为 I_h)和十六面体(由 12 个五边形面和 4 个六边形面组成,理想的对称性为 T_d)按 2∶1 的量共同密堆积排列组成。图 9.6.30(a)示出十二面体共面连接缔合成六方对称的层,在其剩余的空间则是十六面体。这样的层按 ABCABC⋯的次序重叠形成三维骨架,垂直于层方向相应于立方晶胞[111]的方向。大的客体分子 G_L 处于十六面体之中,而小的客体物种 G_S 占据十二面体内,如图 9.6.30(b)所示。

在制备时,用 H_2S 或 H_2Se 作为辅助气体就容易使第 Ⅱ 类水合包合物形成。COS,CH_3SH 和 CH_3CHF_2 的第 Ⅰ 类水合包合物(通式为 $6G \cdot 46H_2O$,空间群 $Pm\overline{3}n$,晶胞参数 $a \approx 1.2\,\mathrm{nm}$,$Z=1$)在有 H_2S 存在时,会转变为第 Ⅱ 类水合包合物。由于其他小的气体分子如空气,O_2,N_2,O_3,Xe 和 Kr 可以进入十二面体之中,所以各种第 Ⅱ 类水合物通常含有非计量的空气,除非进行特殊的事先引导,以防止它们作为客体物种的包合作用。

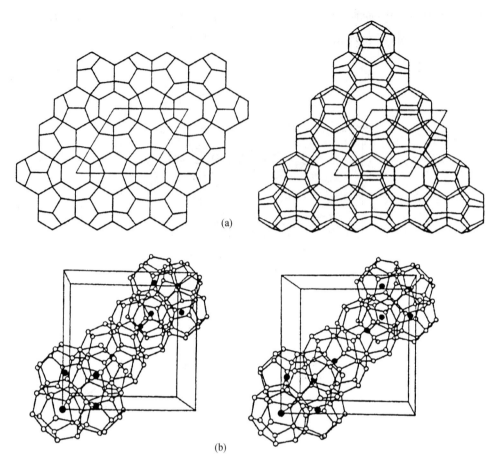

图 9.6.30   (a) 十二面体共面连接形成的层:(左)投影图,(右)透视图。

(b) 第Ⅱ类水合包合物主体骨架的立体图。

[两个十六面体的中心在(3/8,3/8,3/8)和(5/8,5/8,5/8),两个由 4 个十二面体组成的簇其
中心在(1/8,1/8,1/8)和(7/8,7/8,7/8),黑圆球代表空穴内部的客体分子 G_L 和 G_S。]

已报道第Ⅱ类水合物的晶体结构有:在 250 K 时四氢呋喃-H_2S 水合物($8C_4H_8O \cdot 16H_2S \cdot$
$136H_2O$),140 K 时二硫化碳-H_2S 水合物($8CS_2 \cdot 16H_2S \cdot 136H_2O$)以及在 13 K 和 100 K 时四氯
化碳-Xe 水合物($8CCl_4 \cdot nXe \cdot 136D_2O, n=3.5$)。对最后这个化合物,主体和客体分子是按
下表所列方式指认到特殊位置上:

原 子	Wyckoff 位置	位点对称性*	x	y	z
$H_2O(1)$	8(a)	$\bar{4}3m$	⅛	⅛	⅛
$H_2O(2)$	32(e)	$3m$	0.21658	0.21658	0.21658
$H_2O(3)$	96(g)	m	0.18215	0.18215	0.36943
$G_L = CCl_4$	8(b)	$\bar{4}3m$	⅜	⅜	⅜
$G_S = Xe$	16(c)	$\bar{3}m$	0	0	0

* 原点在对称中心 $\bar{3}m$,处于 $\bar{4}3m$ 群的(⅛,⅛,⅛)。温度 100 K,$a=1.7240$ nm。

　　注意这里对这个空间群的原点的选择不同于前面关于尖晶石结构描述中的原点。客体 Xe 原子只有部分位置被占据,而 H,C 和 Cl 原子则显示不同程度的无序。

参 考 文 献

本书没有论述用 X 射线晶体学(单晶 X 射线衍射)测定晶体和分子结构的原理与实践。对这方面有兴趣的读者可查阅文献[17]~[31]。

[1]　W. Borchardt-Ott, *Crystallography*, 2nd ed., Springer-Verlag, Berlin, 1995.

[2]　D. Schwarzenbach, *Crystallography*, Wiley, Chichester, 1996.

[3]　J. -J. Rousseau, *Basic Crystallography*, Wiley, Chichester, 1998.

[4]　C. Hammond, *The Basics of Crystallography and Diffraction*, Oxford University Press, New York, 2018.

[5]　J. A. K. Tareen and T. R. N. Kutty, *A Basic Course in Crystallography*, Universities Press, Hyderabad, 2001.

[6]　C. Giacovazzo (ed.), C. Giacovazzo, H. L. Monaco, G. Artioli, D. Viterbo, M. Milanesio, G. Ferraris, G. Gilli, P. Gilli, G. Zanotti and M. Catti, *Fundamentals of Crystallography*, 3rd ed., Oxford University Press, 2011.

[7]　G. Burns and A. M. Glazer, *Space Groups for Solid State Scientists*, 2nd ed., Academic Press, New York, 1990.

[8]　T. Hahn(ed.), *Brief Teaching Edition of International Tables for Crystallography*, *Volume A: Space-group symmetry*, 5th ed. (corrected reprint), Springer, Chicheseter, 2005.

[9]　T. Hahn (ed.), *International Tables for Crystallography*, *Volume A: Space-group Symmetry*, 5th ed. (corrected reprint), Kluwer Academic, Dordrecht, 2005.

[10]　E. Prince (ed.), *International Tables for Crystallography*, *Volume C: Mathematical*, *Physical and Chemical Tables*, 3rd ed., Kluwer Academic, Dordrecht, 2004.

[11]　M. O'Keeffe and B. G. Hyde, *Crystal Structures. I. Patterns and Symmetry*, Mineralogical Society of America, Washington, DC, 1996.

[12]　J. Bernstein, *Polymorphism in Molecular Crystals*, Oxford University Press, New York, 2002.

[13]　R. C. Buchanan and T. Park, *Materials Crystal Chemistry*, Marcel Dekker, New York, 1997.

[14]　T. C. W. Mak and G. -D. Zhou, *Crystallography in Modern Chemistry: A Resource Book of Crystal Structures*, Wiley-Interscience, New York, 1992; Wiley Professional Paperback Edition, 1997.

[15]　T. C. W. Mak and R. K. McMullan, Polyhedral chathrate hydrates. X. Structure of the double hydrate of tetrahydrofuran and hydrogen sulfide. *J. Chem. Phys.* **42**,2763(1965).

[16]　R. K. McMullan and Å. Kvick, Neutron diffraction study of srtucture Ⅱ clathrate: 3.5Xe • 8CCl$_4$ • 136D$_2$O. *Acta Crystallogr.*, *Sect. B* **46**, 390(1990).

[17]　M. Ladd and R. Palmer, *Structure Determination by X－Ray Crystallography: Analysis by X－rays and Neutrons*, 5th ed., Springer, New York, 2013.

[18]　W. Massa, *Crystal Structure Determination*, 2nd ed., Springer－Verlag, Berlin, 2004, corrected 5th printing, 2010.

[19]　M. M. Woolfson, *An Introduction to X-Ray Crystallography*, 2nd ed., Cambridge University Press, 1997.

[20]　J. D. Dunitz, *X-Ray Analysis and the Structure of Organic Molecules*, 2nd Corrected Reprint,

VCH Publishers，New York，1995.

[21]   D. M. Blow，*Outline of Crystallography for Biologists*，Oxford University Press，Oxford，2002.

[22]   J. P. Glusker，M. Lewis and M. Rossi，*Crystal Structure Analysis for Chemists and Biologists*，VCH Publishers，New York，1994.

[23]   W. I. F. David，K. Shankland，L. B. McCusker and Ch. Baerlocher（eds.），*Structure Determination from Powder Diffraction Data*，Oxford University Press，Oxford，2002.

[24]   C. C. Wilson，*Single Crystal Neutron Diffraction From Molecular Materials*，World Scientific，Singapore，2000.

[25]   J. P. Glusker and K. N. Trueblood，*Crystal Structure Analysis. A Primer*，3rd ed.，Oxford University Press，New York，2010.

[26]   W. Clegg（ed.），A. J. Blake，W. Clegg，J. M. Cole，J. S. O. Evans，P. Main，S. Parsons and D. J. Watkin，*Crystal Structure Analysis：Principles and Practice*，2nd ed.，Oxford University Press，New York，2009.

[27]   P. G. Radaelli，*Symmetry in Crystallography：Understanding the International Tables*，Oxford University Press，New York，2011.

[28]   U. Müller，*Symmetry Relationships between Crystal Structures*，Oxford University Press，Oxford，2013.

[29]   I. Hargittai and M. Hargittai，*Symmetry through the Eyes of a Chemist*，3rd ed.，Springer，Dordrecht，2009.

[30]   鲍林，化学键的本质（第三版），卢嘉锡，黄耀曾，曾广植，陈元柱，等译，上海：上海科学技术出版社，1981.

[31]   周公度，晶体结构测定，北京：科学出版社，1981.

[32]   周公度，郭可信，李根培，王颖霞，晶体和准晶体的衍射（第二版），北京：北京大学出版社，2013.

[33]   陈小明，蔡继文，单晶结构分析：原理与实践（第二版），北京：科学出版社，2007.

第 10 章　基本的无机晶体结构和晶体材料

在已知的化合物中,有一部分通过衍射法测定出它们的晶体结构。这些晶体的结构相互间有着密切的联系,有时一种结构型式可以涵盖数以百计的化合物,而新的结构型式又可以看作在某种结构的基础上进行填隙、置换以及晶胞变形来理解。在常见、组成简单的无机化合物的晶体中,这种情况更为普遍。

本章从一些基本的晶体结构出发,通过原子置换、填隙、堆叠以及晶胞变形等因素,引起晶体的结构和组成的变化,获得一系列新的晶体结构型式。这些结构型式的晶体,由于结构不同、对称性改变,晶体显示出各自特殊的性质,形成各种晶体材料。

10.1　立方最密堆积及有关化合物的结构

10.1.1　立方最密堆积(ccp)的结构

许多金属及稀有气体元素的晶体结构可看作由等径圆球进行立方最密堆积形成。这种结构为面心立方(fcc)点阵型式,空间群为 O_h^5-$Fm\bar{3}m$。由《晶体学国际表》A 卷可得该空间群的原子位置的等效点系。表 10.1.1 列出部分原子位置的等效点系坐标。在晶胞中,球形原子处在 $4a$ 位置上。

表 10.1.1　O_h^5-$Fm\bar{3}m$ 空间群原子位置的等效点系坐标*

位置的数目	Wyckoff记号	位点对称性	等效点系位置的坐标 $\left(0,0,0;0,\dfrac{1}{2},\dfrac{1}{2};\dfrac{1}{2},0,\dfrac{1}{2};\dfrac{1}{2},\dfrac{1}{2},0\right)+$
32	f	$3m$	$x,x,x;\quad x,\bar{x},\bar{x};\quad \bar{x},x,\bar{x};\quad \bar{x},\bar{x},x;$ $\bar{x},\bar{x},\bar{x};\quad \bar{x},x,x;\quad x,\bar{x},x;\quad x,x,\bar{x}$
24	e	$4mm$	$x,0,0;\quad 0,x,0;\quad 0,0,x;\quad \bar{x},0,0;\quad 0,\bar{x},0;\quad 0,0,\bar{x}$
24	d	mmm	$0,\dfrac{1}{4},\dfrac{1}{4};\quad \dfrac{1}{4},0,\dfrac{1}{4};\quad \dfrac{1}{4},\dfrac{1}{4},0;\quad 0,\dfrac{1}{4},\dfrac{3}{4};\quad \dfrac{3}{4},0,\dfrac{1}{4};\quad \dfrac{1}{4},\dfrac{3}{4},0$
8	c	$\bar{4}3m$	$\dfrac{1}{4},\dfrac{1}{4},\dfrac{1}{4};\quad \dfrac{3}{4},\dfrac{3}{4},\dfrac{3}{4}$
4	b	$m\bar{3}m$	$\dfrac{1}{2},\dfrac{1}{2},\dfrac{1}{2}$
4	a	$m\bar{3}m$	$0,0,0$

* 只列出位置数目小于 48 的一部分。

在 ccp 结构中,有两种空隙:八面体空隙和四面体空隙。当原子处在 $4a$ 位置时,八面体空隙的位置为 $4b$,如图 10.1.1(a)所示,八面体空隙数目和原子的数目相同;四面体空隙的位置为 $8c$,如图 10.1.1(b)所示,四面体空隙数目为 8,是原子数目的 2 倍。

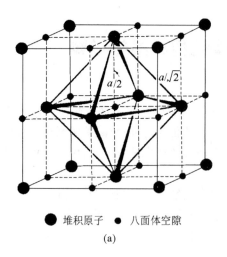 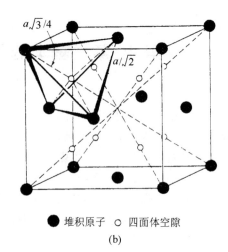

● 堆积原子 ・ 八面体空隙 ● 堆积原子 ○ 四面体空隙

(a) (b)

图 10.1.1 ccp 结构中的空隙位置:

(a) 八面体空隙; (b) 四面体空隙。

属于 ccp 结构型式的元素及其立方晶胞参数列于表 10.1.2 中。

表 10.1.2 结构属于 ccp 型式的元素及其立方晶胞参数

元 素	a/pm	元 素	a/pm	元 素	a/pm
Ac	531.1	β-Cr	368	Pb	495.05
Ag	408.62	Cu	361.496	Pd	388.98
Al	404.958	γ-Fe	359.1	Pt	392.31
Am	489.4	Ir	383.94	Rh	380.31
Ar	525.6(4.2 K)	Kr	572.1(58 K)	β-Sc	454.1
Au	407.825	β-La	530.3	α-Sr	608.5
α-Ca	558.2	γ-Mn	385.5	α-Th	508.43
γ-Ce	516.04	Ne	442.9(4.2 K)	Xe	619.7(58 K)
β-Co	354.8	Ni	352.387	α-Yb	548.1

有些合金的高温无序相属于 ccp 结构。Cu 和 Au 有着相同的价电子组态,当两金属一起熔融再冷却可以形成一个完全固溶体,组成 Cu_3Au 的合金,在高温时两种原子无序地共同占据面心立方的同一等效点系位置,其结构如图 10.1.2(a)所示。图中每个位置可以用统计原子($Cu_{0.75}$,$Au_{0.25}$)表示,其结构的空间群为 $Fm\overline{3}m$。这种合金在低于 395℃ 时会缓慢地冷却,两种原子所占的位置发生分化,Au 原子占据立方晶胞顶点位置,Cu 原子占据立方体面心位置,如图 10.1.2(b)所示。这种结构的点阵型式由面心立方转变为简单立方,它的空间群变为 O_h^1-$Pm\overline{3}m$。合金的这种相变称为无序-有序相变。

空间群 O_h^1-$Pm\overline{3}m$ 的等效点系坐标列于表 10.1.3 中,由表可见,Cu_3Au 的低温有序相的结构是 Au 原子处于 $1a$ 位置,Cu 原子处于 $3c$ 位置。

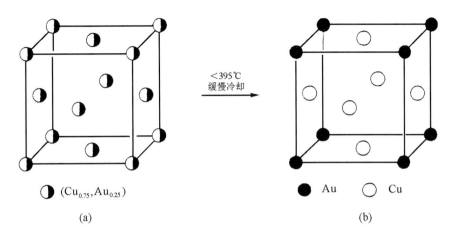

图 10.1.2　Cu_3Au 合金的结构：(a) 高温无序相；(b) 低温有序相。

表 10.1.3　O_h^1-$Pm\bar{3}m$ 空间群原子位置的等效点系坐标*

位置的数目	Wyckoff记号	位点对称性	等效点系位置的坐标
8	g	$3m$	x,x,x;　$x,\bar{x},\bar{x}$;　$\bar{x},x,\bar{x}$;　$\bar{x},\bar{x},x$
			$\bar{x},\bar{x},\bar{x}$;　$\bar{x},x,x$;　$x,\bar{x},x$;　$x,x,\bar{x}$
6	f	$4mm$	$x,\frac{1}{2},\frac{1}{2}$;　$\frac{1}{2},x,\frac{1}{2}$;　$\frac{1}{2},\frac{1}{2},x$;　$\bar{x},\frac{1}{2},\frac{1}{2}$;　$\frac{1}{2},\bar{x},\frac{1}{2}$;　$\frac{1}{2},\frac{1}{2},\bar{x}$
6	e	$4mm$	$x,0,0$;　$0,x,0$;　$0,0,x$;　$\bar{x},0,0$;　$0,\bar{x},0$;　$0,0,\bar{x}$
3	d	$4/mmm$	$\frac{1}{2},0,0$;　$0,\frac{1}{2},0$;　$0,0,\frac{1}{2}$
3	c	$4/mmm$	$0,\frac{1}{2},\frac{1}{2}$;　$\frac{1}{2},0,\frac{1}{2}$;　$\frac{1}{2},\frac{1}{2},0$
1	b	$m\bar{3}m$	$\frac{1}{2},\frac{1}{2},\frac{1}{2}$
1	a	$m\bar{3}m$	$0,0,0$

* 只列出位置数目小于 12 的一部分。

10.1.2　NaCl 和有关化合物的结构

1. NaCl(rock salt，halite)晶体结构型式及其广泛性

NaCl 的结构可看作大的 Cl^- 负离子按 ccp 排列，小的 Na^+ 正离子填在八面体的空隙之中。由于 Na^+ 和 Cl^- 两种离子均为圆球形，对称性符合表 10.1.1 中 $4a$ 和 $4b$ 位置对称性要求，晶体保持 $Fm\bar{3}m$ 空间群。在此结构中每个离子周围都有 6 个电荷异号的离子按八面体形配位，正、负离子的配位型式相同。

NaCl 型的结构具有广泛性，已知有 400 多种组成比为 1∶1 的化合物采用这种结构型式。例如，碱金属卤化物和氢化物，碱土金属氧化物和硫属化合物，若干过渡金属氧化物，镧系和锕系金属的氮化物、磷化物、砷化物和铋化物，还有一些合金及碳和氮的间隙合金等。表10.1.4列出若干 NaCl 型的化合物及其立方晶胞参数值。

表 10.1.4　NaCl 型结构的化合物及其立方晶胞参数

化合物	a/pm	化合物	a/pm	化合物	a/pm
AgBr	577.45	LiH	408.5	ScSb	585.9
AgCl	554.7	LiI	600.0	SnAs	572.48
AgF	492	MgO	421.12	SnSb	613.0
BaO	552.3	MgS	520.33	SnSe	602.3
BaS	638.75	MgSe	545.1	SnTe	631.3
BaSe	660.0	MnO	444.48	SrO	516.02
BaTe	698.6	MnS	522.36	SrS	601.98
CaO	481.05	MnSe	544.8	SrSe	623
CaS	569.03	NaBr	597.324	SrTe	666.0
CaSe	591	NaCl	562.779	TaC	445.40
CaTe	634.5	NaF	462.0	TaO	442.2
CdO	469.53	NaH	488.0	TiC	431.86
CoO	426.67	NaI	647.28	TiN	423.5
CrN	414.0	NbC	446.91	TiO	417.66
CsF	600.8	NiO	416.84	VC	418.2
CsH	637.6	PbS	593.62	VN	412.1
FeO	430.7	PbSe	612.43	YAs	578.6
KBr	660.00	PbTe	645.4	YN	487.7
KCl	629.294	PdH	402	YTe	609.5
KF	534.7	RbBr	685.4	ZrB	465
KH	570.0	RbCl	658.10	ZrC	468.28
KI	706.555	RbF	564	ZrN	456.7
LaN	530.0	RbH	603.7	ZrO	462
LiBr	550.13	RbI	734.2	ZrP	527
LiCl	512.954	ScAs	548.7	ZrS	525
LiF	401.73	ScN	444		

这些化合物晶体的结构数据,对于了解物质的结构和性质有着重要的意义。现举两例如下:

(1) 计算离子半径

现在比较通用的有效离子半径值(表 4.2.2),就是根据实验测定的离子晶体中离子间的接触距离数据进行推导的。例如,由 NaH 的晶胞参数($a=488$ pm)得知 Na^+---H^- 间的接触距离为 244 pm,已知 Na^+ 的半径为 102 pm,即可推得 H^- 在 NaH 晶体中的半径为 142 pm。

(2) 离子键强度和化合物的熔点

碱土金属氧化物 MO 主要是由 M^{2+} 和 O^{2-} 之间的静电作用力结合而成。静电库仑作用能和离子所带电荷的乘积成正比,和离子间的接触距离成反比。对于碱土金属氧化物 M^{2+} 和 O^{2-} 都是 2-2 价化合物,荷电情况相同,但 M^{2+} 的半径由 $Mg^{2+}-Ca^{2+}-Sr^{2+}-Ba^{2+}$ 依次增加,离子间的接触距离也依次增加。由此可以推论离子键的强度将依次下降,熔点和硬度也将降

低。下表列出这些氧化物的熔点和硬度,完全符合这种推论:

	MgO	CaO	SrO	BaO
M^{2+}---O^{2-} 距离/pm	211	241	258	276
mp/K	3125	2887	2693	2191
Mohs 硬度	6.5	4.5	3.5	3.3

2. NaCl 型结构中的几种重要缺陷

在 NaCl 型的离子化合物中,存在多种缺陷类型。Schottky(肖特基)缺陷是正、负离子同时出现空缺,以致正离子空位和负离子空位同时并存。Frenkel(弗仑克尔)缺陷是正离子从正常位置移到空隙位置,出现了正离子空位和空隙正离子。此外还有杂质原子置换出现的杂质原子缺陷,不同价态原子置换出现杂质原子和空位并存的缺陷等。除上述常见的缺陷外,下面再讨论几种重要的缺陷。

(1) 色中心

色中心的形成是由于离子化合物的组成发生偏离,出现正离子过量,则晶体组成变为 $M_{1+\delta}X$ 时,为了保持化合物的电中性,电子进入负离子空位形成势阱中而产生颜色,参见第 1 章的讨论。

(2) $Fe_{1-\delta}O$ 的 Koch 原子簇

FeO 晶体为 NaCl 型结构。在通常制备条件下,很难得到整比化合物,而是正离子偏少的晶体 $Fe_{1-\delta}O$。为了保持晶体的电中性,部分 Fe^{2+} 被氧化为 Fe^{3+},其价态化学式为 $Fe_{2\delta}^{3+}Fe_{1-3\delta}^{2+}O$。由于 Fe^{3+} 离子半径较小,它倾向于进入四面体空隙之中,并在局部的范围内形成短程有序的原子簇,称为 $Fe_{1-\delta}O$ 的 Koch(科赫)原子簇,如图 10.1.3 所示。4 个 Fe^{3+} 离子处在四面体空隙之中,通过四面体向的 Fe—O 键形成一个 Fe_4O_{10} 的基团,即 Koch 原子簇。它们无序地散布在晶体中。为了满足电中性要求,每当形成一个 Fe_4O_{10} 原子簇,就应当有 6 个 Fe^{2+} 空缺,其中有 1 个空缺位置必须是 Fe_4O_{10} 的中心位置,其余 5 个则统计地、无序地分布在立方晶胞的棱边中心位置上。

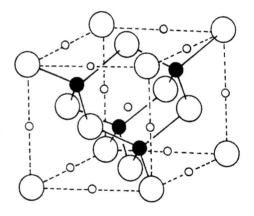

图 10.1.3　$Fe_{1-\delta}O$ 的 Koch 原子簇。
(图中大白球是 O^{2-} 离子,黑球为 Fe^{3+} 离子,小白球为八面体空缺位置。)

(3) NbO 晶体结构的空缺

NbO 的结构可看作由 NaCl 结构有序空缺形成:在 NaCl 的面心立方晶胞中,在体心位置和顶角位置上 Cl 和 Na 空缺,再将 Na 用 Nb 置换,Cl 用 O 置换,即得 NbO 的结构,如图 10.1.4(a)所示。NbO 晶体为简单立方点阵,空间群为 O_h^1-$Pm\bar{3}m$。Nb^{2+} 和 O^{2-} 分别占据表 10.1.3 所列的 3(d) 和 3(c) 位置。在此晶体中,Nb 原子利用它的 4d 轨道和 5s 轨道互相叠加成键,通过 Nb—Nb 金属键形成八面体原子簇。这些八面体再共用顶点连接成三维骨架,而使得 NbO 具有金属 Nb 那样的金属光泽和导电性。每个 Nb 原子周围有 4 个 O 原子呈平面四方形配位。在 NbO 结构中,O 原子的几何排布和配位环境与 Nb 原子的状况是等同的,但因 O 原子没有 d 轨道参与成键,虽然也可画出和 Nb_6 一

样的 O_6 八面体,却没有 O 原子间成键的物理意义。

许多 Nb 的低价氧化物和卤化物都含有 Nb_6 八面体原子簇。图 10.1.4(b)示出 Nb_6 原子簇及其周围 12 个 O 原子,每个 Nb 原子还可进一步和其他原子成键。

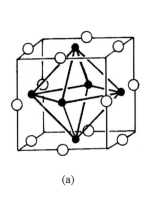 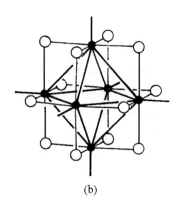

(a)　　　　　　　　　　　　　(b)

图 10.1.4　(a) NbO 的晶体结构；(b) Nb_6O_{12} 原子簇的结构。

(图中黑球为 Nb,白球为 O。)

3. CaC_2 和 BaO_2 的结构

碳化钙 CaC_2 由于生成时的温度高低和杂质的不同,至少存在 4 种多晶型体。四方晶系的 CaC_2(Ⅰ)晶体在 298～720 K 稳定,是工业产品中的主要物相。它的结构可由 NaCl 结构出发,以 Ca^{2+} 置换 Na^+,以 C_2^{2-} 置换 Cl^-,即得 CaC_2(Ⅰ)型结构。C_2^{2-} 中 C—C 键长为 120 pm,C_2^{2-} 离子呈哑铃状,将键轴和 c 轴平行放置,使 c 轴较 a,b 轴为长,c 轴上的 C_4 对称性得到保留,而不再具有 4 个 C_3 轴对称性。晶体的对称性降为四方晶系,体心四方点阵型式,晶体的空间群为 $I4/mmm$。CaC_2(Ⅰ)的晶体结构示于图 10.1.5 中,图中实线为体心四方晶胞($a=389$ pm,$c=638$ pm),虚线为面心晶胞($a'=550$ pm,$c=638$ pm),即直接从 NaCl 结构置换所得的晶胞。

许多化合物和四方 CaC_2 结构同晶型。碱土金属和稀土金属的碳化物如 MgC_2,BaC_2,SrC_2,LaC_2,CeC_2,PrC_2,NdC_2,SmC_2,ErC_2,TbC_2;碱金属和碱土金属的超氧化物如 KO_2,RbO_2,CsO_2,和过氧化物如 CaO_2,BaO_2;钼的硅化物如 $MoSi_2$ 等都是四方 CaC_2 型结构。根据晶胞参数和原子坐标,可推算 O_2^{2-} 中 O—O 键长为 149 pm,O_2^- 中 O—O 键长为 128 pm,Si_2^{2-} 中 Si—Si 键长为 260 pm。

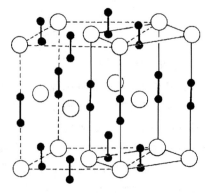

图 10.1.5　CaC_2(Ⅰ)的晶体结构。

10.1.3　CaF_2 和有关化合物的结构

CaF_2（萤石, fluorite）的晶体结构可看作 Ca^{2+} 离子作立方最密堆积, F^- 离子填入堆积中的四面体空隙形成, 这种结构称萤石型结构。由于四面体空隙数目正好是堆积球数目的 2 倍, 正符合化学组成中正负离子数目的比例。图 10.1.6 示出 CaF_2（萤石）的晶体结构。

若正负离子数目的比例为 2∶1, 如 Na_2O, K_2S 等, 这时可看作负离子作立方最密堆积, 正离子填入堆积的四面体空隙之中, 这种结构称为反萤石型结构。

许多无机化合物为萤石型或反萤石型结构, 它们包括二价正离子的卤化物、一价正离子的氧化物和硫化物、四价正离子的氧化物以及一些金属间化合物。表 10.1.5 列出若干萤石型和反萤石型的化合物及其立方晶胞参数。

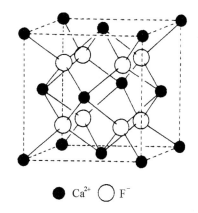

● Ca^{2+}　○ F^-

图 10.1.6　CaF_2（萤石）的结构。

表 10.1.5　萤石型和反萤石型结构的化合物及其立方晶胞参数

萤石型	a/pm	萤石型	a/pm	反萤石型	a/pm
$AuAl_2$	600	PrH_2	551.7	Be_2B	467.0
$AuGa_2$	606.3	PrO_2	539.2	Be_2C	433
$AuIn_2$	650.2	$PtAl_2$	591.0	Ir_2P	553.5
$AuSb_2$	665.6	$PtGa_2$	591.1	K_2O	643.6
$BaCl_2$	734	$PtIn_2$	635.3	K_2S	739.1
BaF_2	620.01	$PtSn_2$	642.5	K_2Se	767.6
CaF_2	546.295	RaF_2	636.8	K_2Te	815.2
CdF_2	538.80	ScH_2	478.315	Li_2O	461.9
CeO_2	541.1	$SiMg_2$	639	Li_2S	570.8
$CoSi_2$	535.6	SmH_2	537.6	Li_2Se	600.5
HfO_2	511.5	$SnMg_2$	676.5	Li_2Te	650.4
HgF_2	554	$SrCl_2$	697.67	Mg_2Ge	637.8
$IrSn_2$	633.8	SrF_2	579.96	Na_2O	555
NbH_2	456.3	ThO_2	559.97	Na_2S	652.6
$NiSi_2$	539.5	UN_2	531	Na_2Se	680.9
NpO_2	543.41	YH_2	519.9	Na_2Te	731.4
$\beta\text{-}PbF_2$	592.732	ZrO_2	507	Rb_2O	674
$PbMg_2$	683.6	$AgAsZn$	591.2[a]	Rb_2S	765
$\alpha\text{-}PbO_2$	534.9	$NiMgSb$	604.8[a]	Rb_2P	550.5
$\alpha\text{-}PoO_2$	568.7	$NaYF_4$	545.9[b]	$LiMgN$	497.0[c]

a. 后面两个元素或分开占据面心的 1/4, 1/4, 1/4; 3/4, 3/4, 3/4 位置, 或是统计地分布在这两个位置。

b. 金属原子统计地分布在 CaF_2 结构中 Ca 的位置。

c. N 原子处在 CaF_2 结构中 Ca 的位置, 而两个金属原子统计地分布在 F 的位置。

萤石型结构也可视为负离子作简单立方堆积,形成共面连接的立方体空隙,它的数目和堆积的负离子数目相同。正离子占据其中一半立方体空隙,剩余一半未被占据。图 10.1.6 立方晶胞的中心点及各个棱边的中心均是这种未被正离子占据的立方体空隙。ZrO_2 晶体(锆英石)为萤石型结构,Zr^{4+} 正离子占据立方体空隙的一半。O^{2-} 负离子容易通过空的立方体空隙迁移导电。由于 Zr^{4+} 价态高、半径小,导致结构略有变形,为了稳定 ZrO_2 的结构,需加一些 CaO 或 Y_2O_3 形成组成为 $Ca_xZr_{1-x}O_{2-x}$ 的固溶体。这时由于 O^{2-} 离子的欠缺,出现 O^{2-} 空缺,导致 ZrO_2 成为具有良好导电性能的负离子(O^{2-})型的固体离子导体。

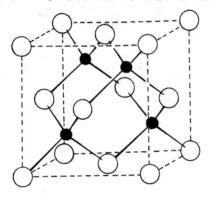

图 10.1.7 立方硫化锌的结构。

Li_3Bi 的结构是由 Bi 原子进行立方最密堆积,Li 原子占据全部八面体空隙和四面体空隙形成,Li 原子数目正好是 Bi 原子数目的 3 倍。

10.1.4 立方硫化锌的结构

立方硫化锌(又名闪锌矿,zinc blende,sphalerite)的结构可看作 S 原子作立方最密堆积,Zn 原子占据一半四面体空隙形成,如图 10.1.7 所示。晶体所属的空间群为 T_d^2-$F\bar{4}3m$。由图可见,Zn 和 S 都是按四面体的方式成键,键型介于共价键和离子键之间。

许多二元化合物具有立方硫化锌型结构,表 10.1.6 列出一些这类的化合物及其立方晶胞参数。

表 10.1.6 一些立方硫化锌型的化合物及其立方晶胞参数

化合物	a/pm	化合物	a/pm	化合物	a/pm
γ-AgI	649.5	CdS	583.2	HgTe	646.23
AlAs	566.22	CdSe	605	InAs	605.838
AlP	545.1	CdTe	647.7	InP	586.875
AlSb	613.47	γ-CuBr	569.05	InSb	647.877
BAs	477.7	CuCl	540.57	β-MnS	560.0
BN	361.5	CuF	425.5	β-MnSe	588
BP	453.8	γ-CuI	604.27	SiC	434.8
BePo	583.8	GaAs	565.315	ZnPo	630.9
BeS	486.5	GaP	445.05	ZnS	540.93
BeSe	513.9	GaSb	609.54	ZnSe	566.76
BeTe	562.6	HgS	585.17	ZnTe	610.1
CdPo	666.5	HgSe	608.4		

Ag_2HgI_4 是一种离子晶体,它存在两种晶型:低温的 β-型和高温的 α-型。室温时 β-型晶体的对称性属四方晶系,轴率 c/a 接近于 1,晶体呈现黄色,电导率较低,其结构示于图 10.1.8(a)中。晶胞中 2 个 Ag^+ 占据$(0,0,0)$和$(1/2,1/2,0)$位置,1 个 Hg^{2+} 无序地占据 $(0,1/2,1/2)$和$(1/2,0,1/2)$两个位置,占有率为 1/2。当温度升高到 50.7℃,晶体变为 α-型,呈红色,电导率突然大幅度增加,晶体属立方晶系,这时 4 个 I^- 处于 $4(c)$的$(1/4,1/4,1/4)$位置;2 个 Ag^+ 和 1 个 Hg^{2+} 无序地占据$(0,0,0)$,$(0,1/2,1/2)$,$(1/2,0,1/2)$,$(1/2,1/2,0)$等 4 个位置,平均每个位置上的组成为$(Ag_{1/2}^+ Hg_{1/4}^{2+} \square_{1/4})$。这时晶体的空间群为 T_d^2-$F\bar{4}3m$,属立方

ZnS 型结构,如图 10.1.8(b)所示。由上述结构可以看出:Ag_2HgI_4 结构是 I^- 作立方最密堆积,Ag^+ 和 Hg^{2+} 等正离子有序或无序地占据四面空隙之中所形成。

Cu_2HgI_4 的结构和性质与 Ag_2HgI_4 相似,室温时为棕褐色四方晶系晶体,在 80℃ 转变为红色立方晶体。

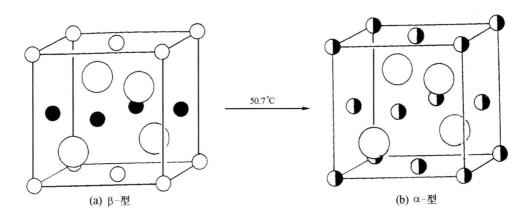

(a) β-型　　　50.7℃　　　(b) α-型

图 10.1.8　Ag_2HgI_4 的结构。

[图中大白球为 I^-,小白球为 Ag^+,小黑球为 $(Hg^{2+})_{1/2}$,黑白小球为 $(Ag_{1/2}^+ Hg_{1/4}^{2+} \square_{1/4})$。]

许多包含两种或多种金属原子的多元金属硫化物,金属原子呈四面体配位,其结构可从立方 ZnS 的结构出发,将晶胞沿一个方向堆积,将 Zn 被其他金属原子有序地置换或空缺,这样将形成沿一个轴的方向晶胞增大一倍,而其他两个方向改变不多。这种四方柱形的晶胞的对称性可为四方晶系或正交晶系。图 10.1.9 示出 $CuFeS_2$,$CdAl_2S_4$ 和 Cu_2FeSnS_4 的结构。

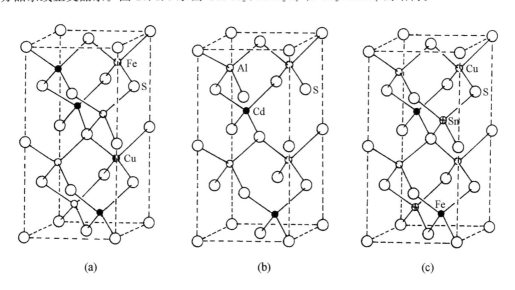

(a)　　　　　(b)　　　　　(c)

图 10.1.9　若干多元金属硫化物的结构:

(a) $CuFeS_2$;　(b) $CdAl_2S_4$;　(c) Cu_2FeSnS_4。

10.1.5　尖晶石和有关化合物的结构

尖晶石 $MgAl_2O_4$(spinel)是一类重要的混合金属氧化物,在非金属无机材料中占有极重要的地位。尖晶石晶体中原子的排列已示于图 9.6.29 中,这里再从原子的密堆积结构出发进行讨论。尖晶石的结构可看作 O^{2-} 作立方最密堆积,Mg^{2+} 有序地占据 1/8 的四面体空隙,Al^{3+} 有序地占据 1/2 的八面体空隙。剩余的 7/8 四面体空隙和 1/2 八面体空隙没有离子占据。

尖晶石的晶体结构如图 10.1.10 所示。图(a)表示这个立方晶胞可以划分成 8 个小的立方单位,分别由 4 个Ⅰ型和 4 个Ⅱ型小单位拼在一起,图中实线表示晶胞的棱边,虚线表示小单位的棱边。Ⅰ和Ⅱ两种小单位的结构和相互拼在一起的情况示于图(b)中。由图可以看出每个小单位都有 4 个 O^{2-} 离子,晶胞中 O^{2-} 的数目是 32(=8×4)个。Mg^{2+} 处于Ⅰ型小单位的中心及其一半的顶点以及Ⅱ型小单位一半的顶点,晶胞中 Mg^{2+} 的数目是 8 $\left[=4\left(1+4\times\dfrac{1}{8}\right)+4\times4\times\dfrac{1}{8}\right]$ 个。Mg^{2+} 呈四面体配位,即占据 O^{2-} 的密堆积中的四面体空隙。每个Ⅱ型小单位中有 4 个 Al^{3+},晶胞中 Al^{3+} 的数目是 16(=4×4)个。Al^{3+} 呈八面体配位,即占据 O^{2-} 的密堆积中的八面体空隙。

根据正离子占据空隙位置的不同,可以把组成为 AB_2O_4 的化合物分为常式尖晶石和反式尖晶石两类。为了表明离子占据的空隙,$[A]_t$ 表示 A 离子占四面体空隙,$[A]_o$ 表示 A 离子占八面体空隙。在常式尖晶石中,八面体空隙由 3 价正离子占据,四面体空隙由 2 价正离子占据。但在反式尖晶石中,四面体空隙由 3 价正离子占据,而部分八面体空隙由 2 价正离子占据。

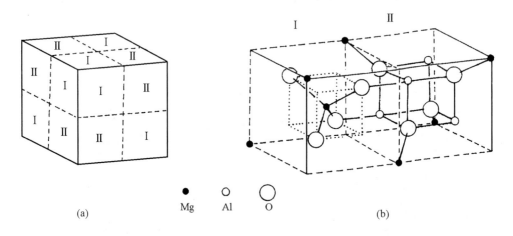

图 10.1.10　尖晶石的晶体结构。

实际的例子表达如下:

常式尖晶石:$[Mg^{2+}]_t[Al_2^{3+}]_oO_4$,$[Mg^{2+}]_t[Ti_2^{3+}]_oO_4$,$[Co^{2+}]_t[Co_2^{3+}]_oO_4$。

反式尖晶石:$[Fe^{3+}]_t[Mg^{2+}Fe^{3+}]_oO_4$,$[Fe^{3+}]_t[Fe^{2+}Fe^{3+}]_oO_4$,$[In^{3+}]_t[Mg^{2+}In^{3+}]_oO_4$。

中间型式的尖晶石:正离子的排列形式处于典型的常式和反式之间。

表 10.1.7 列出一些常式尖晶石型和反式尖晶石型的化合物及其立方晶胞参数。

表 10.1.7　常式尖晶石型和反式尖晶石型的化合物及其立方晶胞参数

常式尖晶石型				反式尖晶石型	
化合物	a/pm	化合物	a/pm	化合物	a/pm
$CoAl_2O_4$	810.68	$MgAl_2O_4$	808.00	$CoFe_2O_4$	839.0
$CoCr_2O_4$	833.2	$MgCr_2O_4$	833.3	$CoIn_2S_4$	1055.9
$CoCr_2S_4$	933.4	$MgMn_2O_4$	807	$CrAl_2S_4$	991.4
$CoMn_2O_4$	810	$MgRh_2O_4$	853.0	$CrIn_2S_4$	1059
Co_3O_4	808.3	$MgTi_2O_4$	847.4	$FeCo_2O_4$	825.4
CoV_2O_4	840.7	MgV_2O_4	841.3	$FeGa_2O_4$	836.0
$CdCr_2O_4$	856.7	$MnCr_2O_4$	843.7	Fe_3O_4	839.4
$CdCr_2S_4$	998.3	Mn_3O_4	813	$MgIn_2O_4$	881
$CdCr_2Se_4$	1072.1	$MnTi_2O_4$	860.0	$MgIn_2S_4$	1068.7
$CdFe_2O_4$	869	MnV_2O_4	852.2	$NiCo_2O_4$	812.1
$CdMn_2O_4$	822	$MoAg_2O_4$	926	$NiFe_2O_4$	832.5
$CuCr_2O_4$	853.2	$MoNa_2O_4$	899	$NiIn_2S_4$	1046.4
$CuCr_2S_4$	962.9	$NiCr_2O_4$	824.8	$NiLi_2F_4$	831
$CuCr_2Se_4$	1036.5	$NiRh_2O_4$	836	$NiMn_2O_4$	839.0
$CuCr_2Te_4$	1104.9	WNa_2O_4	899	$SnCoO_4$	864.4
$CuMn_2O_4$	833	$ZnAl_2O_4$	808.6	$SnMg_2O_4$	860
$CuTi_2S_4$	988.0	$ZnAl_2S_4$	998.8	$SnMn_2O_4$	886.5
CuV_2S_4	982.4	$ZnCo_2O_4$	804.7	$SnZn_2O_4$	866.5
$FeCr_2O_4$	837.7	$ZnCr_2O_4$	832.7	$TiCo_2O_4$	846.5
$FeCr_2S_4$	999.8	$ZnCr_2S_4$	998.3	$TiFe_2O_4$	850
$GeCo_2O_4$	813.7	$ZnCr_2Se_4$	1044.3	$TiMg_2O_4$	844.5
$GeFe_2O_4$	841.1	$ZnFe_2O_4$	841.6	$TiMn_2O_4$	867
$GeMg_2O_4$	822.5	$ZnMn_2O_4$	808.7	$TiZn_2O_4$	844.5
$GeNi_2O_4$	822.1	ZnV_2O_4	841.4	VCo_2O_4	837.9

10.2　六方最密堆积及有关化合物的结构

10.2.1　六方最密堆积(hcp)的结构

许多金属元素的晶体结构可看作由等径圆球进行六方最密堆积形成。这种结构为简单六方点阵型式,空间群为 $D_{6h}^4\text{-}P6_3/mmc$。六方晶胞中包含两个原子,它们的坐标位置为 $(0,0,0)$ 和 $\left(\dfrac{2}{3},\dfrac{1}{3},\dfrac{1}{2}\right)$。

在 hcp 结构中,有两种空隙:八面体空隙和四面体空隙。它们在晶胞中的位置如图 10.2.1 所示。hcp 中空隙的数目和 ccp 中相同,但是空隙的分布和连接方式和 ccp 中不同。在 ccp 中,相邻的八面体空隙共棱连接,四面体空隙也一样。在 hcp 中八面体共面连接成长链状;两个四面体也共面连接成三方双锥形。这样两个四面体空隙的中心彼此相隔很近,不可能同时都放其他原子。一些结构属于 hcp 型式的元素及其晶胞参数列于表 10.2.1 中。

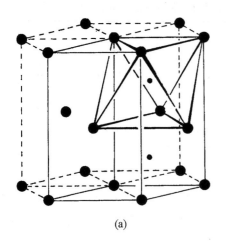
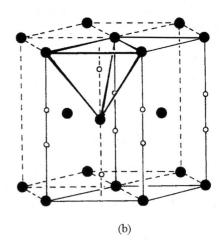

(a)　　　　　　　　　　　　　　　　　　(b)

图 10.2.1　hcp 结构中的空隙位置：(a) 八面体空隙；　(b) 四面体空隙。

（图中细实线是晶胞的棱边。）

表 10.2.1　结构属于 hcp 型式的元素及其六方晶胞参数

元　素	a/pm	c/pm	元　素	a/pm	c/pm
Be	228.7	358.3	α-Nd	365.8	1179.9
β-Ca	398	652	Ni	265	433
Cd	297.9	561.8	Os	273.5	431.9
α-Co	250.7	406.9	α-Pr	367.3	1183.5
γ-Cr	272.2	442.7	Re	276.1	445.8
Dy	359.25	565.45	Ru	270.4	428.2
Er	355.90	559.2	α-Sc	330.80	526.53
Gd	363.15	577.7	α-Sm	362.1	2625
He	357	583	β-Sr	432	706
α-Hf	319.7	505.8	Tb	359.90	569.6
Ho	357.61	561.74	α-Ti	250.6	467.88
α-La	377.0	1215.9	α-Tl	345.6	552.5
Li	311.1	509.3	Tm	353.72	556.19
Lu	350.50	554.86	α-Y	364.51	573.05
Mg	320.9	521.0	Zn	266.5	494.7
Na	365.7	590.2	α-Zr	331.2	514.7

10.2.2　六方硫化锌的结构

　　六方硫化锌（又名纤锌矿，wurtzite）的结构是由 S 原子作六方最密堆积，Zn 原子占据其中一半的四面体空隙形成，晶体所属的空间群为 C_{6v}^4-$P6_3mc$，原子在晶胞中占据的坐标位置为

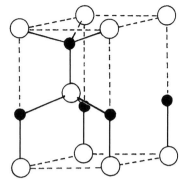

| S | 0,0,0 | $\frac{2}{3},\frac{1}{3},\frac{1}{2}$ |
| Zn | $0,0,\frac{3}{8}$ | $\frac{2}{3},\frac{1}{3},\frac{7}{8}$ |

晶体结构示于图 10.2.2 中。Zn 和 S 都是按四面体的方式成键，键型介于共价键和离子键之间，和立方硫化锌的情况相同。

值得注意的是：六方硫化锌晶体属 $P6_3mc$ 空间群，是极性晶体。当把 Zn 和 S 的位置互相交换，晶体的极性方向就相反。在历史上，将 ZnS 单晶体的极性理念用以证实在反常散射条件下的 Friedel 定律会失效。

图 10.2.2　六方硫化锌的结构。

许多二元化合物的结构属六方硫化锌型。表 10.2.2 列出一些六方硫化锌型的化合物及其六方晶胞参数。

表 10.2.2　一些六方硫化锌型化合物及其六方晶胞参数

化合物	a/pm	c/pm	化合物	a/pm	c/pm
AgI	458.0	749.4	MgTe	454	739
AlN	311.1	497.8	MnS	397.6	643.2
BeO	269.8	437.9	MnSe	412	672
CdS	413.48	674.90	MnTe	408.7	670.1
CdSe	430.9	702.1	SiC	307.6	504.8
CuCl	391	642	ZnO	324.95	520.69
CuH	289.3	461.4	ZnS	381.1	623.4
GaN	318.0	516.6	ZnSe	398	653
InN	353.3	569.3	ZnTe	427	699

10.2.3　NiAs 及有关化合物的结构

NiAs 的结构是由 As 原子作六方最密堆积，Ni 原子占据全部八面体空隙形成。晶体所属的空间群为 D_{6h}^4-$P6_3/mmc$。在 NiAs 结构中，As 和 Ni 的配位情况不同。Ni 原子的周围有 6 个按八面体排列的 As 原子，As 原子周围有 6 个按三方柱体排列的 Ni 原子。NiAs 的结构可分别将晶胞原点放在 As 原子中心或 Ni 原子中心两种方式来表达，并可从中更好地理解NiAs晶体所具有的特性。

晶胞的原点放在 As 原子的中心上，如图 10.2.3(a)所示，As 原子和 Ni 原子的坐标分别为

| As | 2(a) | $\bar{3}m$ | $0,0,0$；$\frac{2}{3},\frac{1}{3},\frac{1}{2}$ |
| Ni | 2(c) | $\bar{6}m2$ | $\frac{1}{3},\frac{2}{3},\frac{1}{4}$；$\frac{1}{3},\frac{2}{3},\frac{3}{4}$ |

晶胞的原点放在 Ni 原子的中心上，如图 10.2.3(b)所示，As 原子和 Ni 原子的坐标分别为

| As | 2(a) | $\bar{3}m$ | $\frac{1}{3},\frac{2}{3},\frac{1}{4};\frac{2}{3},\frac{1}{3},\frac{3}{4}$ |
| Ni | 2(c) | $\bar{6}m2$ | $0,0,0;\ 0,0,\frac{1}{2}$ |

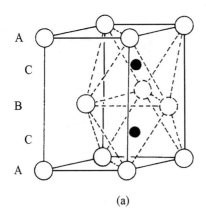 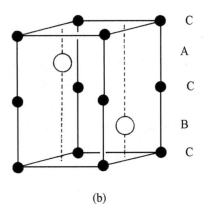

(a)　　　　　　　　　　　　　　　(b)

图 10.2.3　NiAs 的结构：

(a) 晶胞原点放 As 原子；　(b) 晶胞原点放 Ni 原子。

（图中大白球为 As 原子，小黑球为 Ni 原子，虚线圆为晶胞外的球。）

表 10.2.3　一些 NiAs 型结构的化合物及其晶胞参数值

化合物	a/pm	c/pm	化合物	a/pm	c/pm
AuSn	432.3	552.3	NiSb	394.2	515.5
CoS	337.4	518.7	NiSe	366.13	535.62
CoSb	386.6	518.8	NiSn	404.8	512.3
CoSe	362.94	530.06	NiTe	395.7	535.4
CoTe	388.6	536.0	PdSb	407.8	559.3
CrSb	413	551	PdSn	411	544
CrSe	371	603	PdTe	415.2	567.2
CrTe	393	615	PtBi	431.5	549.0
CuSb	387.4	519.3	PtSb	413	548.3
CuSn	419.8	509.6	PtSn	411.1	543.9
FeSb	407.2	514.0	RhBi	407.5	566.9
FeSe	361.7	588	RhSn	434.0	555.3
IrSb	398.7	552.1	RhTe	399	566
IrSn	398.8	556.7	ScTe	412.0	674.8
MnAs	371.0	569.1	TiAs	364	615
MnBi	430	612	TiS	329.9	638.0
MnSb	412.0	578.4	TiSe	357.22	620.5
MnTe	414.29	670.31	VS	333	582
NiAs	361.9	503.4	VSe	366	595
NiBi	407.0	535	VTe	394.2	612.6
NiS	343.92	534.84	ZrTe	395.3	664.7

从图 10.2.3(a)可以看出,在 NiAs 结构中,Ni 原子周围 6 个 As 原子形成的配位八面体以共面连接成长链,沿 c 轴延伸。Ni 原子间的距离为 $\frac{c}{2} = \frac{503.4\ \text{pm}}{2} = 251.7\ \text{pm}$,这一数值和金属镍中 Ni 原子间的距离相当。NiAs 为半金属晶体,这种性质和它的结构有着密切的关系。NiAs 结构的轴率 $c/a = 503.4\ \text{pm}/361.9\ \text{pm} = 1.39$,这一数值比不变形等径圆球 hcp 的理论值 1.633 要小很多,也说明 Ni 原子间金属键的因素较多,离子键的因素较少,即正离子间的推斥力较少。

从图 10.2.3(b)可以看出,在 NiAs 结构的晶胞中,Ni 原子排列形成 4 个三方柱体空隙,其中两个被 As 原子占据,还有两个是空的。结构中存在的较大空隙常常可以被其他原子占有而影响它的组成。NiAs 型结构的化合物的组成容易在一定的范围内改变。Ni_2In 的结构可看作晶胞中 4 个 Ni 原子,其中 2 个 Ni 原子形成的 4 个三方柱体空隙中,2 个由 In 占据,还有 2 个被 Ni 占据。

许多过渡金属和 As,Sb,Bi,Sn,S,Se,Te 等元素形成的化合物具有 NiAs 型结构。表 10.2.3 列出一些 NiAs 型结构的化合物及其晶胞参数值。

10.2.4　CdI_2 及有关化合物的结构

hcp 的结构是密堆积层作 ABABAB…的次序进行堆积形成。在堆积层之间形成八面体空隙,如图 10.2.1(a)所示。NiAs 的结构是 As 原子按 hcp 排列,Ni 原子占据全部八面体空隙。CdI_2 的结构是 I 原子按 hcp 排列,Cd 原子有序地占据其中一半的空隙,有序的方式是平行堆积层中一层的八面体空隙全部由 Cd 占据,另一层全部空着,图 10.2.4(a)示意地表示出这种结构型式,图 10.2.4(b)则示出 CdI_2 的晶胞结构。

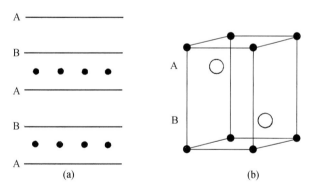

图 10.2.4　CdI_2 的结构:(a) 层型结构示意图;(b) 晶胞结构。

(图中大白球为 I 原子,小黑球为 Cd 原子。)

若用简单字母表达这种层型的结构,常以大写字母 A,B,C 代表大的负离子堆积层的相对位置,小写 a,b,c 代表小的正离子所处的八面体空隙层的相对位置,以 □ 代表空的八面体空隙层,CdI_2 的结构可表达为

$$\underline{A\,c\,B\,\,\square}\,\,\underline{A\,c\,B\,\,\square}\,\,\underline{A\,c\,B\,\,\square}\,\,A\cdots$$

已知有 50 多种化合物的结构为 CdI_2 型,其中包括由 I^-,Br^-,OH^- 和二价金属离子组成的化合物,以及 S^{2-},Se^{2-},Te^{2-} 和四价金属离子组成的化合物。表 10.2.4 列出一些 CdI_2 型结构的化合物及其晶胞参数值。

在 CdI_2 结构中，大的 I^- 容易被极化，共价键在结构中占优势。一些金属卤化物、硫属化合物和氢氧化物常采用 CdI_2 型结构。

$CdCl_2$ 的结构和 CdI_2 很相似，差别在于 Cl^- 是按 ccp 方式排列。$CdCl_2$ 的结构可表达为

$$AcB\ □\ CbA\ □\ BaC\ □\ A\cdots$$

表 10.2.4　一些 CdI_2 型结构的化合物及其晶胞参数

化合物	a/pm	c/pm	化合物	a/pm	c/pm
CaI_2	448	696	ZnI_2	425	654
CdI_2	424	684	$IrTe_2$	393.0	539.3
$CoBr_2$	368	612	$NiTe_2$	386.9	530.8
CoI_2	396	665	$PdTe_2$	403.65	512.62
$FeBr_2$	374	617	PtS_2	354.32	503.88
FeI_2	404	675	$PtSe_2$	372.78	508.13
GeI_2	413	679	$PtTe_2$	402.59	522.09
$MgBr_2$	381	626	TiS_2	340.80	570.14
MgI_2	414	688	$TiSe_2$	353.56	600.41
$MnBr_2$	382	619	$TiTe_2$	376.4	652.6
MnI_2	416	682	$Ca(OH)_2$	358.44	489.62
PbI_2	455.5	697.7	$Cd(OH)_2$	348	467
$TiBr_2$	362.9	649.2	$Co(OH)_2$	317.3	464.0
$TiCl_2$	356.1	587.5	$Fe(OH)_2$	325.8	460.5
TiI_2	411.0	682.0	$Mg(OH)_2$	314.7	476.9
VBr_2	376.8	618.0	$Mn(OH)_2$	334	468
VCl_2	360.1	583.5	$Ni(OH)_2$	311.7	459.5
VI_2	400.0	667.0			

10.2.5　α-Al_2O_3 的结构

α-Al_2O_3 俗称刚玉（corundum），由于它有很高的硬度（按 Mohs 标度，硬度为 9）、很高的熔点（2045 ℃）、不挥发性（在 1950 ℃时仅 0.1 Pa）、化学惰性及电绝缘性，这些特点使它成为重要的无机材料。它有着广泛的应用，如制作激光器、高压钠灯放电管、磨料、耐火材料、陶瓷等。当它带有金属离子杂质，氧化铝晶体会发色而成彩色的宝石，例如红宝石（Cr^{3+}，红色）、蓝宝石（$Fe^{2+/3+}$ 和 Ti^{4+}，蓝色）和东方紫晶（Cr^{3+}/Ti^{4+}，紫色）。许多这类晶体已按工业规模生产，用作激光材料和宝石。

α-Al_2O_3 为三方晶系晶体，空间群为 D_{3d}^6-$R\bar{3}c$。六方晶胞参数为：$a = 476.280$ pm，$c = 1300.320$ pm（31 ℃）。因它为 R-心，原子坐标为

Al	12(c)	$\left(0,0,0;\dfrac{1}{3},\dfrac{2}{3},\dfrac{2}{3};\dfrac{2}{3},\dfrac{1}{3},\dfrac{1}{3}\right)\pm\left(0,0,z;0,0,\dfrac{1}{2}+z\right)$, $z=0.352$
O	18(e)	$\left(0,0,0;\dfrac{1}{3},\dfrac{2}{3},\dfrac{2}{3};\dfrac{2}{3},\dfrac{1}{3},\dfrac{1}{3}\right)\pm\left(x,0,\dfrac{1}{4};0,x,\dfrac{1}{4};\bar{x},\bar{x},\dfrac{1}{4}\right)$, $x=0.306$

在 α-Al$_2$O$_3$ 结构中,O 作 hcp,Al 有序地填充在八面体空隙之中。Al 的数目只有 O 的数目的 2/3,所以有 1/3 八面体空隙位置空缺。空缺的分布可从 Al 的排列来了解。在 O 的两个密置层间,Al 排列成由六元环组成的平面层,环中心为空缺位置(如层型石墨分子中 C 原子的排列)。空缺位置在晶胞中有序地分布,分为 C′,C″和 C‴ 三种情况,如图 10.2.5 所示。相邻两层 Al 占据的水平位置相同,Al 的 O 配位八面体共面连接,为了表示这种结构,图中用垂直线将这两个 Al 连接在一起。

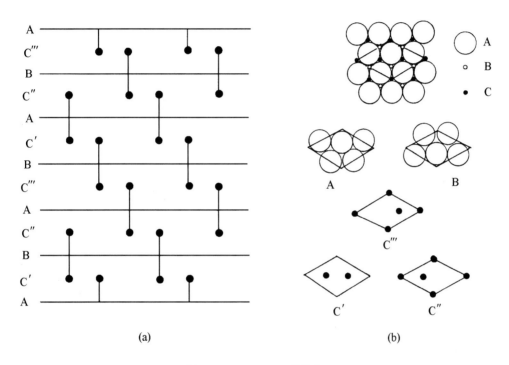

(a)　　　　　　　　　　　　　　(b)

图 10.2.5　α-Al$_2$O$_3$ 的结构。
(a) 垂直三重轴的 O 堆积层和 Al 的分布示意图(黑球为 Al 原子,连线表示配位八面体共面连接);
(b) 垂直三重轴各层中晶胞内原子分布(大球代表 O 原子,黑球代表 Al 原子)。

若干三价金属氧化物采用刚玉型的结构。表 10.2.5 列出这些化合物及其晶胞参数。

表 10.2.5　刚玉型结构的化合物及其晶胞参数

化合物	a/pm	c/pm	化合物	a/pm	c/pm
α-Al$_2$O$_3$	476.3	1300.3	Rh$_2$O$_3$	511	1382
Cr$_2$O$_3$	495.4	1358.4	Ti$_2$O$_3$	514.8	1363
α-Fe$_2$O$_3$	503.5	1375	V$_2$O$_3$	510.5	1444.9
α-Ga$_2$O$_3$	497.9	1342.9			

10.2.6　金红石的结构

金红石 TiO$_2$(rutile)为四方晶系晶体,空间群为 D_{4h}^{14}-$P4_2/mnm$。四方晶胞参数为:$a=459.366$ pm,$c=295.868$ pm (298 K)。原子坐标为

Ti	2(a)	$0,0,0;\ \frac{1}{2},\frac{1}{2},\frac{1}{2}$	
O	4(f)	$\pm\left(x,x,0;\ \frac{1}{2}+x,\frac{1}{2}-x,\frac{1}{2}\right),$	$x=0.30479$

在金红石结构中,Ti 原子处在变形的 TiO_6 八面体中,Ti—O 距离有 4 个较近,为 194.85 pm;2 个较远,为 198.00 pm。TiO_6 八面体沿着 c 轴共边连接成链,如图 10.2.6(a)所示。这些链再共顶点连接成晶体,如图 10.2.6(b)所示。

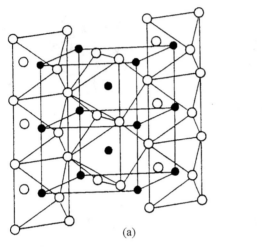 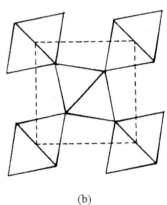

图 10.2.6　金红石的结构:
(a) TiO_6 八面体连接成长链;(b) 沿 c 轴看 TiO_6 八面体长链间共顶点连接。

金红石的结构也可近似地看作 O 原子作 hcp,堆积层原子呈波浪形起伏排列,层和(100)面及(010)面平行,Ti 原子有序地占据其中一半八面体空隙位置。

许多四价金属的氧化物和二价金属的氟化物采用金红石型结构。表 10.2.6 列出部分金红石型结构的化合物及其四方晶胞参数。

表 10.2.6　金红石型结构的化合物及其晶胞参数

化合物	a/pm	c/pm	化合物	a/pm	c/pm
CrO_2	441	291	TaO_2	470.9	306.5
GeO_2	439.5	285.9	TiO_2	459.366	295.868
IrO_2	449	314	WO_2	486	277
$\beta\text{-}MnO_2$	439.5	286	CoF_2	469.5	318.0
MoO_2	486	279	FeF_2	469.7	330.9
NbO_2	477	296	MgF_2	462.3	305.2
OsO_2	451	319	MnF_2	487.3	331.0
PbO_2	494.6	337.9	NiF_2	465.1	308.4
RuO_2	451	311	PdF_2	493.1	336.7
SnO_2	473.7	318.5	ZnF_2	470.3	313.4

10.3　体心立方堆积及有关化合物的结构

10.3.1　体心立方堆积(bcp)的结构

在金属元素中,bcp 的结构是一种常见的结构型式。bcp 结构属于立方体心点阵,空间群为 O_h^9-$Im\overline{3}m$,这个空间群的原子坐标位置等效点系列于表 10.3.1 中。在晶胞中,原子处于 $2(a)$ 位置。

表 10.3.1　O_h^9-$Im\overline{3}m$ 空间群原子位置的等效点系 *

位置的数目	Wyckoff 记号	位点对称性	等效点系的位置坐标 $\left(0,0,0;\dfrac{1}{2},\dfrac{1}{2},\dfrac{1}{2}\right)+$
24	h	$mm2$	$0,y,y;\quad 0,\overline{y},y;\quad 0,y,\overline{y};\quad 0,\overline{y},\overline{y};\quad y,0,y;\quad y,0,\overline{y}$ $\overline{y},0,y;\quad \overline{y},0,\overline{y};\quad y,y,0;\quad \overline{y},y,0;\quad y,\overline{y},0;\quad \overline{y},\overline{y},0$
24	g	$mm2$	$x,0,\dfrac{1}{2};\quad \overline{x},0,\dfrac{1}{2};\quad \dfrac{1}{2},x,0;\quad \dfrac{1}{2},\overline{x},0;\quad 0,\dfrac{1}{2},x;\quad 0,\dfrac{1}{2},\overline{x}$ $0,x,\dfrac{1}{2};\quad 0,\overline{x},\dfrac{1}{2};\quad x,\dfrac{1}{2},0;\quad \overline{x},\dfrac{1}{2},0;\quad \dfrac{1}{2},0,\overline{x};\quad \dfrac{1}{2},0,x$
16	f	$3m$	$x,x,x;\quad \overline{x},\overline{x},x;\quad \overline{x},x,\overline{x};\quad x,\overline{x},\overline{x}$ $x,x,\overline{x};\quad \overline{x},\overline{x},\overline{x};\quad x,\overline{x},x;\quad \overline{x},x,x$
12	e	$4mm$	$x,0,0;\quad \overline{x},0,0;\quad 0,x,0;\quad 0,\overline{x},0;\quad 0,0,x;\quad 0,0,\overline{x}$
12	d	$\overline{4}m2$	$\dfrac{1}{4},0,\dfrac{1}{2};\quad \dfrac{3}{4},0,\dfrac{1}{2};\quad \dfrac{1}{2},\dfrac{1}{4},0;\quad \dfrac{1}{2},\dfrac{3}{4},0;\quad 0,\dfrac{1}{2},\dfrac{1}{4};\quad 0,\dfrac{1}{2},\dfrac{3}{4}$
8	c	$\overline{3}m$	$\dfrac{1}{4},\dfrac{1}{4},\dfrac{1}{4};\quad \dfrac{3}{4},\dfrac{3}{4},\dfrac{1}{4};\quad \dfrac{3}{4},\dfrac{1}{4},\dfrac{3}{4};\quad \dfrac{1}{4},\dfrac{3}{4},\dfrac{3}{4}$
6	b	$4/mmm$	$0,\dfrac{1}{2},\dfrac{1}{2};\quad \dfrac{1}{2},0,\dfrac{1}{2};\quad \dfrac{1}{2},\dfrac{1}{2},0$
2	a	$m\overline{3}m$	$0,0,0$

* 只列出位置数目由 2 到 24 的 8 套。

在体心立方堆积中,空隙的形状和数目不同于 ccp 和 hcp,bcp 没有正多面体空隙,只有变形的多面体空隙如下:

变形八面体空隙:其中心位置处于 $6(b)$,即晶胞中每个面的中心和每条边的中心,如图 10.3.1(a)所示。这是一个压扁的八面体,在 c 轴上从中心到顶点的距离为 $a/2$,比水平方向的距离 $a/\sqrt{2}$ 要短。空隙最短处能容纳小球的半径 r 和堆积球的半径 R 之比为 $r/R=0.154$。晶胞中这种八面体空隙数目为 6,相当于每个堆积球摊到 3 个。

变形四面体空隙:其中心位置处于 $12(d)$,每个面上都有 4 个四面体的中心,如图10.3.1(b)所示。这种空隙的 $r/R=0.291$,晶胞中这种空隙数目为 12,相当于每个堆积球摊到 6 个。

上述两种空隙在空间上是重复地加以利用的,即空间某一点不是只属于某个多面体所专有。由于划分方式不同,有时划入这个多面体,有时又划入另一个多面体。这些多面体共面连接,三角形面的中心位置的等效点系坐标列在表 10.3.1 中的 24(h)。这些位置可看作变形的三方双锥形空隙多面体,其数目相当于每个堆积球摊到 12 个。这个位置和四面体空隙中心及

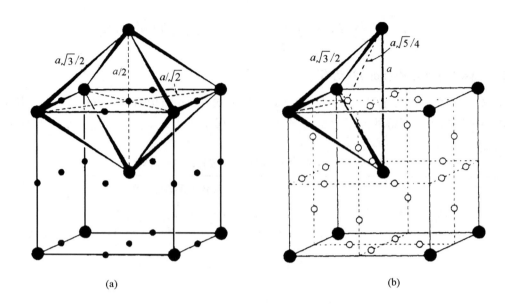

(a)　　　　　　　　　　　　(b)

图 10.3.1　bcp 结构中的空隙位置：

(a) 变形八面体空隙(小黑球)；(b) 变形四面体空隙(小白球)。

八面体空隙中心位置相距较近。这样，在 bcp 结构中每个堆积球可摊到 3 个八面体空隙，6 个四面体空隙，12 个三方双锥形空隙，总计 21 个空隙。bcp 中空隙分布特点，使得具有这种结构的化合物有着它的特性，将在后面予以讨论。

一些属于体心立方结构的元素及其晶胞参数列于表 10.3.2 中。

表 10.3.2　结构属于体心立方结构的元素及其晶胞参数

元　素	a/pm	元　素	a/pm	元　素	a/pm
Ba	502.5	Mo	314.73	β-Th	411
γ-Ca	438	Na	429.06	β-Ti	330.7
δ-Ce	412	Nb	330.04	β-Tl	388.2
α-Cr	288.39	β-Nd	413	γ-U	347.4
Cs	606.7	γ-Np	352	V	302.40
Eu	457.8	β-Pr	413	W	316.496
α-Fe	286.65	ε-Pu	363.8	β-Y	411
K	524.7	Rb	560.5	β-Yb	444
γ-La	426	β-Sn	407	β-Zr	362
Li	350.93	γ-Sr	485		
δ-Mn	307.5	Ta	330.58		

10.3.2　α-AgI 的结构和性质

AgI 存在多种晶型，α-AgI 是由 Ag^+ 和 I^- 组成的离子晶体。其结构为 I^- 离子作立方体心堆积，Ag^+ 统计地主要分布在表 10.3.1 中所列的 $6(b)$，$12(d)$，$24(h)$ 等位置附近，还有部分统计地分布在这些位置之间的通道中。α-AgI 的立方晶胞参数 $a=504$ pm。每个晶胞内 2 个

Ag^+ 提供的 42 个主要位置及其和 I^- 的距离如下:

6(b)位置:示于图 10.3.2 中的小黑球,它和 2 个 I^- 相距 252 pm;

12(d)位置:示于图 10.3.2 中的小白球,它和 4 个 I^- 相距 282 pm;

24(h)位置:示于图 10.3.2 中的带十字小球,它和 3 个 I^- 相距 267 pm。

Ag^+ 的这种统计分布的结构,使它在电场作用下能够进行迁移而导电。

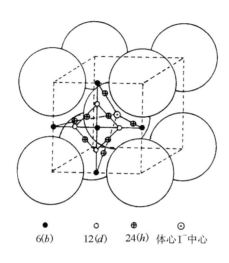

图 10.3.2　α-AgI 的结构。

[大球代表 I^-,体心的 I^- 的中心用带黑点的小球表示;Ag^+ 的位置
分布在 6(b)(小黑球),12(d)(小白球)和 24(h)(带十字的小球)。]

　　在不同的温度和压力下,AgI 的结构型式不同:低于 409 K 为 γ-AgI,属于立方 ZnS 型结构;在 409～419 K 为 β-AgI,属于六方 ZnS 型结构;超过 419 K,属于 α-型体心立方结构。在高压下,AgI 呈 NaCl 型结构。在室温下从水溶液中沉淀制得的 γ-AgI 共价键占优势,电导率很低(约 3.4×10^{-4} Ω^{-1} cm^{-1})。当温度升高,转变为 α-AgI 后,电导率迅速增加,α-AgI 的电导率为 1.3 Ω^{-1} cm^{-1},要比 γ-AgI 的电导率约大 4000 倍,载流子主要是 Ag^+ 离子,成为一类重要的固体离子导电材料。

　　将 AgI 和 RbI 一起反应,可得到 $RbAg_4I_5$。在所有固体中,它具有室温下最高的电解质电导率(0.27 Ω^{-1} cm^{-1})。这种性质可一直保持到低温。

　　AgI 型的超离子固体是重要的无机材料。固体电解质的电导率及其结构有着下列共同的一般关系:

　　(1) 几乎各种类型的固体电解质都有由负离子多面体共面形式的通道网络。

　　(2) 在结构中,用于导电载流子的位置在晶体学上是不等同的,在不同位置上载流子的分布明显地不均匀。

　　(3) 导电率和通道的性质是互相关联的:通道越简单,电导率越高。三维网络通道比二维网络通道呈现较高的平均电导率。可供载流子利用的位置数目越多以及导电通道所占的晶体空间体积越大,趋向于具有较高电导率。

　　(4) 在大多数优良的固体电解质中,四配位或三配位的 Ag^+ 离子的稳定性以及它的一价特性,是使它成为移动离子的原因。

10.3.3　CsCl 及有关化合物的结构

　　将体心立方晶胞中两个相同原子之一换成另一个原子,所形成的二元化合物的结构即为 CsCl 型结构。这时晶胞顶点上的原子和体心中的原子已经不同,晶体为简单立方点阵,空间群为 $O_h^1\text{-}Pm\overline{3}m$。CsCl 结构示于图 10.3.3(a)中。

　　在 CsCl 型结构中,两种原子的配位都是由 8 个原子组成的立方体。由于配位数较高,这种结构型式适合于具有较大离子半径的一价正离子和 Cl^-,Br^-,I^- 等负离子形成的离子化合物,以及二元金属间化合物。表 10.3.3 列出一些 CsCl 型结构的化合物及其立方晶胞参数。

表 10.3.3　CsCl 型结构的化合物及其晶胞参数

化合物	a/pm	化合物	a/pm	化合物	a/pm
AgCd	333	CsBr	428.6	MgTl	362.8
AgCe	373.1	CsCl	412.3	NH_4Cl	386
AgLa	376.0	CsI	456.67	NH_4Br	405.94
AgMg	328	CuPd	298.8	NH_4I	437
AgZn	315.6	CuZn	294.5	NiAl	288.1
AuMg	325.9	FeTi	297.6	NiIn	309.9
AuZn	319	LiAg	316.8	NiTi	301
BeCo	260.6	LiHg	328.7	SrTl	402.4
BeCu	269.8	LiTl	342.4	TlBi	398
BePd	281.3	MgCe	389.8	TlBr	397
CaTl	384.7	MgHg	344	TlCl	383.40
CoAl	286.2	MgLa	396.5	TlI	419.8
CoTi	298.6	MgSr	390.0	TlSb	384

　　一些金属间化合物的结构可看作由 CsCl 结构堆积而成,例如 Cr_2Al 的结构可看作在 CsCl 型结构的 CsCl 单位的上部和下部再堆积上两个晶胞形成,如图 10.3.3(b)所示。

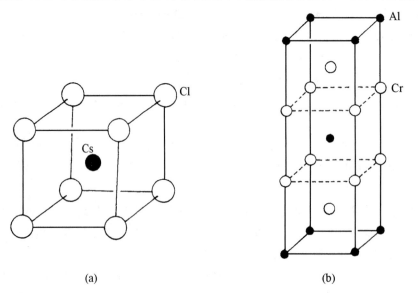

(a)　　　　　　　　　　　　　(b)

图 10.3.3　(a) CsCl 结构;(b) Cr_2Al 结构。

10.4　钛酸钙及有关化合物的结构

10.4.1　钙钛矿的结构

钙钛矿($CaTiO_3$,perovskite)是钛酸钙矿物的名称,钙钛矿型的结构涉及许许多多无机晶体材料。深入了解钙钛矿的结构及其变化情况,对研究和开发无机功能材料起到重大的作用。

$CaTiO_3$ 的结构比较简单,其理想的立方晶系晶体的空间群为 $O_h^1\text{-}Pm\overline{3}m$,它的结构可看作小的 Ti^{4+} 处于立方晶胞的顶点,大的 Ca^{2+} 处于晶胞的中心, O^{2-} 处在晶胞棱边的中心点上,如图 10.4.1(a)所示。每个 Ti^{4+} 周围有 6 个 O^{2-} 配位,呈正八面体形。每个 Ca^{2+} 周围有 12 个 O^{2-} 配位,呈立方八面体形,这种配位型式和立方最密堆积中每个堆积球周围的配位情况是相同的。若将晶胞原点移到 Ca^{2+} 上, Ca^{2+} 和 O^{2-} 一起有序地按立方最密堆积排列,形成面心立方晶胞, Ti^{4+} 有序地占据晶胞的中心点,即八面体空隙之中,而其他 3 个均有 Ca^{2+} 参加的八面体空隙不被占据,如图10.4.1(b)所示。

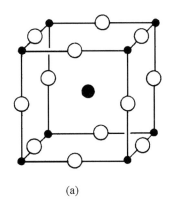 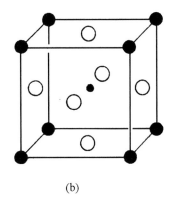

(a)　　　　　　　　　　　　　　　(b)

图 10.4.1　钙钛矿(CaTiO₃)的结构:

(a) 晶胞原点为 Ti⁴⁺(A 型); (b) 晶胞原点为 Ca²⁺(B 型)。

(大黑球为 Ca^{2+} ,小黑球为 Ti^{4+} ,白球为 O^{2-} 。)

钙钛矿型化合物的通式为 ABX_3 ,A 和 B 为正离子,X 为负离子。已知有许多成分不同的化合物采用理想的立方晶系和变形的非立方晶系的结构。从结构的几何关系来分析,理想的立方晶胞的边长和离子半径之间应有下列关系:

$$r_A + r_X = \sqrt{2}(r_B + r_X)$$

但是实际上,这个关系可容许有一定程度的变化,关系式可表达为

$$r_A + r_X = t\sqrt{2}(r_B + r_X)$$

式中 t 称为容忍因子,其范围在 0.7～1.0。如果 t 值超出这个范围,就会发生变形,成为其他晶系的晶体。表 10.4.1 列出一些具有钙钛矿型结构的化合物及其立方晶胞参数。

表 10.4.1　钙钛矿型结构的化合物及其立方晶胞参数

化合物	a/pm	化合物	a/pm	化合物	a/pm
$AgZnF_3$	398	KIO_3	441.0	$RbMnF_3$	425.0
$BaCeO_3$	439.7	$KMgF_3$	397.3	$SmAlO_3$	373.4
$BaFeO_3$	401.2	$KMnF_3$	419.0	$SmCoO_3$	375
$BaMoO_3$	404.04	$KNbO_3$	400.7	$SmCrO_3$	381.2
$BaPbO_3$	427.3	$KTaO_3$	398.85	$SmFeO_3$	384.5
$BaSnO_3$	411.68	$LaCoO_3$	382.4	$SmVO_3$	389
$BaTiO_3$	401.18	$LaCrO_3$	387.4	$SrFeO_3$	386.9
$BaZrO_3$	419.29	$LaFeO_3$	392.0	$SrHfO_3$	406.9
$CaSnO_3$	392	$LaGaO_3$	387.5	$SrMoO_3$	397.51
$CaTiO_3$	384	$LaVO_3$	399	$SrSnO_3$	403.34
$CaVO_3$	376	$LiBaF_3$	399.6	$SrTiO_3$	390.51
$CaZrO_3$	402.0	$LiBaH_3$	402.3	$SrZrO_3$	410.1
$CsCaF_3$	452.2	$LiWO_3$	372	$TaSnO_3$	388.0
$CsCdF_3$	520	$MgCNi_3$	381.2	$TlCoF_3$	413.8
$CsPbBr_3$	587.4	$NaAlO_3$	373	$TlIO_3$	451.0
$EuTiO_3$	390.5	$NaNbO_3$	391.5	$YCrO_3$	376.8
$KCdF_3$	429.3	$NaWO_3$	386.22	$YFeO_3$	378.5
$KCoF_3$	406.9	$RbCaF_3$	445.2		
$KFeF_3$	412.2	$RbCoF_3$	406.2		

表 10.4.1 中所列仅是大量钙钛矿型结构化合物的一小部分,例如将稀土元素的 La 置换 Sm,又可获得一系列相同结构的化合物。鉴于钙钛矿型化合物存在的广泛性,关于它的结构再作几点说明如下:

(1) A 和 B 正离子的大小

在结构中,A 是大的正离子,由于它要和负离子 O^{2-} 或 F^- 作立方最密堆积,所以 A 的大小应和 O^{2-},F^- 的大小相当,A 离子的半径范围在 $100\sim140\ \text{pm}$。B 是小的正离子,处在八面体配位之中,B 离子的半径范围应在 $45\sim75\ \text{pm}$。

(2) A 和 B 正离子的电价

对于钙钛矿型的氧化物,A 和 B 正离子并不限于二价和四价,可以是一价和五价(如 $KNbO_3$)、三价和三价(如 $LaCrO_3$),还可以由混合离子组成满足其正电价和负电价平衡即可,例如 $(K_{0.5}La_{0.5})TiO_3$,$Sr(Ga_{0.5}Nb_{0.5})O_3$ 以及 $(Ba_{0.5}K_{0.5})(Ti_{0.5}Nb_{0.5})O_3$ 等。

(3) 钙钛矿是一种复杂的氧化物,而不是钛酸盐

从图 10.4.1 关于 $CaTiO_3$ 的结构来看,晶体中并不存在独立 TiO_3^{2-} 这样的个体,而是每个 Ti^{4+} 都和 6 个 O^{2-} 形成八面体配位,它们共顶点连接成三维无限的骨架,Ca^{2+} 处于其中的立方八面体孔隙之中。所以将 $CaTiO_3$ 和 $CaCO_3$ 进行对比,$CaCO_3$ 中存在 CO_3^{2-},是名副其实的碳酸盐,而 $CaTiO_3$ 中不存在 TiO_3^{2-} 离子,称它为钛酸钙只有经验化学式上的意义。

(4) 组成不限于氧化物和卤化物

$MgCNi_3$ 用粉末中子衍射法测出晶体结构为钙钛矿型,它具有超导性,临界温度为 8 K。

　　以 ABX_3 钙钛矿结构为基础,通过 A,B 和 X 离子的置换以及几何变形,形成了范围广泛的其他组成和结构相关的化合物。这些化合物所具有的磁性、电性、光性和催化性能,在固态物理、化学和材料科学中有着重要的应用价值。

10.4.2　钛酸钡的结构

　　$BaTiO_3$ 及其和 $PbTiO_3$,$PbZrO_3$,$CaTiO_3$ 等共同组成的混晶固溶体:$(Ba,Sr,Pb,Ca)(Ti,Zr,Sn)O_3$,是目前使用最普遍的重要铁电材料。

　　$BaTiO_3$ 在不同的温度区间,晶体稳定存在的相结构不同、对称性不同,因而具有不同的物理性质。表 10.4.2 列出在不同的温度区间 $BaTiO_3$ 的结构和性质。图 10.4.2 示出它们的结构。

表 10.4.2　$BaTiO_3$ 在不同温度区间的结构和性质

	393 K 以上	278～393 K	193～278 K	193 K 以下
晶系	立方	四方	正交	六方
空间群	O_h^1-$Pm\bar{3}m$	C_{4v}^1-$P4mm$	C_{2v}^{14}-$Amm2$	D_{6h}^4-$P6_3/mmc$
晶胞参数/pm	$a=401.18$	$a=399.47$ $c=403.36$	$a=399.0$ $b=566.9$ $c=568.2$	$a=573.5$ $c=1405$
原子坐标参数	Ba:1(a) $0,0,0$ Ti:1(b) $\frac{1}{2},\frac{1}{2},\frac{1}{2}$ O:3(d) $\frac{1}{2},\frac{1}{2},0$	Ba:1(a) $0,0,0$ Ti:1(b) $\frac{1}{2},\frac{1}{2},0.512$ O(1):1(b) $\frac{1}{2},\frac{1}{2},0.023$ O(2):2(c) $\frac{1}{2},0,0.486$	Ba:2(a) $0,0,z$ ($z=0$) Ti:2(b) $\frac{1}{2},0,z$ ($z=0.510$) O(1):2(a) $0,0,z$ ($z=0.490$) O(2):4(e) $\frac{1}{2},y,z$ ($y=0.253,$ $z=0.237$)	Ba(1):2(b) $0,0,\frac{1}{4}$ Ba(2):4(f) $\frac{1}{3},\frac{2}{3},z(z=0.097)$ Ti(1):2(a) $0,0,0$ Ti(2):4(f) $\frac{1}{3},\frac{2}{3},z(z=0.845)$ O(1):6(h) $x,2x,\frac{1}{4}(x=0.522)$ O(2):12(k) $x,2x,z(x=0.836,$ $z=0.076)$
物性	无铁电性	铁电晶体	铁电晶体	无铁电性
结构 (图 10.4.2)	(a)	(b)	(c)	(d)

　　$BaTiO_3$ 在温度高于 393 K 时,晶体属立方晶系,具钙钛矿型结构,如图 10.4.2(a)。晶体具有对称中心对称性,因而无铁电性。

　　在 278～393 K 温度区间,$BaTiO_3$ 为四方晶系晶体,C_{4v} 点群。四方晶胞沿 c 轴拉长,轴率 $c/a=1.01$,四方钛酸钡结构中 Ti^{4+} 离开体心中心,沿 c 轴上移;O 原子分成两套,O(1)也沿 c 轴上移,O(2)沿 c 轴下移,如图 10.4.2(b)。图中原子上的箭头是为了标明原子位移方向,更清楚地了解它的结构。由于 Ti^{4+} 和 O^{2-} 相对于钙钛矿型结构进行位移,破坏了 TiO_6 基团的正八面体构型,负离子质心和正离子质心已不重合,这反映在它的物理性质上出现自发极化现象,而极化的大小和温度有关(即热电效应),也和压力有关(即压电效应)。四方 $BaTiO_3$ 晶体成为重要的铁电材料的内部结构根源就在于自发极化效应。

在 193~278 K 温度区间,$BaTiO_3$ 晶体内部原子进一步位移,形成 C_{2v} 点群,为正交晶系晶体,如图 10.4.2(c)所示。这种 C_{2v} 点群的晶体,也和 C_{4v} 点群一样具有自发极化效应,是铁电晶体。

在温度低于 193 K 时,$BaTiO_3$ 形成六方晶系晶体。它的结构可以看作 O^{2-} 和 Ba^{2+} 一起共同组成密堆积层,层间相对位置按 ABCACB⋯次序堆积。Ti^{4+} 处于没有 Ba^{2+} 参加而纯由 O^{2-} 形成的八面体空隙中,如图 10.4.2(d)所示。在这种堆积中,A 层上下相邻层的相对位置相同,类似于 hcp 的结构,这使 Ti^{4+} 八面体配位有 2/3 呈共面排列,形成 Ti_2O_9 基团, Ti—Ti 间距离为267 pm,图中用线加以连接表示。这种中心对称点群的晶体无铁电性。

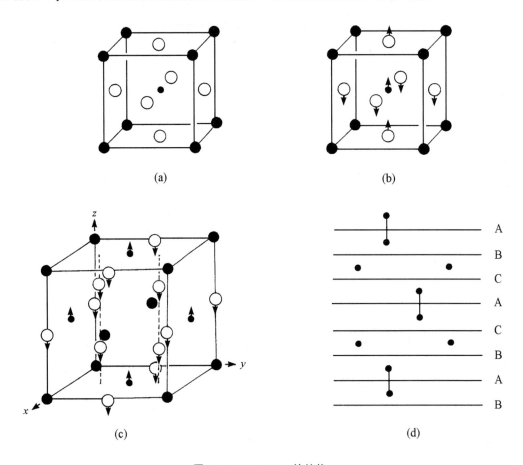

图 10.4.2　$BaTiO_3$ 的结构:
(a) 立方晶系;(b) 四方晶系;(c) 正交晶系;(d) 六方晶系。
(大白球代表 O^{2-},大黑球代表 Ba^{2+},小黑球代表 Ti^{4+}。)

10.4.3　钙钛矿型超导体

许多氧化物超导体的晶体结构,可从钙钛矿型结构出发,将晶胞以不同方式进行堆积,将原子加以置换、位移和空缺等方式形成。

1. La_2CuO_4 的结构

$(La,M)_2CuO_4$ 是第一个被发现的氧化物超导体,它具有 K_2NiF_4 型结构,如图 10.4.3(a) 所示。这个结构可看作由图 10.4.1(b)所示的钙钛矿型结构的 B 型晶胞的 $LaCuO_3$ 单位为中心部分,在其上下各堆积上一个去掉底层的 A 型晶胞。这种晶体为四方晶系,空间群为 $D_{4h}^{17}\text{-}I4/mmm$。在此结构中 Cu 为八面体配位(图 10.4.3 中为小黑球),La 的配位数为 9(图 10.4.3 中为大黑球)。CuO_6 配位八面体共顶点连接成无限的层状结构。

2. $YBa_2Cu_3O_6$ 和 $YBa_2Cu_3O_7$ 的结构

这两个化合物都是高温超导体,结构相似,分别示于图 10.4.3(b)和(c)中。由图可见,它们的结构可看作由钙钛矿型的结构通过堆积,原子置换,原子位移和原子空缺得到。在结构中,CuO_5 四方锥利用底面 4 个顶点共顶点连接成层。化合物 $YBa_2Cu_3O_6$ 属四方晶系,$D_{4h}^{1}\text{-}P4/mmm$ 空间群。晶胞参数为 $a=385.70$ pm,$c=1181.94$ pm。实验测定 $YBa_2Cu_3O_7$ 属正交晶系,空间群为 $D_{2h}^{1}\text{-}Pmmm$。晶胞参数为 $a=381.7$ pm,$b=388.2$ pm,$c=1167.1$ pm。c 轴的轴长大约等于 a 轴的3倍。在 $YBa_2Cu_3O_6$ 和 $YBa_2Cu_3O_7$ 结构中,每个 CuO_5 四方锥的锥顶原子再分别和 CuO_2 直线和 CuO_4 四方平面共顶连接。由于四方锥连接时的扭曲,O 原子和 Cu 原子不共平面。

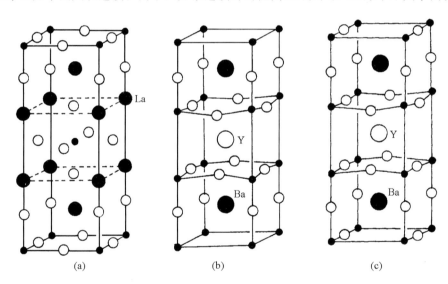

图 10.4.3　3 种钙钛矿型氧化物超导体的结构:

(a) La_2CuO_4;(b) $YBa_2Cu_3O_6$;(c) $YBa_2Cu_3O_7$。

(图中小白球为 O,小黑球为 Cu,其他可从化学式判别。)

10.4.4　ReO_3 及有关化合物的结构

1. ReO_3 的结构

ReO_3 的结构是 ReO_6 八面体基团共用顶点而连接成的三维骨架,在其中 12 个 O 原子形成大的空隙,不被其他原子占据,如图 10.4.4(a)所示。ReO_3 的结构也可看作钙钛矿型结构中将全部钙原子除去后剩余的骨架结构。ReO_3 所属的空间群为 $O_h^1\text{-}Pm\bar{3}m$,和钙钛矿相同。一些三价金属的氟化物、六价金属的氧化物和 Cu_3N 属于 ReO_3 型结构,其立方晶胞参数如下:

MoF$_3$	389.85 pm	TaF$_3$	390.12 pm
NbF$_3$	390.3 pm	UO$_3$	415.6 pm
ReO$_3$	373.4 pm	Cu$_3$N	380.7 pm

2. Na$_x$WO$_3$ 的结构

WO$_3$ 和 ReO$_3$ 同构,由于它容易变价并在其结构中有大的空隙适合接纳其他原子,所以容易制得组成可变的化合物 M$_x$WO$_3$(0<x<1),M 通常为 Na 或 K,也可以是 Ca,Sr,Ba,Al,In,Tl,Sn,Pb,Cu,Ag,Cd,稀土元素以及 H$^+$ 和 NH$_4^+$ 等,其结构如图 10.4.4(b)所示,M 不完全占据晶胞中心的大空隙中。对 M$_x$WO$_3$ 这类化合物,因其具有金属光泽、很深的颜色、金属般的导电性或半导性、抗非氧化性酸的腐蚀等性能,通称它们为"钨青铜"。对钨青铜 Na$_x$WO$_3$ 体系,Na$^+$ 进入空隙,部分 W 价态降低,形成混合价态化合物,电导性随占据参数 x 增加而增强,颜色发生改变,色调和深浅随着 x 值的变化情况如下图所示:

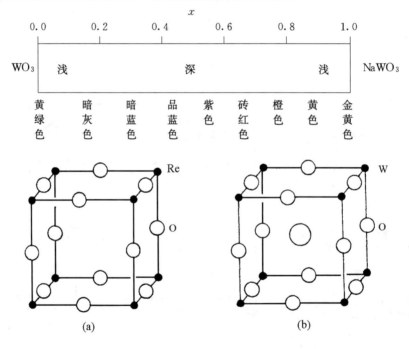

图 10.4.4　(a) ReO$_3$ 的结构;(b) Na$_x$WO$_3$ 的结构。(中心大球代表 Na$^+$。)

10.5　硬磁材料的晶体结构

10.5.1　磁性材料概况

硬磁材料有 4 种不同的类型:

(1) 钢和铁基合金,如碳钢、铝镍钴磁铁(alnico)。

(2) 过渡金属氧化物,如 Fe$_3$O$_4$,γ-Fe$_2$O$_3$,M-型铁氧体[MO·6Fe$_2$O$_3$(M 为 Ba,Sr,Pb)]。

(3) 稀土金属间化合物,如 SmCo$_5$,Sm$_2$Co$_{17}$,Nd$_2$Fe$_{14}$B。

（4）金属有机化合物，如 $V(TCNE)_x \cdot y(CH_2Cl_2)$。

许多世纪以来，碳钢是从天然磁石唯一改进发展到永磁材料的物质。在约 19 世纪 90 年代，合金钢的冶炼技术得到改进，通过热处理在铁基合金上控制固态沉积物获得重大发展。到今日铝镍钴磁铁在磁铁市场上依然保持着巨大的份额。而稀土金属应用的增长带来了在 $3d$ 过渡金属和稀土金属间化合物的新的发展途径。自 20 世纪 60 年代以来，对于不同类型的硬磁材料在 300 K 下最大磁能积 $[BH]_{max}$ 的发展趋势列于表 10.5.1 中。

表 10.5.1 在 300 K 下，硬磁材料 $[BH]_{max}$ 的发展

年 代	材 料	$[BH]_{max}/(kJ \cdot m^{-3})$
1960s	过渡金属氧化物：Ba-铁氧体（各向异性）	70
	Sr-铁氧体（各向异性）	80
	铁基合金：铝镍钴磁铁 8,9	100
1970s	稀土金属间化合物：	
	第一代：$SmCo_5$	150
	第二代：$Sm(Co,Cu,Fe,Zr)_{7.4}$	250
1980s	第三代：$Nd_2Fe_{14}B$	300
1990s	改进的第三代：$Nd_2Fe_{14}B$	400
	有机铁磁体：$V(TCNE)_x \cdot y(CH_2Cl_2)$	≈ 5

过渡金属氧化物磁性材料是多晶固体或氧化物陶瓷。它们是具有氯化钠型、刚玉型、金红石型、钙钛矿型和尖晶石型结构的混合物体系。

具有尖晶石型结构的过渡金属氧化物是典型的磁性材料。作为磁性材料，相邻正离子通过氧桥的自旋相互作用，在决定磁矩的大小中起着重要的作用。当相邻正离子和桥连氧处于直线结构时，自旋相互作用最为有效。这意味着当两个正离子与桥连氧的连线间的夹角为 $180°$ 时，正离子间自旋相互作用最大。在尖晶石（AB_2O_4）型结构中，A（四面体正离子）和 B（八面体正离子）与 O 的连线间（A—O—B）的夹角为 $125°$，同时 A—O—A 和 B—O—B 夹角分别为 $79°$ 和 $90°$，相互作用的效率很大。由于 A—B 相互作用最有效，可以通过成分的改变和热处理方法控制常式和反式结构，使尖晶石的磁性协调一致。

铝镍钴磁铁是非常重要的一类永磁合金，它有着广泛的应用。它实际上是经过热处理的 Fe-Co-Ni-Al-Cu 合金。它们的组成是各种各样的：

Alnico-5（质量分数，%）：　　Ni 12~15，Al 7.8~8.5，Co 23~25，Cu 2~4，
　　　　　　　　　　　　　　Ti 4~8，　Nb 0~1，　其余为 Fe。

Alnico-9（质量分数，%）：　　Ni 14~16，Al 7~8，　　Co 32~36，Cu 3~4，
　　　　　　　　　　　　　　Nb 0~1，S 0.3，　其余为 Fe。

铝镍钴磁铁是多晶固体，由于可能出现各种各样范围广泛的周期性的偏离，在其中无序是非常复杂的课题。结构的无序相应于原子的置换、无定形、非晶态和晶粒的大小，而化学的无序相应于被原子占据的位置，如空位、杂质原子、各种缺陷等。组成和热处理总会影响到磁性材料的性质。

10.5.2 $SmCo_5$ 和 Sm_2Co_{17} 的结构

大多数以钴-稀土合金为基的永久磁铁，都显示比常用的铝镍钴磁铁和硬铁氧体磁铁高出几倍的磁能。它们还显示磁流密度的高度稳定性，甚至在升高温度时也如此，而这种性质是已

有的永磁材料所难以达到的。

在稀土元素中，钐是最常用的一种，因它具有最好的永久磁体的性质。铈和铈组金属也基于经济考虑而常用。其他的稀土元素因特殊的需要有时也和钐合用。$SmCo_5$ 和 Sm_2Co_{17} 是钴-稀土合金中最重要的磁性材料。

$SmCo_5$ 的晶体结构为六方晶系，$P6/mmm$空间群，晶胞参数为 $a=498.9\,pm$，$c=398.1\,pm$，如图 10.5.1 所示。这个结构由两种不同的原子层组成：第一种层是 Sm 原子和 Co 原子按 1∶2 比例组成，Sm 原子排列成密置层，Co 原子填在全部的三角形空隙的中心；另一种层完全由 Co 原子组成，具有平面六方对称性，原子数目等于第一种层中 Sm 原子和 Co 原子数目的总和。晶体由这两种层交替排列而成。

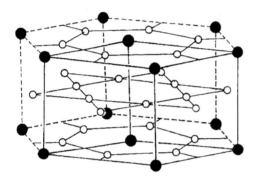

图 10.5.1 $SmCo_5$ 的晶体结构。

Sm_2Co_{17} 的晶体结构和 $SmCo_5$ 结构密切相关。将 $SmCo_5$ 结构中第一种层的1/3 Sm 原子，每个都用一对 Co 原子置换，这一对 Co 原子不在层中，而处于层的上方和下方，其连线和 c 轴平行。相邻的这种层的置换情况相似，但位置不同。置换次序沿 c 轴可以为：ABABAB… 或 ABCABC…，如图 10.5.2 所示。

在 ABABAB… 置换中，Sm_2Co_{17} 形成六方结构，晶胞参数为 $a=836.0\,pm$，$c=851.5\,pm$［图 10.5.2(a)］。在 ABCABC… 置换中，Sm_2Co_{17} 形成三方结构，晶胞参数为 $a=837.9\,pm$，$c=1221.2\,pm$［图 10.5.2(b)］。

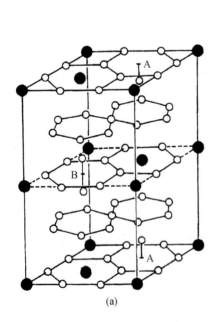

(a)

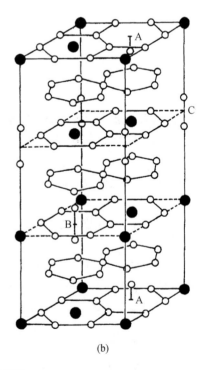

(b)

图 10.5.2 Sm_2Co_{17} 的晶体结构：

（a）六方形体；（b）三方形体。

10.5.3 Nd₂Fe₁₄B 的结构

以 $Nd_2Fe_{14}B$ 相为基的永久磁铁是 1983 年开始采用的,是现时应用的最强的磁体。

$Nd_2Fe_{14}B$ 晶体为四方晶系,空间群为 $P4_2/mnm$,晶胞参数为:$a=880\,pm$,$c=1220\,pm$,$Z=4[Nd_2Fe_{14}B]$。在晶胞中沿 c 轴有 6 层堆积序列。其中第 1 层和第 4 层为镜面,含有 Fe,Nd 和 B 原子,而其他的层都是只含 Fe 原子的折叠起伏的层。每个 B 原子处在由 6 个 Fe 原子形成的三方棱柱体的中心,3 个在 Fe—Nd—B 平面的上方,3 个在下方。图 10.5.3 示出 $Nd_2Fe_{14}B$ 的结构。

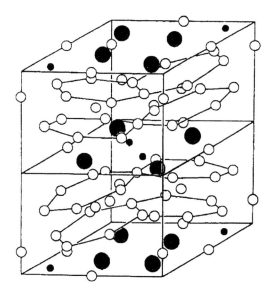

图 10.5.3 Nd₂ Fe₁₄ B 的晶体结构。

(大黑球代表 Nd,小黑球代表 B,白球代表 Fe。)

改进富铁稀土金属间化合物的磁性的优良方法是引进小的空隙原子进入它们的结构。除 H 外,只有 B,C,N 足够小而能采用这种方法进入结构。这些原子优先占据距稀土原子配位尽可能远的空隙位置。例如,在 Sm_2Fe_{17}(和 Sm_2Co_{17} 同构)中,有 3 种八面体空隙位置可被 N 原子占据,形成 $Sm_2Fe_{17}N_3$。填隙原子对铁基金属间化合物的固有磁性的影响是非常显著的。

参 考 文 献

[1] F. S. Galasso, *Structure and Properties of Inorganic Solids*, Pergamon, Oxford, 1970.

[2] A. F. Wells, *Structural Inorganic Chemistry*, 5th ed., Oxford University Press, Oxford,1984.

[3] T. C. W. Mak and G. -D. Zhou, *Crystallography in Modern Chemistry: A Resource Book of Crystal Structures*, Wiley, New York, 1992.

[4] H. Yanagida, K. Koumoto, and M. Miyayama, *The Chemistry of Ceramics*, 2nd ed., Wiley, Chichester, 1996.

[5] B. K. Vainshtein, V. M. Fridkin, and V. L. Indenbom, *Structures of Crystals*, 2nd ed., Springer Verlag, Berlin,1995.

［6］　R. C. Buchanan, and T. Park, *Materials Crystal Chemistry*, Marcel Dekker, New York, 1997.

［7］　A. R. West, *Basic Solid State Chemistry*, 2nd ed., Wiley, New York, 1999.

［8］　B. G. Hyde, and S. Anderson, *Inorganic Crystal Structures*, Wiley, New York, 1989.

［9］　A. K. Cheetham, and P. Day (eds). *Solid State Chemistry: Techniques*, Oxford University Press, New York, 1987.

［10］　A. K. Cheetham, and P. Day (eds). *Solid State Chemistry: Compounds*, Oxford University Press, New York, 1991.

［11］　C. N. R. Rao, and Raveau. *Transition Metal Oxides: Structure, Properties, and Synthesis of Ceramic Oxides*, 2nd ed., Wiley-VCH, New York, 1998.

［12］　J. Evetts(ed.), *Concise Encyclopedia of Magnetic and Superconducting Materials*, Oxford, Pergamon Press, 1992.

［13］　J. I. Gersten, and F. W. Smith, *The Physics and Chemistry of Materials*, Wiley, New York, 2001.

［14］　R. Skomski, and J. M. D. Coey, *Permanent Magnetism*, Institute of Physics Publishing, Bristol, 1999.

［15］　G. S. Rohrer, *Structure and Bonding in Crystalline Materials*, Cambridge University Press, Cambridge, 2001.

［16］　J. P. Fackler, Jr., and L. R. Falvello (eds.), *Techniques in Inorganic Chemistry*, CRC Press, Taylor & Francis, Boca Raton, FL, 2011.

［17］　D. W. H. Rankin, N. Mitzel and C. Morrison, *Structural Methods in Molecular Inorganic Chemistry*, Wiley, Chichester, 2013.

［18］　J. Bernstein, *Polymorphism in Molecular Crystals*, Oxford University Press, New York, 2002.

［19］　张克从,王希敏,非线性光学晶体材料科学,第 2 版,北京:科学出版社,2005.

［20］　曹阳,结构与材料,北京:高等教育出版社,2003.

第Ⅲ部分
元素结构化学选论和
超分子结构化学

　　每个元素都有丰富且具有其特色的结构化学。在本部分中,前七章专题讨论氢、碱金属和碱土金属、第 13 族到第 18 族元素的结构化学。接着在其后三章分别讨论稀土元素和锕系元素、过渡金属原子簇化合物和超分子结构化学。在这些章节中,我们通过选出的例子来讨论分子结构和成键的原理。此外,我们亦从当前文献中选了突出的例证来阐明在第Ⅰ和第Ⅱ部分提到的各种理论。我们尽可能参照最新文献中的结构数据和研究结果来探讨现代结构化学的最新研究方向。

第 11 章 氢的结构化学

11.1 氢的同位素和成键类型

在地球表层 16 km 厚度的地壳和海洋中,氢的原子丰度位于第三,仅次于氧和硅。氢原子以三种同位素存在: ^{1}H[氕(protium),H], ^{2}H[氘(deuterium),D]和 ^{3}H[氚(tritium),T]。它们的重要物理性质列于表 11.1.1。氢形成的化合物的数目多于其他任何元素,包括碳。这一事实决定于氢原子的结构。

表 11.1.1 氢、氘和氚的性质

元素的性质	H	D	T
丰度/%	99.985	0.015	$\approx 10^{-16}$
相对原子质量	1.007825	2.014102	3.016049
核自旋	1/2	1	1/2
核磁矩 μ_N	2.79270	0.85738	2.9788
NMR 频率(在 2.35 T)/MHz	100.56	15.360	104.68
双原子分子的性质	H_2	D_2	T_2
mp/K	13.957	18.73	20.62
bp/K	20.30	23.67	25.04
T_c/K	33.19	38.35	40.6(calc.)
解离焓/(kJ mol^{-1})	435.88	443.35	446.9
零点能/(kJ mol^{-1})	25.9	18.5	15.1

氢是元素周期表中的第一种元素,核中质子数为 1,核外只有 1 个电子,基态时该电子处在 1s 轨道上,没有内层轨道和电子。H 原子可以失去 1 个电子成 H^+,如同其他第 1 族元素;H 也可以获得 1 个电子成 H^-,使价层轨道全充满,如第 17 族元素;它也可以看作价层轨道为半充满的原子,如第 14 族元素。由于这个原因,H 在元素周期表中的位置可以放在第 1、14 和 17 族的第一个位置上,并以此来了解它的成键类型。

虽然 H 原子只有 1 个 1s 轨道和 1 个电子参与成键,但在近三十年来,由于合成化学和结构化学的发展,已经阐明 H 原子在不同化合物中可以形成多种类型的化学键,如下所列。

1. 共价单键

氢原子常利用它的 1s 轨道和另一个原子的价轨道互相叠加,形成共价单键。通过这种共价键形成多种多样的化合物,如表 11.1.2 所列的分子。

表 11.1.2 包含共价结合的氢的化合物

分子	H_2	HCl	H_2O	NH_3	CH_4
键	H—H	H—Cl	H—O	H—N	H—C
键长/pm	74.14	147.44	95.72	101.7	109.1

从 H_2 分子的键长可得氢的共价半径为 37 pm。

2. 离子键

氢可以按两种不同价态的离子和其他离子形成离子键。

(1) 氢负离子 H^-

氢原子可得到一个电子形成氢负离子,它具有 He 原子的电子组态。

$$H(g) + e^- \longrightarrow H^-(g) \qquad \Delta H = 72.8 \text{ kJ mol}^{-1}$$

除 Be 以外,第 1 族和第 2 族的全部元素,当它和氢气一起加热时,都能自发地进行反应,形成白色固体的氢化物 $M^I H$ 和 $M^{II} H_2$,所有 MH 氢化物都具有 NaCl 型结构;MgH_2 具有金红石型结构,CaH_2,SrH_2 和 BaH_2 则具有变形的 $PbCl_2$ 型结构。这些固态氢化物的化学和物理性质表明它们是离子化合物。

氢负离子 H^- 具有很大的可极化性。在 MH 和 MH_2 化合物中,H^- 的大小随着 M^I 和 M^{II} 的不同而改变,其半径的实验值在很大的范围内变动:

化合物	LiH	NaH	KH	RbH	CsH	MgH_2
$r(H^-)$/pm	137	142	152	154	152	130

从具有 NaCl 型结构的 NaH 的立方晶胞参数 $a = 488$ pm,可推引出 H^- 的半径为 142 pm。

(2) 氢正离子 H^+

一个氢原子失去一个电子形成 H^+,即质子,这是一个吸热过程:

$$H(g) \longrightarrow H^+(g) + e^- \qquad \Delta H = 1312.0 \text{ kJ mol}^{-1} = 13.59 \text{ eV}$$

H^+ 一般不能单独存在,除非是孤立地处于高真空之中,H^+ 的半径大约为 1.5×10^{-15} m,比其他原子约小 10^5 倍。当一个 H^+ 接近另一个原子或分子时,它可以使后者的电子云发生变形。所以除在气态离子束的状态下,H^+ 必会依附于其他具有孤对电子的分子或离子。质子可作为一个孤对电子的受体而组成稳定的离子,例如 H_3O^+,NH_4^+,H_2F^+,HCO_3^- 等。

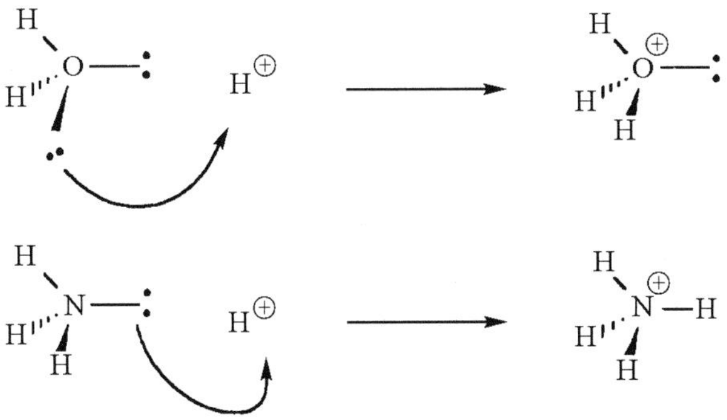

这些正离子通常和负离子通过离子键结合成盐。

H^+(即质子)的水合过程具有很高的放热效应,它比其他的正离子的水合能要高得多。

$$H^+(g) + nH_2O(l) \longrightarrow H_3O^+(aq) \qquad \Delta H = -1090 \text{ kJ mol}^{-1}$$

H^+ 和 H_2 形成的 H_n^+ 离子的结构将在 11.5.1 小节讨论。

3. 金属键

在非常高的压力和很低的温度下,例如在约 $500\,GPa$ 和 $5.5\,K$ 条件下,H_2 分子转变成直线形氢原子链,H_n(或是三维的结构)为固态的金属相,在其中氢原子是通过金属键相互结合在一起。金属氢因具有部分充满电子能带(即导带)而出现金属行为。电子能带机理可用下图说明:

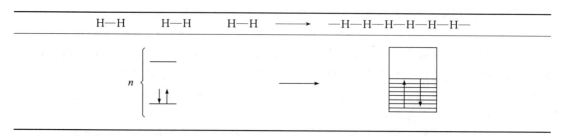

H_n 的物理性质很有趣,它不透明,并具有金属那样的导电性。在一些行星中也许存在这种金属状态的氢。

4. 氢键

氢键通常用 $X—H\cdots Y$ 表示,其中 X 和 Y 均为高电负性原子,例如 F,O,N,Cl 和 C。在氢键 $X—H\cdots Y$ 中,Y 原子有孤对电子或含电子区域,它作为质子的受体,而 $X—H$ 作为质子的给体。[注意:在化学文献常用到给体和受体这对名词,在大多数情况下,例如讨论酸碱性质时,以提供孤对电子基团作为给体(donor),而接受孤对电子的基团作为受体(acceptor)。在讨论氢键时所用名词正好相反,以提供质子的基团作为质子给体,接受质子的基团作为受体,学习时应多加留心。]由于质子受体的特殊性,还有一类非常规氢键。

氢键既可在分子间形成,也可在分子内形成。出现分子内氢键 $X—H\cdots Y$ 时,分子的构型使 X 和 Y 处于有利的空间位置。氢键将在 11.2 节中详细讨论,而非常规氢键将在 11.3 节中讨论。

5. 多中心氢桥键

(1) B—H—B桥键

硼烷、碳硼烷和金属碳硼烷是缺电子化合物,在其中已发现 B—H—B 三中心二电子(3c-2e)桥键。B—H—B桥键是由两个 B 原子的 sp^3 杂化轨道和氢原子的 $1s$ 轨道相互叠加形成,如图 11.1.1(a)所示,并将在 13 章中讨论。

(2) M—H—M 和 M—H—B桥键

三中心二电子(3c-2e)金属氢桥键 M—H—M 和 M—H—B 中的 M 可由主族金属如 Be,Mg,Al 等,或过渡金属如 Cr,W,Fe,Ta,Zr 等形成。一些实例示于图 11.1.1(b)~(c)中。

(3) $(\mu_3\text{-}H)M_3$ 三桥键

在这种键中,一个 H 原子以共价键形式同时和 3 个金属原子结合,如图 11.1.1(d)所示。

6. H^- 配位键

H^- 作为一个配位体能提供一对电子给一个过渡金属原子而形成金属氢化物。许多这种金属氢化物的晶体结构已经测定,如 Mg_2NiH_4,Mg_2FeH_6 和 K_2ReH_9 等。在这些化合物中,M—H 键是共价 σ 配位键。

7. 分子氢配位键

氢分子(H_2)能作为一个配位体配位给一个过渡金属原子而不裂解成 2 个 H 原子。H_2 分子和过渡金属原子间的键包括两部分:一部分是 H_2 分子提供成键 σ 电子给金属原子空的

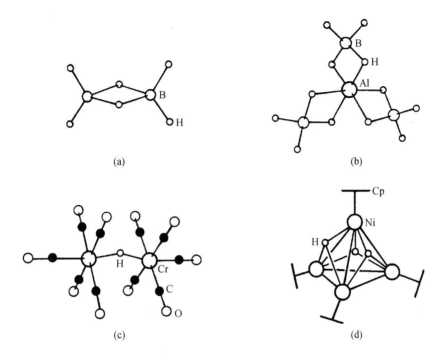

图 11.1.1　若干含多种氢桥键的结构:
(a) B_2H_6; (b) $Al(BH_4)_3$; (c) $[(CO)_5Cr\text{—}H\text{—}Cr(CO)_5]^-$; (d) $H_3Ni_4Cp_4$。
(图中最小的白球代表 H 原子。)

d 轨道;另一部分是金属 d 轨道反馈电子给 H_2 分子空的 σ^* 反键轨道。这种 H_2 分子配位键要减弱分子中的 H—H 键,使它容易裂解成两个 H 原子。H_2 配位化合物将在 11.5 节中详细讨论。

8. 抓氢键

抓氢键(agostic bond)C—H→M 的存在已由 X 射线和中子衍射实验所证实。其中的半个箭头表示由 C—H 基提供两个电子给金属原子 M。和所有 3c-2e 桥连体系一样,C—H→M 为弯曲构型。抓氢键将在 11.5.3 小节中作进一步讨论。

11.2　氢　　键

11.2.1　IUPAC 关于氢键的定义

物理学家、化学家、生物学家和材料科学家在科学文献中使用"氢键"一词已有近一个世纪的历史。近年来,基于与氢键部分共价性质相关的直接实验证据,特别是观察到 X—H⋯Y (X—H 为给体,Y 为受体)氢键形成后拉伸振动频率发生的不寻常蓝移,对于氢键的本质和特点需要明确说明。2011 年,IUPAC 从事氢键和其他分子间相互作用研究的工作组提出了关于氢键的新定义:

氢键是分子或分子片 X—H 中的氢原子(其中 X 的电负性比 H 高)与同一或不同分子中的原子或原子团之间的相互吸引,有证据显示成键作用。

该工作组根据实验证据给出判断 X—H⋯Y—Z 氢键形成的 6 项判别标准：

（1）形成氢键的作用力比较复杂，很难区分或者给出简单的归属。但综合而言，氢键中的作用力包括静电作用力，由给体和受体之间的电荷转移而引起的 H 和 Y 之间的部分共价作用，以及色散力。

（2）X 和 H 原子彼此之间以共价键结合，X—H 键极化，H⋯Y 键强度随 X 的电负性的增加而增大。

（3）X—H⋯Y 键角通常是线性的（180°），该角度越接近 180°，氢键越强，H⋯Y 距离越短。

（4）X—H 键的长度通常会随着氢键的形成而增加，从而导致 X—H 在红外区的拉伸振动频率红移且 X—H 拉伸振动的红外吸收截面增大。X—H⋯Y 中 X—H 键长拉伸度越大，H⋯Y 键越强。同时，产生与 H⋯Y 键形成相关的新的振动模式。

（5）X—H⋯Y—Z 氢键会产生特征的 ^{1}H NMR 信号，包括通过 X 和 Y 之间的氢键自旋-自旋耦合对 X—H 中 H 的显著的去屏蔽作用以及核 Overhauser 效应增强功能。

（6）氢键的吉布斯生成能大于氢键系统的热能，可通过实验检测到。

上述 6 项判别标准之中，其一强调几何要求，即三个原子 X—H⋯Y 通常趋于直线形；两个标准涉及物理作用力：色散力和静电力（要求 X 比 H 更具负电性）；两个标准基于光谱：IR（X—H 振动频率中的红移）和 NMR（X—H 中 H 的去屏蔽）；另外明确提及吉布斯能，因为氢键形成中涉及焓变和熵变。

近年来，关于水溶液中 [F—H—F]⁻ 离子的氢键研究再次揭示强氢键的共价特征。

11.2.2　氢键的几何形态

在一个典型的 X—H⋯Y 氢键体系中，X—H σ 键的电子云极大地趋向高电负性的 X 原子，导致出现屏蔽小的带正电性的氢原子核，它强烈地被另一个高电负性的 Y 原子所吸引。X，Y 通常是 F，O，N，Cl 等原子，也可以是双键和叁键成键的 C 原子，在这种情况下的 C 原子具有高电负性，也同样能形成氢键。例如：

$$C\!=\!C—H\cdots O \quad 和 \quad C\!=\!C—H\cdots N$$
$$\equiv C—H\cdots O \quad 和 \quad \equiv C—H\cdots N$$

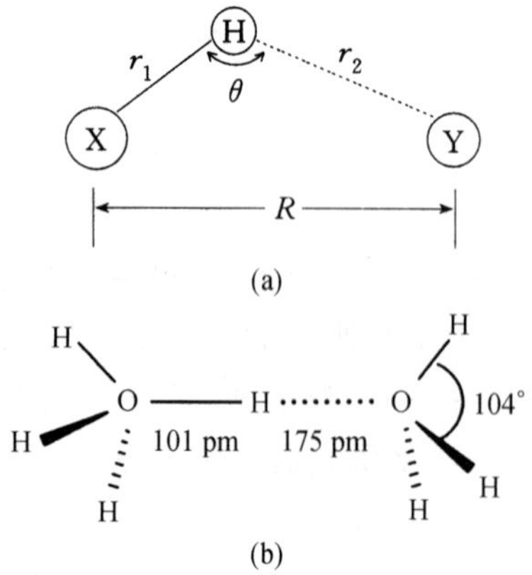

(a)

(b)

图 11.2.1　氢键的几何形态。

氢键的几何形态可用图 11.2.1(a) 中的 R，r_1，r_2，θ 等参数表示。许多实验研究工作对氢键的几何形态已归纳出下列普遍存在的情况：

（1）大多数氢键 X—H⋯Y 是不对称的，即 H 原子距离 X 较近，距离 Y 较远。典型的氢键实例是冰-I$_h$ 中 H$_2$O 分子间的相互作用。图 11.2.1(b) 示出的数据是从氘化的冰-I$_h$ 在 100 K 下由中子衍射测定得到。

（2）氢键 X—H⋯Y 可以为直线形 [图 11.2.1(b)，$\theta=180°$]，也可为弯曲形即 $\theta<180°$。虽然直线形在能量上有利，但很少出现，因为在晶体状态中，由原子的排列和堆积所决定。在冰-I$_h$ 中 H 原子位置偏离 O⋯O 连线为 4 pm，

所以 θ 值很接近 $180°$。

（3）X 和 Y 间的距离定为氢键的键长，键长越短，氢键越强。当 X⋯Y 间距离缩短时，X—H 的距离增长。极端的情况是对称氢键，这时 H 原子处于 X⋯Y 的中心点，这是最强的氢键，只有当 X 和 Y 都为 F 或为 O 时才会出现（11.2.4 小节）。

（4）氢键键长的实验测定值要比 X—H 共价键键长加上 H 原子和 Y 原子的范德华半径之和要短。例如，O—H⋯O 氢键键长的平均值为 270 pm，它要比 O—H 的共价键键长 109 pm 及 H⋯O 间范德华接触距离 120 pm＋140 pm 的总和 369 pm 短很多。表 11.2.1 对比实验测定的 X—H⋯Y 氢键键长以及由 X—H 共价键键长、H 和 Y 原子的范德华半径加和的计算值。

表 11.2.1　氢键键长的实验测定值和计算值

氢　键	实验测定的键长/pm	键长计算值/pm	氢　键	实验测定的键长/pm	键长计算值/pm
F—H⋯F	240	360	N—H⋯F	280	360
O—H⋯F	270	360	N—H⋯O	290	370
O—H⋯O	270	369	N—H⋯N	300	375
O—H⋯N	278	375	N—H⋯Cl	320	410
O—H⋯Cl	310	405	C—H⋯O	320	340

（5）氢键 X—H⋯Y 和 Y—R 键间形成的角度 α，通常处于 $100°\sim140°$。

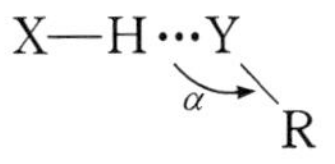

（6）在通常情况下，氢键中的 H 原子是二配位，但在有些氢键中 H 原子是三配位或四配位。对 X 射线和中子衍射测定的 889 个有机晶体的 1509 个 NH⋯O＝C 氢键统计分析，大约有五分之一（即 304 个）是三配位，而只有 6 个是四配位。

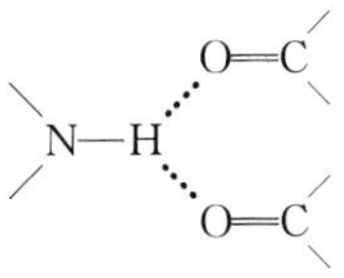

三配位 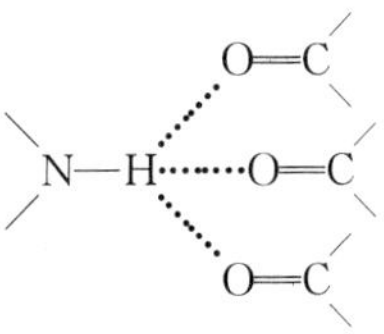　　　　　　　　四配位

（7）在大多数的氢键中，只有一个 H 原子是直接指向 Y 上的孤对电子，但是也有不少例外。在氨晶体中，每个 N 原子的孤对电子接受分属其他氨分子的 3 个 H 原子，如图 11.2.2(a)所示。在尿素的四方晶体中，羰基 O 原子接受 4 个 H 原子形成 4 个 N—H⋯O 氢键。在包合物 $[(C_2H_5)_4N^+]_2 \cdot CO_3^{2-} \cdot 7(NH_2)_2CS$ 中，6 个硫脲分子提供 12 个 NH 给体基团，包围着碳酸根离子，形成 N—H⋯O 氢键结合的聚集体，形状像两个共用一个核心的凹形三叶螺旋桨，如图 11.2.2(b)所示。

对有机化合物中形成氢键的条件，可归纳出三点规则：

（1）所有合适的质子给体和受体都尽量用于形成氢键。

（2）若分子的几何构型适合于形成六元环的分子内氢键，则形成分子内氢键的趋势大于分子间氢键。

（3）在分子内氢键形成后，剩余的合适的质子给体和受体相互间形成分子间氢键。

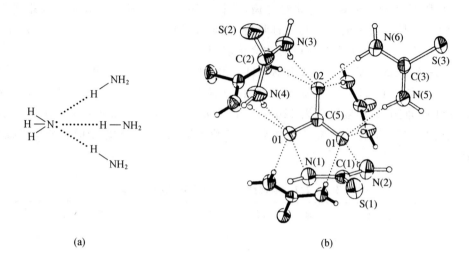

(a)　　　　　　　　　　　　　　　(b)

图 11.2.2　（a）在氨晶体中，每个 NH_3 分子的孤对电子与相邻 3 个分子的相互作用；

（b）在 $[(C_2H_5)_4N^+]_2 \cdot CO_3^{2-} \cdot 7(NH_2)_2CS$ 晶体中，碳酸根离子作受体和

6 个硫脲分子形成 12 个氢键。

11.2.3　氢键的强度

对氢键电子本性的研究说明它涉及共价键、离子键和范德华作用等广泛的范围。非常强的氢键像共价键，非常弱的氢键接近范德华作用。大多数氢键处于这两种极端状态之间。氢键键能是指以下解离反应的焓的改变量 ΔH：

$$X—H\cdots Y \longrightarrow X—H + Y$$

强氢键和弱氢键有着悬殊的性质。表 11.2.2 列出不同类型氢键观察到的性质。

表 11.2.2　氢键的强弱及其性质

性　质	强氢键	中强氢键	弱氢键
$X—H\cdots Y$ 相互作用	共价性占优势	静电性占优势	静电
键长	$X—H \approx H—Y$	$X—H < H\cdots Y$	$X—H \ll H\cdots Y$
$H\cdots Y$/pm	120～150	150～220	220～320
$X\cdots Y$/pm	220～250	250～320	320～400
键角 θ/(°)	175～180	130～180	90～150
键能/($kJ\ mol^{-1}$)	＞50	15～50	＜15
IR 相对振动 ν_s 位移[*]/cm^{-1}	＞25%	10%～25%	＜10%
低场 ^1H NMR 化学位移/ppm	14～22	＜14	—
实例	强酸气相二聚体、酸式盐、质子吸收体、HF 配合物	酸、醇、酚水合物、生物分子	弱碱、碱式盐、$C—H\cdots O/N$、$O/N—H\cdots \pi$

[*] 观察到的 ν_s 相对于非氢键结合的 X—H 的 ν_s 之差。

表 11.2.2 中最主要的判据是 $X\cdots Y$ 键长及键能。键长可通过晶体结构准确地测定。表

中对弱氢键所给的范围较大,是因为考虑到 Si—H⋯N ,N—H⋯π 等类弱氢键。对少数非常强的对称氢键 O—H—O 和 F—H—F,键能超过 $100\,kJ\,mol^{-1}$。在 KHF_2 中,F—H—F 氢键的键能达到 $212\,kJ\,mol^{-1}$,是迄今观察到的最强氢键。

O—H⋯O 氢键键能通常在 $25\,kJ\,mol^{-1}$ 左右,它是下列相互作用的结果:

(1) 静电相互作用:这一效应可由下式表示,它使 H⋯O 间的距离缩短。

$$O^{\delta-}\!\!—\!\!H^{\delta+}\cdots O^{\delta-}$$

(2) 离域或共轭效应:H 原子和 O 原子间的价层轨道相互叠加所引起,它包括 3 个原子。

(3) 电子云的推斥作用:H 原子和 O 原子的范德华半径和为 260 pm,在氢键中 H⋯O 间的距离在 180 pm 之内,这样将产生电子-电子推斥能。

(4) 范德华作用能:存在于分子之间的相互吸引作用,对成键有一定贡献,但它的效应相对较小。

有关 O—H⋯O 体系的能量通过分子轨道理论计算,其值列于表 11.2.3 中。

表 11.2.3　在 O—H⋯O 氢键中能量的贡献

能量贡献形式	能量/$(kJ\,mol^{-1})$	能量贡献形式	能量/$(kJ\,mol^{-1})$
(1) 静电能	-33.4	(4) 范德华作用能	-1.0
(2) 离域能	-34.1	总能量	-27.3
(3) 推斥能	$+41.2$	实验测定值	-25.0

11.2.4　对称氢键

最强的氢键出现在对称的 O—H—O 和 F—H—F 体系中。直线形的 HF_2^- 离子中,H 原子正处在两个 F 原子的中心点:

$$\left[F\overset{113\,pm}{—\!\!—}H\overset{113\,pm}{—\!\!—}F\right]^-$$

对称氢键为高度共价性的键,它可看作三中心四电子(3c-4e)体系。若将分子轴取作 z 轴,H 原子的 $1s$ 轨道和两个 F 原子的 $2p_z$ 轨道互相叠加,形成 3 个分子轨道:

$$\psi_1(\sigma)=N_1[2p_z(A)+c1s+2p_z(B)]$$
$$\psi_2(n)=N_2[2p_z(A)-2p_z(B)]$$
$$\psi_3(\sigma^*)=N_3[2p_z(A)-c1s+2p_z(B)]$$

式中 c 是一个权重系数,而 N_1,N_2 和 N_3 为归一化常数。图 11.2.3(a)示出分子轨道的叠加情况,图 11.2.3(b) 定性地表示分子轨道能级高低的次序。

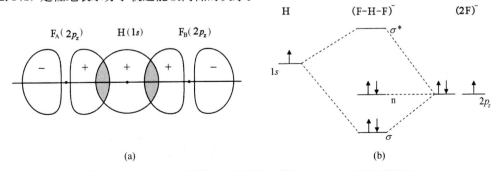

图 11.2.3　HF_2^- 中的氢键:(a) 轨道叠加情况;(b) MO 的定性能级图。

由于参加这一体系成键作用有 4 个价电子,成键分子轨道 ψ_1 和非键分子轨道 ψ_2 均由电子占据,而反键分子轨道 ψ_3 是空的,形成 3c-4e 键。这样在 HF_2^- 中每一个 H—F 连线相当于键级为 0.5。它可和 HF 分子进行对比,所得结果如下:

分　子	键　级	键长 d/pm	力常数 k/(N m^{-1})
HF	1	93	890
HF_2^-	0.5	113	230

在 $\{[(NH_2)_2CO]_2H\}(SiF_6)$ 晶体中,有对称的 O—H—O 氢键,它将两个尿素分子连接在一起。在两个独立的 $\{[(NH_2)_2CO]_2H\}^+$ 中,氢键键长分别为 242.4 pm 和 244.3 pm。图 11.2.4 示出该正离子中的一个离子的结构。

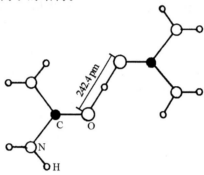

图 11.2.4　$\{[(NH_2)_2CO]_2H\}^+$ 的结构。

11.2.5　金属有机固体中的氢键

金属有机化合物中的羰基 M—C≡O 基团作为质子的受体,它与合适的给体所形成的氢键 C≡O⋯H—X(X 为 O,N 等)日益受到人们的关注。

过渡金属羰基配合物中的 CO 配位体,在 μ_1,μ_2 和 μ_3 的配位情况下,CO 配体起不同的作用,反映在羰基的碳-氧键形式上的键级分别为 3,2 和 1,如下式所示:

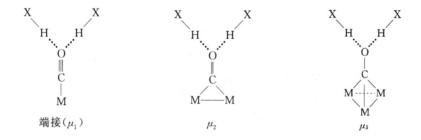

对 C—H 质子给体,不论 CO 的配位型式如何,C—O⋯H—X 角度(指 COX 角)都在 140°左右。上述三种 CO 配位型式所形成的 C—H⋯O(羰基)氢键,同时存在于 $Cp_3M_3(CO)_3$ 之中(M 为 Co,Rh,Ir;Cp 为 C_5H_5,C_5Me_5,C_5H_4Me)。

当配合物中金属原子 M 反馈到 CO π^* 轨道的作用增强时,CO 的碱性增加,H⋯O 间的距离缩短。这一结果和 μ_1 到 μ_3 反馈作用增强,氢键距离逐渐缩短一致。

图 11.2.5 示出在金属有机化合物 $W(CO)_3(P^iPr_3)_2(H_2O)(THF)$ 晶体中,端接到 W 原子上

的—CO基团和 H_2O(即 O_w)形成的 W—C≡O⋯H—O氢键,在其中O⋯O间的距离为279.2 pm。

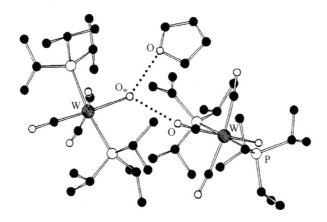

图 11.2.5　在 $W(CO)_3(P^iPr_3)_2(H_2O)(THF)$ 晶体中　W—C≡O⋯H—O 氢键。

在金属有机晶体中,μ_3-CH 和 μ_2-CH$_2$ 配位体,都能作为质子给体,形成氢键如右图所示。

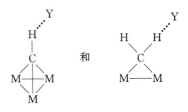

在这两种配位体中,μ_3-CH 的酸性比 μ_2-CH$_2$ 强,μ_3-CH 的氢键长度比 μ_2-CH$_2$ 的短,这种情况和配位体提供 σ 电子给金属原子,以及金属原子 M 反馈提供 d 电子给配位体 π* 轨道的 $d{\to}\pi^*$ 作用强弱一致,也和氢键作用的平均键长一致,即酸性强,氢键键长较短。

通过中子衍射的研究,在簇合物[Co(CO)$_3$]$_3$(μ_3-CH)中,—CH 基配位体参加三重氢键作用,H⋯O 距离分别为 250,253,262 pm。在二核配合物[CpMn(CO)$_2$]$_2$(μ_2-CH$_2$)中,次甲基和羰基的 O 原子形成分子间氢键,H⋯O 距离为 256 pm,图 11.2.6 示出它的结构。

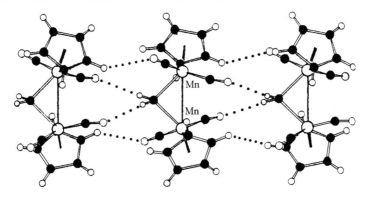

图 11.2.6　在[CpMn(CO)$_2$]$_2$(μ_2-CH$_2$)中,CH$_2$ 和 CO 间形成的C—H⋯O氢键。

11.2.6　氢键的普遍性和重要性

氢键存在于各式各样的化合物中,它存在的普遍性是基于下列原因:

(1) H,O,C,N 和卤素等元素的富存性:许多化合物由 H,O,C,N 和卤素等元素组成,例如水,HX,含氧酸及有机化合物等。这些化合物通常含有—OH,—NH$_2$,—X 及 C=O等基团,这些基团很容易形成氢键。

(2)氢键的几何条件:氢键的形成不需要像共价键那样严格的几何条件,有关的键长、键角的参数和基团的取向都允许在较大范围内变动,对形成氢键有着很大的灵活性和适应性。

(3)较小的键能:氢键的键能介于共价键键能和范德华作用能之间,它较小的键能在键的形成和破坏过程中所需的活化能都较低。在液态中,分子间和分子内的氢键是处在断裂和再生成的变动之中。和正常的共价键相比,氢键键能较低,在形成反应过程中具可逆性和表现多样的作用。

(4)可按分子间和分子内的形式存在:氢键可在分子间形成,也可在一个分子内形成,或者两种情况同时存在。图11.2.7示出若干含有分子间氢键的结构。图11.2.8示出若干分子内形成氢键的实例。

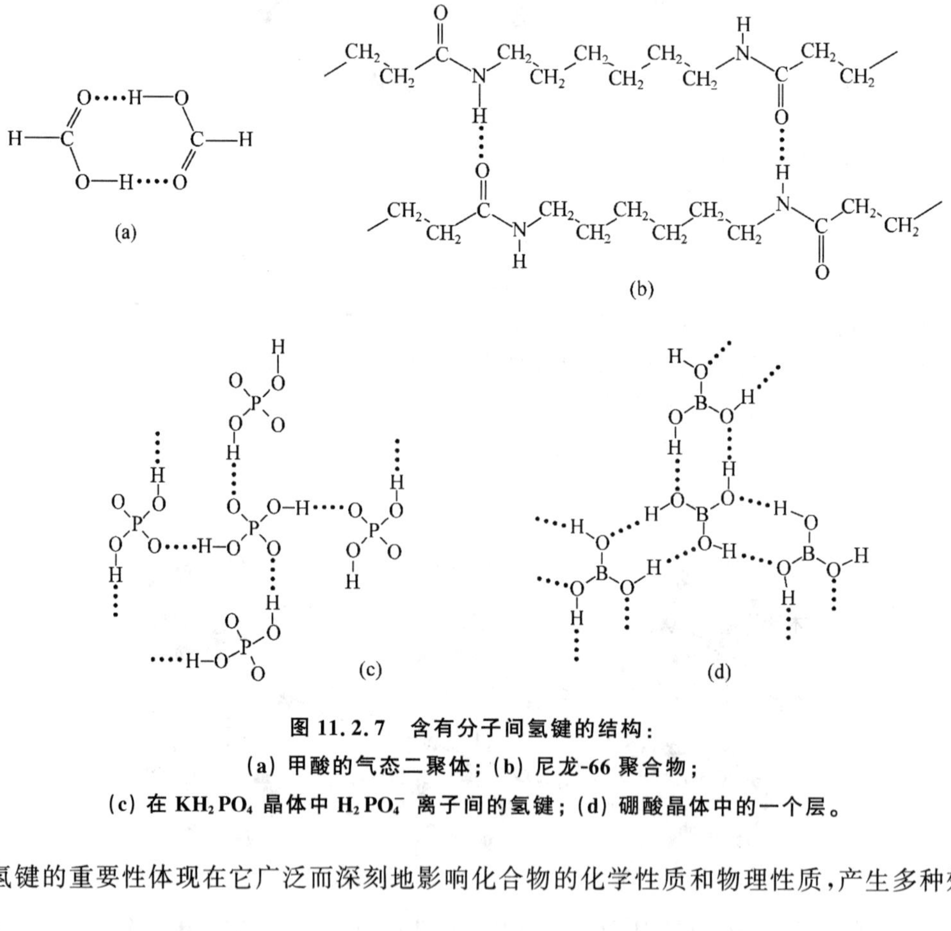

图 11.2.7 含有分子间氢键的结构:
(a) 甲酸的气态二聚体;(b) 尼龙-66 聚合物;
(c) 在 KH_2PO_4 晶体中 $H_2PO_4^-$ 离子间的氢键;(d) 硼酸晶体中的一个层。

氢键的重要性体现在它广泛而深刻地影响化合物的化学性质和物理性质,产生多种效应,例如:

(1)氢键,特别是分子内氢键,控制分子的构象,影响化合物的许多化学性质,在决定反应速率上常起着很大的作用。氢键保持着蛋白质和核酸分子三维结构的构型和构象。

(2)氢键影响 IR 和 Raman 光谱的频率,使伸缩振动频率 $\nu(X-H)$ 向低波数方向移动(这是由 X—H 键变弱所引起),而增加谱带的宽度和强度。对 N—H···F,频率的变动低于 $1000\ cm^{-1}$,对 O—H···O 和 F—H···F,频率的变动范围为 $1500\sim2000\ cm^{-1}$。弯曲振动频率 $\nu(X-H)$ 则向高波数方向移动。

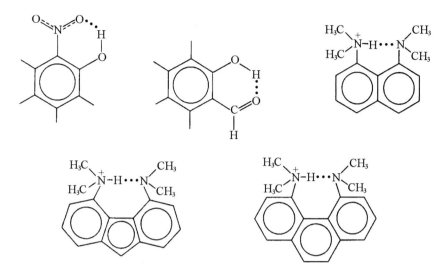

图 11.2.8　含有分子内氢键的结构实例。

（3）分子间的氢键常常使化合物的沸点和熔点升高，而分子内氢键则使熔、沸点降低。

（4）若氢键可存在于溶质和溶剂之间，溶解度会增加，甚至达到完全互溶。例如水和乙醇两种液体的完全互溶性可归因于分子间氢键的形成。

11.3　非常规氢键

常规氢键 X—H⋯Y 是在一个质子给体（例如一个 O—H 或 N—H 基团）和一个质子受体原子（例如带有孤对电子的 O 或 N 原子）之间形成。X 和 Y 都是 F，O，N，Cl 或 C 等电负性较高的原子。近年来发现了几种不属于上述常规氢键的体系，现分述如下：

11.3.1　芳香氢键和 π 氢键，X—H⋯π

在一个 X—H⋯π 氢键中，π 键或离域 π 键体系作为质子的受体。由苯基等芳香环的离域π 键形成的 X—H⋯π 氢键，又称为芳香氢键（aromatic hydrogen bond），多肽链中的 N—H 和苯基形成的 N—H⋯π 氢键在多肽结构以及生物体系中是十分重要的，它对稳定多肽链的构象起重要作用。根据计算，理想的 N—H⋯Ph 氢键的键能值约为 $12\ kJ\ mol^{-1}$。已知多肽链内部N—H⋯Ph 氢键的结合方式有下面两种：

　　2-丁炔·HCl 和 2-丁炔·2HCl 已在低温下用 X 射线衍射法测定其结构。在这两个晶体中，Cl—H 作为质子给体，而 C≡C 基团作为质子受体。图 11.3.1(a) 和 (b) 分别示出 2-丁炔·HCl 和 2-丁炔·2HCl 的结构。在 2-丁炔·HCl 中，Cl 原子到 C≡C 键中心点的距离为 340 pm，H 原子到 C≡C 键上两个 C 原子的距离为 236 pm 和 241 pm。在 2-丁炔·2HCl 中，Cl 原子到 C≡C 键中心点的距离为 347 pm，H 原子到 C≡C 键上两个 C 原子的距离均等于 243 pm。

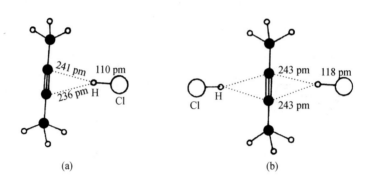

图 11.3.1　(a) 2-丁炔·HCl 和 (b) 2-丁炔·2HCl 中的 Cl—H···π 氢键。

　　在甲苯·2HCl 晶体结构中的 Cl—H···π 氢键结构已得到测定。在此晶体中，甲苯芳香环上的离域 π 键 π_6^6 作为质子的受体，两个 Cl—H 分子从苯环上、下两个方向指向苯环中心。H 原子到苯环中心的距离为 232 pm，如图11.3.2所示。

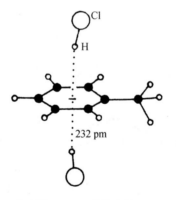

图11.3.2　在甲苯·2HCl 晶体中的 Cl—H···π 氢键。

　　除上述 N—H···π 和 Cl—H···π 氢键外，在有些化合物中还存在 O—H···π 和 C—H···π，如图 11.3.3(a) 和 (b) 所示。

　　在 2-乙炔基-2-羟基金刚烷[图 11.3.3(c)]晶体中，通过中子衍射法的测定，分子之间同时存在着 O—H···O，C—H···O氢键[图11.3.3(d)] 以及 O—H···π 氢键 [图 11.3.3(e)]。

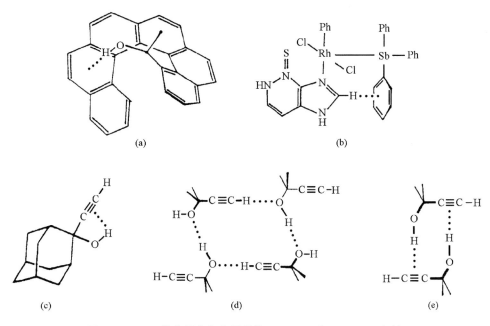

图 11.3.3　一些分子内和分子间的 O—H···π 和 C—H···π 氢键。

11.3.2　C—H···Cl⁻ 氢键

利用多个 C—H···Cl⁻ 氢键组装得到一种对氯离子有选择性的合成受体,它以穴状宿主笼状态呈现(图 11.3.4)。X 射线晶体学表明,客体物种氯离子由 6 个 270 pm 的短氢键(均涉及 1,2,3-三唑 CH 供体基团)和 3 个 290 pm 的较长的氢键(分别来自苯基的 CH)作用而得以稳定,见图 11.3.5,图中示出的灰色小球代表和 Cl⁻ 形成氢键的 H 原子。

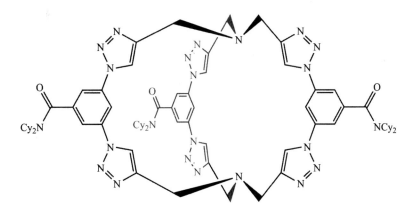

图 11.3.4　三唑形成的分子笼结构。

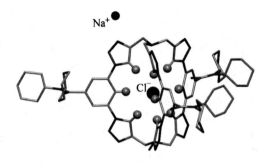

图 11.3.5　三唑笼-NaCl 的晶体结构。

［参见：Y. Liu，W. Zhao，C. H. Chen and A. H. Flood，Chloride capture using a C—H hydrogen—bonding cage. *Science* **365**，159～161(2019).］

11.3.3　过渡金属氢键，X—H···M

X—H···M 氢键是常规氢键的类似物，它在一个 3c-4e 体系的相互作用下，包含一个富电子的过渡金属原子 M 作为质子受体。鉴定 3c-4e X—H···M 氢键的判据有下列几点：

（1）桥连的 H 原子以共价键和高电负性的 X 原子结合，这个 H 原子带有质子性质，加强相互的静电作用。

（2）金属原子富含电子，即典型的后过渡金属，它具有充满电子的 d 轨道，能作为质子的受体，容易和 H 原子一起形成 3c-4e 相互作用。

（3）桥连的 H 原子的[1]H NMR 相对 TMS 的化学位移为低场区，和自由配位体相比它移向低场。

（4）分子间的 X—H···M 相互作用的几何特征近似为直线形。

（5）配位化合物中具有 18 电子组态的金属原子容易形成这种氢键。

图 11.3.6 示出两个具有 3c-4e X—H···M 氢键的化合物，图(a)为负二价离子｛(PtCl$_4$)·

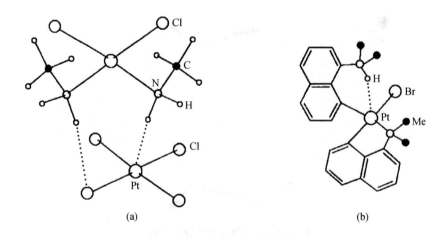

图 11.3.6　含 X—H···M 氢键化合物的结构：
(a)｛(PtCl$_4$)·cis-[PtCl$_2$(NH$_2$Me)$_2$]｝$^{2-}$；(b) PtBr(1-C$_{10}$H$_6$NHMe$_2$)(1-C$_{10}$H$_6$NMe$_2$)。

cis-$[PtCl_2(NH_2Me)_2]\}^{2-}$ 的结构,此化合物由两个平面四方形 Pt 的四配位离子通过 N—H···Pt 和 N—H···Cl 两个氢键结合在一起,H···Pt 距离为 226.2 pm,H···Cl 距离为 231.8 pm,N—H···Pt 键角为 167.1°。N—H···Pt 氢键是由充满电子的 Pt 的 d_{z^2} 轨道作为质子受体,直接指向 N—H 基团,形成 3c-4e 氢键体系。(b) 为 PtBr(1-$C_{10}H_6NHMe_2$)(1-$C_{10}H_6NMe_2$) 的分子结构。在分子中,N—H···Pt 氢键的键长即 N···Pt 距离,为 328 pm,N—H···Pt 键角为 168°。

在一些金属有机化合物中,H 原子以共价键和过渡金属原子 M 结合,并和羰基中的 O 原子形成 M—H···O=C 氢键。

11.3.4　二氢键,X—H···H—E

常规氢键在一个质子给体(如 O—H 或 N—H)和一个质子受体(如 O 或 N 原子的孤对电子)间形成。在这时,非键电子对起着弱碱性组分的作用。

一类 E—H σ 键(E 为硼或过渡金属)起着独特的氢键受体作用,它指向常规的质子给体,如 O—H 和 N—H 基团,其结果 X—H···H—E 体系出现近距离的 H···H 接触(170~220 pm),称之为二氢键。它的生成焓约为 13~30 kJ mol^{-1},处于常规氢键的范围,一些例子列出于下:

1. N—H···H—B 键

比较下面等电子系列的熔点:

$$H_3C—CH_3 \qquad\qquad H_3C—F \qquad\qquad H_3N—BH_3$$
$$-181℃ \qquad\qquad\quad -141℃ \qquad\qquad\quad 104℃$$

从中可以看出,在 $H_3N—BH_3$ 晶体中,分子间存在着不寻常的强烈相互作用。$H_3N—BH_3$ 分子中不存在孤对电子,它不能形成常规的氢键。$H_3N—BH_3$ 分子的极性低于 $H_3C—F$ 分子,分子间的偶极-偶极相互作用能也低于 $H_3C—F$,但 $H_3N—BH_3$ 的熔点却要比 $H_3C—F$ 高出 245℃。是什么原因导致这种现象呢?

一系列含 N—H···H—B 体系的 H···H 距离介于 170~220 pm(自由 H_2 分子的 H—H 距离为 74 pm,H 的范德华半径和为 240 pm)。在二聚体 $[H_3NBH_3]_2$ 中,含有一个 N—H···H—B 二氢键,H···H 距离为 182 pm,(NH)···H—B 键角为 100°(一般为 95°~120°),而 (BH)···H—N 的键角则大得多(一般为 160°~180°),这些信息促使人们提出存在 X—H···H—E 二氢键的观点。图 11.3.7(a) 示出 $H_3N—BH_3$ 的结构。

2. X—H···H—M 键

X 射线衍射和中子衍射的研究已证实在一些金属氢化物的配合物中存在着 N—H···H—M 和 O—H···H—M 二氢键,在其中氢化物配位基团 M—H 起着质子受体作用。图 11.3.7(b) 和 (c) 分别示出 $ReH_5(PPh_3)_3 \cdot C_8H_7N \cdot C_6H_6$ 和 $ReH_5(PPh_3)_2 \cdot C_3H_4N_2 \cdot C_3H_3N_2$ 晶体结构中的 N—H···H—Re 二氢键。

在 $[K(1,10\text{-二氮杂-}18\text{-冠-}6)][IrH_4(P^iPr_3)_2]$ 晶体结构中,两类离子通过 N—H···H—Ir 键结合成无限长链,如图 11.3.8 所示。观察到的 H···H 距离为 207 pm;N—H 距离为 77 pm,该值小于真实值。经过校正后的 N—H 和 H···H 距离分别为 100 pm 和 185 pm。

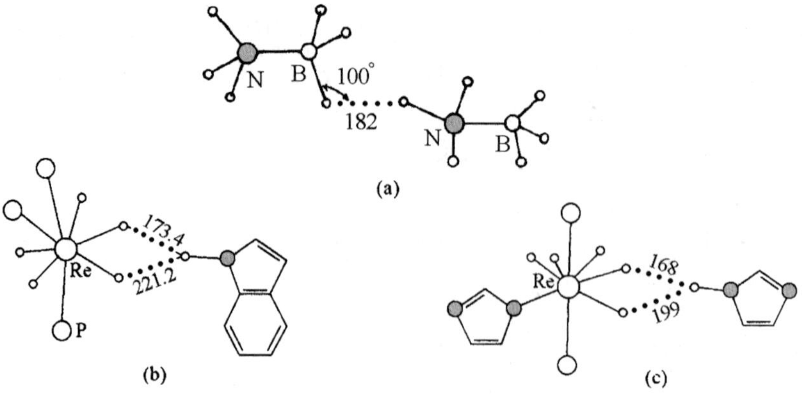

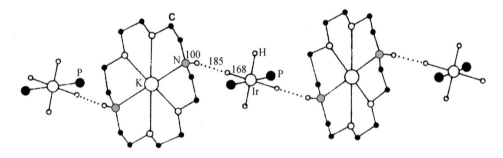

图 11.3.7 二氢键 X—H⋯H—Y 的结构（键长单位为 pm）：
(a) H_3N—BH_3⋯H_3N—BH_3；(b) $ReH_5(PPh_3)_3 \cdot C_8H_7N$；(c) $ReH_5(PPh_3)_2 \cdot C_3H_4N_2 \cdot C_3H_3N_2$。

X—H⋯H—M 体系容易失去 H_2，所以二氢键体系可看作氢化物脱氢的中间体：

$$X—H^+ + {}^-H—M \longrightarrow X—H⋯H—M \longrightarrow X + H_2 + M$$

图 11.3.8 $[K(1,10\text{-二氮杂-}18\text{-冠-}6)][IrH_4(P^iPr_3)_2]$ 晶体中的链结构。
（二氢键键长单位为 pm。P^iPr_3 中的 C 和 H 原子以及冠醚中无作用的 H 原子等都已删去。）

11.3.5 反氢键

在常规氢键 X—H⋯Y 中，H 原子起电子受体作用，Y 原子起电子给体作用，这种作用可表达为 X—H⋯Y。在反氢键中，H 原子起电子给体作用，而 Y 原子成为电子受体，这种作用可表达为 X—H⋯Y。一些反氢键的例子示出于下：

（1）所谓的"锂氢键"Li—H⋯Li—H，存在于假想的线性 $(LiH)_2$ 二聚体中。其内部的 Li 是缺电子原子，而内部的 H 是富电子原子，在反氢键中起电子给体作用。计算所得键长和电子的给体-受体关系表示于下：

$$\underset{158.7}{Li\text{———}}\overset{e}{\underset{175.6}{H⋯⋯Li}}\underset{164.4\,pm}{Li\text{———}H}$$

H⋯Li 距离短于 H 和 Li 原子的范德华半径和，而 Li—H⋯Li 键近于直线。

（2）反氢键 $B^- - H \cdots Na^+$ 存在于 $NaEt_3BH$ 和 $Nb_2(hpp)_4$ 所形成的加合物中,式中 hpp 是 1,3,4,6,7,8-六氢-2H-嘧啶并-[1,2,-a]嘧啶（Hhpp）的负离子。图 11.3.9 示出在化合物 $Nb_2(hpp)_4 \cdot 2NaEt_3BH$ 中的 $B^- - H \cdots Na^+$ 键。

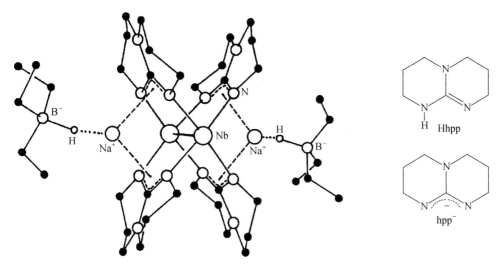

图 11.3.9　加合物 $Nb_2(hpp)_4 \cdot 2NaEt_3BH$ 的结构。

反氢键的概念相对较新,这种新键型的其他种类在未来将会进一步揭示出来。

11.4　金属氢化物

氢能和许多金属结合形成二元氢化物 MH_x。氢负离子 H^- 含有 2 个电子,作为电子对给体,和 M 形成配位键。金属的二元氢化物具有下列特征:

（1）大多数这类氢化物是非计量的,它们的组成和性质主要取决于制备时金属的纯度。

（2）许多氢化物物相显现金属性,例如具高导电性和金属光泽。

（3）氢化物通常是由金属和氢反应而得,除了形成真正的氢化物物相之外,氢还会溶于金属之中出现固溶体相。

金属氢化物可以分为两类:共价型和间隙型。它们将在下面两小节中予以讨论。

11.4.1　共价型金属氢化物

许多过渡金属氢化物的晶体结构已测定。在诸如 $CaMgNiH_4$, Mg_2NiH_4, Mg_2FeH_6 和 K_2ReH_9 等化合物中,H^- 作为电子对的给体,和过渡金属原子以共价键结合,形成 $[MH_n]^{m-}$ 配位离子。在 NiH_4^{4-}, FeH_6^{4-} 和 ReH_9^{2-} 等这些负离子中,过渡金属原子通常具有 18 个价电子的惰性气体的电子组态。图 11.4.1 示出 $CaMgNiH_4$ 的晶体结构。表 11.4.1 列出若干过渡金属氢化物的结构情况。

表 11.4.1　过渡金属氢化物的结构

几何形态	实　例	键长*/pm
三帽三方棱柱形	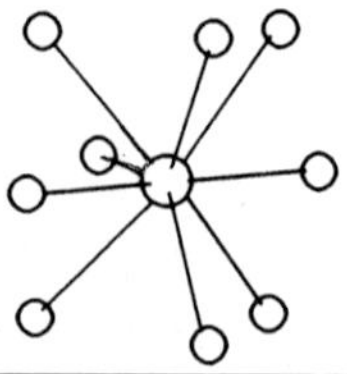 K_2ReH_9	ReH_9^{2-}：Re(1)—H (3×)172,(6×) 167 Re(2)—H (3×) 161,(6×)170
八面体形	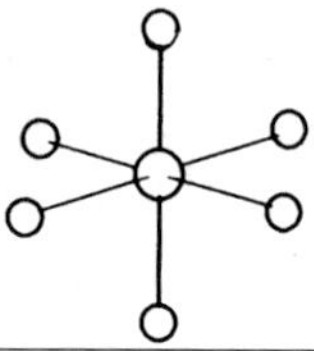 Na_3RhH_6 Mg_2FeH_6 Mg_3RuH_6	RhH_6^{3-}：Rh—H　163~168 FeH_6^{4-}：Fe—H　156 RuH_6^{6-}：Ru—H　(4×) 167,(2×) 173
四方锥形	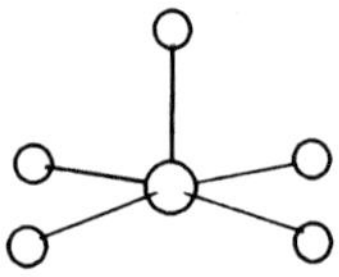 Mg_2CoH_5 Eu_2IrH_5	CoH_5^{4-}：Co—H　(4×) 152,(1×) 159 IrH_5^{4-}：Ir—H　(6×,无序) 167
平面四方形	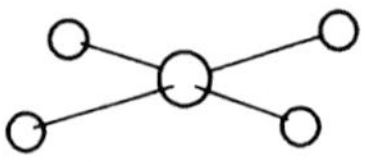 Na_2PtH_4 Li_3RhH_4	PtH_4^{2-}：Pt—H　(4×) 164 RhH_4^{3-}：Rh—H　(2×) 179,(2×) 175
四面体形	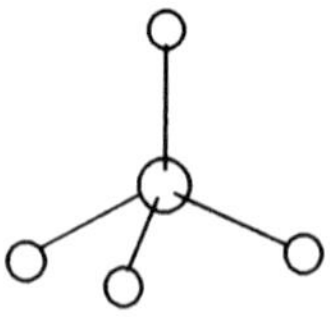 Mg_2NiH_4	NiH_4^{4-}：Ni—H　154~157
马鞍形	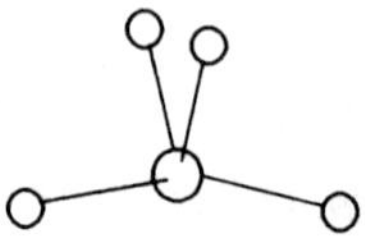 Mg_2RuH_4	RuH_4^{4-}：Ru—H　(2×) 167,(2×) 168
T 形	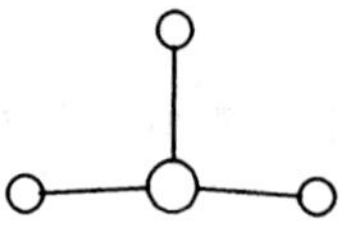 Mg_3RuH_3	RuH_3^{6-}：Ru—H　171
直线形	Na_2PdH_2 $MgRhH_{1-x}$	PdH_2^{2-}：Pd—H　(2×) 168 $Rh_4H_4^{8-}$：Rh—H　(2×) 171

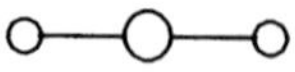

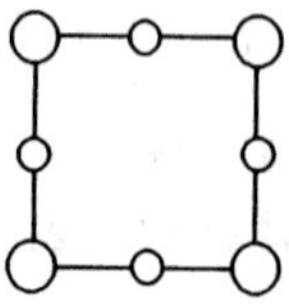

* 键长均是通过中子衍射测定 M—D 的数值。

ReH_9^{2-} 是一个罕见的实例。中心金属原子形成 9 个 2c-2e 键，这 9 个键指向三帽三方棱柱的 9 个顶点上，如图 11.4.2 所示。

在过渡金属氢化物中，过渡金属原子到氢原子的距离对 $3d$ 金属是在 $150\sim160\,pm$，对 $4d$ 和 $5d$ 金属是在 $170\sim180\,pm$，例外的是 Pd—H 为 $160\sim170\,pm$，Pt—H 为 $158\sim167\,pm$。

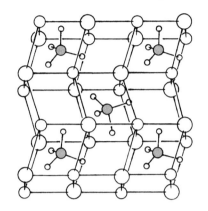

图 11.4.1　$CaMgNiH_4$ 的结构。

（大白球为 Ca，中白球为 Mg，小
白球为 H，阴影球为 Ni。）

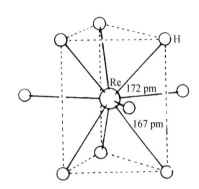

图 11.4.2　ReH_9^{2-} 的结构。

$H_4Co_4(C_5Me_4Et)_4$ 的低温电子衍射分析显示出该分子由 4 个面桥氢负离子（μ_3-H$^-$）加在 Co_4 的四面体面上组成，如图 11.4.3 所示。其分子核心部分的键长、键角如下：

　　　　　Co—Co　257.1 pm，　　　　Co—H　174.9 pm，　　　　Co—C　215.8 pm，
　　　　　H---H　236.6 pm，　　　　Co—H—Co　94.6°，　　　　H—Co—H　85.1°。

H$^-$ 处在 Co—Co—Co 平面外侧，距平面平均距离为 92.3 pm。

含有大的 P^{t}Bu$_3$ 配位体的多核铂和钯的羰基簇合物，其金属中心是缺电子性的。在图 11.4.4（a）中示出的三方双锥形的配合物 $Pt_3Re_2(CO)_6(P^tBu_3)_3$ 需要 72 个价电子以满足每个顶点上的金属原子都为 18 电子组态，它是缺少 10 个价电子的不饱和体。这个簇合物在室温下和 3 倍的氢分子反应可得加合产物 $Pt_3Re_2(CO)_6(P^tBu_3)_3(\mu$-H$)_6$，产率达 90%。单晶 X 射线分析显示它是六氢配合物，具有和反应物相似的三方双锥结构，6 个 H 原子桥连配位在簇合物核心的 6 条 Pt—Re 键的边上，如图 11.4.4（b）所示。在这两种配合物中，Pt—Pt 键长接近相等（平均值分别为272.25 pm 和 271.27 pm），但 Pt—Re 键长在氢化物中却显著增大（平均值分别为 264.83 pm 和 290.92

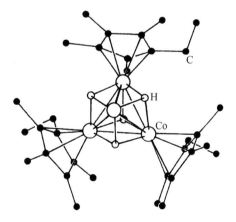

图 11.4.3　在 20 K 用中子衍射分析测定
$H_4Co_4(C_5Me_4Et)_4$ 的结构。

pm）。Pt—H 键显著地短于 Re—H 键（平均值分别为 160 pm 和 189 pm）。

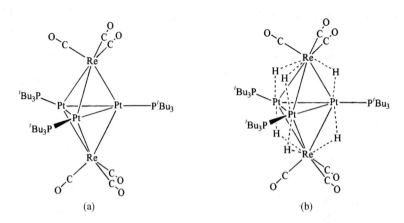

图 11.4.4 (a) $Pt_3Re_2(CO)_6(P^tBu_3)_3$ 和 (b) $Pt_3Re_2(CO)_6(P^tBu_3)_3(\mu\text{-}H)_6$ 的分子结构。

[参见: R. D. Adams and B. Captain, *Angew. Chem. Int. Ed.* **44**, 2531～2533(2005).]

11.4.2 间隙型金属氢化物

大多数间隙型金属氢化物有着可变的组成,例如 PdH_x,$x<1$。PdH_x 的结构模型为:氢原子把它们的价电子传递到金属原子的 d 轨道,因而变成可流动的质子。在 PdH_x 中氢的流动性模型的提出是基于下列实验事实:① 当氢的含量增加时,钯的磁化率下降;② 当加一个电场到 PdH_x 的线状体的两端时,氢向着负极迁移。

许多间隙型过渡金属氢化物呈现出的引人注目的性质是氢在固体中的扩散速率。当温度略为升高,扩散速率增大。利用这种扩散作用,可将 H_2 通过一根钯-银合金管的管壁,使它获得超高度的纯化。

氢是重要燃料,它具有非常高的单位质量的能量密度,它也是一种无污染的燃料,它的主要燃烧产物是水。金属氢化物可以可逆分解得到氢气和金属,因此可用以储存氢。表 11.4.2 列出一些储氢材料的储存容量。这些氢化物的储氢量可以超过相同体积的液态氢。

表 11.4.2 若干储氢体系

储氢体系	氢的质量分数/%	氢的密度/(g cm⁻³)
MgH_2	7.6	0.101
Mg_2NiH_4	3.61	0.097
VH_2	3.80	0.095
$FeTiH_{1.95}$	1.90	0.096
$LaNi_5H_6$	1.37	0.089
液态 H_2	100	0.070
气态 H_2(10 MPa)	100	0.008

在表 11.4.2 中所列的 MgH_2,它的晶体结构已通过中子衍射法测定。MgH_2 晶体属四方晶系,$P4_2/mnm$ 空间群,金红石型结构,晶胞参数 $a=450.25$ pm,$c=301.23$ pm,晶体结构示于图 11.4.5 中。由结构可见,Mg^{2+} 处于由 6 个 H^- 形成的八面体配位中,Mg^{2+}---H^- 距离为

194.8 pm。根据 Mg^{2+} 6 配位的离子半径 72 pm(表 4.2.2),可得 H^- 3 配位的半径为123 pm。由此可见,和 PdH_x 晶体内的 H 失去电子的情况相反,在 MgH_2 晶体中,H 是得电子而以 H^- 形式存在。

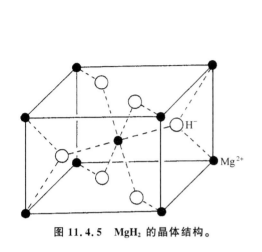

图 11.4.5　MgH_2 的晶体结构。

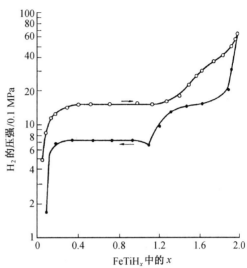

图 11.4.6　$FeTiH_x$ 合金的 *p-x* 等温线。
（上面的曲线相当于逐步加氢到合金时的平衡
压力；下面的曲线相当于从氢化物中逐步去
掉氢气时的平衡压力。）

图 11.4.6 示出铁-钛-氢体系的压强(p)-组成(x)等温线。此体系是一个金属间化合物形成三元氢化物的实例。

11.4.3 含氢金属配合物团簇

$[Li_8(H)\{N(2\text{-}Py)Ph\}_6]^+[Li(Me_2Al^tBu_2)_2]^-$ 和 $Li_7(H)[N(2\text{-}Py)Ph]_6$ 是包含被主族金属离子包围配位的 H^- 的分子型化合物的实例。在正离子$[Li_8(H)\{N(2\text{-}Py)Ph\}_6]^+$中,每个 H^- 被封藏在 6 个 Li 原子形成的八面体空隙中,Li—H 平均距离为 201.5 pm,如图11.4.7(a)

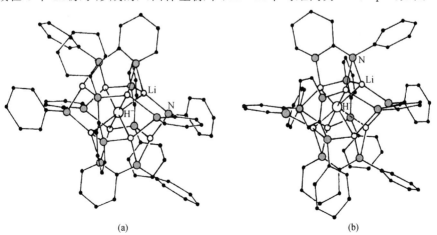

(a)　　　　　　　　　　　　　(b)

图 11.4.7　主族金属配位 H^- 配合物的结构:(a)$[Li_8(H)\{N(2\text{-}Py)Ph\}_6]^+$;(b)$Li_7(H)[N(2\text{-}Py)Ph]_6$。

所示。在分子 $Li_7(H)[N(2\text{-}Py)Ph]_6$ 中，H^- 被封藏在 6 个 Li 原子形成的变形八面体配位层中，如图 11.4.7(b)所示，Li—H 的平均距离为 206 pm，另有一个 Li 原子距离较远，Li---H 距离为 249 pm(图中用虚线表示)。

低温下，氢配位簇合物 $[H_2Rh_{13}(CO)_{24}]^{3-}$ 中的 Rh 原子按类似六方密堆积排布的方式形成核心为 Rh_{13} 的金属骨架，如图 11.4.8(a)所示。其中，每个面上的 Rh 原子都有 1 个端接和 2 个桥连 CO 分子配位；6 个四边形的底面中心位置有 2 个被 H 配体占据，H 到周边 4 个 Rh 原子的距离为 197 pm，H 的位置略向中心 Rh 原子靠近。利用密度泛函理论(DFT)计算，结合 X 射线和中子衍射研究，确认了 H 配体的配位方式，这是第一个含四配位 H 的多核簇合物。

在同晶形体的四核镧系含氢配合物 $[C_5Me_4(SiMe_3)_4]_4Ln_4H_8$ (Ln = Y^{3+} , Lu^{3+})中，核心的四面体簇 $Ln_4H_8^{4+}$ 具有近似 C_{3v} 对称性，如图 11.4.8(b)所示。由图可见，簇的中心为 μ_4-H，一个面上的为 μ_3-H，6 条边上桥连的为 μ_2-H。

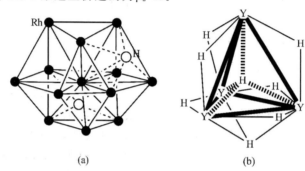

(a)　　　　　　　　　(b)

图 11.4.8　含氢配位簇合物中氢和金属的配位结构:
(a) $[H_2Rh_{13}(CO)_{24}]^{3-}$ 中的"H_2Rh_{13}"簇;(b) $[C_5Me_4(SiMe_3)_4]_4Y_4H_8$ 中的 $Y_4H_8^{4+}$,
未示出的 4 个 $[C_5Me_4(SiMe_3)]^-$ 配体分别从 4 个面上加帽与金属原子配位。

11.5　分子氢(H₂)的配合物和 σ 键配合物

11.5.1　H₂ 配合物的结构和化学键

分子氢配合物通常用 $M(\eta^2\text{-}H_2)$ 或 $M(H_2)$ 表示，又称为二氢配合物。

金属中心原子对氢气的活化作用是一个重要的化学反应。H—H 键是强键，键能达 436 kJ mol^{-1}。将 H_2 加成于不饱和有机物和其他化合物中时，必须用金属中心原子形成中间体，金属中心原子起到催化氢化的基础作用。在催化机理中，由 H_2 的裂解形成的氢化物是关键的中间体。

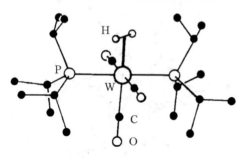

图 11.5.1　$W(CO)_3[P(CHMe_2)_3]_2(H_2)$ 的
分子结构。

第一个含有 H_2 配位分子的过渡金属配合物是 $W(CO)_3[P(CHMe_2)_3]_2(H_2)$。X 射线和中子衍射的研究以及一系列光谱方法的研究已说明它具有一个 $\eta^2\text{-}H_2$ 配位体，如图 11.5.1 所示。围绕 W 原子的几何形态是一个规则的八面体，H_2 分子对称地以一个 η^2 方式配位到 W 原子上。在 $-100\,^\circ\mathrm{C}$ 时，W—H 平均距离为 185 pm

(X 射线)和 175 pm(中子衍射)。 H—H 距离为75 pm(X 射线)和 82 pm(中子衍射),略比自由 H_2 分子中的键长(74 pm)稍长一点。

H_2 分子以侧接配位方式和金属原子成键。H_2 提供 σ 成键电子对给金属原子空的 d 轨道,金属原子反馈 d 电子给 H_2 分子空的 σ^* 轨道,如图 11.5.2 所示。这种协同的(相互促进的)成键方式类似于 CO 和乙烯分子与金属原子间的成键作用。当金属为一富含电子的原子时,金属原子将电子反馈到 H_2 分子的 σ^* 轨道,与 H—H 键会裂解是一致的。

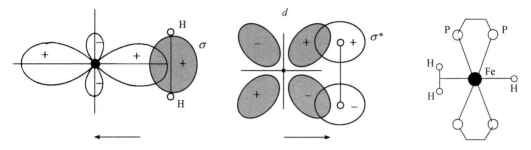

图 11.5.2 在 W-η^2-H_2 中的成键作用。　　　　　图 11.5.3 $[Fe(\eta^2$-$H_2)(H)$ $(PPh_2CH_2CH_2PPh_2)_2]^-$ 的结构。

反式$[Fe(\eta^2$-$H_2)(H)(PPh_2CH_2CH_2PPh_2)_2]BPh_4$ 的结构已用中子衍射法在 20 K 下测定。围绕 Fe 原子周围的配位环境示于图 11.5.3 中。这是第一个明确地展示出金属氢化物和 H_2 分子配位在同一个金属原子上的差异。η^2-H_2 配位时,H—H 键长为 81.6 pm,H—Fe 距离为 161.6 pm,它比端接形式的 H—Fe 键长 153.5 pm 略长一些。

一系列分子 H_2 配合物已得到测定和确认。表 11.5.1 列出用中子衍射法测定这些配合物得到的 H—H 距离(d_{HH}),它的范围从 82 pm 到 160 pm。距离超出这个数值的配合物通常看作经典的氢化物。一个"真正的"二氢配合物是指其 $d_{HH} < 100$ pm,而 d_{HH} 处在 $100 \sim 160$ pm 的配合物其性质像氢化物,具有高度离域键。

表 11.5.1　用中子衍射法测定的若干 H_2 配合物中 H—H 键距(d_{HH})

H_2 配合物	$d_{HH}{}^*$/pm	H_2 配合物	$d_{HH}{}^*$/pm
$Mo(Co)(dppe)_2(H_2)$	73.6(84)	$[Cp^* Ru(dppm)(H_2)]^+$	108(110)
$[FeH(H_2)(dppe)_2]^+$	81.6	cis-$[IrCl_2 H(H_2)(P^iPr_3)_2]$	111
$W(CO)_3(P^iPr_3)_2(H_2)$	82	$trans$-$[OsCl(H_2)(dppe)_2]^+$	122
$[RuH(H_2)(dppe)_2]^+$	82(94)	$[Cp^* OsH_2(H_2)(PCy_3)]^+$	131
$FeH_2(H_2)(PEtPh_2)_3$	82.1	$[Os(en)_2(H_2)(acetate)]^+$	134
$[OsH(H_2)(dppe)_2]^+$	97	$ReH_5(H_2)[P(p\text{-tolyl})_3]_2$	135.7
$[Cp^* OsH_2(H_2)(PPh_3)]^+$	101	$[OsH_3(H_2)(PPhMe_2)_3]^+$	149
$[Cp^* OsH_2(H_2)(AsPh_3)]^+$	108		

* 对振动未加修正;已予修正的值列在括号中。

以 H_2 作为给体,提供 σ 电子;以 H^+ 作为受体,由其空的 $1s$ 轨道接受电子,形成 H_3^+ 如下:

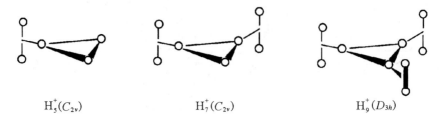

H_3^+ 的存在已得到质谱的证明, H_3^+ 的相对分子质量为 3.0235, 明显地不同于 HD(3.0219), 也不同于氚 T(3.0160)。H_3^+ 是一个等边三角形由 3c-2e 键结合的离子。

其他 H_5^+, H_7^+ 和 H_9^+ 等含奇数个原子的离子, 也已得到质谱证实。它们在质谱中的强度比相邻的 n 为偶数 H_n^+ 高出 2～3 个数量级。H_5^+, H_7^+ 和 H_9^+ 的结构如下:

$H_5^+(C_{2v})$　　　　　　$H_7^+(C_{2v})$　　　　　　$H_9^+(D_{3h})$

11.5.2　X—H σ 键的配位金属化合物

与已经明确测定的 η^2-H_2 配合物类似, 甲烷和硅烷也能期望合理地通过一个 C—H σ 键或一个 Si—H σ 键以 η^2-方式配位于金属原子:

一些以硅烷 σ 键作配位体和过渡金属形成的配合物已被广泛研究。Mo(η^2-H—SiH$_2$Ph) (CO)(Et$_2$PCH$_2$CH$_2$PEt$_2$)$_2$ 的分子结构示于图 11.5.4(a), 它显示出 Si—H 键的 η^2-配位方式, 在位置上和 CO 配位体呈顺式构象。Si—H 和 Mo 形成配位键的键长和键角为: Si—H 177 pm, Mo—H 170 pm, Mo—Si 250.1 pm, Mo—H—Si 92° 和 Mo—Si—H 42.6°。含有 SiH$_2$Ph$_2$ 类似基团的化合物 Mo(η^2-H—SiHPh$_2$)(CO)(Et$_2$PCH$_2$CH$_2$PEt$_2$)$_2$, 其结构示于图 11.5.4(b), 在它的相似结构中, 有 Si—H 166pm, Mo—H 204 pm 和 Mo—Si 256.4 pm。

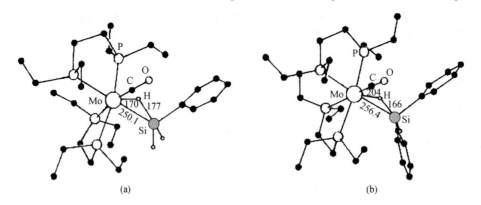

图 11.5.4　(a)Mo(η^2-H—SiH$_2$Ph)(CO)(Et$_2$PCH$_2$CH$_2$PEt$_2$)$_2$ 和
(b)Mo(η^2-H—SiHPh$_2$)(CO)(Et$_2$PCH$_2$CH$_2$PEt$_2$)$_2$ 的结构。(键长单位为 pm。)

从一个分子中的 X—H σ 键(X 为 B,C,N,O,Si)提供电子到另一个分子中缺电子的金属原子(如 Zr), 可使两个分子形成紧密结合的离子对。例如[(C$_5$Me$_5$)$_2$Zr$^+$Me][B$^-$Me(C$_6$F$_5$)$_3$]就是很好的例子，它的结构示于图 11.5.5 中。这种结合方式也称为分子间准抓氢（intermolecular pseudo-agostic，IPA）相互作用。

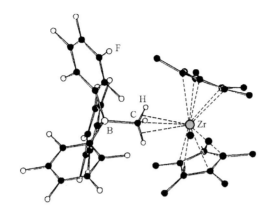

图 11.5.5　$[(C_5Me_5)_2Zr^+Me][B^-Me(C_6F_5)_3]$的结构。

11.5.3　抓氢键

抓氢键（agostic bond）即 C—H⇀M 键是一个分子内的 3c-2e 键，它由金属原子的空轨道接受来自 C—Hσ 成键轨道的电子对所形成。"Agostic"一词来自希腊文，意思是"紧握""拉向他自己""抓住紧靠其近旁"。抓氢键只用以表示分子内部的 C—H⇀M 结合，而不用来描述单纯由外来 σ 键配位体形成的键。抓氢键可概括性地按下面方法来理解，许多过渡金属化合物的中心金属的最外层电子少于 18 个，故形式上是不饱和的。这种缺电子性的一种补救办法是过渡金属原子抓住一个配位的有机配位体中的 H 原子，以增加它的电子数。所以抓氢键通常出现在金属有机化合物中的碳-氢基团和前过渡金属原子之间，这时 H 原子以共价键同时和一个 C 原子及一个过渡金属原子成键。半个箭头的符号形式上表示从 $H_{(\alpha)}$ 原子提供两个电子给 M 的空轨道。和所有只含 3 个价轨道的 3c-2e 桥连体系一样，C—H⇀M 是弯曲的体系，也可精确地表达如右图所示的成键形式：

在 C—H⇀M 键中，C—H 间的距离在 113～119 pm，比没有桥连的 C—H 键长为 5%～10%，M—H 间的距离比正常端接的 M—H 键长 10%～20%。^{1}H NMR 谱适用于判断稳态抓氢体系。由于降低了 $C—H_{(\alpha)}$ 键级，$C—H_{(\alpha)}$⇀M 键显示出低的 $J[C—H_{(\alpha)}]$ 值。典型的 $C(sp^3)$—H 键的 J 值为 120～130 Hz，而抓氢体系中 $J[C—H_{(\alpha)}]$ 值显著降低至 60～90 Hz。

C—H⇀M 抓氢键有些类似于 X—H···Y 氢键，这可从 M—H 键的强度、核间的距离以及 C—H 键键长的变化等方面来理解。但是它们之间有着两点差异：第一是氢键中的 H 原子是和电负性高的质子受体原子相吸引，而在抓氢键中金属的正电性越强，表现的吸引力越大。第二，氢键是一个 3c-4e 体系，而抓氢键是 3c-2e 体系。此外，如前述，X—H···Y 氢键键角通常是 120°～180°，而 C—H⇀M 键角接近 90°或更小。

抓氢键的作用对一些反应有着重要意义，例如 α-消除反应、β-氢消除反应及邻位金属取代反应等。举例来说，在一个 β-氢消除反应中，一个处在烷基 β-C 原子上的 H 原子转移到金属原子上，接着消除一个烯烃，这个反应是通过抓氢键中间体来进行的，如下所示：

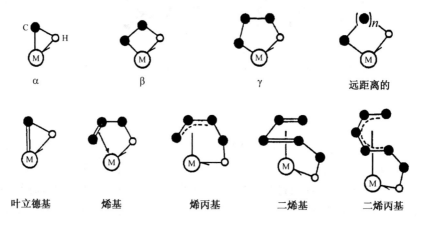

抓氢键的发现,将重新检讨一些简单有机基团(如甲基)作配位体的意义。C—H基团过去常理解为一个惰性的、无关的配位体,但现在可理解为包含碳氢配位体的C—H体系,可在一个复杂的立体化学反应中起重要的作用。图11.5.6列出烷基和不饱和碳氢基团的抓氢键的结构形式。

图 11.5.6 烷基和不饱和碳氢基团的抓氢键 X—H→M 的结构形式。

现在,抓氢键已扩展为X—H→M体系,其中X不仅是C原子,还可以是B,N,Si原子。图11.5.7表明一些典型的过渡金属化合物的分子结构,在其中抓氢键已通过X射线和中子衍射研究所证实,这些化合物的结构数据见表11.5.2。

表 11.5.2 含抓氢键 X—H→M 化合物的结构数据

化合物	M—X 键长/pm	X—H 键长/pm	M—H 键长/pm	X—H—M 键角/(°)	图 11.5.7 中的序号
$[Ta(CHCMe_3)(PMe_3)Cl_3]_2$	Ta—C 189.8	C—H 113.1	Ta—H 211.9	C—H—Ta 84.8	(a)
$[HFe_4(\eta^2\text{-}CH)(CO)_{12}]$	Fe—C 182.7~194.9	C—H 119.1	Fe—H 175.3	C—H—Fe 79.4	(b)
$[Pd(H)(PH_3)(C_2H_5)]$	Pd—C 208.5	C—H 113	Pd—H 213	C—H—Pd 88	(c)
$\{RuCl[S_2(CH_2CH_2)C_2B_9H_{10}](PPh_3)_2\}Me_2CO$		B—H 121	Ru—H 163		(d)
$[Mn(HSiFPh_2)(\eta^5\text{-}C_5H_4Me)(CO)_2]$	Mn—Si 235.2	Si—H 180.2	Mn—H 156.9		(e)

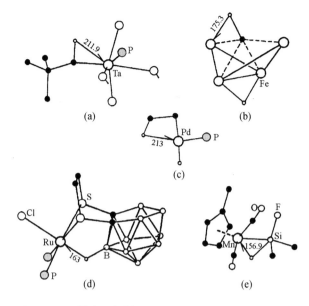

图 11.5.7　带有抓氢键 X—H→M 的配位化合物的结构：

(a) [Ta(CHCMe₃)(PMe₃)Cl₃]；**(b)** [HFe₄(η^2-CH)(CO)₁₂]；**(c)** [Pd(H)(PH₃)(C₂H₅)]；

(d) {RuCl[S₂(CH₂CH₂)C₂B₉H₁₀](PPh₃)₂}Me₂CO；**(e)** [Mn(HSiFPh₂)(η^5-C₅H₄Me)(CO)₂]。

　　一些含有 P, N 或 O 配位体的配位化合物也能形成抓氢键，如右图所示：

$$\begin{matrix} & (C)_n & \\ E & & H \\ & M & \end{matrix} \quad (E=P, N, O)$$

　　含有膦的化合物的抓氢作用有很重要的意义，因为它们具有剩余的能够和其他小分子(如 H₂)结合的位置。膦基团在许多均相催化剂中起关键作用。图 11.5.8(a)示出 W(CO)₃(PCy₃)₂ 的结构，在其中 W←H 距离为 224.0 pm, W---C 距离为 288.4 pm。图 11.5.8(b)示出 [IrH(η^2-C₆H₄P^{t}Bu₂)(P^{t}Bu₂Ph)]⁺ [BAr₄]⁻ 盐的正离子的结构，在其中 Ir←H 距离为203.2 pm, Ir---C 距离为 274.5 pm。

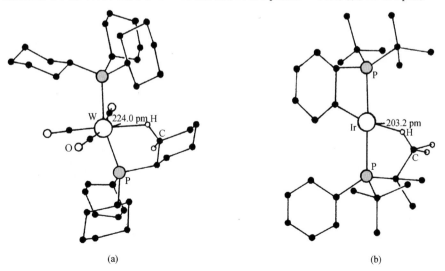

图 11.5.8　**(a)** W(CO)₃(PCy₃)₂ 和 **(b)** [IrH(η^2-C₆H₄P^{t}Bu₂)(P^{t}Bu₂Ph)]⁺ 的结构。

11.5.4　σ配合物的结构和化学键

有关σ配合物的结构和化学键情况可归纳如下：

（1）在一些配位体分子中的X—H键（X为B，C，Si），如同H₂分子中的H—H键，能提供它们的σ键电子对将配位体和金属原子结合。它们形成分子间配合物（如σ配合物）或分子内配合物（如抓氢键配合物）。所有这些化合物都含有非经典的3c-2e键，总称为σ配合物。

二氢配合物　　　　　　σ配合物　　　　　　抓氢键配合物

（2）对σ配合物成键本质的理解，扩充了配位作用概念，增补了经典的维尔纳型孤对电子的提供作用和不饱和配位体的π电子提供作用。

维尔纳型配合物　　　π配合物　　　σ配合物

（3）在σ配合物中，σ键配位体是侧向（η^2模型）与金属原子（M）成键，形成3c-2e键，在其中电子的提供作用类似于π配合物。过渡金属原子能唯一地稳定σ配体和π配体是由于它们的d轨道上电子的反馈作用，如图11.5.9所示。主族元素金属原子缺少外层d轨道上的电子，所以不能形成稳定的σ配合物。

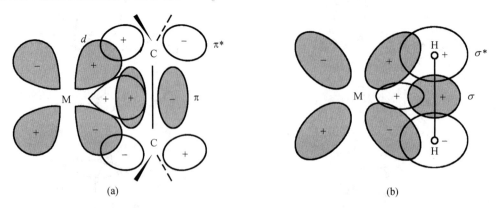

图11.5.9　(a)π配合物和(b)σ配合物中电子的提供作用。

（4）H—H和X—H是强共价键，它们在对过渡金属的σ配位作用中和从金属到σ^*轨道的反馈作用中受到削弱,甚至断裂。σ键和金属原子配位结合时的增长或断裂依赖于 M 原子的电子性质,此性质受到 M 原子上其他配位体的影响。在 σ 配合物中,H—H 和 X—H 的距离可在很大的范围内变动。从金属二氢 σ 配合物到氢化物的渐变过程示意如下:

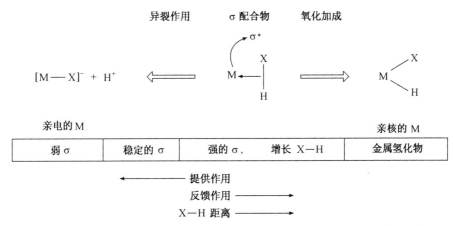

H$_2$分子	"真正的" H$_2$ σ 配合物	变长的 H$_2$ 配合物		氢化物
74 pm	80~90 pm	100~120 pm	130~150 pm	>160 pm

（5）H—H 键的解离有两种完全不同的途径:氧化加成和异裂反应。这两种途径都已在催化氢化作用中证实,它也同样可用于其他 X—H σ 键（如 C—H 键）的活化作用。

σ 配合物中的反馈作用在帮助 H$_2$ 和 M 结合上以及活化 H—H 键趋向断裂作用上都是关键的组成部分。如果反馈作用变得太强,由于 H$_2$ 的反键轨道的集居数过高,σ 键断裂而成为氢化物。

异裂作用　　　　σ 配合物　　　　氧化加成

$$[M\!-\!X]^- + H^+ \quad \Longleftarrow \quad M\!\leftarrow\!\overset{X}{\underset{H}{|}} \quad \Longrightarrow \quad M\overset{X}{\underset{H}{\diagdown}}$$

亲电的 M　　　　　　　　　　　　　　　　　　　　　　　　　　　亲核的 M

弱 σ	稳定的 σ	强的 σ,	增长 X—H	金属氢化物

◄——————— 提供作用
反馈作用 ———————►
X—H 距离 ———————►

值得注意的是反馈作用控制 σ 键向着解离方向活化,一个 σ 键不能单独地与空的金属 d 轨道共用它的电子对,从而断裂。虽然在 σ 配合物中 σ 作用通常是主要成键组分,但在室温下没有少量的反馈作用它未必就是稳定的。

11.6　货币金属的氢化物

11.6.1　铜的氢化物

间双[(二苯基膦基甲基)苯基膦基]甲烷(dpmppm)与[(CH$_3$CN)$_4$Cu]X (X＝BF$_4$ 或 PF$_6$)和硼氢化钠反应,生成两种铜氢配合物阳离子:双核 μ-氢配合物,以及同时包含 μ_2- 和 μ_4-氢桥的四核配合物。

X 射线晶体结构测定显示,含 μ-氢的双核阳离子具有 C$_2$ 对称性,每个四膦链通过 P(1) 和 P(3) 螯合一个铜中心原子,并通过 P(3) 和 P(4) 桥与另一个铜中心相接,而 P(2) 保持未络合状态[图 11.6.1(a)]。Cu…Cu 间距甚长,为 279.48 pm。氢负离子的位置通过傅立叶差值分析确定,给出 Cu—H 键长为 162 pm,Cu—H—Cu 键角为 120°。

四核配合物具有晶体学反演中心，其 Cu_4 矩形骨架由两个 dpmppm 配体以及两个 μ_2-和一个 μ_4-氢负离子桥连，形成 $[Cu_4H_3]^+$ 核[图 11.6.1(b)]。每对铜中心由一个 μ_2-氢负离子和一个 μ_4-氢负离子连接，桥连的 Cu(1)···Cu(2) 间距为 246.5 pm。这两对之间通过桥连 dpmppm 配体和 μ_4-氢负离子连接，Cu(1)···Cu(2)* 间距为 278.9 pm。氢负离子通过差值傅立叶分析定位，得出 μ_2-氢负离子 Cu—H 距离为 152 和 157 pm，μ_4-氢负离子 Cu—H 距离则为 182 和 190 pm。

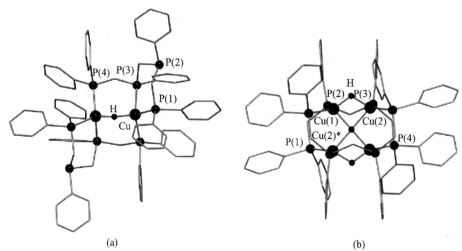

(a)　　　　　　　　　　　　　(b)

图 11.6.1　膦配体连接的阳离子的晶体结构：
(a) 双核 $[Cu_2(\mu\text{-}H)]^+$；(b) 四核 $[Cu_4(\mu_2\text{-}H)_2(\mu_4\text{-}H)]^+$。

[参看：(1) K. Nakamae, B. Kure, T. Nakajima, Y. Ura and T. Tanase, Facile insertion of carbon dioxide into $Cu_2(\mu\text{-}H)$ dinuclear units supported by tetraphosphine ligands. *Chem. Asian J.* **9**, 3106~3110 (2014)；(2) A. J. Jordan, G. Lalic and J. P. Sadighi, Coinage metal hydrides：Synthesis, characterization, and reactivity. Chem. Rev. **116**, 8318~8372(2016).]

11.6.2　银的氢化物

在 1,1-双(二苯基膦基)甲烷(L)存在下，利用硼氢化钠还原三氟乙酸银并与 $AgBF_4$ 反应，可合成聚结的 $[Ag_3H(Cl)(L)_3]^+BF_4^-$。X 射线和中子衍射表明，扭曲的三角双锥体配位核心由 μ_3-氢离子和 μ_3-氯离子配体稳定，双膦配体桥连相邻的银中心[图 11.6.2(a)]。银-氢距离为 191 pm，明显短于 285.9 pm 的银-氯距离；Ag_3 三角形内的银-银距离显著缩短(289.88 pm)，表明 Ag(Ⅰ)中心之间存在亲银相互作用。

在 −10 ℃ 及以下，用双膦配体和过量的硼氢化物在乙腈溶液中处理 $AgBF_4$，形成含氢桥和硼氢桥连接的三核阳离子的化合物 $[Ag_3(\mu_3\text{-}H)(\mu_3\text{-}BH_4)(L)_3]^+BF_4^-$，见图 11.6.2(b)，其中典型的键长如下：Ag—H，193 pm；Ag—H(1)，217 pm；B—H(1)，110 pm；B—H(2)，107 pm；亲银作用的 Ag···Ag，291 pm。

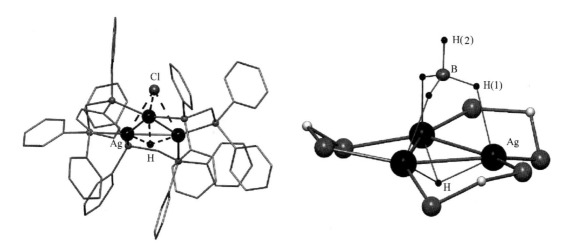

图 11.6.2　(a) 含扭曲三角双锥 ClAg₃H 核的阳离子[Ag₃(μ₃-H)(μ₃-Cl)(L)₃]⁺

[L＝1,1-双(二苯基膦基)甲烷]的晶体结构；(b) 阳离子[Ag₃(μ₃-H)(μ₃-BH₄)(L)₃]⁺

[L＝1,1-双(二苯基膦基)甲烷]的结构。

(为清楚起见,省略了对苯基。氢离子的位置通过中子劳厄衍射分析确定。)

[参看：(1) A. Zavras, G. N. Khairallah, T. U. Connell, J. M. White, A. J. Edwards, P. S. Donnelly and R. A. J. O'Hair, Synthesis, structure and gas-phase reactivity of a silver hydride complex [Ag₃{(PPh₂)₂CH₂}₃(μ₃-H)(μ₃-Cl)]BF₄. *Angew. Chem. Int. Ed.* **52**, 8391～8394 (2013)；(2) A. Zavras, A. Ariafard, G. N. Khairallah, J. M. White, R. J. Mulder, A. J. Canty and R. A. J. O'Hair, Synthesis, structure and gas-phase reactivity of the mixed silver hydride borohydride nanocluster [Ag₃ (μ₃-H)(μ₃-BH₄)LPh₃]BF₄[LPh ＝ bis(diphenylphosphino)methane]. *Nanoscale* **7**, 18129～18137 (2015).]

11.6.3　金的氢化物

　　通常采用高氧化态的 Au^III 合成 d^8 构型的金的氢化物。在甲苯溶液中,用 Li⁺[HBEt₃]⁻ 处理(C∧N∧C)AuOH(其中,C∧N∧C 代表 4′,4″-二叔丁基-2,6-二苯基吡啶在 2′ 和 2″位置与金属结合),得到 (C∧N∧C)Au^III 氢化物,可以分离出 (C∧N∧C)Au^III H 的黄色晶体,其结构如图 11.6.3(a)所示。

　　于−80℃,利用 Brookhart 酸{[(Et₂O)₂H]⁺[BArᶠ₄]⁻,Arᶠ＝3,5-双-(三氟甲基苯基)}在

CD₂Cl₂溶液中对 LAuH (L＝
$$
\underset{\underset{\text{Dipp}}{} \quad \underset{\text{Dipp}}{}}{\text{N} \underset{\cdots}{} \text{N}}
$$
,Dipp＝2,6-^{i}Pr₂C₆H₃)进行质子解,可生成氢离

子桥连的双核阳离子[(LAu)₂(μ-H)]⁺,其结构如图 11.6.3(b)所示。

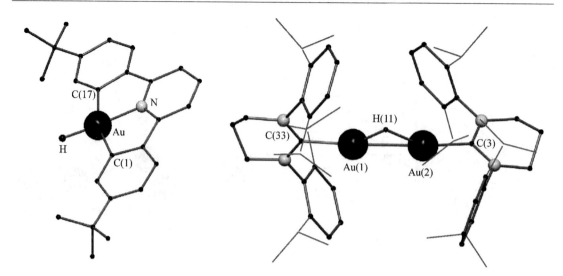

图 11.6.3　[(a) (C∧N∧C)Au^Ⅲ H 的结构；(b) {[LAu]₂(μ-H)}⁺[BAr₄′]⁻ 中阳离子的结构。

[(a) 为清楚起见,省略了除氢负离子以外的氢原子,氢负离子通过电子密度图定位,典型的距离和角度：Au—C(1)，207.4 pm；Au—C(17)，207.3 pm；Au—N，203.5 pm；C(17)—Au—C(1)，161.63°；(b) 典型的键长和角度：Au(1)—Au(2)，275.71 pm；Au(1)—C(33)，204.0 pm；Au(2)—C(3)，204.9 pm；Au(1)—Au(2)—C(3)，165.7°；Au(2)—Au(1)—C(33)，164.6°。在两种晶体结构中,氢离子配体位置均来自差值傅立叶分析。]

[参看：(a) D. A. Ros,ca, D. A. Smith, D. L. Hughes and M. Bochmann, A thermally stable gold (Ⅲ) hydride：synthesis, reactivity, and reductive condensation as a route to gold(Ⅱ) complexes. *Angew. Chem. Int. Ed.* **51**, 10643~10646 (2012)；(b) N. Phillips, T. Dodson, R. Tirfoin, J. I. Bates and S. Aldridge, Expanded-ring N-heterocyclic carbenes for the stabilization of highly electrophilic gold (Ⅰ) cations. *Chem. Eur. J.* **20**, 16721~16731 (2014).]

参 考 文 献

[1]　G. A. Jeffery, *An Introduction to Hydrogen Bonding*, Oxford University Press, Oxford, 1997.

[2]　R. B. King (ed), *Encyclopedia of Inorganic Chemistry*, Wiley, New York, 1994；(a) K. Yvon, Hydrides：solid state transition metal complexes. pp. 1401~1420；(b) M. Kakiuchi, Hydrogen： inorganic chemistry. pp. 1444~1471.

[3]　F. D. Manchester (ed.), *Metal Hydrogen Systems：Fundamentals and Applications*, Vols. Ⅰ and Ⅱ, Elsevier Sequoia, Lausanne, 1991.

[4]　G. R. Desiraju and T. Steiner, *The Weak Hydrogen Bond in Structural Chemistry and Biology*, Oxford University Press, Oxford, 1999.

[5]　G. A. Jeffrey and W. Saenger, *Hydrogen Bonding in Biological Structures*, Springer-Verlag, Berlin, 1991.

[6]　C. C Wilson, *Single Crystal Neutron Diffraction from Molecular Materials*, World Scientific, Singapore, 2000.

[7]　M. Peruzzini and R. Poli (eds), *Recent Advances in Hydride Chemistry*, Elsevier, Amsterdam, 2001.

[8]　G. J. Kubas, *Metal Dihydrogen and σ-Bond Complexes*, Kluwer/Plenum, New York, 2001.

[9]　C. -K. Lam and T. C. W. Mak, Carbonate and oxalate dianions as prolific hydrogen-bond acceptors in supramolecular assembly. *Chem. Commun.* 2660~2661(2003).

[10]　G. R. Desiraju, Hydrogen bridges in crystal engineering: Interactions without borders. *Acc. Chem. Res.* **35**, 565~573(2002).

[11]　J. J. Schneider, Si—H and C—H activition by transition metal complexes: A step towards isolable alkane complexes? *Angew. Chem. Int. Ed.* **35**, 1069~1076(1996).

[12]　R. Bau, N. N. Ho, J. J. Schneider, S. A. Mason and G. J. Mclntyre, Neutron diffraction study of $H_4Co_4(C_5Me_4Et)_4$. *Inorg. Chem.* **43**, 555~558(2004).

[13]　A. J. Jordan, G. Lalic and J. P. Sadighi, Coinage metal hydrides: Synthesis, characterization, and reactivity. *Chem. Rev.* **116**, 8318~8372 (2016).

[14]　周公度,氢的新键型.大学化学,**14**(4),8~16(1999).

第 12 章　碱金属和碱土金属的结构化学

12.1　碱金属概述

碱金属:锂、钠、钾、铷、铯和钫是元素周期表第 1 族的成员,它们的基态为一个 ns^1 价电子处在稀有气体组态原子实的外部。碱金属的一些重要性质列于表 12.1.1 中。

表 12.1.1　碱金属的一些重要性质*

性　质	Li	Na	K	Rb	Cs
原子序数 Z	3	11	19	37	55
电子组态	$[He]2s^1$	$[Ne]3s^1$	$[Ar]4s^1$	$[Kr]5s^1$	$[Xe]6s^1$
$\Delta H^{\ominus}_{at}/(kJ\ mol^{-1})$	159	107	89	81	76
mp/K	454	371	337	312	302
$\Delta H^{\ominus}_{fus}/(kJ\ mol^{-1})$	3.0	2.6	2.3	2.2	2.1
bp/K	1620	1156	1047	961	952
$r_M(CN=8)/pm$	152	186	227	248	265
$r_{M^+}(CN=6)/pm$	76	102	138	152	167
$I_1/(kJ\ mol^{-1})$	520.3	495.8	418.9	403.0	375.7
$I_2/(kJ\ mol^{-1})$	7298	4562	3051	2633	2230
电子亲和能$(Y)/(kJ\ mol^{-1})$	59.8	52.7	48.3	46.9	45.5
电负性(χ_s)(鲍林标度)	0.91	0.87	0.73	0.71	0.66

* 表中没有包括钫的数据,因只知道它的人造同位素。

随着原子序数的增加,碱金属原子半径变大,金属键的强度、原子化焓($\Delta H^{\ominus}_{at}$)、熔点(mp)、标准熔化焓($\Delta H^{\ominus}_{fus}$)和沸点(bp)等都随着逐步下降。此族元素的物理性质出现由上到下规则地渐变的规律。

碱金属原子半径随原子序数增加而加大,它们也是各所在周期中半径最大的元素,这个特点导致其第一电离能(I_1)很小,所以化学活性高,在它们所形成的大量化合物中以 M^+ 离子形式存在。碱金属原子的第二电离能(I_2)很高,阻止它们形成 M^{2+}。碱金属原子的电子亲和能(Y)显示轻度的放热性,在精细控制的条件下,除 Li 原子外可以形成 M^- 离子。

以往对碱金属元素主要的关注范围仅限于一些配位化学内容。但在近 40 年来,两方面的因素对它的兴趣和系统研究骤增:一是锂元素在有机合成和材料科学中的重要性增加;二是在配位正离子形成时大环配位体的开拓作用。12.4 节将介绍应用配位正离子以形成碱金属负离子盐(alkalide)和电子盐(electride)。

12.2　无机碱金属化合物的结构

12.2.1　碱金属氧化物和氮化物

已知存在下列类型的碱金属和氧的二元化合物:

(1) 氧化物: M_2O。

(2) 过氧化物: M_2O_2。

(3) 超氧化物: MO_2(LiO_2 仅在 15 K 的底物中稳定)。

(4) 臭氧化物: MO_3(Li 例外)。

(5) 低氧化物: Rb_6O, Rb_9O_2, Cs_3O, Cs_4O, Cs_7O 和 $Cs_{11}O_3$。

(6) 倍半氧化物: M_2O_3,它们可能是以 $M_2O_2 \cdot 2MO_2$ 形式存在的混合的过氧化物和超氧化物。

将上述这些氧化物的结构和性质归纳于表 12.2.1 中。

表 12.2.1　碱金属氧化物的结构和性质

	Li	Na	K	Rb	Cs	
氧化物 M_2O	无色 mp 1843 K 反式-CaF_2 结构	无色 mp 1193 K 反式-CaF_2 结构	淡黄色 mp>763 K 反式-CaF_2 结构	黄色 mp>840 K 反式-CaF_2 结构	橙色 mp 763 K 反式-$CdCl_2$ 结构	
过氧化物 M_2O_2	无色 >473 K 分解	淡黄色 约 948 K 分解	黄色 约 763 K 分解	黄色 约 843 K 分解	黄色 约 863 K 分解	
超氧化物 MO_2	—	橙色 约 573 K 分解 NaCl 结构	橙色 mp 653 K 约 673 分解 CaC_2 结构	橙色 mp 685 K CaC_2 结构	橙色 mp 705 K CaC_2 结构	
臭氧化物 MO_3	—	红色 低于室温分解	暗红色 室温下分解 CsCl 结构	暗红色 室温下分解 CsCl 结构	暗红色 >323 K 分解 CsCl 结构	
低氧化物	—	—	—	Rb_6O 青铜色 266 K 分解 Rb_9O_2 铜色 mp 313 K	Cs_3O 蓝绿色 439 K 分解 Cs_4O 红紫色 284 K 分解	Cs_7O 青铜色 mp 277 K $Cs_{11}O_3$ 紫色 mp 326 K

对于较大的碱金属形成的低氧化物,全部二元低氧化物(Cs_3O 除外)以及 $Cs_{11}RbO_3$,$Cs_{11}Rb_2O_3$ 和 $Cs_{11}Rb_7O_3$ 等的晶体结构均已用单晶 X 射线衍射法测定。结构数据列于表 12.2.2 中。这些结构有下列特点:

(1) 每个 O 原子占据由 Rb 或 Cs 组成的八面体的中心位置。

(2) 在 Rb_9O_2 中两个同样的八面体共面连接成簇;在 $Cs_{11}O_3$ 中 3 个八面体也同样共面连接成簇,如图 12.2.1 所示。在晶体结构中,有的只由一种 Rb_9O_2 簇或 $Cs_{11}O_3$ 簇堆积而成,有的在簇间填充同一种金属原子,如图 12.2.2(a)所示的($Cs_{11}O_3$)Cs_{10},有的在簇间填充另一种金属原子,如图 12.2.2(b)所示的($Cs_{11}O_3$)Rb 和图 12.2.2(c)所示的($Cs_{11}O_3$)Rb_7。

表 12.2.2　碱金属低氧化物的结构数据

化合物	空间群	结构特点及相关图号
Rb_9O_2	$P2_1/m$	Rb_9O_2 簇,图 12.2.1(a)
Rb_6O	$P6_3/m$	$(Rb_9O_2)Rb_3$;每个 Rb_9O_2 簇加 3 个 Rb 原子
$Cs_{11}O_3$	$P2_1/c$	$Cs_{11}O_3$ 簇,图 12.2.1(b)
Cs_4O	$Pna2_1$	$(Cs_{11}O_3)Cs$;每个 $Cs_{11}O_3$ 簇加 1 个 Cs 原子
Cs_7O	$P6m2$	$(Cs_{11}O_3)Cs_{10}$;每个 $Cs_{11}O_3$ 簇加 10 个 Cs 原子,图 12.2.2(a)
$Cs_{11}O_3Rb$	$Pmn2_1$	每个 $Cs_{11}O_3$ 簇加 1 个 Rb 原子,图 12.2.2(b)
$Cs_{11}O_3Rb_2$	$P2_1/c$	每个 $Cs_{11}O_3$ 簇加 2 个 Rb 原子
$Cs_{11}O_3Rb_7$	$P2_12_12_1$	每个 $Cs_{11}O_3$ 簇加 7 个 Rb 原子,图 12.2.2(c)

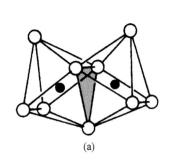 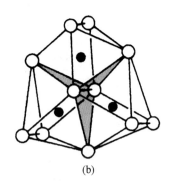

(a)　　　　　　　　　　　　　(b)

图 12.2.1　低氧化物中簇的结构:(a) Rb_9O_2 ;(b) $Cs_{11}O_3$ 。
(白球代表金属原子,黑球代表 O 原子。阴影面为相邻多面体的共用面。)

(3) O—M 距离接近 M^+ 和 O^{2-} 离子半径加和值。M 原子的离子性特征还反映在簇结构内部较短的 M—M 距离上。

(4) 簇间的 M—M 距离相当于金属中的 Rb 或 Cs 的距离。

(5) 簇和附加的碱金属原子将形成新的计量化合物。

碱金属低氧化物中的化学键性质,可将化合物 Rb_9O_2 和 $Cs_{11}O_3$ 与"正常的"氧化物以及单质金属 Rb 和 Cs 等原子间的距离进行对比加以阐明。M—O 的距离接近相应离子半径的加和值,原子簇间较大的 M—M 距离相当于单质金属 M(Rb 和 Cs)间的距离。所以,Rb_9O_2 和 $Cs_{11}O_3$ 的结构和化学键可分别地表达为 $(Rb^+)_9(O^{2-})_2(e^-)_5$ 和 $(Cs^+)_{11}(O^{2-})_3(e^-)_5$ 。它们的稳定性归因于强的 M—O 键和弱的 M—M 键。这样,在簇合物中 M—M 键的电子并不定域在簇中,而是离域在整个簇合物的晶体中。

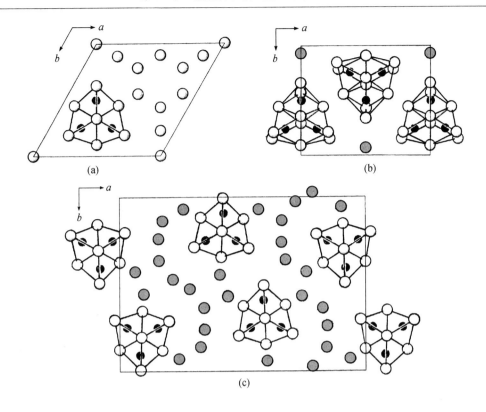

图 12.2.2　低氧化物晶胞中原子排列的投影图：(a) $(Cs_{11}O_3)Cs_{10}$；(b) $(Cs_{11}O_3)Rb$；(c) $(Cs_{11}O_3)Rb_7$。
[小黑球代表 O，白球代表 Cs，阴影球代表 Rb。]

在碱金属中，只有锂能在常温常压下和 N_2 气反应形成红棕色、对湿气敏感的 Li_3N（α-型），它具有高度离子导电性。

α-Li_3N 由平面的 Li_2N 层组成，在其中 Li 原子形成简单六方排列，如同石墨中的碳原子层，N 原子处在六元环的中心，如图 12.2.3(a)所示。这些层上下整齐地堆积在一起，相邻层中 N 原子中心点上的 Li 原子连接在一起。图 12.2.3(b)示出一个六方晶胞。晶胞参数为 $a=364.8\,\text{pm}$，$c=387.5\,\text{pm}$。层内 Li—N 距离为 213 pm，层间为 194 pm。

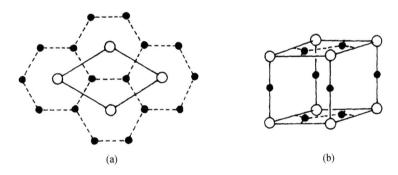

图 12.2.3　Li_3N 的晶体结构：(a) Li_2N 层；(b) 晶胞。
（白球代表 N，黑球代表 Li。）

α-Li_3N 是一种离子化合物，N^{3-} 离子的半径远大于 Li^+［$r_{N^{3-}}$ 为 146 pm，r_{Li^+} 为 59 pm

(CN＝4)]。晶体结构属于非常松的堆积,其导电性源于 Li_3N 结构中 Li^+ 的空隙。载流体离子(Li^+)和固定离子(N^{3-})间的相互作用较弱,所以离子易于迁移。

12.2.2　碱金属配合物的特点

数目不断增加的碱金属配合物$(MX\cdot xL)_n$(M 为 Li,Na,K;X 为卤素,OR,NR_2,…;L 为中性分子)已被人们所了解。通常认为 M—X 键实质上是离子键或有高度离子键特性。键的特征决定这类配合物具有下列特性:

(1)大多数碱金属配合物有一个内部离子性的核心,并且常常同时形成分子型物种。离子的互相作用导致大的结合能从而增加了配合物的稳定性,外部的分子片防止 MX 继续生长成离子晶体。这一特性合理地适应于大体积和低电荷的 M^+ 离子。按此观点,碱金属配合物的稳定性应按下列顺序递减:Li＞Na＞K＞Rb＞Cs,通常确实看到这一结果。

(2)静电结合有利于 M^+X^- 离子对的形成,这些离子对不可避免地将发生缔合,以消散相互间的电荷。为此最有效的方法是通过环的形成。若 X^- 基团相对较小且大多和环共平面,则环将发生堆积。例如两个二聚体四元环将给出立方形四聚体,两个三聚体六元环形成六方棱柱形六聚体。

(3)在环的结构中,X^- 处的键角应为锐角。因此大环的形成将降低 X^- 负离子间和 M^+ 正离子间的斥力。

(4)由于碱金属配合物大多是分立的分子,具有一个离子核心并被周边有机基团所包围。它们有着相对低的熔点并在弱极性有机溶剂中的溶解性较好。这些性质导致它们有许多实际的应用,例如锂配合物常用作金属的低能电解质,以制作轻便型蓄电池,用作有机合成中的卤化剂和特殊的试剂。

12.2.3　锂的配合物

1. 烷氧基锂和芳氧基锂

负离子的氧给体对 Li^+ 离子呈现强烈的吸引作用,它们的聚集状态通常采用的结构类型如图 12.2.4(a)～(c)所示。图 12.2.4(a)示出[$Li(THF)_2OC(NMe_2)(c$-2,4,6-$C_7H_6)]_2$ 二聚体的结构,其中 Li^+ 被 4 个氧原子配位,2 个来自 THF 配位体,2 个来自烷氧基 $OC(NMe_2)(c$-2,4,6-$C_7H_6)$。Li—O 键长对烯醇的桥氧为 188 pm 和 192 pm,对 THF 为 199 pm。图12.2.4(b)示出[$Li(THF)OC(CH^tBu)OMe]_4$ 四聚体的立方烷型结构,Li—O 键长为 196 pm(烯醇基)和 193 pm(THF)。图 12.2.4(c)示出[$LiOC(CH_2)^tBu]_6$ 六方棱柱形六聚体结构,Li—O 键长在六元环中为 190 pm(平均),在六元环间为 195 pm(平均)。

图 12.2.4(d)和(e)分别示出$(LiOPh)_2$(18-冠-6)和[$(LiOPh)_2$(15-冠-5)]$_2$ 的结构。前者有一中心二聚$(Li-O)_2$ 单元,由于它的体积较大,18-冠-6 分别都用 3 个 O 原子配位在 2 个 Li^+ 上,Li—O 键长为 215 pm(平均),Li^+ 离子也同时被酚氧基团桥连,Li—O 键长为 188 pm。后者的结构有着和前者非常相似的$(LiOPh)_2$ 核心(Li—O 键长为 187 pm 和 190 pm),其中每个 Li^+ 离子和一个—OPh 基配位,还加一个来自 15-冠-5 给体中的 O 原子。其中的两个 Li^+ 离子分别由15-冠-5 的 5 个 O 原子配位和 1 个—OPh 配位。

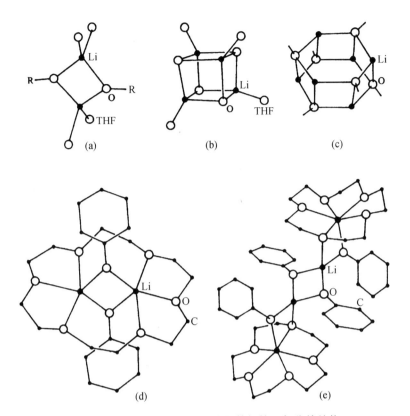

图 12.2.4　一些烷氧基锂和芳氧基锂核心部分的结构：
(a)〔Li(THF)₂OC(NMe₂)(c-2,4,6-C₇H₆)〕₂；(b)〔Li(THF)OC(CH'Bu)OMe〕₄；
(c)〔LiOC(CH₂)'Bu〕₆；(d)(LiOPh)₂(18-冠-6)；(e)〔(LiOPh)₂(15-冠-5)〕₂。

2. 氨基化锂

氨基化锂结构有着强烈缔合作用倾向的特征,单体结构中仅在 N 原子上有很大的基团存在,且给体分子很强地配位到 Li 原子上。在二聚氨基化锂中,Li⁺ 离子通常同时被 N 或其他原子配位。在三聚体〔LiN(SiMe₃)₂〕₃ 中有一平面环状排列的 N₃Li₃ 核心,Li—N 平均键长 200 pm,Li 的平均内角 148°,N 的平均内角为 92°。图 12.2.5 示出一些氨基化锂高聚体的结构。

(1) 四聚体〔Li(TMP)〕₄(TMP 为 2,2,6,6-四甲基哌啶酯)有一平面的 Li₄N₄ 核心,在 Li 原子处接近直线形(168.5°),而 N 原子的内角为 101.5°。Li—N 的键长为 200 pm(平均),如图 12.2.5(a)所示。

(2) Li₄(TMEDA)₂〔c-N(CH₂)₄〕(TMEDA 为四甲基乙二胺)的四聚体分子为一梯形结构,在其中两个 Li₂N₂ 环以侧面相连接,而进一步的缔合作用被 TMEDA 配位所阻断,如图 12.2.5(b)所示。

(3) 六聚的〔Li{c-N(CH₂)₆}〕₆ 具有叠合式结构,如图 12.2.5(c)所示。它含有两个〔Li{c-N(CH₂)₆}〕₃ 单元的缔合,形成六方棱柱式 Li₆N₆ 结构,在其中所有 N 原子均是五配位。

(4) 在〔{LiN(SiMe₃)}₃SiR〕₂(R 为 Me,'Bu 和 Ph)化合物中,基本的骨架可从三氨基硅烷的二聚作用引出。它显示 D₃d 分子对称性,如图 12.2.5(d)所示。在{LiN(SiMe₃)}₃SiR 单元

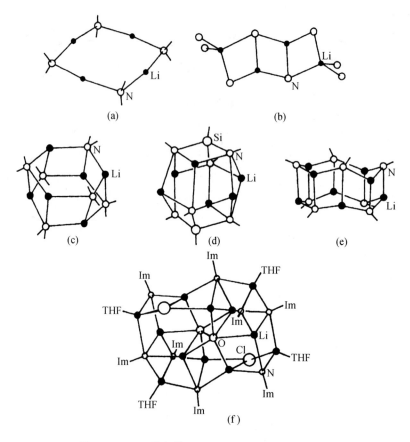

图 12.2.5 一些氨基化锂和酰亚胺锂的核心的结构：
(a)［Li(TMP)］$_4$；(b) Li$_4$(TMEDA)$_2$［c-N(CH$_2$)$_4$］；(c)［Li{c-N(CH$_2$)$_6$}］$_6$；(d)［{LiN(SiMe$_3$)}$_3$SiR］$_2$；
(e)［LiNH^{t}Bu］$_8$；(f)［Li$_{12}$O$_2$Cl$_2$(ImN)$_8$(THF)$_4$］·8(THF)。(Im 为 1,3-二甲基咪唑-2-亚基。)

中的每个 Li$^+$ 均被 2 个 N 原子以螯合的形式配位，而单元之间则依靠 Li—N 键连接。其结果使所有的 N 原子都是五配位，从而减弱了 Li—N 和 Si—N 键。

(5) 图 12.2.5(e)示出［LiNH^{t}Bu］$_8$ 的核心结构，在其中平面形的 Li$_2$N$_2$ 环单元连接成一个分立的棱柱形梯状分子。

(6) 图 12.2.5(f)示出［Li$_{12}$O$_2$Cl$_2$(ImN)$_8$(THF)$_4$］·8(THF)的核心结构。中心对称的核心由一折叠形 Li$_4$N$_2$O$_2$ 梯组成，其中心的 O$_2^{2-}$ 离子和两个中间的 Li 连接。两个相邻的 Li$_4$ClN$_3$ 层通过 Li—O，Li—Cl 和 Li—N 键与中心的 Li$_4$N$_2$O$_2$ 单元相连接。键长为：

$$\text{Li—N} \quad 195.3\sim218.3\,\text{pm}, \qquad \text{Li—O} \quad 191.7\sim259.3\,\text{pm},$$
$$\text{Li—Cl} \quad 238.5\sim239.6\,\text{pm}, \qquad \text{O—O} \quad 154.4\,\text{pm}.$$

在此结构中 Li 原子为四配位，而 N 原子为四配位或五配位。

3. 卤化锂配合物

LiF 有着非常高的点阵能，尚未知含有 LiF 及一个 Lewis 碱给体形成的配合物。但是在一系列已合成和测定结构的晶态氟甲硅烷基-氨化物和-磷化物的配合物中，有着明显的 Li---F 接触。例如，{［^{t}Bu$_2$Si(F)］$_2$N}Li·2(THF)具有杂原子阶梯形的核心，如图 12.2.6(a)所示，在二聚体$[^{t}Bu_2SiP(Ph)(F)(Li)\cdot 2(THF)]_2$中含有一个八元杂原子环。

大量含有 LiX(X 为 Cl,Br 和 I)卤素盐类的配合物晶体已予表征。一些这类配合物的结构示于图 12.2.6(b)～(f)。

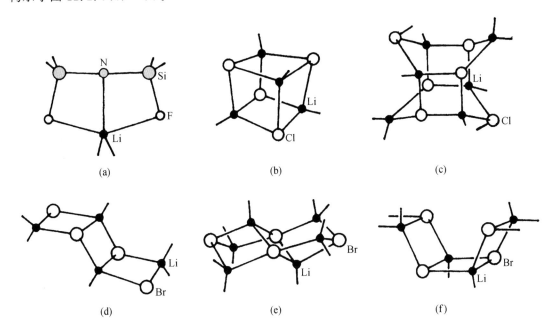

图 12.2.6　一些卤化锂配合物的结构:

(a) $\{[^{t}Bu_2Si(F)]_2N\}Li\cdot 2THF$;(b) $[LiCl\cdot HMPA]_4$;(c) $(LiCl)_6(TMEDA)_2$;
(d) $(LiBr)_4\cdot 6[2,6\text{-}Me_2Py]$;(e) $[Li_6Br_4(Et_2O)_{10}]^{2+}$;(f) $[LiBr\cdot THF]_n$。

在立方配合物$[LiCl\cdot HMPA]_4$ $[$HMPA 代表$(Me_2N)_3P\!=\!O]$的中心部分,每个 Li^+ 和 3 个 Cl^- 以及 1 个 HMPA 上的 O 原子结合,如图 12.2.6(b)所示。配合物$(LiCl)_6(TMEDA)_2$ 有着复杂的多聚结构,它是以$(LiCl)_6$为核心,如图 12.2.6(c)所示。四聚的$(LiBr)_4\cdot 6(2,6\text{-}Me_2Py)$具有交错梯形结构,如图 12.2.6(d)所示。在配合物$[Li_6Br_4(Et_2O)_{10}]^{2+}\cdot 2[Ag_3Li_2Ph_6]^-$中,六金属二价正离子中含有一个 Li_6Br_4 单位,它可看作两个三横档的梯子共用端接的 2 个 Br^- 离子而成,如图 12.2.6(e)所示。寡聚$[LiBr\cdot THF]_n$具有独特折皱形梯形结构,在其中$(LiBr)_2$单位通过 μ_3-Br 桥连而成,如图 12.2.6(f)所示。高聚梯形结构也已在其他类型碱金属的有机金属衍生物中观察到。

4. 较重原子配体的锂配合物

锂原子可以被较重的主族元素原子,如 S,Se,Te,Si 和 P 等配位而形成配合物。在锂的硫醇盐$[Li_2(THF)_2Cp^*TaS_3]_2$中,单体单位由一对 Ta—S—Li—S 四元环共用一个 Ta—S 边连接组成。二聚作用系进一步以 Li—S 键连接提供一六方棱柱骨架,如图 12.2.7 (a)所示。Li—S 键长为 248 pm(平均),Ta—S 键长为 228 pm(平均),图 12.2.7(b)示出 $Li(THF)_3SeMes^*$ 的核心部分结构,Li—Se 键长 257 pm。图 12.2.7(c)示出$[Li(THF)_2TeSi(SiMe_3)_3]_2$ 二聚配合物核心部分结构,在其中 Li—Te 桥键键长为 282 pm 和 288 pm。

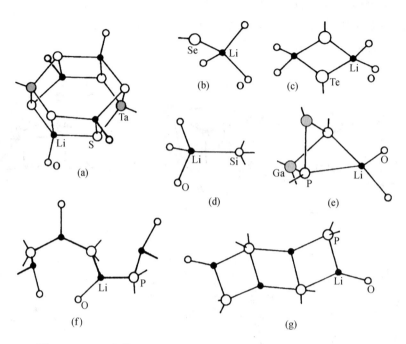

图 12.2.7 一些带有较重原子配位体的锂配合物的核心部分结构：

(a) [Li$_2$(THF)$_2$Cp*TaS$_3$]$_2$；(b) Li(THF)$_3$SeMes*；(c) [Li(THF)$_2$TeSi(SiMe$_3$)$_3$]$_2$；

(d) Li(THF)$_3$SiPh$_3$；(e) Li(Et$_2$O)$_2$(P^{t}Bu)$_2$(Ga$_2$^{t}Bu$_3$)；(f) [Li(Et$_2$O)PPh$_2$]$_n$；(g)[LiP(SiMe$_3$)$_2$]$_4$(THF)$_2$。

一些硅化锂配合物已予表征。配合物 Li(THF)$_3$SiPh$_3$ 呈现一端接的 Li—Si 键，键长为 267 pm，其核心部分的结构如图 12.2.7(d)所示。在此结构中，Li 和苯基之间没有相互作用。C—Si—C 键角为 101.3°(平均)，小于四面体的理论值，Li—Si—C 的键角则较大，为 116.8°(平均)。这说明在 Si 原子中有孤对电子存在。

图 12.2.7(e)~(g)示出三个磷化锂配合物的核心部分结构。Li(Et$_2$O)$_2$(P^{t}Bu)$_2$(Ga$_2$^{t}Bu$_3$)具有折皱形的 Ga$_2$P$_2$ 四元环，其中一个 Ga 原子是四配位，另一个是三配位，如图 12.2.7(e)所示。Li—P 键长为 266 pm(平均)。

[Li(Et$_2$O)PPh$_2$]$_n$ 高聚配合物具有 Li 和 P 交替排列的链形骨架，见图 12.2.7(f)，Li—P 键长为 248 pm(平均)，Li—O 键长为 194 pm(平均)。图 12.2.7(g)示出[LiP(SiMe$_3$)$_2$]$_4$(THF)$_2$ 的核心部分结构，它为梯形构型，Li—P 键长为 253 pm(平均)。

12.2.4 钠配合物

第 1 族元素配位化学的发展提供了许多有意义的新的结构类型，扩展了元素的结构知识。下面介绍三个例子：

(1) 双金属亚胺配合物罕见的例子是三重叠加的 Li$_4$Na$_2$[N═C(Ph)(^{t}Bu)]$_6$。此分子有 6 个金属原子处在三层叠加的 M$_2$N$_2$ 四元环中，外边两层含 Li 原子，中间一层为 Na 原子。在此结构中，Li 是三配位，Na 是四配位，如图 12.2.8(a)所示。

(2) 大的聚合物[Na$_8$(OCH$_2$CH$_2$OCH$_2$CH$_2$OMe)$_6$(SiH$_3$)$_2$]已予制备和表征。8 个 Na 原子形成一个立方体，它的 6 个面上由 6 个(OCH$_2$CH$_2$OCH$_2$CH$_2$OMe)配位体中的 O 原子加

帽,每个配位体和 4 个 Na 原子结合,Na—O 键长为 230～242 pm。Na 和 O 原子共同形成一个近似的菱形十二面体。8 个 Na 原子中有 6 个被 5 个 O 原子配位,另外两个 Na 原子除和 3 个 O 原子配位外,还和 SiH$_3^-$ 基团结合,该基团具有反式 C_{3v} 对称性,Na—Si—H 键角为 58°～62°,如图 12.2.8(b)所示。

在此配合物中,呈现出新奇的 SiH$_3^-$ 构型的形状。对简化的模型化合物(NaOH)$_3$NaSiH$_3$ 用从头计算法进行计算,其结果也表明反式氢的构型在能量上要比非反式构型低 6 kJ mol^{-1}。这一结果暗示 H 和 Na 原子间的静电作用稳定了反式构型,而不是 SiH$_3$ 基团和其 3 个相邻的 Na 原子间的抓氢作用。

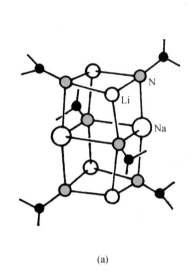

(a)

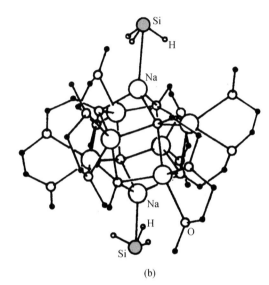

(b)

图 12.2.8　(a) Li$_4$Na$_2$[N=C(Ph)(^{t}Bu)]$_6$(Ph 和^{t}Bu 基团没有示出)和
(b) [Na$_8$(OCH$_2$CH$_2$OCH$_2$CH$_2$OMe)$_6$(SiH$_3$)$_2$]的结构。

（3）叔-丁醇酯和氢氧根混合的配合物 [Na$_{11}$(O^{t}Bu)$_{10}$(OH)] 可由叔-丁醇钠和氢氧化钠反应制得。在它的结构中,起重要特色的是 11 个 Na$^+$ 和 10 个—O^{t}Bu 中的 O 原子共同组成一 21 个顶点的笼,在其内部包藏一个 OH$^-$,如图 12.2.9 所示。在笼的下部,8 个 Na$^+$ 组成一四方反棱柱,其下部的 4 个三角形面,每个都由 μ_3-O^{t}Bu 基团覆盖,底部的 Na$_4$ 四方形面由 μ_4-O^{t}Bu 覆盖,上部的 Na$_4$ 四方形面由 μ_4-OH$^-$ 基团连成反式覆盖形式。这样一来,OH$^-$ 基团就处在 Na$_8$ 核心内部,并形成 O—H⋯O 氢键,键长为297.5 pm。在整个 21 顶点的笼中,Na—O 距离处在 219～243 pm。

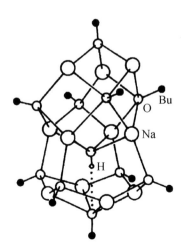

图 12.2.9　[Na$_{11}$(O^{t}Bu)$_{10}$(OH)] 的结构。

12.3　有机碱金属化合物的结构

12.3.1　甲基锂和相关的配合物

锂能快速地和烯烃、芳烃及炔烃等碳氢化合物的 π 体系同时在不同位置进行反应。锂和有机卤化物反应以高产率给出烷基锂或芳基锂的衍生物。所以众多类型的有机锂试剂可以制得。这些有机锂化合物中存在典型的共价键,可以升华、在真空中蒸馏和在许多有机溶剂中溶解。Li—C 键是强极性共价键,所以有机锂化合物可当作负离子碳的来源,这些负离子碳可被 Si,Ge,Sn,Pb,Sb 或 Bi 置换。如用 $Sn(C_6H_5)_3$ 或 $Sb(C_6H_{11})_2$ 基团以置换有机锂化合物中的 CH_3,CMe_3 或 $C(SiMe_3)_3$,含有 Li—Sn 或 Li—Sb 键的新化合物就能形成。

最简单的有机锂化合物甲基锂是四聚体。$Li_4(CH_3)_4$ 分子具有 T_d 对称性,它可看作 4 个 Li 原子排成四面体,在其每个三角形面上连接 CH_3 基团的 C 原子,如图 12.3.1(a)所示。Li—Li 键长为 268 pm,Li—C 键长为 231 pm,而 Li—C—Li 键角为 68.3°。

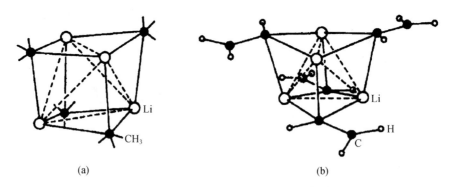

(a)　　　　　　　　　　　(b)

图 12.3.1　(a)甲基锂四聚体(Li_4Me_4)(H 原子已删去)和(b) 乙烯基锂 THF 四聚体($LiHC=CH_2 \cdot THF)_4$(THF 配位体已删去)的分子结构。

乙烯基锂 $LiHC=CH_2$,在它的晶体中具有相似的四聚体结构,每个 Li 原子连接一个 THF 配位体,如图 12.3.1(b)所示。在 THF 溶液中,乙烯基锂也是四聚体。Li—H 的距离和从二维 NMR [6]Li,[1]H HOESY 谱计算所得结果一致。

当空间阻碍很小,有机锂化合物倾向于形成具有四面体 Li_4 核心的四聚体结构。图 12.3.2(a)～(d)示出一些这种配合物的结构:(a) $(LiBr)_2 \cdot (CH_2CH_2CHLi)_2 \cdot 4Et_2O$,(b) $(PhLi \cdot Et_2O)_3 \cdot LiBr$,(c)$[C_6H_4CH_2N(CH_3)_2Li]_4$ 和 (d) $('BuC\equiv CLi)_4(THF)_4$。在这些配合物中,Li—C 键长为 219～253 pm,平均值为 229 pm,Li—Li 键长为 242～263 pm,平均值为 256 pm。这些 Li—C 键长略长于有机锂化合物中端接的 Li—C 键长,这是由于四聚体结构中的多中心键。

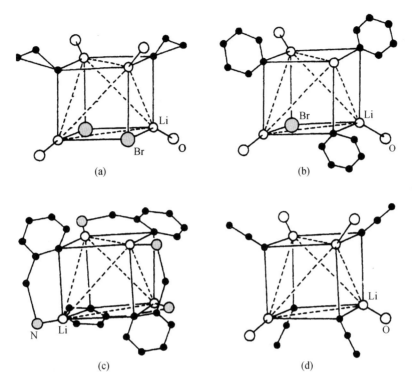

图 12.3.2　一些有机锂配合物的结构:

(a) $(LiBr)_2 \cdot (CH_2CH_2CHLi)_2 \cdot 4Et_2O$;(b) $(PhLi \cdot Et_2O)_3 \cdot LiBr$;

(c) $[C_6H_4CH_2N(CH_3)_2Li]_4$;(d) $({}^tBuC{\equiv}CLi)_4(THF)_4$。

12.3.2　锂的 π 配合物

锂原子和各种 π 体系间的相互作用形成多种形式的锂 π 配合物。图 12.3.3(a)～(c)示意地表示一些锂的 π 配合物结构的核心部分。图 12.3.3(d)示出 $[C_2P_2(SiMe_3)_2]^{2-} \cdot 2[Li^+(DME)]$ (DME 为二甲氧基乙烷,$H_3CO{-}CH_2{-}CH_2{-}OCH_3$)的结构,下面加以分述:

(1) $Li[Me_2N(CH_2)_2NMe_2] \cdot [C_5H_2(SiMe_3)_3]$

在这环戊二烯基锂配合物中,Li 原子被平面的 Cp 环配位,还被 TMEDA 配位体螯合。Li—C 键长为 226～229 pm,平均值为 227 pm。

(2) $Li_2[Me_2N(CH_2)_2NMe_2] \cdot C_{10}H_8$

在此萘-锂配合物中,每个 Li 原子被萘的一个 η^6 六元环配位,还被 TMEDA 配位体螯合。两个 Li 原子处在和萘的两个六元环相反方向的位置上。Li—C 键长为 226～266 pm,平均值为 242 pm。

(3) $Li_2[Me_2N(CH_2)_2NMe_2][H_2C{=}CH{-}CH{=}CH{-}CH{=}CH_2]$

在此配合物中,每个 Li 原子被桥连双四配位点三烯所配位,还被一个 TMEDA 配位体螯合。Li—C 键长为 221～240 pm,平均值为 228 pm。

(4) $[C_2P_2(SiMe_3)_2]^{2-} \cdot 2[Li^+(DME)]$ (DME 为二甲氧基乙烷)

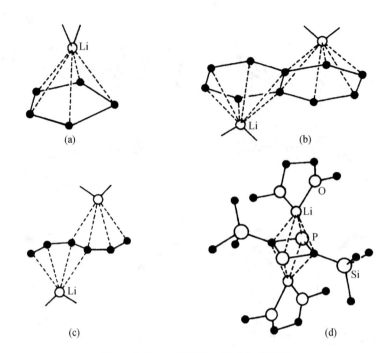

图 12.3.3   一些锂的 π 配合物的结构：
(a) Li[Me₂N(CH₂)₂NMe₂]·[C₅H₂(SiMe₃)₃]；(b) Li₂[Me₂N(CH₂)₂NMe₂]·C₁₀H₈；
(c) Li₂[Me₂N(CH₂)₂NMe₂][H₂C=CH—CH=CH—CH=CH₂]；
(d) [C₂P₂(SiMe₃)₂]²⁻·2[Li⁺(DME)]。

在此配合物中，C_2P_2 单元形成平面四元环，它有 6 个 π 电子，具有芳香性。两个 Li 原子被 1 个 η^4-C_2P_2 环从两个相反方向配位，Li—C 和 Li—P 键长分别为 239.1 pm 和 245.8 pm。每个 Li 原子还被 DME 配位体螯合。

12.3.3   钠和钾的 π 配合物

许多钠和钾的 π 配合物已得到表征。在这些配合物中，Na 和 K 原子多配位点结合到环的 π 体系，而且经常和两个或多个环结合，形成无限的链式结构，图 12.3.4 示出一些钠和钾的 π 配合物的结构。

在 Na₂[Ph₂C=CPh₂]·2Et₂O 结构中，二价负离子[Ph₂C=CPh₂]²⁻ 的两半互相扭转成 56°，中心的 C=C 键增长到 149 pm，比 Ph₂C=CPh₂ 中的双键键长 136 pm 长得多。Na(1)的配位包括 C=C π 键和两个相邻的 π 键，两个 Et₂O 配位体也和它配位。Na(2)是被两个苯基按弯曲三明治型配位，还与第三个环的一个 π 键作用，如图 12.3.4(a)所示。Na(1)—C 和 Na(2)—C 的键长分别为 270～282 pm 和 276～309 pm。

图 12.3.4(b)和(c)分别示出 Na(C₅H₅)(en)和 K[C₅H₄(SiMe₃)]的结构。在这些配合物中，每个金属原子(Na 和 K)处在两个桥连的环戊二烯环之间。形成弯曲的三明治多聚体之字形链的结构，Na 原子进一步被一个乙二胺(en)配位体配位，K 原子则和附加的相邻链上的一个 Cp 环配位。

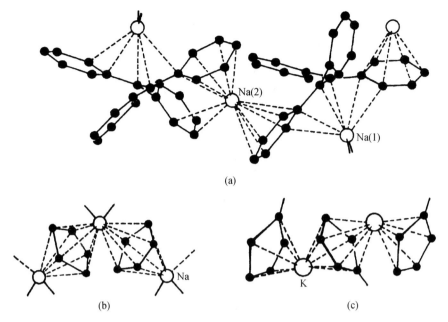

(a)

(b)　　　　　　　(c)

图 12.3.4　一些钠和钾的 π 配合物的结构：
(a) $Na_2[Ph_2C=CPh_2]\cdot 2Et_2O$；(b) $Na(C_5H_5)(en)$；(c) $K[C_5H_4(SiMe_3)]$。

12.4　碱金属负离子盐和电子盐

12.4.1　碱金属负离子盐

碱金属负离子盐是含有碱金属负离子 M^-（Na^-，K^-，Rb^- 或 Cs^-）的晶态化合物。第一个碱金属负离子盐 $Na^+(C222)Na^-$ 是在 1974 年由 J. L. Dye（戴伊）制得并予以表征。

碱金属能溶于液氨和其他溶剂，如乙醚和有机胺。碱金属（Li 除外）的溶液含有溶剂化的 M^- 负离子和溶剂化的 M^+ 正离子。

$$2M(s)\rightleftharpoons M^+(solv)+M^-(solv)$$

含有碱金属负离子的稳定固体的分离作用是将上一平衡引向右边，然后保护负离子避免正离子的极化效应。利用大环醚（冠醚和穴醚）可以同时达到这两个目的。穴醚对于包藏 M^+ 正离子有着特殊的功效。

金属钠在乙胺中的溶解度极小，约 10^{-6} mol L^{-1}，但当加入穴醚 C222，溶解度猛增达 0.2 mol L^{-1}，其反应为

$$2Na(s)+C222\longrightarrow Na^+(C222)Na^-$$

当温度降到 $-15℃$ 或更低时，溶液中结晶出金色光泽的六角形薄片晶体，它的化学式为 $C_{18}H_{36}N_2O_6Na_2$。X 射线结构分析说明，在此配合物晶体中有两种配位环境完全不同的钠的离子：其一是处在穴醚内部，它和 N 及 O 原子的距离说明它是 Na^+ 正离子；另一种则是 Na^- 负离子（natride，以前称为 sodide），它和相邻原子间的距离很大。晶体组成是 $[Na^+(C222)]Na^-$。图 12.4.1 示出晶体中穴醚配位的钠正离子和它周围邻近的 6 个 Na^-。对比 $[Na^+(C222)]Na^-$ 和 $[Na^+(C222)]I^-$ 可以看出 Na^- 和 I^- 极为相似。

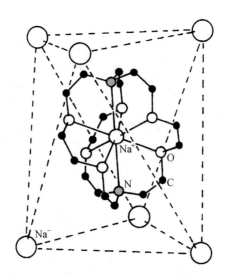

图 12.4.1　在 Na⁺(C222)Na⁻ 晶体中,穴醚配位的钠正离子被 6 个 Na⁻ 包围。

已有 40 多种含有 Na⁻,K⁻,Rb⁻ 或 Cs⁻ 的碱金属负离子化合物已经合成得到并测定了它们的结构。表 12.4.1 列出从碱金属负离子盐和碱金属的晶体结构中得到的碱金属负离子半径的计算值。从碱金属负离子盐推出的 r_{M^-}(平均值)与从碱金属推出的 r_{M^-} 很好地符合。

表 12.4.1　从碱金属负离子盐和碱金属的晶体结构估算碱金属负离子的半径(单位:pm) *

化合物	r_{M^-}(最小值)	r_{M^-}(平均值)	d_{atom}	r_{M^+}	r_{M^-}
金属钠			372	102	270
K⁺(C222)Na⁻	255	273(14)			
Cs⁺(18C6)₂Na⁻	234	264(16)			
Rb⁺(15C5)₂Na⁻	260	289(16)			
K⁺(HMHCY)Na⁻	248	277(10)			
Cs⁺(HMHCY)Na⁻	235	279(8)			
金属钾			463	138	325
K⁺(C222)K⁻	294	312(10)			
Cs⁺(15C5)₂K⁻	277	314(16)			
金属铷			485	152	333
Rb⁺(C222)Rb⁻	300	321(14)			
Rb⁺(18C6)₂Rb⁻	299	323(9)			
Rb⁺(15C5)₂Rb⁻	264	306(16)			
金属铯			527	167	360
Cs⁺(C222)Cs⁻	317	350(15)			
Cs⁺(18C6)₂Cs⁻	309	346(15)			

*　HMHCY 代表六甲基六环烯,它是 1,4,7,10,13,16-六氮-1,4,7,10,13,16-六甲基-环十八烷的通俗名称。r_{M^-} 是碱金属负离子半径,r_{M^+} 为碱金属正离子半径,金属中原子间的距离 d_{atom} 设定为 $r_{M^+} + r_{M^-}$。r_{M^-}(最小值)是一个负离子和距它最近的氢原子距离减氢原子范德华半径(120 pm),r_{M^-}(平均值)是 M⁻ 和邻近氢原子推出的半径的平均值,括号中的数值是推引半径用的氢原子数目。

12.4.2　电子盐

和碱金属负离子盐极其相似的是电子盐,它是晶态化合物,含有同样配位的 M^+ 正离子,而 M^- 被包藏的 e^- 置换,且通常占据相同位置。已有七种电子盐的晶体结构已予测定: $Li^+(C211)e^-$,$K^+(C222)e^-$,$Rb^+(C222)e^-$,$Cs^+(18C6)_2e^-$,$Cs^+(15C5)_2e^-$,$[Cs^+(18C6)(15C5)e^-]_6$ (18C6)。将钠负离子盐 $Li^+(C211)Na^-$ 和电子盐 $Li^+(C211)e^-$ 中的配位正离子的结构加以对比,可看出它们的几何参数实质上是相同的,如图 12.4.2 所示,这一事实说明电子盐中"过多"的电子密度不是穿透到穴醚笼的内部。在 $Cs^+(18C6)_2Na^-$ 和 $Cs^+(18C6)_2e^-$ 中,不仅配位正离子的几何参数相同,而且晶体也非常相似,主要的差别是负离子位置 Na^- 比 e^- 略大。

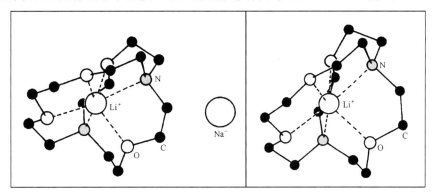

图 12.4.2　在 $Li^+(C211)Na^-$ 和 $Li^+(C211)e^-$ 中配位正离子的比较。

由冠醚及氧基穴状配体产生的电子盐在高于 $-40℃$ 通常就不稳定,因为醚键容易俘获电子而还原断裂。利用特殊设计的三哌嗪穴状配体 TripPip222[图 12.4.3(a)],已合成得到一对同晶型化合物 $Na^+(TripPip222)Na^-$ 和 $Na^+(TripPip222)e^-$,并已完全表征出它们的结构。这种对空气敏感的电子盐稳定到 $40℃$,然后分解成 Na^- 盐和自由配体。

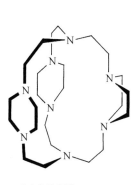

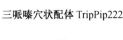
三哌嗪穴状配体 TripPip222

(a)

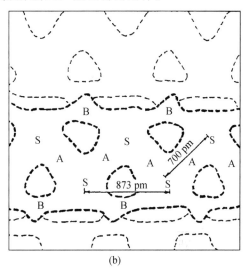

(b)

图 12.4.3　(a) 配位体 TripPip222 的结构式;(b) 在电子盐 $Rb^+(C222)e^-$ 晶体中主要的孔穴 (S)-通道(A)连成的曲折长链,沿 a 轴方向无限延伸。[链间沿着 b 轴(接近垂直于图的平面) 的连接为 C 通道(图中未标出)。c 轴是在和水平线呈 $72°$ 角的平面上。]

虽然包藏的电子可看作最简单的负离子,但碱金属负离子盐和电子盐间有着显著的差异。与大的碱金属负离子固定于穴中的情况相反,包藏的电子只有它的概率密度可以明确表示。电子的波函数可以伸展到所有空间,电子密度可以在空穴和空穴间的通道等空间中找到。

$Rb^+ (C222)e^-$ 的晶体中孔穴-通道的几何关系示于图 12.4.3(b) 中,在其中主要未占用的空间是由孔穴 S 和大的通道 A(直径为 260 pm)沿着 a 方向组成的曲折长链,在它的拐角处被较窄的通道 B(直径为 115 pm)连接,沿 a 方向组成"梯形"一维长链。相邻的链由沿着 b 方向的 C 通道(直径 104 pm)以及沿着 c 方向直径为 72 pm 的通道连接。这样在晶体中,未占用的空间组成三维的孔穴和通道的网络。在相邻孔穴中电子间的耦合依赖于电子波函数的叠加。连接通道的维数、直径和长度起了主要作用。这些结构特点与电子的波粒二象性的本质是完全相符的。

在单晶体 $12CaO \cdot 7Al_2O_3$ 中,将包合的氧离子从孔穴中除去,可形成在加热和化学上都稳定的电子盐 $[Ca_{24}Al_{28}O_{64}]^{4+}(e^-)_4$。

12.5　碱土金属概述

铍、镁、钙、锶、钡和镭组成元素周期表的第 2 族。这些元素(或简单地指 Ca,Sr 和 Ba 三个)常称为碱土金属。第 2 族元素的一些重要性质归纳于表 12.5.1 中。

表 12.5.1　第 2 族元素的性质

性　　质	Be	Mg	Ca	Sr	Ba	Ra
原子序数	4	12	20	38	56	88
电子组态	$[He]2s^2$	$[Ne]3s^2$	$[Ar]4s^2$	$[Kr]5s^2$	$[Xe]6s^2$	$[Rn]7s^2$
$\Delta H_{at}^{\ominus}/(kJ\ mol^{-1})$	309	129	150	139	151	130
mp/K	1551	922	1112	1042	1002	973
$\Delta H_{fus}(mp)/(kJ\ mol^{-1})$	7.9	8.5	8.5	7.4	7.1	—
bp/K	3243	1363	1757	1657	1910	1413
$r_M(CN=12)/pm$	112	160	197	215	224	—
$r_{M^{2+}}(CN=6)/pm$	45	72	100	118	135	148
$I_1/(kJ\ mol^{-1})$	899.5	737.3	589.8	549.5	502.8	509.3
$I_2/(kJ\ mol^{-1})$	1757	1451	1145	1064	965.2	979.0
$I_3/(kJ\ mol^{-1})$	14850	7733	4912	4138	3619	3300
χ_s(鲍林标度)	1.58	1.29	1.03	0.96	0.88	—
MCl_2 的 mp/K	703	981	1045	1146	1236	—

第 2 族元素全部都是金属,但 Be 和 Mg 在性质上有一突变,Be 具有反常的性质,主要形成共价化合物。Be 最常见的配位数为 4,按四面体配位,这时 Be^{2+} 的半径为 27 pm。Mg 的性质处于 Be 和其他重元素之间,常常也倾向于形成共价键。

随着原子序数的增加,第 2 族元素的 I_1 和 I_2 值一般都在降低,只有 Ra 是例外,这是由于 $7s$ 惰性电子对效应使其有着较高的 I_1 和 I_2 值。此族元素的 I_3 值都较高,因而阻止它们形成 +3 价的氧化态。

第 2 族元素随着原子序数增加,电负性降低,在它们的有机化合物中,M—C 键的极性按

下列次序增加:

$$BeR_2 < MgR_2 < CaR_2 < SrR_2 < BaR_2 < RaR_2$$

这是由于 C 的电负性($\chi_s = 2.54$)与这些金属的电负性的差别在增加。这些化合物的聚集作用也按同样的次序增加。BeR_2 和 MgR_2 化合物在固态通过 M—C—M 3c-2e 共价键形成聚合链,而 CaR_2 到 RaR_2 形成三维网络式结构,在其中 M—C 键主要表现离子性。

全部 M^{2+} 离子都比等电子的 M^+ 离子小,并显著地不易被极化,其较高的有效核电荷将其电子结合得较紧。这样,它们的正离子的极化效应在其盐中就不大重要。Ca,Sr,Ba 和 Ra 能形成在性质上密切相关的系列化合物,在其中元素及其化合物的性质系统地随着原子半径的增大而改变,这和碱金属的情况相同。

第 2 族元素的氯化物 MCl_2 的熔点随原子序数的增加而稳定地增加,这个情况和碱金属氯化物的熔点变化规律(LiCl 883 K,NaCl 1074 K,KCl 1045 K,RbCl 990 K,CsCl 918 K)有明显的差异。这是由于几个细微的因素决定的:① 成键类型的变化,从共价性的 Be 到离子性的 Ba;② 从 Be 到 Ra 配位数增加,所以 Madelung 常数、点阵能和熔点在增加;③ Cl^- 的半径较大(181 pm),而 M^{2+} 的半径较小,在金属配位的情况下,M^{2+} 半径的增加会导致 Cl^- 间排斥力的降低。

12.6 碱土金属化合物的结构

12.6.1 碱土金属配合物

碱土金属配合物对化学的许多分支和生物学的重要性日益增加。这些化合物之间有着明显的结构差异性,已知可出现单体、纳米金属簇合物及高聚物种。

铍由于它半径小以及价轨道的简单定向,在它的化合物中几乎不变地呈现四面体的四配位。图 12.6.1(a)示出 $Be_4O(NO_3)_6$ 的结构。中心的 O 原子被 4 个 Be 原子按四面体包围,6 个 NO_3^- 对称地附加在四面体的 6 个棱上。于是,每个 Be 原子又被 4 个 O 原子按四面体配位。这种类型的结构也同样出现在 $Be_4O(CH_3COO)_6$ 中。

镁倾向于和带有 O 和 N 等给体原子的配位体形成配合物,较常见的是六配位,这些化合物的极性大于相应的铍的化合物。六聚体 $[MgPSi^tBu_3]_6$ 的结构是建立在 Mg_6P_6 六方鼓形的基础上,在其六元 Mg_3P_3 环中,Mg—P 键长范围 247~251 pm,两个环之间为 250~260 pm,如图 12.6.1(b)所示。

钙、锶和钡通常形成离子性强而配位数较高(达 6~8)的化合物。配合物 $Ca_9(OCH_2CH_2OMe)_{18}$ $(HOCH_2CH_2OMe)_2$ 具有很有趣的结构:中心部分 $Ca_9(\mu_3\text{-}O)_8(\mu_2\text{-}O)_8O_{20}$ 骨干是由 4 个六配位的 Ca 原子和 5 个七配位的 Ca 原子组成。Ca 原子位置可看作填在两个氧原子密堆积层中的八面体空隙中,如图 12.6.1(c)。Ca—O 的键长为:Ca—$(\mu_3\text{-}O)$ 239 pm,Ca—$(\mu_2\text{-}O)$ 229 pm 以及 Ca—O醚 260 pm。

二聚配合物 $[BaI(BHT)(THF)_3]_2$ [BHT 为 2,6-二叔丁基-4-甲基酚,$C_6H_2Me^tBu_2$ (OH)]中 Ba 原子的配位是变形的八面体,其中在同一平面上有 2 个桥连的 I 原子,1 个 BHT 中的 O 原子,1 个 THF 配位体的 O 原子,在平面上、下各附加一个 THF 配位体的 O 原子,如图12.6.1(d)。键长值:Ba—I 为 344 pm,Ba—O 为 241 pm(平均值)。

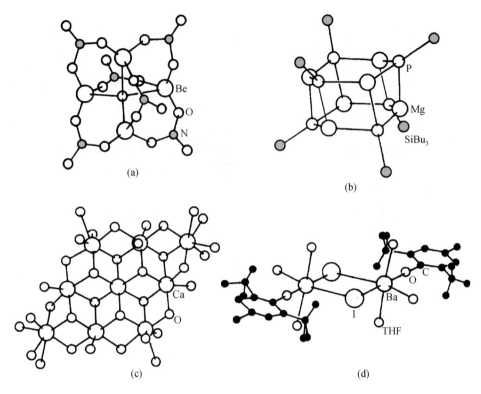

图 12.6.1　碱土金属配位化合物的结构：(a) Be$_4$O(NO$_3$)$_6$；(b) [MgPSi^{t}Bu$_3$]$_6$；
(c) Ca$_9$(OCH$_2$CH$_2$OMe)$_{18}$(HOCH$_2$CH$_2$OMe)$_2$；(d) [BaI(BHT)(THF)$_3$]$_2$。

近年来，许多很有意义的第 2 族元素的配位化合物已制得。例如，在液氨中用钡还原球碳 C$_{60}$ 和 C$_{70}$，可形成 [Ba(NH$_3$)$_n$]$^{2+}$ 正离子与球碳负离子。在 [Ba(NH$_3$)$_7$]C$_{60}$·NH$_3$ 晶体中，Ba^{2+} 正离子被 7 个 NH$_3$ 分子配位，形成单帽三方棱柱体，C$_{60}^{2-}$ 负离子有序地排列。在 [Ba(NH$_3$)$_9$]C$_{70}$·7NH$_3$ 晶体中，Ba^{2+} 的配位几何是三帽三方棱柱体，Ba—N 键长为 289～297 pm，球碳 C$_{70}$ 单元以 C—C 单键（键长 153 pm）连接成略有曲折的直链。

12.6.2　碱土金属氮化物

碱土金属氮化物 M[Be$_2$N$_2$]（M 为 Mg，Ca，Sr）晶体含有复杂的负离子层，其中 Be 和 N 原子间为共价键。例如，Mg[Be$_2$N$_2$] 含有曲折的六元环，它呈椅式构象。这些环缩聚成单层，再进一步连接成双层，在其中 Be 和 N 交替地排列连接，每个 Be 原子被 N 原子以四面体配位，而 N 原子占据三角锥形的一个顶点，其底面由 3 个 Be 原子组成，第 4 个 Be 原子处于底面之下，这样 N 原子是处在 Be 原子的反四面体配位中，其位置是在 Be 原子组成的双层的外侧，如图 12.6.2(a) 所示。Be—N 键长为 178.4 pm(3×) 和 176.0 pm。Mg 原子处于负离子双层之间由 6 个 N 原子组成八面体的中心，Mg—N 距离为 220.9 pm。

三元氮化物 Ca[Be$_2$N$_2$] 和 Sr[Be$_2$N$_2$] 是同构的。晶体结构中包含由四元环和八元环组成的平面层，四元环和八元环的比例为 1:2。这些平面层互相略有转动地、共法线地堆积在一起，层间形成八角棱柱体孔穴，八配位的 Ca^{2+} 处于孔穴之中，如图 12.6.2(b) 所示。在层内 Be—N 键长为 163.2 pm(2×) 和 165.7 pm，Ca—N 距离为 268.9 pm。

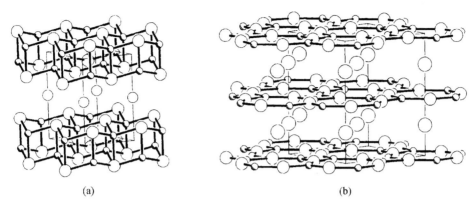

图 12.6.2　(a) Mg[Be₂N₂]和(b) Ca[Be₂N₂]的晶体结构。

(小球代表 Be,大球代表 N,层间的球分别代表 Mg 和 Ca。)

12.6.3　碱土金属低氧化物和低氮化物

1.(Ba₂O)Na

和碱金属相似,碱土金属也可以形成低氧化物。第一个得到单晶体的碱土金属低氧化物为(Ba₂O)Na。(Ba₂O)Na 晶体属正交晶系,空间群 $Cmma$,晶胞参数为 $a = 659.1\,\mathrm{pm}$, $b = 1532.7\,\mathrm{pm}$,$c = 693.9\,\mathrm{pm}$,$Z = 4$。晶体中 O 原子处在由 4 个 Ba 原子组成的四面体中。[Ba₄O]四面体单元共棱连接形成[Ba₄/₂O]$_x$ 长链,沿 a 轴延伸,它们平行排列,链间由 Na 原子间隔开,如图 12.6.3 所示。在链中,Ba—O 距离为 252 pm,短于 BaO 晶体中 Ba—O 的距离 277 pm。而 Ba 和 Na 的距离处于 421~433 pm,这与二元合金 BaNa 及 BaNa₂ 中相应的距离(分别为 427 pm 和 432 pm)相近。

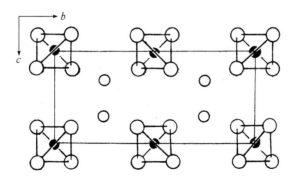

图 12.6.3　(Ba₂O)Na 的晶体结构。

2.(Ba₆N)簇及有关化合物

将金属 Ba 溶于液态金属钠(或钠钾合金)中,通入氮气和这种金属熔液反应,可得 Ba 的低氮化合物。可从[Ba₆N]八面体单元出发来理解它们的结构。这些单元可以分立地存在,也可以共面或共棱方式连接成长链或平面层。

在(Ba₆N)Na₁₆晶体中,(Ba₆N)簇以分立的八面体存在,Na 原子处于这些八面体簇之间,与碱金属低氧化物相似。(Ba₆N)Na₁₆晶体属立方晶系,空间群为 $Im\overline{3}m$,$a = 1252.7\,\mathrm{pm}$,$Z = 2$。图 12.6.4 示出(Ba₆N)Na₁₆晶体中(Ba₆N)簇的排列。

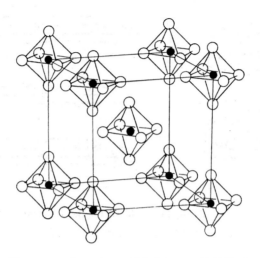

图 12.6.4 $(Ba_6N)Na_{16}$晶体中(Ba_6N)簇的排列。

在(Ba_3N),$(Ba_3N)Na$ 和$(Ba_3N)Na_5$ 系列晶体中,(Ba_6N)簇八面体单元共面接连,形成组成为$(Ba_{6/2}N)_n$ 链,沿一个方向伸展,平行地排列。图 12.6.5(a)示出 Ba_3N 晶体结构沿六重轴的投影图,由图可以看出$(Ba_{6/2}N)_n$ 链平行地堆积在一起。图 12.6.5(b)示出$(Ba_3N)Na$ 的晶体结构的投影图。由图看出,Na 原子填充到$(Ba_{6/2}N)_n$ 链之间,而使链沿轴转了一定角度。图 12.6.5(c)示出$(Ba_3N)Na_5$ 的晶体结构沿 b 轴的投影。由于晶体中 Na 的含量高,Na 原子将$(Ba_{6/2}N)_n$ 链分隔开来。

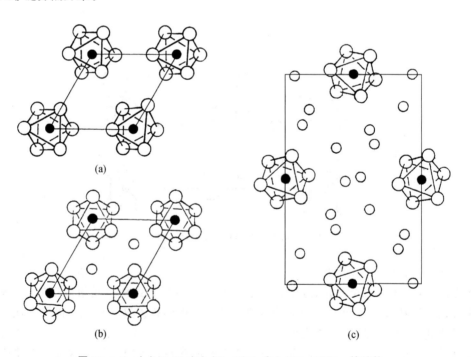

图 12.6.5   (a) Ba_3N,(b) $(Ba_3N)Na$ 和(c)$(Ba_3N)Na_5$ 的结构。

将 (Ba_6N) 簇八面体相互共边连接,平均每个八面体和周围相邻的 6 个八面体共用 6 条边,可得组成为 (Ba_2N) 平面层。这种层按反 $CdCl_2$ 型的堆积方式平行排列,则可得 Ba_2N 的晶体结构。

3. $[Ba_{14}CaN_6]$ 簇及有关化合物

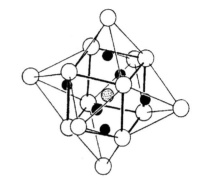

$[Ba_{14}CaN_6]$ 簇的结构可看作 Ca 处于中心的 Ba_8Ca 立方体,在 6 个面上由 6 个 Ba 原子加帽形成 6 个四方锥体,其中心结合 1 个 N 原子,如图12.6.6所示。这种结构也可看作 6 个 Ba_5CaN 八面体共用 1 个 Ca 原子作顶点(即中心原子),共面连接形成的簇。制备包含有这种簇的晶体时,改变用作溶剂的 NaK 二元合金中 Na 和 K 的比例,可得含 Na 量不同的化合物:

$$[Ba_{14}CaN_6]Na_x, \quad x=7,8,14,17,21 \text{ 和 } 22。$$

这种化合物可看作以离子键结合的 $[Ba_8^{2+} Ca^{2+} N_6^{3-}]$ 核心,在其周边加上 Ba_6Na_x 部分,这部分主要通过金属键与核心部分结合。

图 12.6.6　$[Ba_{14}CaN_6]$ 簇的结构。

12.7　第 2 族元素的金属有机化合物

第 2 族元素有着数目很多的金属有机化合物,本节只讨论其中的三种典型。

12.7.1　高聚链形化合物

二甲基铍 $Be(CH_3)_2$ 是高聚的白色固体,其中含有无限长链,如图 12.7.1(a)所示。每个 Be 原子为 sp^3 杂化且处于四面体配位的中心。由于 CH_3 基团只能提供 1 个轨道和 1 个电子参与成键,Be 和 C 原子之间不能形成正常的 2c-2e 键。这种缺电子体系只能形成 3c-2e BeCBe 桥键。它由两个 Be 的 sp^3 杂化轨道和 C 的 1 个轨道形成,如图 12.7.1(b)所示。

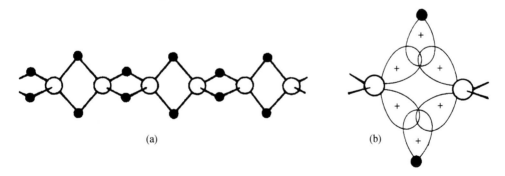

(a)　　　　　　　　　　　　　　(b)

图 12.7.1　(a) $Be(CH_3)_2$ 链的结构;(b) 高聚分子中 BeCBe 3c-2e 键。

BeH_2 和 $BeCl_2$ 的高聚体结构与 $Be(CH_3)_2$ 相似。在 BeH_2 中的 3c-2e 键和 $Be(CH_3)_2$ 同一类型。但在 $BeCl_2$ 中有足够的价电子形成正常的 2c-2e Be—Cl 键。

12.7.2　格利雅试剂

格利雅(或格氏)试剂(Grignard reagent)广泛地用于有机化学中。它们是在乙醚中由镁和有

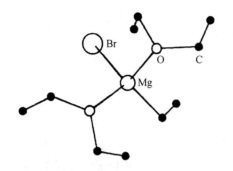

图 12.7.2　格氏试剂 $(C_2H_5)MgBr \cdot 2(C_2H_5)_2O$ 的分子结构。

机卤化物相互作用制得。格氏试剂常简单地以 RMgX 表示，但这过于简化而未表达出溶剂化的重要性。若干种晶态 RMgX 化合物的分离和结构测定结果说明它实质上应为 RMgX(溶剂分子)$_n$。图 12.7.2 示出 $(C_2H_5)MgBr \cdot 2(C_2H_5)_2O$ 的结构，在其中中心的 Mg 原子是由 1 个乙基、1 个 Br 原子和 2 个乙醚分子包围，呈变形四面体构型。Mg—C 键长 215 pm，Mg—Br 248 pm，Mg—O 204 pm。后者是已知的最短的 Mg—O 键长。

在格氏试剂中，结合到正电性 Mg 原子上的 C 原子带有部分负电荷。所以格氏试剂具有像碳负离子的、起亲核作用的烷基或芳基部分，可认为是一极强的碱。

12.7.3　碱土金属茂

碱土金属茂显示出由金属原子大小决定的多种结构型式。在 Cp_2Be 中 Be 原子是在两个 Cp 环间按 η^5/η^1 方式配位，如图 12.7.3(a) 所示。Be—C 的平均键长对 η^5 和 η^1 Cp 环分别为 193 pm 和 183 pm。相反，Cp_2Mg 采用典型的夹心型结构，如图 12.7.3(b) 所示。Mg—C 平均键长为 230 pm。在晶体中，两个平行的 Cp 环具有交叉式构象。

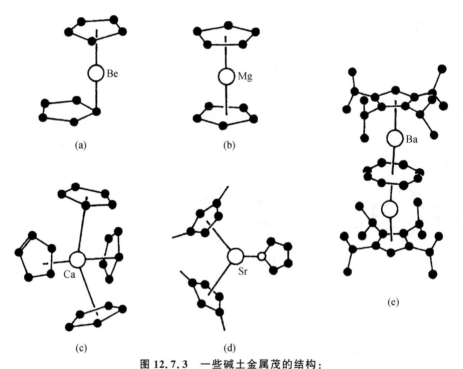

图 12.7.3　一些碱土金属茂的结构：
(a) Cp_2Be；(b) Cp_2Mg；(c) Cp_2Ca；(d) $Sr[C_5H_3(SiMe_3)_2]_2 \cdot THF$；(e) $Ba_2(COT)[C_5H(CHMe_2)_4]_2$。

化合物 Cp_2Ca，Cp_2^*Sr 和 Cp_2^*Ba 显示出不同的配位方式，两个 Cp 环不像 Cp_2Mg 中采取平行排列的方式，而是互相弯曲形成 Cp(中心)—M—Cp(中心)，角度为 147°～154°。M^{2+} 正

电荷不仅由两个 η^5-Cp 环共享,还和其他配位体分享。在 Cp_2Ca 中,除了两个 η^5-Cp 配位体外,还与 η^3-和 η^1-Cp 环有显著的 Ca—C 接触,如图 12.7.3(c)所示。在 $Sr[C_5H_3(SiMe_3)_2]_2 \cdot$ THF 中,除了两个 η^5-Cp 环外,还有一个 THF 配位体的 O 原子配位到 Sr^{2+} 离子上,如图 12.7.3(d)所示。在碱土金属中,Ba^{2+} 的体积大,它可以由平面的负二价的 COT(即 C_8H_8)环配位。图 12.7.3(e)示出钡的三层夹心式配合物 $Ba_2(COT)[C_5H(CHMe_2)_4]_2$ 的结构,在其中 Ba—C 平均距离对 η^5-Cp 环和 η^8-COT 环分别为 296 pm 和 300 pm。

12.8　反冠醚结构的碱金属和碱土金属化合物

冠醚是一类形状像王冠的环多醚。人们利用冠醚中 O 原子在环上的特殊几何排布,将它作为螯合配位体有选择性地在其中心螯合 Na^+,Mg^{2+} 等金属离子,开辟了一个内容丰富的领域。"反冠醚"是指冠醚的金属核心和周边醚氧配位体的位置相反,即由金属原子,如 Na,Mg,Zn 等组成王冠状环形结构,在其中心结合 O 原子、带 O 原子的基团或其他有机分子。

图 12.8.1(a)示出反冠醚 $Na_2Zn_2\{N(SiMe_3)_2\}_4(O)$ 的分子结构。由图可以看出组成王冠的是 $(Na—N—Zn—N—)_2$ 八元环,中心是 O 原子,它和周边的 Na 和 Zn 原子配位。图 12.8.1(b) 和(c)分别示出 $Na_2Mg_2\{N(SiMe_3)_2\}_4(O_2)$ 和 $Na_2Mg_2\{N(SiMe_3)_2\}_4(O^nOct)_2$ 的分子结构。在这两个结构中,组成王冠的是正离子 $(Na—N—Mg—N—)_2$ 环,核心分别是过氧离子(O_2^{2-})和烷氧 OR' 基团,R' 为正辛烷基($—C_8H_{17}$)。核心中的每个 O 原子都同时和 Mg 及 Na 结合。实验测定其中 Mg—O 和 Na—O 键长分别为 202.7~203.0 pm 和 247.2~256.6 pm,它们都与相应的离子半径相近。图 12.8.1(d)示出"超"反冠醚$\{(THF)NaMg(^iPr_2N)(O)\}_6$ 的核心部分的结构。该结构中心是 Mg_6O_6 六方棱柱体(具有 S_6 对称性),周边附加 6 个外向的$(Mg—O—Na—N)$四元环。其中的 Na 来自 Na-THF,N 来自 $^iPr_2N$。

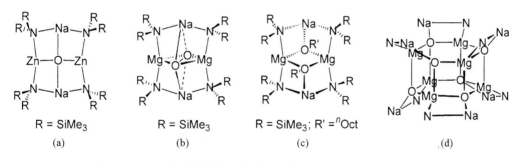

图 12.8.1　一些反冠醚化合物结构:(a) $Na_2Zn_2\{N(SiMe_3)_2\}_4(O)$;
(b) $Na_2Mg_2\{N(SiMe_3)_2\}_4(O_2)$;(c) $Na_2Mg_2\{N(SiMe_3)_2\}_4(O^nOct)_2$;
(d) $\{(THF)NaMg(^iPr_2N)(O)\}_6$(连接 Na 的 THF 和 ^iPr 已删去)。

另一系列有趣的反冠醚化合物是由 Na/K 和 Mg 以及酰胺负离子基团(如 TMP^-)中的 N 原子,共同结合成王冠状环形结构,将有机分子螯合在环内。在这些结构中不含氧原子,它们不是醚,可略去"醚"字,称它们为"反冠"化合物或"反冠"分子。表 12.8.1 列出一些已经合成和表征的这种反冠分子的组成情况。

表 12.8.1　一些反冠分子的组成

碱金属	碱土金属	酰　胺	螯合分子	环的元数(结构相关图号)
4Na	2Mg	6TMP*	$C_6H_3(CH_3)^{2-}$	12
4Na	2Mg	6TMP	$C_6H_4^{2-}$	12[图 12.8.2(a)]
6K	6Mg	12TMP	$6C_6H_5^-$	24
6K	6Mg	12TMP	$6C_6H_4(CH_3)^-$	24
4Na	4Mg	8^iPr_2N	$Fe(C_5H_3)_2^{4-}$	16[图 12.8.2(b)]

*TMP 为 2,2,6,6-四甲基哌啶基。

图 12.8.2(a)示出 $Na_4Mg_2(TMP)_6(C_6H_4)$ 的分子结构。式中 TMP 的结构式为

$\overline{N—CMe_2}—(CH_2)_3—CMe_2$。由图可见,结构中每个哌啶基的 N 原子都和 2 个 Na 原子或 1 个 Na 和 1 个 Mg 原子成键,形成如下式所示的十二元环:

Mg 左上 N—Na—N—Na—N 右 Mg,下 N—Na—N—Na—N

环中螯合一个苯分子,每个 Mg 原子置换苯分子中的 1 个 H 原子直接和 C 原子以 Mg—C 共价键相连接。而 Na 原子和苯分子中 C 原子上的 π 轨道形成 Na---Cπ 相互作用(以虚线表示)结合在一起。

图 12.8.2(b)示出 $Na_4Mg_4(^iPr_2N)_8[Fe(C_5H_3)_2]$ 的分子结构。在此结构中,每个 $^iPr_2N$ 中的 N 原子都是和 1 个 Mg 原子及 1 个 Na 原子成键,结合成十六元环,$Fe(C_5H_3)_2$ 螯合在环的中央。每个 Mg 原子都置换环戊二烯基上的 1 个 H 原子,以 Mg—C 共价键连接在一起。而 4 个 Na 原子则以两种方式和 C 原子形成 Na---Cπ 相互作用,如图中虚线所示。

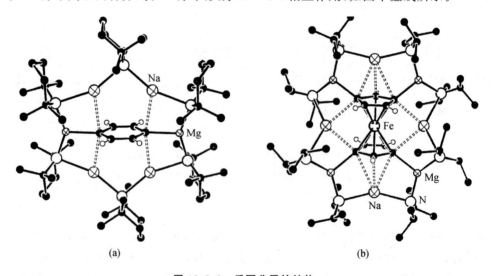

(a)   (b)

图 12.8.2　反冠分子的结构:
(a) $Na_4Mg_2(TMP)_6(C_6H_4)$;(b) $Na_4Mg_4(^iPr_2N)_8[Fe(C_5H_3)_2]$。

12.9　碱土金属氢化物

轻碱土金属的氢化物 BeH_2 实际上呈水解惰性，MgH_2 与水反应缓慢。相反，CaH_2 可用作各种溶剂的通用干燥剂。

$MgN''_2[N'' = N(SiMe_3)_2]$ 与 $PhSiH_3$ 和强配位的 NHC 配体反应得到 $Mg_4H_6N''_2 \cdot (NHC)_2$［图 12.9.1(a)］。利用大体积的多齿配体，如双齿的β-二胺以实现动力学稳定，并可合成氢化钙的配合物［图 12.9.1(b)］。

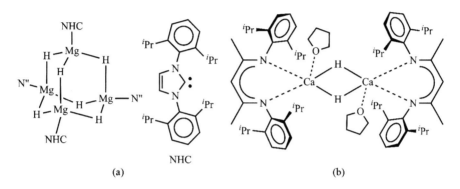

图 12.9.1　镁和钙的氢化物配合物的结构。

$BaN''_2[N'' = N(SiMe_3)_2]$ 与 $PhSiH_3$ 在甲苯中于 $-90{}^\circ\!C$ 进行反应，然后缓慢升至室温，可生成 $BaHN''$ 白色粉末，于苯中结晶形成溶剂合物 $Ba_7H_7N''_7 \cdot (C_6H_6)_2$。这种氢桥连接的七核簇的结构如图 12.9.2(a)所示；图(b)示出 $Ae_6H_9N''_3 \cdot (PMDTA)_3$ 的结构。

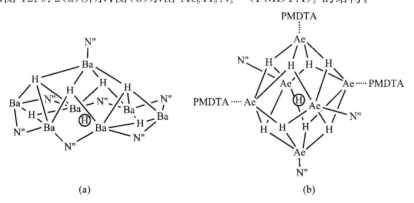

图 12.9.2　(a) 苯溶剂合物晶体内氢桥联的七核钡簇 $Ba_7H_7N''_7$ 的分子结构；
(b) $Ae_6H_9N''_3 \cdot (PMDTA)_3$［此处 Ae＝Ca 或 Sr，$N''=N(SiMe_3)_2$，PMDTA＝$MeN(CH_2CH_2NMe_2)_2$］。
［参看：(1) M. Wiesinger, B. Maitland, C. Färber, G. Ballmann, C. Fischer, H. Elsen and S. Harder, Simple access to the heaviest alkaline earth metal hydride: A strongly reducing hydrocarbon-soluble barium hydride cluster. *Angew. Chem. Int. Ed.* **56**, 16654~16659 (2017)；(2) D. Mukherjee, T. Höllerhage, V Leich, T P. Spaniol, U. Englert, L. Maron and J. Okuda, The nature of the heavy alkaline earth metal-hydrogen bond: Synthesis, structure, and reactivity of a cationic strontium hydride cluster. *J. Am. Chem. Soc.* **140**, 3403~3411 (2018).］

参 考 文 献

[1] J. A. McCleverty and T. J. Meyer(Editors-in-chief), *Comprehensive Coordination Chemistry: From Biology to Nanotechnology*, Vol. 3, G. F. R. Parkin(volume ed.), *Coordination Chemistry of the s, p, and f Metals*, Elsevier-Pergamon, Amsterdam, 2004.

[2] A. Simon, *Alkali and alikaline earth metal suboxides and subnitrides. In* M. Driess and H. Nöth (eds.), *Molecular Clusters of the Main Group Elements*, Wiley-VCH, Weinheim, 2004, pp. 246 ~266.

[3] M. Driess, R. E. Mulvey and M. Westerhausen, Cluster growing through ionic aggregation: synthesis and structural principles of main group metal-nitrogen, phosphorus and arsenic rich clusters. In M. Driess and H. Nöth(eds.), *Molecular Clusters of the Main Group Elements*, Wiley-VCH, Weinheim, 2004, pp. 246~266.

[4] J. L. Dye, Electrides: From LD Heisenberg chains to 2D pseudo-metals. *Inorg. Chem.* **36**, 3816 ~3826(1997).

[5] Q. Xie, R. H. Huang, A. S. Ichimura, R. C. Phillips, W. P. Pratt Jr. and J. L. Dye, Structure and properties of a new electried, Rb^+(cryptand [2.2.2])e^-. *J. Am. Chem. Soc.* **122**, 6971 ~6978(2000).

[6] M. Y. Redko, J. E. Jackson, R. H. Huang and J. L. Dye, Design and synthesis of a thermally stable organic electride. *J. Am. Chem. Soc.* **127**, 12416~12422(2005).

[7] H. Sitzmann, M. D. Walter and G. Wolmershäuser, A triple-decker sandwich complex of barium. *Angew. Chem. Int. Ed.* **41**, 2315~2316(2002).

[8] S. Matsuishi, Y. Toda, M. Miyakawa, K. Hayashi, T. Kamiya, M. Hirano, I. Tanaka and H. Hosono, High-density electron anions in a nanoporous single crystal: $[Ca_{24}Al_{28}O_{64}]^{4+}(4e^-)$. *Science* **301**, 626~629(2003).

[9] M. Sebastian, M. Nieger, D. Szieberth, L. Nyulaszi, and E. Niecke, Synthesis and structure of a 1,3-diphospha-cyclobutadienediide. *Angew. Chem. Int. Ed.* **43**, 637~641(2004).

[10] D. Stalke, The lithocene anion and "open" calcocene—new impulses in the chemistry of alkali and alkaline earth metallocenes. *Angew. Chem. Int. Ed.* **33**, 2168~2171(1994).

[11] J. Geier and H. Grützmacher, Synthesis and structure of $[Na_{11}(O^tBu)_{10}(OH)]$. *Chem. Commun.* 2942~2943(2003).

[12] M. Somer, A. Yarasik, L. Akselrud, S. Leoni, H. Rosner. W. Schnelle and R. Kniep, Ae$[Be_2N_2]$: Nitridoberyllates of the heavier alkaline-earth metals. *Angew. Chem. Int. Ed.* **43**, 1008~1092(2004).

[13] R. E. Mulvey, s-Block metal inverse crowns: synthetic and structural synergism in mixed alkali metal-magnesium(or zinc)amide chemistry. *Chem. Commun.* 1049~1056(2001).

第 13 章　第 13 族元素的结构化学

13.1　第 13 族元素概述

硼、铝、镓、铟和铊是元素周期表第 13 族元素的成员。有关这些元素的一些重要性质列于表 13.1.1 中。

表 13.1.1　第 13 族元素的性质

性　质	B	Al	Ga	In	Tl
原子序数 Z	5	13	31	49	81
电子组态	$[He]2s^2 2p^1$	$[Ne]3s^2 3p^1$	$[Ar]3d^{10}4s^2 4p^1$	$[Kr]4d^{10}5s^2 5p^1$	$[Xe]4f^{14}5d^{10}6s^2 6p^1$
$\Delta H_{at}^{\ominus}/(kJ\ mol^{-1})$	582	330	277	243	182
mp/K	2453*	933	303	430	577
$\Delta H_{fuse}^{\ominus}/(kJ\ mol^{-1})$	50.2	10.7	5.6	3.3	4.1
bp/K	4273	2792	2477	2355	1730
$I_1/(kJ\ mol^{-1})$	800.6	577.5	578.8	558.3	589.4
$I_2/(kJ\ mol^{-1})$	2427	1817	1979	1821	1971
$I_3/(kJ\ mol^{-1})$	3660	2745	2963	2704	2878
$(I_1+I_2+I_3)/(kJ\ mol^{-1})$	6888	5140	5521	5083	5438
χ_s(鲍林标度)	2.05	1.61	1.76	1.66	1.79
r_M/pm	—	143	153	167	171
r_{cov}/pm	88	130	122	150	155
$r_{ion,M^{3+}}$/pm	—	54	62	80	89
r_{ion,M^+}/pm	—	—	113	132	140
$D_{0,M-F(in\ MF_3)}/(kJ\ mol^{-1})$	613	583	469	444	439(in TlF)
$D_{0,M-Cl(in\ MCl_3)}/(kJ\ mol^{-1})$	456	421	354	328	364(in TlCl)

* 指 β-三方硼。

从表 13.1.1 可以看出,第 13 族元素内层电子的组态是不同的。硼和铝的 $ns^2 np^1$ 电子是在稀有气体组态之外,而镓和铟的 $ns^2 np^1$ 电子是在 d^{10} 亚层之外,铊的 $6s^2 6p^1$ 电子则在 $4f^{14}5d^{10}$ 之外。当 d 和 f 轨道相继被填充电子,增加有效核电荷并收缩体积,使 Ga,In 和 Tl 外层的 s 和 p 电子受核的吸引力比从 B 到 Al 简单地外推更强。这样使电离能在 Al 和 Ga 之间以及在 In 和 Tl 之间有着较小的增加。Ga 和 In 之间电离能下降则主要由于这两元素的内层电子是全充满的,而 In 的外层电子比 Ga 离核更远。

第 13 族元素的氧化态特征是+3。但是元素 Ga 和 Tl 的 I_2 和 I_3 都是趋向于增加,这就导致它们+1 氧化态的稳定性增加。在 Tl 的这种情况则称为 $6s$ 惰性电子对效应。相似的效应也在 Pb(第 14 族)和 Bi(第 15 族)中观察到,这时它们最稳定的氧化态分别是+2 和+3,而不是+4 和+5。

$6s$ 惰性电子对效应使许多 Tl^+ 的化合物要比相应的 Tl^{3+} 更稳定,从 B 到 Tl,M^{3+}—X 键逐步减弱部分归因于此。此外,相对论效应(见2.4.3小节)是贡献于惰性电子对效应的另一因素。

13.2　单　质　硼

单质硼的特殊结构和性质,源于其电子组态。硼的价电子数为 3,比价轨道数 4 少 1 个,这种缺电子性对其化学性质起着决定性的作用。

单质硼晶体形态复杂,尽管硼元素已被发现 200 多年,但其固态化学的许多基本问题仍未能解决:单质硼究竟有多少同素异构体? 这些异构体之间如何转化? 迄今尚无确切答案。文献中提到的硼同素异构体的数量达十多种,但认识较为清楚的只是有数的几种:α-B,β-B,γ-B,四方硼Ⅰ(t-Ⅰ)和四方硼Ⅱ(t-Ⅱ)。其中,α-B 和 β-B 是两种常压下存在的晶体,γ-B 是新发现的高压相。α-B 被称为低温相,β-B 则被认为在高温下是热力学稳定的,但尚未发现二者直接转化的证据,只有不同的合成温度支持这一分类:α-B 在约 1000℃ 形成,β-B 合成温度约高于 1100℃。γ-B 可由 β-B 在 2000℃ 和 20 GPa 下处理转化得到。尽管 t-Ⅰ(又称α-四方硼,或α-T50)和 t-Ⅱ(又称 β-四方硼,或 β-T192)出现在很多教科书中,但有迹象表明其中含有外来原子,t-Ⅰ 的化学式可能是 $B_{50}C_2$ 或 $B_{50}N_2$,t-Ⅱ结构则尚未完全清楚,因此,它们是否可以被称为硼的同素异构体仍有疑问。

这里,我们重点讨论α-B,β-B,γ-B 的成键、结构和性质。所有单质硼的结构都包含 B_{12} 单元——由 12 个位于顶点的 B 原子构成的三角二十面体;这些单元之间直接连接,或者通过外来原子连接,形成三维骨架结构。

α-B 也称α-B_{12},或α-R12,其中 R 源于 Rhombohedral(菱方的),表示晶体结构特点,12 则表示菱方晶胞中有 12 个硼原子。α-B 由 B_{12} 单元按近似立方密堆积(ccp)的方式排列并相互通过共价键连接而成。α-B 空间群为 $R\text{-}3m$,菱方晶胞参数为:$a=505.7$ pm, $\alpha=58.06°$(理想 ccp 的α为 60°),晶胞中含有一个 B_{12} 单元;若取六方晶轴,则参数为:$a=b=490.8$ pm, $c=1256.56$ pm。图 13.2.1 示出晶体结构中垂直于三次轴由三角二十面体 B_{12} 相互连接而形成的密置层。

如同球的立方最密堆积,每个三角二十面体有 12 个近邻:6 个在同一密堆积层中,而相邻的上下两层各有 3 个,如图 9.6.21(b)所示。

B_{12} 是个较为规则的三角二十面体,12 个 B 位于顶点,20 个面也近似等同。它同样也在某些多面体硼烷中出现,例如 $B_{12}H_{12}^{2-}$。B_{12} 三角二十面体有 36 个价电子,有 30 条长度为 177 pm(平均)的棱边。注意在图 13.2.2 中连接每两个相邻的 B 原子的线段并不代表正常的二中心二电子(2c-2e)共价键。

当一个原子的价电子数少于它的价轨道数时,如 B 原子这种情况,只形成 2c-2e 共价键是不能克服它的缺电子性,通常需要形成多中心键。在 1 个 3c-2e 键中,3 个原子共享一对电子,如图 13.2.3 所示。这一电子对能补偿沿等边三角形的三条边形成的三个正常的 2c-2e 键所缺少的 4 个电子。

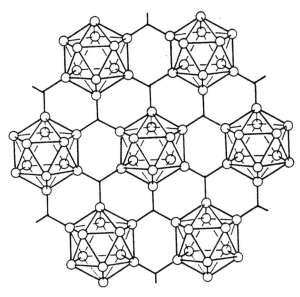

图 13.2.1　在 α-三方硼的晶体结构中由三角二十面体相互连接成的密堆积层。

（图中由 3 个 B 原子的三线段相交于一点代表 3c-2e BBB 键，而不代表原子。）

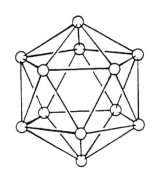

图13.2.2　B$_{12}$ 三角二十面体的结构。

（B—B 间的距离为 177 pm。）

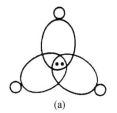

图 13.2.3　（a）3c-2e 键中 3 个原子共享一对电子；

　　　　　　　（b）3c-2e 键的简化表示。

在一个封闭型 B$_n$ 骨干中，只有 3 个 2c-2e B—B 共价键，还有 ($n-2$) 个 BBB 3c-2e 键。（这一结论将在下节有关封闭型硼烷-B$_n$ 骨干中详细地推导。）对于 B$_{12}$ 三角二十面体单元，有 3 个 B—B 2c-2e 键和 10 个 BBB 3c-2e 多中心键，如图 13.2.4 所示。

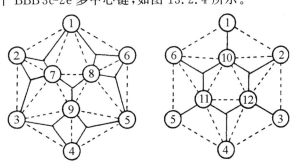

图 13.2.4　B$_{12}$ 单元中的化学键。（有 3 个 2c-2e B—B键：1-10,5-11 和 3-12；

　　　　　　　还有 10 个 BBB 3c-2e 键：例如 1-2-7,1-6-8,…）

每个 B_{12} 单元的 36 个电子的分配情况如下：26 个电子用于骨干中的化学键，其余 10 个用于三角二十面体之间的化学键。在 α-三方硼结构中，每个三角二十面体被同一层 6 个三角二十面体所包围（见图 13.2.1），它们是通过 6 个 3c-2e 键连成。每个 B 原子对 1 个 3c-2e 键平均贡献 $\frac{2}{3}$ 个电子，这样每个三角二十面体提供 $4\left(=6\times\frac{2}{3}\right)$ 个电子。每个三角二十面体还和相邻两层的 6 个三角二十面体连接［见图 9.6.21(b)］，这些键是正常的 2c-2e B—B 共价键，每个三角二十面体要贡献 6 个电子。所以每个 B_{12} 三角二十面体电子总数是 36(=26+4+6) 个电子。

β-B，也称 β-B$_{105}$（或 B$_{106}$，B 原子数随实验改进而修正），或 β-B105/106，空间群为 $R\text{-}3m$，菱方晶胞参数：$a=1014.5$ pm，$\alpha=65.28°$，晶胞中 B 原子数为 105/106；六方晶轴参数为：$a=1.0944$ nm，$c=2.381$ nm，晶胞中包含 315/318［$=(105/106)\times 3$］个 B 原子。此晶体结构中，存在很有趣的 B$_{84}$ 多面体单元，这个单元可从 B$_{12}$ 出发来理解：中心为 B$_{12a}$ 三角二十面体，其中每个 B 原子，向外按径向和 12 个 B$_6$"半个三角二十面体"连接，这种连接就像 12 把外翻的伞连接在三角二十面体的每个顶点上，如图 13.2.5(a) 所示。

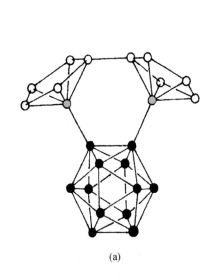 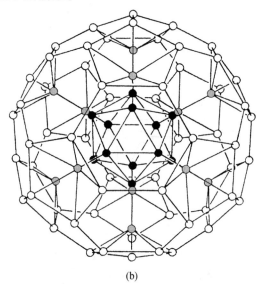

(a)　　　　　　　(b)

图 13.2.5　β-B105 硼的结构：(a) 内部的 B$_{12a}$ 的每个顶点和五角锥形 B$_6$ 单元的连接；
(b) B$_{84}$ 单元［B$_{12a}$@B$_{12}$@B$_{60}$］的结构。（黑球代表中心的 B$_{12a}$ 三角十二面体的 B 原子；
阴影球代表表面上的 60 个 B 原子和中心的 B$_{12a}$ 单元连接的 B 原子。）

每把伞开口处的 5 个 B 原子又和其他伞的 B 原子共同组成大的多面体。这个加大的由 60 个 B 原子组成的多面体的几何学，恰好和球碳 C$_{60}$ 一样。所以，B$_{84}$ 单元也可看作由一个 B$_{60}$ 的壳层通过 12 个处在五重轴上的 B 原子和中心的 B$_{12a}$ 三角二十面体连接组成，如图 13.2.5 (b) 所示。这个 B$_{84}$ 的化学式可表示为 B$_{12a}$@B$_{12}$@B$_{60}$。另外，一个六配位硼原子处于对称中心上，在 2 个相邻的 B$_{10}$ 缩聚单元之间，晶体结构是一个复杂的配位网络，由 B$_{10}$—B—B$_{10}$ 和 B$_{84}$ 单元连接而成。素晶胞中的 105 个原子，除了中心点的 1 个以外，其他都是稠环连接的三角二十面体的顶点。有关 β-B105 更详细的情况和电子结构将在 13.4.6 小节中讨论。

γ-B（亦称 γ-B$_{28}$）于 2009 年成功合成。这是一种在高温高压（2450℃，1889 GPa）下形成的物相，"淬火"后可在常温常压下存在。研究者通过 X 射线衍射获得了 γ-B 晶胞的基本信息，利用模拟计算再现了与衍射实验吻合的图案,确定了对应的晶体结构。γ-B 属正交晶系,空间群 $Pnnm$,晶胞参数:$a=505.44$ pm ,$b=561.99$ pm,$c=698.73$ pm。在γ-B_{28}结构中,B_{12}二十面体的排布方式近似α-B 的立方密堆积,但两者不同的是:γ-B_{28}结构中由 B_{12} 堆积产生的所有八面体空隙均被 B_2 原子对占据,如图 13.2.6 所示。γ-B_{28} 每个晶胞中有 28 ($=12\times2+2\times2$)个 B 原子,所以它的密度比α-B_{12}更高。

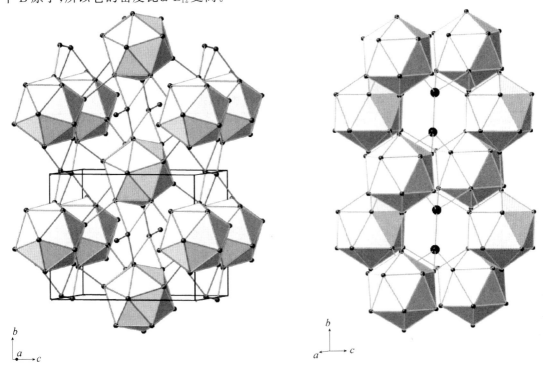

图 13.2.6　γ-B_{28} 的结构:

(a) B_{12} 与 B_2 的堆积及连接关系;(b) B_2 处于 B_{12} 堆积形成的八面体空隙中。

[参看 A. R. Oganov, J. Chen, C. Gatti, Y. Ma, Y. Ma, C. W. Glass,

Z. Liu, T. Yu, O. O. Kurakevych and V. L. Solozhenko,

Ionic high-pressure form of elemental boron. *Nature* **457**, 863~867(2009).]

　　γ-B_{28}结构中,B_{12}二十面体内平均 B—B 键长为 180 pm,B_2原子对内的 B—B 键长为 173 pm。令人惊奇的是,B_{12}二十面体簇和 B_2原子对之间的作用显示部分离子键的特性,即二者之间存在电荷转移,B_2将部分电荷转移到 B_{12}上,形成$(B_2)^{\delta+}(B_{12})^{\delta-}$($\delta\approx0.34\sim0.48$),结构类似 NaCl 型,$B_{12}$二十面体和 B_2原子对分别扮演"阴离子"和"阳离子"的角色。离子性不仅增加了γ-B_{28}结构的稳定性,也影响其电子带隙、红外吸收和介电常数等物理性质。

13.3　硼　化　物

　　固态硼化物都有很高的熔点、特别高的硬度、优良的耐磨性和抗化学腐蚀性,这类化合物在工业上很重要,可用作耐火材料、火箭外壳和涡轮机的叶片等。有的硼化物还具有超导性,有着重要应用潜质。

13.3.1　金属硼化物

硼和金属能形成多种形式的硼化物,其中二元硼化物 M_xB_y 已知有数百种。当硼化物中 B 原子所占比例较少时,常以孤立原子出现;当 B 原子的比例增加,B—B 键的数目增加,B 原子倾向于互相结合在一起,形成多种不同的形式:B_2 原子对、B_n 的链段、B_n 单链、B_n 双链、带支链的链、平面网格及 B_6 和 B_{12} 等多面体。在富硼化合物中,其结构经常用硼原子簇(八面体、二十面体和立方八面体)直接地相互连接或经过非簇原子连接形成三维网络来形成。金属原子处在八面体或二十面体之间的笼中,从而提供外部成键电子到缺电子的硼的骨架中。表 13.3.1 列出若干金属硼化物的化学计量式和结构。

表 13.3.1　金属硼化物的化学计量式和结构

化学式	实　例	硼原子的连接和相关图号
M_4B	Mn_4B,Cr_4B	
M_3B	Ni_3B,Co_3B	
M_5B_2	Pd_5B_2	孤立 B 原子,图 13.3.1(a)
M_7B_3	Ru_7B_3,Re_7B_3	
M_2B	Be_2B,Ta_2B	
M_3B_2	V_3B_2,Nb_3B_2	B_2 原子对,图 13.3.1(b)
MB	FeB,CoB	曲折 B 原子链,图 13.3.1(c)
$M_{11}B_8$	$Ru_{11}B_8$	带支链的链,图 13.3.1(d)
M_3B_4	Ta_3B_4,Cr_3B_4	双链,图 13.3.1(e)
MB_2	MgB_2,AlB_2	平面六角形层,图 13.3.1(f)
MB_4	LaB_4,ThB_4	B_6 八面体和 B_2 原子连成三维骨架,图 13.3.3(a)
MB_6	CaB_6	B_6 八面体连成三维骨架,图 13.3.3(b)
MB_{12}	YB_{12},ZrB_{12}	B_{12} 呈立方八面体,图 13.3.4(a)
MB_{15}	NaB_{15}	B_{12} 三角二十面体[图 13.3.4(b)]和 B_3 单元组成
MB_{66}	YB_{66}	$B_{12}(B_{12})_{12}$ 大的三角二十面体三维骨架

下面就表 13.3.1 中所描述的部分结构作进一步说明:

1. MgB_2 和 AlB_2

硼化镁 MgB_2 在 2001 年被发现具有超导性能,临界温度 T_c 高达 39 K,其物理性质近似超导核磁共振仪内作高场超导磁铁的 Nb_3Sn 类金属化合物。MgB_2 为六方晶系晶体,空间群为 $P6/mmm$,晶胞参数 $a=308.6$ pm,$c=352.4$ pm,$Z=1$。Mg 原子按密置层方式排列,B 原子按石墨分子层方式排列,如图 13.3.1(f) 所示,在此层中 B—B 键长为 $a/\sqrt{3}=178.2$ pm。这两种层沿晶胞 c 轴交替地排成晶体。在此结构中,B 原子处于三方柱形的 Mg 原子配位之中,Mg 原子处于六方柱形的 B 原子配位之中,如图 13.3.2 所示。AlB_2 有着相同的结构,其中 B—B 键长为 175 pm。

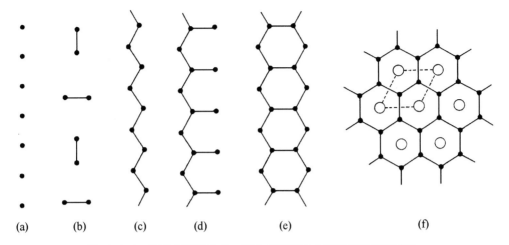

图 13.3.1　若干含硼较少的一些金属硼化物中硼原子的连接情况。

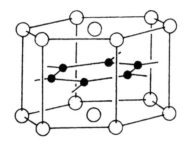

图 13.3.2　MgB_2 的晶体结构。（黑球为 B，白球为 Mg。）

2. LaB_4

LaB_4 晶体结构属四方晶系，图 13.3.3(a)示出结构沿四重轴的投影，图中示出 B_6 八面体通过 B_2 基团连接成层状结构，相邻层之间通过四重轴上 B_6 八面体顶点相互连接成B—B键，把层型结构连接成三维骨架，而大的 La 原子处在两层中心点。每个 La 原子周围有 18 个 B 原子配位，而 B_6 八面体处在由 8 个 La 原子组成的立方体之中。

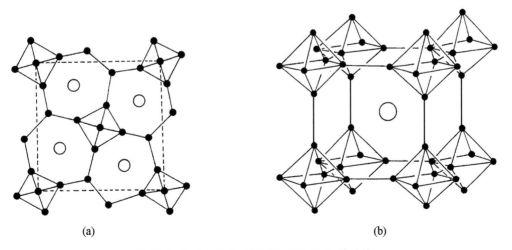

图 13.3.3　(a) LaB_4 的结构；(b) CaB_6 的结构。

3. CaB₆

CaB₆ 的结构示于图 13.3.3(b)。在此结构中,硼原子全部组成 B₆ 八面体,各个顶点通过 B—B 键互相连接成三维骨架,它具有立方晶系的对称性。8 个 B₆ 多面体围成立方体,中心为 Ca 原子。这样,每个 Ca 原子有 24 个 B 原子配位,距离都相等。

B₆ 单元的价电子数可计算如下:6 个电子用于形成 B₆ 单元间的 6 个 B—B 键,在封闭式 B₆ 骨架中有 3 个 2c-2e B—B 键和 4 个 3c-2e BBB 键,共需要 14 个电子,即每个 B₆ 单元共需 20(=6+14) 个电子,这样在 CaB₆ 结构中需要从 Ca 原子转移 2e 到 B₆ 单元中来。但是在三维晶体结构中,要为每个 B₆ 单元完全转移 2e 不是强制性的。对 MB₆(M 为 Ca,Sr,Ba) 的理论计算表明仅有 0.9e 到 1.0e 转移。这也说明为什么缺电子相 M$_{1-x}$B₆ 依然稳定存在,也说明碱金属钾也能形成 KB₆。

4. 高硼金属硼化物

在高硼的金属硼化物中存在两种 B₁₂ 结构单元,在 YB₁₂ 中 B₁₂ 呈立方八面体,如图 13.3.4(a)所示;在 NaB₁₂ 中 B₁₂ 单元为三角二十面体,如图 13.3.4(b)所示。这两种结构单元在结构上有着内在联系,只要将原子进行少许位移,就会从一种构型变为另一种构型。图 13.3.4(a)中的箭头表示原子位移的方向。

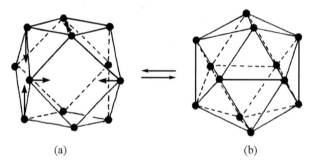

(a) (b)

图 13.3.4 **(a)** 立方八面体形的 **B₁₂** 单元;(b)三角二十面体形的 **B₁₂** 单元。

[这两种结构单元可通过原子的位移而互相转变,图(a)中箭头只画了前面部分。]

5. 稀土金属硼化物

在稀土金属硼化物中稀土离子的半径影响着它们存在的结构型式,如表 13.3.2 所示。

表 13.3.2 稀土金属硼化物存在的结构型式随正离子半径变化情况

稀土离子	半径/ pm	结构型式				
		YB₁₂	AlB₂	YB₆₆	ThB₄	CaB₆
Eu²⁺	130					+
La³⁺	116.0				+	+
Ce³⁺	114.3				+	+
Pr³⁺	112.6				+	+
Nd³⁺	110.9			+	+	+
Sm³⁺	107.9			+	+	+
Gd³⁺	105.3		+	+	+	+
Tb³⁺	104.0	+	+	+	+	
Dy³⁺	102.7	+	+	+	+	
Y³⁺	101.9	+	+	+	+	

续表

稀土离子	半径/ pm	结构型式				
		YB_{12}	AlB_2	YB_{66}	ThB_4	CaB_6
Ho^{3+}	101.5	+	+	+	+	
Er^{3+}	100.4	+	+	+	+	
Tm^{3+}	99.4	+	+	+	+	
Yb^{3+}	98.5	+	+	+	+	
Lu^{3+}	97.7	+	+	+	+	

在 MB_6 中,24 配位的金属位置的半径太大(M—B 距离为 215～225 pm),不适合被后面较小的镧系元素 Ho,Er,Tm 和 Lu 占据。这些元素常形成 MB_4 化合物来替代,这时金属位置的半径较小(M—B 距离为 185～200 pm),如表 13.3.2 所列。

MB_6 中 24-配位的金属位点的"半径"太大(M—B 距离为 215～225 pm),不适合半径较小的重镧系元素占据,因而这些元素形成 MB_4(M＝Ho,Er,Tm 和 Lu)化合物,M—B 距离为 185～200 pm。

YB_{66} 结晶为 $Fm3c$ 空间群,$a＝2344$ pm,$Z＝24$。基本结构单元是由 13 个二十面体形成的 B_{156} 巨型团簇,其中,一个位于中心的 B_{12} 二十面体被 12 个 B_{12} 二十面体环绕;二十面体内的 B—B 键长为 171.9～185.5 pm,面体之间的 B—B 键长为 162.4～182.3 pm。晶胞内 8 个 B_{12}⊂$(B_{12})_{12}$ 巨型团簇堆积形成通道和凸起的非二十面体,可容纳其余 336 个按统计分布的 B 原子。Y 原子被源于 4 个二十面体的 12 个 B 原子和多达 8 个位于凸起内的 B 原子配位。

$La_2Re_3B_7$ 是在 1000℃ 下熔融的 La／Ni 共晶中制备的,其中 B 原子构成无限的 Z 字形链,具有扩展的 B—B 键(图 13.3.5)。该一维链含有两种类型交替的连接模式:B_3 等腰锐角三角形和反式 B_4 之字形链段。这两种类型的链段通过 B_3 三角形的底角和 B_4 片段内的原子相连接。硼链间通过 Re—B 键连接,形成 3D 整体框架结构。

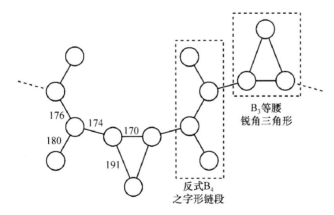

图 13.3.5　$La_2Re_3B_7$ 的硼链和 B—B 键长(单位:pm)。

[参看: D. E. Bugaris, C. D. Malliakas, D. Y. Chung and M. G. Kanatzidis, Metallic borides,$La_2Re_3B_7$ and $La_3Re_2B_5$,featuring extensive boron-boron bonding. *Inorg. Chem.* **55**,1664～1673(2016)。]

13.3.2 非金属硼化物

硼能够和许多非金属元素形成非金属硼化物。其中硼的主要氧化物 B_2O_3 在工业上是制造玻璃的重要原料,它和硅酸盐一起形成硼硅玻璃,由于它具有低的热膨胀系数和优良的加工性,应用广泛。化学仪器中常用的 Pyrex 玻璃就是一种硼硅玻璃。硼的氧化物通常进一步反应形成硼酸和硼酸盐,将在 13.5 节中专门讨论。下面分别进行讨论其他重要的非金属硼化物。

1. 碳化硼和相关的化合物

碳化硼是一类具有潜在应用价值的材料,其组成可变:$B_{1-x}C_x$,$0.1 < x < 0.2$。组成为 $B_{13}C_2$、B_4C 以及相关的化合物 $B_{12}P_2$ 和 $B_{12}As_2$ 均结晶成三方晶体,空间群为 $R\bar{3}m$。$B_{13}C_2$ 的结构和 α-R12 硼相似,只是在三重轴上增加线性 CBC 基团将 B_{12} 连接在一起,如图 13.3.6 所示。为了清楚起见,图中菱面体晶胞 8 个顶角上的 B_{12} 画了 3 个,其他 5 个可通过在晶胞内的硼原子画出。长期以来认为组成为 B_4C 的化合物是由 $B_{11}C$ 和 CBC 所组成。现在的研究更倾向于 C 无序地置换了 B_{12} 中部分的 B,组成为 $B_{11}C(CBC)$,其晶胞参数为 $a = 520$ pm,$\alpha = 66°$。在 $B_{12}P_2$ 和 $B_{12}As_2$ 结构中,分别以 P—P 或 As—As 置换 CBC 基团。

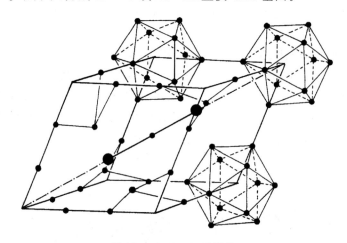

图 13.3.6　$B_{13}C_2$ 的结构。

(结构由 B_{12} 和 CBC 单元组成,小黑球代表 B 原子,大黑球代表 C 原子。)

2. 氮化硼

氮化硼 BN 和 CC 是等电子体。BN 和碳一样可以形成像石墨那样的平面六角形层状结构,如图 13.3.7(a) 所示。晶体中层间的排列是使层中的 B 原子对准相邻层中的 N 原子,或反过来也相同。层中 B—N 距离为 145 pm,短于 B—N 单键键长 157 pm,说明其中存在 π 键成分。层间距离为 330 pm,它与层间范德华作用相符合。它的力学性能像石墨,质地柔软,但光电性和石墨不同,是白色的绝缘体。这种差别可用能带理论解释,即 B—N 键的极性使其带隙宽度大于石墨。将层型 BN 加热到约 2000 K,在压力 > 5 GPa(50 kbar,1 bar = 0.1 MPa)和一定量的 Li_3N 或 Mg_3N_2 催化作用下,可转变为较密的立方硫化锌型结构的 BN,称为立方氮化硼(borazon),如图 13.3.7(b) 所示,它的硬度仅次于金刚石。由于它在高温下不会和铁发生反应,可用以高速切削钢铁。

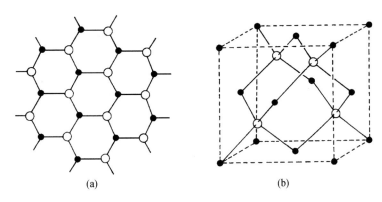

图 13.3.7　BN 的结构：
(a) 类似于石墨；(b) 类似于金刚石(立方氮化硼)。

由于 BN 和 CC 是等电子体,由 BN 衍生的许多化合物,可看作有机化合物中两个相邻的 C 原子同时被 BN 两个原子置换,因而形成多种形式的硼氮化合物：

$H_3B \longrightarrow NH_3$

3. 卤化硼

硼和卤素形成多种二元卤化物,其中 BX_3 是具有挥发性和高活性的化合物。BX_3 和 Al_2X_6 不同,前者保持平面的单体,后者为了满足 Al 的八隅律而成二聚体。差异的原因在于 B 原子较小,当它利用 sp^2 杂化轨道和 X 形成 σ 键后,B 原子剩余的、垂直于平面的、空的 p_z 轨道,能有效地和 X 原子的 p_z 轨道叠加,接受 X 原子的非键电子对形成 π_4^6 离域键,增强了 B—X 键,使 B—X 键的键长缩短,键能增大。表 13.3.3 列出 BX_3 分子的键长、键能及其性质。

BX_3 都是 Lewis 酸,其强度决定于前面提到过的分子中离域 π 键的强弱,离域 π 键强,分子保持平面构型的能力强,酸的强度弱。由于 π 键从 BF_3 到 BI_3 逐渐减弱,BX_3 的 Lewis 酸的强度从 BF_3 到 BI_3 逐渐增强。这个次序是和卤素原子的电负性的排序情况相反。氟的电负性高且原子小,BF_3 从 Lewis 碱中接受孤对电子的能力大,阻碍给体靠近 B 原子的能力最小。将金属氟化物加到 BF_3 中,很容易形成四氟硼酸盐 MBF_4。B—F 键长从平面 BF_3 的 130 pm 显著地增长到四面体 BF_4^- 的 145 pm。

表 13.3.3　BX_3 分子的键长、键能及性质[*]

分　子	B—X 键长/pm	r_B+r_X 加和值/pm	键能/(kJ mol^{-1})	mp/K	bp/K
BF_3	130	152	645	146	173
BCl_3	175	187	444	166	286
BBr_3	187	202	368	227	364
BI_3	210	221	267	323	483

[*] 表中 r_B 和 r_X 分别指 B 和卤素 X 原子的共价单键半径。

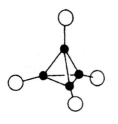

图 13.3.8   B₄Cl₄ 分子的结构。

此外硼的卤化物还包括已制得的 B_4Cl_4 和 B_4Br_4。在 B_4Cl_4 分子中，B_4 采用四面体构型，B—B 和 B—Cl 间距离均为 170 pm，相应的 B_4H_4 或 $B_4H_4^{2-}$ 并不存在。在此 B_4Cl_4 分子中，除去 4 个 2c-2e 的 B—Cl 键外，在 4 个 B 三角形面上均形成了 3c-2e 的 BBB 键。此外，Cl 原子的孤对电子与 BBB 键间存在 σ-π 相互作用，稳定了这种结构。图 13.3.8 示出 B_4Cl_4 分子的结构。

13.4   硼烷和碳硼烷

13.4.1   分子结构和键

1. 硼烷和碳硼烷分子的几何结构

硼烷和碳硼烷具有很特别的结构，大部分已通过 X 射线衍射法和电子衍射法测定出来。图 13.4.1 和 13.4.2 分别示出一些硼烷和碳硼烷的结构。

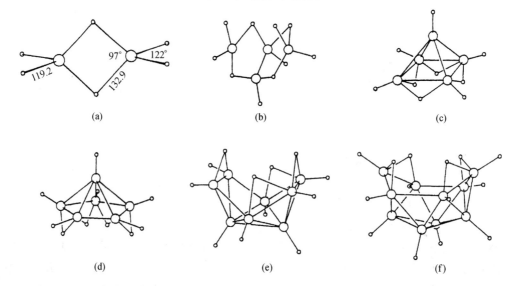

图 13.4.1   硼烷的结构：(a) B_2H_6；(b) B_4H_{10}；(c) B_5H_9；(d) B_6H_{10}；(e) B_8H_{12}；(f) $B_{10}H_{14}$。

2. 硼烷中的化学键

按简单的共价键理论，硼烷中有 4 种类型的化学键：① 正常 2c-2e B—B 键，② 正常 2c-2e B—H 键，③ 3c-2e BBB 键（图 13.4.3）和④ 3c-2e BHB 键。

BHB 桥键是由每个 B 原子各出一个 sp^3 杂化轨道：ψ_{B_1} 和 ψ_{B_2}，与 H 原子的 1s 轨道 ψ_H 互相叠加组合形成 3 个分子轨道：

$$\psi_1 = (1/2)\psi_{B_1} + (1/2)\psi_{B_2} + (1/\sqrt{2})\psi_H$$

$$\psi_2 = (1/\sqrt{2})(\psi_{B_1} - \psi_{B_2})$$

$$\psi_3 = (1/2)\psi_{B_1} + (1/2)\psi_{B_2} - (1/\sqrt{2})\psi_H$$

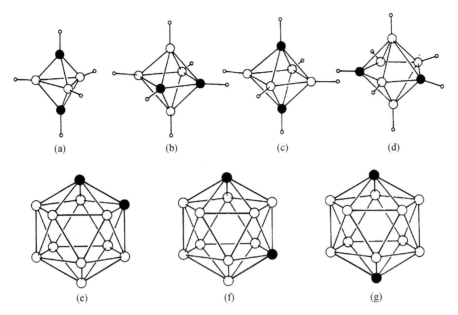

图 13.4.2　碳硼烷的结构：(a) 1,5-$C_2B_3H_5$；(b) 1,2-$C_2B_4H_6$；(c) 1,6-$C_2B_4H_6$；(d) 2,4-$C_2B_5H_7$；(e)～(g) $C_2B_{10}H_{12}$ 的三种异构体（为清楚起见略去 H 原子）。

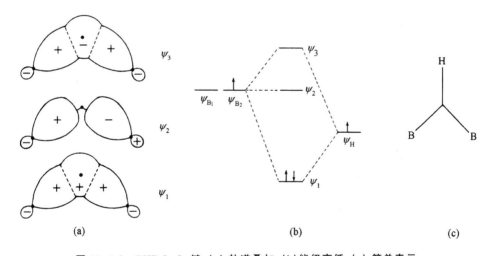

图 13.4.3　BHB 3c-2e 键：(a) 轨道叠加；(b)能级高低；(c) 简单表示。

ψ_1 至 ψ_3 的轨道叠加和分子轨道能级高低分别示意于图 13.4.3(a)和(b)中。由于端接 B—H 键强于 B—H—B 桥键，按 VSEPR 理论，两个 B—H 间的键角（122°）应大于桥键 H_b—B—H_b 的键角（97°），如图 13.4.1(a)所示。

3. 硼烷结构的拓扑描述

在硼烷中，价电子的总数不能满足每两个相邻原子的连线都含有一对电子，电子的缺乏需要形成 3c-2e 键来补偿。利用价键理论（VB）描述硼烷中的化学键，必须遵循下列规则：

(1) 每一对相邻的硼原子由一个 B—B，BBB 或 BHB 键连接。

(2) 每个硼原子利用它的 4 个价轨道去成键，以达到八电子组态。

（3）两个硼原子不能同时通过二中心 B—B 键和三中心 BBB 键或三中心 BHB 键结合。

（4）每个 B 原子至少和 1 个端接 H 原子结合。

styx 数码可较好地用作定域键的描述。*styx* 数码分别表示在一个硼烷分子中下列 4 种类型化学键的数目,如下图所示:

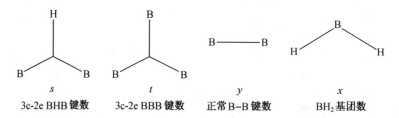

s	*t*	*y*	*x*
3c-2e BHB 键数	3c-2e BBB 键数	正常 B–B 键数	BH₂ 基团数

通过 *styx* 值计算可以了解硼烷的成键特点。一些硼烷的分子结构及其 *styx* 数码示于图 13.4.4 中。

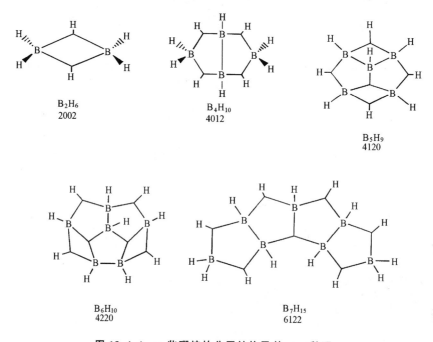

图 13.4.4 一些硼烷的分子结构及其 *styx* 数码。

（图中三线段汇聚于一点代表一个 3c-2e 键。）

13.4.2 硼烷分子骨架结构的表达

1. 成键电子对数目和键价

一个分子的几何结构和它的价电子数目密切相关。一个由主族元素(H 和 He 除外)组成的分子,其中每个原子都倾向于达到稳定的 8 电子层电子组态,即遵循八隅律。一个由过渡金属和其他元素组成的分子,每个过渡金属原子倾向于达到稀有气体电子组态,即遵循 18 电子规则。每个原子为达到 8 电子或 18 电子组态所需的电子由分子中其他原子通过形成共价键提供。所以,分子骨干的几何结构主要由它的价电子总数及其包含的化学键所决定。大多数已知的分子遵循这一规则。

按照价键理论,有机分子和硼烷分子为了达到它们的稳定性,需要每个主族元素原子在它们的 4 个价轨道(ns 和 np)中填入 8 个电子,这些电子由原子本身及和它成键的其他原子提供。同样地,过渡金属化合物为了达到它们的稳定性,需要在每个过渡金属原子的 9 个价轨道 $[(n-1)d, ns$ 和 $np]$ 中填入 18 个电子,这些电子由过渡金属原子本身以及它周围的配位体提供。按分子轨道理论的语言,八隅律和 18 电子规则可表述为:所有的成键分子轨道和非键分子轨道都填满电子,而 HOMO 和 LUMO 之间存在较大的能隙。

对一个由 n 个主族元素原子组成而形成链形、环形、笼形或骨架形的分子骨干 M_n,g 为分子骨干的总电子数目。当一个共价键在两个 M 原子间形成,每个原子都在它的价层有效地得到 1 个电子。为了使整个分子骨干满足八隅律,原子之间应有 $(1/2)(8n-g)$ 对电子形成共价键。这些成键的电子对数目定义为分子骨干的键价 b。

$$b=(1/2)(8n-g) \tag{13.4.1}$$

当分子骨干中价电子的总数少于价层轨道数,形成正常的 2c-2e 键不足以补偿电子的缺乏,对这种缺电子化合物通常发现存在 3c-2e 键,其中三个原子共享一对电子,所以一个 3c-2e 键可起着补偿缺少 4 个电子的作用,相当于键价为 2。

许多化合物具有金属-金属键。一个金属原子簇可以定义为金属原子间直接成键的多核化合物。一个金属原子簇的金属原子常称作骨干原子,而其余的非金属原子和基团则作为配位体。(注意含有金属-金属键的二核配合物不能称作原子簇,但常和原子簇化合物一起讨论。)按照 18 电子规则,过渡金属原子簇的键价为

$$b=(1/2)(18n-g) \tag{13.4.2}$$

对于一个由 n_1 个过渡金属原子和 n_2 个主族元素原子组成的骨干,例如过渡金属硼烷,其键价可计算如下:

$$b=(1/2)(18n_1+8n_2-g) \tag{13.4.3}$$

在一般情况下,一个分子骨干或原子簇 M_n 的键价可以由式 $(13.4.1)\sim(13.4.3)$ 计算,在其中 g 代表这个体系的价电子数目。如果一个化合物的 b 值和常用的价键结构式中相邻原子间连线的数目相同,称为电子数准确化合物。

g 值可由下列数目加和而得:

(1) 组成分子骨干 M_n 的 n 个原子的价电子数。

(2) 配位体提供给 M_n 的电子数。

(3) 化合物所带的正、负电荷数,例如 $B_6H_6^{2-}$ 带 2 个电子。

最简单的计算 g 值的方法是按骨干原子不带净电荷来计算,配位体只算提供的电子数。像 NH_3,PR_3 和 CO 等配位体,每个提供两个电子。非桥连的卤素原子、H 原子、CR_3 和 SiR_3 基团等则提供一个电子。一个二桥连的 μ_2-卤素原子提供 3 个电子,一个三桥连的 μ_3-卤素原子提供 5 个电子等。表 13.4.1 列出各种配位体在它们的配位型式下提供电子的数目。

表 13.4.1　配位体提供给分子骨干的电子数目(骨干原子作不带净电荷计算)

配位体	配位型式*	电子数目	配位体	配位型式*	电子数目
H	μ_1,μ_2,μ_3	1	NR_3,PR_3	μ_1	2
B	int	3	NCR	μ_1	2
CO	μ_1,μ_2,μ_3	2	NO	μ_1,μ_2,μ_3	3
CR	μ_3,μ_4	3	OR,SR	μ_1	1

续表

配位体	配位型式*	电子数目	配位体	配位型式*	电子数目
CR_2	μ_1,μ_2	2	OR,SR	μ_2	3
CR_3,SiR_3	μ_1,μ_2	1	O,S,Se,Te	μ_2	2
η^2-C_2R_2	μ_1	2	O,S,Se,Te	μ_3	4
η^2-C_2R_4	μ_1	2	O,S	int	6
η^5-C_5R_5	μ_1	5	F,Cl,Br,I	μ_1	1
η^6-C_6R_6	μ_1	6	F,Cl,Br,I	μ_2	3
C,Si	int	4	Cl,Br,I	μ_3,μ_4	5
N,P,As,Sb	int	5	PR	μ_3,μ_4	4

* μ_1=端接配位体,μ_2=桥连 2 个原子配位体,μ_3=桥连 3 个原子配位体,int=填隙原子。

2. 硼烷和碳硼烷的结构类型与 Wade 规则

为合理分析硼烷、碳硼烷及其衍生物的骨架结构,可将成键电子对数目与分子的几何构型和成键情况关联起来。基于当时已有的结构数据,Wade 利用半经验的分子轨道理论处理硼烷和碳硼烷结构,将骨架电子对数与成键分子轨道数关联在一起,总结出决定硼烷和碳硼烷形成不同结构类型即封闭型、鸟巢型、蜘网型的骨架电子对数的规律,简称 Wade 规则。

以 $B_6H_6^{2-}$ 为例,整个体系共有 $3\times6+6+2=26$ 个电子,每个 B 原子有 4 个价层轨道:1 个 $2s$,3 个 $2p$。使骨架 B 原子按照八面体分布,形成封闭型结构。其中,B 原子采用 sp 杂化,利用 1 个 sp 轨道和端基的 H 原子 s 轨道重叠形成外向型的正常 B—H 键,用去 1 对电子,每个 B 原子尚余 3 个轨道:1 个指向八面体中心的 sp 轨道,2 个与 sp 轨道垂直且彼此也互相垂直的 p 轨道。6 个 B 原子利用 6 个 sp 轨道、12 个 p 轨道按照对称性匹配的原则进行组合,形成 7 个成键轨道,11 个反键轨道,如图 13.4.5 所示。

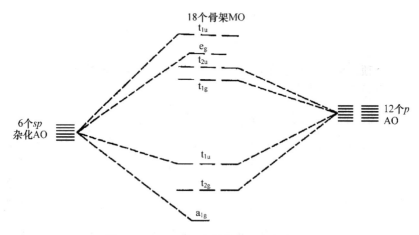

图 13.4.5　$B_6H_6^{2-}$ 分子轨道形成示意图。

此时,整个体系剩余的电子数为 $26-2\times6=14$,这 7 对电子填充到 7 个成键轨道上,形成 $B_6H_6^{2-}$ 的骨架结构。这里,有 6 个 B 原子,有 7 对电子,骨架的成键轨道数为 6+1。计算表明,对于采用三角多面体结构、通式为 $B_nH_n^{2-}$ 的硼烷离子,形成封闭型结构,其成键轨道数为 $n+1$。

鸟巢型和蛛网型的硼烷结构可以从封闭型结构出发进行处理,如图 13.4.6 所示。可以看出,对于 $B_6H_6^{2-}$,当去掉一个 BH 基团,但留下 1 对电子,变为 $B_5H_5^{4-}$,骨架电子对数为 $n+2$,分子轨道随之发生变化,但依然有 7 个成键轨道;继续去掉一个 BH 基团并留下 1 对电子,变为 $B_4H_4^{6-}$,骨架电子对数为 $n+3$,轨道亦随之调整。

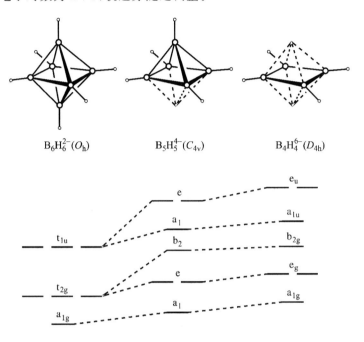

$B_6H_6^{2-}(O_h)$　　　　　　　$B_5H_5^{4-}(C_{4v})$　　　　　　　$B_4H_4^{6-}(D_{4h})$

图 13.4.6　封闭型 $B_6H_6^{2-}$、鸟巢型 $B_5H_5^{4-}$ 和蛛网型 $B_4H_4^{6-}$ 的分子轨道相关图。

在上述三类骨架结构的基础上,再增加骨架中成键电子对数目,成为 $n+4$. 可得开放式硼烷结构,如 B_5H_{11}。因此,关于骨架电子对数与骨架结构类型的关联关系可以总结如下:

(1) 具有 n 个顶点的封闭型三角形簇通过 $(n+1)$ 个成键电子对结合在一起。

(2) 具有 n 个顶点的鸟巢型三角形簇通过 $(n+2)$ 个成键电子对结合在一起。

(3) 具有 n 个顶点的蛛网型三角形簇通过 $(n+3)$ 个成键电子对结合在一起。

(4) 具有 n 个顶点的开放型三角形簇通过 $(n+4)$ 个成键电子对结合在一起。

按上述分类,采用四个数 $styx$ 可以深入了解硼烷骨架类型及其成键关系。硼烷和碳硼烷常见的四种结构类型,列于表 13.4.2 中。图 13.4.7 示出表中所举实例——封闭型 $B_5H_5^{2-}$、鸟巢型 B_5H_9、蛛网型 B_5H_{11} 和开放型 $B_5H_{11}^{2-}$ 的结构及其相互关系。

表 13.4.2　硼烷和碳硼烷的结构类型与成键

结构类型 (中英文名称)	骨架成键 电子对数目	实例	成键情况 ($styx$)	骨架成键 电子对数目	骨架键价 $b=s+2t+y$
封闭型-,closo-	$n+1$	$B_5H_5^{2-}$	(0330)	6	9
鸟巢型-,nido-	$n+2$	B_5H_9	(4120)	7	8
蛛网型-,arachno-	$n+3$	B_5H_{11}	(3203)	8	7
开放型-,hypho-	$n+4$	$B_5H_{11}^{2-}$	(2124)	9	6

可以看出,封闭型 $B_5H_5^{2-}$ 呈三角双锥形,如图 13.4.7(a);鸟巢型 B_5H_9 中 5 个 B 原子呈四

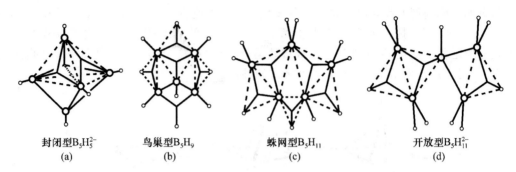

图 13.4.7   戊硼烷的结构演变。

方锥排列,如图 13.4.7(b);蛛网型 B_5H_{11} 这 5 个 B 原子呈网型,如图 13.4.7(c);开放型 $B_5H_{11}^{2-}$ 由张开的两部分构成,如图 13.4.7(d)。

13.4.3   各类硼烷的结构和化学键

1. 封闭型硼烷

通式为 $B_nH_n^{2-}$ 的硼烷及等电子的碳硼烷 $CB_nH_n^-$ 和 $C_2B_{n-2}H_n$ 具有封闭型(*closo*)的结构,在其中 n 个骨干中的 B 和 C 原子处在由三角形面结合而成的多面体的顶点上。对于 $B_nH_n^{2-}$ 封闭型硼烷:

$$b=(1/2)[8n-(4n+2)]=2n-1 \tag{13.4.4}$$

从封闭型硼烷的几何结构看,$styx$ 数码中的 s 和 x 均为 0。每个 3c-2e BBB 键相当于键价值为 2。所以

$$b=2t+y \tag{13.4.5}$$

由(13.4.4)式和(13.4.5)式得

$$2t+y=2n-1 \tag{13.4.6}$$

由于 $B_nH_n^{2-}$ 的价电子对总数为 $(2n+1)$,其中 n 个电子对用于和 H 原子成键,剩余 $(n+1)$ 个电子对用于在 B_n 骨干中形成 2c-2e B—B 键 (y) 和 3c-2e BBB 键 (t)。所以

$$t+y=n+1 \tag{13.4.7}$$

从(13.4.6)式和(13.4.7)式可得

$$t=n-2 \tag{13.4.8}$$

$$y=3 \tag{13.4.9}$$

由(13.4.9)式可见,每个封闭型硼烷 $B_nH_n^{2-}$ 在它的价键结构式中准确地具有 3 个 B—B 键。

表 13.4.3 列出 $B_nH_n^{2-}$ 的键价和其他数据。注意 n 是从 5 开始,而不是从 4 开始。对 $B_4H_4^{2-}$,$t=2$,$y=3$,它不能满足价键理论要求的一个四面体形硼烷结构中化学键必须遵循的规则(3)。图 13.4.8 示出一些封闭型硼烷的定域键描述(只示出一种方式,但每个分子的正面和背面都已表示出来)。在 $B_nH_n^{2-}$ 中的两个负电荷对加强由 n 个(BH)单元组成一个三角形多面体是必要的。除 $B_5H_5^{2-}$ 外,键价 b 的数值总是小于多面体棱边的数目。

表 13.4.3 在封闭型 $B_nH_n^{2-}$ 中的 $styx$ 数码和键价

n	$styx$(数码)	键价 b	棱边数	面 数	$t+y$(骨干电子对数)
5	0330	9	9	6	6
6	0430	11	12	8	7
7	0530	13	15	10	8
8	0630	15	18	12	9
9	0730	17	21	14	10
10	0830	19	24	16	11
11	0930	21	27	18	12
12	0,10,30	23	30	20	13

$$B_5H_5^{2-}$$

$$B_6H_6^{2-}$$

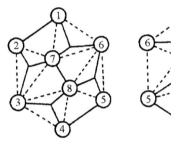

$$B_{10}H_{10}^{2-}$$

图 13.4.8 一些封闭型硼烷的定域键描述。

(B$_{12}$H$_{12}^{2-}$ 已在图 13.2.4 中描述。每个分子均示出它的正面和背面。)

在封闭型硼烷 B_n 骨干的化学键中含有 $(n-2)$ 个 3c-2e BBB 键和 3 个 2c-2e B—B 键。这些键需要 $(n-2)+3=n+1$ 个电子对。这一结论有时与被称为多面体骨干电子对的理论相吻合：一个稳定的封闭型有 n 个顶点的原子簇化合物需要 $(2n+2)$ 个骨干电子。

和 $C_2B_{10}H_{12}$ 等电子的物种，如 $CB_{11}H_{12}^-$，$NB_{11}H_{12}$ 以及它们的衍生物已经制得。它们都有着相同数目的骨干原子和相同的键价，所以它们是等同结构的化合物。

2. 鸟巢型硼烷

当用 $styx$ 数码和键价描述鸟巢型硼烷 B_nH_{n+4}（或碳硼烷）的结构时，可得下列关系：

$$b = (1/2)[8n-(4n+4)] = 2n-2 \tag{13.4.10}$$

$$b = s+2t+y \tag{13.4.11}$$

由(13.4.10)式和(13.4.11)式得

$$s+2t+y = 2n-2 \tag{13.4.12}$$

B_nH_{n+4} 的价电子对的总数等于 $(4n+4)/2 = 2n+2$，其中 $(n+4)$ 个电子对用于和 $(n+4)$ 个

H 原子成键,而剩余的电子对则用于在骨干中形成 2c-2e B—B 键(y)和 3c-2e BBB 键(t),故

$$t + y = (2n + 2) - (n + 4) = n - 2 \tag{13.4.13}$$

从(13.4.12)式和(13.4.13)式得鸟巢型硼烷 $B_n H_{n+4}$ 的各种键型的数目为

$$t = n - s \tag{13.4.14}$$

$$y = s - 2 \tag{13.4.15}$$

$$s + x = 4 \tag{13.4.16}$$

一个敞开骨干的物质的稳定性可由形成 3c-2e BHB 键而得到加强。在一个稳定的鸟巢型硼烷中,相邻的 H—B—H 和 B—H 基团总是趋向于转化为一个 H—BHB—H 体系:

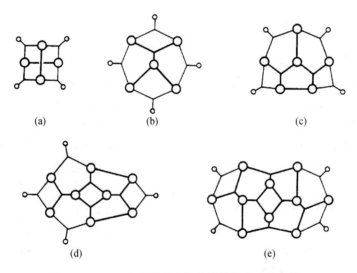

因此,$x = 0$,$s = 4$,而

$$t = n - 4 \tag{13.4.17}$$

$$y = 2 \tag{13.4.18}$$

表 13.4.4 列出一些鸟巢型硼烷的 B_n 骨架的 $styx$ 数码和键价。图 13.4.9 示出一些鸟巢型硼烷骨架结构中的化学键。

表 13.4.4　鸟巢型硼烷的 $styx$ 数码

硼　　烷	$B_4 H_8$	$B_5 H_9$	$B_6 H_{10}$	$B_7 H_{11}$	$B_8 H_{12}$	$B_9 H_{13}$	$B_{10} H_{14}$
s	4	4	4	4	4	4	4
t	0	1	2	3	4	5	6
y	2	2	2	2	2	2	2
x	0	0	0	0	0	0	0
b ($= s + 2t + y$)	6	8	10	12	14	16	18

图 13.4.9　一些鸟巢型硼烷骨架结构中的化学键:

(a) $B_4 H_8$(4020);(b) $B_5 H_9$(4120);(c) $B_6 H_{10}$(4220);(d) $B_8 H_{12}$(4420);(e) $B_{10} H_{14}$(4620)。

(大球代表 BH 基团的 B 原子,小球代表 BHB 键中的 H 原子。)

3. 蛛网型硼烷

对蛛网型硼烷 $B_n H_{n+6}$，$styx$ 数码和 n 的关系如下：

$$t = n - s \tag{13.4.19}$$

$$y = s - 3 \tag{13.4.20}$$

$$x + s = 6 \tag{13.4.21}$$

按照八隅律和分子骨干键价的定义，一个 C 原子和 BH 基团是等电子物种。在一个硼烷中，当一个 C 原子置换一个 BH 基团，g 值和键价 b 是不变的，碳硼烷的结构也和硼烷一样保持不变。为了满足 18 电子规律，一个过渡金属原子需要比一个主族元素原子多 10 个电子。两系列实例(a)～(c)和(d)～(f)示于图 13.4.10 中。在其中：

(a) $B_5 H_9$：$g = 5 \times 3 + 9 \times 1 = 24$，$b = (1/2)(5 \times 8 - 24) = 8$

(b) $CB_4 H_8$：$g = 1 \times 4 + 4 \times 3 + 8 \times 1 = 24$，$b = (1/2)(5 \times 8 - 24) = 8$

(c) $B_3 H_7 [Fe(CO)_3]_2$：

$g = 3 \times 3 + 7 \times 1 + 2(1 \times 8 + 3 \times 2) = 44$，$b = (1/2)(2 \times 18 + 3 \times 8 - 44) = 8$

(d) $B_6 H_{10}$：$g = 6 \times 3 + 10 \times 1 = 28$，$b = (1/2)(6 \times 8 - 28) = 10$

(e) $CB_5 H_9$：$g = 1 \times 4 + 5 \times 3 + 9 \times 1 = 28$，$b = (1/2)(6 \times 8 - 28) = 10$

(f) $B_5 H_8 Ir(CO)(PPh_3)_2$：

$g = 5 \times 3 + 8 \times 1 + 1 \times 9 + 1 \times 2 + 2 \times 2 = 38$，$b = (1/2)(1 \times 18 + 5 \times 8 - 38) = 10$

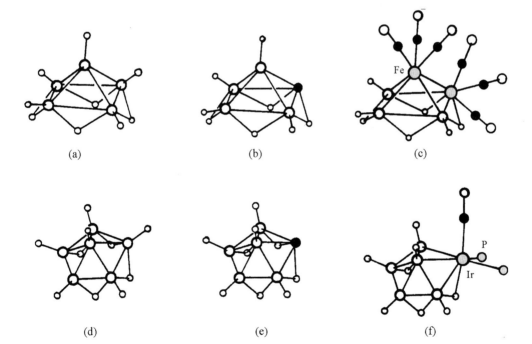

(a)　　　　　　　　　　(b)　　　　　　　　　　(c)

(d)　　　　　　　　　　(e)　　　　　　　　　　(f)

图 13.4.10　具有相同键价的硼烷、碳硼烷和金属硼烷的结构：
(a) $B_5 H_9$，(b) $CB_4 H_8$ 和 (c) $B_3 H_7 [Fe(CO)_3]_2$，$b = 8$；(d) $B_6 H_{10}$，
(e) $CB_5 H_9$ 和 (f) $B_5 H_8 Ir(CO)(PPh_3)_2$，$b = 10$。
[注意：本图中 BBB，BHB 键的表达形式和前面的不同。]

4. 开放型硼烷

已知的开放型硼烷和碳硼烷非常少,典型的代表是 $B_5H_{11}^{2-}$,它已分离得到。

从表 13.4.2 和图 13.4.7 可知, $B_5H_{11}^{2-}$ 骨干成键电子对的数目为 $n+4$,其对应的 $(styx)$ 的数值为 (2124),即结构中存在 2 个 3c-2e BHB 键 $(s=2)$,1 个 3c-2e BBB 键 $(t=1)$,2 个 2c-2e BB 键 $(y=2)$,以及 4 个 BH_2 基团 $(x=4)$,另外还有 1 个 B—H 键。整个 $B_5H_{11}^{2-}$ 离子的价电子数共 28 个,即 14 对电子。扣除 4 个 BH_2 基团和 1 个 B—H 键用去的 10 个电子外,剩余 9 对电子,符合 $n+4$ 的数值。骨架的键价数 $b(=s+2t+y)$ 为 6。

$B_5H_9(PMe_3)_2$ 和 $B_5H_{11}^{2-}$ 是等电子体,它的结构已通过 X 射线衍射法测定,示于图 13.4.11 中。

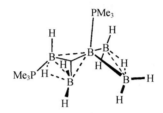

图 13.4.11　开放型磷硼烷 $B_5H_9(PMe_3)_2$ 的结构。

13.4.4 巨多面体硼烷的电子计数规则:mno 规则

一个通用的电子计数方案,称为 mno 规则,可广泛地用于多元缩聚多面体的硼烷、杂硼烷、金属硼烷、金属茂及它们任意组合的化合物。按照这个 mno 规则,对一个稳定的巨多面体体系的电子对数目 N 应为

$$N=m+n+o+p-q \qquad (14.4.22)$$

式中,m 为多面体的数目,n 为顶点的数目,o 为共享连接单个顶点的数目,p 为缺掉顶点的数目,q 为加帽顶点的数目。

对于封闭型巨多面体硼烷,由此规则指出所需的电子对数目 $N=m+n$。

表 13.4.5 和图 13.4.12 列出实例,以说明 mno 规则的应用。图(a) $B_{20}H_{16}$ 是 2 个多面体共用 4 个原子组成。$m+n$ 电子对数目为 $2+20=22$,这与封闭型硼烷结构需要 22 个骨架电子对(16 个来自 16 个 BH 基团,6 个来自 4 个 B 原子)相适应。图(b) $(C_2B_{10}H_{11})_2$ 是由 2 个二十面体单元通过 1 个 B—B 单键连接而成,它的电子计数是单个多面体简单的两倍。其 26 个骨架电子对对 18 个 BH 基团(18 对)、2 个 B 原子(2 对,B—B 键不包含在原子簇的成键电子之中)、4 个 CH 基团(6 对,每个 CH 基团提供 3 个电子)所提供。图(c) $[(C_2B_9H_{11})_2Al]^-$ 是由 2 个二十面体通过共用一个顶点构成,它需要 26 对电子,这些由 18 个 BH 基团(18 对)、4 个 CH 基团(6 对)、Al 原子提供的 3 个电子(1.5 对)、1 个负电荷(0.5 对)所提供。图(d) 多面体硼烷负离子 $[B_{21}H_{18}]^-$ 为 2 个二十面体共用 1 个三角形面构成,按 mno 规则,$m+n=23$,它由 18 个 BH 基团、3 个 B 原子和 1 个负电荷提供 $18+4.5+0.5=23$ 对电子。图(e) 二茂铁有 16 个电子对(10 个 CH 基团提供 15 对,Fe 提供 1 对),mno 规则指出分子由 2 个鸟巢型多面体共享单个顶点连成,$m+n+o+p=2+11+1+2=16$。图(f) 金属硼烷 $Cp^*IrB_{18}H_{20}$ 由 3 个鸟巢型单元缩聚而成,按 mno 规则,稳定结构需 31 个电子对,它们是由下面的基团和原子

所提供：15 个 BH 基团(15 对)、5 个 CH 基团(7.5 对)、3 个共用的 B 原子(4.5 对)、5 个桥连 H 原子(2.5 对)和 1 个 Ir 原子[(1/2)(9−6)=1.5 对,6 个电子占据 3 个金属非键轨道]。图(g) $[Cp^* IrB_{18} H_{19} S]^-$ 是在上面的金属硼烷中加一个 S 原子作为多面体的一个顶点,它需要 32 个电子对,由 S 原子(提供 4 个电子,另外 2 个价电子占据多面体外的轨道)、16 个 BH 基团、2 个共用 B 原子、3 个桥连 H 原子、1 个 Ir 原子和 1 个负电荷提供。图(h) $Cp_2^* Rh_2 S_2 B_{15} H_{14} (OH)$ 包含 1 个鸟巢型 $[RhSB_8 H_7]$ 单元和 1 个蛛网型 $[RhSB_9 H_8 (OH)]$ 单元共用 1 个 B—B 键连接而成。由 mno 规则推得它需要 40 个电子对,它们是由 13 个 BH 基团(13 对)、2 个 B 原子(3 对)、10 个 CH 基团(15 对)、4 个桥连 H 原子(2 对)、2 个 Rh 原子(3 对)和 2 个 S 原子(4 对)所提供。图(i) 在 $(CpCo)_3 B_4 H_4$ 结构中,在 $Co_3 B_3$ 的八面体面上有 1 个加帽 B 原子,它需要 31 对电子来稳定,它们是由 4 个 BH 基团(4 对)、15 个 CH 基团(22.5 对)和 3 个 Co 原子(4.5 对)提供。

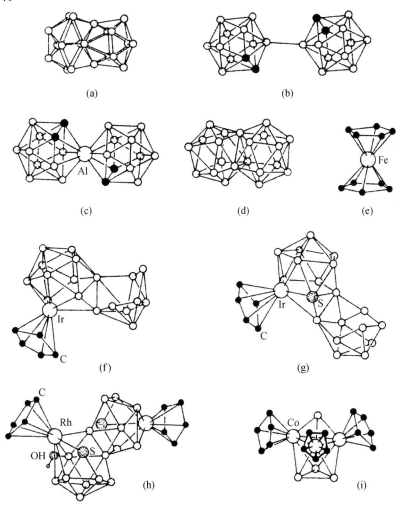

图 13.4.12　列于表 13.4.5 中缩聚多面体硼烷、金属硼烷和二茂铁的结构：
(a) $B_{20} H_{16}$；(b) $(C_2 B_{10} H_{11})_2$；(c) $[(C_2 B_9 H_{11})_2 Al]^-$；(d) $[B_{21} H_{18}]^-$；(e) $Cp_2^* Fe$；
(f) $Cp^* IrB_{18} H_{20}$；(g) $[Cp^* IrB_{18} H_{19} S]^-$；(h) $Cp_2^* Rh_2 S_2 B_{15} H_{14} (OH)$；(i) $(CpCo)_3 B_4 H_4$。
(Cp^* 中的 Me 基团和 H 原子没有示出。)

表 13.4.5　*mno* 规则应用于若干缩聚多面体硼烷和相关化合物的电子计数*

化学式	图 13.4.12 中序号	m	n	o	p	q	N	BH	B	CH	H_b	α	β	χ
$B_{20}H_{16}$	(a)	2	20	0	0	0	22	16	6	0	0	0	0	0
$(C_2B_{10}H_{11})_2$	(b)	2	24	0	0	0	26	18	2	6	0	0	0	0
$[(C_2B_9H_{11})_2Al]^-$	(c)	2	23	1	0	0	26	18	0	6	0	1.5	0	0.5
$[B_{21}H_{18}]^-$	(d)	2	21	0	0	0	23	18	4.5	0	0	0	0	0.5
Cp_2^*Fe	(e)	2	11	1	2	0	16	0	0	15	0	1	0	0
$Cp^*IrB_{18}H_{20}$	(f)	3	24	1	3	0	31	15	4.5	7.5	2.5	1.5	0	0
$[Cp^*IrB_{18}H_{19}S]^-$	(g)	3	25	1	3	0	32	16	3	7.5	1.5	1.5	2	0.5
$Cp_2^*Rh_2S_2B_{15}H_{14}(OH)$	(h)	4	29	2	5	0	40	13	3	15	2	3	4	0
$(CpCo)_3B_4H_4$	(i)	4	22	3	3	1	31	4	0	22.5	0	4.5	0	0

* BH＝从 BH 基团提供的电子对数目，B＝从 B 原子提供的电子对数目；

　CH＝从 CH 基团提供的电子对数目，α＝从中心金属原子提供的电子对数目；

　β＝从主族杂原子提供的电子对数目，H_b＝从桥连 H 原子提供的电子对数目；

　χ＝从所带电荷提供的电子对数目，BH(或 CH)可用 BR(或 CR)置换。

13.4.5　β-三方硼的电子结构

在 13.2 节和图 13.2.5 中，已对 β-B105 硼的结构按照大的 B_{84}（B_{12a}＠B_{12}＠B_{60}）簇和 B_{10}—B—B_{10} 单元描述。相邻的 B_{84} 簇中的 3 个 B_6 半二十面体用具有 C_{3v} 对称性的 B_{10} 单元连接形成一个由 4 个二十面体缩聚的 B_{28} 簇，如图 13.4.13(a)所示。一对这样的 B_{28} 簇通过一个六配位 B 原子连接形成 B_{57}（B_{28}—B—B_{28}）单元。

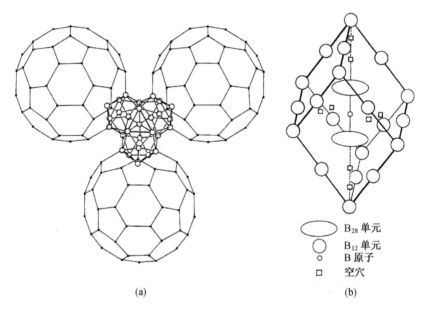

$\bigcirc$ B_{28} 单元
$\bigcirc$ B_{12} 单元
$\circ$ B 原子
$\square$ 空穴

(a)　　　　　　　　　　(b)

图 13.4.13　β-B105 硼的结构。

［(a)相邻 B_{84} 簇的 3 个半二十面体用 B_{10} 单元连接形成一个 B_{28} 单元；(b)晶胞的结构，B_{12} 单元处在顶点和棱边的中心，B_{28}—B—B_{28} 单元沿着主要的体对角线排放。三种不同的空穴也已标明。］

为了了解 β-R105 硼复杂的共价网络的细节和电子结构,采用晶胞中 B_{12a}(处在 B_{84})簇的中心和 B_{57}(处在一个 C_3 轴上)单元用 2c-2e 键连接装配的情况来表达,如图 13.4.12(b)所示。

B_{57} 单元所需的电子可以采用假设加上 H 原子达到饱和价态的硼烷 $B_{57}H_{36}$ 来估算。按 *mno* 规则,为了稳定性 $B_{57}H_{36}$ 需要 66(=8+57+1)对电子对,但可以得到电子对的数目是 67.5 对[36BH(36 对)+21B(31.5 对)]。这样 $B_{57}H_{36}$ 多面体骨干需要去掉 3 个电子,以达到稳定性。反之,$B_{12a}H_{12}$ 骨架需要增加 2 个电子来满足稳定性的需要。β-B105 硼理想结构的一个晶胞中含有 4 个 B_{12a} 和 1 个 B_{57} 单元,是净欠缺 5 个电子。

X 射线衍射对 β-R105 硼的研究已证明它是非常多孔的结构,它的理想模型中只有 36% 的空间被占用,它也是部分占有的和存在间隙原子的有缺陷的结构。B_{57} 单元可以通过删去一些顶点原子形成鸟巢型或蛛网型结构,以除去过多的电子。而 B_{12a} 单元本身可通过在空穴位置增加加帽的顶点原子来获得电子。

13.4.6　$B_{12}H_{12}^{2-}$ 的全取代衍生物

一个新的硒代硼酸盐 $Cs_8[B_{12}(BSe_3)_6]$ 由硒化铯、硼和硒在高温下通过固相合成反应制得。其中负离子 $[B_{12}(BSe_3)_6]^{8-}$ 是第一个被发现用硫属元素配位体使 B_{12} 二十面体完全饱和,每个 BSe_3 平面三角形单位桥连在 B_{12} 的一对相邻 B 原子之间。这样二十面体的对称性降至 D_{3d},如图 13.4.14 所示。

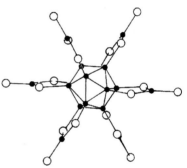

最近的研究表明,三角二十面体封闭型 $B_{12}H_{12}^{2-}$ 可转化为 $[B_{12}(OH)_{12}]^{2-}$,再依次功能化生成 $[B_{12}(O_2CMe)_{12}]^{2-}$、$[B_{12}(O_2CPh)_{12}]^{2-}$ 和 $[B_{12}(OCH_2Ph)_{12}]^{2-}$。在乙醇中用 Fe^{III} 对 $[B_{12}(OCH_2Ph)_{12}]^{2-}$ 进行双电子氧化,可得到中性的超封闭型(hypercloso)衍生物 $B_{12}(OCH_2Ph)_{12}$。它是一个稳定的暗橙色晶体,分子的对称性降至接近 D_{3d}。超封闭簇具

图 13.4.14　$[B_{12}(BSe_3)_6]^{8-}$ 的结构。

有含 n 个顶点的笼状结构,其骨架电子数目少于 Wade 规则需求的 $2n+2$。

13.4.7　硼烷和碳硼烷作为配位体的配合物

许多硼烷和碳硼烷可用作非常有效的多配位点的配位体,形成金属硼烷和金属碳硼烷。金属硼烷是在硼烷笼中的骨干中包含有一个或多个金属原子。金属碳硼烷则是在骨干笼中同时含有碳原子和金属原子。在溶液中金属碳硼烷的合成是在低温或室温下通过金属的插入作用加到碳硼烷的负离子中,它和金属硼烷相反,是非常容易控制、常在固定的 C_2B_n 开口面上产生的单一异构体。

二十面体碳硼烷笼 $C_2B_{10}H_{12}$ 可以转变为鸟巢型-$C_2B_9H_{11}^{2-}$,鸟巢型-$C_2B_{10}H_{12}^{2-}$ 或蛛网型-$C_2B_{10}H_{12}^{4-}$ 等负离子,如图 13.4.15 所示。鸟巢型-$C_2B_9H_{11}^{2-}$ 有一个平面的、带有离域 π 轨道的 C_2B_3 五元环,它类似于环戊二烯基环。同样地,鸟巢型-$C_2B_{10}H_{12}^{2-}$ 有着近于平面的 C_2B_4 六元环和离域的 π 轨道,它类似于苯环。蛛网型-$C_2B_{10}H_{12}^{4-}$ 具有船式 C_2B_5 成键的面,其中 5 个 B 原子共平面,2 个 C 原子则在此平面上部约 60 pm。

在鸟巢型-$C_2B_9H_{11}^{2-}$ 中的 C_2B_3 开放面和 $C_5H_5^-$ 负离子之间的相似性,意指此二碳硼烷离

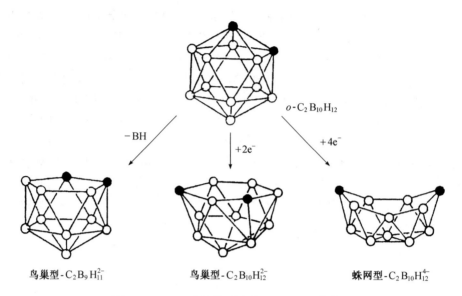

图 13.4.15   二十面体碳硼烷 $o\text{-}C_2B_{10}H_{12}$ 转变为
鸟巢型-$C_2B_9H_{11}^-$，鸟巢型-$C_2B_{10}H_{12}^{2-}$ 和蛛网型-$C_2B_{10}H_{12}^{4-}$。

子可当作 η^5-配位体，与金属原子形成类似于金属茂的夹心型配合物。同样地，鸟巢型-$C_2B_{10}H_{12}^{2-}$ 中的 C_2B_4 开放面类似于苯，也可期望它具有 η^6-配位体功能。

大量 s,p,d- 和 f-区元素的金属碳硼烷和多面体的金属硼烷已经被研究者所知晓。在这些化合物中，碳硼烷和硼烷是作为多配位点的配位体。金属硼烷和金属碳硼烷领域已得到巨大的发展并形成丰富的结构化学。下面讨论在 f-区元素的金属碳硼烷在化学中的一些新进展。

全夹心结构的镧碳硼烷 $[Na(THF)_2][\eta^5\text{-}(C_2B_9H_{11})_2La(THF)_2]$ 可在 THF 中直接用 $Na_2[C_2B_9H_{11}]$ 和 $LaCl_3$ 进行盐间的复分解反应制得。这个负离子的结构示于图 13.4.16(a) 中。La 和笼原子的平均距离为 280.4 pm，环中心-La-环中心角为 132.7°。

钐碳硼烷 $[\eta^5:\eta^6\text{-}Me_2Si(C_5H_4)(C_2B_{10}H_{11})]Sm(THF)_2$ 的结构示于图 13.4.16(b)，在其中 Sm^{3+} 离子以 η^5-键合于环戊二烯基环，η^6-键合于 $C_2B_{10}H_{11}$ 笼的六角 C_2B_4 面，还有两个 THF 分子配位，形成变形四面体形式。环中心-Sm-环中心角为 125.1°。Sm-笼原子以及 Sm—C(C_5 环)的距离分别为 280.3 pm 和 270.6 pm。

图 13.4.16(c)示出在 $\{\eta^7\text{-}[(C_2B_{10}H_{10})(CH_2C_6H_5)_2]Er(THF)\}_2 \cdot \{Na(THF)_3\}_2 \cdot 2THF$ 晶体中 Er 原子的配位环境。Er 原子以 η^7-键合于[蛛网型-$(C_6H_5CH_2)_2C_2B_{10}H_{10}]^{4-}$，以 σ-键连接于 2 个 B—H 基团中的 H 原子{它是来自相邻的[蛛网型-$(C_6H_5CH_2)_2C_2B_{10}H_{10}]^{4-}$ 配位体}以及一个 THF 分子。Er—B(笼)平均键长为 266.5 pm，Er—C(笼)平均键长为 236.6 pm。

铀碳硼烷 $[\{(\eta^7\text{-}C_2B_{10}H_{12})(\eta^6\text{-}C_2B_{10}H_{12})U\}_2\{K_2(THF)_5\}]_2$ 可在 THF 中将过量的金属钾和 $o\text{-}C_2B_{10}H_{12}$ 反应，接着用 THF 悬浮的 UCl_4 处理制得。在此结构中每个 U^{4+} 离子以 η^6-键合于鸟巢型-$C_2B_{10}H_{12}^{2-}$，以 η^7-键合于蛛网型-$C_2B_{10}H_{12}^{4-}$，同时与两个来自蛛网型-$C_2B_{10}H_{12}^{4-}$ 中的 B—H 基团配位，如图 13.4.16(d)所示。这是第一个带有 $\eta^6\text{-}C_2B_{10}H_{12}^{2-}$ 配位体的锕系金属碳硼烷。

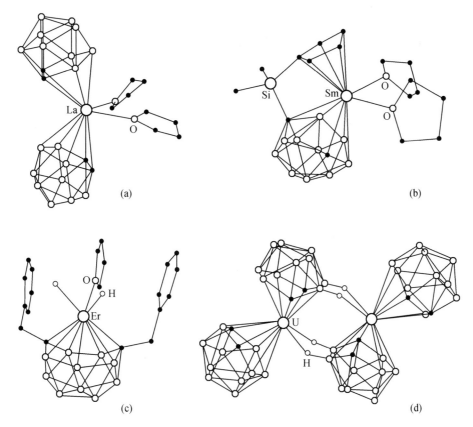

图 13.4.16 一些 f-区元素的金属碳硼烷的结构:
(a) $[\eta^5\text{-}(C_2B_9H_{11})_2La(THF)_2]^-$;(b) $[\eta^5:\eta^6\text{-}Me_2Si(C_5H_4)(C_2B_{10}H_{11})]Sm(THF)_2$;
(c) $[\eta^7\text{-}(C_2B_{10}H_{10})(CH_2C_6H_5)_2]Er(THF)^-$;(d) $[(\eta^7\text{-}C_2B_{10}H_{12})(\eta^6\text{-}C_2B_{10}H_{12})U]_2^{4-}$。

13.4.8 超出三角二十面体的碳硼烷骨架

最近合成的研究已表明,大于三角二十面体的碳硼烷骨架可以通过附加 BH 单元的插入作用而建成。这类碳硼烷分子的反应方案和结构示于图 13.4.17 中。将 1,2-$(CH_2)_3$-1,2-$C_2B_{10}H_{10}$(**1**)和过量的金属锂在 THF 中室温下进行处理,得到$\{[(CH_2)_3\text{-}1,2\text{-}C_2B_{10}H_{10}][Li_4(THF)_5]\}_2$(**2**),产率为 85%。对晶态(**2**)的 X 射线分析表明,它是由相邻碳原子共边连接五元环和六元环敞网型碳硼烷的四价负离子,由 Li^+ 加帽结合,它原则上可被 BH 基团置换。

将(**2**)和 2.5 倍化学计量的 $HBBr_2 \cdot SMe_2$ 在甲苯中于 $-78\sim25$℃下反应,得到一个混合产物:其中 13 个顶点的封闭型碳硼烷$(CH_2)_3C_2B_{11}H_{11}$(**3**)占 32%,14 个顶点的$(CH_2)_3C_2B_{12}H_{12}$(**4**)占 7%,还有 2% 的 1,2-$(CH_2)_3$-1,2-$C_2B_{10}H_{10}$(**1**)。

封闭型碳硼烷$(CH_2)_3C_2B_{11}H_{11}$(**3**)和$(CH_2)_3C_2B_{12}H_{12}$(**4**)被还原而得到电子,变成鸟巢型结构的阴离子,分别与阳离子结合,形成如$[Na_2(THF)_4][(CH_2)_3C_2B_{11}H_{11}]$(**5**)和$[Na_2(THF)_4][(CH_2)_3C_2B_{12}H_{12}]$(**6**)的盐类化合物。化合物(**4**)也可以由(**5**)与 $HBBr_2 \cdot SMe_2$ 反应制得,它的笼骨干可以看成双帽反六棱柱。

在(**5**)和(**6**)中,鸟巢型-$C_2B_9H_{11}^{2-}$ 和鸟巢型-$C_2B_{10}H_{12}^{2-}$ 开放式的平面有显著差异。13 和

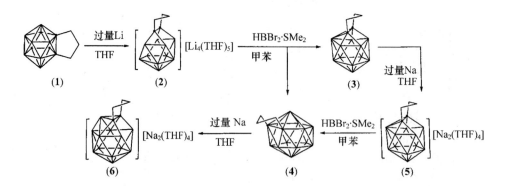

图 13.4.17 碳原子连接的封闭型碳硼烷(3)(13 个顶点）和(4)(14 个顶点）的合成与转化。

[参看 L. Deng, J. Zhang, H. -S. Chen and Z. Xie, *Angew. Chem. Int. Ed.* **44**, 2128～2131 (2005).]

14 个顶点的鸟巢型笼的面都是弯曲的五元环,它们可以分别和金属原子加帽结合,形成新的封闭型 14 个和 15 个顶点的金属碳硼烷,如图 13.4.18 所示。

配合物 $[\eta^5\text{-}(CH_2)_3C_2B_{11}H_{11}]$ Ni(dppe)[dppe＝$Ph_2P(CH_2)_2PPh_2$]和 $[\eta^6\text{-}(CH_2)_3C_2B_{11}H_{11}]$ Ru(p-cymene)(p-cymene 为对异丙基甲苯,又称对伞花烃)由(5)分别与 [Ni(dppe)]Cl_2 和 [Ru(p-cymene)Cl_2]$_2$ 反应制得。虽然都是 14 个顶点的金属碳硼烷,有着相似的双帽反棱柱几何形态,但它们的碳硼烷负离子的配位形态是完全不同的:$[(CH_2)_3C_2B_{11}H_{11}]^{2-}$ 和 Ni 原子结合,呈现 η^5 的结合方式,如图 13.4.18(a)所示;而和钌原子结合时,呈现 η^6 的结合方式,如图 13.4.18(b) 所示,钌原子和相互作用的笼上原子的平均距离为 226.6 pm。

图 13.4.18(c)示出 15 个顶点的钌碳硼烷 Ru(p-cymene)$[(CH_2)_3C_2B_{12}H_{12}]$,由(6)与 [Ru($p$-cymene)$Cl_2$]$_2$ 反应制得。它和 14 个顶点的钌碳硼烷相似,15 个顶点的钌碳硼烷中阴离子与钌采用 η^6 方式结合,形成二十六面体结构;Ru 与芳烃中心的距离为 178 pm,Ru 与 CB_5 中心距离为 141 pm。至今,在金属碳硼烷系列中,15 个顶点的钌碳硼烷是已知顶点数最多的。

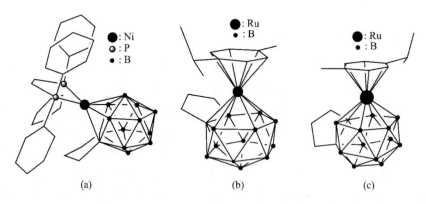

图 13.4.18 顶点数为 14 个和 15 个的碳硼烷的结构:

(a) $[\eta^5\text{-}(CH_2)_3C_2B_{11}H_{11}]$ Ni(dppe); (b) $[\eta^6\text{-}(CH_2)_3C_2B_{11}H_{11}]$Ru($p$-cymene);

(c) $[\eta^6\text{-}(CH_2)_3C_2B_{12}H_{12}]$Ru($p$-cymene)。

[参看 L. Deng, H. S. Chen and Z. Xie, *J. Am. Chem. Soc.* **128**, 5219～5230 (2006);

L. Deng, J. Zhang, H. S. Chen and Z. Xie, *Angew. Chem. Int. Ed.* **45**, 4309～4313 (2006).]

13.5　硼酸和硼酸盐

13.5.1　硼酸

硼酸 $B(OH)_3$（又称正硼酸 H_3BO_3），是许多硼化合物水解的正常终点产物。它以薄片状、无色而透明的晶体存在，其中 $B(OH)_3$ 分子呈平面形，通过氢键形成平面层状结构，如图13.5.1所示。

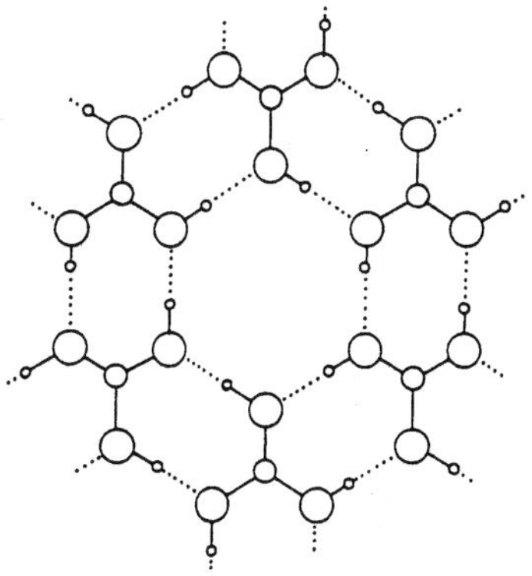

硼酸是一元弱酸（$pK_a = 9.25$）。$B(OH)_3$ 分子不是作为 Brönsted 酸从它的羟基电离出一个质子，而是作为 Lewis 酸起作用：

$$(HO)_3B + H_2O \longrightarrow B(OH)_4^- + H^+$$

它从进来的 OH^- 离子接受一对电子：

$$(HO)_3B + :OH \longrightarrow B(OH)_4^-$$
$$[sp^2 + p(空)] \qquad\qquad sp^3$$

这种作用正像给体-受体反应：

$$F_3B + :NH_3 \longrightarrow F_3B \leftarrow NH_3$$
$$[sp^2 + p(空)] \qquad\qquad sp^3$$

在上述两个反应中，B原子的杂化作用从反应物的 sp^2 变为产物的 sp^3。

图 13.5.1　$B(OH)_3$ 层的结构。
（B—O 136.1 pm，O—H···O 272 pm。）

在 100℃ 以上，$B(OH)_3$ 部分失水生成偏硼酸 HBO_2，它具有环状三聚体结构 $B_3O_3(OH)_3$，正交偏硼酸由分立的 $B_3O_3(OH)_3$ 分子通过 O—H···O 氢键连接成层，如图 13.5.2 所示。

在稀水溶液中，$B(OH)_3$ 和 $B(OH)_4^-$ 达成平衡：

$$B(OH)_3 + 2H_2O \Longleftrightarrow H_3O^+ + B(OH)_4^-$$

在浓度超过 $0.1\,mol\,dm^{-3}$ 时，发生缩聚反应而形成寡聚体，例如：$[B_3O_3(OH)_4]^-$，$[B_3O_3(OH)_5]^{2-}$，$[B_4O_5(OH)_4]^{2-}$ 及 $[B_5O_6(OH)_4]^-$ 等。在晶体 $(Et_4N)[BO(OH)_2]B(OH)_3 \cdot 5H_2O$ 中，$B(OH)_3$ 和它的共轭碱二氢硼酸根 $BO(OH)_2^-$ 共存。

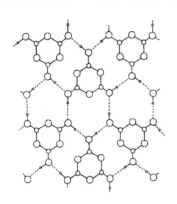

图 13.5.2　正交偏硼酸层的结构。

在晶态加合物 $(CH_3)_4N^+ \cdot BO(OH)_2^- \cdot 2(NH_2)_2CO \cdot H_2O$ 的晶体结构中，$BO(OH)_2^-$，$(NH_2)_2CO$ 和 H_2O 等分子通过 O—H···O 氢键形成一主体点阵结构，它的特点是有平行的通道体系，在其中放客体 Me_4N^+ 正离子。通过 X 射线衍射法测得 $BO(OH)_2^-$ 的分子构型数据，可判断在下面（Ⅰ）和（Ⅱ）两种结构中，具有 B═O 双键的（Ⅰ）式是主要的。

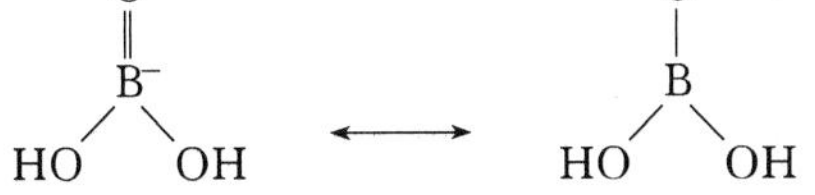

（Ⅰ）	（Ⅱ）	B—O　132.3 pm
		O—B—OH　124.3°
		B—OH　139.5 pm
		HO—B—OH　111.3°

13.5.2　硼酸盐的结构

1. 硼酸盐中的结构单元

硼酸盐由多种结构单元组成。这些单元则由平面三角形的 BO_3 或四面体形的 BO_4 通过共用顶点形成。硼酸盐中的结构单元可分三类,各类结构特征和一些实例如下:

(1) 单元中只含平面三角形 BO_3 的 B 原子:

BO_3^{3-}: $Mg_3(BO_3)_2$,$LaBO_3$

$[B_2O_5]^{4-}$: $Mg_2B_2O_5$,$Fe_2B_2O_5$

$[B_3O_6]^{3-}$: $K_3B_3O_6$,$Ba_3(B_3O_6)_2 \equiv BaB_2O_4$(简称 BBO)

$[(BO_2)^-]_n$: $Ca(BO_2)_2$

这类单元的结构示于图 13.5.3(a)中。

(2) 单元中只含四面体形 BO_4 的 B 原子:

BO_4^{5-}: $TaBO_4$

$B(OH)_4^-$: $Na_2[B(OH)_4]Cl$

$[B_2O(OH)_6]^{2-}$: $Mg[B_2O(OH)_6]$

$[B_2(O_2)_2(OH)_4]^{2-}$: $Na_2[B_2(O_2)_2(OH)_4] \cdot 6H_2O$

这类单元的结构示于图 13.5.3(b)中。

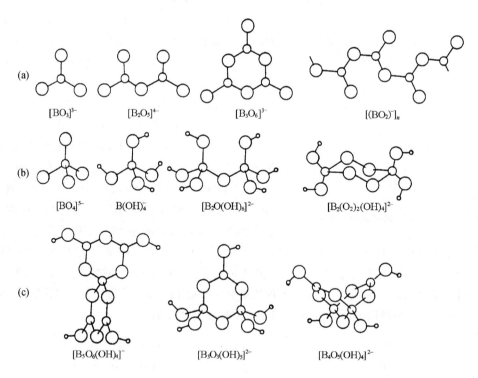

图 13.5.3　硼酸盐中的结构单元。

(3) 单元中同时含有平面三角形 BO_3 和四面体形 BO_4 的 B 原子:

$[B_5O_6(OH)_4]^-$: $K[B_5O_6(OH)_4] \cdot 2H_2O$

$[B_3O_3(OH)_5]^{2-}:Ca[B_3O_3(OH)_5]\cdot H_2O$

$[B_4O_5(OH)_4]^{2-}:Na_2[B_4O_5(OH)_4]\cdot 8H_2O$

这类单元的结构示于图 13.5.3(c)中。

2. 硼砂的结构

硼砂作为一种矿物,古时就已被人们所知,被用来制造彩色玻璃、硬质玻璃、硼酸盐肥料、硼酸盐基的清洁剂及阻燃剂等。硼砂的晶体结构于 1956 年利用 X 射线衍射法测定,1978 年又利用中子衍射法测定。它的化学式为 $Na_2B_4O_5(OH)_4\cdot 8H_2O$,而不是有些书籍和文献所给的 $Na_2B_4O_7\cdot 10H_2O$。有关 B—O 键长和 $[B_4O_5(OH)_4]^{2-}$ 负离子的透视图分别示于图 13.5.4(a)和(b)中。在硼砂的晶体结构中,相邻的 $[B_4O_5(OH)_4]^{2-}$ 负离子按对称中心的关系通过两个等同的氢键连接成无限长链,如图13.5.4(c)所示。钠离子由水配位呈八面体形,八面体共边连接成另一种链。这两种不同的链依靠比较弱的 O—H⋯O 氢键连接在一起,因此导致硼砂晶体很软。

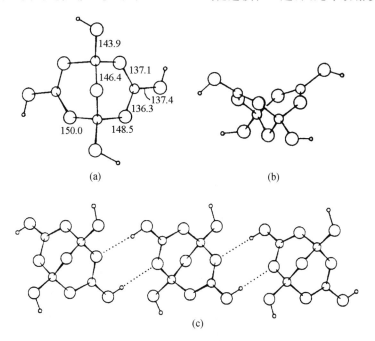

图 13.5.4　硼砂的结构:(a) 键长(单位:pm);(b) $[B_4O_5(OH)_4]^{2-}$ 透视图;
(c) $[B_4O_5(OH)_4^{2-}]_n$ 链。(虚线代表氢键。)

3. 硼酸盐结构规则

根据硼酸盐的结构化学可提出几点有关硼酸盐的结构规则:

(1) 在硼酸盐中,硼原子总是和氧结合成平面三角形配位或四面体配位。除了单核的 BO_3^{3-} 和 BO_4^{5-} 及部分或全部质子化的形式外,还存在许多多核负离子系列,它们由平面三角形或四面体形的硼氧单元共顶点连接而成。多核硼氧负离子既可以是分立状态,也可以是环形、链形和骨架形。

(2) 在多核硼氧负离子中,大多数氧原子和 1 个或 2 个硼原子连接,很少和 3 个硼原子桥连。

(3) 在硼酸盐中,氢原子不直接和硼原子配位,而总是与那些不同时和 2 个硼原子连接的氧原子结合,因此形成羟基基团。

（4）大多数的硼-氧环由 3 个 B 原子和 3 个 O 原子组成。

（5）在一个硼酸盐晶体中可以同时存在两种或多种硼氧单元。

13.6　第 13 族元素的有机金属化合物

13.6.1　具有桥式结构的化合物

化合物 $Al_2(CH_3)_6$，$(CH_3)_2Al(\mu\text{-}C_6H_5)_2Al(CH_3)_2$，$(C_6H_5)_2Al(\mu\text{-}C_6H_5)_2Al(C_6H_5)_2$ 均为桥式结构，分别示于图 13.6.1(a)，(b) 和 (c) 中。键长和键角的数据列于表 13.6.1 中。

表 13.6.1　一些碳桥式有机铝化合物的结构参数

化合物	键长/pm			键角/(°)		
	$Al—C_b$	$Al—C_t$	$Al—Al$	$Al—C—Al$	$C—Al—C$ 内部	$C—Al—C$ 外部
Al_2Me_6	214	197	260	74.7	105.3	123.1
$Al_2Me_4Ph_2$	214	197	269	77.5	101.3	115.4
Al_2Ph_6	218	196	270	76.5	103.5	121.5

在 Al—C—Al 桥中的化学键含有由 sp^3 轨道形成的 3c-2e 分子轨道。这种 3c-2e 相互作用必使 Al—C—Al 成锐角（75°～78°），这和实验数据是一致的。这种定位在空间上有利，并使本位碳原子近似地为四面体构型。

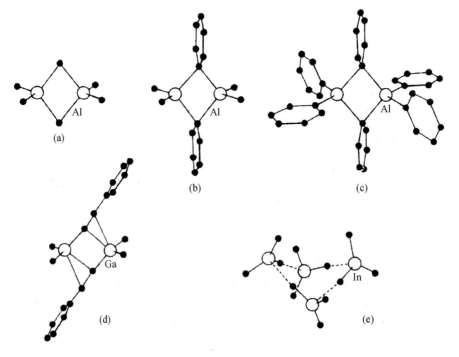

图 13.6.1　一些第 13 族元素有机金属化合物的结构：(a) Al_2Me_6；
(b) $Al_2Me_4Ph_2$；(c) Al_2Ph_6；(d) $Ga_2Me_4(C_2Ph)_2$；(e) $InMe_3$ 四聚体。

在 $Me_2Ga(\mu\text{-}C\equiv C\text{—}Ph)_2GaMe_2$ 结构中[图 13.6.1(d)],每个炔基桥倾斜地向着一个 Ga 原子。有机配位体形成一个 Ga—C σ 键,并利用它的 C≡C π 键和第二个 Ga 原子相互作用。这样,每个炔基为桥键提供 3 个电子,此与一个烷基或芳基正常地提供 1 个电子的情况不同。

在气相和溶液中,化合物 $InMe_3$ 和 $TlMe_3$ 是单体形态。在晶体中,实质上虽是单体,但分子间近距离的接触变得重要。在 $InMe_3$ 晶体中,观察到分子间显著的 In---C 作用,提出其结构可用环形四聚体来描述,如图 13.6.1(e)所示。分子间的距离为 In—C 218 pm,In---C 308 pm;Tl—C 230 pm 和 Tl---C 316 pm。

13.6.2　具有 π 键的化合物

许多第 13 族元素的有机金属化合物由 π 键形成。常用的 π 键配位体是烯烃、环戊二烯或它们的衍生物。

二聚体$[ClAl(Me\text{—}C\!=\!C\text{—}Me)_2AlCl]_2$ 的结构很有趣。在 Al 原子和C=C 键间有 3c-2e π 键,如图 13.6.2(a)所示。在 Al---$\overset{C}{\underset{C}{\parallel}}$ 单元中 Al—C 距离较长,约 235 pm,但 4 个这种相互作用导致二聚体的稳定性增强。根据计算,二聚体化合物通过每个 Al-烯烃相互作用获得的能量大约为 $25\sim40\ kJ\ mol^{-1}$。

$[Al(\eta^5\text{-}Cp^*)_2]^+$ 离子目前是主族元素中最小的夹心型金属茂。Al—C 键长为 215.5 pm。图 13.6.2(b)示出这个离子的结构。

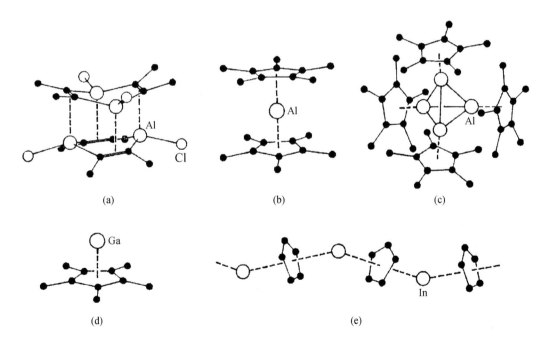

图 13.6.2　由 π 键形成的有机金属化合物的结构:(a) $[ClAl(Me\text{—}C\!=\!C\text{—}Me)_2AlCl]_2$;(b) $[Al(\eta^5\text{-}Cp^*)_2]^+$;(c) $Al_4Cp_4^*$;(d)$GaCp^*$;(e) $InCp$(或 $TlCp$)。(Cp^* 为五甲基环戊二烯基。)

$Al_4Cp_4^*$ 在晶体中的分子结构示于图 13.6.2(c)中。中心的 Al_4 四面体 Al—Al 键长为 276.9 pm,比金属 Al 中(286 pm)要短。每个 C_5Me_5 环按 η^5-配位于 1 个 Al 原子,此时 C_5Me_5 环的平面平行于该 Al 原子对面的基面。Al—C 平均距离为 233.4 pm。

在气相中,由电子衍射测得 $GaCp^*$ 是半夹心型结构,如图 13.6.2(d)所示。此化合物中,Ga 和一个 η^5-配位的 C_5 环形成五角锥形结构,Ga—C 距离为 240.5 pm。

在气相中,InCp 和 TlCp 都是单体形态,在固体中它们具有高聚曲折形链的结构,在其中 In(或 Tl)原子和 Cp 环交替地排列,如图 13.6.2(e)所示。

13.6.3   含有M—M键的化合物

化合物 R_2Al—AlR_2,R_2Ga—GaR_2 和 R_2In—InR_2[R 为 $CH(SiMe_3)_2$]已经制得并已表征,在这些化合物中的键长为: Al—Al 266.0 pm,Ga—Ga 254.1 pm,In—In 282.8 pm,M_2R_4 骨架为平面形,如图 13.6.3(a)所示。在化合物 $Al_2(C_6H_2^iPr_3)_4$,$Ga_2(C_6H_2^iPr_3)_4$ 和 $In_2[C_6H_2(CF_3)_3]_4$ 中,键长值为:Al—Al 265 pm,Ga—Ga 251.5 pm,In—In 274.4 pm,在这些化合物中 M_2R_4 骨架为非平面形,如图 13.6.3(b)所示。在上述化合物结构中,Ga—Ga 键长都短于 Al—Al 键长。第 13 族元素中 Ga 的这种反常行为,是电子插入到周期表中 Ga 之前的 3d 元素的 d 轨道所带来的原子半径收缩。

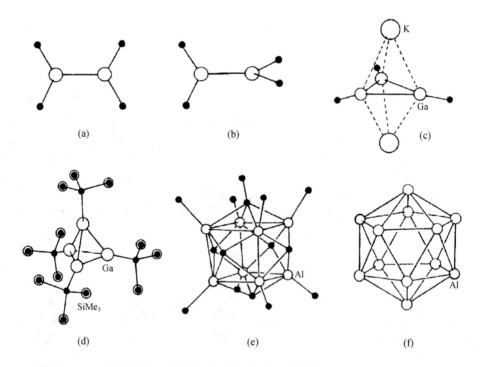

图 13.6.3   一些含有M—M键化合物的结构:(a) 平面形 M_2R_4(M 为 Al,Ga,In);
(b) 非平面形 M_2R_4(M 为 Al,Ga,In);(c) $K_2[Ga_3(C_6H_3Mes_2)_3]$ 的 K_2Ga_3 核心部分;
(d) $[GaC(SiMe_3)_3]_4$;(e) $(AlMe)_8(CCH_2Ph)_5(C≡C—Ph)$;(f) 在 $K_2[Al_{12}^iBu_{12}]$ 中的 Al_{12} 二十面体。

化合物 $Na_2[Ga_3(C_6H_3Mes_2)_3]$ 和 $K_2[Ga_3(C_6H_3Mes_2)_3]$[①]的结构值得关注。其核心部分 Na_2Ga_3 和 K_2Ga_3 具有三角双锥几何构型,如图 13.6.3(c)所示。键长为:Ga—Ga 244.1 pm (Na 盐),Ga—Ga 242.6 pm(K 盐),Ga—Na 322.9 pm,Ga—K 355.4 pm。Ga_3 环的平面性以及 Ga—Ga 键非常短,说明在此三元环中存在电子的离域效应,而芳香性所需的 2 个电子则由 2 个 K(或 Na)原子提供,每个原子提供 1 个电子到 sp^2 杂化的 Ga 原子的 p_z 空轨道上。

图 13.6.3(d)～(f)示出含有金属多面体核心的三种化合物的结构。在 $[GaC(SiMe_3)_3]_4$ 中,Ga—Ga 键长为 268.8 pm;在 $(AlMe)_8(CCH_2Ph)_5(C\equiv C—Ph)$ 中,Al—Al 键长接近两个平均值 260.9 pm 和 282.9 pm;在 $K_2[Al_{12}{}^iBu_{12}]$ 中,Al—Al 键长为 268.5 pm。

$Al_{50}Cp_{12}^*$(或 $Al_{50}C_{120}H_{180}$)是一个很大的分子,它的晶体结构示出:在分子中心处有一呈变形的四方反棱柱形 Al_8 组成部分,如图 13.6.4 所示。此 Al_8 核心部分被 30 个 Al 原子形成的 12 个五角形面和 20 个三角形面所组成的三十二面体包围。每个五角形面由 1 个 $AlCp^*$ 单元加帽覆盖,形成非常规整的十二面体,在其中 Al—Al 平均距离为 570.2 pm。每个外表面的 Al 原子(共有 12 个)被 10 个原子(5 个 Al 和 5 个 C)配位,形成交错式混合夹心型。在分子中,Al—Al 平均键长为 277.0 pm(257.8～287.7 pm)。12 个 Cp^* 配位体中的 60 个 CH_3 基团在表面上呈现类似球碳 C_{60} 中 C 原子排列的几何学。相邻的 Cp^* 配位体中一对最邻近的甲基基团平均距离为 386 pm,近似为甲基基团范德华半径的 2 倍。整个分子具有的体积约比 C_{60} 分子大 5 倍。

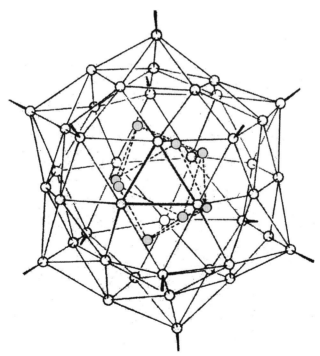

图 13.6.4　$Al_{50}Cp_{12}^*$(Cp^* 为五甲基环戊二烯基)的分子结构。

(为清楚起见,将 Cp^* 单元删去,只保留外层 12 个 Al 原子指向环中心的键,

带阴影的原子代表中心的变形四方反棱柱 Al_8 的组成部分。)

---

①　Mes 为莱基,即 2,4,6-三甲苯基,$(CH_3)_3H_2C_6$—。

13.6.4　第 13 族重元素形成的线性链状结构

对于硼族中的重元素而言,由两个或两个以上不寻常的二电子 E—E 键连接扩展而形成链状结构的化合物非常罕见。已知的一些例子有:呈现开放链状结构的含三个镓原子的亚卤化物 $I_2(PEt_3)Ga—GaI(PEt_3)—GaI_2(PEt_3)$[图 13.6.5(a)]和三角形的四核铟的配合物$\{In[In(2,4,6-^iPr_3C_6H_2)_2]_3\}$[图 13.6.5(b)]。

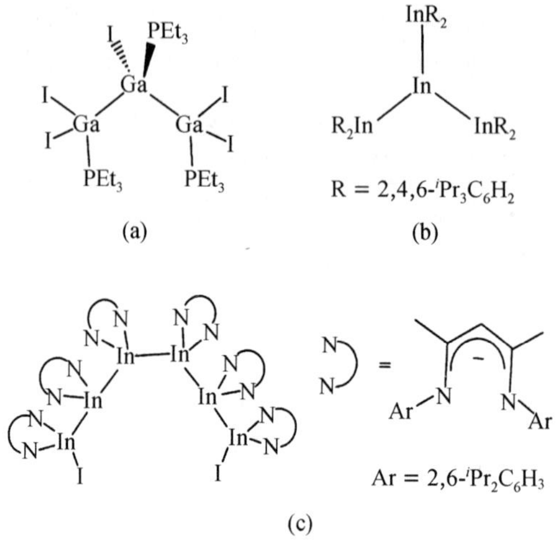

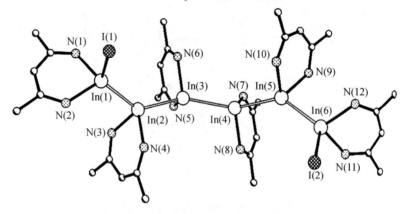

图 13.6.5　第 13 族重元素同核线性链的结合方式。

采用类似 β-双胺的螯合配体,得到了一种新的线性连接的六核铟配合物[图 13.6.5(c)],处于链中间的四个 In 原子氧化态为 +1,而两端各自与碘离子配体结合的 In 原子氧化态为 +2。在每个铟中心的周围,配位几何为扭曲的四面体。由图 13.6.6 可以看出,该混合价态的分子具有赝 C_2 轴,β-双胺配体与每个金属中心以螯合方式连接,形成由 5 根非寻常的 In—In 单键连接的之字形链状结构,其中 In 采取 sp^3 杂化轨道成键。

图 13.6.6　六核铟配合物的链状结构。

[为清楚起见,省略 β-双胺配体中的 3,5-二甲基苯基。键长如下(单位为 pm):
In(1)—In(2) 281.2,In(2)—In(3) 283.5,In(3)—In(4) 285.4,In(4)—In(5) 279.8,
In(5)—In(6) 278.0;以 In(2)和 In(5)为中心,In—In—In 平均键角为 139.4°。]

13.7　裸负离子准金属簇的结构

许多第 13 族元素的裸负离子准金属簇已知晓。由于在这些簇中原子的排列和这些元素单质的结构带有不同程度的变型情况相对应,准金属可描述为纳米结构的元素单质的变体。

13.7.1　$Ga_{84}[N(SiMe_3)_2]_{20}^{4-}$ 的结构

迄今已表征的最大的准金属簇是 $Ga_{84}[N(SiMe_3)_2]_{20}^{4-}$,它的结构示于图 13.7.1 中。它由四部分组成:Ga_2 单元、Ga_{32} 层、Ga_{30} “带”和 $20Ga[N(SiMe_3)_2]$ 单元。Ga_2 单元[图 13.7.1(a)]处在 64 个裸 Ga 原子的中心,Ga—Ga 距离 235 pm,几乎和所谓的 Ga≡Ga 三重键(232 pm)一样。Ga_2 单元包裹在形似橄榄球两端加二十面体帽的 Ga_{32} 层中,如图 13.7.1(b)所示。$Ga_2@Ga_{32}$ 单元被一条 30 个 Ga 原子“带”所包围,此“带”同样由裸原子组成,见图 13.7.1(c)。最后,这整个 Ga_{64} 骨架被 20 个 $Ga[N(SiMe_3)_2]$ 基团所保护,形成 $Ga_{84}[N(SiMe_3)_2]_{20}^{4-}$,见图 13.7.1(d)。这个大的负离子簇的直径接近 2 nm。

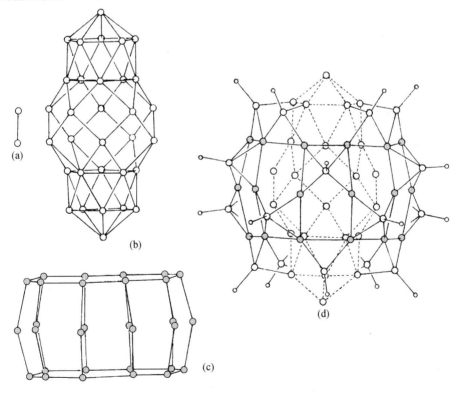

图 13.7.1　$Ga_{84}[N(SiMe_3)_2]_{20}^{4-}$ 的结构。
[大的球(包括带阴影的和不带阴影的)代表 Ga 原子,小的球代表 N 原子:(a) 中心的 Ga_2 单元;(b) Ga_{32} 层;(c) 30 个 Ga 原子“带”;(d) $Ga_{84}[N(SiMe_3)_2]_{20}^{4-}$ 的前面部分,Ga_2 和在背后的 N 没有示出,Ga_{32} 层用虚线相连,30 个 Ga 原子“带”用阴影表示,对 $N(SiMe_3)_2$ 配位体只示出直接和 Ga 原子相连的 N 原子。]

13.7.2 NaTl 的结构

NaTl 的结构可理解为由 Tl 原子组成的一个金刚石型骨架,它的空穴位置全部由 Na 原子填充。图 13.7.2(a)示出 NaTl 的结构,其中 Tl—Tl 共价键用实线表示。Tl 原子只有 3 个价电子,它并不满足建成稳定的金刚石型骨架的条件。这个欠缺可部分地由 Na 原子的引进来补偿,此时 Na 原子的有效半径显著地小于纯金属钠的半径。所以,在 NaTl 中的化学键被认为是共价键、离子键和金属键混合的键。

NaTl 型结构是 Zintl 相结构的典型,Zintl 相是金属间化合物结晶成典型的"非金属"晶体结构。二元 AB 化合物(如 LiAl,LiGa,LiIn 和 NaIn 等)和 NaTl 既是等电子(等价)又是等同结构。在 Li$_2$AlSi 三元化合物中,Al 和 Si 形成金刚石型骨架,在其中 Al 的亚点阵的八面体空穴位置由 Li 原子填充形成,如图 13.7.2(b)所示。

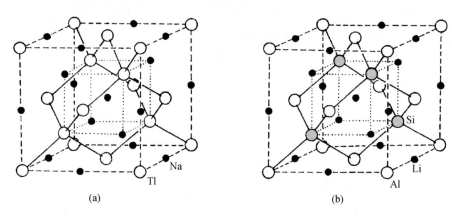

图 13.7.2　(a) NaTl 和(b) Li$_2$AlSi 的结构。

根据晶体结构、物理测定和理论计算,NaTl 型化合物 AB 中的化学键性质可表述如下:

(1) 强的共价键存在于 B 原子(Al,Ga,In,Tl,Si)之间。

(2) 碱金属原子(A)不是以成键的距离接触。

(3) A 和 B 骨架之间的化学键是带有少量离子性的金属键。

(4) 对于上部价带/导带电子态一部分类金属电荷的分布能予以鉴别。

13.7.3 Tl$_n^{m-}$ 裸负离子簇

第 13 族较重的元素,特别是铊,能和碱金属形成分立的裸原子簇。表 13.7.1 列出 Tl$_n^{m-}$ 裸负离子簇的一些实例,而在图 13.7.3 中示出它们的结构。

这些 Tl$_n^{m-}$ 负离子簇中的化学键和硼烷中的化学键相似。例如,Tl$_5^{7-}$ 和带心的 Tl$_{13}^{11-}$ 簇的键价(b)分别等于 B$_5$H$_5^{2-}$ 和 B$_{12}$H$_{12}^{2-}$ 的键价。注意在 Tl$_{13}^{11-}$ 中,中心的 Tl 原子提供全部 3 个价电子用于簇的成键,所以成键电子总数是 26(=3+12×1+11)。这个簇由 10 个 Tl—Tl—Tl 3c-2e 键和 3 个 Tl—Tl 2c-2e 键结合在一起,和 B$_{12}$H$_{12}^{2-}$ 相同。Tl$_9^{9-}$ 簇有 36 个价电子,它的键价 b=18,它由 3 个 Tl—Tl—Tl 3c-2e 键[在图 13.7.3(e)中用阴影标出]和其余的以 12 条边线代表的 2c-2e Tl—Tl 键所稳定。

表 13.7.1　Tl_n^{m-} 负离子簇的一些实例

组　成	负离子	图13.7.3中的序号	簇的对称性	键价 (b)	化学键
Na_2Tl	Tl_4^{8-}	(a)	T_d	6	6 Tl—Tl 2c-2e 键
$Na_2K_{21}Tl_{19}$	$2Tl_5^{7-}$	(b)	D_{3h}	9	3 Tl—Tl—Tl 3c-2e 键 3 Tl—Tl 2c-2e 键
	Tl_9^{9-}	(e)	不完整的 I_h	18	3 Tl—Tl—Tl 3c-2e 键 12 Tl—Tl 2c-2e 键
KTl	Tl_6^{6-}	(c)	D_{4h}	12	12 Tl—Tl 2c-2e 键
$K_{10}Tl_7$	Tl_7^{7-}, $3e^-$	(d)	$\approx D_{5h}$	14	5 Tl—Tl—Tl 3c-2e 键 4 Tl—Tl 2c-2e 键
K_8Tl_{11}	Tl_{11}^{7-}, e^-	(f)	$\approx D_{3h}$	24	3 Tl—Tl—Tl 3c-2e 键 18 Tl—Tl 2c-2e 键
$Na_3K_8Tl_{13}$	Tl_{13}^{11-}	(g)	带心的 $\approx I_h$	23	10 Tl—Tl—Tl 3c-2e 键 3 Tl—Tl 2c-2e 键

化合物 $K_{10}Tl_7$ 的组成为 $10K^+$, Tl_7^{7-} 和 $3e^-$, 3 个额外的离域电子使它显示金属性。Tl_7^{7-} 簇的结构是一个沿着轴向压缩的五角双锥, 接近于 D_{5h} 对称性[图 13.7.3(d)]。沿轴顶点-顶点的键距为 346.2 pm, 比五角形腰间键距 (318.3～324.7 pm) 略长。将 Tl_7^{7-} 和 $B_7H_7^{2-}$ [图 13.4.6(a)] 的结构进行比较, 虽然它们都具有五角双锥结构, 但 Tl_7^{7-} 为了同轴 2c-2e Tl—Tl 的形成而沿着 C_5 轴压缩成扁平状。Tl_7^{7-} 和 $B_7H_7^{2-}$ 的键价分别为 14 和 13。

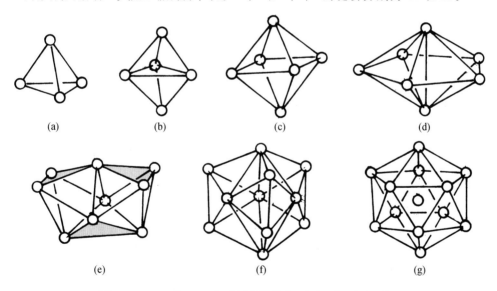

图 13.7.3　一些 Tl_n^{m-} 负离子簇的结构: (a) Tl_4^{8-}; (b) Tl_5^{7-};
(c) Tl_6^{6-}; (d) Tl_7^{7-}; (e) Tl_9^{9-} (阴影面代表 Tl—Tl—Tl 3c-2e 键); (f) Tl_{11}^{7-}; (g) Tl_{13}^{11-}。

13.8　具有环和笼结构的膦酸铟分子

利用有机锡氧化物、氢氧化物或氧化物-氢氧化物与膦酸或次膦酸反应, 已制得结构类型多样的新化合物。就铟而言,亦可形成一些膦酸盐、亚膦酸盐和膦酸盐-亚膦酸盐,但是这些化合物的结构表征主要通过粉末 X 射线衍射进行。第一例具有扩展结构的膦酸铟^{III}的单晶 X 射线结构的报道是在 2012 年,而关于分立膦酸铟^{III}分子的第一例报道于 4 年后发表。

利用铟^{III}盐和有机膦酸,通过溶剂热反应合成得到膦酸铟^{III}[In$_2$(t-BuPO$_3$H)$_4$(phen)$_2$Cl$_2$] [图 13.8.1(a)]和[In$_3$(C$_5$H$_9$PO$_3$)$_2$(C$_5$H$_9$PO$_3$H)$_4$(phen)$_3$] · NO$_3$ · 3.5H$_2$O [图 13.8.1 (b)],其中 phen=1,10-邻菲咯啉,反应示意如图 13.8.1 所示。

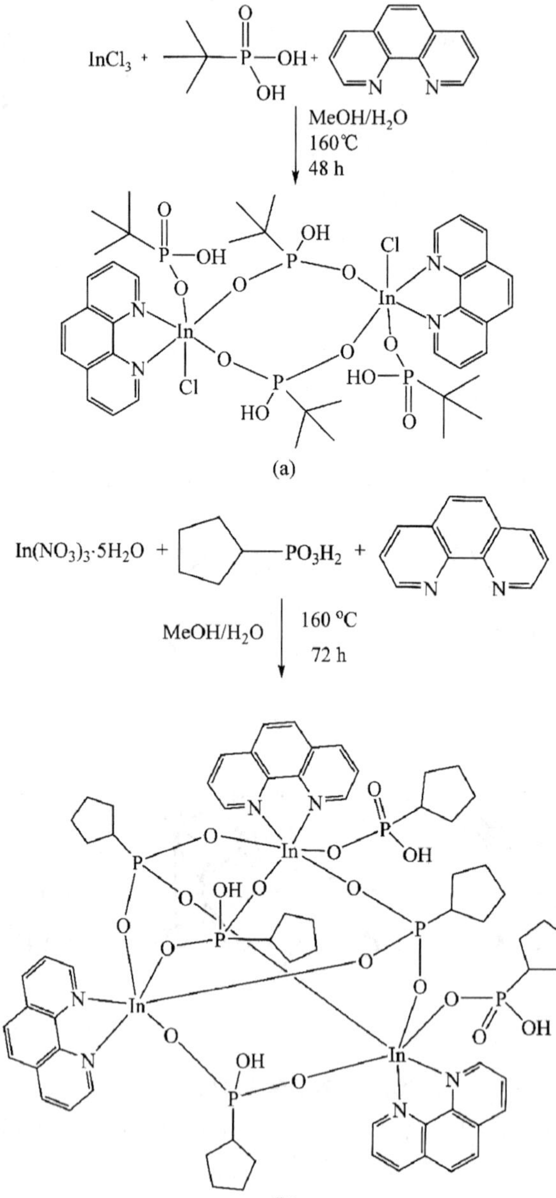

图 13.8.1 合成膦酸铟^{III}的示意图。

图 13.8.1 中膦酸铟^{III}的 X 射线晶体结构如图 13.8.2 所示。图 13.8.1(a)中化合物是一

种双核化合物[图 13.8.2(a)]，其铟中心由一对异双齿叔丁基膦酸根配体[t-BuP(O)$_2$OH]$^-$桥接，形成一个皱褶的八元(In$_2$P$_2$O$_4$)环。实验测得 In—O 键长处于 209.9～211.7 pm，In—N 键长处于 229.8～231.2 pm，In—Cl 键长为 243.2 pm。图 13.8.1(b)中化合物为三核结构[图 13.8.2(b)]，其中 In$_3$ 核心被两个膦酸根配体以三脚架模式从其平面的顶部和底部的"盖帽"连接在一起，除此之外，两个负一价的膦酸根阴离子配体桥连成一对铟中心。实验测得 In—O 键长处于 213.4～207.6 pm，In—N 键长处于 226.4～ 227.9 pm。另外，两个膦酸铟^{III}都含有不同单阴离子的单齿膦酸根配体。

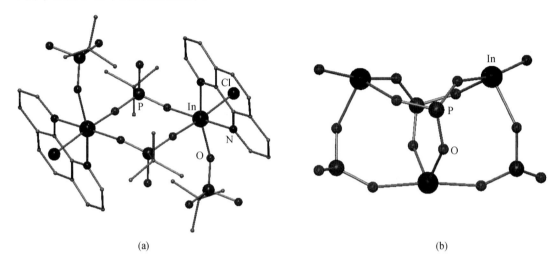

图 13.8.2　X 射线衍射测定的膦酸铟^{III}的分子结构：

(a) 配合物 [图 13.8.2(a)]中呈中心对称的分子；(b) 配合物[图 13.8.2(b)]中的 In$_3$核心。

[参看：(1) A. F. Richards and C. M. Beavers, Synthesis and structures of a pentanuclear Al^{III} phosphonate cage, an In^{III} phosphonate polymer, and coordination compounds of the corresponding phosphonate ester with GaI$_3$ and InCl$_3$. *Dalton Trans.* **41**，11305～11310 (2012)；(2) I. Fedushkin, A. A. Skatova, V. A. Dodonov, X. J. Yang, V. A. Chudakova, A. V. Piskunov, S. Demeshko and E. V. Baranov, Ligand "brackets" for Ga—Ga bond. *Inorg. Chem.* **55**，9047～9056 (2016).]

13.9　Ga—Ga 键的配体"支架"

二镓烷（dpp-Bian）Ga—Ga(dpp-Bian){dpp-Bian＝1,2-双[(2,6-二异丙基苯基)亚氨基]-二氢苊}[图 13.9.1(a)]与二氢苊醌(AcQ)按物质的量比 1∶1 反应，通过 AcQ 的两电子还原，得到二镓烷 （dpp-Bian）Ga（μ_2-AcQ）Ga（dpp-Bian）[图 13.9.1(b)]，其中的二价阴离子[AcQ]$^{2-}$充当 Ga—Ga 键的"支架"。若配合物（a）与 AcQ 按物质的量比 1∶2 相互作用，则导致两个 dpp-Bian 配体以及 Ga—Ga 键的氧化，从而形成(dpp-Bian)Ga(μ_2-AcQ)$_2$Ga(dpp-Bian) [图 13.9.1(c)]。330 K 下，配合物(b)在甲苯中分解成(a)和(c) [图 13.9.1]。(b)与空气中的氧反应引起 Ga—Ga 键氧化，得到(dpp-Bian)Ga(μ_2-AcQ)(μ_2-O)Ga(dpp-Bian) [图 13.9.1(d)]。化合物(b)～(d)的合成见图 13.9.1。

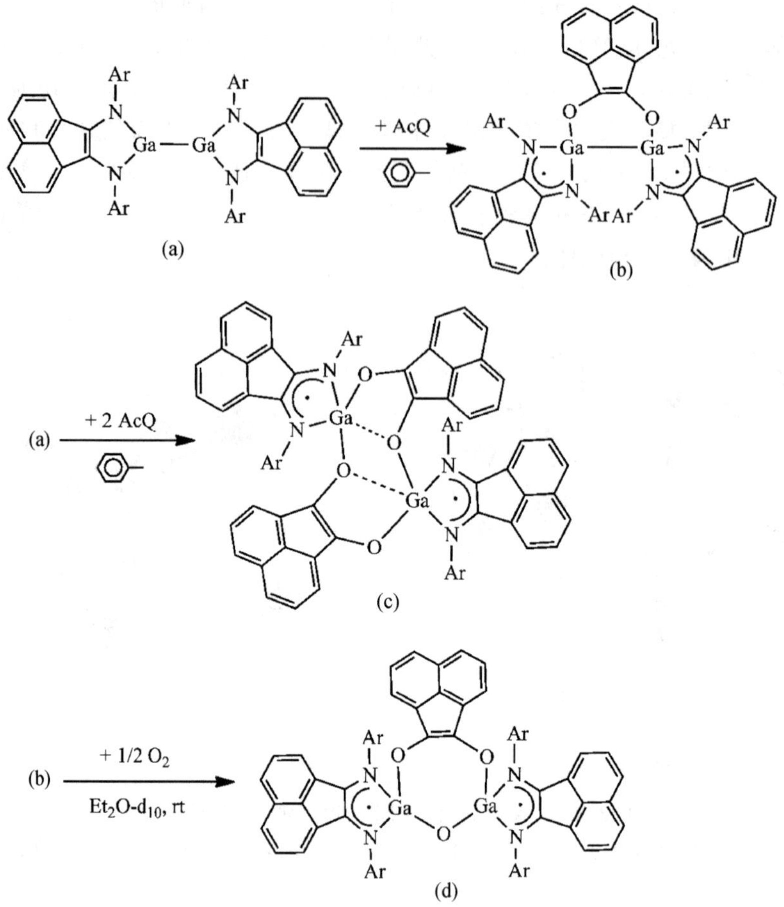

图 13.9.1   合成二镓烷化合物。

二镓烷（dpp-Bian）Ga—Ga(dpp-Bian)［图 13.9.1(a)］与 SO₂ 反应，根据比例不同（1∶2 或 1∶4），产生两种连二亚硫酸盐(dpp-Bian)Ga(μ_2-O₂S—SO₂)Ga(dpp-Bian)［图 13.9.2(d)］和（dpp-Bian）Ga(μ_2-O₂S—SO₂)₂Ga(dpp-Bian)［图 13.9.2(e)］。如图 13.9.2 所示，在化合物(d)中，Ga—Ga 键得以保留，被连二亚硫酸盐双阴离子支架支撑；在化合物(e)中，镓中心被两个连二亚硫酸盐配体桥连；(d)和(e)均含有 dpp-Bian 自由基阴离子配体。当用偶氮苯与 1 化学计量的二镓烷［图 13.9.1(a)］反应，通过四电子还原得到配合物 (dpp-Bian)Ga(μ_2-NPh)₂ Ga(dpp-Bian)［图 13.9.2(f)］。

配合物(a)～(f)的分子结构通过 X 射线晶体学测定，如图 13.9.2 所示。在化合物(a)中，二价阴离子[AcQ]²⁻ 配体充当 Ga—Ga 键的"支架"。在化合物(d)中，Ga—Ga 键被连二亚硫酸盐双阴离子支架支撑。(a)和(d)中的 Ga—Ga 键长有显著差异，分别为 251.57 pm 和 246.59 pm。

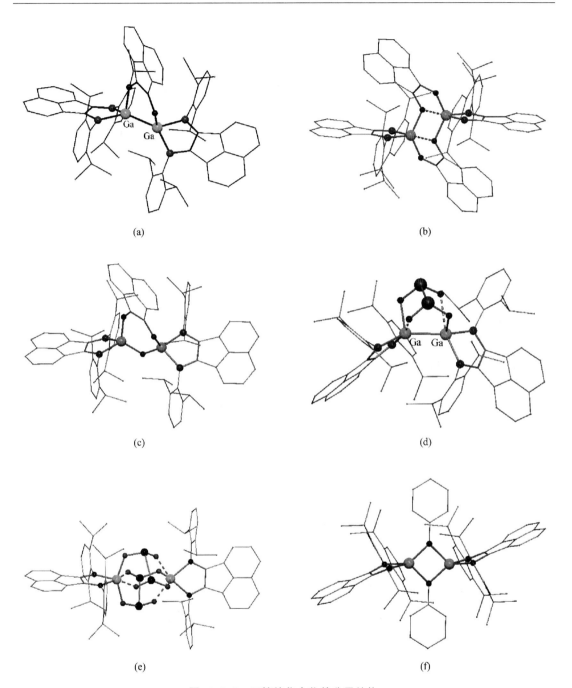

(a)

(b)

(c)

(d)

(e)

(f)

图 13.9.2　二镓烷化合物的分子结构。

［参看：I. Fedushkin, A. A. Skatova, V. A. Dodonov, X. J. Yang, V. A. Chudakova, A. V. Piskunov, S. Demeshko and E. V. Baranov, Ligand "brackets" for Ga—Ga bond. *Inorg. Chem.* **55**，9047～9056（2016）.］

13.10   铂‐铊簇合物

封闭或赝封闭壳层过渡金属之间的亲金属相互作用已在晶体或分子工程领域作为连接不同亚单元的工具。

具有 $d^{10}s^2$ 电子构型的铊^I 在杂多核团簇的组装中,是一个很有代表性的受体。它有典型的"惰性电子对",可形成供体-Tl^I 物种,例如 M(d^8)→Tl^I,其中 M=Ru^0,Rh^I,Pd^{II},Ir^I,Pt^{II};M(d^{10})→Tl^I,其中 M=Pt^0 和 Au^I。实际上,Pt^{II} 和 Au^I 是两个最常用的供体中心。

采用含环状三齿 2,6-二苯基吡啶(CNC)配体的金属配合物 Pt 前驱体,即[Pt(CNC)L],其中,CNC=C,N,C-2,6-NC$_5$H$_3$(C$_6$H$_4$-2)$_2$,制备出两种包含无支撑的 Pt^{II}→Tl^I 团簇且分子几何结构为正方形的复合物。化合物 **1** 中,L=四氢噻吩(tht=SC$_4$H$_8$);化合物 **2** 中,L=CN^{t}Bu。这两种化合物与 TlPF$_6$ 反应分别生成具有不同 Pt∶Tl 比的复合物[{Pt(CNC)(tht)}$_3$Tl](PF$_6$)[图 13.10.1(a)]和[Pt(CNC)(CN^{t}Bu)Tl](PF$_6$)[图 13.10.1(b)],即化合物 **1** 对应的 Pt∶Tl 比例为 3∶1,化合物 **2** 对应的比例为 1∶1。

X 射线晶体结构测定表明,化合物 **1** 的确显示预期的平面四方构型的"Pt(CNC)S"配位模式,且结构参数亦与预测相符。如图 13.10.1 所示,(a)是一个含 Pt$_3$Tl 团簇中心的四核配合物,其中 Tl^I 中心位于 6 重轴上,因此其周围的三个 Pt 原子形成了一个完美的等边三角形,并通过 Pt→Tl 配键(键长为 290.88 pm)连接成一体。配合物(b)由三个 Pt(CNC)(CN^{t}Bu)Tl 亚单元组成,以三角形的环形排列,并通过 Tl-η^6-芳烃相互作用,以金属间 Pt—Tl 键(键长约为 304 pm)连接在一起。

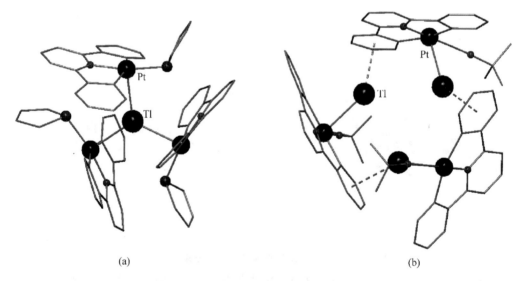

(a)   (b)

图 13.10.1   铂-铊团簇配合物的分子结构。

[参看:Ú. Belío, S. Fuertes and A. Martín, Preparation of Pt—Tl clusters showing new geometries. X-ray, NMR and luminescence studies. *Dalton Trans.* **43**,10828～10843(2014).]

参 考 文 献

[1] N. N. Greenwood and A. Earnshaw, *Chemistry of the Elements*, 2nd ed. , Butterworth Heinemann, Oxford, 1997.

[2] C. E. Housecroft and A. G. Sharpe, *Inorganic Chemistry*, 2nd ed. , Prentice-Hall, London, 2004.

[3] G. E. Rodgers, *Introduction to Coordination*, *Solid State*, *and Descriptive Inorganic Chemistry*, McGraw-Hill, New York, 1994.

[4] G. Meyer, D. Naumann and L. Wesemann (eds.), *Inorganic Chemistry Highlights*, Wiley-VCH, Weinheim, 2002.

[5] C. E. Housecroft, *Boranes and Metallaboranes: Structure*, *Bonding and Reactivity*, 2nd ed. , Ellis Horwood, New York, 1994.

[6] C. E. Housecroft, *Cluster Molecules of the p-Block Elements*, Oxford University Press, Oxford, 1994.

[7] D. M. P. Mingos and D. J. Wales, *Introduction to Cluster Chemistry*, Englewood Cliffs, Prentice-Hall, NJ, 1990.

[8] W. Siebert(ed.), *Advances in Boron Chemistry*, Royal Society of Chemistry, Cambridge, 1997.

[9] G. A. Olah, K. Wade and R. E. Williams(eds.), *Electron Deficient Boron and Carbon Clusters*, Wiley, New York, 1991.

[10] M. Driess and H. Nöth (eds.), *Molecular Clusters of the Main Group Elements*, Wiley-VCH, Weinheim, 2004.

[11] R. A. Beaudet, "The molecular strures of boranes and carboranes", in J. F. Liebman, A. Greenberg, and R. E. Williams (eds.), *Advances in Boron and the Boranes*, VCH, New York, 1988.

[12] I. D. Brown, *The Chemical Bond in Inorganic Chemistry: The Bond Valence Model*, Oxford University Press, New York, 2002.

[13] T. C. W. Mak and G. -D. Zhou, *Crystallography in Modern Chemistry: A Resource Book of Crystal Structures*, Wiley-Interscience, New York, 1992.

[14] E. Abel, F. G. A. Stone and G. Wilkinson (eds.), *Comprehensive Organometallic Chemistry* II , Vol. 1, Pergamon Press, Oxford, 1995.

[15] S. M. Kauzlarich(ed.), *Chemistry*, *Structure*, *and Bonding of Zintl Phases and Ions*, VCH, New York, 1996.

[16] J. Nagamatsu, N. Nakagawa, T. Muranaka, Y. Zenitani and J. Akimitsu, Superconductivity at 39 K in magnesium diboride. *Nature* **410**, 63~64(2001).

[17] T. Peymann, C. B. Knobler, S. I. Khan and M. F. Hawthorne, Dodeca (benzyloxy) dodecaborane $B_{12}(OCH_2Ph)_{12}$: A stable derivative of hypercloso-$B_{12}H_{12}$. *Angew. Chem. Int. Ed.* **40**, 1664~1667 (2001).

[18] E.D. Jemmis, M. M. Balakrishnarajan and P. D. Pancharatna, Electronic requirements for macropoly-hedral boranes. *Chem. Rev.* **102**, 93~144(2002).

[19] Z. Xie, Advances in the chemistry of metallacarboranes of *f*-block elements. *Coord. Chem. Rev.* **231**, 23~46(2002).

[20] C. Dohmeier, D. Loos and H. Schnöckel, Aluminum(I) and gallium(I) compounds: syntheses, structures, and reactions. *Angew. Chem. Int. Ed.* **35**, 129~149(1996).

[21] A. Schnepf and H. Schnöckel, Metalloid aluminum and gallium clusters: element modifications on the molecular scale? *Angew. Chem. Int. Ed.* **41**, 3532~3552(2002).

[22] W. Uhl, Organoelement compounds possessing Al—Al, Ga—Ga, In—In, and Tl—Tl single bonds. *Adv. Organomet. Chem.* **51**, 53～108(2004).

[23] S. Kaskel and J. D. Corbett, Synthesis and structure of $K_{10}Tl_7$: the first binary trielide containing naked pentagonal bipyramidal Tl_7 clusters. *Inorg. Chem.* **39**, 778～782(2000).

[24] J. Vollet, J. R. Hartig and H. Schnöckel, $Al_{50}C_{120}H_{180}$: A pseudofullerene shell of 60 carbon atomes and 60 methyl groups protecting a cluster core of 50 aluminium atoms. *Angew. Chem. Int. Ed.* **43**, 3186～3189(2004).

[25] H. W. Roesky and S. S. Kumar, Chemistry of aluminium (Ⅰ). *Chem. Commun.* 4027～4038 (2005).

[26] T. Peymann, C. B. Knobler, S. I. Khan and M. F. Hawthorne, Dodeca(benzyloxy)-dodecaborane $B_{12}(OCH_2Ph)_{12}$: A stable derivative of hypercloso-$B_{12}H_{12}$. *Angew. Chem. Int. Ed.* **40**, 1664～1667(2001).

[27] E. D. Jemmis, M. M. Balakrishnarajan and P. D. Pancharatna, Electronic requirements for macropolyhedral boranes. *Chem. Rev.* **102**, 93～144(2002).

[28] Z. Xie, Advances in the chemistry of metallacarboranes of f-block elements. *Coord. Chem. Rev.* **231**, 23～46(2002).

[29] J. Vollet, J. R. Hartig and H. Schnöckel, $Al_{50}C_{120}H_{180}$: A pseudofullerene shell of 60 carbon atoms and 60 methyl groups protecting a cluster core of 50 aluminium atoms. *Angew. Chem. Int. Ed.* **43**, 3186～3189(2004).

[30] H. W. Roesky and S. S. Kumar, Chemistry of aluminium(Ⅰ). *Chem. Commun.* 4027～4038 (2005).

[31] A. Schnepf and H. Schnöckel, Metalloid aluminum and gallium clusters: Element modifications on the molecular scale? *Angew. Chem. Int. Ed.* **41**, 3532～3552(2002).

[32] W. Uhl, Organoelement compounds possessing Al—Al, Ga—Ga, In—In, and Tl—Tl single bonds. *Adv. Organomet. Chem.* **51**, 53～108(2004).

[33] S. Kaskel and J. D. Corbett, Synthesis and structure of $K_{10}Tl_7$: The first binary trielide containing naked pentagonal bipyramidal Tl_7 clusters. *Inorg. Chem.* **39**, 778～782(2000).

[34] M. S. Hill, P. B. Hitchcock and R. Pongtavornpinyo, A linear homocatenated compound containing six indium centers. *Science* **311**, 1904～1907(2006).

[35] 唐敖庆,李前树,原子簇的结构规则和化学键,济南:山东科学技术出版社,1998.

[36] 周公度,键价和分子几何学. 大学化学,**11**,9～18(1996).

第 14 章　第14 族元素的结构化学

14.1　碳的同素异构体

以单质形式存在的碳的同素异构体种类较多,除少量瞬间存在的气态低碳分子,如 C_1, C_2, C_3, C_4, C_5 等外,主要的存在形式有金刚石、石墨、球碳和无定形碳等。下面分别予以介绍。

14.1.1　金刚石

金刚石是一种美丽、透明且具有高折光率的晶体,是一种名贵的宝石。在金刚石中,C 原子以 sp^3 杂化轨道和相邻 C 原子一起形成按四面体向排布的 4 个 C—C 单键,共同将 C 原子结合成无限的三维骨架,可以说一粒金刚石晶体就是一个大分子。绝大多数天然的和人工合成所得的金刚石均属立方晶系。晶体的空间群为 $Fd\bar{3}m$,晶胞参数 $a = 356.688\ \text{pm}$(298 K)。C—C 键长为 154.45 pm,CCC 键角 109.47°。图 14.1.1(a)示出立方金刚石的结构。

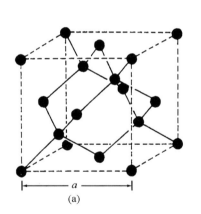
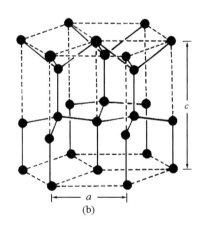

图 14.1.1　金刚石的晶体结构:
(a) 立方金刚石;(b) 六方金刚石。(图中示出了 3 个晶胞拼在一起。)

在金刚石晶体结构中,碳原子的排列为呈椅式构象的六元环,每个 C—C 键的中心点为对称中心,这使得和 C—C 键两端相连接的 6 个 C 原子形成交错式排列,是一种最稳定的构象。在金刚石晶体中,C—C 键贯穿整个晶体,各个方向都结合得完美,因而金刚石抗压强度高,耐磨性能好。它的晶体不易滑动和进行解理(cleavage),使金刚石成为天然存在的最硬的物质。虽然金刚石的堆积较空旷,若按硬球接触模型计,堆积系数仅为 34.01%,但它的可压缩性很小。金刚石熔点高达(4400±100) K(12.4 GPa)。在金刚石中,C 原子的全部价电子都参与成键,所以纯净而完整的金刚石晶体是绝缘体。含有杂质及缺陷的金刚石具有半导性,并呈现一定的颜色。金刚石还具有抗腐蚀、抗辐射等优良性能。

除立方金刚石外,还有六方金刚石。六方金刚石是介稳的晶体,已在陨石中找到,也可通过将石墨加压到 13 GPa,温度超过 4000 K 时制得。六方金刚石晶体的空间群为 D_{6h}^4-$P6_3/mmc$,六方晶胞参数为 $a=251$ pm,$c=412$ pm。在这种金刚石中,碳原子的成键方式和C—C键键长均与立方金刚石相似。两种金刚石不同之处在于相邻两个碳原子的键的取向不同。立方金刚石采用交叉式排列,在C—C键中心点具有对称中心对称性;六方金刚石中一部分C—C键采用重叠式构象,平行 c 轴的C—C键中心点具有镜面对称性。六方金刚石由于重叠式排列,其非键的近邻原子间的推斥力大于交叉式,这是它不如立方金刚石稳定的原因。图 14.1.1(b)示出六方金刚石的晶体结构。

单质硅、锗和锡具有立方金刚石型结构,晶胞参数分别为 $a=543.072$ pm(Si),565.754 pm(Ge)和649.12 pm(α-Sn)。

由于金刚石的密度(3.51 g cm^{-3})远大于石墨的密度(2.27 g cm^{-3}),高压下可使石墨转变为金刚石,虽然在常温常压下石墨比金刚石更稳定,标准自由焓相差 2.9 kJ mol^{-1}。为了用高压引导石墨转变为金刚石达到经济上可行的速度,经常利用过渡金属催化剂,如铁、镍或铬。将金刚石沉积到金属或其他材料的表面,形成金刚石薄膜,这一方法已得到发展。金刚石的超高硬度和高热导率在许多领域得到应用,特别在电子器件表面增高硬度和用作切割或研磨的材料。

14.1.2　石墨

石墨是碳存在的最普遍的形式,在标准状态下是稳定的。它的晶体结构由六角碳环的平面层组成,层中每个 C 原子以 sp^2 杂化轨道与 3 个相邻的 C 原子形成等距离的 3 个 σ 键,构成无限伸展的平面层。而各个 C 原子垂直于该平面、未参加杂化的 p_z 轨道互相叠加形成离域 π 键。层中 C 原子的距离为 141.8 pm,键长介于C—C单键和C=C双键之间。

石墨晶体是由平面的层型分子堆积而成。由于层间的作用力是范德华力,较弱,层型分子的堆积方式,在不同的外界条件下,可出现多种结构式样。在完整的石墨晶体中,主要有两种晶型:

(1) 六方石墨,又称 α-石墨,在这种晶体中,层型分子的相对位置以 ABAB⋯的顺序重复排列,如图 14.1.2(a)所示。A 和 B 是指层的相对位置,若以第一层 A 的位置为基准,第二层 B 的位置沿晶胞 a 和 b 轴的长对角线位移 1/3,第三层又和第一层相同。这种石墨晶体属六方晶系,空间群为 D_{6h}^4-$P6_3/mmc$,晶胞参数为 $a=245.6$ pm,$c=669.6$ pm。

(2) 三方石墨,又称 β-石墨,在这种晶体中,层型分子的相对位置以 ABCABC⋯的顺序重复排列,如图 14.1.2(b)。这种石墨晶体属三方晶系,空间群为 D_{3d}^5-$R\bar{3}m$,晶胞参数为 $a=b=245.6$ pm,$c=1004.4$ pm。

六方石墨和三方石墨层型分子间的距离均为 335 pm。天然石墨中六方石墨约占 70%,三方占 30%。人工合成的石墨是六方石墨,将六方石墨进行研磨等机械处理可以得到三方石墨,将三方石墨加热到 1300 K 以上又转变为稳定的六方石墨。由六方石墨转变为三方石墨所需的 ΔH 为 0.586 kJ mol^{-1},数值很小,这和层间的微弱作用力有关。

石墨晶体由层型分子堆积而成,层间作用力微弱,是石墨能形成多种多样的石墨夹层化合物的内部结构根源,也使石墨的许多物理性质具有鲜明的各向异性。在力学性质上,和层平行的方向有完整的解理性,层间易于滑动,所以很软,是良好的固体润滑剂。石墨和黏土的混合

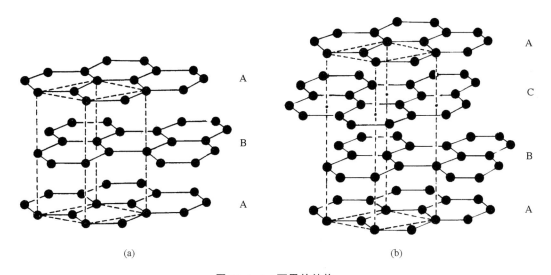

(a)　　　　　　　　　　　　　　　　(b)

图 14.1.2　石墨的结构:

(a) 六方石墨;(b) 三方石墨。(图中虚线显示晶胞。)

物是制作铅笔用的"铅"。注意不要将它和金属铅或黑灰色的硫化铅相混淆。层型分子内的离域 π 键结构,使石墨具有优良的导电性,是制作电极的良好材料。

14.1.3　球碳

球碳(fullerenes)文献中常称为富勒烯,它是由纯碳原子组成的球形分子,每个分子由几十个到几百个碳原子组成,是一类分立的、能溶于有机溶剂的分子。

可在含一定量氦气的气氛中将两个石墨电极通电产生电弧,使石墨蒸发成碳蒸气,环合凝结生成碳烟,然后溶于苯中结晶提纯制得球碳。也可严格控制氩气和氧气的比例,使苯不完全燃烧而生成碳烟,其中含有球碳,通过溶解结晶制得。

迄今人们用各种方法制备球碳时,具有足球外形的球碳 C_{60} 在产物中含量最高,这是由于这个多面体分子具有很高的对称性,分子的点群属 I_h,每个碳原子的成键方式相同,是球碳中最稳定的分子,分子的结构如图 14.1.3(a)所示。C_{60} 有许多种异构体,一般若不加注明便是指这种足球形的分子。

在 C_{60} 分子中,每个 C 原子和周围 3 个 C 原子形成了 3 个 σ 键,剩余的轨道和电子则共同组成离域 π 键。若按价键结构式表达,每个 C 原子和周围 3 个 C 原子形成两个单键和一个双键。这样 C_{60} 分子中共有 60 个单键和 30 个双键,分子的价键表达式示于图 14.1.3(b)和(c),图(c)是平面表达式并附上通用的原子编号。由图可见,全部六元环和六元环共用的边(6/6)为双键,六元环和五元环共用的边(6/5)为单键。这是 C_{60} 最稳定的一种价键结构式。

由于 C_{60} 分子是球形分子,3 个 σ 键键角总和为 348°,C—C—C 键角的平均值为 116°,垂直球面为 π 轨道。σ 和 π 轨道间夹角为 101.64°。根据杂化轨道理论,若近似地平均计算,3 个 σ 轨道每个含 s 成分 30.5%,p 成分 69.5%,而垂直于球面的 π 轨道含 s 成分 8.5%,p 成分 91.5%。它们的键型介于 sp^2 和 sp^3 之间。

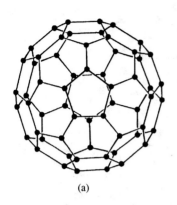
(a)

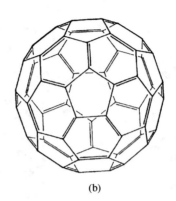
(b)

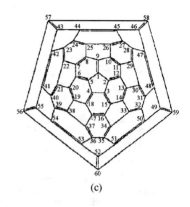
(c)

图 14.1.3　球碳 C_{60} 的结构：

(a) 分子形状；(b) 球形分子价键结构式；(c) 平面价键表达式 (图中附上通用的原子编号)。

　　球碳 C_{60} 可溶于多种有机溶剂,通过溶剂蒸发使之结晶而获得晶体,晶体呈棕黑色。室温下,C_{60} 分子在晶体中不停地转动,呈圆球形。C_{60} 晶体在室温下的结构可看作直径为 1000 pm 的圆球进行立方最密堆积(ccp)或六方最密堆积(hcp)的结构,它们的晶胞参数为：

ccp：　　　$a = 1420$ pm

hcp：　　　$a = 1002$ pm, $c = 1639$ pm

由于分子的转动,不能通过晶体结构获得更多分子结构的信息。

　　低于 249 K,分子在晶体中取向有序。晶体的对称性从立方最密堆积的面心立方点阵转变成简单立方点阵型式。5 K 时,用中子衍射法测得球碳 C_{60} 的晶体结构参数如下：

图 14.1.4　球碳 C_{60} 的晶体立方面心结构。

(球形 C_{60} 分子按 C 原子的范德华半径所允许的 C 原子间接触距离画出。)

晶系：立方

空间群：$T_h^6\text{-}Pa\bar{3}$

晶胞参数：$a = 1404.08(1)$ pm

C—C 键长：(6/6) 139.1 pm

　　　　　　(6/5) 144.4 pm 和 146.6 pm,

　　　　　　平均为 145.5 pm

根据这些数据可得球碳 C_{60} 是一个直径为 1000 pm 的球形分子。从球心到各个 C 原子的平均距离为 350 pm,即 C 原子组成直径为 700 pm 的球形骨架。图 14.1.4 示出球碳 C_{60} 的晶体结构。

　　球碳 C_{60} 的一般物理性质列于表 14.1.1 中。表中的溶解度已标出所用的溶剂。

　　球碳是一系列由碳原子组成的封闭的球形多面体分子,除已制得常量的 C_{60} 以外,还制得常量的 C_{70} 晶体,微量的 C_{78}、C_{84} 晶体。还有用质谱法发现 C_{50},C_{80},C_{120},…球碳分子,它们呈变形的球形、椭球形。图 14.1.5 示出 C_{20},C_{50},C_{70} 和两种 C_{78} 的异构体球碳分子的形状,括号内的记号是表示该分子所属的点群。

表 14.1.1　球碳 C_{60} 的一般物理性质

性　质	数　值	溶解度/($g\ dm^{-3}$)(303 K)	数　值
密度/($g\ cm^{-3}$)	1.65	CS_2	5.16
折射率(630 nm)	2.2	甲苯	2.15
燃烧热(晶态 C_{60})/($kJ\ mol^{-1}$)	2280	苯	1.44
电子亲和能/eV	2.6~2.8	CCl_4	0.45
第一电离能/eV	7.6	己烷	0.04
^{13}C NMR 化学位移	142.68×10^{-6}		

在球碳多面体结构的分子中,碳原子数目为偶数,当球碳 C_n 的封闭多面体笼完全由三连接的碳原子所形成的五元环和六元环围成,其几何结构符合如下规则:该多面体有且只有 12 个五元环,有 $(n/2-10)$ 个六元环。所有的五元环不共边连接,而被六元环隔开,这种结构符合分立五元环规则(Isolated Pentagon Rule,IPR)。这种结构的球碳具有较好的稳定性,理论上可以实现分立五元环的最小的球碳是 C_{60}。

对于碳原子数少于 60 的球碳分子,无法满足 IPR 规则,因而不稳定,它们仅在气相出现,其结构和反应性的信息只能在气相获得。理论上可以形成的最小的球碳分子是 C_{20},它仅由 12 个五元环组成。该球碳分子的制备过程如下:从十二面体烷 $C_{20}H_{20}$ 出发,用结合相对较弱的溴原子取代氢,形成平均组成为 $C_{20}HBr_{13}$ 的三烯中间物,再在气相中脱溴脱氢而制得。采用类似的方法,也可得到碗形的 C_{20} 异构体,将碗形十烯 $C_{20}H_{10}$(corannulene)溴化,经中间体 $[C_{20}HBr_9]$ 脱溴脱氢而得。相关的反应过程示意如下:

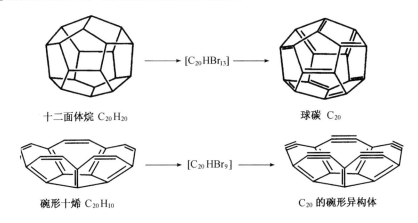

十二面体烷 $C_{20}H_{20}$　　　　　　　　　　　　　　球碳 C_{20}

碗形十烯 $C_{20}H_{10}$　　　　　　　　　　　　　　C_{20} 的碗形异构体

〔参看:1986088112961H. Prinzbach,A. Weiler,P. Landenberger,F. Wahl,J. Wörth,L. T. Scott,M. Gelmont,D. Olevano and B. v. Issendorff,*Nature* **407**,80~83(2000).〕

这两个异构体的鉴定是用质量选择负离子光电子谱来完成的。图 14.1.5(a)示出球碳 C_{20} 的分子结构。

球碳 C_{50} 已作为它的多氯化合物 $C_{50}Cl_{10}$ 收集到。在通常用石墨放电法合成 C_{60} 及较大的球碳过程中加入 CCl_4,可得毫克量级的 $C_{50}Cl_{10}$。$C_{50}Cl_{10}$ 具有 D_{5h} 对称性,全部 10 个 Cl 原子都处在分子的赤道平面上和 sp^3 碳原子结合,其结构已经过质谱、^{13}C NMR 和其他光谱法验证。C_{50} 理想的分子结构示于图 14.1.5(b)中。

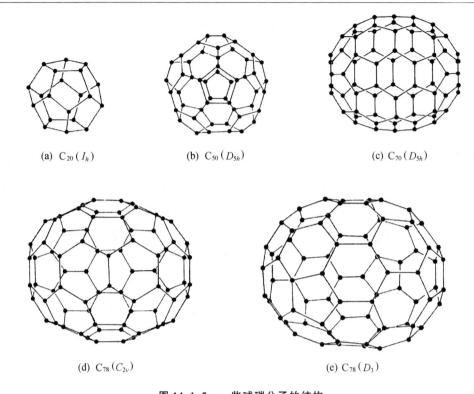

(a) $C_{20}(I_h)$　　　　(b) $C_{50}(D_{5h})$　　　　(c) $C_{70}(D_{5h})$

(d) $C_{78}(C_{2v})$　　　　　　　　(e) $C_{78}(D_3)$

图 14.1.5　一些球碳分子的结构。

[图(b)所示的是 $C_{50}Cl_{10}$ 的碳的骨架,处于赤道上的 10 个 Cl 原子已删去。]

　　图 14.1.5(c)所示的球碳分子 C_{70} 近似椭球形。下文将以 C_{70} 为例,进一步讨论球碳分子的结构和成键特点。当球碳分子只由五元环和六元环组成且满足分立的五元环规则,可能有多种异构体存在,例如,球碳 C_{78} 的两种几何异构体的结构已用 ^{13}C NMR 法阐明,一种具有 C_{2v} 对称性,如图 14.1.5(d)所示,另一种具有 D_3 对称性,如图 14.1.5(e)所示。

　　球碳分子 C_{70} 具有 D_{5h} 对称性,它由 25 个六元环和 12 个五元环组成,五元环互不相邻。在 C_{70} 分子的赤道面上,由 15 个共边连接的六元环组成亚苯基带,而两极的帽盖为分别和 5 个六元环连接的五元环,类似 C_{60} 分子中的结构。C_{70} 分子中有几何上键长不同的碳原子,^{13}C NMR 信号强度比为 1:1:2:2:1。通过 $(\eta^2\text{-}C_{70})Ir(CO)(PPh_3)_2$ 晶体结构测得的 C—C 键长示于图 14.1.6中,它和能量最低的两种价键结构式相符合,体现出 C_{70} 的结构特点和反应性能。

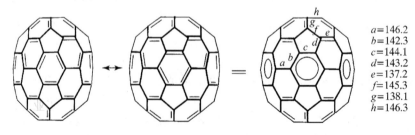

$a = 146.2$
$b = 142.3$
$c = 144.1$
$d = 143.2$
$e = 137.2$
$f = 145.3$
$g = 138.1$
$h = 146.3$

图 14.1.6　$(\eta^2\text{-}C_{70})Ir(CO)(PPh_3)_2$ 晶体中 C_{70} 多面体的价键结构式和键长。(键长单位为 pm。)

　　球碳除上述各种单球外,还有由两个或多个球体连接形成的聚合球碳。已经制得由两个

C_{60} 二聚成 C_{120} 分子,如图 14.1.7 所示。通过 X 射线衍射法测定,二聚体的连接方式是在 C_{60} 的两个六元环共有的边(6/6)的两端,通过两个C—C键连接而成,两球连接处形成四元环。连接两球的C—C键长为 157.5 pm,而构成四元环的另外两条边(即 6/6 边)C—C键长为 158.1 pm,比原来键长显著增加。

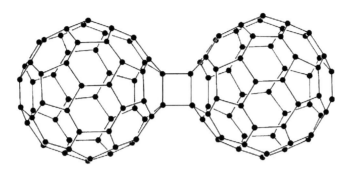

图 14.1.7　C_{60} 的二聚体 C_{120} 的分子结构。

20 世纪 80 年代球碳的发现引起了人们的极大兴趣,C_{60} 被《科学》(Science)杂志选为 1991 年明星分子。其原因之一是碳是一个很普通的元素,人们对它研究了数百年后,还能开拓出全新的球碳化学新领域,发现它有着引人入胜的研究和应用价值。

14.1.4　无定形碳

无定形碳是碳的各种非晶态类型的总称,例如煤、焦炭、木炭、炭黑(烟炱)、活性炭、玻璃态炭、玻璃化炭黑、碳纤维、纳米碳管和洋葱形碳粒等都归属于无定形碳。无定形碳涉及的面很广,它是重要的材料,广泛用于工业中。在无定形碳中碳原子的排列不同于金刚石、石墨和球碳,但是碳原子的成键型式与三种晶态的同素异构体相同。

大部分无定形碳是由石墨层型结构的分子碎片大致相互平行地、无规则地堆积在一起,可简称为乱层结构。层间或碎片之间用金刚石结构中四面体成键方式的碳原子键连起来。这种四面体碳原子所占的比例多,则无定形碳比较坚硬,如焦炭和玻璃态碳等。纳米碳管和洋葱形碳粒等的结构可从球碳的结构出发来理解。

煤是世界上最丰富的化石燃料,总可采储量约一万亿吨(10^{12} t),它是一种含很高的碳和氢百分比的化合物的复杂混合物,其中还有其他元素参与组成。煤的组成随着生成的年代和地域环境不同差别很大,一种典型烟煤的近似组成为:80% C,5% H,8% O,3% S 和 2% N。煤的结构非常复杂且没有明确的限定。

将煤在高温下进行碳化可以制得焦炭,它是一种不充分石墨化的碳的形态。焦炭主要用于钢铁生产等冶金工业中。

活性炭是一种高分散的无定形碳,具有多孔结构及很大的内表面。活性炭疏水性表面具有吸附小分子的功能,这是它有广泛应用的根源,常用作气体过滤器、制糖工业中的脱色剂、水质净化剂和多相催化剂。

炭黑(烟炱)是由液态碳氢化合物或天然气不完全燃烧制得。炭黑的颗粒非常小,粒径仅 $0.02\sim3$ μm,它主要用于橡胶工业,用作橡胶制品的补强剂和填充剂。

碳纤维是由天然或合成的有机纤维,经炭化而得的非石墨型碳组成的细丝。碳纤维也可由树脂或沥青等有机物拉成细丝,并逐步地在300℃以上进行热处理而制得。碳纤维质轻而强度很高,是现时的重要工业材料,应用范围从体育用品到航空航天日益广泛。

　　利用透射电子显微镜观察,发现炭烟炱颗粒具有理想的洋葱状层型结构,如图14.1.8所示。实验已观察到颗粒的直径为3～1000 nm。理想的洋葱形碳粒的第一层是 I_h 对称性的 C_{60} 核,第二层有 $2^2 \times 60$ 个即240个碳原子,第 n 层有 $n^2 \times 60$ 个碳原子,它们一层包一层像洋葱的结构。洋葱形碳粒的分子式为

$$C_{60}@C_{240}@C_{540}@C_{960}@\cdots$$

层间的距离约350 pm。

　　近年来基于高分辨透射电子显微镜(HRTEM)及模拟作用的研究工作,为洋葱形碳建立起球形模型,而不是多面体形,层间距离从中心部分明显地小于石墨的层间距到最外层达到期望值。各个层相互不排成任何规整的方式,彼此也没有旋转对称的关系。最内的核心可以是小的球碳(例如 C_{28})或金刚石碎片,大小为2～4.5 nm,内部孔穴直径可大到2 nm。

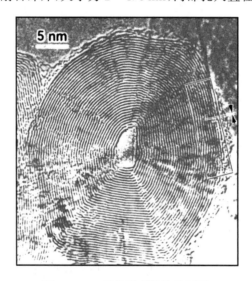

图14.1.8   洋葱形碳粒的截面图。
(层间距离0.34 nm,箭头所指的距离为0.21 nm,它是碳六元环对边的距离。)

14.1.5   石墨烯

　　石墨烯(graphene)是单层石墨分子和多层石墨分子及其衍生物的通用名称。单层石墨烯的结构示于图14.1.9。结构中,每个碳原子以 sp^2 杂化轨道按平面三角形和周围3个C原子通过σ键结合,剩余一个垂直于层的 p_z 轨道和一个电子;p_z 轨道波函数相互叠加,形成离域π键,电子填充π轨道在层内可以自由运动,同时增加原子间的结合力,促进了石墨烯的化学稳定性。石墨烯具有较强的化学惰性和抗氧化性。这种六方网络结构的单层厚度只有0.34 nm,具有柔性,可以折叠,强度大,致密度高,He原子也无法渗透;石墨烯质量很轻,1 m^2 单层石墨烯质量只有0.77 mg,约含有 3.8×10^{19} 个C原子。由于离域π键的存在,石墨烯具有金属性,电阻很小,导电性强,通电时几乎不产生热量;用它制作的电容器,电容量大,充放电速度很快。单层石墨烯几乎透明,对白光的透过率达97.7%,吸收率只有2.3%。石墨烯具有独特的热学性能,是一种优良的热导体,27℃的热导率为5000 W m^{-1} K^{-1}

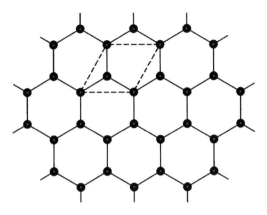

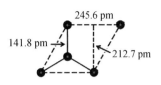

1个C原子占面积0.026 nm²
1 m²含C原子3.8×10¹⁹个
1 m²质量0.77 mg

图 14.1.9　单层石墨烯的结构。

双层和多层石墨烯具有不同于单层石墨烯和石墨的特性,单层石墨烯两面均暴露,比表面积可达 2610 m²g⁻¹,而多层石墨烯和单层石墨烯的表面积相同,但面上的层和内部的层所处环境不同,在化学反应处理过程中表现有区别,因此可以实现不同的组成和性质:

第一,石墨烯层间的结合力为范德华力,作用较弱,故层间可以通过化学或者物理处理插入离子或分子,形成三明治结构的石墨烯化合物。根据层间插入离子或分子的大小尺寸、性质以及插入量的不同,可以调节这种插入化合物的性质。三十多年来,石墨烯衍生材料的研究重点之一就是获得不同层数的石墨烯,在层间引入各种不同性质的物质,发展出性能优良的插层材料。

第二,在多层石墨烯的边缘和表面上,不饱和碳原子可以与多种试剂发生化学反应,进行各种化学修饰,形成性能各异的材料。

尽管结构完整的石墨烯难以制得,但鉴于其预测的良好性能,仍是科学探索的重要领域。与之相关,另外一些层状化合物,如 BN、MoS_2 等也备受关注。有关石墨烯的合成、结构分析、特性和应用的新进展可参看相关文献[①]。

14.1.6　碳纳米管

碳纳米管发现于 1991 年。它可视作由石墨烯卷曲构成的圆柱形笼,也可视为延伸很长的管状球碳,中间圆柱形管具有稠合六元环网格,长管的末端由半个球碳笼加帽封闭。已从实验观察到碳单层纳米管(SWNT)的直径在 0.4～3.0 nm,大部分处于 0.6～2.0 nm,直径为 0.7,0.5 和 0.4 nm 的碳纳米管分别与 C_{60},C_{36} 和 C_{20} 的直径相当。用电弧放电法制得的最小的 0.4 nm 纳米管的电子显微图显示出每个管端是被半个 C_{20} 十二面体加帽,并具有反手性结构。

一条碳的 SWNT 可看作由平面的石墨层卷曲形成的中空的圆柱体(六方石墨的六方晶胞参数为 $a = 0.246$ nm,$c = 0.669$ nm)。它可以唯一地用矢量 $\boldsymbol{C} = n\boldsymbol{a}_1 + m\boldsymbol{a}_2$ 来描述,式中 $\boldsymbol{a}_1$ 和 $\boldsymbol{a}_2$ 是由图 14.1.10 中的参照单位矢量来定。SWNT 由层沿矢量 $\boldsymbol{C}$ 卷曲形成时,矢量 $\boldsymbol{C}$ 的两个端点要重叠。SWNT 管用 (n, m) 表示,$n > m$,它的直径 D 为

$$D = |\boldsymbol{C}|/\pi = a(n^2 + nm + m^2)^{1/2}/\pi$$

① Yujia Zhong, Zhen Zhen, Hongwei Zhu. *Flat Chem*. **4**, 20～32 (2017).

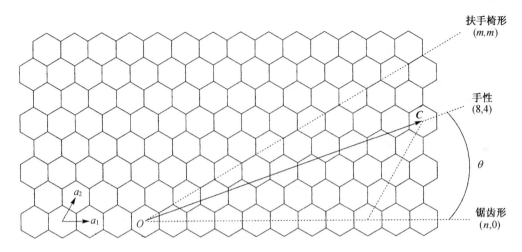

图 14.1.10 手性(8,4)碳纳米管由石墨层沿矢量 *C* 及手性角 *θ* 卷曲形成。
(*a*₁,*a*₂ 为参照单位矢量,形成扶手椅形和锯齿形纳米管的方向用虚线示出。)

当 $m=n$ 的管称为"扶手椅"形;当 $m=0$,称为"锯齿"形;其余的都是手性管。手性角 θ 定义为矢量 *C* 和 a_1 间的夹角。θ 可按下一方程计算:

$$\theta = \arctan[\sqrt{3}m/(m+2n)]$$

θ 值处于 0°(锯齿形管)和 30°(扶手椅形管)之间。注意手性 (n,m) 纳米管的镜像指定为 $(n+m,-m)$。SWNT 的三种类型结构示于图 14.1.11 中。

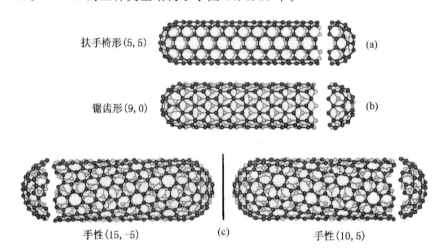

图 14.1.11 带有末端加帽的碳纳米管的三种类型的侧面观:
(a) 扶手椅形(5,5)管末端由半个 C_{60} 加帽;(b) 锯齿形(9,0)
管末端由 C_{60} 加帽;(c) 手性 SWNT 一对对映体(10,5)和
(15,−5)管,每个管末端都被二十面体的球碳 C_{140} 半球加帽。

多层纳米管(MWNT)由层数为 10 和 10 以上的管组成。在碳 MWNT 中,两个同轴相邻的锯齿形管 $(n_1,0)$ 和 $(n_2,0)$ 间的距离为

$$\Delta d/2 = (0.123/\pi)(n_2-n_1)$$

但它不能按 n_2 和 n_1 的任意合理的组合做成接近于 $\frac{c}{2} = 0.335\,\text{nm}$（石墨层间的距离），因而没有锯齿形纳米管能作为 MWNT 的组分存在。另一方面，一根 MWNT 能由各种扶手椅形管 $(5m, 5m)$，$m = 1, 2, 3\cdots$ 所构成，这时管间的距离为

$$(0.123/\pi)\sqrt{3}(5) = 0.339\,\text{nm}$$

其值几乎准确地满足要求。

在实际的情况中，无缺陷的共轴纳米管在实验制备时很少出现。观察到的结构包括加帽的、弯曲的、复曲面的 SWNT 以及加帽的、弯曲的、带支管的和螺旋的 MWNT。图 14.1.12 示出螺旋多层的纳米管的 HRTEM 显微图。这种管的表面层中结合了少量的五元环和七元环。

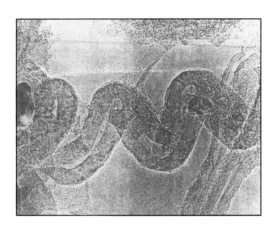

图 14.1.12 螺旋形的碳多层纳米管。

14.2 碳的化合物

已知含碳的化合物有四千多万种，其中大多数是有机物，含有 C—C 键。依据结构化学的观点，一种元素在其单质的同素异构体中的成键型式、配位情况和键参数等将会在它的化合物中得到继承。有机化合物也是这样，在其中 C 原子的成键型式等将继承单质碳的结构特点。因此，可按碳的三种同素异构体将有机化合物分成三族：

金刚石——脂肪族化合物

石　墨——芳香族化合物

球　碳——球碳族化合物

14.2.1 脂肪族化合物

脂肪族化合物分子的骨架由四面体的碳原子通过碳-碳键组成。这些四面体成键的碳原子排列成各种长短不一的直链、含有支链的链、各种环形骨架以及形成各种三维骨架。在碳原子骨架上连接 H, O, N 等其他元素和官能团，形成各种有机化合物。烷烃（C_nH_{2n+2}）及其衍生物是脂肪族化合物的典型代表。

一些脂环化合物的骨架可理解成金刚石的小碎片，如图 14.2.1 所示。在这些分子中，所有的六元碳环均为椅式构象。图中二金刚烷又称为会标烷，它是 1963 年在伦敦召开的第 19

届 IUPAC 会议选作会标的化合物,为会议参加者作挑战的目标,两年后这个化合物成功地被合成。图中反式-四金刚烷($C_{22}H_{28}$)的 X 射线结构分析显示有趣的键长渐变规律:

$$CH—CH_2 \quad 152.4\,pm \qquad C—CH_2 \quad 152.8\,pm$$
$$CH—CH \quad 153.7\,pm \qquad C—CH \quad 154.2\,pm$$

即当和 C 原子结合的 H 原子数目逐渐减少时,C—C 键键长值逐渐向金刚石中的极限数值 154.45 pm 靠近。

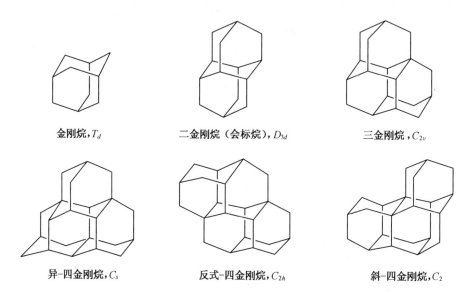

金刚烷,T_d　　　　二金刚烷(会标烷),D_{3d}　　　三金刚烷,C_{2v}

异-四金刚烷,C_s　　　　反式-四金刚烷,C_{2h}　　　斜-四金刚烷,C_2

图 14.2.1　若干脂环化合物中 C 原子的骨架可看作是金刚石的碎片。

14.2.2　芳香族化合物

石墨作为基本结构单元的典型进入芳香族化合物。在这族化合物分子中,平面的碳原子骨架可看作石墨的碎片,碳原子利用它的 sp^2 杂化轨道相互形成 σ 键,剩下平行的 p_z 轨道组成离域 π 键,而使分子具有芳香性。芳香族化合物可分成四类:

(1)苯和苯的衍生物:苯分子中的 6 个 H 原子可以一个或多个地被其他原子或基团置换,形成广泛而丰富的衍生物。

(2)稠合苯环芳香化合物:分子中含有两个或多个苯环彼此共用两个相邻的碳原子连接起来的芳香族化合物。图 14.2.2 示出几个稠合苯环芳香族化合物中碳原子的骨架,它们可看作是石墨分子碎片。

(3)非苯环芳香化合物:许多芳香族化合物不是由上述两类苯环或稠合苯环的骨架组成,但有着平面环形骨架和显著的共轭稳定性。环戊二烯基负离子($C_5H_5^-$,⬠)、七环三烯正离子($C_7H_7^+$)、芳香性轮烯([6]轮烯除外)、薁($C_{10}H_8$,⬠⬡)等都是非苯环芳香化合物。

(4)杂环芳香化合物:苯环及非苯环上的碳原子被一个或多个非碳原子(如 N,O,S 等)

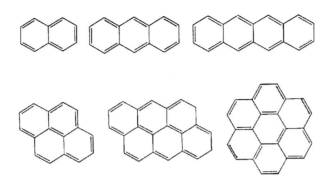

图 14.2.2　稠合苯环芳香族化合物的碳原子骨架可看作石墨碎片。

（图中对每种骨架给出一种价键结构式。）

置换,形成具有芳香性的杂环化合物。图 14.2.3 示出若干这类化合物的实例。

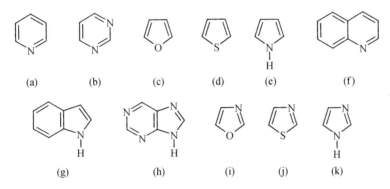

图 14.2.3　一些杂环芳香化合物:(a) 吡啶;(b) 嘧啶;(c) 呋喃;
(d) 噻吩;(e) 吡咯;(f) 喹啉;(g) 吲哚;(h) 嘌呤;(i) 噁唑;(j) 噻唑;(k) 咪唑。

14.2.3　球碳族化合物

包含球碳基团的化合物称为球碳族化合物(也称球碳化合物),迄今它主要由 C_{60} 制备而得,其次为 C_{70} 和 C_{84} 等的衍生物。

从 1990 年有效地合成制备和纯化出常量的球碳 C_{60} 和 C_{70} 以来,球碳化学得到很快的发展。从 C_{60} 出发进行许多重要反应,制得许多球碳化合物。图 14.2.4 示意表示球碳 C_{60} 通过化学反应制得球碳化合物的情况。

球碳分子中球形的碳骨架及数目很多的碳原子,使它有潜力可衍生出多种多样的、前所未有的、三维骨架的球碳族化合物。下面分九类对一些球碳族化合物予以介绍。

1. **球碳非金属化合物**

球碳非金属化合物是指球碳分子中的碳原子直接以共价键和非金属原子结合的化合物。由于在分子球面上的 C 原子数目很多,加合原子或基团的数目以及加合的位置呈多样性。已知这类化合物很多,例如 $C_{60}O$, $C_{60}(CH_2)$, $C_{60}(CMe_3)$, $C_{60}Br_6$, $C_{60}Br_8$, $C_{60}Br_{24}$, $C_{50}Cl_{10}$, $C_{60}[OsO_4(PyBu)_2]$ 等。在所列例子中,第一个的 O 原子和第二个 (CH_2) 中的 C 原子都是同时和 C_{60} 球面上(6/6)边上的两个 C 原子成键,如图 14.2.5(a)所示。所列的中间 5 个例子中,C,

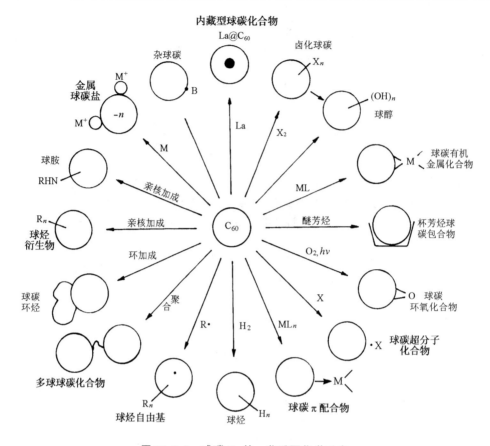

图 14.2.4   球碳 C_{60} 的一些重要化学反应。

Br 和 Cl 原子只和 C_{60} 面上的一个 C 原子键连,图 14.2.5(b)示出 $C_{60}Br_6$ 的结构。在最后的例子中,Os 原子通过两个 O 原子和球面上的两个 C 原子成键,如图 14.2.5(c)所示。

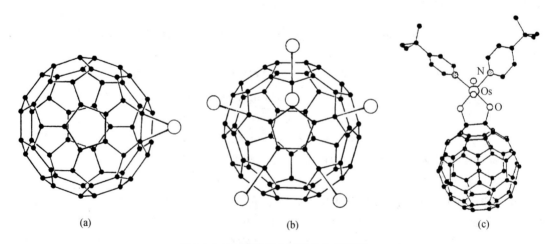

(a)   (b)   (c)

图 14.2.5   球碳非金属化合物的结构:
(a) $C_{60}O$;(b) $C_{60}Br_6$;(c) $C_{60}[OsO_4(PyBu)_2]$。

　　球碳氯化物 $C_{50}Cl_{10}$、$C_{64}Cl_4$、$C_{66}Cl_{10}$ 和 $C_{83}Cl_{12}$ 等四种晶体的结构均已通过 X 射线衍射法测定,如图 14.2.6 所示。可以看出,C_{50}、C_{64}、C_{66} 四种球碳的结构中均存在相邻的五元环,偏离分立的五元环规则,这些结构的稳定与外接的取代基有关。而 $C_{83}Cl_{12}$ 可看作 $C_{78}Cl_6$ 和外接的 C_5Cl_6 组成,其中的核心 C_{78} 呈现 C_{2v} 对称性,符合 IPR。

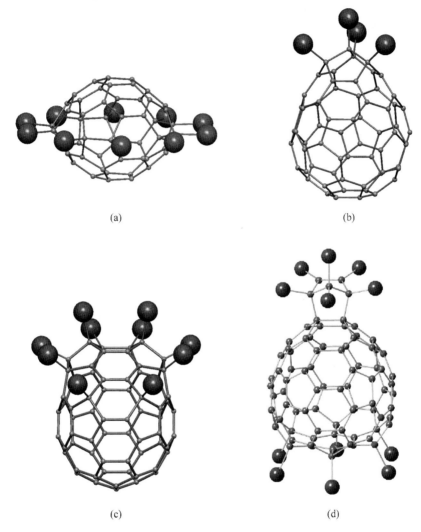

(a)　　　　　　　　　　　　　　(b)

(c)　　　　　　　　　　　　　　(d)

图 14.2.6　球碳氯化物的结构: (a) $C_{50}Cl_{10}$;(b) $C_{64}Cl_4$;(c) $C_{66}Cl_{10}$;(d) $C_{83}Cl_{12}$。
[参看:(1) X Han, S-J Zhou, Y-Z Tan, X Wu, F Gao, Z-J Liao, R-B Huang, Y-Q Feng, X Lu, S-Y Xia, and L-S Zhen, *Angew. Chem. Int. Ed.* **47**, 5340~5343 (2008).;(2) C-L Gao, X Li, Y-Z Tan, X-Z Wu, Q-Y Zhang, S-Y Xie and R-B Huang, *Angew. Chem. Int. Ed.* **53**, 7853~7855 (2014).;(3)C.-L. Gao, L. Abella, H.-R. Tian, X. Zhang, Y.-Y. Zhong, Y.-Y. Zhong, Y.-Z. Tan, X.-Z. Wu, A. Rodriguez-Fortea, J. M. Poblet, S.-Y. Xie, Huang and L.-S. Zheng, *Carbon* **129**, 286~292(2018).]

2. 球碳金属化合物

这类是指球碳分子中的碳原子直接以共价键和金属原子结合的化合物。它可以是单基团加合,如图 14.2.7(a)所示的 $C_{60}Pt(PPh_3)_2$ 的结构,也可以是多基团的加合物,如图 14.2.7(b)所示的 $C_{60}[Pt(PPh_3)_2]_6$ 和(c)所示的 $C_{70}[Pt(PPh_3)_2]_4$ 结构。

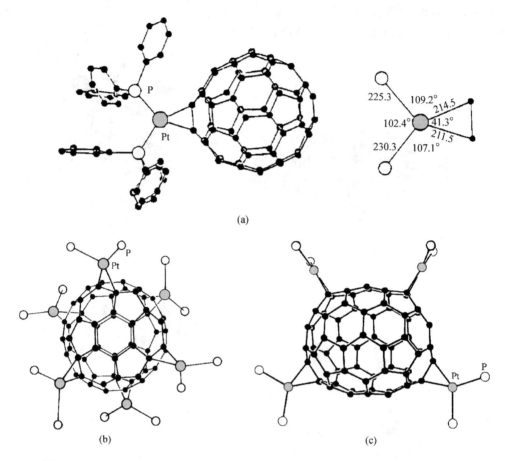

图 14.2.7　(a) $C_{60}Pt(PPh_3)_2$,(b) $C_{60}[Pt(PPh_3)_2]_6$ 和(c) $C_{70}[Pt(PPh_3)_2]_4$ 的结构。
(键长单位为 pm。)

3. 球碳作为 π 配位体的配合物

这是从第 2 类球碳金属化合物中独立出来,指球碳分子以其离域 π 电子和金属原子结合成夹心型的化合物。$(\eta^5\text{-}C_5H_5)Fe(\eta^5\text{-}C_{60}Me_5)$ 和 $(\eta^5\text{-}C_5H_5)Fe(\eta^5\text{-}C_{70}Me_3)$ 的结构中每个都含有半个二茂铁 $Fe(C_5H_5)$,如图 14.2.8 所示。C_{60}(或 C_{70})中用五元碳环作为 6 个 π 电子给体配位到 $Fe(C_5H_5)$ 部分的 $Fe(Ⅱ)$ 原子上。在 $(\eta^5\text{-}C_5H_5)Fe(\eta^5\text{-}C_{60}Me_5)$ 中,5 个甲基连接到 C_{60} 的 5 个 sp^3 碳原子上,它突出向外与分子的五重对称轴成 42°。C_5H_5 基团与在 $Fe(C_{60}Me_5)$ 中的环戊二烯基排列成交错形,C—C 键长为 141.1 pm(对 C_5H_5 的平均值)和 142.5 pm(对 $C_{60}Me_5$ 的平均值)。Fe—C 距离为 203.3 pm(对 C_5H_5)和 208.9 pm(对 $C_{60}Me_5$),这些和已知的二茂铁衍生物相当。$(\eta^5\text{-}C_5H_5)Fe(\eta^5\text{-}C_{70}Me_3)$ 的结构特点与 $(\eta^5\text{-}C_5H_5)Fe(\eta^5\text{-}C_{60}Me_5)$ 相似。和球碳共用的五元环中 C—C 键长为 141~143 pm,Fe—C 距离为 205.4 pm(对 C_5H_5 平均值)和 208.3 pm(对 $C_{70}Me_3$ 的平均值)。

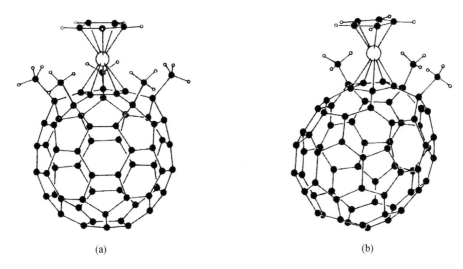

(a)　　　　　　　　　　　　　　　　(b)

图 14.2.8　(a) $(\eta^5\text{-}C_5H_5)Fe(\eta^5\text{-}C_{60}Me_5)$ 和 (b) $(\eta^5\text{-}C_5H_5)Fe(\eta^5\text{-}C_{70}Me_3)$ 的结构。

4. 金属球碳盐

球碳呈现电子接受体性质,与强还原剂(如碱金属)发生反应而产生金属球碳盐。碱金属球碳盐 $Li_{12}C_{60}$,$Na_{11}C_{60}$,M_6C_{60}(M 为 K,Rb,Cs),K_4C_{60} 和 M_3C_{60}(M_3 为 K_3,Rb_3,$RbCs_2$)等均已制得。

M_3C_{60} 化合物有特别的意义,它们在低温时可转变为超导材料,转变温度 T_c 分别为:K_3C_{60} 为 19 K,Rb_3C_{60} 为 28 K,$RbCs_2C_{60}$ 为 33 K。

K_3C_{60} 为面心立方晶体,空间群为 $Fm\bar{3}m$,晶胞参数 $a=1424(1)$ pm,$Z=4$。晶体由 K^+ 和 C_{60}^{3-} 离子组成,晶体结构可看作 C_{60}^{3-} 的球形离子按立方最密堆积形成面心立方结构。在此堆积结构中,由 C_{60}^{3-} 组成的八面体空隙的半径为 206 pm,组成的四面体空隙的半径为 112 pm。这两种空隙都被 K^+ 占据,所以组成为 K_3C_{60}。图 14.2.9 示出 K_3C_{60} 的立方晶胞。

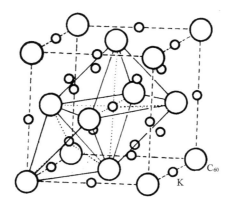

图 14.2.9　K_3C_{60} 的晶体结构。

(图中大圆球代表 C_{60},小圆球代表 K。)

K_4C_{60} 和 Rb_4C_{60} 有着相似的结构,均为四方晶系。K_6C_{60},Rb_6C_{60} 和 Cs_6C_{60} 为体心立方晶体。M_4C_{60} 和 M_6C_{60} 类型的盐为绝缘体,没有超导性。

5. 球碳超分子加合物

C_{60} 和 C_{70} 具有客体分子功能，它们可和主体分子如冠醚、杯芳烃、二茂铁、氢醌等共同形成超分子加合物。在这些加合物中，客体分子和主体分子依靠静电力、氢键和范德华力结合在一起形成晶态结构。图 14.2.10 示出加合物 $[K(18\text{-}冠\text{-}6)]_3 \cdot C_{60} \cdot (C_6H_5CH_3)_3$ 晶体中的部分结构。在此结构中 C_{60} 为负三价离子 $[C_{60}]^{3-}$，两个 $[K^+(18\text{-}冠\text{-}6)]$ 从上下两个方向和 $[C_{60}]^{3-}$ 结合，其间既包括 K^+ 和 $[C_{60}]^{3-}$ 的静电作用，也包括冠醚像一顶皇冠戴在球形的分子上。

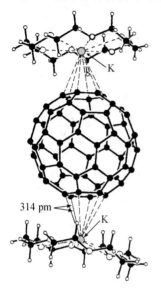

图 14.2.10　球碳超分子加合物 $[K(18\text{-}冠\text{-}6)]_3 \cdot C_{60} \cdot (C_6H_5CH_3)_3$ 晶体中的部分结构。

（图中标注：314 pm，K）

6. 多球球碳化合物

这是指分子中含有两个或两个以上球碳基团的化合物，它可以分成下面三种：

（1）两个或两个以上球碳分子相互直接以球面上的 C 原子形成一个或两个 C—C 共价键，连接成二聚或多聚分子。图 14.2.11(a)示出 $[C_{60}(^tBu)]_2$ 二聚体的结构。链形多聚体球碳化合物具有项链形的结构。例如，假想的、尚未制得纯物种的一种项链形分子为

$$+\!\!\left[C_{60}H_2\text{—}C_{60}H_2\text{—}C_{60}H_2\right]\!\!_n$$

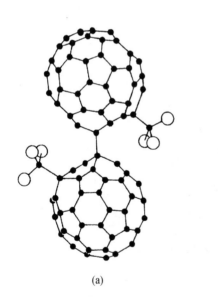

(a)

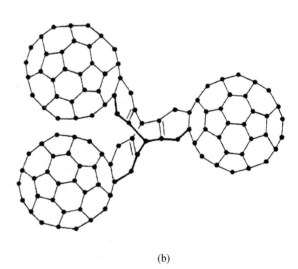

(b)

图 14.2.11　(a) $[C_{60}(^tBu)]_2$ 和 (b) $[C_{60}]_3(C_{14}H_{14})$ 的结构。

（2）两个或多个球碳分子和一个基团中的多个原子通过 C—C 键形成多球球碳化合物。图 14.2.11(b)示出通过中心的 $C_{14}H_{14}$ 基团将 3 个 C_{60} 连接在一起，形成大的多球球碳化合物分子。

（3）在高聚物的骨干上规则地连接上球碳基团，形成垂饰链形的结构。如：

$$\begin{array}{c}
\text{CH—CR=CH—CH}_2 \qquad\qquad \text{CH}_2\text{—CR=CH—CH} \\
\big| \qquad\qquad\qquad\qquad\qquad\qquad\qquad\qquad \big| \\
\text{C}_{60}\text{H} \qquad\qquad\qquad\qquad\qquad\qquad\qquad \text{C}_{60}\text{H}
\end{array}$$

7. 杂球碳

杂球碳是球碳笼上的一个或多个 C 原子被其他主族元素原子置换得到的化合物。硼杂球碳 $C_{59}B, C_{58}B_2, C_{69}B, C_{69}B_2$ 等已用硼/石墨棒以电弧放电法合成,用质谱检测到,它们比 C_{60} 和 C_{70} 的稳定性差。氮杂球碳也已检测到。由于 N 比 C 多一个电子,氮杂球碳常以自由基($C_{59}N\cdot, C_{69}N\cdot$)出现,它们能二聚成($C_{59}N)_2$ 和($C_{69}N)_2$,也能和 H 结合成 $C_{59}NH$。

8. 内藏型球碳化合物

内藏型球碳(endohedral fullerenes, incar-fullerenes)是指球碳笼内部包藏有其他原子的化合物。例如,$La@C_{60}$ 和 $La_2@C_{60}$ 分别代表在球碳 C_{60} 笼内藏有 1 个和 2 个 La 原子。IUPAC 对这类化合物建议用 $iLaC_{60}$ 和 iLa_2C_{60} 表示(i 来自 incarceration 表示包藏,本书因考虑方便于多层包藏的表达,如 $C_{60}@C_{240}@C_{540}@\cdots$,仍采用@)。一些金属内藏型球碳化合物列于表 14.2.1。内藏型球碳有着特殊的性质,可望用以发展新型材料。一些非金属元素,如 N,P 和稀有气体也能包藏在球碳中形成 $N@C_{60}, P@C_{60}, N@C_{70}, Sc_3N@C_{80}, Ar@C_{60}$ 等化合物。

表 14.2.1　内藏型球碳化合物

球　碳	内藏原子	球　碳	内藏原子
C_{36}	U	C_{56}	U_2
C_{44}	K, La, U	C_{60}	Y_2, La_2, U_2
C_{48}	Cs	C_{66}	Sc_2
C_{50}	U, La	C_{74}	La_2
C_{60}	Li, Na, K, Rb, Cs, Ca, Ba, Co, Y, La, Ce, Pr, Nd, Sm, Eu, Gd, Tb, Dy, Ho, Lu, U	C_{76}	La_2
		$C_{79}N$	La_2
C_{70}	Li, Ca, Y, Ba, La, Ce, Gd, Lu, U	C_{80}	$La_2, Ce_2, Pr_2, Sc_2C_2$
C_{72}	U	C_{82}	$Er_2, Sc_2, Y_2, La_2, Lu_2, Sc_2C_2$
C_{74}	Ca, Sc, La, Gd, Lu	C_{84}	Sc_2, La_2, Sc_2C_2
C_{76}	La	C_{68}	Sc_3N
C_{80}	Ca, Sr, Ba	C_{78}	Sc_3N
$C_{81}N$	La	C_{80}	$Sc_3N, ErSc_2N, Sc_2LaN, ScLa_2N, La_3N$
C_{82}	Ca, Sr, Ba, Sc, Y, La, Ce, Pr, Nd, Sm, Eu, Gd, Tb, Dy, Ho, Er, Tm, Yb, Lu	C_{82}	Sc_3
		C_{84}	Sc_3
C_{84}	Ca, Sr, Ba, Sc, La	C_{82}	Sc_4

内藏型球碳化合物的结构和电子性质的理论和实验研究已得到许多有意义的结果。在 $N@C_{60}$ 和 $P@C_{60}$ 中包藏的 N 和 P 原子依然保持它们的原子基态组态,处于球碳笼的中心,如

图 14.2.12(a)所示。这些原子几乎自由地悬浮在分子笼的内部并显示类似于在电磁阱中的对应离子的性质。在 Ca@C$_{60}$ 中，Ca 原子处在偏离笼中心约 70 pm 处，如图 14.2.12(b)所示。Ca@C$_{60}$ 的对称性为 C_{5v}，说明 Ca 原子是在 C$_{60}$ 笼的一个五元环面上。Ca 和 C 的距离有两组，分别为 279 pm 和 293 pm。

[Sc$_3$N@C$_{78}$][Co(OEP)](1.5 C$_6$H$_6$)(0.3 CHCl$_3$)(OEP 为八乙基卟啉)的单晶 X 射线衍射的研究表明，球碳被卟啉大环上的 8 个乙基所包围。[Sc$_3$N@C$_{78}$]的结构示于图14.2.12(c)。N—Sc 键长在 198～212 pm，最短的 C—Sc 距离处于很小的范围中(202～211 pm)。平坦的 Sc$_3$N 单元的取向接近 C$_{78}$ 笼赤道镜面上。

(Sc$_2$C$_2$)@C$_{84}$ 的同步辐射 X 射线的粉末衍射研究显示菱形的 Sc$_2$C$_2$ 单元包藏在 D_{2d}-C$_{84}$ 球碳中，如图 14.2.12(d)所示。在 Sc$_2$C$_2$ 单元中，Sc—Sc，Sc—C 和 C—C 距离分别为429，226 和 142 pm。

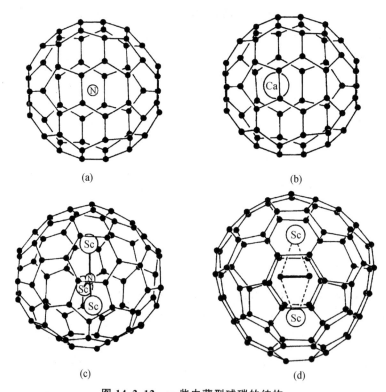

(a)   (b)

(c)   (d)

图 14.2.12   一些内藏型球碳的结构：

(a) N@C$_{60}$; (b) Ca@C$_{60}$; (c) Sc$_3$N@C$_{78}$; (d) Sc$_2$C$_2$@C$_{84}$。

图 14.2.13(a)示出 Sc$_2$@C$_{66}$ 的结构，C$_{66}$ 多面体的 C 原子排列不遵循分立的五元环规则，C$_{66}$ 笼中的 2 个 Sc 原子分立存在，相距 490 pm，分别与呈弯曲球面状的 3 个相邻共边连接的五元环作用，如图 14.2.13(b)所示，Sc—C 键长为 221～257 pm。

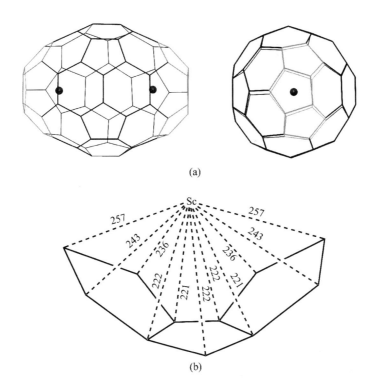

图 14.2.13　(a) $Sc_2@C_{66}$ 的结构；(b) 位于 C_{66} 笼中的 Sc 与 C 的作用。(键长单位为 pm。)

［参看：M. Yamada, H. Kurihara, M. Suzuki, J. D. Guo, M. Waelchli,
M. M. Olmstead, A. L. Balch, S. Nagase, Y. Maeda, T. Hasegawa,
X. Lu and T. Akasaka, *J. Am. Chem. Soc.* **136**, 7611~7614(2014).］

9. 开口球碳化合物

开口球碳化合物是将封闭的多面体形球碳分子进行化学反应,使多面体破损开口,成为开口的笼。笼口的 C 原子连接着 O 和 N 等原子组成的基团,笼内装入其他小分子,例如 H_2O,H_2 等。图 14.2.14 示出包含有 H_2O 分子的两个开口球碳化合物的结构:(a) $H_2O@C_{59}O_6$ (NC_6H_5),(b) $H_2O@C_{59}O_5(OH)(OO^tBu)(NC_6H_4Br)$。

上述各类球碳化合物的成功制备,启发了化学家的思维。联想到芳香族化合物是以 6 个 C 原子为骨干的苯和其他芳香环为基础进行反应、合成、研究,形成数以千万计的产品,内容丰富多彩,改变了化学的面貌。现在以 60 个 C 原子的多面体球碳 C_{60} 为骨干,加上其他大小的球碳分子为基础,相信可以加成制备出很多球碳族化合物,这启迪着化学家们去思考、探索和研究,从而开辟出一个崭新的领域。

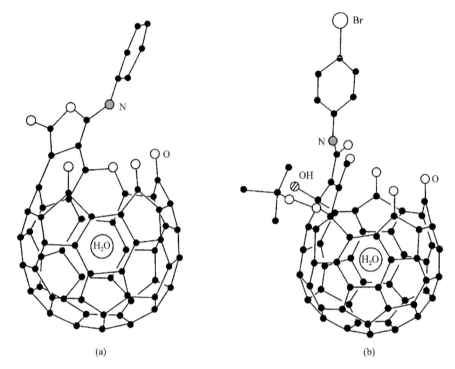

(a)　　　　　　　　　　　　　　(b)

图 14.2.14　开口球碳化合物的结构（Bu 和 Ph 上的 H 原子已删去）：
(a) H₂O@C₅₉O₆(NC₆H₅)；(b) H₂O@C₅₉O₅(OH)(OOᵗBu)(NC₆H₄Br)。
［参看甘良兵等：*J. Am. Chem. Soc.* **129**，16149～16162(2007).］

14.3　碳化合物中的化学键

14.3.1　碳原子形成的共价键键型

碳原子能形成多种型式的共价键,这种特性在元素中是独一无二的。碳的电负性为 2.5,
这表明碳原子既不容易丢失电子成正离子,也不容易得电子成负离子。碳原子的价电子数目
正好和价轨道数目相等,这使碳原子不容易形成孤对电子,也不容易形成缺电子键。碳原子的
半径较小,所以在分子中碳原子可以和相邻原子的轨道有效地互相叠加,形成较强的化学键。

为简单起见,下面利用传统的杂化轨道概念去描述键型,不过真正的成键作用通常是比这
些定域键描述的内涵更为精巧和更为扩展的。碳原子典型的杂化作用列于表 14.3.1 中。

表 14.3.1　碳原子的杂化作用

	sp	sp^2	sp^3
参加杂化的轨道数目	2	3	4
杂化轨道间的夹角/(°)	180	120	109.47
杂化轨道取向形状	直线形	平面三角形	四面体形
s 轨道成分/%	50	33	25
p 轨道成分/%	50	67	75
碳原子电负性(鲍林标度)	3.29	2.75	2.48
剩余 p 轨道数	2	1	0

碳原子的杂化轨道总是和其他原子或分子的轨道互相叠加形成 σ 键，而剩余的价层 p 轨道则可以形成 π 键。π 键可分为两类：定域 π 键和离域 π 键。碳原子的定域 π 键形成双键和叁键，如下图所示。

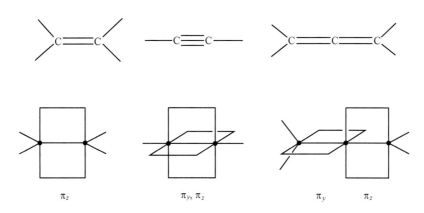

$$\pi_z \qquad\qquad \pi_y,\ \pi_z \qquad\qquad \pi_y \qquad \pi_z$$

碳原子可以和金属原子按多种方式成键结合，例如：

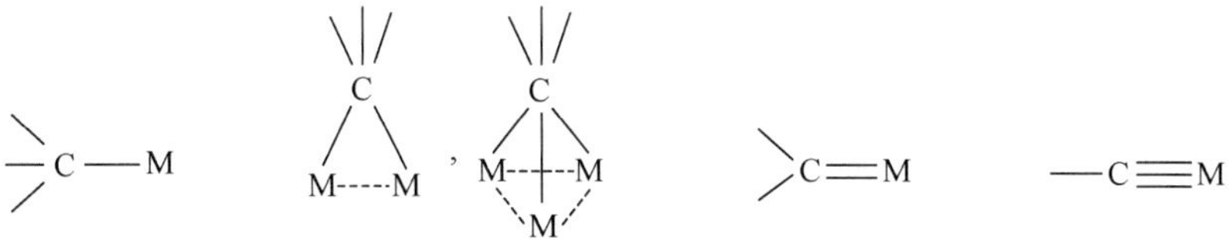

（a）单键　　　（b）多中心金属-碳键　　　（c）双键　　　（d）叁键

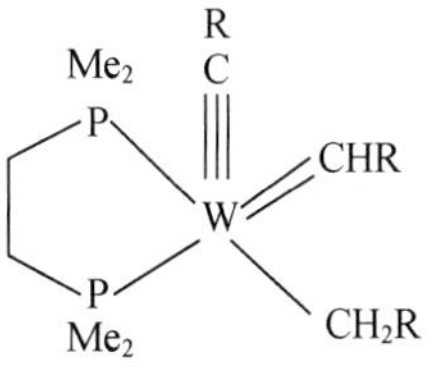

一个特别有趣的例子是钨的配合物（如右图所示），其中含有C≡W，C=W 和 C—W 键，它们的键长分别为 179，194 和 226 pm。

R为CMe$_3$

离域 π 键包括 3 个或 3 个以上的碳原子或其他杂原子间形成的化学键，例如：

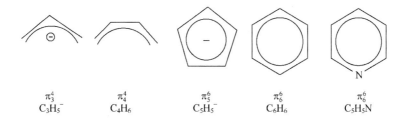

$$\pi_3^4 \qquad \pi_4^4 \qquad\quad \pi_5^6 \qquad\quad \pi_6^6 \qquad\quad \pi_6^6$$
$$C_3H_5^- \qquad C_4H_6 \qquad C_5H_5^- \qquad C_6H_6 \qquad C_5H_5N$$

π 键体系可作为配位体和金属原子配位，其配位型式具有多样性。作为配位体的 π 键体系可以是中性的，也可以是离子性的；可以是线性的，也可以是环形的；碳原子数目可多可少，可以是奇数，也可以是偶数。图 14.3.1 示出已知的有机金属配位化合物中的几个代表。

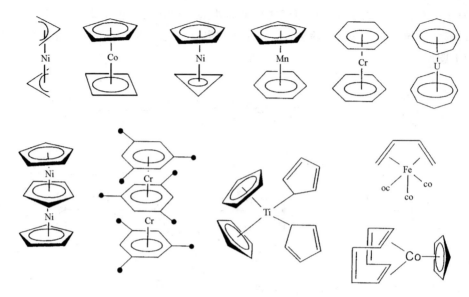

图 14.3.1   一些由 π 键配位体形成的有机金属化合物。

较大的芳香环和多环芳烃在形成三明治型金属配位化合物时也显示 π 配体功能。例如平面形的 $C_8H_8^{2-}$ 在 $U(C_8H_8)_2$ 重叠构象的三明治型结构中显示为 η^8-配体。

三明治型配位也已扩展到两个芳香环配位体从侧面与较小的平面原子簇配位。在化合物 $(PPh_4)[Pd_3(\eta^7\text{-}C_7H_7)Cl_3]$ 中,顶点各结合一个 Cl 的三角形 Pd_3 金属原子簇处在一个平面上,该原子簇被两个平面形的 $C_7H_7^+$ 环上下"夹击",形成三明治型配位,如图 14.3.2(a) 和 (b) 所示。其中,Pd—Pd 键长为 $274.5\sim278.9\,\mathrm{pm}$,Pd—Cl 键长为 $244.2\sim247.1\,\mathrm{pm}$,处于正常值范围。

在化合物 $[Pd_5(C_{18}H_{12})_2(C_7H_8)][B(Ar_f)_4]_2 \cdot 3C_6H_5CH_3$ 中,$[Pd_5(C_{18}H_{12})_2(C_7H_8)]^{2+}$ 正离子中的 Pd_5 金属原子簇呈现近似平面形的结构,如图 14.3.2(c) 所示。Pd_5 金属原子簇与分布在其平面上下的两个萘基上的 12 个 C 原子作用,形成三明治配位结构。[注:式中 Ar_f 表示 $3,5\text{-}(CF_3)_2C_6H_3$]。

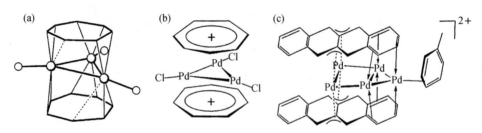

图 14.3.2   (a) 和 (b) 为 $[Pd_3(\eta^7\text{-}C_7H_7)Cl_3]^-$ 离子的几何形状和结构式;
(c) $[Pd_5(C_{18}H_{12})_2(C_7H_8)]^{2+}$ 离子的结构。

14.3.2   碳的配位数

按照含碳化合物的空间结构情况,已知碳原子具有从 1 到 8 各种配位数。一些典型的例子列于表 14.3.2 中,相应的结构图形示于图 14.3.3 中。在这些实例中,具有高配位数($n \geqslant 5$)的化合物并不是属于超价化合物,而是属于缺电子体系。超价化合物分子中通常有一个中心原子,它需要超过八隅律的 8 个电子参与形成多于 4 个的 2c-2e 键,而这里所指的高配位数的碳原子是从几何结构上来加以描述。

表 14.3.2　碳的配位数

配位数	实　例	结构(在图 14.3.2 中的序号)
0	C 原子,气相	—
1	CO,稳定的气体	(a) 哑铃形
2	CO_2,稳定的气体	(b) 直线形
2	HCN,稳定的气体	(c) 直线形
2	:CX_2(卡宾),(X 为 H,F,OH)	(d) 弯曲形
3	COXY(酮)	(e) 平面形
3	CH_3^-,CPh_3^-	(f) 三角锥形
3	$(CHCMe_3)_2Ta(Me_3C_6H_2)(PMe_3)_2$	(g) T-形 *
4	CX_4(X 为 H,F,Cl)	(h) 四面体形
4	$Fe_4C(CO)_{13}$	(i) C 加帽在 Fe_4
5	$Al_2(CH_3)_6$	(j) 桥式二聚体
5	$(Ph_3PAu)_5C^+ \cdot BF_4^-$	(k) 三方双锥形
6	$(Ph_3PAu)_6C^{2+}$	(l) 八面体形
6	$C_2B_{10}H_{12}$	(m) 五角锥形
7	$(LiMe)_4$,晶体	(n) **
8	$[Co_8C(CO)_{18}]^{2-}$	(o) 立方体形

　* 唯一的 H 原子处在赤道上,Ta=C—CMe$_3$ 角为 169°。

　** 分子内的 C—Li 键距为 231 pm(一个 C 原子连接 Li$_4$ 四面体面上的 3 个 Li 原子),C—H 键长 96 pm,分子间 Li—C 键距 236 pm。

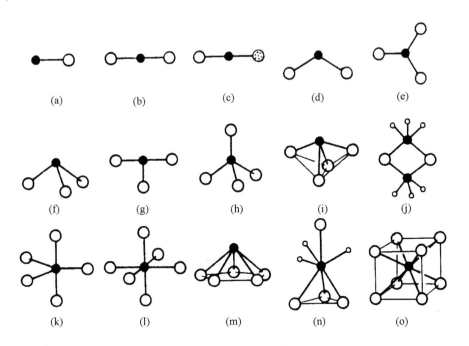

图 14.3.3　碳原子的配位型式。[(m)中 C 原子上的 H 原子未画出。]

14.3.3　碳-碳键和碳-杂原子键的键长

碳-碳键的键长值列于表 14.3.3 中。碳原子和其他杂原子(X)形成的碳-杂原子键的一些重要键型的键长值列于表 14.3.4 中。这两表所列的数值是从实验测定的数值的平均值,它不能精确地指明某个特定化合物中键长的精确值,但可以根据化合物的结构式估计它的键长。

表 14.3.3　碳-碳键的键长值 *

键	键长/pm	实　例
C—C		
sp^3-sp^3	153	乙烷(H_3C—CH_3)
sp^3-sp^2	151	丙烯(H_3C—CH=CH_2)
sp^3-sp	147	丙炔(H_3C—C≡CH)
sp^2-sp^2	148	丁二烯(H_2C=CH—CH=CH_2)
sp^2-sp	143	乙烯基乙炔(H_2C=CH—C≡CH)
sp-sp	138	丁二炔(HC≡C—C≡CH)
C=C		
sp^2-sp^2	132	乙烯(H_2C=CH_2)
sp^2-sp	131	丙二烯(H_2C=C=CH_2)
sp-sp	128	丁三烯(H_2C=C=C=CH_2)
C≡C		
sp-sp	118	乙炔(HC≡CH)

*　由于本表均指碳-碳键,为简明起见只标明杂化轨道的形式,而略去"C"原子记号。在表 14.3.4 中也作同样处理。

表 14.3.4　碳-杂原子键的键长值(单位: pm)

C—H			C—N			C—S		
	sp^3-H	109		sp^3-N	147		sp^3-S	182
	sp^2-H	108		sp^2-N	138		sp^2-S	175
	sp-H	108	C=N	sp^2-N	128		sp-S	168
C—O	sp^3-O	143	C≡N	sp-N	114	C=S	sp^2-S	167
	sp^2-O	134	C—P	sp^3-P	185	C—Si	sp^3-Si	189
C=O	sp^2-O	121	C=P	sp^2-P	166	C=Si	sp^2-Si	170
	sp-O	116	C≡P	sp-P	154			

C—X	X=	F	Cl	Br	I
	sp^3-X	140	179	197	216
	sp^2-X	134	173	188	210
	sp-X	127	163	179	199

14.3.4 影响键长的因素

一个分子的键长测定值提供了很有价值的、有关该分子的结构和性能的信息,是结构化学中的重要内容。同样的键型在不同的分子中键长总会有一些差异,是什么原因影响键长呢?下面就一些影响键长的因素进行讨论。

1. 原子的电负性

通常,成键原子间电负性的差别越大,则键长偏离共价半径的加和值也越大。根据两个成键原子的共价半径和电负性值归纳得到的计算共价键键长的经验公式,能显著降低单纯由共价半径计算的键长值和实验测定值间的差异。

$$R_{A-B} = r_A + r_B - c |\chi_A - \chi_B|^n$$

式中 R_{A-B} 为两个成键原子 A 和 B 间的共价键键长值,r_A 和 r_B 分别为 A 和 B 的共价半径(见表 3.4.3),χ_A 和 χ_B 分别为 A 和 B 原子的电负性值(见表 2.4.3),c 和 n 为拟合常数,$c=8.5\,\text{pm}$,$n=1.4$。

2. 空间阻碍

当分子中化学键键角为反常的数值时,其成因多为空间阻碍。通常有两类结构导致反常的键角:一是具有小环的化合物,其键角值必定小于正常轨道叠加所形成的角度,这类称为小角空间阻碍;二是从分子的几何学来看,非键原子过于接近,这是由于原子过于拥挤形成的。

空间阻碍效应对键长的影响通常是使键长值比表 14.3.3 和表 14.3.4 中所列的期望值要长。

3. 共轭效应

一个 s 轨道成分高的杂化轨道显得较小而离核较近,因此碳-碳键随着原子成键的 s 轨道的成分增加而缩短。由 sp^3-sp^3 所形成的C—C单键的键长总是要长于由 sp^2 或 sp 杂化轨道叠加所形成的C—C单键。这个普遍的规律是因为成键原子间的共轭效应所引起。当利用平均值来估计键长时,共轭因素必须予以考虑。例如,苯分子的价键结构式用下面两个极限的价键式共振作用表达:

这样,苯环中每条边C—C键键长应是 $C(sp^2)$—$C(sp^2)$ 和 $C(sp^2)$=$C(sp^2)$ 键长的平均值,根据表 14.3.3 所列数值可得

$$(148\,\text{pm} + 132\,\text{pm})/2 = 140\,\text{pm}$$

这与实验测定值 139.8 pm 接近。

4. 超共轭效应

一个C—H键的 σ 轨道和直接相连的碳原子上的 π 轨道(或 p 轨道)的互相叠加称为超共轭作用,这一相互作用导致C—C键的键长缩短。叔丁基正离子 $[C(CH_3)_3]^+$ 的结构是一个很好的实例。

在 $[C(CH_3)_3]Sb_2F_{11}$ 的晶体中,$[C(CH_3)_3]^+$ 的结构示于图 14.3.4(a)中。该离子的对称性接近于 D_{3h},C原子的骨架呈平面形,C—C 键长的平均值为 144.2 pm。这一数值比通常的 sp^3-sp^2

键长值 151 pm 要短 6.8 pm。引起键长变短的原因是由于 3 个充满电子的 C—Hσ 键轨道和中心碳原子空的 p 轨道相互作用形成微弱的 C—Cπ 键,如图 14.3.4(b)所示。

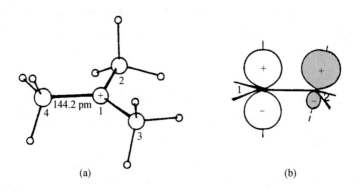

(a)　　　　　　　　　　　　　　　　　(b)

图 14.3.4　[C(CH₃)₃]⁺ 中的超共轭作用:

(a) [C(CH₃)₃]⁺ 的结构;(b) C(1)和一个 C—Hσ 键的超共轭作用。

5. 成键原子的环境

除上述四种因素明显地影响 C—C 键长值以外,对于其他因素的影响归纳在周围"环境"的影响之中,并对一些键长的反常值加以分析。

成键碳原子连接的基团不同、周围环境不同,键长值会略有差异。例如,分析 2000 多个醚和羧酸酯中的 C—O(碳原子均按 sp^3 轨道成键)的键长值,显示 C—O 键长随 R 基团中电子离散程度的增加而加长,也随 C 原子由伯碳到仲碳到叔碳的次序而加长。对这类化合物 C—O 键长的平均值由 141.8 pm 到 147.5 pm。

实际分子中,原子间轨道的叠加、电荷的分布、周围非键原子的影响等因素都将会影响到 C—C 键的键长。在其中什么因素起主要作用,要根据实际情况加以分析。

下面以三角形 $C_3O_3^{2-}$ 离子和二核有机金属铀(Ⅳ)的配位化合物为例进行分析。通过如下反应可得到 $C_3O_3^{2-}$ 离子和 U(Ⅳ)形成的配合物:

$$UCl_3 \xrightarrow[\text{(ii) } K_2[COT(1,4\text{-}Si^iPr_3)],\ THF]{\text{(i) } KCp^*,\ THF}$$

$$\xrightarrow[-78\,^{\circ}C \longrightarrow 25\,^{\circ}C]{CO,\ 戊烷}$$

R = Si^{i}Pr₃

通过低温 X 射线衍射法测定该配合物的结构,得到的键长(单位:pm)和键角数据如下:

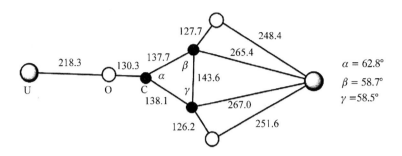

从上述数据可见,C—C,C—O 和 U—O 的键长反映出共轭效应的影响,也反映出单个原子的化学环境以及铀中心周围空间的拥挤程度。

14.3.5　反常的碳-碳单键

1. 非常长的 C—C 键

图 14.3.5 示出一些有机物分子,它们具有反常的 C—C 键长值。下面分别讨论产生这些不同寻常结构的原因。

(1) 草酸(HOOC—COOH)

在已测定结构的数十种草酸和草酸盐的结构中显示,其中 C—C 键长都要比典型共价单键键长值大,如图 14.3.5(a)所示。

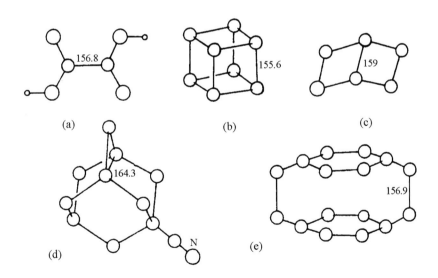

图 **14.3.5**　一些分子的 **C—C** 键具有反常的长度(键长单位为 pm):

(**a**) 草酸;(**b**) 立方烷;(**c**) **Dewar** 苯衍生物的骨架;(**d**) 1-氰基-四环十烷;(**e**) 对环蕃。

在草酸分子中,存在 O=C—C=O 单双键交替的体系,分子为平面构型,它满足产生共轭作用的条件,也已通过 X 射线衍射法测定变形电子密度图证明存在离域 π 键。但是为什么分子

中心的 $C(sp^2)$—$C(sp^2)$ 键长为 156.8 pm，比典型的共价单键键长值要大呢？量子化学计算的结果说明两个碳原子间的 4 个全充满电子的 π 分子轨道交替地为成键轨道和反键轨道，π 轨道的成键作用和反键作用互相抵消，这些 π 轨道对成键的贡献很小，π 键键级仅剩余 0.015。另外由于每个 C 原子都和两个高电负性的 O 原子成键，导致 C 原子上的电荷密度下降，影响 C—C 键的键级，σ 部分的键级仅为 0.816。C—C 键总的键级为 0.831，小于共价单键的键级。所以 C—C 键比典型的共价单键要长，结合力较弱。

草酸的优良还原性能和它弱的 C—C 键相关。在反应时，C—C 键容易断裂，形成两个分子碎片 ·COOH，它很容易氧化为 CO_2，逸出溶液，不会留下氧化物。草酸是常用的、优良的还原剂。

（2）立方烷（C_8H_8）

立方烷及其几种衍生物的结构已经测定。42 个独立测定的碳的立方体棱边即 C—C 键的长度平均值为 155.6 pm，如图 14.3.5(b) 所示。键长增大的原因可理解为内环轨道含 p 轨道的成分要比典型的 sp^3 杂化轨道多，因而互相重叠较少，键较弱所致。

（3）Dewar 苯（C_6H_6）

在 Dewar（杜瓦）苯的结构中，桥连的 C—C 键的键长为 159 pm，如图 14.3.5(c) 所示。键长的增长是由两个四元环并合时的空间阻碍效应所引起。

（4）1-氰基-四环十烷（$C_{10}H_{13}CN$）

在 1-氰基-四环十烷分子中，两个桥头碳原子出现"反向"键的构型。即每个原子的 4 个键在空间上指向同一侧并与其他 4 个碳原子成键，如图 14.3.5(d) 所示。这种成键型式严重地使 C—C 键扭曲，因而使它增长，这两个桥头碳原子间的键长达 164.3 pm。

（5）[2.2] 对环蕃（$C_{16}H_{16}$）

在一系列对环蕃分子中，桥连的 C—C 键的长度都要长于正常 C—C 单键的键长，如图 14.3.5(e) 所示。桥基中 C—C 单键的增长是由分子内部两个非键连的苯环之间的空间阻碍所引起。

近年来报道了一些含有非常长的 C—C 单键的有机物分子实例。在六芳基乙烷中，置换的苯基基团间剧烈的推斥作用，使得 $C(sp^3)$—$C(sp^3)$ 键伸长达到 167 pm，如图 14.3.6(a) 所示。在双（蒽-9,10-亚甲基）光合二聚体中，环丁烷环的桥键长比其他的环键长，如图 14.3.6(b) 所示。在萘合环丁烯中存在极长的 $C(sp^3)$—$C(sp^3)$ 键，如图 14.3.6(c) 所示。

X 射线分析表明苯合环丁二烯的置换物[见图 14.3.6(d)]的结构可用正则结构式 Ⅰa 和 Ⅱb 通过共振表示。中心六元环含有一对很长的 $C(sp^2)$—$C(sp^2)$ 键，键长达 154.0 pm，它远超过图 14.3.6(e) 所示的参照物相应的键长值 149.0 pm。从键长考虑，参照物用 Ⅱa 式表示比用 Ⅱb 式好，因为 Ⅱb 结构含有反芳香性的环丁二烯物种。

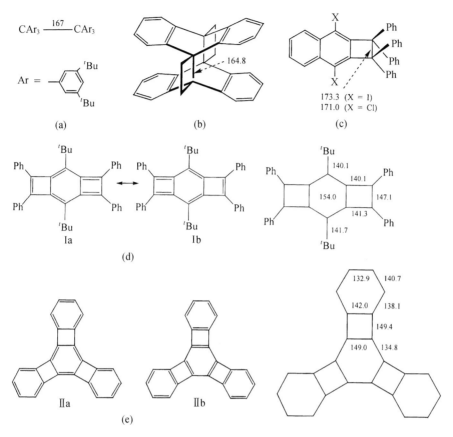

图 14.3.6　含有非常长的 C—C 单键的分子。（键长单位为 pm。）

　　最近的研究表明,在具有异常环应变、极端空间拥挤或电子受扰的化合物中,存在许多异常长的 C—C 单键。过去十年中报道的一些例子如图 14.3.7 所示。目前最长的 C—C 单键记录存在于二胺取代的邻碳硼烷中,团簇内 C—C 单键键长为 193.1 pm [图 14.3.7(d)]。

　　2. 非常短的四配位碳原子间的键

　　图 14.3.8 示出一些含有非常短的且处在四配位碳原子间的 C—C 键的有机物分子。在双环[1.1.0]丁烷的两个桥头碳原子间,虽然它形式上是单键,但显示出碳-碳多重键的性质。处于 1,5-二甲基三环[2.1.0.0]戊烷-3-酮三元环间的二面角 δ,因连接羰基的短跨距所限而变小,如图 14.3.8(a)所示。桥头键键长为 140.8 pm,判断有 π 键性质。在 1,5-二苯基类似物中,两个芳香环取向都几乎和平分 δ 角的平面垂直(都为 93.6°)。在苯基之间通过桥键的 π-密度有着理想的共轭作用,共轭效应使本来带有双键性质的桥键键长增加到 144.4 pm。连接两个双环丁烷物种中心外向的 C(sp^3)—C(sp^3)键非常短,如图 14.3.8(b)所示。和这种连接相似的双立方烷[图 14.3.8(c)]及六(三甲基甲硅烷基)置换的双四面体烷[图 14.3.8(d)]C—C键也很短。连接四面体烷的 C—C 键计算得到的成分为 $sp^{1.53}$,这和该键显著缩短相符合。

　　在示于图 14.3.8(e)的甲基环蕃的内向-异构体晶体中,有两种独立分子,测定它们的 C—Me 键长分别为 147.5 和 149.5 pm。内向的甲基指向底面芳香基团,使之更紧密接触,空间拥挤,导致 C—Me 键压缩。

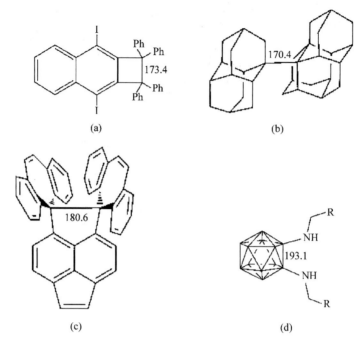

图 14.3.7　含有超长的 C—C 单键的化合物。（键长单位为 pm。）

[参看：J. Li, R. Pang, Z. Li, G. Lai, X.-Q. Xiao and T. Müller, Exceptionally long C—C single bonds in diamino-o-carborane as induced by negative hyperconjugation. *Angew. Chem. Int. Ed.* **58**, 1397~1401 (2019).]

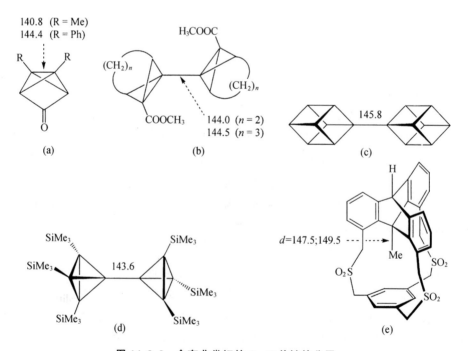

图 14.3.8　含有非常短的 C—C 单键的分子。

[键长单位为 pm，图(e)中两个键长值指化合物(e)两种独立分子所测的值。]

14.3.6 高度扭曲的聚六环和苯链索烃

可以通过端炔基的苯并环化制备高度扭曲的聚六环。当前的世界纪录保持者是纵向扭曲的八苯基四苯并[a,c,n,p]六并苯[图 14.3.9(a)],呈现出显著的端对端的 184°扭曲角。

至 2019 年,十二苯基四并苯是已知最大的苯并苯[图 14.3.9(b)]。X 射线结构分析表明,其表现出 D_2 对称性,端对端扭曲角为 97°。其中心苯并部分被外围的苯基取代基包裹,因此,它的反应性相对较弱,甚至表现可逆的电化学氧化和还原性能。

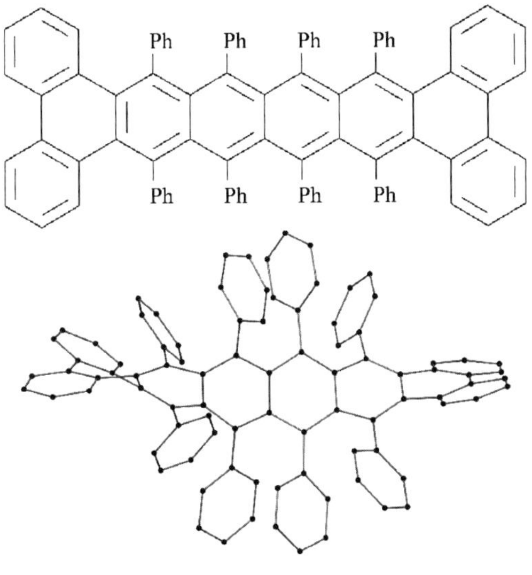

(a)

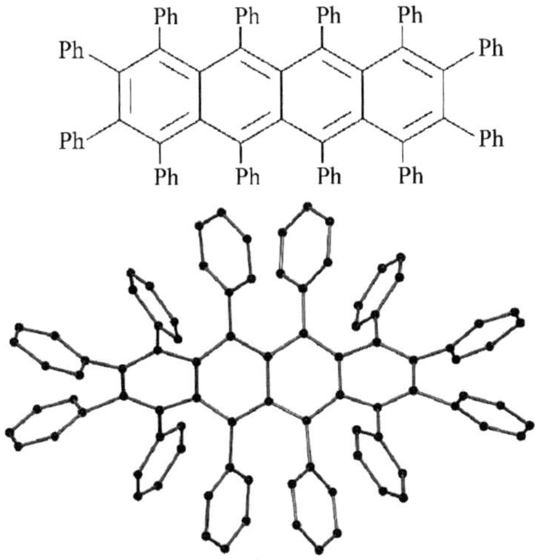

(b)

图 14.3.9　(a) 八苯基四苯并[a,c,n,p]六并苯的结构；(b)十二苯基四并苯的结构。

[参看：(1) M. Rickhaus, M. Mayor and M. Juriček, Strain-induced helical chirality in polyaromatic systems. *Chem. Soc. Rev.* **45**, 1542～1556 (2016); (2) R. G. Clevenger, B. Kumar, E. M. Menuey and K. V. Kilway, Synthesis and structure of a longitudinally twisted hexacene. *Chem. Eur. J.* **24**, 3113～3116 (2018); (3) Y. Xiao, J. T. Mague, R. H. Schmehl, F. M. Haque and R. A. Pascal Jr, Dodecaphenyltetracene. *Angew. Chem. Int. Ed.* **58**, 2831～2833 (2019).]

2019 年,一类拓扑纳米碳分子——仅由苯环对位连接而形成的全苯链索烃[图 14.3.10 (a,b)]和一个分子由 24 个苯环连成的三叶结[图 14.3.10(c)]的全合成圆满完成。

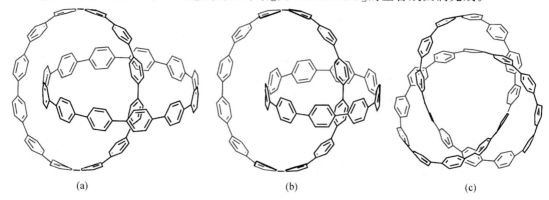

(a) (b) (c)

图 14.3.10　全苯链索烃的结构。

[参看:Y. Segawa, M. Kuwayama, Y. Hijikata, M. Fushimi, T. Nishihara, J. Pirillo, J. Shirasaki, N. Kubota and K. Itami, Topological molecular nanocarbons: All-benzene catenane and trefoil knot. *Science* **3365**, 272~276 (2019).]

14.3.7　含一个裸碳原子的配位化合物

由过渡金属和碳配体生成的配位化合物中,裸碳原子占据特殊的位置。基于金属-碳相互作用,这种化合物可分为 4 类:(Ⅰ)端基碳化物;(Ⅱ)桥式金属二烯;(Ⅲ)桥式金属碳炔;(Ⅳ)包合碳金属簇:

$$C\equiv M \qquad M=C=M \qquad M\equiv C-M \qquad C@M_n$$
$$（Ⅰ） \qquad\qquad （Ⅱ） \qquad\qquad （Ⅲ） \qquad\qquad （Ⅳ）$$

含有金属-端基三重键 M≡C 的配位化合物有两个独特的例子,示于图 14.3.11 中。

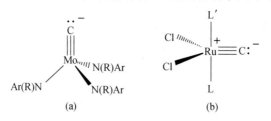

(a) (b)

图 14.3.11　含有金属-端基碳三重键的配位化合物。

图 14.3.11(a)示出碳化钼负离子{(CMo)[N(R)Ar]₃}⁻,式中,R＝C(CD₃)₂CH₃,Ar ＝3,5-Me₂C₆H₃。实验测定 Mo≡C 键长 171.3 pm,是最短的钼碳多重键之一。在图 14.3.11(b)所示的抗磁性化合物 C≡RuCl₂LL′(L＝L′＝PCy₃)中,Ru≡C 键长为 165.0 pm,这个数值和已知最短的 Ru≡C 键长一致。

含有碳桥的 M=C=M 和 M≡C—M 的配合物早有报道。在[Fe(tpp)]₂C(tpp 为四苯基卟啉)中,直线形的 Fe=C=Fe 单元的 Fe=C 键为 167.5 pm。在下式所示的化学反应得到的配位化合物中,Ru≡C—Ru 键的键角为 160.3°,Ru≡C 键长为 169.8 pm,Ru—C 键长为 187.5 pm。

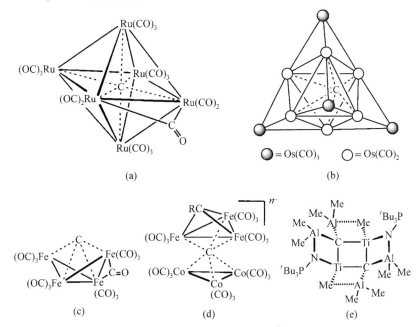

C 原子处于过渡金属原子簇中心的化合物结构多样,但其中的一个普遍特点是裸碳原子整体或部分被包围在同核或异核组成的金属笼中。这类化合物最早报道的是 $Fe_5C(CO)_{15}$,其中 C 原子处在四方锥底部的中心,$Fe(CO)_3$ 基团分别占据 5 个顶点。Ru 和 Os 碳化物的羰基簇合物结构也已测定。在 $Ru_6C(CO)_{17}$ 的结构中,C 处在八面体中心,4 个 $Ru(CO)_3$ 基团和 2 个 $Ru(CO)_2$ 基团分布在顶点,$Ru(CO)_2$ 基团按顺式排布,二者之间由羰基桥连接,如图 14.3.12 (a)所示。在 $Os_{10}C(CO)_{24}$ 的结构中,C 处在八面体中心,6 个 $Os(CO)_2$ 基团位于八面体顶点,另有 4 个 $Os(CO)_3$ 基团加帽连接,如图 14.3.12(b)所示。

图 14.3.12　含裸碳原子的过渡金属簇合物的分子结构。

$Fe_4C(CO)_{13}$ 的结构示于图 14.3.12(c),其中暴露的 C 原子呈现很高的化学活性,Fe_4C 体系也被作为表面碳原子参与异相催化过程的模型。在加有 Tl 盐的 CH_2Cl_2 溶剂中,$Co_3(\mu\text{-}CCl)(CO)_9$ 和 $(PPh_4)_2Fe_3C(\mu\text{-}CCO)(CO)_9$(CCO 代表 C=C=O)相互反应,产生一个 C 原子连接不同金属原子簇的离子 $\{[Co_3(CO)_9]C[Fe_3(CO)_9(\mu\text{-}CCO)]\}^-$,该离子进一步与醇发生加成反应,生成 $\{[Co_3(CO)_9]C[Fe_3(CO)_9(\mu\text{-}C\text{-}CO_2Et)]\}^{2-}$,此六核簇的结构示于图 14.3.12 (d)。

$AlMe_3$ 与 $(^tBu_3PN)_2TiMe_2$ 反应,产生两个含 Ti 原子的配合物,其中主要产物为 $[(\mu_2\text{-}^tBu_3PN)Ti(\mu\text{-}Me)(\mu_4\text{-}C)(AlMe_2)_2]_2$。单晶 X 射线衍射显示,它的结构呈马鞍形,2 个 $^tBu_3PN$ 配体处在一侧,而 4 个 $AlMe_2$ 处于另一侧,如图 14.3.12(e)所示。在处于中心的 Ti_2C_2 中,Ti 和 C 原子呈畸变的四面体几何结构。

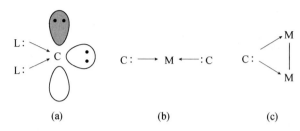

图 14.3.13 碳原子给体及其
与金属配位示意图。

14.3.8 碳原子给体配合物

碳原子和硫、硒、磷等富电子基团 L 成键时，L 会向 C 原子提供电子，使 C 原子出现含有孤对电子的 π 轨道和 σ 轨道，成为 4 电子给体，如图 14.3.13(a) 所示。研究表明，含有 C 原子给体的配体和金属原子簇成键时，C 原子向金属原子簇提供孤对电子，形成共价配键的簇合物，如图 14.3.13(b) 和 (c) 所示。

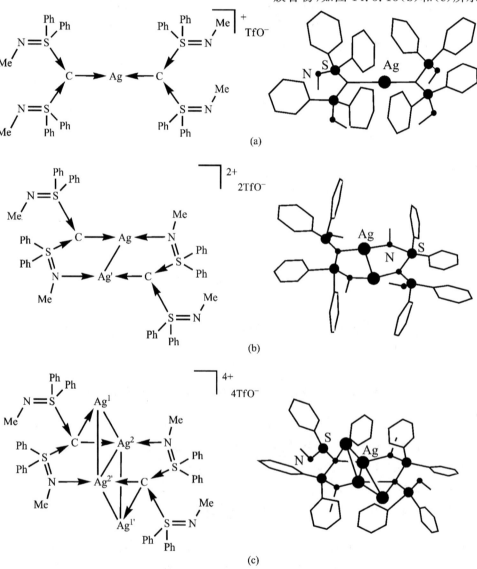

图 14.3.14 银碳配位化合物的结构。

[参看：T. Morosaki, T. Suzuki and T Fujii, *Organometallics* **35**, 2715～2721(2016).]

本小节介绍的银碳配位化合物中,以 $Ag_n(n=1,2,4)$ 为核心,形成簇合物骨架,C 原子作为电子对给体,与 Ag_n 簇之间以共价键结合,如图 14.3.14 所示,其中箭头指示电子对的给出。在图 14.3.14(a)和(b)中,配位 C 原子只向 1 个 Ag 原子提供一对孤对电子,剩余的电子形成多中心离域键。在图(c)中,配位 C 原子分别向 2 个 Ag 原子各提供一对孤对电子。实验测得图(a)和图(b)中 C—Ag 键长分别为 212 pm 和 215 pm,比图(c)中的 C—Ag 键长 221 pm 略短,即离域键的形成,加强了图(a)和图(b)中的 C—Ag 键。Au_n 簇与上述 Ag_n 簇类似,也可形成这样结构的配合物。关于零价碳以及第 14 族其他元素的零价体系,在第 14.9 节进一步展开。

14.3.9　含裸二碳配体的化合物

对于包含 C_2 基团化合物结构的研究,揭示出丰富的结构信息。C_2 基团可以看作乙烷、乙烯和乙炔全脱氢后形成的物种,有三种不同的成键方式:C—C,C≡C 和 C≡C,通过测定碳-碳键长可以了解 C_2 的成键型式。

Ru 和 Zr 为中心原子可以和三种不同的 C_2 结合,形成异双核配位化合物:

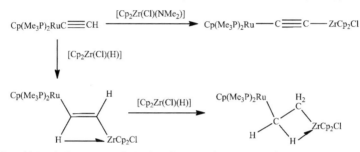

在含裸二碳配体的多核金属配合物中,常出现多种金属-碳的相互作用。例如,在一些多核过渡金属羰基配合物中,存在多以单键和双键结合的二碳物种,相应的碳-碳键长如下:

$$Rh_{12}(C_2)(CO)_{25}　148\ pm;\quad [Co_6Ni_2(C_2)_2(CO)_{16}]^{2-}　149\ pm;$$
$$Fe_2Ru_6(\mu_6\text{-}C_2)_2(\mu\text{-}CO)_3(CO)_{14}Cp_2　133.4\ 和\ 135.4\ pm;$$
$$Ru_6(\mu_6\text{-}C_2)(\mu\text{-}SMe_2)_2(\mu\text{-}PPh_2)_2(CO)_{14}　138.1\ pm。$$

下面仅讨论乙炔的二碳负离子。

乙炔 H—C≡C—H 是一种 Brönsted 酸,它失去 H^+ 可形成一价负离子或二价负离子:

$$H\text{—}C\equiv C\text{—}H \xrightarrow{-H^+} H\text{—}C\equiv C^- \xrightarrow{-H^+} (C\equiv C)^{2-}\ (\text{IUPAC 命名为 acetylenediide})$$

这些负离子可和其他原子一起形成多种化合物。

一价负离子 H—C≡C$^-$ 的 H 可以置换,并可和其他金属原子形成金属化合物,如:

$$H\text{—}C\equiv C\text{—}M,\quad M\ 为\ Li,Na,K,\cdots$$
$$R\text{—}C\equiv C\text{—}M,\quad M\ 为\ Li,Na,K,\cdots$$

在这些化合物中,C≡C 中的 π 键轨道可和金属原子相互作用,形成多种形式的结构,下式示出一例:

$$
\begin{array}{ccc}
R\text{—}C & \equiv C & \text{—}Li \\
| & & | \\
Li\text{—}C & \equiv C & \text{—}R
\end{array}
$$

乙炔可以和碱金属及碱土金属形成离子化合物,这些离子化合物在水溶液中易于分解。CaC_2(俗称电石)有 4 种晶型,结构示于图 14.3.15 中。图(a)是常见的 CaC_2(I),四方晶系,结构中的 Ca^{2+} 和 C_2^{2-} 按照四方柱体排列,C_2^{2-} 呈哑铃形,键轴平行于 c 方向,C—C 键长 119.1 pm;图

(b)示出 CaC_2(Ⅳ)高温下的结构,晶体属呈立方晶系,C_2^{2-} 取向无序,在所示立方体内分布。图(c)和(d)分别示出低温下的 CaC_2(Ⅱ)和 CaC_2(Ⅲ)的晶体结构。MgC_2,SrC_2 和 BaC_2 的结构与 CaC_2(Ⅰ)类似。

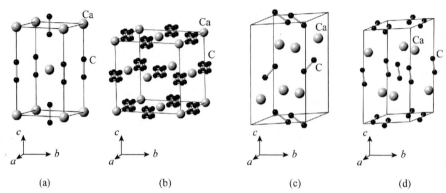

图 14.3.15　CaC_2 四种晶型的结构:

(a) CaC_2(Ⅰ)$I4/mmm$; (b) CaC_2(Ⅳ)$Fm\bar{3}m$; (c) CaC_2(Ⅱ)$C2/c$; (d) CaC_2(Ⅲ)$C2/m$。

多种碱金属和其他金属离子形成的复合乙炔化合物也已合成得到,如 AM^IC_2(A=Li,Na,K,Rb,Cs; M=Ag, Au;或 A=Na,K,Rb,Cs; M=Cu)和 A_2MC_2(A=Na,K,Rb,Cs; M=Pd, Pt)。图 14.3.16 示出这些化合物的结构。其中,$NaAgC_2$,$KAgC_2$[图 14.3.16(a)]和 $RbAgC_2$ 是同晶形体,$LiAgC_2$[图 14.3.16(b)]和 $CsAgC_2$[图 14.3.16(c)]结构与之不同。A_2MC_2 结构中,随碱金属半径减小,金属离子与 C_2^{2-} 的配位模式也发生变化,如图 14.3.16(d)所示。

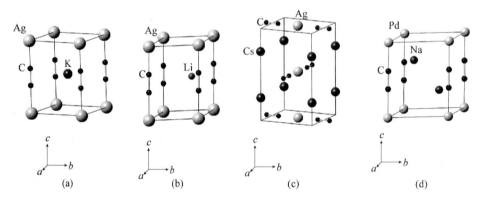

图 14.3.16　复合乙炔化合物的结构。

碱土金属的复合乙炔化合物 $Ba_3Ge_4C_2$ 可由 BaC_2 和 $BaGe_2$ 混合物在 1530 K 的高温下反应得到。结构中 Ge_4^{4-} 呈略微变形的四面体,处在共顶点相连、略微变形的八面体 $Ba_{6/2}$ 三维骨架中,Ba_6 八面体中心为哑铃状的 C_2^{2-},统计地按两个方向取向,C—C 键长 120 pm。

11 族元素的乙炔化合物 M_2C_2(M= Cu, Ag, Au)和 12 族元素的乙炔化合物 MC_2(M= Zn, Cd),Hg_2C_2 和 $Hg_2C_2 \cdot H_2O$ 均表现为共价结合的高聚固体,不溶于常见溶剂,但不稳定,受机械振动会产生爆鸣反应,结构很难测定。

早期对 Ag_2C_2 的认识是非离子型化合物,可生成复盐,通式为 $Ag_2C_2 \cdot mAgX$,X=F^-,Cl^-,I^-,NO_3^-,ClO_4^-,$HAsO_4^-$ 或 $1/2EO_4$(E=S,Se,Cr,W),m 为计量系数。从 1998 年开始乙炔银系

列复盐的研究以来，得到多种 Ag_2C_2 的双重、三重和四重复盐，如 $Ag_2C_2 \cdot mAgNO_3$ $(m=1,5,$ $5.5,6)$，$Ag_2C_2 \cdot 8AgF$，$Ag_2C_2 \cdot 2AgClO_4 \cdot 2H_2O$，$Ag_2C_2 \cdot AgF \cdot 4AgCF_3SO_3 \cdot RCN(R=$ $CH_3,C_2H_5)$ 和 $Ag_2C_2 \cdot 3AgCN \cdot 15AgCF_3CO_2 \cdot 4AgBF_4 \cdot 9H_2O$ 等。这些化合物结构的共同特征是，C_2^{2-} 隐藏在 Ag^I 为顶点构成的多面体中心，化学式可以写为 $C_2@Ag_n$。注意，每个 $C_2@$ Ag_n 携带 $(n-2)$ 个正电荷，与带负电荷的配体结合，形成二维或三维骨架结构。图 14.3.17 示出一些带有 $C_2@Ag_n$ 笼的复盐结构。在 $Ag_2C_2 \cdot 6AgNO_3$ 中，哑铃状的 C_2^{2-} 处在菱面体银笼中心，银笼边长为 $295\sim305\,pm$，C_2^{2-} 按三重轴无序取向，见图 14.3.17(e)。

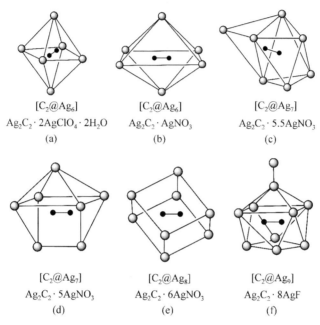

图 14.3.17　乙炔银系列复盐的结构。

　　以 $C_2@Ag_n$ 多面体作为超分子自组装的基本单位，可以组成新的配位骨架，给出一维、二维、三维的有趣结构，形成分立的系列。相关内容将在 20.4.5 节给出一些更详细的描述。

　　迄今乙炔铜(I)的复盐只有两个结构得到精确测定，其一是 $Cu_4(\mu\text{-}\eta^1:\eta^2\text{-}C\equiv C)(\mu\text{-}dppm)_4$ $(BF_4)_2$(dppm 为 $Ph_2PCH_2PPh_2$)。正离子 $Cu_4(\mu\text{-}dppm)_4$ 形成马鞍形的结构，C_2^{2-} 基团被变形的长方形 Cu_4 包围，并与 Cu 原子按 η^1 和 η^2 的方式相互作用，如图 14.3.18(a)所示。另一个是

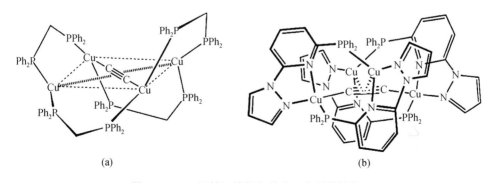

图 14.3.18　四核乙炔铜复盐中正离子的结构：
(a) $Cu_4(\mu\text{-}\eta^1:\eta^2\text{-}C\equiv C)(\mu\text{-}dppm)_4^{2+}$；(b) $[Cu_4(\mu\text{-}\eta^1:\eta^2\text{-}C\equiv C)(\mu\text{-}Ph_2PPyPz)_4]^{2+}$。

$[Cu_4(\mu-\eta^1:\eta^2-C\equiv C)(\mu-Ph_2PPyPz)_4](ClO_4)_2\cdot 3CH_2Cl_2$，其中，$Ph_2PPyPz$ 为 2-(二苯基膦基-6-吡唑基)吡啶。结构中，四核 Cu 原子按 C_2 对称性排列，和配体结合，形成蝴蝶型的以 Cu_4C_2 为核心的正离子，乙炔基 C_2^{2-} 与两对 Cu_2 亚单元分别以 η^1 和 η^2 的方式桥连，C—C 键长 126 pm，结构示于图 14.3.18 中。

14.4 硅的结构化学

硅是地壳中最丰富的正电性元素，约占地壳质量的 28%（按 40 km 厚度计）。在地壳的所有元素中，硅的丰度仅次于氧而居第二位。硅的单质在自然界中并不存在，它通常是和氧结合形成大量而多样的硅酸盐和二氧化硅。

14.4.1 硅和碳的比较

硅和碳在元素周期表中都是第 14 族元素，它们的基态有着相似的价电子组态：
$$C：[He]2s^22p^2；\qquad Si：[Ne]3s^23p^2$$
但它们的性质并不完全相同。硅和碳性质的差异清晰地显示出它们各自在无机化学（硅酸盐）和有机化学（碳氢化合物及其衍生物）中占统治地位的作用，下面将阐述其原因：

1. 电负性

C 的电负性为 2.54，而 Si 则为 1.92。C 严格地说是非金属，而 Si 处于金属和非金属的边界上，显示出一些金属的特性。

2. 价层组态和多重键性

硅的价层有 d 轨道可利用，而碳没有。因此硅的配位数可以扩展增加，例如五配位的三方双锥 sp^3d 杂化轨道和六配位的八面体 sp^3d^2 杂化轨道。

硅可以利用 d 轨道参与形成 $d\pi$-$p\pi$ 多重键，而碳只能利用 p 轨道形成 $p\pi$-$p\pi$ 多重键。在一些硅烷中，例如 $R_2Si{=}SiR_2$，当端接的 R 基团很大时，Si 也是和 C 一样，只通过 $p\pi$-$p\pi$ 形成多重键。Si 利用 $d\pi$-$p\pi$ 形成多重键主要是出现在具有 Si—O 和 Si—N 键的化合物中。由于 $d\pi$-$p\pi$ 键的形成，化合物的结构及化学性质和碳的同系物有较大的差异。例如 $N(SiH_3)_3$ 是平面形、非碱性的化合物，而 $N(CH_3)_3$ 则是三角锥形、碱性的化合物。图 14.4.1 示出 $N(CH_3)_3$ 和

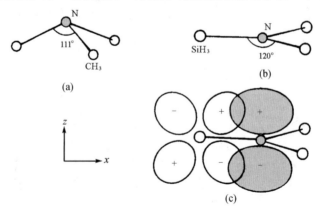

图 14.4.1 (a) 三角锥形的 $N(CH_3)_3$；(b) 平面形的 $N(SiH_3)_3$ 的结构；
(c) $N(SiH_3)_3$ 分子中的 $d\pi$-$p\pi$ 键。[N 充满电子的 $2p_z$ 轨道（带阴影的）和 Si 原子空的 $3d_{xz}$（不带阴影的）轨道间的叠加情况，为了清楚起见，只示出一个 Si 的 $3d_{xz}$ 轨道。]

$N(SiH_3)_3$ 的结构。在 $N(CH_3)_3$ 分子中，N 原子以四面体形的 sp^3 杂化轨道成键，孤对电子占据其中的一个杂化轨道。在 $N(SiH_3)_3$ 分子中，N 原子以平面三角形的 sp^2 杂化轨道成键，剩余的充满电子的 $2p_z$ 轨道和 3 个 Si 原子的空的 $3d_{xz}$ 轨道形成离域的 $d\pi\text{-}p\pi$ 离域 π 键，如图 14.4.1(c)所示。

3. 连接性

连接性是指一个元素原子自身互相通过共价键连接成链、环或三维骨架的性能。碳具有最丰富多样的连接体，远胜于硅。其原因可对比表 14.4.1 中列出的有关碳和硅的化学键的键长和键能数据加以说明。

表 14.4.1　碳和硅的化学键的比较

键	键长/pm	键能/(kJ mol^{-1})	键	键长/pm	键能/(kJ mol^{-1})
C—C	154	356	Si—Si	235	226
C—H	109	413	Si—H	148	318
C—O	143	336	Si—O	166	452

表 14.4.1 的键能数据表明：
$$E(\text{C—C}) > E(\text{Si—Si}), \qquad E(\text{C—C}) > E(\text{C—O}),$$
$$E(\text{C—H}) > E(\text{Si—H}), \qquad E(\text{Si—Si}) \ll E(\text{Si—O})。$$

这是因硅烷中键长增加，在形成 σ 键时，p（或 sp^3）轨道有效地互相重叠减少。同样 C—C 和 C—H 键长较短因而键能较强，这是增强烷烃稳定性的主要因素，也是烷烃比硅烷稳定的原因。

硅烷的活泼性大于烷烃，C—C 键能大于 C—O 键能，但 Si—Si 键能却远小于 Si—O 键能，所以 Si—Si 不稳定而倾向于转变形成更强的 Si—O。由于氧气几乎无所不在，硅烷将自发地和氧气反应形成硅酸盐等硅氧化合物。

由上述分析可见，Si 原子间形成 Si—Si 的连接性远不如 C 原子。自然界不存在含有 Si—Si 的化合物。但在无氧和非水溶剂中，已制得若干含有 Si—Si 和 Si≡Si 的化合物。除硅烷 Si_nH_{2n+2}（$n=1\sim8$），环硅烷 Si_nH_{2n}（$n=5,6$）外，还制得一些四面体、三棱柱体和立方体的硅烷衍生物，有关它们的结构和实例如下：

Si$_4$(Si^{i}Bu$_3$)$_4$
环内 Si—Si 232～234 pm
环外 Si—Si 236～237 pm

Si$_6$(2,6-^{i}Pr$_2$C$_6$H$_3$)$_6$
Si—Si 237～239 pm
Si—C 190～192 pm

Si$_8$(2,6-Et$_2$C$_6$H$_3$)$_8$
Si—Si 238～241 pm
Si—C 190～192 pm

一些寡聚环硅烷的结构示于图 14.4.2 中。

14.4.2　金属硅化物

现已制得大量的金属硅化物，在其中硅以负离子的形式存在。固态时硅化物的结构型式是多种多样的。

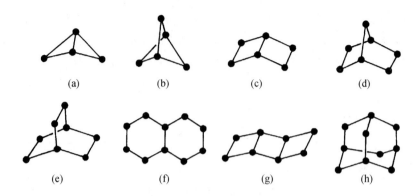

图 14.4.2   一些寡聚环硅烷的结构：

(a) $Si_4{}^tBu_2(2,6\text{-}Et_2C_6H_3)_4$；(b) $Si_5H_2{}^tBu_4(2,4,6\text{-}{}^tBu^iPr_2C_6H_2)_2$；(c) $Si_6{}^iPr_{10}$；(d) Si_7Me_{12}；

(e) Si_8Me_{14}；(f) $Si_{10}Me_{18}$；(g) $Si_8{}^iPr_{12}$；(h) $Si_{10}Me_{16}$。

1. 分立的单元

(1) Si^{4-} 离子：已在 Mg_2Si，Ca_2Si，Sr_2Si，Ba_2Si 等化合物中发现。Mg_2Si 为反萤石型结构，Ca_2Si 为反 $PbCl_2$ 型结构。

(2) Si_2 单元：$Si_2{}^{6-}$ 已在 U_3Si_2 和 Ca_5Si_3，Sr_5Si_3，Ba_5Si_3 等化合物中发现，后三者的化学式为 $(M^{2+})_5(Si_2)^{6-}(Si^{4-})$。在 U_3Si_2 结构的 Si_2 单元中，Si—Si 键长为 230 pm。

(3) Si_4 单元：

① $Si_4{}^{6-}$ 已在 Ba_3Si_4 中发现，它具有蝴蝶形结构，如图 14.4.3(a)所示。

② $Si_4{}^{4-}$ 已在 $NaSi$，KSi，$CsSi$，$BaSi_2$ 等化合物中发现。它具有四面体结构，如图 14.4.3(b)所示。

③ 在化合物 K_7LiSi_8 中，一对 Si_4 单元通过 Li^+ 连接在一起，如图 14.4.3(c)所示，这些单元还和 K^+ 离子相互作用结合。

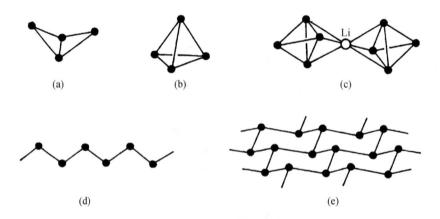

图 14.4.3   在金属硅化物中硅负离子的结构：

(a) $Si_4{}^{6-}$；(b) $Si_4{}^{4-}$；(c) $[LiSi_8]^{7-}$；(d) $[Si^{2-}]_n$；(e) $[Si^-]_n$。

2. Si_n 链

$[Si^{2-}]_n$ 链具有平面曲折形结构，如图 14.4.3(d)所示，已在 USi 和 $CaSi$ 中发现，Si—Si 距离分别为 236 pm 和 247 pm。

3. Si_n 层

在 $CaSi_2$ 中，$[Si^-]_n$ 层呈现由六元环形成的折皱形层，如图 14.4.3(e) 所示。在 $\beta\text{-}ThSi_2$ 中形成平面六元环的层，如同 AlB_2 中 B_n 层的结构[见图 13.3.1(f)]。

4. Si_n 三维骨架

在 $SrSi_2$，$\alpha\text{-}USi_2$ 等化合物中 $[Si^-]_n$ 组成三维的骨架，金属离子占据其空隙位置。

14.4.3　硅的立体化学

1. 硅的配位环境

硅原子和 1 个原子或 2 个原子成键形成的化合物，如 SiX 或 SiX_2（X 为 H，F，Cl）是不稳定的。

含有 Si=C 和 Si=Si 双键的化合物分别称为硅烯化合物和二硅烯化合物。在这些化合物中，Si 原子通常还和另外两个原子成键，形成配位数为 3 的化合物。实验测定得到，在 $Me_2Si{=}C(Si^tBu_2Me)_2$ 化合物中 Si=C 键长为 170 pm，而在 $(Me_3Si)_2Si{=}C(OSiMe_3)(C_{10}H_{15})$ 化合物中 Si=C 键长为 176 pm，和理论计算值 169～171 pm 基本符合。二硅烯中的 Si=Si 双键非常活泼，若由大的基团将它掩蔽保护起来，二硅烯化合物仍可以单独分离出来。在黄色 $Mes_2Si{=}SiMes_2$ 的晶体中，Si=Si 键长为 216 pm。

自由的 $(Mes)_3Si^+$ 正离子的结构已通过 X 射线对 $[(Mes)_3Si][HCB_{11}Me_5Br_6]\cdot C_6H_6$ 晶体的测定而得以表征。$(Mes)_3Si^+$ 正离子和碳硼烷负离子及苯分子分隔很开。Si 原子利用它的 sp^2 轨道和莱基的碳原子形成平面三角形配位，如图 14.4.4 所示，Si—C 键长为 181.7 pm（平均值），Si 原子周围 3 个莱基呈叶轮形排列，它们对平面的平均扭角 $\tau = 49.2°$。

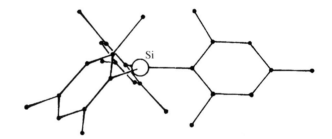

图 14.4.4　$(Mes)_3Si^+$ 正离子的结构。

硅的化学大量涉及四配位化合物，例如将在下节中讨论的硅酸盐都是四配位的化合物。烷基和芳基置换的硅卤化物 R_nSiX_{4-n}，是将 SiX_4 与不足量的格氏试剂 $RMgX$ 一起进行反应而得。这些化合物可被水水解而得硅醇 $R_nSi(OH)_{4-n}$。硅醇在水解时易于进行缩合而形成带有 Si—O—Si 键的硅氧烷。通过水解反应而产生直线形、环形和交联在一起的聚合物。这些聚合物有着不同的相对分子质量和性质，称为硅树脂。它具有很高的热稳定性、很高电绝缘性、抗氧化和化学腐蚀性能，因此有广泛的应用。

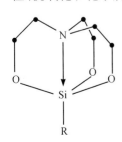

有两类结构适合于五配位的硅原子：三方双锥形和四方锥形，前者比后者稳定些。在化合物 $[Et_4N][SiF_5]$ 中，负离子 SiF_5^- 呈三方双锥形，$Si{-}F_{(ax)}$ 165 pm，而 $Si{-}F_{(eq)}$ 159 pm。研究最多而又稳定的五配位硅化合物是跨环硅烷，如左图所示。轴上的 N 原子通过 3 个 $(CH_2)_2$ 和在三角形底座上的 O 原子连接。跨环硅烷的 4 个配位体（3 个 O 原子和 1 个 R 基团）围绕中心 Si 原子占据 4 个配位点，另外还有第五 N→Si 配键，形成 Si 原子的第五个配位体。N→Si 间是分子内的给体-受体作用，形成跨环结构。在约 50 个这种类型的 N→Si 键中，此跨环硅烷中的 N→Si 键键长处在200～240 pm。N→Si 键越长，NC_3 的构型越趋向平面，而 $RSiO_3$ 部分的结构越接近于四面体。

下列化合物中硅的配位数为 6，呈八面体配位：

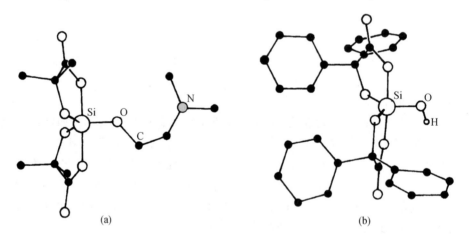

在化合物 $[C(NH_2)_3]_2[SiF_6]$ 中，八面体配位的 SiF_6^{2-} 中的 Si—F 键长为 168 pm，比在 SiF_5^- 负离子中的 Si—F 键的键长要长一些。

2. 含有 SiO_5 和 SiO_6 骨干的 Si(Ⅳ) 化合物的结构

含有 SiO_5 和 SiO_6 骨干的硅氧化合物的化学在水溶液中有特殊的意义。人们已推测到由有机氢氧化物（如邻苯二酚衍生物、羟基羧酸和碳水化合物）衍生的配位体和 Si(Ⅳ) 形成的配合物，在硅的生物化学中起重大作用，因它控制着硅在生物体中的迁移。

几种带有 SiO_5 骨干的两性离子化合物及其负离子已合成并用 X 射线衍射法表征。这些化合物的硅原子配位多面体为典型的变形三方双锥形，两个二齿配位体的羧酸根氧原子处于轴的位置。图 14.4.5(a) 示出 $Si[C_2O_3Me_2]_2[O(CH_2)_2NHMe_2]$ 的结构，$Si—O_{ax}$ 为 177.3 pm 和 179.8 pm，$Si—O_{eq}$ 为 164.3～165.9 pm。晶体 $[Si(C_2O_3Ph_2)_2(OH)]^-[H_3NPh]^+$ 中负离子的结构 [图 14.4.5(b)]，$Si—O_{ax}$ 为 179.8 pm，$Si—O_{eq}$ 为 165.0～166.0 pm。

(a)　　　　　　　　　(b)

图 14.4.5　(a) $Si[C_2O_3Me_2]_2[O(CH_2)_2NHMe_2]$ 和 (b) $[Si(C_2O_3Ph_2)_2(OH)]^-$ 的结构。

一些带有变形八面体 SiO_6 骨干的中性分子、正离子和负离子的结构已经测定。图 14.4.6(a) 示出 $Si[C_2O_3Ph_2][C_3HO_2Ph_2]_2$ 的结构，在其中 Si—O 键长为 169.3～182.1 pm；图 14.4.6(b) 示出 $[Si(C_2O_4)_3]^{2-}[HO(CH_2)_2NH(CH_2)_4]_2^+$ 中负离子的结构，其中 Si—O 键长为 176.7～178.8 pm。

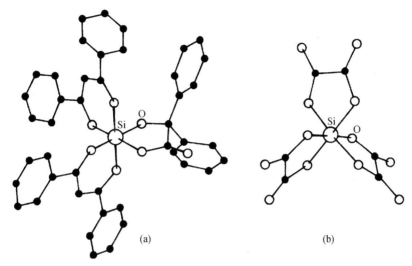

图 14.4.6　(a) Si[C₂O₃Ph₂][C₃HO₂Ph₂]₂ 和(b) [Si(C₂O₄)₃]²⁻ 的结构。

3. 乙硅烯中 Si═Si 双键的结构特点

第一个报道的乙硅烯是 (Mes)₂Si═Si(Mes)₂，于 1981 年被分离得到并予以表征。乙硅烯特有的结构特点表现在 Si═Si 键长 d，扭角 τ 和反弯角(trans-bent angle)θ，如下所示：

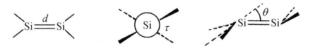

与空间上靠紧的烯烃的 C═C 键长变化小相反，Si═Si 键长变化范围在 $214\sim229$ pm，两个 SiR₂ 平面的扭角 τ 变化范围在 $0°\sim25°$。更特殊的是乙硅烯取代基存在的反弯可能性，这在烯烃中没有观察到。反弯角 θ 是指 SiR₂ 平面和 Si═Si 矢量间的角度，θ 值可达到 $34°$。乙硅烯

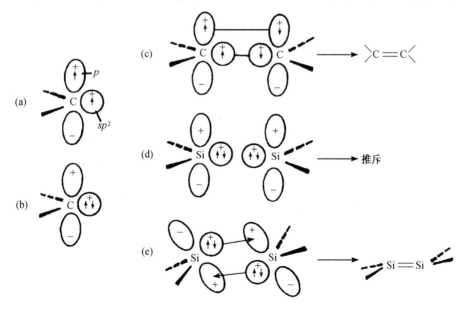

图 14.4.7　由两个三重态卡宾形成 C═C 双键及两个单重态硅烯
形成 Si═Si 双键。

和乙烯这种差别的原因可描述如下：卡宾(或称碳烯，CR_2)既可为三重基态(T)，如图 14.4.7(a)所示，也可为单重基态(S)，如图 14.4.7(b)所示，且 $S \to T$ 的转变能较低，所以熟知的 C=C 双键是两个三重态的卡宾相互靠近，通过半充满的轨道互相叠加形成，如图 14.4.7(c)所示。反之，硅烯却是处于单重基态(S)，而 $S \to T$ 的激发能较大，两个单重态的硅烯接近时，它们互相推斥而不成键，如图 14.4.7(d)所示。但当两个硅烯彼此转一个角度，使一个硅烯占满的 sp^2 轨道的电子可提供给另一个硅烯的空 p 轨道，形成双重的给体-受体配位键。在成键的同时，取代基团和 Si=Si 矢量产生反弯角，如图 14.4.7(e)所示。

4. 稳定的甲硅基团

甲硅烷基团和大量三烷基甲硅烷基团结合，得以稳定，能以晶体状态独立存在。X 射线分析显示，在 ($^tBu_2MeSi)_3Si$ 基团中，中心 Si 原子采用 sp^2 杂化轨道与周围的基团成键，形成平面三角形结构，其中 Si—Si 平均键长为 242 pm。有趣的是，在 α-Si 原子上的取代甲基均处于多硅烷骨架的平面上，使得空间位阻最小。这个基团和金属锂在室温下的己烷溶液反应，可以得到 $Li[(^tBu_2MeSi)_3Si]$，它的晶体结构显示，中心带负电荷的硅原子呈平面构型(Si—Si—Si 键角为 119.7°)，Si—Si 键长平均值为 236 pm。

带取代基的乙硅烯($^tBu_2MeSi)_2Si=Si(SiMe^tBu_2)_2$ 的晶体结构测试表明，围绕中心 Si=Si 双键的基团构型高度扭曲，如图 14.4.8(a)所示。参与双键形成的 Si(1) 和 Si(2) 采用 sp^2 杂化，但扭曲角 τ 角度值高达 54.5°[见图 14.4.8(b)]。乙硅烯与 ^tBuLi 在四氢呋喃中反应生成 $[Li(THF)_4]^+$ 和甲硅烷基负离子 $[(^tBu_2MeSi)_2Si—Si(SiMe^tBu_2)_2]^-$，二者结合成盐。其中，带负电荷的 Si(1) 周围原子分布的几何形状为平面化的锥形(键角之和为 352.7°)，而 Si(2) 仍保持 sp^2 杂化及相应的构型，导致 Si(3)—Si(1)—Si(2) 和 Si(5)—Si(2)—Si(6) 的平均键角接近正交，围绕中心 Si—Si 单键的 τ 角为 88°，如图 14.4.8(c)所示。

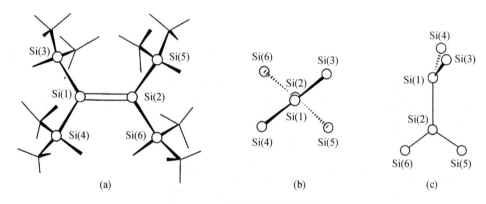

图 14.4.8　乙硅烯的分子结构：

(a) 分子投影图[图中原子记号加以简化，Si(m)—Si(n) 以 m—n 表示，键长单位为 pm，此处省略]：1—2，226.0；1—3，241.6；1—4，241.9；2—5，241.3；2—6，241.3。(b) $Si_2Si—SiSi_2$ 骨架的扭曲构型。
(c) 甲硅烷负离子基团的扭曲构型，键长：1—2，234.1；1—3，239.0；1—4，239.2；2—5，241.2；2—6，240.1。

14.4.4　硅酸盐

地壳和地幔的大部分由硅酸盐组成。硅酸盐在原材料和工业产品中起着巨大作用，例如建筑材料、水泥、玻璃、陶瓷和耐火材料等。

1. 硅酸盐的分类

几乎在所有的硅酸盐矿物中,Si 原子都和 4 个 O 原子结合成四面体的 SiO_4 单元。SiO_4 单元既可以是分立的,也可以和其他四面体共用顶点连接成多种多样的结构。在许多硅酸盐中,一定量的 Si 可以被其他元素(如 Al)取代,所以硅酸盐的结构也进一步扩展到部分置换的物种。硅酸盐矿物可以按 SiO_4 四面体基团的 O 原子和相邻的 Si 原子共用,形成 Si—O—Si 结构单元的数目加以划分,如表 14.4.2 所列。

表 14.4.2　硅酸盐矿物的分类

SiO_4 基团共用 O 原子的数目	结　　构	名　　称
0	分立的 SiO_4 单元	岛状硅酸盐
1	分立的 Si_2O_7 单元	二聚硅酸盐
2	封闭的 $(SiO_3)_n$ 环结构	环形硅酸盐
2	无限的链和条带	链形硅酸盐
3	无限的层	层形硅酸盐
4	无限的三维骨架	架状硅酸盐

(1) 含分立 SiO_4^{4-} 和 $Si_2O_7^{6-}$ 的硅酸盐

已知有若干原硅酸盐晶体结构中含有分立的 SiO_4^{4-} 离子[图 14.4.9(a)],例如硅铍石 Be_2SiO_4,硅锌矿 Zn_2SiO_4,锆英石 $ZrSiO_4$,橄榄石 $9Mg_2SiO_4 \cdot Fe_2SiO_4$,石榴石 $M_3^{II} M_2^{III}[SiO_4]_3$($M^{II}$ 为 Ca,Mg,Fe;M^{III} 为 Al,Cr,Fe)。硅酸盐水泥的核心组分 $\beta\text{-}Ca_2SiO_4$ 含有分立的 $[SiO_4]$ 基团,Ca 呈六或八配位。

分立的 $Si_2O_7^{6-}$ 单元已在下列矿物中发现:钪钇石 $Sc_2Si_2O_7$,硅铅矿 $Pb_4Si_2O_7$,异极矿 $Zn_4(OH)_2Si_2O_7$,以及镧系元素(Ln)的二硅酸盐 $Ln_2Si_2O_7$ 等。在这些结构中,Si—O—Si 键角差异很大,从 130° 到 180°[图 14.4.9(b)]。包含由 3 个或 4 个 $[SiO_4]$ 四面体连接成短链的晶体非常少。但它们已在矿物铍密黄石 $Ca_3(BeOH)_2[Si_3O_{10}]$、水硅铜钙石 $Cu_2Ca_2[Si_3O_{10}] \cdot 2H_2O$ 以及朱红石榴石(又称银朱)$Ag_{10}[Si_4O_{13}]$ 中发现。

(2) 环形硅酸盐

环形硅酸盐的化学式可表示为 $[SiO_3]_n^{2n-}$($n=3,4,6$ 或 8),它们已在下列矿物中发现:含有 Si_3O_3 六元环的蓝锥矿 $BaTiSi_3O_9$($n=3$),α-硅灰石 $Ca_3Si_3O_9$($n=3$)及钠锆石 $Na_2Zr(Si_3O_9)$ $\cdot 2H_2O$($n=3$);含有 Si_6O_6 十二元环的绿柱石 $Be_3Al_2Si_6O_{18}$($n=6$)和电气石 $(Na,Ca)(Li,Al)_3Al_6(OH)_4(BO_3)_3[Si_6O_{18}]$;$n$ 为 8 的莫来石 $Ba_{10}(Ca,Mn,Ti)_4[Si_8O_{24}](Cl,OH,O)_{12} \cdot 4H_2O$[图 14.4.9(c),(d)]。

(3) 链形硅酸盐

有两类主要的链形硅酸盐:① 含有无限单链 $[SiO_3]_n^{2n-}$ 的辉石,如透辉石 $CaMg[SiO_3]_2$ 和顽火辉石 $MgSiO_3$;② 含有无限双链 $[Si_4O_{11}]_n^{6n-}$ 的闪石,如透闪石 $Ca_2Mg_5[Si_4O_{11}]_2(OH)_2$。图 14.4.9(e),(f)示出它们的结构。

(4) 层形硅酸盐

无限的层形硅酸盐可由负离子 $[Si_2O_5]_n^{2n-}$ 连接而成,在层间放正离子。图 14.4.9(g)示

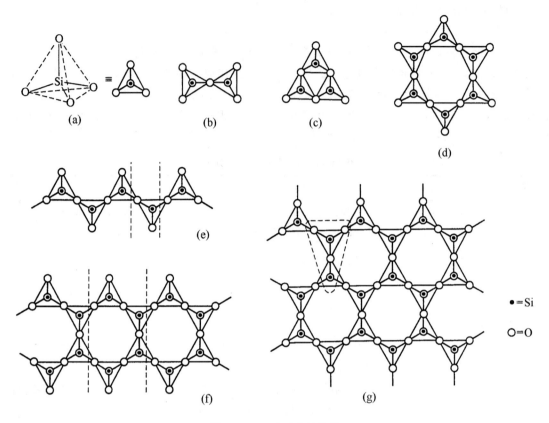

图 14.4.9 硅酸盐的结构:
(a) SiO_4^{4-};(b) $Si_2O_7^{6-}$;(c) 环形$[Si_3O_9]^{6-}$;(d) 环形$[Si_6O_{18}]^{12-}$;
(e) 单链$[SiO_3]_n^{2n-}$;(f) 双链$[Si_4O_{11}]_n^{6n-}$;(g) 层形$[Si_2O_5]_n^{2n-}$。

出$[Si_2O_5]_n^{2n-}$层的结构。层形硅酸盐容易解理成薄片,它包括黏土和云母两族。其中白云母 $KAl_2[AlSi_3O_{10}](OH)_2$ 是云母族的一种层形硅酸盐。基于一种或多种层的基础结构,层形硅酸盐有许多复杂的变体。四面体顶点可以形成羟基层,而底部可以直接面向连接或加羟基或水的层。当不同的层堆积时,可以部分地有序,也可以无序,从而形成无数种形式。结构的不规则性无疑与它们吸收或损失水分或进行离子交换有关。在许多情况下,不同的水合作用和离子置换使结构发生膨胀或收缩。层形黏土矿物有蒙脱土、高岭土和滑石等,它们在自然界中非常丰富。黏土中层的结构容易嵌入分子和离子。

（5）骨架形硅酸盐

三维骨架形硅酸盐由无限的 SiO_4 四面体缩聚而成,组成为$[SiO_2]_n$,在其中有些 SiO_4 单元被 AlO_4 单元置换。由于 Al^{3+} 的电价比 Si^{4+} 的低,用 Al 置换 Si 形成硅铝酸盐就会增加负电荷。为了达到电中性,必须在骨架中引入一些正离子。长石、群青和沸石等是硅铝酸盐的重要实例。

长石是火成岩的主要成分,地壳的 60% 由它组成。它包括正长石 $KAlSi_3O_8$、斜长石 $NaAlSi_3O_8$、钙长石 $CaAl_2Si_2O_8$ 和钡长石 $BaAl_2Si_2O_8$ 等。群青类的典型例子是方钠石 $Na_8Cl_2[Al_6Si_6O_{24}]$和群青 $Na_8(S_2)[Al_6Si_6O_{24}]$。

2. 沸石

　　沸石是具有三维骨架形结构的硅铝酸盐,在其中含有孔穴,它被大量的正离子和水分子所占据,这些正离子和水分子可以相当自由地运动,也容易进行离子交换,可逆地脱水和吸水。在沸石的结构中,可通过合成重复且制造准确的具有分子尺寸大小的空穴、通道和环形结构的孔窗,因此沸石成为很有价值的一种材料。这些沸石可以用作分子筛,选择性地除去水分子和其他小分子,可以将直链烷烃和带支链的烷烃分离开来,可用以制造高度分散的催化剂,还可用于进行一些特殊的、只依赖于分子大小的化学反应。

　　现在已知的沸石有上千种,包括大约 60 多种天然沸石和 1000 多种人工合成的沸石。但是,沸石骨架结构类型仅有 243 种(至 2021 年 8 月)。表 14.4.3 列出几种沸石的组成及其结构中环形孔窗的大小。

表 14.4.3　几种沸石的组成和环的大小

名　称	理想的组成	环的元数
A 型	$Na_{12}[Al_{12}Si_{12}O_{48}] \cdot 27H_2O$	4,6,8
八面沸石	$Na_{58}[Al_{58}Si_{134}O_{384}] \cdot 240H_2O$	4,6,12
ZSM-5	$Na_3[Al_3Si_{93}O_{192}] \cdot 16H_2O$	4,5,6,7,8,10
辉沸石	$Na_4Ca_8[Al_{20}Si_{52}O_{144}] \cdot 56H_2O$	4,5,6,8,10
丝光沸石	$Na_8[Al_8Si_{40}O_{96}] \cdot 24H_2O$	4,5,6,8,12

　　沸石的结构是由四面体形的 $[SiO_4]$ 和 $[AlO_4]$ 单元结合而得。图 14.4.10(a)示出由 $[SiO_4]$ 和 $[AlO_4]$ 四面体排列组成的削角八面体孔穴,它存在于一些沸石之中;图 14.4.10(b)示出 Si 和 Al 的位置及削角八面体孔穴的形状,它由四元环和六元环组成,削角八面体又称方钠石笼或 β 笼。

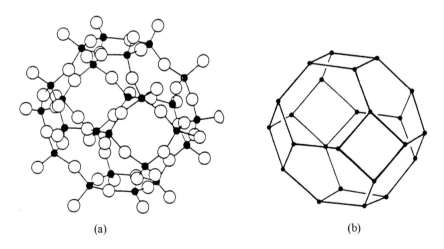

(a)　　　　　　　　　　　　　　(b)

图 14.4.10　(a) 由 24 个 $[SiO_4]$ 和 $[AlO_4]$ 四面体组成的削角八面体孔穴;
(b) 削角八面体孔穴的简单表示。

　　A 型沸石又称 A 型分子筛,它是一种人工合成的沸石,自然界中还没有发现。脱水的 4A 型分子筛组成为 $Na_{12}[Al_{12}Si_{12}O_{48}]$,其三维骨架的结构示于图 14.4.11(a)中。

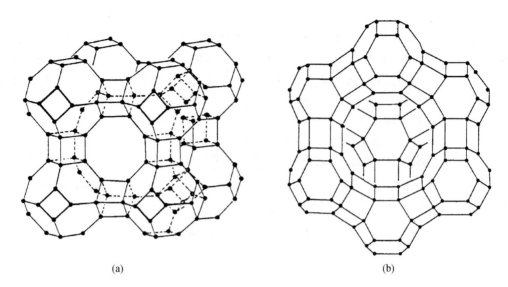

(a)　　　　　　　　　　　　　　(b)

图 14.4.11　(a) A 型沸石和(b) 八面沸石的骨架结构。

　　八面沸石是一种天然存在的沸石,其对应的人工合成物称为 X 型和 Y 型分子筛,其结构可通过金刚石结构进行关联——当金刚石中的每个 C 原子被一个 β 笼替换,每一个 C—C 键被一个六方柱笼替换,这样所得的结构即为八面沸石的结构。图 14.4.11(b)示出由 β 笼和六方柱笼排列组成的八面沸石的骨架结构。

　　3. 天然硅酸盐的结构所遵循的一般规则

　　天然硅酸盐的结构遵循下列一般规则:

　　(1)除极少数例外,如高压相的超石英 SiO_2(stishovite),硅酸盐中 Si 原子都以四面体形的[SiO_4]形式存在,键长和键角的平均值为:

$$\langle Si—O\rangle = 162\ pm$$
$$\langle Si—O—Si\rangle = 140°$$
$$\langle O—Si—O\rangle = 109.47°$$

　　(2)最重要而普遍的置换作用是以 Al 原子置换[SiO_4]四面体中的 Si 原子。自然界中存在的绝大多数硅酸盐实际上是硅铝酸盐。伴随着这种置换作用,必将引进一些其他正离子,以平衡硅氧骨架中的负电荷。[AlO_4]四面体中 Al—O 键长的平均值为 176 pm。大多数硅酸盐矿物中的负电性骨架是由四面体形[$(Si,Al)O_4$]基团组成。Al 原子还可占据八面体配位的位置上。

　　(3)[$(Si,Al)O_4$]四面体是共顶点连接,而不会出现以共棱或共面相连接。两个四面体以 Si—O—Al 方式连接的能量要比 1 个 Si—O—Si 和 1 个 Al—O—Al 的能量之和要低。所以在四面体骨架结构中,若能有条件避开就不会存在两个[AlO_4]四面体共用顶点的结构。已知少数硅铝酸盐不符合这条规律是与四面体结构遭受严重变形扭曲有关。

　　(4)一个 O 原子不会为多于 2 个以上的[SiO_4]四面体所共有。

　　(5)若 s 为一个[SiO_4]四面体和另外的[SiO_4]四面体共用顶点的数目,则对某一种硅酸盐负离子中各个[SiO_4]四面体的 s 的差别将趋于最小。

14.5　第 14 族重元素的卤化物和氧化物的结构

14.5.1　低价卤化物

第 14 族重元素的低价卤化物 MX_2（M 为 Ge,Sn 和 Pb；X 为 F,Cl,Br 和 I）及其配合物显示出下列的结构特点和性质。

1. 带有孤对电子

在 Ge,Sn 和 Pb 的二卤化物及其配合物中,金属原子总是带有一孤对电子。分立而弯曲的 MX_2 分子只在气相中存在,键角小于 120°。图 14.5.1(a)示出 $SnCl_2$ 的结构,其中键角为 95°,键长为 242 pm。

在晶态,低价卤化物中金属原子的配位数常增加到 3 或 4。由于孤对电子的存在,MX_3^- 或 MX_4^{2-} 单元都采取三方锥形或四方锥形构型,如图 14.5.1(b)～(d)所示。图 14.5.1(b)示出 $NaSn_2F_5$ 中 $Sn_2F_5^-$ 的结构,在其中,每个 Sn 均为三方锥形,有两个靠近的 F_t（$Sn—F_t$ 207 pm 和 208 pm）和一个较远的 F_b（$Sn—F_b$ 222 pm）。图 14.5.1(c)示出在 $[Co(en)_3]$ $[SnCl_2F][Sn_2F_5]Cl$ 中（$SnCl_2F$）$^-$ 的结构。图 14.5.1(d)示出在 $KSnF_3 \cdot (1/2)H_2O$ 中 $(SnF_3^-)_\infty$ 的结构。在此化合物中,Sn 原子呈四方锥形配位,每个桥连的 F 原子和 2 个 Sn 原子连接形成无限长链,$Sn—F_b$ 为 227 pm,$Sn—F_t$ 为 201 pm 和 204 pm。

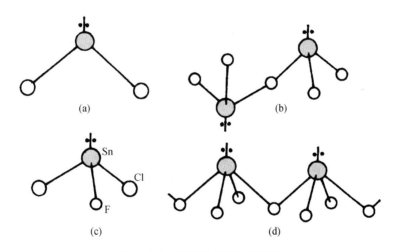

图 14.5.1　低价锡卤化物的结构:
(a) $SnCl_2$；(b) $Sn_2F_5^-$（在 $NaSn_2F_5$ 中）；**(c) $(SnCl_2F)^-$**（在$[Co(en)_3][SnCl_2F][Sn_2F_5]Cl$ 中）；
(d) $(SnF_3^-)_\infty$[在 $KSnF_3 \cdot (1/2)H_2O$ 中]。

2. 寡聚体和高聚体

MX_2 的结构化学是复杂的,部分原因是孤对电子立体化学的活性(或非活性),另一部分原因是 M^{II} 倾向于通过聚合作用增加它的配位数而形成更大的结构单元,如形成环、链或层。M^{II} 中心的孤对电子在自由气态离子时是 ns^2,它在凝聚态时很容易变形,所以 M^{II} 很少采用球形对称的离子结构。这可用配位场畸变或是采用一些 p 轨道特性来描述。孤对电子能提供电子给空轨道,空的 np 轨道和 nd 轨道作为受体形成额外的共价键。

在固态,GeF_2 具有特殊结构,在其中三方锥形 GeF_3 单元共用两个 F 原子而形成无限的螺旋链。GeF_2 和 F^- 反应生成 GeF_3^-,它是三方锥形离子。

晶态 SnF_2 组成 Sn_4F_8 四聚体,它是由 Sn 和 F 交替排列形成折皱的八元环,$Sn—F_b$ 为218 pm,$Sn—F_t$ 为 205 pm。四聚体由弱的 Sn—F 作用互相连接。在 $Na(Sn_2F_5)$,$Na_4(Sn_3F_{10})$和其他一些盐,例如 $[Co(en)_3][SnCl_2F][Sn_2F_5]Cl$ 中,都观察到桥连的形成。

气态 $SnCl_2$ 的结构示于图 14.5.1(a)。在晶态它是由三方锥 $SnCl_3$ 单元共用顶点的链组成的层形结构。市售商用的水合固体 $SnCl_2 \cdot 2H_2O$ 也是一种折皱层结构。

铅的二卤化物 PbX_2 比 PbX_4 更热稳定和化学稳定。α-PbF_2,$PbCl_2$ 和 $PbBr_2$ 都形成无色的正交晶体,其中 Pb^{II} 由 9 个 X 原子配位(7 个较近,2 个较远)形成三帽三方棱柱形。

3. 稳定性

Ge,Sn 和 Pb 的二卤化物的稳定性依次平稳地增加:$GeX_2 < SnX_2 < PbX_2$。PbX_2 比PbX_4 稳定得多,而 GeX_4 却比 GeX_2 稳定。在 978 K,SnF_4 升华为含 SnF_4 分子的蒸气,它是热稳定的,但 PbF_4(由 F_2 和 Pb 化合物反应制得)在加热时分解为 PbF_2 和 F_2。

这族元素由上到下 +2 氧化态优先于 +4 逐渐增加,这种变化是由于相对论效应,它对惰性电子对的形成作了重要贡献。在多数共价 Pb^{II} 化合物和大多数 Sn^{II} 化合物中具有立体化学活性的孤对电子。在一些 MX_2(M 为 Ge 或 Sn)化合物中,Ge 和 Sn 起着给体配位体作用。

4. 复合卤化物和混合价配合物

许多复合卤化物已知晓,例如全部 10 个三卤化锡(Ⅱ)负离子 $[SnCl_xBr_yI_z]^-$($xyz=300$,210,201,120,102,111,021,012,030,003)都已用 ^{119}Sn NMR 谱观察和表征。其中一个例子($SnCl_2F$)已示于图 14.5.1(c)中。

许多 Pb^{II} 复合卤化物已得到表征,包括 PbFCl,PbFBr,PbFI 和 $PbX_2 \cdot 4PbF_2$。在其中,PbFCl 具有重要的四方层形结构,这种结构在有两种不同大小的负离子存在下,常和大的正离子一起结晶,它微溶于水,构成用重量法测定 F 的基础。

在卤化物中,一些混合价配合物已知道,例如 $Ge_5F_{12} = (Ge^{II}F_2)_4(Ge^{IV}F_4)$,$\alpha$-$Sn_2F_6 =$ $Sn^{II}Sn^{IV}F_6$,$Sn_3F_8 = Sn_2^{II}Sn^{IV}F_8$。在这些化合物中 $M^{II}—X$ 键长于相应的 $M^{IV}—X$ 键长。

在化合物或混合价配合物中,M^{IV} 的配位几何学和 M^{II} 不同,它倾向于高对称性。例如MX_4 分子是四面体形,$[MX_6]^{2-}$ 单元采用八面体或略有变形的八面体构型。

14.5.2　Ge,Sn 和 Pb 的氧化物

1. 低价氧化物

SnO 和 PbO 都存在几种变体。最普通的蓝黑色 SnO 和红色 PbO(密陀僧)具有四方层形结构,在其中 M^{II}(Sn^{II} 和 Pb^{II})原子和 4 个 O 原子键合,排列成四方锥形,4 个 O 原子占据底部,孤对电子占据四方锥的顶点,Sn—O 键长为 221 pm,Pb—O 键长为 230 pm。每个 O 原子被 4 个排成四面体形的 M^{II} 原子所包围。图 14.5.2 示出 SnO(和 PbO)的晶体结构。

黑棕色的 GeO 晶体是由 Ge 粉和 GeO_2 或 $Ge(OH)_2$ 加热脱水制得。但迄今还未完全测定它的结构。

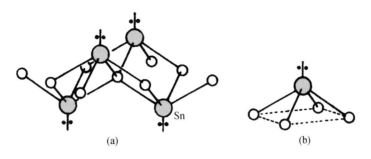

图 14.5.2　SnO(和 PbO)的晶体结构:
(a) 从层的一侧透视;(b) 金属原子周围配位原子和孤对电子的排列。

2. 二氧化物

二氧化锗 GeO_2 类似于 SiO_2,它存在 α-石英型和四方金红石型(参见图 10.2.6)两种变体,在后者,Ge^{IV} 为八面体配位,Ge—O 188 pm(平均值)。当二氧化锡 SnO_2 在自然界中以锡石存在时,它采用金红石型结构,Sn—O 209 pm(平均值)。PbO_2 有两种变体:四方栗色变体具有金红石型结构,Pb—O 218 pm(平均值);而 α-PbO_2 是正交黑色变体,它的结构可从 hcp 层的堆积有一半八面体空隙被占据推引得到。

3. 混合价氧化物

$Pb_3O_4(Pb_2^{II}Pb^{IV}O_4)$ 和 $Pb_2O_3(Pb^{II}Pb^{IV}O_3)$ 是两种已了解得很透彻的铅的混合价氧化物。红色 Pb_3O_4 是广为应用的颜料和底漆材料。它的四方晶体结构由 $Pb^{IV}O_6$ 八面体共用对边连成的链组成,Pb^{IV}—O平均键长为 214 pm。这些链平行于 c 轴排列,由 Pb^{II} 原子连接在一起。Pb^{II} 原子为三方锥形配位,$Pb^{II}O_3$ 单元中,2 个 Pb^{II}—O 键长为 218 pm,1 个为 213 pm。图 14.5.3 示出 Pb_3O_4 四方晶胞的部分结构。

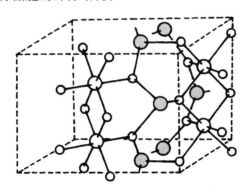

图 14.5.3　Pb_3O_4 的晶体结构。
(大球代表 Pb 原子,白的为 Pb^{IV},带阴影的为 Pb^{II};小球代表 O 原子。)

倍半氧化物 Pb_2O_3 是黑色单斜晶体,它由 $Pb^{IV}O_6$ 八面体(Pb^{IV}—O平均键长为 218 pm)和非常不规则的六配位 $Pb^{II}O_6$ 单元(Pb^{II}—O 键长为 231,243,244,264,291 和 300 pm)组成。Pb^{II} 原子处于由变形的 $Pb^{IV}O_6$ 八面体组成的层之间。

在已报道的锡的多种混合价氧化物中,了解最清楚的是 $Sn_3O_4(Sn_2^{II}Sn^{IV}O_4)$,它的结构类似于 Pb_3O_4。Pb^{IV}(或 Pb^{II})和其他金属的混合氧化物在技术和工业中有许多应用。其中

$M^{II}Pb^{IV}O_3$ 和 $M^{II}Pb^{IV}O_4$ (M^{II} 为 Ca,Sr,Ba) 是重要的材料。例如 $CaPbO_3$ 是一种底漆颜料,可保护钢铁以免被海水侵蚀。Pb^{II} 的氧化物也很重要。$PbTiO_3,PbZrO_3,PbHfO_3,PbNb_2O_6$ 和 $PbTi_2O_6$ 是铁电材料。许多 Pb^{II} 铁电材料具有高居里温度,特别适合高温下的应用。

14.6　Ge, Sn 和 Pb 的多原子负离子的结构

后过渡金属溶解在液氨中,当有碱金属存在时产生带深色的负离子,在含有穴醚正离子的盐中,例如 $[Na(C222)]_2Pb_5,[Na(C222)]_4Sn_9$ 和 $[K(C222)]_3Ge_9$,已证明它们是多原子负离子,如 $Sn_5^{2-},Pb_5^{2-},Sn_9^{4-},Pb_9^{4-}$ 和 Ge_{10}^{2-}。

因为同核多原子负离子和正离子(Zintl 离子)缺配位体,有时它们被当作"裸"原子簇。一些裸负离子簇的结构示于图 14.6.1 中:(a) 四面体形 $Ge_4^{4-},Sn_4^{4-},Pb_4^{4-},Pb_2Sb_2^{2-}$;(b) 三方双锥形 Sn_5^{2-},Pb_5^{2-};(c) 八面体形 Sn_6^{2-};(d) 三加帽三方锥形 Ge_9^{2-} 和顺磁性的 Ge_9^{3-},Sn_9^{3-};(e) 单加帽四方反棱柱形 $Ge_9^{4-},Sn_9^{4-},Pb_9^{4-}$;(f) 双加帽四方反棱柱形 Ge_{10}^{2-},Sn_9Tl^{3-}。

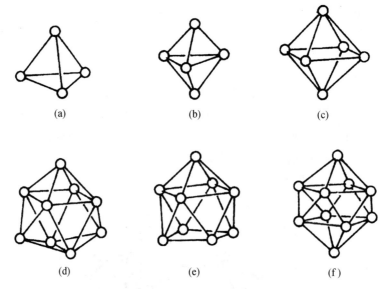

(a)　　　　　(b)　　　　　(c)

(d)　　　　　(e)　　　　　(f)

图 14.6.1　Ge, Sn 和 Pb 的多原子负离子的结构:
(a) $Ge_4^{4-},Sn_4^{4-},Pb_4^{4-}$ 和 $Pb_2Sb_2^{2-}$;(b) Sn_5^{2-},Pb_5^{2-};(c) Sn_6^{2-};(d) $Ge_9^{2-},Ge_9^{3-},Sn_9^{3-}$;
(e) $Ge_9^{4-},Sn_9^{4-},Pb_9^{4-}$;(f) Ge_{10}^{2-},Sn_9Tl^{3-}。

在这些多原子负离子中的化学键是离域的,对于反磁性的物种,键价法(见 13.4 节)可用以合理地观察它们的结构。这个方法在应用时按下列规则进行:

(1) 每一对相邻的 M 原子是由 M—M 2c-2e 键或 MMM 3c-2e 键结合,以形成原子簇。

(2) 每个 M 原子用它的 4 个价轨道形成化学键以达到八电子组态。

(3) 两个原子间不同时参加形成 M—M 2c-2e 键和 MMM 3c-2e 键。

例如,Ge_9^{4-} 的键价 $b=(1/2)(8n-g)=(1/2)[9\times8-(9\times4+4)]=16$,这个负离子由 6 个 MMM 3c-2e 键和 4 个 M—M 2c-2e 键所结合而稳定。这个多面体本身包含几个如图 14.6.2 所示的正则价键形体的共振杂化体。有关多原子负离子的结构归纳于表 14.6.1 中。

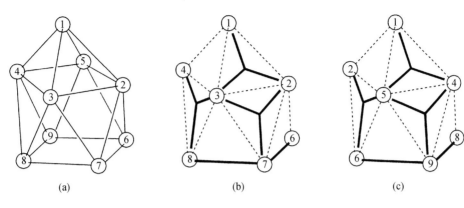

图 14.6.2　(a)Ge_9^{4-} 的结构和原子的编号；(b)和(c)Ge_9^{4-} 正则结构的化学键表示：

(b)正面，(c)背面。

(图中 M—M 2c-2e 键用连接 2 个原子的粗实线表示，MMM 3c-2e 键用连接 3 个原子和键中心的粗实线表示。)

表 14.6.1　多原子负离子的结构

负离子	多面体	b	化学键
Ge_4^{4-}，Sn_4^{4-}，Pb_4^{4-}，$Pb_2Sb_2^{2-}$	四面体形	6	6[M—M 2c-2e]
Ge_5^{2-}，Pb_5^{2-}，Sn_5^{2-}	三方双锥形	9	9[M—M 2c-2e]
Sn_6^{2-}	八面体形	11	4[MMM 3c-2e]
			3[M—M 2c-2e]
Ge_9^{2-}，(Sn_9^{3-}，Ge_9^{3-})	三加帽三方棱柱体	17	7[MMM 3c-2e]
			3[M—M 2c-2e]
Ge_9^{4-}，Pb_9^{4-}，Sn_9^{4-} *	单加帽四方反棱柱体	16	6[MMM 3c-2e]
			4[M—M 2c-2e]
Ge_{10}^{2-}，Sn_9Tl^{3-}	双加帽四方反棱柱体	19	8[MMM 3c-2e]
			3[M—M 2c-2e]

* 正离子 Bi_9^{5+} 与这些负离子是等电子和等同结构，因而有着相同的化学键。

　　多锡负离子簇 Sn_9^{4-}（或相关的 Pb_9^{4-}）和 $Cr(CO)_3(Mes)$ 反应，生成一双加帽四方反棱柱形$[Sn_9Cr(CO)_3]^{4-}$：

$$Cr(CO)_3(Mes) + K_4Sn_9 + 4Crypt \xrightarrow{\text{en/甲苯}} [K \cdot Crypt]_4[Sn_9Cr(CO)_3]$$

　　图 14.6.3 示出$[M_9Cr(CO)_3]^{4-}$（M 为 Sn，Pb）的结构。这个十原子负离子簇$[Sn_9Cr(CO)_3]^{4-}$ 的键价 b 为

$$b = (1/2)[8n_1 + 18n_2 - g]$$
$$= (1/2)[8 \times 9 + 18 - (9 \times 4 + 6 + 6 + 4)]$$
$$= 19$$

此负离子簇中的化学键由 8 个 MMM 3c-2e 键和 3 个 M—M 2c-2e

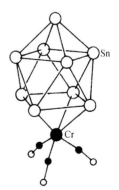

图 14.6.3　$[M_9Cr(CO)_3]^{4-}$
(M 为 Sn，Pb)的结构。

键组成,它恰如图 13.4.5 中所示 $B_{10}H_{10}^{2-}$ 的结构。

14.7   第 14 族重元素的有机金属化合物的结构

元素 Ge,Sn 和 Pb 形成许多有价值的有机金属化合物,其中有些是重要的商品。例如 Et_4Pb 是抗震剂;有机锡化合物用作聚氯乙烯(PVC)的稳定剂,防止因光和热引起的降解作用。在本节中将讨论一些实例和进展。

14.7.1   环戊二烯基配合物

Ge,Sn 和 Pb 的环戊二烯基配合物在组成和结构上存在着广泛的品种,例如半夹心型化合物 CpM 和 CpMX,弯曲和平行的夹心型化合物 Cp_2M 以及高聚物 $(Cp_2M)_x$ 等,下面分别加以叙述。

1. $(\eta^5\text{-}C_5Me_5)Ge^+$ 和 $(\eta^5\text{-}C_5Me_5)GeCl$

在 $[(\eta^5\text{-}C_5Me_5)Ge]^+[BF_4]^-$ 晶体中,正离子具有半夹心型结构,如图 14.7.1(a)所示。在氯化物 $(\eta^5\text{-}C_5Me_5)GeCl$ 中,$(\eta^5\text{-}C_5Me_5)Ge^+$ 的 Ge 原子和 Cl 原子键合成弯曲的构型,如图 14.7.1(b)所示。

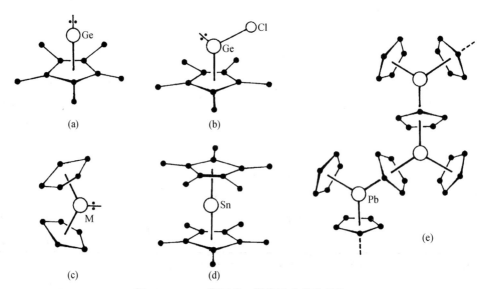

图 14.7.1   一些环戊二烯基配合物的结构:
(a) $(\eta^5\text{-}C_5Me_5)Ge^+$;(b) $(\eta^5\text{-}C_5Me_5)GeCl$;(c) $(\eta^5\text{-}C_5H_5)_2M$(M 为 Ge,Sn 和 Pb);
(d) $(\eta^5\text{-}C_5Ph_5)_2Sn$(每个苯基只示出一个 C 原子);(e) $[(\eta^5\text{-}C_5H_5)_2Pb]_x$ 链。

2. $(\eta^5\text{-}C_5R_5)_2M$

化合物 $(\eta^5\text{-}C_5H_5)_2M$(M 为 Ge,Sn 和 Pb)处于气态时是弯曲构型分子,如图 14.7.1(c)所示。$(\eta^5\text{-}C_5H_5)_2M$ 的环中心-M-环中心的角度分别为:—Ge—130°,—Sn—134°,—Pb—135°。当 Cp 环上的 H 原子被其他基团置换,这些角度会改变。例如,$(\eta^5\text{-}C_5Me_5)_2Pb$ 的角度为 151°。对 $(\eta^5\text{-}C_5Ph_5)_2Sn$,两个平面的 C_5 环严格地平行并呈交错式,如图 14.7.1(d)所示,考虑 C_5 环上苯基环(Ph)的倒反倾斜排列的结果,使整个分子具有 S_{10} 点群对称性。

3. 高聚物$[(\eta^5\text{-}C_5H_5)_2Pb]_x$

已知$(\eta^5\text{-}C_5H_5)_2Pb$有三种晶态构型。当晶体通过升华生长时,曲折的长链具有C_5H_5基团交替地以成桥和不成桥方式出现的结构特点。但若是从甲苯中结晶得到的晶体,其高聚链的构象则如图 14.7.1(e)所示,也会环化成六聚体$[(\eta^5\text{-}C_5H_5)_2Pb]_6$。

14.7.2　硅和锗的芳香化合物

硅和锗的芳香化合物是指含 Si 和含 Ge 的具有$(4n+2)$个 π 电子的环体系,即含碳族重元素的环形芳香化合物。已经制得几类在 Si 或 Ge 原子 sp^2 轨道上带有大的疏水性 Tbt 基团$[Tbt 为 2,4,6\text{-}\{CH(SiMe_3)_2\}_3C_6H_2]$的硅和锗的芳香化合物,它们作为稳定的化合物被分离出来,如图 14.7.2(a)～(e)所示。

X 射线衍射分析显示,这些化合物都有一个接近平面的芳香环,围绕中心的 Si 或 Ge 原子是完全的平面三角形。Si—C 或 Ge—C 的键长是相近的。键长的平均值 Si—C 为 175.4 pm,Ge—C 为 182.9 pm,它们处在典型的单键和双键键长之间。

示于图 14.7.2(d)中的锗苯可作为一个 η^6-芳烃配位体去和 $M(CH_3CN)_3(CO)_3$(M 为 Cr,Mo,W)反应而形成夹心型配合物$(\eta^6\text{-}C_5H_5GeTbt)M(CO)_3$,图 14.7.2(f)示出该配合物的部分结构。锗-芳香化合物的这种配位性质说明硅苯和锗苯具有离域电子的结构和相当多的芳香性。

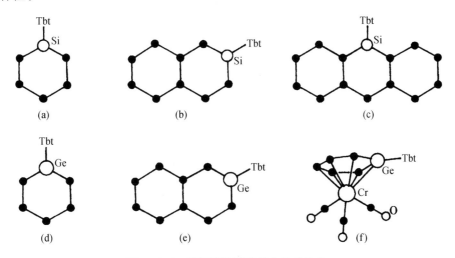

图 14.7.2　硅和锗的芳香化合物的结构:
(a) 硅苯;(b) 2-硅萘;(c) 9-硅蒽;(d) 锗苯;(e) 2-锗萘;(f) $(\eta^6\text{-}C_5H_5GeTbt)Cr(CO)_3$ 的部分结构。

14.7.3　Ge,Sn 和 Pb 的原子簇配合物

在过去十余年中,广泛的研究已大量增加了 Ge,Sn 和 Pb 的原子簇配合物的数目。M—M键的性质和这些化合物的结构类似于有机化合物中 C—C 键和碳的骨架。表 14.7.1 列出一些这类原子簇化合物,它们都已被合成、分离出来并用 X 射线晶体学加以表征。在表中所列键长都是平均值。对每个化合物中 M_n 的 b 值(键价值)按公式(13.4.1)计算,分配到每个M—M键的键价列于表中。

表 14.7.1 Ge 和 Sn 的原子簇配合物

化合物	键长/pm	键 价	图 14.7.3 中序号
$[Ge(Si^tBu_3)]_3^+[BPh_4]^-$	Ge═Ge, 232.6	5/3	(a)
$[Ge(SiMe_3)_3]_2SnCl_2$	Ge—Sn, 263.1	1	(b)
$[Ge(Cl)Si(SiMe_3)_3]_4$	Ge—Ge, 253.4	1	(c)
$Ge_4(Si^tBu_3)_4$	Ge—Ge, 244	1	(d)
$Ge_6[CH(SiMe_3)_2]_6$	Ge—Ge, 256	1	(e)
$[SnPh_2]_6$	Sn—Sn, 277.5	1	(f)
$Sn_5(2,6-Et_2C_6H_3)_6$	Sn—Sn, 285.8	1	(g)
	Sn---Sn, 336.7		
$Sn_7(2,6-Et_2C_6H_3)_8$	Sn—Sn, 284.5	1	(h)
	Sn---Sn, 334.8		
$Ge_8(CMeEt_2)_8$	Ge—Ge, 249.0	1	(i)
$Ge_8{}^tBu_8Br_2$	Ge—Ge, 248.4	1	(j)
$Sn_{10}(2,6-Et_2C_6H_3)_{10}$	Sn—Sn, 285.6	1	(k)

在化合物 $[Ge(Si^tBu_3)]_3^+[BPh_4]^-$ 中，环三锗正离子具有离域 π 键 π_3^2，它类似于环丙烯正离子中碳的类似物。在此正离子中 Ge—Ge 的键价为 5/3，所以键长比 Ge—Ge 单键短。图 14.7.3(a) 示出该簇的结构。

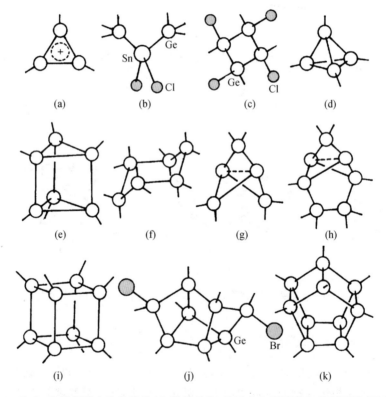

图14.7.3 Ge 和 Sn 金属簇配合物的结构（为清楚起见，只示出金属原子和卤素原子，删去有机基团）：

(a) $[Ge(Si^tBu_3)]_3^+$；(b) $[Ge(SiMe_3)_3]_2SnCl_2$；(c) $[Ge(Cl)Si(SiMe_3)_3]_4$；(d) $Ge_4(Si^tBu_3)_4$；

(e) $Ge_6[CH(SiMe_3)_2]_6$；(f) $[SnPh_2]_6$；(g) $Sn_5(2,6-Et_2C_6H_3)_6$；(h) $Sn_7(2,6-Et_2C_6H_3)_8$；

(i) $Ge_8(CMeEt_2)_8$；(j) $Ge_8{}^tBu_8Br_2$；(k) $Sn_{10}(2,6-Et_2C_6H_3)_{10}$。

混合金属化合物 $[Ge(SiMe_3)_3]_2SnCl_2$ 中金属簇为弯曲形构型,如图 14.7.3(b)所示。结构中有两个 Ge—Sn 键,键长分别为 263.6 pm 和 262.6 pm。

四聚体 $[Ge(Cl)Si(SiMe_3)_3]_4$ 形成一个四元环,如图 14.7.3(c)所示,Ge—Ge 键长为 255.8 pm 和 250.9 pm。$Ge_4(Si^tBu_3)_4$ 是第一个得到的具有 Ge_4 四面体的分子型化合物,其结构如图 14.7.3(d)所示。

六聚体 $Ge_6[CH(SiMe_3)_2]_6$ 具有棱柱烷结构,如图 14.7.3(e)所示。在其中两个三角形面上的 Ge—Ge 键长为 258 pm,它比棱柱边的 Ge—Ge 键(252 pm)要长。$[SnPh_2]_6$ 六聚体则形成椅式构象的六元环,如图 14.7.3(f)所示,Sn—Sn 键长为 277~278 pm。

$Sn_5(2,6-Et_2C_6H_3)_6$ 和 $Sn_7(2,6-Et_2C_6H_3)_8$ 都具有五锡[1.1.1]螺旋桨烷型结构,它由 3 个稠合的三元环组成,如图 14.7.3(g)和(h)所示。在这两个化合物中,桥头 Sn 原子每个都有 4 个键向着同一侧的相应原子,形成"反向构型",Sn----Sn 键的键长分别为 336.7 pm 和 334.8 pm。这些键长远长于已知的 Sn—Sn 单键键长 280 pm。这些结构也类似于 1-氰基四环十烷的结构[图 14.3.4(d)],在其中两个桥头 C 原子形成非常长的 164.3 pm C—C 键。

八锗立方烷 $Ge_8(CMeEt_2)_8$ 和 $Ge_8(2,6-Et_2C_6H_3)_8$ 具有立方体形结构,如图 14.7.3(i)所示,Ge—Ge 键长从 247.8 pm 到 250.3 pm,平均值为 249.0 pm。多元环的八锗烷 $Ge_8{}^tBu_8Br_2$ 形成手性 C_2 对称性的骨架,如图 14.7.3(j),Ge—Ge 的平均键长为 248.4 pm。

$Sn_{10}(2,6-Et_2C_6H_3)_{10}$ 五棱柱烷骨架由 5 个四元环和 2 个五元环组成,如图 14.7.3(k)所示,平均 Sn—Sn 键长值为 285.6 pm。

14.7.4 Sn 的准金属簇合物

文献资料中常用 $[Sn_xR_y]$ $(x>y)$ 表示锡的高核准金属簇合物,式中 R 代表大的芳香基和甲硅烷基配体,这些簇合物包括 $[Sn_8R_4]$,$[Sn_8R_6]^{2-}$,$[Sn_9R_3]$ 和 $[Sn_{10}R_3]^-$ 等,它们的结构示于图 14.7.4(a)~(d)。

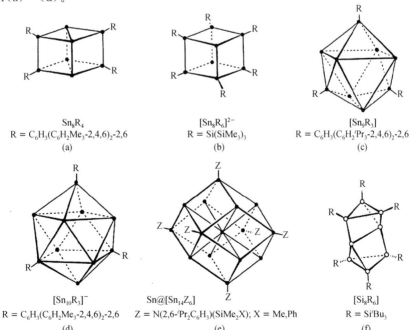

Sn₈R₄
R = C₆H₃(C₆H₂Me₃-2,4,6)₂-2,6
(a)

$[Sn_8R_6]^{2-}$
R = Si(SiMe₃)₃
(b)

$[Sn_9R_3]$
R = C₆H₃(C₆H₂^{i}Pr₃-2,4,6)₂-2,6
(c)

$[Sn_{10}R_3]^-$
R = C₆H₃(C₆H₂Me₃-2,4,6)₂-2,6
(d)

Sn@[Sn₁₄Z₆]
Z = N(2,6-^{i}Pr₂C₆H₃)(SiMe₂X); X = Me,Ph
(e)

$[Si_8R_6]$
R = Si^{t}Bu₃
(f)

图 14.7.4 几例锡的准金属簇合物及 $Si_8(Si^tBu_3)_6$。

已知最大的锡簇合物为[$Sn_{15}Z_6$]，其中 Z＝N(2,6-^{i}Pr$_2$C$_6$H$_5$)(SiMe$_2$X)，X＝Me，Ph。该簇合物骨架结构中，14 个 Sn 原子组成多面体，1 个 Sn 原子位于该多面体中心，8 个未连接配体的 Sn 原子位于变形的立方体顶点，在立方体的每个面上加帽，各有一个 Sn[N(2,6-^{i}Pr$_2$C$_6$H$_5$)(SiMe$_2$X)]基团，如图 14.7.4(e)所示。Sn$_{14}$ 多面体中 Sn—Sn 平均键长为 302 pm，而在 Sn@ Sn$_{14}$ 准金属簇合物中心的 Sn 原子和 14 个多面体顶点 Sn 之间的平均键长为 315 pm，比白锡 (β-Sn)的键长要长。

有趣的是，化合物 Si$_8$R$_6$(R＝Si^{i}Bu$_3$)并不存在立方体型簇合物骨架，替代它的是 Si—Si 单键较短(229 pm)的哑铃式 Si$_2$ 基团，它处在两个几乎平行的环的夹心之中，如图 14.7.4(f)所示，Si$_2$ 端桥连"反转"的四面体[类似于图 14.3.7(d)]，两个垂直于 Si$_3$R$_3$ 环的 Si—Si 键长为 233 pm，另一个键长为 257 pm。哑铃状的 Si$_2$ 基团无序地分布在 6 个位置上。

准金属间原子簇是指一种以上金属组成的原子簇，除第 14 族之外它还包含过渡金属，例如[$Ni@Sn_{17}$]$^{4+}$，[$Pd@Ge_{18}$]$^{4-}$，[$Ni(Ni@Ge_9)_2$]$^{4-}$，[$Ni@Pb_{10}$]$^{2-}$ 和[$Pt@Pb_{12}$]$^{2-}$，在最后一个结构中，Pt 原子封装在 Pb$_{12}$ 二十面体中，参见图 9.6.18。

14.7.5　Ge,Sn 和 Pb 的给体-受体配合物

R$_2$Sn→SnCl$_2$[R 为 CH(SiMe$_3$)C$_9$H$_6$N]体系提供了第一个在两个锡中心原子间形成稳定的给体-受体配合物例子，其结构示于图 14.7.5 中。烷基配位体 R 以 C-N 螯合形式键合于 Sn 原子，它采用五配位的四方锥形，该 Sn 原子直接和另一个 SnCl$_2$ 中的 Sn 原子键合，Sn—Sn 为键长 296.1 pm，它显著地长于 R$_2$Sn＝SnR$_2$[R 为 CH(SiMe$_3$)$_2$]中 Sn＝Sn 的键长 (276.8 pm)，而远短于在 Ar$_2$Sn---SnAr$_2$[Ar 为 2,4,6-(CF$_3$)$_3$C$_6$H$_2$]中 Sn---Sn 间的距离 (363.9 pm)。Sn—Sn 矢量和 SnCl$_2$ 平面间的折叠角度为 83.3°。

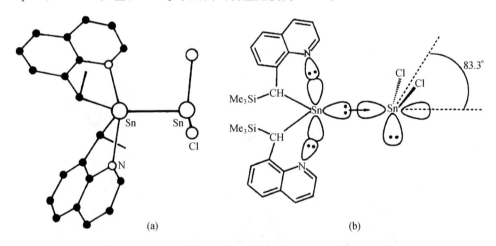

图 14.7.5　R$_2$Sn→SnCl$_2$[R 为 CH(SiMe$_3$)C$_9$H$_6$N]的结构：
(a) 分子结构(为清楚起见，SiMe$_3$ 基团已删去)；(b) 孤对电子形成给体-受体配位键。

一些含 Ge—Ge 和 Sn—Sn 键的给体-受体配合物列于表 14.7.2 中。表中的化合物形式上的化学式为

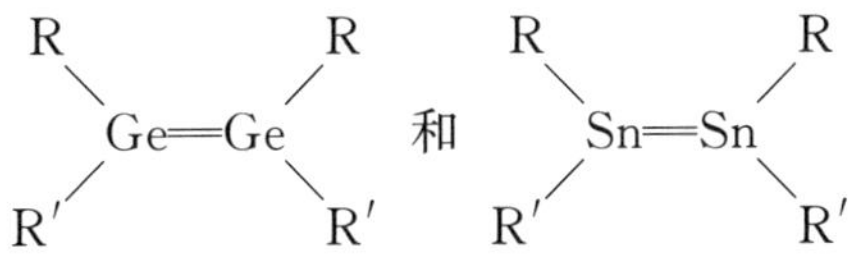

但 Ge=Ge 和 Sn=Sn 等 M=M 键长在很大的范围内变化。M_2C_2 骨架的构象不是平面形，它们不同于烯烃。所以 M=M 键实际上是多种多样的和富有意义的。下面讨论列于表中的两个例子。

表 14.7.2　一些含 Ge—Ge 和 Sn—Sn 键的给体-受体配合物

化合物*	M—M 键长/pm
$[Ge(2,6-Et_2C_6H_3)_2]_2$	Ge—Ge，221.3
$[Ge(2,6-{}^iC_3H_7)_2C_6H_3]\{2,4,6-Me_3C_6H_2\}_2$	Ge—Ge，230.1
$[Ge\{CH(SiMe_3)_2\}_2]_2$	Ge—Ge，234.7
A	Ge—Ge，248.3
$[Sn\{CH(SiMe_3)_2\}_2]_2$	Sn—Sn，276.8
$[Sn\{Si(SiMe_3)_3\}_2]_2$	Sn—Sn，282.5
$[Sn(4,5,6-Me_3-2-{}^tBuC_6H)_2]_2$	Sn—Sn，291.0
B	Sn—Sn，300.9
C	Sn—Sn，308.7
$[Sn\{2,4,6-(CF_3)_3C_6H_2\}_2]_2$	Sn—Sn，363.9

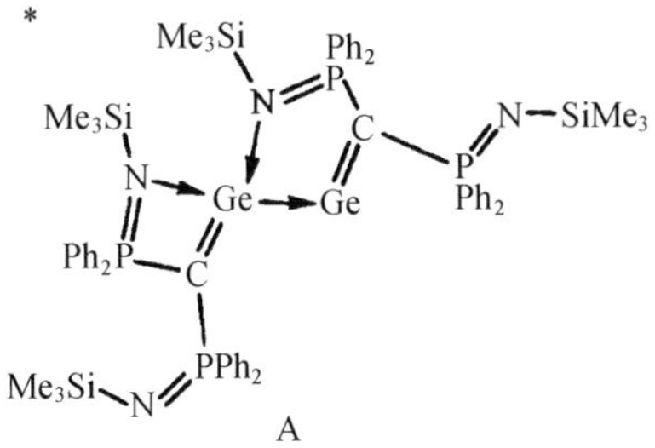

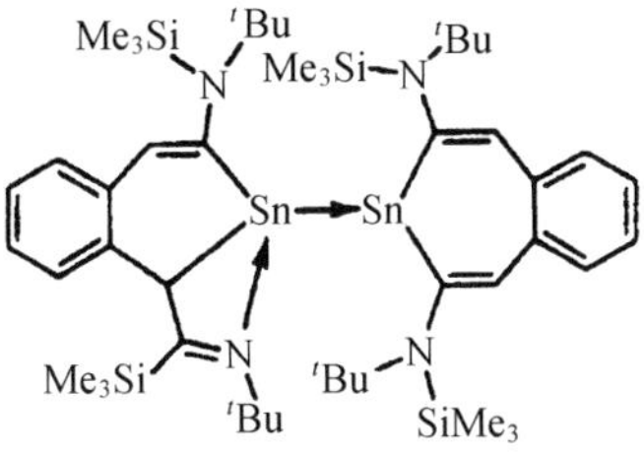

作为参考数据，"正常的" M—M 键长值从共价半径（表 3.4.3）计算得到，而"正常的" M=M 键长估计为 0.9×（单键键长）。这样"正常的"键长值为：

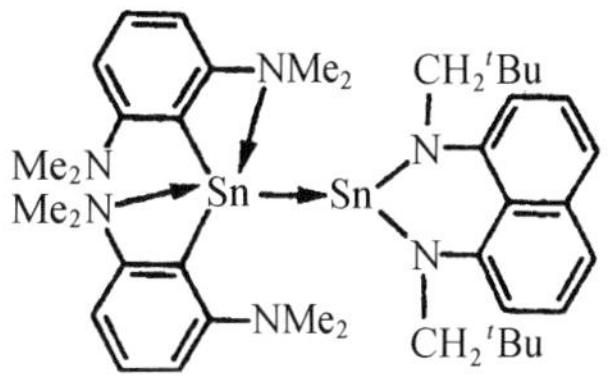

Ge—Ge 244 pm，　　　Ge=Ge 220 pm

Sn—Sn 280 pm，　　　Sn=Sn 252 pm

表 14.7.2 中的化合物 A，$(Me_3SiN=PPh_2)_2C=Ge{\rightarrow}Ge=C(Ph_2P=NSiMe_3)_2$ 由两个锗亚乙烯基单元 $[Ge=C(Ph_2P=NSiMe_3)_2]$ 按头对头的方式连接在一起组成。分子是不对称的，两个 Ge 原子的环境不同，一个四配位，一个二配位；C=Ge—Ge=C 骨架按反式连接，绕 Ge—Ge 轴的扭角约 43.9°，Ge—Ge 键长为 248.3 pm，和单键符合，Ge—C 键长分别为190.5 pm 和190.8 pm，处于标准的 Ge—C 和 Ge=C 键之间。所以化合物 A 中的 Ge—Ge 键更近似于用给体-受体相互作用来描述，如同图 14.7.5 中所示的 $R_2Sn{\rightarrow}SnCl_2$，而四配位 Ge 具有给体性质，二配位 Ge 则如同 Lewis 酸的中心。

化合物$[Sn\{CH(SiMe_3)_2\}_2]_2$ 不具有平面的 Sn_2C_4 骨架，Sn—Sn 键长 276.8 pm，和"正常的"双

键相比显得太长。成键的模式可设想为双重 Sn 原子的充满的 sp^2 杂化轨道和另一原子的空的 $5p$ 原子轨道叠加形成,如图 14.7.6 所示。这个结构类似于图 14.4.7(e)所示的形成双键的模型,但反弯角更大。

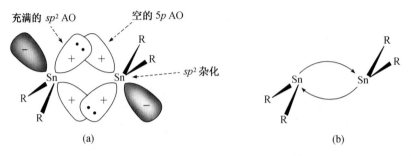

图 14.7.6　在[Sn{CH(SiMe₃)₂}₂]₂ 中 Sn—Sn 成键模式:
(a) 原子轨道的叠加;(b) 给体-受体键的表示。

二锗炔的类似物 2,6-Dipp₂H₃C₆Ge≡GeC₆H₃-2,6-Dipp₂ (Dipp 为 C₆H₃-2,6-^{i}Pr₂)是用 Ge(Cl)C₆H₃-2,6-Dipp₂ 和钾在 THF 或苯中反应制得。它是橘红色晶体,已通过光谱法和 X 射线衍射法全面予以表征。二锗炔分子呈中心对称,其中心为平面的反弯形 C—Ge—Ge—C 骨架,三苯基配体的中心芳香环实际上和分子骨架共面,而两侧的芳香环和它约转 82°。结构参数为:C—Ge 199.6 pm;Ge—Ge 228.5 pm[显著地比 Ge—Ge 单键键长(≈244 pm)短];C—Ge—Ge 键角 128.7°。实验测定的 Ge—Ge 距离处于二锗烯和二锗烯烃类似物键长范围 (221～246 pm)中短的一侧。

利用描述 Sn≡Sn 双键的相似模型,对二锗炔分子观察到的几何参数及多重键的特征,可以合理地用图 14.7.7(a)表示。在 C—Ge—Ge—C 平面中,每个 Ge 原子按 sp 杂化,其一端的轨道用于与三苯基配体形成 Ge—C 共价单键,另一端轨道被 2 个电子占满,它作为给体和平面中另一个 Ge 原子上空的 p 轨道形成配位键。每个 Ge 原子在垂直于分子骨干的平面有一个半充满的 p 轨道,它和另一个 Ge 原子相同方向的 p 轨道互相叠加,形成较弱的 π 键。这种成键图像和分子的反弯形几何结构一致。实际上 Ge≡Ge 键长比 Ge=Ge 键长短得不多。

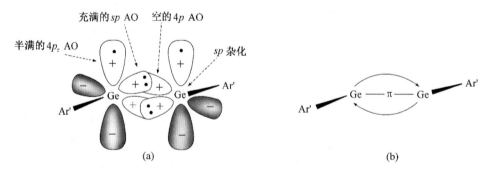

图 14.7.7　在 Ar′Ge≡GeAr′[Ar′ 为 2,6-(C₆H₃-2,6-^{i}Pr₂)₂C₆H₃]中的成键模型:
(a)原子轨道的叠加;(b)多重键的简单表示。

二锡炔 Ar′SnSnAr′ 和二铅炔 Ar*PbPbAr*[Ar* 为 2,4,6-(C₆H₃-2,6-^{i}Pr₂)₃C₆H₂]也已合成出晶体并全面地表征。它们和二锗炔同构,其结构参数为:Sn—Sn 266.75 pm;C—Sn—Sn 角 125.24°;Pb—Pb 318.81 pm;C—Pb—Pb 角 94.26°。最近有关二锗炔化学反应性的研究显示出其

有明显的二自由基特性,它可从每个 Ge 原子具有一不成对电子的正则形态结构表达,即忽略半充满的 $4p_z$ 轨道间的叠加。炔类似物的反应性大小次序为 Ge>Sn>Pb。在二铅炔中,Pb—Pb 键长显著地长于正常的有机金属物种,例如 $Me_3PbPbMe_3$ 中的 Pb—Pb 单键,据此提出在二铅化合物中各个 Pb 原子用 $6s$ 轨道容纳孤对电子,并按 $6p$ 轨道头对头地形成 σ 单键。

　　总之,第 14 族重元素间的多重键其本质和烯烃及炔烃中正常的 σ 键和 π 键不同。在 E=E 键(E 为 Ge,Sn,Pb)中,两个键都是由给体-受体配键组成。在 E≡E 中则包括两个给体-受体配位键和一个 $p\text{-}p\pi$ 键。这些成键模型致使它们的分子几何结构与碳化合物中单键、双键和叁键形成的分子几何结构存在显著的差异。

14.7.6　锗烯和锡烯化合物的结构

　　$GeCl_2$ 和 $SnCl_2$ 也称氯锗烯和氯锡烯,这一说法借鉴了碳烯(卡宾,carbene)即二价碳化合物的命名。

　　将氯锗烯(或氯锡烯)在低温下(−78℃)与 ^tBu—N=S=N—^tBu 和 PhLi 的乙醚溶液进行反应,可得图 14.7.8(a)所示的锡烯(或锗烯)化合物。晶体结构测定显示,Sn 原子带有孤对电子,采用三角锥形配位,Sn—Cl 键长为 248.4 pm,Sn—N 键长平均值为 217 pm;N—Sn—N

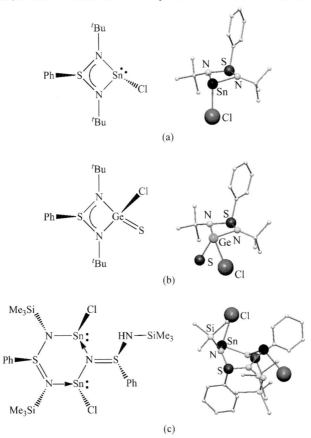

图 14.7.8　锗烯和锡烯化合物的结构:

(a) $PhS(N^tBu)_2SnCl$;　(b) $PhS(N^tBu)_2GeSCl$;　(c) $PhS(NSiMe_3)_2(SnCl)_2$

[参看:N. Nakata,N Hosada,S Takashi and A Ishii,*Dalton Trans.* **47**,481~490(2018).]

键角为 67°，N—Sn—Cl 键角平均值为 98°。

将氯锗烯(或氯锡烯)在室温下与 S_8 的 C_6D_6 溶液进行反应,可得图 14.7.8(b)所示的锗烯(或锡烯)化合物。Ge 原子由呈四面体形分布的 S、Cl 和两个 N 配位。Ge—Cl 键长为 214.1 pm,Ge—S 键长为 208 pm,Ge—N 键长平均值为 190 pm;N—Ge—N 键角为 76°,N—Ge—S 键角 121°,N—Ge—Cl 键角平均值为 109°,S—Ge—Cl 键角为 115°。

将氯锗烯(或氯锡烯)在低温下(−78℃)与 $Me_3Si—N$═S═$N—SiMe_3$ 和 PhLi 的乙醚溶液进行反应,可得图 14.7.8(c)所示的由两个三角锥形配位共顶点 N 原子相连的锡烯(或锗烯)化合物。其中,每个 Sn 原子都带有孤对电子。Sn—Cl 键长平均值为 251 pm,Sn—N 键长平均值为 224 pm;N—Sn—N 键角平均值为 91°,N—Sn—Cl 键角平均值为 90°。

14.8　σ 空穴和价电子的相互作用

14.8.1　σ 空穴和价电子相互作用的含义

σ 空穴指第 14～17 族元素的原子与电负性强的原子或者基团通过共价键连接时,电子云分布发生变化,概率密度呈现各向异性而出现的缺电子区域,该区域可能显正电性,也可能仍是负电性,但电子云密度比预期共价键延伸的密度要低。缺电子的 σ 空穴会和其他可提供电子的原子或基团(Lewis 碱)之间产生共价性的相互作用,这种作用增加了原子间的结合力,形成次级键。

文献中将这类次级键按提供 σ 空穴的原子所属的族给以不同的名称:对第 14 族的硅、锗、锡和铅,称为四族键(tetral bond),以符号 TrB 表示;对第 15 族的磷、砷、锑、铋,称为磷属键(pnicogen bond),以符号 PnB 表示;对第 16 族的硫、硒、碲,称为硫属键(chalcogen bond),以符号 ChB 表示;对第 17 族的氯、溴、碘,称为卤键(halogen bond),以符号 XB 表示。卤键最为常见,硫属键近年来研究也较多,而磷属键和四族键相对较少,各族元素形成的次级键及其特点将在相应的章节分别讨论。

本节讨论第 14 族元素的化合物中的四族键,即第 14 族元素作为 Lewis 酸与电子给体之间的相互作用。

14.8.2　硅及锗的四族键

对于硅和锗化合物中形成的 σ 空穴相互作用的情况,各举一例叙述如下。

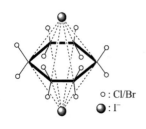

例 1. 化合物 Si_6X_{12}(X═Cl 或 Br)中,Si_6^{12+} 骨架呈环状椅式构型。当它和 $^nBu_4NI$ 发生化学反应后,在 TrB …I⁻ 作用下,形成反式三明治形结构的 $[Si_6X_{12}I_2]^{2−}$,结构中 I⁻ 出现在平面形六元环的上下两侧,六重对称地沿着 Si—X 共价键方向延伸,产生 TrB…X 相互作用,稳定产物的结构。图 14.8.1 中示出 Si_6Cl_{12} 分子及其与 I⁻ 结合的产物 $[Si_6X_{12}I_2]^{2−}$ 离子的结构。

图 14.8.1　$[Si_6X_{12}I_2]^{2−}$ 中的 TrB
(以虚线显示)。

○:Cl/Br
●:I⁻

例 2. 在顺式构象的锗基沸石双四元环立方体形负离

子结构中,包含一个 F^- 负离子,形成[$Ge_8O_{12}(OH)_8F$]笼式孔穴结构。孔穴中的 F^- 负离子和 8 个 Ge 原子之间均存在 Ge⋯F 的 TrB 相互作用,每个 TrB 都正对着孔穴外部 Ge—O 键的延伸方向,如图 14.8.2 所示。

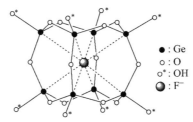

图 14.8.2　沸石[$Ge_8O_{12}(OH)_8F$]孔穴中的 Ge⋯F 相互作用。

(为清楚起见,略去双四元环外与 Ge 连接的基团。)

14.8.3　锡和铅参与的四族键作用

锡和铅在相应的体系中充当 Lewis 酸,与 Lewis 碱作用,产生强的四族键作用,可以形成各种超分子组装结构。下面举例说明。

1. 含 Sn 四族键的聚合链

例 1:在三(三甲基锡)甲烷基乙腈晶体结构中,氰基作为四族键中的孤对电子供体,与 Sn 原子作用,形成 1D 无限的聚合物链,N⋯Sn 之间的距离为 313.6 pm,如图 14.8.3(a)所示。

例 2:二溴二甲基锡和 1,4-二噻烷按 2∶1 形成共晶,它是由两种不同的四族键相互作用而连成的线性超分子聚合物,一种发生在 Sn 和轴向 S 的孤对电子之间,另一种在 Sn 和 Br 之间,如图 14.8.3(b)所示。

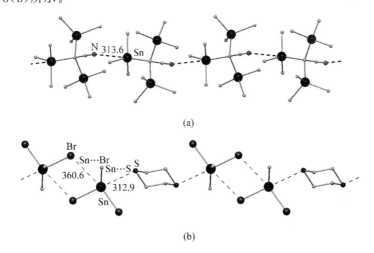

(a)

(b)

图 14.8.3　由 Sn 四族键形成的链状结构。

2. 含 Sn 四族键的层状结构

例 1:1,3-双(三甲基锡)-1,3,5,7-四氮杂-2,4,6,8-四硫代-2,2-二氧化物呈片状结构,通过两种不同的四族键相互作用而结合,一种是亚砜 O 原子作为孤对电子供体,Sn⋯O 键长为 309.1 pm,另一种则是四氮杂四硫董环的 N 原子提供电子对,N—Sn 键长为 338.0 pm,如图 14.8.4(a)所示。

　　例2：在(二氰基乙烯-1,2-二硫醇)二甲基锡的晶体结构中,通过 Sn···N 四族键和 S···N 硫属键的协同作用形成超分子片。Sn···N 四族键(306.8 pm)由 Sn 和两个相邻分子上的两个 N 原子形成,而 S···N 硫属键(317.3 pm)则在与 Sn 处于同一分子中的两个 S 原子和同样两个相邻分子上的两个 N 原子之间产生,如图 14.8.4(b)所示。

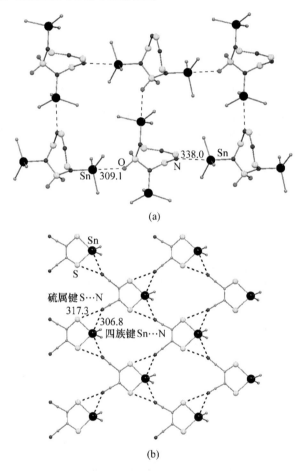

图 14.8.4　由 Sn 四族键形成的层状结构。

　　3. Pb(Ⅳ)化合物通过四族键的超分子组装
　　例1：二苯基-(2,2′-磺基二苯基硫代硫酸根-S,S′)-铅在结晶时,形成具有中心对称的二聚环。恰如所预期的 σ 空穴作用方式,其中的 Pb···S 四族键正对着极化最强的 Pb—S 键,如图 14.8.5 所示。

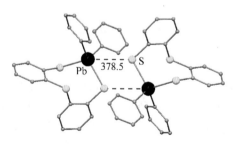

图 14.8.5　由 Pb(Ⅳ)四族键形成的二聚体。

　　例 2：三苯基-(2-溴苯基-硫代噻吩)铅(**6**) 通过 Pb⋯Br 四族键作用,形成线性聚合物型的晶体结构,其中四配位的 Pb(Ⅳ)充当 Lewis 酸,如图14.8.6所示。

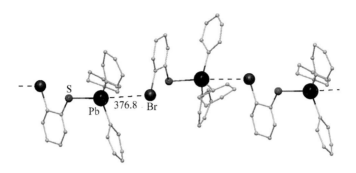

图 14.8.6　链式结构中的 Pb(Ⅳ)四族键。

4. Pb(Ⅱ)化合物通过四族键的超分子组装

　　Pb(Ⅱ)是铅更常见的价态形式。Pb^{2+} 离子半径大,配位数多变,特别是有 $6s^2$ 电子对——该电子对可以以惰性对存在,也可以表现为孤对,更赋予 Pb(Ⅱ)的配位多样性。图 14.8.7 示出 Pb(Ⅱ)配位模式的示意图,其中,(a)为半球不对称模式,(b)为对称模式。半球不对称的模式更有利于铅与其他配体之间作用而形成四族键。

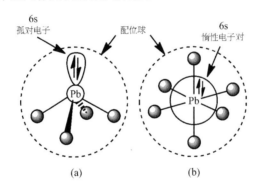

图 14.8.7　Pb(Ⅱ)的配位模式。

　　$Pb(SCN)_2$ 和不对称的有机配体 HL[图 14.8.8(a)]在甲醇中结晶,得到溶剂化的 $[Pb(HL)(SCN)_2]\cdot CH_3OH$,若将溶剂变为乙醇,得到$[Pb(HL)(SCN)_2]$。在两种晶体结构中,$Pb^{2+}$ 离子配位方式有区别。在分子[图 14.8.8(b)]中,配位不饱和,故可以进一步键合形成二聚体[图 14.8.8(c)],其中,Pb^{2+} 离子是六配位的,配位原子分别为螯合配体 L 上的 N,N,O,2 个硫氰酸根的 N 原子以及第 3 个硫氰酸根配体的 S 原子,通过此硫氰酸根作为桥基配体而形成双聚体。由于所有 6 个键都集中在配位球的一个半球上,因此该二聚体可以与另一个硫氰酸根的 S 原子连接,通过这种 Pb⋯S 四族键的作用进一步将二聚体连接成聚合链(图 14.8.9)。溶剂分子甲醇通过氢键与吡啶基的 N 原子连接。

　　在$[Pb(HL)(SCN)_2]$的晶体结构中(图 14.8.10),Pb^{2+} 离子是五配位的,配位原子分别为螯合配体 L 上的 N,N,O 和两个硫氰酸根的 N 原子,形成明显的半球形,因而可以形成两个 Pb⋯S 四族键,配合物单体单元之间相互连接形成 Z 字形双链。

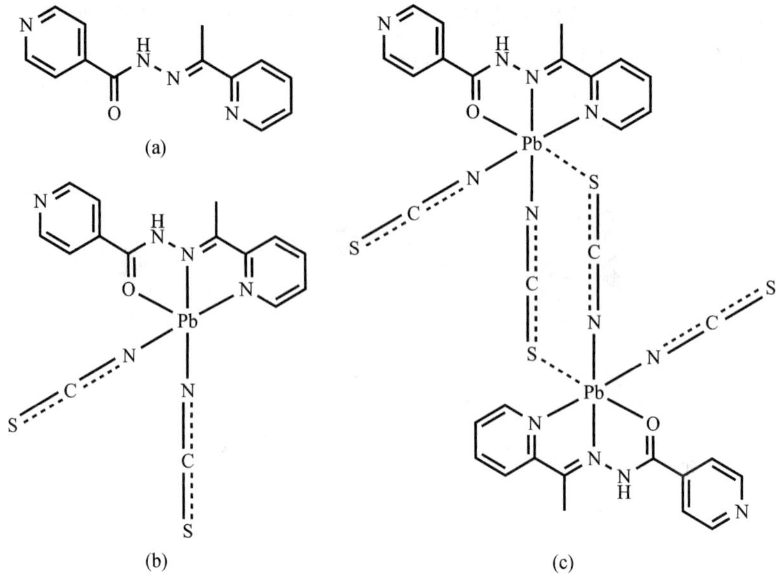

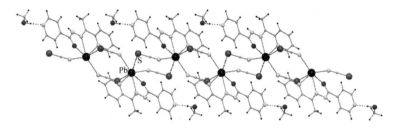

图 14.8.8 　(a) 有机配体 HL；(b) [Pb(HL)(SCN)₂]分子；(c) [Pb(HL)(SCN)₂]₂二聚体。

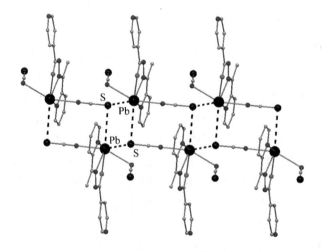

图 14.8.9 　[Pb(HL)(SCN)₂]·CH₃OH 的晶体结构。

图 14.8.10 　[Pb(HL)(SCN)₂]的晶体结构。

［参看：(1) A. Bauzá, S. K. Seth and A. Frontera, *Coord. Chem. Rev.* **384**，107～125(2019)；(2) M. S. Gargari, V. Stilinović, A. Bauzá, A. Frontera, P. MaArdle, D. V. Derveer, S. W. Ng and G. Mahmoudi, *Chem. Eur. J.* **21**，17951～17958(2015).］

14.9　第 14 族元素单原子零价配合物

14.9.1　卡本

卡本（carbone）是指含二配位碳(0)原子的碳物种 CL_2：

$$L \longrightarrow \ddot{C} \longleftarrow L$$

其中，中心原子碳(0)表现出独特的键合和供体特点，通过给体-受体相互作用它与两个 σ 供体 L 结合（L→C←L），而其所具有的 4 个价电子作为 2 个孤对电子参与其他物种的结合。卡本与卡宾（carbene）之间的重要区别在于，前者是四电子供体，而后者通常是二电子供体。图 14.9.1 示出数种碳(0)与配体形成卡本 CL_2 的结构式。

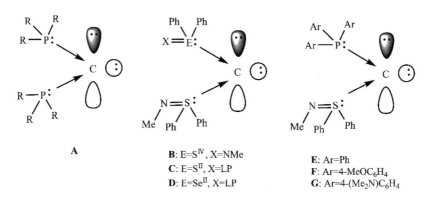

A

B: E=S^{IV}, X=NMe
C: E=S^{II}, X=LP
D: E=Se^{II}, X=LP

E: Ar=Ph
F: Ar=4-MeOC$_6$H$_4$
G: Ar=4-(Me$_2$N)C$_6$H$_4$

图 14.9.1　不同 L 配体稳定的卡本。

不同的 L 配体可以对卡本的形成及其配位产生影响。图 14.9.1 中，二膦碳烷（A，缩写为 BPC）也称为双(膦)碳(0)，膦基起到稳定作用；双硫属烷基亦可稳定碳(0)物种（BChCs，Ch 代表含硫属原子的基团），如图中示出的双(亚氨基硫代)碳(0)（B：BiSC）、亚氨基硫烷-(硫代)碳(0)（C：iSSC）和亚氨基硫醚(硒烷)碳(0)（D：iSSeC），以及磷代和硫代稳定的卡本[亚氨基硫(膦)碳(0)，(E～G：iSPC)]。

理论和实验工作表明，具有 σ 和 π 孤对电子的碳可与含空 σ 和 π 轨道的双 Lewis 酸结合，形成卡本复合物。

14.9.2　金和银的卡本复合物

在已知的卡本复合物中，金和银的复合物最引人关注。图 14.9.2 示出 $(AuCl)_2C(PPh_3)_2$ 的分子结构。其中，中心碳原子与两个 Au(I)原子键合，向每个 Au(I)原子贡献一个电子对，显示出二连接碳(0)的特征。此实例显示，具有 σ 和 π 孤对电子的碳可与含空 σ 和 π 轨道的两个金属原子结合。

在 $(AuCl)_2C(PPh_3)_2$ 结构中，部分键长数据如下：Au···Au 为 314.32 pm，Au—C 为 207.4～207.8 pm，Au—Cl 为 229.46～229.74 pm，C—P 为 178～183 pm。

和金相似，银也可以形成卡本复合物。对于含硫属原子基团（BChCs）的配体，合成得到由

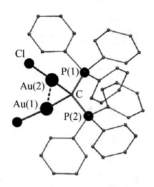

图 14.9.2   双核金(Ⅰ)卡本的分子结构。

BChCs 稳定的系列单核、二核和四核银配合物,如图 14.9.3 所示。其中,亚氨基硫烷取代基上的亚氨基氮作为 σ 和 π 给体可以稳定银簇。

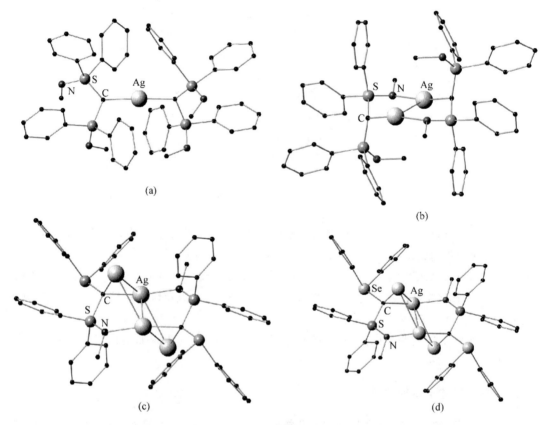

图 14.9.3   单核、双核和四核银配合物的分子结构。
[忽略 H 原子和三氟代甲磺酸根(缩写为 TfO)阴离子。]

14.9.3   硫硒磷化合物作为配体的碳(0)配合物

1. 硫硒的碳(0)配合物

$Ph_2Se^{II} \rightarrow C \leftarrow S^{IV}Ph_2(NMe)$ 是第一个含有 Se^{II} 作为配位原子的卡本。在通过 X 射线晶体

学确定的分子结构中,$S^{IV} \rightarrow C$ 和 $Se^{II} \rightarrow C$ 键长分别为 165.4 pm 和 187.6 pm。图 14.9.4 中将其分子结构与 $Ph_2S^{II} \rightarrow C \leftarrow S^{IV}Ph_2(NMe)$ 进行对比,它们各自的片段[(a) $S^{II} \rightarrow C \leftarrow S^{IV}$:106.7°,(b) $Se^{II} \rightarrow C \leftarrow S^{IV}$:105.5°]均有明显弯曲。

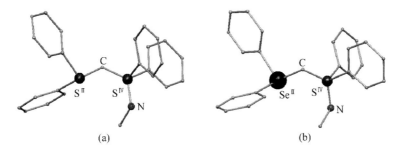

图 14.9.4　硫硒的碳(0)配合物的分子结构:
(a) $Ph_2S^{II} \rightarrow C \leftarrow S^{IV}Ph_2(NMe)$;(b) $Ph_2Se^{II} \rightarrow C \leftarrow S^{IV}Ph_2(NMe)$。

2. 膦亚砜碳(0)化合物及其卡本复合物

这里给出一种新型的具有膦和亚砜配位点的碳(0)配体,与相关的膦/硫化物支撑的碳(0)配合物相比,它具有出色的配位能力。经由叶立德(1)合成膦亚砜碳(0)(2)的路线如下:

(2)有亲核特性,在实验中可与碘甲烷迅速反应,形成相应的 C-甲基化的盐(3),也可以与金的化合物反应形成卡本复合物(4):

X 射线衍射分析证实了(1)[图 14.9.5(a)] 和(2)[图 14.9.5(b)]的分子结构。

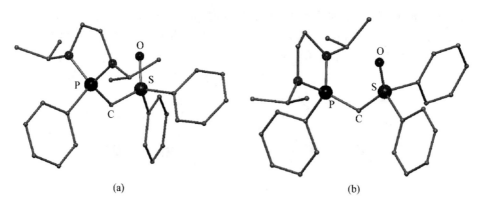

图 14.9.5　(1)和(2)的分子结构。

结构中典型键长：(1)中，S—C 键长为 165～178 pm，P—C 键长为 172～179 pm；(2)中，S—C 键长为 159～180 pm，P—C 键长为 166～180 pm，具有差别。

X 射线衍射分析得到(4)，即[(AuCl)$_2$C(SOPh$_2$)][PPh(NPrCH$_2$)$_2$]的分子结构，如图 14.9.6 所示。其中，C—Au 键长(205.6 pm 和 207.1 pm)短于相应碳二磷烷和碳二碳烯形成的二金配合物中的 C—Au 键长(分别为 207.4 pm 和 207.8 pm，208.0 pm 和 210.3 pm)。Au(1)-Au(2) 亲金相互作用间距 301.8 pm，处于其他类似取代的二金卡本(295.2～314.3 pm)范围之内。

图 14.9.6　(4)的分子结构。

膦亚砜-卡本(2)与 0.5 化学计量的[RhCl(COD)]$_2$反应可得顺,顺-1,5-环辛二烯铑(Ⅰ)(5)，这是一个独特的铑(Ⅰ)的配合物。溶液中，该配合物低温下保持稳定，但在室温下缓慢分解。在 −78℃ 下将一氧化碳气体鼓泡通入(5)的 THF 溶液，可制备得到相应的铑(Ⅰ)二羰基配合物(6)：

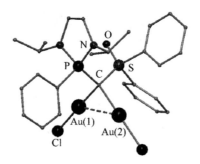

X 射线衍射分析确定了配合物(5)[图 14.9.7(a)]和(6)[图 14.9.7(b)]的分子结构，其中，P—C 键长(170.7 pm 和 170.9 pm)和 S—C 键长(164.0 pm 和 165.4 pm)，键长与它们在

（1）和（3）中观察到的相近,这意味着中心碳原子只用一个孤对电子与 Rh 中心相互作用。

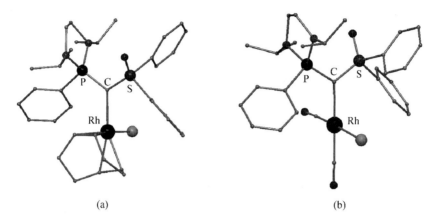

(a)　　　　　　　　　　　　　(b)

图 14.9.7　膦/硫取代的碳（0）与铑（Ⅰ）的配合物（5）和（6）的分子结构。

［参看：（1）T. Fujii, T. Ikeda, T. Mikami, T. Suzuki and T. Yoshimura, Synthesis and structure of (MeN)Ph$_2$S＝C＝SPh$_2$(NMe). *Angew. Chem. Int. Ed.* **41**, 2576～2578(2002).；（2）T. Morosaki, T. Suzuki, W. W. Wang, S. Nagase and T. Fujii, Syntheses, structures, and reactivities of two chalcogen-stabilized carbones. *Angew. Chem. Int. Ed.* **53**, 9569～9571 (2014).；（3）T. Morosaki, T. Suzuki and T. Fujii, Syntheses and structural characterization of mono-, di-, and tetranuclear silver carbone complexes. *Organometallics* **35**, 2715～2721 (2016).；（4）J. Vicente, A. R. Singhal and P. G. Jones, New ylide-, alkynyl-, and mixed alkynyl/ylide-gold(I) complexes. *Organometallics* **21**, 5887～5900 (2002).］

14.9.4　单原子零价 14 族重元素的卡本复合物

将中心原子由 C(0)扩展为第 14 族其他元素 E,可得一类零价的第 14 族的卡本同系物,通式为 EL$_2$,示意图如下：

$$L \longrightarrow \overset{\displaystyle ..}{\underset{\displaystyle ..}{E}} \longleftarrow L$$

其中,E＝Si,Ge,Sn,Pb;L 为中性 σ 给体配体。这类化合物又称为 14 族卡本（tetrylones, ylidones）。在这类化合物中,第 14 族原子 E（0）自有的 4 个价电子作为 2 个孤对电子,通过供体-受体相互作用（L→E←L）接受两个 L 配体配位,硅、锗、锡和铅所形成的卡本同系物,分别叫作硅卡本（silylone）、锗卡本（germylone）、锡卡本（stannylone）和铅卡本（plumbylone）。tetrylones 与 tetrelenes(ylidenes,＞E：)显著不同,后者中 E 仅包含一个孤对电子和两个共价键。

锡卡本三锡二烯[图 14.9.8(a)]是第一例 14 族重元素的 14 族卡本,由 Wiberg 等人在 1999 年合成。X 射线结构分析表明,存在弯曲的 Sn—Sn—Sn 实体(156.01°,Sn—Sn 键很短,键长均值为 268.3 pm)。2003 年,Kira 与合作者报道了热稳定性好但对空气敏感的绿色晶体三硅二烯[图 14.9.8(b)]的合成,−150℃下测得的分子结构中存在明显弯曲 Si＝Si＝Si 骨架(键角 136.49°),硅二烯中 Si＝Si 键长分别为 217.7 pm 和 218.8 pm。

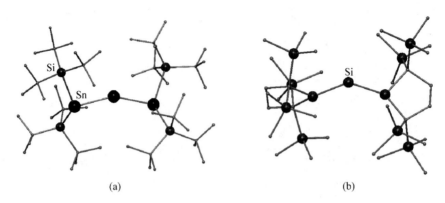

图 14.9.8　(a)三锡二烯和(b)三硅二烯的分子结构

　　Kira 与合作者进一步开展工作,首次报道了 1,3-二硅锗二烯(Si—Ge—Si 键角为 132.38°)、三锗二烯 (Ge—Ge—Ge 键角为 122.61°)和 1,3-二锗硅二烯(Ge—Si—Ge 键角为 125.71°),如图 14.9.9 所示。

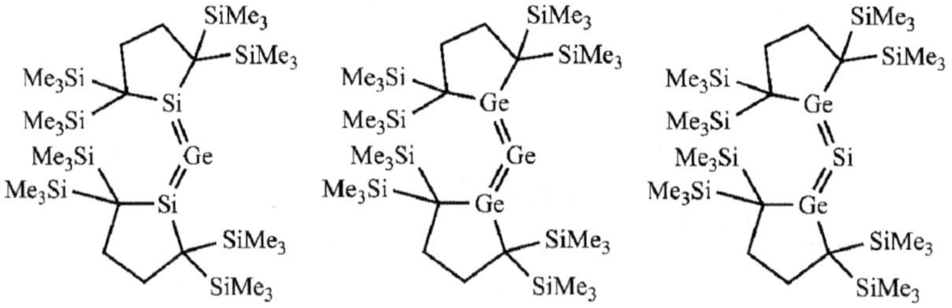

图 14.9.9　杂四族二烯的结构:

(a) 1,3-二硅锗二烯;(b) 三锗二烯;(c) 1,3-二锗硅二烯。

［参看:P. K. Majhi and T. Sasamori, Tetrylones:An intriguing class of monoatomic zero-valent group 14 compounds. *Chem. Eur. J.* **24**,9441～9455 (2018).］

参 考 文 献

［1］ J. Baggott, *Perfect Symmetry*, *The Accidental Discovery of Buckminster Fullerene*, Oxford University Press, Oxford, 1994.

［2］ H. W. Kroto, J. E. Fischer and D. E. Cox(eds.), *Fullerenes*, Pergamon Press, Oxford, 1993.

［3］ A. Hirsch and M. Brettreich, *Fullerenes:Chemistry and Reactions*, Wiley-VCH, Weinheim, 2005.

［4］ T. Akasaka and S. Nagase (eds.), *Endofullerenes:A New Family of Carbon Clusters*, Kluwer, Dordrecht, 2002.

［5］ M. Meyyappan (ed.), *Carbon Nanotubes:Science and Applications*, CRC Press, Boca Raton, 2005.

［6］ M. A. Brook, *Silicon in Organic, Organometallic, and Polymer Chemistry*, Wiley, New York, 2000.

［7］ P. Jutzi and U. Schubert (eds.), *Silicon Chemistry:From the Atom to Extended Systems*, Wiley-

VCH，Weinheim，2003.

[8]　W. M. Meier and D. H. Olson, *Atlas of Zeolite Structure Types*, Butterworths, London, 1987.

[9]　M. Sawamura, Y. Kuninobu, M. Toganoh, Y. Matsuo, M. Yamanaka, and E. Nakamura, Hybrid of ferrocene and fullerene. *J. Am. Chem. Soc.* **124**,9354~9355(2002).

[10]　S. Y. Xie, F. Gao, X. Lu, R. -B. Huang, C. -R. Wang, X. Zhang, M. -L. Liu, S. -L. Deng and L. -S. Zheng, Capturing the labile fullerene[50] as $C_{50}Cl_{10}$. *Science* **304**, 699(2004).

[11]　S. Stevenson, G. Rice, T. Glass, K. Harich, F. Cromer, M. R. Jordan, J. Craft, A. Hadju, R. Bible, M. M. Olmsted, K. Maitra, A. J. Fisher, A. L. Balch and H. C. Dorn, Small-bandgap endohedral metallofullerenes in high yield and purity. *Nature* **401**, 55~57(1999).

[12]　T. Murahashi, M. Fujimoto, M. -a. Oka, Y. Hashimoto, T. Uemura, Y. Tatsumi, Y. Nakao, A. Ikeda, S. Sakaki and H. Kurosawa, Discrete sandwich compounds of monolayer palladium sheets. *Science* **313**, 1104~1107 (2006).

[13]　O. T. Summerscales, F. G. N. Cloke, P. B. Hitchcock, J. C. Green and N. Hazari, Reductive cyclotrimerization of carbon monoxide to the deltate dianion by an organometallic uranium complex. *Science* **311**, 829~831 (2006).

[14]　D. R. Huntley, G. Markopoulos, P. M. Donovan, L. T. Scott and R. Hoffmann, Squeezing C—C bonds. *Angew. Chem. Int. Ed.* **44**, 7549~7553 (2005).

[15]　U. Ruschewitz, Binary and ternary carbides of alkali and alkaline-earth metals. *Coord. Chem. Rev.* **244**, 115~136 (2003).

[16]　G. -C. Guo, G. -D. Zhou and T. C. W. Mak, Structural variation in novel double salts of silver acetylide with silver nitrate: Fully encapsulated acetylide dianion in different polyhedral silver cages. *J. Am. Chem. Soc.* **121**, 3136~3141 (1999).

[17]　H. B. Song, Q. M. Wang, Z. Z. Zhang and T. C. W. Mak, A novel luminescent copper(Ⅰ) complex containing an acetylenediide-bridged, butterfly-shaped tetranuclear core. *Chem. Commun.*, 1658~1659 (2001).

[18]　A. Sekiguchi, S. Inoue, M. Ichinoche and Y. Arai, Isolable anion radical of blue disilene ($^tBu_2$ $MeSi)_2Si=Si(SiMe^tBu_2)_2$ formed upon one-electron reduction: Synthesis and characterization. *J. Am. Chem. Soc.* **126**, 9626~9629 (2004).

[19]　S. Nagase. Polyhedral compounds of the heavier group 14 elements: Silicon, germanium, tin and lead. *Acc. Chem. Res.* **28**, 469~476(1995).

[20]　M. Brynda, R. Herber, P. B. Hitchcock, M. F. Lappert, I. Nowik, P. P. Power, A. V. Protchenko, A. Ruzicka and J. Steiner, Higher-nuclearity group 14 metalloid clusters: $[Sn_9\{Sn(NRR')\}_6]$. *Angew. Chem. Int. Ed.* **45**, 4333~4337 (2006).

[21]　G. Fischer, V. Huch, P. Maeyer, S. K. Vasisht, M. Veith and N. Wiberg, $Si_8(Si^tBu_3)_6$: A hitherto unknown cluster structure in silicon chemistry. *Angew. Chem. Int. Ed.* **44**, 7884~7887 (2005).

[22]　W. P. Leung, W. H. Kwok, F. Xue and T. C. W. Mak, Synthesis and crystal structure of an unprecedented tin(Ⅱ)-tin(Ⅱ) donor-acceptor complex, $R_2Sn \rightarrow SnCl_2$, $[R=CH(SiMe_3)C_9H_6N_8]$. *J. Am. Chem. Soc.* **119**, 1145~1146(1997).

[23]　W. P. Leung, Z. X. Wang, H. W. Li and T. C. W. Mak, Bis(germavinylidene)-[(Me_3SiN= PPh_2)_2C=Ge \rightarrow Ge=C(Ph_2P=NSiMe_3)]and 1,3-dimetallacyclobutanes$[M\{\mu^2\text{-}C(Ph_2PSiMe_3)_2\}]_2$ (M=Sn, Pb). *Angew. Chem. Int. Ed.* **40**, 2501~2503(2001).

[24]　W. P. Leung, H. Cheng, R. B. Huang, Q. C. Yang and T. C. W. Mak, Synthesis and structural

characterization of a novel asymmetric distannene [{1-{N(Bu^t)C(SiMe$_3$)C(H)}-2-{N(Bu^t)(SiMe$_3$)CC(H)}-C$_6$H$_4$}Sn→Sn{1,2-{N(Bu^t)(SiMe$_3$)CC(H)}$_2$C$_6$H$_4$}]. *Chem. Commun.*，451～452(2000).

[25] N. Tokitoh，New progress in the chemistry of stable metalla-aromatic compounds of heavier group 14 elements. *Acc. Chem. Res.* **37**，86～94(2004).

[26] M. Stender，A. D. Phillips，R. J. Wright and P. P. Power，Synthesis and characterization of a digermanium analogue of an alkyne. *Angew. Chem Int. Ed.* **41**，1785(2002).

[27] P. P. Power，Synthesis and some reactivity studies of germanium，tin and lead analogues of alkyne. *Appl. Organometal. Chem.* **19**，488(2005).

[28] R. Xu，W. Pang，J. Yu，Q. Huo and J. Chen(eds.)，*Chemistry of Zeolites and Related Porous Materials：Synthesis and Structure*，Wiley(Asia)，Singapore，2007.

[29] 周公度，碳和硅结构化学的比较. 大学化学，**20**(4)，1～7 和 **20**(5)，1～7(2005).

[30] 周公度，化学中的多面体，北京：北京大学出版社，2009.

第 15 章　第15族元素的结构化学

15.1　N_2 分子、纯氮离子和二氮配合物

15.1.1　N_2 分子

氮是地球表面上以单质存在的最丰富的元素,它以双原子分子 N_2 形式存在。按体积计,N_2 分子占大气组成的 78.1%,按质量计占 75.5%。氮对所有形式的生命物质都是不可缺少的元素。平均而言,按质量计蛋白质中氮占 15% 左右,是组成生命物质的 4 种主要元素(C,H,O,N)之一。N_2 是生产农业用的肥料和各种含氮化学产品的固氮工业的主要原料。

N_2 分子的价层分子轨道能级图示意于图 3.3.3(a)中。由 1 个 σ 键和 2 个 π 键组成的 N≡N 三重键说明 N_2 分子具有特殊的稳定性。室温下 N_2 是一种惰性的气体,这是由于 N≡N 三重键具有很高的强度,键解离能达 945 kJ mol^{-1}。 N≡N 键很短,为 109.7 pm,在 HOMO 和 LUMO 之间有较大能隙(约 8.6 eV),同时在分子中电荷对称地分布,为非极性分子。由于这些原因致使它成为惰性分子。下列自然现象及性质和 N_2 的这一结构特征有关:

(1) 地球大气组成成分中 N_2 分子约占 78%。

(2) 氮很难"固定",即很难用一般化学反应的方法直接将 N_2 分子解离并转变为其他含氮化合物。

(3) 放出 N_2 气体的化学作用经常具有很强的放热效应和爆炸性。

15.1.2　纯氮离子和N的连接性

纯粹由 N 原子组成的离子,已知有 N^{3-},N_3^- 和 N_5^+,现分述于下:

1. 氮负离子 N^{3-}

已知 N^{3-} 和第 1 族的 Li 以及第 11 族的 Cu 和 Ag 形成 M_3N 离子化合物,还可以与第 2 族的 Be,Mg,Ca,Sr,Ba 和第 12 族的 Zn,Cd,Hg 形成 M_3N_2 离子化合物。在这些化合物中 N 和 M 间离子键占重要成分。N^{3-} 的离子半径为 146 pm。Li_3N 具有很高的离子导电性,主要载流子是 Li^+。Li_3N 的晶体结构已在 12.2 节中讨论到。

2. 叠氮负离子 N_3^-

N_3^- 是由叠氮酸 HN_3 与碱中和而生成的负离子。HN_3 的构型如右图所示。叠氮离子 N_3^- 具有对称的直线形结构,键长118 pm,可和碱金属和碱土金属形成离子化合物,如 NaN_3,KN_3,$Sr(N_3)_2$,$Ba(N_3)_2$ 等,它们可熔化而分解很少。相应的第 11 和 12 族金属叠氮化合物,如 AgN_3、$Cu(N_3)_2$ 和 $Pb(N_3)_2$ 等对震动敏感,容易震爆。它们的结构较复杂,化学键中离子性少。将 Me_3SiN_3 和 $(PPh_4)(N_3)$ 在乙醇中反应,可得 $(PPh_4)^+$ $(N_3HN_3)^-$,其负离子由 N_3^- 和 HN_3 通过氢键连接而成,非平面形离子,如图 15.1.1(a)所示。在这些叠氮化合物和过渡金属叠氮化合物中,N_3^- 主要按端接方式和金属离子配位,M—N

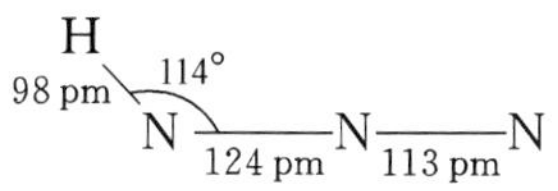

间以共价键为主。N_3^- 既可作端接配位体,也可作桥连配位体,例如 $Cu_2(N_3)_2(PPh_3)_4$ 和 $[Pd_2(N_3)_6]^{2-}$,它们的结构式见图 15.1.1(b)和(c)。N_3^- 还能和非金属原子如 As 结合,生成 $[As(N_3)_6]^-$,它的连接方式如图 15.1.1(d)。

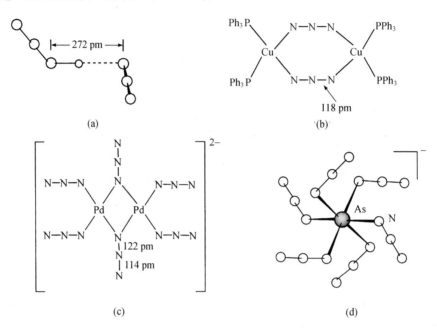

图 15.1.1　一些叠氮化合物的结构:
(a) $(N_3HN_3)^-$;(b) $Cu_2(N_3)_2(PPh_3)_4$;(c) $[Pd_2(N_3)_6]^{2-}$;(d) $[As(N_3)_6]^-$。

　　表 15.1.1 列出迄今已观察到的 N_3^- 和金属原子 M 的配位型式。最高的配位型式为(h),它存在于复盐 $AgN_3 \cdot 2AgNO_3$ 中。

表 15.1.1　N_3^- 和金属原子的配位型式

(a)　(b)　(c)　(d)　(e)　(f)　(g)　(h)

　　铀(Ⅳ)七叠氮负离子 $U(N_3)_7^{3-}$ 已作为 n-四丁基铵盐合成制得。它是第一个锕族的单一叠氮配体化合物,也是第一个已测定结构的七叠氮配位化合物。$(Bu_4N)_3[U(N_3)_7]$ 有两种多晶型物:从 $CH_3CN/CFCl_3$ 中结晶得 A 型,从 CH_3CH_2CN 中结晶得 B 型。A 型的空间群为

$Pa\bar{3}$，$Z=8$，因此 U 原子和 3 种独立的叠氮基之一处于晶体学的三重轴位置上，按从上而下 $1:3:3$ 的排列形成以 U 原子为中心，叠氮配位体按单加帽八面体方式排列，如图 15.1.2(a) 所示。B 型晶体的空间群为 $P2_1/c$，$Z=4$，叠氮配位体按 $1:5:1$ 排列形成变形的五角双锥配位型式，如图 15.1.2(b) 所示，U—N_a 的键长处在 $232\sim243$ pm。

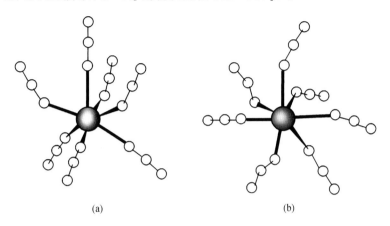

(a)　　　　　　　　(b)

图 15.1.2　$(Bu_4N)_3[U(N_3)_7]$ 晶体中 $U(N_3)_7^{3-}$ 的分子结构：(a)A 型；(b)B 型。

[参看：M. -J. Crawford，A. Ellern and P. Meyer，*Angew. Chem. Int. Ed.* **44**，7874~7878(2005)。]

$[(C_5Me_5)_2U(\mu\text{-}N)U(\mu_3\text{-}N_3)(C_5Me_5)_2]_4$ 也有两种同分异构体，采用 X 射线衍射法表征了解其结构。在其四聚大环中，8 个 $(\eta^5\text{-}C_5Me_5)_2U^{2+}$ 单位的电荷由 4 个 N_3^- 和 4 个 N^{3-} 配体的负电荷平衡。同分异构体 A 的 $(UNUN_3)_4$ 环呈准皇冠形(或椅式)构象，而异构体 B 则呈现准马鞍形(或船式)构象，如图 15.1.3 所示。U—N(叠氮)键长为 $246.7\sim252.5$ pm，比标准 U(Ⅳ)—N 单键更长。U—N(阴离子)的键长($204.7\sim209.0$ pm)和 UNU 部分中对称形的键级相一致，而不是不对称的一重键和三重键交替排列的模式：

$$U\!=\!N\!=\!U \quad \longleftrightarrow \quad U\!\doteq\!N\!=\!U \qquad\qquad U\!-\!N\!\equiv\!U$$

　　对称形　　　　　　　　　　　　　　　　不对称形

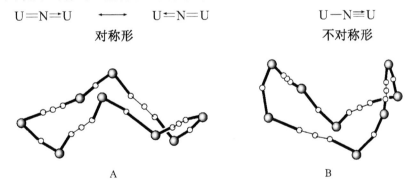

A　　　　　　　　　　　　　　B

图 15.1.3　两种 $[(C_5Me_5)_2U(\mu\text{-}N)U(\mu_3\text{-}N_3)(C_5Me_5)_2]_4$ 的多晶型结构中 $(UNUN_3)_4$ 环的结构。

[在 A 型中为准皇冠形构象，在 B 型中为准马鞍形构象。和每个 U 原子结合的一对 $\eta^5\text{-}C_5Me_5$ 没有示出。

　　参看：W. J. Evans，S. A. Kozimor and J. M. Ziller，*Science* **309**，1835~1838(2005)。]

3. 五氮正离子 N_5^+

N_5^+ 正离子首先于 1999 年出现在白色晶体 $N_5^+(AsF_6)^-$ 中。$N_5(AsF_6)$ 微溶于无水 HF，低于 -78℃ 稳定。N_5^+ 正离子有着闭壳层单重基态结构，通过 Raman 光谱和 ^{14}N 及 ^{15}N 核的

NMR 测定它具有 C_{2v} 对称性。一系列 1∶1 的 N_5^+ 和一价负离子,如 HF_2^-（作为 $N_5^+ HF_2^- \cdot nHF$）,BF_4^-,PF_6^-,SO_3F^-,$Sb_2F_{11}^-$,$B(N_3)_4^-$ 和 $P(N_3)_6^-$ 等形成的盐也相继制得。其中 $N_5(Sb_2F_{11})$ 室温下稳定,通过晶体结构测定的分子构型示于图 15.1.4 中。注意离子两端 N—N—N 键略有弯曲,为 168°。关于这个正离子的成键情况已在 5.8.3 小节中作了描述。

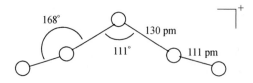

图 15.1.4　由晶体结构测得的 N_5^+ 的构型。

　　氮的连接性是指化合物中 N 原子相互连接在一起的程度。氮的连接性远不如碳,也不如磷。这是由于在较小的以单键结合的 N 原子中存在着非键电子对,它显著地减弱 N—N 键,它也容易受到各种亲电物种的作用。迄今除上述 N_3^- 和 N_5^+ 外,已知含氮原子链及环的化合物的结构和实例列于表 15.1.2 中。注意在这些实例中的氮原子链都不是直线的构型。

表 15.1.2　N 原子的连接性

链或环中氮原子的数目	链或环中的键	实　　例
3	$[N{-}N{-}N]^+$	$[H_2NNMe_2NH_2]Cl$
3	$N{-}N{=}N$	$MeHN{-}N{=}NH$
4	$N{-}N{=}N{-}N$	$H_2N{-}N{=}N{-}NH_2$, $Me_2N{-}N{=}N{-}NMe_2$
4	$N{-}N{-}N{-}N$	$(CF_3)_2N{-}N(CF_3){-}N(CF_3){-}N(CF_3)_2$
5	$N{=}N{-}N{-}N{=}N$	$PhN{=}N{-}N(Me){-}N{=}NPh$
6	$N{=}N{-}N{-}N{-}N{=}N$	$PhN{=}N{-}N(Ph){-}N(Ph){-}N{=}NPh$
8	$N{=}N{-}N{-}N{=}N{-}N{-}N{=}N$	$PhN{=}N{-}N(Ph){-}N{=}N{-}N(Ph){-}N{=}NPh$
5	(环状结构图)	(环状结构图)

15.1.3　具有立方网状结构的聚合氮

　　在高于 2000 K 的温度和超过 110 GPa 的压力下,N_2 分子转化为一种透明的同素异形体,其采用与理论预测相符的立方网状（cg-N）结构。晶体学及相关数据如下:$T = 295$ K,空间群 $I2_13$（No. 199）,$Z = 4$,$a = 345.42$ pm,Wyckoff 位置 8(a),$x = 0.067$。晶体结构中,每个 N 原子与 3 个最近邻的 N 原子以共价键结合,测得的键长为 134.6 pm（图 15.1.5）。

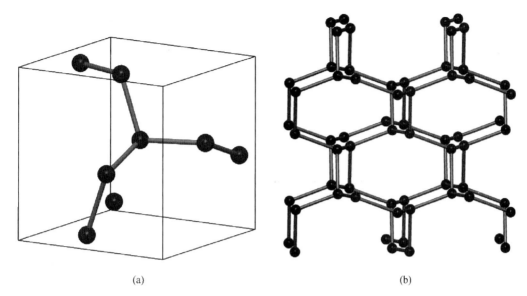

(a) (b)

图 15.1.5 氮的立方网状(cg-N)晶体结构:
(a) 立方晶胞;(b) 扩展的三维聚合网络。

[参看:M. I. Eremets, A. G. Gavriliuk, I. A. Trojan, D. A. Dzivenko and R. Boehler, Single-bonded cubic form of nitrogen. *Nat. Mater.* **3**, 558~563 (2004).]

15.1.4 二氮配合物

N_2 分子能和一些过渡金属化合物直接反应生成二氮配合物,N_2 作为一个配位体和金属原子 M 有着多种配位型式。二氮配合物的结构和性质对了解生物固氮模型有重大意义,也是了解合成含氮化合物反应机理的重要基础。已知二氮配位体的配位型式列于表 15.1.3 中,有关若干二氮金属配合物中的二氮配位体和金属原子配位的骨架结构示于图 15.1.6 中。下面分别按配位型式进行讨论:

1. η^1-N_2

第一个以 N_2 分子作为配位体的配合物为$[Ru(NH_3)_5(N_2)]Cl_2$,它是在 1965 年合成并予以鉴定的。Ru 为八面体形配位,配位型式示于图 15.1.6(a)。在配合物$(Et_2PCH_2CH_2PEt_2)_2Fe(N_2)$中,Fe 原子为三方双锥形配位,$N_2$ 处在赤道平面,如图15.1.6(a')。已发现的大多数二氮配合物属于 η^1-N_2 型式,在这种配位型式中,二氮配位体以直线形端接,N—N 间的距离(112~114 pm)较气态 N_2 分子的键长 109.7 pm 略有增加。

2. μ-(双-η^1)-N_2

在这种配位型式中,二氮作为桥连配位体以直线形连接两个金属原子,按照价键形式,它们又可分为三种类型:

(1) M—N≡N—M:二氮配位体相当于中性$(N_2)^0$ 分子利用它的孤对电子和两个金属原子配位。这种型式的配合物 N—N 键较短,约为 112~120 pm。在$\{[(\eta^5\text{-}C_5Me_5)_2Ti]_2\}_2(N_2)$中,二核分子的骨架由两个$(\eta^5\text{-}C_5Me_5)_2$Ti 基团通过 N_2 配位体桥连而成,Ti—N≡N—Ti 基本上呈直线排列,N—N 间距离平均为 116 pm,如图 15.1.6(b)所示。

表 15.1.3　二氮配位体的配位型式

配位型式	实　例	d_{N-N}/pm	图 15.1.6 中的序号
(1) η^1-N_2	$[Ru(NH_3)_5(N_2)]^{2+}$	112	(a)
M—N≡N	$(Et_2PCH_2CH_2PEt_2)_2Fe(N_2)$	113.9	(a')
(2) μ-(双-η^1)-N_2			
(a) M—N≡N—M	$[(C_5Me_5)_2Ti]_2(N_2)$	116(平均)	(b)
(b) M=N=N=M	$(Mes)_3Mo(N_2)Mo(Mes)_3$	124.3	
(c) M≡N—N≡M	$[PhP(CH_2SiMe_2NPh_2)_2NbCl]_2(N_2)$	123.7	
(3) μ_3-η^1：η^1：η^2-N_2  M—N—N—M M	$[(C_{10}H_8)(C_5H_5)_2Ti_2]$- $[(C_5H_4)(C_5H_5)_3Ti_2](N_2)$	130.1	(c)
(4) μ_3-η^1：η^1：η^1-N_2 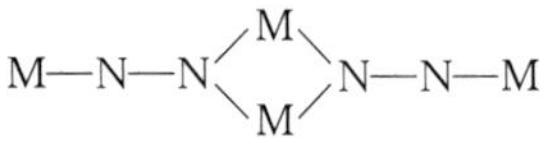 M—N—N(M M)N—N—M	$[WCl(Py)(PMePh)_3(N_2)]_2(AlCl_2)_2$	125	(d)
(5) μ-(η^1：η^2)-N_2 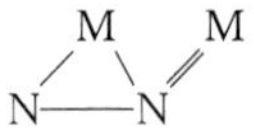	$[PhP(CH_2SiMe_2NPh)_2]_2Ta_2(\mu\text{-}H)_2(N_2)$	131.9	(e)
(6) μ-(双-η^2)-N_2  （平面形）	$[Cp''_2Zr]_2(N_2)$	147	(f)
(7) μ-(双-η^2)-N_2  （非平面形）	$\{[(SiMe_3)_2N]_2Ti(N_2)\}_2^-$	137.9	(g)
(8) μ_4-η^1：η^1：η^2：η^2-N_2 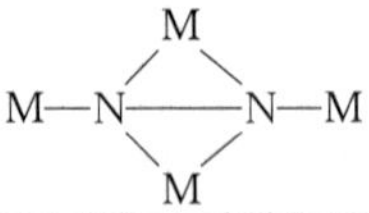	$[Ph_2C(C_4H_3N)_2Sm]_4(N_2)$	141.2	(h)
(9) μ_5-η^1：η^1：η^2：η^2：η^2-N_2 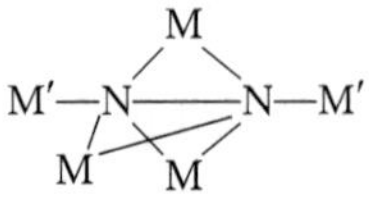	$\{[(—CH_2—)_5]_4(杯状-四吡咯)\}_2$- $Sm_3Li_2(N_2)$	150.2	(i)
(10) μ_6-η^1：η^1：η^2：η^2：η^2：η^2-N_2 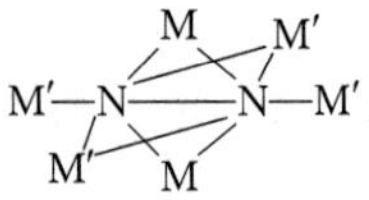	$[(THF)_2Li(OEPG)Sm]_2Li_4(N_2)$	152.5	(j)

（2）M=N=N=M：二氮配位体相当于－2 价的二氮烯基（N_2）$^{2-}$ 离子和两个金属原子配位。在配合物（Mes）$_3$Mo（N_2）Mo（Mes）$_3$（Mes 为 2,4,6-Me$_3$C$_6$H$_2$）中，Mo=N=N=Mo 呈直线形，N—N 键长为 124.3 pm。

（3）M≡N—N≡M：二氮配位体相当于－4 价的酰肼基（N_2）$^{4-}$ 离子和两个金属原子配位。在配合物[PhP（CH$_2$SiMe$_2$NPh$_2$）NbCl]$_2$（N_2）中，Nb≡N—N≡Nb 呈直线形，N—N 距离为 123.7 pm。

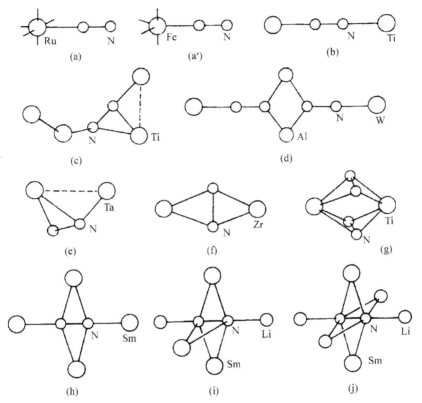

图 15.1.6　在金属配合物中二氮配位型式。

3. μ_3-η^1：η^1：η^2-N_2

在配合物（μ_3-N_2）[（C$_{10}$H$_8$）（C$_5$H$_5$）$_2$Ti$_2$][（C$_5$H$_4$）（C$_5$H$_5$）$_3$Ti$_2$]中，二氮配位体同时和 3 个 Ti 原子配位，如图 15.1.6（c）所示，N—N 距离为 130.1pm。

4. μ_3-η^1：η^1：η^1-N_2

在混合金属配合物[WCl（Py）（PMePh）$_3$（μ_3-N_2）]$_2$（AlCl$_2$）$_2$ 中，两个 WNN 通过 2 个 AlCl$_2$ 桥连在一起，2 个 WNN 基本上呈直线形。在此结构中，4 个金属原子（2 个 W 和 2 个 Al）和 2 个 μ_3-N_2 配位体差不多处在同一平面上，如图 15.1.6（d）所示，N—N 键长为 125 pm。

5. μ-（η^1：η^2）-N_2

在配合物[PhP（CH$_2$SiMe$_2$NPh）$_2$]$_2$Ta$_2$（μ-H）$_2$（N_2）中，二氮配位体端接一个 Ta 原子同时侧接另一个 Ta，如图 15.1.6（e）所示。N—N 键长为 131.9 pm，它和形式上指定的桥连二氮物种（N_2）$^{4-}$ 相符。端接的最短的 Ta—N 键长为 188.7 pm，这与它显著的双键特性相符。

6. μ-(双-η^2)-N_2(平面形)

图 15.1.6(f)示出在化合物$[Cp''_2Zr]_2(N_2)[Cp''$为 1,3-$(SiMe_2)_2C_5H_3]$中,处在同一平面的侧接的 N_2 配位体和两个 Zr 原子配位。N—N 键长为 147 pm。二氮配位体的侧接配位显示出它重要的还原作用。

7. μ-(双-η^2)-N_2(非平面形)

在化合物 $Li\{[(SiMe_3)_2N]_2Ti(N_2)\}_2$ 中,每个 Ti 原子同时和两个 N_2 分子侧接,如图 15.1.6(g)所示。N—N 键长为 137.9 pm。

8. μ_4-$\eta^1:\eta^1:\eta^2:\eta^2$-$N_2$

在$[Ph_2C(C_4H_3N)_2Sm]_4(N_2)$中,$N_2$ 既端接于两个 Sm 原子又侧接于另外两个 Sm 原子,如图 15.1.6(h)所示。键长为:N—N 141.2 pm,Sm(t)—N 217.7 pm,Sm(b)—N 232.7 pm。

9. μ_5-$\eta^1:\eta^1:\eta^2:\eta^2:\eta^2$-$N_2$

在$\{[(—CH_2—)_5]_4$ 杯状-四吡咯$\}_2Sm_3Li_2(N_2)[Li(THF)_2] \cdot (THF)$中,$N_2$ 配位体端接于两个 Li 原子又侧接于 3 个 Sm 原子,如图 15.1.6(i)所示。键长为:N—N 150.2 pm,Sm—N 233.3 pm(平均值),Li—N 191.0 pm(平均值)。

10. μ_6-$\eta^1:\eta^1:\eta^2:\eta^2:\eta^2:\eta^2$-$N_2$

在$[(THF)_2Li(OEPG)Sm]_2Li_4N_2$ 中,(OEPG)为八乙基卟啉原,N_2 配位体端接 2 个 Li 原子,同时侧接 2 个 Sm 原子和 2 个 Li 原子,如图 15.1.6(j)所示。键长为:N—N 152.5 pm,Sm—N 235.0 pm(平均值),Li—N 195.5 pm(平均值)。

二氮配位体和过渡金属的化学键可按端接和侧接两类讨论于下:

端接配位是由 N_2 分子的 $2\sigma_g$ 轨道和过渡金属的一个杂化轨道互相叠加,由 N_2 分子提供一对电子,形成 σ 配键;同时由二重简并的金属原子 $d\pi$ 轨道(d_{xz},d_{yz})和 N_2 分子的二重简并空 $1\pi_g^*$(π_{xz}^*,π_{yz}^*)轨道叠加,由金属原子提供电子形成反馈 π 配键。轨道相互作用情况示于图 15.1.7 中。

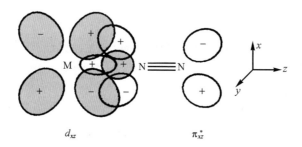

d_{xz}　　　　　π_{xz}^*

图 15.1.7 在端接的二氮配合物中,N_2 分子和过渡金属 M 的轨道相互作用。

(二重 $d\pi$-$1\pi_g^*$ 叠加作用出现在 xz 和 yz 两个平面上,图中只示出 xz 一种。)

侧接配位的成键作用由两部分形成:第一部分是由 N_2 分子充满电子的 π 轨道与方向合适的金属原子的空的杂化轨道之间互相叠加形成 σ 配键;第二部分为金属原子充满电子的 d 轨道和 N_2 分子空的 π^* 轨道之间形成两个反馈配键。其一具有 π 键对称性,如图 15.1.8(a)所示;另一具有 δ 键对称性,如图 15.1.8(b)所示。这些 π-和 δ 反馈键协同地加强了金属 M 和配位体 N_2 间的键。

由于 δ-键的叠加作用比 π-键弱,所以端接配位型式优于侧接配位型式。配位体的成键作

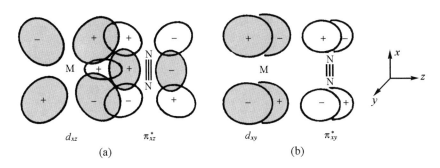

图 15.1.8　在侧接的二氮配合物中，N_2 分子和金属原子 M 的轨道相互作用。

用强烈地依赖于它的电子结构和配位的几何型式。

过渡金属二氮配合物的成键作用已通过量子化学计算法研究它们 MO 的能级情况，其结果可归纳如下：

(1) σ-配键和 π-或 δ-反馈配键都和金属-氮分子间的键有关，而以前者的作用为最重要。

(2) 侧接配位的配合物中 N—N 键减弱较显著，因为电子是从 N_2 分子成键的 π 和 σ 轨道提供给金属的空轨道。

(3) 端接配位型式比侧接配位型式有利。在侧接配位的配合物中弱的 N—N 键说明在这类化合物中 N_2 配位体具有更高活性。配位氮分子的还原作用可通过这种型式的活化来实现。

15.2　氮的化合物

15.2.1　氮的氧化物

氮在化合物中可表现出 9 种氧化态，其值从 -3 到 $+5$。氮的电负性比氧低，它的氧化物及氧化所得的化合物的氧化态 n 为正值，数值在 $+1$ 到 $+5$ 之间。迄今已明确了解并研究了氮的 8 种氧化物：N_2O，NO，N_2O_2，N_2O_3，NO_2，N_2O_4，N_2O_5 和 N_4O。第九种氮的氧化物 NO_3 作为不稳定的中间体而存在于多种反应之中。有关氮的氧化物的结构和性质示于表 15.2.1 和图 15.2.1 中。

氮的氧化物均为平面构型，在这些化合物中氮原子均为正价氧化态。在 N_2O，N_2O_3 及 N_4O 等分子中的 N 原子有着不同的氧化态。在气态，6 个稳定的氮的氧化物均呈现正的生成焓，其基本的原因是 N≡N 键非常强。下面分别叙述各种氮的氧化物的结构和性质：

1. N_2O

氧化二氮 N_2O，是一直线形分子，由不对称的 N—N 键和 N—O 键组成，如图 15.2.1(a) 所示。它和二氧化碳（CO_2）是等电子体，其价键结构式可表达如下：

$$\overset{-}{N} \Leftarrow \overset{+}{N} = O \longleftrightarrow N \equiv \overset{+}{N} - \overset{-}{O}$$

表 15.2.1 氮的氧化物的结构和性质

化学式	名 称	N 的氧化态	结 构 (图 15.2.1 中的序号)	$\Delta H_f^{\ominus}/(\text{kJ mol}^{-1})$	性 质
N_2O	氧化二氮 (笑气,氧化亚氮)	$+1$ $(0,+2)$	$C_{\infty v}$(直线形) (a)	82.0	熔点 182.4 K,沸点 184.7 K,无色不活泼气体,有愉快甜美气味
NO	一氧化氮 (氧化氮)	$+2$	$C_{\infty v}$ (b)	90.2	熔点 109 K,沸点 121.4 K,无色顺磁性气体
N_2O_2	氧化氮二聚体	$+2$	C_{2v} (c),(d)	—	—
N_2O_3	三氧化二氮	$+3$ $(+2,+4)$	C_s(平面形) (e)	80.2	熔点 172.6 K,在 276.7 K 分解,深蓝色液体,淡蓝色固体,可逆地分解为 NO 和 NO_2
NO_2	二氧化氮	$+4$	C_{2v} (f)	33.2	红棕色、顺磁性气体,活泼
N_2O_4	四氧化二氮	$+4$	D_{2h}(平面形) (g)	9.16	熔点 262.0 K,沸点 294.3 K,无色液体,可逆地分解为 NO_2
N_2O_5	五氧化二氮	$+5$	C_{2v}(平面形) (h)	11.3(气体) -43.1(晶体)	305.4 K 升华,晶体由 NO_2^+ 和 NO_3^- 组成,无色,挥发性;气体由 N_2O_5 组成
N_4O	叠氮化亚硝酰	$*$	C_s(平面形) (i)	-297.3	淡黄色固体

* 氧化数的指认并不适合于 N_4O,因为分子中的 4 个 N 原子只有 1 个和 O 原子成键。

氧化二氮加热至约 870 K 会按下式分解:

$$N_2O \longrightarrow N_2 + (1/2)O_2$$

这个分解反应的活化能较高,约为 520 kJ mol^{-1},所以 N_2O 在室温时是一种不活泼的气体。

氧化二氮具有麻醉性能和甜美的气味,临床应用却有副作用,易引人狂笑不止,所以它又名笑气。

2. NO 和 N_2O_2

已知最简单的热稳定的单电子分子是一氧化氮 NO,如图 15.2.1(b)所示,它是一种非常有趣的气体,将在下一节详细叙述。

把高纯的一氧化氮液化成无色液体时,部分二聚成 N_2O_2。二聚体的解离焓为 15.52 kJ mol^{-1}。二聚体 N_2O_2 在晶体中和气体中的结构分别示于图 15.2.1(c)和(d)中。在此结构中 N—N 的距离很长,分别为 218 pm(晶体中)和 223.7 pm(气态中),迄今对它们的成键情况还没有满意的解释。

3. N_2O_3

将 NO 和 O_2 按照计量关系进行反应,可生成 N_2O_3:

$$2NO + (1/2)O_2 \longrightarrow N_2O_3$$

低于 172.6 K,N_2O_3 结晶成淡蓝色固体,熔化后成深蓝色液体。当温度升高,N_2O_3 解离

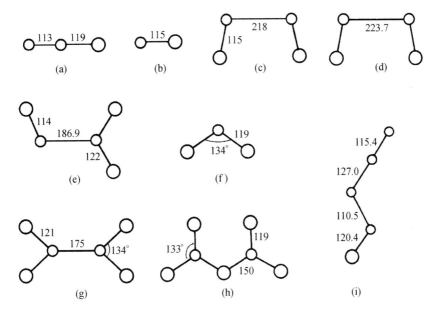

图 15.2.1　氮的氧化物的结构（键长单位为 pm）：

(a) N_2O；(b) NO；(c) N_2O_2（晶体中）；(d) N_2O_2（气相中）；(e) N_2O_3；

(f) NO_2；(g) N_2O_4；(h) N_2O_5；(i) N_4O。

成 NO 的数量增加，其中还有 NO_2 及 N_2O_4 成平衡的混合物。在 243 K 以上，解离作用显著，成为带有绿色色调的液体，这是由棕色 NO_2 和蓝色 N_2O_3 混合所致。N_2O_3 分子中 N—N 键长为 186.9 pm，比肼（H_2N—NH_2，hydrazine，参见 15.2.4 节的介绍）分子中典型的 N—N 共价单键 145 pm 长很多。N_2O_3 分子的结构数据示于图 15.2.1(e)中。

4．NO_2 和 N_2O_4

二氧化氮 NO_2 和四氧化二氮 N_2O_4 呈动态平衡，它随温度高低而变动。低于熔点（262.0 K）完全由无色的、反磁性的 N_2O_4 分子所组成。当温度升高到沸点（294.3 K）则变为深红棕色、顺磁性液体，其中含 0.1% NO_2。在 373 K，NO_2 的含量上升到 90%。分子的键长和键角等构型数据示于图 15.2.1(f)和(g)中。从 NO_2 的键角值很大以及它具有二聚性质来看，分子的成键情况可用下面价键的共振结构式描述：

在平面形的 N_2O_4 分子中，N—N 键长为 175 pm，键的转动势垒约 9.0 kJ mol^{-1}。虽然 N—N 键是 σ 型，但成键电子对在整个 N_2O_4 分子中离域运动，在两个 N 原子上双重占据的分子轨道之间有较大的推斥力从而使键增长。

5．N_2O_5 和 NO_3

室温下 N_2O_5 是无色、对光和热敏感、易挥发分解的晶体，它由直线形 NO_2^+ 离子（N—O 115.4 pm）和平面正三角形 NO_3^- 离子（N—O 124.0 pm）组成。N_2O_5 可由 HNO_3 和 P_4O_{10} 在低温下反应脱水制得：

$$4HNO_3 + P_4O_{10} \xrightarrow{-10℃} 2N_2O_5 + 4HPO_3$$

气相 N_2O_5 的分子结构示于图 15.2.1(h)。

短暂存在的、顺磁性的三氧化氮 NO_3 在 N_2O_5-臭氧的催化分解中也同样含有,它的浓度足够用吸收光谱法记录下来,但还没有作为纯的化合物被分离出来。它可能像 NO_3^- 具有对称的平面结构。

6. N_4O

叠氮化亚硝酰 N_4O 是淡黄色固体,由无水的 NaN_3 和 $NOCl$ 进行反应,随即在低温下进行真空升华形成。Raman 光谱和从头计算所确定的结构示于图 15.2.1(i)中。N_4O 分子的成键情况,可用下面的价键共振结构式表达:

$$N\!\!=\!\!N\!\!-\!\!N\overset{+}{\,}\!\!-\!\!\overset{\ddot{N}}{\,}\!\!=\!\!O \longleftrightarrow N\!\!=\!\!N\!\!-\!\!N\overset{+}{\,}\!\!=\!\!\overset{\ddot{N}}{\,}\!\!-\!\!O^- \longleftrightarrow {}^-N\!\!=\!\!N\!\!=\!\!N\overset{+}{\,}\!\!-\!\!\overset{\ddot{N}}{\,}\!\!=\!\!O$$

15.2.2　1992 年明星分子:NO

一氧化氮被美国《科学》(*Science*)杂志命名为 1992 年明星分子。在无机化学和生物无机化学中,它是一个被广泛研究的分子。1998 年诺贝尔生理学或医学奖授予 R. F. Furchgott, L. J. Ignarro 和 F. Murad 等三人,正是因为他们发现了 NO 是心血管系统中传递信息的分子。他们的研究工作使人们第一次认识到 NO 可以在生物体内发挥传递信息的作用,开创了 NO 的生物化学,为深入研究探讨 NO 在调节血压、控制血液凝结、抵御感染和传递信息等方面的作用奠定了基础。

NO 可在动物体内生物合成,是一种内源性物质。NO 的极性和分子体积小,使它能容易地扩散通过细胞壁,在生物体系中它能正常地维持动物的许多重要生理现象,例如神经信息传递、调节血压、控制血液凝结、癌细胞的摧毁以及大脑的记忆作用等。

基态时 NO 的价电子组态为:

$$(1\sigma)^2(1\sigma^*)^2(1\pi)^4(2\sigma)^2(1\pi^*)^1$$

这使它具有下列结构和性质:

(1) 化学键性质

在 NO 分子中,N 原子和 O 原子间有 1 个 σ 键,1 个 2c-2e π 键和 1 个 2c-3e π 键,分子的净键级为 2.5,键解离能为 627.5 kJ mol^{-1},键长为 115 pm,红外光谱振动波数为 1840 cm^{-1}。

(2) 顺磁性

未成对的 π* 电子使 NO 分子具有顺磁性。由于它和 O_2 的顺磁机理很相似,NO 作为一种探针已广泛地用于研究各种金属蛋白质中金属的 O_2 配位环境。特别是在含血红素氧的转移蛋白质中,经研究表明 NO 和 Fe^{2+} 结合,其形式和 O_2 近于相同,也同样带有提供顺磁性配位化合物的重要结果,因而可用电子顺磁共振谱测定。由不成对电子呈现出来的铁的 d 轨道特性,分析血红素蛋白质的亚硝酰配位化合物的顺磁共振特征性,就可以同时得到有关血红素周围配位体结合的环境和有关蛋白质构象状况的信息。

(3) 低电离能

NO 分子的第一电离能为 891 kJ mol^{-1},即 9.23 eV。远低于 N_2(15.6 eV)和 O_2(12.1 eV)。

（4）极性

NO 为异核双原子分子,分子的偶极矩 μ 为 0.554×10^{-30} C m(0.166 D)。

（5）配位性能

NO 分子两端都有孤对电子,使它能以端接配位或桥连配位型式形成许多配位化合物。

（6）氧化还原性

NO 分子是热力学不稳定体系($\Delta G^{\ominus} = 86.57$ kJ mol^{-1}, $\Delta S^{\ominus} = 217.3$ kJ mol^{-1}K^{-1}),高温下分解为 N_2 和 O_2,它能进行许多氧化还原反应。

NO 在 1.0 V 附近的电化学氧化作用,已设计用作 NO 选择性微电量探针电极,用以测定 NO 在生物组织中释放的数量。

NO 分子具有上述独特的结构和性质,使它能和各种各样的化学物质发生广泛的反应。

NO 分子容易释放出 π^* 反键轨道上的电子形成稳定的亚硝酰正离子 NO$^+$,这时键级从 2.5 增加到 3.0,键长缩短 9 pm,成为 106 pm。亚硝酸的酸性水溶液中存在 NO$^+$:

$$HONO + H^+ \longrightarrow NO^+ + H_2O$$

有许多亚硝酰盐,例如 $(NO)HSO_4$, $(NO)ClO_4$, $(NO)BF_4$, $(NO)FeCl_4$, $(NO)AsF_6$, $(NO)PtCl_6$, $(NO)PtF_6$ 和 $(NO)N_3$ 等。

NO 能和 F_2, Cl_2, Br_2 反应给出相应的卤化亚硝酰:

$$2NO(g) + X_2(g) \longrightarrow 2XNO(g)$$

XNO 为弯曲构型分子,结构如下:

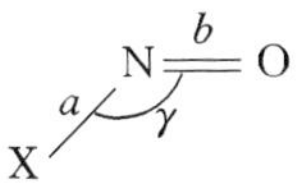

X＝F, $a = 152$ pm, $b = 114$ pm, $\gamma = 110°$
X＝Cl, $a = 197$ pm, $b = 114$ pm, $\gamma = 113°$
X＝Br, $a = 213$ pm, $b = 114$ pm, $\gamma = 117°$

NO 能和金属结合成端接或桥连形式的金属亚硝酰盐。根据端接所形成的配合物的几何构型,可将 NO 配位体看作为 NO$^+$ 和 NO$^-$ 两种配位型式,这两种配位特征的结构和性质列于表 15.2.2 中。

① NO$^+$: NO 比 CO 多一个电子,在一些配位反应中,可将 NO 看作 3e 给体,即先将 NO 上的一个电子给予金属原子 M,使金属原子氧化态降低 1,NO 变成 NO$^+$,然后 NO$^+$ 作为 2e 给体和金属原子配位结合。NO$^+$ 和 CO 是等电子体系,所以这种配位型式的 M—N—O 键角和直线形的 M—C—O 相似,许多实例说明 M—N—O 键角接近 $180°$,范围在 $165° \sim 180°$。由于这种直线形的配位方式 NO 是 3e 给体,按电子数规则,在金属羰基化合物中,3 个端接的 CO 可用 2 个 NO 置换。

② NO$^-$: 当 NO 按 XNO 成键方式和 M 配位,其构型和化合物 XNO 相似,M—Ṅ 键角范围为 $120° \sim 140°$,M—N 的键级为 1,NO 作为 1e 给体。

需要强调一点,不论 NO 配位体相当于 NO$^+$ 还是 NO$^-$ 配位型式,都不证明可从该配位化合物中释放出自由的 NO、NO$^+$ 或 NO$^-$。

表 15.2.2 **M—NO 配位化合物的两种配位型式**

性 质	直线形（M—N—O）	弯曲形$\left(\begin{smallmatrix} M-N \\ \quad \setminus \\ \quad\quad O \end{smallmatrix}\right)$
价键结构	$M^-{=}N^+{=}O$	$M-\ddot{N}$ 、 O
配位行为	看作 3e 给体，NO^+	看作 1e 给体，NO^-
键角	$165°\sim180°$	$120°\sim140°$
M—N 键长/pm	≈ 160	>180
N—O 键长/pm	$110\sim122$	$111\sim117$
NO 振动波数/cm^{-1}	$1650\sim1985$	$1525\sim1590$
化学性质	亲电性	亲核性
	NO^+ 类似于 CO	NO^- 类似于 O_2

15.2.3 氮的含氧酸和含氧酸离子

氮的含氧酸既可作自由酸的形式或以它们的盐的形式存在。表 15.2.3 和表 15.2.4 分别列出已知的氮的含氧酸和氮的含氧酸离子的结构和性质。有关氮的含氧酸及氮的含氧酸根的结构分别示于图 15.2.2 和图 15.2.3 中。现将它们的情况分述如下：

表 15.2.3 **氮的含氧酸**

化学式	名 称	性 质	结构（图 15.2.2 中的序号）
HO—N≡N—OH	连二次硝酸 (hyponitrous acid)	弱酸，其盐已知	反式结构
H_2N-NO_2	硝酰胺 (nitramide)	连二次硝酸的同分 异构体	(a)
HNO	硝酰 (nitroxyl)	反应中间物，其盐已知	(b)
$H_2N_2O_3$	低硝酸 (hyponitric acid)	仅在溶液和盐中发现	
HNO_2	亚硝酸 (nitrous acid)	不稳定，弱酸	(c)
HNO_3	硝酸 (nitric acid)	稳定，强酸	(d)
H_3NO_4	原硝酸 (orthonitric acid)	酸未制得，Na_3NO_4 和 K_3NO_4 已制得	

（1）连二次硝酸，它的化学式为 HON=NOH，因尚未制得这种酸的纯物种，结构未能测得。（ON=NO）$^{2-}$ 离子具有反式构型，它的结构如图 15.2.3(a) 所示。

连二次硝酸的同分异构体硝酰胺 $H_2N—NO_2$ 是弱酸性化合物,其结构示于图 15.2.2(a)中。在该分子中,NNO_2 平面与 H_2N 平面的夹角为 52°。

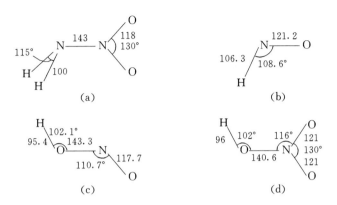

图 15.2.2　氮的含氧酸的结构。(键长单位为 pm。)

(2) 硝酰 HNO 是瞬间存在的物种,它的结构示于图 15.2.2(b)中。关于 NO^- 离子的结构已通过 X 射线衍射法测定 $(Et_4N)_5[(NO)(V_{12}O_{32})]$ 结构而得。NO^- 埋藏在 $(V_{12}O_{32})^{4-}$ 的碗形空穴中,N—O 键长为 119.8 pm,它较中性的 NO 分子(115.0 pm)长。

(3) 低硝酸 $H_2N_2O_3$ 迄今尚未制得,但它的盐是已知的。$N_2O_3^{2-}$ 中 2 个 N 原子均有孤对电子,整个离子不是平面构型,因而有顺式和反式结构,如图 15.2.3(b)和(c)所示,它们的对称性均为 C_s。$N_2O_3^{2-}$ 离子的化学结构式如下:

$$O=\ddot{N}—N\begin{smallmatrix}O^- \\ \\ O^-\end{smallmatrix}$$

(4) 亚硝酸 HNO_2 是一种重要的无机酸。虽然它从未以纯的化合物的形式被分离出来,但它的水溶液广泛地作试剂使用。亚硝酸是中等强度的无机酸,$pK_a = 3.35(291\ K)$。在气态,它呈反式平面结构,如图 15.2.2(c)所示。NO_2^- 为弯曲形离子,如图 15.2.3(d),具 C_{2v} 对称性,它的化学结构可用下面价键结构式表达:

$$\ddot{N}\overset{}{\underset{O\quad O^-}{}} \longleftrightarrow \ddot{N}\overset{}{\underset{{}^-O\quad O}{}}$$

许多稳定的亚硝酸盐 MNO_2 [M 为 Li^+,Na^+,K^+,Rb^+,Cs^+,Ag^+,Tl^+,(1/2)Ba^{2+},NH_4^+] 中含有弯曲的 $(O—N—O)^-$ 负离子,N—O 键长的范围为 113～123 pm,键角范围为 116°～132°。

(5) 硝酸 HNO_3 是化学工业中三种主要的无机酸之一(另外两种为硫酸和磷酸)。硝酸是具有氧化性的强酸。气态时,它的结构参数示于图 15.2.2(d)中。晶态的硝酸水合物由 H_3O^+ 和 NO_3^- 组成,通过强氢键结合成晶体。在酸式盐中的 HNO_3 分子,也是通过强氢键结合起来。例如 $K[H(NO_3)_2]$ 中的 $[H(NO_3)_2]^-$ 和 $NH_4[H_2(NO_3)_3]$ 中的 $[H_2(NO_3)_3]^-$ 的结构可表示于下:

NO$_3^-$ 为平面正三角形结构,具有 D_{3h} 对称性,如图 15.2.3(e)所示。NO$_3^-$ 的化学结构可用下面价键结构式表达:

(6) 原硝酸 H$_3$NO$_4$ 迄今尚未制得,但它的碱金属盐 Na$_3$NO$_4$ 和 K$_3$NO$_4$ 已合成。由 Na$_3$NO$_4$ 晶体的 X 射线衍射测得 NO$_4^{3-}$ 离子具有规则的四面体结构,属 T_d 对称性,如图 15.2.3(f)所示。NO$_4^{3-}$ 的化学结构可用下面价键结构式表达:

在讨论氮的氧化物时提到 NO$^+$ 和 NO$_2^+$,它们的结构分别示于图 15.2.3(g)和(h)中。NO$^+$ 结构具有 $C_{\infty v}$ 对称性,NO$_2^+$ 结构具有 $D_{\infty h}$ 对称性。它们的价键结构式分别表达如下:

$$N \equiv O^+ \qquad O = \overset{+}{N} = O$$

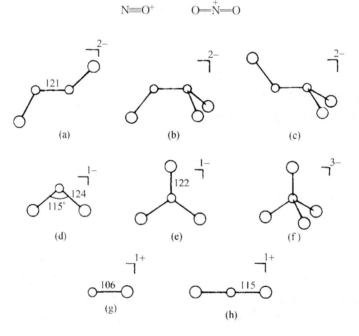

图 15.2.3　氮的含氧酸离子的结构(键长单位为 pm):
(a) (ON═NO)$^{2-}$; (b) 顺式-N$_2$O$_3^{2-}$; (c) 反式-N$_2$O$_3^{2-}$;
(d) NO$_2^-$; (e) NO$_3^-$; (f) NO$_4^{3-}$; (g) NO$^+$; (h) NO$_2^+$。

表 15.2.4　氮的含氧酸离子

化学式	名　称	氧化态	结构(图 15.2.3 中的序号)	性　质
$N_2O_2^{2-}$	连二次硝酸根 (hyponitrite)	+1	反式,C_{2h},(a)	还原剂
$N_2O_3^{2-}$	低硝酸根 (hyponitrate)	+2	顺式,C_{2v},(b) 反式,C_{2h},(c)	还原剂
NO_2^-	亚硝酸根 (nitrite)	+3	弯曲形,键角 115°,C_{2v},(d)	氧化剂或还原剂
NO_3^-	硝酸根 (nitrate)	+5	平面形,D_{3h},(e)	氧化剂
NO_4^{3-}	原硝酸根 (orthonitrate)	+5	四面体形,T_d,(f)	氧化剂
NO^+	亚硝鎓离子 (nitrosonium)	+3	$C_{\infty v}$,(g)	氧化剂
NO_2^+	硝鎓离子 (nitronium)	+5	$D_{\infty h}$,直线形,(h)	氧化剂

15.2.4　氮的氢化物

1. 氨

最重要的氮和氢的化合物是氨 NH_3,它是无色带碱性气体,有特殊气味,熔点为 195 K,沸点(239.7 K)高得多,说明在液氨中分子间有很强的氢键作用,液氨有较高的汽化热(23.35 kJ mol^{-1})。液氨是优良的非水溶剂,介电常数较水小,239 K 时约为 22。液氨对共价有机物的溶解性能比水好。液氨产生自解离现象:

$$2NH_3 \Longleftrightarrow NH_4^+ + NH_2^- \quad K = 10^{-33}(223 \text{ K})$$

所以在液氨中,NH_4^+(如 NH_4Cl)呈酸性,而 NH_2^- 酰胺盐(如 $NaNH_2$)呈碱性。

氨是重要的工业产品,氨水、铵盐和尿素主要(超过 80%)用作农业上的氮肥。将氨氧化得硝酸和硝酸盐,是工业上的基础原料。

2. 肼

肼 H_2N-NH_2 是一种油状无色的液体,在其中 N 的氧化态为 -2,N—N 键长为 145 pm。肼是把 NH_3 的一个 H 原子用—NH_2 置换而得,它和 H_3CCH_3 是等电子体。由于肼中每个 N 原子上都有孤对电子,使它的构象是邻位交叉(gauche)式,而不是反式或顺式。通过反式(或交错式)的旋转势垒为 15.5 kJ mol^{-1};通过顺式(或重叠式)的为 49.7 kJ mol^{-1}。这些数据反映非键电子对和相邻成键电子对的推斥较弱,而在顺式排列中非键电子对之间的推斥显著地增大。邻位交叉式构象使它具有较高活性。肼的水溶液有很强的还原性,所以肼的化学性质不同于乙烷。肼的熔点为 275 K,沸点为 387 K,燃烧时能放出大量的热(-622 kJ mol^{-1}),可用作火箭燃料。

3. 二氮烯

二氮烯(diazene,或称二酰亚胺,diimide)HN═NH,是黄色化合物,高于 93 K 时不稳定。在分子中,每个 N 原子都有孤对电子,它是用 sp^2 杂化轨道和 H 原子及相邻 N 原子形成 σ 键,孤对电子处于 1 个 sp^2 杂化轨道中,呈反式结构,如右图:

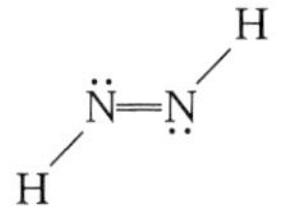

4. 羟胺

羟胺 NH_2OH 为白色固体,熔点为 305 K,有很高的介电常数(77.6~77.9),热不稳定,吸湿性化合物。它宜保存在 273 K 以下,以免分解。羟胺碱性较氨弱,$K_b = 6.6 \times 10^{-9}$(298 K)。羟胺存在两种构型异构体:顺式和反式,还有若干处于中间状态的邻位交叉式构象。在晶态,氢键使它有利于堆积成反式构象。N—O 键长为 147 pm,与它的化学式一致。超过室温它被内部的氧化还原反应分解成 N_2,NH_3,N_2O 和 H_2O 等混合物。水溶液较稳定,特别是在酸性溶液中质子化成 $[NH_3(OH)]^+$,和有关的酸形成羟胺盐,如 $(NH_3OH)Cl$,$(NH_3OH)(NO_3)$,$(NH_3OH)_2SO_4$,它们都较稳定,是用途较广的还原剂。

15.2.5　氮气的还原偶联

近期有研究报道,在接近环境条件下,实现了有机硼介导的两个氮原子分子的偶联,生成了一种由 $[N_4]^{2-}$ 桥连两个硼中心的复合物。

在甲苯中,保持 4 个大气压的 N_2,采用 KC_8(10 eq.) 做还原剂,还原 (CAAC)BClTip 自由基[其中 CAAC = 1-(2,6-二异丙基苯基)-3,3,5,5-四甲基吡咯烷基-2-亚基,Tip = 2,4,6-三异丙基苯][图 15.2.4(a)],得到一种蓝绿色溶液,从中析出深蓝色晶体[图 15.2.4(b)]。X 射线晶体学研究表明,它有一个完全平面状的 $(NCB)N_4(NCB)$ 核心。测得的 B—N 键长为 144.2 pm,表示硼和氮之间有一定程度的多重键,中心 N_4K_2 部分中,N—N 键长(N1—N2 和 N3—N4 为 134.9 pm,N2—N3 为 133.5 pm)均介于 N—N 双键和单键的键长范围之内。

向(b)的蓝绿色溶液中加入过量的脱气水后,混合物立即变为深蓝色,缓缓蒸发,析出组成为 $[(CAAC)TipB]_2(\mu^2-N_4H_2)$ 的深蓝色晶体[图 15.2.4(c)],产率为 75%。单晶 X 射线衍射分析表明,尽管四氮核依然保留,但 B—N 键(143.2 pm)接近共价单键。另外,末端 N—N 键(137.1 pm)在单键的范围内,而中心的两个 N 原子之间存在常规的双键(127.2 pm)。图 15.2.4 示出反应过程和产物的结构。

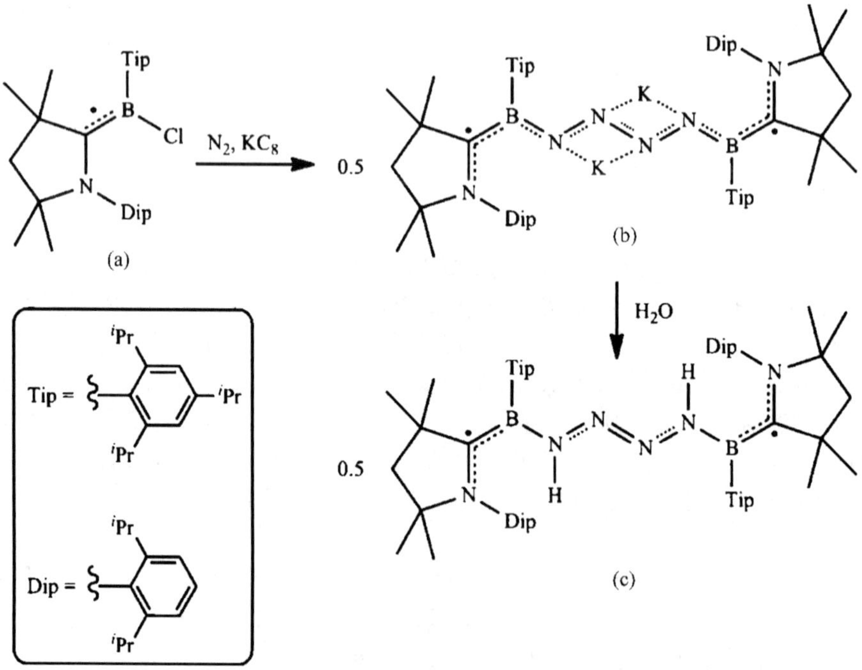

图 15.2.4　氮气的还原偶联及产物的结构

[参看:M. A. Légaré, M. Rang, G. Bélanger-Chabot, J. I. Schweizer, I. Kummenacher, R. Bertermann, M. Arrowsmith, M. C. Holthausen and H. Braunschweig, The reductive coupling of dinitrogen. *Science* **363**, 1329~1332 (2019).]

15.3　单质磷和 P_n 基团的结构化学

纯粹由磷原子组成的物质有许多种形式：多原子分子、构成晶体的无限共价网络、多磷负离子和分子化合物中由 P 原子形成的分子片等。下面加以叙述。

15.3.1　单质磷

1. P_4 和 P_2 分子

将磷灰石[主要成分为 $Ca_5F(PO_4)_3$ 和 $Ca_5(OH)(PO_4)_3$]用焦炭在电弧炉中加热还原，并加石英砂(SiO_2)促进生成 $CaSiO_3$ 的造渣反应，反应温度在 1100～1400℃生成 P_4 分子和 P_2 分子，将它通入水中冷却，得单质磷。

在不同的温度和压力下，单质磷存在多种同素异构体，它们在升高温度时都熔化为由 P_4 分子组成的液体。P_4 分子也存在于气相之中。P_4 分子具有正四面体形结构，对称性属 T_d 点群，如图 15.3.1(a)所示。P—P 键长为 221 pm。

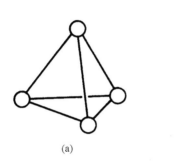
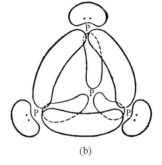

　　　　　　(a)　　　　　　　　　　　　　　(b)

图 15.3.1　(a) P_4 分子的结构；(b) P_4 分子中的弯键。

在高于 800℃和低压的条件下，P_4 分子向 P_2 分子转变，达到平衡，P_2 分子具有三重键结构 $P\equiv P$，键长为 189.5 pm。

P_4 分子中 P—P 间的化学键可简单地由 P 原子的 sp^3 杂化轨道叠加形成的弯键模型来理解。每个 P 原子利用 sp^3 杂化轨道中的 3 个轨道和相邻 3 个 P 原子的 sp^3 杂化轨道互相叠加成键，剩余 1 个 sp^3 杂化轨道由孤对电子占据。由于 sp^3 杂化轨道间的夹角为 109.5°，而四面体形 P_4 分子中 P—P—P 间的键角为 60°，所以相邻两个 P 原子的 sp^3 轨道叠加的极大值不是处在 P—P 连线上，而是在该线的外侧，所以 P—P 共价键电子云的分布成弯曲形，简称为弯键，如图 15.3.1(b)所示。实际上，P_4 分子能稳定存在，是和 P 原子的 $3d$ 轨道参加成键密切相关。d 轨道的参加，促进了 P_4 分子能量降低，使之形成稳定的 P_4 分子。N 原子的 $3d$ 轨道能级太高，不能参加成键，故 N_4 分子不能存在。

2. 白磷

将磷蒸气凝结，得白磷。在含有杂质时，白磷的颜色呈黄色，又称为黄磷。白磷由 P_4 分子组成，是柔软、蜡状、半透明的固体，它溶于许多有机溶剂，而不溶于水。在空气中白磷会自动氧化，燃烧出现火焰。白磷是剧毒物品，50 mg 即可置人于死地。

在常温下，白磷以立方晶系的 α-型存在，它稳定的温度范围为 −77℃ 到它的熔点 44.1℃。α-白磷的晶体学数据为：$a=1.851\,nm$，$Z=56(P_4)$，$D=1.83\,g\,cm^{-3}$。它的晶体结构至今未能测定出来。在低于 $-77℃$ 时,立方晶系 α-型白磷转变为六方晶系的 β-型白磷,它的密度为 $1.88\ \mathrm{g\ cm^{-3}}$。

3. 黑磷

黑磷是单质磷的热力学最稳定的存在形式,它有三种不同的结晶形态:正交、三方和立方,还有无定形。黑磷和白磷不同,全部是高聚的、不溶的固态,它的蒸气压较低,是不能自燃的。黑磷是单质磷中密度最高、化学性质最不活泼的形式。

在高压下,正交黑磷可以可逆地转变为密度较高的三方黑磷和立方黑磷。正交黑磷的结构可看作由折皱的六元环的层组成,如图 15.3.2(a) 所示。三方黑磷也是由六元环的层所组成,如图15.3.2(b) 所示。立方黑磷中,每个磷原子都具有八面体的环境,如图 15.3.2(c) 所示。

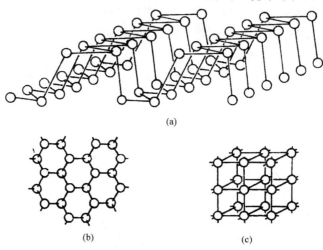

图 15.3.2 黑磷的结构:
(a) 正交黑磷; (b) 三方黑磷; (c) 立方黑磷。

4. 紫磷

单斜晶系的紫磷又称希托夫磷,它是由磷原子聚合而成的三维结构。在其中,每个 P 原子具有三角锥形排列的三个键,互相连接成管状结构,如图 15.3.3 所示。这些管子互相平行地排列成双层,相邻两双层互相垂直地堆积连接起来,形成三维结构。

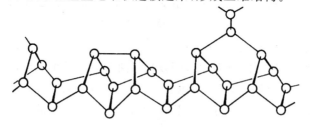

图 15.3.3 紫磷中的管状结构。

5. 红磷

红磷一词是用以表达一系列带红色的磷,其中有些是晶体,有些是无定形体。红磷的密度范围在 $2.0\sim2.4\ \mathrm{g\ cm^{-3}}$,熔点范围在 $585\sim610℃$。红磷非常难溶解,不能自燃,几乎没有毒性。

15.3.2 多磷负离子

磷几乎能和所有的金属化合生成磷化物。现已知有 200 种以上二元磷化物,还有许多三元混合金属磷化物。这些磷化物由金属正离子和磷的负离子(P_n^m)组成。除了若干简单的负离子,如 P^{3-},P_2^{4-},P_3^{5-} 等以外,还有许多分立的多磷负离子,它们以环形、笼形、链形和层形等形式存在。图 15.3.4 示出一些多磷负离子的结构。图 15.3.5 示出若干由磷原子组成的无限长链和层的结构。

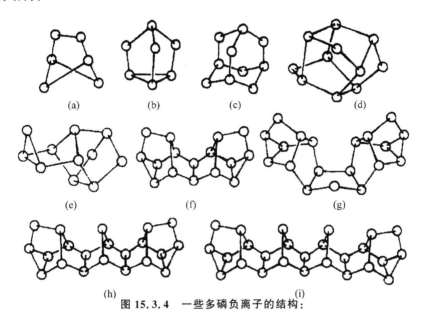

图 15.3.4　一些多磷负离子的结构:

(a) P_6^{4-}［在 $Cp''Th(P_6)ThCp''$,$Cp''=1,3\text{-}Bu_2C_5H_3$ 中］;**(b)** P_7^{3-}（在 Li_3P_7 中）;

(c) P_{10}^{6-}（在 Cu_4SnP_{10} 中）;**(d)** P_{11}^{3-}（在 Na_3P_{11} 中）;**(e)** P_{11}^{3-}［在 $Cp_3(CO)_3Fe_3P_{11}$ 中］;

(f) P_{16}^{2-}［在 $(Ph_4P)_2P_{16}$ 中］;**(g)** P_{19}^{3-}（在 Li_3P_{19} 中）;**(h)** P_{21}^{3-}（在 $K_3P_{21}I$ 中）;**(i)** P_{26}^{4-}。

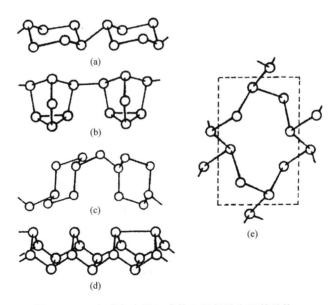

图 15.3.5　多磷负离子组成的无限长链和层的结构:

(a) $[P_6^{4-}]_n$（在 BaP_3 中）;**(b)** $[P_7^-]_n$（在 RbP_7 中）;**(c)** $[P_7^{5-}]_n$（在 Ag_3SnP_7 中）;

(d) $[P_{15}^-]_n$（在 KP_{15} 中）;**(e)** $[P_8^{4-}]_n$（在 CuP_2 中）。

15.3.3　过渡金属配合物中多磷配位体(P_n)的结构

由多个磷原子组成的配位体和金属原子结合形成过渡金属配合物,已经得到广泛而深入的研究。P_n 作为配位体,包括单个 P 原子被封闭在金属原子形成的多面体孔隙之中,也包括 $n=2\sim12$ 等多个磷原子组成的配位体。这些 P_n 基团可能是分立的链段、环或其他形式的片段。P_n 基团的结构和它们的价电子数有关。图 15.3.6 示出若干以 P_n 基团作配位体形成的配合物中金属原子和 P_n 配位体结合部分的结构。

图 15.3.6(a)示出在$(Cp''Co)_2(P_2)_2$中 P_2 基团和 Co 原子间的配位情况。在图 15.3.6(b),(f),(j)和(n)中,P_n 基团 P_3,P_4,P_5 和 P_6 分别形成平面的三元、四元、五元和六元环。它们可以分别看作平面的$(CH)_3$,$(CH)_4$,$(CH)_5$ 和$(CH)_6$ 分子的等电子体。$[(P_5)_2Ti]^{2-}$ 负离子[图 15.3.6(j)]是第一个全无机的金属茂,它的结构为一对平行的平面 P_5 五元环,对称地排列在中心金属 Ti 原子的上下。P—P 的平均键距为 215.4 pm,其值处于 P—P 单键(221 pm)和 P=P 双键(202 pm)之间。Ti—P 的平均键距为 256 pm。Ti—P_5(中心)的距离为179.7 pm。

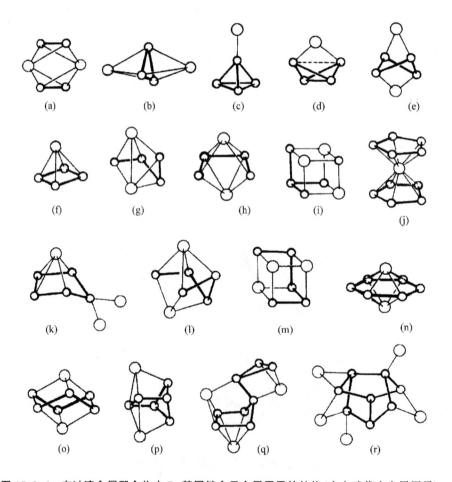

图 15.3.6　在过渡金属配合物中 P_n 基团键合于金属原子的结构(大白球代表金属原子)。

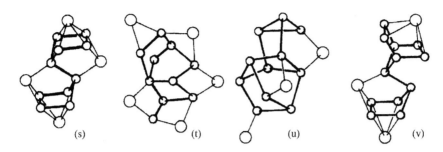

图 15.3.6(续) 在过渡金属配合物中 P_n 基团键合于金属原子的结构(大白球代表金属原子):
(a) $(Cp''Co)_2(P_2)_2$;(b) $(Cp_2Th)_2P_3$;(c) $W(CO)_3(PCy_3)_2P_4$;(d) $RhCl(PPh_3)_2P_4$;
(e) $[Cp^*Co(CO)]_2P_4$;(f) $Cp^*Nb(CO_2)P_4$;(g) $[Ni(CO_2)Cp]_2P_4$;(h) $(CpFe)_2P_4$;
(i) $[(Cp^*Ni)_3P]P_4$;(j) $[Ti(P_5)_2][K(18C6)]$;(k) $[Cp^*Fe]P_5[Cp^*Ir(CO)_2]$;
(l) $[Cp^*Fe]P_5[TaCp'']$;(m) $[Cp^*Fe]P_5[TaCp'']_2$;(n) $Cp^*Mo_2P_6$;
(o) $(Cp^*Ti)_2P_6$;(p) $(Cp'_2Th)_2P_6$;(q) $[Cp''Co(CO)_2]_3P_8$;
(r) $[Cp^*Ir(CO)_2]P_8[Cr(CO)_5]_3$;(s) $(Cp'Rh)_4P_{10}$;(t) $[CpCr(CO)_2]_5P_{10}$;
(u) $[Cp^{pr}Fe(CO)_2]P_{11}[Cp^{pr}Fe(CO)]_2$;(v) $[CpCo(CO)_2]_3P_{12}$。

示于图 15.3.6(e),(k)和(o)中的非平面 P_n 基团分别为四元、五元和六元环。开链的 P_4 和 P_5 基团作为多配位点配位体结构的典型示于图 15.3.6(g),(h),(l)和(m)中。含有两环和三环 P_n 环的金属配合物分别示于图 15.3.6(d)和(p)中。P_n($n>6$)多磷配位体的金属配合物的骨架结构则示于图 15.3.6(q)~(v)中。

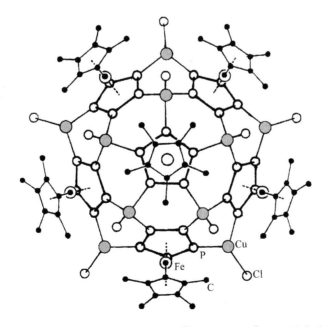

图 15.3.7 $[Cp^*FeP_5]_{12}(CuCl)_{10}(Cu_2Cl_3)_5[Cu(CH_3CN)_2]_5$ 分子的半球的结构。

将 $Cp^* FeP_5$ 与 CuCl 在 CH_2Cl_2/CH_3CN 溶剂中进行反应可制得 $[Cp^* FeP_5]_{12}(CuCl)_{10}$ $(Cu_2Cl_3)_5[Cu(CH_3CN)_2]_5$。在这个巨大的分子中，$Cp^* FeP_5$ 的 P_5 环被六元 P_4Cu_2 环所包围，P_4Cu_2 环是由各个 P 原子的孤对电子与 CuCl 金属中心配位形成，该 Cu 原子又进一步被其他 P_5 环的 P 原子所配位。这样一来，五元环和六元环稠合成以前已介绍过的球碳 C_{60} 分子的式样。图 15.3.7 示出这个球形分子半个球的结构。两个半球通过 $[Cu_2Cl_3]^-$ 和 $[Cu(CH_3CN)_2]^+$ 单元连接起来。这个无机球碳形分子的内径为 1.25 nm，外径为 2.13 nm，它大约比 C_{60} 大 3 倍。

15.3.4 P_n 物种中的键价

在 P_n 物种(或多磷基团)中的键可以用它们的键价(b)表达，键价相当 P—P 键的数目。令 g 为 P_n 中已有的价电子数，当两个 P 原子间形成一个共价键，每个原子在它的价层都获得一个电子。为了使 P_n 的原子满足八隅律，P 原子之间将有 $(1/2)(8n-g)$ 个电子对参加成键。这些成键电子对的数目定义为 P_n 物种的键价(b)：

$$b=(1/2)(8n-g)$$

利用这个简单公式可得：

P_4： $b=(1/2)(4\times 8-4\times 5)=6$，6 P—P 键；

P_7^{3-}： $b=(1/2)[7\times 8-(7\times 5+3)]=9$，9 P—P 键；

P_{11}^{3-}： $b=(1/2)[11\times 8-(11\times 5+3)]=15$，15 P—P 键；

P_{16}^{2-}： $b=(1/2)[16\times 8-(16\times 5+2)]=23$，23 P—P 键。

在这些 P_n 物种中，b 值准确地等于其结构式中键的数目，如图 15.3.1，图 15.3.4 和图 15.3.5 所示。但是对于平面的 P_6 环[图 15.3.6(n)]，

$$b=(1/2)[6\times 8-(6\times 5)]=9$$

这意味着存在 3 个 P—P 键和 3 个 P=P 双键，因此它像苯分子一样，具有芳香性。

P_n 基团的键价随着其价电子数的变化而改变。P_4 物种是个很好的实例，如图 15.3.8 所示。在这些结构中，每个过渡金属原子也遵循 18 电子规则。

由 P_n 物种作配位体形成的配合物中，P_n 和 M 间的化学键可分下面四种情况：

(1) 共价 P—M σ 键：由于它们相互各提供 1 个电子而共享一对电子。每形成 1 个 P—M 键，P_n 的价电子数 g 值增加 1，如图 15.3.8(e)所示。

(2) P→M σ 配键：P_n 中的价电子数不变，如图 15.3.8(b)所示。

(3) $\overset{P}{\underset{P}{\|}}$→M π 配键：$P_n$ 中的价电子数不变，如图 15.3.8(c)所示。

(4) $(\eta^n\text{-}P_n)$→M 配键：P_n 环($n=3,4,5,6$)提供它的离域 π 键电子和 M 形成 π 配键，P_n 的 g 值不变。

一些 P_7^{3-}，As_7^{3-} 和 Sb_7^{3-} 的分子型过渡金属配合物，作为穴醚包合的碱金属离子的盐已得到分离和表征。配位负离子的结构示于图 15.3.9 中。这些配位负离子的键(b)列出于下：

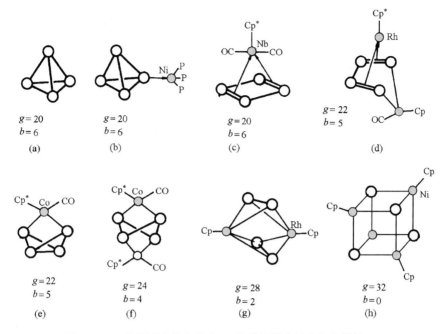

图 15.3.8　若干配位化合物中 P₄ 物种的配位情况和化学键:

(a) P₄ 分子; (b) (P₄)Ni(PPh₂CH₂)₃CCH₃; (c) (P₄)Nb(CO)₂Cp*;

(d) (P₄)Rh₂(CO)(Cp)(Cp*); (e) (P₄)Co(CO)Cp*; (f) (P₄)[Co(CO)Cp*]₂;

(g) (P₂)₂Rh₂(Cp)₂; (h) (P₄)(NiCp)₄。

(图中大白球代表 P 原子,→代表配键。)

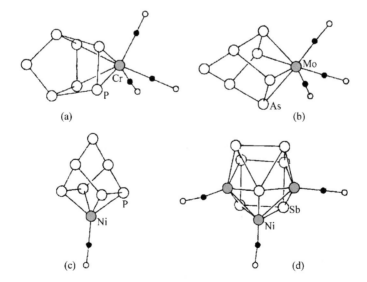

图 15.3.9　P₇³⁻, As₇³⁻ 和 Sb₇³⁻ 的过渡金属的配合物的结构:

(a) [P₇Cr(CO)₃]³⁻; (b)[As₇Mo(CO)₃]³⁻;

(c)[P₇Ni(CO)]³⁻; (d)[Sb₇Ni₃(CO)₃]³⁻。

(a) $[P_7Cr(CO)_3]^{3-}$ 在 $[Rb \cdot Crypt]_3[P_7Cr(CO)_3]$ 中：

　　$b=12$,8 个 P—P 和 4 个 P—Cr 键；

(b) $[As_7Mo(CO)_3]^{3-}$ 在 $[Rb \cdot Crypt]_3[As_7Mo(CO)_3]$ 中：

　　$b=12$,8 个 As—As 和 4 个 As—Mo 键；

(c) $[P_7Ni(CO)]^{3-}$ 在 $[Rb \cdot Crypt]_3[P_7Ni(CO)]$ 中：

　　$b=12$,8 个 P—P 和 4 个 P—Ni 键；

(d) $[Sb_7Ni_3(CO)_3]^{3-}$ 在 $[K \cdot Crypt]_3[Sb_7Ni_3(CO)_3]$ 中：

　　$b=18$,4 个 Sb—Sb 和 5 个 SbSbNi 3c-2e 和 2 个 SbNiNi 3c-2e 键。

15.4　磷的成键类型和配位几何学

15.4.1　磷的潜在成键类型

　　为了阐明磷的结构和键的潜在多样性,对配位数从 1 到 6 的每一种可能方式用经典的价键表达法示于图 15.4.1。其中的许多键型已在稳定的化合物中观察到,下面几小节将予以讨论。

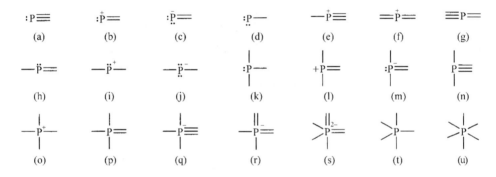

图 15.4.1　磷的潜在键型。

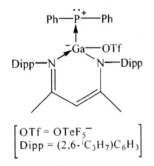

$$\begin{bmatrix} OTf = OTeF_5^- \\ Dipp = (2,6-^iC_3H_7)C_6H_3 \end{bmatrix}$$

　　在过渡金属配合物中,磷是经典的 Lewis 碱,是配位体,但示于图 15.4.1(i)的正离子物种则因带有正电荷显示是 Lewis 酸。不管它们的富电子性质,扩展的配位化学已对具有 Lewis 酸性的磷加以发展。例如示于左边的这个化合物有一个配位不饱和的 Ga(Ⅰ)配位体键合于磷正离子,它可看作和传统配位键相反的实例：金属原子(Ga)作为给体(配位体),而非金属原子(P)作为受体。

15.4.2　磷的配位几何学

　　磷能以不同的氧化态、不同的配位数和不同的配位几何型式与各种元素(除 Sb,Bi 及稀有气体外)形成多种多样的化合物。在这些化合物中,磷的立体化学和成键方式是多变的,这也是了解这些化合物性质的结构基础。本小节通过表15.4.1和图15.4.2示出磷原子在化合物中的配位几何型式,并对其中一些结构进行讨论。

表 15.4.1　磷原子在化合物中的配位几何型式

配位数	配位几何形状	实　例	图 15.4.2 中的序号
1	直线形	$P\equiv N$，$F-C\equiv P$	(a)
2	弯曲形	$[P(CN)_2]^-$	(b)
3	三角锥形	$PX_3(X=H,F,Cl,Br,I)$	(c)
	平面三角形	$PhP\{Mn(C_5H_5)(CO)_2\}_2$	(d)
4	四面体形	P_4O_{10}	(e)
	平面四方形	$[P\{Zr(H)Cp_2\}_4]^+$	(f)
5	四方锥形	$Os_5(CO)_{15}(\mu_4\text{-POMe})$	(g)
	三方双锥形	PF_5	(h)
6	八面体形	PCl_6^-	(i)
	三方棱柱形	$(\mu_6\text{-}P)[Os(CO)_3]_6^-$	(j)
7	单帽三方棱柱形	Ta_2P	(k)
8	立方体形	Ir_2P	(l)
	双帽三棱柱体	Hf_2P	(m)
9	单帽四方反棱柱体	$[Rh_9(CO)_{21}P]^{2-}$	(n)
	三帽三棱柱体	Cr_3P	(o)
10	双帽四方反棱柱体	$[Rh_{10}(CO)_{22}P]^{3-}$	(p)

1. 配位数为 1

磷的配位数为 1 的化合物已知有：$P\equiv N$，$P\equiv C-H$，$P\equiv C-X$（X 为 F 和 Cl），$P\equiv C-Ar$（Ar 为 $Bu_3C_6H_2$ 等）。在这类化合物中，P 和 N 或 C 原子形成三重键,键长一般较短。$P\equiv N$ 键长为 149 pm，$P\equiv C$ 键长为 154 pm。

2. 配位数为 2

磷的配位数为 2 的化合物中,其价键结构式有三种：

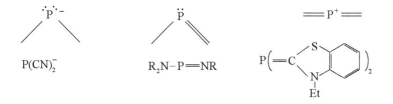

在 $P(CN)_2^-$ 结构中，P—C 键长为 173 pm，$C\equiv N$ 键长为 116 pm,CPC 键角为 95°。

3. 配位数为 3

磷的配位数为 3 的化合物中,典型及最常见的结构型式为三角锥形,平面形较少。三角锥形的化合物通式为 PX_3,X 可以是相同的基团,也可以是不同的基团,X 为 F,Cl,Br,I，H，OR，OPh，Ph，^tBu 等。一些化合物的构型数据如下：

PX_3	PH_3	PF_3	PCl_3	PBr_3	PI_3
P—X 键长/pm	144	157	204	222	252
X—P—X 键角/(°)	94	96	100	101	102

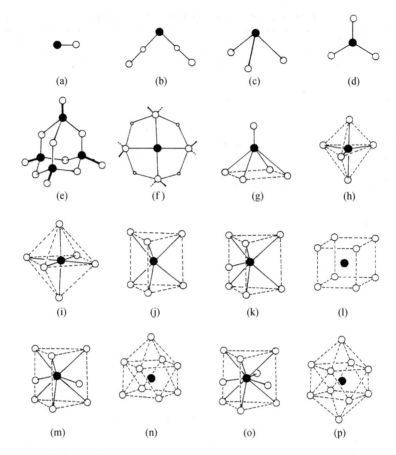

图 15.4.2 磷原子在化合物中的配位几何型式（黑球代表磷原子,白球在不同化合物中代表不同的原子,
在正文中加以说明）：(a) $P\equiv N$；(b) $[P(CN)_2]^-$；(c) PX_3；(d) $PhP\{Mn(C_5H_5)(CO)_2\}_2$；(e) P_4O_{10}；
(f) $[P\{Zr(H)Cp_2\}_4]^+$；(g) $Os_5(CO)_{15}(\mu_4\text{-}POMe)$；(h) PF_5；(i) PCl_6^-；(j) $[Os(CO)_3]_6P$；(k) Ta_2P；
(l) Ir_2P；(m) Hf_2P；(n) $[Rh_9(CO)_{21}P]^{2-}$；(o) Cr_3P；(p) $[Rh_{10}(CO)_{22}P]^{3-}$。

PX_3 分子中有一孤对电子,而 X 又容易改变,使 PX_3 成为具有多种功能的配位体。PX_3
和金属原子 M 间形成配位键（$X_3P{\rightarrow}M$）的强弱受三种因素的制约：

（1）$\sigma\ P{\rightarrow}M$ 键

P 原子将它的孤对电子提供给 M 原子空轨道,形成 $\sigma\ P{\rightarrow}M$ 相互作用,其稳定性受不同的
X 基团的影响,成键能力的次序为：

$$P^tBu_3 > P(OR)_3 > PR_3 \approx PPh_3 > PH_3 > PF_3 > P(OPh)_3$$

（2）反馈 π 键

从金属原子 M 的非键 $d\pi$ 电子对反馈给 P 原子空的 $3d\pi$ 轨道,形成反馈 π 键,其强弱次
序为：

$$PF_3 > P(OPh)_3 > PH_3 > P(OR)_3 > PPh_3 \approx PR_3 > PBu_3$$

（3）空间阻碍

X 基团的大小产生的空间阻碍影响 P—M 键的稳定性,其影响大小的次序为：

$$P^tBu_3 > PPh_3 > P(OPh)_3 > PMe_3 > P(OR)_3 > PF_3 > PH_3$$

$PhP\{Mn(C_5H_5)(CO)_2\}_2$ 分子中 P 原子分别和 2 个 Mn 及 Ph 基团中的 C 原子以单键相连，形成平面三角形，Mn—P—Mn 的键角为 138°，而 2 个 C—P—Mn 的键角都是 111°，三个键角总和为 360°，所以 P 的 3 个键呈平面构型，如图 15.4.2(d)所示。

4. 配位数为 4

磷酸、磷酸盐及许多五价磷的化合物具有配位数为 4 的四面体构型，其价键结构式可表达为 3 个单键和 1 个双键。图 15.4.2(e)示出的 P_4O_{10} 分子结构就明显地具有这个特点，分子对称点群为 T_d，其中 4 个 P 原子配位情况相同，都有一个端接的 O 原子，3 个桥连的 O 原子，前者相当于 P=O 双键（图中用粗线表示），键长为 143 pm，后者相当于 P—O 单键，键长为 160 pm，O—P—O 键角为 102°，P—O—P 键角为 123°。

P_4O_{10} 俗称五氧化二磷，是最常见的磷的氧化物，它除了由 P_4O_{10} 分子堆积成六方晶系的晶体(H)外，还有两种由 $[PO_4]$ 四面体共顶点连接成的正交晶系晶体：一种为介稳的二维层形结构(O)，另一种为稳定的三维网络形结构(O′)。磷在空气中燃烧，迅速将气体凝聚生成六方晶体(H)，它是介稳的，在 400℃ 加热 2 小时转变为介稳的正交晶体(O)，在 450℃ 加热 24 小时，则形成稳定的正交晶体(O′)。这三种 P_4O_{10} 遇水都反应形成磷酸。

P 原子具有平面四方形的四配位结构在 $[P\{Zr(H)Cp_2\}_4][BPh_4]$ 化合物中发现。图 15.4.2(f)示出 $[P\{Zr(H)Cp_2\}_4]^+$ 的结构，图中大白球代表 Zr，小白球代表 H，8 条线段代表 Cp（即 C_5H_5）。Zr—P—Zr 键角接近 90°，桥 H 原子和 Zr 原子形成近平面的八元环，它包围着中心 P 原子。

5. 配位数为 5

在五配位的四方锥形结构的实例中，$Os_5(CO)_{15}(\mu_4\text{-POMe})$ 的 5 个 Os 原子每个都和 3 个 CO 键连，组成四方锥形金属原子簇。P 原子只和底面的 4 个 Os 原子相连[图 15.4.2(g)中只示出以虚线相连的底面上的 4 个 Os 原子]，P 原子的另一配位是顶上的—OMe 基团。

五价磷的卤化物在结构上具有多样性：

(1) PF_5：三方双锥形结构，轴上 P—F_{ax} 键长为 158 pm，赤道上的 P—F_{eq} 键长为 153 pm。其结构示于图 15.4.2(h)中。

(2) PCl_5：气相时为三方双锥形结构，P—Cl_{ax} 键长为 214 pm，P—Cl_{eq} 键长为 202 pm。晶态时为离子化合物，由 $[PCl_4]^+$ 和 $[PCl_6]^-$ 组成。$[PCl_4]^+$ 呈四面体构型，P—Cl 键长为 197 pm。PCl_6^- 为八面体构型，P—Cl 键长为 208 pm，示于图 15.4.2(i)中。

(3) PBr_5：晶态的 PBr_5 由 PBr_4^+ 和 Br^- 组成。由于空间阻碍，6 个大的 Br 原子围绕着小的 P 原子，过于拥挤，所以 $[PBr_6]^-$ 不能形成。

(4) PI_5：没有确实的证据说明它存在。

6. 配位数≥6 的高配位数 P 原子

在图 15.4.2(j)～(p)的配位型式中，P 周围的配位原子都是过渡金属元素，P 填入过渡金属原子组成的配位多面体中，作为间隙原子，提供 5 个价电子以稳定这些簇合物骨架的结构。

15.5　磷-氮和磷-碳化合物的结构化学

15.5.1　磷-氮键的类型

当 P 原子和 N 原子直接成键时，它们之间形成的化学键在整个无机化学中是最具多样性,也是最令人感兴趣的研究之一。磷-氮化合物可按它们之间的成键型式进行分类:含有 P—N 单键的化合物称为磷氮烷(phosphazanes),含有 P＝N 双键的化合物称为磷氮烯(phosphazenes),含有 P≡N 叁键的化合物称为磷氮炔(phosphazynes)。这三类化合物的磷-氮化学键的一般型式列于表 15.5.1 中。

表 15.5.1　磷-氮化学键的一般型式*

	磷氮烷	磷氮烯	磷氮炔
$P^{Ⅲ}$	$\overset{..}{\underset{+}{P}}$—N $(sp^2)\sigma^2,\lambda^2$	$\overset{..}{P}$＝N $(sp^2)\sigma^2,\lambda^3$	$:P≡N$ σ^1,λ^3
	$\overset{..}{P}$—N $(sp^3)\sigma^3,\lambda^3$		
P^{V}	$\overset{+}{P}$—N $(sp^3)\sigma^4,\lambda^4$		
	P—N $(sp^3)\sigma^4,\lambda^5$	P＝N $(sp^3)\sigma^4,\lambda^5$	P≡N $(sp^2)\sigma^3,\lambda^5$
	P—N $(sp^3d)\sigma^5,\lambda^5$	N⫶P—N $(sp^3)\sigma^4,\lambda^5$ ↕	
	P←N $(sp^3d)\sigma^5,\lambda^5$	N＝P＝N $(sp^3)\sigma^4,\lambda^5$	
	P←N $(sp^3d^2)\sigma^6,\lambda^6$	P＝N $(sp^3)\sigma^3,\lambda^5$	

* 表中只标出 P 原子上的孤对电子和 P 原子所用的杂化轨道(示于括号中)。σ 和 λ 分别表示 P 原子的配位数和键数。

　　磷氮炔化合物很稀少。P≡N 双原子分子的键长为 149 pm。第一个制得含 P≡N 键的稳定化合物为 $(P≡N—R)^+(AlCl_4)^-$,R 为 $C_6H_2(2,4,6-{}^tBu_3)$,在此分子中 P≡N 键长为147.5 pm。

15.5.2　磷氮烷

　　下面按表 15.5.1 中关于磷氮烷化学键的型式,举出实例讨论它们的结构和性质。

　　1. $\overset{..}{\underset{+}{P}}$—N 键

在这种化学键型式中,P 原子利用 sp^2 杂化轨道成键,其中之一由孤对电子占据,另外两个和 N 原子形成两个共价键,所以分子呈弯曲形,例如 ${}^iPr_2N—\overset{+}{P}—N\,{}^iPr_2$ 分子的结构可表达如下:

$$R_2\overset{..}{N}\,\overset{\overset{..}{\underset{+}{P}}}{\diagup\diagdown}\,\overset{+}{N}R_2 \;\longleftrightarrow\; R_2\overset{+}{N}\,\overset{\overset{..}{P}}{\diagup\diagdown}\,\overset{..}{N}R_2 \;\longleftrightarrow\; R_2\overset{..}{N}\,\overset{\overset{..}{P}}{\diagup\diagdown}\,\overset{+}{N}R_2$$

在此分子中,P—N 键长为 161.2 pm,N—P—N 键角为 115°,小于 sp^2 杂化时的理想值 120°,

这是由孤对电子的推斥作用所引起。

2. $\diagup\underset{\cdot\cdot}{P}\!-\!N\diagdown$ 键

$F_2P\!-\!NMe_2$ 是 $R_2P\!-\!NR_2$ 化合物的一个典型实例,它的特点有二:一是具有较短的 P—N 键,键长值为 162.8 pm;二是 N 原子具有平面三角形构型,如图 15.5.1(a)所示。在此构型中,NC_2 三个原子所处的平面平分 F—P—F 键角(即此分子具 C_s 对称性)。

分子的几何构型以及 P—N 键长变短说明 P—N 键带有双键性质,这是由于 P 原子和 N 原子间形成 π 键。若定 z 轴为垂直于 PNC_2 平面,x 轴平行于 P—N 键。N 原子上带有孤对电子的 p_z 轨道和 P 原子上空的 d_{xz} 轨道互相重叠,形成 π 键,如图 15.5.1(b)所示。

F_2PNH_2 分子的结构和 F_2PNMe_2 结构相似。P—N 键长为 166 pm。

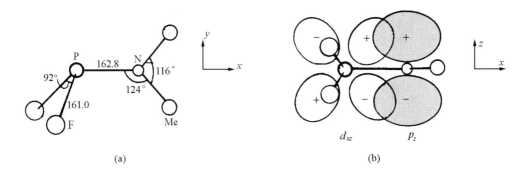

图 15.5.1　$F_2P\!-\!N(CH_3)_2$ 的结构:
(a) 几何构型;(b) P 原子的 d_{xz} 轨道和 N 原子的 p_z 轨道叠加形成 π 键。

3. $\diagup\overset{+}{P}\!-\!N\diagdown$

在 $[PCl_2(NMe_2)_2]SbCl_6$ 晶体结构中,正离子 $[PCl_2(NMe_2)_2]^+$ 具有四面体构型。$[P(NH_2)_4]^+$ 和 $[P(NR)_4]^{3-}$ 等离子亦为四面体构型,P—N 键长在 $[P(NH_2)_4]^+$ 中为 160 pm,在 $[P(NR)_4]^{3-}$ 中为 164.5 pm,它们与典型共价单键相符。

4. $\diagup\overset{\|}{P}\!-\!N\diagdown$

$(R_2N)_2POCl,(R_2N)POCl_2$ 以及 $(R_2N)_3PO$ 等类型化合物具有这种键型,它们有着特殊的性质,例如 $(Me_2N)_3PO$ 是一种无色易流动的液体,可以和水按任意比例混合,它和 $HCCl_3$ 形成的加合物能溶解离子化合物、溶解碱金属形成蓝色顺磁性溶液,具有很强的还原性。

5. $\diagup\overset{|}{\underset{|}{P}}\!-\!N\diagdown$

$F_4P\!-\!NEt_2$ 等具有这种键型,其中 P 原子采用 sp^3d 杂化轨道。

6. $-\overset{|}{\underset{|}{P}}\!\leftarrow\!N\diagdown$

跨环磷氮烷具有这种键型的结构,它和跨环硅氮烷相似,它的结构式如右图所示:

这个笼形分子中心的 N→P 键的键长一般比共价单键键长要

长得多,P 原子的配位为三方双锥形。

7. $-\overset{|}{\underset{|}{P}}\leftarrow N\overset{\diagup}{\diagdown}$

$F_5P\leftarrow NH_3$ 是一个八面体六配位的磷氮烷,其中 P—N 键长长达 184.2 pm。在另一个同样键型的化合物 $Cl_5P\leftarrow N\langle\!\langle\rangle\!\rangle N$ 中,P—N 键长达 202.1 pm。这两个化合物键长的差异是由于 F 的高电负性,使 F_5P 基团比 Cl_5P 基团成为更强的受体。

15.5.3 磷氮烯

磷氮烯以前称为磷腈(phosphonitrilic)化合物,其特征是含 P≡N 基团。这类化合物,特别是含 $-\overset{\diagup}{P}=N-$ 基团的化合物数量甚多,它们具有重要的应用潜力。

1. 磷氮烯中的键型

(1) 含 —P≡N— 键型化合物

$(Me_3Si)_2N\overset{167.4\,pm}{\underset{108°}{-}}\overset{}{\underset{N-SiMe_3}{P}}\overset{154.5\,pm}{}$

在这类键型中,P 原子利用 sp^2 杂化轨道,其中 1 个放孤对电子,分子呈弯曲形,例如 $(SiMe_3)_2NPN(SiMe_3)$ 化合物,其结构如左图所示:

(2) 含 $\overset{\diagup}{\diagdown}P=N-$ 键型化合物

$\underset{Me_3SiN}{\overset{Me_3SiN}{\diagdown}}\underset{113°}{\overset{150.3\,pm}{P}}\overset{164.6\,pm}{-}N(SiMe_3)_2$

化合物 $(Me_3Si)_2NP(NSiMe_3)_2$ 属于这种类型,其结构如左图所示:

(3) 含 $-\overset{|}{\overset{|}{P}}=N-$ 键型化合物

含这种键型的最简单的化合物是亚氨基正磷(iminophosphorane)$H_3P=NH$,它的衍生物很多,例如:

$$R_3P=NR', \quad Cl_3P=NR, \quad (RO)_3P=NR', \quad Ph_3P=NR$$

在这些化合物中,P 原子用 sp^3 杂化轨道形成 4 个 σ 键,同时和 N 原子及其他相邻原子通过 d_π-p_π 轨道的叠加增强。

2. 环形磷氮烯的结构和化学键

将 PCl_5 和 NH_4Cl 用四氯乙烷作溶剂混合进行回流,其主要产品为环形三聚体 $(PNCl_2)_3$ 和四聚体 $(PNCl_2)_4$。三聚体和四聚体都是稳定的白色结晶物质,可用非极性溶剂重结晶纯化。

$(PNCl_2)_3$ 和 $(PNCl_2)_4$ 的结构示于图 15.5.2 中。三聚体 $(PNCl_2)_3$ 具有 D_{3h} 对称性的平

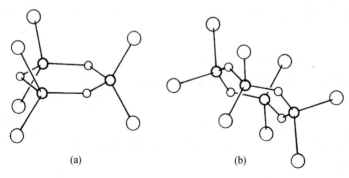

(a)　　　　　　　　　　　(b)

图 15.5.2　(a)$(PNCl_2)_3$ 和(b) $(PNCl_2)_4$ 的结构。

面六元环结构,Cl 原子对称地处在环平面的上方和下方。在环中,P—N 键长相同,为 158 pm,内角接近 120°,Cl—P—Cl 的平面和中心环的平面垂直,Cl—P—Cl 键角为 120°。

$(PNCl_2)_3$ 分子中 P—N 键较短而且等长,这是由于 P 原子 d 轨道上电子离域的结果。在此体系中,P 原子的 sp^3 杂化轨道和 N 原子的 sp^2 杂化轨道叠加形成 σ 键,同时 N 原子的 p_z 轨道和 P 原子的 d 轨道互相叠加形成 π 键,使 P—N 化学键增强。图 15.5.3 示出 $(PNCl_2)_3$ 分子中 π 键的形成情况。图 15.5.3(a) 示出一个 P 原子的 d_{xz} 轨道和相邻两个 N 原子的 p_z 轨道在环中的取向排布。图 15.5.3(b) 示出从 z 轴俯视 d_{xz} 轨道和 p_z 轨道互相叠加的情况。图 15.5.3(c) 示出 P 原子的 $d_{x^2-y^2}$ 和 N 原子 sp^2 杂化轨道的孤对电子轨道叠加在一起。图 15.5.3(d) 示出 P 原子 d_{xz} 轨道和 N 原子 p_z 轨道叠加时,可能发生"错配",致使这些分子较易折弯。通过以下这些相互作用,在环形 $(PNCl_2)_3$ 分子中原子间的成键可得到加强:

(1) P 原子的 d_{xz} 与 N 原子的 p_z 轨道形成 d_π-p_π 相互作用;

(2) P 原子 d_{xy} 和 $d_{x^2-y^2}$ 与 N 原子的 sp^2 杂化轨道叠加形成在环平面内的 d_π-p_π 相互作用;

(3) P 原子的 d_{z^2} 轨道和环外 Cl 原子的 p 轨道叠加形成 d_π-p_π 相互作用。

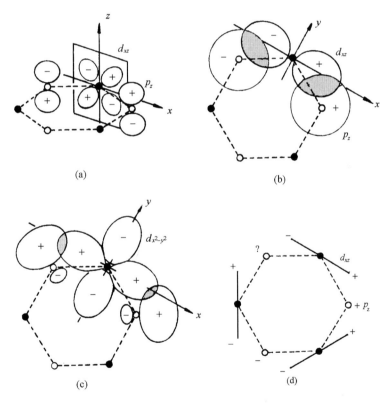

图 15.5.3　$(PNCl_2)_3$ 分子中 d_π-p_π 键的形成。

[黑球代表 P 原子,白球代表 N 原子。(a) P 原子 d_{xz} 轨道和 N 原子 p_z 在空间的排布;(b) P 原子 d_{xz} 轨道和 N 原子 p_z 轨道的叠加;(c) P 原子 $d_{x^2-y^2}$ 轨道和 N 原子的 sp^2 杂化轨道的叠加;(d) P 原子的 d_{xz} 轨道(图中以一线段标上正负号表示)和 N 原子 p_z 轨道(仅标上正负号)叠加时有可能发生"错配"(图中的?)。]

由于 d_π-p_π 相互作用可以通过多种方式形成,在 $(PNCl_2)_4$ 折皱环形分子中也同样可以形

成 d_π-p_π 相互作用而增强原子间的化学键,所以这类磷氮烯化合物存在多种构象。

一个由硼嗪-磷嗪混杂组成的环形体系 $[\text{ClBNMePCl}_2\text{NPCl}_2\text{NMe}](\text{GaCl}_4)$ 已制得,X 射线衍射研究表明这个 6π 电子芳香正离子是平面结构(结构式如左图所示)。B—N 键长为 143.6 pm 和 142.2 pm,此值和硼嗪中的键长(143 pm)一致。

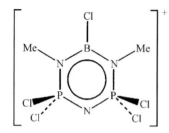

磷氮烯化合物不论是环形或链形,在形式上均含有四配位 P 原子和二配位 N 原子的不饱和 P=N 基团,它们的结构和性能具有下列通性:

(1) 环形和链形的各种构象都是非常稳定的。

(2) 在环和链中骨架上 P—N 原子间的距离相等,当 P 原子上置换不同的基团,会使其距离略有改变。

(3) P—N 距离短于共价单键值 177 pm,通常处在 158 ± 2 pm 范围。

(4) N—P—N 键角的范围通常处在 $120°\pm2°$,但是 P—N—P 键角可有较大变化,在不同化合物中分布范围为 $120°\sim148°$。

(5) 骨架中的 N 原子呈弱碱性,可配位到金属原子上或质子化,特别是在 P 原子上有释放电子的基团存在时更容易出现。

(6) 和许多芳香化合物不同,磷氮烯骨架较难进行电化学的还原。

(7) 不出现像有机 π 共轭体系相联系的光谱效应。

15.5.4　磷-碳化合物中的键型

在周期表中磷和碳是对角关系的元素。对角相似重点在元素的电负性(C 为 2.5 而 P 为 2.2),它决定着元素释放或接受电子的能力。这个性质控制着全部含有该元素的物质的反应性能。本小节讨论磷-碳键的类型及代表性物质的结构。

1. 亚膦基—C—P̈及其配合物

亚膦基(phosphinidene,IUPAC 建议的名称为 phosphanylidene)是不稳定物种,类似于碳烯。它的母体化合物 H—P 是含 6 个价电子的物质,至今尚未发现,但亚膦基能给出 7 种不同类型的配合物,如表 15.5.2 所列。

2. 磷烯烃 $R^1R^2C=PR^3$

磷烯烃(phosphaalkenes)是三价磷的衍生物,在磷和碳之间有双键。观察到的 P=C 键长范围在 $161\sim171$ pm(平均值为 167 pm),显著地短于 P—C 单键的键长 185 pm。磷烯烃能以多种方式和过渡金属分子片配位:

(1) 通过 P 的孤对电子以 η^1 方式和 M 配位,例如:

$$
\begin{array}{c}
\text{Ph} \quad\quad\quad \text{Mes} \\
\text{C=P} \\
\text{Ph} \quad\quad \text{Cr(CO)}_5
\end{array}
\qquad\qquad \text{P=C}\ \ 167.9\ \text{pm}
$$

表 15.5.2　亚膦基配合物的类型

类　型	结构式	结构和性能
二电子配合物	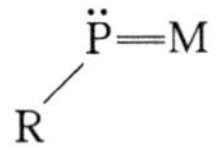 $\ddot{P}=M$ 连 R	η^1-弯曲形,亲电性
	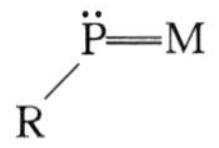 $\ddot{\ddot{P}}=M$ 连 R	η^1-弯曲形,亲核性*
	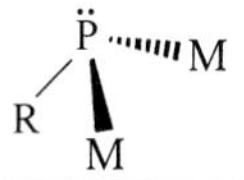 $\ddot{\ddot{P}}\text{——}M$ 连 R 和 M	μ_2-三角锥形
四电子配合物	$R\text{—}P\equiv M$	η^1-直线形**
	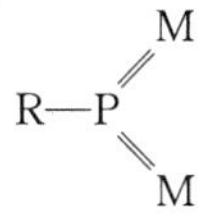 $R\text{—}P$ 连两个 M	μ_2-平面形
	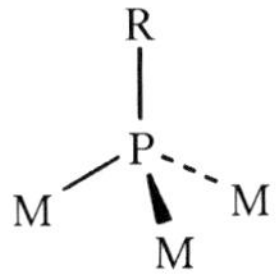 R、M、M、M 连 P	μ_3-四面体形
	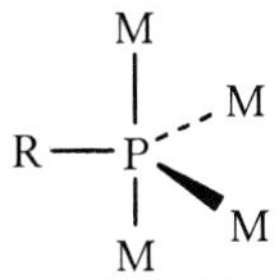 M、M、M、M 连 $P\text{—}R$	μ_4-三角双锥形

* 在配合物 Mes—P＝Mo(Cp)$_2$ 中,P＝Mo 237.0 pm,Mo—P—C 115.8°。

** 在配合物 Mes—P≡WCl$_2$(CO)(PMePh$_2$)中,P≡W 216.9 pm,C—P—W 168.2°。

（2）通过 π 键电子以 η^2 方式和 M 配位,例如：

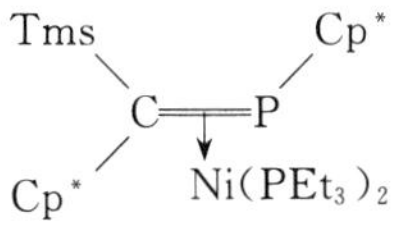

$$\text{Tms}, \text{Cp}^*\quad C=P\quad \text{Cp}^*, \text{Ni}(PEt_3)_2$$

在 η^2 配合物中,P—C 键长长于 η^1 配合物或自由的配位体。

（3）同时通过孤对电子和 π 键电子以 η^1,η^2 方式和 M 配位,例如：

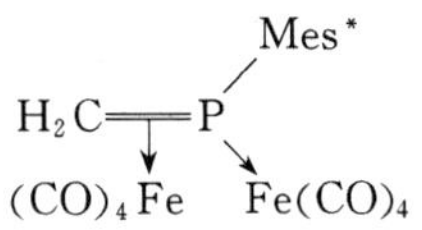

$$\text{Mes}^*$$
$$H_2C=P\quad\quad P=C\quad 173.7\text{ pm}$$
$$(CO)_4Fe\quad Fe(CO)_4$$

3. 磷炔烃　RC≡P

磷炔烃（phosphaalkynes）是含有 P≡C 三重键的三价磷的化合物。图 15.5.4 示出 ^{t}Bu—C≡P 的结构,它的 P≡C 键非常短(154.8 pm),电离能低[I_1(πMO)=9.61 eV,I_2(P 的孤对电子)=11.44 eV],由此可设想它的化学性质和炔烃近似。

磷炔烃有着丰富的配位化学,它的三重键和 P 原子的孤对电子都可以参与配位。表 15.5.3 列出磷炔烃的配位方式。

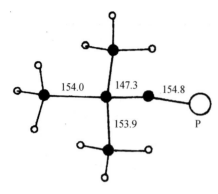

图 15.5.4 $'Bu\text{—}C\equiv P$ 的结构。（键长单位为 pm。）

一些磷炔烃$'BuCP$的寡聚体已得到表征。磷炔烃环四聚体有多种异构体,它们的结构示于图 15.5.6(a)～(e)。在类立方烷 $P_4C_4'Bu_4$ 中,P—C 键长均相等,等于 188 pm,它是典型的单键。P 的原子键角从理论的 90° 降到 85.6°,而 C 原子的键角增大至 94.4°。

磷炔烃五聚体 $P_5C_5'Bu_5$ 具有笼形结构,如图 15.5.6(f)所示。它的结构可看作立方烷型的四聚体顶角上的一个 C 原子被 C_2P 三角分子片置换而得。

磷炔烃六聚体 $P_6C_6'Bu_6$ 是一个灯笼状的结构,这个笼由椅形的 P_4C_2 环在其上方和下方各连接一个 C_2P 三元环构成,如图 15.5.6(g)所示。

表 15.5.3 磷炔烃的配位方式

配位方式		实例和结构
η^1	$R\text{—}C\equiv P\rightarrow M$	$['Bu\text{—}C\equiv P\text{—}Fe(H)(dppe)_2][BPh_4]$, $C\equiv P$ 151.2 pm
η^2	$\begin{array}{c} R\text{—}C\!\!=\!\!P \\ \downarrow \\ M \end{array}$	$\begin{array}{c} 'Bu\text{—}C\!\!=\!\!P \\ \downarrow \\ Pt(PR_3) \end{array}$
η^1,η^2	$\begin{array}{c} R\text{—}C\!\!=\!\!P\rightarrow M \\ \downarrow \\ M \end{array}$	$\begin{array}{c} 'Bu\text{—}C\equiv P\rightarrow Cr(CO_5) \\ \downarrow \\ Pt(Ph_2PCH_2CH_2PPh_2) \end{array}$
4e	$R\text{—}C\overset{M}{\underset{M}{=\!\!=}}P$	$'BuCP[Fe_2(CO)_5(PPh_2CH_2PPh_2)]$, 图 15.5.5(a)
6e	$R\text{—}C\overset{M}{\underset{M}{=\!\!=}}P\rightarrow M$	$'BuCP[W(CO)_5][Co_2(CO)_6]$, 图 15.5.5(b)

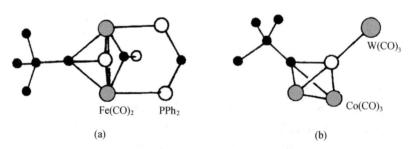

(a)　　　　　　　　　　　(b)

图 15.5.5 (a) $'BuCP[Fe_2(CO)_5(PPh_2CH_2PPh_2)]$ 和 (b) $'BuCP[W(CO)_5][Co_2(CO)_6]$ 的结构。

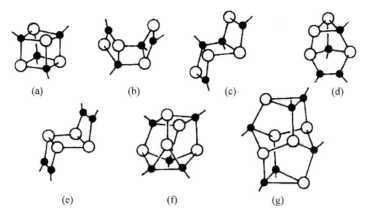

图 15.5.6　磷炔烃寡聚体的结构:
(a)~(e)环四聚体;(f)五聚体;(g)六聚体。

4. P≡C⁻(cyaphide)

P≡C⁻与氰根(N≡C⁻)是同系物,只是磷取代了氰化物中的 N。作为可稳定金属的配体,P≡C⁻的研究探索在 2006 年取得值得称道的成果。

[RuH(dppe)₂(Ph₃SiC≡P)]OTF 和[RuH(dppe)₂(C≡P)]两个配合物已通过新的合成方案制得。X 射线衍射结构分析给出了二者的分子几何构型和结构特征,示于图 15.5.7 中。

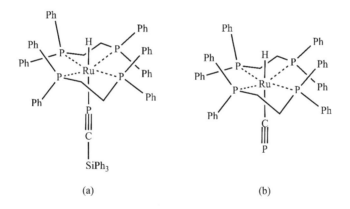

图 15.5.7　含 P≡C⁻ 基团的物种的结构:
(a)[RuH(dppe)₂(Ph₃SiC≡P)]⁺;(b)[RuH(dppe)₂(C≡P)]。

和预期相符,配体 Si—C≡P 和 P≡C⁻ 分别采用 P-和 C-作为配位原子与 RuⅡ 中心结合,图 15.5.7(a)中,Ru—P 键长平均值为 237 pm,C≡P 键长为 153.0 pm;图 15.5.7(b)中,Ru—P 键长平均值为 234 pm,Ru—C 键长为 206 pm,C≡P 键长为 157.3 pm,比其在(a)的 Si—C≡P 中的键略长,这是由 Ru 电子反馈到配体的 π* 轨道所致。

15.5.5　磷-碳化合物的 π-配合物

1. 二磷烯 R—P═P—R

二磷烯(diphosphenes)含有—P═P—基团,它大多采用反式构型,如下图为一稳定的化合物,其是反式构型,P=P键长为 203.4 pm。

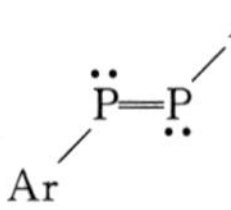

$$\overset{\displaystyle \ddot{P}=\ddot{P}}{\underset{Ar}{\overset{Ar}{|}}} \qquad (Ar=2,4,6\text{-}^{t}Bu_3C_6H_2)$$

二磷烯和过渡金属间的 σ-和 π-相互作用的各种配位方式,列于表 15.5.4 中。

2. η^3-磷烯丙基和 η^3-亚磷乙烯

磷烯丙基(phosphaallyl)负离子$\left(\begin{array}{c}|\\ C\\ \diagup\,\ominus\,\diagdown\\ —P\qquad C—\end{array}\right)$和含有$\left(\begin{array}{c}\triangleright P—\end{array}\right)$基团的亚磷乙烯

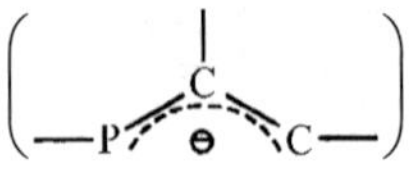

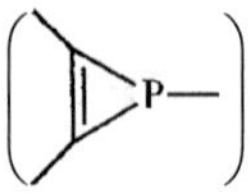

(phosphinenes)都是 η^3-配位体,它们能与过渡金属形成配合物。一些例子示出如下:

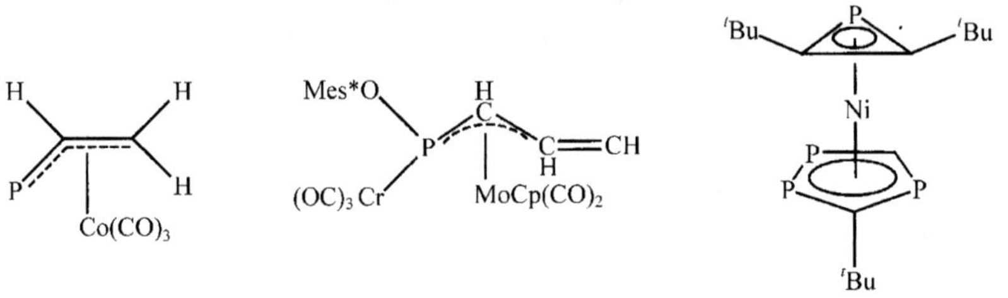

3. η^4-磷二烯和二磷环丁二烯

磷二烯$\left(\text{phosphadienes},\ \begin{array}{c}|\\ —P=C—C=C\diagdown\end{array}\ \text{或}\ \begin{array}{c}|\\ \diagup C=P—C=C\diagdown\end{array}\right)$是 η^4-配位体,它能和过

渡金属形成配合物,例如:

表 15.5.4　二磷烯的配位方式

配位方式	实例和结构
η^1 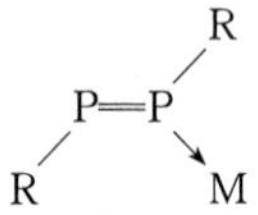 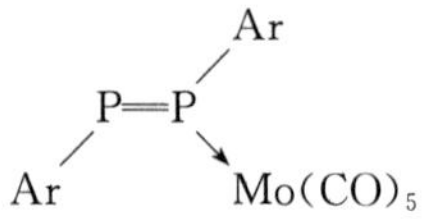	$\underset{R}{\overset{R}{P}}=P\underset{M}{}$ ；　$\underset{Ar}{\overset{Ar}{P}}=P\underset{Mo(CO)_5}{}$　$(Ar=2,4,6\text{-}^{t}Bu_3C_6H_2)$
η^2	$P=P\overset{R}{\underset{M}{}}$ ；　$(\eta^2\text{-}^{t}BuP=P^tBu)Zr(Cp^*)^2$
$\mu(\eta^1:\eta^1)$ 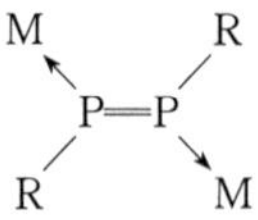 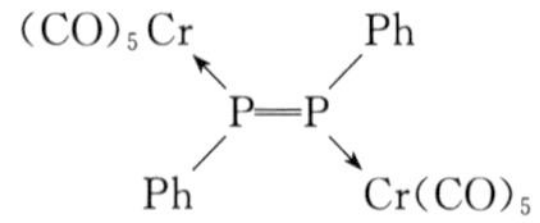	$\underset{R}{\overset{M}{}}P=P\underset{M}{\overset{R}{}}$ ；　$(CO)_5Cr\ \ Ph$ 　$P=P$ 　$Ph\ \ Cr(CO)_5$
$\mu(\eta^1:\eta^2)$	$\overset{M}{}P=P\overset{M\ \ R}{\underset{M}{}}$ ；　——
$\mu_3(\eta^1:\eta^1:\eta^2)$ 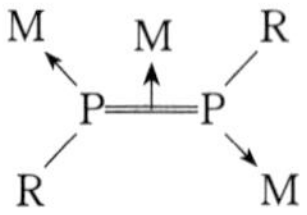 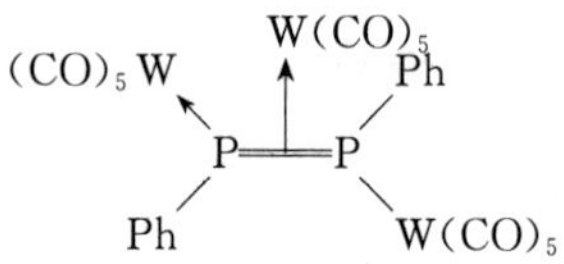	$\overset{M\ \ M\ \ R}{P=P}\underset{M}{}$ ；　$(CO)_5W\ \ \overset{W(CO)_5}{\underset{Ph}{}}$ 　$P=P$ 　$Ph\ \ W(CO)_5$

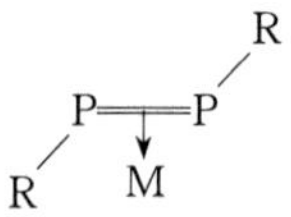

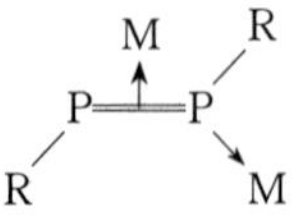

续表

配位方式	实例和结构

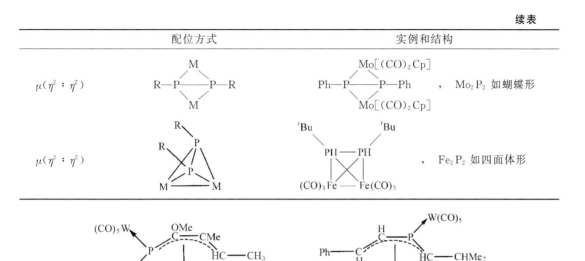

许多含有 1,2-或 1,3-二磷环丁二烯环的金属配合物已作表征。图 15.5.8 示出一些实例的结构。

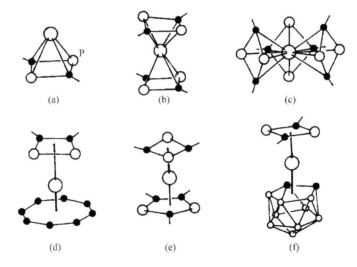

图 15.5.8　二磷环丁二烯配合物的结构：(a) $Fe(CO)_3[\eta^4\text{-}P_2C_2{}'Bu_2]$；
(b) $Ni[\eta^4\text{-}P_2C_2{}'Bu_2]_2$；(c) $Mo[\eta^4\text{-}P_2C_2{}'Bu_2]_3$；(d) $Ti(\eta^4\text{-}P_2C_2{}'Bu_2)(\eta^8\text{-}COT)$；
(e) $Co(\eta^4\text{-}P_2C_2{}'Bu_2)(\eta^5\text{-}P_2C_3{}'Bu_3)$；(f) $Rh(\eta^4\text{-}P_2C_2{}'Bu_2)(\eta^5\text{-}C_2B_9H_{11})$。

有趣的是，已经证明不可能置换上述配合物中任何一个 η^4-配位的 $P_2C_2{}'Bu_2$ 环，这和 η^4-配位的环丁二烯环配合物的性质相反。这可能是由于金属和含磷的环之间有较强的 π-相互作用。

4. η^5-磷杂基配合物

磷杂基(phospholyl)单元是环戊二烯基配位体的一种类似物，它含有 1～5 个 P 原子。图 15.5.9(a)～(f)示出一些磷金属茂(包括夹心型、半夹心型和斜夹心型)的结构。图 15.5.9 (g)～(j)示出一些磷金属茂中基本部分的结构。图 15.5.9(k)示出超分子 $[Sm(\eta^5\text{-}PC_4Me_4)_2 (\eta^1\text{-}PC_4Me_4)K(\eta^6\text{-}C_6H_5Me)]Cl$ 的结构。

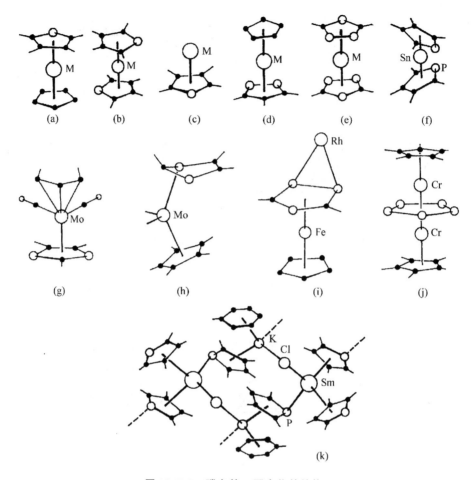

图 15.5.9 磷杂基 π-配合物的结构:

(a)~(e)磷金属茂;(f) Sn[η^5-PC$_4$(TMS)$_2$Cp$_2$]$_2$;(g) (η^3-C$_9$H$_7$)Mo(CO)$_2$(η^5-P$_2$C$_3$)$'$Bu$_3$;

(h) (η^3-P$_2$C$_3$$'Bu_3$)Mo(CO)$_2$($\eta^5$-Cp*);(i) [($\eta^5$-Cp*)(CO)]Rh[$\eta^5$-P$_3C_2$$'Bu_2$]Fe($\eta^5$-Cp);

(j) (η^5-Cp*)Cr(η^5-P$_5$)Cr(η^5-Cp*);(k) [Sm(η^5-PC$_4$Me$_4$)$_2$(η^1-PC$_4$Me$_4$)K(η^6-C$_6$H$_5$Me)]Cl。

5. η^6-亚膦烯配合物

亚膦烯(phosphinine)环(PC$_5$R$_5$,P$_2$C$_4$R$_4$,…,P$_6$)是苯的类似物,能和过渡金属形成夹心型结构。在 η^6-亚膦烯配合物中,亚膦烯环都是平面形。

15.6 As,Sb 和 Bi 的结构化学

15.6.1 As,Sb 和 Bi 的立体化学

As,Sb 和 Bi 系列显示其性质逐渐地从非金属性到金属性,但这些元素的分立的分子和离子具有相似的立体化学,如表 15.6.1 所列。孤对电子(表中用 E 表示)的存在表明这些原子为三价 M^{Ⅲ},否则为五价 M^{V}。

表 15.6.1　As,Sb 和 Bi 的立体化学

电子对总数	通用的化学式*	几何形状	实例(图 15.6.1 中相关序号)
4	MX_3E	三角锥形	$AsCl_3$,$SbCl_3$,$BiCl_3$(a)
4	MX_4	四面体形	$AsCl_4^+$,$SbCl_4^+$(b)
5	MX_4E	马鞍形	SbF_4^-(c)
5	MX_5	三角双锥形	AsF_5,$SbCl_5$,BiF_5(d)
5	MX_5	四方锥形	$Sb(C_6H_5)_5$,$Bi(C_6H_5)_5$(e)
6	MX_5E	四方锥形	$SbCl_5^{2-}$(f)
6	MX_6	八面体形	$SbBr_6^-$(g)
7	MX_6E	八面体形	$SbBr_6^{3-}$,$BiBr_6^{3-}$(g)

* M＝As,Sb 或 Bi,X＝配位原子或基团,E＝孤对电子。

　　许多 MX_3E 型化合物已制得,例如 As,Sb 和 Bi 的三卤化物都已在商业上得以应用。不论气相和固相,由于孤对电子的作用,键角都小于理想的四面体的角度。例如,气相 $SbCl_3$ 的 Sb—Cl 键长为 233 pm,键角为 97.1°;在晶体中,3 个短的 Sb—Cl 键长为 236 pm,3 个长的 Sb—Cl 键长≥350 pm,而键角为 95°。MX_4^+ 正离子都是四面体形。SbF_4^- 以单体形式存在,它具有马鞍形的 MX_4E 几何形态。在二聚体 $Sb_2F_7^-$ 中,2 个 Sb 原子都为马鞍形,有一个桥连的 F 原子在轴的位置。上述分子和离子的结构示于图 15.6.1(a)～(c)中。

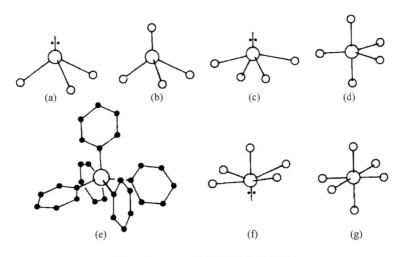

图 15.6.1　As,Sb 和 Bi 的立体化学:

(a) $AsCl_3$;(b) $AsCl_4^+$;(c) SbF_4^-;(d) $SbCl_5$;(e) $Bi(C_6H_5)_5$;(f) $SbCl_5^{2-}$;(g) $SbBr_6^-$ 和 $BiBr_6^{3-}$。

MX$_5$ 型化合物显现两种几何形态,大多数为三方双锥形,少数为四方锥形。在三方双锥形分子中,轴上的键长于赤道上的键。如果存在不同的配位体,电负性高的常占据轴的位置。分子的图形见图 15.6.1(d)。化合物 Bi(C$_6$H$_5$)$_5$ 和 Sb(C$_6$H$_5$)$_5$ 为四方锥形,如图 15.6.1(e)所示,它们的键长和键角如下:

Bi(C$_6$H$_5$)$_5$：Bi—C$_{ax}$　222.1 pm,Bi—C$_{ba}$233.6 pm,C$_{ax}$—Bi—C$_{ba}$　101.6°

Sb(C$_6$H$_5$)$_5$：Sb—C$_{ax}$　211.5 pm,Sb—C$_{ba}$221.6 pm,C$_{ax}$—Sb—C$_{ba}$　105.4°

对 MX$_5$E 型的分子,如图 15.6.1(f)所示的 SbCl$_5^{2-}$,BiCl$_5^{2-}$ 和寡聚负离子(SbF$_4$)$_4^{4-}$ 及 (BiCl$_4$)$_2^{2-}$,其中每个 M 的几何形态均为四方锥形。在这种情况下,处于四方锥基底的 4 个配位体所在的平面都比中心 M 原子位置略高,键角 X$_{ax}$—M—X$_{ba}$ 均小于 90°,这是由孤对电子的推斥作用造成的。

MX$_6$ 型负离子如 SbF$_6^-$,SbBr$_6^-$,Sb(OH)$_6^-$ 等均为预期的正八面体形。而 MX$_6$E 型负离子如 SbBr$_6^{3-}$ 和 BiBr$_6^{3-}$ 也常具有正八面体结构。对于 SbBr$_6^{3-}$ 八面体的不变形性质估计是由于孤对电子主要是 5s^2,但它仍有立体化学活性,所以在 Sb^{III}Br$_6^{3-}$ 中 Sb—Br 键长为 279.5 pm,它长于 Sb^{V}Br$_6^-$ 的键长 256.4 pm。

在铋的叶立德 4,4-二甲基-2,6-二氧-1-三苯基铋环己烷中,Bi 呈现变形四面体的构型：Bi—C(ylide)键长为 215.6 pm,Bi—C(Ph)键长为 221~222 pm,同时 Bi 和一侧的羰基氧发生相互作用,Bi⋯O 距离为 301.9 pm,而 Bi 和另一个羰基氧距离较远,为 335.2 pm,X 射线衍射数据也与此相符。可见,负电荷主要处在去质子的 O 原子上,而不是叶立德的 C 原子上,也就是说,C 原子的 2p 轨道并不和 Bi 的 6d 轨道叠加,因此下面给出的结构中,Ⅰ式是正确的,而Ⅱ,Ⅲ,Ⅳ式并非合适的结构。

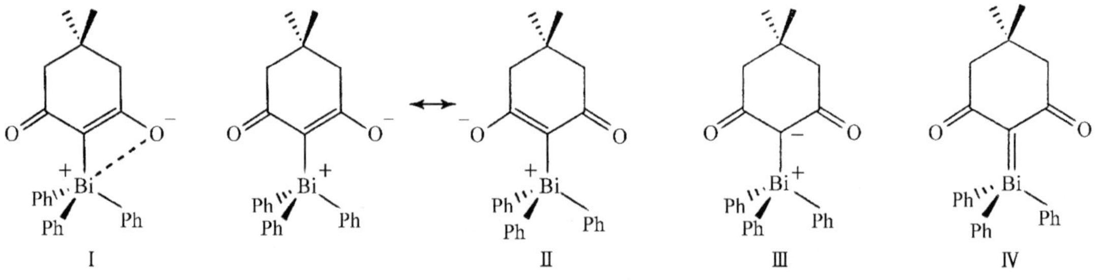

从 1995 年以来,将第 15 族重元素作为一个具有三重键功能的端接配位体,开展以它和钙形成的稳定配合物的合成及结构表征的研究工作。在 [(CH$_2$CH$_2$NSiMe$_3$)$_3$N]W≡E(E 为 P,As,Sb)系列化合物中,W 原子和赤道上的 3 个 N 原子,以及占据轴位置上的 1 个 N 原子和 1 个 E 原子,呈现变形的三方双锥的配位几何学。分子结构和 W≡E 键长示出于下:

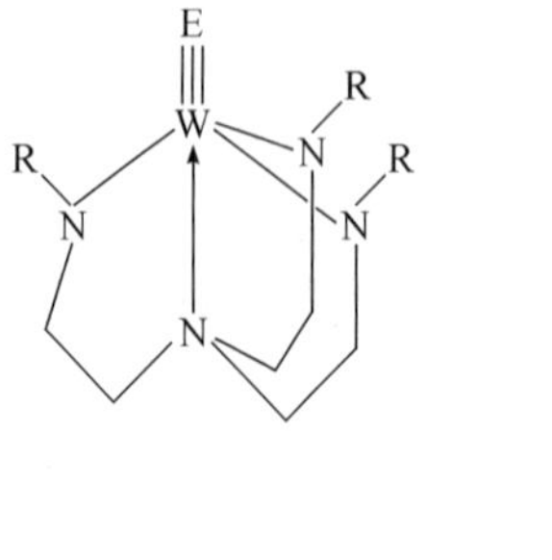

R 为 SiMe$_3$

W≡P　216.2 pm

W≡As　229.0 pm

W≡Sb　252.6 pm

15.6.2 As, Sb 和 Bi 的簇合物

对许多含有第 15 族元素的 M—M 键或稳定的环化合物和簇合物已有一定了解。图 15.6.2 (a)～(c) 示出一些 As, Sb 和 Bi 的有机金属化合物的结构,其中含有 M—M 键。$As_6(C_6H_5)_6$ 的结构表明 As 原子具有典型的三方锥形环境,As—As 键长为 246 pm,其中 As_6 环呈椅式构象。在 $Sb_4(\eta^1\text{-}C_5Me_4)_4$ 中,Sb_4 形成一扭曲的环,Sb—Sb 键长为 284 pm,全部 Sb—Sb—Sb 键角均为锐角。分立的分子 As_2Ph_4,Sb_2Ph_4 和 Bi_2Ph_4 都采用交错式构象,键长值为:As—As 246 pm,Sb—Sb 286 pm,Bi—Bi 298 pm。图 15.6.2(d),(e) 示出一些裸簇正离子 Bi_n^{m+} 的结构,它是一些铋的复杂盐的组分。铋簇合正离子 Bi_5^{3+},Bi_8^{2+} 和 Bi_9^{5+} 的结构列于表 15.6.2 中。

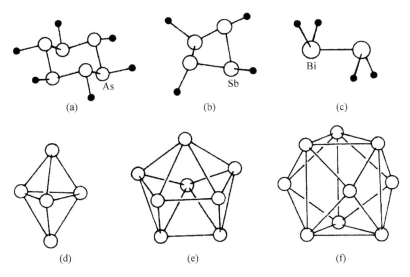

图 15.6.2 (a) $As_6(C_6H_5)_6$;(b) $Sb_4(\eta^1\text{-}C_5Me_4)_4$;(c) $Bi_2(C_6H_5)_4$;
(d) Bi_5^{3+};(e) Bi_8^{2+} 和 (f) Bi_9^{5+} 的结构。

[在 (a)～(c) 中,苯基配位体只用直接和金属连接的 C 原子表示。]

表 15.6.2 铋簇合正离子的结构

正离子	晶　体	结构(图 15.6.2 中相关序号)	对称性
Bi_5^{3+}	$Bi_5(AlCl_4)_3$	三方双锥形 (d)	D_{3h}
Bi_8^{2+}	$Bi_8(AlCl_4)_2$	四方反棱柱形 (e)	D_{4d}
Bi_9^{5+}	$(Bi_9^{5+})_2(BiCl_5^{2-})_4(Bi_2Cl_8^{2-})$	三加帽三方棱柱形 (f)	$C_{3h}(\approx D_{3h})$

第 13 族和 14 族元素的类金属和金属间化合物的簇合物负离子在前面的两章已分别讨论过。对第 15 族而言,可以形成准金属的裸原子簇,例如 $[As@Ni_{12}@As_{20}]^{3-}$ 和 $[Zn@Zn_8Bi_4@Bi_7]^{5-}$,二者结构见图 15.6.3。

由图可见,在 (a) 中,中心 As 原子处在 Ni_{12} 构成的三角二十面体的中心,外围是由 20 个 As 原子组成的五角十二面体。在 (b) 中,Zn 原子处在由 8 个 Zn 原子和 4 个 Bi 原子共同组成

的三角二十面体的中心,其外表面有 7 个三角形面连接加帽的 Bi 原子。

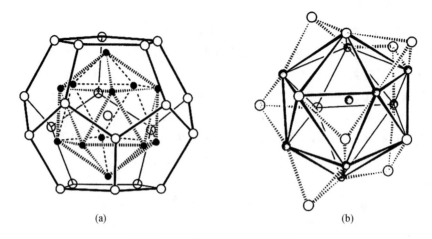

(a)　　　　　　　　　　　(b)

图 15.6.3　簇合物负离子的结构:
(a) $[As@Ni_{12}@As_{20}]^{3-}$；(b) $[Zn@Zn_8Bi_4@Bi_7]^{5-}$。

15.7　磷属元素的 σ 空穴和价电子相互作用

14.8 节中讨论了 σ 空穴和价电子相互作用,其中包含磷属键(pnicogen bond,简写为 PnB)。本节结合实际例子加以介绍,同时探讨有机磷属元素化合物中的分子间相互作用。

TMEDA(TMEDA＝N,N,N',N'-tetramethylethylenediamine,即 N,N,N',N'-四甲基乙二胺)和 PBr_3 分子间发生给体-受体配位反应,所得产物中 P—Br⁻ 距离变短的现象和 PnB 作用有关。分子结构示于图 15.7.1(a)中。由图可见,有一个 P—Br 键保持原有的共价键,另外两个则形成 P⋯Br⁻ 相接触,距离只有正常的 P⋯Br⁻ 范德华半径加和值的 77% 和 84%,N—P⋯Br⁻ 三个原子接近直线形分布,此由 PnB 作用引起。

较重的磷属元素 $Sb^{Ⅲ}$ 也趋向于形成超分子相互作用,而非给体共价键,图 15.7.1(b)的结构中,含双中心 $Sb^{Ⅲ}$ 阳离子的主体与三氟甲磺酸根阴离子的氧发生作用,形成 2 个 C—Sb⋯O 磷属键,$Sb^{Ⅲ}$⋯O⁻ 的距离分别只有二者范德华半径之和的 81% 和 85%,3 个原子接近于直线形分布。

在锑和铋的无机化合物中,分子间相互作用的存在已知甚久。例如,$SbCl_3$ 有 3 个 Sb—Cl 键长为 243 pm,有 5 个 Sb—Cl 键长为 346～374 pm,顾及后者,使配位环境由三方锥形变为(3＋5)双加帽三方棱柱形。

有机锑和有机铋化合物在氧化态为 Ⅰ～Ⅲ 时,也呈现强的分子间相互作用,导致分子间存在次级键,形成链形、层形和三维的超分子结构。图 15.7.2 示出 Sb 和 Bi 的三种有机金属化合物的结构。

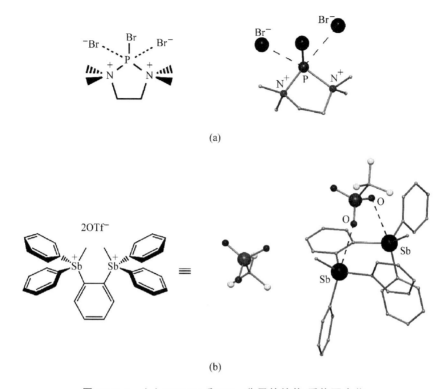

图 15.7.1　（a）TMEDA 和 PBr₃ 分子的给体-受体配合物；
（b）双中心 Sb^Ⅲ 阳离子配合物与三氟甲磺酸根中氧原子的作用。

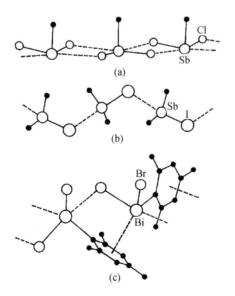

图 15.7.2　锑和铋的有机金属化合物的结构：
（a）MeSbCl₂；（b）Me₂SbI；（c）MesBiBr₂。

（1）MeSbCl₂：MeSbCl₂ 晶体包含交错的层，每个层由 MeSbCl₂ 分子的双链组成。沿着 MeSbCl₂ 链，键长和键角为：Sb—Cl 236.8 pm 和 243.0 pm，Sb···Cl 333.7 pm 和 386.5 pm；

Sb—Cl···Sb(在链中)102.9°,Cl—Sb···Cl 排布趋近直线形。后面两个 Sb···Cl 距离比范德华半径之和 402 pm 短得多,估计和 PnB 相互作用有关。

(2) Me_2SbI：在 Me_2SbI 链中,键长为 Sb—I 279.9 pm,Sb···I 366.6 pm,后者比范德华半径加和值 435 pm 短得多,I—Sb···I 排布趋近直线形,估计和 PnB 相互作用有关。链的原子几乎处于同一平面,而甲基都伸向该平面的同一侧。平面另一侧暴露到相邻的链,链间存在弱的相互作用,Sb—I 的接触距离为 402.4～416.7 pm,接近范德华距离。链堆积的这种形式导致形成双层。

(3) $MesBiBr_2$：在链的结构中,Bi 和桥连 Br 原子组成曲折的链,非桥连 Br 原子处在链平面的一侧,莱基(Mes)处在另一侧。结构依靠 Bi 原子和非配位的莱基之间的 π 相互作用来稳定。键长为：Bi—Br 261.9 pm 和 281.8 pm,Bi—Bi 301.7 pm 和 302.2 pm,Bi—莱基环中心 319.5 pm 和 330.1 pm。在结构式中,Br—Bi···Br 近似直线形,Bi···Br 距离远短于 Bi 和 Br 的范德华半径之和,显示 σ 空穴相互作用,即磷属键 PnB 作用所致。

15.8　锑和铋结构化学研究的新进展

15.8.1　锑和铋聚阴离子

2000 年首次发现一个裸双键存在于 Bi_2^{2-} 的两个重原子之间,此分子中不需要通过庞大的配体使之稳定化。

加热按化学计量配制的单质混合物得到前体化合物 $K_5In_2Bi_4$,将它与穴醚 Crypt [Crypt＝$(2,4,6-Me_3C_6H_2)_2C_6H_3$]一起溶解在乙二胺中,形成蓝绿色溶液,然后在上层小心加入甲苯。甲苯缓慢扩散到乙二胺中,在壁上生长出$(K-Crypt)_2Bi_2$的晶体,产物通常还包含另外两个相：含 $[InBi_3]^{2-}$ 四面体的 $(K-Crypt)_2(InBi_3)$（约 80%）和含单帽反四棱柱 $[In_4Bi_5]^{3-}$ 的 $(K-Crypt)_6(In_4Bi_5)_2$（约 10%）。合成工作可以成功地重复进行。

X 射线晶体学研究确定,$(K-Crypt)_2Bi_2$ 的结构以首例含裸双键二价阴离子 Bi_2^{2-} 为特征,Bi＝Bi 双键键长很短,为 283.77 pm。这一发现违背了公认的观点——即重元素之间的双键需要庞大的配体来实现动力学稳定。需要指出的是,$[Bi＝Bi]^{2-}$ 的动力学稳定性源自 $(K-Crypt)_2Bi_2$ 盐中的大体积抗衡离子$(K-Crypt)^+$,而不是结合二铋烯的大体积配体。

磷属元素(Pn,第 15 族元素)除氮之外,以可形成多聚环状阴离子（例如 Pn_4^{2-}、Sb_5^{5-}、Pn_7^{3-}、Sb_8^{8-}、Pn_{11}^{3-}、Pn_{14}^{4-} 和 Pn_{21}^{3-}）而著称。正方形芳香性的 Pn_4^{2-} 中 Pn—Pn 键级为 1.25。聚锑阴离子 Sb_{10}^{2-} 和 Sb_2^{2-} 共存于$[K(18-冠-6)]_6[Sb_{10}][Sb_2Mo(CO)_3]_2$[图 15.8.1(a)]中。通过$[Sb_4\{Mo(CO)_3\}_2]^{4-}$ 中的金属羰基,双键结合的 Sb_2^{2-} 阴离子在动力学上得以稳定,这不同于$(K-Crypt)_2Bi_2$中通过大体积抗衡离子稳定的情形。

化合物(a)由 KMnSb 与 $(C_7H_8)Mo(CO)_3$ 在 18-冠-6 存在下反应制得,加入少量的2,2,2-穴醚以促进室温下其在乙二胺(en)中的溶解。X 射线结构分析揭示化合物(a)内存在矩形 Sb_2Sb_2,由位于其上下方的两个 $Mo(CO)_3$ 基团盖帽,形成中心对称的$[Sb_2Mo(CO)_3]_2^{4-}$ 团簇（图 15.8.1）。不同于平面正方形的 Sb_4^{2-},化合物(a)中 Sb_2 单元成对采取近似矩形分布 $[2×90.26°,2×89.74°]$,边长明显不同$[Sb(1)—Sb(2),271.1 pm;Sb(1)—Sb(2')，364.5 pm]$,两个 Sb_2^{2-} 单元通过位于 Sb_4 平面上方和下方的 $Mo(CO)_3$ 基团连接在一起。

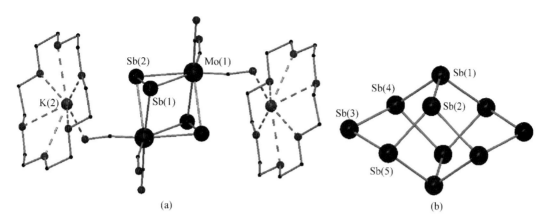

(a)　　　　　　　　　　　　　　　　　　　(b)

图 15.8.1　(a)〔K(18-冠-6)〕$_6$〔Sb$_{10}$〕〔Sb$_4$｛Mo(CO)$_3$｝$_2$〕中呈中心对称的阴离子〔Sb$_4$｛Mo(CO)$_3$｝$_2$〕$^{4-}$

被两个〔K(18-冠-6)〕$^+$单元夹在中间；(b)〔K(18-冠-6)〕$_6$〔Sb$_{10}$〕〔Sb$_4$｛Mo(CO)$_3$｝$_2$〕

中呈中心对称的阴离子 Sb$_{10}^{2-}$。〔代表性原子间距离(pm)：Sb(1)—Sb(2)，271.1；

Mo(1)—Sb(1)，306.0；Mo(1)—Sb(2)，296.6；Mo—C，194，179，183。〕

〔参看：(1) L. Xu, S. Bobev, J. El-Bahraoui and S. C. Sevov, A naked diatomic molecule of bismuth,〔Bi$_2$〕$^{2-}$, with a short Bi—Bi bond：Synthesis and structure. *J. Am. Chem. Soc.* **122**，1838~1839 (2000)；(2) H. Ruan, L. Wang, Z. Li and L. Xu, Sb$_{10}^{2-}$ and Sb$_2^{2-}$ found in〔K(18-crown-6)〕$_6$〔Sb$_{10}$〕〔Sb$_4$｛Mo(CO)$_3$｝$_2$〕 • 2en：Two missing family members. *Dalton Trans.* **46**，7219~7222 (2017).〕

中心对称的 Sb$_{10}^{2-}$ 单元〔图 15.8.1(b)〕具有 C_{2h} 对称性，其中 Sb(3)—Sb(4)—Sb(5)三角形处于中间的平面中。它是一个电子恰好满足 8 电子的团簇，其中 8 个三联结的顶点原子〔Sb(1)、Sb(2)、Sb(4)、Sb(5)及其等效原子〕是中性的，而 2 个双连接原子〔Sb(3)及其等效原子〕带有形式负电荷。它可以被认为是由 2 个类降冰片二烯的 Sb$_7$ 单元融合共享 4 个 Sb 原子构成，而这 4 个 Sb 原子特征地被 Mo(CO)$_3$ 配位。与〔Sb$_7$〕$^{3-}$（3 个短腰，3 个单上端和 3 个长的底面键）一样，〔K(18-冠-6)〕$_6$〔Sb$_{10}$〕〔Sb$_4$｛Mo(CO)$_3$｝$_2$〕中的 Sb—Sb 键分为 3 类〔图 15.8.1(b)〕：3 个短键〔Sb(1)—Sb(2)，Sb(1)—Sb(5')，Sb(2)—Sb(5)〕；与 Sb(3)相关联的 2 个中等键〔Sb(3)—Sb(4)，Sb(3)—Sb(5)〕；以及 2 个涉及 Sb(4)的长次级键〔Sb(1)—Sb(4)，Sb(2)—Sb(4')〕。可以基于这样的事实来理解如此一般成键：对于单个原子的成键，长键通常与短键配合。值得注意的是，与已知的 Sb$_{11}^{3-}$ 团簇阴离子相比，Sb$_{10}^{2-}$ 的形成在能量上不利，类似于 As$_{10}^{2-}$ 的情形。有趣的是，被〔K(18-冠-6)〕$^+$抗衡离子包围的簇共享 4 个原子〔Sb(1)，Sb(2)及其等效原子，即上述 Sb(4)长方形〕而交替排列。

15.8.2　三芳基卤合锑阳离子

利用 Mes$_3$SbBr$_2$ 和 AgOTf 在 CH$_2$Cl$_2$ 中反应，可方便地获得 Mes$_3$Sb(OTf)$_2$〔图 15.8.2 (a)〕。它在 CH$_2$Cl$_2$ 中与 Mes$_3$SbF$_2$ 反应生成 Mes$_3$SbF(OTf)〔图 15.8.2(b)〕。(a)的锑中心采用三角双锥几何构型，其中三氟甲磺酸根阴离子占据顶端位置。(b)的三角双锥结构中占据顶端位置的则是氟离子和三氟甲磺酸根配体。值得注意的是，尽管(a)中取代基的空间位阻更大，但(b)中 Sb—O 键长(217.8 pm)与(a)中 Sb—O 键长(217.1 pm)几乎相等。

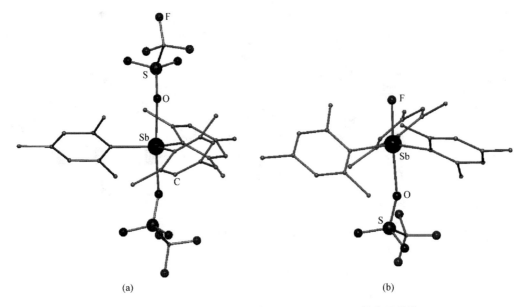

图 15.8.2 (a) **Mes₃Sb(OTf)₂** 和 (b) **Mes₃SbF(OTf)** 的分子结构。

[参看：M. Yang and F. P. Gabbaï, Synthesis and properties of triarylhalostibonium cations. *Inorg. Chem.* **56**，8644～8650(2017).]

Mes₃SbCl₂ 与 SbCl₅ 在 CH₂Cl₂ 中反应，生成[Mes₃SbCl]SbCl₆，产率为 75%。X 射线晶体结构分析表明，其以盐的形式存在，三甲苯基氯锡阳离子与六氯锑酸根阴离子之间没有短距离的接触。

15.8.3 桨轮状 1,2,4-二氮杂磷二锑

室温下 SbCl₃ 与 1,2,4-二氮杂磷化钾，即 K[3,5-R₂dp] [R = ^{t}Bu(**1**)，^{i}Pr(**2**)，Cy(**3**)] 以 1∶3 比例在 THF 中反应，产生酒红色溶液，随即从该溶液中分别得到桨轮状二锑{(η¹,η¹-3,5-R₂dp)₂(Sb—Sb)(η¹,η¹-3,5-R₂dp)₂}[R = ^{t}Bu(**4**)，^{i}Pr(**5**)，Cy(**6**)]无色晶体，产率适中(**4** 为 46%，**5** 为 42%，**6** 为 38%)，桨轮状二锑化合物的制备过程如下：

其中，**1** 和 **4**，R=^{t}Bu (叔丁基)；**2** 和 **5**，R=^{i}Pr(异丙基)；**3** 和 **6**，R=Cy(环己基)。

二锑化合物晶体分别对应不同的结构，**4** 采用中心对称的单斜空间群 $P2_1/c$，**5** 和 **6** 则为三斜空间群 $P\bar{1}$。配合物 **5** 由两个相似但截然不同的 Sb₂分子(**5α**，**5β**)堆积而成。X 射线晶体学测得 **4**，**5α**，**5β** 和 **6** 的分子结构如图 15.8.3 所示，每个二锑化合物中，都有位于 Sb—Sb 键中点的反演中心。

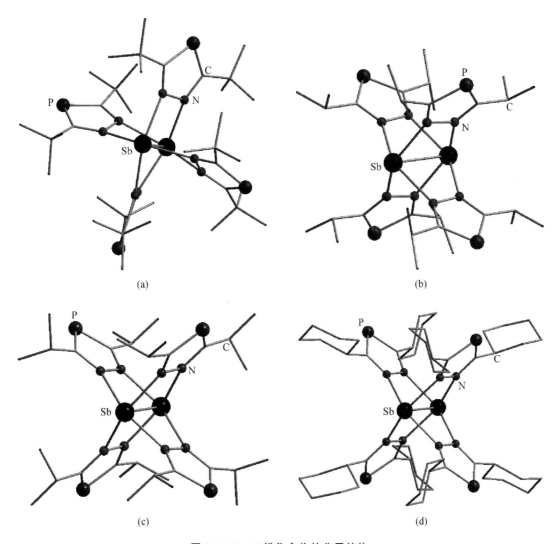

图 15.8.3　二锑化合物的分子结构:

(a) 4;(b) 5α;(c) 5β;(d) 6。

[参看:M. Zhao,L. Wang, X. Zhanga and W. Zheng, Paddlewheel 1,2,4-diazaphospholide distibines with the shortest antimony-antimony single bonds. *Dalton Trans.* **45**, 10505～10509(2016).]

就 **5α**, **5β** 和 **6** 而言,Sb₂核周围配体的整体排列几乎是一个完美的桨轮,但对于 **4** 却呈现扭曲的结构(由于空间取代基的排斥)。每个 Sb 原子被另一个 Sb 原子和四个 N 原子配位,形成扭曲的四方锥形几何构型。其中 Sb—N 的平均键长:**4** 中约为 239.3 pm,**5α** 中约为 239.9 pm,**5β** 中约为 237.1 pm,**6** 中约为 234.8 pm。这些距离与二锑二价正离子中 Sb—N 的键长(237.2 pm)相当。Sb—Sb 键长(**4** 中 266.91 pm,**5α** 中 274.51 pm,**5β** 中 274.07 pm,**6** 中 273.99 pm)比 [Sb₂Me₄](286.2 pm)和其他二锑(285 pm)中相应的键长短得多。值得关注的是,**4** 中非常短的 Sb—Sb 键(266.91 pm)甚至接近于二锑化合物 TbtSb ═SbTbt(Sb ═Sb 键长为 264.2 pm)、2,6-Mes₂—H₃C₆Sb ═SbC₆H₃—2,6-Mes₂(Sb ═Sb 键长为 265.58 pm)和

$L^{\dagger}SbSbL^{\dagger}[L^{\dagger}=-N(Ar^{\dagger})-(Si^{i}Pr_3)$，$Ar^{\dagger}=C_6H_2(CHPh_2)_2{}^{i}Pr\text{-}2,6,4)]$（$Sb\!=\!Sb$ 键长为 271.04 pm）中的 $Sb\!=\!Sb$ 双键键长。

参 考 文 献

[1] N. N. Greenwood and A. Earnshaw, *Chemistry of the Elements*. 2nd ed., Butterworth-Heinemann, Oxford, 1997.

[2] R. B. King (ed.), *Encyclopedia of Inorganic Chemistry*. Wiley, New York, 1994: (a) H. H. Sisler, Nitrogen: Inorganic chemistry, pp. 2516~2557; (b) J. R. Lancaster, Nitrogen oxides in biology, pp. 2482~2498; (c) J. Novosad, Phosphorus: Inorganic chemistry. pp. 3144~3180; (d) R. H. Neilson, Phosphorus-nitrogen compounds, pp. 3180~3199.

[3] Y. A. Henry, A. Guissani and B. Ducastel, *Nitric Oxide Research from Chemistry to Biology: EPR Spectroscopy of Nitrosylated Compounds*. Springer, New York, 1997.

[4] D. E. C. Corbridge, *Phosphorus: An Outline of its Chemistry. Biochemistry and Technology*. 5th ed., Elsevier, Amsterdam, 1995.

[5] M. Regitz, and O. J. Scherer (eds), *Multiple Bonds and Low Coordination in Phosphorus Chemistry*, Verlag, Stuttgart, 1990.

[6] A. Durif, *Crystal Chemistry of Condensed Phosphate*, Plenum Press, New York, 1995.

[7] K. B. Dillon, F. Mathey and J. F. Nixon, *Phosphorus: The Carbon Copy*, Wiley, Chichester, 1998.

[8] J. -P. Majoral(ed.), *New Aspects in Phosphorus Chemistry I*, Springer, Berlin, 2002.

[9] G. Meyer, D. Neumann and L. Wesemann(eds.), *Inorganic Chemistry Highlights*, Wiley-VCH, Weimheim, 2002.

[10] S. M. Kauzlarich (ed.), *Chemistry, Structure and Bonding of Zintl Phases and Ions*, VCH, New York, 1996.

[11] M. Gielen, R. Willem, and B. Wrackmeyer (eds.), *Unusual Structures and Physical Properties in Organometallic Chemistry*, Wiley, West Sussex, 2002.

[12] H. Suzuki and Y. Matano (eds.), *Organobismuth Chemistry*, Elsevier, Amsterdam, 2001.

[13] K. O. Christe, W. W. Wilson, J. A. Sheehy and J. A. Boatz, N_5^+: a novel homoleptic polynitrogen ion. *Angew. Chem. Int. Ed.* **38**, 2004(1999).

[14] B. A. Mackay and M. D. Fryzuk, Dinitrogen coordination chemistry: On the biomimetic borderlands. *Chem. Rev.* **104**, 385~401(2004).

[15] E. Urnezius, W. W. Brennessel, C. J. Cramer, J. E. Ellis and P. von R. Schleyer, A carbon-free sandwich complex $[(P_5)_2Ti]^{2-}$. *Science* **295**, 832~834 (2002).

[16] M. Peruzzini, L. Gonsalvia and A. Romerosa, Coordination chemistry and functionalization of white phosphorus via transition metal complexes. *Chem. Soc. Rev.* **34**, 1038~1047(2005).

[17] J. G. Cordaro, D. Stein, H. Rüegger and H. Grützmacher, Making the true "CP" ligand. *Angew. Chem. Int. Ed.* **45**, 6159~6162 (2006).

[18] J. Bai, A. V. Virovets and M. Scheer, Synthesis of inorganic fullerene-like molecules. *Science* **300**, 781~783 (2003).

[19] M. J. Moses, J. C. Fettinger and B. W. Eichhorn, Interpenetrating As_{20} fullerene and Ni_{12} icosahedra in the onion-skin $[As@Ni_{12}@As_{20}]^{3-}$ ion. *Science* **300**, 778~780 (2003).

[20] J. M. Goicoechea and S. C. Sevov, $[Zn_9Bi_{11}]^{5-}$: A ligand-free intermetalloid cluster. *Angew. Chem. Int. Ed.* **45**, 5147~5150 (2006).

第 16 章　第 16 族元素的结构化学

16.1　氧气和臭氧

氧是地球表面上最丰富的元素,它既以自由态的单质形式存在,也作为一个组分在无数化合物中存在。氧的常见的同素异构体是氧气 O_2,它是单质氧的主要存在形式,又称二氧、氧分子或氧。氧的另一个同素异构体是臭氧 O_3。

16.1.1　氧气的结构和性质

氧气或氧分子 O_2,及其有关物种存在于许多化学反应之中。同核双原子物种 O_2 和 O_2^- 的价层分子轨道和电子组态示于图 16.1.1 中。

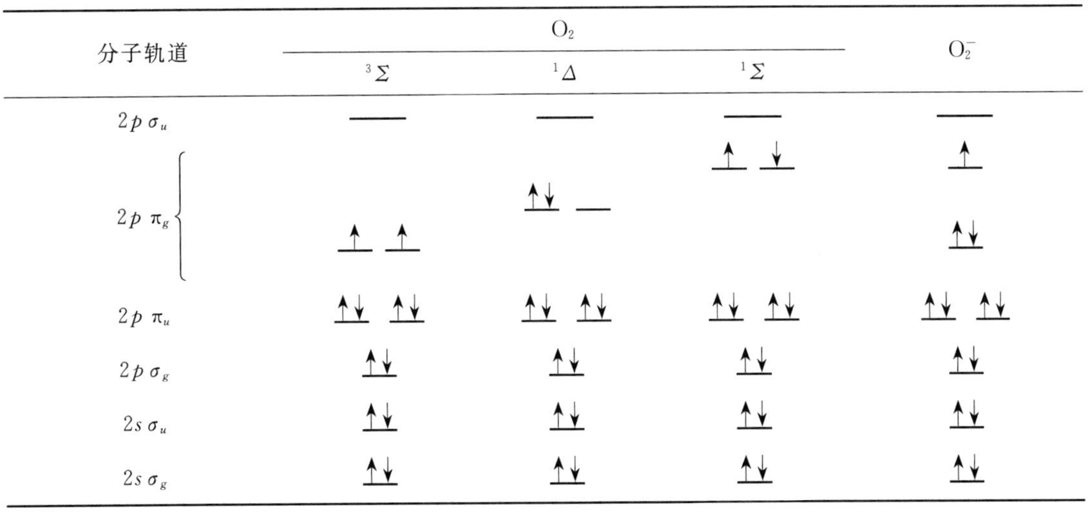

图 16.1.1　O_2 和 O_2^- 的价层分子轨道能级图。

基态氧分子最外层的 2 个电子是二重简并地、自旋平行地处在反键 π^* 轨道上,所以氧分子是具有三重态的顺磁性分子,谱项符号为 $^3\Sigma$,形式上为双键,键长为 120.752 pm。

O_2 分子的第一激发态($^1\Delta$)能级比基态高 94 kJ mol^{-1},没有不成对电子,所以是单重态。这个单重态氧气在水中的寿命为 2 μs,是非常活泼的物种,键长为 121.563 pm。另一单重态 $^1\Sigma$ 的能级比基态高 158 kJ mol^{-1},它的 2 个 π_g 轨道上的电子是自旋成对的,键长为 122.688 pm。O_2 分子的这两个单重态,只有 $^1\Delta$ 激发态寿命较长,能参与化学反应,而 $^1\Sigma$ 态因很快地失活转变为 $^1\Delta$ 态,没有机会参加化学反应。

氧分子还原为超氧离子 O_2^- 或过氧离子 O_2^{2-} 在热力学上是不稳定的,因电子加到反键轨道上。在还原态的二氧离子(O_2^- 和 O_2^{2-})中,由于反键轨道上增加了电子占有率,其键级和 O—O 键的伸缩频率都下降,而 O—O 键键长增加。表 16.1.1 列出有关二氧物种的键的性质的有关数据。

表 16.1.1 二氧物种的化学键性质

物 种	化合物	键 级	d(O—O)/pm	键能/(kJ mol^{-1})	ν(O—O)/cm^{-1}
氧酰 O_2^+	O_2AsF_6	2.5	112.3	625.1	1858
三重态 $O_2(^3\Sigma)$	O_2(g)	2	120.752	490.4	1554.7
单重态 $O_2(^1\Delta)$	O_2(g)	2	121.563	396.2	1483.5
单重态 $O_2(^1\Sigma)$	O_2(g)	2	122.688	—	—
超氧化物 O_2^-	KO_2	1.5	128	—	1145
过氧化物 O_2^{2-}	Na_2O_2	1	149	204.2	842
—O—O—	H_2O_2(晶态)	1	145.8	213	882

在室温下,氧分子 O_2 是无色的、非极性的顺磁性气体。由于它的非极性性质,O_2 在有机溶剂中的溶解度比在水中大。

由于氧分子的基态是三重态 $^3\Sigma$,高效的氧化反应应要求反应物种自旋相同。基于这个原因,许多有氧分子参加的化学反应是十分缓慢的。例如氧气和氢气的反应,在热力学上是十分有利,但若不经催化或激发是看不到反应进行的。H_2 分子是自旋单重态分子,要使它和 O_2 进行反应,应将 O_2 激发到单重态 $O_2(^1\Delta)$,去掉自旋的限制条件,反应就快速进行。激发的能量相当于红外光谱的波长 1270 nm。单重态氧在溶液中会通过碰撞等因素,将它电子的能量转移到溶剂分子的振动态而失活,它的寿命强烈地依赖于所在的介质。高振动频率的溶剂可提供高效率的应力松弛。因水有很强的接近 3600 cm^{-1} 的 O—H 振动,$^1\Delta$ 态 O_2 分子在水中的寿命最短($2\sim4\,\mu s$)。带有 C—H 基团(约 3000 cm^{-1})的溶剂,其效率次之,寿命约为 $30\sim100\,\mu s$。

单重态 $O_2(^1\Delta)$ 有两个主要来源:

(1) 光化学反应来源

单重态氧的最普通来源之一,是将一个激发态的敏化剂(sensitizer,简写为 sens),例如一种染料或天然的颜料的能量转移到基态的氧分子上。敏化剂的作用是吸收辐射的能量,使它自己转变到一个电子的激发态(sens*),这个状态通常是三重态,然后将能量转移给氧分子,产生单重态氧,并使敏化剂复原,如下所示:

$$\text{sens} \xrightarrow{h\nu} \text{sens}^* \xrightarrow{O_2} \text{sens} + O_2(^1\Delta)$$

(2) 化学来源

最早知悉的化学来源是 HOCl 和 H_2O_2 的反应,它能接近定量地产生单重态 $O_2(^1\Delta)$:

$$H_2O_2 + HOCl \longrightarrow O_2(^1\Delta) + H_2O + HCl$$

另外一个来源是从臭氧化膦获得,其反应如下:

除上述来源外,还有一系列产生单重态氧的其他反应。

单重态氧 $O_2(^1\Delta)$ 是一种很有用的合成试剂,它能将 O_2 按立体构型专一性(stereospecificity)和区位专一性(regiospecificity)引入到有机基质中。由于单重态氧 $O_2(^1\Delta)$ 有一空的 π_g 轨道,如同乙烯分子的前线分子轨道,它表现出亲电试剂性质。它能和 1,3-二烯发生[4+2]环加成,以及和孤立双键烯烃进行[2+2]环加成。下面列出一些实例:

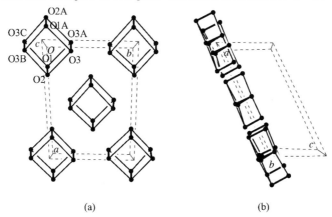

16.1.2　固态氧的结构

自 20 世纪 20 年代起至今,利用 X 射线衍射法研究低温高压下晶态氧,共发现 6 种晶型。在不同的压力和温度下,这些晶型之间可发生转化。单斜晶系的 α 相、三方晶系的 β 相以及正交晶系的 γ 相,均为 O_2 分子组成的层状结构。当 $T = 295\,K$,压力为 $5.4\,GPa$ 时,出现 β 晶型;压力增大至 $9.6\,GPa$,β 相转变为橙色的 δ 相,压力增至 $10\,GPa$,转变为红色的 ε 相,压力增至 $96\,GPa$,ε 相转变为具有金属性质的 ζ 相。

利用单晶衍射,测得 ε 相于 $13.2 \sim 17.6\,GPa$ 压力条件下的结构,如图 16.1.2 所示。ε 相属单斜晶系,空间群为 $C\,2/m$,$Z = 8$,4 个 O_2 分子结合成 $(O_2)_4$ 簇合体。它由弱的化学键结合而成,呈四棱柱状的平行六面体结构,具有 $2/m$ 的对称性。该团簇中,4 个 O_2 分子内 O—O 键键长为 $120\,pm$ 和 $121\,pm$,与气态 O_2 分子的键长一致;4 个 O_2 平行排列,彼此发生相互作用,形成 O2—O3—O1A—O3B 和 O1—O3A—O2A—O3C 两个平行排列的近似菱形,O—O—O 键角为 $84.5°$ 和 $95.8°$,边长为 $218\,pm$ 和 $219\,pm$。簇间近邻原子距离介于 $255 \sim 262\,pm$ 之间。

图 16.1.2　O_2 的 ε 相的结构:

(a) $(O_2)_4$ 簇沿 c 轴的投影,C 心层的结构;(b) 结构沿 b 轴的投影,显示相同层的排布。

16.1.3 二氧的有关物种和过氧化氢

二氧正离子(oxygenyl)O_2^+ 在气相中以及和无氧化性负离子一起形成的盐中都已获充分确定。由 O_2 移去一个反键 π_g 轨道电子得到 O_2^+,它的键级为 2.5,长度缩短为112.3 pm。因为 O_2 的第一电离能很高($1163\,kJ\,mol^{-1}$),使反应不易进行,所以 O_2^+ 的化学反应性能受到一定的限制。

超氧离子 O_2^-,可由加一个电子到 O_2 的反键 π_g 轨道而得,因此它的键级降低为1.5,而键长增加达 128 pm,如表 16.1.1 所示。

过氧离子 O_2^{2-} 比中性氧分子多两个电子。它们使 π_g MO 全填满,因此是反磁性离子,键级为1,其单键特征从较长的键长(约 149 pm)及过氧键的转动势垒低显示出来。过氧负离子已经在和碱金属与重碱土金属,如钙、锶、钡等形成的盐中发现。这些离子性的过氧化物是强氧化剂,溶于水可形成过氧化氢 H_2O_2。图 16.1.3 示出 H_2O_2 的分子结构。

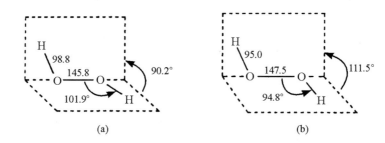

图 16.1.3 H_2O_2 的分子结构(键长单位为 pm):
(a) 在晶体中;(b) 在气相中。

表 16.1.2 列出在一些晶体中 H_2O_2 的二面角的数值。当二面角为 180° 时,它相当于平面反式构型。从表所列的二面角数值出现在很大的范围,指明转动势垒较低,H_2O_2 分子构型对于周围的环境很敏感。

H_2O_2 有着丰富的、多样化的化学内容,这是由于其下列特性决定的:① 它在酸性和碱性溶液中,既可以作为氧化剂又可作为还原剂。② 它可和质子酸或碱反应,形成$(H_2OOH)^+$,$(OOH)^-$ 及 O_2^{2-} 的盐。③ 它能产生过氧化金属配合物和过氧酸负离子。④ 它能和其他分子通过氢键形成晶态加合物,例如:$Na_2C_2O_4 \cdot H_2O_2$,$NH_4F \cdot H_2O_2$,$H_2O_2 \cdot 2H_2O$ 等。

表 16.1.2　在一些晶体中 H_2O_2 的二面角

化合物	二面角/(°)	化合物	二面角/(°)
H_2O_2(s)	90.2	$Li_2C_2O_4 \cdot H_2O_2$	180
$K_2C_2O_4 \cdot H_2O_2$	101.6	$Na_2C_2O_4 \cdot H_2O_2$	180
$Rb_2C_2O_4 \cdot H_2O_2$	103.4	$NH_4F \cdot H_2O_2$	180
$H_2O_2 \cdot 2H_2O$	129	理论值	90~120

O_2^- 离子的 O—O 键长已在$[1,3\text{-}(Me_3N)_2C_6H_4][O_2]_2 \cdot 3NH_3$ 盐中精确测定,其值为

134 pm。在此盐中,体积大的不对称有机正离子控制住 O_2^- 在结构中经常出现的取向无序现象,因而得到精确值。

16.1.4　臭氧

臭氧 O_3 是一种带有强烈气味的反磁性气体,其分子呈弯曲形,O—O 键长 127.8 pm,比 O_2 分子(120.8 pm)长;键角 116.8°[见图 16.1.4(a)];键能 297 kJ mol^{-1},比 O_2(490 kJ mol^{-1}) 要小。O_3 分子中的化学键可看作中心 O 原子利用它的 sp^2 杂化轨道与两端 O 原子形成 σ 键, 还剩一个杂化轨道安放孤对电子。而未参与杂化的 p 轨道则形成 π 键,如图16.1.4(b)所示, 每个 O—O 键的键级为 1.5。在 O_3 分子中,由于中心 O 原子和两端 O 原子成键情况不同,电荷分布不同,所以它虽然都是由同一种原子组成,却是一个极性分子,测得的偶极矩为 1.73×10^{-30} C m(0.52 Debye)。

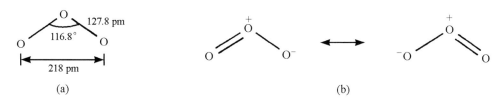

图 16.1.4　臭氧 O_3 的结构:(a) 键长和键角; (b) 价键结构式。

深红色的臭氧离子 O_3^- 具弯曲形结构,通过 X 射线结构分析所得数据表明:在碱金属臭氧化物中,随着正离子的增大,O—O 键缩短,O—O—O 键角增大,如下表所示:

表 16.1.3　几种碱金属臭氧化物中 O—O 键长与 O—O—O 键角

MO_3	O—O 键长/pm	O—O—O 键角/(°)
NaO_3	135.3(3)	113.0(2)
KO_3	134.6(2)	113.5(1)
RbO_3	134.3(7)	113.7(5)
CsO_3	133.3(9)	114.6(6)

由于从臭氧分子到 O_3^-,所加的电子进入到反键 π^* 轨道,O_3^- 离子中 O—O键级降为1.25, 键长增加。KO_3 和臭氧离子化合物都是热力学介稳物种,对水气和二氧化碳均很敏感。

在城区,臭氧是一种主要的大气污染物。臭氧除了对肺组织及对皮肤有损害效应外,还能和轮胎的橡胶产生化学作用,使它变脆断裂。但在同温层高空中,臭氧吸收许多从太阳辐射来的短波长紫外光,为地球上的生物提供生命的保护层。

臭氧已证明是一种很有用的试剂,用以氧化有机物。一个实例是将烯烃转化裂解为羰基产物,见图 16.1.5。当 O_3 和烯烃作用,第一步产品是分子臭氧化物(molozonide),它进一步使一个 O—O 键和 C—C 键断裂,产生一个醛或一个酮及一个羰基氧化物。羰基氧化物分解得到产品,但在适当条件下,醛或酮可重新和羰基氧化物结合,得到一个臭氧化物(ozonide)。在有 H_2O 存在时,臭氧化物分解,生成两个羰基化合物和过氧化氢。

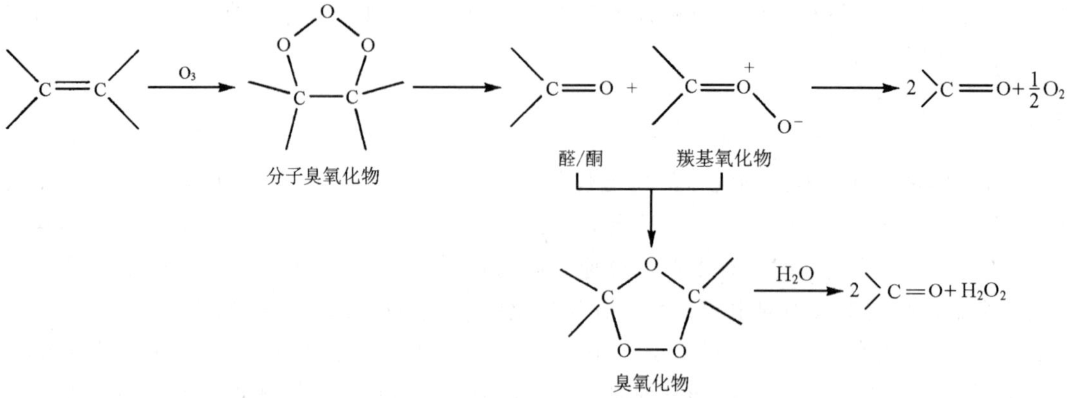

图 16.1.5　臭氧和烯烃反应机理。

已发现只有少数几种化合物包含线性 3 个 O 原子物种,其中,三氧化双(氟甲酰),F—C(O)—O—O—O—C(O)—F,是不稳定的化合物,它在晶体中具有 C_2 对称性,以反式-顺式-顺式螺旋体存在(相对于中心的 O_3 片段,C—O 键为反式,两个 C=O 键为顺式)。C—O—O—O 扭角和 O—O—O 键角分别为 99.0(1)°和 104.0(1)°,如图 16.1.6 所示。对稳定的三氧化双(三氟甲基)分子,F_3C—O—O—O—CF_3,相应的数值分别为 95.9(8)°和 106.4(1)°。

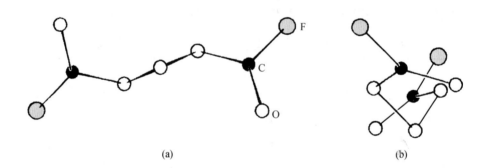

图 16.1.6　FC(O)OOOC(O)F 分子的结构:
(a) 按它的 C_2 对称轴来表示;(b) 左手螺旋构象表示。

16.2　氧和二氧的金属配合物

16.2.1　在金属氧配合物中氧的配位型式

描述无机晶体的结构,通常是将负离子进行密堆积,把正离子填入空隙之中,从而了解化合物中金属原子的配位。本小节则讨论在分子中和晶体中 O 原子与周围金属原子 M 的结合型式,将 O 原子作为中心原子来分析。

氧的金属配位方式较多,表 16.2.1 列出若干配位型式和实例。

表 16.2.1　氧的金属配位方式

配位型式	实例和说明
M=O	$[VO]^{2+}$，V=O 键长 155～168 pm，具有部分三重键性质
M—O—M	直线形，ReO_3 晶体中 Re—O—Re 形成立方体的边
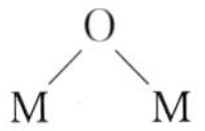 　　O 　／　＼ M　　　M	弯曲形，$Cr_2O_7^{2-}$ 离子中，Cr—O　177 pm，CrOCr 123°
O=M—O—M=O	在 Re 和 Tc 的化合物中存在，M=O　165～170 pm，M—O　190～192 pm，O 呈直线形（π 键强）或弯曲形
M 　　| 　　O 　／　＼ M　　　M	三角锥形，如 H_3O^+ 和 $[O(HgCl)_3]^+$ 平面三角形，如 $[Fe_3(\mu_3\text{-}O)(O_2CCMe_3)_6(MeOH)_3]^+$
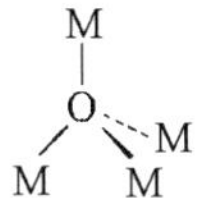 　　　O 　／　｜　＼ M　　M　M	四面体形，如 Cu_2O 和 $Be_4(\mu_4\text{-}O)(O_2CMe)_6$
M 　　　| M—O—M 　　　| 　　　M	平面四方形，如 $[Fe_8(\mu_4\text{-}O)(\mu_3\text{-}O)_4(OAc)_8(tren)_4]^{6+}$
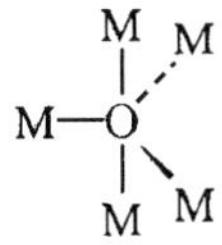 　　M　M 　　＼／ M—O 　　／＼ 　　M　M	三方双锥形，如 $[Fe_5(\mu_5\text{-}O)(O_2CMe)_{12}]^+$
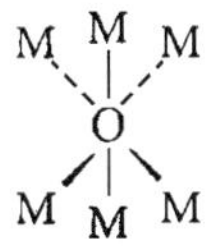 M　M　M 　＼｜／ 　　O 　／｜＼ M　M　M	八面体形，如 $[Fe_6(\mu_6\text{-}O)(\mu_2\text{-}OMe)_{12}(OMe)_6]^{2-}$

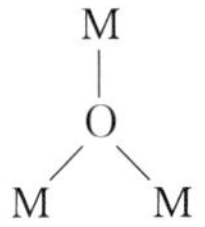

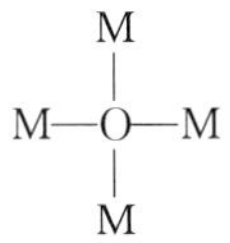

16.2.2　二氧金属配合物的配位型式

二氧金属配合物是指二氧物种作为一个配位体和金属离子形成的配合物。通常可按照二氧物种和金属原子的结合型式对配合物进行分类。对于无桥连的 O_2 配位体有 η^1-超氧和 η^2-过氧配合物，桥连的 O_2 配位体有 $\eta^1：\eta^1$，$\eta^1：\eta^2$ 和 $\eta^2：\eta^2$ 构型。图 16.2.1 示出二氧金属配合物的配位型式。

另外一种较常采用的二氧金属配合物的分类是基于 O—O 键的键长：超氧配合物 Ⅰa 和 Ⅰb，其中 O—O 距离大致是常数，接近于超氧负离子键长值（约 130 pm）；过氧配合物 Ⅱa 和 Ⅱb，其中 O—O 距离接近于 H_2O_2 及 O_2^{2-} 的键长值（约 148 pm）。a 和 b 区分配合物中的二氧物种是和一个金属原子结合（a 型）或桥连于两个金属原子（b 型）。

基团 O—O 伸缩振动频率和结构型式密切相关。Ⅰ型配合物显示 O—O 伸缩振动约在 1125 cm^{-1}，Ⅱ型约在 860 cm^{-1}。这一显著差别使 O—O 伸缩振动频率可通过 IR 或 Raman 光谱的测定用来区分不同的振动型式。表 16.2.2 列出二氧金属配合物的性质。

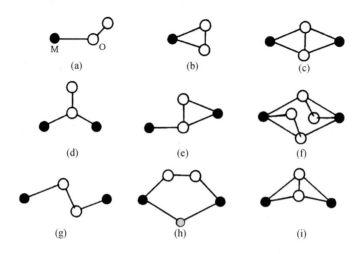

图 16.2.1　二氧金属配合物中 O_2 配位型式:

(a) η^1-超氧;(b) η^2-超氧;(c) μ-η^2:η^2 超氧,对称形;

(d) μ-η^1-超氧,对称形;(e) μ-η^1:η^2-过氧;(f) μ-η^1:η^2-过氧,中心对称形;

(g) 反式 μ-η^1:η^1-超氧或过氧;(h) 顺式 μ-η^1:η^1-超氧或过氧;(i) μ-η^2:η^2-过氧,不对称形。

表 16.2.2　二氧金属配合物的性质

配合物	型　式	O_2:M 比	结　　构	$d(O—O)/pm$ 正常范围	$\bar{\nu}(O—O)/cm^{-1}$ 正常范围
超氧化物	Ⅰa	1:1	$M—O\overset{O}{\cdots}$	125～135	1130～1195
超氧化物	Ⅰb	1:2	$M\overset{O}{\underset{O}{\cdots}}M$	126～136	1075～1122
过氧化物	Ⅱa	1:1	$M\!\!<\!\!\overset{O}{\underset{O}{|}}$	130～155	800～932
过氧化物	Ⅱb	1:2	$M\overset{O}{\underset{O}{\diagup\!\!\diagdown}}M$	144～149	790～884

16.2.3　生物的二氧载体

　　血红蛋白(hemoglobin,Hb)和肌红蛋白(myoglobin,Mb)分别起着输送氧气和储存氧气的作用,这是所有脊椎动物所特有的生物功能。这两种蛋白的活性中心是平面构型的血红素基团(见图 16.2.2)。肌红蛋白由一个球蛋白(球形蛋白质分子)和一个血红素基团组成。血红蛋白则由 4 个像肌红蛋白的亚基组成,2 个 α 亚基和 2 个 β 亚基。在每一亚基中,球蛋白分子部分地包围着血红素基团,一个氧分子可以结合在血红素中卟啉环的 Fe 原子的一侧,另一侧和邻近的组氨酸结合,这样形成六配位的 Fe 的配合物,如图 16.2.3 所示。

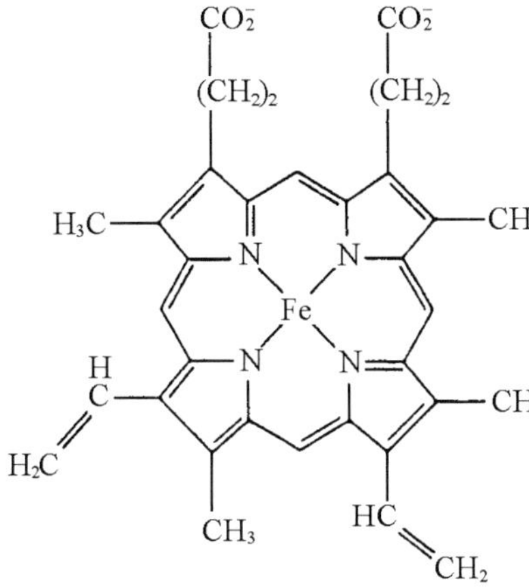

图 16.2.2　血红素基团。

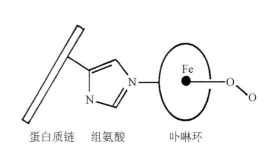

蛋白质链　组氨酸　卟啉环

图 16.2.3　氧分子和血红素基团结合。

肌红蛋白含一个高自旋态的 Fe^{2+}(d^6 组态),此离子的半径约为 78 pm,处在一四方锥的环境中。Fe^{2+} 离子太大,不能进入卟啉环的中心空穴中,而处在离卟啉环 4 个 N 原子形成的平面约 42 pm 的位置上。当一个氧分子和 Fe^{2+} 配位结合,配位构型变为八面体,Fe^{2+} 变为低自旋态的 d^6 组态,半径缩小至 61 pm,因而能够进入卟啉环的空穴之中。

在血红蛋白中,O_2 结合于 Fe^{2+},但不将它氧化为 Fe^{3+},因围绕血红素基团周围的蛋白质单元的存在防止 Fe^{2+} 的氧化。非水环境是可逆地和 O_2 结合所必需的。

O_2($^3\Sigma$)和血红素基团的高自旋的 Fe^{2+} 原子结合形成一个自旋成对反磁性体系,其结果 Fe—O—O 是弯曲的,键角在 115°~153° 间变动。d_{z^2}(Fe)和 π_g(O_2)轨道间是较强的 σ 相互作用,而 d_{xz}(Fe)和 π_g(O_2)间是较弱的 π 的相互作用,增强了配位效应使电子成对并减弱 O—O 键。

在肺部,氧气进入血液。吸入的新鲜空气中,O_2 的分压较高,在理想条件下约为 2.1×10^4 Pa($=0.21\times1.01\times10^5$ Pa)。当吸入的空气和未呼出的气体在肺部混合后,肺中氧气的分压约为 1.3×10^4 Pa,这时 O_2 和血液中的血红蛋白(Hb)结合形成 Hb$(O_2)_4$,通过血液循环,它被血红细胞携带到各个组织,那里 O_2 分压低于 4×10^3 Pa,氧由 Hb 转移到 Mb,这个过程的反应为:

肺中:　　　　　　　　　　$Hb+4O_2 \longrightarrow Hb(O_2)_4$

组织中:　　　　　　　$Hb(O_2)_4+4Mb \longrightarrow 4Mb(O_2)+Hb$

血红蛋白由 4 个亚基($2\alpha+2\beta$)组成,这 4 个亚基具有互相协作功能。当一个 O_2 和一个血红素基团结合后,Hb 的构象巧妙地改变,使加进的 O_2 分子更容易结合。4 个 Fe 原子每个都带一个 O_2,逐渐增加平衡常数,其结果当 O_2 和 Hb 结合,4 个 Fe 原子即变成和氧结合的状态(oxyHb)。按相似形式,又开始触发使 O_2 脱离,其余的也都松开,全部运载的 O_2 在所需位置上释放出来。在毛细血管中,增加 CO_2 浓度,改变 pH 有利于此效应的进行。当 CO_2 浓度增加,因生成 HCO_3^- 使得 pH 下降。增加酸性有利于从和氧结合的血红蛋白(oxyHb)释放出 O_2,这称为 Bohr 效应。

血红蛋白载氧是通过血液循环系统进行,从肺到身体的各个组织。在那里,氧可以转移到肌红蛋白,肌红蛋白储存氧气以供应食物的氧化作用。Hb 和 Mb 的这些性质可以用图 16.2.4 中的氧结合曲线表示。在氧气浓度高时,例如在肺中,Hb 和 Mb 对氧的结合力有近乎相等的亲和力,但在氧气浓度低时,例如在肌肉组织中当肌肉进行活动或活动刚停止时,Hb 对氧结合力很差,可

将 O_2 传送给 Mb。Mb 和 Hb 间对 O_2 结合力的差异偏重在低 pH 区,因此,O_2 从 Hb 到 Mb 有着巨大的推动力,而这在使 O_2 参加反应变为 CO_2 的肌肉组织中是最需要的。

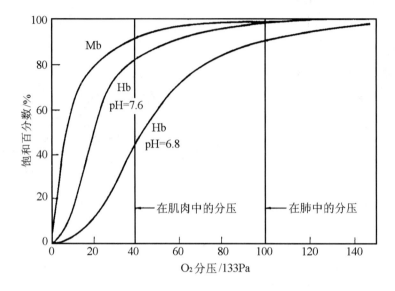

图 16.2.4　**Mb 和 Hb 的氧结合曲线。**（图中示出 Hb 在不同 pH 时的性能。）

16.3　水和冰的结构

水是地球表面上普遍存在的化合物,它组成人体和所消耗食物的约 70%。它也是最小的分子之一,具有最高的形成氢键的潜在能力。对化学而言,水是最重要的物种,因为大量的化学反应可在水存在的条件下进行。

16.3.1　气相水的结构

H_2O 分子具有弯曲形结构,O—H 键长 95.72 pm,HOH 键角 104.52°,O—H 键和孤对电子形成四面体构型,如图 16.3.1(a)所示。水可作质子给体形成 O—H$\cdots$Y 氢键,也可作质子受体形成 O$\cdots$H—Y 氢键(Y 是一个电负性高的原子)。

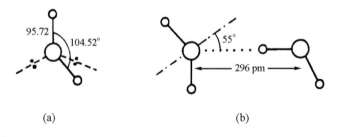

图16.3.1　**(a) 气态 H_2O 分子结构；(b) 水的二聚体结构。**（键长单位 pm。）

在气相中,H_2O 和 HF,HCl,HBr,HCN,HC≡CH 和 NH_3 等的加合物已用微波谱研究过,并为下一问题提供答案:谁是质子给体? 谁是质子受体? 已知在下列化合物中水是质子受

体而不是给体,所以加合物的结构应写成:

$$H_2O\colon\cdots H\text{—}F,\ H_2O\colon\cdots H\text{—}Cl,\ H_2O\colon\cdots H\text{—}CN$$

只有 NH_3 和水的加合物中水是质子给体:$H_3N\colon\cdots H\text{—}OH$。

　　水通过氢键形成气态的二聚体,其结构已用微波谱测定,示于图 16.3.1(b)中。该二聚体系结合能的实验值为 22.6 kJ mol^{-1}。

16.3.2　冰的结构

　　已知冰有 11 种晶型,它们的结构情况列于表 16.3.1 中。

表 16.3.1　各种晶型的冰的晶体结构数据 *

晶 型	空间群	晶胞参数 /pm	晶胞中 分子数	氢原子 位置	密度 /(g cm^{-3})	小于 0.3 nm 最近配位数	氢键 键长/pm	最短的非 键距离/pm
I_h (273K)	$P6_3/mmc$ (No. 194)	$a=451.35(14)$ $c=735.21(12)$	4	无序	0.92	4	$275.2\sim276.5$	450
I (5K)	$Cmc2_1$ (No. 36)	$a=450.19(5)$ $b=779.78(8)$ $c=732.80(2)$	12	有序	0.93	4	273.7	450
I_c (143K)	$Fd3m$ (No. 227)	$a=635.0(8)$	8	无序	0.93	4	275.0	450
II	$R\bar{3}$ (No. 148)	$a=779(1)$ $\alpha=113.1(2)°$	12	有序	1.18	4	$275\sim284$	324
III	$P4_12_12$ (No. 92)	$a=673(1)$ $c=683(1)$	12	无序	1.16	4	$276\sim280$	343
IV	$R\bar{3}c$ (No. 167)	$a=760(1)$ $\alpha=70.1(2)°$	16	无序	1.27	4	$279\sim292$	314
V	$A2/a$ (No. 15)	$a=922(2)$ $b=754(1)$ $c=1035(2)$ $\beta=109.2(2)°$	28	无序	1.23	4	$276\sim287$	328
VI	$P4_2/nmc$ (No. 137)	$a=627$ $c=579$	10	无序	1.31	4	$280\sim282$	351
VII	$Pn3m$ (No. 224)	$a=343$	2	无序	1.49	8	295	295
VIII	$I4_1/amd$ (No. 141)	$a=467.79(5)$ $c=680.29(10)$	8	有序	1.49	6	$280\sim296$	280
IX	$P4_12_12$ (No. 92)	$a=673(1)$ $c=683(1)$	12	有序	1.16	4	$276\sim280$	351

　　* 除已注明温度外,未注明的晶胞参数和键长等数据均还原为 1.01×10^5 Pa,110 K。

　　通常的冰-I_h 和立方冰-I_c 是在常压下形成,后者在低于 -120℃时稳定。在冰-I_h 和冰-I_c 中,氢键体系的模式非常相似,只是氧原子的排列有所不同。在冰-I_c 中,氧原子的排列如同立方金刚石中的碳原子,而冰-I_h 中则相当于六方金刚石中的碳原子。图 16.3.2 示出冰-I_h 的结构。

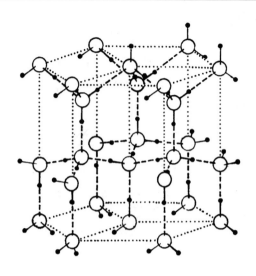

图 16.3.2   冰-Ⅰₕ 的结构。

（图中大球代表 O 原子，小黑球代表 H 原子，每个氢键都存在 O—H…O 和 O…H—O 两种几率相等
的 H 原子分布方式，图中任意地选了一种。但每个 O 原子严格地只和 2 个 H 原子以共价键相连。
图中的点线划出六方晶胞，有 3 个晶胞并在一起，更好地显示出它的对称性。）

在冰-Ⅰₕ 和冰-Ⅰ_c 两者的氢键体系中都包含有类似环己烷那样折皱的六元环，其中部分为椅式构象，部分为船式构象。只有一个重要的差别是在冰-Ⅰ_c 中 4 个氢键按对称性联系是等同的，而在冰-Ⅰₕ 中，处在六重轴方向上的氢键不同于其他 3 个。

不同温度下对 H_2O 和 D_2O 的冰-Ⅰₕ 的中子衍射分析表明：如同氢原子的无序分布一样，O 原子的分布也是无序的，在冰-Ⅰₕ 中，O 原子不是正好位于六重轴上，而是偏离六重轴大约 6 pm。用 X 射线衍射法测定的结果只反映出它的平均位置。

在高压下的冰，其氢键的结合型式随着压力的增加逐步地变得更为复杂，直至很高的压力下形成冰-Ⅶ和冰-Ⅷ。冰-Ⅱ包含有近似于平面六元环的氢键排列成柱体。O…O…O 角度由四面体发生很大变形，并出现一些非键的 O…O，距离为 324 pm。

冰-Ⅲ主要由氢键结合的五元环和一些七元环所组成，而没有六元环。

冰-Ⅸ具有和冰-Ⅲ相同的结构，但氢原子的位置在冰-Ⅸ中是有序化的，而冰-Ⅲ中是无序的。冰-Ⅲ到冰-Ⅸ的转变发生在 208～165 K 之间。

冰-Ⅳ是介稳的相，其 O…O…O 角度更大地变形，处于 88°～128° 之间。大量的非氢键的 O…O 接触距离处在 314～329 pm 之间，有些氧原子处在六元环的中心。冰-Ⅴ含有四元环、五元环和六元环，它和一些水合包合物中作主体的水的骨架相类似。

冰-Ⅵ是第一个具有两套相互独立贯穿的氢键体系骨架（即互相没有氢键连接，而又互相作为近邻的两套）。在这两套骨架之间氧原子的非键距离为 340 pm，比实际的氢键结合的 O…O 距离要短。

冰-Ⅶ和冰-Ⅷ有着更规则的两套互相穿透的由氢键形成的骨架，每套骨架都具有冰-Ⅰ_c 结构，只是其配位从四面体略有变形。冰-Ⅶ中，每个氧有 8 个最近邻，其中 4 个以氢键结合，O…O 距离为 295 pm，另外 4 个没有氢键结合，距离相同，表明范德华接触的 O…O 距离比氢键的 O—H…O 距离更容易压短。冰在高压下结构上的变化首先是使 O 原子周围的配位偏离

四面体,产生复杂的氢键体系,直至形成两套独立的互相贯穿渗透的氢键骨架,这时各套内部 O 原子的配位和氢键体系变得较为简单。冰-Ⅷ的结构和冰-Ⅶ相似,但氢键是有序化的,因而其晶体结构的对称性从立方晶系降为四方晶系。

在非常高的压力(约 44 GPa)下,可得到冰-Ⅹ,在它的晶体结构中 H 原子处在氢键的两个 O 原子的中心点上,形成对称氢键,这一结果已经由红外光谱予以证实。

除冰以外,各种气体水合物晶体中,水分子具有冰中 4 配位的结构,即由水分子组成主体骨架,客体分子处于骨架的空穴之中。

16.3.3 液态水的结构模型

水从它的不平常的物理和化学性质来看是一种独特的物质:

(1) 液态水的密度 4 ℃时达到最大。

(2) 水有很高的介电常数,这与氢键的变形和断裂相关。

(3) 水有较高的导电率,这与 H_3O^+ 和 OH^- 离子通过氢键结合在一起的结构相关。

(4) 水能过冷而它的流动性随压力的加大而增加。

(5) 水对所有的生命过程是一个基本的化学物质。

对液态水的结构曾提出过许多模型,其中最实用的是多面体模型。在液态水中,分子不停地进行热运动,分子间的相对位置不断改变。水不可能像晶体那样有着单一的、确定的结构。

由于水中分子之间仍保留有大量的氢键将水分子联系在一起,分子间除了无规则的分布以及冰结构碎片等的形式以外,一般认为还会含有大量呈动态平衡的、不完整的多面体的连接方式。多面体的形式有五角十二面体,还有由五元环和六元环等组成的其他各种不完整的多面体。图 16.3.3(a)示出由水分子通过氢键排列成的五角十二面体(5^{12}),图(b)和(c)分别示出十四面体($5^{12}6^2$)和十五面体($5^{12}6^3$)。

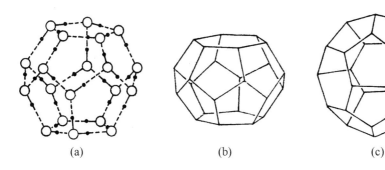

(a)   (b)   (c)

图 16.3.3 多面体的结构:
(a) 五角十二面体(5^{12});(b) 十四面体($5^{12}6^2$);(c) 十五面体($5^{12}6^3$)。

冰熔化为水的过程是断裂部分氢键(约 15%),形成冰"碎片",部分环化成不完整的五角十二面体形式为代表的多面体的过程。图 16.3.4 示意出这种冰的熔化的理想过程。

液态水的这种多面体体系的结构模型适用于了解水的性质:

1. 液态水中的氢键

五角十二面体的几何条件适合于氢键配置。五元环键角为 108°,适合于 H_2O 分子的键角 104.5°及四面体电荷分布的特点(见图 16.3.1)。

2. 冰和水的密度

由图 16.3.4 可见,由冰"碎片"环化成五角十二面体结构,原子堆积较密,体积缩小,密度增加。当温度上升这种转变增加,密度加大;另一方面,温度上升,热运动加剧,使密度减小,两种影响密度大小的相反因素,导致水在 4℃时密度最大。

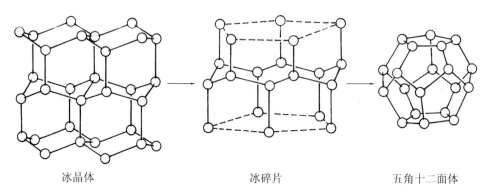

冰晶体　　　　　　　　冰碎片　　　　　　　五角十二面体

图 16.3.4　冰的熔化过程中形成多面体的示意图。

3. 液态水的 X 射线衍射数据

由 X 射线衍射数据可以推得 $g(r)$-r 图,$g(r)$ 表示原子对相关函数,对冰和液态水而言,主要表示 O 原子周围距离为 r 处出现 O 原子的数量。图16.3.5示出液态水和冰的 $g(r)$-r 图。由图

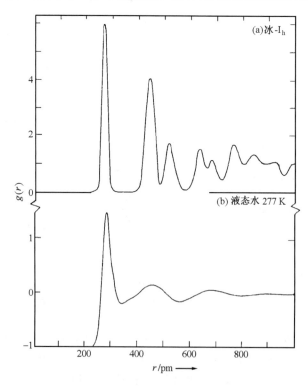

图 16.3.5　(a) 冰-I_h 和 (b) 液态水的 $g(r)$-r 图。

[$g(r)$ 表示原子对相关函数,图中(a)和(b)的纵坐标标度不同。

数据摘引自 A. H. Narten, C. A. Venkatesh and S. A. Rice, *J. Chem. Phys.*, **64**, 1106 (1976).]

可见,在 277 K 时,液态水在 280 pm 处出现最强峰,即相邻的水分子平均数目在此距离处最多,450 pm 左右出现次强宽峰,在 640～780 pm 间有连续的低峰,而在 280～450 pm 和 450～640 pm 之间没有峰出现。审视五角十二面体的几何结构可知,在图 16.3.3(a)中,O 原子间的距离分别是边长的 $1, \tau, \sqrt{2}\tau, \tau^2, \sqrt{3}\tau$ 倍,$\tau = 1.618$。O—H $\cdots$ O 的键长为 280 pm,则应在 280,450,640,730,780 pm 等处出现峰值。所以这一多面体模型正好解释由液态水的 X 射线衍射推得的数据。

图 16.3.5 上半部示出冰-I_h 的 $g(r)$-r 图,下半部为液态水的图。冰-I_h 和液态水的主要差别在于冰-I_h 在 $r \approx 520$ pm 左右有明显的强峰,而液态水中没有。在低温下(77 K)无定形冰的 X 射线衍射数据和液态水非常接近。

4. 水的热学性质

冰、水和水蒸气(或称水汽)三者间热学性质的关系如下:

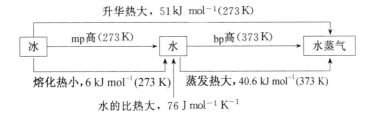

在冰中,水分子间通过氢键结合在一起。冰变为水蒸气,要破坏全部氢键,所以升华热很大。冰变为水,熔化热很小;水变为汽,蒸发热很大。这些都说明水中分子之间仍存在大量的氢键。水的红外光谱和比热等性质也都证明了这个结论。它们都符合液态水的分子间通过氢键结合成多面体结构模型。

5. 气体水合物的结构

许多气体能和水共同结晶成气体水合物晶体,这些晶体的结构是由五角十二面体及其他包含六元环的多面体组成。例如,通甲烷气到水中,在低于 5℃ 时,水和甲烷共同结晶出水合物晶体,晶体的立方晶胞参数 $a = 1.19$ nm,晶胞组成为 $8CH_4 \cdot 46H_2O$。晶胞中 46 个 H_2O 分子组成 2 个五角十二面体和 6 个十四面体($5^{12}6^2$),每个多面体中都包含 1 个 CH_4 分子,所以它的化学式为 $8CH_4 \cdot 46H_2O$。若将填入多面体中的 CH_4 分子换成 H_2O 分子,由于 H_2O 分子比 CH_4 分子质量大些,体积小些,这种假想的晶体密度接近 1.0 g cm^{-3},和水的密度一致。

水能和稀有气体(Xe,Rn)及数以百计的小分子,如 Cl_2,O_2,C_2H_2,C_2H_4,CH_3Cl,CS_2,…形成多种形式的水合物。这和液态水中本身就存在着不完整的多面体的有利的几何条件有关。

最近关于水的结构和性质的研究非常活跃,并取得许多有价值的成果,深化了人们对水的结构和性质的认识。2004 年 12 月,美国《科学》杂志评出当年十大科学突破,其中第 8 项的内容为"水怎样工作"(How Water Works),介绍关于水的结构和性能的认识的进展。在这些研究工作中对气态水分子簇 $H^+(H_2O)_n$ 的研究说明,$n = 21$ 的簇为五角十二面体中心包含一个水分子的结构,它为上述液态水的结构模型增添了佐证。而用同步加速器 X 射线的研究认为液态水中许多水分子实际上只有两个近邻,这和水的多面体模型不一致。液态水的结构是非常复杂而涉及面极广的课题。水的信息,水的记忆,与水相联系的生物化学和生物物理的基本理念,以及开发生产以净化、营养和功能为目标的功能水的研究等都和水的结构密切相关。目前对液态水结构的认识还很肤浅,有待不断深入。

16.3.4　质子水合物与电子水合物

质子水合物又称为𨦊离子(oxonium ion)、𨦊镓离子或水合氢离子(hydronium ion)。各种实验的研究已确定角锥形 H_3O^+ 离子是一个稳定的实体。O—H 键有着和冰中一样的长度,锥角处在 $110°\sim115°$ 之间。图 16.3.6(a)示出 H_3O^+ 的结构。

$H_5O_2^+$ 离子是一个已得到很好证明的化学实体,已在 20 多种晶体结构中发现。一些有关数据列于表 16.3.2 中。

表 16.3.2　含有 $H_5O_2^+$ 离子的一些化合物

化合物	衍射方法	$d(O\cdots O)/pm$	氢键的几何结构
$(H_5O_2)Cl \cdot H_2O$	X 射线	243.4	——
$(H_5O_2)ClO_4$	X 射线	242.4	——
$(H_5O_2)Br$	中子	240	$O\overset{117}{\rule{1.5em}{0.4pt}}\underset{174.7°}{H}\overset{122}{\rule{1.5em}{0.4pt}}O$
$(H_5O_2)_2SO_4 \cdot 2H_2O$	X 射线	243	
$(H_5O_2)[trans\text{-}Co(en)_2Cl_2]_2$	中子	243.1	中心对称
$(H_5O_2)[C_6H_2(NO_2)_3SO_3] \cdot 2H_2O$	中子	243.6	$O\overset{112.8}{\rule{1.5em}{0.4pt}}\underset{175°}{H}\overset{131.0}{\rule{1.5em}{0.4pt}}O$
$(H_5O_2)[C_6H_4(COOH)SO_3] \cdot H_2O$	X 射线,中子	241.4	$O\overset{120.1}{\rule{1.5em}{0.4pt}}H\overset{121.9}{\rule{1.5em}{0.4pt}}O$
$(H_5O_2)[PW_{12}O_{40}]$	X 射线,中子	241.4	中心对称
$(H_5O_2)[Mn(H_2O)_2(SO_4)_2]$	X 射线	242.6	中心对称

表中所列化合物的最普遍的特点是有一非常短的 O—H$\cdots$O 氢键(240~245 pm)将 2 个 H_2O 分子连接成一个整体。图 16.3.6(b)示出在水合盐酸晶体 $H_5O_2^+ \cdot Cl^-$ 中 $H_5O_2^+$ 离子的结构。

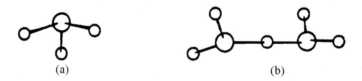

(a)　　　　　　　　　　(b)

图 16.3.6　(a)H_3O^+ 和(b)$H_5O_2^+$ 的结构。

除 H_3O^+ 和 $H_5O_2^+$ 外,还提出过许多其他水合氢离子,例如 $H_7O_3^+$,$H_9O_4^+$,$H_{13}O_6^+$ 和 $H_{14}O_6^{2+}$ 等。如果取 245 pm 作为在一个水合氢离子内部 O—H$\cdots$O 键的距离的上限,比 245 pm 长的氢键代表水合氢离子和相邻水分子间的氢键。按此数据,可对已知结构的许多酸的水合物写出它的合理的、明确的结构式,如表 16.3.3 所示。

表 16.3.3　一些酸的水合物的结构式

酸的水合物	经验化学式	结构式
$HNO_3 \cdot 3H_2O$	$(H_7O_3)NO_3$	$(H_3O)NO_3 \cdot 2H_2O$
$HClO_4 \cdot 3H_2O$	$(H_7O_3)ClO_4$	$(H_3O)ClO_4 \cdot 2H_2O$
$HCl \cdot 3H_2O$	$(H_7O_3)Cl$	$(H_5O_2)Cl \cdot H_2O$
$HSbCl_6 \cdot 3H_2O$	$(H_7O_3)SbCl_6$	$(H_5O_2)SbCl_6 \cdot H_2O$
$HCl \cdot 6H_2O$	$(H_9O_4)Cl \cdot 2H_2O$	$(H_3O)Cl \cdot 5H_2O$
$CF_3SO_3H \cdot 4H_2O$	$(H_9O_4)CF_3SO_3$	$(H_3O)(CF_3SO_3) \cdot 3H_2O$
$2[HBr \cdot 4H_2O]$	$(H_9O_4)(H_7O_3)Br_2 \cdot H_2O$	$2[(H_3O)Br \cdot 3H_2O]$
$[(C_9H_{18})_3(NH)_2Cl] \cdot Cl \cdot$ $HCl \cdot 6H_2O$	$[(C_9H_{18})_3(NH)_2Cl] \cdot (H_{13}O_6)$ $\cdot Cl_2$	$[(C_9H_{18})_3(NH)_2Cl] \cdot (H_5O_2) \cdot$ $Cl_2 \cdot 4H_2O$
$HSbCl_6 \cdot 3H_2O$	$(H_{14}O_6)_{0.5}(SbCl_6)$	$(H_5O_2)(SbCl_6) \cdot H_2O$

电子水合物又称为水合电子,常用 e^-(aq)表示。它存在于液态水之中,它的位置主要处在水分子的氧原子构成的四面体空隙之中,如图 16.3.7 所示。

化学家十分关注水合电子的作用和性质,例如发现在碱金属和水反应过程中,发生的"爆炸"和水合电子的形成以及它和正电荷的相互作用密切相关。水合电子的性能已得到许多物理学家和化学家的研究,对它有了较深入的了解。R. A. Marcus(马库斯)由于创立利用水合电子模型研究溶液中电子迁移反应机理的定量工作,获得 1992 年诺贝尔化学奖。

自然界许多现象和水合电子有关,如天空出现的雷电现象也与水合电子有密切的关系。

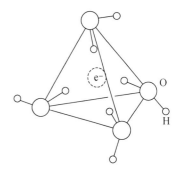

图 16.3.7　水合电子在水中 e^- 所处的位置。

16.4　硫的同素异构体和多硫原子物种

16.4.1　硫的同素异构体

硫的同素异构体的数目远比其他元素多,结构也较复杂,这是由于硫的成键特性所引起:

(1)硫原子容易通过共价单键形成链状或环状分子。对比 O_2 和 S_2 的键焓可以明白其原因。O_2 和 S_2 的键焓分别为 498 kJ mol^{-1} 和 431 kJ mol^{-1},而 O—O 单键键焓为 142 kJ mol^{-1},比 S—S 单键键焓 263 kJ mol^{-1} 小很多,这是因为 O 原子比 S 原子小,处在相邻两个 O 原子上的孤对电子间的推斥能远大于两个 S 原子间的推斥能。单质氧主要以双原子分子 O_2 形式存在,除 σ 键外还有 π 键,而单质硫则可通过单键形成由多个原子组成的链状或环状分子。

(2)—S—S—链具有柔顺而容易改变构象的性质,可使硫原子相互连接形成弯曲或伸展的长链结构。由多个硫原子组成的长链分子,原子间的距离在 198~218 pm 范围,S—S—S 键角在 101°~111° 范围,而扭角在 74°~100° 间变化。

(3)利用不同的方法可以制得原子数目不同的 S_n 物种。改变外界条件,同一种分子又可以堆积成不同品种的晶体。

所有室温下存在的硫的同素异构体都是由 S_n 环（$n=6\sim20$）和多聚硫链 S_x 所组成（见表 16.4.1）。许多环形的硫的同素异构体的结构已用 X 射线单晶衍射法测定，有 S_6，S_7（两种变体），S_8（三种变体），S_{10}，$S_6 \cdot S_{10}$，S_{11}，S_{12}，S_{13}，S_{14}，S_{18}（两种变体），S_{20} 和链形的 S_∞ 等，它们的结构数据列于表 16.4.2。其中部分分子结构示于图 16.4.1。

表 16.4.1　硫的同素异构体的一些性质

同素异构体	颜　色	密度/(g cm^{-3})	mp(或 dp)/℃
S_2(g)	蓝紫色	—	高温时非常稳定
S_3(g)	猩红色	—	高温下稳定
S_6	橙红色	2.209	dp>50
S_7	黄色	2.182(−110℃)	dp>39
S_8(α)	黄色	2.069	112.8
S_8(β)	黄色	1.94~2.01	119.6
S_8(γ)	亮黄色	2.19	106.8
S_9	正黄色	—	低于室温下稳定
S_{10}	淡黄绿色	2.103(−110℃)	dp>0
S_{11}	—	—	—
S_{12}	淡黄色	2.036	148
S_{14}	黄色	—	113
S_{18}	柠檬黄色	2.090	mp 128(d)
S_{20}	淡黄色	2.016	mp 124(d)
S_x	黄色	2.01	104(d)

表 16.4.2　在硫的同素异构体中 S_n 分子的结构数据

分　子	键长/pm	键角/(°)	扭角/(°)
S_2(20 K)	188.9	—	—
S_6	206.8	102.6	73.8
γ-S_7	199.8~217.5	101.9~107.4	0.4~108.8
δ-S_7	199.5~218.2	101.5~107.5	0.3~108.0
α-S_8	204.6~205.2	107.3~109.0	98.5
β-S_8	204.7~205.7	105.8~108.3	96.4~101.3
γ-S_8	202.3~206.0	106.8~108.5	97.9~100.1
α-S_9	203.2~206.9	103.7~109.7	59.7~115.6
S_{10}	203.3~207.8	103.3~110.2	75.4~123.7
S_{11}	203.2~211.0	103.3~108.6	69.3~140.5
S_{12}	204.8~205.7	105.4~107.4	86.0~89.4
S_{13}	197.8~211.3	102.8~111.1	29.5~116.3
S_{14}	204.7~206.1	104.0~109.3	72.5~101.7
α-S_{18}	204.4~206.7	103.8~108.3	79.5~89.0
β-S_{18}	205.3~210.3	104.2~109.3	66.5~87.8
S_{20}	202.3~210.4	104.6~107.7	66.3~89.9
螺旋链 S_x	206.6	106.0	85.3

常见的硫的同素异构体是正交 α-S_8。在约 95.3℃，正交 α-S_8 转变为单斜 β-S_8，这时 S_8 分子的堆积情况改变，取向变成部分无序，使其密度从 2.069 g cm^{-3} 下降到 1.94～2.01 g cm^{-3} 范围。但是 S_8 环的大小在这两个异构体中是十分相似的。单斜 γ-S_8 晶体由环形 S_8 分子组成，其堆积效率很高，导致较高密度 2.19 g cm^{-3}。在室温下，γ-S_8 会重新缓慢地转变为 α-S_8，但在很快加热的情况下融化，其熔点为 106.8℃。

S_7 已知有 4 种晶型，其中之一（δ-型）是在 −78℃ 下从 CS_2 溶液中结晶而得。它的特点是有一个长键 6—7（见图 16.4.1 S_7 中 S 原子的编号，下同），键长为 218.1 pm，它可能是由于近乎平面的一组原子 4—6—7—5 在相邻的 S 原子的孤对电子间形成最大的推斥作用，因而减弱了 6—7 键，加强了相邻的 4—6 键和 5—7 键（199.5 pm）。接着 2—4 和 3—5 键较长（210.2 pm）而 1—2 和 1—3 键较短（205.2 pm）。

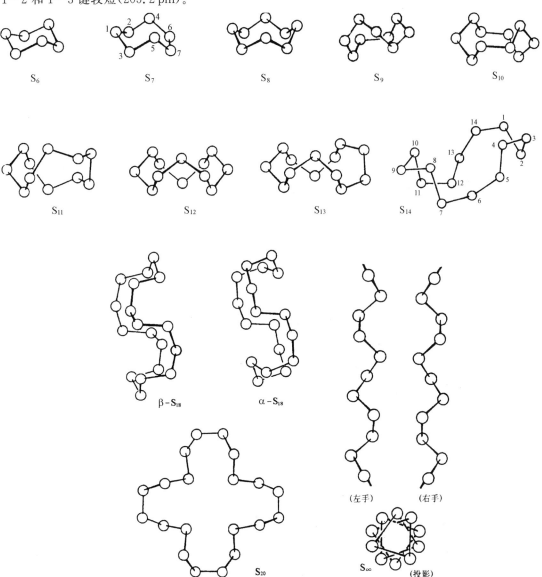

图 16.4.1　S_n 分子的结构。

环形 S_9 结晶成两种异构体：α 和 β。α-S_9 属空间群 $P2_1/n$，晶胞中有两个结构相似的独立分子，分子的对称性近似为 C_2，如图 16.4.1 所示。键长处于 203.2 pm 和 206.9 pm 之间。键角变动的范围为 103.7°～109.7°，扭角在 59.7°～115.6°之间。纯硫单环的构象最好用围绕环的扭角的符号顺序来描述。α-S_9 的符号顺序为＋＋－－＋＋－＋－。

一个新的硫的同素异构体环形 S_{14}，已制得并测定了它的结构。所用方法是将 [(tmeda)ZnS₆] 和 S_8Cl_2 反应（tmeda 为四甲基乙烯二胺），分离出黄色棒状晶体，熔点为 113℃。其结构示于图 16.4.1。在此结构中，围绕环次序的扭角符号为＋＋－－＋＋－－＋＋－－＋－。其中前 12 个和环形 S_{12} 相同。所以环形 S_{14} 的结构可理解为打开 S_{12} 的环，插入 S_2 分子片而得。

固态多聚硫原子形成许多形态，正如由它们的名称所描述：橡胶态硫、塑性硫、片状硫、纤维硫、多聚硫和不溶性硫。纤维状硫由平行的硫原子的螺旋链组成，它轴向的排列形成六方密堆积，链间距离 463 pm，螺旋链的结构同时会有左手和右手螺旋，直径为 95 pm（图 16.4.1 中 S_∞），螺旋的重复周期长 1380 pm，由 10 个 S 原子排列成 3 圈。在每个螺旋中原子间的距离为 206.6 pm，S—S—S 键角为 106.0°，S—S—S—S 二面角为 85.3°。

16.4.2　多硫离子

1. 正离子

硫可被不同的氧化剂氧化成多种多硫正离子 S_n^{2+}。现在已由 X 射线衍射所确定的物种有 S_4^{2+}，S_8^{2+} 和 S_{19}^{2+}，其结构示于图 16.4.2 中。

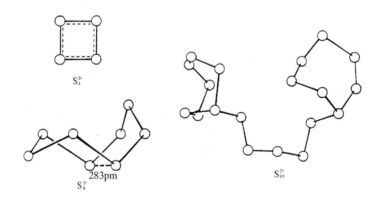

图 16.4.2　多硫正离子的结构。

在化合物 $(S_4^{2+})(S_7I^+)_4(AsF_6^-)_6$ 中，S_4^{2+} 为一平面四方形环状离子，S—S 键长 198 pm，比 S—S 单键键长 206 pm 显著地缩短。在 S_4^{2+} 中，S—S 键有双键特征。

在 $(S_8^{2+})(AsF_6^-)_2$ 晶体中，S_8^{2+} 八元环形成外-内（exo-endo）构象，还有一个跨环的长键，283 pm。这个结构可理解为处于 S_4N_4 笼形分子和 S_8 皇冠状分子之间。S_4N_4 比 S_8^{2+} 少 2 个电子，和还未发现的 S_8^{4+} 是等电子分子。它可想象为从 S_8 移去 2 个电子，一端折叠起来并形成一个跨环键，如果再移去 2 个电子，另一端也折叠起来，并形成另一个跨环键，就是 S_4N_4 的结构，如图 16.4.3 所示。

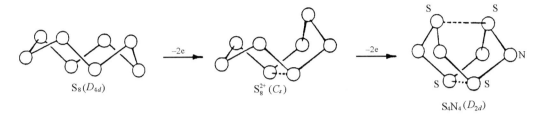

图 16.4.3　S_8，S_8^{2+} 和 S_4N_4 的结构之间的关系。

在 $(S_{19}^{2+})(AsF_6^-)_2$ 晶体中，S_{19}^{2+} 离子由 2 个七元环通过一条五原子链连成。有一个环采取船式构象，另一个环是无序的，按 4∶1 的椅式和船式的构象混合形成。S—S 键长有着很大变化范围，从 187 pm 到 239 pm。S—S—S 键角从 91.9°到 127.6°。

2. 负离子

大多数多硫负离子不是环状结构，而是形成弯曲的链形离子。图 16.4.4 示出一些 S_n^{2-} 的折皱形链的花样。它们的结构数据列于表 16.4.3 中。在 S_n^{2-} 物种中，它们的单键数目和键价 (b) 是一致的，可按下式计算得到：

$$b = \frac{1}{2}(8n - g) = \frac{1}{2}[8n - (6n+2)] = n - 1$$

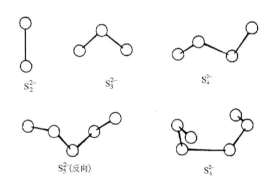

图 16.4.4　S_n^{2-} 的结构。

表 16.4.3　S_n^{2-} 的结构数据

S_n^{2-}	化合物	键长/pm	键角(中心)/(°)	对称性
S_2^{2-}	黄铁矿	208～215	—	$D_{\infty h}$
S_3^{2-}	BaS_3	207.6	144.9	C_{2v}
S_4^{2-}	Na_2S_4	206.1～207.4	109.8	C_2
S_5^{2-}	K_2S_5	203.7～207.4	106.4	C_2
S_6^{2-}	Cs_2S_6	201～211	108.8	C_2

16.5　在金属配合物中 S_n^{2-} 负离子作为配位体

在金属配合物中,硫常以 S^{2-},S_2^{2-} 或 S_n^{2-} 等负离子型式作配位体。配位型式多样化,现分述如下:

1. 单原子离子 S^{2-}

单原子 S^{2-} 离子可作为端接和桥连配位体。S 原子作为电子对给体通常被划分为 Lewis 软碱类,和 O 原子作为电子对给体划分为 Lewis 硬碱不同。S 原子较大,其电子云容易变形,可合理地推论它和 O 原子的差异。另外,金属原子的 d_π 轨道参加和 S 原子成键也已得到证明。S^{2-} 作为端接配位体提供一对电子给和它成键的原子。在 μ_2 桥连的型式中,S 原子通常是看作一个 2 电子给体。图 16.5.1(a)~(d)示出四种桥连型式。在 μ_3 三重桥连型式中,S 原子看作 4 电子给体,它是用它的 2 个未成对电子和 1 个孤对电子对。若干 μ_3-S 化合物采用的准立方体结构,在许多重要生物体系中是一个主要的结构单位。例如在固氮酶和铁氧化还原蛋白中,[(RS)MS]₄ 单位(M 为 Mo,Fe)交连着多肽链。图 16.5.1(e)~(h)中示出四种 μ_3 桥连型式。在 μ_4 桥连型式中,S 原子按其几何形态看作一个 4 或 6 电子给体,图 16.5.1(i)~(j)示出两种 μ_4 桥连型式。还未发现 S 原子和 6 或 8 个金属原子桥连的分子型化合物,但间隙型 S 原子即 S 原子处于金属原子密堆积的空隙之中则早已熟知。

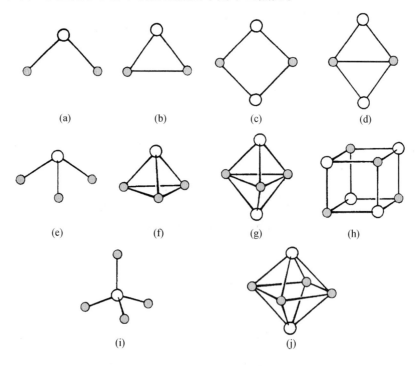

图 16.5.1 S^{2-}(大白球)的配位模式:

(a) $(\mu_2\text{-S})[\text{Au}(\text{PEt}_3)_2]_2$;(b) $(\mu_2\text{-S})[\text{Pt}(\text{PPh}_3)_2]_2$;(c) $[(\mu_2\text{-S})_2\text{Mo}(\text{S})_2\text{Fe}(\text{SPh})_2]^{2-}$;

(d) $[(\mu_2\text{-S})_2\text{Fe}_2(\text{NO})_4]^{2-}$;(e) $(\mu_3\text{-S})[\text{Au}(\text{PPh}_3)]_3$;(f) $(\mu_3\text{-S})[\text{Co}(\text{CO})_3]_3$;(g) $(\mu_3\text{-S})_2(\text{CoCp})_3$;

(h) $(\mu_3\text{-S})_4[\text{Fe}(\text{NO})]_4$;(i) $(\mu_4\text{-S})[\text{Zn}_4(\text{S}_2\text{AsMe}_2)_6]$;(j) $(\mu_4\text{-S})_2\text{Co}_4(\text{CO})_{10}$。

2. 二硫负离子 S_2^{2-}

在一些典型的化合物中，S_2^{2-} 的配位型式列于表 16.5.1 中。它们的分子结构示于图 16.5.2。

表 16.5.1　二硫配位化合物的型式

型　式	实　例	$d(S-S)/pm$	图 16.5.2 中的序号
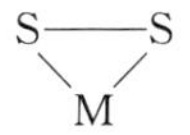 I a　（S—S 桥连 M）	$[Mo_2O_2S_2(S_2)_2]^{2-}$	208	(a)
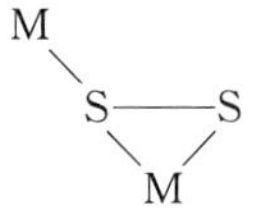 I b　（M—S—S—M 型）	$[Mo_4(NO)_4(S_2)_5(S)_3]^{4-}$	204.8	—
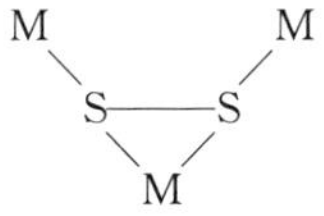 I c　（M—S—S—M 型）	$Mn_4(CO)_{15}(S_2)_2$	207	(b)
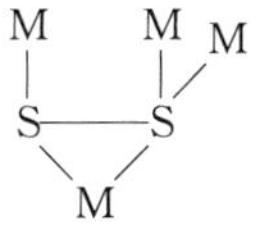 I d	$Mo_4(CO)_{15}(S_2)_2$	209	(b)
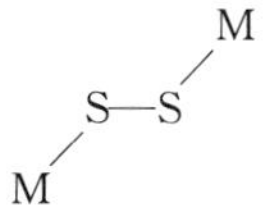 II a	$[Ru_2(NH_3)_{10}S_2]^{4+}$	201.4	(c)
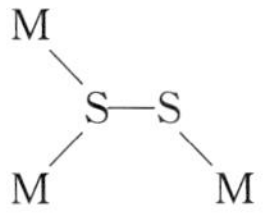 II b	$Co_4Cp_4(\mu_3\text{-}S)_2(\mu_3\text{-}S_2)_2$	201.3	(d)
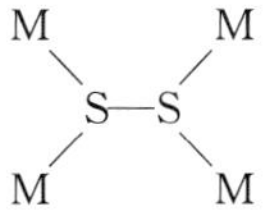 II c	$[SCo_3(CO)_7]_2S_2$	204.2	(e)
III	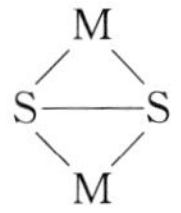 $[Mo_2(S_2)_6]^{2-}$	204.3	(f)

3. 多硫离子 S_n^{2-}

S_n^{2-}（$n = 3\sim9$）负离子通常具有链形结构。在 S_n^{2-} 中，S—S 平均键长小于 S_2^{2-}，而末端的 S—S 长度从 S_3^{2-} 的 215 pm 下降到 S_7^{2-} 的 199.2 pm。这些事实说明填充在 π^* 反键 MO 上的负电荷是离域在整个链上，但在高聚的 S_n^{2-} 中沿着链的离域作用下降。这些考虑对于比较自由离子与其金属配合物中的 S—S 键长是重要的。图 16.5.3 示出一些多硫配合物的结构。

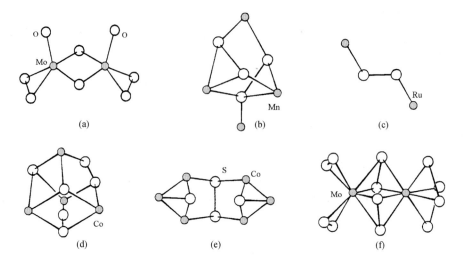

图 16.5.2 S_2^{2-} 配合物的结构：

(a) $[Mo_2O_2(\mu\text{-}S)_2(S_2)_2]^{2-}$；(b) $Mn_4(CO)_{15}(\mu_3\text{-}S_2)_2$；(c) $[Ru_2(NH_3)_{10}(\mu\text{-}S_2)]^{4+}$；

(d) $Co_4Cp_4(\mu_3\text{-}S)_2(\mu_3\text{-}S_2)_2$；(e) $[(\mu\text{-}S)Co_3(CO)_7]_2(\mu_4\text{-}S_2)$；(f) $[Mo_2(\mu\text{-}S_2)_2(S_2)_4]^{2-}$。

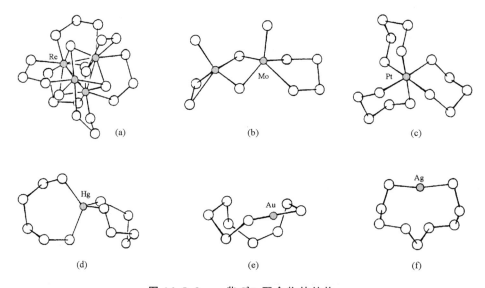

图 16.5.3 一些 S_n^{2-} 配合物的结构：

(a) $[Re_4(\mu_3\text{-}S)_4(\mu_2\text{-}S_3)_6]^{4-}$；(b) $[Mo_2(S)_2(\mu\text{-}S)_2(\eta^2\text{-}S_2)(\eta^2\text{-}S_4)]^{2-}$；

(c) $[Pt(\eta^2\text{-}S_5)_3]^{2-}$；(d) $[Hg(\eta^2\text{-}S_6)_2]^{2-}$；(e) $[Au(\eta^2\text{-}S_9)]^-$；(f) $[Ag(\eta^2\text{-}S_9)]^-$。

16.6　硫的氧化物和含氧酸

16.6.1　硫的氧化物

　　已知有十多种硫的氧化物存在，其中除最重要的 SO_2 和 SO_3 外，还有 6 种单环多硫

一氧化物 $S_nO(5 \leqslant n \leqslant 10)$，两种二氧化物 S_6O_2 和 S_7O_2，以及不稳定的非环的 S_2O，S_2O_2，SO 和短暂存在的 SOO 和 SO_4 等。其中弯曲形的 S_2O 分子具有 C_s 点群对称性，结构式可写为：　　，S=S 键长 188.4 pm，S=O 键长 145.6 pm，S—S—O 键角 117.9°。

1. 二氧化硫 SO_2

将硫磺、含硫矿石（如黄铁矿 FeS_2）、含硫有机物及混有硫化物的物质（如煤、石油等）在空气中燃烧，绝大部分的硫氧化为 SO_2 而混在燃气中。

SO_2 是弯曲形分子，属 C_{2v} 点群，O—S—O 键角 119°，S—O 键长 143.1 pm，比 S 和 O 的共价单键和共价双键的半径加和值 175 pm 和 154 pm 都要短。在 SO_2 分子中 S—O 键的平均键能为 548 kJ mol^{-1}，大于不稳定的双原子分子 SO 的键能 524 kJ mol^{-1}。由键长和键能数据看，SO_2 中 S—O 键的键级至少为 2，化学式应写为：　　。和臭氧对比，弯曲形的 O_3 分子中，

O—O 键长 127.8 pm，比 O_2 分子中键长 120.7 pm 长；O—O 的平均键能 297 kJ mol^{-1}，比 O_2 分子的键能 490 kJ mol^{-1} 小，O_3 分子中 O—O 键的键级为 1.6（见图 16.1.3）。SO_2 分子中 S—O 键强度大，和 S 原子的 $3d$ 轨道参加成键有关，也是 SO_2 普遍而稳定地存在的内部结构根源。

SO_2 是无色、有毒气体，它不能燃烧，也不能助燃，易溶于水而生成亚硫酸。20 ℃ 时，100 g 水中可溶 SO_2 3927 cm^3。SO_2 和 H_2SO_3 可经过催化氧化成 SO_3 和 H_2SO_4。

SO_2 是污染空气、造成酸雨的主要污染物之一。降低大气中 SO_2 的含量的主要途径是控制燃煤和油中硫的含量，以及回收利用燃烧矿石产生的 SO_2，使它氧化用以制造硫酸。

SO_2 分子中 S 和 O 原子上都有孤对电子，可以按多种型式和金属原子配位，图 16.6.1 示出 SO_2 作为配体和金属原子配位的一些型式。

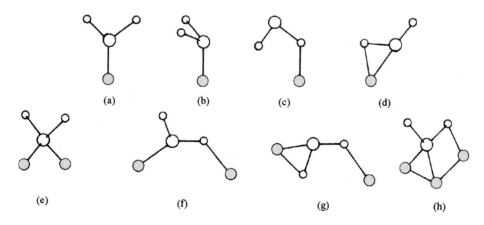

图 16.6.1　SO_2 作配体和金属原子的配位型式。
（图中大白球为 S，小白球为 O，阴影球为金属原子。）

2. 三氧化硫 SO_3

SO_3 是由 SO_2 氧化制硫酸的中间产物，SO_3 生产的规模很大，但一般不单独将它分离出来作为产品。

气态 SO_3 是平面三角形分子，属 D_{3h} 点群，S—O 键长 142 pm。SO_3 的环形三聚体称为

γ-SO$_3$,即 S$_3$O$_9$,环中的 S—O 键长 162.6 pm,较端接的 S—O 键键长 143 pm 和 137 pm 长。β-SO$_3$是螺旋链状的多聚体,链中 S—O 键键长 161 pm,端接的 S—O 键键长为 141 pm。上述三种分子的结构示于图 16.6.2 中。此外,α-SO$_3$ 是由链形分子再进行交联形成复杂的层状结构。298 K 时,SO$_3$ 的上述四种型态的生成焓 ΔH$_f^\ominus$ 分别为

	SO$_3$(g)	α-SO$_3$	β-SO$_3$	γ-SO$_3$
ΔH$_f^\ominus$/(kJ mol^{-1})	−395.2	−462.4	−449.6	−447.4

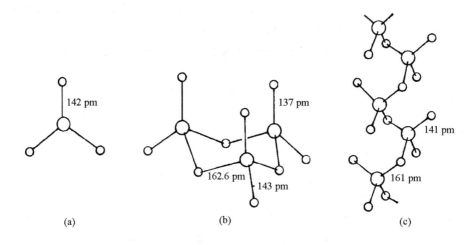

图 16.6.2　SO$_3$ 的结构:
(a) SO$_3$(g);(b) S$_3$O$_9$(即 γ-SO$_3$);(c) (SO$_3$)$_x$(即 β-SO$_3$)。

　　SO$_3$ 和水发生剧烈的放热反应而生成硫酸。SO$_3$ 可和全部水分子化合成无水硫酸。无水硫酸通过氢键形成黏稠液体,并可按下式自行解离和质子化而导电:

$$2H_2SO_4 \Longrightarrow H_3SO_4^+ + HSO_4^-$$

　　SO$_3$ 和 O$_3$ 的混合物进行光解可得 SO$_4$,它可在低温(15~78 K)下用惰气基质技术进行分离。它有两种可能的结构:

　　光谱研究和计算表明具有 C$_s$ 点群对称性的结构较有利。

　　3. 单环多硫氧化物

　　将环形-S$_8$,-S$_9$或-S$_{10}$溶于 CS$_2$,并用新制的 CF$_3$C(O)O$_2$H 在−10℃低温下进行氧化,即可制得相应的晶态的一氧化物 S$_n$O,产率可达 10%~20%。在单环 S$_n$O 化合物中,S$_5$O 虽未分离出来,但已知道它在溶液中存在。S$_6$O 有 α-和 β-两种晶型。α-S$_6$O 为橙黄色晶体,312 K 分解;β-S$_6$O 呈暗橙色,307 K 分解,分子构型示于图 16.6.3(a)中。S$_7$O 为橙色晶体,328 K 分解,分子构型示于图 16.6.3(b)中。S$_8$O 是在 S$_8$O·SbCl$_5$ 橙黄色加合物晶体中测得,分子构型示于图 16.6.3(c)中。

　　在单环 S$_n$O$_2$ 化合物中,S$_7$O$_2$ 为暗橙色晶体,高于室温时分解,其构型如图 16.6.3(d)所

示。$S_{12}O_2$ 是在加合物 $S_{12}O_2 \cdot 2SbCl_5 \cdot 3CS_2$ 晶体中测得其结构，2 个 O 原子分别配位于 Sb 使形成 $SbOCl_5$ 八面体，$S_{12}O_2$ 结构示于图 16.6.3(e)中。

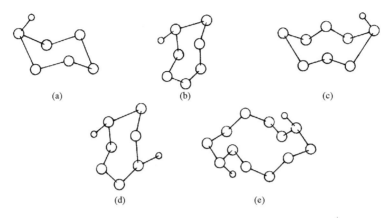

图 16.6.3　单环多硫氧化物的结构（大球代表 S，小球代表 O）：
(a) S_6O；(b) S_7O；(c) S_8O；(d) S_7O_2；(e) $S_{12}O_2$。

16.6.2　硫的含氧酸

硫形成多种含氧酸，虽然只有少数几种可分离出自由态的酸，但相应的含氧酸负离子已在水溶液中或它的盐的晶体中得到。表 16.6.1 列出常见的硫的含氧酸。

表 16.6.1　硫的含氧酸

化学式	名　称	硫的氧化态	价键结构式	负离子
H_2SO_4	硫酸 （sulfuric）	6		硫酸根 SO_4^{2-} （sulfate）
$H_2S_2O_7$	二硫酸 （disulfuric）	6		二硫酸根 $O_3SOSO_3^{2-}$ （disulfate）
$H_2S_2O_3$	硫代硫酸 （thiosulfuric）	6，−2		硫代硫酸根 SSO_3^{2-} （thiosulfate）
H_2SO_5	过氧一硫酸 （peroxo- monosulfuric）	6		过氧一硫酸根 $OOSO_3^{2-}$ （peroxomonsulfate）

续表

化学式	名　称	硫的氧化态	价键结构式	负离子
$H_2S_2O_8$	过氧二硫酸 （peroxo- disulfuric）	6		过氧二硫酸根 $O_3SOOSO_3^{2-}$ （peroxodisulfate）
$H_2S_2O_6$	连二硫酸* （dithionic）	5		连二硫酸根 $O_3SSO_3^{2-}$ （dithionate）
$H_2S_{n+2}O_6$	连多硫酸 （polythionic）	5,0		连多硫酸根 $O_3S(S)_nSO_3^{2-}$ （polythionate）
H_2SO_3	亚硫酸* （sulfurous）	4		亚硫酸根 SO_3^{2-} （sulfite）
$H_2S_2O_5$	焦亚硫酸* （disulfurous）	5,3		焦亚硫酸根 $O_3SSO_2^{2-}$ （disulfite）
$H_2S_2O_4$	连二亚硫酸* （dithionous）	3		连二亚硫酸根 $O_2SSO_2^{2-}$ （dithionite）

* 该酸仅以盐的形式存在。

1. 硫酸和二硫酸

硫酸 H_2SO_4 是最重要的含硫化合物。室温下，纯硫酸是无色油状液体。无水硫酸是稠密、黏状液体，和水容易按任意比例混合。硫酸能和许多金属形成由硫酸氢离子（HSO_4^-）和硫酸根离子（SO_4^{2-}）组成的化合物，它们通常是很稳定的，也是重要的矿物。低温下，硫酸可结晶成晶体，由 X 射线衍射法测得的纯硫酸的晶体结构表明 S—O 和 S—OH 键长分别为142.6 pm 和 153.7 pm。图16.6.4(a)～(c)示出 H_2SO_4，HSO_4^- 和 SO_4^{2-} 的结构。

硫酸的晶体结构由 $O_2S(OH)_2$ 四面体通过氢键连接的层组成。在 O—H⋯O 氢键中，H_2SO_4 分子的 OH 基团是质子给体，O 原子是质子受体。图 16.6.5 示出由氢键连接的 H_2SO_4 晶体结构中的一个层。O—H⋯O 氢键键长为 264.8 pm，O—H⋯O 键角为 170°。

硫酸氢盐或酸式硫酸盐负离子 HSO_4^- 存在于盐的晶体中，例如（H_3O）（HSO_4），$K(HSO_4)$ 和 $Na(HSO_4)$。在（H_3O）（HSO_4）中，HSO_4^- 离子中键长为：S—O 键 145.6 pm，S—OH 键155.8 pm。

二硫酸又称焦硫酸 $H_2S_2O_7$，它是发烟硫酸的主要组分，由三氧化硫及硫酸形成：

$$SO_3 + H_2SO_4 \longrightarrow H_2S_2O_7$$

图 16.6.4(d)示出 $S_2O_7^{2-}$ 负离子的结构。

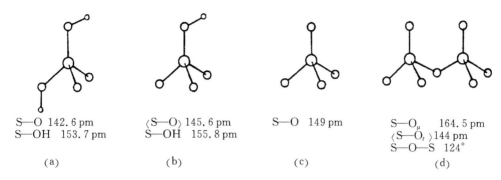

S—O 142.6 pm
S—OH 153.7 pm

(a)

⟨S—O⟩ 145.6 pm
S—OH 155.8 pm

(b)

S—O 149 pm

(c)

S—O_μ 164.5 pm
⟨S—O_t⟩ 144 pm
S—O—S 124°

(d)

图 16.6.4 (a)H_2SO_4,(b)HSO_4^-,(c)SO_4^{2-} 和(d)$S_2O_7^{2-}$ 的分子或负离子结构。

2. 亚硫酸及二亚硫酸

亚硫酸 H_2SO_3 和二亚硫酸 $H_2S_2O_5$ 是不存在自由态的硫的含氧酸的代表,虽然许多种稳定的固态盐中含有 HSO_3^-,SO_3^{2-},$HS_2O_5^-$ 和 $S_2O_5^{2-}$ 负离子。

二氧化硫 SO_2 容易溶于水,它的水溶液呈酸性,含有极微量的自由态的亚硫酸 H_2SO_3。其表现的水合物 $H_2SO_3 \cdot 6H_2O$ 实际上是 SO_2 的气体水合物 $6SO_2 \cdot 46H_2O$,在其中 SO_2 分子包藏在由氢键体系结合形成的水的主体骨架的空洞之中。图 16.6.6 示出 SO_3^{2-},$S_2O_5^{2-}$ 和 $S_2O_4^{2-}$ 负

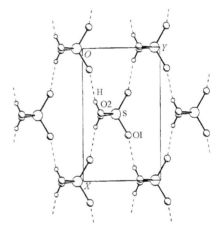

图 16.6.5 由氢键连接的 H_2SO_4 分子的一个层。

离子的结构。已发现亚硫酸氢离子 HSO_3^- 存在两种异构体:HO—SO_2^- 和 H—SO_3^-。

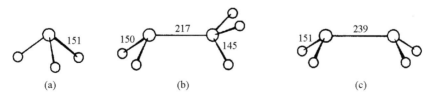

(a)

150   217   145

(b)

151   239

(c)

图 16.6.6 (a)SO_3^{2-},(b)$S_2O_5^{2-}$ 和(c)$S_2O_4^{2-}$ 的结构。(键长单位为 pm。)

3. 硫代硫酸盐 SSO_3^{2-}

在硫代硫酸根离子中,硫酸根离子的一个 O 原子被 S 原子所置换。S—S 键长为 201.3 pm,说明它具有单键特征。S—O 的平均键长为 146.8 pm,表明 S 原子和 O 原子之间有 π 键性质。

单晶体 X 射线结构分析表明:$SeSO_3^{2-}$ 和 SSO_3^{2-} 同构,Se—S 键长值为 217.5(1) pm。

硫代硫酸根离子端接的 S 原子和 O 原子一样具有配位点的功能,在它和金属原子的几种

配位型式中是一个多功能的物种,图 16.6.7 示出 $S_2O_3^{2-}$ 的配位型式。

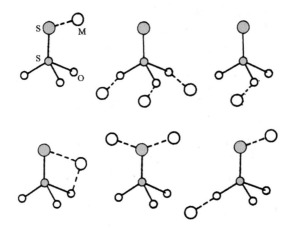

图16.6.7　$S_2O_3^{2-}$ 的配位型式。(带阴影的大小两种球都代表 S 原子。)

4. 硫的过氧含氧酸

硫的过氧含氧酸及其盐均含有 —O—O— 基团。$S_2O_8^{2-}$ 的盐,例如 $K_2S_2O_8$,是常用的强氧化剂。过氧单硫酸(Caro 酸)H_2SO_5 是一无色的爆炸性固体(mp 45℃),HSO_5^- 的盐已得到,在 HSO_5^- 和 $S_2O_8^{2-}$ 中,S—O(过氧)和 S—O(端接)的键长是不同的,前者约 160 pm,相当于单键;后者约为 145 pm,相当于双键,它们的结构式如下:

$$HSO_5^- \qquad\qquad S_2O_8^{2-}$$

16.7　硫-氮化合物

硫和氮是元素周期表的对角元素,期望它们可在相同的配位数时有相似的电荷密度,共同通过共价键组成环形、非环和多环分子。一些硫-氮化合物形成有趣的化学键并有着不寻常的性质。

1. 四硫化四氮 S_4N_4

将 NH_3 气通入 S_2Cl_2 的 CCl_4 或苯的热溶液中可制得 S_4N_4。S_4N_4 晶体在空气中稳定,颜色随温度而变:低于 83 K 为无色,83～243 K 为淡黄色,在 243～373 K 之间为橙色,高于 373 K 为深红色。

在晶体中,S_4N_4 分子通过 S—N 键连成八元环,键长都接近于平均值 162 pm。S_4N_4 分子结构属 D_{2d} 点群,如图 16.7.1(a)所示。电负性小的 S 原子占据四面体的顶点,而电负性大的 N 原子排成四方形。这样,八元环通过两个距离为 258 pm 的跨环 S---S 键,将分子折叠起来。气相时通过电子衍射测定:S—N 键长为 162.3 pm,跨环 S---S 键长为 266.6 pm。N—S—N 键角为 105.3°,S—N—S 为 114.2°,S—S—N 为 88.4°。

分子中全部 S—N 键都接近 162 pm,介于 S—N 单键键长 177 pm 和 S=N 双键键长

156 pm 之间。这说明虽然八元环不是平面结构,由于有 S 原子的 d 轨道参加成键,环中 8 个原子之间有着较强的离域键,而不是分立地、单双键交替地分布。跨环 S---S 间的键长介于 S—S 单键 208 pm 和范德华接触距离 360 pm 之间,所以跨环 S---S 键也有较强作用。从 S 原子上电子的分布来分析:S 原子和两个 N 原子间的 σ 键消耗两个电子,若提供一个电子给离域键,另有一孤对电子存在,这样 S---S 之间就不是孤对电子间的推斥作用,而是不成对电子间的成键作用。

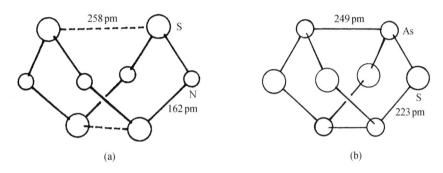

图 16.7.1　(a) S_4N_4 和(b) As_4S_4 的分子结构。

四硒化四氮 Se_4N_4 为红色吸湿性晶体,具有高爆炸性。Se_4N_4 的结构类似于 S_4N_4,Se—N 键长 180 pm,跨环 Se---Se 距离 276 pm,比 Se 的共价单键半径(117 pm)之和 234 pm 略长。

S_4N_4 同系物雄黄 As_4S_4 具有不同的结构,电负性小的 As 原子处在四面体的顶点,电负性大的 S 原子处于四方形的顶点,如图 16.7.1(b)所示。As—S 键长 223 pm,跨环 As—As 键长 249 pm,接近于共价单键的计算值 244 pm(按表 3.4.3 值计算)。所以 As—As 单键用实线表示。

　　2. S_2N_2 和(SN)$_x$

将 S_4N_4 的热蒸气在 520～570 K,1×10^2 Pa 压力下通过银催化剂即分解成 S_2N_2。S_2N_2 不溶于水,而溶于许多有机溶剂,它可结晶成长达数毫米的无色晶体。

通过测定 S_2N_2 晶体的结构得知,S_2N_2 分子为环状四方平面形,为 D_{2h} 点群对称性。S—N 键长为 165 pm,键角接近 90°,如图 16.7.2(a)。

S_2N_2 分子中的化学键,若不考虑 S 原子 3d 轨道参加的情况下,可简单地理解为:S 和 N 原子均按 sp^2 杂化,其中两个杂化轨道形成 σ 键,其余一个放孤对电子,垂直分子平面的 4 个 p_z 轨道共有 6 个 π 电子,形成 π_4^6 离域键,π 键键级为 1。也可按价键共振式表达。这两种方法表达的结果如下:

$$\begin{array}{ccccc} \ddot{S}{-}N & \; {+}S{-}N^{-} & {+}S{=}N & S{-}N & S{-}N^{-} \\ \Vert\;\Box\;\Vert & \Vert\;\;\;\Vert & \Vert\;\;\;\Vert & \Vert\;\;\;\Vert & \Vert\;\;\;\Vert \\ \ddot{N}{-}S & {-}N{-}S^{+} & {-}N{=}S & N{=}S & N{=}S^{+} \end{array}$$

在室温下,S_2N_2 晶体能慢慢地自发进行聚合反应(估计是在自由基引发下进行)。由于聚合过程原子移动很少,所以从 S_2N_2 单体组成的晶体,经过聚合反应,到由(SN)$_x$ 聚合链组成晶体,晶体的外形基本保持不变,原来的粒状晶体依然是粒状聚合物晶体(许多固相反应晶体是由粒状变成粉末)。只是晶体的颜色由无色逐渐变成金黄色并具有金属光泽。

晶体中,(SN)$_x$链的构型和相邻链间的距离示于图 16.7.2(b)中。

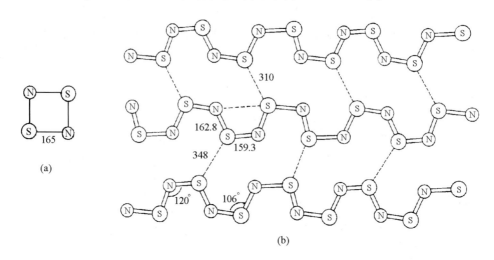

图 16.7.2　(a) S_2N_2 分子和(b) (SN)$_x$聚合物分子的结构。(键长单位 pm。)

为什么(SN)$_x$具有金属性?这是由于(SN)$_x$链形分子是单双键交替排列的 π 共轭体系:

$$\text{\.S}=\text{N}\quad\text{\.S}=\text{N}$$

从电子数来算,N 原子周围有 8 个价电子,满足八隅律。而 S 原子价层却是 9 个价电子,有 1 个电子处在 π* 轨道上。 S—N 单元上的 π* 轨道互相叠加形成半充满的能导电的能带,所以每一条(SN)$_x$纤维长链实际上是一条一维金属。

3. 环形硫-氮化合物

硫-氮化合物在无机化学中是一个非常活跃的领域。图 16.7.3 示出一些中性分子、正离子和负离子的硫-氮化合物的结构。根据这些化合物的结构可看出硫-氮化合物具有下列特点:

(1) S 原子有着形成多种型式 S—S 键和 S—N 键的特殊性能。在这些化合物中,有的 S 原子像单质硫一样,自身成键连接,形成长短不一、构象可变、具有柔性的 —S—S— 键,插入到环中,成为环的一个片段。例如,在 $S_{11}N_2$ 中有两条 S_5 链,在 S_4N_2 和 S_4N^- 中,有一段 S_3 链。S 原子还可以通过跨环的 S---S 相互作用来稳定分子。这时 S 原子间的距离介于共价单键和范德华接触距离之间,变化的范围也很大。例如在 S_4N^- 中,S---S 距离为 314 pm;在 $S_4N_5^-$ 中,S---S距离为 271～275 pm 之间。

(2) S—N 键长普遍地比单键短,多数处于 155～165 pm 之间,说明它们具有双键成分。键角的变化范围也很大,例如在 $S_5N_5^+$ 中,S—N—S 键角在 138°～151°之间。键长和键角的变动说明成键型式较为复杂。

(3) S 原子和 N 原子除了主要以二配位方式相互连接外,它们都可以按三配位的方式、节外生枝地连接成多环分子。从图 16.7.3 可以看出 S_5N_6,$S_4N_3^+$ 和 $S_5N_5^-$ 等化合物中,有一些 S 原子按三配位连接成多环;在 $S_{11}N_2$ 化合物中,N 原子以三配位连接成多环分子。

(4) 环的构象多样化,在 $S_3N_2^{2+}$ 和 $S_3N_3^-$ 中呈现平面构型,但更多的环是采用非平面构型。平面构型有利于离域 π 键的形成。由于 S 原子 $3d$ 轨道参与成键，S—N 非平面构型的存在也适合于多种型式化学键的形成，只是情况比平面构型时复杂些。

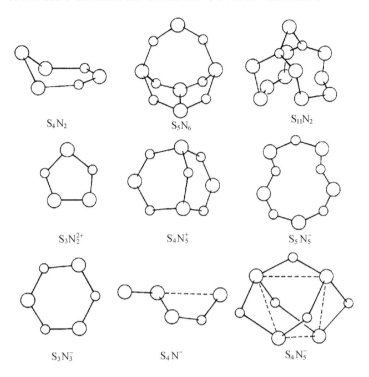

图 16.7.3　若干硫-氮化合物的结构。

(图中大球代表 S 原子，小球代表 N 原子。)

16.8　硒和碲的结构化学

16.8.1　硒和碲的同素异构体

硒有几种同素异构体，但碲只有一种。硒的热力学稳定形态是 α-硒，或称灰硒，它和碲的晶体形态是同构的。碲和 α-硒的晶体结构都是由无限的螺旋链组成，螺旋周期为 3 个原子，晶体中螺旋链平行地排列，如图 16.8.1 所示。

在螺旋链中相邻两个原子的距离为：Se—Se 237 pm，Te—Te 283 pm。每个原子和相邻的 3 条链上的 4 个原子接触，平均距离为：Se --- Se 344 pm，Te --- Te 350 pm。链间的距离显著地短于范德华半径的加和值(Se 为 380 pm，Te 为 412 pm)。

红色单斜晶系的硒存在三种形态，它们都组成和 S_8 皇冠形构象(见图 16.4.1)一样的 Se_8 环。玻璃态的黑硒是该元素的普通商业上用的形态，它是一个非常复杂而又不规则的大的多聚环体系。

16.8.2　硒和碲的多原子正离子和负离子

如同它们同族的硫，硒和碲在许多化合物中存在多原子正离子和负离子。

1. 多原子正离子

图 16.8.2 示出在晶态的盐中，Se 和 Te 的若干多原子正离子的结构。

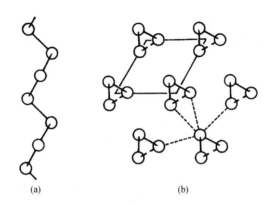

图 16.8.1　α-硒（或碲）的结构：

(a) Se$_x$（或 Te$_x$）螺旋链侧视图；(b) 六方晶胞中螺旋链沿链轴的投影图。

（图中只示出一个原子的配位环境。）

　　正离子 Se$_4^{2+}$ 和 Te$_4^{2+}$ 为平面正方形。在 Se$_4$(HS$_2$O$_7$)$_2$ 晶体中，Se—Se 键长为 228 pm；在 Te$_4$(AsF$_6$)$_2$ 中，Te—Te 键长为 266 pm。这两个键长都分别短于它们单质形态下的键长 237 pm 和 284 pm，说明其中有一定的双键成分。

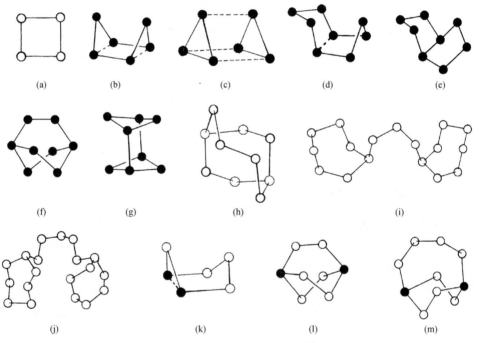

图 16.8.2　一些 Se 和 Te 的多原子正离子的结构。

〔(a) Se$_4^{2+}$，在 Se$_4$(HS$_2$O$_7$)$_2$ 中；Te$_4^{2+}$，在 Te$_4$(AsF$_6$)$_2$ 中。(b) Te$_6^{2+}$，在 Te$_6$(MOCl$_4$)$_2$（M 为 Nb，W）中。

(c) Te$_6^{4+}$，在 Te$_6$(AsF$_6$)$_4$·2AsF$_3$ 中。(d) Te$_8^{2+}$，在 Te$_8$(ReCl$_6$)$_2$ 中；Se$_8^{2+}$，在 Se$_8$(AlCl$_4$)$_2$ 中。

(e) Te$_8^{2+}$，在 Te$_8$(WCl$_6$)$_2$ 中。(f) Te$_8^{2+}$，在 (Te$_6$)(Te$_8$)(MCl$_6$)$_4$（M 为 Nb，W）中。

(g) Te$_8^{4+}$，在 (Te$_8$)(VOCl$_4$)$_2$ 中。(h) Se$_{10}^{2+}$，在 Se$_{10}$(SbF$_6$)$_2$ 中。(i) Se$_{17}^{2+}$，在 Se$_{17}$(WCl$_6$)$_2$ 中。

(j) Se$_{19}^{2+}$，在 Se$_{19}$(SbF$_6$)$_2$ 中。(k) (Te$_2$Se$_4$)$^{2+}$，在 (Te$_2$Se$_4$)(SbF$_6$)$_2$ 中。

(l) (Te$_2$Se$_6$)$^{2+}$，在 (Te$_2$Se$_6$)(Te$_2$Se$_8$)(AsF$_6$)$_4$(SO$_2$)$_2$ 中。

(m) (Te$_2$Se$_8$)$^{2+}$，在 (Te$_2$Se$_8$)(AsF$_6$)$_2$ 中。〕

Te_6^{2+} 和 Te_6^{4+} 离子的结构图形分别示于图 16.8.2(b) 和 (c) 中。Te_6^{4+} 为三方棱柱体,在三角形面中 Te—Te 键长平均值为 268 pm,两三角形之间的平均 Te---Te 距离为 313 pm。Te_6^{4+} 正离子是通过两个 Te_3^{2+} 单元间的 π^*-π^* 6c-4e 成键相互作用而合在一起。如图 16.8.3 所示,离子中 Te 的 $5p_z$ 轨道给出 a_1',e',a_2'' 和 e'' 对称性的 6 个分子轨道,前三者的 4 个轨道放 8 个价电子。成键的 a_1' 和反键的 a_2'' 互相抵消。e' 轨道在单元中为非键轨道,但在单元间是成键,使每条边在形式上的键级为 2/3。Te_6^{4+} 得到 2 个电子成为 Te_6^{2+},它是船形的六元环结构,其中有两个弱的跨环键,平均键长为 329 pm。这说明两个形式上的正电荷须在底部平面四方形中 4 个 Te 原子间离域存在。

图 16.8.2(d) 中所示 Te_8^{2+} 或 Se_8^{2+} 的结构中有一弱的跨环键,它们和 Se_8^{2+} 同构。由 $Te_8(ReCl_6)_2$ 测得环上 Te—Te 键的键长值处于共价单键正常值范围,跨环 Te---Te 键长为 315 pm。在 $Se_8(AlCl_4)_2$ 中,Se_8^{2+} 具有相似的构型,环上 Se—Se 键长为 $229 \sim 236$ pm,而 Se---Se 跨环键长为 284 pm。

图 16.8.2(e) 和 (f) 示出 Te_8^{2+} 的两种不同构型。在 $Te_8(WCl_6)_2$ 中,Te_8^{2+} 离子由两个信封形构象的五元环组成,中心跨环键较长,为 295 pm,环上 Te—Te 平均键长为 275 pm。在 $(Te_6)(Te_8)(WCl_6)_4$ 晶体中,有两种原子数不同的正离子:Te_6^{2+} 和 Te_8^{2+},后者由 3 个六元环组成,具有两个桥头 Te 原子的二环[2.2.2]辛烷式几何形状。

图 16.8.2(g) 示出 Te_8^{4+} 的结构,它可看作立方体的两条边的键断开,形成 4 个二配位和 4 个三配位的结构,后者相应于形式上携带正电荷的原子。Te_8^{4+} 可看作两个平面的 Te_4^{2+} 离子相互通过两个 Te—Te 键二聚形成,结合后原子的离域电子组成两个定域键,这时 Te_4^{2+} 就不再保持平面。

图 16.8.2(h),(i) 和 (j) 分别示出 Se_{10}^{2+},Se_{17}^{2+} 和 Se_{19}^{2+} 的结构,它们都是由曲折的七元环或八元环通过短的链连接而成。每个离子中都有两个三配位的 Se 原子,这正是形式上携带正电荷的原子。Se_{10}^{2+} 为双环[2.2.4]十烷几何形状,Se—Se 键长处于 $225 \sim 240$ pm 间,Se—Se—Se 角范围在 $97° \sim 106°$。

图 16.8.2(k),(l) 和 (m) 分别示出 Se/Te 多原子正离子 $(Te_2Se_4)^{2+}$,$(Te_2Se_6)^{2+}$ 和 $(Te_2Se_8)^{2+}$ 的结构。在这些含有两种原子的离子中,重的 Te 原子占据高配位数(三配位)的位置,这表明 Te 原子是正电荷的携带者,这和 Te 的电负性低于 Se 的电负性是一致的。如所预计,船式构象的 $Te_2Se_4^{2+}$ 离子中应含有一个弱的 Te---Te 跨环键,这和实验测得结果符合。$(Te_2Se_6)^{2+}$ 和 $(Te_2Se_8)^{2+}$ 正离子分别为二环[2.2.2]辛烷和二环[2.2.4]十烷几何形状,Te 原子处于桥头位置。

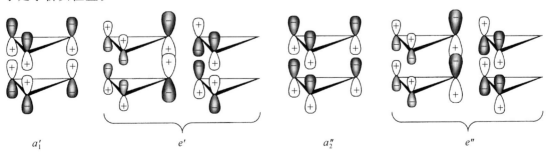

图 16.8.3 Te_6^{4+} 中的分子轨道。

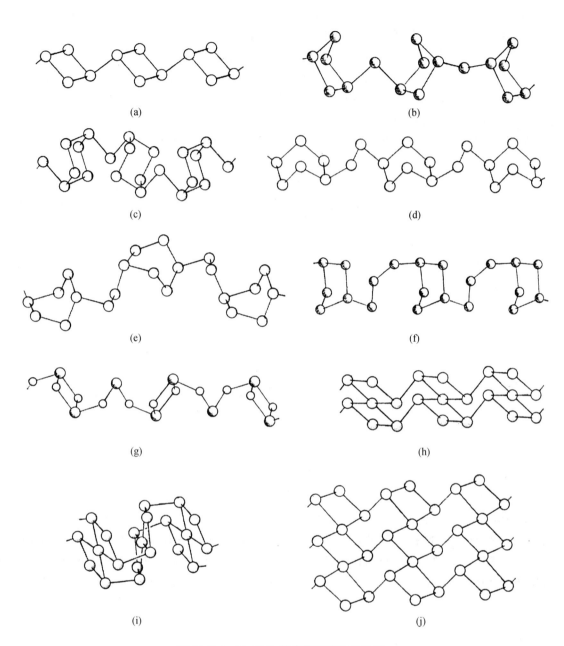

图 16.8.4 Te 和 Se 的高聚正离子的结构。

[(a) $(Te_4^{2+})_n$,在$(Te_4)(Te_{10})(Bi_4Cl_{16})$中。 (b) $(Te_6^{2+})_n$,在$(Te_6)(HfCl_6)$中。

(c) $(Te_7^{2+})_n$,在$(Te_7)(AsF_6)_2$ 中。 (d) $(Te_8^{2+})_n$,在$(Te_8)(U_2Br_{10})$中。

(e) $(Te_8^{2+})_n$,在$(Te_8)(Bi_4Cl_{14})$中。 (f) $(Te_{3.15}Se_{4.85}^{2+})_n$,在$(Te_{3.15}Se_{4.85})(WOCl_4)_2$ 中。

(g) $(Te_3Se_4^{2+})_n$,在$(Te_3Se_4)(WOCl_4)_2$ 中。 (h) $(Te_7^{2+})_n$,在$(Te_7)(Be_2Cl_6)$中。

(i) $(Te_7^{2+})_n$,在$(Te_7)(WOCl_4)_2$ 中。 (j) $(Te_{10}^{2+})_n$,在$(Te_4)(Te_{10})(Bi_4Cl_{16})$中。]

图 16.8.4 示出一些 Se 和 Te 的高聚正离子的结构。在其中 Te 原子通过 Te—Te 共价键形成一维的高聚长链。Te 原子的配位数是 2 或 3,有的达到配位数为 4 的超价(hypervalent)

结构。各种长链都含有四元环或五元环或六元环。四元环呈平面形,而五元环和六元环都呈弯曲形。环和环通过共价键直接连接或通过 1 个,2 个或 3 个原子短链连接。在由 Te 和 Se 共同组成的高聚链中,三配位的位置则由 Te 占据。

图 16.8.4(a)和(j)示出在$(Te_4)(Te_{10})(Bi_4Cl_{16})$中同时存在的两种不同的高聚链$[(Te_4^{2+})_n$和$(Te_{10}^{2+})_n]$的结构。$(Te_4^{2+})_n$是由 Te 原子组成的平面四方形环,彼此再通过 Te—Te键连接而成的无限弯曲形长链。在此链中,二配位和三配位的原子数目相同,形式上的正电荷应位于三配位的 Te 原子上。环间 Te—Te 键长 297 pm,环内 Te—Te 键长 275 pm 和281 pm。

图 16.8.4(b)~(e)分别示出在$(Te_6)(HfCl_6)$晶体中的$(Te_6^{2+})_n$,在$(Te_7)(AsF_6)_2$晶体中的$(Te_7^{2+})_n$以及在$(Te_8)(U_2Br_{10})$和$(Te_8)(Bi_4Cl_{14})$中的$(Te_8^{2+})_n$的结构。这些一维长链分别由五元环和六元环组成,通过 1~2 个 Te 原子将环连接而成。

图 16.8.4(f)和(g)示出由 Te 和 Se 混合组成的长链的结构。在$(Te_{3.15}Se_{4.85})(WOCl_4)_2$晶体中,无序的$(Te_{3.15}Se_{4.85}^{2+})_n$正离子链是由五元环通过 3 个原子连接而成。而存在于$(Te_3Se_4)(WOCl_4)_2$中的$(Te_3Se_4^{2+})_n$链则由平面型的Te_2Se_2四元环,通过 Se—Te—Se 短链连接而成。

图 16.8.4(h)~(j)示出含有超价 Te 原子的高聚链,两种$(Te_7^{2+})_n$高聚链分别存在于$(Te_7)(Be_2Cl_6)$和$(Te_7)(WOCl_4)_2$中,$(Te_{10}^{2+})_n$则存在于$(Te_4)(Te_{10})(Bi_4Cl_{16})$中。在这些高聚正离子中,配位数为 4 的超价 Te 原子以平面四方形配位和周围 4 个 Te 原子形成 $TeTe_4$ 单位,其中 Te—Te 键长处于 292~297 pm 范围。在$(Te_7^{2+})_n$正离子中,$TeTe_4$ 单位再和 2 个 Te 原子连接成共顶点的平面双四元环的 Te_7 单位;在$(Te_{10}^{2+})_n$正离子中由 3 个共顶点的平面四元环单位组成。这些单位由 Te—Te 键侧向相互连接而成有椅式六元环波浪形高聚的带状长链。

2. 多原子负离子

多硒和多碲化合物及其金属配合物的化学已很好地确立。一些多硒负离子的典型结构示于图 16.8.5 中。在这些物种中,Se—Se 键键长为 227~236 pm,键角为 103°~110°。在$Sr(15C5)_2(Se_9)$配合物中,Se_9^{2-}是带拴绳的单环结构,其中有一个 Se 原子和周围 3 个 Se 原子相连,形成一长两短的键,键长为 295,247 和 231 pm(在图 16.8.5 中按逆时针方向,最长的键用虚线表示)。其他的 Se—Se 键长范围为 227~239 pm。

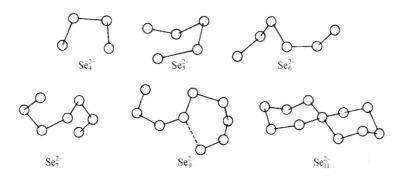

图 16.8.5 一些 Se_n^{2-} 的结构。(对于 Se_9^{2-},最长的键用虚线表示。)

Se_{11}^{2-} 为中心对称的螺旋双环结构的负离子,包含一个处在平面四方形中心的 Se 原子,它为两个椅型的环所共用,形成 4 个长的 Se—Se 键,键长为 266～268 pm,所以这个结构也可以描述成中心 Se^{2+} 为两个 η^2-Se_5^{2-} 配位体螯合形成。

一些多碲二价负离子 Te_n^{2-} 的典型结构示于图 16.8.6 中。在这些离子中,Te—Te 键长变动范围在 265～284 pm。在二环多碲负离子 Te_7^{2-} 和 Te_8^{2-} 中,中心 Te 原子每个都是 4 个长键,键长为 292～311 pm。

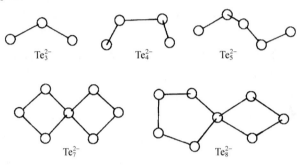

图 16.8.6　一些 Te_n^{2-} 的结构。

Se_n^{2-} 和 Te_n^{2-} 可作为有效的螯合配位体和主族元素及过渡金属螯合形成配合物。例如,$[Sn(\eta^2\text{-}Se_4)_3]^{2-}$,$[M(\eta^2\text{-}Se_4)_2]^{2-}$(M 为 Zn,Cd,Hg,Ni,Pb),$Ti(\eta^5\text{-}C_5H_5)_2(\eta^2\text{-}Se_5)$,$[Hg(\eta^3\text{-}Te_7)]^{2-}$ 和 $M_2(\mu_2\text{-}Te_4)(\eta^2\text{-}Te_4)_2$(M 为 Cu,Ag)。

16.8.3　硒和碲的立体化学

硒和碲呈现丰富多彩的分子几何学,这是由于它们存在许多稳定氧化态。各种观察到的结构归纳在表 16.8.1 中。表中 A 代表中心的 Se 或 Te 原子,X 是和 A 键合的原子,E 为孤对电子。按表列的 Se 和 Te 的立体化学简述于下。

表 16.8.1　Se 和 Te 的分子几何学

类　型	分子几何形状	实例(图 16.8.7 中的序号)
AX_2E	弯曲形	SeO_2 (a)
AX_2E_2	弯曲形	$SeCl_2$,$Se(CH_3)_2$,$TeCl_2$,$Te(CH_3)_2$
AX_3	平面三角形	SeO_3,TeO_3
AX_3E	三方锥形	$(SeO_2)_x$(a),$OSeF_2$(b)
AX_3E_2	T-形	$[SeC(NH_2)_2]_3^{2+}$(c),$C_6H_5TeBr(SC_3N_2H_6)$(d)
AX_4	四面体形	SeO_2F_2,$(SeO_3)_4$
AX_4E	马鞍形	$Se(C_6H_5)_2Cl_2$,$Se(C_6H_5)_2Br_2$,$Te(CH_3)_2Cl_2$,$Te(C_6H_5)_2Br_2$
AX_5E	四方锥形	TeF_5^-(e),$(TeF_4)_x$(f)
AX_6	八面体形	SeF_6,TeF_6,$(TeO_3)_x$,$F_5TeOTeF_5$(g)
AX_6E	八面体形	$SeCl_6^{2-}$,$TeCl_6^{2-}$
AX_7	五角双锥形	TeF_7^-(h)

1. AX_2E 型

在气相中 SeO_2 为弯曲构型,Se—O 键长 160.7 pm,O—Se—O 键角为 114°。晶态 SeO_2 为无限长链组成,其中每个 Se 原子和 3 个 O 原子键合成三角锥形(AX_3E 型),Se—O_b 键长 178 pm,Se—O_t 键长 173 pm,如图 16.8.7(a)所示。

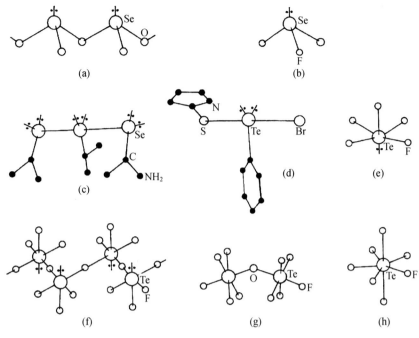

图 16.8.7　Se 和 Te 化合物的立体化学。

2. AX_2E_2 型

许多 AX_2E_2 型分子,例如 $Se(CH_3)_2$,$SeCl_2$,$Te(CH_3)_2$ 和 $TeBr_2$,都显示弯曲构型,在其中孤对电子的排斥作用造成键角小于理想的四面体角度。

	$Se(CH_3)_2$	$SeCl_2$	$Te(CH_3)_2$	$TeCl_2$
A—X 键长/pm	194.5	215.7	214.2	232.9
X—A—X 键角/(°)	96.3	99.6	94	97

3. AX_3 型

气相时,SeO_3 和 TeO_3 单体为平面三角形结构;在固态,SeO_3 形成环形四聚体 $(SeO_3)_4$,在其中每个 Se 原子连接两个桥连 O 原子和两个端接 O 原子(AX_4 型配位),$Se—O_b$ 键长 177 pm,$Se—O_t$ 为 155 pm。固态 TeO_3 的结构为三维骨架,在其中 $Te(Ⅵ)$ 形成 TeO_6 八面体(AX_6 型配位),相互共顶点连接。

4. AX_3E 型

三方锥形 $SeOF_2$ 分子中 Se=O 键长 158 pm,Se—F 173 pm,F—Se—F 键角为 92°,F—Se—O 为 105°,如图 16.8.7(b)所示。它的偶极矩为 2.62 D(在苯中),介电常数为 46.2(20℃),这两者都很高,据此它是一个很有用的溶剂。

5. AX_3E_2 型

$[SeC(NH_2)_2]_3^{2+}$ 正离子为 T-形几何形状,如图 16.8.7(c)所示。在此结构中,中心 Se 原子必须带有形式上的负电荷,并使在三方双锥形的赤道位置上有两个孤对电子。此离子的价键表达式如图 16.8.8 左边所示。

在 $C_6H_5TeBr(SC_3N_2H_6)$ 分子中,Te 原子也有相似的 T-形构型,如图 16.8.7(d)所示。

它的价键表达式如图 16.8.8 右边所示。

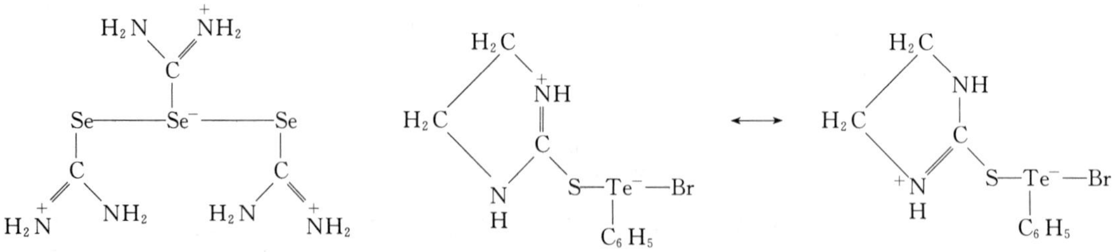

图 16.8.8　[SeC(NH₂)₂]₃²⁺（左）与 CoH₅TeBr(SC₃N₂H₆)（右）的价键表达式。

6. AX_4 型

SeO_2F_2 分子和同系列化合物都为四面体形，有着三种不同的键角：O—Se—O 126.2°，O—Se—F 108.0°和 F—Se—F 94.1°。

7. AX_4E 型

$Se(C_6H_5)_2Cl_2$，$Se(C_6H_5)_2Br_2$，$Te(CH_3)_2Cl_2$ 和 $Te(C_6H_5)_2Br_2$ 等分子都为这种型式。所有这些分子都为马鞍形，卤素原子占据轴的位置，如右图所示：

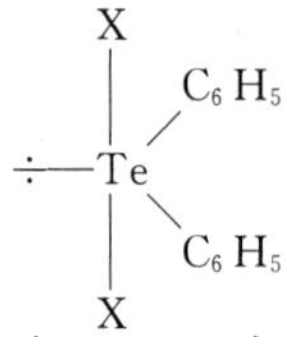

8. AX_5E 型

TeF_5^- 负离子和高聚的 $(TeF_4)_x$ 属于 AX_5E 型，有着四方锥形构型。在 TeF_5^- 中，处在四方底面上的键长（196 pm）要比轴上的键长（185 pm）长，键角为 79°，小于 90°，如图 16.8.7(e)所示。晶态的 $(TeF_4)_x$ 为链形结构，其中 TeF_5 基团通过桥连的 F 原子连接，形成相邻的锥体交替地以相反的方向取向，如图 16.8.7(f)所示。

9. AX_6 型

SeF_6 和 TeF_6 等六氟化物具有所期望的规则八面体构型。在 $F_5SeOSeF_5$ 和 $F_5TeOTeF_5$ 分子中，Se 和 Te 原子均采用八面体构型，由于桥氧原子和两个 Se（或 Te）原子形成弯曲的键，使两个 AX_5 基团的取向不同，如图 16.8.7(g)所示。

10. AX_6E 型

SeX_6^{2-} 和 TeX_6^{2-}（X 为 Cl,Br）具有规整的八面体几何形状。从表面上看价层中的孤对电子在立体化学中不起作用。这个观察的结果可解析如下：① 随着中心原子体积的增加，孤对电子围绕原子核铺展的倾向增强，即将孤对电子引向价层内部，其行为如同 s 轨道的电子，有效地变为原子核的外层。② 这种倾向也同样被价层中的 6 个成键电子对的存在所加强，使孤对电子离开相对小的空间。③ 随着非键电子对的增加，原子实的体积增大，核的电荷从＋6 降至＋4，其结果使键对电子远离中心原子核，即增加了键长，这和观察到的结果一致。SeX_6^{2-}，TeX_6^{2-} 和 SbX_6^{2-}（X 为 Cl 和 Br）的键长显著地长于它们的期望值，比共价半径和约长 20～25 pm。

11. AX_7 型

TeF_7^- 离子和 IF_7 分子是等电子和等同结构的同系物，具有五角双锥形结构，$Te—F_{ax}$ 键长为 179 pm，$Te—F_{eq}$ 为 183～190 pm，如图 16.8.7(h)所示。赤道上的 F 原子略偏离平均的赤道平面。

16.9　硫　属　键

16.9.1　硫属键的定义和特点

硫属键（Chalcogen bonding，简写为 ChB）的含义是指因极化而显正电性的硫属元素的原子(Ch)作为 σ 空穴给体和 Lewis 碱(LB)之间发生的相互作用,如图 16.9.1 所示。

图 16.9.1　硫属键示意图。

一般说来,硫属键的强度取决于:(1) 硫属元素原子的性质(Te>Se>O>S);(2)与之相互作用的配体的 Lewis 碱的性质;(3) 硫属元素原子的极化形态,通常在阳离子杂环芳烃或多氟代芳烃骨架的化合物中极化增强;(4) R—Ch···Lewis 碱相互作用的键角:强硫属键的角度接近 180°。相反,当结合的配体以大致垂直于 R—Ch—R′ 平面接近有机硫属化合物时,其强度则依赖于硫属元素的 Lewis 碱的强弱。

硫属元素形成的 σ 空穴及其结合负离子的数目,取决于它的成键特点。已发现可形成硫属键的给体分子有三种主要类型:(1) 硫属原子是缺电子芳香环的一部分,可形成双配位的空穴,如图 16.9.2(a) 所示;(2) 硫属原子位于芳环的二价环外吸电子取代基上,如图 16.9.2(b) 所示;(3) 硫属代羰基中的硫属原子(如 $F_2C=Se$),形成单配位中心,如图 16.9.2(c) 所示。

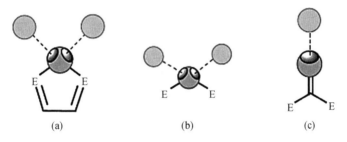

(a)　　　　　　　(b)　　　　　　　(c)

图 16.9.2　在不同配位特征的 ChB 给体原子中
ChB⁻ 负离子相互作用的几何形态。

(图中 E 代表吸电子的原子或离子,⬤ 代表负离子配体)

在图 16.9.2(a) 和(b)中,硫属原子形成各自独立的双 σ 空穴,负离子配体和图中的 E 原子呈直线关系。在图 16.9.2(c)中,硫属原子的 σ 空穴处在 C=CH 伸展方向的末端,和配位的负离子结合。迄今为止,发现最多的是图 16.9.2(a)中的作用情况。

16.9.2　硒和碲的硫属键

下面给出几例硫属键。

例 1. 图 16.9.3 示出一例有机硒化合物[16.9.3(a)为结构简式]及其硫属键。其中,Se···I 之间距离因 ChB 作用而明显缩短,由此而导致 Se—N 键长拉长,如图 16.9.3(b)所示。

例 2. 有机碲的大环化合物的化学结构式示于图 16.9.4(a)中,晶体结构示于图 16.9.4(b)。由于 Te···I 之间的 ChB 作用,4 个 Te(Ⅳ)原子和 2 个 I⁻ 离子构成八面体形分布,I⁻ 处在 Te、O 和 P 所形成的 12 元环平面的上下两侧,缔合分子呈现反三明治形夹层结构。

例 3. 在 I₂分子与二苯基二硒醚形成的环状配合物中,发现一种有趣的硫属键,见图 16.9.5(a)。分子间的矩形配位模式由两个线性的强卤键(I···Se=299 pm)和两个弯折的弱硫属键(Se···I=359 pm)维持。该实例也清楚地表明,各种卤素和硫属元素取代基的"两亲性",

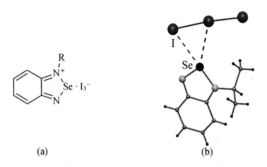

(a)   (b)

图 16.9.3   有机硒化合物中的 σ 空穴相互作用：
(a) 结构简式；(b) Se⋯I 之间的 ChB 作用(键长数据待查)。

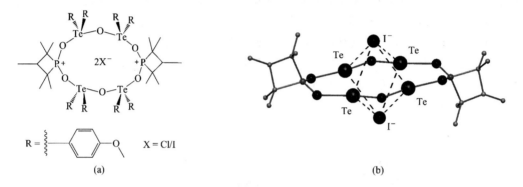

(a)   (b)

图 16.9.4   有机碲化合物中的 ChB 作用：
(a) 大环有机碲化合物和 I⁻ (或 Cl⁻) 的结合；(b) 分子的立体结构，示出 Te 和 I⁻ 间 ChB 作用。
(为清楚起见，略去和 Te 连接的 R 基团。)

即亲电和亲核性。图 16.9.5(b) 中所示高度对称的四环排列，就是碲代异噻唑 N-氧化物分子通过短 Te⋯O 硫属键作用自组装而成。

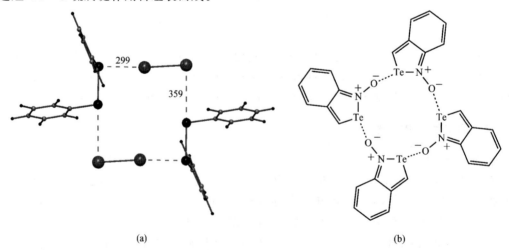

(a)   (b)

图 16.9.5   通过硫属键结合的超分子组装：
(a) I₂ 分子和二苯基二硒醚通过线性强卤键 I⋯Se 和弯折的弱硫属键 Se⋯I 形成环状四聚体；
(b) 碲代异噻唑 N-氧化物通过 Te⋯O 硫属键形成稳定的四环聚体。

例 4. 以 3-甲基-5-苯基-1,2-碲代呋喃-2-氧化物(1b)作为结构单元,通过 Te···O—N 硫属键的形成,构建多种超分子聚集体:包括 Z 字形链、环状四聚体和六聚体。如图 16.9.6 所示。

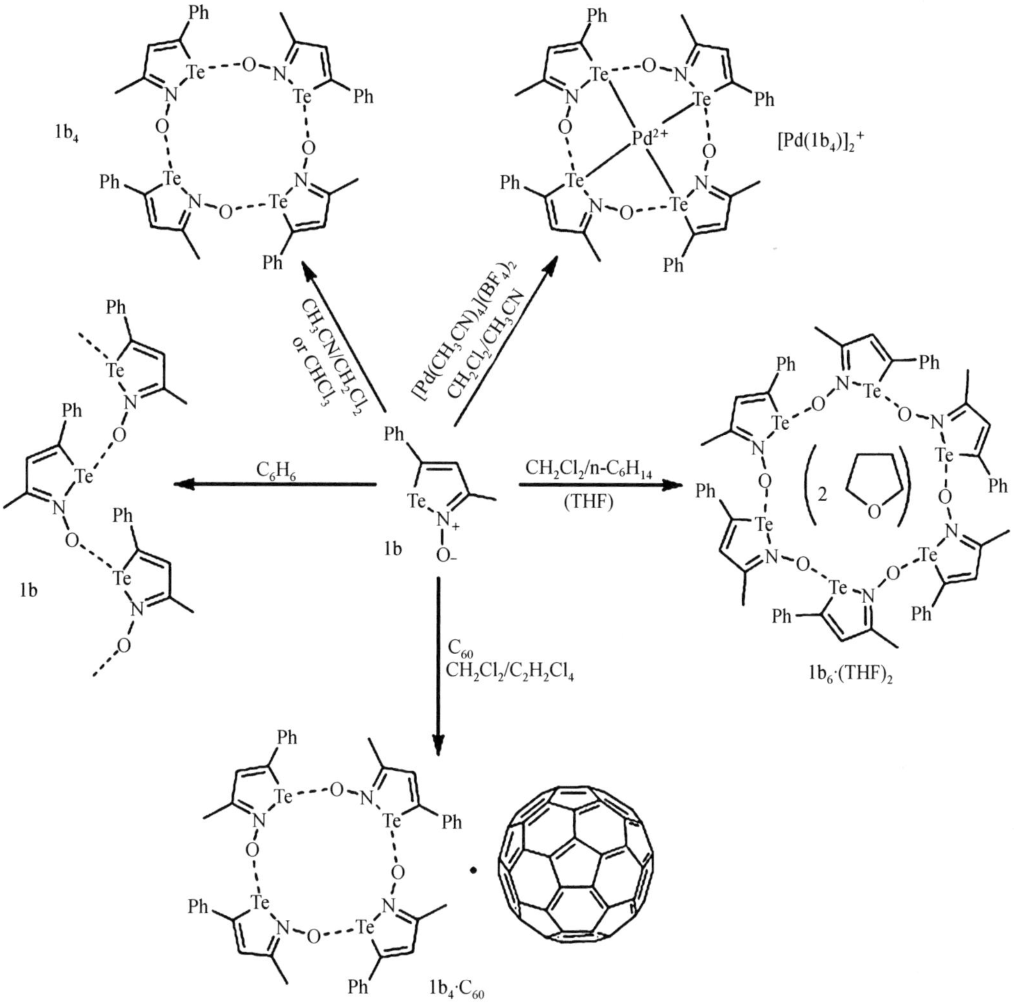

图 16.9.6　3-甲基-5-苯基-1,2-碲代呋喃-2-氧化物(1b)通过硫属键形成的各种超分子聚集体。
[参看文献 P. C. Ho, P. Szydlowski, J. Sinclair, P. J. W. Elder, J. Kübel, C. Gendy, L. M. Lee, H. Jenkins, J. F. Britten, D. R. Morim and I. Vargus-Baca, Supramolecular macrocycles reversibly assembled by Te···O chalcogen bonding, *Nature Commun.* **7**, 11299(2016); Vogel, P. Wonner and S. M. Huber, Chalcogen bonding: An overview, *Angew. Chem. Int. Ed.* **58**, 1880～1891(2019).]

参 考 文 献

[1]　J. E. Huheey, E. A. Keiter and R. L. Keiter, *Inorganic Chemistry: Principle of Structure and Reactivity*, 4th ed., Harper Collins, New York, 1993.

[2]　N. N. Greenwood and A. Earnshaw, *Chemistry of the Elements*, 2nd ed., Butterworth Heinemann, Oxford, 1997.

[3] T. Chivers, *A Guide to Chalcogen-Nitrogen Chemistry*, World Scientific, Singapore, 2005.

[4] J. -X. Lu (ed.), *Some New Aspects of Transitional-Metal Cluster Chemistry*, Science Press, Beijing/New York, 2000.

[5] L. F. Lundegaard, G. Weck, M. I. McMahon, S. Desgreniers and P. Loubeyre, Observation of an O_8 molecular lattice in the ε phase of solid oxygen. *Nature* **443**, 201~204(2006).

[6] H. Pernice, M. Berkei, G. Henkel, H. Willner, G. A. Argüello, H. L. McKee and T. R. Webb, Bis(fluoroformyl)trioxide, $FC(O)OOOC(O)F$. *Angew. Chem. Int. Ed.* **43**, 2843~2846 (2004).

[7] T. S. Zwier, The structure of protonated water clusters. *Science* **304**, 1119~1120(2004).

[8] M. Miyazaki, A. Fujii, T. Ebata and N. Mikami, Infrared spectroscopic evidence for protonated water clusters forming nanoscale cages. *Science*, **304**, 1134~1137(2004).

[9] J. -W. Shin, N. I. Hammer, E. G. Diken, M. A. Johnson, R. S. Walters, T. D. Jaeger, M. A. Duncan, R. A. Christie and K. D. Jordan, Infrared signature of structures associated with the $H^+(H_2O)_n$ ($n=6$ to 27) clusters. *Science*, **304**, 1137~1140(2004).

[10] R. Steudel, O. Schumann, J. Buschmann and P. Luger, A new allotrope of elemental sulfur: convenient preparation of *cyclo*-S_{14} from S_8. *Angew. Chem. Int. Ed.* **37**, 2377~2378(1998).

[11] J. Beck, Polycationic clusters of the heavier group 15 and 16 elements, in G. Meyer, D. Naumann and L. Wesemann (eds.), *Inorganic Chemistry in Focus Ⅱ*, Wiley-VCH, Weinheim, 2005, pp. 35~52.

[12] W. S. Sheldrick, Cages and clusters of the chalcogens, in M. Driess and H. Nöth (eds.), *Molecular Clusters of the Main Group Elements*, Wiley-VCH, Weinheim, 2004, pp. 230~245.

第 17 章　第17和第18族元素的结构化学

17.1　卤素单质

17.1.1　卤素单质的晶体结构

卤素单质通常是双原子分子,常以 X_2 表示,它们的颜色随原子序数增加而逐渐加深。氟 (F_2)是淡黄色气体,bp 85.0 K。氯(Cl_2)是绿黄色气体,bp 239.1 K。溴(Br_2)是深红色液体,bp 331.9 K。碘(I_2)是有金属光泽的黑色晶体,mp 386.7 K,它能升华,并在 458.3 K 沸腾。实际上碘晶体在 298 K 时的蒸气压为 41 Pa,在熔点时为 1.2×10^4 Pa。在晶体中,卤素分子(X_2)都排列成层状结构。F_2 有两种晶型:一是低温 α-型,另一是高温 β-型。这两种都不同于 Cl_2,Br_2 和 I_2 同构的正交晶体的层形结构。图 17.1.1 示出 I_2 的晶体结构。表 17.1.1 列出双原子卤素分子(X_2)在气态和晶态中的原子间距离。

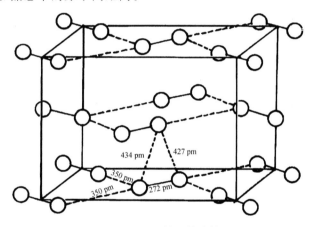

图 17.1.1　I_2 的晶体结构。

F_2,Cl_2 和 Br_2 分子在晶态时分子内的原子距离(X—X)接近气态时的数值。在碘晶体中,分子内 I—I 键长要长于气态分子,键级降低。这是由于在每一层中形成分子间键所抵消。相邻的 I_2 分子间最近的原子距离为 350 pm,它显著地短于碘原子的范德华半径和(430 pm)。所以碘分子间有着显著的次级键相互作用,并使它具有半导体性质和金属光泽,在很高压力下,碘变为金属导体。在碘晶体中,层间的距离为 427 pm 和 434 pm,它相当于范德华半径和。

表 17.1.1　卤素分子(X_2)在气态和晶态时原子间的距离

X	X—X / pm		X---X / pm		X---X(最短)	
	气态	晶态	层内	层间	X—X(晶态) 的比值	
F	143.5	149	324	284	1.91	
Cl	198.8	198	332	374	1.68	
Br	228.4	227	331	399	1.46	
I	266.6	272	350	427	1.29	

17.1.2　卤素的同多原子负离子

卤素的同多原子负离子主要是由碘形成,碘显示出最高趋势形成稳定连接的负离子物种。许多多碘负离子已经报道:小的有 I_3^-,I_4^{2-},I_5^-;分立寡聚的有 I_7^-,I_8^{2-},I_9^-,I_{12}^{2-},I_{16}^{2-},I_{16}^{4-},I_{22}^{4-},I_{29}^{3-};高聚的骨架 $(I_7^-)_n$。这些多碘负离子都是由几个 I_2 分子与几个 I^- 和(或)I_3^- 负离子依靠相对松散的缔合作用形成。为了估算这些物种的缔合作用,提出下面有关键长(d)和键级(n)关系的经验方程:

$$d = d_0 - c\ \lg n = 267\ \mathrm{pm} - (85\ \mathrm{pm})\lg n$$

按此方程,当 $n = 1$,$d = 267$ pm,此即典型的 I—I 单键键长。当两个碘原子间的距离 $d \leqslant 293$ pm,相应的键级 $n \geqslant 0.50$,说明它们之间有相当强的键,用实线表示(见图 17.1.2)。当原子间的距离介于 293 pm 和 352 pm,相当于键级 n 为 0.50 和 0.10 之间,表明原子间有较弱的键,用虚线表示。当距离大于 352 pm,说明两个分子或离子之间仅有范德华作用力存在,而不形成多碘负离子。

图 17.1.2 示出一些已经在结构上得到表征的多碘负离子,它们全都由 I^-,I_2 和 I_3^- 单元组成。多碘负离子中结构组分的键长特征为:I_2 分子组分为 267~285 pm,对称的 I_3^- 键长约 292 pm。

一个多碘负离子的形成和稳定性依赖于它的伴随的正离子的大小、形状和所带的电荷。在晶体中,多碘负离子集合在中心正离子的周围去形成分立的或一维、二维和三维的结构。

与碘相似,多溴、多氯和多氟负离子的结构和成键研究已取得许多进展。多溴离子 Br_3^-、Br_4^{2-}、Br_5^-、Br_6^{2-}、Br_7^-、Br_8^{2-}、Br_9^-、Br_{10}^{2-}、Br_{11}^-、Br_{20}^{2-} 和 Br_{24}^{2-} 的存在,已有实验证实。

在 $[(\mathrm{ttmgn}\text{-}Br_4)(BF_2)_2](Br_5)_2$ 晶体中,[ttmgn 为 1,4,5,8-四(四甲胍基)-萘而且四个芳香氢全部被溴取代],Br_5^- 呈 V 形结构——位于中心的溴离子连接两个 Br_2 分子,如图 17.1.3(a)所示。

Br_6^{2-} 存在于尿素衍生物 $C_5H_{10}N_2O$ 和溴化乙二酰($C_2O_2Br_2$)反应生成的 $[C_5H_{10}N_2Br]_2[Br_6]$ 之中,其结构如图 17.1.3(b)所示。由图可见,Br3 作为给体和 Br4—Br5 的亲电端 Br4 相连接,三者之间近似直线形;Br4 作为受体和 Br3 亲核端近似地按垂直方向相连接。实际上,Br_6^{2-} 由两个近直线形的 Br_3^- 通过卤键 Br⋯Br 连接而成,Br⋯Br 键长 359.3 pm,显著短于两个 Br 原子的范德华半径之和。

在 $[Ph_3PBr][Br_7]$ 结构中,Br_7^- 负离子呈三角锥形,处于中心的溴离子 Br^- 与 3 个 Br_2 分子结合,如图 17.1.3(c)所示。已知最大的多溴离子 Br_{24}^{2-} 存在于 $(^nBu_4P^+)_2[Br_{24}]$ 晶体中,见图 17.1.3(d)。关于该离子的结构特点的讨论详见 17.1.3 节。

对多氯离子的结构,以 Cl_5^- 为例。在 $[PPh_2Cl_2][Cl_3^- \cdot Cl_2]$ 晶体中 Cl_3^- 中 Cl—Cl 键长分别为 241.9 pm 和 214.4 pm,在键长短的一端连接一个 Cl_2 分子,距离为 317.1 pm,使得 Cl_5^- 呈现为曲棍球棒状结构,如图 17.1.3(e)所示。

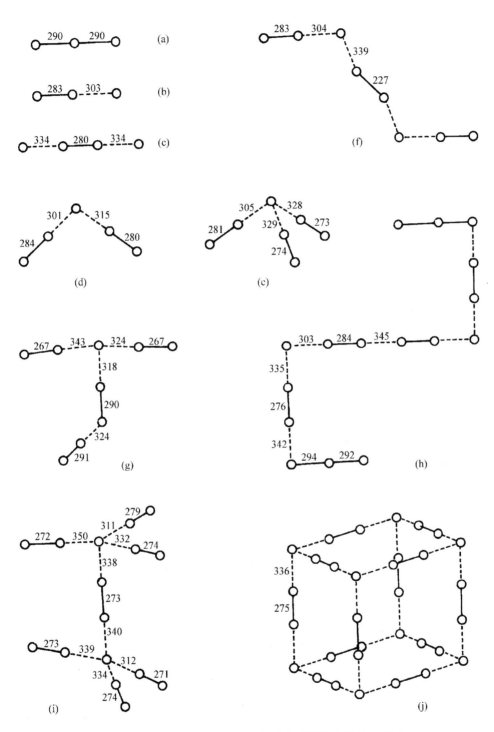

图 17.1.2 一些多碘负离子的结构。（图中标明的数字是键长，单位：pm。）

(a) I_3^-（对称的）在 Ph_4AsI_3 中；(b) I_3^-（不对称的）在 CsI_3 中；(c) I_4^{2-} 在 $Cu(NH_3)_4I_4$ 中；

(d) I_5^- 在 $Fe(S_2CNEt_2)_3I_5$ 中；(e) I_7^- 在 Ph_4PI_7 中；(f) I_8^{2-} 在 $[(CH_2)_6N_4Me]_2I_8$ 中；

(g) I_9^- 在 Me_4NI_9 中；(h) I_{16}^{4-} 在 $[C_7H_8N_4O_2)H]_4I_{16}$ 中；(i) I_{16}^{2-} 在 $(Cp_2^*Cr_2I_3)_2I_{16}$ 中；

(j) $(I_7^-)_n$ 骨架在 $\{Ag[18]angS_6\}I_7$ 配合物的一个晶胞。

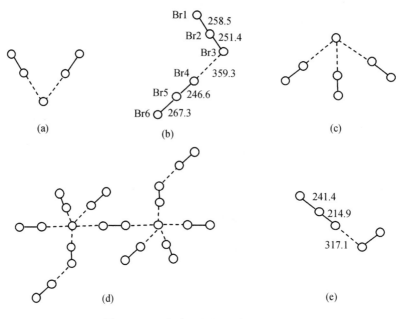

图 17.1.3 多溴和多氯负离子的结构:
(a) Br_5^-;(b) Br_6^{2-};(c) Br_7^-;(d) Br_{24}^{2-};(e) Cl_5^-。

17.1.3 特大的多氯离子和多溴离子

四方金字塔形的十一聚氯离子$[Cl_{11}]^-$以单体形式存在于$[PNP][Cl_{11}]\cdot Cl_2[PNP=$双(三苯基磷杂亚基)亚胺锛]晶体中,其中包藏一个无序分布的氯分子,如图 17.1.4 所示。

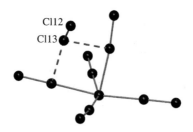

图 17.1.4 晶体$[PNP][Cl_{11}]\cdot Cl_2$中四方金字塔形$[Cl_{11}]^-$的分子结构。共结晶的Cl_2分子分布无序,采用 Cl12 和 Cl13 原子表示出其主要结构区域。虚线表示分子间的相互作用。

已知最大的多氯二阴离子是$[NMe_3Ph]_2[Cl_{12}]$中的十二氯二价阴离子$[Cl_{12}]^{2-}$。该化合物结晶为单斜的$P2_1/c$空间群,结构中存在非常相似但独立的位于反演中心的两个十二氯二价阴离子。在固态时,每个$[Cl_{12}]^{2-}$二价阴离子均含两个五氯亚基,二者通过$Cl_2(Cl4-Cl4')$而相互连接组成一体,如图 17.1.5 所示。

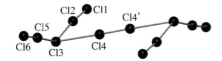

图 17.1.5　晶体 $[NMe_3Ph]_2[Cl_{12}]$ 中十二氯二价阴离子 $[Cl_{12}]^{2-}$ 的分子结构。

$[(n\text{-}Bu)_4P]_2[Br_{24}]$ 中的二十四溴 $[Br_{24}]^{2-}$ 是迄今为止已知的最大的多溴二价阴离子。其结构中，中心溴原子 Br1 由五个 Br_2 单元配位[扭曲的四方锥形，Br4Br5 在轴向上，(Br2Br3，Br10Br10′，Br6Br7，Br8Br9)在底上]，另有一个溴分子（Br11 和 Br12）一端与 Br5 配位，如图 17.1.6(a)所示。图 17.1.6(b)示出 $[Br_{24}]^{2-}$ 物种的另一视图。

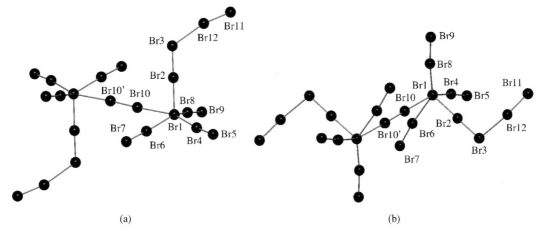

(a)　　　　　　　　　　　　　　　(b)

图 17.1.6　$[(n\text{-}Bu)_4P]_2[Br_{24}]$ 中已知最大的多溴离子 $[Br_{24}]^{2-}$：
(a)显示原子标记的中心对称 $[Br_{24}]^{2-}$；(b) $[Br_{24}]^{2-}$ 阴离子的另一视图，示出 Br1 周围的四角锥配位几何。

参看：K. Sonnenberg, P. Pröhm, N. Schwarze, C. Müller, H. Beckers and S. Riedel, Investigation of large polychloride anions：$[Cl_{11}]^-$, $[Cl_{12}]^{2-}$, and $[Cl_{13}]^-$. *Angew. Chem. Int. Ed.* **57**, 9136~9140(2018)；K. Sonnenberg, L. Mann, F. A. Redeker, B. Schmidt and S. Riedel, Polyhalogen and polyinterhalogen anions from fluorine to iodine. *Angew. Chem. Int. Ed.* **59**, 5464~5493(2020)；M. E. Easton, A. J. Ward, T. Hudson, P. Turner, A. F. Masters and T. Maschmeyer, The formation of high-order polybromides in a room-temperature ionic liquid：From monoanions（$[Br_5]^-$ to $[Br_{11}]^-$）to the isolation of $[PC_{16}H_{36}]_2[Br_{24}]$ as determined by van der Waals bonding radii. *Chem. Eur. J.* **21**, 2961~2965(2015).

17.1.4　卤素的同多原子正离子

许多卤素的同多原子正离子的结构已用 X 射线衍射法测定，如下表所列：

X_2^+：	Br_2^+ 和 I_2^+（在 $Br_2^+[Sb_3F_{16}]^-$ 和 $I_2^+[Sb_2F_{11}]^-$ 中）；
X_3^+：	Cl_3^+，Br_3^+ 和 I_3^+（在 X_3AsF_6 中）；
X_4^{2+}：	I_4^{2+}（在 $I_4^{2+}[Sb_3F_{16}]^-[SbF_6]^-$ 中）；
X_5^+：	Br_5^+ 和 I_5^+（在 X_5AsF_6 中）；
X_{15}^+：	I_{15}^+（在 $I_{15}AsF_6$ 中）。

下面说明这些离子的结构：

X_2^+：Br_2^+ 和 I_2^+ 的键长分别为 215 pm 和 258 pm，它们分别比 Br_2 分子键长（228 pm）和 I_2 键长（267 pm）短。X_2^+ 形式上的键级为 1.5，键长值与 X_2 失去一个反键轨道上的电子形成 X_2^+ 相符合。

X_3^+：这类离子是弯曲形［图 17.1.7(a)］，键角在 101° 和 104° 之间。X—X 键长值和气态 X_2 相似，说明具有单键特征。

X_4^{2+}：在化合物 $I_4[Sb_3F_{16}][SbF_6]$ 中的 I_4^{2+} 具有平面长方形结构，I—I 键长为 258 pm 和 326 pm，如图 17.1.7(b)所示。

X_5^+：Br_5^+ 和 I_5^+ 同构，图 17.1.7(c)示出 I_5^+ 的结构。

X_{15}^+：化合物 $I_{15}AsF_6$ 中的 I_{15}^+ 正离子为一中心对称的曲折链形结构，它可看作由 3 个 I_5^+ 组成的无限长链，如图 17.1.7(d)所示。

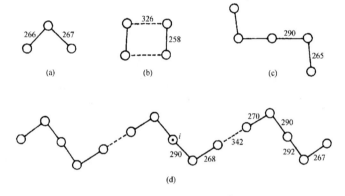

图 17.1.7　一些多碘正离子的结构：
(a) I_3^+；(b) I_4^+；(c) I_5^+；(d) I_{15}^+。（键长单位为 pm。）

17.2　卤间化合物的结构

不同的卤素原子互相可形成许多二元或三元化合物。它们有三种基本类型：中性卤间化合物、卤间正离子和卤间负离子。

17.2.1　中性卤间化合物

不同的卤素相互反应可形成二元卤间化合物 XY，XY_3，XY_5 和 XY_7，此处 X 是较重的卤素。少数三元化合物也已知道，如 $IFCl_2$ 和 IF_2Cl 等。所有卤间化合物原子数目都是偶数。表17.2.1列出一些 XY_n 化合物的物理性质。

表 17.2.1　一些卤间化合物的物理性质

化合物	外貌(298 K)	mp/K	bp/K	键长*/pm
ClF	无色气体	117	173	163
BrF	浅棕色气体	240	293	176
BrCl	红棕色气体	—	—	214
ICl(α)	酒红色晶体	300	≈373	237,244

续表

化合物	外貌(298 K)	mp/K	bp/K	键长*/pm	
ICl(β)	棕红色晶体	287	—	235,244	
IBr	黑色晶体	314	≈389	249	
ClF₃	无色气体	197	285	160(eq)	170(ax)
BrF₃	黄色液体	282	399	172(eq)	181(ax)
IF₃	黄色固体	245(分解)	—	—	
(ICl₃)₂	橙色固体	337(升华)	—	238(t)	268(b)
ClF₅	无色气体	170	260	172(ba)	162(ap)
BrF₅	无色液体	212.5	314	172(ba)	168(ap)
IF₅	无色液体	282.5	378	189(ba)	186(ap)
IF₇	无色气体	278(升华)	—	186(eq)	179(ax)

$*\ XY_3$ 分子为 T-形结构：(ax)轴，(eq)赤道；$(ICl_3)_2$ 为二聚体：(b) 桥连，(t)端接；XY_5 为四方锥形：(ap)顶点，(ba)底；XY_7 为五角双锥：(eq)赤道，(ax)轴。

(1) XY：全部 6 个可能的双原子卤间化合物都已知道。但 IF 是不稳定的，BrCl 则不能脱离 Br_2 和 Cl_2 单独分离出来。通常双原子卤间化合物的性质介于它们母体卤素之间，但因 X 和 Y 的电负性有显著差异，所以 X—Y 键强于 X—X 和 Y—Y 键强度的平均值。极性 XY 分子的偶极矩在气相时分别为：ClF 0.88D，BrF 1.29D，BrCl 0.57D，ICl 0.65D 和 IBr 1.21D。

一氯化碘 ICl 和别的卤间化合物不同，能形成两种晶体：稳定的 α-ICl 和不稳定的 β-ICl，它们都是无限的链式结构，有明显的分子间相互作用，I---Cl 键距为 294~304 pm，图 17.2.1 (a) 示出 β-ICl 的链结构。

(2) XY_3：ClF_3 和 BrF_3 都为 T-形结构。这和分子的中心原子(X)价层上有 10 个电子存在相一致，如图 17.2.1(b) 所示。相对的键长值 $d(X-Y_{ax}) > d(X-Y_{eq})$，而 $Y_{ax}-X-Y_{eq}$ 键角<90°(ClF_3 87.5°，BrF_3 86°)，这反映在分子赤道平面上非键电子对的电子推斥作用较强。

三氯化碘是绒毛状的橙色粉末，高于室温下不稳定。$(ICl_3)_2$ 二聚体为平面形结构，如图 17.2.1(c) 所示。它的结构包括两个 I—Cl—I 桥键，I—Cl 键长在 268~272 pm 范围；4 个端接 I—Cl 键(t)，键长为 238~239 pm。

(3) XY_5：三个氟化物 ClF_5，BrF_5 和 IF_5 是已知的 XY_5 型卤间化合物，它们都是极强的氟化剂。室温下，它们都是无色的气体或液体。它们的结构为四方锥形，中心原子略低于 4 个 F 原子的底面，如图 17.2.1(d) 所示。$F_{ap}-X-F_{ba}$ 键角分别为：ClF_5 约 90°，BrF_5 85°，IF_5 81°。

在溶液中，BrF_5 是一个可快速地在四方锥形和三方双锥形进行互变异构的分子，但在晶态四方锥形较稳定。

(4) XY_7：IF_7 是 XY_7 型卤间化合物的唯一代表，它的结构示于图 17.2.1(e)。它是略为变形的五角双锥形结构，原子在赤道面上的起伏约 7.5°，轴上的弯曲约 4.5°。I—F_{eq} 键长为 185.5 pm，I—F_{ax} 为 178.6 pm。

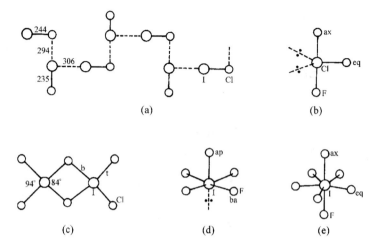

图 17.2.1   一些卤间分子的结构:

(a) β-ICl;(b) ClF₃;(c) I₂Cl₆;(d) IF₅;(e) IF₇。

17.2.2 卤间离子

这些离子的通式为 XY_n^+ 和 XY_n^-,其中 n 可为 2,4,5,6 和 8;中心卤素 X 通常比 Y 更重。表 17.2.2 列出一些已知的卤间离子。

表 17.2.2   一些卤间离子

	XY_2		XY_4		XY_5	XY_6	XY_8	其他
正离子	ClF_2^+	I_2Cl^+	ClF_4^+			ClF_6^+		
	Cl_2F^+	IBr_2^+	BrF_4^+			BrF_6^+		
	BrF_2^+	I_2Br^+	IF_4^+			IF_6^+		
	IF_2^+	$IBrCl^+$	$I_3Cl_2^+$					
	ICl_2^+							
负离子	$BrCl_2^-$	$ClICl^-$	ClF_4^-	$I_2Cl_3^-$	IF_5^{2-}	ClF_6^-	IF_8^-	$I_4Br_5^-$
	Br_2Cl^-	$ClIBr^-$	BrF_4^-	$I_2BrCl_2^-$		BrF_6^-	$Cl(I_2)_4^-$	
	I_2Cl^-	$BrIBr^-$	IF_4^-	$I_2Br_2Cl^-$		IF_6^-		
	$FClF^-$		ICl_3F^-	$I_2Br_3^-$				
	$FIBr^-$		ICl_4^-	I_4Cl^-				
			$IBrCl_3^-$					

这些离子的结构符合 VSEPR 理论所预示的结果,如图 17.2.2。由于 XY_n^- 比 XY_n^+ 多两个电子,它们的形状完全不同。在 [Me₄N](IF₆) 中,负离子 IF_6^- 为变形八面体,C_{3v} 对称性,有一空间活性的孤对电子,而 BrF_6^- 和 ClF_6^- 都是正八面体。IF_5^{2-} 为平面五角形。两对孤对电子占据五角双锥的轴的位置。IF_8^- 为四方反棱柱体形。$Cl(I_2)_4^-$ 为平面四边形,Cl—I 距离分别为 299.6 pm 和 302.9 pm 各两个。

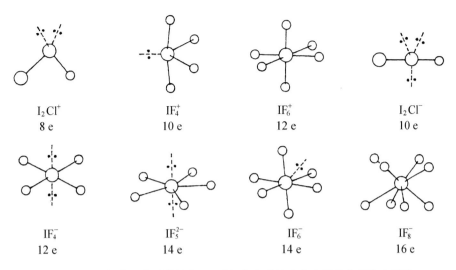

图 17.2.2　一些卤间离子的结构。（对每个离子标出中心原子价层的电子数。）

在$(Me_4N)^+[I_4Br_5]^-$化合物中，$[I_4Br_5]^-$的结构可以看作$[(I_2Br_3)^- \cdot 2IBr]$，其中，$[I_2Br_3]^-$呈 V 形，两端通过卤素间相互作用和一对 IBr 分子相连接，Br$\cdots$I 间的距离分别为 305.2 pm 和 302.9 pm，如图 17.2.3 所示。

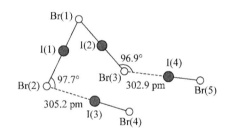

图 17.2.3　$[(I_2Br_3)^- \cdot 2IBr]$负离子的结构。

17.2.3　卤键

从上述卤素单质和卤间化合物的结构可见，卤素分子或离子之间存在较强的分子间作用力，出现比范德华力强的卤$\cdots$卤次级键，即在 14.8 节中提到的 σ-空间相互作用，又称卤键（halogen bond）。

卤键和氢键类似，但并不相同。氢键的表达式为 R—H$\cdots$B，B 为电负性较高的原子，不能为氢，氢键的键长指 R 和 B 的距离；而卤键的表达式为 R—X$\cdots$B，R 可以是卤素（Cl，Br，I），也可以是 C，N；B 为卤素或 N，O，S 等，卤键键长指 X$\cdots$B 间的距离。卤键也可写为 R—X$\cdots$X′，键长指 X$\cdots$X′间的距离。发生卤键作用的 R—X 分子中，原子 X 的电荷分布随 X 原子的相对轻重而异，重卤原子 X_h 比轻卤原子 X_l 容易极化，使得在 R—X_h 中 X_h 的电荷分布出现图 17.2.4 所示的情况。

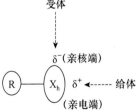

图 17.2.4　卤键作用示意图。
（图中 X_h 代表重卤原子。）

卤键和氢键之间的一个重要不同之处在于:氢键通常接近线性,即 R—H…B 角度接近 180°,而卤键通常是非线性的,R—X…B 角度范围从 90°到 180°不等。在卤键 R—X…X′—R′ 中,当 X 比 X′重,如图 17.2.3 中的 Br(4)—I(3)…Br(2)[或 Br(5)—I(4)…Br(3)],Br(2)[或 Br(3)]趋于和 I(3)[或 I(4)]的亲电端结合,形成近直线形的卤键;当 R—X…X′—R′ 中的 X 比 X′轻,如图 17.2.3 中的 I(1)—Br(2)…I(3)[或 I(2)—Br(3)…I(4)],Br 比 I 轻,I(3)倾向 于和 Br(2)的亲核端结合,所成键角为 97.7°,I(4)倾向于和 Br(3)的亲核端结合,所成键角为 96.9°。

图 17.2.5 显示通过 C—I…N 卤键将两个杯形分子——四(2,3,5,6-四氟-4-碘苯基)的 化合物(供体)和四(3,5-二甲基吡啶基)的化合物(受体)结合而形成的胶囊形分子,图中 R 代 表正己基。该分子的结构在 100 K 下通过 X-射线衍射测得:4 个 I…N 卤键键长均为 282 pm, ∠C—I…N 键角为 171°~178°。结构中存在 12 个分子组元:供体和受体均形成半球形空腔, 各自分别包封一个苯客体分子,二者通过卤键结合而形成的超分子胶囊中有 8 个共晶的甲醇 溶剂分子,这也是结构稳定的原因之一。

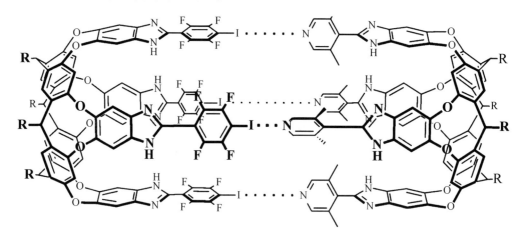

图 17.2.5　通过 C—I…N 卤键将两个杯形分子结合成胶囊形分子。

[参看 O. Dumele, B. Schreib, U. Warzok, N. Trapp, C. A. Schalley, and F. Diederich, Halogen-bonded supramolecular capsules in the solid state, in solution, and in the gas phase, *Angew. Chem. Int. Ed.* **56**,1152~1157 (2017).]

17.2.4　卤键组装的有机分子嵌合拼图

嵌合或者拼图,即在平面上将一种或多种平面形状分子进行拼接或平铺,是实现高度有序 排列的组装方法。据此进行无间隙无叠加铺展,形成丰富多样的几何图案。尽管结合扫描隧 道显微镜、同步辐射光电子能谱和 X 射线光谱技术观察到了有机前驱物分子在金属表面上形 成的拼接结构,但是,通过 X 射线晶体学研究拼接材料而得出其详细的三维结构信息直到最 近才成为可能。目前,分子拼接的探索仍仅限于在均一环境中的均匀孔图案,这是因为采用易 形成共价键的有机分子作为结构单元的设计构建面临巨大的挑战。因此,自组装分子的拼接 构建通常涉及两组分体系。

最近,研究者通过自主设计的多功能平面型有机小分子之间互补的非共价相互作用,成功地揭示了新的单组分体系结晶时铺展和连接的模式。这项研究基于一个简单的吡嗪核心,该核具有两个对位的氮原子,并有两个伸展的碘乙炔基臂,碘乙炔基的同轴(**L1**,角度为 180°)或弯折(**L2**,角度为 120°)分布(图 17.2.6)有助于构建单组分分子拼接嵌合体。

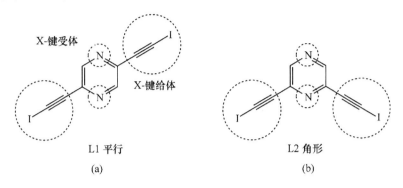

图 17.2.6　双(碘乙炔基)吡嗪的两种异构体。

1. L1 的晶体结构

将图 17.2.6(a)所示的 2,5-双(碘乙炔基吡嗪)即 **L1** 在乙腈溶液中结晶,所得晶体通过 X 射线衍射测定结构。结果表明,该晶体属于非中心对称的正交晶系,空间群为 $Pca2_1$(No. 29),$Z=16$。晶体结构中,分子间通过 C—I⋯N 卤键作用,形成菱形棋盘状的波浪式层结构,如图 17.2.7(a)所示。图中,**L1** 分子(**A** 位)通过滑移面与另一个 **L1** 分子(**A′** 位)相关联,二者之间通过长度分别为 288 和 294 pm 的分子间 C—I⋯N 卤键连接成菱形(**I**),**AA′** = 1020 pm,$\angle \mathbf{A'AA'}$ = 61.8°,4 个菱形(**I**)构成一个晶胞,沿 a 轴和 b 轴重复,形成平面群为 cmm 的完整拼接图案。菱形拼接的正弦状层按 **A**, **B**, **C** 和 **D** 方式堆积并通过 2_1 关联对应的 **A″**, **B″**, **C″** 和 **D″** 层,构成沿 c 轴的层间距在 357 至 366 pm 范围内的堆叠结构,如图 17.2.7(b)所示,其晶胞参数 c = 2476 pm。

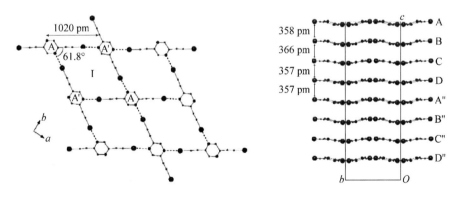

图 17.2.7　**L1 的晶体结构示意图**(为清楚起见,省略所有氢原子)。
(a) **L1** 分子间通过 C—I⋯N 卤键稳定而形成的单面菱形拼接;
(b) 结构沿 a 轴的投影,显示出棋盘状层的波浪式堆积。

2. L2 的晶体结构

L2 的晶体结构以隐形三角形和三六边形拼接为特征。**L2** 分子是 2,6-双(碘乙炔基)吡嗪,将其溶于甲苯,通过溶剂蒸发,可得 **L2** 的晶体。它的空间群为 $P\bar{1}$(No.2),晶胞中包含 6 个 **L2** 分子,由对称中心关联。分子间通过间距为 297~299 pm 的 C—I⋯N 卤键相互连接,形成边长平均为 1030 pm 的三角形。通过反演操作，**A**，**B** 和 **C** 处的分子与 **A′**，**B′** 和 **C′** 的分子相关联，相互之间通过卤键（间距 292～299 pm）形成 **AB′**，**B′C**，**CA′**，**A′B**，**BC′** 和 **C′A** 的六边形（Ⅲ）连接，产生遍及整个平面的拼接图案[图 17.2.8(a)]，满足 $p6$ 平面群[图 17.2.8(b)]对称

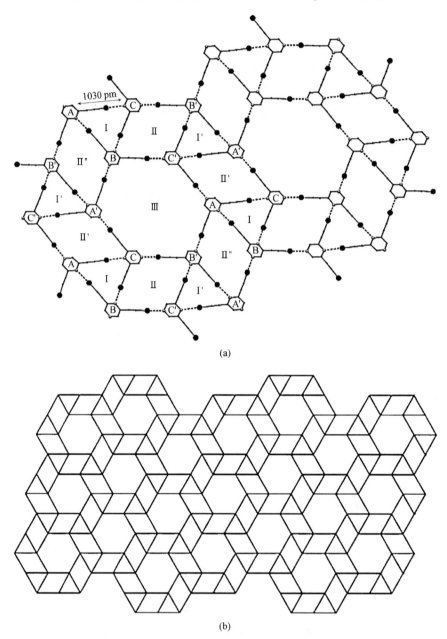

(a)

(b)

图 17.2.8　L2 的晶体结构及图案示意图：
(a) 垂直于层的投影图，由截顶三角形的三六边形拼接而成，该拼接由被标记为 **A**，**B** 和 **C** 的三个独立 L2 分子通过形成 **C—I···N** 卤键稳定（为清楚起见，省略所有氢原子）；**(b)** 单层拼接图案的示意图。

［参看：C.-F. Ng，H.-F. Chow and T. C. W. Mak，Organic molecular tessellations and intertwined double helices assembled by halogen bonding，*CrystEngComm* **21**，1130～1136(2019).］

性,图中示出三角形和六边形组成的双拼图案。除了这两种类型,**L2** 中的图案还包含菱形,每个菱形都可以由较短的对角线一分为二,得到两个三角形,以适应拼接的定义,因此,采用术语"隐性三面三六边形拼接"就是表示这种细微的区别。拼接层沿着 a 轴堆积,层间距为 356 pm。

17.3　卤素的电荷转移配合物

电荷转移(或给体-受体)配合物是指一个给体和一个受体间的弱相互作用形成的物种,通常在受体的推动下,使给体部分电荷产生净的转移到受体。双原子卤素分子 X_2 有 HOMO π^* 和 LUMO σ^* 分子轨道,σ^* 是反键轨道,起着受体作用。当 X_2 分子溶解于溶剂(例如含有 N, O,S,Se 或 π 电子对的 ROH,H_2O,吡啶或 CH_3CN),溶剂分子通过它的一个电子对(起着给体功能)和 X_2 的 σ^* 轨道相互作用。这种给体-受体相互作用导致在溶剂分子(给体)和 X_2(受体)间形成电荷转移配合物,改变 X_2 分子的光跃迁能量,如图 17.3.1 所示。以 I_2 为例,气态碘为紫色,它是由 $\pi^* \rightarrow \sigma^*$ 跃迁所产生。当碘溶于溶剂,I_2 和一个溶剂分子(给体)相互作用导致能级间隔增大,从 E_1 到 E_2,如图17.3.1 所示。溶液的颜色随着改变为棕色(紫色溶液的最大吸收峰处于520～540 nm,典型棕色溶液的吸收峰处在 460～480 nm)。在这些(I_2·溶剂)配合物中电子的跃迁称为电荷转移跃迁。但是溶液中电荷转移配合物形成的最直接的证明是产生在 230～330 nm 的近紫外光谱区的一个强的新的电荷转移谱带。

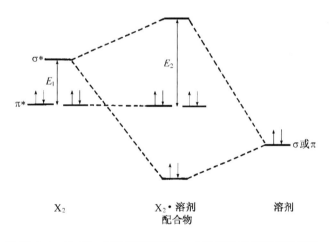

$$X_2 \qquad\qquad X_2 \cdot 溶剂 \qquad\qquad 溶剂$$
$$配合物$$

图 17.3.1　X_2 的 σ^* 轨道和溶剂的一个给体轨道间的相互作用。

许多电荷转移配合物的结构已经测定。在图 17.3.2 中所示的实例中都有下列共同的结构特征:

(1) 给体原子(D)或 π 轨道(π)和 X_2 分子基本上呈直线形:D···X—X 和 π···X—X 的键角都接近 180°。

(2) 在配合物中,X—X 基团的键长总是长于相应的自由分子;D···X 距离总是短于它们的范德华半径和。

(3) 在无限长链结构中每个 X_2 分子的两端都参加和给体(D)作用,D···X—X···D 单元基本上呈直线形,为期望的 σ 型受体轨道。

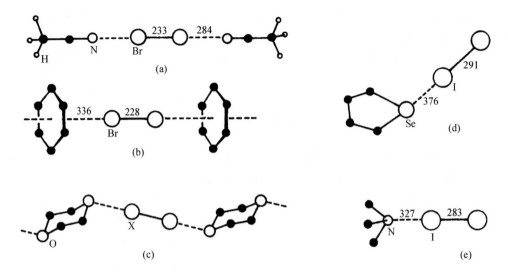

图 17.3.2   一些电荷转移配合物的结构（键长单位为 pm）：
(a) (H₃CCN)₂ · Br₂ ; (b) C₆H₆ · Br₂ ; (c) C₄H₈O₂ · X₂（X＝Cl,Br,X—X 键长：X＝Cl 时为
202 pm,X＝Br 时为 231 pm）；**(d) C₄H₈Se · I₂ ; (e) Me₃N · I₂。**

在极端的情况下，会出现电荷的完全转移，例如形成 $[I(Py)_2]^+$ ：

$$2I_2 + 2 \;\text{〈Py〉} \longrightarrow \text{〈Py〉} \longrightarrow I^+ \longleftarrow \text{〈Py〉} + I_3^-$$

17.4   卤素的氧化物和氧基化合物

17.4.1   二元卤素氧化物

一些二元卤素氧化物的结构列于表 17.4.1 中。

表 17.4.1   卤素氧化物的结构

氧化物	分子结构 a,b,θ	结构式	X 形式上的氧化态	键长/pm 和键角
X_2O		Cl—O—Cl	-1(F) $+1$	X＝F, $a=141, \theta=103°$ X＝Cl, $a=169, \theta=111°$ X＝Br, $a=185, \theta=112°$
X_2O_2		F—O—O—F	-1	X＝F, $a=122, b=158$, $\theta=109°$
XO_2		O⁚Cl＝O	$+3$	X＝Cl, $a=147, \theta=118°$
X_2O_3		O＝Br—O—Br (O)	$+1,+5$	X＝Br, $a=161, b=185$, $\theta=112°$

续表

氧化物	分子结构 a,b,θ	结构式	X 形式上的氧化态	键长/pm 和键角
X_2O_4	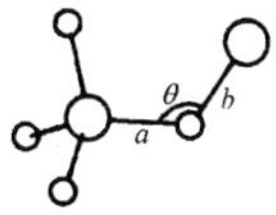	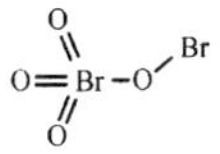 $O=Br-O-Br$	$+1,+7$	$X=Br,a=161,b=186,$ $\theta=110°$
X_2O_5	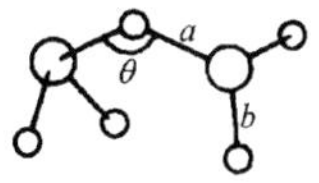	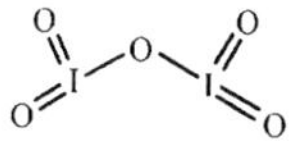	$+5$	$X=Br,a=188,b=161,$ $\theta=121°$ $X=I,a=193(av),$ $b=179(av),\theta=139°$
X_2O_6	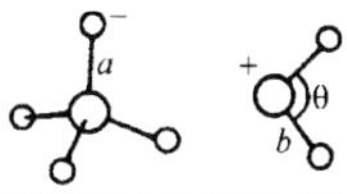	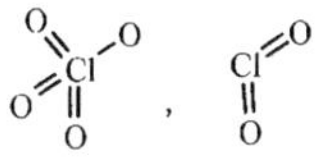 ClO_3 , ClO_2	$+5,+7$	$X=Cl,a=144(av),$ $b=141,\theta=119°$
X_2O_7	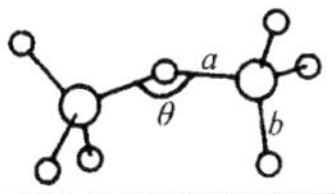	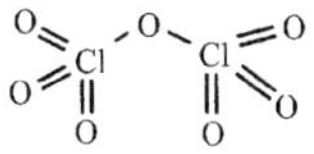 Cl_2O_7	$+7$	$X=Cl,a=172,b=142,$ $\theta=119°$

1. X_2O 分子

(1) 因氟的电负性比氧高,F_2 和 O_2 的二元化合物称为氟化氧,而不称氧化氟。F_2O 是无色、高毒性和爆炸性气体。分子为 C_{2v} 对称性。如所期望的带有 20 个价电子的三原子分子应有 2 个正常的单键。

(2) 一氧化二氯 Cl_2O 是黄棕色气体,在室温下稳定。它有两个异构体 Cl—Cl—O 和 Cl—O—Cl,只有后者是稳定的。稳定的 Cl—O—Cl 是弯曲形分子,键角 111°,Cl—O 键长为 169 pm。

(3) 一氧化二溴 Br_2O 是黑棕色晶体,在 213K 以下稳定。mp 225.6 K,熔化时会分解。分子在气相和固相时为 C_{2v} 对称性,键长 Br—O 为 185 pm,键角为 112°。

2. X_2O_2 分子

这类分子只有 F_2O_2 已知。它是黄橙色固体(mp 119 K),高于 223 K 分解,它的分子形状类似于 H_2O_2,但内双面角较小,为 87°。分子中长的 O—F 键(157.5 pm)和短的 O—O 键(121.7 pm)可用下面价键表达式说明:

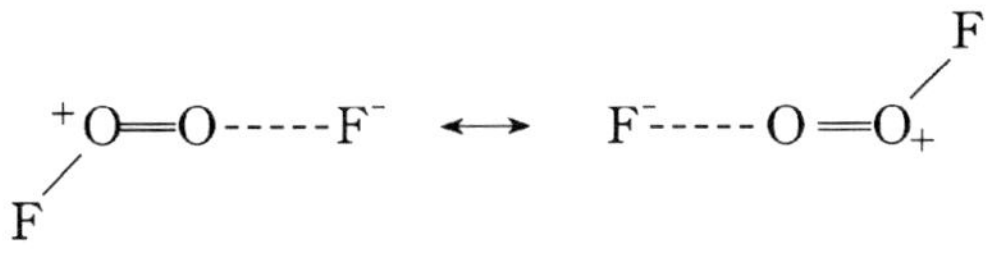

3. XO_2 分子

只有 ClO_2 已知。二氧化氯是一奇电子数分子。理论计算表明,未配对的奇电子在整个分子中离域,这也说明在溶液、液体或固相中没有二聚合的证据出现。它的重要的价键结构式如下:

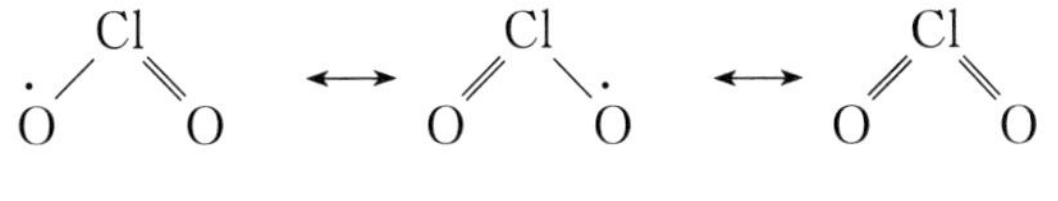

4. X_2O_3 分子

(1) Cl_2O_3 是一黑棕色固体,它在低于 273 K 会爆炸。它的结构尚未测定。

(2) Br_2O_3 是橙色晶体,X 射线结构分析表明它是顺式-$Br^IOBr^VO_2$,Br^I—O 键长为 184.5 pm,Br^V—O 为 161.3 pm,Br—O—Br 键角为 111.6°。它在形式上是次溴酸和溴酸的酸酐。

5. X_2O_4 分子

(1) 过氯酸氯 Cl_2O_4 最宜写成 $ClOClO_3$,对这个淡黄色液体的结构和性质所知甚少。它比 ClO_2 更不稳定,室温下爆炸成 Cl_2,O_2 和 Cl_2O_6。

(2) 化合物 Br_2O_4 是淡黄色晶体,用 EXAFS 法测定它的结构为过溴酸溴 $BrOBrO_3$。Br^I—O 键长为 186.2 pm,Br^{VII}—O 为 160.5 pm,Br—O—Br 键角为 110°。

6. X_2O_5 分子

(1) Br_2 臭氧化作用产生 Br_2O_3 而最终产品为 Br_2O_5:

$$\underset{\text{棕色}}{Br_2} \xrightarrow{O_3,195\,K} \underset{\text{橙色}}{Br_2O_3} \xrightarrow{O_3,195\,K} \underset{\text{无色}}{Br_2O_5}$$

最终产品可从丙腈中结晶成 $Br_2O_5 \cdot EtCN$。晶体结构分析表明 Br_2O_5 为 $O_2BrOBrO_2$,每个 Br 都被 3 个 O 原子以三角锥形配位,端接的 O 原子相互呈重叠式。

(2) 化合物 I_2O_5 是最稳定的卤素氧化物。晶体结构分析表明分子由两个三角锥形的 IO_3 基团共用一个 O 原子而成。端接 O 原子具有交叉式构象,如表 17.4.1 所示。

7. X_2O_6 分子

Cl_2O_6 实际上是一混合价态离子化合物 $ClO_2^+ClO_4^-$,在晶体中弯曲形的 ClO_2^+ 和四面体形的 ClO_4^- 以变形的 CsCl 型晶体结构方式排列。在正离子 ClO_2^+ 中,Cl—O 键长为 141 pm,O—Cl—O 键角为 119°;在负离子 ClO_4^- 中,Cl—O 平均键长为 144 pm。

8. X_2O_7 分子

化合物 Cl_2O_7 在室温下是无色液体。在气态和晶态中,分子都为 C_2 对称性,两个 ClO_3 基团通过桥氧连接而成扭曲的交错式(C_{2h})构型。Cl—O_b 键长为 172.3 pm,Cl—O_t 为 141.6 pm。

除上述讨论的化合物外,也已知道一些其他不稳定的二元卤素氧化物。短寿命的 XO 基的结构已经测定。对 ClO,核间距离为 156.9 pm,偶极矩 $\mu=1.24$D,键解离能 $D_0=264.9$kJ mol^{-1}。对 BrO,核间距离为 172.1 pm,$\mu=1.55$D,$D_0=125.8$kJ mol^{-1}。对 IO,核间距离为 186.7 pm,$D_0=175$ kJ mol^{-1}。

稳定性差的氧化物 I_4O_9 和 I_2O_4 的结构仍不知道,但 I_4O_9 已用化学式 $I^{III}(I^VO_3)_3$ 表示,而 I_2O_4 用 $(I^{III}O)(I^VO_3)$ 表示。

17.4.2　三元卤素氧化物

三元卤素氧化物主要是由 X(X 为 Cl,Br,I)同时和 O 及 F 结合形成化合物,由于它们同时含 O 和 F,故称氟氧化卤。三元卤素氧化物的结构归纳在图 17.4.1 中。

这些分子的几何学和 VSEPR 理论一致。图 17.4.1 中,(a) FClO 为具有 C_s 对称性的弯曲形分子(有两个孤对电子)。(b) FXO_2 为具有 C_s 对称性的角锥形分子(有一个孤对电子)。(c) FXO_3 为具有 C_{3v} 对称性分子。(d) F_3XO 为一个不完全的三角双锥形分子,具有 C_s 对称性。孤对电子处在赤道平面上。(e)F_3ClO_2 为三角双锥形分子,两个 O 原子和一个

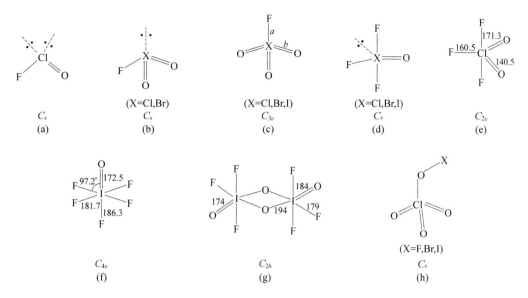

图 17.4.1　三元卤素氧化物的结构。

〔键长单位为 pm。对于 (c)，X＝Cl，$a＝162$ pm，$b＝140$ pm；X＝Br，$a＝171$ pm，$b＝158$ pm。〕

F 原子处在赤道平面上，由于处在赤道平面上的两个 Cl＝O 双键电子的强推斥作用，致使轴上的 Cl—F 键要比赤道上的 Cl—F 键长，这已得到实验证实。(f) F_5IO 为 C_{4v} 对称性分子，键长值为：I—F_{ax} 186.3 pm，I—F_{eq} 181.7 pm，I＝O 172.5 pm。同样，I 原子处在 4 个 F 原子形成的赤道平面上，O—I—F_{eq} 键角为 97.2°。(g) F_3IO_2 可形成多种寡聚物种，其中二聚体具有 C_{2h} 对称性。(h) O_3ClOX 是"卤素过氯酸盐"。

　　上述中性分子通过得失一个 F^- 可形成多种正离子和负离子，如图 17.4.2 所示。它们的结构也符合 VSEPR 理论模型。

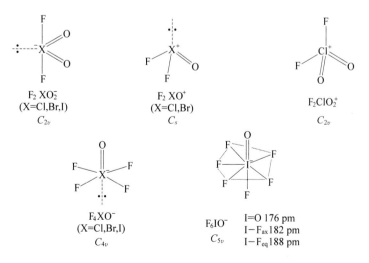

图 17.4.2　三元卤素氧化物的正负离子的结构。

17.4.3　卤素含氧酸及其负离子

多种卤素含氧酸已知道,虽然大多数不能分离出纯物种,或是只在水溶液中稳定或以它们的盐存在。无水次氟酸 HOF,高氯酸 $HClO_4$,碘酸 HIO_3,原高碘酸 H_3IO_6 和偏高碘酸 HIO_4 等都以纯化合物形式分离出来。表 17.4.2 列出卤素含氧酸。

表 17.4.2　卤素含氧酸

总　　称	氟	氯	溴	碘
次卤酸	HOF*	HOCl	HOBr	HOI
亚卤酸	—	HOClO	—	—
卤酸	—	$HOClO_2$	$HOBrO_2$	$HOIO_2^*$
高卤酸	—	$HOClO_3^*$	$HOBrO_3$	$HOIO_3^*$,$(HO)_5IO^*$

* 已分离出纯化合物,其他只在水溶液中稳定。

1. 次氟酸及其他次卤酸

次氟酸 HOF 为无色晶体,mp156 K,熔解后成淡黄色液体,室温下它是气体。在晶体结构中,O—F 键长 144.2 pm,H—O—F 键角 101°,HOF 分子通过 O—H⋯O 氢键连接成平面的曲折链(氢键键长 289.5 pm,O—H⋯O 键角 163°),如下图所示:

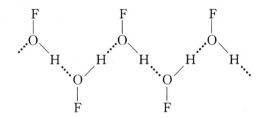

一般情况下,氟的形式上的氧化态为 −1,但在 HOF 及其他次卤酸中,F 和 X 的形式上的氧化态为 +1。

次氯酸 HOCl 比 HOBr 和 HOI 稳定,气相时,Cl—O 键长 169.3 pm,H—O—Cl 键角为 103°。

2. 亚氯酸 HOClO 和亚氯酸离子 ClO_2^-

亚氯酸 HOClO 是氯的不稳定的含氧酸。它不能分离出纯态,但存在于稀水溶液中。同样地,HOBrO 和 HOIO 更不稳定,在水溶液中只能瞬间存在。

在 $NaClO_2$ 和其他亚氯酸盐中,亚氯酸离子 ClO_2^- 为弯曲形结构(C_{2v} 对称性),Cl—O 键长 156 pm,O—Cl—O 键角 111°。价键表达式为:

$$\overset{Cl}{\underset{^-O\quad\quad O}{\diagup\quad\diagdown}}\quad\longleftrightarrow\quad\overset{Cl}{\underset{O\quad\quad O^-}{\diagup\quad\diagdown}}$$

3. 卤酸 $HOXO_2$ 和卤酸离子 XO_3^-

碘酸 HIO_3 在室温下是稳定的晶体,由角锥形 $HOIO_2$ 分子通过氢键连接而成。I—O 键长为 181 pm,I—OH 为 189 pm,O—I—O 键角为 101°,O—I—(OH) 为 97°。

卤酸根离子为三方锥形,具有 C_{3v} 对称性,如下所示:

$$\left[\begin{array}{c} O \overset{X}{\underset{O}{\diagup}} O \end{array} \right]^{-}$$

X=Cl，Cl—O　149 pm
X=Br，Br—O　165 pm
X=I，　I—O　　184 pm
O—X—O 键角为 $106°\sim107°$

注意,在固态时有些卤酸盐并不是由分立的离子组成。例如在碘酸盐中,通常 I 原子周围有 3 个短的 I—O 键,键长 $177\sim190\ pm$。还有 3 个长的键,键长 $251\sim300\ pm$。这导致它们形成变形的假六重配位,出现压电性。

4. 高氯酸 $HClO_4$ 和高卤酸根 XO_4^-

高氯酸是唯一可分离出纯的氯的含氧酸。在 113 K 下,$HClO_4$ 的晶体结构显示 Cl—O 键长为 142 pm,Cl—(OH)为 161 pm。气相时电子衍射测定 $HClO_4$ 结构中 Cl—O 为 141 pm,Cl—OH 为 163.5 pm,O—Cl—(OH)键角为 $106°$,O—Cl—O 为 $113°$。

高氯酸的水合物至少有六种晶体形态。一水合的组成为 H_3O^+ 和 ClO_4^-,它们通过氢键连接形成。

全部高卤酸根 XO_4^- 都是四面体形,有 T_d 对称性,如下所示:

$$\left[\begin{array}{c} O \\ | \\ O \overset{X}{\underset{O}{\diagup}} O \end{array} \right]^{-}$$

X=Cl ，Cl—O　144 pm
X=Br，Br—O　161 pm
X=I，　I—O　　179 pm

5. 高碘酸和高碘酸盐

几种不同的高碘酸和高碘酸盐已经知道,现讨论如下。

(1) 偏高碘酸 HIO_4

偏高碘酸 HIO_4 是由变形的顺式共边连接的 IO_6 八面体组成一维无限长链结构,如图 17.4.3 所示。迄今尚未发现分立的 HIO_4 分子。

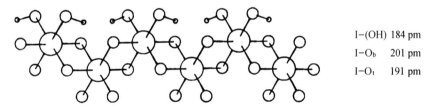

I—(OH)　184 pm
I—O_b　　201 pm
I—O_t　　191 pm

图 17.4.3　偏高碘酸的结构。

(2) 原高碘酸(或仲高碘酸)$(HO)_5IO$

原高碘酸的晶体结构由轴向变形的八面体形 $(HO)_5IO$ 分子通过 O—H···O 氢键(每个分子有 10 个 O—H···O 键长为 $260\sim278\ pm$)连接成三维骨架。$(HO)_5IO$ 酸有最多数目的—OH 基团连接在I($+7$ 价)原子上,故称原高碘酸。

$$\begin{array}{c} O \\ \| \\ HO \overset{I}{\underset{|}{-}} OH \\ HO \diagup \quad \diagdown OH \\ OH \end{array}$$

I=O　178 pm
I—(OH)　189 pm

$H_7I_3O_{14}$ 的结构显示它没有新的连接型式,因为此化合物在固态时是原高碘酸和偏高碘酸按化学式 $(HO)_5IO \cdot 2HIO_4$ 计量地形成。

几种高碘酸盐和高碘酸氢盐的结构示于图 17.4.4 中。

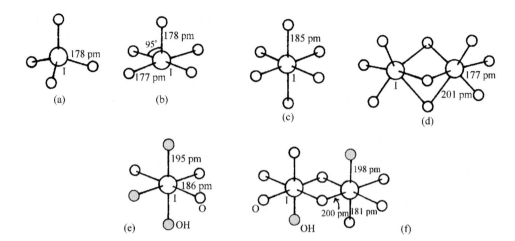

图 17.4.4　高碘酸盐和高碘酸氢盐的结构。（小球代表 O 原子，阴影球为 OH。）

［(a) IO_4^- 在 $NaIO_4$ 中；(b) IO_5^{3-} 在 K_3IO_5 中；(c)IO_6^{5-} 在 K_5IO_6 中；(d)$I_2O_9^{4-}$ 在 $K_4I_2O_9$ 中；(e)$[IO_3(OH)_3]^{2-}$ 在$(NH_4)_2IO_3(OH)_3$ 中；(f)$[I_2O_8(OH)_2]^{4-}$ 在 $K_4[I_2O_8(OH)_2]\cdot 8H_2O$ 中。］

17.4.4　高配位碘化合物的结构特点

在许多方面碘不同于其他卤素。由于碘原子体积大，电离能相对低，它容易形成稳定的高配位多价化合物。因为下面几个因素使有机的高价碘化合物很有意义：① I(+3)物种化学性质和反应性能类似于 Hg(+2)，Tl(+3)和 Pb(+4)，但这些重金属的同类物（碘化合物）不存在毒性和环境问题。② 有机过渡金属配合物和高价主族化合物（如有机碘物种）间的相似性的识别作用。③ 关键的产物母体如 $PhI(OAc)_2$ 在商业上的可用性。

常见的六种高价碘化物的结构类型如下图所示：

(a)　　　(b)　　　(c)　　　(d)　　　(e)　　　(f)

前两种(a)和(b)类型适宜于看作正三价碘的 I(+3)衍生物。其次两种(c)和(d)是正五价碘 I(+5)最典型的结构型式。(e)和(f)结构类型是七价碘 I(+7)的典型。

高价碘化合物的重要结构特点可归纳于下：

(1)碘鎓离子［类型(a)］中碘和最近的负离子间的距离通常为 260～280 pm，中心碘原子周围配位具有准四面体几何形状。

(2)类型(b)物种有着近似 T-形结构，若将碘的配位几何形状按配位体和两个非键孤对电子一起看作变形的三方双锥形，电负性高的配位体以直线形排在轴的位置，电负性低的基团和孤对电子处于赤道位置。

(3)在碘鎓盐［类型(a)］和碘酰盐衍生物［类型(b)］中的 I—C 键长近似地等于 I 和 C 原子的共价半径和，通常在 200～210 pm 间。

（4）带有两个相同电负性的异配位体的（b）类型物种两个 I—L 键的键长都长于它们的共价半径和，但短于纯的离子键。例如在 $PhICl_2$（1）中，I—Cl 距离为 245 pm，而 I 和 Cl 的共价半径和为 232 pm。同样，在 $PhI(OAc)_2$（2）中 I—O 键长为 215～216 pm，而 I 和 O 的共价半径和为 199 pm。

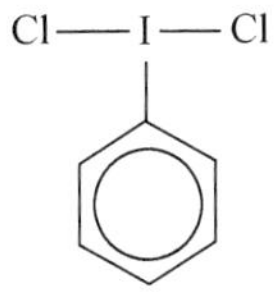

（1） 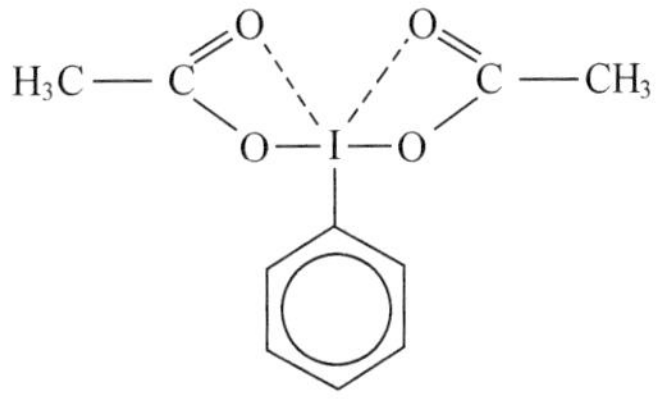　　　　　　　　　　　　　　　　　（2）

（5）结构类型（c）和（d）的几何形状可以为四方锥形、准三方双锥形和准八面体形。在四方锥形结构 I（+5）化合物 IL_5 中的化学键，对碘和锥顶上配位体间可用一个正常的共价键描述，另外用两个正交的超价的 3c-4e 键容纳 4 个配位体。在这种情况下，碳配位和未共享电子对应处于锥顶位置，电负性高的配位体处于赤道位置。

（6）I（+7）的典型结构包含两类：一是大多数高碘酸盐和 IOF_5，用变形的八面体构型［类型（e）］；另一是对 IF_7 和 IOF_6^- 采用七配位的五方双锥形［类型（f）］。五方双锥形结构可描述为两个共价直线形轴上的键，它由碘和两锥顶上配位体形成；另外为共平面的、超价的 6c-10e 键，它由碘和 5 个赤道上的配位体形成。

17.5　稀有气体的结构化学

17.5.1　概述

第 18 族元素（He，Ne，Ar，Kr，Xe，Rn 为稀有气体，有时又用 Ng 作为元素符号）全部都具有非常稳定的电子组态（$1s^2$ 或 ns^2np^6），都以单原子气体存在。原子的非极性和球形性质导致它们的物理性质随原子序数有规则地变化。原子间的相互作用只是弱的范德华力，它的大小随原子的极化率增加和电离能的降低而增大。换言之，原子间作用力随原子序数的增大而加大。

在 5.8 节中，曾探讨过稀有气体化合物 HArF 和配合物 NgMX，那里主要是讨论有关这些线性三原子分子的电子结构。近年来，利用基质分离技术已经获得了多种稀有气体化合物。在固体氩基质中，HF 光解产生的 HArF 以固体形式存在，可稳定到 17 K，该化合物通过其同位素取代时红外振动带位置的位移得以确认。另外，还有范围广泛通式为 HNgY 的化合物，其中 Ng 为 Kr 或 Xe，Y 是一个电负性的原子或基团，如 H，卤化物，拟卤化物，OH，SH，C≡CH 和 C≡C—C≡CH 等。这些分子容易利用红外光谱中 H—Ng 键伸缩振动的极高强度加以探测。对于 HXeY 系列分子，用不同的 Y 观察到 ν（H—Ng）数值如下：

Y 为 H　1166，1181 cm^{-1}，　Cl　1648 cm^{-1}，　Br　1504 cm^{-1}，

I　1193 cm^{-1}，　CN　1623.8 cm^{-1}，　NC　1851.0 cm^{-1}。

HNgY 的电子结构最好用离子对 $HNg^+ Y^-$ 表示，其中 HNg 部分以共价键结合在一起，Ng 和 Y 之间的作用主要是离子性。

本节我们将讨论能分离出一定数量的稀有气体 Kr 和 Xe 化合物的结构化学。

氙和高电负性的主族元素 F,O,N,C 和 Cl 等直接以共价键结合的化合物已很好确立。第一个稀有气体化合物 $XePtF_6$ 是在 1962 年由 N. Bartlett(巴特利特)制得。他注意到 Xe 的第一电离能($1170\,kJ\,mol^{-1}$)和 O_2 的第一电离能($1175\,kJ\,mol^{-1}$)非常相近,PtF_6 和 O_2 可以结合形成 O_2PtF_6,于是他用 Xe 置换 O_2 去和 PtF_6 反应,得到橙色的固体,并以化学式 $XePtF_6$ 表示之,但是该产物准确的性质并未测定。现在认为 Bartlett 当时从事氙和 PtF_6 的反应过程应为

$$Xe + 2PtF_6 \longrightarrow [XeF][PtF_6] + PtF_5 \longrightarrow [XeF][Pt_2F_{11}]$$

换句话说,Bartlett 得到的最初产品很可能是混合物。

自 1895 年发现以来,氦是天然存在的元素中唯一没有与任何其他元素形成化合物的元素。直到 2017 年,由中国和俄罗斯科学家组成的一个 17 人合作研究团队,在压力超过 115 GPa 的条件下合成得到第一个氦钠化合物 Na_2He,实验所用压力约为大气压的 100 万倍。X 射线衍射表明,Na_2He 具有类似于萤石的晶体结构,空间群 $Fm\overline{3}m$,晶胞参数 $a = 345\,pm$。进一步的表征揭示,Na_2He 是一种电子合物,化学式可以写为 $Na_2^+He(2e^-)$,即由带正电的 Na^+ 离子、He 原子和发挥负离子作用的电子($2e^-$)组成,He 作为"中性介质"起着分离正负电荷以及协调结构的作用。结构中,钠离子按简单立方排布,形成 Na_8 立方体空隙,电子对($2e^-$)和氦原子交替分布填充在立方体的中心,如图 17.5.1 所示。

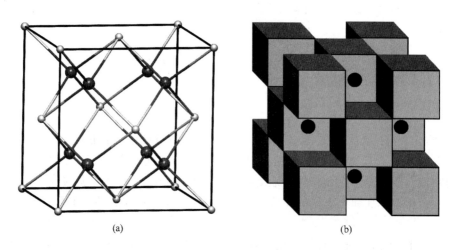

(a)   (b)

图 17.5.1 Na_2He 在 300 GPa 压力下的晶体结构:(空间群为 $Fm\overline{3}m$)

(a) 球棍模型: He 原子(浅色小球)位于 4a 位置 (0, 0, 0);Na^+ 离子(深色大球)占据 8c 位置 (1/4,1/4,1/4);

(b) 多面体表示:立方体顶点为 Na^+ 离子;立方体中心为 He 原子;深色小球代表电子"$2e^-$"。

[参看:X. Dong, A. R. Oganov, A. F. Goncharov, E. Stavrou, S. Lobanov, G. Saleh, G. R. Qian, Q. Zhu, C. Gatti, V. L. Deringer, R. Dronskowski, X. F. Zhou, V. B. Prakapenka, Z. Konôpková, I. A. Popov, A. I. Boldyrev and H. T. Wang, A stable compound of helium and sodium at high pressure. *Nat. Chem.* **9**, 440~445(2017).]

我们认为,该化合物中,Na 的 $3s$ 轨道可能和 He 的 $2s$ 轨道有一定的相互叠加,失去的 $3s$ 电子所处的立方体中心位置是二者叠加所成轨道电子云密度最大处,因此,物种间既存在正负电荷的吸引,也存在分子轨道组合的作用。

迄今,还未知道有氡的化合物。氡有较强的 α-放射性,有关它的化学了解甚少。其他稀

有气体元素 Ne,Ar,Kr 和 Xe 的化合物都已有报道。例如实验研究 $CUO(Ng)_n$(Ng 为 Ar, Kr,Xe;$n=1,2,3,4$)配合物在固态氖上已提供它们形成的证据。$CUO(Ne)_{4-n}(Ar)_n$ ($n=0$, $1,2,3,4$)配合物的计算所得的结构示于图 17.5.2。

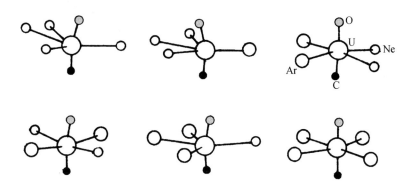

图 17.5.2　$CUO(Ne)_{4-n}(Ar)_n$ ($n=0,1,2,3,4$)的结构。

17.5.2　氪化合物的结构

已知氪的化合物仅限于 +2 价氧化态,它包括下列化合物:

(1) KrF_2	$KrF_2 \cdot VF_5$
(2) KrF^+ 和 $Kr_2F_3^+$ 的盐	$KrF_2 \cdot MnF_4$
$[KrF][MF_6]$(M=P,As,Sb,Bi,Au,Pt,Ta,Ru)	$KrF_2 \cdot [Kr_2F_3][SbF_5]_2$
$[KrF][M_2F_{11}]$(M=Sb,Ta,Nb)	$KrF_2 \cdot [Kr_2F_3][SbF_6]$
$[Kr_2F_3][MF_6]$(M=As,Sb,Ta)	$2KrF_2 \cdot [BrOF_2][AsF_6] \cdot 4KrF_2 \cdot Mg(AsF_6)_2$
$[KrF][AsF_6] \cdot [Kr_2F_3][AsF_6]$	(4) 其他类型
(3) 分子加合物	$[RCN—KrF]^+$ 的盐(R=H,CF_3,C_2F_5,n-C_3F_7)
$KrF_2 \cdot MOF_4$(M=Cr,Mo,W)	$Kr(OTeF_5)_2$
$KrF_2 \cdot nMoOF$($n=2,3$)	

1. KrF_2

固态时,KrF_2 存在两种晶型:α-KrF_2 和 β-KrF_2,它们的晶体结构示于图 17.5.3 中。α-KrF_2 结晶成体心四方点阵,空间群为 D_{4h}^1-$I4/mmm$,全部 KrF_2 分子平行地排列在 c 轴上。相反,β-KrF_2 属于四方晶系的空间群 D_{4h}^{14}-$P4_2/mnm$,KrF_2 分子有一个处在晶胞的顶点,躺在 ab 平面上,分子轴线和 a 轴差 45°;另一个分子处在晶胞中心,它的取向和顶角上的分子互相垂直。

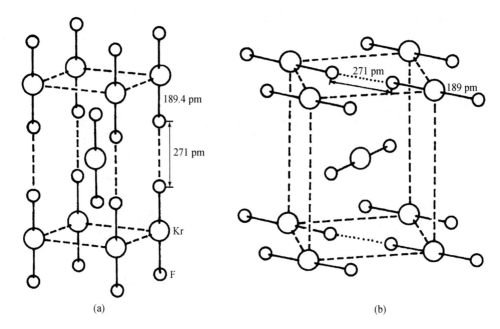

(a) (b)

图 17.5.3 (a) α-KrF₂ 和 (b) β-KrF₂ 的晶体结构。

Kr—F 键键长在 α-KrF₂ 中为 189.4 pm，它和用 X 射线测定 β-KrF₂ 中的键长 189 pm 以及用电子衍射法测定气态分子的 188.9 pm 较好地一致。在两种结构中，同一直线取向的 KrF₂ 分子间的 F---F 距离都为 271 pm。

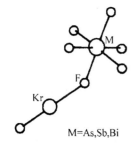

2. [KrF][AsF₆]，[KrF][SbF₆] 和 [KrF][BiF₆]

这三种化合物形成同晶型和同构系列，在结构中 [KrF]⁺ 正离子和负离子有强的相互作用，和准八面体负离子形成氟桥键，F_b 原子呈弯曲形，如右图所示。在这些盐中，端接的 $Kr—F_t$ 键键长对 [KrF][AsF₆] 和 [KrF][SbF₆] 均为 176.5 pm，[KrF][BiF₆] 为 177.4 pm。这些键长都短于 α-KrF₂ 中 Kr—F 键的键长（189.4 pm）；而 $Kr—F_b$ 键长（[KrF][AsF₆] 为 213.1 pm，[KrF][SbF₆] 为 214.0 pm，[KrF][BiF₆] 为 209.0 pm）却比 α-KrF₂ 中的键要长。

$Kr—F_b—M$ 桥键的键角分别为：[KrF][AsF₆] 133.7°，[KrF][SbF₆] 139.2°，[KrF][BiF₆] 138.3°，它们符合 VSEPR 理论模型对 F_b 原子的分析，但比理想的四面体角大得多。

3. KrF₂ 分子加合物的晶体结构

2KrF₂·[BrOF₂][AsF₆] 是由 [BrOF₂] 和 [AsF₆] 两种配位离子和直线形的 KrF₂ 分子形成的一种罕见的加合物，其结构在 −173℃ 通过 X 射线衍射法测定，如图 17.5.4 所示。按配合物结构的表达规则，它的化学式应写为 [BrOF₂][AsF₆]·2KrF₂。

4KrF₂·[Mg(AsF₆)₂] 结构的特点是以 Mg²⁺ 离子作为中心离子，4 个直线形的 KrF₂ 分子中的 F 以及 2 个 [AsF₆]⁻ 的 2 个 F 作为配体，以八面体的形式分布在 Mg²⁺ 离子周围，如图 17.5.4(b) 所示。按照配位化合物的结构特点，它的化学式应写为 [Mg(AsF₆)₂]·4KrF₂。

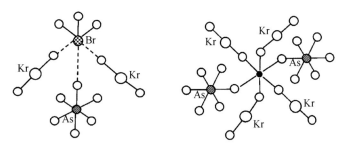

图 17.5.4　KrF$_2$ 分子加合物的晶体结构:
(a) 2KrF$_2$ · [BrOF$_2$][AsF$_6$];(b) 4KrF$_2$ · [Mg(AsF$_6$)$_2$]。

4. KrF$_2$ 均配型阳离子[Hg(KrF$_2$)$_8$]$^{2+}$

Hg(AsF$_6$)$_2$ 和大大过量的 KrF$_2$ 在无水 HF 中反应,得到[Hg(KrF$_2$)$_8$][AsF$_6$]$_2$ · 2HF 晶体。—173℃下,单晶 X 射线衍射结构测定显示,[Hg(KrF$_2$)$_8$]$^{2+}$ 阳离子位于结晶 C_2 轴上,8 个 KrF$_2$ 配体围绕在 Hg^{2+} 的周围,形成略微扭曲的四方反棱柱配位构型,见图 17.5.5。Hg—F 键长在 230.0～241.2 pm 之间,和 Hg 相连的 KrF$_2$ 配体受极化而使得 Kr—F 键发生变化,桥连的 Kr—F$_b$ 键长变长,为 193.3 ～195.7 pm,端基 Kr—F$_t$ 键长在 182.2～185.3 pm 之间。两个阴离子基团中,一个 [AsF$_6$]$^-$ 处在 C_2 轴上,与两个共结晶的 HF 分子通过氢键连接,另一个[AsF$_6$]$^-$ 则占据对称中心的位置。

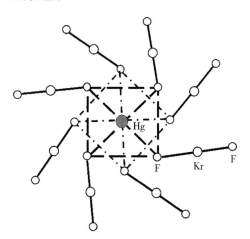

图 17.5.5　[Hg(KrF$_2$)$_8$]$^{2+}$ 阳离子的结构。

(图中示出沿晶体学 C_2 轴的投影。粗虚线代表四方反棱柱的上表面,细虚线代表下表面。Hg—F 分别处在上下表面的延展面上。粗虚线表示位于平均分子平面上方的 Hg—F 键,细虚线表示位于平均分子平面下方的 Hg—F 键。)

[参看:J. R. DeBackere and G. J. Schrobilgen, A homoleptic KrF$_2$ complex, [Hg(KrF$_2$)$_8$][AsF$_6$]$_2$ · 2HF, *Angew. Chem. Int. Ed.* **57**, 13167～13171(2018).]

17.5.3　氙的立体化学

氙能直接和氟反应生成氟化物。用氟化氙作原料还制得另一些化合物,按反应可分为四种类型:

(1) 和 F^- 受体结合,得氙氟正离子,如 $(XeF_5)(AsF_6)$ 和 $(XeF_5)(PtF_6)$。

(2) 和 F^- 给体结合,得氙氟负离子,如 $Cs(XeF_7)$ 和 $(NO_2)(XeF_8)$。

(3) 在 XeF_2 和无水的酸之间,经过 F/H 复分解作用制得,如:

$$XeF_2 + HOClO_3 \longrightarrow F—Xe—OClO_3 + HF$$

(4) 经过水解作用产生氧氟化物、氧化物和氙酸盐,例如:

$$XeF_6 + H_2O \longrightarrow XeOF_4 + 2HF$$

氙有着丰富多彩的立体化学。一些氙的较重要的化合物列于表 17.5.1 中。它们的结构示于图 17.5.6 中。这些化合物的结构描述不仅考虑最邻近的原子也包括孤对电子。

图 17.5.6 示出氙的形式上的氧化态范围从 $+2(XeF_2)$ 到 $+8(XeO_4, XeO_3F_2$ 和 $XeO_6^{4-})$ 的氙化合物的结构,它们都与 VSEPR 理论模型一致。在 XeF_7^- 和 XeF_8^{2-} 中的孤对电子没有在图中示出。XeF_6 分子不是静态结构,而是在 8 个可能的 C_{3v} 结构间连续地互相变化,在 C_{3v} 结构中孤对电子加帽在八面体的三角形面上,图中所示的只是一种可能的位置。连接这些 C_{3v} 结构的是 C_{2v} 对称性的过渡态,在其中孤对电子从八面体的一条棱边伸出。

表 17.5.1　一些氙与氟和氧的化合物的结构

化合物	几何形状/对称性	Xe—F 键长/pm	Xe—O 键长/pm	在图 17.5.6 中键对和非键电子对的排列	
XeF_2	直线形,$D_{\infty h}$	200	—	三方双锥	(a)
XeO_3	角锥形,C_{3v}	—	176	四面体	(b)
XeF_3^+[在$(XeF_3)(SbF_5)$中]	T-形,C_{2v}	184~191	—	三方双锥	(c)
$XeOF_2$	T-形,C_{2v}	—	—	三方双锥	(d)
XeF_4	平面四方形,D_{4h}	193	—	八面体	(e)
XeO_4	四面体形,T_d	—	174	四面体	(f)
XeO_2F_2	跷跷板形,C_{2v}	190	171	三方双锥	(g)
$XeOF_4$	四方锥形,C_{4v}	190	170	八面体	(h)
XeO_3F_2	三方双锥形,D_{3h}	—	—	三方双锥	(i)
XeF_5^+[在$(XeF_5)(PtF_6)$中]	四方锥形,C_{4v}	179~185	—	八面体	(j)
XeF_5^-[在$(NMe_4)(XeF_5)$中]	五角平面形,D_{5h}	189~203	—	五方双锥	(k)
XeF_6	变形八面体形,C_{3v}	189(av)	—	加帽八面体	(l)
XeO_6^{4-}[在$K_4XeO_6 \cdot 9H_2O$中]	八面体,O_h	—	186	八面体	(m)
XeF_7^-[在$CsXeF_7$中]	加帽八面体形,C_s	193~210	—	加帽八面体	(n)
XeF_8^{2-}[在$(NO)_2XeF_8$中]	四方反棱柱体,D_{4d}	196~208	—	四方反棱柱	(o)

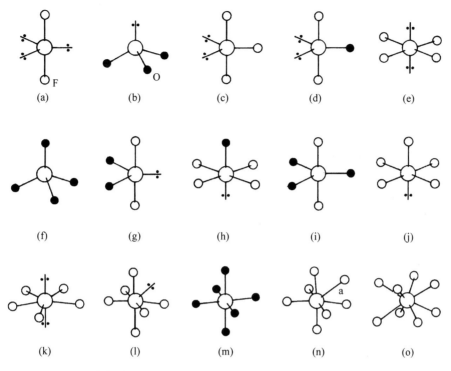

图 17.5.6　氙化合物的结构:（小黑球代表 O,小白球代表 F,大白球代表 Xe。）

(a) XeF_2 ;(b) XeO_3 ;(c)XeF_3^+ ;(d) $XeOF_2$;(e) XeF_4 ;(f) XeO_4 ;(g) XeO_2F_2 ;

(h) $XeOF_4$;(i) XeO_3F_2 ;(j) XeF_5^+ ;(k) XeF_5^- ;(l) XeF_6 ;(m)XeO_6^{4-} ;(n) XeF_7^- ; (o) XeF_8^{2-} 。

17.5.4　氙化合物中的化学键

1. 二氟化氙和四氟化氙

XeF_2 分子是直线形。简单的成键描述可取 Xe 原子 $5p_z$AO 和每个 F 原子的 $2p_z$AO 构建 XeF_2 的 MO：成键的 σ,非键的 σ^n 和反键的 σ^*,如图 17.5.7(a)所示。4 个价电子填在 σ 和 σ^n,形成 3c-4e σ 键,扩散到整个 F—Xe—F 体系。因此 Xe—F 键形式上的键级可取 0.5。剩余的氙原子的 $5s,5p_x$ 和 $5p_y$ AOs 则通过杂化形成 sp^2 杂化轨道,放置 3 个孤对电子,如图 17.5.7(b)所示。

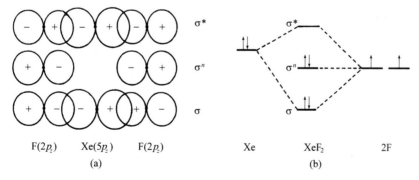

图 17.5.7　XeF_2 分子的 3c-4e F—Xe—Fσ 键的分子轨道:

(a) Xe 和 F 原子 AOs 的可能组合;(b) XeF_2 分子的能级示意图。

将相似的处理方法用在 X 和 Y 方向上,形成两个 3c-4e 键,可满意地解析 XeF_4 的平面结构。剩余的 Xe 原子的 $5s$ 和 $5p_z$ AOs 杂化形成 sp 杂化轨道,安放两个孤对电子,如图 17.5.6(e)。XeF_2 的晶体结构和 α-KrF_2 相同,参见图 17.5.3(a)。

2. XeF_6

对分立的 XeF_6 分子中的化学键有两种可能的理论模型:① 规整的八面体形,它有 3 个 3c-4e 键和一个占据球形对称的 s 轨道上的孤对电子。② 变形的八面体,孤对电子处在一个面的中心(C_{3v} 对称性),但分子容易向其他构型转变。所有已知的实验数据都和下面非刚性的模型一致。从 C_{3v} 结构出发,电子对通过 2 个 F 原子之间(即八面体的棱边,这时为 C_{2v} 对称)到一个由 3 个 F 原子包围的等当位置(八面体面中心,C_{3v} 对称)。这样连续的分子重排按 $C_{3v} \rightarrow C_{2v} \rightarrow C_{3v} \rightarrow \cdots$ 转变,这时键角略有改变,而键长基本不变。

3. XeF_8^{2-} 和 XeF_7^-

在 XeF_8^{2-} 中有 9 个价电子对围绕着 Xe 原子。从实验数据看,XeF_8^{2-} 离子为没有变形的四方反棱柱结构[图 17.5.6(o)],它表明非键电子对的可能位置应当为球形对称的 $5s$ 轨道。

在 XeF_7^- 中有 8 个价电子对围绕着 Xe 原子。何处是孤对电子的所在位置?有一种观点认为第七个 F 原子[在图 17.5.6(n)中标上"a"的 F 原子]向着一个面的中心靠近,造成正八面体形的严重变形,这种变形容易掩饰由非球形孤对电子引起的相似效应。而 $Xe—F_a$ 的键长为 210 pm,比其他 $Xe—F$ 键要长 17 pm,这就暗示孤对电子对 F_a 方向产生的一些影响。

17.5.5　氙的无机化合物的结构

本节将通过一些实例,讨论多种含有 Xe 元素的无机化合物的结构。有的通过已测定结构的具体化合物进行介绍,有些内容则讨论某类化合物的一些特性。

1. $[XeF][RuF_6]$ 和 $[Xe_2F_{11}]_2[NiF_6]$ 的结构

五氟化物分子,如 AsF_5 和 RuF_5,实际上作为氟离子的受体,所以它们和氙的氟化物形成的配合物可表达为含氙的正离子的盐,例如 $[XeF][AsF_6]$,$[XeF][RuF_6]$,$[Xe_2F_3][AsF_6]$,$[XeF_3][Sb_2F_{11}]$ 和 $[XeF_5][AgF_4]$ 等化合物。图 17.5.8(a) 示出 $[XeF][RuF_6]$ 的结构。$[Xe—F]^+$ 离子并不像普通的分立的离子,而是以共价键和负离子的一个 F 原子结合。

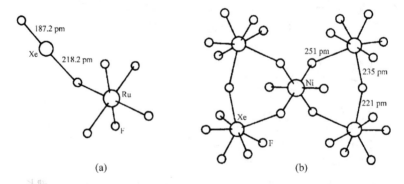

图 17.5.8　(a) $[XeF][RuF_6]$ 和 (b) $[Xe_2F_{11}]_2[NiF_6]$ 的结构。

在 XeF_2 的许多加合物中,Xe 原子形成两个直线形键,其中一个 F 是作为中心原子配位基团的一部分。端接的 $Xe—F_t$ 键显著地短于 XeF_2 中的 $Xe—F$ 键(200 pm),而桥连的

Xe—F$_b$ 键则较长。表 17.5.2 列出一些配合物的 Xe—F 键键长。

表 17.5.2　在一些配合物中 Xe—F 键键长值

化合物	Xe—F$_t$/pm	Xe—F$_b$/pm
F—Xe—FAsF$_5$	187	214
F—Xe—FRuF$_5$	187	218
F—Xe—FWOF$_4$	189	204
F—Xe—Sb$_2$F$_{10}$	184	235

在化合物 [Xe$_2$F$_3$][AsF$_6$] 中，[Xe$_2$F$_3$]$^+$ 正离子为 V-形，如下所示：

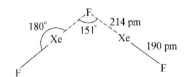

[Xe$_2$F$_{11}$]$^+$ 正离子可看作和 [Xe$_2$F$_3$]$^+$ 相似的 [F$_5$Xe---F---XeF$_5$]$^+$ 的结构。化合物 [Xe$_2$F$_{11}$]$_2^+$[NiF$_6$]$^{2-}$ 和 [Xe$_2$F$_{11}$]$^+$[AuF$_6$]$^-$ 分别含有 Ni(IV) 和 Au(V)。图 17.5.8(b) 示出 [Xe$_2$F$_{11}$]$_2$[NiF$_6$] 的结构。

在 [XeF$_3$][Sb$_2$F$_{11}$] 晶体结构中，T-形的 XeF$_3^+$ 正离子与 Sb$_2$F$_{11}^-$ 负离子中的一个 F 原子几乎共平面发生近程相互作用，如图 17.5.9 所示。负离子中 Sb—F 键长在 183～189 pm 之间。

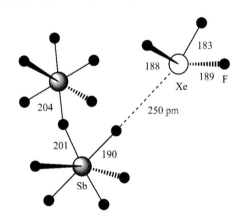

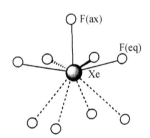

图 17.5.9　[XeF$_3$][Sb$_2$F$_{11}$]晶体中
正离子与负离子中 F 原子的作用。

图 17.5.10　[XeF$_5$][AgF$_4$]晶体中
正离子与负离子中 F 原子的作用。
（Ag 处于下面 4 个 F 的中心，未标出。）

在 [XeF$_5$][AgF$_4$] 晶体结构中，四方锥形的 XeF$_5^+$ 正离子和近似平面四方形的 AgF$_4^-$ 负离子交替排列，形成双离子层，正离子位于四次轴上，与 4 个分别来源于 4 个负离子的 F 原子发生作用，Xe⋯F 距离 263.7 pm，如图 17.5.10 所示。其中，AgF$_4^-$ 负离子具有 D_{2h} 的对称性，Ag—F 键长为 190.2 pm，正离子 XeF$_5^+$ 具有 C_{4v} 对称性，轴向 Xe—F(ax) 键长为 185.2 pm，赤道面上 Xe—F(eq) 键长为 182.6 pm，键角 F(ax)—Xe—F(eq) 等于 77.7°。

2. XeF$_2$ 端基配位化合物的结构

XeF$_2$ 作为端基配体，可以和多种金属离子形成配合物，图 17.5.11 示出 4 种晶体结构，显示其多样的配位模式。

（a）$[WOF_4(XeF_2)]$

此结构中，W 为 6 配位，XeF_2 中的一个 F 原子直接和 W 原子配位相连，其余 5 个配体分别由 O 和 F 提供，如图 17.5.11(a) 所示。

（b）$[Mg(XeF_2)_4](AsF_6)_2$

此结构中，Mg 为 6 配位，其中 4 个配体来自 XeF_2 分子，由 4 个 XeF_2 分子各提供一个 F 原子和 Mg 相连，其余 2 个 F 分别由 2 个 AsF_6^- 基团提供，如图 17.5.11(b) 所示。

（c）$[Zn(XeF_2)_6](SbF_6)_2$

在结构中，$[Zn(XeF_2)_6]^{2+}$ 呈正八面体分布，6 个配位 F 原子分别来源于 6 个 XeF_2 分子。$(SbF_6)^-$ 不直接参与和 Zn^{2+} 的配位，如图 17.5.11(c) 所示。

（d）$[Mg(XeF_2)(XeF_4)](AsF_6)_2$

在晶体结构中，Mg^{2+} 被 6 个 F 原子环绕，按正八面体分布。其中，XeF_2 和 XeF_4 各提供一个 F 参与配位，其余 4 个 F 原子均由 $(AsF_6)^-$ 提供。反式桥连的 $(AsF_6)^-$ 和顺式桥连的 $(AsF_6)^-$ 单元与 Mg^{2+} 连接成层。

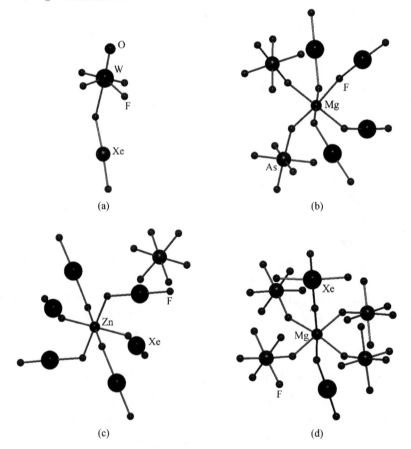

图 17.5.11　XeF_2 配合物的结构：
(a) $[WOF_4(XeF_2)]$；(b) $[Mg(XeF_2)_4](AsF_6)_2$；
(c) $[Zn(XeF_2)_6]^{2+}[$仅示出一个 $(SbF_6)^-]$；(d) $[Mg(XeF_2)(XeF_4)](AsF_6)_2$。

3. 氙的氧化物、氟氧化物的配位结构

氙和氧通过共价键形成的一些分子,也可以和其他基团通过弱配位键形成一些新的化合物。

(a) [XeOXeOXe][μ-F(ReO₂F₃)₂]₂

这是一例 Xe(Ⅱ)的氧化物。它是在 −30℃无水 HF 介质中,由 ReO₃F 和 XeF₂反应形成的。在晶体结构内,[XeOXeOXe]²⁺呈平面 Z 字形,具有 C_{2h}点群的对称性,两端的 Xe 原子通过 Xe⋯F 键分别与两个[μ-F(ReO₂F₃)₂]⁻连接,如图 17.5.12 所示。

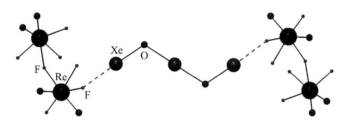

图 17.5.12　[XeOXeOXe][μ-F(ReO₂F₃)₂]₂分子结构。

(b) [NR₄]₃[Br₃(XeO₃)₃]·2KrF₂[R=CH₃(简写为 Me)或 C₂H₅(简写为 Et)]

XeO₃分别和(Me₄N)Br 或(Et₄N)Br 反应可分别得到溴代氙酸盐(Et₄N)₃[Br₃(XeO₃)₃]和(Me₄N)₄[Br₄(XeO₃)₄]。这两个化合物的结构示于图 17.5.13,笼状阴离子[Br₃(XeO₃)₃]³⁻中 Xe—Br 键长为 308.4～331.8 pm。将溴换成氯,所得同构的笼形氯代氙酸根负离子中 Xe—Cl 键长为 293.2～310.1 pm。

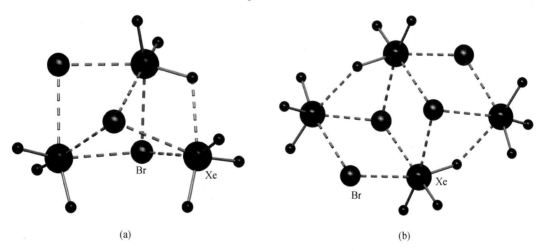

图 17.5.13　(a) [Br₃(XeO₃)₃]³⁻ 和 (b) [Br₄(XeO₃)₄]⁴⁻ 的结构。

(c) FXeOSO₂F

当 XeF₂和一种无水酸(如 HOSO₂F)反应,将产生消除 HF 作用而得 FXeOSO₂F,它含有线性 F—Xe—O 基团,如图 17.5.14(a)所示。

(d) FXeN(SO₂F)₂

这个化合物是将 XeF₂中的一个 F 原子用 HN(SO₂F)₂中的一个—N(SO₂F)₂基团置换而得。在它的分子结构中有一个直线形的 F—Xe—N— 基团和平面构型的 N 原子,如图 17.5.14(b)所示。

（e）$Cs_2(XeO_3Cl_2)$

这种盐是在 HCl 水溶液中用 XeO_3 和 CsCl 反应制得。它包含负离子的长链$[Xe_2O_6Cl_4]_n^{4n-}$，图 17.5.14(c)示出该负离子链的结构。

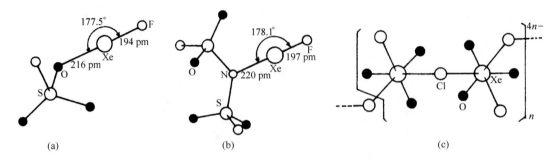

(a)　　　　　　　　　　(b)　　　　　　　　　　(c)

图 17.5.14　一些无机氙化合物的结构：
(a) $FXeOSO_2F$；(b) $FXeN(SO_2F)_2$；(c) $[Xe_2O_6Cl_4]_n^{4n-}$。

（f）氧化氙的冠醚配合物

近期发现，三氧化氙与 15-冠-5 反应形成动力学稳定的分子加合物$(CH_2CH_2O)_5XeO_3$。$-173℃$，单晶 X 射线衍射确定了$(CH_2CH_2O)_5XeO_3$的结构（图 17.5.15）。它属$P2_1/n$空间群，晶胞参数 $a=867.28$ pm，$b=1294.57$ pm，$c=1245.11$ pm，$\beta=96.557°$，$V=1.33881\times10^9$ pm^3，$Z=4$。结构中，$(CH_2CH_2O)_5XeO_3$分立存在，其中 XeO_3 分子中的 Xe 原子由 15-冠-5 分子的五个氧原子 O_{crown} 配位（图 17.5.15）。$Xe—O_{crown}$ 之间主要是静电作用，与σ空穴相互作用一致。

$(CH_2CH_2O)_5XeO_3$分子中，有三个短 $Xe\cdots O$ 键（289.5，293.2，297.0 pm），两个长 $Xe\cdots O$ 键（311.4，312.4 pm）。三个较短的 $Xe\cdots O$ 大致处在主要的极性共价 $Xe\!=\!O$ 键的反位，$O—Xe\cdots O$角分别为 155.00，159.86 和 176.63°。两个较长的 $Xe\cdots O$ 键与 $Xe\!=\!O$ 键形成的 $O—Xe\cdots O$ 角（129.93，134.79°）明显较小。

该配合物是 XeO_3 与多齿配体配位的唯一实例，五配位也是迄今为止观察到的氙的最高配位。

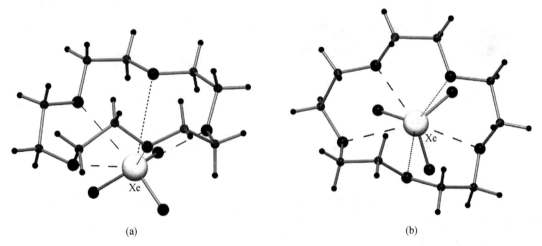

(a)　　　　　　　　　　(b)

图 17.5.15　$(CH_2CH_2O)_5XeO_3$晶体结构中，分子组元之间键合的侧视图(a)和俯视图(b)。

［参看：K. M. Marczenko, H. P. A. Mercier and G. J. Schrobilgen, A stable crown ether complex with a noble gas compound. *Angew. Chem. Int. Ed.* **57**, 12448~12452(2018).］

4. 金-氙配合物的结构

氙直接和 F,O,N,C 和 Cl 成键的化合物已得到确定,并已在前几小节中予以讨论。所有和氙键合的原子都是电负性的主族元素。氙可以作为一个配位体和金属原子 M 形成 M—Xe 键,特别是金,从金的电子结构来看,呈现明显的相对论效应,已在 2.4.3 小节中讨论。一些金-氙配合物已得到制备和表征,它们的结构示于图 17.5.16 中。

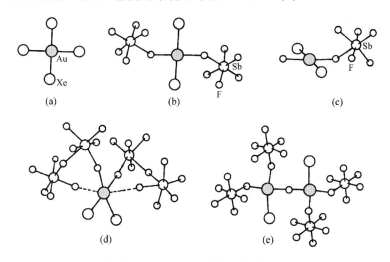

图 17.5.16　一些金-氙配合物的结构:
(a) $[AuXe_4]^{2+}$;(b) $[AuXe_2][SbF_6]_2$;(c) $[AuXe_2F][SbF_6]$;(d) $[AuXe_2][Sb_2F_{11}]_2$;
(e) $[Au_2Xe_2F]^{3+}$ 及在 $[Au_2Xe_2F][SbF_6]_3$ 中所处的环境。

化合物 $[AuXe_4^{2+}][Sb_2F_{11}^-]_2$ 存在两种结构:四方晶体和三斜晶体。$[AuXe_4]^{2+}$ 正离子为平面四方形,Au—Xe 键长范围为 267.0~277.8 pm [图 17.5.16(a)]。围绕着 Au 原子,对四方晶体,还有两个 Au—F 键,距离为 292.8 pm;对三斜晶体,还有 3 个弱的 Au—F 键,距离为 267.1~315.8 pm。

图 17.5.16(b)和(c)示出在 $[AuXe_2F][SbF_6][Sb_2F_{11}]$ 晶体中反式-$[AuXe_2][SbF_6]_2$ 和反式-$[AuXe_2F][SbF_6]$ 物种的结构。每个 Au 原子都处在平面四方形的配位环境中,它和两个 Xe 原子及两个 F 原子键合在一起。Au—Xe 键键长对前者为 270.9 pm,对后者为 259.3 pm 和 261.9 pm。

图 17.5.16(d)示出 $[AuXe_2][Sb_2F_{11}]_2$ 结构。Au—Xe 键长为 265.8 pm 和 267.1 pm,略短于 $[AuXe_4]^{2+}$ 离子中相应的键长。

图 17.5.16(e)示出 Z-形双核 $[Xe—Au—F—Au—Xe]^{3+}$ 正离子及在 $[Au_2Xe_2F][SbF_6]_3$ 中和它直接连接的负离子的状况。Au 原子与 1 个 Xe 原子和 3 个 F 原子配位形成平面四方形构型,Au—Xe 键长 264.7 pm。

17.5.6　有机氙化合物的结构

已有超过十种含 Xe—C 键的有机氙化合物得到制备和表征。第一个 Xe—C 键的结构表征是在 $[MeCN—Xe—C_6F_5]^+[(C_6F_5)_2BF_2]^-MeCN$ 中完成的。其正离子 $[MeCN—Xe—C_6F_5]^+$ 的结构已示于图 2.4.4 中。Xe—C 键长 209.2 pm,Xe—N 键长 268.1 pm,Xe 原子处于直线形环境中。在此化合物中,正负离子间没有明显的氟原子桥连,最短的分子间 Xe---F 距离 313.5 pm。包含 Xe—C 键化合物的其他实例示于图 17.5.17 并讨论于下。

1. $Xe(C_6F_5)_2$

这是第一个大小均衡的有机氙(Ⅱ)化合物,两个 Xe—C 键长为 239 pm 和 235 pm,比其他化合物中相应的键约长 30 pm。C—Xe—C单元几乎是直线(键角 178°),两个 C_6F_5 环相互扭角为 72.5°,如图 17.5.17(a)。

2. $[(C_6F_5Xe)_2Cl][AsF_6]$

这是第一个分立的明确表征的氙(Ⅱ)氯化合物。正离子$[(C_6F_5Xe)_2Cl]^+$由两个 C_6F_5Xe 分子片通过氯离子桥连组成。每个直线形 C—Xe—Cl 键都可看作包含一个不对称的超价 3c-4e 键。这就出现较短的 Xe—C 键(平均键长 211.3 pm)和较长的 Xe—Cl 键(平均键长 281.6 pm)。Xe—Cl—Xe键角为 117°,如图 17.5.17(b)。

3. $[2,6-F_2H_3C_5N—Xe—C_6F_5][AsF_6]$

在$[2,6-F_2H_3C_5N—Xe—C_6F_5]^+$正离子的结构中,Xe 原子以直线形和 C 及 N 原子成键;Xe—C 键长为 208.7 pm,Xe—N 为 269.5 pm,如图 17.5.17(c)。

4. $2,6-F_2H_3C_6—Xe—FBF_3$

在此化合物中 Xe 原子也是线形地键合于 C 和 F 原子;Xe—C 键长为 209.0 pm,Xe—F 为 279.36 pm,C—Xe—F 键角为 167.8°,如图 17.5.17(d)所示。

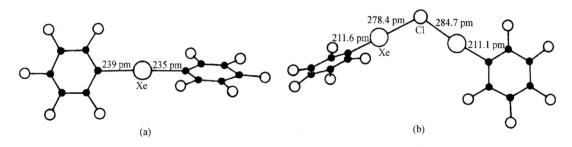

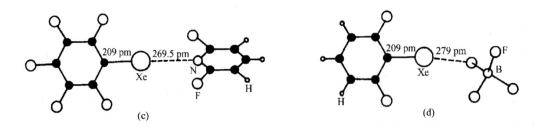

图 17.5.17　一些有机氙化合物的结构:
(a) $Xe(C_6F_5)_2$;(b) $[(C_6F_5Xe)_2Cl]^+$;(c) $[2,6-F_2H_3C_5N—Xe—C_6F_5]^+$;(d) $2,6-F_2H_3C_6—Xe—FBF_3$。

其他一些有机氙化合物的结构数据列于表 17.5.3 中。

表 17.5.3　一些有机氙化合物的结构数据

化合物	Xe—C 键长/pm	Xe—E 键长/pm	C—Xe—E 键角/(°)
$(F_5C_6—Xe)(AsF_6)$	207.9	271.4	170.5
	208.2	267.2	174.2
$(F_5C_6—Xe)(OCC_6F_5)$ （O，双键）	212.2	236.7	178.1
$(F_2H_3C_6—Xe)(OSO_2CF_3)$	207.4	268.7	173.0
	209.2	282.9	165.1

在已知的有机氙化合物中，C—Xe—E(E 为 F，O，N，Cl)键角只略偏离 180°，说明在各种情况下均有超价 3c-4e 键。Xe—C 键长除了在化合物 $Xe(C_6F_5)_2$ 外，均在 208～212 pm 范围。Xe---E 接触距离显著地短于 Xe 和 E 的范德华半径和，说明至少有弱的次级 Xe---E 键。

17.5.7　稀有气体的超分子结合力

第 18 族稀有气体元素利用外层孤电子对，可以和相邻的原子产生一种新的超分子结合力，进而缩短原子之间的距离，这种作用在英文文献中称为"Aerogen Bonding Interaction"，中文则直译为"气凝成键作用"。下面通过两个实例加以讨论。

例 1. XeO_3 晶体结构中的超分子作用

XeO_3 分子呈三角锥形，价键结构示于图 17.5.18(a)中。在晶体结构中，每个 XeO_3 分子和相邻的 3 个 XeO_3 分子发生相互作用，相邻分子间 Xe···O 距离为 280～290 pm，如图 17.5.18(b)所示。这一数值大于 Xe—O 共价键键长(203 pm)，但远小于 Xe 和 O 的范德华半径之和 368 pm。Xe···O 之间的相互作用，可看作 Xe 原子的孤电子对和相邻的 3 个氧原子中未参与 Xe＝O 键形成的剩余 π^* 轨道的相互作用，这种次级作用缩短了 Xe···O 之间的距离。

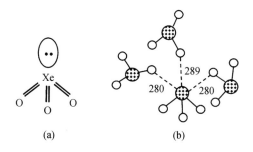

图 17.5.18　XeO_3 分子结构及相邻分子的作用：
(a) XeO_3 分子的价键表达式；(b) XeO_3 晶体中，相邻分子之间的 Xe···O 接触距离(单位：pm)。

例 2. $XeOF_2 \cdot CH_3CN$ 晶体结构中的分子间作用

$XeOF_2$ 分子为平面状的 T-形结构，O 原子和 2 个 F 原子位于赤道面上，两对价层孤电子对垂直于该平面。在 $XeOF_2 \cdot CH_3CN$ 晶体结构中，一个 $XeOF_2$ 分子周围有 4 个 CH_3CN 分子，图 17.5.19 示出 $XeOF_2$ 分子的配位情况，它通过 O 原子和 2 个 F 原子分别和 3 个 CH_3CN 分子中的 C 原子发生 O···C 和 F···C 非共价相互作用，而另外 1 个 CH_3CN 分子直接用 N 原子和 Xe 作用，这种作用即为气凝成键相互作用，显示 Xe 原子的孤电子对与 N 原子的 π^* 空轨道之间发生吸引作用而重叠。

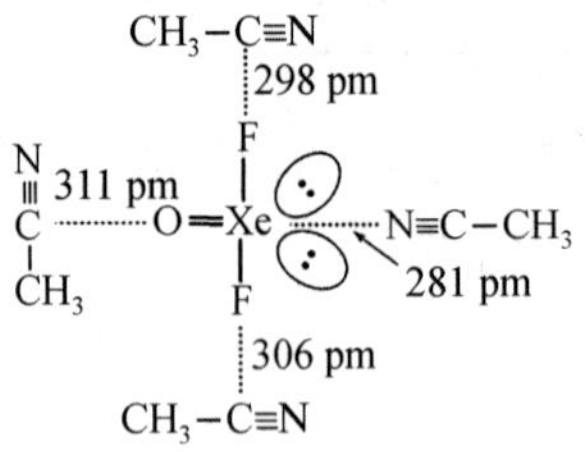

图17.5.19 XeF₂O·CH₃CN 中 XeOF₂分子和 4 个相邻 CH₃CN 分子间的相互作用。

参 考 文 献

[1] M. Pettersson, L. Khriachtchev, J. Lundell and M. Räsänen, Noble gas hydride compounds. In G. Meyer, D. Naumann and L. Wesemann(eds.), *Inorganic Chemistry in Focus Ⅱ*, Wiley-VCH, Weinheim, 2005, pp. 15~34.

[2] N. Bartlett(ed.), *The Oxidation of Oxygen and Related Chemistry: Selected Papers of Neil Bartlett*, World Scientific, Singapore, 2001.

[3] H. Bock, D. Hinz-Hübner, U. Ruschewitz and D. Naumann, Structure of bis(pentafluorophenyl) xenon, $Xe(C_6F_5)_2$. *Angew. Chem. Int. Ed.* **41**, 448~450(2002).

[4] T. Drews, S. Seidal and K. Seppelt, Gold-xenon complexes. *Angew. Chem. Int. Ed.* **41**, 454~456(2002).

[5] C. Walbaum, M. Richter, U. Sachs, I. Pantenburg, S. Riedel, A.-V. Mudring, G. Meyer, Iodine-iodine bonding makes tetra(diiodine)chloride, $[Cl(I_2)_4]^-$, planar, *Angew. Chem. Int Ed.* **52**, 12732~12735(2013).

[6] G. Cavallo, P. Metrangolo, R. Milani, T. Pilati, Arri Priimagi, G. Resnati and G. Terraneo, The halogen bond, *Chem. Rev.* **116**, 2478~2601(2016).

[7] Mukherjee, S. Tothadi and G. R. Desiraju, Halogen bonds in crystal engineering: Like hydrogen bonds yet different, *Acc. Chem. Res.* **47**, 2514~2524(2014).

[8] L. Khriachtchev, M. Pettersson, N. Runeberg, J. Lundell, M. Rasanen, A stable argon compound, *Nature* **406**, 874~876(2000).

[9] D. S. Brock, J. J. Casalis de Pury, H. P. A. Mercier, G. J. Schrobilgen and B. Silvi, A rare example of a krypton difluoride coordination compound: $[BrOF_2][AsF_6] \cdot 2KrF_2$, *J. Am. Chem. Soc.* **132**, 3533~3542(2010).

[10] M. Lozinšek, H. P. A. Mercier, D. S. Brock, B. Žemva and G. J. Schrobilgen, Coordination of KrF_2 to a naked metal cation, Mg^{2+}, *Angew. Chem. Int. Ed.* **56**, 6251~6254(2017).

[11] G. Tavcar and B. Žemva, XeF_4 as a ligand for a metal ion, *Angew. Chem. Int. Ed.* **48**, 1432~1434(2009).

[12] M. V. Ivanova, H. P. A. Mercier and G. J. Schrobilgen, $[XeOXeOXe]^{2+}$, the missing oxide of xenon(Ⅱ); synthesis, Raman spectrum, and X-ray crystal structure of $[XeOXeOXe][\mu\text{-}F(ReO_2F_3)_2]_2$, *J. Am. Chem. Soc.* **137**, 13398~13413(2015).

[13] J. T. Goettel, V. G. Haensch and G. J. Schrobilgen, Stable chloro-and bromoxenate cage anions; $[X_3(XeO_3)_3]^{3-}$ and $[X_4(XeO_3)_4]^{4-}$ (X = Cl or Br), *J. Am. Chem. Soc.* **139**, 8725~8733(2017).

[14] A. Bauz and A. Frontera, Aerogen bonding interaction: A new supramolecular force?, *Angew. Chem. Int. Ed.* **54**, 7340~7343(2015).

第 18 章　稀土元素和锕系元素的结构化学

18.1　稀土元素简介

镧系元素是元素周期表中 57～71 号元素(La, Ce, Pr, Nd, Pm, Sm, Eu, Gd, Tb, Dy, Ho, Er, Tm, Yb, Lu)的总称,常用符号 Ln 表示。基态价层电子构型为 $4f^{0\sim14}5d^{0\sim1}6s^2$,其中,La、Ce、Gd、Lu 各有 1 个 $5d$ 电子,其余元素皆为 $5d^0$,从 Pr 到 Lu 随着原子序数的增加,$4f$ 轨道的电子数由 3 变到 14。镧系元素的化学性质非常相近,也和钪(Sc)、钇(Y)的性质相近,这 17 种元素在自然界常常共生在一起,统称稀土元素,常用符号 RE 表示。稀土元素的绝对丰度并不低,但在地壳中较为分散,不易分离提纯,且其氧化物难熔化(俗称土性),故名。

稀土化合物以其独特的电子结构,在功能材料中发挥着重要作用。稀土金属的配位化学也发展迅速,作为催化剂或者新材料制备的前驱体也备受关注。稀土元素的基本性质归纳在表 18.1.1 中。

表 18.1.1　稀土元素的一些重要性质

符　号　　名　称		电子组态		r_M/pm (CN=12)	$r_{M^{3+}}$/pm (CN=8)	晶体结构	点阵参数	
		金属	M^{3+}				a/pm	c/pm
Sc	Scandium,钪	$[Ar]3d^14s^2$	$[Ar]$	164.1	87.1	hcp	330.9	526.8
Y	Yttrium,钇	$[Kr]4d^15s^2$	$[Kr]$	180.1	101.9	hcp	364.8	573.2
La	Lanthanum,镧	$[Xe]5d^16s^2$	$[Xe]$	187.9	116.0	dhcp	377.4	1217.1
Ce	Cerium,铈	$[Xe]4f^15d^16s^2$	$[Xe]4f^1$	182.5	114.3	ccp	516.1	—
Pr	Praseodymium,镨	$[Xe]4f^36s^2$	$[Xe]4f^2$	182.8	112.6	dhcp	367.2	1183.3
Nd	Neodymium,钕	$[Xe]4f^46s^2$	$[Xe]4f^3$	182.1	110.9	dhcp	365.8	1179.7
Pm	Promethium,钷	$[Xe]4f^56s^2$	$[Xe]4f^4$	(181.0)	(109.5)	dhcp	365	1165
Sm	Samarium,钐	$[Xe]4f^66s^2$	$[Xe]4f^5$	180.4	107.9	rhom	362.9	2620.7
Eu	Europium,铕	$[Xe]4f^76s^2$	$[Xe]4f^6$	204.2	106.6	bcp	458.3	—
Gd	Gadolinium,钆	$[Xe]4f^75d^16s^2$	$[Xe]4f^7$	180.1	105.3	hcp	363.4	578.1
Tb	Terbium,铽	$[Xe]4f^96s^2$	$[Xe]4f^8$	178.3	104.0	hcp	360.6	569.7
Dy	Dysprosium,镝	$[Xe]4f^{10}6s^2$	$[Xe]4f^9$	177.4	102.7	hcp	359.2	565.0
Ho	Holmium,钬	$[Xe]4f^{11}6s^2$	$[Xe]4f^{10}$	176.6	101.5	hcp	357.8	561.8
Er	Erbium,铒	$[Xe]4f^{12}6s^2$	$[Xe]4f^{11}$	175.7	100.4	hcp	355.9	558.5
Tm	Thulium,铥	$[Xe]4f^{13}6s^2$	$[Xe]4f^{12}$	174.6	99.4	hcp	353.8	555.4
Yb	Ytterbium,镱	$[Xe]4f^{14}6s^2$	$[Xe]4f^{13}$	193.9	98.5	ccp	548.5	—
Lu	Lutetium,镥	$[Xe]4f^{14}5d^16s^2$	$[Xe]4f^{14}$	173.5	97.7	hcp	350.5	554.9

18.1.1   金属原子半径和离子半径的变化趋势：镧系收缩

镧系收缩一词是描述 Ln^{3+} 离子半径随着原子序数的增加而稳定地减小的现象，从 La^{3+} 到 Lu^{3+} 离子半径减小达 18 pm（表 18.1.1）。类似地金属原子半径也是系统地收缩改变，但在 Eu 和 Yb 处有两个明显的突起。镧系收缩源于 $4f$ 轨道，它处在 $4d$，$5s$ 和 $5p$ 轨道内部，当原子序数增加 1，核电荷增加 1，$4f$ 电子虽然也增加 1，但对外层电子而言，不能完全地屏蔽所增加的核电荷。随着原子序数的增加，外部电子稳定地增加有效核电荷，外部的电子云作为一个整体稳定地收缩。在近年，理论工作者提出相对论效应也起重要的作用，详细内容已在 2.3.3 小节中讨论。

对 Eu 和 Yb 金属原子半径突出的不规则性是由于它们倾向于保持 $4f^7$ 和 $4f^{14}$ 半充满和全充满的稳定状态，每个原子只有两个价电子参加到导带中，而其他镧系金属则有三个价电子参加到 $5d/6s$ 导带。所以在金属状态或其他一些化合物中（如六硼化物中）Eu 和 Yb 并不显现镧系收缩。将这两个元素和相邻元素比较具有大的半径值，很明显地说明它们为低价态。

镧系收缩对第三排过渡金属的化学性质有着重要的影响。由于镧系 14 种元素收缩的累积效应，导致半径的减小说明第三排过渡金属和它们的第二排同族过渡金属大小近似地相同，因此显示相似的化学行为。例如，锆和铪、铌和钽性质非常相似。

18.1.2   稀土金属的晶体结构

17 种稀土金属采取 5 种晶体结构型式。室温下，9 种为六方最密堆积（hcp）结构，4 种为双倍 c 轴的六方最密堆积（dhcp）结构，两种为立方最密堆积（ccp）结构，体心立方密堆积（bcp）结构和三方（Sm-型）结构各一种，如表 18.1.1 所列。这些分布会随温度和压力而改变，如同许多元素的系列结构相转变一样。所有这些晶体结构，除 bcp 外，都是最密堆积，它们可按原子的密堆积层堆积的次序来定义，如图 18.1.1 中所示，标明如下：

$$\text{hcp：AB}\cdots \qquad , \qquad \text{dhcp：ABAC}\cdots$$
$$\text{ccp：ABC}\cdots \qquad , \qquad \text{Sm-型：ABABCBCAC}\cdots$$

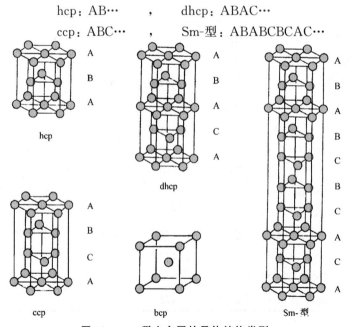

图 18.1.1   稀土金属的晶体结构类型。

如果将 Ce,Eu 和 Yb 排除在外,剩余的 14 种稀土金属可分为两个主要亚族:① 重稀土金属,Gd 到 Lu,不算 Yb 而增加 Sc 和 Y,这些金属都采取 hcp 结构。② 轻稀土金属,La 到 Sm,不算 Ce 和 Eu,这些金属采取 dhcp 结构(Sm-型结构可看作一份 ccp 和两份 hcp 结构的混合物)。在每一亚族内,元素的化学性质十分相似,所以它们在矿物中总是共生在一起。

18.1.3 氧化态

由于 $4f$ 亚层半充满和全充满的稳定性,Ln 原子的电子组态为 $[Xe]4f^n5d^06s^2$ 或者 $[Xe]4f^n5d^16s^2$。

Ln 的最稳定的氧化态通常为 $+3$,其他氧化态也有,特别是出现 $4f^0$,$4f^7$ 和 $4f^{14}$ 时。最常见的二价离子有 Eu^{2+}($4f^7$)和 Yb^{2+}($4f^{14}$),最常见的四价离子有 Ce^{4+}($4f^0$)和 Tb^{4+}($4f^7$)。其原因是稀土原子的第四电离能(I_4)总是大于前三个电离能的总和($I_1+I_2+I_3$),如表18.1.2 所列。在大多数情况下,除去第四个电子所需的能量不能由化学键的形成所补偿,所以 $+4$ 氧化态大都不能达到。

表 18.1.2 稀土元素的电离能(单位: kJ mol^{-1})

元　素	I_1	I_2	I_3	$(I_1+I_2+I_3)$	I_4
Sc	633	1235	2389	4257	7019
Y	616	1181	1980	3777	5963
La	538	1067	1850	3455	4819
Ce	527	1047	1949	3523	3547
Pr	523	1018	2086	3627	3761
Nd	530	1035	2130	3695	3899
Pm	536	1052	2150	3738	3970
Sm	543	1068	2260	3871	3990
Eu	547	1085	2404	4036	4110
Gd	593	1167	1990	3750	4250
Tb	565	1112	2114	3791	3839
Dy	572	1126	2200	3898	4001
Ho	581	1139	2204	3924	4100
Er	589	1151	2194	3934	4115
Tm	597	1163	2285	4045	4119
Yb	603	1176	2415	4194	4220
Lu	524	1340	2022	3886	4360

虽然 $+3$ 氧化态最为普通,但也有五个镧系元素出现四价的化学性质。对 Nd 和 Dy 仅限于固态氟化物配合物,而 Pr 和 Tb 也可形成四氟化物和二氧化物。最大量的 Ln^{4+} 化学是 Ce,已知它有一系列的四价化合物和盐,例如 CeO_2 和 $CeF_4 \cdot H_2O$。Ce^{4+} 的普遍存在可归因于在镧系开始时 $4f$ 轨道的高能态使它在 Ce^{3+} 时没有足够的稳定性以防止另一电子的丢失。

表 18.1.3 列出稀土离子在 $+2$,$+3$,$+4$ 氧化态时的半径和水合能,从这些数据也可以看出,对于镧系元素,由镧到镥,离子半径随原子序数增加而递减,而水合能也一并减小(即负值增大),说明离子半径小则作用强,水合过程放出的能量大。尽管有这些水合数据,但在溶液中,稀土离子可以稳定存在的氧化态是 $+3$。$+2$ 氧化态离子 Eu^{2+},Yb^{2+} 等多存在于固体或

者特殊的配合物中,溶于水后发生还原作用,变为 Ln^{3+} 离子。由于动力学效应,Ce^{4+} 可以在水溶液中存在,它是非常强的氧化剂,是"铈量法"分析的试剂。

表 18.1.3　稀土离子 $+2,+3,+4$ 氧化态时的半径和水合能

元素	$r_{M^{2+}}$ (CN=6)	$-\Delta_{hyd}H^{\ominus}$ (M^{2+})	$r_{M^{3+}}$ (CN=6)	$-\Delta_{hyd}H^{\ominus}$ (M^{3+})	$r_{M^{4+}}$ (CN=8)	$-\Delta_{hyd}H^{\ominus}$ (M^{4+})
Sc	—	—	74.5	—	—	—
Y	—	—	90.0	3640	—	—
La	130.4	—	103.2	3372	—	—
Ce	127.8	—	101.0	3420	96.7	6390
Pr	125.3	1438	99.0	3453	94.9	6469
Nd	122.5	1459	98.3	3484	93.6	6528
Pm	120.6	1474	97.0	3520	92.5	6579
Sm	118.3	1493	95.8	3544	91.2	6639
Eu	116.6	1507	94.7	3575	90.3	6682
Gd	114.0	—	93.8	3597	89.4	6726
Tb	111.9	1546	92.1	3631	88.6	6765
Dy	109.6	1566	91.2	3661	87.4	6824
Ho	107.5	1585	90.1	3718	86.4	6875
Er	105.6	1602	89.0	3718	85.4	6926
Tm	103.8	1619	88.0	3742	84.4	6978
Yb	102.6	1631	86.8	3764	83.5	7026
Lu	—	—	86.1	3777	82.7	7069

18.1.4　光谱项和电子光谱

原子和离子的能级可用一般形式的 $^{2S+1}L_J$ 谱项符号来表征。镧系离子 Ln^{3+} 在基态时的 S,L 和 J 的数值可从在 $4f$ 亚层中电子的排列来推导,它决定于 Hund 规则,其值列于表18.1.4 中。

表 18.1.4　Ln^{3+} 离子的电子组态,基态谱项符号和磁性

Ln^{3+}	$4f$ 电子组态	基态谱项符号	Ln^{3+} 的颜色	磁矩,μ(298 K)$/\mu_B$ 计算值	观察值
La^{3+}	$4f^0$	$^1S_0$	无色	0	0
Ce^{3+}	$4f^1$	$^2F_{5/2}$	无色	2.54	2.3～2.5
Pr^{3+}	$4f^2$	$^3H_4$	绿色	3.58	3.4～3.6
Nd^{3+}	$4f^3$	$^3I_{9/2}$	淡紫色	3.62	3.5～3.6
Pm^{3+}	$4f^4$	$^5I_4$	粉红色	2.68	2.7
Sm^{3+}	$4f^5$	$^6H_{5/2}$	淡黄色	0.85	1.5～1.6
Eu^{3+}	$4f^6$	$^7F_0$	无色	0	3.4～3.6
Gd^{3+}	$4f^7$	$^8S_{7/2}$	无色	7.94	7.8～8.0
Tb^{3+}	$4f^8$	$^7F_6$	浅淡红色	9.72	9.4～9.6
Dy^{3+}	$4f^9$	$^6H_{15/2}$	淡黄色	10.65	10.4～10.5
Ho^{3+}	$4f^{10}$	$^5I_8$	黄色	10.60	10.3～10.5
Er^{3+}	$4f^{11}$	$^4I_{15/2}$	粉红色	9.58	9.4～9.6
Tm^{3+}	$4f^{12}$	$^3H_6$	淡绿色	7.56	7.1～7.4
Yb^{3+}	$4f^{13}$	$^2F_{7/2}$	无色	4.54	4.4～4.9
Lu^{3+}	$4f^{14}$	$^1S_0$	无色	0	0

镧系化合物的电子跃迁可以有三种类型：$f \rightarrow f$ 跃迁，$nf \rightarrow (n+1)d$ 跃迁，以及配位体 $\rightarrow$ 金属 f 电荷转移跃迁。

在 Ln^{3+} 离子中，$4f$ 轨道径向上的收缩远大于过渡金属的 d 轨道，其程度使充满的 $5s$ 和 $5p$ 轨道较多地屏蔽从配位体来的 $4f$ 电子。其结果使 Ln^{3+} 化合物中的振动耦合远弱于过渡金属化合物，因此电子跃迁强度很低。许多这类的电子跃迁处在电磁光谱的可见光区域，Ln^{3+} 化合物的颜色典型地弱于过渡金属。在水合盐中 Ln^{3+} 离子的颜色列于表 18.1.4。$4f$ 轨道和配位体相互作用很弱意味着对一给定的 Ln^{3+} 其 $f \rightarrow f$ 跃迁能量在化合物之间改变很小，因此 Ln^{3+} 的颜色通常有其特征性。从 Ln^{3+} $4f$ 轨道与周围配位体的相互作用很小来看，在 Ln^{3+} 化合物中，$f \rightarrow f$ 跃迁是很固定的，所以它们的电子吸收光谱的谱带非常明锐。

因为 $f \rightarrow d$ 跃迁为 Laporte 允许，它们的强度远高于 $f \rightarrow f$ 跃迁。配位体到金属大的转移跃迁也是 Laporte 允许，所以也有较大的强度。这两类跃迁通常都落在紫外区，所以它们并不影响 Ln^{3+} 化合物的颜色。对于容易还原的 Ln^{3+}（Eu 和 Yb），它们比 $f \rightarrow d$ 跃迁有较低能量，对易氧化的配位体，其尾部可能进入可见光区域给出带深颜色的配合物。

Ln^{2+} 常高度带色，这是由于在 Ln^{2+} 中相对于 Ln^{3+} 而言 $4f$ 轨道是不稳定的，它和 $5d$ 轨道相处很近。轨道能量分隔作用的这种变化，导致 $f \rightarrow d$ 跃迁从紫外移至光谱的可见光区。

在 Ln^{3+} 离子中的 $f \rightarrow f$ 跃迁导致的荧光，已用于彩色电视机，它的荧光屏中含有三种磷光发光体：红色发光体是在 Y_2O_2S 中的 Eu^{3+}（掺杂）或 Eu^{3+}：Y_2O_3。它主要的发射是 Eu^{3+} 中 $^5D_0 \rightarrow {}^7F_n$（$n = 4 \sim 0$）能级间跃迁。绿色发光体是在 Tb^{3+}：La_2O_2S 中的 Tb^{3+}。Tb^{3+} 的主要发射是在 $^5D_4$ 和 ^7F_n（$n = 6 \sim 0$）能级间的跃迁。最好的蓝色发光体是（Ag，Al）：ZnS，其中没有 Ln^{3+} 组分。

18.1.5　磁性

Ln^{3+} 离子的顺磁性源于它的未成对的 $4f$ 电子，它们在 Ln^{3+} 的化合物中受周围配位体的相互作用很小。这些化合物的磁性类似于它们的自由 Ln^{3+} 离子。对于大多数的 Ln^{3+}，在 f 轨道中自旋-轨道的相互作用的数值已足够大，所以它们的激发能级不受热的影响，磁性行为是完全由基态能级所决定。这些能级的有效磁矩 μ_{eff} 由下一方程决定：

$$\mu_{eff} = g_J \sqrt{J(J+1)}$$

式中，

$$g_J = \frac{3}{2} + \frac{S(S+1) - L(L+1)}{2J(J+1)}$$

计算的 μ_{eff} 和从实验得到的观察值列于表 18.1.3 并示于图 18.1.2 中。由表和图可见，除 Sm^{3+} 和 Eu^{3+} 外均很好地符合一致。而 Sm^{3+} 和 Eu^{3+} 均有低能激发态（Sm^{3+} 为 $^6H_{3\frac{1}{2}}$，Eu^{3+} 为 $^7F_1$ 及 $^7F_2$），适合于室温下占据。

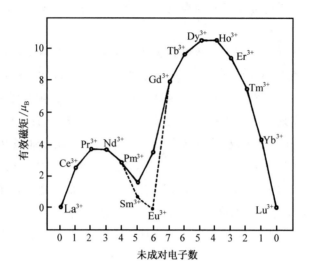

图 18.1.2　在 300 K 下 Ln^{3+} 离子观察的和计算的有效磁矩(μ_{eff})。(虚线代表计算值。)

18.2　稀土元素氧化物和卤化物的结构

在稀土元素的氧化物和卤化物中,键型实质上是离子键。它们的结构几乎完全决定于空间因素,并在跨系列相互关联的离子半径变化中逐渐地改变。

18.2.1　稀土氧化物

对全部稀土氧化物,除 Ce,Pr 和 Tb 外,倍半氧化物 M_2O_3 都是稳定的氧化物。将许多盐类,如草酸盐、碳酸盐和硝酸盐焙烧得到的最终产品是倍半氧化物。倍半氧化物 M_2O_3 采取三种结构类型:

类型-A(六方)结构由 MO_7 单元组成,它近似地为加帽八面体形,是最轻的镧系元素(La,Ce,Pr 和 Nd)常采用的形态。图 18.2.1(a)示出 La_2O_3 的结构。

类型-B(单斜)结构和类型-A 有关,但较为复杂,它含有三种不等同的 M 原子,一些原子为八面体形,其余为单加帽三方棱柱形配位。在后面这种配位形态中,加帽 O 原子和 M 的距离显著地长于棱柱体顶点上的 O 原子。例如在 Sm_2O_3 中,第 7 个加帽 O 原子和 Sm 原子距离为 273 pm(平均值),其他的为 239 pm(平均值)。这种类型有利于镧系中间元素(Sm,Eu,Gd,Tb 和 Dy)采用。

类型-C(立方)结构与萤石型结构(见图 10.1.6)相关,但金属原子 M 的配位数要从 8 减至 6,即去除 1/4 的负离子,致使 M 有两种配位形态,如图 18.2.1(b)所示。这种结构类型有利于 Sc,Y 和重镧系元素(从 Nd 到 Lu)采用。

CeO_2 和 PrO_2 二氧化物采用萤石型结构,立方晶胞参数分别为 $a=541.1$ pm 和 539.2 pm。Tb_4O_7 的结构和萤石型密切相关。

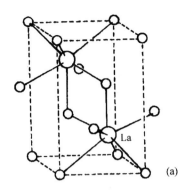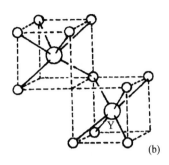

图 18.2.1 （a）La_2O_3 的结构；（b）Y_2O_3 结构中 Y^{3+} 的两种配位。

18.2.2　稀土元素的多金属氧酸盐

多金属氧酸盐（polyoxometalates，POMs）是由氧桥连接过渡金属原子而形成的分离阴离子簇，每个金属离子与六个氧原子结合形成八面体 MO_6 结构单元。这些结构模块主要通过共顶点或共边分享氧原子而相互连接。这种连接基团朝外的端基 O 原子可与 d 或 f 区金属离子配位，其配体方式类似于多齿配体。

有关多金属氧酸盐的最早报道可追溯到 J. Berzelius（贝采利乌斯），他在 1826 年发现了 $PMo_{12}O_{40}^{3-}$ 的铵盐，尽管 $H_3PMo_{12}O_{40} \cdot 29H_2O$ 的结构迟至 1934 年通过粉末 X 射线衍射才得以确定。自此之后，该领域引起了全世界的兴趣，POM 物种的数量稳步增加。

目前基于含镧系元素的 POM 的研究兴趣源于它们在诸如发光、催化和单分子磁体领域中所表现的性质。本小节选择数例重要的镧系元素的 POM 进行分析。

含镧系元素的 POM 的化学主要基于钨基的 POM，因为存在大量已知的多钨酸盐单元。由于镧系元素离子具有相对较大的尺寸和高的配位数，因此它们倾向于连接两个或更多的 POM 单元。$[Ln(W_5O_{18})_2]^{n-}$（Ln＝La，Ce，Pr，Nd，Sm，Ho，Yb 和 Y，为 Ln^{3+}；Ce 为 Ln^{4+}）的结构示于图 18.2.2（a）。其中，$W_5O_{18}^{2-}$ 离子由五个共边的 MO_6 八面体单元相互连接，组成正四边形为底的金字塔形，其底部有四个氧合顶点，因此，镧系元素离子被两个 $W_5O_{18}^{2-}$ 离子夹在中间，形成反四棱柱的八配位结构。

双镧系离子与 22-同多钨酸盐形成的系列化合物 $[Ln_2(H_2O)_{10}W_{22}O_{72}(OH)_2]^{8-}$（Ln＝La，Ce，Tb，Dy，Ho，Er，Tm，Yb，Lu）给出了另一种配位模式，如图 18.2.2（b）所示。结构中，两个镧系元素（Ⅲ）离子分别从两侧与聚阴离子 $[H_2W_{22}O_{74}]^{14-}$ 的三个顶点结合，为补偿如此结合而导致 Ln(Ⅲ)的低配位数，每个镧系元素离子需要另外五个水分子作为端基配体。

合成 POM 的另一种方法是杂多阴离子的使用。例如，其他的杂原子 X 有：$[XW_6O_{24}]^{n-}$ 中的 $I^{\text{Ⅶ}}$ 和 $Te^{\text{Ⅵ}}$；$[XW_{12}O_{40}]^{n-}$ 中的 $P^{\text{Ⅴ}}$，$Si^{\text{Ⅳ}}$，和 $B^{\text{Ⅲ}}$；$[X_2W_{18}O_{62}]^{n-}$ 中的 $P^{\text{Ⅴ}}$ 和 $As^{\text{Ⅴ}}$。更多关于含镧系元素的多钨酸盐结合的实例，可参看下列文献。

［参看：J. Berzelius，Beitrag zur näheren Kenntniss des Molybdäns. *Pogg. Ann.*，**6**，369～392（1826）；J. F. Keggin，The structure and formula of 12-phosphotungstic acid. *Proc. R. Soc. London*，Ser. A，**144**，75～100（1934）；B. S. Bassil and U. Kortz，Recent advances in lanthanide—containing polyoxotungstates，*Z. Anorg. Allg. Chem.* **636**，2222～2231（2010）.］

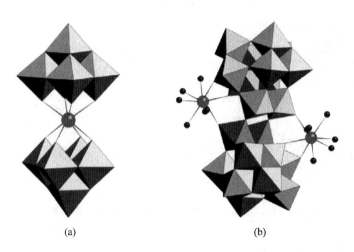

图 18.2.2 稀土元素的多酸配合物

(a) $[Ln(W_5O_{18})_2]^{n-}(D_{4d})$;(b) $[Ln_2(H_2O)_{10}W_{22}O_{72}(OH)_2]^{8-}(C_i)$

[参看:R. D. Peacock and T. J. R. J. Weakley, Heteropolytungstate complexes of the lanthanide elements. Part I. Preparation and reactions. *Chem. Soc. A*, 1836~1839 (1971);J. Iball, J. N. Low and T. J. R. Weakley, Heteropolytungstate complexes of the lanthanoid elements. Part Ⅲ. Crystal structure of sodium decatungstocerate(Ⅳ)-water (1/30). *J. Chem. Soc.*, *Dalton Trans.*, 2021~2024 (1974);A. H. Ismail, M. H. Dickman and U. Kortz, 22-Isopolytungstate fragment $[H_2W_{22}O_{74}]^{14-}$ coordinated to lanthanide ions, *Inorg. Chem.* **48**, 1559~1565 (2009)]

18.2.3 稀土卤化物

1. 氟化物

全部稀土元素的三氟化物都已得到。ScF_3 的结构和立方 ReO_3 结构(参看图 10.4.4)相近,在其中 Sc^{3+} 为八面体配位。在 YF_3 结构中,Y^{3+} 是 9 配位的变形三加帽三方棱柱体形,8 个 F^- 和 Y^{3+} 的距离近似为 230 pm,第 9 个为 260 pm。YF_3 结构类型被 $4f$ 的镧系元素三氟化物(从 SmF_3 到 LuF_3)所采用。

轻的 LnF_3 从 LaF_3 到 HoF_3 采用 LaF_3 结构,在其中 La^{3+} 为 11 配位,呈全加帽的三方棱柱形。La^{3+} 和周边 F^- 的距离为:7 个为 242~248 pm,2 个为 264 pm,其余 2 个为 300 pm。

Ce,Pr 和 Tb 的四氟化物也已得到。在 LnF_4 结构中,Ln^{4+} 离子被 8 个 F^- 包围配位,形成一略为变形的四方反棱柱形,再和周围 8 个配位多面体共用顶点连接而成。

2. 氯化物

$ScCl_3$,YCl_3 和后面的 $LnCl_3$(从 $DyCl_3$ 到 $LuCl_3$)采用 YCl_3 层形结构,在其中小的 M^{3+} 离子被 Cl^- 的八面体包围。对前面的 $LnCl_3$(从 $LaCl_3$ 到 $GdCl_3$)采取 $LaCl_3$ 型结构,在其中大的 Ln^{3+} 离子被 9 个差不多等距离的 Cl^- 所包围,Cl^- 排列成三加帽三方棱柱形。图 18.2.3 示出 $LaCl_3$ 的结构。

已知 Nd,Sm,Eu,Dy 和 Tm 有 +2 氧化态的氯化物。倍半氯化物 Gd_2Cl_3 的结构最宜写成 $[Gd_4]^{6+}[Cl^-]_6$ 形式,它由 Gd_6 八面体共用对边形成的无限长链组成,Cl 原子加帽在三角形面上,如图 18.2.4 所示。

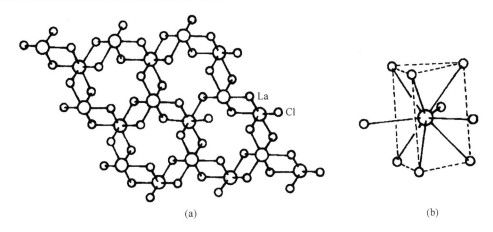

图 18.2.3　$LaCl_3$ 的结构:(a)沿 c 轴观看;(b)La^{3+} 的配位几何形状。

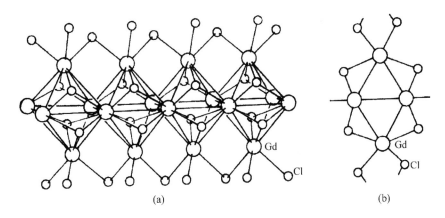

图 18.2.4　Gd_2Cl_3 的结构:(a) 沿 b 轴排列的链观看;(b) 垂直 b 轴观看。

3. 溴化物和碘化物

对全部镧系元素都已知存在 MBr_3 和 MI_3。前面的三溴化物(从 La 到 Pr)采用 $LaCl_3$ 的结构,后面的三溴化物(从 Nd 到 Lu)和前面的三碘化物(从 La 到 Nd)则形成八配位镧系离子的层形结构。

已知存在 Nd,Sm,Eu,Dy 和 Yb 的离子性的二溴化物和二碘化物。SmI_2,EuI_2 和 YbI_2 等碘化物作为制备这些元素 +2 氧化态金属有机化合物的常用的原始材料。SmI_2 在有机合成中是常用的单电子还原剂。La,Ce,Pr 和 Gd 的二碘化物显示金属性,它们的化学式最好写成 $Ln^{3+}(I^-)_2 e^-$,带有离域电子。

4. 氧合卤化物

许多稀土元素的氧合卤化物已得到表征。γ-LaOF 晶体属四方晶系,晶胞参数为:$a=409.1\,pm$,$c=583.6\,pm$,空间群为 $P4/nmm$。在此结构中,每个 La^{3+} 被 4 个 O^{2-} 和 4 个 F^- 所

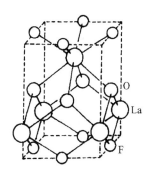

图 18.2.5　γ-LaOF 的结构。

配位,形成一个变形的立方体,如图 18.2.5 所示。La—O 键距为 261.3 pm,La—F 为 242.3 pm。

18.3 稀土离子的配位几何学

在镧系配合物中,镧系离子为硬 Lewis 酸,它常和硬碱配位,例如 F,O,N 等配位体。在 M—L 配位键中,f 轨道并不占显著的量,所以它们和配位体间的作用在本质上几乎是静电性。表 18.3.1 列出稀土离子的各种配位数和几何学,它们决定于下面三个因素。

表 18.3.1 稀土离子的配位数和几何学

氧化态	CN	配位几何学*	实例(结构图号)
	6	八面体形	$Yb(PPh_2)_2(THF)_4$,SmO,EuTe
+2	7	五角双锥形	$SmI_2(THF)_5$
	8	立方体形	SmF_2
	3	三角锥形	$La[N(SiMe_3)_2]_3$[图 18.3.1(a)]
	4	四面体形	$[Lu^tBu_4]^-$
	5	三方双锥形	$Nd[N(SiHMe_2)_2]_3(THF)_2$
	6	八面体形	$[GdCl_4(THF)_2]^-$,$ScCl_3$,YCl_3,$LnCl_3$(Dy-Lu)
	6	三方棱柱形	$Pr[S_2P(C_6H_{11})_2]_3$
	7	单加帽三方棱柱形	Gd_2S_3,$Y(acac)_3 \cdot H_2O$
	7	单加帽八面体形	La_2O_3[图 18.2.1(a)]
	8	四方反棱柱形	$Nd(CH_3CN)(CF_3SO_3)_3L^{**}$[图 18.3.1(b)]
+3	8	十二面体形	$[Lu(S_2CNEt_2)_4]^-$
	8	立方体形	$[La(bipyO_2)_4]^{3+}$
	8	双加帽三方棱柱体形	Gd_2S_3
	9	三加帽三方棱柱体形	$[Nd(H_2O)_9]^{3+}$,$LaCl_3$[图 18.2.2]
	9	加帽四方反棱柱体形	$LaCl_3(18C6)$[图 18.3.1(c)]
	10	双加帽十二面体形	$[Lu(NO_3)_5]^{2-}$[图 18.3.1(d)]
	10	不规则形	$Eu(NO_3)_3(12C4)$
	11	全加帽三方棱柱体形	LaF_3
	11	不规则形	$La(NO_3)_3(15C5)$[图 18.3.1(e)]
	12	二十面体形	$[La(NO_3)_6]^{3-}$[图 18.3.1(f)]
	6	八面体形	Cs_2CeCl_6
	8	四方反棱柱形	$Ce(acac)_4$
+4		立方体形	CeO_2
	10	不规则形	$Ce(NO_3)_4(OPPh_3)_2$
	12	二十面体形	$[Ce(NO_3)_6]^{2-}$

* 多面体包括变形的多面体。

** L＝1-甲基-1,4,7,10-四氮环十二烷。

1. 空间体积

围绕金属离子配位体堆积是按配位体间的推斥最小的方式,而配位数由配位体的空间体积决定。配位数在从 3 到 12 的很大的范围内变化,低配位数由具有大体积的配位体(如六甲基二甲硅烷基酰胺)形成。在 $La[N(SiMe_3)_2]_3$ 中,配位数只为 3,如图 18.3.1(a)所示。

2. 离子大小

大体积的镧系离子导致高配位数,8 或 9 最为常见,有几种配合物的配位数达 12。例如,NO_3^- 配位体具有很小的配位角,形成 12 配位的 Ln^{3+} 配合物。图 18.3.1(b)～(f)分别示出配

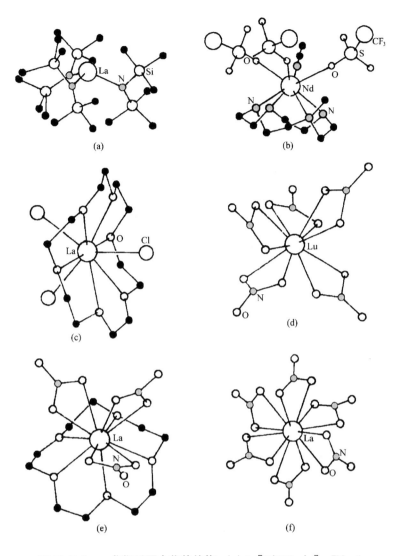

图 18.3.1　一些镧系配合物的结构：(a) La[N(SiMe₃)₂]₃,CN=3；

(b) Nd(CH₃CN)(CF₃SO₃)₃·[CH₂—CH₂—N—(CH₂—CH₂—N)₂—CH₂—CH—N—CH₃]，

CN=8；(c) LaCl₃(18C6),CN=9；(d) [Lu(NO₃)₅]²⁻,CN=10；(e) La(NO₃)₃(15C5),CN=11；

(f) [La(NO₃)₆]³⁻,CN=12。

位数的范围从 8 到 12 的 Ln³⁺ 配合物的结构。高配位数的配位几何形状常常是不规则的。

　3. 螯合效应

　　高配位数通常是由螯合配位体得到的,例如冠醚,EDTA,NO₃⁻ 和 CO₃²⁻ 等。Ln³⁺ 与冠醚形成一定范围的配合物。在 La(NO₃)₃(18C6)晶体结构中,La³⁺ 离子和冠醚的 6 个 O 原子给体共平面。(18C6)的柔顺性允许它折弯去有效地和较小的镧系后面的离子结合。二苯-(18C6)的柔顺性比(18C6)小很多,它只能在强配位二啮反荷离子 NO₃⁻ 存在时和镧系前面的大的 Ln³⁺（从 La 到 Nd)离子结合。已知存在 Ln³⁺（从 La 到 Lu)与 15C5 或 12C4 和反荷离子 NO₃⁻ 一起形成的配合物。较大的 Ln³⁺ 离子不能进入这类配位体的空穴,所以它的位置处于大环平面之上。

在稀土金属的配位化学中,包含 M—M 键的化合物非常稀少,但经常存在以桥连配位体形成的二聚体或寡聚体。图 18.3.2 示出一些二聚和寡聚配合物:(a)在 $Rb_5Nd_2(NO_3)_{11}H_2O$ 晶体中,一个 NO_3^- 配位体桥连两个 Nd 原子形成二聚负离子$[Nd_2(NO_3)_{11}]^{5-}$;(b)在配合物$[Y(\eta^5:\eta^1\text{-}C_5Me_4SiMe_2N^tBu)(\mu\text{-}C_4H_3S)]_2$ 中,一对 $\mu\text{-}C_4H_3S$ 配位体桥连两个 Y 原子;(c)在 $Yb_2(2,6\text{-}Ph_2C_6H_3O)_4(PhMe)_{1.5}$ 中,两个 $(2,6\text{-}Ph_2C_6H_3O)$ 配位体桥连两个 Yb 原子;(d)在 $K^+(THF)_6\{[MePhC(C_4H_3N)_2]Sm\}_5(\mu_5\text{-}I^-)$ 中,五聚负离子由五桥连的$[MePhC(C_4H_3N)_2]$ 配位体连成,并由中心的 $\mu_5\text{-}I^-$ 负离子加固。

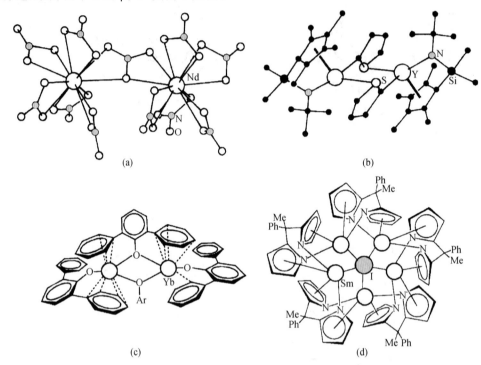

图 18.3.2　一些稀土金属的二聚和寡聚配位化合物的结构:
(a)$[Nd_2(NO_3)_{11}]^{5-}$;(b)$[Y(\eta^5:\eta^1\text{-}C_5Me_4SiMe_2N^tBu)(\mu\text{-}C_4H_3S)]_2$;
(c)$Yb_2(2,6\text{-}Ph_2C_6H_3O)_4$,$OAr\equiv(2,6\text{-}Ph_2C_6H_3O)$;(d)$\{[MePhC(C_4H_3N)_2]Sm\}_5(\mu_5\text{-}I^-)$。

镧系配合物在它们的结构和性质中呈现许多特点:

(1)配位数有很大范围,通常是 6～12,但 3～5 也已知,如表 18.3.1 所列。

(2)配位几何形状决定于配位体的空间效应而不是晶体场效应。例如,在不同配位体中的给体 O 原子配位到 La^{3+} 离子时有不同的几何形状:单加帽八面体(CN=7)、不规则形(CN=11)和二十面体形(CN=12)。

(3)镧系离子优先和带有高电负性的硬给体原子(如 O,F)的负离子配位,通常形成能经受温和配位体交换的易变的"离子"配合物。

(4)镧系离子不形成 Ln=O 和 Ln≡N 型的多重键,而不像已知的许多过渡金属和某些锕系元素。

(5)在 Ln^{3+} 离子中,4f 轨道不直接参加成键。它们的光谱和磁性很大程度上不受配位体的影响。

18.4　稀土元素的有机金属化合物

和大量的 d-过渡金属羰基化合物相反,镧系金属在正常条件下并不和 CO 形成配合物。所有有机镧系化合物对氧和水汽都高度敏感,在某些情况下也是热不稳定。

有机镧系化学主要是用环戊二烯基 C_5H_5(Cp)和它的衍生物,如 C_5Me_5(Cp*)作配位体发展起来,其原因是它们的大小允许对大的金属中心进行空间保护作用。

18.4.1　环戊二烯基稀土配合物

环戊二烯基镧系化合物的性质显著地受镧系原子的大小和 Cp 基团的空间需要间的关系所影响。前者从 La 到 Lu 按镧系收缩而改变,后者从最小 Cp 到明显地大的高置换的 Cp* 而改变。Sc 和 Y 的配合物非常类似于相对原子大小相似的镧系元素。

1.　三环戊二烯基配合物

在 LaCp$_3$ 中,大的 La^{3+} 离子配位作用被高聚物的形成所满足,在其中每个 La 原子由 3 个 η^5-C_5H_5 配位体和附加的 η^2-C_5H_5 配位,如图18.4.1(a)所示。中间大小的 Sm 形成 Sm(η^5-C_5H_5)$_3$ 单体物种,如图 18.4.1(b)。最小的镧系元素 Lu 不能容纳 3 个 η^5-C_5H_5 配位体,LuCp$_3$ 采用高聚结构,每个 Lu 配位到两个 η^5-C_5H_5 配位体和两个 μ_2-Cp 配位体,如图 18.4.1(c)所示。

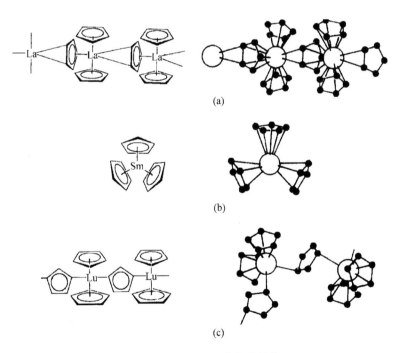

(a)

(b)

(c)

图 18.4.1　LnCp$_3$ 配合物的结构:
(a) LaCp$_3$;(b) SmCp$_3$;(c) LuCp$_3$。

许多 LnCp$_3$ 和中性 Lewis 碱(如 THF,醚,膦,吡啶和异腈化物)的加合物已制得并表征。这些配合物通常呈现准四面体几何形状。图 18.4.2(a)示出 Cp$_3$Pr(CNC$_6$H$_{11}$)的结构,图

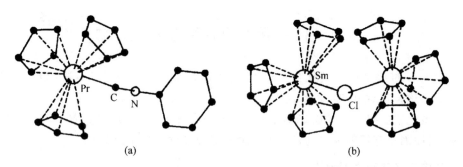

图 18.4.2   (a) $Cp_3Pr(CNC_6H_{11})$ 和 (b) $[Cp_3SmClSmCp_3]^-$ 的结构。

18.4.2(b)示出 $[Li(DME)_3]^+ \cdot [Cp_3SmClSmCp_3]^-$ 中负离子的结构,在其中两个 Cp_3Ln 部分被一个负离子配位体桥连。

2. 双环戊二烯基配合物

许多双环戊二烯基稀土化合物的晶体结构已经测定,四个例子示于图 18.4.3 中。

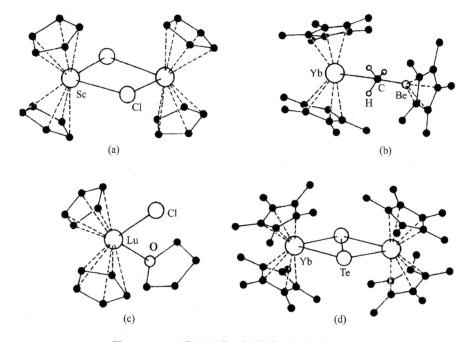

图 18.4.3   一些双环戊二烯基稀土配合物的结构:

(a) $(Cp_2ScCl)_2$;(b) $Cp_2^*Yb(MeBeCp^*)$;(c) $Cp_2LuCl(THF)$;(d) $(Cp_2^*Yb)_2Te_2$。

(1) $(Cp_2LnCl)_2$:这种类型二聚体的构型依赖于 Cp 环和卤素桥空间相互作用以及在两金属中心 Cp 环间的相互作用的相对重要性。在 $(Cp_2ScCl)_2$ 中,Cp 环相对地小而卤素大,因而全部 Cp 环的中心处在一个平面上,而 Sc_2Cl_2 平面和它垂直,如图 18.4.3(a)所示。

(2) $Cp_2^*Yb(MeBeCp^*)$:Cp_2^*Yb 单元能被饱和碳氢化合物配位,如 $MeBeCp^*$。桥连甲基中 H 原子的位置向着 Yb,说明它不是一种处于 Yb—C—Be 间 3c-2e 键的甲基桥,如图 18.4.3(b)所示。

(3) $Cp_2LuCl(THF)$:这个加合物是带有一个配位 THF 的单体,形成准四面体排列,形式上的配位数为 8,如图 18.4.3(c)所示。

（4）$(Cp_2^* Yb)_2 Te_2$：在这个硫属元素配合物 $Cp_2^* Yb$ $(Te_2) YbCp_2^*$ 中,Te_2 单元起着桥连配位体作用,如图 18.4.3(d)所示。

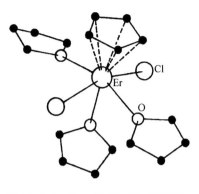

3. 单环戊二烯基配合物

由于单环戊二烯基稀土配合物需要 4～6 个 σ-给体配位体,以达到稳定的配位数 7～9,单环配合物就必须和几个中性给体分子结合。通常这些给体的一部分分子容易丢失,而形成双核或多核配合物。这也就是单环戊二烯基稀土配合物呈现丰富的结构的复杂性的根源。图 18.4.4 示出 $CpErCl_2(THF)_3$ 的结构。

图 18.4.4　$CpErCl_2(THF)_3$ 的结构。

18.4.2　苯和环辛四烯基稀土配合物

全部的镧系金属和 Y 都能和两个带取代基的苯环结合,例如 $Gd(\eta^6\text{-}C_6H_3{}'Bu_3)_2$ 和 $Y(\eta^6\text{-}C_6H_6)_2$。图 18.4.5(a)示出 $Gd(\eta^6\text{-}C_6H_3{}'Bu_3)_2$ 的夹心型结构。在此配合物中,Gd 为零价。

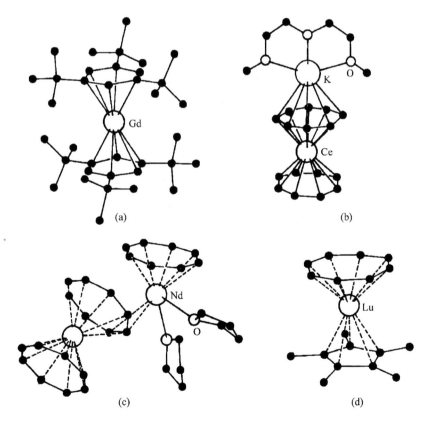

图 18.4.5　(a)$Gd(\eta^6\text{-}C_6H_3{}'Bu_3)_2$,(b)$[(C_8H_8)_2Ce]K[CH_3O(CH_2CH_2O)_2CH_3]$,
(c)$(C_8H_8)_3Nd_2(THF)_2$ 和(d)$(C_8H_8)LuCp^*$ 的结构。

大的镧系离子有能力去和平面的环辛四烯基二价负离子结合,如图 18.4.5(b)～(d)所示。在 $[(C_8H_8)_2Ce]K[CH_3O(CH_2CH_2O)_2CH_3]$ 中,Ce(Ⅲ)被两个(η^8-C_8H_8)二价负离子夹心配位,如图 18.4.5(b)。$(C_8H_8)_3Nd_2(THF)_2$ 的结构示出一个 $[(C_8H_8)_2Nd]^-$ 负离子,通过 $C_8H_8^{2-}$ 的两个 C 原子配位到 $[(C_8H_8)Nd(THF)_2]^+$ 正离子上,如图 18.4.5(c)所示。

由图 18.4.5(d)所示的夹心型配合物(C_8H_8)LuCp* 中,其分子结构是略有弯曲,环中心—Lu—环中心角为 173°。Cp* 的 CH_3 基团相对理想的平面构型向外偏离 0.7°～2.3°。Lu—C 平均键距对 $C_8H_8^{2-}$ 和 Cp* 配位体分别为 243.3 pm 和 253.6 pm。

18.4.3　带有其他有机配位体的稀土配合物

多种"开放"的 π 配合物,如烯丙基配合物,已经制备出来。通常烯丙基是以 η^3-结合到稀土中心。图 18.4.6(a)示出在 $[Li_2(\mu\text{-}C_3H_5)(THF)_3]^+[Ce(\eta^3\text{-}C_3H_5)_4]^-$ 中负离子的结构。

用大的配位体或螯合配位体在空间上或配位上去环绕中心离子,形成没有 π 配位体的稀土配合物,也已经制得并得到表征。带有大的烷基配位体 $[CH(SiMe_3)_2]$ 的 La 和 Sm 配合物为三角锥形,其结构由甲基和高 Lewis 酸性的金属间的抓氢作用所稳定,如图 18.4.6(b)所示。后半部分镧系金属和较大的'BuLi 试剂反应,形成四面体形配位的配合物,如 $[Li(TMEDA)_2]^+[Lu('Bu)_4]^-$。图 18.4.6(c)示出 $[Lu('Bu)_4]^-$ 负离子的结构。

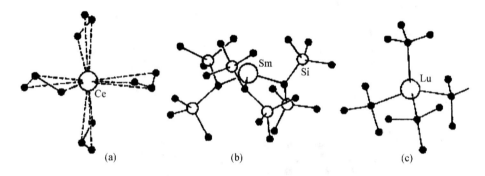

图 18.4.6　一些稀土配合物的结构:
(a) $[Ce(\eta^3\text{-}C_3H_5)_4]^-$;(b) $Sm[CH(SiMe_3)_2]_3$;(c) $[Lu('Bu)_4]^-$。

18.5　Ln(Ⅱ)的结构化学

稀土元素典型的氧化态为+3,但有几个元素,如 Sm,Eu 和 Yb 也常出现+2 氧化态,对 $SmCl_2$ 和 $EuCl_2$ 的认识已经超过一个世纪。Pr,Dy,Ho 和 Tm 的+2 价化合物在水溶液中是不稳定的。Ln(Ⅱ)化合物在有机化学和主族元素化学中可用作还原剂和偶联剂,实现新型化合物的制备。

18.5.1　碘化钐(SmI_2)

SmI_2 通常由钐粉和 1,2-二碘乙烷在 THF 中制得。它作为单电子还原剂,可用于有机合成中。两种典型的有机合成反应:醛的频哪醇偶联反应和 Barbier(巴比尔)反应,就是以 SmI_2

作为还原试剂。反应路线如下：

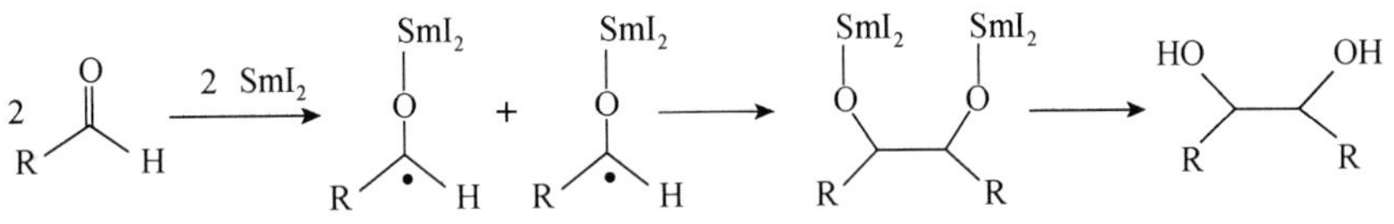

频哪醇偶联反应

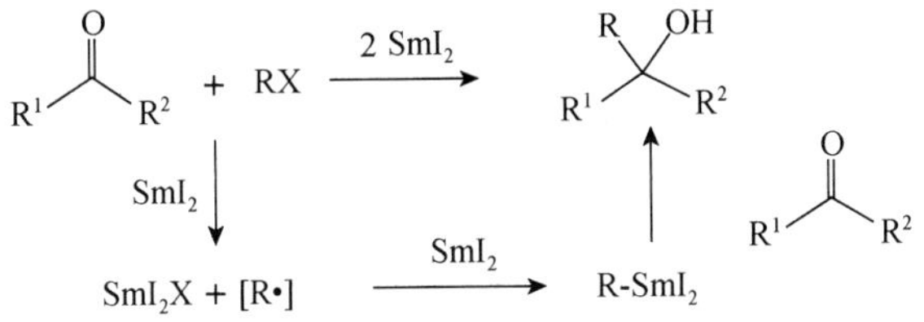

Barbier 反应

SmI_2 和多种给体溶剂发生作用生成晶态溶剂合物。$SmI_2(Me_3CCN)_2$ 是一种碘桥连接的聚合物固体，含有六配位的 $Sm(II)$ 中心；而 $SmI_2(HMPA)_4$ [式中 HMPA 为 $(Me_3N)_3P{=}O$] 是一种含线性 I—Sm—I 单元且 $Sm(II)$ 为六配位的分立分子。在二甘醇二甲醚溶剂合物 $SmI_2[O(CH_2CH_2OMe)_2]_2$ 中，含有八配位的 $Sm(II)$ 中心。

18.5.2　十甲基钐金属茂

有机钐(II)配合物 $Sm(\eta^5\text{-}C_5Me_5)_2$ 具有弯曲的金属茂结构，这与极化效应有关，它的 THF 溶剂合物 $Sm(\eta^5\text{-}C_5Me_5)_2 \cdot 2THF$ 显示类似四面体的特殊配位形态。$Sm(\eta^5\text{-}C_5Me_5)_2$ 是一种非常强的还原剂，具有很好的反应性能，包括对芳香化合物的还原作用。它和蒽、氮气的反应如下：

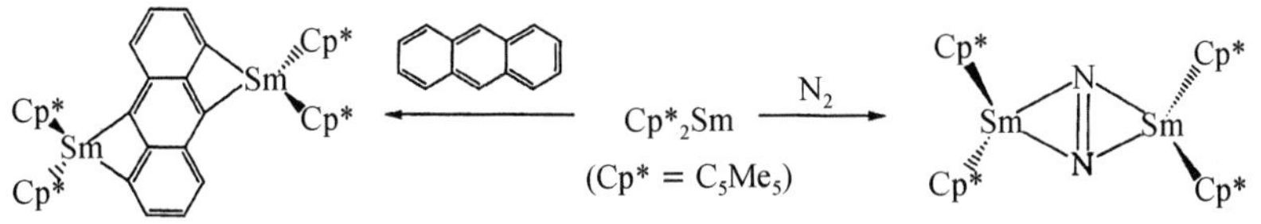

在二氮配合物中，N—N 的距离为 129.9 pm，和氮气 N_2 的键长 109.7 pm 相比较，键级明显降低。相似的四面体体系形成从侧面成键的 $\mu\text{-}(bis\text{-}\eta^2)\text{-}N_2$ 的配位体，处在两个金属中心之间，形成 $M\underset{N}{\overset{N}{\diamond}}M$ 的连接方式，N—N 键显著变长，达 147 pm，类似的例子有 $[Cp''_2Zr]_2(N_2)$。

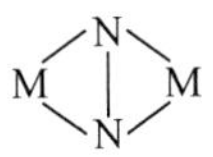

18.5.3　Tm，Dy 和 Nd 的二碘化物

$LnI_2(DME)_3$（Ln＝Tm，Dy；DME 为二甲氧基乙烷）分子结构示于图 18.5.1 中。配合物中，半径较小的 Tm^{2+} 离子为七配位[图 18.5.1(a)]，而离子半径较大的 Dy^{2+} 离子是八配位[图 18.5.1(b)]。在配合物 $NdI_2(THF)_5$ 中，配位原子在 Nd^{2+} 离子周围呈五角双锥的几何形态，两个碘配体占据轴向的位置。

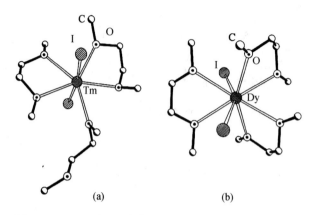

图 18.5.1　LnI₂(DME)₃[Ln＝Tm，Dy]配合物结构比较：
(a) TmI₂(DME)₃；(b) DyI₂(DME)₃。

Tm(Ⅱ) 配合物可由磷酰基(pholspholyl)和砷酰基(arsolyl)配体予以稳定。此处所用磷酰基和砷酰基是由 P 或 As 取代环戊二烯基团中的一个 CH 基而获得，取代的基团相比于母体降低了 π-给体功能，增加了 Tm(Ⅱ)中心的稳定性，从而使配合物呈现稳定的弯曲夹心化合物的结构，可以分离出来。

LnI₂(Ln＝Tm，Dy 和 Nd) 在有机化合物和金属有机化合物的合成中被广泛应用，例如芳香羰基化合物的还原、MeCN 还原耦合，反应如下所示：

18.6　稀土金属配合物中的双键

18.6.1　具有金属-配体多重键的稀土金属配合物

在过渡金属配合物中存在许多金属-配体多重键的实例，但这种多重键在稀土金属配合物中较为罕见。近年来相关研究取得值得关注的进展。本节选择介绍一些 RE＝C，RE＝N，RE＝O 的相关例子。

通过双（亚氨基磷酰）甲烷（**1**）除去两个质子后获得的二价阳离子型卡宾作为配体，实现了钐的卡宾配合物（**2**）的合成。实验测得的 Sm—C 键长为 246.7(4) pm，明显短于其他几种电中性的稀土卡宾配合物，因此作者认为它是双键。

［参看：Q. Zhu，J. Zhu and C. Zhu，Recent progress in the chemistry of lanthanide－ligand multiple bonds. *Tetrahedron Lett.* **59**，514～520 (2018)；K. Aparna，M. Ferguson and R. G. Cavell，A monomeric samarium bis(iminophosphorano) chelate complex with a Sm＝C bond. *J. Am. Chem. Soc.* **122**，726～727 (2000)；A. J. Arduengo III，M. Tamm，S. J. McLain，J. C. Calabrese，F. Davidson and W. J. Marshall，Carbene-lanthanide complexes. *J. Am. Chem. Soc.* **116**，7927～7928 (1994)；H. Schumann，M. Glanz，J. Winterfeld，H. Hemling，N. Kuhn and T. Kratz，Organolanthanoid-carbene-adducts. *Angew. Chem. Int. Ed.* **33**，1733～1734 (1994)；W. A. Herrmann，F. C. Munck，G. R. J. Artus，O. Runte and R. Anwander，1,3-dimethylimidazolin-2-ylidene carbene donor ligation in lanthanide silylamide complexes. *Organometallics* **16**，682～688(1997).］

在另外一些结构不同的稀土金属配合物中，也发现了RE＝C双键的存在。例如采用与 **1** 类似的配体，以不同的化学计量制备得到的配合物 **3** 和 **4**。在 **3** 中，碘离子作桥基将两个金属-卡宾基团结合在一起；而在 **4** 中，两个Sm＝C 键在同一金属中心形成。

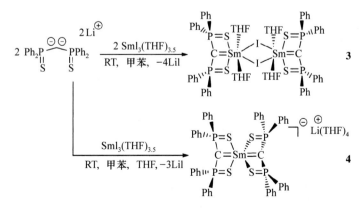

［参看：T. Cantat，F. Jaroschik，F. Nief，L. Ricard，N. Mézailles and P. Le Floch，New mono- and bis-carbene samarium complexes：synthesis，X-ray crystal structures and reactivity. *Chem. Commun.* **41**，5178～5180(2005).］

　　另一种合成策略是，首先制备出双烷基配合物 **5**，该配合物的 Nd 原子通过 Nd—CH 和 Nd—N 单键与两个配体结合，进一步用碱除去两个配位碳原子之一的 α-质子，形成Nd＝C双键产生 **6**：

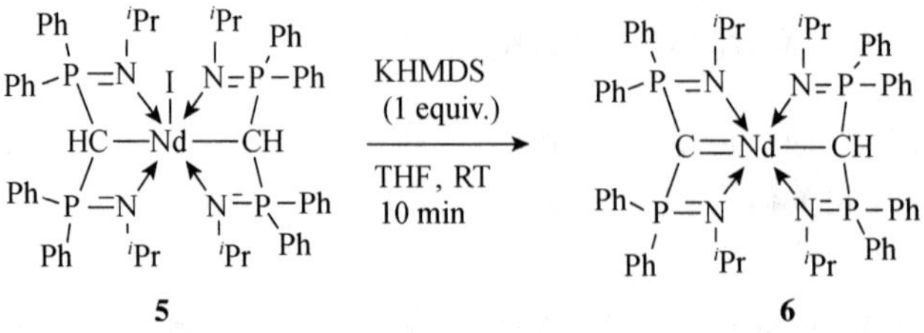

[参看：A. Buchard，A. Auffrant，L. Ricard，X. F. Le Goff，R. H. Platel，C. K. Williams and P. Le Floch，First neodymium(Ⅲ) alkyl-carbene complex based on bis (iminophosphoranyl) ligands. *Dalton Trans.*，10219～10222 (2009).]

　　在 **6** 中，两个 Nd—C 键的键长为 259.2 和 286.4 pm，反映了其键级的不同。
　　配体的配位原子的 α-质子消除也可用于含 RE＝N 键配合物的合成，例如：

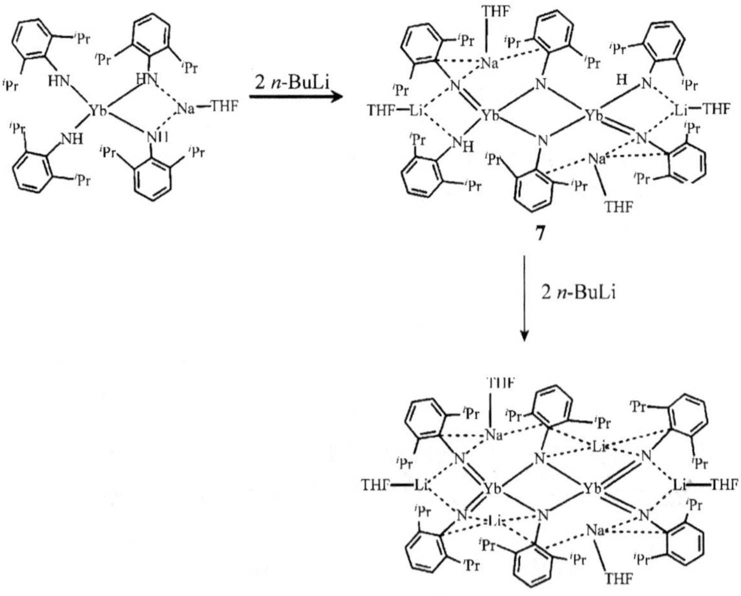

[参看：H.-S. Chan，H.-W. Li and Z. Xie，Synthesis and structural characterization of imido-lanthanide complexes with a metal-nitrogen multiple bond. *Chem Commun.*，652～653 (2002).]

　　在配合物 **7** 中，测得的 Yb＝N 双键（210 pm，213 pm）比其中 Yb—N 单键（217 pm～232 pm）短约 10～20 pm。值得一提的是，Yb＝N—C 键角接近 180°，这是多重键表现出的又一个特征。由于碱金属抗衡离子和亚氨基氮原子之间的配位，会拉伸 Yb＝N 键。
　　将配合物 **8** 中配位氮原子的质子除去后产生 Ce(Ⅳ) 的配合物 **9**。在 **9** 中，鉴于碱金属抗衡离子 M^+ 的不同，Ce＝N 键键长在 209.8 至 212.9 pm 之间。若将其中的 Cs^+ 离子封装在 2.2.2-穴状配体中，可消除阳离子 M^+ 的影响。此化合物中"纯"的 Ce＝N 键键长为 207.7 pm，这是现有记录的最短值。

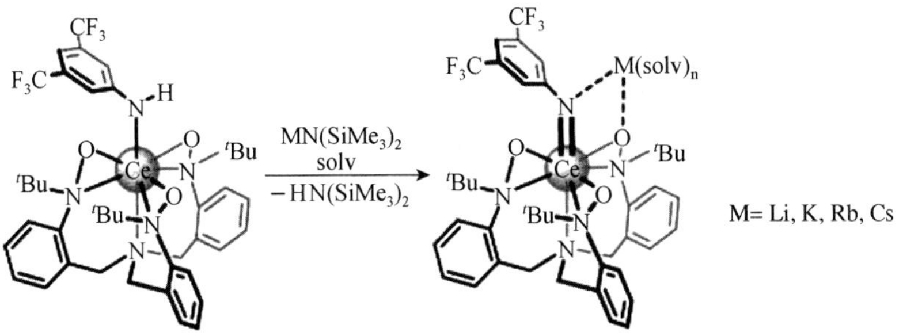

8　　　　　　　　　　　　　**9**

M= Li, K, Rb, Cs

在同一研究中,使 **9** 与 $Ph_2C{=}O$ 反应获得了氧合的 Ce 配合物 **10**(以四聚体形式存在):

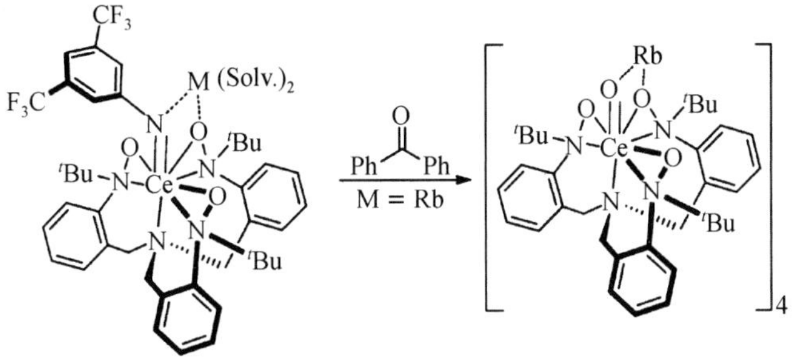

9　　　　　　　　　　　　　　**10**

[参看:L. A. Solola, A. V. Zabula, W. L. Dorfner, B. C. Manor, P. J. Carroll and E. J. Schelter, Cerium(IV) imido complexes: structural, computational, and reactivity studies. *J. Am. Chem. Soc.* **139**, 2435~2442 (2017).]

氧合的氧原子来源于 $Ph_2C{=}O$ 的羰基氧。无机氧源也被用于合成 $Ce^{IV}{=}O$ 配合物 **11** 和 **12**:

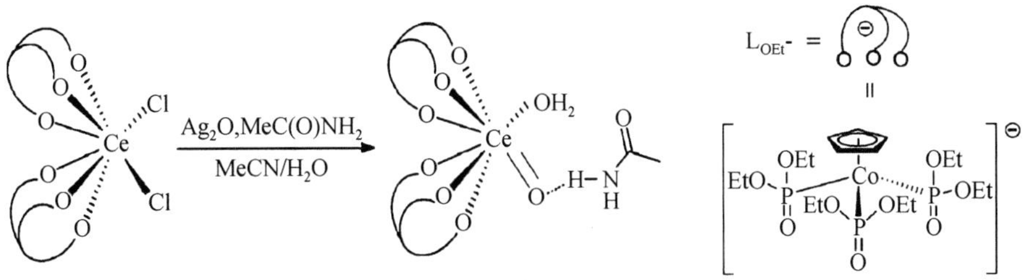

11

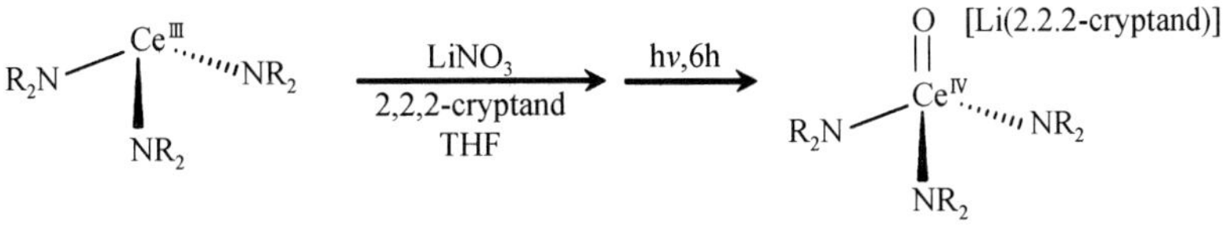

12

[参看:Y.-M. So, G.-C. Wang, Y. Li, H. H.-Y. Sung, I. D. Williams, Z. Lin and W.-H. Leung, A tetravalent cerium complex containing a Ce=O bond. *Angew. Chem. Int. Ed.* **53**, 1626~1629 (2014). M. K. Assefa, G. Wu and T. W. Hayton, Synthesis of a terminal Ce(IV) oxo complex by photolysis of a Ce(III) nitrate complex. *Chem. Sci.* **8**, 7873~7878 (2017).]

　　应当注意,四面体配合物 **12** 中的氧合基团不再与其他金属离子或分子结合。

18.6.2　具有异常短稀土金属-氮键的配合物

　　现已合成多种稀土金属的咪唑啉-2-亚氨基配合物(示意图 18.6.1)且发现它们具有很短的金属-氮键。其中,所用配体 ImDippN [1,3-双(2,6-二异丙基苯基)咪唑啉-2-酰亚胺,**1⁻**] 则是通过 LiCH₂SiMe₃ 去除 **1**-H 的质子而产生的。

　　咪唑啉-2-亚氨基稀土金属配合物的制备如下:

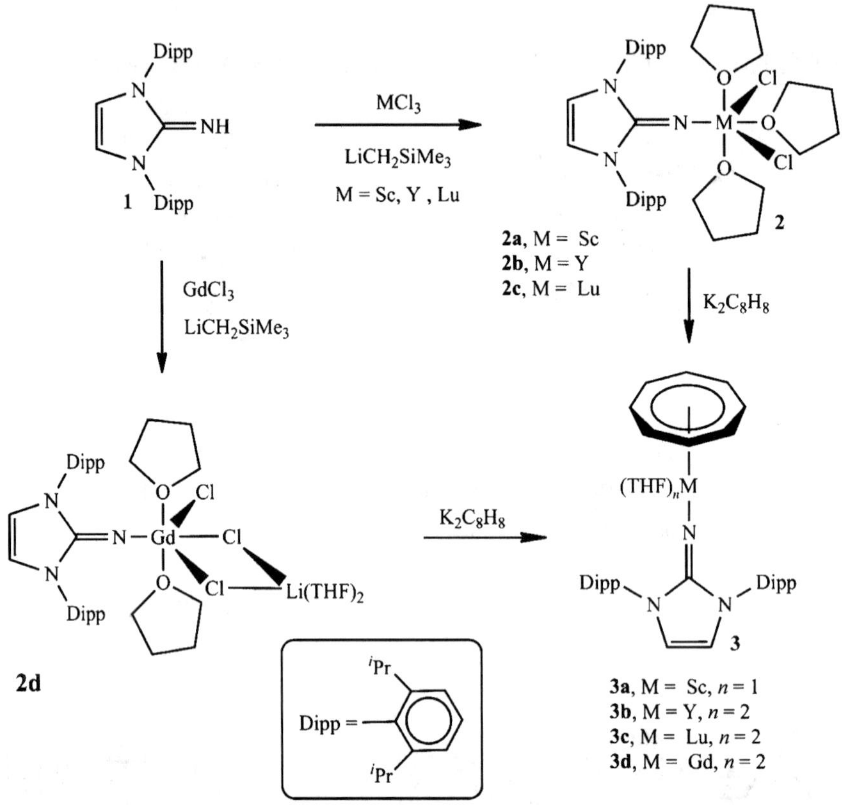

2a, M = Sc
2b, M = Y
2c, M = Lu

2d

Dipp = （2,6-二异丙基苯基结构式）

3a, M = Sc, *n* = 1
3b, M = Y, *n* = 2
3c, M = Lu, *n* = 2
3d, M = Gd, *n* = 2

　　1-H 的去质子化在末端氮原子(**1A**)处产生 −1 形式电荷,而 **1B** 可以看成 **1⁻** 的共振结构,作为亚氨基配体,它的末端氮原子上带有 −2 的形式电荷。

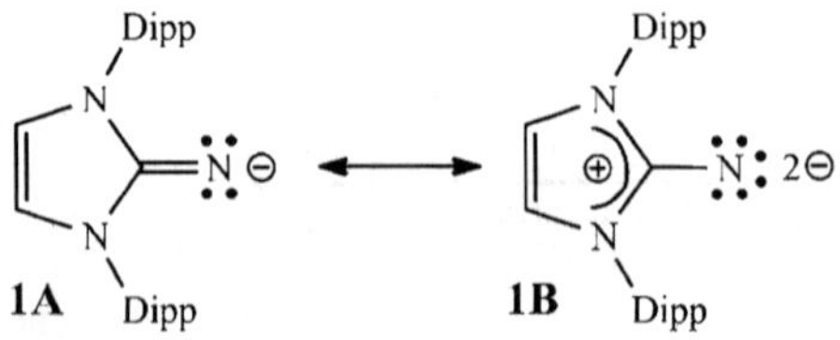

1A　　　　　　　**1B**

　　在表 18.6.1 中,**1⁻** 以线性配体方式结合 M^{III}(M = Sc,Y,Lu 和 Gd),形成配合物 **2a～2d**,这些配合物可进一步与环辛四烯二钾[K₂(C₈H₈)]反应形成配合物 **3a～3d**。在所有这些配合物中,金属-氮键非常短,键长数据列于表 18.6.1。图 18.6.1 中分别示出 **2a** 和 **3a** 带有四氢呋喃的结构 **2a · THF** 和 **3a · THF**。

表 18.6.1 配合物 2a～2d 和 3a～3d 的金属-氮键长(单位:pm)

M=Sc	M=Y	M=Lu	M=Gd
2a·THF	**2b·THF**	**2c·THF**	**2d**
196.3	212.78	209.1	215.3
3a·THF	**3b·THF**	**3c·THF**	**3d·THF**
198.2/196.5*	216.3	212.2	219.1

* 不对称单元中的两个独立分子。

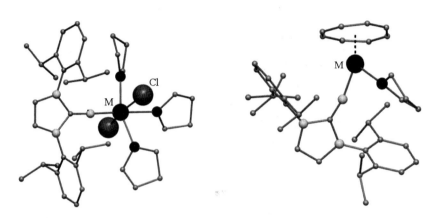

图 18.6.1 2a·THF 中的 2a(左)和 3a·THF 中的 3a(右)的结构。
[参看:T. K. Panda, A. G. Trambitas, T. Bannenberg, C. G. Hrib, S. Randoll, P. G. Jones and M. Tamm, Imidazolin-2-iminato complexes of rare earth metals with very short metal-nitrogen bonds: experimental and theoretical studies. *Inorg. Chem.* **48**, 5462～5472, (2009).]

18.6.3 中性配体诱导的稀土四甲基铝酸盐中甲烷的去除

1,3,5-三甲基-1,3,5-三氮杂环己烷(TMTAC)与[M{Al(CH$_3$)$_4$}$_3$](M=La,Y 和 Sm)的反应,生成稀土 TMTAC 配合物(**1,2,3** 和 **4**,参见反应示意图 18.6.2)。当将 TMTAC 加到[M{Al(CH$_3$)$_4$}$_3$]中时,[M{Al(CH$_3$)$_4$}$_3$]中的 C—H 键被活化,发生消除反应,产生 CH$_4$ 分子,因而导致亚甲基桥接多金属中心。关于消除甲烷方式,已提出多种不同途径。

[La{Al(CH$_3$)$_4$}$_3$] 和 TMTAC 的反应如下:

[Y{Al(CH₃)₄}₃] 和 TMTAC 的反应如下：

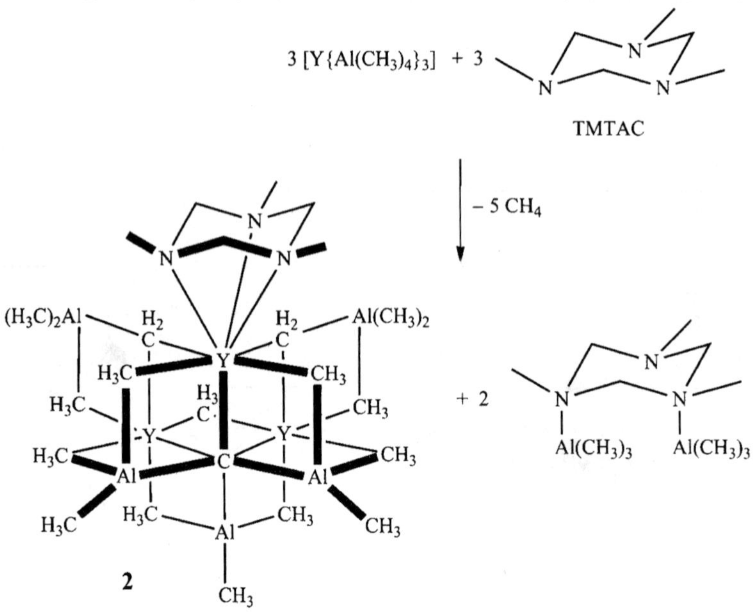

$3[Y\{Al(CH_3)_4\}_3] + 3$ TMTAC

$\downarrow -5\,CH_4$

2

[Sm{Al(CH₃)₄}₃] 和 TMTAC 的反应如下：

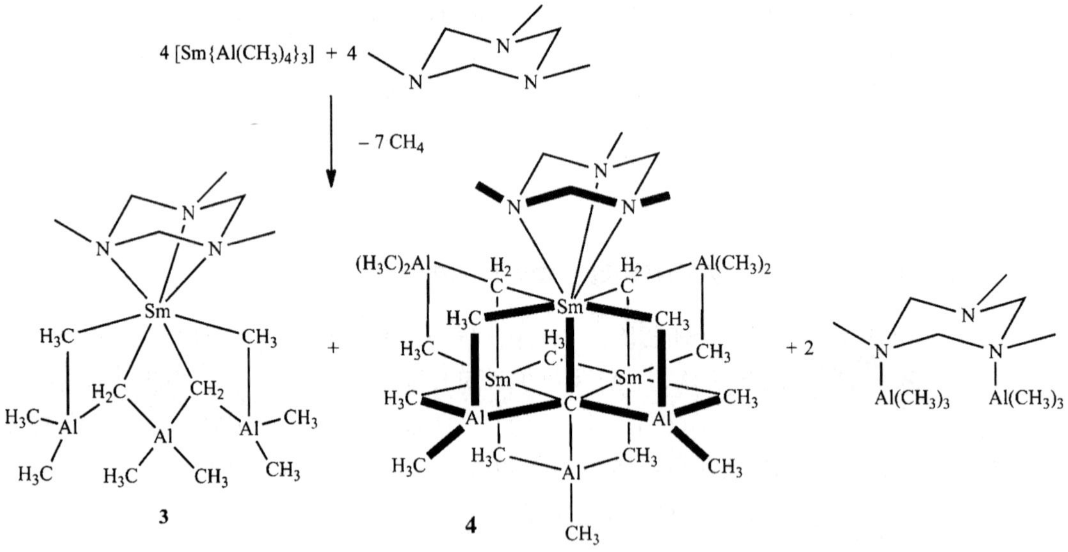

$4[Sm\{Al(CH_3)_4\}_3] + 4$

$\downarrow -7\,CH_4$

3　　　**4**

图 18.6.2　[M{Al(CH₃)₄}₃]与 TMTAC 反应示意图

[参看：A. Venugopal, I. Kamps, D. Bojer, R. J. F. Berger, A. Mix, A. Willner, B. Neumann, H.-G. Stammlera and N. W. Mitzel, Neutral ligand induced methane elimination from rare-earth metal tetramethylaluminates up to the six-coordinate carbide state. *Dalton Trans.*, 5755~5765 (2009).]

1 和 **3** 的结构相似,但后者少一个 CH₄ 单元。二者都是 TMTAC 配体在一侧与稀土金属中心配位,而另一侧,则与连接甲基合铝酸根的碳原子结合。**2** 和 **4** 的结构类似,结构中均含有 3 个稀土原子(Y 或 Sm)和 5 个 Al 原子。在 **4** 中,3 个 Sm 原子和 3 个 Al 原子围绕着一个碳离子形成六配位方式,其中两个 Sm 原子由甲基合铝酸根结合的碳原子配位,另一个 Sm 原子由 TMTAC 配体配位。

18.7　锕系元素简介

锕系元素指周期表中原子序数 89 到 103 号共计 15 种元素(见下表),常用符号 An 表示。

原子序数	89	90	91	92	93	94	95	96	97	98	99	100	101	102	103
元素符号	Ac	Th	Pa	U	Np	Pu	Am	Cm	Bk	Cf	Es	Fm	Md	No	Lr
中文名称	锕	钍	镤	铀	镎	钚	镅	锔	锫	锎	锿	镄	钔	锘	铹

锕系元素的基态电子组态为 $[Rn]5f^{0\sim14}6d^{0\sim2}7s^2$,由于 $5f$ 轨道中的电子全无、半充满和全充满时较为稳定,锕和钍的价电子组态分别为 $6d^17s^2$ 和 $6d^27s^2$,f 轨道无电子;镅和锔的价电子组态分别为 $5f^77s^2$ 和 $5f^76d^17s^2$;锘和铹的价电子组态分别为 $5f^{14}7s^2$ 和 $5f^{14}6d^17s^2$。

锕系 15 种元素均为放射性元素,使用时需要加以防护。锕系只有前 4 种元素——锕、钍、镤和铀存在于自然界,其余 11 种全部为人造元素。钍和铀在地壳中含量较高,主要矿物分别是有钍石($ThSO_4$)、方钍石(ThO_2)和沥青铀矿(U_3O_8)。铀的天然同位素 ^{235}U 和 ^{238}U 的衰变产物中可存在锕、镤和镎,^{238}U 捕获中子可转化为钚和镎。

锕系元素的 $5f$ 轨道在空间伸展的范围超过了 $6s$ 和 $6p$ 轨道,一般认为可以参与形成共价键(这与镧系元素不同)。所以锕系元素形成配合物的能力远大于镧系元素,与 X^-(卤素与拟卤素离子)、NO_3^-、SO_4^{2-}、PO_4^{3-}、$C_2O_4^{2-}$ 等都能形成配合物,与环戊二烯基、苯基、环辛四烯基的配位能力也很强。

18.8　钍的配合物

钍是自然界中最丰富的锕系元素,它的氧化态通常为 +4。在钍的化合物中,它以多种配位型式和配体结合。在九配位时 Th(Ⅳ) 离子半径可达 109 pm,是半径最大的四价离子。

18.8.1　低配位和中配位的钍配合物

图 18.8.1 示出钍的两种配合物,分别与三个和四个配体结合。

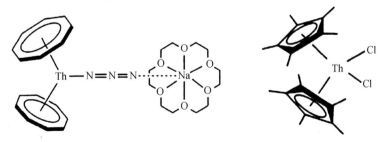

图 18.8.1　钍的两种低配位配合物:
(a) $[(C_8H_8)_2Th(\mu\text{-}\eta^1\!:\!\eta^1\text{-}N_3)]Na(18\text{-}冠\text{-}6)$;(b) $[(C_5Me_5)_2ThCl_2]$。

图 18.8.2 给出的三种配合物,是钍(Ⅳ)的中配位数的实例。这三个配合物中均含有NNN 螯合配体 BDPP,BDPP 为负二价的 2,6-双(2,6-二异丙基苯氨基甲基)吡啶阴离子,其中 Dipp 为 2,6-二异丙基苯基。

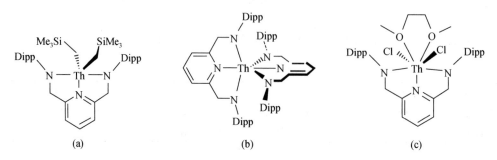

(a)　　　　　　　　　(b)　　　　　　　　　(c)

图 18.8.2　钍(Ⅳ)的中配位数配合物:
(a) 五配位化合物(BDPP)Th(CH₂SiMe₃)₂;(b)六配位 Th(BDPP)₂;
(c) 五角双锥形的七配位化合物(BDPP)₂Th(dme)Cl₂,其中,dme 为二甲氧基乙烷。

18.8.2　高配位的钍配合物

1. Th(Ⅳ)的八配位配合物

在配合物 $(py)_4Th(SPh)_4$ 中,Th(Ⅳ)为八配位,配体采用 A_4B_4 四面体互相交替的方式分布在 Th(Ⅳ)原子周围,形成四方反棱柱配位几何,如图 18.8.3 所示。

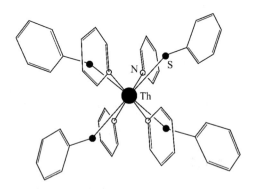

图 18.8.3　配合物 $(py)_4Th(SPh)_4$ 的分子结构。(略去 H 原子。)

2. Th(Ⅳ)的九配位配合物

Th(Ⅳ)的九配位化合物相对较少。$[Th(H_2O)_8(ClO_4)](ClO_4)_3 \cdot H_2O$ 和 $H_5O_2[Th(H_2O)_6(OSO_2CF_3)_3][Th(H_2O)_3(OSO_2CF_3)_6]$ 可分别由 Th(Ⅳ)盐在高氯酸和三氟甲基磺酸溶液中结晶得到。前者的晶体结构中,Th(Ⅳ)离子配位几何为严重变形的三帽三棱柱,且配位氧原子还与较远距离处的高氯酸根的氧原子有氢键联系(虚线),如图 18.8.4 所示。

配合物 $H_5O_2[Th(H_2O)_6(OSO_2CF_3)_3][Th(H_2O)_3(OSO_2CF_3)_6]$ 中,存在独立的六水三(κO-三氟甲磺酸根)合 Th(Ⅳ)离子和三水三(κO-三氟甲磺酸根)合 Th(Ⅳ)离子,二者由

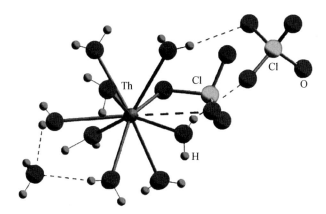

图 18.8.4 ［Th(H$_2$O)$_8$(ClO$_4$)］(ClO$_4$)$_3$·H$_2$O 的晶体中 Th 的配位结构。

H$_5$O$_2$$^+$ 离子通过氢键桥连在一起，如图 18.8.5 所示。

图 18.8.5 配合物 H$_5$O$_2$[Th(H$_2$O)$_6$(OSO$_2$CF$_3$)$_3$][Th(H$_2$O)$_3$(OSO$_2$CF$_3$)$_6$]晶体结构的部分图形。
（虚线代表氢键）

［参看：N. Torapava, I. Persson, L. Eriksson and D. Lundberg, Hydration and hydrolysis of thorium(Ⅳ) in aqueous solution and the structures of two crystalline thorium(Ⅳ) hy-drates, *Inorg. Chem.* **48**, 11712～11723 (2009).］

3. Th(Ⅳ)的十配位和十二配位化合物

将 Th(NO$_3$)$_4$ 和配体 L［L 为顺式乙撑双(二苯基氧膦)］比例为 1∶1 的浓甲醇溶液置于冰箱中，放三天以上，沉淀物[Th(NO$_3$)$_4$·2MeOH]发生转化，形成结晶。X 射线分析表明，所得晶体结构属正交晶系，空间群 *Pbca*，晶胞中 Z=8，每个不对称单位由 [Th(NO$_3$)$_3$L$_2$]$^+$ 和 [Th(NO$_3$)$_5$L]$^-$ 及两个甲醇溶剂分子组成。NO$_3$$^-$ 配体和 L 配体均为双齿配体，因此，Th-L 之比为 1∶2 的正离子中 Th(Ⅳ)为十配位，Th-L 之比为 1∶1 的负离子中 Th(Ⅳ)为十二配位。二者的结构示于图 18.8.6 中。

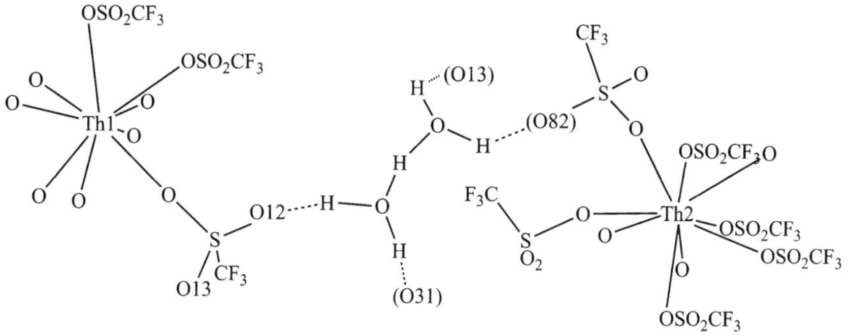

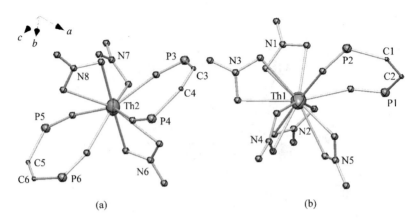

图 18.8.6 [Th(NO₃)₂L₃](NO₃)₂ · 2MeOH 中离子的结构(为清楚起见,略去苯环):
(a) 负离子[Th(NO₃)₅L]⁻;(b) 正离子[Th(NO₃)₃L₂]⁺。

[参看:P. T. Morse, R. J. Staples and S. M. Biros, Th(Ⅳ) complexes with *cis*-ethylene (diphenylphosphine oxide):X-Ray structures and NMR solution studies. *Polyhedron* **114**,2~12(2016).]

4. 钍的 5-甲基四咪唑配合物

将二当量的 5-甲基-1-*H*-四咪唑加入[(C₅Me₅)₂Th(CH₃)₂]的甲苯溶液中,可得米黄色的固体配合物(C₅Me₅)₂Th[η^2-(*N*,*N*′)-四咪唑]₂。单晶 X 射线衍射测得其分子结构,示于图 18.8.7 中。

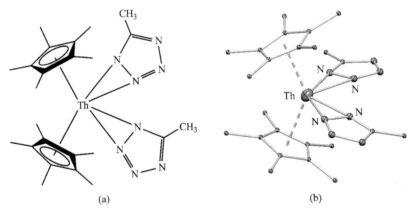

图 18.8.7 (C₅Me₅)₂Th[η^2-(*N*,*N*′)-四咪唑]₂配合物的结构:
(a) 分子结构简式;(b)球棍结构表达。

[参看:K. P. Browne, K. A. Maerzke, N. E. Travia, D. E. Morris, B. L. Scott, N. J. Henson, P. Yang, J. L. Kiplinger and J. M. Veauthier, Synthesis, characterization, and density functional theory analysis of uranium and thorium complexes containing nitrogen-rich 5-methyltetrazolate ligands. *Inorg. Chem.* **55**,4941~4950 (2016).]

18.8.3　钍茂配合物

夹心形的二(环辛四烯)钍(COT)₂Th (COT＝η^8-C₈H₈)和钠盐[Na(18-冠-6)]X(X＝CN，N₃，H)反应,生成单核的[(COT)₂ThX]⁻(X＝CN，N₃)和双核的[(COT)₂Th]₂(μ-H)。这几种配合物中,新配体 X 的引入,导致两个环辛四烯配体的相对位置从夹心形偏离为弯曲形。反应过程如下:

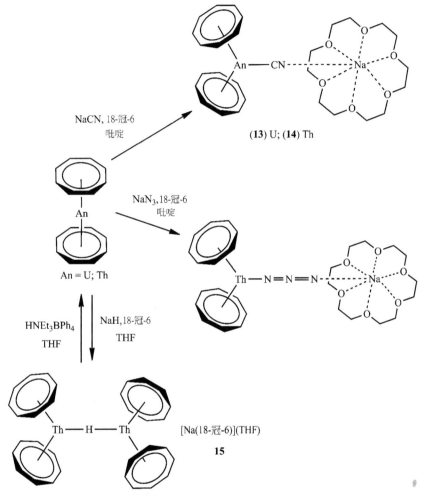

图 18.8.8　弯曲钍茂配合物的合成方案。

当以氰基为辅助配体时,U 也可以得到与 Th 类似的配合物[(COT)₂UCN]⁻。图 18.8.9示出[(COT)₂ThX]⁻(X＝CN，N₃)的结构。CN⁻ 和 N₃⁻ 均为桥连配体,一端与 Th(IV)配位,另一端和[Na(18-冠-6)]结合。其中,(a)中形成的是 Th—C 键而非 Th—N 键,Th—C 键长为264.8 pm,(b)中的 Th—N 键长为 251.8 pm。

在[Na(18-冠-6)(THF)]{[(COT)₂Th]₂(μ-H)}结构中,正离子和负离子均具有 C_2 对称性。负离子{[(COT)₂Th]₂(μ-H)}⁻结构示于图 18.8.10。可以看出,H⁻桥连两个呈弯曲状的(COT)₂Th 单元,两个单元之间以几乎垂直的方式排布,COT 环中心处在变形的四面体顶

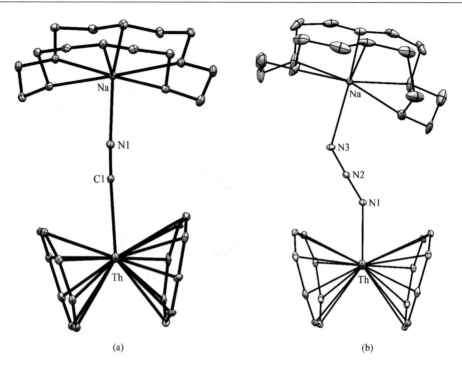

图 18.8.9　钍配合物的结构：(a) [(COT)₂ThCN]⁻；(b) [(COT)₂ThN₃]⁻。

点。Th—H1 的键长为 232.3 pm，Th 到 COT 环中心距离为 209 pm 和 210 pm，Cg⋯Th⋯Cg 夹角为 148°(Cg=COT 中心)；每个 Th 和两个 COT 环中心及 H 形成一个平面，两个平面之间的二面角为 83.71°。与之同系的钾的配合物 [K(18-冠-6)(THF)]{[(COT)₂Th]₂(μ-H)} 中，相应的二面角为 89.81°。

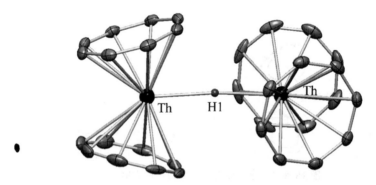

图 18.8.10　{[(COT)₂Th]₂(μ-H)}⁻负离子的结构。
（为清楚起见，除桥连 H 之外，略去其他氢原子。）

［参看：A. Cruz, D. J. H. Emslie, L. E. Harrington, J. F. Britten and C. M. Robertson, Extremely stable thorium(IV) dialkyl complexes supported by rigid tridentate 4,5-bis(anilido)xanthene and 2,6-bis(anilidomethyl)pyridine ligands. *Organometallics* **26**，692～701 (2007)；B. Grüner, P. Švec, P. Selucky and M. Bubeníkova, Halogen protected cobalt bis(dicarbollide) ions with covalently bonded CMPO functions as anionic extractants for trivalent lanthanide/actinide partitioning. *Polyhedron* **38**，103～112 (2012)；P. T. Morse, R. J. Staples and S. M. Biros, Th(IV) complexes with cis-ethylene (diphenylphosphine oxide)：X-Ray structures and NMR solution studies. *Polyhedron* **114**，2～12 (2016).］

18.9 铀配合物的结构化学

18.9.1 铀的环戊二烯基配合物

铀和五甲基环戊二烯（Me_5Cp，缩写为 Cp^*）可以形成 Cp_3^*U 的配合物。在此化合物发现之前，由于空间拥挤曾预期难以形成 f 区元素三（五甲基环戊二烯基）配合物，因此该化合物的发现促进了更多新反应和新化合物的探索。

尽管空间拥挤，Cp_3^*U 仍然可以进一步反应。该配合物和 N_2，CO 反应，可得配合物 Cp_3^*UL（$L=N_2$，CO）；当和 ^tBuCN 反应时，既可以形成与前面类似的 $Cp_3^*UNC^tBu$，也可以形成令人称奇的由氰基桥连的三聚体 $[Cp_2^*U(\mu\text{-}CN)(^tBuNC)]_3$，如图 18.9.1 所示。

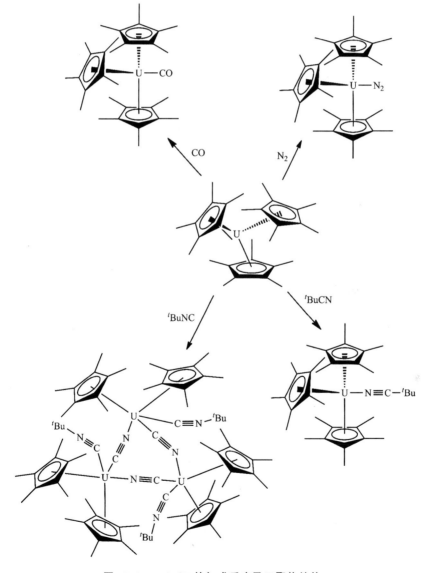

图 18.9.1 Cp_3^*U 的加成反应及三聚体结构。

借助于$(C_5Me_5)^-/C_5Me_5$氧化还原电对,Cp_2^*U可作为还原剂。通过将此还原电对与基于金属的电子转移相结合,Cp_3^*U可以作为多电子还原剂,参与各种化学反应,如联苯乙炔的还原偶联和偶氮苯的还原裂解等二电子和四电子过程,形成$Cp_2^*U(C_4Ph_4)$或$Cp_2^*U(=NPh)_2$;伴随着一对U^{III}/U^{IV}和两对$(C_5Me_5)^-/C_5Me_5$的变化,Cp_3^*U和环辛四烯发生反应,生成$[(Cp^*)(COT)U]_2(\mu\text{-}C_8H_8)$,可以看出,产物中 U 的价态发生了变化。图 18.9.2 给出以上所述反应过程示意图。

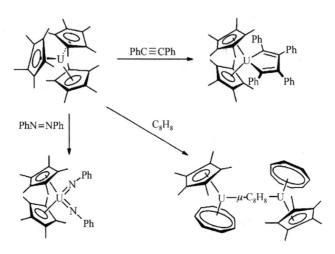

图 18.9.2　Cp_3^*U 的还原性。

$[U^{III}(C_5H_4R)_3]$在 THF 溶液中与 Lewis 碱吡嗪(pyz)反应,可生成双核铀(Ⅲ)化合物$[\{U(C_5H_4R)_3\}_2(\mu\text{-}pyz)]$,如图 18.9.3 所示。当 R=$^tBu$,铀配合物的形成常数可达 8×10^3。

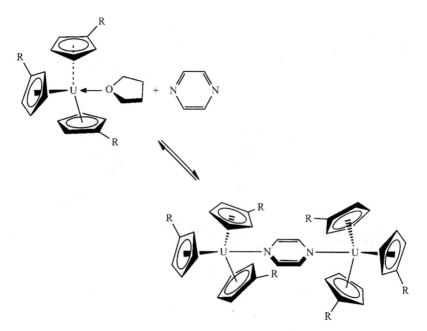

图 18.9.3　在 THF 中$[U^{III}(C_5H_4R)_3]$与吡嗪的反应。

18.9.2 氮桥连的铀配合物

Cs[{U(OSi(O'Bu)$_3$)$_3$}$_2$(μ-N)] 可以在其饱和己烷溶液中获得晶体,它是一个罕见的二核铀(Ⅳ)氮化物的实例,结构示于图 18.9.4。其结构特点在于,近乎直线形的 U^{Ⅳ} $=$ N $=$ U^{Ⅳ} 连接,U—N—U 键角为 170.2°,较短的 U—N 键长(分别为 205.8 pm 和 207.9 pm),表明 U—N 键具有显著的多重键的特征。

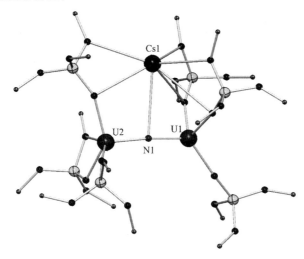

图 18.9.4　Cs[{U(OSi(O'Bu)$_3$)$_3$}$_2$(μ-N)]的结构。

上述化合物与金属铯反应,随铯的含量增加,可得到两种配合物:Cs$_2$[{U(OSi(O'Bu)$_3$)$_3$}$_2$(μ-N)](**1**)和 Cs$_3$[{U(OSi(O'Bu)$_3$)$_3$}$_2$(μ-N)](**2**),其结构核心分别为 Cs$_2$[U^{Ⅲ} $=$ N $=$ U^{Ⅳ}](**1**)和 Cs$_3$[U^{Ⅲ} $=$ N $=$ U^{Ⅲ}](**2**),二者结构示于图 18.9.5。

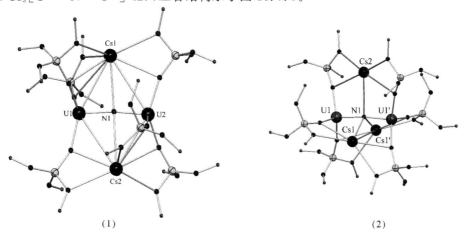

(1)　　　　　　　　　　　　　　　　(2)

图 18.9.5　两种氮桥连的铀配合物的结构(均从 THF 溶液中结晶):

(1) Cs$_2$[{U(OSi(O'Bu)$_3$)$_3$}$_2$(μ-N)];(2) Cs$_3$[{U(OSi(O'Bu)$_3$)$_3$}$_2$(μ-N)]。

[参看:L. C. Camp, J. Pécaut and M. Mazzanti, Tuning uranium-nitrogen multiple bond formation with ancillary siloxide ligands. *J. Am. Chem. Soc.* **135**,12101~12111(2013); L. Chatelain, R. Scopelliti and M. Mazzanti, Synthesis and structure of nitride-bridged uranium(III) complexes. *J. Am. Chem. Soc.* **138**,1784~1787 (2016).]

18.9.3 含富氮配体的铀配合物

1. 铀(Ⅳ)的七叠氮配合物

$(Bu_4N)_3[U(N_3)_7]$配合物存在两种晶型：墨绿色的 **A** 型和黄绿色的 **B** 型。**A** 型从 $CH_3CN/CFCl_3$溶剂中析出，立方晶系，$Pa\bar{3}$ 空间群，$Z=8$。**B** 型从 CH_3CH_2CN 溶剂中析出，单斜晶系，$P2_1/c$ 空间群，$Z=4$。

在 **A** 型晶体中，6 个叠氮配体端点的 N 原子排列呈三方反棱柱体——即沿三次轴畸变的八面体，U 原子处在该配位几何体的中心，第 7 个配体处在一个三角形面中心延伸的三重轴上，如图 18.9.6(a)所示。在 **B** 型结构中，7 个叠氮配体端点的 N 原子排成畸变的五角双锥多面体，U 原子处在多面体的中心，如图 18.9.6(b)所示。

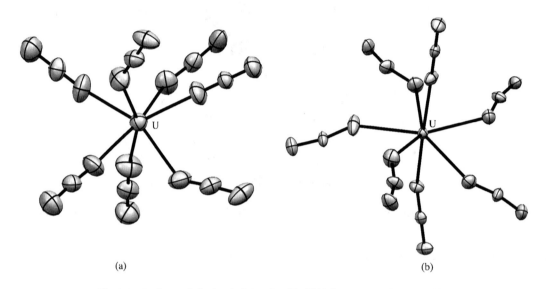

(a)   (b)

图 18.9.6　$(Bu_4N)_3[U(N_3)_7]$中 $U(N_3)_7^{3-}$ 的结构：**(a)** **A** 型；**(b)** **B** 型 。

[参看：M. -J. Crawford, A. Ellern and P. Mayer, UN_{21}^{3-}：A structurally characterized binary actinide heptaazide anion. *Angew. Chem. Int. Ed.* **44**，7874～7878（2005）.]

2. 铀(Ⅳ)的吡啶叠氮配合物和氮化铀的叠氮簇合物

在$[U(N_3)_4Py_4]$结构中，U(Ⅳ)原子处在晶体学的四重反轴(S_4)上，4 个吡啶分子和 4 个 N_3配体排布在变形十二面体的顶点上，如图 18.9.7(a)所示。

在氮/叠氮配合物$\{[(Cs(CH_3CN)_3][U_4(\mu_4\text{-}N)(\mu\text{-}N_3)_8(CH_3CN)_8I_6]\}_\infty$中，以 N 原子为中心形成四核铀簇，该团簇通过铯离子与碘原子结合而形成一维链状结构。晶体结构中含有三种独立的铀原子(U1，U2 和 U3)，如图 18.9.7(b)所示。对称面通过 U3，U1 和中心的 N101 原子，联系 2 个 U2 原子。4 个铀原子通过 8 个 1,1-末端桥连的叠氮基配体连接（即 N_3 中的端点 N 原子连接 2 个 U 原子）形成以 N101 为中心略有变形的四面体，其两条边上各有 2 个叠氮基配体桥连，另外 4 条边分别由一个叠氮基配体桥连。

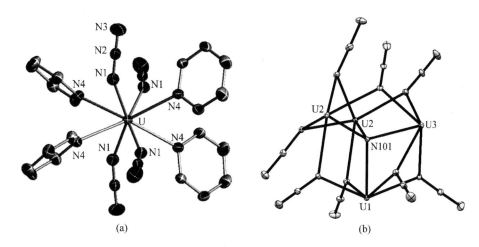

(a)　　　　　　　　　　(b)

图 18.9.7　铀(Ⅳ)的叠氮配合物的结构：

(a) [U(N₃)₄Py₄]；(b) {[(Cs(CH₃CN)₃][U₄(μ₄-N)(μ-N₃)₈(CH₃CN)₈I₆]}∞。

[参看：G. Nocton, J. Pécaut and M. Mazzanti, A nitrido-centered uranium azido cluster obtained from a uranium azide. *Angew. Chem. Int. Ed.* **47**, 3040~3042 (2008).]

3. 铀(Ⅳ)的有机叠氮配合物

　　−35℃低温下，通过 X 射线衍射结构分析，揭示含四个叠氮基的配合物[CH₂(C₆H₅)NNN(Mes)-κ²N^{1,2}]U[CH₂(C₆H₅)NNN(Mes)-κ²N^{1,3}]₃中，八配位的中心 U 原子周围为变形的双帽三棱柱几何，如图 18.9.8(a)所示。值得一提的是，一个叠氮配体为κ²N^{1,2}配位模式，另外三个叠氮配体为κ²N^{1,3}配位模式。

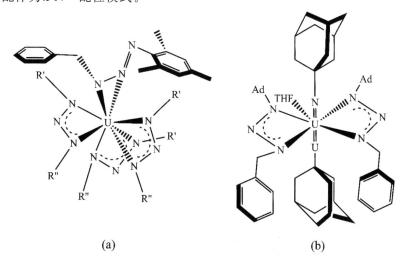

(a)　　　　　　　　　　(b)

图 18.9.8　铀(Ⅳ)的有机叠氮配合物的结构：

(a) [CH₂(C₆H₅)NNN(Mes)-κ²N^{1,2}]U[CH₂(C₆H₅)NNN(Mes)-κ²N^{1,3}]₃；

(b) U(NAd)₂[CH₂(C₆H₅)-NNN(Ad)-κ²N^{1,3}]₂(THF)。

[参看：S. J. Kraft, P. E. Fanwick and S. C. Bart, Exploring the insertion chemistry of tetrabenzyluranium using carbonyls and organoazides. *Organometallics* **32**, 3279~3285 (2013).]

对组成为 $U(NAd)_2[CH_2(C_6H_5)\text{-}NNN(Ad)\text{-}\kappa^2N^{1,3}]_2(THF)$ 的配合物(此处,Ad=金刚烷基),来自配体的 7 个原子(N 或 O)按照近似五角双锥的型式分布在铀原子周围,其中来自金刚烷的亚胺配体从两个轴上像帽子一样覆盖在赤道平面上,赤道面由 4 个 N 原子和一个 O 原子形成五角形平面,如图 18.9.8(b)所示。

18.9.4 铀和硫属元素的配合物

当 $[U^{IV}(\eta\text{-}C_5Me_4SiMe_2CH_2)_2]$ 和 $[U^{III}Tp_2^*(CH_2Ph)]$ 分别和 CS_2 反应,生成两种新的配合物 $[U^{IV}(\eta\text{-}C_5Me_4SiMe_2CH_2)(\eta\text{-}C_5Me_4SiMe_2CH_2CS_2)]$ 和 $[U^{III}Tp_2^*(S_2CCH_2Ph)]$,如图18.9.9所示。

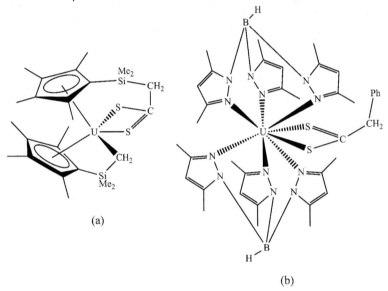

图 18.9.9 铀的含硫属元素配位的配合物:

(a) $[U^{IV}(\eta\text{-}C_5Me_4SiMe_2CH_2)(\eta\text{-}C_5Me_4SiMe_2CH_2CS_2)]$;(b) $[U^{III}Tp_2^*(S_2CCH_2Ph)]$。

当三价铀的茂基配合物 $[U(MeC_5H_4)_3(THF)]$ 和 $[U(Me_3SiC_5H_4)_3]$ 分别和 CS_2 反应,形成二核 $U(IV)$ 的二硫化碳配合物 $[U(MeC_5H_4)_3]_2(CS_2)$,见图 18.9.10(a);当改用甲硅烷氧基化合物 $[U(OSi(O^tBu)_3)_2(\mu\text{-}OSi(O^tBu)_3)]_2$ 与 CS_2 反应,则生成 $[\{U(OSi(O^tBu)_3)_3\}_2(\mu\text{-}\eta^2(C,S):\eta^2(S,S)\text{-}CS_2)]$,见图 18.9.10(b)。

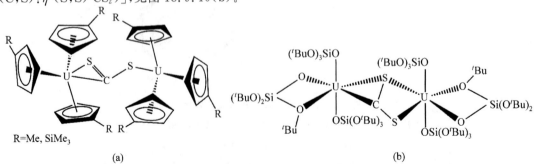

图 18.9.10 U(IV)的茂基二硫化碳配合物:

(a) $[U(MeC_5H_4)_3]_2(CS_2)$;(b) $[\{U(OSi(O^tBu)_3)_3\}_2(\mu\text{-}\eta^2(C,S):\eta^2(S,S)\text{-}CS_2)]$。

从 [U(COT)(BH$_4$)$_2$(THF)] 和 Na[SPS^{OMe}] 反应的混合物中,分离得到[{U(COT)}$_4$ {U(THF)$_3$}$_2$(μ_3-S)$_8$]。它的分子结构中,6 个 U 原子按照八面体骨架分布,分布在八面体面上的 S 通过三桥连方式结合在一起,见图 18.9.11(a)。钍或者铀的配合物 [ThCl$_4$(DME)$_2$] 或 [UI$_4$(1,4-二噁烷)$_2$] 和 Na(SSePPh$_2$) 反应,得到硫硒代次磷酸盐 [An(SSePPh$_2$)$_4$](An=Th 或 U),见图 18.9.11(b)。

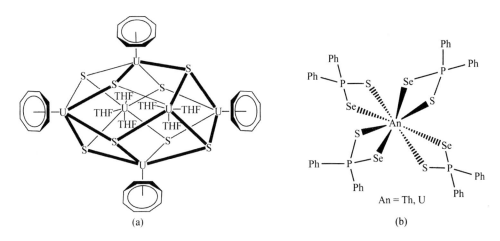

(a)

(b)

图 18.9.11 U(Ⅳ)的茂基二硫化碳配合物。

Th(Ⅳ) 配 合 物 [Th(η-1,3-^{t}Bu$_2$-C$_5$H$_3$)$_2$(bipy)] 与 CS$_2$ 反应,给出硫化物中间体 [Th(η-1,3-^{t}Bu$_2$-C$_5$H$_3$)$_2$(=S)],如图 18.9.12(a),进一步与亲核试剂 CS$_2$ 反应,可形成二聚三硫代碳酸根配合物 [Th(η-1,3-^{t}Bu$_2$-C$_5$H$_3$)$_2$(μ-CS$_3$)]$_2$,如图 18.9.12(b)所示。

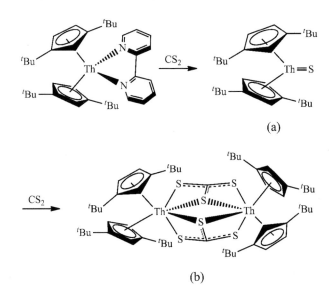

(a)

(b)

图 18.9.12 Th(Ⅳ)配合物与 CS$_2$ 反应:
(a) [Th(η-1,3-^{t}Bu$_2$-C$_5$H$_3$)$_2$(=S)];(b) [Th(η-1,3-^{t}Bu$_2$-C$_5$H$_3$)$_2$(μ-CS$_3$)]$_2$。

UCl₄ 和 Na₂(dddt)(dddt＝5,6-二氢-1,4-二硫杂-2,3-二硫代酸根)在吡啶中反应可得[U(dddt)₃]²⁻[见图 18.9.13(a)]和[Na{U(dddt)₃}₂]³⁻,后者示出大配体 dddt 的折叠情况,其中存在 C＝C 双键和中心金属原子的相互作用。同样在 THF 中进行反应,亦可得四齿二硫烯化合物 [Na₄(THF)₈U(dddt)₄]∞,它是一维之字形链状结构,其中 Na₂(μ-THF)₃ 作为桥将 Na₂(THF)₅U(dddt)₄ 基团连接起来,见图18.9.13(b)。

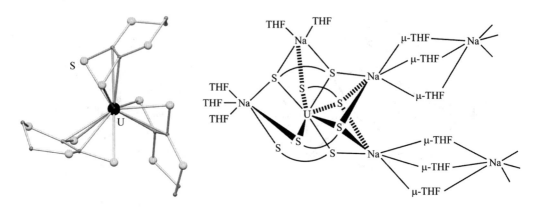

图 18.9.13　铀与含硫配体的结合：
(a) [U(dddt)₃]²⁻ 负离子 ; (b) [Na₄(THF)₈U(dddt)₄]∞。
(为清楚起见,dddt 配体仅以弧线桥连方式示出)

[参看：M. Ephritikhine, The vitality of uranium molecular chemistry at the dawn of the XXIst century. *Dalton Trans.* 2501～2516 (2006);M. Ephritikhine, Molecular actinide compounds with soft chalcogen ligands. *Coord. Chem. Rev.* **319**，35～62 (2016).]

18.9.5　U(Ⅳ)和 Pu(Ⅳ)的夹心配合物

在锕系配合物中,有一大类茂金属及其衍生物,其中很多呈现弯曲形的夹心结构。下面举例加以介绍。

将[U(Cp*)₂I₂]溶于乙腈溶液或将[U(Cp*)₂Me₂] 和 HNEt₃BPh₄ 一起溶于乙腈中,可得[U(Cp*)₂(NCMe)₅]X₂(X＝I,BPh₄)。在这两个配合物中,U(Cp*)₂ 单元为夹心结构,U 原子夹中间,上下各连接一个 Cp* 环,5 个 MeCN 沿赤道面以 N 原子为端基围绕 U 原子,结合成键,如图 18.9.14(a)所示。此结构中,金属 U 原子的配位模式在其他 *f* 区元素中也常出现。

Pu(Ⅳ)的夹心配合物 Pu(1,3-COT″)(1,4-COT″)更为独特,它以 1,4-COT″作为母体和 Pu(Ⅳ)反应得到,式中,1,4-COT″代表负二价的 1,4-双(三甲基甲硅烷基)环辛四烯。在配合物的分子结构中,两个 C₈ 环平面的排列基本上平行,如图 18.9.14(b)所示。Pu 原子指向两个环中心的连接线几乎共线,角度为 176.78°。值得一提的是,COT″环中的一个取代基改变位置成为 1,3-COT″。

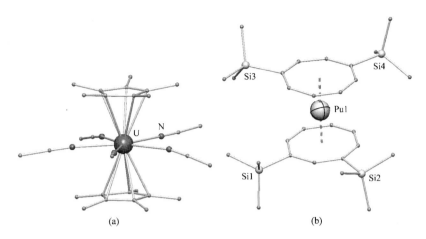

图 18.9.14　铀和钚配合物的夹心结构:
(a) 正离子 [U(Cp*)₂(MeCN)₅]²⁺; (b) Pu(1,3-COT″)(1,4-COT″)。

[参看: M. Ephritikhine, Recent advances in organoactinide chemistry as exemplified by cyclopentadienyl compounds. *Organometallics* **32**, 2464~2488 (2013); C. Apostolidis, O. Walter, J. Vogt, P. Liebing, L. Maron and F. T. Edelmann, A structurally characterized organometallic plutonium(IV) complex. *Angew. Chem. Int. Ed.* **56**, 5066~5070 (2017).]

18.9.6　线性反式双(亚氨基)An(V)配合物

在 THF 中,将 UCl₄(ᵗBu₂bipy)₂,(此处,ᵗBu₂bipy=4,4-二叔丁基-2,2-联吡啶)与 4 倍量的 LiNHDipp(Dipp=2,6-ⁱPr₂C₆H₃)反应,然后加入 0.5 倍量 CH₂Cl₂ 作氧化剂,得到 U(NDipp)₂(ᵗBu₂bipy)₂Cl。该 U(V)配合物表现出扭曲的五角双锥配位几何形状[图 18.9.15(a)],它是第一例单核双(亚氨基)铀(V)物种。

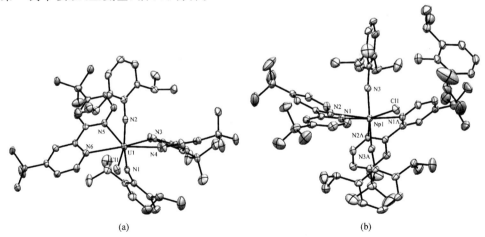

图 18.9.15　反式双(亚氨基)Ac(V)配合物:
(a) U(NDipp)₂(ᵗBu₂bipy)₂Cl;(b) Np(NDipp)₂(ᵗBu₂bipy)₂Cl。

[参看: R. E. Jilek, L. P. Spencer, R. A. Lewis, B. L. Scott, T. W. Hayton and J. M. Boncella, A direct route to bis(imido)uranium(V) halides via methesis of uranium tetrachloride, *J. Am. Chem. Soc.* **134**, 9876~9878(2012); J. L. Brown, E. R. Batista and J. M. Boncella, A. J. Gaunt, S. D. Reilly, B. L. Scott and N. C. Tomson, A linear *trans*-Bis (imido) Naptunium (V) Actinyl Analog: Npⱽ(NDipp)₂(ᵗBu₂bipy)₂Cl (Dipp=2,6-ⁱPr₂C₆H₃), *J. Am. Chem. Soc.* **137**, 9583~9586 (2015).]

将 $NpCl_4(DME)_2$ 和 2 倍量化学计量 $^tBu_2bipy$，4 倍量 LiNHDipp 以及过量的 CH_2Cl_2 共处理，析出 $Np(NDipp)_2(^tBu_2bipy)_2Cl(\mathbf{1})$。Np(V)配合物结构属于 Pbcn 空间群，$Z＝4$，以 $\mathbf{1}\cdot$ $2(H_2NDipp)\cdot O(C_4H_8)$ 形式存在。结构中，Np—Cl 键位于晶体的 C_2 轴上，使得 Np(V)中心表现为变形的五角双锥形态[图 18.9.15(b)]。此乃第一例铀后元素反式亚氨基配位模式的化合物，也是除 NpO_2^+ 外第一例 Np-配体之间形成多重键的化合物。

18.10　镎的金属有机化学

93 号元素镎是人造元素，它有独到的应用。在已经制得的 24 种放射性同位素中，^{217}Np（半衰期 $t_{1/2}＝2.144×10^6a$），$^{235}Np(t_{1/2}＝396.1\,d)$，$^{236}Np(t_{1/2}＝1.54×10^5a)$ 是最稳定的，其余的半衰期都小于 4.5d。

1. Np 的氧化态

镎的最重要的氧化态是＋4，典型的化合物为 $NpCl_4$。$NpCl_4$ 有如以下特性：① 在非质子的有机溶剂中有良好的可溶性；② 易从水相转为非水溶剂加合物如 $NpCl_4(DME)_2$；③ 具有优良的配位置换作用和还原性。这些特点使 $NpCl_4$ 在有机镎化学中可以作为良好的反应试剂。其他有用的合成前驱体还有 $R_2[NpCl_6]$（R＝Et, Ph）。

在甲苯中，$NpCl_4$ 和过量 KCp 反应，可生成环戊二烯基呈四面体分布的 $NpCp_4$，它和 $ThCp_4$ 及 UCp_4 是同构类似物。一般说来，$Np^{III/IV}$ 的氧化还原相互转化较 $U^{III/IV}$ 更易于调控，后者更倾向于 U^{IV}。环戊二烯基配位后，可以调节 Np(IV)和 Np(III)的氧化还原电位，因而通过氧化还原反应，可以使得 Np^{III} 和 Np^{IV} 的有机金属化合物有效分离。

[参看：P. L. Arnold, M. S. Dutkiewicz and O. Walter, Organometallic neptunium chemistry. *Chem. Rev.* **117**, 11460～11475(2017).]

2. 镎的配合物的结构

(1) Np(III)的环戊二烯配合物

Np(IV)的配合物 $Np(Cp)_3Cl$ 在乙醚中被钠汞齐定量还原，生成淡绿色的溶剂合物 $NpCp_3(OEt_2)$。$NpCp_3(OEt_2)$ 可以快速失去溶剂分子，高收率变为 $NpCp_3$。$NpCp_3$ 属单斜晶系，结构中，$\{Np^{III}(\eta^5\text{-}Cp)_2\}$ 单元通过环戊二烯基的 $\mu\text{-}\eta^5,\eta^1$ 模式的交替连接而形成之字形链状结构，Np(III)到 Cp 环中心的距离为 252.2pm，如图 18.10.1 所示。这种结构和图 18.4.1 中稀土环戊二烯配合物 $LnCp_3$（Ln＝La,Ce,Sm,Ho,Dy）的结构相似。

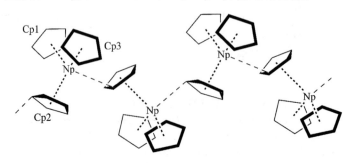

图 18.10.1　之字形链状结构的 $[Np(Cp)_3]_\infty$。

利用空间位阻较大的 C_5H_4SiMe（简写为 Cp'）代替 Cp 反应,可得橄榄绿的 $Np(Cp')_3$ 单晶。$-20℃$ 低温下,晶体的 X 射线衍射分析表明,配合物为单核物种,$Np(Ⅲ)$ 被 3 个 η^5-Cp' 环包围,如图 18.10.2 所示。$Np(Ⅲ)$ 到 Cp' 环中心的距离为 248.2pm, 比 $Np(Ⅲ)$ 到 Cp 环中心的距离 252.2pm 稍短,说明 $Np(Ⅲ)$ 与 Cp' 的结合力较强。

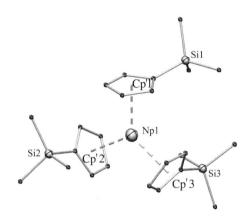

图18.10.2 $Np(C_5H_4SiMe_3)_3$ 的结构。（为清楚起见,略去氢原子。）

$Np(Cp)_3Cl$ 和 KCp 发生反应,可以直接给出 $Np(Ⅲ)$ 的产物 $K[Np(Cp)_4]$ 而非预期的 $Np(Cp)_4$！$Np(Cp)_4^-$ 是第一个 $An(Ⅲ)$ 的四环戊二烯配合物。反应如下式所示:

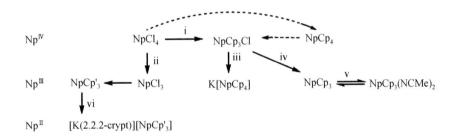

由 $Np(Cp)_3Cl$ 还原得到 $Np(Cp)_3$,$Np(Cp)_3$ 随之和 MeCN 形成溶剂化物而得以稳定。甲硅烷取代的类似物 $Np(Cp')_3$ 可由 $NpCl_3$ 和 KCp' 反应得到。上式中,点线表示文献中亦出现相应的反应过程。关键步骤对应的试剂和条件分别为:(i) 过量的 KCp 和 PhMe;(ii) Na/Hg,Et_2O-NaCl;(iii) KCp;(iv) Na/Hg,Et_2O-NaCl;(v) 过量的 MeCN;(vi) KC_8,2,2,2-穴状配体,THF/Et_2O, $-78℃$。

$K[Np(Cp)_4]$ 的晶体结构非常独特,它有两种 Np-Cp 配位方式——分别以 Np(A) 和 Np(B) 表示,见图 18.10.3。

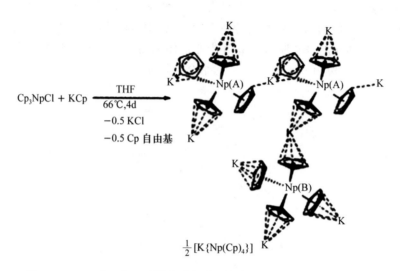

图 18.10.3   K[Np(Cp)₄]的合成及其结构中的两种 Np-Cp 配位方式。

（2）Np(Ⅱ)的环戊二烯配合物

在 −78℃，THF/ Et₂O 溶剂中，加入 2,2,2-穴状配体，利用 KC₈ 还原 Np(Cp′)₃，得到黑色溶液，得到的晶体不够稳定，初步判断为 Np(Ⅱ)的配合物 K[2,2,2-穴状配体][Np(Cp′)₃]，合成路线如下：

$$NpCl_3 \xrightarrow[-3\ KCl]{+3\ KCp'} Np(Cp')_3 \xrightarrow[\substack{-78℃\\10\ min.\\-8℃}]{\substack{+KC_8\\+2.2.2\text{-cryptand}\\THF/Et_2O}} [K(2.2.2\text{-cryptand})][Np(Cp')_3]$$

上述 Np(Ⅱ)的配合物不稳定，获得的衍射数据质量差；若换用 Pu(Ⅱ)代替 Np(Ⅱ)，并用两个三硅甲基硅取代的 Cp 作为配体，得到的晶体在 −10℃ 以下较为稳定。在 −35℃ 测得的结构示于图 18.10.4 中。由此结果可见，上述反应机理推测可信。

（3）Np 的(COT)配合物

双(环辛四烯)合镎[Np(COT)₂]可由二当量的 K₂(COT)与一当量的 NpCl₄ 在非极性溶剂中反应得到。它对水稳定，但对氧敏感。X 射线衍射分析表明，它和[U(COT)₂]的结构相同。若将 NpBr₃ 和 K₂(COT)在 THF 中反应，可制得红紫色的 K[Np(COT)₂]·THF，该产物对潮湿空气敏感，会被直接氧化为[Np(COT)₂]，该化合物呈三明治形夹心结构，具有 D_{8h}（上下环中原子对齐）或 D_{8d}（上下环中原子错开）对称性。

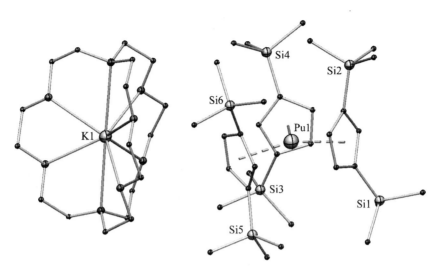

图 18.10.4　$[K(2.2.2\text{-穴状配体})]\{Pu^{II}[C_5H_3(SiMe_3)_2]_3\}$ 的结构。
（为清楚起见，略去氢原子。）

[参看：P. L. Arnold，M. S. Dutkiewicz and O. Walter，Organometallic neptunium chemistry. *Chem. Rev.* **117**，11460~11475（2017）；M. S. Dutkiewicz，C. Apostolidis，O. Walter and P. L. Arnold，Reduction chemistry of neptunium cyclopentadienide complexes：from structure to understanding. *Chem. Sci.* **8**，2553~2561（2017）；C. J. Windorff，G. P. Chen，J. N. Cross，W. J. Evans，F. Furche，A. J. Gaunt，M. T. Janicke，S. A. Kozimor and B. L. Scott，Identification of the formal ＋2 oxidation state of plutonium：Synthesis and characterization of $\{Pu^{II}[C_5H_3(SiMe_3)_2]_3\}^-$. *J. Am. Chem. Soc.* **139**，3970~3973（2017）.]

18.11　第一个充分表征的钚后元素 MOF

钚后元素镅是核反应堆中的副产物，其放射性衰变会持续数千年。近期，在基础配位化学研究中，将从乏核燃料中分离出的放射性三价 ^{243}Am 离子引入金属有机骨架（MOF）结构中。参考化学性质相似的稳定镧系元素镨的化合物 $[Pr_2(C_6H_8O_4)_3(H_2O)_2] \cdot (C_{10}H_8N_2)$ 的生成反应，通过小心操作放射性元素镅，制备出 $[Am_2(C_6H_8O_4)_3(H_2O)_2] \cdot (C_{10}H_8N_2)$。注意放射性衰变会逐渐破坏 Am(III) MOF 结构，该晶体在制备出 26 天后收集其 X 射线衍射数据并进行最小二乘修正过程而得到其结构的详细信息（图 18.11.1）。继续放置三个月之后，再次收集衍射数据，发现其晶胞参数有 2% 增加，且强度数据变差。

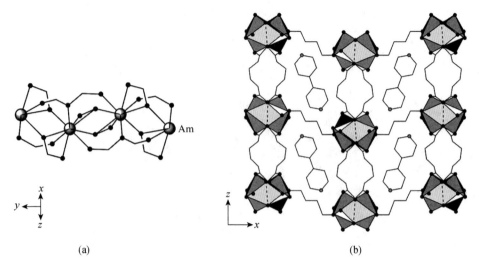

(a)　　　　　　　　　　　　　　(b)

图 18.11.1 〔Am$_2$(C$_6$H$_8$O$_4$)$_3$(H$_2$O)$_2$〕·(C$_{10}$H$_8$N$_2$)的结构。(a) 平行于 b 轴的〔010〕无限链中 4 个 Am^{3+} 金属中心周围的配位环境。其中,每个金属离子均为 9 配位,由 6 个 C$_6$H$_8$O$_4^{2-}$〔己二酸根, $^-$O$_2$C(CH$_2$)$_4$CO$_2^-$〕配体和 1 个水分子配位。(b) 晶体结构的多面体表示,其中沿〔010〕方向由己二酸根桥连的 Am^{3+} 金属中心通过多个己二酸根配体进一步沿〔100〕和〔001〕方向组装。C$_{10}$H$_8$N$_2$(4,4$'$-联吡啶)分子占据晶体结构中的通道。

〔参看文献:D. T. de Lill, N. S. Gunning and C. L. Cahill, Toward templated metal-organic frameworks:synthesis, structures, thermal properties, and luminescence of three novel lanthanide-adipate frameworks. *Inorg, Chem.* **44**, 258~266 (2005); J. A. Ridenour, R. G. Surbella Ⅲ, A. V. Gelis, D. Koury, F. Poineau, K. R. Czerwinski and C. L. Cahill, An americium-containing metal-organic framework:A platform for studying transplutonium elements, *Angew. Chem. Int. Ed.* **58**, 16508~16511 (2019).〕

18.12　锕系元素配合物中新型的金属-配体 δ 键和 φ 键

金属-配体(M—L)轨道重叠而形成 δ 和 φ 键时,分别涉及 4 个和 6 个轨道叶瓣的重叠。在绝大多数已知的金属-配体的 δ 和 φ 键中,金属轨道以"头对头"或"侧对头"的方式与配体轨道重叠。

18.12.1　An^{Ⅳ} 金属配合物中的 δ 和 φ 反馈键

在锕系元素(Pa~Pu)的金属茂环丙烯和环多烯配合物中,发现两种全新的 M—L 键合相互作用类型,即"头对侧"的 δ 反馈键和"侧对侧"的 φ 反馈键,完全不同于其相应的第 14 族类似物。除了已知的(C$_8$H$_8$)$_2$Th 和(C$_8$H$_8$)$_2$U 配合物之外,最近有关于 Pa、Np 和 Pu 配合物的理论计算工作发表。与传统的预期——因锕系收缩而导致 An—C 键长减小——相反,从 Pa 到 Pu,An—C 键的距离反而增加。业已清楚,直接的 L— An σ 和 π 配位与 An—L 的 δ 或 φ 的反馈键相结合,对于解释这两个 An—L 系列中键长非经典的变化趋势至关重要,这显示了 δ/φ 反馈键作用的重要性,尤其是对于 Pa 和 U 的配合物。

由于可以利用 d 电子和 f 电子,在过渡金属、镧系元素和锕系元素的化合物中,化学键可能显示奇特的 δ 和 φ 键合方式。这些成键的实例常见于各种双金属 M_2 的化合物,金属可以是裸露的或被配体包围而稳定的多重 M—M 键。这些体系中,通过 $d_{xy}-d_{xy}$(或 $d_{x^2-y^2}-d_{x^2-y^2}$)原子轨道面对面重叠而形成的典型 δ 键,具有两个穿过 M—M 轴的节面[图 18.12.1(a)]。

含两个以上金属原子(M_n, $n>2$)的分子可以通过 d_{z^2} 原子轨道的相互作用形成另一种 δ 键[图 18.12.1(b)],这种 δ 键以两个平行的节面位于金属原子平面的上方和下方为特征,因而产生 δ 芳香性。与 M—M δ 键不同,金属-配体(M—L)相互作用而形成的 δ 键较为少见。这些键与 M—M δ 键在本质上也有不同:首先,它们是由金属已占的 d 或 f 轨道与配体未占轨道之间发生共价重叠而形成的,因此被称为 δ 反馈键;其次,这种 M—L 相互作用通过"头对头"的轨道重叠组成[图 18.12.1(c)]。更为罕见的 M—L φ 反馈键是由金属已占 f 轨道和配体未占轨道之间以"侧对头"的方式共价重叠形成的[图 18.12.1(d)]。

碳的 X 射线 K 边吸收光谱(XAS)和 DFT 计算均显示,钍茂和铀茂中金属的 $5f$ 轨道与 $C_8H_8^{2-}$ 配体之间发生显著的 d-型作用,从 Th^{4+} 到 U^{4+},随着 $5f$ 轨道能量的下降而增强。

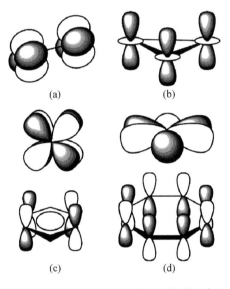

图 18.12.1　δ 和 φ 键形成的原子轨道示意图:
(a) 两个 d_{xy}(或 $d_{x^2-y^2}$)原子轨道之间的 M—M δ 相互作用;(b) 三个 d_{z^2} 原子轨道之间的 M—M—M δ 相互作用;(c) 金属的 f_{xyz}[或 $f_{y(x^2-z^2)}$]原子轨道(上)与配体的未占轨道(下)之间的"头对头" M—L δ 相互作用;(d) 金属的 $f_{x(x^2-3y^2)}$[或 $f_{y(3x^2-y^2)}$]原子轨道(上)与配体未占轨道(下)之间的"侧对头" M—L φ 反馈键。

18.12.2　锕系茂金属杂环烯

锕系茂金属杂环丙烯(η^5-C_5Me_5)$_2$An$[\eta^2$-$C_2(SiMe_3)_2]$[图 18.12.2(a)]和茂金属杂环茂烯(η^5-C_5Me_5)$_2$An$[\eta^4$-$C_4(SiMe_3)_2]$[图 18.12.2(b)](An= Th $\sim$ Pu)中,出现两种新型的 M—L 反馈键,即"头对侧"的 δ[图 18.12.2(c)]和"侧对侧"的 φ[图 18.12.2(d)]M—L 相互作用。这两种独特的结合方式成为可能有多种因素驱使。首先,与已有报道的具有 M—L δ 或

φ 反馈键的配合物相比,配体中与金属中心相互作用的碳原子数量(之前为 6 至 16)更少(金属环丙烯中 2 个,金属环形累积多烯中 4 个);其次,与过渡金属和没有 f 电子镧系元素不同,可用 f 电子形成这种键;第三,丙烯配体和累积多烯配体与金属中心的共面定位有利于碳 $2p$ 轨道与金属 $5f$ 轨道的有效重叠[图 18.12.2(c)和(d)],使其优于其他具有 M 的体系中的 M—L δ/φ 反馈键,后者结构中 M 中心位于配体碳原子平面之外[图 18.12.1(c)和(d)]。

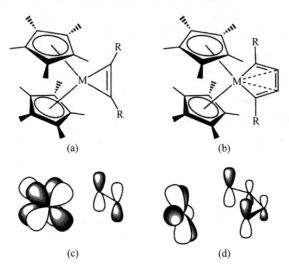

图 18.12.2　**镧系元素和过渡金属的金属杂环结构以及其各自的 M—L δ 和 φ 相互作用:(a) 茂金属杂环丙烯(η^5-C_5Me_5)₂An[η^2-C_2R_2];(b) 茂金属杂环茂烯(η^5-C_5Me_5)₂An[η^4-C_4R_2](R = 三甲基甲硅烷基,苯基;M = Ti, Zr, Th, Pa, U, Np, Pu);(c) 金属的 f_{xyz}[或 $f_{y(x^2-z^2)}$]原子轨道与(η^5-C_5Me_5)₂An[η^2-C_2R_2]中环丙烯配体未占轨道之间的"头对侧" M—L δ 相互作用;(d) 金属的 f_{yz^2}(或 f_{xz^2})原子轨道与(η^5-C_5Me_5)₂An[η^4-C_4R_2](An = Pa~Pu)中环多烯配体的未占轨道之间的"侧对侧" M—L φ 相互作用。**

[参看:L. J. Clouston, R. B. Siedschlag, P. A. Rudd, N. Planas, S. Hu, A. D. Miller, L. Gagliardi and C. C. Lu, Systematic variation of metal-metal bond order in metal-chromium complexes. *J. Am. Chem. Soc.* **135**, 13142~13148(2013);B. O. Roos, P.-Å. Malmquist and L. Gagliardi, Exploring the actinide-actinide bond: Theoretical studies of the chemical bond in Ac₂, Th₂, Pa₂, and U₂, *J. Am. Chem. Soc.* **128**, 17000~17006(2006);S. G. Minasian, J. M. Keith, E. R. Batista, K. S. Boland, D. L. Clark, S. A. Kozimor, R. L. Martin, David K. Shuh and T. Tyliszczak, New evidence for 5f covalency in actinocenes determined from carbon K-edge XAS and electronic structure theory. *Chem. Sci.* **5**, 351~359 (2014);M. P. Kelley, I. A. Popov, J. Jung, E. R. Batista and P. Yang, δ and φ back-donation in An[IV] metallacycles, *Nat. Commun.* 11:1558 (2020).]

参 考 文 献

[1]　H. C. Aspinall, *Chemistry of the f-Block Elements*, Gordon and Breach, Amsterdam, 2001.

[2]　N. Kaltsoyannis and P. Scott, *The f Elements*, Oxford University Press, Oxford, 1999.

[3]　S. D. Barrett and S. S. Dhesi, *The Structure of the Rare-Earth Metal Surfaces*, Imperial College Press, London, 2001.

［4］　A. F. Wells, *Structural Inorganic Chemistry*, 5th ed. , Oxford University Press, Oxford, 1984.

［5］　C. E. Housecroft and A. G. Sharpe, *Inorganic Chemistry*, 2nd ed. , Prentice-Hall, Harlow, 2004.

［6］　R. B. King(editor-in-chief), *Encyclopedia of Inorganic Chemistry*, Wiley, Chichester, 1994.

［7］　J. A. McCleverty and T. J. Meyer (Editors-in-Chief), *Comprehensive Coordination Chemistry Ⅱ*, Vol. 3 (G. F. R. Parkin, Volume Editor), Elsevier-Pergamon, Amsterdam, 2004.

［8］　E. W. Abel, F. G. A. Stone and G. Wilkinson (Editors-in-Chief), *Comprehensive Organometallic Chemistry Ⅱ*, Vol. 4(M. F. Lappert, Volume Editor), Pergamon, Oxford, 1995.

［9］　Thematic issue on "Frontiers in Lathanide Chemistry", *Chem. Rev.* **102**, No. 6, 2002.

［10］　S. Cotton, *Lanthanide and Actinide Chemistry*, Wiley, Chichester, 2006.

［11］　B. S. Bassil and U. Kortz, Recent advances in lanthanide-containing polyoxotungstates, *Z. Anorg. Allg. Chem.* **636**, 2222~2231 (2010).

［12］　M. T. Pope, *Heteropoly and Isopoly Oxometalaes*, Springer, Berlin, 1983.

［13］　Q. Zhu, J. Zhu and C. Zhu, Recent progress in the chemistry of lanthanide-ligand multiple bonds. *Tetrahedron Lett.* **59**, 514~520 (2018).

［14］　黄春辉著,稀土配位化学,北京:科学出版社,1997.

第 19 章 金属-金属键和过渡金属簇合物

19.1 过渡金属簇合物的键价和键数

过渡金属簇合物是由 3 个或 3 个以上过渡金属原子相互直接通过金属-金属（M—M）键或者含有部分金属-金属键所形成的一类化合物。对于包含两个过渡金属原子通过 M—M 金属键形成的二核过渡金属配合物，一般不称为金属簇合物。但由于簇合物中 M—M 键的成键规律也适用于二核过渡金属配合物，所以本章讨论的金属簇合物，在不特别加以说明的情况下，也包括二核金属配合物在内。

第一个证明含有 M—M 键的有机金属配合物是 $Fe_2(CO)_9$，但由于 Fe—Fe 键是被 3 个桥连 CO 配位体所支撑，如图 19.1.1(a) 所示，它不能直接提供具有 Fe—Fe 键的确定性证明。反之，配合物 $Re_2(CO)_{10}$，$Mn_2(CO)_{10}$ 和 $[MoCp(CO)_3]_2$ 提供了没有桥连配体所支撑而有明确的 M—M 键的实例。在这些化合物中，金属原子通过一个 2c-2e 的单键结合在一起。图 19.1.1(b) 示出 $Mn_2(CO)_{10}$ 的分子结构。

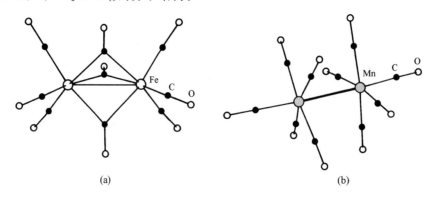

(a)　　　　　　　　　　　　　　　(b)

图 19.1.1　二核过渡金属配合物的结构：
(a) $Fe_2(CO)_9$；(b) $Mn_2(CO)_{10}$。

由于多核簇合物的结构通常都较复杂，描述其成键状况的定量方法不仅较为困难，而且也不易实行。在这种情况下，用定性的方法和经验规律常能发挥重要的作用。在前面我们已有八隅律和键价等描述硼烷及其衍生物的结构和化学键（参看 13.3 节和 13.4 节）。本章用 18 电子规则和键价来讨论多核过渡金属簇合物的化学键和结构。

大多数过渡金属羰基簇合物中金属原子骨干遵循 18 电子规则，因此簇合物骨干 $[M_nL_p]^{q-}$ 的键价 b 可按下一公式计算：

$$b = (18n - g)/2 \tag{19.1.1}$$

式中 g 为骨干 M_n 的价电子总数，它由下面三部分加和而得：

（1）n 个金属原子 M 的价电子数。

（2）p 个配位体 L 提供给金属原子的价电子数（不同类型的配位体提供电子的数目已列

于表 13.4.1 中)。

（3）簇合物所带的净电荷 q。

一个簇合物骨干的键价 b 相当于金属-金属键的数目。一个 M—M 单键，键价和键的数目等于 1；一个 M═M 双键，键价和键的数目等于 2；M≡M 三重键等于 3；M≣M 四重键等于 4；而一个 3c-2e MMM 键的键价和键数都为 2。

许多簇合物是由羰基配位到金属原子上形成，有些簇合物则有 NO，CNR，PR_3 和 H 等配体，还有一些簇合物含有填隙原子如 C，N 和 H 原子。簇合物可以是中性分子或以离子形式存在，而金属原子又可聚集成三角形、四面体形、八面体形等。羰基配位体有两个特点：一是羰基作为一个二电子给体的功能不会因配位型式的变化而改变，不论是端接、边桥或面桥形式都一样，也不因金属骨干的价态改变而变。但 Cl 原子作为配体可提供一个电子（端接），3 个电子（边桥）或 5 个电子（面桥）。二是在不同桥连形式中，羰基的协同成键效应可获得显著的稳定能，因而直接有利于过渡金属簇合物的形成。

在讨论过渡金属簇合物键价之前，先回顾在 13.3 节和 13.4 节中对硼烷和碳硼烷结构的讨论，通过对比以了解簇合物结构的特点。已知大多数硼烷和碳硼烷的结构是以规则的三角形多面体为基础，分成四种结构类型：封闭型、鸟巢型、蛛网型和开放型。在封闭型结构的骨干中，B 和 C 原子占据多面体的全部顶点，而鸟巢型、蛛网型和开放型结构中，多面体分别有一个、两个和多个顶点未被占据。硼烷和碳硼烷骨干中每个 B 和 C 原子上总有一个 H 原子（或简单的端接配位体，如卤素原子），它按径向以 2c-2e 单键端接，指向多面体中心，并提供电子。一个由 n 个顶点组成的多面体骨干有 $4n$ 个原子轨道，n 个轨道用于组成 n 个端接的 B—H 键（或 C—H 键），剩余 $3n$ 个原子轨道用于骨干的成键。在封闭型硼烷 $B_nH_n^{2-}$ 的骨干中，有 $4n+2$ 个价电子（n 个 B 原子贡献 $3n$ 个电子，n 个 H 原子贡献 n 个电子，净电荷有 2 个电子），因此有 $2n+2$ 个电子或 $n+1$ 对电子用于骨干的成键，这些电子数目是固定的。然而对于过渡金属簇合物，电子计数随着键型不同而改变。例如组成不同的八面体 M_6 簇合物可以形成不同的结构和键型。图 19.1.2 用三个实例予以说明。

图 19.1.2(a) 示出 $[Mo_6(\mu_3\text{-}Cl)_8Cl_6]^{2-}$ 的结构。在此结构中有 8 个 Cl 以 μ_3 形式配位，每个 Cl 同时和 3 个 Mo 配位，提供 5 个电子，它们共提供给 Mo_6 的成键电子数目为 $8\times5=40$ 个。而另外 6 个 Cl 和 Mo 端接成键，每个 Cl 提供一个电子。所以这个簇合物的 g 值为

$$g=(6\times6)+(8\times5+6\times1)+2=84$$

按(19.1.1)式，Mo_6 的键价 b 为

$$b=(6\times18-84)/2=12$$

f 键价值为 12，它正好和 12 个 2c-2e Mo—Mo 键相当。右边小图以实线示出 $[Mo_6]$ 簇中形成的 12 个 Mo—Mo 键。

图 19.1.2(b) 示出 $[Nb_6(\mu_2\text{-}Cl)_{12}Cl_6]^{4-}$ 的结构。在此结构中有 12 个 Cl 以 μ_2 形式配位，每个 Cl 同时和两个 Nb 配位，提供 3 个电子，它们提供给 Nb_6 的成键电子数目为 $12\times3=36$ 个。另外 6 个 Cl 和 Nb 端接成键，每个 Cl 提供一个电子。所以这个簇合物的 g 值为

$$g=(6\times5)+(12\times3+6\times1)+4=76$$

Nb_6 的键价 b 为

$$b=(6\times18-76)/2=16$$

在此簇合物中，由于 Nb_6 八面体的 12 条棱的外侧都已和 Cl 形成 μ_2 形式的键，棱上不再是 2c-2e Nb—Nb 键。八面体的每一个面都形成了 3c-2e NbNbNb 键。Nb_6 八面体中共有 8 个这种键，而每个 3c-2e NbNbNb 键的键数为 2。所以它的键数为 16，正好和键价相等。图中右

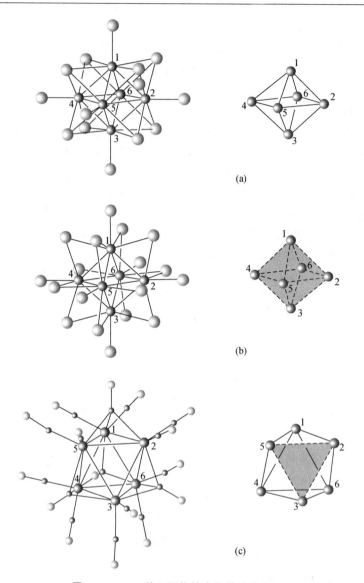

图 19.1.2   三种八面体簇合物的结构和键:
(a)$[Mo_6(\mu_3\text{-}Cl)_8Cl_6]^{2-}$; (b)$[Nb_6(\mu_2\text{-}Cl)_{12}Cl_6]^{4-}$; (c) $Rh_6(\mu_3\text{-}CO)_4(CO)_{12}$。

边小图以 8 个带阴影的虚线三角形示出这 8 个 3c-2e 键。

图 19.1.2(c)示出 $Rh_6(\mu_3\text{-}CO)_4(CO)_{12}$ 簇合物的结构。羰基(CO)作为配体不论是 μ_3 面桥形式连接或是端接,每个 CO 提供的电子数都是 2,所以,

$$g=(6\times9)+(4\times2+12\times2)=86$$
$$b=(6\times18-86)/2=11$$

这个 b 值和 $B_6H_6^{2-}$ 的相同,可以形成 4 个 3c-2e 键和 3 个 2c-2e 键。但仔细分析 Rh_6 簇 8 个面上的配位情况及它的价电子数目较多,该原子簇形成的化学键应为:1 个 3c-2e RhRhRh 键[图 19.1.2(c)中示出为 2-3-5 号原子],9 个 2c-2e Rh—Rh 键[图 19.1.2(c)中为 1-2,2-6,6-3,3-4,4-5,5-1,1-6,6-4,1-4 号原子],这是一种共振杂化体的形式。从结构看,在其他共振杂化体中 3c-2e RhRhRh 键可在 2-3-5,1-2-6,1-4-5 和 3-4-6 号原子的面上形成。它的共振结构式的情况示于图 19.1.3 中。

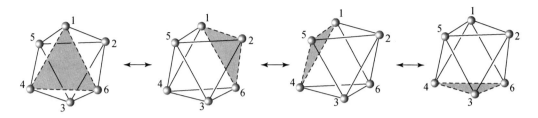

图 19.1.3 $Rh_6(\mu\text{-}CO)_4(CO)_{12}$ 中 Rh_6 簇化学键的表示。

（原子间实线表示 2c-2e Rh—Rh 键，虚线围成阴影区表示 3c-2e RhRhRh 键。）

对比 B_6 簇和 Rh_6 的成键情况，可以看出它们的键价数 b 都为 11。B_6 簇中形成 4 个 3c-2e BBB 键和 3 个 2c-2e B—B 键，而 Rh_6 簇中则形成 1 个 3c-2e RhRhRh 键和 9 个 2c-2e Rh—Rh 键。这是一种具有等同键价数而有不同成键情况的实例。在 $B_6H_6^{2-}$ 中，全部的配位体都是 H 原子，而且均以端接的方式和 B 原子结合成 B—H 键，剩余的价电子只有 7 对，只能通过 4 个 3c-2e BBB 键和 3 个 2c-2e B—B 键来达到键价数为 11 的成键要求。在 Rh_6 簇中，它有 4 个 μ_3-CO 配位型式，必然会影响 3c-2e RhRhRh 键的形成，它有着较多的价电子用以形成 2c-2e Rh—Rh 键，所以它的成键形式和 B_6 不同。从键能角度分析，相同键价而 2c-2e 键较多的簇应当具有更为稳定的结构，就如同碳氢化合物中的烷烃是较为稳定的结构。由此可以得出结论：在价电子较多的体系，如后过渡金属原子簇以及主族元素的重原子簇，多面体原子间趋于优先形成较多的 2c-2e 键。

19.2 含金属-金属键的二核过渡金属配合物

对二核过渡金属配合物的研究，特别是对其中金属-金属（M—M）键的探讨，使人们对化学键的了解深入了一步，开拓出一个新的领域。M—M键所涉及的内容比第二周期非金属元素间形成的共价键更为丰富：

（1）过渡金属原子参加成键的原子轨道不限于价层 s 和 p 轨道，还有 d 轨道参加。

（2）价层参加成键的原子轨道数，从第二周期的 4 个增加到过渡金属的 9 个，从应用八隅律到应用 18 电子规则。

（3）因为有 d 轨道参加，除形成单键、双键、叁键以外，还可形成四重键，甚至到五重键。

（4）由于参加成键的轨道增多，受周围配位体及金属原子之间的互相作用增加，不同的几何条件和电子因素都将影响到M—M键的性质。单纯从 18 电子规则出发已不能反映出M—M键实际出现的丰富多彩的内容。

基于上述原因，本节将分成四部分来描述：一是对遵循 18 电子规则的二核过渡金属配合物，通过简单键价的计算，以了解M—M键的性质；二是描述M≡M四重键；三是对于不能简单地用 18 电子规则的化合物，提出计算键价的方法，以了解M—M键的性质；四是报道新发现的五重键的结构。

19.2.1 符合 18 电子规则的二核过渡金属配合物

当一个二核过渡金属配合物的结构通过 X 射线衍射法或其他方法测定出来以后，可根据实验所得的结构数据，计算该配合物 M_2 核所拥有的价电子数 g 和它的键价 b，更深入地了解 M—M键的性质。表 19.2.1 列出一些有代表性的二核过渡金属配合物的实例。

表 19.2.1　二核配合物

配合物	g	b	M—M键长/pm	键的性质
$Ni_2(Cp)_2(\mu_2\text{-}PPh_2)_2$	36	0	336	Ni--- Ni,无键
$(CO)_5Mn_2(CO)_5$	34	1	289.5	Mn—Mn,单键
$Co_2(\mu_2\text{-}CH_2)(\mu_2\text{-}CO)(Cp^*)_2$	32	2	232.0	Co=Co,双键
$Cr_2(CO)_4(Cp)_2$	30	3	222	Cr≡Cr,叁键
$[Mo_2(\mu_2\text{-}O_2CMe)_2(MeCN)_6]^{2+}$	28	4	213.6	Mo≣Mo,四重键

在配合物 $Ni_2(Cp)_2(\mu_2\text{-}PPh_2)_2$ 中,有两个桥连的配位体 $\mu_2\text{-}PPh_2$,每个 $\mu_2\text{-}PPh_2$ 和两个 Ni 原子的结合形式为

即每个 $\mu_2\text{-}PPh_2$ 为两个 Ni 原子提供 3 个价电子。这样该配合物的 g 为

$$g = 2 \times 10 + 2 \times 5 + 2 \times 3 = 36$$

该配合物的键价 $b=0$,即 Ni⋯Ni 之间没有相互成键作用,实验测定 Ni⋯Ni 间的距离达 336 pm,显然超出了共价键的范围。

$Mn_2(CO)_{10}$是最简单的二核配合物,两核间没有桥连配位体,它的键价和键长说明 Mn—Mn间为金属-金属单键。它的反磁性质说明它遵循 18 电子规则。$Tc_2(CO)_{10}$,$Re_2(CO)_{10}$ 和 $MnRe(CO)_{10}$ 等与 $Mn_2(CO)_{10}$ 为同构化合物,M—M 键长测定值分别为:Tc—Tc 303.6 pm,Re—Re 304.1 pm,Mn—Re 290.9 pm。$Fe_2(CO)_9$ 的结构已示于图 19.1.1(a)中,Fe—Fe 键长为 252.3 pm,从键长数据来看,这个键因得到桥连羰基配位而增强。

许多二核配合物有 M=M 双键。除表 19.2.1 中 $Co_2(\mu_2\text{-}CH_2)(\mu_2\text{-}CO)(Cp^*)_2$ 以外,下面四种也可根据键价和键长予以确定:

$Co_2(CO)_2(Cp^*)_2$,　Co=Co 233.8 pm;　　$Re_2(\mu\text{-}Cl)_2Cl_4(dppm)_2$,　　Re=Re 261.6 pm;
$Fe_2(NO)_2(Cp)_2$,　　Fe=Fe 232.6 pm;　　　$Mo_2(OR)_8(R={}^iPr,{}^tBu)$,　Mo=Mo 252.3 pm。

由表 19.2.1 可见,$Cr_2(CO)_4(Cp)_2$ 具有 Cr≡Cr 三重键的结构,计算的键价和实验测定的键长所提供的信息符合得很好。

具有三重键和四重键的大多数化合物是由 Re,Cr,Mo 和 W 等形成。在这些化合物中,配位体一般为硬 Lewis 碱,如卤素、羧酸和胺。然而在有些情况下 π-受体配合物,如羰基、膦和腈也存在。

19.2.2　二核金属配合物中的四重键

二核金属配合物中的四重键的发现和研究是现代无机化学发展的重要成就之一。原子的价层 d 轨道的叠加,可以产生三种形式的分子轨道:σ,π 和 δ。这些分子轨道在适当的条件下能在两个过渡金属原子之间形成四重键。但是对一个给定的化合物,并不是所有这些轨道都能用来形成多重键,因此对二核过渡金属配合物也不是都遵循 18 电子规则,而需要按照它们的空间结构和提供电子情况灵活地加以运用。

$K_2[Re_2Cl_8]\cdot 2H_2O$ 的晶体结构中最有意义的内容是二价负离子 $[Re_2Cl_8]^{2-}$ 的 D_{4h} 对称构型(图19.2.1),它具有很短的 Re—Re 距离 224 pm,比金属铼中 Re—Re 间的平均距离 275 pm 短得多。另一不平常的特色是它的 Cl 原子间采用重叠式构型,按照 Cl 原子的范德华半径

和为360 pm，理应期望它为交错式构型。这两个特色都是由于它形成了Re≣Re 四重键所致。

$[Re_2Cl_8]^{2-}$ 离子的骨干的成键情况可表述如下：每个 Re 原子利用它的一组平面四方形的 dsp^2($d_{x^2-y^2}$，s，p_x，p_y)杂化轨道和配位 Cl 原子的 p 轨道形成Re—Cl键。Re 原子的 p_z 原子轨道不用来成键。每个 Re 原子还剩余 d_{z^2}，d_{xz}，d_{yz} 和 d_{xy} 4 个原子轨道，它们互相和另一 Re 原子的相同原子轨道叠加，产生下列分子轨道：

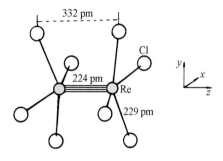

d_{z^2}-d_{z^2} ⟶ σ 和 σ* MO

d_{xz}-d_{xz} ⟶ π 和 π* MO

d_{yz}-d_{yz} ⟶ π 和 π* MO

d_{xy}-d_{xy} ⟶ δ 和 δ* MO

图 19.2.1　$[Re_2Cl_8]^{2-}$ 的结构。

图 19.2.2 示出两个 Re 原子的 d AO 成对地叠加形成 MO 及其能级高低次序。在$[Re_2Cl_8]^{2-}$ 离子中，两个 Re 原子包括所带负电荷共有 16 个价电子，8 个价电子用于形成 8 个Re—Cl键，剩余 8 个，占据 4 个成键轨道，形成四重键：一个 σ 键，两个 π 键和一个 δ 键，其电子组态为 $\sigma^2\pi^4\delta^2$。

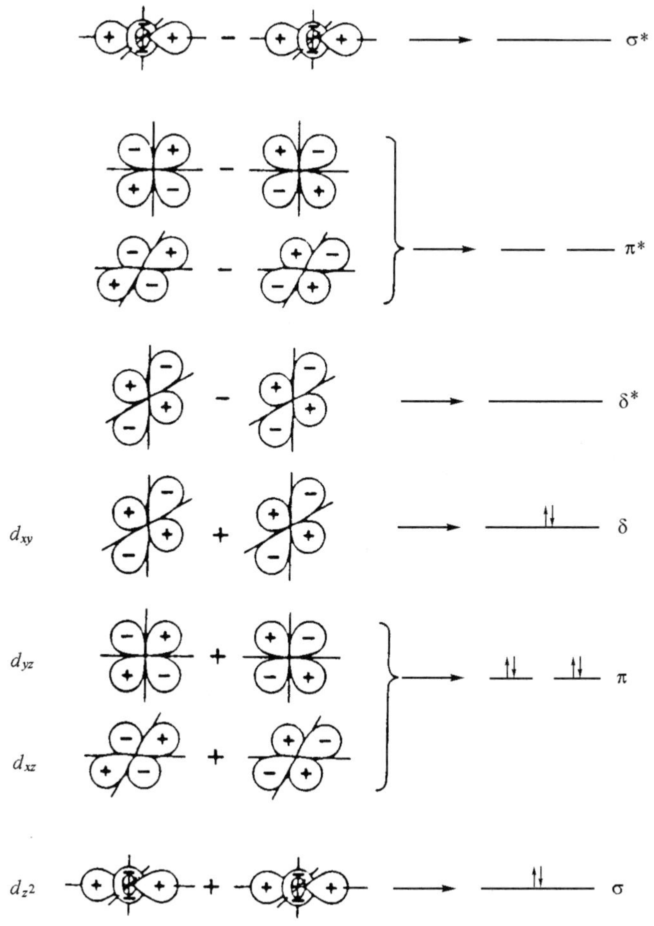

图 19.2.2　在两个金属原子间 d 轨道叠加形成四重键的示意图。

含有Mo≡Mo四重键的两个过渡金属配合物的结构示于图 19.2.3 中。在化合物 [Mo₂(O₂CMe)₂(NCMe)₆](BF₄)₂[图 19.2.3(a)]中的正离子,每个 Mo 原子为 6 配位,价层原子轨道均参加成键,它遵循 18 电子规则,可计算得键价值为 4,它和Mo≡Mo键的键长测定值213.6 pm相当。化合物 Mo₂(O₂CMe)₄ 的结构示于图 19.2.3(b)中,由图可见包括金属-金属间的相互作用,为 5 配位。它遵循 16 电子规则:

$$g = 2 \times 6 + 4 \times 3 = 24$$
$$b = (2 \times 16 - 24)/2 = 4$$

观察到的 Mo—Mo 键长为 209.3 pm,和期望的四重键相符。

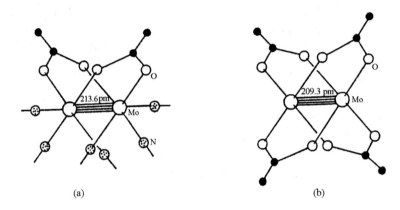

(a)　　　　　　　　　　　　　　　(b)

图 19.2.3　两个含Mo≡Mo四重键二核钼配合物的结构:
(a) [Mo₂(O₂CMe)₂(NCMe)₆]²⁺ ; (b) Mo₂(O₂CMe)₄。

含有M≡M四重键的一些化合物描述于表 19.2.2 中。

表 19.2.2　含有M≡M四重键的化合物

化合物	M≡M	键　长	符合的规则	g
Cr₂(2-MeO-5-Me-C₆H₃)₄	Cr≡Cr	182.8	16e	24
Cr₂[MeNC(Ph)NMe]₄	Cr≡Cr	184.3	16e	24
Cr₂(O₂CMe)₄	Cr≡Cr	228.8	16e	24
Cr₂(O₂CMe)₄(H₂O)₂	Cr≡Cr	236.2	18e	28
Mo₂(hpp)₄*	Mo≡Mo	206.7	16e	24
K₄[Mo₂(SO₄)₄]·2H₂O	Mo≡Mo	211.0	18e	28
[Mo₂(O₂CCH₂NH₃)₄]Cl₄·3H₂O	Mo≡Mo	211.2	16e	24
Mo₂[O₂P(OPh)₂]₄	Mo≡Mo	214.1	16e	24
W₂(hpp)₄·2NaHBEt₃	W≡W	216.1	16e	24
W₂(O₂CPh)₄(THF)₂	W≡W	219.6	18e	28
W₂(O₂CCF₃)₄	W≡W	222.1	16e	24
W₂Cl₄(P″Bu₃)₄·C₇H₈	W≡W	226.7	16e	24
(Bu₄N)₂Tc₂Cl₈	Tc≡Tc	214.7	16e	24
K₂[Tc₂(SO₄)₄]·2H₂O	Tc≡Tc	215.5	16e	24
Tc₂(O₂CCMe₃)₄Cl₂	Tc≡Tc	219.2	18e	28
(Bu₄N)₂Re₂F₈·2Et₂O	Re≡Re	218.8	16e	24
Na₂[Re₂(SO₄)₄(H₂O)₂]·6H₂O	Re≡Re	221.4	18e	28
[Re₂(O₂CMe)₂Cl₄(μ-pyz)]ₙ	Re≡Re	223.6	18e	28

* hpp 代表 1,3,4,6,7,8-六氢-2H-嘧啶基-[1,2-a]-嘧啶(Hhpp)的酸根阴离子;pyz 代表吡嗪。

四重键具有丰富的化学内涵,能经历多种有趣的反应,如图 19.2.4。图中各类反应包括:

(1) 配位体置换反应,除了强 π 键配位体外,各种类型配位体均可置换,使它得到多种置换产物。

(2) 和单核化合物进行加成反应,产生 M≡M 三重键及三核簇合物。

(3) 两个四重键结合成一个金属环丁二炔,它含有两个 M≡M 键。

(4) 和酸的氧化加成,产生 M≡M 键(特别是 W≡W 键),它又可以进一步进行化学反应获得新的簇合物,是钼和钨化学的关键部分。

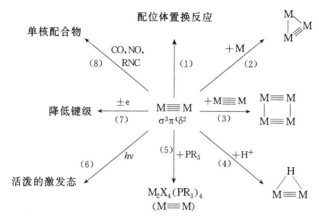

图 19.2.4　含 M≡M 四重键二核配合物的反应类型。

(5) 以磷化氢或膦作为还原剂和配位体,反应给出包含 $\sigma^2\pi^4\delta^2\delta^{*2}$ 电子组态的三重键产品,如 $Re_2Cl_4(PEt_3)_4$。

(6) 光激发作用使 $\delta\to\delta^*$ 跃迁产生活化中间物,它具有潜在应用价值,用于各种光敏反应,包括水的裂分。

(7) 电化学氧化还原反应,降低键级,产生反应中间物。

(8) 和 π-受体配位体一起作用,常使 M≡M 键裂解生成用其他合成方法难以得到的单核产品。

19.2.3　二核配合物中金属-金属键的键价

对于二核配合物可通过计算用于金属-金属键的价电子数目来了解其键价。即计算用于 M—M 骨干成键的电子数 g_M,将这些电子按两个金属原子 d 轨道叠加后的能级高低次序(图 19.2.2)增填电子,得到金属-金属键的电子组态,根据这种组态得到金属键的键级,它和金属键的键价相一致。具体步骤如下:

(1) 按前述正常方法计算 g 值。

(2) 从二核配合物的结构计算用于 M—L 键的价电子数 g_L,每一个 M—L 键用两个电子。

(3) 计算用于 M—M 键的价电子数 g_M:

$$g_M = g - g_L$$

(4) 按照金属原子 d 轨道叠加的能级高低顺序(见图 19.2.2,由于 π_x 和 π_y,π_x^* 和 π_y^* 能级简并,加括号表示):

$$\sigma,(\pi_x,\pi_y),\delta,\delta^*,(\pi_x^*,\pi_y^*),\sigma^*$$

增填电子,得电子组态、键级和键价。

下面列出一些实例：

(1) $Mo_2(O_2CMe)_4$

$$g = 2 \times 6 + 4 \times 3 = 24$$
$$g_L = 8 \times 2 = 16$$
$$g_M = g - g_L = 24 - 16 = 8$$

电子组态为 $\sigma^2\pi^4\delta^2$，键级为 4，即键价为 4，形成 Mo≣Mo 四重键，键长 209.3 pm。

(2) $[Mo_2(O_2CMe)_2(MeCN)_6]^{2+}$

$$g = 2 \times 6 + 2 \times 3 + 6 \times 2 - 2 = 28$$
$$g_L = 2 \times 5 \times 2 = 20$$
$$g_M = 28 - 20 = 8$$

电子组态为 $\sigma^2\pi^4\delta^2$，键级为 4，即键价为 4，形成 Mo≣Mo 四重键，键长为 213.6 pm。

(3) $Re_2Cl_4(PEt_3)_4$

$$g = 2 \times 7 + 4 \times 1 + 4 \times 2 = 26$$
$$g_L = 8 \times 2 = 16$$
$$g_M = g - g_L = 26 - 16 = 10$$

此分子具有非中心对称的重叠式构型，如图 19.2.5(a)所示。将 g_M 的 10 个电子增填，得电子组态为

$$\sigma^2\pi^4\delta^2\delta^{*2}$$

由于反键 δ^* 分子轨道上有一对电子，它和成键分子轨道上一对电子的成键作用互相抵消，键级为 3，即金属原子间形成 Re≡Re 三重键。实验测定 Re 和 Re 间键长为 223.2 pm。

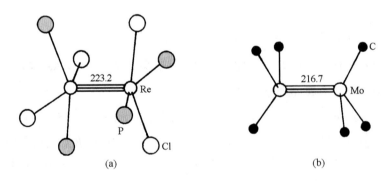

图 19.2.5   二核配合物的结构（键长单位为 pm）：

(a) $Re_2Cl_4(PEt_3)_4$；(b) $Mo_2(CH_2SiMe_3)_6$。

(4) $Mo_2(CH_2SiMe_3)_6$

这个分子具有交叉式构型，D_{3d} 对称性，如图 19.2.5(b)所示。

$$g = 2 \times 6 + 6 \times 1 = 18$$
$$g_L = 6 \times 2 = 12$$
$$g_M = 18 - 12 = 6$$

其电子组态为 $\sigma^2\pi^4$，说明形成 Mo≡Mo 三重键，实验测定 Mo 和 Mo 间键长为 216.7 pm。

（5）$Mo_2(OR)_8$（$R={}^i Pr$）

结构式为 $(RO)_3 Mo(\mu_2\text{-}OR)_2 Mo(OR)_3$。

$$g=2\times6+6\times1+2\times3=24$$

$$g_L=10\times2=20$$

$$g_M=24-20=4$$

因存在桥连配体，π 轨道不简并，其电子组态为 $\sigma^2\pi^2$，Mo 原子间形成 Mo≡Mo 双键，实验测定键长的数值为 252.3 pm。

19.2.4　二核金属配合物中的五重键

第一个五重键已在一价铬的配合物 Ar'CrCrAr' 中两个金属原子间发现，式中 Ar' 是有空间阻碍的一价 2,6-双[(2,6-二异丙基)苯基]苯基配体。该配合物是暗红色晶体，对空气和水汽敏感，200℃以下稳定。X 射线衍射分析指出它是一个中心对称分子，在略去 Cr⋯C 弱的 π 相互作用时，它具有平面反式-弯曲的 C—Cr—Cr—C 骨干，Cr—Cr 键长 183.51(4) pm，Cr—C 键长 213.1(1) pm，Cr—Cr—C 键角 102.78(3)°。该化合物的结构还进一步得到磁性、光谱及理论计算所证实，图 19.2.6(a) 示出这个分子的结构，(b) 示出它的化学结构式。

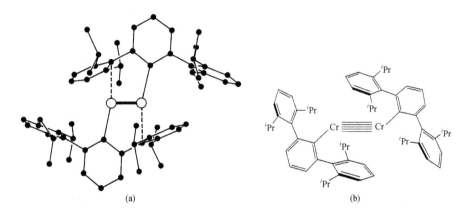

图 19.2.6　二核金属配合物 Ar'CrCrAr' 的结构(a)和化学结构式(b)。

[Ar' 为 $C_6 H_3$-2,6$(C_6 H_3$-2,6-$^i Pr_2)_2$。]

根据该化合物的磁性、光谱等性质以及由分子结构数据得到的量子化学计算结果，可以推断 2 个 Cr 原子（其价电子组态为 $3d^5 4s^1$）参与成键的情况如下：每个 Cr 原子以 $3d_{z^2}$ 和 $4s$ 进行杂化，形成 $s+d_{z^2}$ 和 $s-d_{z^2}$ 2 个杂化轨道，另有剩余的 4 个 d 轨道。Cr 原子用 $s+d_{z^2}$ 杂化轨道和本位(ipso position)C 原子的 sp^2 杂化轨道形成 Cr—C 键，其余的 d_{xy}，d_{xz}，d_{yz}，$d_{x^2-y^2}$ 和 $s-d_{z^2}$ 共 5 个轨道与相邻 Cr 原子的轨道相互叠加，形成 5 个成键轨道，每个成键轨道填充 2 个电子，构成五重键，如图 19.2.7 所示。在这种成键图像中，Cr—Cr—C 的理想键角应为 90°，与实际测定的数据相近。

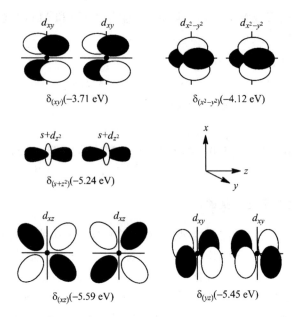

图 19.2.7　Ar′CrCrAr′中两个 Cr 原子间轨道叠加形成五重键示意图。

继上述实例外,近年来还合成得到多种含五重键的二铬配合物。典型的例子是一些利用双齿 N-配体与金属对侧向配位的化合物,如 **1** 和 **2** 和 **3**。

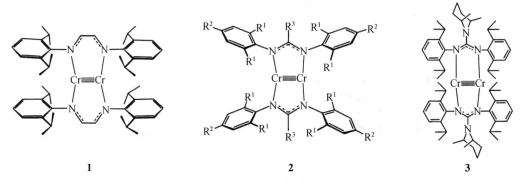

［参看 K. A. Kreisel, G. P. A. Yap, P. O. Dmitrenko, C. R. Landis and K. H. Theopold, The Shortest metal-metal bond yet: Molecular and electronic structure of a dinuclear chromium diazadiene complex. *J. Am. Chem. Soc.* **129**, 14162～14163 (2007);C.-W. Hsu, J.-S. K. Yu, C.-H. Yen, G.-H. Lee, Y. Wang and Y.-C. Tsai, Quintuply-bonded dichromium(Ⅰ) complexes featuring metal-metal bond lengths of 1.74 Å. *Angew. Chem. Int. Ed.* **47**, 9933～9936 (2008);A. Noor, T. Bauer, T. K. Todorova, B. Weber, L. Gagliardi and R. Kempe, The ligand-based quintuple bond-shortening concept and some of its limitations. *Chem. Eur. J.* **19**, 9825～9832 (2013).］

由于配体中的两个 N 原子彼此接近,可以预期,Cr≡Cr五重键在 **1**(约 180 pm)和 **2**(约 174 pm)中比 Ar′CrCrAr′内的键长(181～184 pm)要短。增加双齿 N-配体中取代基的空间占位可进一步缩短Cr≡Cr键的距离,例如 **3** 中的键长非常短,为 170.6 pm,因为空间排斥导致 N—C—N 键角变小,由此促成的较短的 N⋯N 距离也使得两个 Cr 原子更接近。

Cr≡Cr五重键可与无机和有机分子进行各种反应。一个有趣的例子是Cr≡Cr五重键与炔烃之间的反应。当 $Me_3SiC \equiv CH$ 分子与配合物 **4** 以等物质的量反应时,得到[2+2]的环加成产物,其中两个 Cr 原子和炔烃相互连接,形成 **5** 中的金字塔形基团。当 **5** 进一步与两分子 $Me_3SiC \equiv CH$ 反应,得到的产物 **6** 中,由 Me_3SiCCH 三聚成环所得的苯环中心被两个 Cr-脒基夹在中间。当移去 $1,3,5-(Me_3Si)_3C_6H_3$ 分子后,再生成 **4**,并重新形成 $Cr \equiv Cr$ 五重键。在这个意义上,**4** 可看作炔烃 $Me_3SiC \equiv CH$ 的环三聚反应的催化剂。

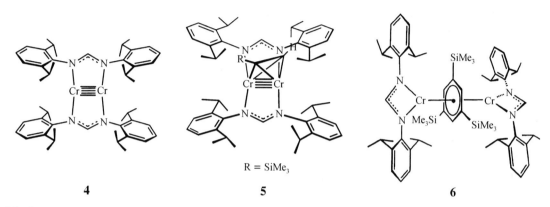

4	R = SiMe₃ **5**	**6**

[参看 A. K. Nair, N. V. S. Harisomayajula and Y.-C. Tsai, The lengths of the metal-to-metal quintuple bonds and reactivity thereof. *Inorganica Chim. Acta* **424**, 51-62 (2015); Y.-S. Huang, G.-T. Huang, Y.-L. Liu, J.-S. K. Yu and Y.-C. Tsai, Reversible cleavage/formation of the chromium-chromium quintuple bond in the highly regioselective alkyne cyclotrimerization. *Angew. Chem. Int. Ed.* **56**, 15427~15431 (2017).]

19.2.5　六重键的理论研究

五重键之后,化学家关注的是六重键。目前所知,除了在低温下、惰性基质中的双原子 Mo_2 分子之外,尚未能合成含六重键的稳定化学物种。从成键方式来看,两个过渡金属原子之间可以通过对称匹配的 5 个 nd 轨道和 1 个 $(n+1)s$ 轨道之间的配对形成六重键。当所形成的成键轨道被完全占据时,得到形式键级为 6 的六重键。Mo_2 中,$Mo—Mo$ 键的基态为 $(\pi_{4d})^4$ $(\sigma_{4d})^2(\sigma_{5s})^2(\delta_{4d})^4$,理论计算出的有效键级为 5.2。与其同族的 W,理论上亦可形成 W_2,其金属-金属键的有效键级亦为 5.2。

理论计算预示,通过采用给电子配体可以形成保持六重键的 M_2 为核心的复合物。由于配位作用会改变参与 $M—M$ 键形成的轨道的能量,也可能改变能级高低。基于 $C_6H_6(W_2)C_6H_6$ 计算结果显示,配位作用使得 $W—W$ 键的基态从 $(\pi_{5d})^4(\sigma_{5d})^2(\sigma_{6s})^2(\delta_{5d})^4$ 变为 $(\sigma_{5d})^2(\delta_{5d})^4$ $(\pi_{5d})^4(\delta_{5d}^*)^2$,从而导致 $W—W$ 键的形式键级从 6 变为 4。与之相反,当利用 12-冠-4 醚作为给电子配体时,$W—W$ 键的分子轨道次序保持不变;当采用 1,7-二氮杂-12-冠-4 醚、1,4,7,10-四氮-12-冠-4 醚等作为配体与 Mo_2,W_2,Re_2^{2+} 和 Tc_2^{2+} 配位,可以显著增强 $M—M$ 键。甚至引入卤素离子,通过 σ-空穴作用,稳定 $M—M$ 键。如欲进一步了解,可以参看文献[B. O. Roos, A. C. Borin and L. Gagliardi, Reaching the maximum multiplicity of the covalent chemical bond. *Angew. Chem. Int. Ed.* **46**, 1469~1472 (2007); Y. Chen, J.-y. Hasegawa, K. Yamaguchi and S. Sakaki, A coordination strategy to realize a sextuply-bonded complex. *Phys. Chem. Chem. Phys.* **19**, 14947~14954 (2017); J. Joy and E. D. Jemmis, A halogen bond route to shorten the ultrashort sextuple bonds in Cr_2 and Mo_2. *Chem. Commun.* **53**, 8168~8171 (2017).]

19.3　三核和四核过渡金属簇合物

19.3.1　三核过渡金属簇合物

表 19.3.1 列出一些三核过渡金属簇合物的结构数据和 M_3 的键价。在 $Os_3(CO)_9(\mu_3\text{-}S)_2$ 中,Os_3 骨干呈弯曲形构型,两个 Os—Os 的平均键长值为 281.3 pm,另一个 Os···Os 距离达 366.2 pm,显著地长于其他两个距离而不成键。簇合物 $(CO)_5Mn\text{—}Fe(CO)_4\text{—}Mn(CO)_5$ 采取直线形构型,形成两个 M—M 单键。这两个簇合物的结构和计算所得的 M_3 的键价都是 2,是完全一致的。

$Fe_3(CO)_{12}$ 的 Fe_3 骨干有 48 个价电子,骨干中含有 3 个 Fe—Fe 单键。在 $Os_3H_2(CO)_{10}$ 的 Os_3 骨干中有 46 个价电子,它的键价为 4,应有一个 Os=Os 双键和两个 Os—Os 单键。实验测定 Os=Os 双键键长为 268.0 pm,两个 Os—Os 单键键长分别为 281.8 pm 和 281.2 pm。这两个化合物中三角形形状的差异,正是源于键价的不同。

表 19.3.1 中其余 3 个簇合物 $[Mo_3(\mu_3\text{-}S)_2(\mu_2\text{-}Cl)_3Cl_6]^{3-}$,$[Mo_3(\mu_3\text{-}O)(\mu_2\text{-}O)_3F_9]^{5-}$ 和 $Re_3(\mu_2\text{-}Cl)_3(CH_2SiMe_3)_6$ 的 M_3 骨干的构型均近于等边三角形,它们键价的计算值分别为 5,6 和 9,所以它们应分别为 $Mo\overset{5/3}{=\!=\!=}Mo$,$Mo=Mo$ 和 $Re\equiv Re$,其中分数键采用数字标明。这些化合物的键长的实验测定值确实随着键价的增加而缩短。

从表 19.3.1 所列的实例可见,通过简单键价的计算,可以帮助深入地理解簇合物中化学键的性质。

表 19.3.1　一些三核过渡金属簇合物

簇合物	g	b	M—M 键长/pm	M_3 骨干的结构式
$Os_3(CO)_9(\mu_3\text{-}S)_2$	50	2	Os—Os,281.3	(a)
$Mn_2Fe(CO)_{14}$	50	2	Mn—Fe,281.5	(b)
$Fe_3(CO)_{12}$	48	3	Fe—Fe,281.5	(c)
$Os_3H_2(CO)_{10}$	46	4	2 个 Os—Os,281.5	(d)
			Os=Os,268.0	
$[Mo_3(\mu_3\text{-}S)_2(\mu_2\text{-}Cl)_3Cl_6]^{3-}$	44	5	$Mo\overset{5/3}{=\!=\!=}Mo$,261.7	(e)
$[Mo_3(\mu_3\text{-}O)(\mu_2\text{-}O)_3F_9]^{5-}$	42	6	Mo=Mo,250.2	(f)
$Re_3(\mu_2\text{-}Cl)_3(CH_2SiMe_3)_6$	36	9	Re$\equiv$Re,238.7	(g)

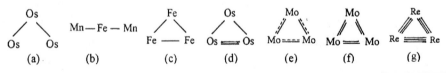

19.3.2　四核过渡金属簇合物

表 19.3.2 列出一些四核过渡金属簇合物中 M_4 的键价和结构数据。由表可见,M_4 骨干构型的多样性是和不同的键价相对应的。表中除第一个簇合物外,其余的全部簇合物的 M_4

的键价正好和结构式中M—M单键数目一致。

表 19.3.2　一些四核过渡金属簇合物

簇合物	g	b	M—M 键长/pm	M_4 骨干的结构式
$Re_4(\mu_3\text{-}H)_4(CO)_{12}$	56	8	6 个 Re$\overset{1.33}{=\!=\!=}$Re, 291	(a)
$Ir_4(CO)_{12}$	60	6	6 个 Ir—Ir, 268	(b)
$Re_4(CO)_{16}^{2-}$	62	5	5 个 Re—Re, 299	(c)
$Fe_4(CO)_{13}C$	62	5	5 个 Fe—Fe, 263	(d)
$Co_4(CO)_{10}(\mu_4\text{-}S)_2$	64	4	4 个 Co—Co, 254	(e)
$Re_4H_4(CO)_{15}^{2-}$	64	4	4 个 Re—Re, 302	(f)
$Co_4(\mu_4\text{-}Te)_2(CO)_{11}$	66	3	3 个 Co—Co, 262	(g)
$Co_4(CO)_4(\mu\text{-}SEt)_8$	68	2	2 个 Co—Co, 250	(h)

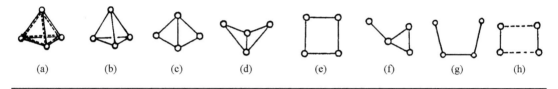

$Re_4(\mu_3\text{-}H)_4(CO)_{12}$ 的键价为 8,而四面体形骨干只有 6 条棱边。怎样理解 Re_4 中的键型呢? 有下面两种方法描述表达:

（1）利用价键表达式通过共振结构表示:

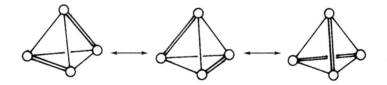

（2）利用 3c-2e 多中心键表示时,在 Re_4 骨干中有 4 个 3c-2e 的 ReReRe 键:

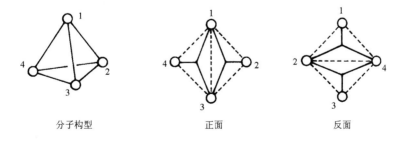

分子构型　　　　　正面　　　　　反面

因为 Re_4 四面体的 4 个面上已有 $\mu_3\text{-}H$ 加帽于其上,所以（2）的表示方法不如（1）的好。

19.4 四核以上过渡金属簇合物

19.4.1 五核过渡金属簇合物

若干五核过渡金属簇合物的实例列于表 19.4.1 中。在这些实例中,键价 b 的计算值正好等于簇合物金属骨干 M_n 中棱边的数目,这些棱边由 2c-2e M—M 键构成。通常价电子数多的骨干 M_n 具有低的键价,这时骨干较为开放。对此系列数据进行核对,可了解 M_5 骨干出现多种构型的内在因素,不再逐个进行分析。

表 19.4.1 一些五核过渡金属簇合物

簇合物	g	b	棱边数目	图 形
$Os_5(CO)_{16}$	72	9	9	(a)
$Fe_5C(CO)_{15}$	74	8	8	(b)
$Os_5H_2(CO)_{16}$	74	8	8	(c)
$Ru_5C(CO)_{15}H_2$	76	7	7	(d)
$Ru_5(CO)_{14}(NCCMe_3)_2$	76	7	7	(e)
$Os_5(CO)_{19}$	78	6	6	(f)
$Re_2Os_3H_2(CO)_{20}$	80	5	5	(g)

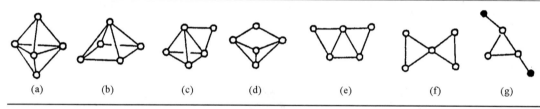

(a)　　(b)　　(c)　　(d)　　(e)　　(f)　　(g)

$Os_5(CO)_{16}$ 簇合物中 Os_5 的构型为三方双锥形,它和 $B_5H_5^{2-}$ 的骨干的构型相同,键价都等于 9。$Fe_5C(CO)_{15}$ 中 Fe_5 的构型为四方锥形,它和 B_5H_9 的骨干的构型相同,键价都等于 8。但是构型相同的金属骨干 M_n 和硼原子骨干 B_n 由于用于成键的原子轨道数目不同,键型可能不同。因为在多面体硼烷中,每个 B 原子都键连一个 B—H 端键,只剩余 3 个原子轨道用于 B_n 骨干的成键。在多面体骨干的顶点上超过 3 个连接线的结构,必须形成多中心键,如图13.4.4 和图 13.4.5(a)所示。在过渡金属骨干 M_n 中,由于价层轨道数的增多,金属原子既可以用 2c-2e M—M 单键,也可以用 3c-2e 多中心键。在表 19.4.1 中选择了前者。

一些具有 76 个价电子的五核过渡金属簇合物的 M_5 骨干的构型为三方双锥形,例如,$[Ni_5(CO)_{12}]^{2-}$,$[Ni_3Mo_2(CO)_{16}]^{2-}$,$Co_5(CO)_{11}(PMe_2)_3$ 和 $[FeRh_4(CO)_{15}]^{2-}$ 等(未在表 19.4.1中列出)。它们比 $Os_5(CO)_{16}$ 多 4 个价电子,键价减少 2。它们对 M_5 骨干几何构型有着明显的影响,使三方双锥沿着三重轴拉长,三重轴上两个顶点原子和赤道水平上三个原子的键由键价从 1 降为 2/3,键减弱,键长增加。

簇合物 $Os_5C(CO)_{14}(O_2CMe)I$ 为 78 个价电子的 M_5 簇,它的键价等于 6。这个 Os_5 簇具有变形的、压扁的三方双锥构型,在赤道平面上 3 个 Os 原子之间相隔较远,彼此不成键。

19.4.2 六核过渡金属簇合物

表 19.4.2 列出一些六核过渡金属簇合物的键价和结构数据。前面三个有着不同的键价，但均为八面体构型，它们的成键形式已示于图 19.1.2 中，其情况如下：

$Mo_6Cl_{14}^{2-}$： $g=84$，$b=12$，12 个 2c-2e M—M 键；

$Nb_6Cl_{18}^{4-}$： $g=76$，$b=16$，8 个 3c-2e MMM 键；

$Rh_6(CO)_{16}$： $g=86$，$b=11$，1 个 3c-2e MMM 键和 9 个 2c-2e M—M 键。

表中其他簇合物的 b 值正好和 M_n 骨干多面体结构中棱边的数目相同，即 b 值等于 M_n 中的 2c-2e M—M 键的数目。由表的数据也可看出，随着 M_n 中价电子数增加，键价减少，它的几何构型趋于敞开。

表 19.4.2 一些六核过渡金属簇合物

簇合物	g	b	棱边数目	图 形
$Mo_6(\mu_3\text{-}Cl)_8Cl_6^{2-}$	84	12	12	(a)
$Nb_6(\mu_2\text{-}Cl)_{12}Cl_6^{4-}$	76	16	12	(a)
$Rh_6(CO)_{16}$	86	11	12	(a)
$Os_6(CO)_{18}$	84	12	12	(b)
$Os_6(CO)_{18}H_2$	86	11	11	(c)
$Os_6C(CO)_{16}(MeC\equiv CMe)$	88	10	10	(d)
$Rh_6C(CO)_{15}^{2-}$	90	9	9	(e)
$Os_6(CO)_{20}[P(OMe)_3]$	90	9	9	(f)
$Co_6(\mu_2\text{-}C_2)(\mu_4\text{-}S)(CO)_{14}$	92	8	8	(g)

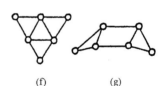

(a)   (b)   (c)   (d)   (e)   (f)   (g)

19.4.3 六核以上过渡金属簇合物

表 19.4.3 中列出一些六核以上过渡金属簇合物。这些簇合物骨干 M_n 的结构示于图 19.4.1 中。

表 19.4.3 若干六核以上过渡金属簇合物

簇合物	g	b	图 19.4.1 中的序号	说 明
$Os_7(CO)_{21}$	98	14	(a)	加帽八面体
$[Os_8(CO)_{22}]^{2-}$	110	17	(b)	对位-双加帽八面体
$[Rh_9P(CO)_{21}]^{2-}$	130	16	(c)	加帽四方反棱柱，和 B_9H_{13} 等键价
$[Rh_{10}P(CO)_{22}]^-$	142	19	(d)	双加帽四方反棱柱，和 $B_{10}H_{10}^{2-}$ 等键价
$[Rh_{11}(CO)_{23}]^{3-}$	148	25	(e)	3 个共面八面体
$[Rh_{12}Sb(CO)_{27}]^{3-}$	170	23	(f)	三角二十面体，和 $B_{12}H_{12}^{2-}$ 等键价

当簇合物的金属原子数目增加时,簇合物骨干 M_n 的几何构型变得更为复杂。对它们结构的描述,常采用加帽或去帽多面体或用缩聚多面体的方法。例如在表 19.4.3 中,第一个和第二个簇合物分别用加帽八面体和双加帽八面体。对一个三角形面组成的多面体簇合物骨干加帽或去帽时,骨干的价电子计数要增加或减少 12 个。这是因为按 18 电子规则,当在一个三角形的面上加一过渡金属原子时,该原子和三角面上的原子将需要 6 个电子形成 3 个 M—M 键,所以骨干的价电子计数要增加 $12(=18-6)$ 个。例如 $[Os_6(CO)_{18}]^{2-}$ 八面体具有 $g=86$,单加帽八面体 $Os_7(CO)_{12}$ 的 $g=98$,而双加帽八面体 $[Os_8(CO)_{22}]^{2-}$ 的 $g=110$。

$[Rh_{10}P(CO)_{22}]^-$ 金属原子簇骨干形成一个由三角形面组成的多面体,$g=142$,如图19.4.1(d)所示。除去一个顶点上的金属原子,得到 $[Rh_9P(CO)_{21}]^{2-}$,骨干价电子数 $g=142-12=130$。

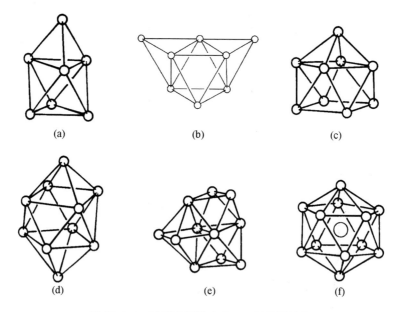

(a)　　　(b)　　　(c)

(d)　　　(e)　　　(f)

图 19.4.1　过渡金属簇合物 M_n 骨干的结构:
(a) $Os_7(CO)_{21}$; (b) $[Os_8(CO)_{22}]^{2-}$; (c) $[Rh_9P(CO)_{21}]^{2-}$;
(d) $[Rh_{10}P(CO)_{22}]^-$; (e) $[Rh_{11}(CO)_{23}]^{3-}$; (f) $[Rh_{12}Sb(CO)_{27}]^{3-}$。

通常,一个由三角形面组成的过渡金属原子簇骨干 M_n,其价电子数目 g 可表达为

$$g = (14n+2) \pm 12m$$

式中 m 为加帽(+)或去帽(−)金属原子的数目。在 16.1 节中提到,封闭式硼烷骨干应有 $4n+2$ 个价电子,过渡金属原子比硼原子多 5 个 d 轨道,应增加 10 个价电子。

有关过渡金属簇合物的价电子数和结构间关联的经典例子示于图 19.4.2 中。图中用加帽和去帽的方法显示出一系列锇的簇合物的结构。

19.4.4　含主族元素填隙的羰基负离子簇

有趣的是,在含主族元素填隙的过渡金属羰基簇中,插入金属骨架结构内的间隙(或半间隙)原子会增加价层电子数但分子几何基本上不受干扰。这些原子簇通常是负离子,最常见的填隙原子有碳、氮和磷。图 19.4.3 示出一些代表性的实例。

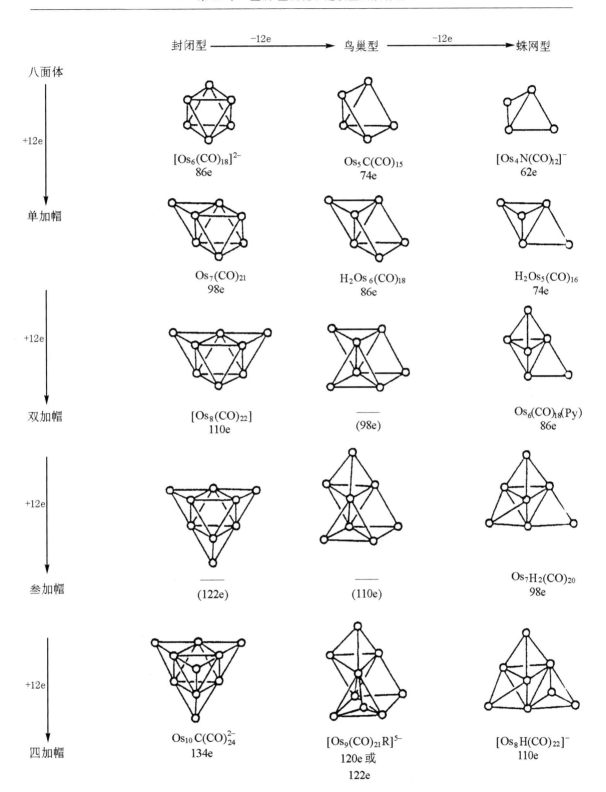

图 19.4.2　一些锇的羰基簇合物的结构随价电子之增减而改变。

在羰基簇离子[$Co_6Ni_2(C)_2(CO)_{16}$]$^{2-}$中,核心由两个共享一个矩形面三棱柱组成[图19.4.3(a)]。所有四个垂直边和两个水平边(一个在上面,另一个在底面)都由羰基桥连。两个带星号的 Co^* 原子各有两个端羰基,其余的 Co 原子和镍原子各有一个端羰基。

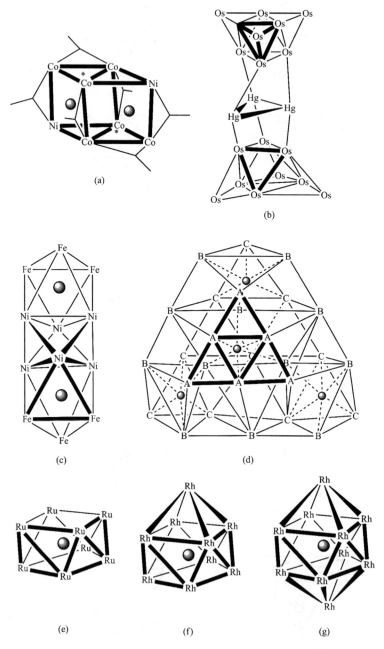

图 19.4.3 含有封装异原子的一些羰基簇类 A_n 离子的分子结构(为了清楚起见,省略了所有 CO 端基)。(a) [$Co_6Ni_2(C)_2(CO)_{16}$]$^{2-}$,仅显示桥连 CO;(b) [$Os_{18}Hg_3(C)_2(CO)_{42}$]$^{2-}$;(c) [$Fe_6Ni_6(N)_2(CO)_{24}$]$^{2-}$;(d) [$Rh_{28}(N)_4(CO)_{41}H_x$]$^{4-}$,图中用 A、B、C 表示 28 个 Rh 原子,为了避免杂乱,并非所有 Rh—Rh 键都给出;(e) [$Ru_8(P)(CO)_{22}$]$^-$;(f) [$Rh_9(P)(CO)_{21}$]$^{2-}$;(g) [$Rh_{10}(S)(CO)_{22}$]$^{2-}$。

$[Os_{18}Hg_3(C)_2(CO)_{42}]^{2-}$ 团簇由两个三帽八面体 $Os_9(C)(CO)_{21}$ 单元夹着一个 Hg_3 三角形[图 19.4.3(b)]构成,位于上面和底面顶点上的 Os 原子连接 3 个端羰基,其余 Os 原子各连两个。

$[Fe_6Ni_6(N)_2(CO)_{24}]^{2-}$ 团簇的中心为一个 Ni_6 八面体,它通过一对相对的面与两个 Ni_3Fe_3 八面体共面连接,如图 19.4.3(c)所示。填隙 N 原子位于 Ni_3Fe_3 八面体中心。每个 Fe 原子有两个端羰基,每个 Ni 原子只有一个。

$[Rh_{28}(N)_4(CO)_{41}H_x]^{4-}$ 团簇的金属核心由三层 Rh 原子组成,Rh 原子采取 ABC 型密堆积排列,如图 19.4.3(d)所示。四个 N 原子和未知数量的 H 原子占据八面体空隙。

$[Ru_8(P)(CO)_{22}]^-$ 中的金属原子构成四方反棱柱的框架[图 19.4.3(e)],两个相对的斜边由羰基桥连,每个桥连的 Ru 原子有两个端羰基,其余 4 个 Ru 原子各有 3 个端基,P 原子处在四方反棱柱的中心。将此团簇和 $[Rh_9(P)(CO)_{21}]^{2-}$[图 19.4.3(f)] 和 $[Rh_{10}(S)(CO)_{22}]^{2-}$[图 19.4.3(g)]进行比较,可以发现,后两者中金属原子的分布可以分别看成前者在四边形面上带帽而成。

19.5　等同键价和等同结构系列

一个由 n_1 个过渡金属原子和 n_2 个主族元素原子组成的簇合物的键价 b,可按下式计算:

$$b = (18n_1 + 8n_2 - g)/2$$

式中 g 是指由 n_1 个过渡金属原子和 n_2 个主族元素原子共同组成簇合物的骨干的价电子数。

当八面体形结构的 $B_6H_6^{2-}$[或写成 $(BH)_6^{2-}$]中的一个 BH 基团被一个 $(CH)^+$ 基团置换,g 值和 b 值都不改变,结构仍保持八面体构型。当一个 BH 基团被一个 $Ru(CO)_3$ 基团置换,g 值增加 10[因 BH 基团加入簇合物骨干的价电子数目为 4,而 $Ru(CO)_3$ 基团加入簇合物骨干的价电子数目为 14(Ru 有 8 个电子,每个 CO 提供 2 个价电子,所以 $Ru(CO)_3$ 基团的价电子数为 14)],但键价 b 的数值保持不变。这些等键价基团的置换形成了等同键价和等同结构系列。图 19.5.1 示出 $(BH)_6^{2-}$,$(BH)_4(CH)_2$,$[Ru(CO)_3]_4(CH)_2$ 和 $[Ru(CO)_3]_6^{2-}$ 的结构。

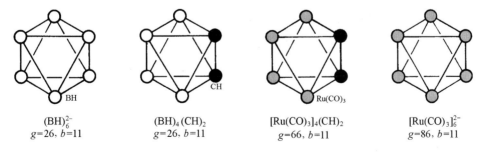

图 19.5.1　$(BH)_6^{2-}$ 的等同键价和等同结构系列的结构。

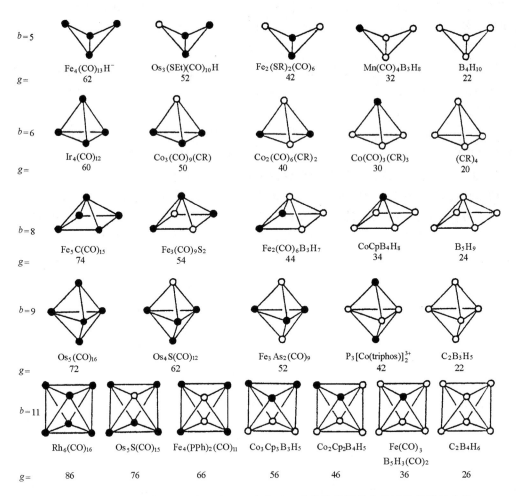

图 19.5.2 五种由过渡金属元素和主族元素共同组成的等同键价和等同结构的簇合物。

将这种等同键价的置换关系,按同样的方法推广到其他体系,可得到更多的等同键价和等同结构系列,为了解簇合物的结构提供一种简单的方法。图 19.5.2 示出五种由过渡金属元素和主族元素共同组成的等同键价和等同结构的簇合物系列。

一个簇合物的空间构型是由它本身的电子因素和空间几何因素所决定,还要受到周围环境的各种条件的影响,它究竟是以什么样的构型存在出现,要通过实验测定才能真正了解。然而简单地计算一下它的键价,仍能帮助对所研究的问题得到一定程度的理解。

19.6   金属-金属相互作用研究选论

自 20 世纪 80 年代以来,对金属簇合物及金属线分子的研究,发现在许多这类分子中金属原子之间存在着不寻常的相互作用。本节简单地介绍其中的一些新进展。

19.6.1　亲金作用

亲金作用(aurophilicity 或 aurophilic attraction)是指在一价金的簇合物分子中,非键的 Au(Ⅰ)原子之间的相互吸引作用。一价金离子具有封闭壳层的电子组态:

$$Au(Ⅰ): [Xe]4f^{14}5d^{10}6s^0$$

按常规,在分子中非键而带同类电荷的原子应互相推斥,但实际上由 X 射线晶体学证明在许多一价金的化合物分子中非键的金原子间的距离,要比金原子的范德华半径之和短很多,相互起了吸引作用,使由金原子相互结合的分子能量降低,稳定地存在。

图 19.6.1 分别示出三个金的簇合物的结构:

(1) $O[AuP(o\text{-}tol)_3]_3BF_4$ 晶体中正离子 $O[AuP(o\text{-}tol)_3]_3^+$ (式中 o-tol 为 ——⟨◯⟩—Me,邻甲苯)

的结构。由图 19.6.1(a)可见,O 原子和 3 个 Au 原子通过共价配键连接,OAu_3 形成三角锥形结构。Au 原子呈近于直线形的二配位构型,一端和 O 原子相连,另一端和 $P(o\text{-}tol)_3$ 配位体的 P 原子相连。在此结构中,3 个 Au 原子互相呈吸引作用,使 Au---Au 间距离缩短,平均距离为 308.6 pm,远短于金的范德华半径和($2×166\ pm=332\ pm$)。

(2) 簇合物 $S[AuP(o\text{-}tol)_3]_4(ClO_4)_2$ 中正离子 $S[AuP(o\text{-}tol)_3]_4^{2+}$ 的结构。S 原子和 4 个金原子构成四方锥构型,每个 Au 原子接近直线形二配位,在这个结构中 4 个 Au 原子间的距离在 $288.3\sim293.8\ pm$ 范围,平均值为 293.0 pm。4 个 Au 原子近似构成一正方形,S 原子和平面垂直距离为 130 pm。

(3) 簇合物分子 $Au_{11}I_3[P(p\text{-}C_6FH_4)_3]_7$ 中 $Au_{11}I_3P_7$ 核的结构。由图 19.6.1(c)可见,有一个中心 Au 原子被周围 10 个 Au 原子包围,这 10 个 Au 原子形成不完整的三角二十面体(相当于缺两个顶角)。这周围的 Au 原子每个都接上一个配位体 I 原子或 $P(p\text{-}C_6FH_4)_3$。通过晶体结构测定,中心 Au 原子到周围 10 个 Au 原子的平均 Au---Au 距离为 268 pm,而周围 10 个 Au 原子之间的平均距离为 298 pm。

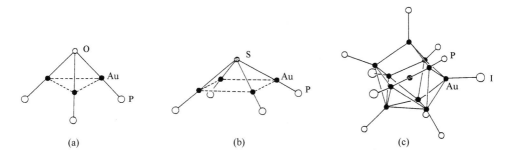

图 19.6.1　几种金的簇合物分子的结构(黑球代表 Au 原子):
(a) $O[AuP(o\text{-}tol)_3]_3^+$; (b) $S[AuP(o\text{-}tol)_3]_4^{2+}$; (c) $Au_{11}I_3[P(p\text{-}C_6FH_4)_3]_7$。

上述三个金的簇合物分子结构实例,以及其他许多一价金的簇合物的结构,例如四面体形结构的 $[(AuL)_4(\mu_4\text{-}N)]^+$ 和 $[(AuL)_4(\mu_4\text{-}O)]^{2+}$,三方双锥形结构的 $[(AuL)_5(\mu_5\text{-}C)]^+$,$[(AuL)_5(\mu_5\text{-}N)]^{2+}$ 和 $[(AuL)_5(\mu_5\text{-}P)]^{2+}$,八面体形结构的 $[(AuL)_6(\mu_6\text{-}C)]^{2+}$ 和 $[(AuL)_6(\mu_6\text{-}$

N)]$^{3+}$(L 为 PPh$_3$ 或 PR$_3$)等结构中,Au---Au 的接触距离在 270~330 pm 范围,其中很多距离比期望值要短,说明亲金现象普遍地在金的簇合物中出现。

为什么相邻的非键 Au(Ⅰ)离子间不进行相互推斥,反而互相吸引,缩短彼此间的接触距离,出现亲金作用呢? 现在对亲金作用的本质尚未清楚地了解。有一种观点认为亲金作用和金有着特殊显著的相对论效应有关,即 Au 原子的 6s 轨道受相对论效应而收缩,能级降低,和 5d 轨道一起形成能级相近的 6 个轨道的价层,这时 Au(Ⅰ)离子的 10 个 d 电子分布在 6 个价层轨道上,不呈现闭壳层的结构。在合适条件下,出现互相吸引的亲金作用。理论计算考虑相对论效应,亲金作用的强度约在 30 kJ mol^{-1},和氢键强度相似。根据新近的理论研究,亲金作用的主因是电子相关作用(correlation effect),它优先于 6s/5d 杂化作用。两种作用互相配合产生吸引力。

利用亲金作用,可将简单的金的化合物结合成复杂的低聚聚集体(oligomeric aggregates)。图 19.6.2 示出三个这类聚集体分子的结构:(a) Au$_5$(Mes)$_5$,(b) [LAuCl]$_4$,L= N(CH$_2$)$_4$CH$_2$(哌啶)和(c)[O(AuPPh$_3$)$_3$]$_2$。

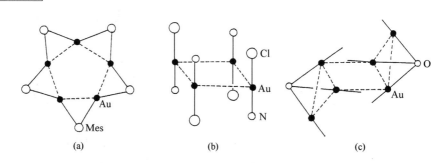

图 19.6.2　金的聚集体分子的结构:

(a) Au$_5$(Mes)$_5$(Mes=) ;　(b) [AuClL]$_4$(L= N(CH$_2$)$_4$CH$_2$);　(c) [O(AuPPh$_3$)$_3$]$_2$。

19.6.2　亲银作用和混合金属配合物

和亲金作用相似,银簇合物中也存在亲银作用(argentophilicity)。在 14.3 节介绍乙炔银复盐包藏 C$_2^{2-}$ 的银多面体结构时,就已展示出 Ag---Ag 之间的相互接触距离短于银原子范德华半径和(340 pm)的许多实例(参见图 14.3.5),在第 20 章有较详尽的讨论。

利用亲银作用和亲金作用,可以形成一系列弱结合的混合金属簇合物,如图 19.6.3 所示。

图 19.6.3(a)中:Au 的配位体 R=CH$_2$PPh$_2$,Ag 的配位体 L=OClO$_3$;

图 19.6.3(b)中:Au 的配位体 R'=C$_6$F$_5$,Ag 的配位体 L'=C$_6$H$_6$(苯);

图 19.6.3(c)中:Au 的配位体 R''=C$_6$F$_5$,Ag 的配位体 L''=COMe$_2$(丙酮)。

这些混合金属簇合物正是依靠弱的金银相亲作用将它们结合在一起。

在制备混合金/银簇合物时,亲金作用和亲银作用辅助金属键,共同促进多核簇合物的形成。图 19.6.4 示出几种由 Au 原子和 Ag 原子共同组成簇合物金属核心的结构。

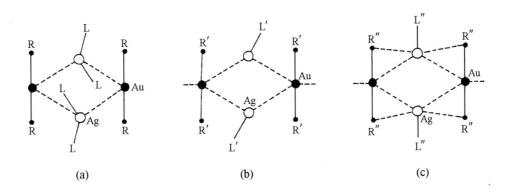

图 19.6.3　由金、银相亲作用结合产生的混合金属簇合物：

(a) $[Au(CH_2PPh_2)_2]_2[Ag(OClO_3)_2]_2$；(b) $[Au(C_6F_5)]_2[Ag(C_6H_6)]_2$；

(c) $[Au(C_6F_5)]_2[Ag(COMe_2)]_2$。

（图中黑球代表 Au 原子，白球代表 Ag 原子。）

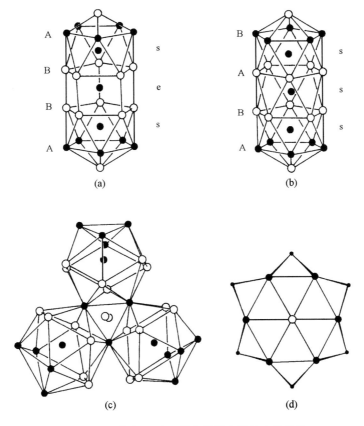

图 19.6.4　混合 Au/Ag 簇合物的金属核心的结构：

(a) $[(Ph_3P)_{10}Au_{13}Ag_{12}Br_8]SbF_6$ 中的 $[Au_{13}Ag_{12}]$；(b) $[(p\text{-}tol_3P)_{10}Au_{13}Ag_{12}Br_8]Br$ 中的 $[Au_{13}Ag_{12}]$；

(c) $[(p\text{-}tol_3P)_{12}Au_{18}Ag_{20}Cl_{14}]$ 中的 $[Au_{18}Ag_{20}]$；(d) $[Ag(AuC_6H_2(CHMe_2)_3)_6]CF_3SO_3$ 中的 $[AgAu_6C_6]$。

　　$[(Ph_3P)_{10}Au_{13}Ag_{12}Br_8]SbF_6$ 的簇核（a）和 $[(p\text{-}tol P)_{10}Au_{13}Ag_{12}Br_8]Br$ 的簇核（b）为 $[Au_{13}Ag_{12}]$，这 25 个金属原子的排列可看作两个带心的三角二十面体共用顶点连接而成。也可看作 25 个金属原子融合 3 个三角二十面体，每对相连者共用一个五元环。图 19.6.4（a）中的结构特征为 4 个五元环采取 ses（staggered-eclipsed-staggered，交错-重叠-交错）构型，原子相对位置为 ABBA；（b）中的结构特征为 4 个五元环采取 sss（交错-交错-交错）构型，原子相对位置为 ABAB；（c）中的结构可看作 3 个带心的三角二十面体各用一条边共顶点连接形成三角形，再在其中心上下加 2 个 Ag 原子；（d）中的结构是 6 个 Au 原子围成六元环，Ag 和 6 个 Au 相连，Au 原子和 Ag 原子构成一个平面，3 个桥连 C 原子偏上，3 个偏下，和金属平面相距 75 pm。

19.6.3　亲汞作用

　　与亲金作用和亲银作用相比，亲汞作用（mercurophilicity）的例子要少得多，但在一些含汞化合物中也发现 Hg···Hg 距离变短的现象。在 $Hg(SiMe_3)_2$ 中，分子间 Hg···Hg 距离为 314.63 pm。理论研究表明，结合基团不同的 $(HgX_2)_2$（X＝H，卤素，$SiMe_3$）也存在或强或弱的亲汞作用。在简单的二元汞 Hg（Ⅱ）化合物也可观察到亲汞作用，例如晶态 HgO 结构中，之字形的一维 O-Hg-O 链段中，相邻的 Hg 原子之间距离为 330 pm。

　　如欲进一步了解亲汞作用，可参考文献 [H. Schmidbaur and A. Schier, Mercurophilic interactions. *Organometallics* **34**, 2048～2066 (2015); S. J. Faville, W. Henderson, T. J. Mathieson and B. K. Nicholson, Solid-state aggregation of mercury bis-acetylides, $Hg(C\equiv CR)_2$, R＝Ph, $SiMe_3$. *J. Organomet. Chem.* **580**, 363～369 (1999); U. Patel, H. B. Singh and G. Wolmershaäuser, Synthesis of a metallophilic metallamacrocycle: A $Hg^{II}···Cu^{I}···Hg^{II}···Hg^{II}···Cu^{I}···Hg^{II}$ interaction. *Angew. Chem. Int. Ed.* **44**, 1715～1717 (2005); N. L. Pickett, O. Just, D. G. VanDerveer and W. S. Rees Jr, Reinvestigation of bis(trimethylsilyl)mercury. *Acta Cryst.* C **56**, 412～413 (2000); J. Echeverría, J. Cirera and S. Alvarez, Mercurophilic interactions: a theoretical study on the importance of ligands. *Phys. Chem. Chem. Phys.* **19**, 11645～11654 (2017); K. Aurivillius and I.-B. Carlsson, The structure of hexagonal mercury(II) oxide. *Acta Chem. Scand.* **12**, 1297～1304 (1958).]。

19.6.4　金属线分子

　　金属线分子或金属线配合物是指具有线性金属原子链的分子化合物。在分子中，部分或全部相邻的金属原子以成键距离相接触，存在金属-金属相互作用。

　　为了制备金属线分子常选用桥连配位体，其中线性寡聚配位体有多个配位点，同时和多个金属原子配位桥连，容易形成金属线分子。用寡聚吡啶胺（pyridylamine）作配体制备二价金属线分子，已获得较好成果。吡啶胺分子通式为

$n＝0$，Hdpa
$n＝1$，H_2 tpda
$n＝2$，H_3 teptra
$n＝3$，H_4 peptea

它的负离子能从上、下、前、后四个方向同时和金属结合形成金属线分子:

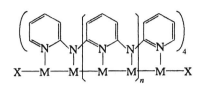

n	M(Ⅱ)
0	Cr,Ru,Co,Rh,Ni,Cu
1	Cr,Co,Ni
2	Cr,Ni
3	Cr,Ni

下面根据金属线分子的结构特点,从三方面分别加以叙述:

1. 金属原子均匀分布的金属线分子

利用 Ni(Ⅱ)盐和吡啶胺分子反应,已制得 Ni 原子数从 3(即上表中 $n=0$)到 9(即上表中 $n=3$)的金属线分子,测定了它们的晶体结构。这些长度不同的金属线分子结构十分相似。图 19.6.5 示出[Ni$_9$(μ_9-peptea)$_4$Cl$_2$]的结构(peptea=pentapyridyltetramine,五吡啶四胺)。由图看出 9 个 Ni 原子分布在一条直线上,金属原子间的距离大致相同,相差不大。4 条链形吡啶胺分子上的每个 N 原子都和 Ni 配位,每个 Ni 原子在垂直于金属线的平面上和 4 个 N 原子结合,呈平面四方形。因为在同一个吡啶胺分子中,相邻吡啶环上 β-氢原子间的空间阻碍,使吡啶胺分子绕金属线轴作螺旋状排布,所以从端基看,4 个吡啶胺配体绕轴呈八瓣排列。

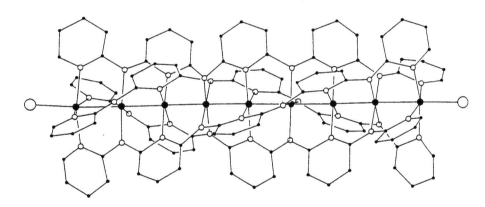

图 19.6.5 [Ni$_9$(μ_9-peptea)$_4$Cl$_2$]分子的结构。

(图中黑球代表 Ni 原子,大白球为 Cl 原子,小黑点为吡啶环上 C 原子,小白球为 N 原子。)

根据晶体结构测定结果,Ni 原子数目分别为 3,5,7,9 的 4 种金属线分子中的 Ni—Ni 和 Ni—N 的距离,示于图 19.6.6 中。分子内金属线首尾对称,从中心向外,Ni—Ni 键长逐渐增加。 Ni—N 键除端基一个特别长外,其他基本相似。

2. 金属原子间距离长短交替的金属线分子

利用 Cr(Ⅱ)盐和吡啶胺分子反应,制得由 5 个 Cr 原子形成的金属线分子,通过对[Cr$_5$(tpda)$_4$Cl$_2$]2Et$_2$O·4CHCl$_3$ 晶体结构测定,发现在[Cr$_5$(tpda)$_4$Cl$_2$]分子中(tpda=tripyridyldiamine,三吡啶二胺),Cr 原子间的距离长短交替地排列,首尾并不对称:短的 Cr—Cr 间距离为 187~196 pm,相当于 Cr≡Cr 四重键;长的距离为 260 pm,Cr---Cr 间不成键,如图 19.6.7 所示。

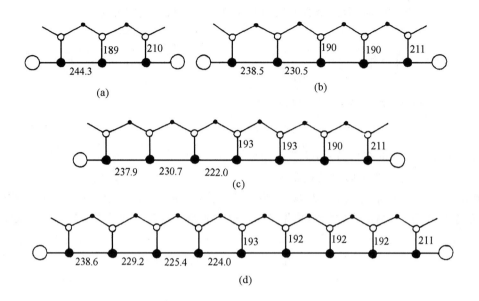

图 19.6.6　金属镍线性分子中 Ni—Ni 和 Ni—N 的键长（单位为 pm）：
(a) 三镍线性分子；(b) 五镍线性分子；(c) 七镍线性分子；(d) 九镍线性分子。

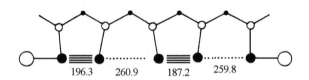

图 19.6.7　$Cr_5(tpda)_4Cl_2$ 分子的结构。

（图中键长单位为 pm。大黑球代表 Cr，小黑球代表 C，大白球代表 Cl，小白球代表 N。）

3. 混合价态的金属线分子

图 19.6.8 示出两例金的金属线分子的结构。图 19.6.8 中(a)对应化合物的组成为

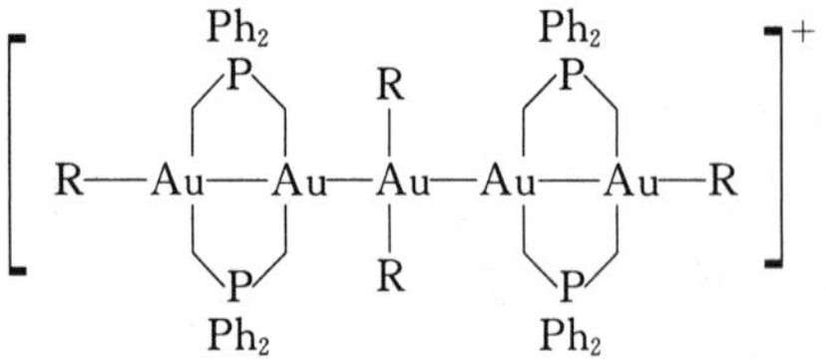

$$\left[R-Au-Au-Au-Au-Au-R \right]^{+} (AuR_4)^{-}, R=C_6F_5$$

晶体中正离子的结构示于图 19.6.8(a)。由图 19.6.8 可见，Au—Au 间的距离由内向外缩短，根据理论计算，Au 的价态为

$$Au(Ⅲ)-Au(Ⅰ)-Au(Ⅰ)-Au(Ⅰ)-Au(Ⅲ)$$

所以中心的金为 $[Au(C_6F_5)_2]^-$ 单元，它作为电子给体提供电子给两边的二核金正离子。

图 19.6.8(b)对应化合物的组成为

$$\left[\begin{array}{c} \text{Ph}_2 \quad\quad \text{Ph}_2 \quad\quad \text{Ph}_2 \\ \text{P} \quad\quad \text{P} \quad\quad \text{P} \\ R-Au-Au-Au-Au-Au-Au-R \\ \text{P} \quad\quad \text{P} \quad\quad \text{P} \\ \text{Ph}_2 \quad\quad \text{Ph}_2 \quad\quad \text{Ph}_2 \end{array}\right]^{2+} (\text{ClO}_4^-)_2, R=C_6F_3H_2$$

其中正离子的结构示于图 19.6.8(b),和(a)图一样,Au—Au 间的距离由内向外逐步缩短。根据理论计算,金的价态分布为:Au(Ⅲ)—Au(Ⅰ)—Au(Ⅰ)—Au(Ⅰ)—Au(Ⅰ)—Au(Ⅲ)。

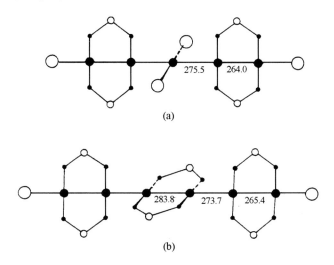

图 19.6.8　混合价态的金属线分子的结构。

(键长单位为 pm。大黑球代表 Au 原子,小黑球代表 C 原子,

大白球代表 R 基团,小白球代表 PPh₂ 中的 P 原子。)

19.6.5　异核金属串配合物

　　异核金属串配合物(heteronuclear metal-string complexes,HMSCs)的设计和合成是金属串配合物研究的一个重要课题。自 2007 年报道第一例 HMSC 以来,已得到多种 HMSCs。从金属原子排列方式来看,HMSCs 总体上可以分为三类:① M_A-M_B-M_A,② M_A-M_A-M_B,③ M_A-M_B-M_C。本节将介绍 M_A-M_B-M_A 和 M_A-M_A-M_B 型的一些代表性实例。

　　合适的 M_A 和 M_B 离子组合与 dpa⁻(Hdpa = ...)反应可得到多种 M_A-M_B-M_A 型的 HMSCs:

$$2M_A^{2+} + M_B^{2+} + 4dpa^- + 2Cl^- \longrightarrow$$

$$Cl-M_A-M_B-M_A-Cl$$

(M_A = MnⅡ,CoⅡ,Cuⅱ,M_B = Pdⅱ,Ptⅱ;M_A = Feⅱ,M_B = Pdⅱ.)

[参看:M.-M. Rohmer, I. P.-C. Liu, J.-C. Lin, M.-J. Chiu, C.-H. Lee, G.-H. Lee, M. Bénard, X. Lopez and S.-M. Peng, Structural, magnetic, and theoretical characterization of a heterometallic polypyridylamide complex. *Angew. Chem. Int. Ed.* **46**, 3533～3536 (2007); S.-A. Hua, M.-C. Cheng, C.-H. Chen and S.-M. Peng, From homonuclear metal string complexes to heteronuclear metal string complexes. *Eur. J. Inorg. Chem.* 2510～2523 (2015).]

M_A-M_B-M_A型金属骨架具有区域选择性:两端和中心金属离子的配位环境存在差异。忽略相对较弱的金属与金属之间的作用,两端中心离子的配位环境是四方金字塔形,而中心金属周围的配位环境是平面四方形。d^8金属离子倾向于平面四方形配位,因此Pd^{II}和Pt^{II}优选占据中心位置。

M_A-M_A-M_B型 HMSCs 的合成则采用不同的策略:利用 M_B 离子与双核配合物 $(M_A)_2(dpa)_4$ (M_A=Cr, Mo, W)进行反应。在$(M_A)_2(dpa)_4$中,两个 M_A 中心通过 M_A-M_A四重键稳定而形成$(M_A)_2$实体。四重键在反应过程中保持完整,所得 $M_A \equiv M_A \cdots M_n$ 金属骨架有区域选择性。例如:

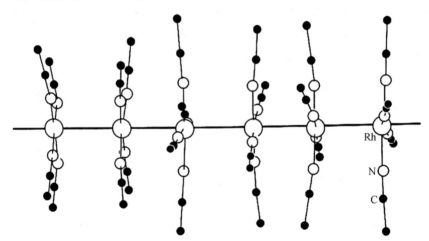

(M_A=Cr^{II}, Mo^{II}, W^{II}, M_B=Fe^{II}, Co^{II}, Ni^{II}, Zn^{II};溶剂为 THF 或萘)

19.6.6　金属基的无限长链和网络结构

无限的金属基链有望成为导电的无机"分子线",性能优于短链的低聚体。化学式为 $[Rh(CH_3CN)_4](BF_4)_{1.5}$ 的化合物中,阳离子$[Rh(CH_3CN)_4^{1.5+}]_\infty$含有无限的铑链,呈现半导体性能。其中存在键长为 284.42 pm 和 292.77 pm 的两种 Rh—Rh 键,二者长短交替排列形成 Rh—Rh 链,结构如图 19.6.9 所示。

图 19.6.9　$[Rh(CH_3CN)_4](BF_4)_{1.5}$中的长短交替铑—铑金属链。

利用酸-碱性匹配策略,合成一系列基于金属亲和相互作用的 Au(Ⅰ) 和 Tl(Ⅰ) 的高聚物。例如将 $Bu_4N[Au(C_6Cl_5)_2]$ 与 $TlPF_6$ 在 THF 中进行处理,得到 $[AuTl(C_6Cl_5)_2]_n$,它组成一条 $(Tl\cdots Au\cdots)_\infty$ 无限长链,其中存在 Au(Ⅰ)$\cdots$Tl(Ⅰ) 相互作用,如图 19.6.10(a) 所示。采用相似的合成方法,当加入三苯基氧膦,可以得到长链上的 Tl 原子结合三苯基氧膦的结构: $[AuTl(C_6F_5)_2(Ph_3P{=}O)_2]_n$ 和 $[AuTl(C_6Cl_5)_2(Ph_3P{=}O)_2(THF)]_n$。在五氟苯基为配体的配合物中,Tl(I) 采取变形的三角双锥几何形态,其赤道上的一个位置由立体化学活性的孤对电子占据,形成直线形的 $(Tl\cdots Au\cdots)_\infty$ 长链,如图 19.6.10(b) 所示。

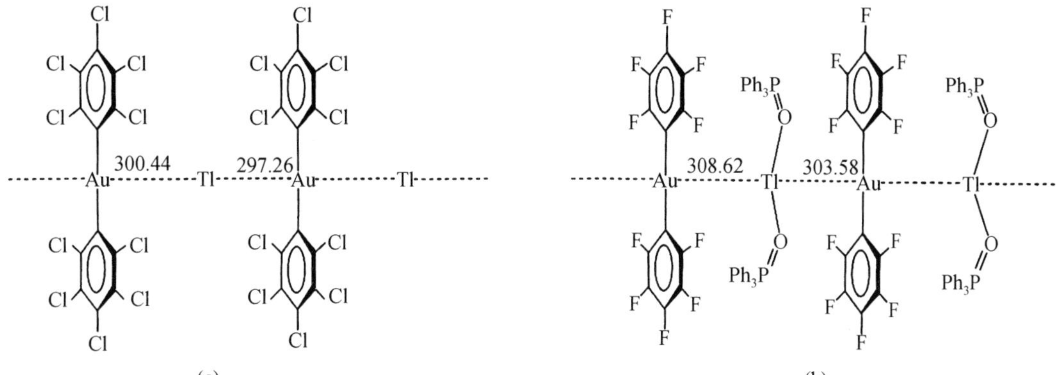

图中 (a) 左侧键长标注 300.44　297.26;(b) 右侧键长标注 308.62　303.58

(a)　　　　　　　　　　　　　　　　(b)

图 19.6.10　金属链的结构:
(a) $[AuTl(C_6Cl_5)_2]_n$;(b) $[AuTl(C_6F_5)_2(Ph_3P{=}O)_2]_n$。(键长单位为 pm。)

与前述 $[AuTl(C_6F_5)_2(Ph_3P{=}O)_2]_n$ 不同,在五氯苯基配合物中,形成弯折形的 $(Tl\cdots Au\cdots Tl'\cdots Au\cdots)_\infty$ 长链,Tl 出现两种配位结合型式,分别为变形的三角双锥和赝四方配位几何形态,如图 19.6.11 所示。

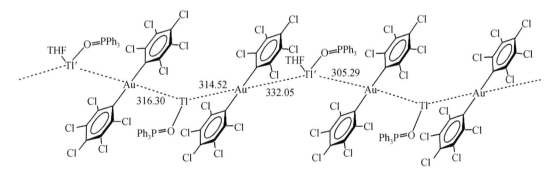

图 19.6.11　$[AuTl(C_6Cl_5)_2(Ph_3P{=}O)_2(THF)]_n$ 的结构。(键长单位为 pm。)

当引入外向的二齿桥连配体 4,4′-联吡啶(bipy)时,可形成 $[AuTl(C_6F_5)_2(bipy)]_n$ $[Au_2Tl_2(C_6Cl_5)_4(bipy)_{1.5}(THF)]_n$,两种配合物均显示高维聚合物的结构。在五氟苯基配合物中,线性四核 $(Tl\cdots Au\cdots Tl\cdots Au\cdots)$ 单元通过联吡啶桥连,形成蜂窝形网络结构,如图 19.6.12 所示。

在五氯苯基配合物中,含有两种配位形态的 Tl(Ⅱ),其一为 Tl 原子,被两个联吡啶的 N 原子配位,其二是 Tl′ 原子,结合一个联吡啶的 N 原子,还和一个 THF 配位,如图 19.6.13 所

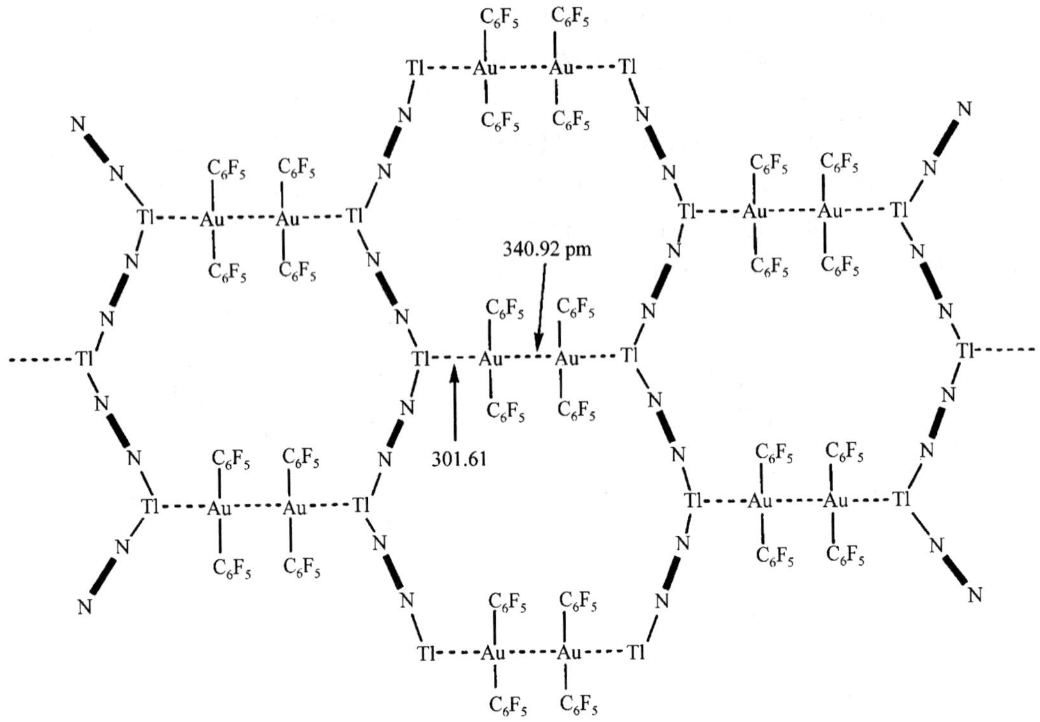

图 19.6.12 ［AuTl(C₆F₅)₂(bipy)］ₙ 的层状结构。

（粗线连接的 N 原子代表 4,4′-联吡啶。）

示。可以看出,金属原子间连接形成弯折形的(Tl…Au…Tl′…Au…)∞长链,链间通过联吡啶配体结合而形成层状结构。

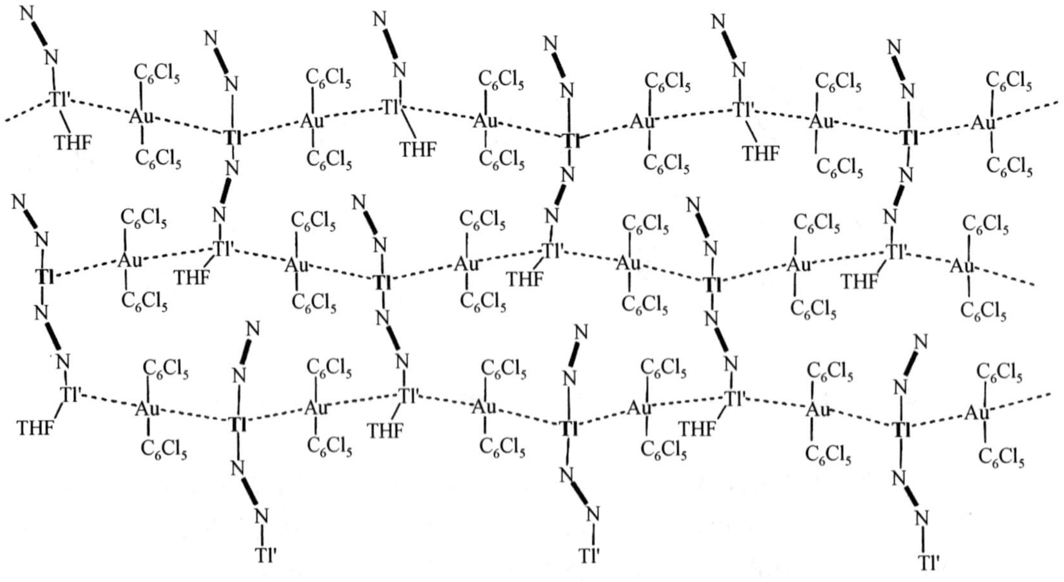

图 19.6.13 ［Au₂Tl₂(C₆Cl₅)₄(bipy)₁.₅(THF)］ₙ 的层状结构。

［粗线连接的 N 原子代表 4,4′-联吡啶,Tl 原子分别用白体(Tl′)和用黑体(Tl)以便区分两个位置 Tl 原子。］

19.7　异金属大环和异金属笼

形成金属大环的典型方法之一类似于聚合物如尼龙的缩合。两种金属配合物若各自具有相同头部和尾部,便可以通过交替的方式头尾相接。可预先分别制备两种类型的金属配合物以在产物中实现异金属性质。通常,连接点位于金属配合物之一的金属中心,其带有良好的离去基团(例如 OTf^-)或相对较弱的配体(例如 Cl^-)。通过亲核试剂(例如,氮的孤对电子)的进攻取代进行连接,反应过程示于图 19.7.1 中。

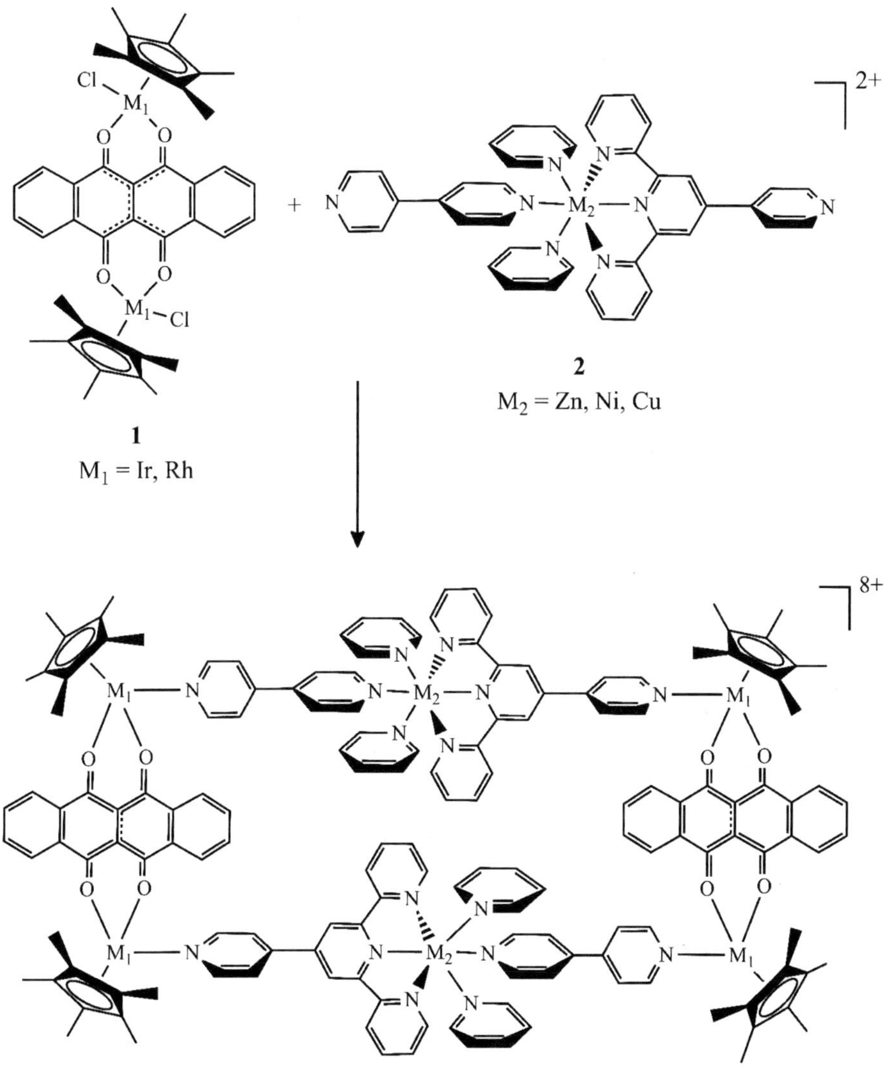

图 19.7.1　矩形大环金属配合物的制备(一)。

[参看:J.-J. Liu,Y.-J. Lin,G.-X. Jin,Box-like heterometallic macrocycles derived from bis-terpyridine metalloligands. *Organometallics* **33**,1283～1290 (2014).]

在该反应中,**1** 和 **2** 都是带有不同金属中心的金属配合物。化合物 **2** 作为金属二齿配体,通过取代分子 **1** 的两个氯离子配体而桥连两个分子的 M_1 中心,以 2：2 方式成环产生矩形大环化合物 **3**,如图 19.7.1 所示。

从双核 Ir(Ⅲ)金属配合物开始,通过其与 4-吡啶基硼封端的铁(Ⅱ)笼合物发生环化反应,制得系列矩形双金属大环化合物,如图 19.7.2 所示。

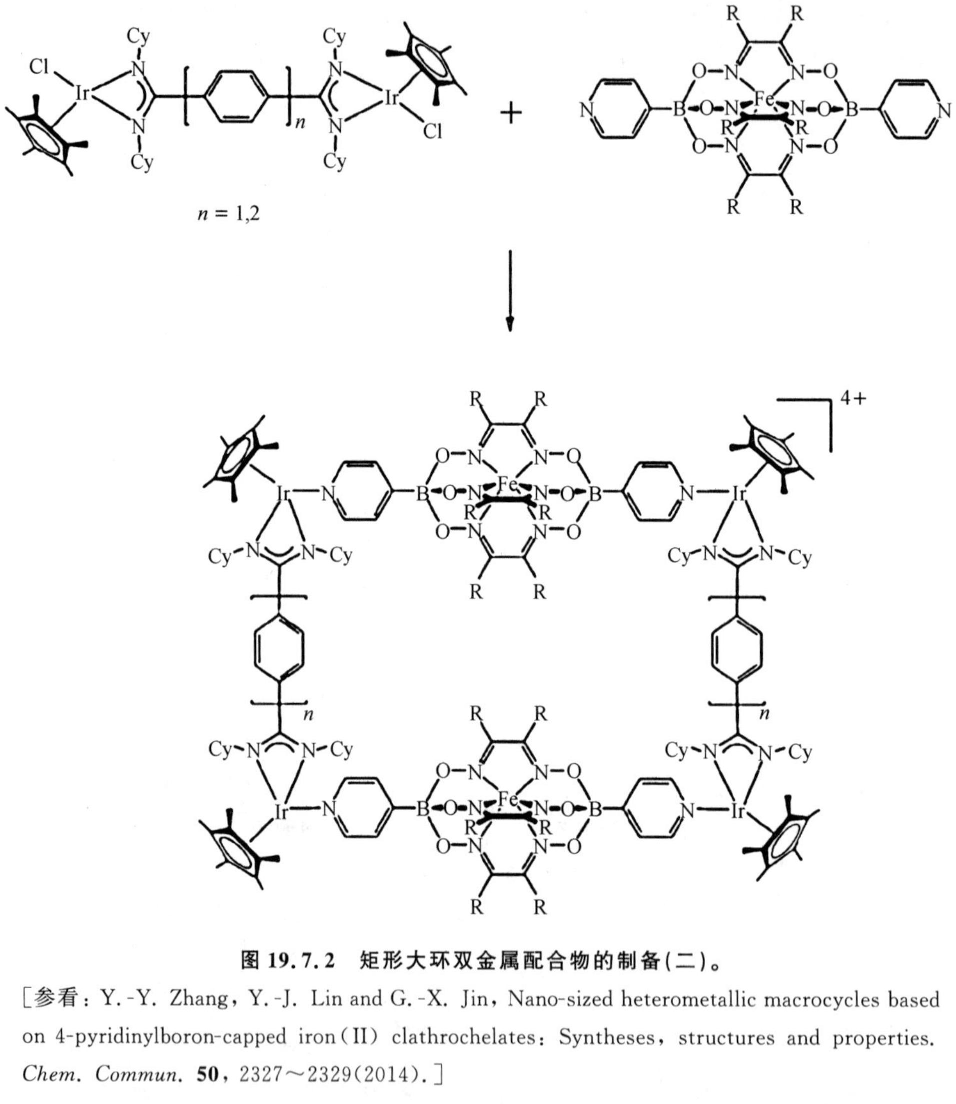

图 19.7.2　矩形大环双金属配合物的制备(二)。

〔参看:Y.-Y. Zhang, Y.-J. Lin and G.-X. Jin, Nano-sized heterometallic macrocycles based on 4-pyridinylboron-capped iron(Ⅱ) clathrochelates: Syntheses, structures and properties. *Chem. Commun.* **50**, 2327~2329(2014).〕

另一方面,有一种极端情况——在如下所示的化合物 **4** 中,两个离去基团(例如 OTf⁻)与相同的金属原子结合,此时金属原子被亲核试剂 **5** 进攻两次,形成方形大环化合物 **6**,如图 19.7.3 所示。

在最终产物 **6** 中,顶角位置为配合物 **4** 的局部,所有四个边均为物种 **5**,因此而呈正方形。注意:**4** 中的两个离去基团是顺式构型(即∠TfO—M—OTf≈90°),因而使得其由 **5** 进行双取代后,得到的∠N—M—N 也接近直角。

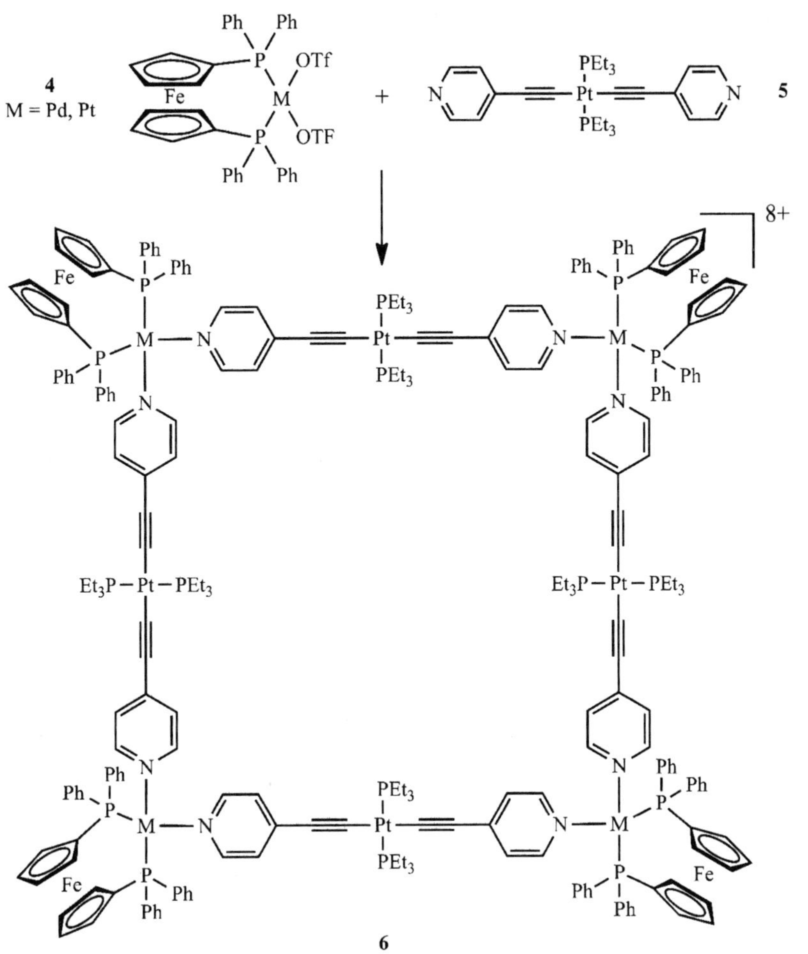

图 19.7.3　矩形大环双金属配合物的制备(三)。

[参看：V. Vajpayee, H. Kim, A. Mishra, P. S. Mukherjee, P. J. Stang, M. H. Lee, H. K. Kim and K. W. Chi, Self-assembled molecular squares containing metal-based donor: Synthesis and application in the sensing of nitro-aromatics. *Dalton Trans*. **40**, 3112～3115 (2011).]

　　另一种不太直观的方法是,在金属配位成环之前,将两种不同类型的金属连接到配体上。这种方法在以下合成方案中得以成功实施：

　　起始物 **7** 是配位物种,它失去两个质子后含有两个 N,N'-和两个 O,O'-双齿位点：

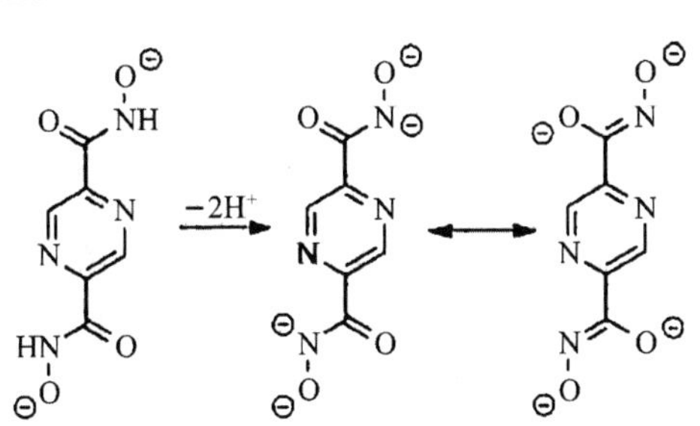

8 中双齿位点通过与金属位点的软硬度匹配实现选择性。Pd^{II} 和 M^{III}（Rh^{III}，Ir^{III}）选择性地占据 **8** 中的结合位点：较软的 Pd^{II} 结合较软的 N，N′ 位点，而较硬的 M^{III} 则结合较硬的 O，O′ 位点形成双金属配合物 **9**，**9** 与吡嗪结合而形成 **10**，如图 19.7.4 所示。

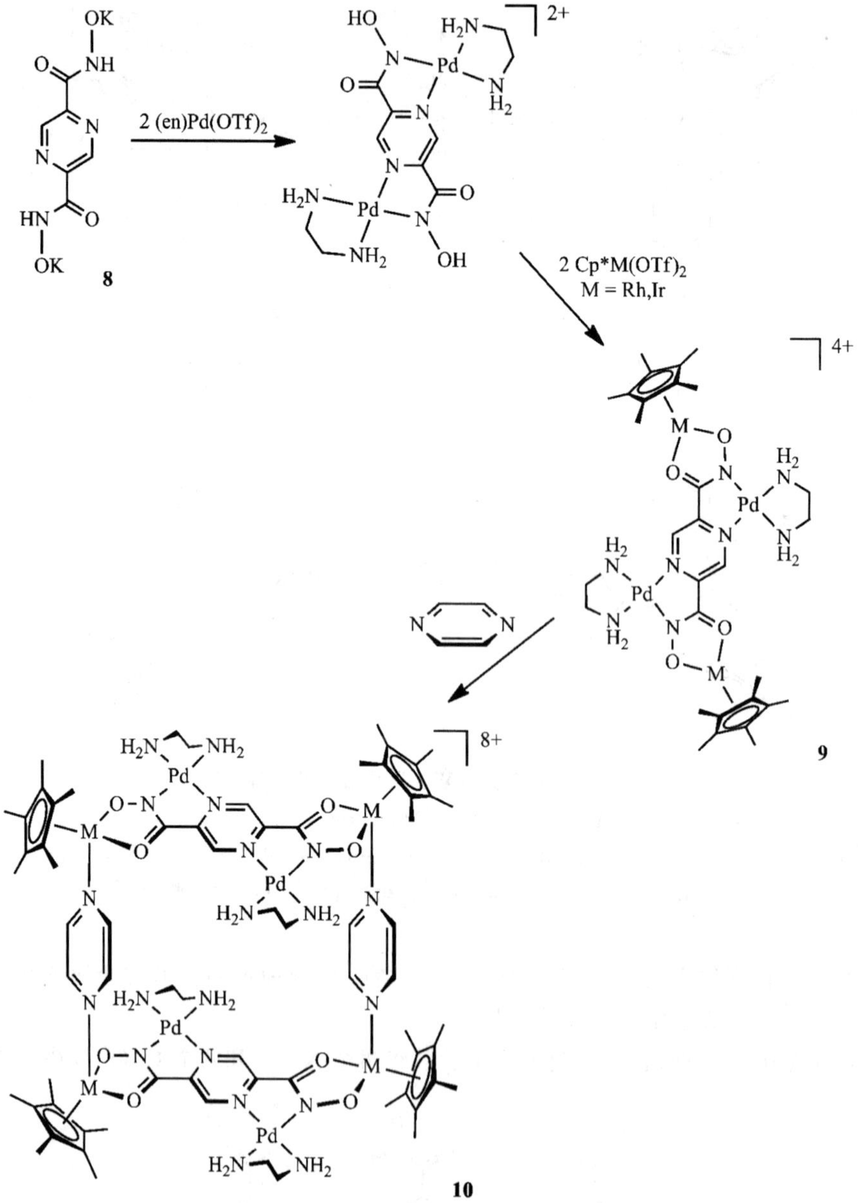

图 19.7.4　矩形大环双金属配合物的制备（四）。

［参看：L. Zhang, Y.-J. Lin, Z.-H. Li and G.-X. Jin, Rational design of polynu-clear organometallic assemblies from a simple heteromultifunctional ligand. *J. Am. Chem. Soc.* **137**，13670～13678（2015）.］

在金属配体上若引入更多的附加基团,则可以构建双金属配位笼,例如配合物 **11** 含有三个附加的基团,每个基团可以进一步与过渡金属中心配位。**11** 与 Pd^{2+} 反应,得到双金属笼 **12**,如图 19.7.5 所示。

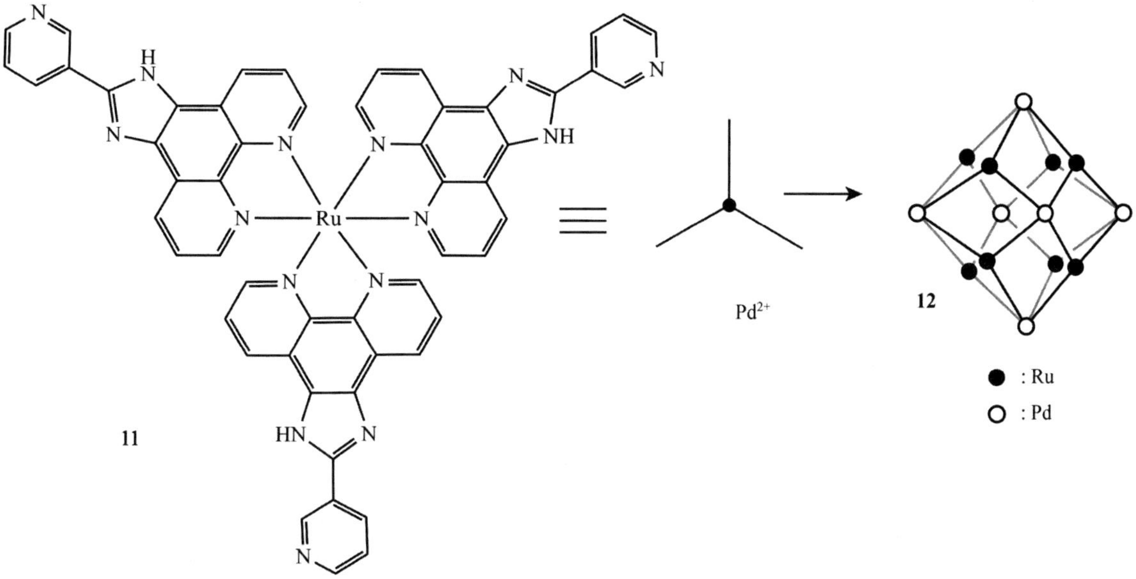

图 19.7.5　金属配合物笼的制备。

[参看:K. Li, L.-Y. Zhang, C. Yan, S.-C. Wei, M. Pan, L. Zhang and C.-Y. Su, Stepwise assembly of Pd$_6$(RuL$_3$)$_8$ nanoscale rhombododecahedral metal-organic cages via metalloligand strategy for guest trapping and protection. *J. Am. Chem. Soc.* **136**,4456～4459 (2014);Y.-Y. Zhang, W.-X. Gao, L. Lin and G.-X. Jin, Recent advances in the construction and applications of heterometallic macrocycles and cages. *Coord. Chem. Rev.* **344**,323～344 (2017).]

双金属笼 **12** 大致可以看作:六个 Pd^{2+} 离子形成八面体排布,八面体的每个面上均被作为三齿配体的配合物 **11** 盖帽。**12** 中的[6Pd+8Ru]笼能够容纳作为客体的光敏分子 2,2-二甲氧基-2-苯基苯乙酮(DMPA),从而为 DMPA 提供光保护。因此,这一笼子是光敏剂的潜在容器,还可用于药物输送和光动力疗法。

总而言之,超分子配合物在过去数十年的研究已成为一个有前途的研究领域。不仅设计合成得到各种各样具有不同形状和尺寸的这类分子,并且提出了它们的潜在应用。例如硝基芳香客体是正方形分子化合物 **13** 荧光的猝灭剂,因而 **13** 可作为爆炸物的有效探测器。

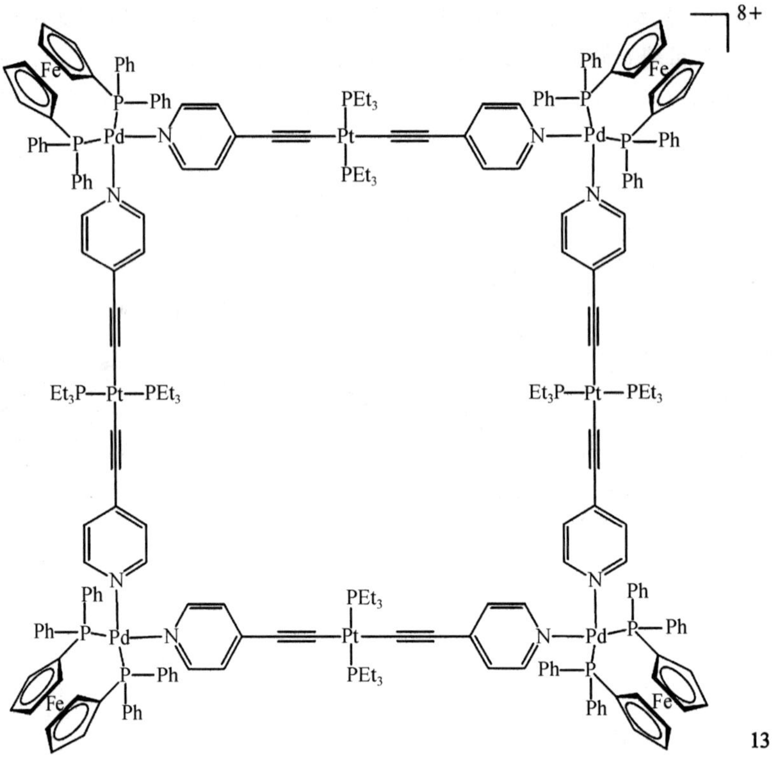

图 19.7.6 矩形大环双金属配合物（五）。

［参看 H. Sohn, R. M. Calhoun, M. J. Sailor and W. C. Trogler, Detection of TNT and picric acid on surfaces and in seawater by using photoluminescent polysiloles. *Angew. Chem. Int. Ed.* **40**, 2104～2105 (2001).］

19.8 金属的歧化和归中反应

19.8.1 歧化和归中反应的含义

"归中反应"表示一种化学反应,其中两种反应物分别含有氧化态不同的同种元素,反应后给出该元素居中氧化态的单一产物。逆归中反应方向进行的称为歧化反应。归中反应的典型例子是铜(Ⅱ)盐(蓝色)的水溶液与金属铜反应产生铜(Ⅰ)离子。

$$Cu^{2+}(aq) + Cu^0(s) \longrightarrow 2Cu^+(aq)$$

与之类似,$Hg(NO_3)_2$ 与 $K[B(CN)_4]$ 反应形成 $Hg[B(CN)_4]_2$,$Hg[B(CN)_4]_2$ 进一步与单质汞发生归中反应,得到 $Hg_2[B(CN)_4]_2$。

$$Hg^{2+}[B(CN)_4^-]_2 + Hg^0(液) \longrightarrow Hg_2^{2+}[B(CN)_4^-]_2$$

这一领域的有机金属化合物特别丰富,如下方程式(1a)和(1b)分别给出其中两例:

$$2Nb(\eta^6\text{-}1,3,5\text{-}Me_3C_6H_3)_2 + 7\ CO$$

$$\longrightarrow [Nb(\eta^6\text{-}1,3,5\text{-}Me_3C_6H_3)_2(CO)]Nb(CO)_6 + 2\ (1,3,5\text{-}Me_3C_6H_3) \tag{1a}$$

$$3Co_2(CO)_8 + 12\ py \rightleftharpoons 2[Co(py)_6][Co(CO)_4]_2 + 8CO \tag{1b}$$

在反应(1a)中,二(均三甲基苯)合铌衍生物(0)与一氧化碳反应,铌发生歧化得到有效原子序数均为 18 电子的铌(+1)和铌(−1)为 1:1 的产物。在反应(1b)中,零价钴的反应物与产物钴(+2)和双钴(−1)处于平衡状态,比例为 3:2,该反应可逆,向右为歧化反应,向左为归中反应。

下面的一个例子显示,在 $^tBuC{\equiv}CH$ 存在的情况下,$Cu(BF_4)_2$ 与金属铜粉末于室温下在甲醇中进行归中反应,生成簇合物 $[Cu_{17}(^tBuC{\equiv}C)_{16}(MeOH)](BF_4)$（图 19.8.1）,产率很高。该配合物晶体中存在独立的阳离子-阴离子对。在阳离子簇中,空间庞大的 $^tBuC{\equiv}C^-$ 配体覆盖在组装所形成的 Cu(Ⅰ)核的表面。如图 19.8.1 所示,夹心状的 $[Cu_{17}(^tBuC{\equiv}C)_{16}(MeOH)]^+$ 阳离子簇可以粗略地描述为 $Cu_6/Cu_4/Cu_7$ 三角双层结构,被 16 个 $^tBuC{\equiv}C^-$ 配体以多种配位模式（μ_2-η^1,η^1；μ_2-η^1,η^2；μ_3-η^1,η^1,η^1；μ_3-η^1,η^1,η^2 和 μ_4-η^1,η^1,η^1,η^2）结合而稳定。波纹状的 Cu_6 和 Cu_7 层分别由 Cu(1)～Cu(6) 和 Cu(7)～Cu(13) 形成。夹心结构中心区域的 Cu(16)与两个丁基炔基配位体（端基,η^1-相互作用）配位,形成线形 $Cu(^tBuC{\equiv}C)_2$ 单元。Cu(15)位于夹心结构的边缘,并与三个 η^1-炔基配体键合。两对向外伸张的炔基配体起着"臂"的作用,以固定外围的 Cu(14)和 Cu(17)。相比之下,Cu(14)被两个炔基配体连接,除了 η^1 和 η^2 键合外,还有 η^2-侧键相互作用,而 Cu(17)另外由 MeOH 分子配位。Cu(Ⅰ)⋯Cu(Ⅰ)距离多在 245.8～279.7 pm 范围内,比铜原子范德华半径的两倍（2×140 pm）要短,表示有亲铜相互作用。

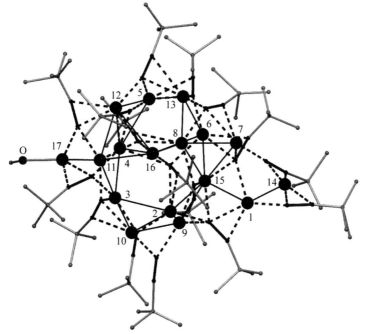

图 19.8.1　$[Cu_{17}(^tBuC{\equiv}C)_{16}(MeOH)](BF_4)$ 中阳离子单元的结构。乙炔基团用黑色粗线表示。
乙炔基的碳原子以黑色小球表示,它们与 Cu(Ⅰ)原子的键由虚线表示。
Cu(Ⅰ)⋯Cu(Ⅰ)作用（<**280 pm**）用细黑线表示。（为清楚起见,省略了 H 原子。）

［参看：L.-M. Zhang and T. C. W. Mak, Comproportionation synthesis of copper(Ⅰ) alkynyl complexes encapsulating polyoxomolybdate templates：Bowl-shaped Cu_{33} and peanut-shaped Cu_{62} nanoclusters. *J. Am. Chem. Soc.* **138**, 2909～2912 (2016).］

19.8.2 归中反应

1. 高氧化态 Mn_x 团簇的制取

在 $Mn(ClO_4)_2$ 和 N^nBu_4Cl 存在下，$Mn(O_2C^tBu)_2$ 和 $N^nBu_4MnO_4$ 在热 MeCN 中与过量的特戊酸反应，析出 $[Mn_8O_6(OH)(O_2C^tBu)_9Cl_3(^tBuCO_2H)_{0.5}(MeCN)_{0.5}]$ (**1**)。而 $Mn(NO_3)_2$ 和 $N^nBu_4MnO_4$ 在热 MeCN 中与过量的特戊酸反应生成与之前不同的八聚体 $[Mn_8O_9(O_2C^tBu)_{12}]$ (**2**)。和后一反应条件类似，但用 $Mn(O_2C^tBu)_2$ 代替 $Mn(NO_3)_2$，并采用 MeCN/THF 溶剂介质，反应得到 $[Mn_9O_7(O_2C^tBu)_{13}(THF)_2]$ (**3**)。配合物 **1**~**3** 表现出前所未有的 Mn_x 拓扑结构：**1** 含有 $[Mn_5^{III}Mn_2^{IV}(\mu_3\text{-}O)_4(\mu_4\text{-}O)_2(\mu_3\text{-}OH)(\mu_4\text{-}Cl)(\mu_2\text{-}Cl)]^{8+}$ 核心，其中，两个融合的蝶形 Mn_4 单元通过 O^{2-}，OH^- 和 Cl^- 桥连与其余 Mn 原子相连。相反，**2** 含有 $[Mn_6^{IV}Mn_2^{III}(\mu_3\text{-}O)_6(\mu\text{-}O)_3]^{12+}$ 核心，该核心由两个不完整的 $[Mn_3O_4]$ "立方体"构成，它们通过 O^{2-} 与两个 Mn^{III} 离子连接。**1** 和 **2** 的核心簇结构在之前的 Mn 化学研究中未曾发现。**3** 中的 $[Mn_9^{III}(\mu_3\text{-}O)_7]^{13+}$ 核也包含两个融合的蝶形 Mn_4 单元，但它们以不同于 **1** 的方式与其余 Mn 原子连接。这一研究显示了归中反应在高氧化态 Mn_x 团簇实现过程中的优势，也体现了产物结构对反应条件微小变化的敏感性。

在 173 K，对含有溶剂分子的物种 (**1**)·3MeCN，(**2**)·MeCN，和 (**3**)·1/3THF·2/3MeCN 收集单晶 X 射线衍射数据。结构分析显示，(**1**)·3MeCN 中 $[Mn_8(\mu_3\text{-}O)_4(\mu_4\text{-}O)_2(\mu_3\text{-}OH)(\mu_4\text{-}Cl)(\mu_2\text{-}Cl)]^{10+}$ 核含有混合价：$Mn_7^{III}Mn^{IV}$，其中 Mn6 被认为是 Mn^{IV} 原子（图 19.8.2）。通过键价和（BVS）计算，确认了 Mn 氧化态和 O^{2-}、OH^- 以及羧酸 O 原子的质子化情况。锰核心可以看作由两个 $[Mn_4(\mu_3\text{-}O)_2]$ 蝶形单元形成：Mn1/Mn2/Mn5/Mn8 和 Mn3/Mn5/Mn6/Mn7，它们通过共享"体"原子 Mn5 而融合在一起。余下的 Mn4 原子通过两个 $\mu^4\text{-}O^{2-}$ 离子（O3 和 O7）连接到四个"翼尖"原子（Mn1/Mn3/Mn7/Mn8）上，这些离子也桥接形式上为七配位的 Mn5。另外，还有三个附加的单原子桥：在核的一端，$\mu^3\text{-}OH^-$ 离子（O5）桥连 Mn3/Mn6/Mn7；在另一端，氯离子 $\mu^2\text{-}Cl2$ 桥连 Mn1/Mn2/Mn8/Mn4；在一侧，$\mu^2\text{-}Cl2$ 桥连 Mn1/Mn2。除了七配位的 Mn5 外，所有其他 Mn 中心都呈现近八面体的几何形状。

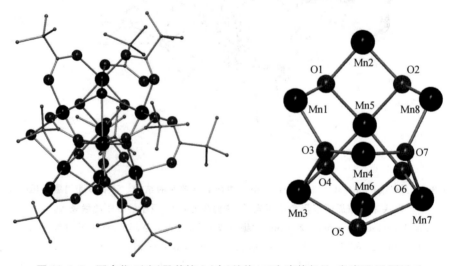

图 19.8.2   配合物 1(左)及其核心(右)结构。（为清楚起见，省略了 H 原子。）

混合价配合物[Mn₈O₉(O₂C'Bu)₁₂](**2**)的结构如图 19.8.3 所示。它包含一个金属价态为 Mn₂^ⅢMn₆^Ⅳ的[Mn₈(μ³-O)₆(μ-O)₃]¹²⁺核。该核包含两个不完整的[Mn₃O₄]"立方体",它们通过 μ-O²⁻(O9)离子与两个 Mn^Ⅲ离子(Mn6 和 Mn8)桥连。所有 Mn 原子都显示出接近八面体的配位,Mn^Ⅲ的 Jahn-Teller 拉长轴仅和羧酸根(O23-Mn6-O28 和 O32-Mn8-O10)有关并且几乎平行。外围配位连接由十二个 η¹:η¹:μ-特戊酸根基提供。该分子具有虚拟的二重旋转对称性,C₂轴穿过 μ-O²⁻(O9)离子。

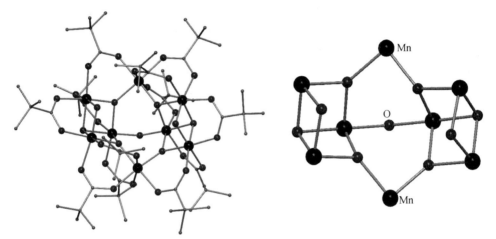

图 19.8.3 配合物 **2** 中的八核簇结构(左)及突出其两个开放立方单元的核(右)。
(为清楚起见,省略了 H 原子。)

配合物[Mn₉O₇(O₂C'Bu)₁₃(THF)₂](**3**)的[Mn₉^Ⅲ(μ³-O)₇]¹³⁺核中的锰为单一价态,团簇结构如图19.8.4所示。像 **1** 一样,配合物 **3** 包含两个 Mn₄蝶形单元 Mn9/Mn3/Mn2/Mn6 和

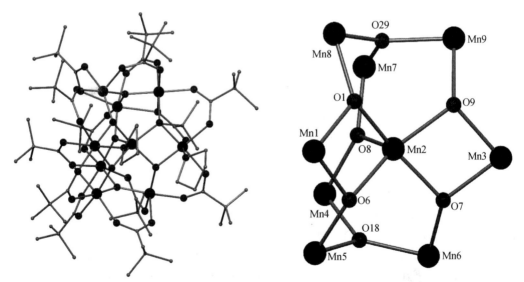

图 19.8.4 配合物 **3** 的结构(左)及其[**Mn₉^Ⅲ(μ³-O)₇]¹³⁺**核(右)。(为清楚起见,省略了 H 原子。)

[参看:S. Mukherjee, K. A. Abboud, W. Wernsdorfer and G. Christou, Comproportionation reactions to manganese(Ⅲ/Ⅳ) pivalate clusters: A new half-integer spin single-molecule magnet, *Inorg. Chem.* **52**, 873~884 (2013).]

Mn8/Mn2/Mn1/Mn5，它们通过体原子 Mn2 融合。该单元通过另外三个 μ^3-O^{2-} 离子[O8/O18/O29]连接到两个 Mn 原子 Mn4 和 Mn7 上。结果，Mn1—Mn2—Mn3 角（143°）明显偏离线形。所有的 Mn^{III} 原子都接近八面体配位，并显示 Jahn-Teller 效应导致的拉伸。外围连接有 11 个 η^1:η^1:μ-模式配位的特戊酸根，两个采用罕见的 η^1:η^2:μ-模式的新戊酸根和两个末端 THF 基团。

2. 金（Ⅰ）/金（Ⅲ）向双金（Ⅱ）的归中反应

1986 年，二氯二金（Ⅱ）的配合物[Au$_2$Cl$_2$(μ-{CH$_2$}$_2$PPh$_2$)$_2$]（**1**）合成并得以充分表征。在 KOH 存在下，**1** 与苯乙炔 PhC≡CH 反应，形成浅黄色配合物 **2**，[Au^{I}（i-{CH$_2$}$_2$PPh$_2$)$_2$Au^{III}（C≡CPh)$_2$]。**2** 用 2 倍量的[Ag(ClO$_4$)tht]（tht＝四氢噻吩）处理，得到双金（Ⅱ）阳离子的配合物[Au$_2$(tht)$_2$-(i-{CH$_2$}$_2$PPh$_2$)$_2$](ClO$_4$)$_2$（**3**）。该反应可逆，**3** 用 PhC≡CH 和 KOH 处理会再生成起始的混合价配合物 **2**。这种金（Ⅰ）/金（Ⅲ）和双金（Ⅱ）叶立德配合物之间简便可逆的转化在金属化学中意义深远。配合物 **3** 与 KCl 反应，得到起始的二氯二金（Ⅱ）二聚体 **1**，从而完成了从双金（Ⅱ）到金（Ⅰ）/金（Ⅲ）再回到起始双金（Ⅱ）配合物的循环。以上反应过程的示意图如下：

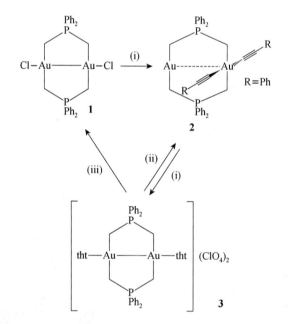

示意图中，(i)代表 RC≡CH（R ＝ Ph，^{t}Bu)/KOH 或 LiC≡CSiMe$_3$；(ii)为[Ag(ClO$_4$)tht]；(iii)为 KCl。配合物 **1** 和 **2** 的分子结构示于图 19.8.5 中。在配合物 **1** 中，存在正常的金—金键（键长 260.0 pm)，而 **2** 中的 Au⋯Au 距离要长得多，为 296.87 pm，转变为亲金相互作用。配合物 **2** 中，两个（CH$_2$)$_2$PPh$_2$ 单元桥接一个线性配位的金（Ⅰ）和一个平面正方形的金（Ⅲ）原子，形成一个八元有机金属分子环，其中两个苯乙炔配体以反式排列与金（Ⅲ）中心配位。

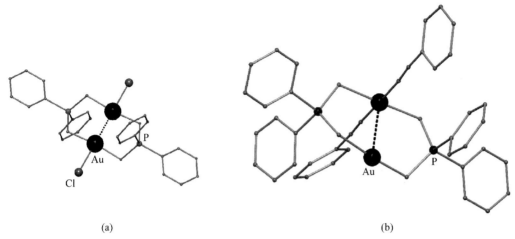

(a)　　　　　　　　　　　　　(b)

图 19.8.5　配合物 1(a)和 2(b)的分子结构。(为清楚起见,省略了 H 原子。)

[参看：H. H. Murray III, J. P. Fackler, Jr., L. C. Porter and A. M. Mazany, The reactivity of $[Au(CH_2)_2PPh_2]_2$ with CCl_4. The oxidative addition of CCl_4 to a dimeric gold ylide complex to give Au^{II} and Au^{III} CCl_3 adducts. The X-Ray crystal structure of $[Au(CH_2)_2PPh_2]_2Cl_2$, $[Au(CH_2)_2PPh_2]_2(CCl_3)Cl$, and $[Au(CH_2)_2PPh_2]_2(CCl_3)Cl_3$, *J. Chem. Soc.*, *Chem. Commun.*, 321～322 (1986)；L. A. Méndez, J. Jiménez, E. Cerrada, F. Mohr and M. Laguna, A family of alkynylgold(III) complexes $[Au^I((\mu\text{-}\{CH_2\}_2PPh_2)_2Au^{III}(C{\equiv}CR)_2]$ (R = Ph, ^tBu, Me_3Si)：Facile and reversible comproportionation of gold(I)/gold(III) to digold(II), *J. Am. Chem. Soc.* **127**，852～853 (2005).]

19.8.3　歧化反应

1. 银(I)变为银(II)和金属银的歧化反应

银的异常氧化态+2 可以通过大环配体(尤其是氮杂冠和氮杂环)来稳定。依照这一策略,将新制备的 Ag_2C_2(乙炔银)溶解在含 CF_3CO_2Ag 和 $AgBF_4$ 的水溶液中,然后向该溶液中加入 1,4,8,11-四甲基-1,4,8,11-四氮杂环十四烷(tmc),无色溶液迅速变成深红色,并沉淀出黑色金属银：

$$Ag_2C_2+5CF_3CO_2Ag+AgBF_4+tmc \xrightarrow{H_2O} [Ag^{II}(tmc)(BF_4)][Ag_6^I(C_2)(CF_3CO_2)_5(H_2O)]+Ag\downarrow$$

将金属单质过滤除去。红色滤液静置,数天后得暗红色块状晶体,此乃混合价配合物$[Ag^{II}(tmc)(BF_4)][Ag_6^I(C_2)(CF_3CO_2)_5(H_2O)]\cdot H_2O$ (**1**),产率 40%。**1** 的晶体结构如图19.8.6所示。

该结构中,Ag^{II} 和 Ag^I 存在两种分布形式。Ag^{II} 以 $[Ag^{II}(tmc)(BF_4)]_\infty^\pm$ 阳离子柱形式出现,如图 19.8.6 (a),图中示出的是 $[Ag^{II}(tmc)]^{2+}$ 阳离子的主要构型,虚线表示沿轴向的弱 $Ag^{II}\cdots F$ 相互作用;而 Ag^I 则呈现 $[Ag_6^I(C_2)(CF_3CO_2)_5(H_2O)]_\infty^-$ 之字形链,如图 19.8.6 (b),由共边的银(I)十二面体形成,Ag5-Ag5a 和 Ag6-Ag6b 键的中点处于反演中心上。

[参看：Q.-M. Wang and T. C. W. Mak, Induced assembly of a catenated chain of edge-sharing silver(I) dodecahedra with embedded acetylide by silver(II)-tmc (tmc = 1,4,8,11-tetramethyl-1,4,8,11-tetraazacyclotetradecane), *Chem. Commun.* 807～808 (2001).]

2. 有机锡(I)化合物歧化为有机亚锡和元素锡

分子内配位的有机锡(I)化合物$\{4\text{-}t\text{-}Bu\text{-}2,6\text{-}[P(O)(O\text{-}^iPr)_2]_2C_6H_2Sn\}_2$(**1**)易发生歧化反应,得到相应的有机亚锡$\{4\text{-}^tBu\text{-}2,6\text{-}[P(O)(O\text{-}^iPr)_2]_2C_6H_2\}_2Sn$ (**2**)和元素锡：

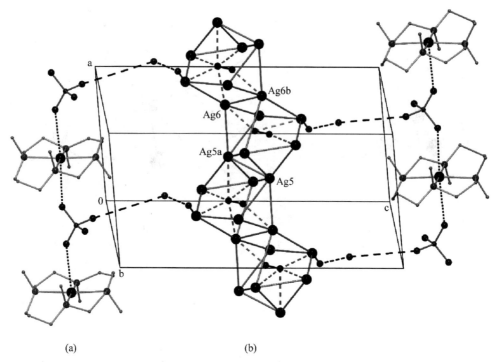

(a)   (b)

图 19.8.6 1 的晶体结构。（氢键以虚线表示，为清楚起见，省略了三氟乙酸根配体。）

$$RSnSnR\ (\mathbf{1}) \longrightarrow R_2Sn\ (\mathbf{2}) + Sn$$

通过 **1** 和 **2** 的甲苯溶剂合物（**2**·C_7H_8）的单晶 X 射线衍射分析揭示了它们的分子结构，见图 19.8.7。在 **1** 的晶体结构中，Sn1 和 Sn2 原子均为四配位，但表现为扭曲的赝三角双锥构

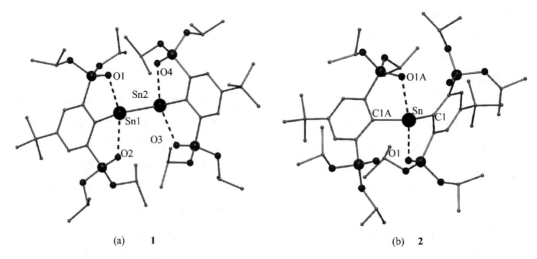

(a) **1**   (b) **2**

图 19.8.7 1 和 2 的分子结构示意图。（**2**·C_7H_8 中共结晶的甲苯分子未显示；为清楚起见，省略了 H 原子。）

［参看：M. Wagner, C. Dietz, S. Krabbe, S. G. Koller, C. Strohmann, and K. Jurkschat, {4-^{t}Bu-2,6-[P(O)(O-^{i}Pr)$_2$]$_2$C$_6$H$_2$Sn}$_2$：An intramolecularly coordinated organotin(I) compound with a Sn—Sn single bond，its disproportionation toward a diorganostannylene and elemental tin，and its oxidation with PhI(OAc)$_2$，*Inorg. Chem.* **51**，6851～6859（2012）.］

型,其中 O1/O2 和 O3/O4 原子分别占据 Sn1 和 Sn2 配位几何的轴向位置;在赤道面上,对于 Sn1 而言,则被孤对/C1/Sn2 占据,对于 Sn2,则是孤对/C31/Sn1 占据。在溶剂合物 **2**·C_7H_8 中,四配位的 Sn 原子表现为扭曲的赝方形金字塔构型,其中 C1、C1A、O1 和 O1A 原子占据四个赤道位置,孤对电子占据顶端位置。

3. 一溴化锡的歧化

亚稳的 Sn^IBr 溶液与 $LiSi(SiMe_3)_3$ 反应可产生准金属簇合物 $Sn_{10}[Si(SiMe_3)_3]_6$(**1**),且收率尚可,约 17%。通过 X 射线晶体学确定其分子结构,10 个锡原子以中空多面体的形式排布,可以看作立方体和二十面体的互穿体[图 19.8.8(a)]。对于准金属锡簇合物,锡—锡键长在 285~314 pm 的正常范围内。最短的 Sn1—Sn2 键处在立方体的侧面,而最长的 Sn8—Sn9 键则对应二十面体的三角形面的边。

由于准金属簇 **1** 中的锡原子 Sn3、Sn6、Sn8 和 Sn9 不与 $Si(SiMe_3)_3$ 配体结合,因此锡原子的平均氧化态为 0.6。可见,**1** 是歧化反应的还原产物,存在零价锡。由于反应是从一卤化物 Sn^IBr 开始的,因此在反应所得溶液中必然存在锡原子平均氧化态大于 1 的氧化态物质。

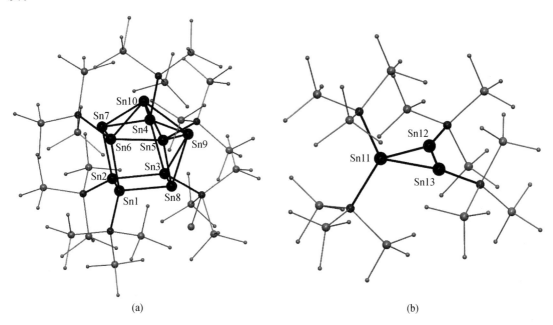

(a)　　　　　　　　　　　　　　(b)

图 19.8.8 $Sn_{10}[Si(SiMe_3)_3]_6$(**1**,a)和 $Sn_3[Si(SiMe_3)_3]_4$(**2**,b)的分子结构。
(为清楚起见,省略了 H 原子。)

化合物 **1** 与环三锡 $Sn_3[Si(SiMe_3)_3]_4$(**2**)形成 1∶1 呈黑色的菱形共晶配合物。X 射线晶体学分析表明,**2** 由一个中心三元 Sn_3 环组成[图 19.8.8(b)],其中两个锡原子(Sn12,Sn13)各与一个 $Si(SiMe_3)_3$ 配体结合,而第三个锡原子(Sn11)与两个 $Si(SiMe_3)_3$ 配体键合,因此 **2** 可以视为不饱和环状环三锡烯。**2** 中 Sn_3 环的尺寸值得关注:Sn11—Sn12 和 Sn11—Sn13 的键长为 284 pm,处于正常的单键范围内,但 Sn12—Sn13 的键距为 258 pm,是迄今表征的所有结构中锡—锡间距最短的。

在 THF 中由 Sn^IBr 和 $LiSi(SiMe_3)_3$ 合成准金属簇 **1** 时,得到一种暗红色的锂盐副产物,

Li(THF){Sn[Si(SiMe$_3$)$_3$]$_3$}（**3**）。X 射线晶体结构分析表明，**3** 中锂离子呈线性配位（图 19.8.9），分别与锡原子(Sn···Li 间距 274 pm)和 THF 分子(O···Li 距离 186 pm)连接。这些距离都远远小于通常分别为 286 和 192 pm 的值，这种缩短作用归因于锂阳离子的低配位数。

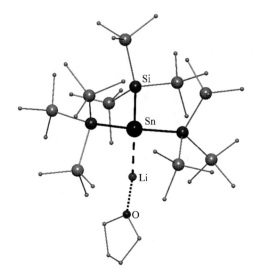

图 19.8.9 **[Li(THF)]$^+${Sn[Si(SiMe$_3$)$_3$]$_3$}$^-$(3)** 的分子结构。（为清楚起见，省略了 H 原子。）

[参看：C. Schrenk, I. Schellenberg, R. Pöttgen and A. Schnepf, The formation of a metalloid Sn$_{10}$[Si (SiMe$_3$)$_3$]$_6$ cluster compound and its relation to the α↔β tin phase transition, *Dalton Trans.* **39**, 1872 ~1876 (2010); C. Schrenk and A. Schnepf, Sn$_3$[Si(SiMe$_3$)$_3$]$_3^-$ and Sn$_3$[Si(SiMe$_3$)$_3$]$_4$: First insight into the mechanism of the disproportionation of a tin monohalide gives access to the shortest double bond of tin, *Chem. Commun.* **46**, 6756~6758 (2010).]

4. 磺酸锡的歧化

在温和条件下，等物质的量的 R$_2$Sn(X)OSO$_2$Me(X＝OMe 或 OH)与乙基丙二酸/马来酸在乙腈中作用，发生歧化，生成新的有机锡的二羧酸盐 R$_2$Sn(O$_2$CBu^{n}R$'$COOH)$_2$ 和二磺酸盐 R$_2$Sn (OSO$_2$Me)$_2$。锡前驱体和吡啶-2-羧酸发生类似反应，生成 R$_6$Sn$_3$(O$_2$CC$_5$H$_4$N-2)$_3$(OSO$_2$Me)$_3$，这为新型三核锡配合物的合成提供了又一途径。代表性配合物 ^{n}Bu$_2$Sn[O$_2$CCH(Et)COOH]$_2$（**4**），(^{n}Bu)$_2$Sn(OSO$_2$Me)$_2$（**5**）和 R$_6$Sn$_3$(O$_2$CC$_5$H$_4$N-2)$_3$(OSO$_2$Me)$_3$（**6**）的结构均通过 X 射线晶体学测定。

借助于羧酸根配体的异双齿配位作用，单核金属化合物 **4** 为双帽四面体几何形状，其中另一个羧酸基团则保持游离状态[图 19.8.10 (a)]。**5** 的多聚结构为中心对称的八元环，该环由甲磺酸根桥连锡原子而成，每个锡原子周围为近乎完美的八面体几何[图 19.8.10 (b)]。

化合物 **6** 结晶为溶剂合物 **6**·2H$_2$O·Et$_2$O。结构分析显示，在化合物 **6** 中，混合配体锡酯 ^{n}Bu$_2$Sn(O$_2$CC$_5$H$_4$N-2)OSO$_2$Me 及其歧化产物 n-Bu$_2$Sn(O$_2$CC$_5$H$_4$N-2)$_2$ 和 n-Bu$_2$Sn(OSO$_2$ Me)$_2$ 通过吡啶-2-羧酸根可以各种键合模式连接进行自组装。配体的 O1 和 N1 原子以螯合方式[Sn1—O1 为 210.9(6) pm，Sn1—N1 为 230.5(7) pm]与 Sn1 连接，而羧基的另一个氧原子 O2 保持自由（图 19.8.11）。

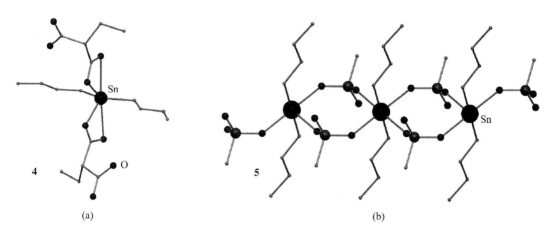

图 19.8.10 $^{n}Bu_{2}Sn[O_{2}CCH(Et)COOH]_{2}(4)$的分子结构(a)和$(^{n}Bu)_{2}Sn(OSO_{2}Me)_{2}(5)$的多聚结构(b)。

（为清楚起见，省略了 H 原子。）

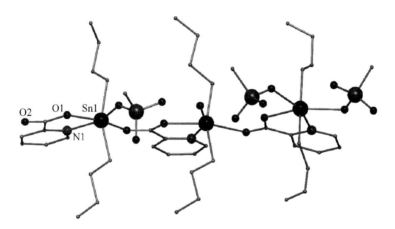

图 19.8.11　6・2H₂O・Et₂O 中的聚合结构 $^{n}Bu_{6}Sn_{3}(O_{2}CC_{5}H_{4}N\text{-}2)_{3}(OSO_{2}Me)_{3}$。

[参看：R. Shankar, M. Kumar, S. P. Narula and R. K. Chadha, Disproportionation reactions of (methoxy/hydroxy)diorganotin(Ⅳ) methanesulfonates with carboxylic acids: Synthesis and structure of new diorganotin(Ⅳ) carboxylates, *J. Organomet. Chem.* **671**, 35～42 (2003).]

5. 铀(Ⅲ)的歧化

三价铀配合物 UX_{3}（X ＝芳基氧化物，酰胺）溶于芳烃溶剂中即自发歧化，这一过程涉及电子和 X 配体的转移，所得弯曲的二价铀之 UX_{2} 分子与芳烃溶剂分子结合形成反三明治型 $[X_{2}U(\mu\text{-}\eta^{6}:\eta^{6}\text{-芳烃})UX_{2}]$ 分子，另有四价 UX_{4} 副产物：

$$4\,UX_{3} \xrightarrow[\text{90℃，6天}]{\text{芳烃}} 2\,UX_{3} + \text{（反三明治型分子）}$$

反三明治型芳烃配合物 UX_2（X ＝芳氧基,酰胺）由一对弯曲的 UX_2 分子和双电子还原活化的中心芳烃组成。

〔参看：P. L. Arnold，S. M. Mansell，L Maron and D. McKay，Spontaneous reduction and C—H borylation of arenes mediated by uranium(Ⅲ) disproportionation. *Nature Chem* **4**，668～674 (2012).〕

参 考 文 献

［1］ F. A. Cotton，C. A. Murillo and R. A. Walton (eds.)，*Multiple Bonds between Metal atoms*，3rd ed.，Springer，New York，2005.

［2］ M. Gielen，R. Willem and B. Wrackmeyer (eds.)，*Unusual Structures and Physical Properties in Organometallic Chemistry*，Wiley，West Sussex，2002.

［3］ J.-X. Lu (ed.)，*Some New Aspects of Transition-Metal Cluster Chemistry*，Science Press，Beijing/New York，2000.

［4］ P. Braunstein，L. A. Oro and P. R. Raithby (eds.)，*Metal Clusters in Chemistry*：Vol. 1 *Molecular Metal Cluster*；Vol. 2 *Catalysis and Dynamics and Physical Properties of Metal Clusters*；Vol. 3 *Nanomaterials and Solid-state Cluster Chemistry*，Wiley-VCH，Weinheim，1999.

［5］ J. P. Collman，R. Boulatov and G. B. Jameson，The first quadruple bond between elements of different groups. *Angew. Chem. Int. Ed.* **40**，1271～1274 (2001).

［6］ T. Nguyen，A. D. Sutton，M. Brynda，J. C. Fettinger，G. J. Long and P. P. Power，Synthesis of a stable compound with fivefold bonding between two chromium(I) centers. *Science* **310**，844～847 (2005).

［7］ G.-D. Zhou，Bond valence and molecular geometry. *University Chemistry* (in Chinese) **11**，9～18 (1996).

［8］ P. Pyykkö，Strong closed-shell interaction in inorganic chemistry. *Chem. Rev.* **97**，579～636 (1997).

［9］ N. Kaltsoyannis，Relativistic effects in inorganic and organometallic chemistry. *J. Chem. Soc. Dalton Trans.*，1～11 (1997).

［10］ S.-M. Peng，C.-C. Wang，Y.-L. Jang，Y.-H. Chen，F.-Y. Li，C.-Y. Mou and M.-K. Leung，One-dimensional metal string complexes. *J. Magnetism Magnet. Mater.* **209**，80～83 (2000).

［11］ C.-H. Chien，J.-C. Chang，C.-Y. Yeh，G.-H. Lee，J.-M. Fang，Y. Song and S.-M. Peng，*Dalton Trans.*，3249～3256 (2006).

［12］ J. K. Bera and K. R. Dunbar，Chain compounds based on transition metal backbones：new life for an old topic. *Angew. Chem. Int. Ed.* **41**，4453～4457 (2002).

［13］ E. J. Fernández，A. Laguna，J. M. López-de-Luzuriaga，F. Mendizábal，M. Monge，M. E. Olmos and J. Pérez，Theoretical and photoluminescence studies on the $d^{10}-s^2$ Au^I-Tl^I interaction in extended unsupported chains. *Chem. Eur. J.* **9**，456～465 (2003).

［14］ I. B. Bersuker，*Electronic Structure and Properties of Transition Metal Compounds：Introduction to the Theory*，2nd edn.，Wiley，New Jersey，2010.

［15］ 周公度,键价和分子几何学.大学化学,11(1),9～18(1996).

［16］ 周公度,化学中的多面体.北京：北京大学出版社,2009.

第 20 章　超分子结构化学

20.1　引　　言

超分子化学是一门学科间高度交叉发展的科学领域,它涵盖化学、物理学和生物学的分子组合的特点,这种组合依靠分子间的相互作用组织结合在一起。超分子化学的基本概念由 J.-M. Lehn(莱恩)引进,他和 D. J. Cram(克拉姆)及 C. J. Pedersen(佩德森)一起获得 1987 年诺贝尔化学奖。按 Lehn 的定义,超分子化学为高于分子层次的化学,即研究由两种或两种以上化学物种依靠分子间力结合在一起,具有高度复杂性组织的实体。由分子到超分子和分子间键的关系正如由原子到分子和共价键的关系一样(图 20.1.1)。

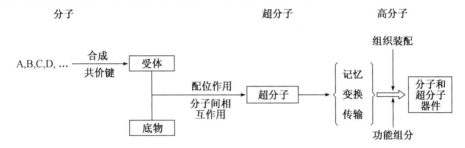

图 20.1.1　从分子化学到超分子化学:分子、超分子、分子器件和超分子器件。

20.1.1　分子间的相互作用

分子间的相互作用构成超分子化学的核心。超分子的设计需要对分子间键的本质、强度和空间的特征有清楚的认识。分子间键是一个总称,它包括离子对间作用(静电力)、亲水和疏水作用、氢键、卤键、主体-客体相互作用、π 堆积作用和范德华力等。对于无机体系,若金属原子起着连接模板的作用,配位键也包括在其中。分子间的相互作用在有机化合物中可分为两类:① 各向同性的、中程的作用力,它限定了分子的形状、大小和密堆积。② 各向异性的、长程的作用力,它是静电力和杂原子相互作用力。一般说来,各向同性力(范德华力)通常意味着是散乱的和推斥的力,它包括 C⋯C,C⋯H 和 H⋯H 相互作用。涉及杂原子(N,O,Cl,Br,I,P,S 和 Se 等)相互之间及其与 C 和 H 之间的大多数相互作用是各向异性的,包括离子键力、强定向的氢键(O—H⋯O,N—H⋯O)、弱定向的氢键(C—H⋯O,C—H⋯N,C—H⋯X,X 为卤素和 O—H⋯π)及其他弱作用力,如 X⋯X,N⋯N,S⋯X 等。在晶体中,各种强的和弱的分子间相互作用共同存在(有时达成精细的平衡,如被多晶型现象所证实),并加固分子的三维骨架。

20.1.2　分子识别

分子识别的概念源于有效的有选择的生物功能,例如底物与受体蛋白的结合、酶反应、蛋白质-DNA 配合物的组装、免疫抗原-抗体的缔合、基因密码的读取、神经传送体信息的传递以及细胞的识别。许多这类的功能可以由人工的受体去实现,而受体的设计需要按底物和受体间非共价键的分子间作用力的空间的和电子的特性去拟合匹配。有些识别过程已被化学家充分地研究过,例如金属正离子被穴状化合物的球形识别,大三环穴状配体的四面体识别,特殊负离子的识别和中性分子通过静电的、给体和受体的以及氢键的相互作用的结合和识别(见图 20.1.2)。

    分子识别的研究通常是在溶液中进行,分子间相互作用的效应通常是用光谱方法来探索。

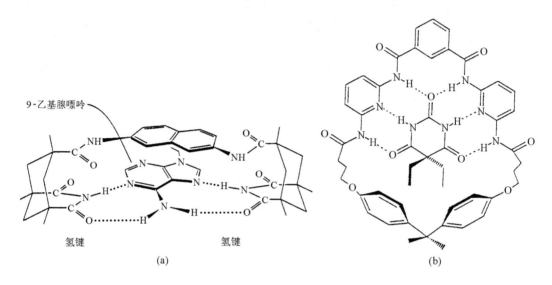

图 20.1.2   通过氢键产生中性分子的识别:
(a) 腺嘌呤在一个配位体的缝隙中;(b) 巴比酸在大环受体中。

20.1.3 自组装

    自组装是个含义较广的名词,既可适用于分子,也可适用于超分子。自组装是指一种或多种组分的分子,相互间能自发地结合成空间上有一定限制,形成分立的或伸展的分子或超分子。分子自组装是靠共价键,超分子自组装靠各种分子间的作用力。超分子自组装涉及多个分子自发缔合成单一的、高复杂性的超分子聚集体。如果分子组分含有两种或多种相互作用部位,可以建立多元的组合,分子组分间具有记忆的特点,即它们是互相补充的,这时自组装就能达到。由分子组成的晶体,也是一种超分子。

    超分子的特性既决定于组分在空间的排列方式,也取决于分子间作用力的性质。分子晶体中分子排列结构和分子间作用力有关,也和堆积因子有关。

    超分子化学为化学科学提供了新的观念、方法和道路,设计和制造自组装构建元件,开拓分子自组装途径,使具有特定结构和基团的分子自发地按一定方式组装成所需的超分子,并进一步聚集成宏观的聚集体。图 20.1.3 示出以 π⋯π 相互作用的方式进行不可逆自组装的过程。

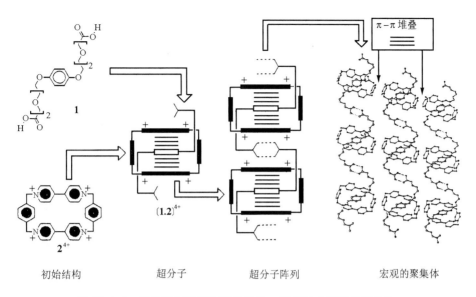

初始结构　　　　　超分子　　　　　超分子阵列　　　　　宏观的聚集体

图 20.1.3　超分子自组装和超分子进一步组装成宏观的聚集体。

图 20.1.4 示出一些带有互补氢键部位的弯曲形分子组装成分子网球形的聚集体。

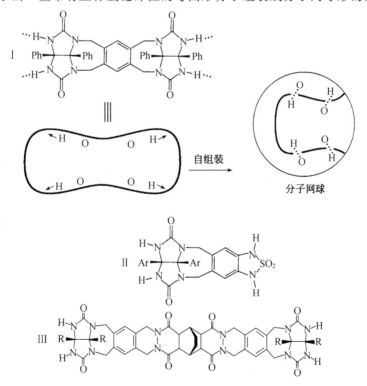

图 20.1.4　弯曲形分子 I 通过自组装形成网球形分子；II 的四聚体自组装产生准球形小容器；III 的二聚体自组装可由形状和大小合适的小分子引导而形成球形的复合物。

图 20.1.4 中，I 是弯曲形长条分子，通过分子间氢键将 2 个分子组装成分子网球；II 示出的是一种片状分子的结构，它可依靠分子间氢键将 4 个分子组装成准球形小容器；III 示出一种

长条形二聚体分子结构,它能和大小合适的分子一起组装成球形复合物。

图 20.1.5 示出由 Ghadiri 及其同事设计的环形八肽,环-$[D\text{-}Ala\text{-}L\text{-}Glu\text{-}D\text{-}Ala\text{-}L\text{-}Gln)_2^-]$,以氢键组装成的具有内径约 $0.7\sim0.8$ nm 的有机纳米管。

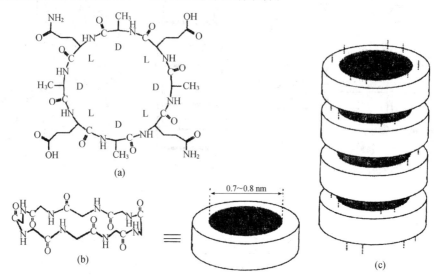

图 20.1.5　(a)环-$[\text{-}D\text{-}Ala\text{-}L\text{-}Glu\text{-}D\text{-}Ala\text{-}L\text{-}Gln)_2^-]$的结构式(Ala 为丙氨酸,Glu 为谷氨酸,Gln 为谷氨酰胺);
(b) 平面的环形八肽的骨干透视图;(c) 八肽分子通过分子间的氢键形成的管状聚集体。

20.1.4　晶体工程

超分子化学并不局限在溶液中。结构化学家和晶体学家很快了解到有机晶体是一个完美的超分子,在一个惊人的准确水平上,数以百万计的分子互相识别、自行排列。如果说分子是原子通过共价键构建而成,则固态的超分子(晶体)是分子通过分子间的相互作用构建起来。X 射线晶体学对有机晶体结构的研究为分子间的相互作用提供了精确的、不含糊的数据。晶体结构中这种数据的系统研究,可上溯到 20 世纪 60 年代的后期,曾提出用它来控制晶体的堆积去设计固态反应,这实际上是发展的超分子化学。这种设计是一个新的课题,定义为"晶体工程"。

"晶体工程"是由 Schmidt(施密特)创造的词语,是他在研究肉桂酸的光二聚作用过程中涉及有机固体拓扑化学反应时提出的。最初的目的是去设计有机分子使其采用某种特定的晶体结构,能在晶体状态发生化学反应,得到区域选择性或立体选择性的产物。许多这种固态反应已设计出来。Desiraju 将晶体工程定义为"通过分子堆积了解分子间的相互作用,用以设计具有特定的物理性质和化学性质的新晶体"。晶体工程已成为一门开发利用分子或离子组分间非共价键的相互作用,合理地设计晶体结构,使之得到有价值的晶体的学科。

晶体工程和分子识别的概念非常相似,它们都是以分子间的相互作用操纵超分子组装的技艺,结晶过程是一种高度精确的分子识别的实例。反而言之,晶体工程的目的是沿着分子识别指引的途径进行超分子的自发组装。晶体工程和分子识别是超分子化学的孪生子,都是使分子组分间的功能得到多方面配合,优化分子间不同强度的、定向的和与距离有关的各种相互作用。晶体工程已由结构化学家和物理化学家利用晶体学的知识加以发展,去设计新材料和固态反应。分子识别已由物理有机化学家利用生物的倾向和模拟生物合成过程加以发展。关于这两个领域的目的和方法归纳在表 20.1.1 中。

表 20.1.1　晶体工程和分子识别的比较

晶体工程	分子识别
（1）研究固态	主要研究溶液
（2）研究分子的聚集和分散结合方式	主要研究分子的聚集结合方式
（3）分子间相互作用直接地用 X 射线晶体学得到的几何特征加以研究	间接地用光谱（NMR, UV 等）得到的缔合常数加以研究
（4）设计方案包括控制晶体中分子的空间排列，它将决定晶体具有的物理和化学性质	设计方案限于作为底物和受体两物种的识别，希望模拟某些生物功能
（5）在设计方案中，强的和弱的相互作用独立地或结合起来加以考虑	在设计方案中一般只考虑强的相互作用，如氢键等
（6）设计既包括单组分也包括多组分物种，单组分分子晶体是自我识别的最基本例子	设计通常包括作为底物和受体两种不同的物种，自我识别发展很少
（7）在主宾配合物中，主体孔穴由几个分子组成，它们的合成较为简单，在配合作用中客体分子的几何学和功能常显得重要	在主宾配合物中，主体孔穴由单个大的环形分子形成，它们的合成一般很难在配合作用中完成，主体骨架相对客体分子起决定作用
（8）系统的逆合成途径可以用剑桥数据库（CSD）去推演，同时利用强弱相互作用去设计新的记忆式样	对于记忆式样的鉴别没有记录文本系统的规章可循，而主要依靠个别的形态和偏爱

20.1.5　超分子合成子

在有机合成的文献中，合成子一词是 1967 年由 Corey（科里）引进，表示"用已知的或想象的合成操作所能形成或组装出来的分子中的结构单位"。这个通用的定义由 Desiraju 加以修改用于超分子。"超分子合成子是用已知的或想象的、包含分子间相互作用的合成操作所能形成或组装出来的超分子中的结构单位。"分子识别和分子间相互作用的空间排列，可像常规有机合成中的相同路线进行。实际上，晶体工程的目标是去了解和设计合成子，使它有足够的能力将一种网络结构变成另外一种，而确保其一般性和预示性。图 20.1.6 示出若干超分子合成子的实例。

应当强调一点，超分子合成子是从设计的相互作用组合中推得，而不等同于相互作用基团。相互作用基团和合成子的区别虽然是细微的，但却实在地存在，因为超分子合成子把分子片的化学特征和几何识别特征结合在一起，即把明确的和含蓄的分子间相互作用的内容包含在内。当化学和几何学不可避免地联系在一起时，单纯的相互作用基团也可看作是合成子，如图 20.1.6 中 **23~25** 的 Cl···Cl, I···I 和 N···Br 等。在超分子合成子中除了经常包含强氢键结合的品种外，如 N—H···O 和 O—H···O 等 [见图 20.1.6（**1~5**）]，弱氢键结合的品种，如 C—H···X 和 π···π 相互作用等，也要考虑。虽然弱氢键的能量仅在 $2 \sim 20 \mathrm{kJ \ mol^{-1}}$ 范围，但在晶体结构和堆积上所起的作用已和常规氢键所起的作用相当。

在三聚体合成子 **44** 中，X···X 相互作用的本质是卤键，示于图 20.1.7 中。结构中，苯环中的 C—X 键是极化的，围绕 X 原子有正的和负的静电势区域。三个 C—X 基团的环形相互作用，在卤素三聚体系中优化了静电势的叠加作用。

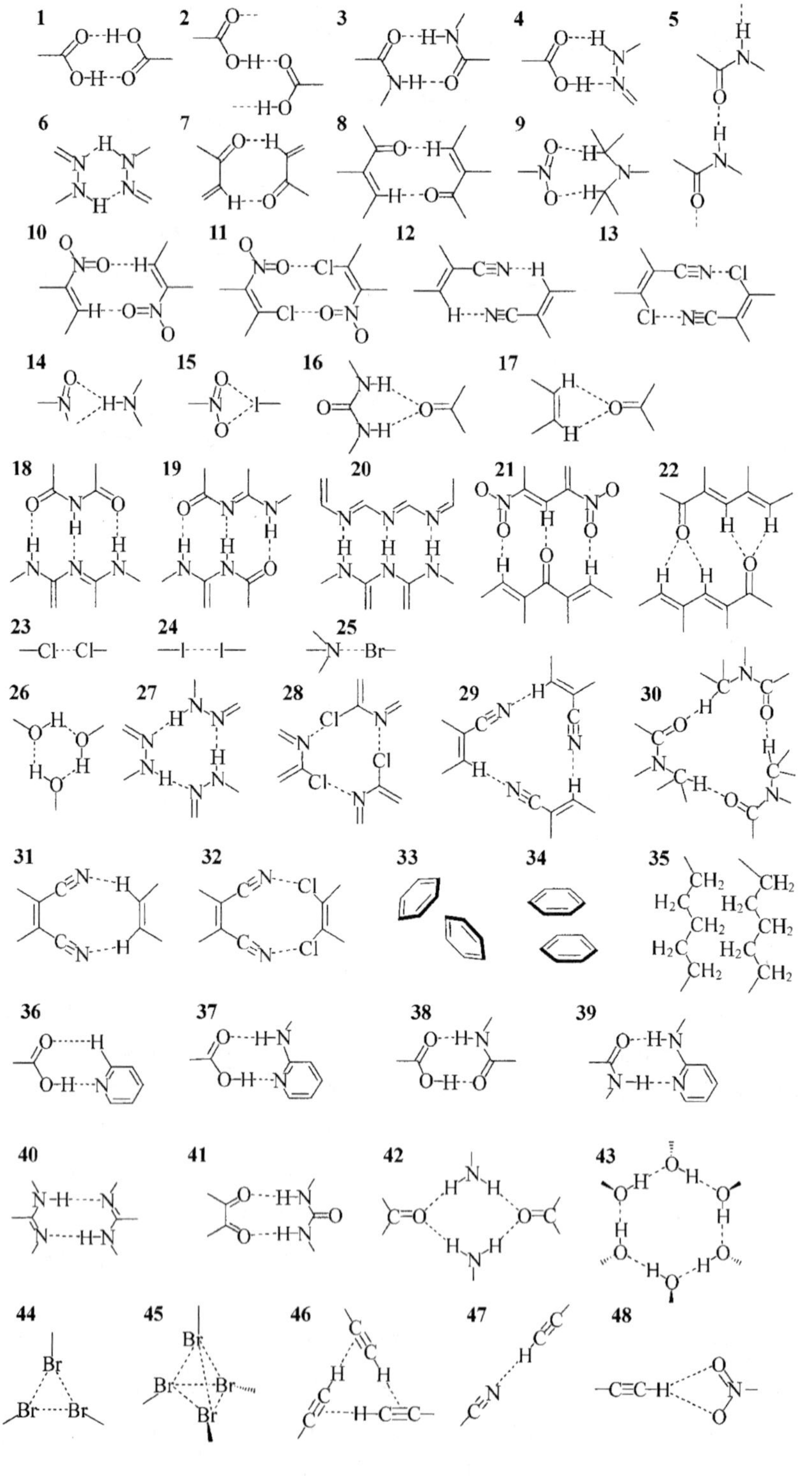

图 20.1.6 有代表性的超分子合成子。

[Synthon No. **1~35** are taken from G. R. Desiraju，*Angew. Chem. Int. Ed.* **34**，2311(1995). No. **33**：known as EF (edge-to-face) and **34**：OFF (offset face-to-face) phenyl-phenyl interactions；M．L．Scudder and

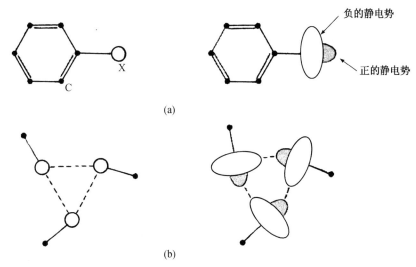

图 20.1.7 (a) 在苯环卤素取代基上正的和负的静电势区域；
(b) 三聚体超分子合成子 **44** 通过 X···X 的卤键作用。

20.2 氢键引导的组装

在超分子化学、分子识别和晶体工程领域中,氢键是用以设计分子的聚集体不可缺少的手段。已充分地了解在有机晶体中特定的构建基块或超分子合成子也有着明确的对式样的偏爱。含有这些构建基块的分子趋向于结晶成特定的具有有效密堆积的排列。在 11.2.1 小节中,已谈到有机化合物中形成氢键的三个重要规则,它一般适用于在中性有机分子中功能团之间氢键的形成。关于全面的讨论和其他规则读者可参看 Etter 的文章[*Acc. Chem. Res.* **23**, 120~126(1990); *J. Phys. chem.* **95**, 4601~4610(1991)]。图 20.2.1 示出由 3,5-二硝基苯甲酸和 4-氨基苯甲酸共结晶形成由氢键结合的极性层。

接图 20.1.6 图注:I. G. Dance,*Chem. Eur. J.* **8**, 5456(2002); I. Dance, "Supramolecular inorganic chemistry", in G. R. Desiraju(ed.), *The Crystal as a Supramolecular Entity*, *Perspectives in Supramolecular Chemistry*, Vol. 2, Wiley, New York, 1996, pp. 137~233; **36**: T. Steiner, *Angew. Chem. Int. Ed.* **41**, 48(2002); **37**: A. Nangia, *Cryst. Eng. Comm.* **17**, 1(2002); **38**: P. Vishweshwar, A. Nangia and V. M. Lynch, *Cryst. Eng. Comm.* **5**, 164(2003);**39**:F. H. Allen, W. D. S. Motherwell, P. R. Raithby, G. P. Shields and R. Taylor, *New J. Chem.*, 25(1999);**40**:R. K. Castellano, V. Gramlich and F. Diederich, *Chem. Eur. J.* **8**, 118(2002); **41**: C.-K. Lam and T. C. W. Mak, *Angew. Chem. Int. Ed.* **40**, 3453(2001);**42**:M. D. Hollingsworth, M. L. Peterson, K. L. Pate, B. D. Dinkelmeyer and M. E. Brown, *J. Am. Chem. Soc.* **124**, 2094(2002); **43**: Observed in classical hydroquinone clathrates and phenolic compounds, T. C. W. Mak and B. R. F. Bracke, "Hydroquinone clathrates and diamondoid host lattices", in D. D. MacNicol, F. Toda and R. Bishop(eds.), *Comprehensive Supramolecular Chemistry*, Vol. 6, Pergamon Press, New York, 1996, pp. 23~60; **44**: C. K. Broder, J. A. K. Howard, D. A. Keen, C. C. Wilson, F. H. Allen, R. K. R. Jetti, A. Nangia and G. R. Desiraju, *Acta Crystallogr.* **B56**, 1080(2000); **45**: D. S. Reddy, D. C. Craig and G. R. Desiraju, *J. Am. Chem. Soc.* **118**, 4090(1996); **46**: B. Goldfuss, P. v. R. Schleyer and F. Hampel *J. Am. Chem. Soc.* **119**, 1072(1997);**47**:P. J. Langley, J. Hulliger, R. Thaimattam and G. R. Desiraju, *New J. Chem.*, 307(1998); **48**: B. Moulton and M. J. Zaworotko, *Chem. Rev.* **101**, 1629(2001).]

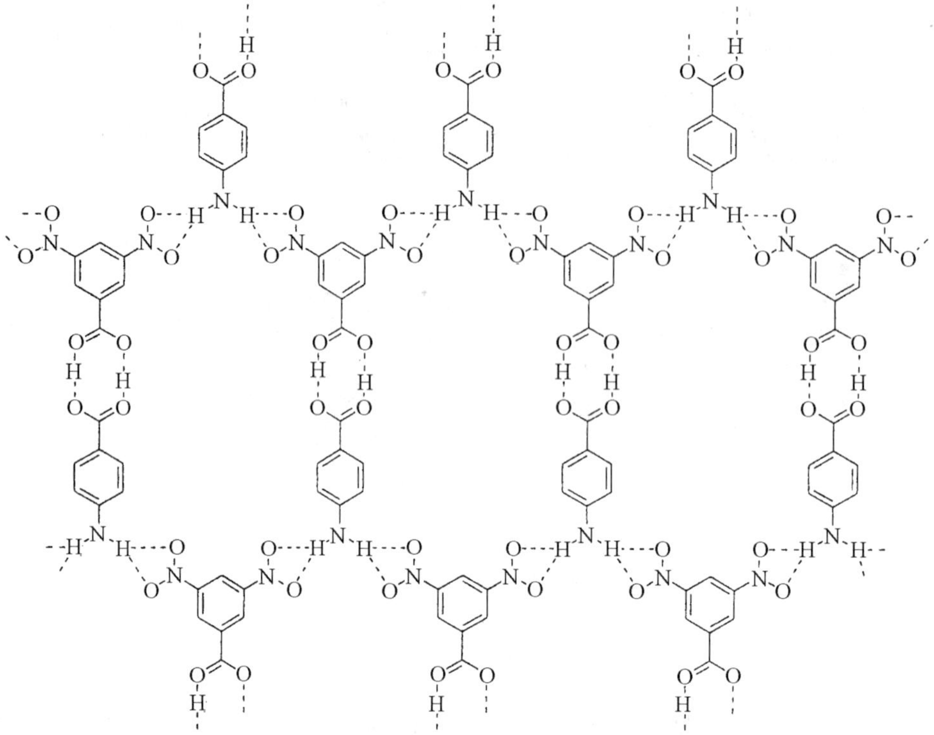

图 20.2.1　由 3,5-二硝基苯甲酸和 4-氨基苯甲酸共结晶形成由氢键结合的极性层。

20.2.1　基于羧酸二聚体合成子的超分子的结构

　　羧酸是晶体工程中为了控制功能团式样而常用的化合物,它最普遍的氢键式样是二聚体和多聚体。含有小取代基的羧酸,如甲酸和乙酸,一般形成多聚体;其他取代基,特别是带芳香基团的羧酸则形成二聚体。对于二-或多-羧酸和对苯二甲酸、间苯二甲酸则分别形成直线形和曲折形条带。1,3,5-苯三羧酸利用它的三重轴对称性形成二维氢键结合的层,而金刚烷-1,3,5,7-四羧酸则形成金刚石型的骨架,如图 20.2.2 所示。

　　如果一个大的疏水基团引进间苯二甲酸的 5-位,则形成环状六聚体(玫瑰花形)。在苯三羧酸的晶体结构中,其孔洞由两个互相贯穿的蜂窝状的骨架所填充,并通过 π⋯π 堆叠作用增加稳定性。在金刚烷-1,3,5,7-四羧酸的主体骨架中,大的孔洞被互相穿插作用及小的客体分子所填充。

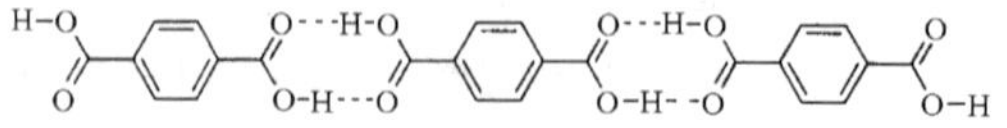

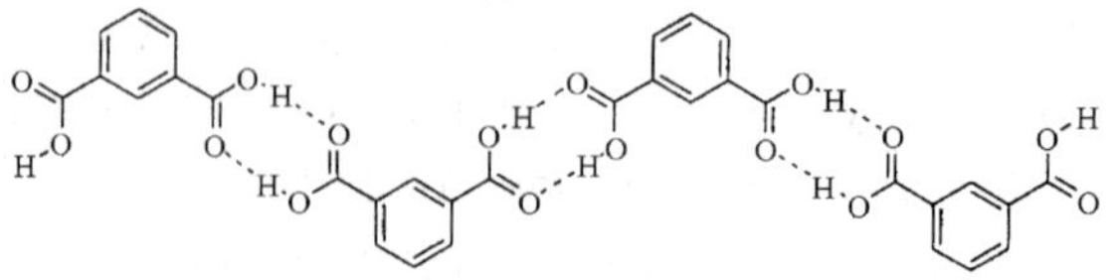

图 20.2.2　由羧酸二聚合成子结合成的结构。

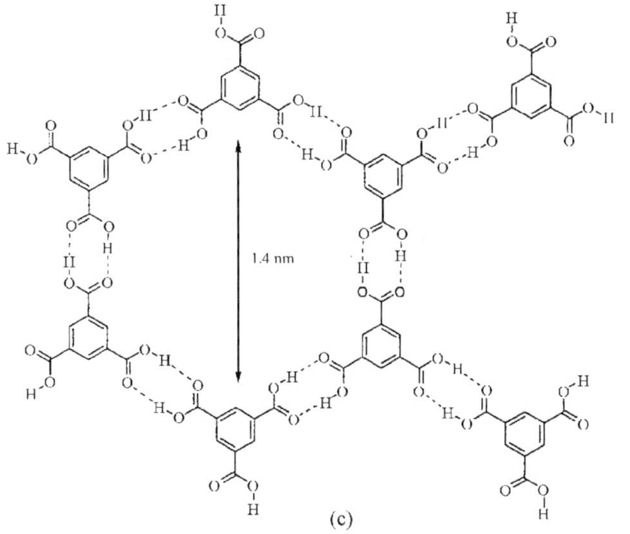

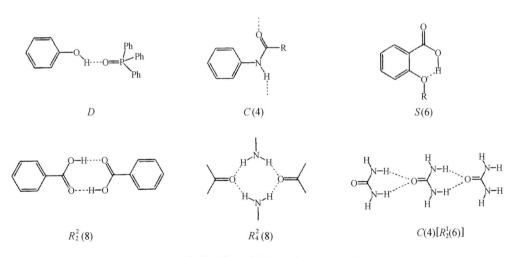

图 20.2.2(续)　由羧酸二聚合成子结合成的结构：
(a) 一维直线条带；**(b)** 一维曲折条带；**(c)** 二维层状；**(d)** 三维骨架。

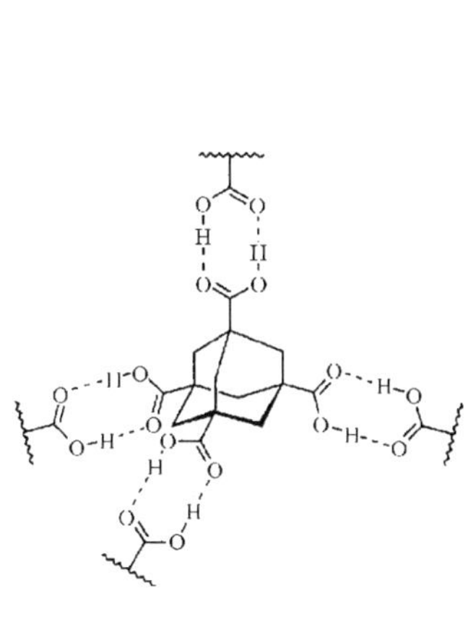

20.2.2　氢键式样的图形编码

在有机体系中发现的强的分子间模体可在晶体工程中用于指引超分子配合物的合成。为了对氢键式样和骨架的拓扑结构提供系统的记号，Etter（埃特尔）和 Ward（沃德）提出一套图形方案，它为氢键组合的描述采用四种式样的指示记号(G)，即无限的链(C)，环(R)，分立的配合物(D)和分子内（自缔合）环(S)，这些环和式样的组合程度(n，组成式样的原子数)，给体的数目(d)，受体的数目(a)等共同组成定量的图形的主字码 $G_d^a(n)$。这些定量的主字码的应用实例示于图 20.2.3 中。

图 20.2.3　氢键结构组合的图形主字码的一些实例。

一系列含有特定类型功能团的相关化合物的较好氢键式样可以用图像组分析。例如,大多数一元胺优先形成通式为 $C(4)[R_2^1(6)]$ 氢键式样的环状二聚体和链。此外,重要的这种见解可将两个表面上看来不相关的有机晶体用图像组来分析得到,它能引导出含有不同功能团的相似的氢键结合式样。一些在剑桥数据库中发现的最常见的超分子合成子示出于下:

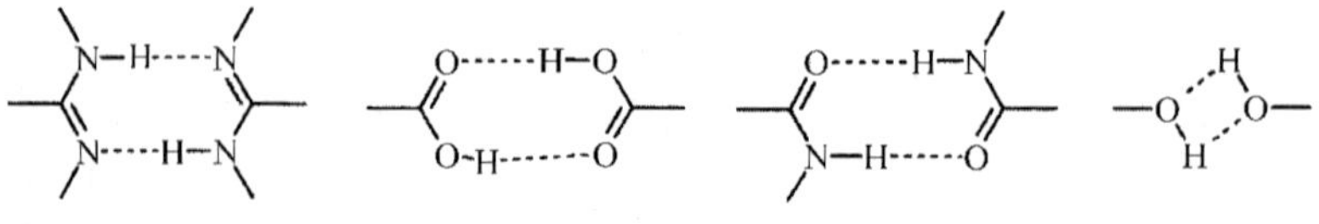

$$R_2^2(8) \qquad R_2^2(8) \qquad R_2^2(8) \qquad R_2^2(4)$$

氢键给体和受体的相同式样可以连接成交替的方式产生可区别的组合,它给出不同的多晶型性。一个好的例子是 5,5-二乙基巴比土酸,它出现三种高聚条带结构的多晶型,如图 20.2.4。

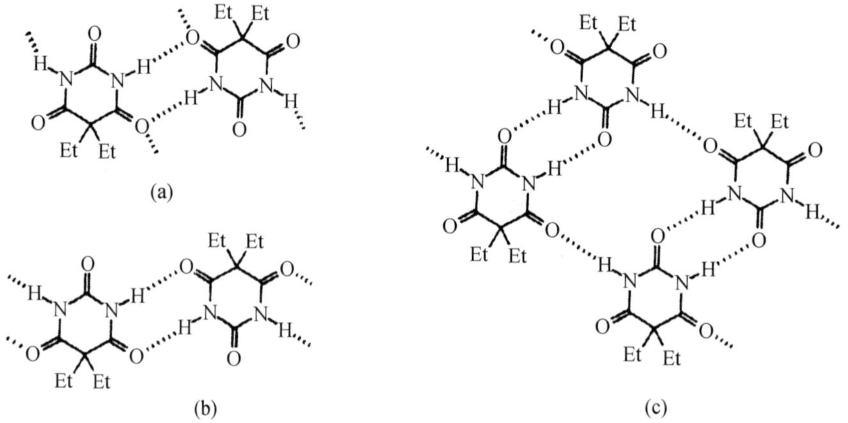

图 20.2.4　5,5-二乙基巴比土酸三种多晶型体中发现的氢键式样:
(a) $C(6)[R_2^2(8)R_4^4(12)]$;(b) $C(10)[R_2^2(8)]$;(c) $C(6)[R_2^2(8)R_4^4(16)]$。

20.2.3　基于杂环间氢键互补性的超分子结构

简单的杂环化合物三聚氰胺和三聚氰酸分别具有给体-受体 6/3 和 3/6 位置能完全匹配的体位,通过氢键互补作用形成平面六方网络,如图 20.2.5 所示。在此伸展的阵列中,有三种不同的结构基元:图(a)线性条带,图(b)曲折形条带,和图(c)环形聚合体(玫瑰花形)。利用巴比土酸衍生物和 2,4,6-三氨基嘧啶衍生物,Whiteside 小组合成出所有三种前述的体系。其构思的设计包括引进合适的大的疏水基团在特定的方向上造成 N—H⋯O 和 N—H⋯N 氢键的破坏,如图20.2.6所示。

Reinhoudt 小组提出三个杯芳烃[4]双三聚氰胺和六个巴比土酸衍生物通过具有 D_3 对称性的氢键组装的结构,如图 20.2.7 所示。

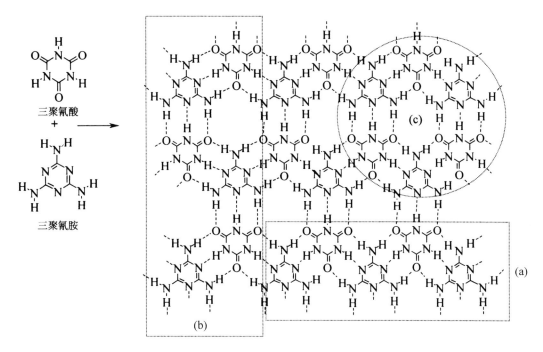

图 20.2.5　三聚氰胺和三聚氰酸的 1∶1 配合物的六方层的结构。

[有三种类型的低维的组合：(a) 线性条带；(b) 曲折形条带；(c) 环形聚合体(玫瑰花形)。]

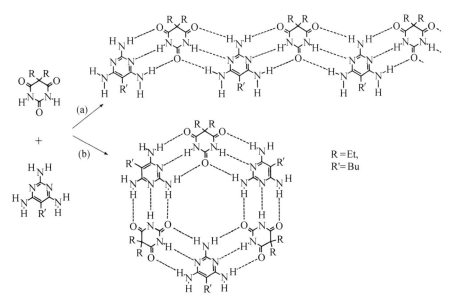

R＝Et,
R′＝Bu

图 20.2.6　巴比土酸衍生物和 2,4,6-三氨基嘧啶衍生物的 1∶1 配合物：

(a) 线性条带；(b) 玫瑰花形。

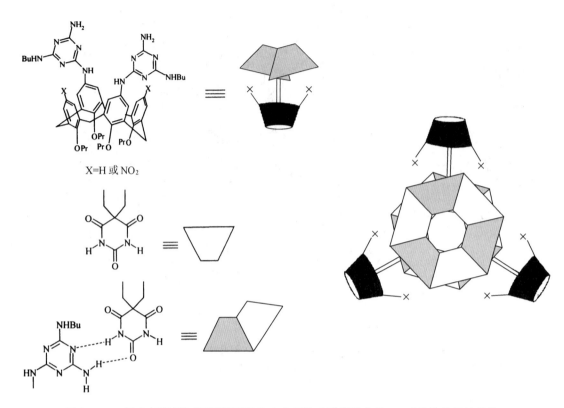

图 20.2.7　三个杯芳烃[4]双三聚氰胺和六个巴比土酸衍生物的 D_3 对称性的氢键组装。

20.2.4　呈现玫瑰花形的氢键网络

Ward 示出在一个胍的磺酸盐中正离子和负离子的自组装,它通过给体和受体位置的精确配合,给出显示玫瑰花形组合的层形结构,它不是平面形而是波纹形,因为 S 原子为四面体构型[见图 20.2.8(a)]。如果磺酸根的 R 基团较小,则形成带有交错对插的取代基的双层结构,如图20.2.8(b)左图。当 R 基团较大,则形成带有取代基在氢键结合层的反向交替排列的单层结构,如图 20.2.8(b)中图。若在相邻层间用二磺酸盐提供共价键连接,则形成一种用柱加固的三维网络,在其中可包含各种客体物种 G,如图 20.2.8(b)右图所示。

胍鎓/有机磺酸盐、苯三酸或三聚氰酸/三聚氰胺以氢键结合的"超分子玫瑰花形体"的设计和构建,依靠它们的拓扑等同性,即给体和受体氢键位点的相同数目和组成部分的 C_3 对称性。作为这种设计的一种修改,用胍鎓正离子(GM$^+$)和碳酸氢根二聚体(HC$^-$)$_2$ 按物质的量之比为 1:1 的比例,可以构建出新的"稠合玫瑰花带"品种,如图 20.2.9 所示。

每个超分子玫瑰花形体由两个 GM$^+$ 和四个 HC$^-$ 通过强的 N$_{GM}$—H$\cdots$O$_{HC}$ 和 O$_{HC}$—H$\cdots$O$_{HC}$ 氢键的准六方自组装构成。(HC$^-$)$_2$ 二聚体作为相邻的玫瑰花形体共用的边,剩余的受体位点与 GM$^+$ 连接而完全用上。此外,在线性条带中,每个 GM$^+$ 还有一对自由的给体位点,可以预期它将与带有合适位点的一些"分子连接体"结合成桥,从而将平行排列的条带组成层状网络。这种设计的对象已在包合物Ⅰ:

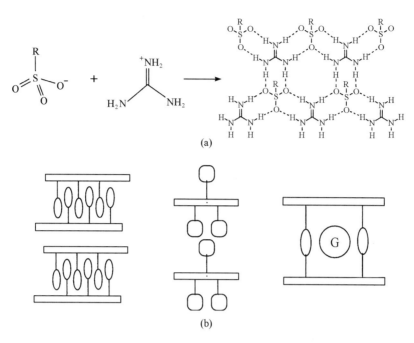

图 20.2.8　(a) 胍正离子和磺酸基团通过 **N—H···O** 氢键的自组装给出玫瑰花形波纹状网络；
　　　　　　(b) 根据磺酸根的性质和 **R** 基团的大小给出的三种结构组合。

Ⅰ :5[C(NH$_2$)$_3^+$] • 4(HCO$_3^-$) • 3[(*n*-Bu)$_4$N]$^+$ • 2[1,4-C$_6$H$_4$(COO$^-$)$_2$] • 2H$_2$O
的合成和表征中得到实现，该包合物带有作为连接体功能的对苯二甲酸盐负离子（TPA^{2-}）。

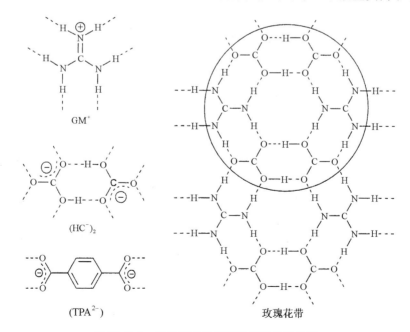

图 20.2.9　超分子玫瑰花带和连接体的设计。

［参看：T. C. W. Mak and F. Xue，*J. Am. Chem. Soc.* **122**，9860～9861(2000).］

　　如图 20.2.10 所示,每个 HC^- 提供 1 个给体和 1 个受体位点形成一个二聚基元$[\mathbf{A}, R_2^2(8)]$。每个$(HC^-)_2$ 二聚体剩余的 8 个受体位点空间上被 4 个 GM^+ 单元所补足。每个 GM^+ 通过两对 $N—H_{syn}\cdots O$ 氢键$[\mathbf{B}, R_2^2(8)]$连接 2 个$(HC^-)_2$ 二聚体。这样,两个 GM^+ 单元和两个$(HC^-)_2$ 二聚体组成一个平面的、准中心对称的、准六方的超分子玫瑰花形体$[\mathbf{C}, R_6^4(12)]$,它的内径和外径分别约为 0.55 nm 和 0.95 nm。在稠合玫瑰花形体条带中,每个 GM^+ 单元剩余的 2 个外向给体位点与一个 TPA^{2-} 碳酸根基团形成一对 $N—H_{anti}\cdots O$氢键$[\mathbf{D}, R_2^2(8)]$。这样形成了两种类型的梯子:类型Ⅰ(由 C10 到 C17 和 O13 到 O16 组成的 TPA^{2-})由两个独立的水分子所加固,水分子通过一对给体 $O_w—H\cdots O$氢键和相邻阶梯的碳酸氧原子桥连,形成中心对称的环$[\mathbf{E}, R_4^4(22)]$和五角形环$[\mathbf{F}, R_6^3(12)]$;在类型Ⅱ梯子(由 C18 到 C25 和 O17 到 O20 组成的 TPA^{2-})中,属于相邻阶梯的碳酸根 O 原子 $O18'$ 和 O19 被剩余的 GM^+ 离子,通过两对给体氢键$[\mathbf{G}, R_1^1(6)]$连接起来,该离子不参加玫瑰花形体的形成,如图 20.2.11(a)所示。每个自由 GM^+ 离子剩余的两对给体位点连接碳酸根氧原子和相邻层的 TPA^{2-} 柱(Ⅰ)的水分子,构成五角形环$[\mathbf{H}, R_3^2(8)]$,产生三维用柱支持的层形结构,如图20.2.11(b)所示。在支柱区域大的空洞形成纳米级的通道沿[100]方向伸展。每个通道横截面的大小约为 0.8 nm×2.2 nm,在通道中 3 个独立的$[(n-Bu)_4N]^+$正离子非常有序地排列在分开的柱中。

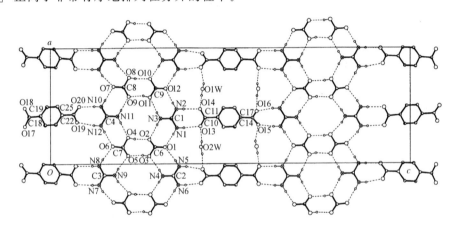

图 20.2.10　二维网络沿(010)面上的投影。(原子的类型用不同大小和阴影区分,
氢键用虚线表示。各种氢键式样在文中讨论,并用黑体大写 A～F 表示。)

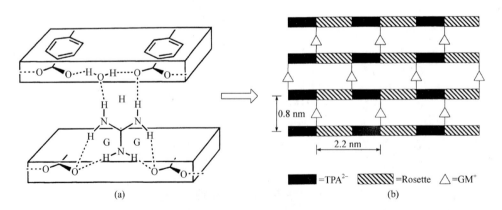

图 20.2.11　(a) 自由胍鎓离子和相邻玫瑰形带-对苯二酸盐层连接的氢键式样;
(b) 三维用柱支持的层的结构示意图。

在从（HC^-）$_2$ 二聚体和 GM^+ 以 1：1 物质的量之比装配中，提出线形"稠合玫瑰花带"的成功设计，必须利用 GM^+ 和带有不等当电荷的 C_3-对称的含氧负离子，通过氢键连接建造。如图 20.2.12 所示的胍鎓-碳酸盐 I 和胍鎓-苯三甲酸盐 II。

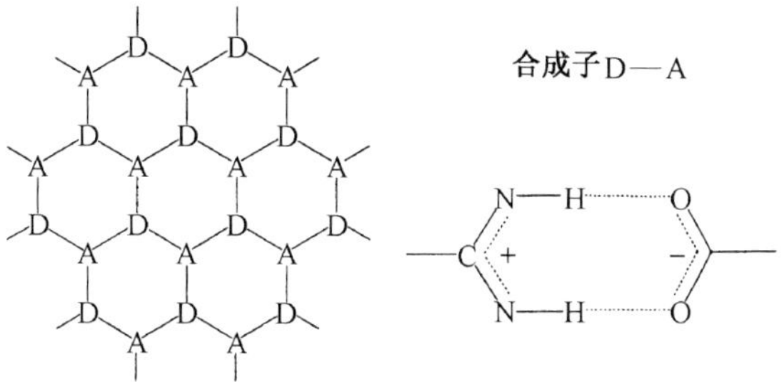

合成子 D—A	玫瑰花形网络	D	A
	I	$[C(NH_2)_3^+]$	CO_3^{2-}
	II	$[C(NH_2)_3^+]$	$1,3,5\text{-}C_6H_3(COO^-)_3$

图 20.2.12　超分子的玫瑰花形层的设计。

［参看：C. -K. Lam and T. C. W. Mak，*J. Am. Chem.* Soc. **127**，11536～11537（2005）.］

大体上说，带负电的、事先计划的平面型网络 I 可和 1 mol 等物质的量的、大小合适的四烷基铵离子 R_4N^+ 作为层间的模板产生晶态计量的包合物 $(R_4N^+)[C(NH_2)_3^+]CO_3^{2-}$，它类似于石墨夹层化合物。另一方面，负离子网络 II 需要双倍的一价正离子去平衡电荷，而且具有蜂窝状、直径约为 700 pm 的孔穴，用以填充合适的客体物种。相应包合物的期望化学式为 $(R_4N^+)_2[C(NH_2)_3^+][1,3,5\text{-}C_6H_3(COO^-)_3] \cdot G$，式中 G 是包合在其中的客体物种，它带有多个氢键给体位点，去和排列在每个孔穴内壁上近于平面的羰基氧结合。

基于网络 I 的理念，改变 R 进行 $(R_4N^+)[C(NH_2)_3^+]CO_3^{2-}$ 的结晶，没有取得成功。考虑到胍鎓离子可作为层间的支柱，而碳酸根可以形成高达 12 个氢键的受体，如在双胍鎓-碳酸盐和 $[(C_2H_5)_4N^+]_2 \cdot CO_3^{2-} \cdot 7(NH_2)_2CS$ 晶体，将合成方案改为结合第二个胍鎓盐 $[C(NH_2)_3]X$ 作为外加的组分，经过多次更改 R 和 X 组合的实验，网络 I 的目标结构 $4[(C_2H_5)_4N^+] \cdot 8[C(NH_2)_3^+] \cdot 3(CO_3^{2-}) \cdot 3(C_2O_4^{2-}) \cdot 2H_2O$（**1**）终于结晶分离出来。

1 的晶体结构示于图 20.2.13 和图 20.2.14 中。在 **1** 的不对称单位中，有 2 个独立的 CO_3^{2-} 和 5 个独立的 $C(NH_2)_3^+$。CO_3^{2-}（C1）和 $C(NH_2)_3^+$（C3）每个都有一个键处于晶体学平面上，与 CO_3^{2-}（C2）和 $C(NH_2)_3^+$（C4）结合在一起，共同形成一非平面的曲折条带平行于 b 轴，相邻的单位由一对强的 N—H···O 氢键连接（见图 20.2.13）。毗邻的反平行 $[C(NH_2)_3^+ \cdot CO_3^{2-}]_\infty$ 条带进一步通过 N—H···O 氢键交联形成高度折皱的玫瑰花形层，该层被胍鎓（C5）折成平面波式样（见图 20.2.14）。胍鎓（C6 和 C7）以氢键和二重无序的草酸根离子（C8 和 C9）以氢键结合，形成一个小袋，它放置无序的 $(C_2H_5)_4N^+$ 离子（见图 20.2.14，图中该离子用大球表示）。CO_3^{2-} 离子（C1 和 C2）每个都形成 11 个氢键受体位点，只比它的最大值少一个。处在 $a=1/4$ 和 3/4 由氢键结合形成的层被 $[C_2O_4^{2-} \cdot (H_2O)_2]_\infty$ 链相互连接，该链中心对称的草酸根（C10）和 2 个 H_2O 分子通过强氢键 N—H···O 和层结合产生复杂的三维主体骨架。骨架内沿 [010] 方向伸展的曲折形的隧道中安置第二种无序的 $(C_2H_5)_4N^+$ 离子。

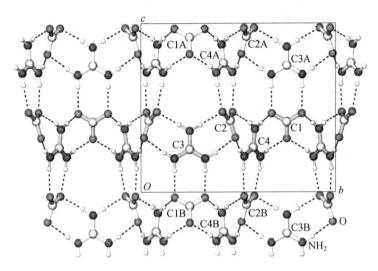

图 20.2.13　在晶体 1 中非平面负离子的玫瑰花形网络 Ⅰ 的部分投影图。
[毗邻的反平行 $[C(NH_2)_3^+ \cdot CO_3^{2-}]_\infty$ 条带沿 b 轴平行排列,虚线代表氢键。]

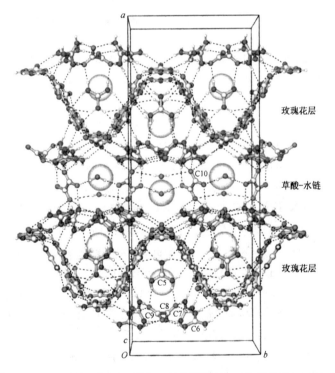

图 20.2.14　沿 [001] 方向,晶体 1 结构透视图。(大球代表 Et_4N^+。)

　　胍鎓-苯三甲酸盐网络 Ⅱ 所推断的组装,通过 $[(C_2H_5)_4N^+]_2 \cdot [C(NH_2)_3^+] \cdot [1,3,5\text{-}C_6H_3(COO^-)_3] \cdot 6H_2O(2)$ 的结晶作用而达到。胍鎓和苯三甲酸根离子通过强的电荷增强的 N^+—$H\cdots O^-$ 氢键而产生平面形带有大蜂窝状孔穴的玫瑰花层[见图 20.2.15(a)]。3 种独立的水分子组成环形具有对称性 C_2 的 $(H_2O)_6$ 簇,它紧密地填入每个主体孔穴中,采用扁平椅式构象,离开平面的取向,O⋯O 距离和氘化冰-I_h 的 275.9 pm 相近。每个水分子的 H 原子向外和孔穴内壁上的羧基 O 原子形成强 O—H⋯O 氢键。$(C_2H_5)_4N^+$ 客体离子很有序地处在玫瑰花负离子主体层之间,层间距离约 750 pm[见图 20.2.15(b),图中大球代表 $(C_2H_5)_4N^+$]。

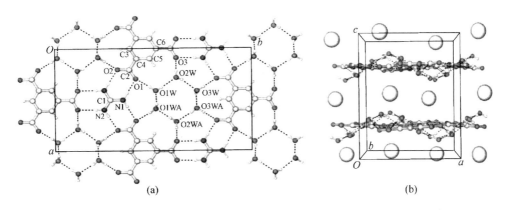

(a)　　　　　　　　　　　　(b)

图 20.2.15　晶体(2)的结构:(a) 在玫瑰花层(Ⅱ)中,氢键连接投影图,$(H_2O)_6$ 中 H 的两种无序排列只示出一种;(b) 沿 b 轴观看(2)的夹心结构。

　　胍鎓-碳酸根网络Ⅰ的柔顺性,使它的碳酸根结构基块由于丰富的氢键接受能力,可进一步开辟超分子组装的可能性。填充在坚实的胍鎓-苯三甲酸盐层Ⅱ孔穴的扁平椅式 $(H_2O)_6$ 客体物种,可被合适的氢键给体分子置换。这里的负离子玫瑰花网络不像以前报道的中性蜂窝状阵列,在用离子组分的电荷增强氢键网络工程中,可再一次扩充范围,得到具有玫瑰花形分立的分子聚集体。

20.2.5　氢键连接的有机框架

　　氢键连接的有机框架（Hydrogen-bonded Organic Frameworks,HOFs）中,有机分子作为连接子,相互之间通过相对较弱的氢键进行自组装,因此它们大多易变且难以稳定。

　　多年来,通过有机单磺酸盐和二磺酸盐的磺酸根(S)和胍鎓(G)基团连接,设计合成得到450 多种化合物,结构中通过 GS 氢键形成层状到圆柱状的主体骨架。

　　具有代表性的一个实例是由 1,2,4,5-四(4-磺基苯基)苯(TSPB)构建的胍鎓磺酸盐骨架,它是一种芳香族四磺酸盐,可产生三种不同类型的主体结构:层状,由截顶八面体构成的类沸石状骨架或二维网格堆垛层状结构,如图 20.2.16 所示。在 a 和 c 方向,胍鎓阳离子与相邻 TSPB 分子之间形成桥氢键,沿着 b 方向产生边长约为 0.68 nm 的方形 GS 通道(类型Ⅰ)。通道Ⅰ被两个较大的六边形通道包围,这两个通道由 TSBP 的分叉产生,一个截面为 0.90 nm×1.55 nm(Ⅱ型),另一个为 1.17 nm×1.16 nm(Ⅲ型)。二氧六环客体分子以 1∶2∶2 的比例占据所有三种类型的通道。

　　进一步的研究表明,通过有机多磺酸根结构单元的分子对称性和构象限制,可以以可预测的

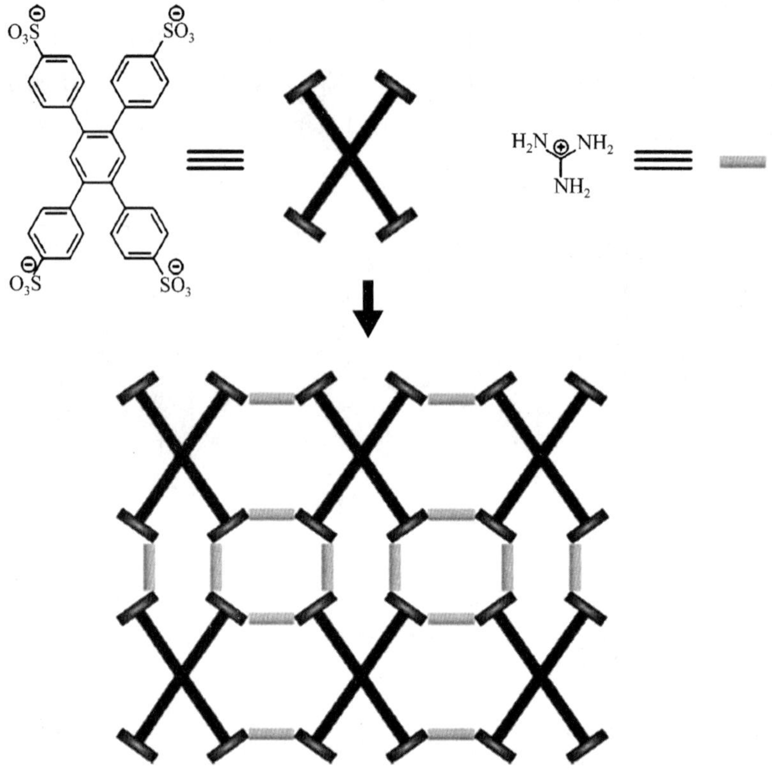

图 20.2.16　由胍鎓阳离子和 TSPB 阴离子形成的二维 GS 氢键网格的示意图。
通过 GS 氢键在第三维上连接此网格产生通道型主体骨架结构。

［参看：W. Xiao，C. Hu and M. D. Ward，*J. Am. Chem. Soc.* **136**，14200～14206（2014）.］

方式调节晶体结构（即层状与圆柱形）和 GS 圆柱体的形状。基于 4,4′-联苯基二磺酸和 1,5-萘二磺酸与胍离子通过非共价结合而形成的两种无限柱-砖型排列的多孔氢键有机骨架（HOF），在湿气条件下表现出超高质子传导性，分别为 0.75×10^{-2} S cm^{-1} 和 1.8×10^{-2} S cm^{-1}。［参看：Y. Liu，W. Xiao，J. J. Yi，C. Hu，S.-J. Park and M. D. Ward，*J. Am. Chem. Soc.* 2015，**137**，3386～3392，(2014)；A. Karmakar，R. Illathvalappil，B. Anothumakkool，A. Sen，P. Samanta，A，V. Desai，S. Kurungot and S. K. Ghosh，*Angew. Chem. Int. Ed.*，**55**，10667～10671（2016）。］

基于 C_3 对称性的杯芳烃衍生物 hexakis(carboxyphenyl)sumanene［六（羧基苯基）向日葵状环烯，CPSM］组装出两种类型的氢键六边形网络（HexNet）结构（CPSM-1 和 CPSM-2）。CPSM-1 具有波状 HexNet 结构，碗口朝上和朝下交替排列，而 CPSM-2 具有由汉堡形碗二聚体组成的双层 HexNet 结构（图 20.2.17）。这项工作表明，非平面系统可以通过适当的超分子合成子进行二维网络组装，形成结构规范独特的皱褶层。

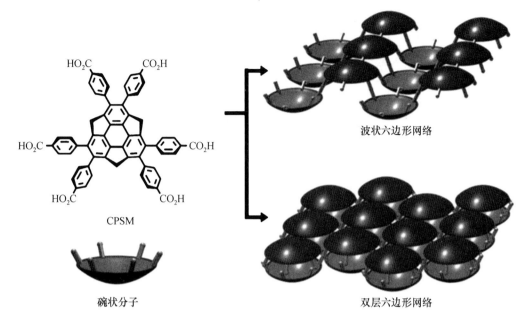

HO$_2$C　CO$_2$H

HO$_2$C　CO$_2$H

HO$_2$C　CO$_2$H

CPSM

碗状分子

波状六边形网络

双层六边形网络

图 20.2.17　利用 C$_3$ 对称的碗状分子 CPSM 构建的两种六边形网络(HexNets)：

通过六个外围氢键基团形成非平面的波状 CPSM-1 和双层 CPSM-2。

〔参看：I. Hisaki, H. Toda, H. Sato, N. Tohnai and H. Sakurai, *Angew. Chem. Int. Ed.*, **56**, 15294~15298 (2017).〕

20.3　配位键的超分子化学

　　过渡金属的配位几何学和配位体相互作用位置的方向性特征,提供了合理地合成各类超分子的无机和金属有机体系的蓝图。当今的研究工作集中在两个主要领域：① 从一些组分的分子间缔合作用,构建新的超分子；② 将分子单元组织成一维、二维和三维阵列。在固体中,超分子和超分子阵列可进一步相互缔合,形成巨大的、宏观的凝聚体,即高序超分子结构。

20.3.1　超分子的主要类型

　　已合成的超分子,包括大的金属环(metallocyclic ring)、螺旋体(helices)、主-客体配合物,以及连锁结构(interlocked structure)等,其例子包括连锁环状化合物(catenanes)、转子化合物(rotaxane)和绳结化合物(knots)。

　　最简单的连锁环状化合物是[2]连锁双环([2]catenane),它含有两个连锁在一起的环。连锁多环化合物(polycatenane)是由 3 个或更多的环一个套一个地连锁成线形。一个转子化合物有一个环(或一个念珠)被一两端带有"塞子"的线形组分(或一条带子)串在一起。一个多转子化合物(polyrotaxane)则是在同一条带上串有多个环。一个分子项链(molecular neck-lace)是一环形寡聚转子化合物,通过一条封闭的带子串上几个环。对一个三叶结(trefoil knot)有两种拓扑异构体。Borromean 链环是由 3 个互相连锁的环所组成,当切断任何一个环,其他两个环就不连锁了。上述这些化合物的几何形态示于图 20.3.1 中。分子的 Borromean 链环还将在图 20.3.8 中通过实例讨论。

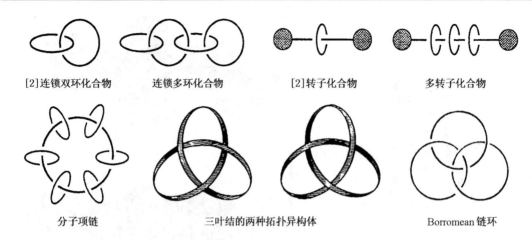

[2]连锁双环化合物   连锁多环化合物   [2]转子化合物   多转子化合物

分子项链   三叶结的两种拓扑异构体   Borromean 链环

图 20.3.1   连锁环状化合物、转子化合物、分子项链和绳结化合物。

20.3.2   一些有代表性的超分子例子

1. 高铁轮(ferric wheel)

最著名的大的金属环的例子是"高铁轮"$[Fe(OMe)_2(O_2CCH_2Cl)]_{10}$,它是由以氧为中心的三核铁化合物$[Fe_3O(O_2CCH_2Cl)_6(H_2O)_3](NO_3)$和 $Fe(NO_3)_3 \cdot 9H_2O$ 在甲醇中反应制得。X 射线结构分析表明它是一个十聚轮状化合物,直径约 1200 pm,其中心有一个小的空洞。每一对Fe(Ⅲ)原子由两个甲氧基和一个 O,O'-氯代醋酸基团桥连,如图 20.3.2 所示。

2. 活门囚笼复合物(hemicarceplex)

一个囚笼分子是具有封闭表面、球形的主体分子,其内部有空穴,可以囚禁客体物种,如小的有机分子和无机离子,形成囚笼复合物。一个活门囚笼分子是含有门的囚笼分子,其门大到能让囚禁的客体分子在高温时逃逸,但在正常的实验室条件下保持稳定。示于图 20.3.3 的活门囚笼复合物是由 Cram 设计合成,其中囚笼分子具有理想的 D_{4h} 对称性,四重轴大致和二茂铁的客体分子的长轴一致。二茂铁处在对称中心上,所以它是全交错的 D_{5d} 构象。连接活门囚笼复合物的南北两半球的 1,3-二亚胺苯基排列成桨状,围绕中心空穴的圆周成桨状轮。

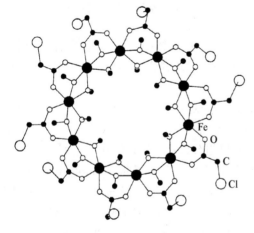

图 20.3.2   高铁轮的分子结构。

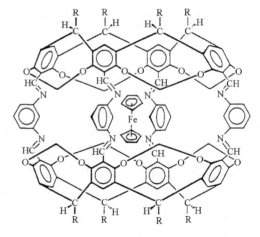

图 20.3.3   由活门囚笼主体分子囚禁一个二茂铁客体分子组成一个活门囚笼复合物。

3. Pt(Ⅱ)[2]连锁双环化配合物

吡啶基 N 原子和 Pt(Ⅱ)间的配位键通常是很稳定的,但在高浓度、高极性介质中,形成这些配位键的反应变成可逆的。图 20.3.4 示出一个二核环状 Pt(Ⅱ)配合物总体上单方向转变为一个二聚的[2]连锁双环化合物骨架。溶液冷却后,它能以硝酸盐形式分离出来。

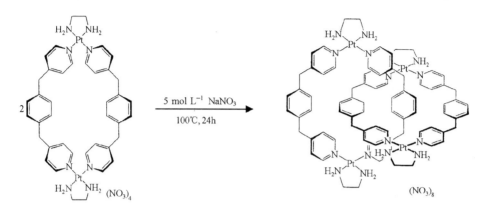

图 20.3.4 Pt(Ⅱ)[2]连锁双环化合物的自组装。

4. 螺旋体

在一个螺旋体中,多变配体沿着螺旋轴扭曲地围绕金属原子,所以它的配位点和金属离子的配位要求相匹配。螺旋体的两种对映体分别以 P-标示为右手螺旋,M-标示为左手螺旋[见图 20.3.5(a)]。一个 M-型双 Cu(Ⅰ)螺旋体的例子见图 20.3.5(b)。含有最多达五个 Cu(Ⅰ)中心的双螺旋体以及含有被寡聚二啮配体包裹的八面体 Co(Ⅱ)和 Ni(Ⅱ)中心的三螺旋结构已合成出来。

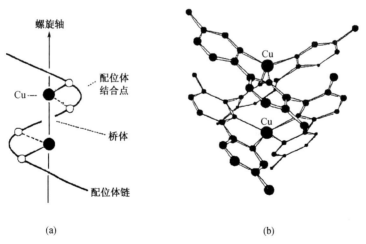

(a)　　　　　　　　　(b)

图 20.3.5 (a) M-型螺旋体的结构特点(只示出一股);(b) 包含一个寡聚吡啶配体的双 Cu(Ⅰ)螺旋体。

5. 分子三叶结

第一个分子三叶结已按图 20.3.6 的方案成功地合成出来。一种含有两个酚基 1,10-菲咯啉单位用四亚甲基连接体结合在一起的特殊设计的配体,和[Cu(CH₃CN)₄]BF₄ 反应,产生二核双螺旋体,这个前体进一步在浓度很稀条件下,用两倍量的六亚乙基乙二醇的二碘衍生物在有 Cs₂CO₃ 存在时进行处理,形成低产率的环状配合物。最后将这螺旋形二铜配合物脱去金属,即得到所希望的、保留拓扑手性的游离三叶结。需要注意在决定性的环化步骤中,双螺旋的前体是和没有螺旋的物种成平衡的,它会导致形成没有结的二铜配合物,在其中围绕两个Cu(Ⅰ)中心有两个43元环以面对面的方式排列,如图20.3.7所示。

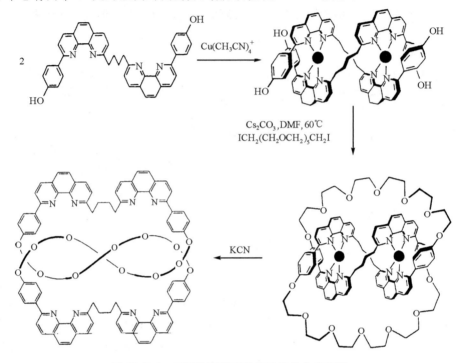

图 20.3.6　二铜的和游离的三叶结的合成方案。

〔参看:C. O. Dietrich-Buchecker, J. Guilhem, C. Pascard and J.-P. Sauvage, *Angew. Chem. Int. Ed.* **29**, 1154～1156(1990).〕

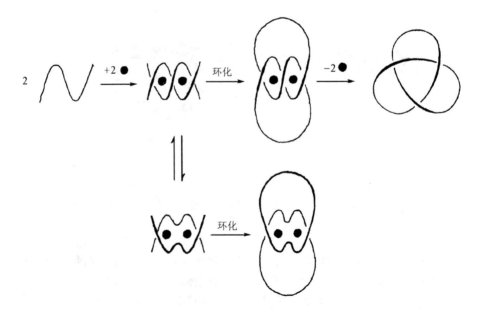

图 20.3.7　游离三叶结和一个不成结的产物的模板合成。

6. 分子的 Borromean 链环

分子的 Borromean 链环的精致构建是化学和拓扑学间联系的典范,它由 3 个相同的连锁环组成,如图 20.3.8 所示。

分子的 Borromean 链环(BR^{12+})的化学合成是通过模板指引的协作自组装过程,它的最终产率达 90%。在 BR^{12+} 中,三个组成环(L)的每一个都是由包含 2 个 DFP(2,6-二甲酰吡啶)和 2 个 DAB(带有 2,π'-二吡啶基二胺)分子的[2+2]大环化作用构成。在多重分子记忆中,动力学上不稳定的 Zn(Ⅱ)离子有效地作为模板,最终使 3 个大环配位体精确地连锁。单一步骤自组装过程方案示于图 20.3.8。

$$6DFB + 6[DABH_4](CF_3CO_2)_4 + 9Zn(CF_3CO_2)_2 \xrightarrow{CH_3OH} [L_3(ZnCF_3CO_2)_6] \cdot 3[Zn(CF_3CO_2)_4] + 12H_2O$$
$$\| $$
$$[BR(CF_3CO_2)_6] \cdot 3[Zn(CF_3CO_2)_4]$$

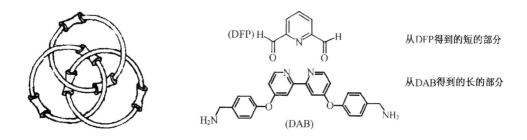

(DFP) H — 从DFP得到的短的部分

从DAB得到的长的部分

(DAB)

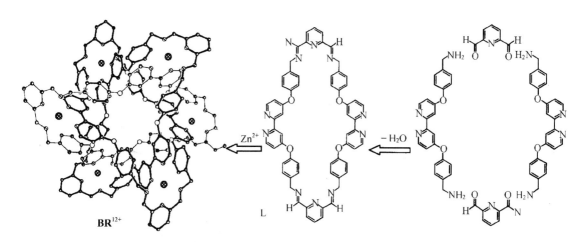

BR^{12+}

L

图 20.3.8　分子的 Borromean 链环 $[L_3Zn_6]^{12+} = BR^{12+}$ 单一步骤合成方案。

[三个组成的环用不同深度和粗细颜色区分。每个 Zn(Ⅱ)离子由一个内向-N_3 配位体组及一个从另一个环的外向-N_2 组所配位。为清楚起见,删去单配位醋酸根配位体。]

$[BR(CF_3CO_2)_6][Zn(CF_3CO_2)_4]$ 的 X 射线结构分析表明 $[BR(CF_3CO_2)_6]^{6+}$ 具有 S_6 对称性,每个配位体 L 采取椅式构象(见图 20.3.8)。连锁环被 6 个 Zn(Ⅱ)离子固定,每个 Zn(Ⅱ)离子呈略有变形的八面体配位,配位体有一个环的内向-三配位基的二亚胺吡啶基和另一个环的外环的外向-二配位基的二吡啶基,以及 $CF_3CO_2^-$ 配位体的一个 O 原子。每个二吡啶基不对称地夹心在一对酚环之间,在不同方向上以 361 pm 和 366 pm 的距离进行 π-π 堆叠。

在晶体堆积中，$[BR(CF_3CO_2)_6]^{6+}$ 离子排列成六方阵列，具有分子间的 π-π 堆叠作用，其距离为 331 pm，以及 C—H⋯O=C 氢键（H⋯O 252 pm），并沿 c 轴形成柱体以容纳异号离子 $[Zn(CF_3CO_2)_4]^{2-}$。［参看：K. S. Chichak, S. J. Cantrill, A. R. Pease, S.-H. Chiu, G. W. V. Cave, J. L. Atwood and J. F. Stodart, *Science* (Washington) **304**, 1308～1312(2004).]

20.3.3　无机超分子和配位高聚物的合成谋略

对于无机超分子和一维、二维及三维配位聚合物的合成，有两种基本的方法得到发展：

（1）以过渡金属离子用作结点，双功能配体用作连接棒。常用的连接棒配位体是假卤化物，如氰化物、硫氰酸盐和叠氮化物，以及 N-给体配位体，如吡嗪、4,4′-二吡啶和 2,2′-二嘧啶。一些一维、二维和三维构建的式样从这一谋略中形成，如图 20.3.9 所示。

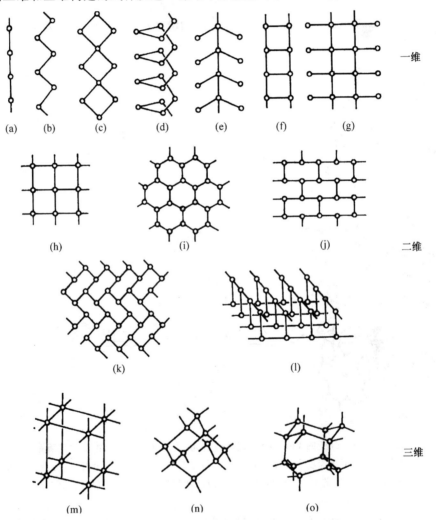

图 20.3.9　过渡金属由双功能连接棒配位体连接形成的式样的示意表示。

［一维：(a)直线形链，(b)曲折形链，(c)双链，(d)螺旋形链，(e) 鱼骨形链，(f)梯形链，(g)铁路形链。二维：(h)四方网络，(i)蜂窝形网络，(j)砖墙形网络，(k)人字形网络，(l)双层网络。三维：(m)六连接骨架，(n)四连接金刚石型骨架，(o)四连接的冰-I_h型骨架。]

若在一个模体的一部分边界上的全部节点都由端接配位体连接,将形成分支的分子。一个四方栅格的实例示于图 20.3.10 中。将配体 6,6′-双[2-(6-甲基吡啶)]-3,3′-哒嗪(Me₂bpbpz)和 Ag(CF₃SO₃)按 2∶3 物质的量之比在硝基甲烷中反应,可自组装成分子式为[Ag₉(Me₂bpbpz)₆](CF₃SO₃)₉ 的配合物。X 射线衍射结构分析表明,其中[Ag₉(Me₂bpbpz)₆]⁹⁺ 正离子形成一个 3×3 四方栅格,其中两组 Me₂bpbpz 的位置分别处在 Ag(Ⅰ)中心的平均平面的上部和下部,Ag(Ⅰ)由 4 个 N 原子以变形四面体形式配位。这个栅格实际上是变形的金刚石型结构,它是由于配位体的弯曲性决定的,两组配位体平均平面间的夹角为 72°,如图 20.3.10 所示。

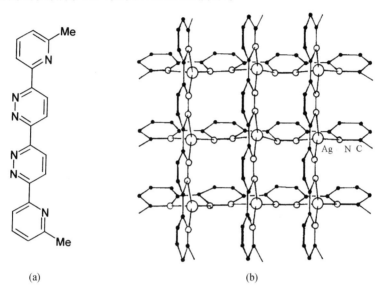

(a)　　　　　　　　　　　　　　　(b)

图 20.3.10　3×3 四方分子栅格[Ag₉(Me₂bpbpz)₆]⁹⁺ 的结构:
(a) Me₂bpbpz 结构式;(b) 分子结构。

[参看:P. N. W. Baxter, J. -M. Lehn, J. Fischer and M. -T.
Youinou, *Angew. Chem. Int. Ed.* **33**, 2284~2287(1994).]

(2) 外配位基的多变配体用以连接过渡金属离子,使之成为结构基块。这种配体的一些实例如 2,4,6-三(4-吡啶)-1,3,5-三嗪、寡聚吡啶以及 3-和 4-吡啶置换的卟啉等。

下面几个小节将从最近的文献中选择一些实例,用以阐明过渡金属超分子化学中研究活动的创造力。

20.3.4　分子多边形体和分子管

1. 镍轮(nickel wheel)

水合醋酸镍与过量的 6-氯-2-吡啶酮(Hchp)反应,得产率达 60% 的一个新的十二核镍配合物,它可以在四氢呋喃中重结晶,得[Ni₁₂(O₂CCH₃)₁₂(chp)₁₂(H₂O)₆(THF)₆]晶体。X 射线结构分析表明这个轮状分子处在晶体学的三重轴上,其中有两类 Ni 原子呈变形的八面体配位:Ni(1) 和醋酸的 3 个、chp 配体的 2 个和水的 1 个,共计 6 个 O 原子结合;Ni(2) 和醋酸的 2 个、chp 的 2 个、水的 1 个、THF 的 1 个,共计 6 个 O 原子结合,见图 20.3.11。除 THF 外,所有的配体都是和相邻两个 Ni 原子桥连。镍轮的结构和高铁轮([Fe(OCH₃)₂(O₂CCH₂Cl)]₁₀,图20.3.12)相似。

这两个配合物都是由 M_2O_2 环相交形成封闭的链,每个环附加一个醋酸配体桥连。差别在于高铁轮的羧酸根均在环的外侧,而镍轮有一半醋酸配体处在中心空穴的内部。

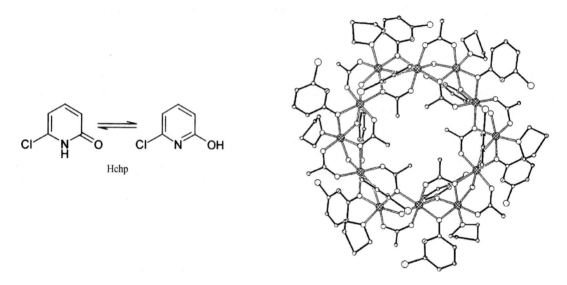

图 20.3.11   镍轮的分子结构。

[桥连吡啶酮和端接 THF 配位体分别地指向 12 个 Ni 原子平均平面的上方和下方。]

[参看:A. J. Blake, C. M. Grant, S. Parson, J. M. Rawson and R. E. P.
Winpenny, *Chem. Commun.* 2363~2364(1994).]

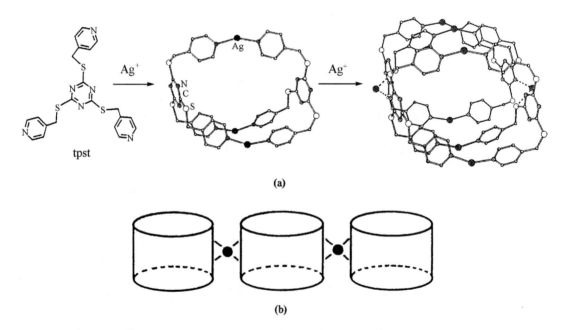

(a)

(b)

图 20.3.12   (a) 纳米尺寸管状节[Ag₆(tpst)₄]的形成和结构[由桥连 Ag(Ⅰ)离子形成的键以虚线表示];
(b) 管状节连接成线性聚合物。

[参看:M. Hong, Y. Zhao, W. Su, R. Cao, M. Fujita, Z. Zhou and A. S. C. Chan,
Angew. Chem. Int. Ed. **39**, 2468~2470(2000).]

2. 纳米尺寸的管状节

配位体 2,4,6-三[(4-吡啶)甲基硫基]-1,3,5-三嗪(tpst)具有 9 个和过渡金属结合点,进行超分子体系的自组装。当它和 AgNO$_3$ 以 1:2 的物质的量之比在 DMF/MeOH 中反应,然后加入 AgClO$_4$,可得产物 Ag$_7$(tpst)$_4$(ClO$_4$)$_2$(NO$_3$)$_5$(DMF)$_2$。在此晶体结构中,2 个 tpst 配体和 3 个 Ag(I)离子配位形成双环,Ag(I)显示近直线 AgN$_2$ 配位两个双环由一对桥连 Ag(I)离子的 Ag—N 和 Ag—S 键固定在一起,形成纳米大小的管状节[Ag$_6$(tpst)$_4$],见图 20.3.12(a)。其尺寸为1.34 nm×0.96 nm×0.89 nm,在其内部包合 2 个 ClO$_4^-$ 和 2 个 DMF 分子。这些管状节作线性排列,由桥连的 Ag—N 和 Ag—S 键连接在一起,形成无限长链,如图 20.3.12(b)所示。在其中桥连 Ag(I)离子显示直线形 AgN$_2$ 和变形四方形的 AgN$_2$S$_2$ 配位型式,NO$_3^-$ 处在 Ag(I)离子附近,镶嵌在线性聚合物之间。

两个独立的 tpst 配体,每个都和 4 个 Ag 结合,但有不同的配位式样:3 个吡啶基的 N 加一个硫醚的 S 或 3 个吡啶基的 N 加一个三嗪的 N。银原子显示两类配位式样:正常的直线形 AgN$_2$ 和非常少见的变形平面四方形的 AgN$_2$S$_2$。

3. 无限的四方管

2-氨基嘧啶(apym),Na[N(CN)$_2$] 和 M(NO$_3$)$_2$·6H$_2$O(M 为 Co,Ni)反应,可得 M[N(CN)$_2$]$_2$(apym),它堆积组成无限的、四方形截面的分子管。在每条管中,金属原子构成棱边,并和 3 个连接配体 N(CN)$_2^-$(二氰胺)形成面,见图 20.3.13。金属原子的八面体配位由两个连接配体的链配齐(酰胺的氮不配位),这配体占据每条边的外侧,如单啮 apym 配体。分子管的边长为486.4 pm(当 M 为 Co)和 482.1 pm(当 M 为 Ni)。在晶体结构中,管间通过端接的 apym 配体出现大量氢键。

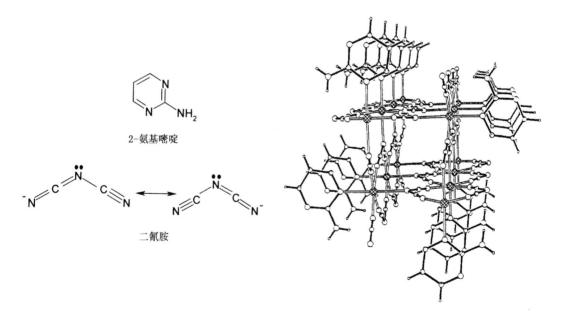

图 20.3.13　在 M[N(CN)$_2$]$_2$(apym)(M 为 Co,Ni)中单根四方形分子管的结构。

[参看:P. Jensen, S. R. Batten, B. Moubaraki and K. S. Murray, *Chem. Commun.* 793~794(2000).]

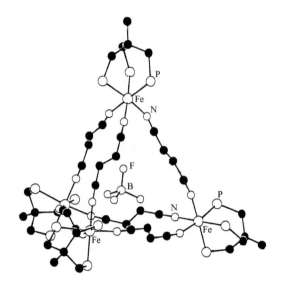

图 20.3.14　四面体的 Fe(Ⅱ)主-客体配合正离子的分子结构。

［为清楚起见,删去覆盖在面上的 BF_4^- 基团和 tripod 配体中的苯基(Ph)。参看:S. Mann, G. Huttner, L. Zsolnai and K. Heinze, *Angew. Chem. Int. Ed.* **35**, 2808～2809(1996).］

20.3.5　分子多面体

1. 四面体的 Fe(Ⅱ)主-客体配合物

结构单元 M(tripod)$^{n+}$［tripod 为 $CH_3C(CH_2PPh_3)_3$］在许多超分子配合物的构建中已被用作模板。例如,主-客体配合物,［$BF_4 \subset \{(tripod)_3Fe\}_4 \cdot (trans-NCCH=CHCN)_6(BF_4)_4$］($BF_4$)$_3$ 已从 tripod,$Fe(BF_4)_3 \cdot 6H_2O$ 和富马腈(fumaronitrile)按 4:4:6 物质的量之比在 CH_2Cl_2/EtOH 于 20℃下进行反应合成出来。这个四核 Fe(Ⅱ)配合物具有理想的 T 对称性,晶体学二重轴通过 Fe_4 四面体每一对边的中点,如图 20.3.14。包合在四面体内部的 BF_4^- 基团的 B—F 键指向顶角上的 Fe 原子。Fe_4 四面体上的每个面由一个 BF_4^- 基团覆盖,而剩余的 3 个 BF_4^- 则处在配位正离子之间的空间中。

2. 立方分子盒

氰基金属盐盒子(cyanometalate box) $\{Cs \subset [Cp^*Rh(CN)_3]_4[Mo(CO)_3]_4\}^{3-}$(Cp* 为 C_5Me_5),已由［$Cp^*Rh(CN)_3$］$^-$ 和(η^6-$C_6H_3Me_3$)$Mo(CO)_3$ 在 Cs$^+$ 存在的条件下进行反应,和 Et$_4$N$^+$ 成盐分离制得。在负离子的分子盒自组装中,Cs$^+$ 离子作为模板。这个负离子具有立方的 $Rh_4Mo_4(\mu$-CN)$_{12}$ 核,每个 Mo 外接 3 个 CO 配体,每个 Rh 和 Cp* 基相接。若考虑和 CN 基团中心相互作用,包合的 Cs$^+$ 形式上配位数为 12,如图 20.3.15 所示。

3. 镧四方反棱柱体

一个三重二唑吡啉酮配体,4-(1,3,5-苯三羰基)-三(3-甲基-1-苯基-2-吡唑啉-5-酮)(H$_3$L),已成功设计和合成。这个不易弯曲的具有 C_3 对称性的配体和 La(acac)$_3$ 在二甲亚砜(DMSO)中反应,可得产率达 81% 的配合物 La$_8$L$_8$(DMSO)$_{24}$。X 射线结构分析表明这个配合物具有 D_{4d} 对称性的四方反棱柱体结构,在其中每个 L^{3-} 配位体占据八个三角形面中的一个,如

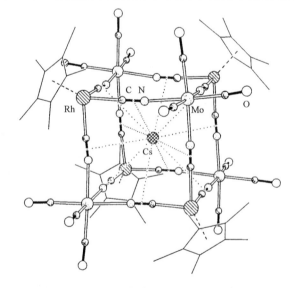

图 20.3.15　包合 Cs$^+$ 离子的分子盒的结构。

［参看:K. K. Klausmeyer, S. R. Wilson and T. B. Rauchfuss, *J. Am. Chem. Soc.* **121**, 2705～2711(1999).］

图 20.3.16 所示。La³⁺ 离子的配位情况为:有 6 个点由 3 个 L³⁻ 配体的 O 原子占据,其余 3 个则为 DMSO 分子,这些分子指向中心的空穴。在重结晶时,DMSO 分子可以部分地被甲醇置换。

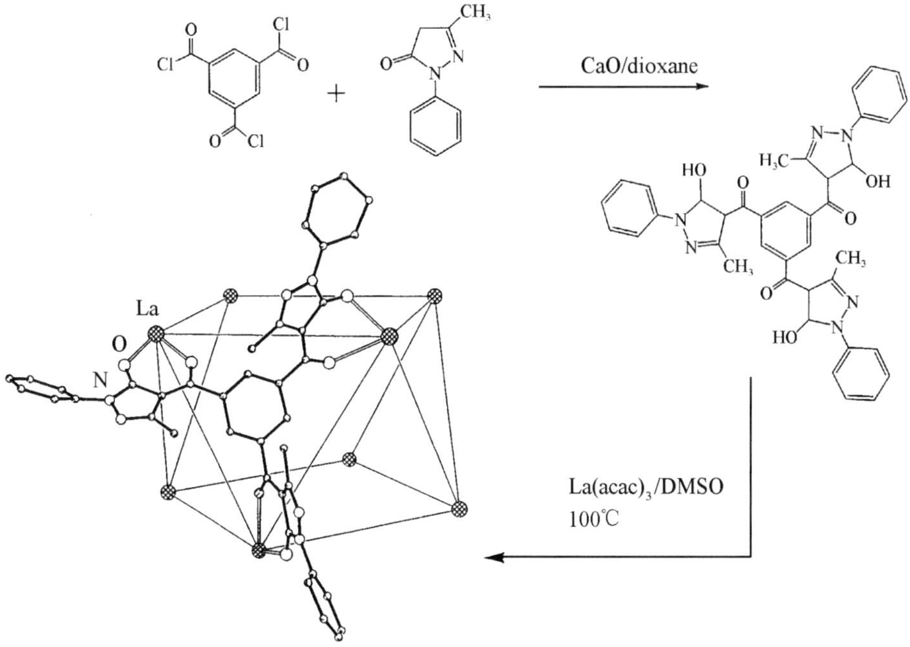

图 20.3.16　La₈L₈ 簇的合成和结构。

(为清楚起见,图中只示出一个 L³⁻ 配体,删去配位的 DMSO 分子。)

[参看: K. N. Raymond and J. Xu, *Angew. Chem. Int. Ed.* **39**, 2745~2747(2000).]

4. 超金刚烷型笼

将 MeC(CH₂PPh₂)₃(简称 triphos)和 Ag(CF₃SO₃)以 2∶3 物质的量之比混合进行反应,可得高产率的 [Ag₆(triphos)₄(CF₃SO₃)₄](CF₃SO₃)₂。无机的"超金刚烷型笼"[Ag₆(triphos)₄(CF₃SO₃)₄]²⁺ 具有近似 T 的分子对称性,它以 CF₃SO₃⁻ 离子作为模板。在笼的结构中,6 个 Ag(Ⅰ)离子排列成八面体,4 个(triphos)和 4 个 CF₃SO₃⁻ 配体交替地占据八个面,每个配体都和 3 个 Ag(Ⅰ)配位。6 个 Ag(Ⅰ)离子和 4 个(triphos)组成一个金刚烷型的核;同样地,6 个 Ag(Ⅰ)离子和 4 个 CF₃SO₃⁻ 组成另一个金刚烷型的核。这一结构的另一特点是 triphos 配体具有"内接甲基"构象,并导致中心空穴很小。图 20.3.17 示出这个笼的结构。

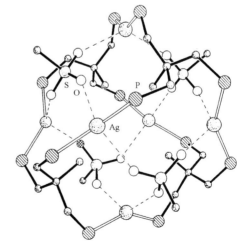

图 20.3.17　[Ag₆(triphos)₄(CF₃SO₃)₄]²⁺ 笼的超金刚烷型核。

[参看:S. L. James, D. M. P. Mingos, A. J. P. White and D. Williams, *Chem Commun.* 2323~2324(2000).]

5. 配位笼中的化学反应

在许多吸引人的超分子三维结构中,具有多个相互作用点的平面板状配体已用作其金属指引的自组装。一个简单的三角形的"分子板"是 2,4,6-三(4-吡啶基)-1,3,5-三嗪(L),Fujita已将它和 Pt(bipy)(NO₃)₂ (bipy 为 2,2′-二吡啶)以 2∶3 物质的量之比反应,进行分子组装,得到定量的分立的 $[\{Pt(bipy)\}_6L_4]^{12+}$。在这配合物正离子中,Pt(Ⅱ)组成一个八面体,三角形板(L 配位体)处在 4 个面上,如图20.3.18所示。Pt(bipy)²⁺分子片作为 *cis*-保护配位作用块料,每一个都和一对"分子板"连接。纳米尺寸的中心空穴直径约 1 nm,足够容纳几个客体分子。不同类型的客体分子已被引进,例如:金刚烷、金刚烷羧酸盐、*O*-碳硼烷和苯甲醚等。特别是 *C*-形的分子,如 *cis*-偶氮苯和 *cis*-1,2-二苯乙烯的衍生物,能作为二聚体被"苯基包围"作用所稳定,包藏在空穴之中。

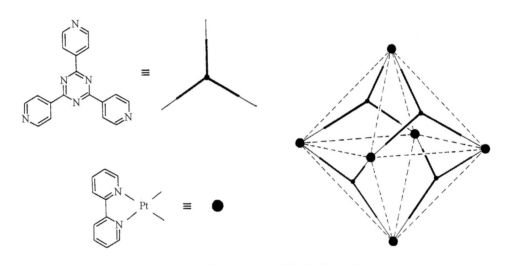

图 20.3.18　$[\{Pt(bipy)\}_6L_4]^{12+}$ 笼的自组装。

实用的化学反应可在纳米尺寸的空穴中进行,图 20.3.19 示出不稳定的环硅氧烷三聚体在原来位置分离出来的情况。此反应的第一步是 3~4 个苯基三甲氧基硅烷分子进入空穴之中,水解为硅氧烷分子。下一步是在封闭的环境中发生缩合反应,产生环形三聚体 $\{SiPh(OH)O\text{-}\}_3$,它以纯净的形式保藏和稳定在空穴中。这整个反应生成一个包合配合物 $[\{SiPh(OH)O\text{-}\}_3 \subset \{Pt(bipy)\}_6L_4](NO_3)_{12}\cdot 7H_2O$,它能从水溶液中结晶得到,产率达 92%。环硅氧烷三聚体的全顺式构型和包合配合物的结构已用 NMR 及 ESI-MS 测定。

6. 纳米级的十二面体

具有 I_h 对称性的十二面体是一个正多面体,含有 12 个五角形面、20 个顶角和 30 条边。具有这种高对称性(I_h 点群)的有机分子是二十烷 $C_{20}H_{20}$(dodecahedrane),是在 1982 年首次由Paquette合成的。

最近,一个无机的类似物已从金属环形结构的自组装得到。这个十二面体分子的每个顶角是三嗪配体,三(4′-吡啶)甲醇,每条边是二$[4,4′-(trans\text{-}Pt(PEt_3)_2(CF_3SO_3)]$苯,它带有 60 个正电荷,内部包含 60 个 $CF_3SO_3^-$ 负离子,沿三重轴的直径(D)大约为 5.5 nm。若 PR_3 基团中的 R 由 Et 改为 Ph,直径增大为 7.5 nm。这个分子自组装的情况示于图 20.3.20 中。

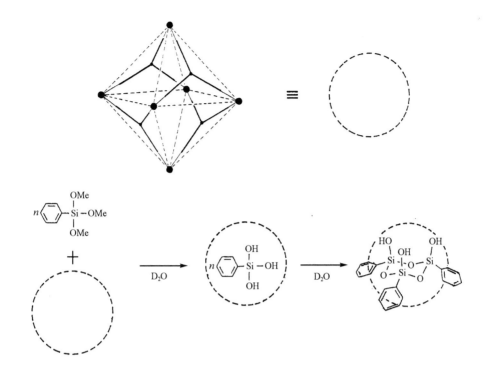

图 20.3.19   环硅氧烷三聚体在自组装的配位笼中形成并稳定化。

[参看:M. Yoshizawa，T. Kusukawa，M. Fujita and K. Yamaguchi，
J. Am. Chem. Soc. **122**，6311~6312(2000).]

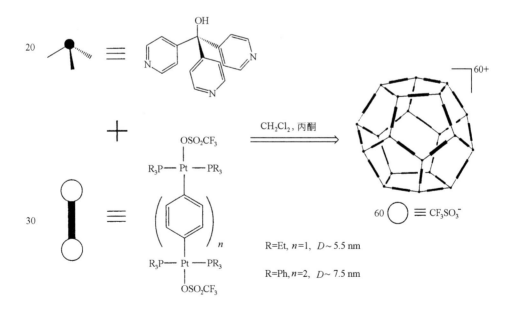

图 20.3.20   纳米级的十二面体形分子的自组装。

[为清楚起见,将三(4′-吡啶)甲醇的 OH 基团删去。参看:B. Olenyuk, M. D. Levin, J. A. Whiteford, J. E. Shield and P. J. Stang, *J. Am. Chem. Soc.* **121**,10434~10435(2000).]

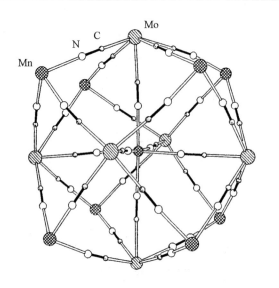

图 20.3.21 [Mn$_9$(μ-CN)$_{30}$Mo$_6$]核的结构

.[参看:J. Larionova, M. Gross, M. Pilkington, H. Andres, H. Stoeckli-Evans, H. U. Güdel and S. Decurtins, *Angew. Chem. Int. Ed.* **39**, 1605～1609(2000).]

7. 高自旋菱形十二面体

[Mn{Mn(MeOH)$_3$}$_8$(μ-CN)$_{30}${Mo(CN)$_3$}$_6$] · 5MeOH · 2H$_2$O 有 15 个金属原子,它理想的对称性为 O_h,如图20.3.21所示。其中 9 个 Mn(Ⅱ)离子组成体心立方体,6 个 Mo(Ⅴ)离子排成八面体,这两个多面体互相穿插,所以这些周界上的原子构成菱形十二面体的几何形状。其中最邻近的每一对金属原子由 μ-CN 配体连接,C 原子连着 Mo,N 原子连着 Mn。每个外层的 Mn 原子和 3 个甲醇连接,形成八面体配位。相似地,每个 Mo 原子还和 3 个端接的 CN 连接,形成八配位。实际上这个大分子对称性较低,晶体学 C_2 轴通过中心 Mn 原子和两个相对的 Mo…Mo 边的中点。这个中性分子是迄今观察到的具有最高自旋基态的物种,$S=51/2$[对 Mn(Ⅱ),

$S=5/2$;对 Mo(Ⅴ),$S=1/2$。这样体系的总自旋为 $9\times\frac{5}{2}+6\times\frac{1}{2}=25\frac{1}{2}$。]

20.4 晶体工程的实例

20.4.1 金刚石型网络

金刚石的三维网络结构可看作节点(C 原子)用连接棍(C—C 单键)按四面体方式连接而成。从晶体工程的观点,一个金刚石型网络(diamondoid network)可在概念上加以扩展。节点可以是一个原子或一个基团,具有按四面体方向连接的功能;将节点连接在一起的连接棍可以包含各种类型的化学键和作用力:离子键、共价键、配位键、氢键和弱的相互作用。

金刚烷(CH$_2$)$_6$(CH)$_4$ 的碳骨干可从金刚石的晶体结构中找出,它的结构示于图20.4.1(a)中。六次甲基四胺(CH$_2$)$_6$N$_4$ 的结构可由金刚烷中的 4 个(CH)基团用 N 原子置换得到,如图20.4.1(b)所示。这两种分子都属于 T_d-$\overline{4}3m$ 点群,都具有四面体向的连接性,它们分别含有一种和两种四面体连接的节点。如果连接棍很长,金刚石网络的孔穴将变得非常大,而能用互相穿插作用来稳定。

金刚石型网络的空旷性,在网络中有大量空旷的空间存在,容纳另外一套网络在其中互相穿插。金刚石结构由一套网络形成,并不存在穿插。如果由两套网络穿插形成晶体结构,穿插程度(ρ)为二重;若由三套网络穿插形成,穿插程度为三重。穿插程度已知有二重到九重。

许多晶体属于金刚石型结构,其中的节点和连接棍具有多样性,表 20.4.1 列出一些实例。表中的节点是具有四面体向连接功能的原子(如 O 原子)或基团[如(CH$_2$)$_6$N$_4$ 和 CBr$_4$]等。连接棍是直线形或近于直线形的化学键或能将两个节点连接在一起的各种基团。节点间的化学键具有多样性。穿插程度是指由多少套金刚石网络穿插形成。

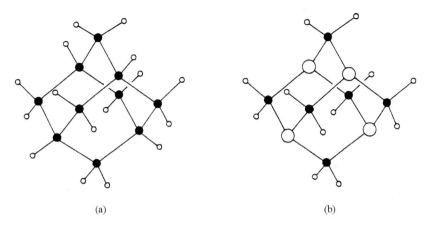

图 20.4.1 (a)金刚烷和(b)六次甲基四胺的分子结构。

表 20.4.1 金刚石类型网络

化合物	节 点	连接棍	节点间键型	穿插程度(ρ)	说 明
金刚石	C	C—C	共价键	无(一重)	
M_2O ($M=Cu,Ag,Pb$)	O	O—M—O	离子-共价键	二重	图 20.4.2
冰-Ⅶ	O	O⋯H⋯O	氢键	二重	H 原子无序化, 图 20.4.3
KH_2PO_4	$H_2PO_4^-$	O—H⋯O	氢键	二重	K^+ 在微通道中
四醋酸甲烷	$C(CH_2COOH)_4$	(见图)	二重氢键	三重	
$(CH_2)_6N_4 \cdot CBr_4$	$(CH_2)_6N_4$ 和 CBr_4	N⋯Br	N⋯Br 相互作用	二重	
$C(C_6H_5)_4 \cdot 6CBr_4$	$C(C_6H_5)_4$ 和 CBr_4	—Br⫶	Br⋯苯基的相互作用	无(一重)	图 20.4.4(a),(b)
$C(4\text{-}C_6H_4Br)_4$	$C(C_6H_4)_4$ 基元和 Br_4 合成子	C—Br	共价	三重	四面体的 Br_4 超分子合成子由弱的 Br⋯Br 相互作用结合在一起,图 20.4.4(c)和(d)
$M(CN)_2$ ($M=Zn,Cd$)	M	M←C≡N→M	配位键	二重	
$Cu(L)_2BF_4$ ($L=p\text{-}C_6H_4(CN)_2$)	Cu	Cu←NC⬡CN→Cu	配位键	五重	BF_4^- 在微通道中,图 20.4.5
$C(C_6H_4C_2C_5NH_4O)_4$ $\cdot 8CH_3CH_2COOH$	$C(C_6H_4C_2C_5NH_4O)_4$	双重 N—H⋯O	氢键	七重	图 20.4.6
$Ag(L)_2 \cdot XF_6$ ($L=4,4'\text{-}NCC_6H_4\text{-}C_6H_4CN$ $X=P,As,Sb$)	Ag	Ag←NC⬡CN→Ag	配位键	九重	XF_6^- 在微通道中
$[Ag(L)]BF_4 \cdot xPhNO_2$ $[L=C(4\text{-}C_6H_4CN)_4]$	Ag 和 $C(4\text{-}C_6H_4CN)_4$	CN→Ag	配位键	无(一重)	BF_4^- 和 $PhNO_2$ 客体分子在内部骨架空间,图 20.4.7
$[Mn(CO)_3(\mu\text{-}OH)]_4$ $\cdot (H_2NCH_2CH_2NH_2)$	$[Mn(CO)_3$ $\cdot (\mu\text{-}OH)]_4$	O—H⋯NH_2CH_2 CH_2NH_2⋯H—O	OH⋯N 氢键	三重	

　　表中所列的化合物中,第一个实例是 M_2O,如 Cu_2O。在此结构中 O 原子按四面体方向和 4 个 Cu 原子成键连接,而 Cu 原子则和 2 个 O 原子按直线形成键,所以节点是 O 原子,连接棍是 O—Cu—O。这个晶体是由两套网络穿插形成。图 20.4.2(a)示出一套独立的 Cu_2O 的金刚石型结构的网络;图(b)则为两套网络穿插形成的 Cu_2O 的真实结构。

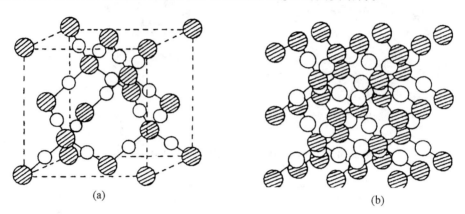

(a)   (b)

图 20.4.2　Cu_2O 的结构。

[白球代表 Cu,阴影球代表 O 原子。(a) 晶体中由一半原子形成的金刚石型网络;
(b) 由两套(a)中的网络形成的真实结构。]

　　高压下形成的冰-Ⅶ结构中,节点是 O 原子,连接棍是氢键,因 H 原子无序分布,表20.4.1 中写成 O…H…O,表示 O—H…O 和 O…H—O 存在的几率相等。冰-Ⅶ的穿插程度为二重,即它也是由两套网络穿插形成。图 20.4.3 示出两套网络互相穿插的情况。

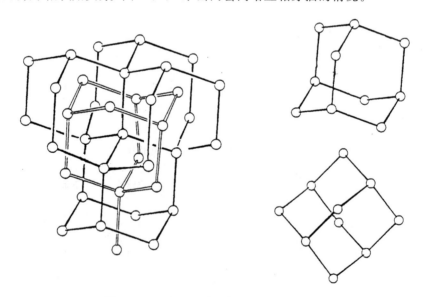

图 20.4.3　冰-Ⅶ两套网络互相穿插的情况。

　　图 20.4.4(a)和(b)示出 $C(C_6H_5)_4 \cdot 6CBr_4$ 结构。在此结构中节点由 $C(C_6H_5)_4$ 和 CBr_4 组成,连接棍是 Br 和苯基的相互作用,图中用一虚线表示,它们形成六次甲基四胺型的结构基元。图 20.4.4(c)和(d)示出 $C(4\text{-}C_6H_4Br)_4$ 的结构,这一结构是变形的六次甲基四胺型。若把由 4 个

Br 原子聚集形成的四面体合成子看作节点,另一节点为 C 原子,则连接棍为 p-苯基基团。

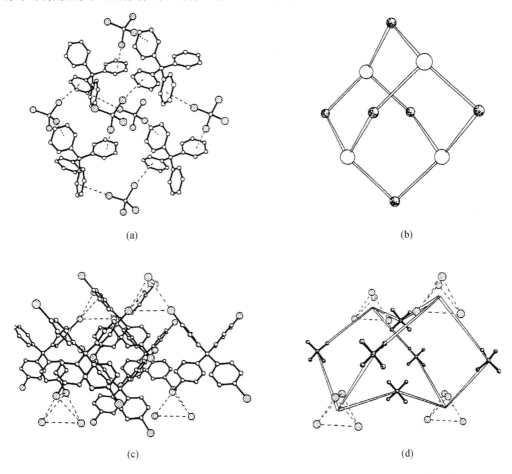

$$(a) \qquad\qquad (b)$$

$$(c) \qquad\qquad (d)$$

图 20.4.4　(a)和(b) C(C₆H₅)₄ · 6CBr₄ 的结构;(c)和(d) C(4-C₆H₄Br)₄ 的结构。

图 20.4.5 示出[Cu{1,4-C₆H₄(CN)₂}₂]BF₄ 的结构示意图,图 20.4.5(a)中节点为 Cu 原子,按四面体向成键,连接棍为 Cu←NC—C₆H₄—CN→Cu 中的配位体,图中用一粗线段表示,它们连接成金刚烷的结构单元。图 20.4.5(b)示出这些金刚烷结构单元沿着它的二重轴方向等距离地排列,互相穿插,形成五重穿插的网络。其他的空间由 BF₄⁻ 离子填充。

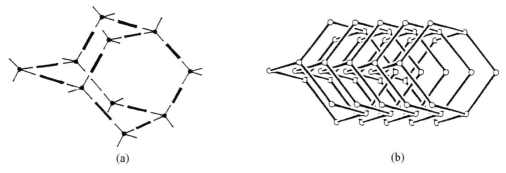

$$(a) \qquad\qquad (b)$$

图 20.4.5　[Cu{1,4-C₆H₄(CN)₂}₂]BF₄ 的结构:
(a) 金刚烷型的结构单元;(b) 五重穿插的网络。

图 20.4.6 示出 C(C₆H₄C₂C₅NH₄O)₄·8CH₃CH₂COOH 的结构。在这个结构中，整个 C(C₆H₄C₂C₅NH₄O)₄ 分子就是一个节点，该分子结构示于图的右上方，这些节点通过一对 N—H···O 氢键连接成金刚烷型的结构。由于在这结构中存在巨大的骨架形成的空间，实际的结构是七重穿插的网络，尚剩余空位容纳乙醇客体分子。

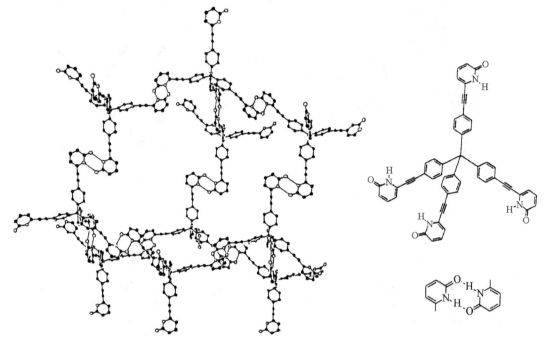

图 20.4.6   C(C₆H₄C₂C₅NH₄O)₄·8CH₃CH₂COOH 的结构。

（右上方是节点上分子的结构，右下方是连接棍结构。）

图 20.4.7 示出 [Ag{C(4-C₆H₄CN)₄}]BF₄·xPhNO₂ 的结构。在此结构中结构单元是六

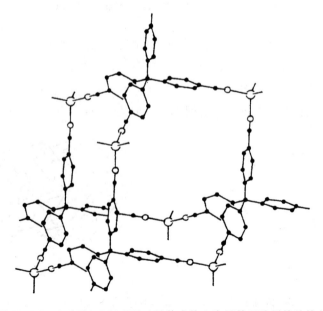

图 20.4.7   Ag{C(4-C₆H₄CN)₄} 组装成的六次甲基四胺型的结构单元。

次甲基四胺型。它的节点由 Ag 和 C(4-C_6H_4CN)$_4$ 组成,连接棍为 CN→Ag 配位键,中央的空位由硝基苯和 BF_4^- 离子填满。

20.4.2　由南瓜尼构成的转子结构

南瓜尼(cucurbituril)是一个分子式为($C_6H_6N_4O_2$)$_6$ 的六聚大环化合物,它的形状像南瓜。南瓜尼是一个大环空穴配体,具有理论上的 D_{6h} 对称性,它带有疏水的内腔,直径约为 550 pm,两端的入口直径约 400 pm,在其边缘上每边都带着 6 个亲水的羰基,如图 20.4.8(a)所示。

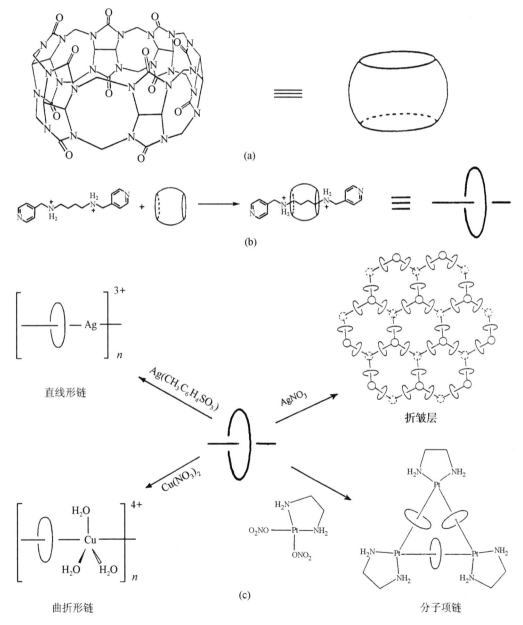

图 20.4.8　(a) 南瓜尼的分子结构和它作为一个"分子念珠"的简化表示;(b) 二质子化的 N,N'-双(4-吡啶甲基)-1,4-二氨基丁烷穿入南瓜尼空腔,形成转子及其简化表示;(c) "转子"和不同试剂反应,形成线性高聚物、折皱层和"分子项链"。

　　南瓜尼和质子化的二氨基丁烷反应形成包合配合物,像一根线穿过念珠形成一个"转子",如图 20.4.8(b)所示。由于氨基上的质子和念珠口上的羰基能形成氢键,加上念珠内壁的疏水性适合于丁烷的碳氢链,所以结构稳定。线两端的氨基各连接一个甲基吡啶,可作为配位体和过渡金属配位结合,形成链形高聚物、层形的二维网络高聚物及环形的"分子项链",如图 20.4.8(c)所示。图中二维网络高聚物,是以 Ag(Ⅰ)离子为顶点、"转子"单元为边形成椅型六元环稠合构成,NO_3^- 处在网络上、下和 Ag(Ⅰ)配位。在晶体结构中,两组平行的二维网络按不同的方向形成 69°的二面角堆叠在一起,它们互相穿插,其中一组的六元环和另一组的 4 个六元环连锁,反之亦然。图 20.4.9 示出直线形和曲折形多轮烷高聚物的结构。

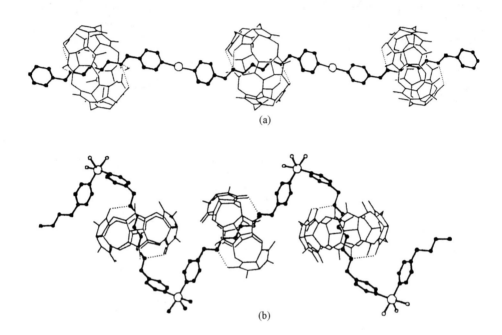

图 20.4.9　"转子"和过渡金属配位体配合形成:(a) 直线形和(b) 曲折形线性高聚物的结构。

　　"转子"结构单元中的 4-吡啶基可以用其他功能团置换,以改变它的性质。用 3-氰苄基 ($NC—C_6H_4CH_2—$)置换 4-吡啶基后,和 $Tb(NO_3)_3$ 在水热条件下进行反应,氰基转变为羧酸基团,进一步和 Tb^{3+} 配位,形成三维配位高聚物网络。在此网络结构中,以二核 Tb^{3+} 为中心和两种配位类型的"转子"组成三维骨架,如图 20.4.10 所示。这个骨架也可看作配位类型 Ⅰ 的"转子"和两个 Tb^{3+} 侧接桥连,形成二维的层,再通过配位类型 Ⅱ 的"转子"连接成三维骨架。晶体堆积中的空间则由自由的"转子"、异号的 NO_3^- 和 OH^- 离子及水分子所填充。

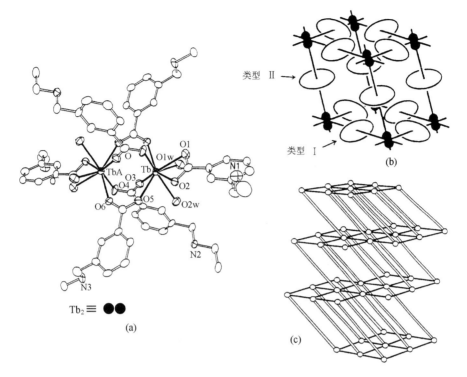

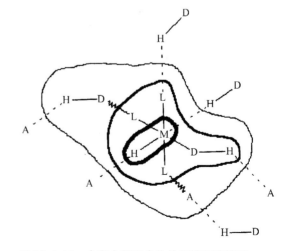

图 20.4.10　(a)"转子"围绕中心对称的二核 Tb³⁺ 的配位几何结构;
(b) 晶胞示意图; (c) 三维骨架结构。

[单线代表配位类型 I 的"转子",双线代表配位类型 II 的"转子",白球代表二核 Tb³⁺。

参看:E. Lee, J. Heo and K. Kim, *Angew. Chem. Int. Ed.* **39**,2699~2701(2000).]

20.4.3　利用氢键的无机晶体工程

在无机晶体设计中氢键的应用近年已得到突出发展。一个包含金属和金属配合物超分子化学的框架已由 Dance 和 Brammer 的氢键区域模型提出,如图 20.4.11 所示。金属配合物的中心区域由金属原子 M 或金属氢化物基团,或金属簇合物的多个金属原子所组成。配位体区域由直接键连到金属中心的配位体原子组成。外围区域是配合物的最外部分,由配位体中与金属中心没有强的电子相互作用的部分组成。

由给体基团(M)O—H 和(M)N—H 引起的氢键是最常见的。σ 型的配位体有羟基(OH),水(H₂O),醇(ROH)及胺(NH₃,NRH₂,NR₂H)。受体包括卤素型(M—X,X为 F,Cl,Br,I),氢化物型(D—H⋯H—M 和D—H⋯H—E,E 为 B,Al,Ga)以及羰基型

图 20.4.11　含有金属配合物的氢键区域模型。

(D 和 A 分别代表给体和受体原子。

注意 M—H 和 D—H 单元在区域中都保持完整。)

（D—H…OC—M）。

由氢键加强的配位聚合物的一些实例讨论于下。

1. 链

在 Fe(η^5-CpCOOH)$_2$ 晶体结构中，羧基以 R_2^2(8)型互相作用的二聚体合成子形成的氢键结合的链，如图 20.4.12(a)所示。[Ag(烟酰胺)$_2$]CF$_3$SO$_3$ 为梯形结构，它由带有 R_2^2(8)酰胺二聚体相互作用组成的横档通过 N—H…O 连接体增长，如图 20.4.12(b)所示。两个 CF$_3$SO$_3^-$ 离子（图中未示出）处在中心对称的大环的内侧，它的 O 原子形成 N—H…O—S—O…H—N氢键和弱的 Ag…O…Ag 桥键。[Ru(η^5-Cp)(η^5-1-p-甲苯基-2-羟基茚基)]晶体结构的特点是由 O—H…π(Cp)氢键连接成曲折的链，如图 20.4.12(c)所示。

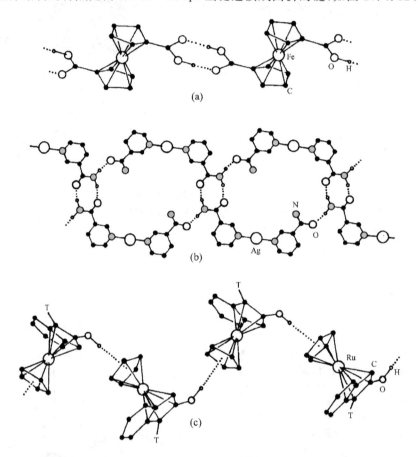

图 20.4.12　氢键连接的链：(a) Fe(η^5-CpCOOH)$_2$；(b) [Ag(烟酰胺)$_2$]$^+$；
(c) [Ru(η^5-Cp)(η^5-1-p-甲苯基-2-羟基茚基)]。（T 代表甲苯基。）

[Pt(NCN—OH)Cl]和[Pt(SO$_2$)(NCN—OH)Cl]的晶体结构示于图 20.4.13 中，式中 NCN 为三配位基螯合配位体{C$_6$H$_2$-4-(OH)-2,6-(CH$_2$NMe$_2$)$_2$}$^-$。无色的配合物[Pt(NCN—OH)Cl]是由 O—H…Cl(Pt)氢键连成平行曲折的链，如图 20.4.13(a)所示。它能可逆地吸收 SO$_2$，伴随着颜色的改变而成 SO$_2$ 配位体配位的橙色配合物[Pt(SO$_2$)(NCN—OH)Cl]，其中含有 S…Cl 给体-受体相互作用，形成层状阵列，如图 20.4.13(b)所示。

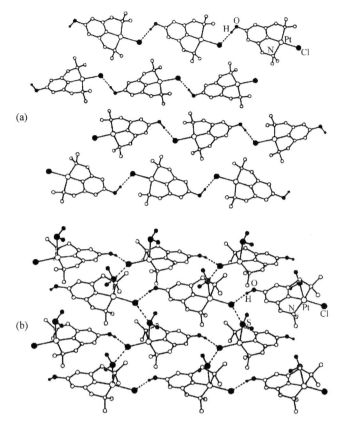

图 20.4.13 (a) 由 O—H···Cl 氢键结合的[Pt(NCN—OH)Cl]的曲折链;
(b) 由附加的 S···Cl 给体-受体相互作用增强的[Pt(SO₂)(NCN—OH)Cl]的三维网络。

2. 二维网络

在[Pt(L₂)(HL)₂]·2H₂O (HL 为异烟酸)中,由 O—H···O 氢键结合的四方格栅结构示于图 20.4.14(a)。水分子(未示出)占据三重穿插网络的通道中。[Zn(SCNH₂NHNH₂)₂(OH)₂][1,4-O₂CC₆H₄CO₂]·2H₂O 的晶体为砖墙型层状结构,如图 20.4.14(b)所示。每个 N,S-螯合氨基硫脲配位体与一个对苯二酸盐离子的一个羧基结合,形成两个给体氢键,还与另一对苯二酸盐离子结合形成一个给体氢键。层中还通过 N—H···O 及 O—H···O 氢键与水分子(未示出)连接。配合物[Ag(烟酰胺)₂]PF₆ 具有人字形正离子层,它由酰胺的 N—H···O 氢键构成,如图 20.4.14(c)所示。这种层进一步和 PF₆⁻ 离子通过 N—H···F 和 C—H···F 氢键交联。

3. 三维网络

在配合物[Cu(L)₄]PF₆[L 为 3-氰基-6-甲基吡啶-2(IH)酮]中,氢键的连接包含有酰氨基 $R_2^2(8)$ 超分子的合成子,如图 20.4.15(a)所示。每个 Cu(Ⅰ)中心作为一个四面体接点,形成四重穿插的正离子金刚石型网络。在晶体[Mn(μ₃-OH)(CO)₃]₄·2(bipy)·2CH₃CN 中四面体的金属簇合物[Mn(μ₃-OH)(CO)₃]₄ 可与直线形的 4,4′-二吡啶连接棒构建成金刚石型网络,如图 20.4.15(b)所示。

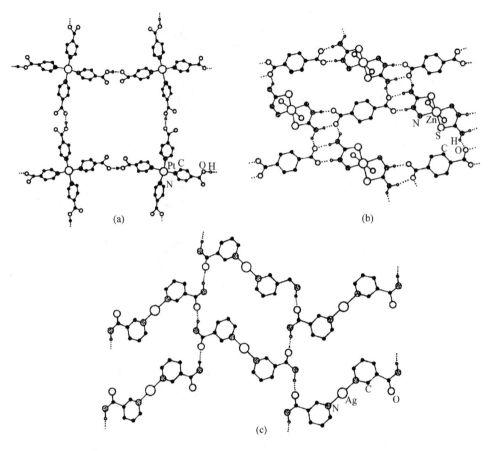

图 20.4.14　(a) 在[Pt(L₂)(HL)₂]·2H₂O(HL 为异烟酸)中的四方栅格;(b) 在[Zn(氨基硫脲)(OH)₂](对苯二酸盐)·2H₂O 中的砖墙形层;(c) [Ag(烟酰胺)₂]PF₆ 的正离子层结构。

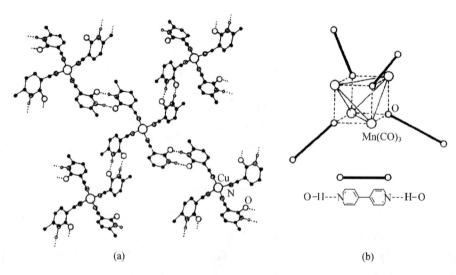

图 20.4.15　(a)在[Cu(L)₄]PF₆(L＝吡啶酮配位体)中,正离子金刚石型网络的一部分;(b)在[Mn(μ₃-OH)(CO)₃]₄·2(bipy)·2CH₃CN 中金刚石型网络的分子组分和连接型式。

20.4.4　在尿素/硫脲配合物中不稳定的无机/有机负离子的生成和稳定化

尿素、硫脲或它们的衍生物常用作超分子构建的建筑基块,因为它们含有酰胺功能团,可以形成较确定的、可预见的中等强度的 N—H⋯X 氢键。此外,当有负离子存在时,氢键可以比不带电荷的物种的键能($10 \sim 65\ kJ\ mol^{-1}$)强 2~3 倍($40 \sim 190\ kJ\ mol^{-1}$)。因此,利用这类有电荷帮助的 N—H⋯X^{-} 氢键的相互作用和大的四烷基铵正离子作为客体模板,一些不稳定的有机负离子 A^{-} 可以原地产生并稳定化。以尿素/硫脲负离子作主体骨架形成的一系列具有新的拓扑特点的 $R_4N^{+}A^{-} \cdot m(NH_2)_2CX$ (X 为 O,S)包合物已经得到了表征。

1. 二氢硼酸盐

硼酸是硼氧化合物的原型和主要来源。它通常不具有像 Brønsted 酸那样生成共轭碱负离子 $[BO(OH)_2]^{-}$,而是像 Lewis 酸那样生成四面体形的负离子$[B(OH)_4]^{-}$。在浓度高于 $0.1\ mol\ L^{-1}$,包含两个主要单体物种$[B(OH)_3$ 和 $B(OH)_4^{-}]$的缩聚反应的第二个平衡,导致生成寡聚体,如一价三硼酸负离子$[B_3O_3(OH)_4]^{-}$,二价三硼酸负离子$[B_3O_3(OH)_5]^{2-}$,四硼酸$[B_4O_5(OH)_4]^{2-}$和五硼酸$[B_5O_6(OH)_4]^{-}$等负离子。然而,在包合物$[(CH_3)_4N]^{+}[BO(OH)_2]^{-} \cdot 2(NH_2)_2CO \cdot H_2O$ 的主体骨架中,瞬间存在的物种$[BO(OH)_2]^{-}$和邻近的尿素分子通过氢键相互作用得到稳定。

具有晶体学 *m* 对称性和形式上有 B=O 双键的结构式(Ⅰ)有着明显占优势的贡献,如图 20.4.16 所示。$[(CH_3)_4N]^{+}[BO(OH)_2]^{-} \cdot 2(NH_2)_2CO \cdot H_2O$ 的晶体结构沿$[010]$方向的投影图示于图 20.4.17 中。晶体中主体阵列组成单一方向平行排列的通道,它的横截面像花生形。每个一半球体的直径约为 704 pm,在通道腰部两对面间的距离约为 585 pm。在每个通道中的两半球体内有序地排放着四甲基铵正离子。

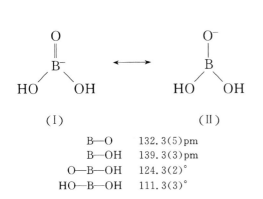

B—O	132.3(5)pm
B—OH	139.3(3)pm
O—B—OH	124.3(2)°
HO—B—OH	111.3(3)°

图 20.4.16　二氢硼酸离子$[BO(OH)_2]^{-}$ 的价键结构式以及在$[(CH_3)_4N]^{+}[BO(OH)_2]^{-} \cdot 2(NH_2)_2CO \cdot H_2O$ 中测定的数值。

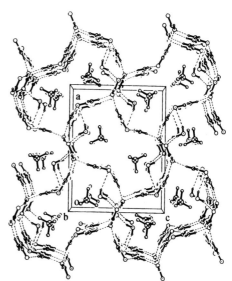

图 20.4.17　$[(CH_3)_4N]^{+}[BO(OH)_2]^{-} \cdot 2(NH_2)_2CO \cdot H_2O$ 的晶体结构。

[图中表明通道沿 *b* 轴延伸并包藏正离子,虚线代表氢键。参看:Q. Li, F. Xue and T. C. W. Mak, *Inorg. Chem.* **38**, 4142~4145(1999).]

2. 脲基甲酸盐和3-硫脲基甲酸盐

脲基甲酸酯 $H_2NCONHCOOR$ 是在文献中记载的最老的有机化合物之一。母体脲基甲酸 $H_2NCONHCOOH$ 自由态时并未知道,而脲基甲酸无机盐不稳定,易被水解成二氧化碳、尿素和碳酸盐。可是这个难以捉摸的脲基甲酸盐负离子可在下列三种包合物中原地生成并稳定化:

(1) $[(CH_3)_4N]^+[NH_2CONHCO_2]^- \cdot 5(NH_2)_2CO$

(2) $[(n\text{-}C_3H_7)_4N]^+[NH_2CONHCO_2]^- \cdot 3(NH_2)_2CO$

(3) $[(CH_3)_3N^+CH_2CH_2OH][NH_2CONHCO_2]^- \cdot (NH_2)_2CO$

图 20.4.18 示出 $[(CH_3)_4N]^+[NH_2CONHCO_2]^- \cdot 5(NH_2)_2CO$ 晶体中主体骨架的一部分的结构。两个相邻的脲基甲酸负离子按头对尾的方式排列,并以 N—H⋯O 氢键和 N—H⋯O⁻ 电荷协助氢键与尿素分子相连形成曲折条带。这条带进一步用一对 N—H⋯O⁻ 氢键连接到另一中心对称关系的条带形成双条带。

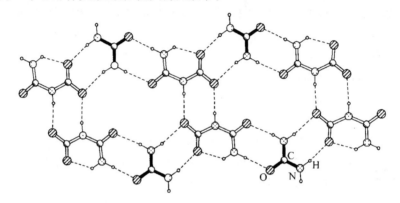

图 20.4.18 在 $[(CH_3)_4N]^+[NH_2CONHCO_2]^- \cdot 5(NH_2)_2CO$ 晶体中主体骨架的一部分结构。

[参看:T. C. W. Mak, W. -H. Yip and Q. Li, *J. Am. Chem. Soc.* **117**, 11995~11996(1995).]

迄今尚未知的3-硫脲甲酸负离子已被圈在 $[(n\text{-}C_4H_9)_4N]^+[H_2NCSNHCO_2]^- \cdot (NH_2)_2CS$ 晶体的主体阵列中。脲基甲酸和3-硫脲甲酸离子的分子结构和键长值示于图20.4.19中。如所期望,3-硫脲甲酸负离子中参与形成分子内氢键的 C—O 键的键长要比脲基甲酸负离子长。

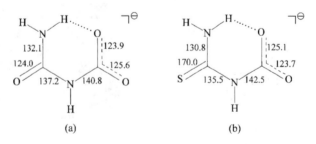

图 20.4.19 (a) 脲基甲酸负离子和(b) 3-硫脲基甲酸负离子的结构和键长。

[参看 C. -K. Lam ,T. -L. Chan and T. C. W. Mak, *Cryst. Eng. Comm.* **6**, 290~292(2004).]

3. 玫棕酸二价负离子的价键互变异构体

玫棕酸二价负离子 $C_6O_6^{2-}$ 是单环碳氧负离子 $C_nO_n^{2-}$ [$n=3$, deltate; $n=4$, squarate; $n=5$,

克酮酸根,croconate;$n=6$,玫棕酸根,rhodizonate]系列的一个成员,它们作为非苯环芳香化合物早已认识,这些负离子的结构式如下:

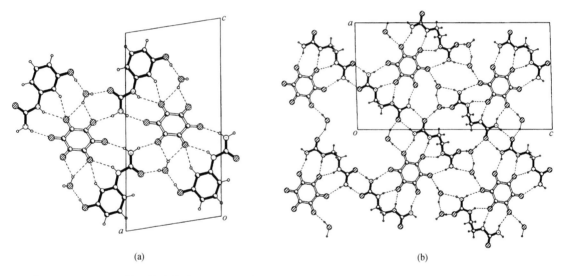

但是玫棕酸根六元环物种在水溶液中容易受到氧化的环收缩反应成为克酮酸盐二价负离子$C_5O_5^{2-}$,还会被碱催化分解。近来,这些相关的不稳定物种在两个新的包合物中:

　　晶体 Ⅰ :$[(n\text{-}C_4H_9)_4N^+]_2[C_6O_6^{2-}] \cdot 2[m\text{-}(OH)C_6H_4NHCONH_2] \cdot 2H_2O$

　　晶体 Ⅱ :$[(n\text{-}C_4H_9)_4N^+]_2[C_6O_6^{2-}] \cdot 2(NH_2CONHCH_2CH_2NHCONH_2) \cdot 3H_2O$

通过氢键的稳定作用已在原地形成得到,分别示于图 20.4.20(a)和(b)中。

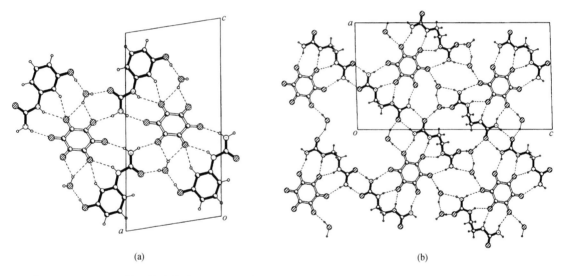

(a)　　　　　　　　　　　　　(b)

图 20.4.20　(a)晶体 Ⅰ 的主体阵列结构沿 b 轴的投影(图中示出围绕中心对称的 $C_6O_6^{2-}$ 的氢键作用);

(b)晶体 Ⅱ 的结构沿 b 轴的投影图。

[参看:C. -K. Lam and T. C. W. Mak, *Angew. Chem. Int. Ed.* **40**,3453~3455(2001).]

　　在晶体 Ⅰ 和晶体 Ⅱ 中,相对不稳定的 $C_6O_6^{2-}$ 物种的键长、键角测定值近似地符合于理想的 D_{6h} 和 C_{2v} 对称性,它们相应于不同的价键互变异构体,分别地显示出非苯环芳香性和烯二醇酯的特征(图 20.4.21)。

　　在晶体 Ⅱ 中,$C_6O_6^{2-}$ 的电荷定域结构的出现及其对称性偏离为 C_{2v},是由于它相邻的两个尿素给体和一对水分子不等同的氢键作用所引起[见图 20.4.20(b)]。

　　4. $C_5O_5^{2-}$ 的价键互变异构体

　　在$[(n\text{-}C_3H_7)_4N^+]_2(C_5O_5^{2-}) \cdot 3(NH_2)_2CO \cdot 8H_2O$ 晶体的主体阵列中,$C_5O_5^{2-}$ 处于比较对称的氢键环境(见图 20.4.22),因此实验测定的构型值与其基态时所期望的 D_{5h} 对称的电荷定域结构符合较好,如图 20.4.23(a)所示。

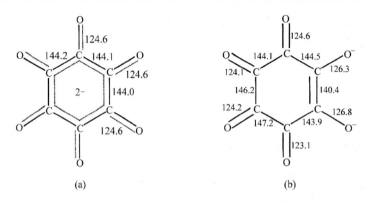

图 20.4.21　$C_6O_6^{2-}$ 的两种价键互变异构体。

[(a)D_{6h} 和(b)C_{2v} 的结构及在晶体Ⅱ中的键长测定值(单位：pm)。]

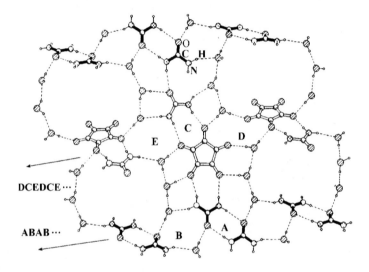

图 20.4.22　$[(n\text{-}C_3H_7)_4N^+]_2(C_5O_5^{2-})\cdot 3(NH_2)_2CO\cdot 8H_2O$ 的结构沿($1\bar{1}0$)面的投影图。

{平行的[尿素二聚体-$(H_2O)_2$]$_\infty$ 条带按 ABAB…排列；[$C_5O_5^{2-}$-尿素-$(H_2O)_4$]$_\infty$ 条带按 DCEDCE…排列。参看：C. -K. Lam, M. -F. Cheng, C. -L. Li, J. -P. Zhang, X. -M. Chen，W. -K. Li and T. C. W. Mak，*Chem. Commun.* 448~449(2004).}

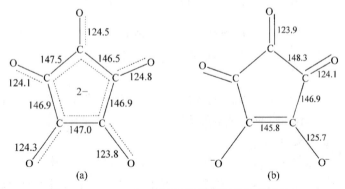

图 20.4.23　$C_5O_5^{2-}$ 离子价键互变异构体的结构。

{(a) D_{5h},(b) C_{2v}。键长值从$[(C_2H_5)_4N^+]_2(C_5O_5^{2-})\cdot 3(CH_3NH)_2CO$ 晶体测得，单位为 pm。}

在 $[(C_2H_5)_4N^+]_2(C_5O_5^{2-})\cdot3(CH_3NH)_2CO$
晶体的主体阵列中,$C_5O_5^{2-}$ 处在二重轴上,通过
N—H⋯O 氢键直接地和 3 个 1,3-二甲基尿素
分子连接成半圆形的结构单元,如图20.4.24所
示。在此结构中,每个 O(1) 型氧原子形成两个
强的受体与从 1,3-二甲基尿素分子的一对
N—H给体形成氢键,而每个 O(2) 型氧原子只
形成一个N—H⋯O氢键。相反,单独的 O(3)
型氧原子与相邻的$(C_2H_5)_4N^+$正离子通过两个
弱的N—H⋯O氢键而稳定。这样一个高的不
对称环境形成一个围绕 $C_5O_5^{2-}$ 离子明显的氢键
给体强度的梯度,它有助于 C_{2v} 异构体的稳定作

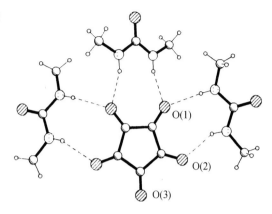

图 **20.4.24**　在 $[(C_2H_5)_4N^+]_2(C_5O_5^{2-})\cdot$
$3(CH_3NH)_2CO$ 晶体中,$C_5O_5^{2-}$ 离子的氢键环境。

用,导致环形体系的C—C和 C—O 键长度都有明显的不同,如图 20.4.23(b)。

　　在本小节中所给的实例说明晶体工程提供了一个可行的方案去破坏分子物种经典价键形式
的简并性,同时表明一个难以捉摸的负离子可以通过氢键和相邻氢键给体互相作用,在晶态包合
物中原地生成并稳定化,这种给体,如尿素/硫脲或它们的衍生物,具有超分子稳定剂的功能。

20.4.5　超分子组装中的卤素-卤素相互作用

1. 卤键的特征及其作用模式

　　卤键的起源与特征在第 17 章已有讨论。卤键(XB)通常可以表示为 D⋯X—Y:

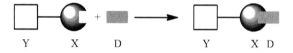

其中,X = I, Br, Cl,为亲电的卤素原子(Lewis 酸,XB 供体);Y 是碳、氮或卤素原子等;D 是
电子密度的供体(Lewis 碱,XB 受体),可以是 N、O、S、Se、Cl、Br、I、I^-、Br^-、Cl^-、F^- 等。
　　卤素⋯卤素相互作用(X⋯X; X = F,Cl,Br 或 I)在超分子网络组装中可用作设计元素。
在对称的 I 型和弯曲的 II 型几何形状中可以出现的 C—X_1⋯X_2—C 的接触,可用三参数、两角
度进行表征:$\theta_1 = $ C—X_1⋯X_2 和 $\theta_2 = $ X_1⋯X_2—C(对类型 I,$\theta_1 = \theta_2$;对类型 II,$\theta_1 \approx 180°$,
$\theta_2 \approx 90°$,图 20.4.25)。一般说来,弯曲型对应角度通常发生在较轻的卤素原子处,这是由于
较重的卤素偏正电且易极化。
　　Desiraju 提出了以下划分类型 I 和类型 II 的标准:(1)$0° \leqslant |\theta_1 - \theta_2| \leqslant 15°$为类型 I;(2)
$|\theta_1 - \theta_2| \geqslant 30°$为类型 II;(3)接触角 $15° \leqslant |\theta_1 - \theta_2| \leqslant 30°$ 为准 I/II 型。图 20.4.25 示出 X⋯X
接触的静电作用本质,纯 II 型的$|\theta_1 - \theta_2|$主要范围:对 Cl⋯Cl 为 45°～50°,对 Br⋯Br 为 55°～
60°,对 I⋯I 为 65°～70°,这表明 II 型相互作用的角度参数随极化率增加而更显著。就距离而
言,在最短距离处类型 I 占优势,而在接近范德华半径的总和时类型 II 占主导。然而,当距离
大于范德华半径的总和时,类型 I 再次受到青睐。这些研究的一个重要发现是:I 型是基于几
何形状的接触,它由密堆积产生,适用于所有卤素;而源于亲电体-亲核体配对的 II 型,才是真
正的卤键。此外,有机氟更倾向 I 型的 F⋯F 接触,而 Cl、Br 和 I 更倾向于 II 型接触。相反,异
卤素⋯卤素相互作用主要是 II 型几何结构,因为较重卤素元素的电子云的极化率较高。另

外,X_3(Cl_3,Br_3,I_3)超分子合成子通常在晶体工程中作为设计单元。

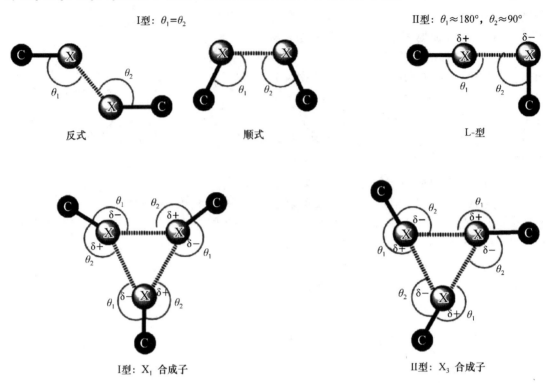

图 20.4.25 卤素…卤素相互作用:I 型和 II 型 X_3 超分子合成子的几何分类。

〔参看:A. Mukherjee, S. Tothadi and G. R. Desiraju, Halogen bonds in crystal engineering: Like hydrogen bonds yet different, *Acc. Chem. Res.* **47**, 2514~2524 (2014).〕

2. 基于卤键的金属卤化物的超分子网络

近年来,由卤键结合组装的含金属的超分子网络越来越多。与金属键合的卤素和卤离子具有强亲核性且充当卤键受体,而与碳键合的卤素具有强亲电性且充当卤键供体。因此,卤键在分子间识别和自组装过程的控制中起主要作用。图 20.4.26 示出两例金属卤化物中通过卤键形成的超分子网络结构。

3. 卤素键合的有机骨架

下文将重点讨论几例基于卤键的有机骨架(XOFs)的超分子组装。在 17.2.3 节已经介绍过一例椭球形超分子胶囊的卤键组装,通过卤键作用可以得到更多类型的结构。

四面体形的四[4-(碘乙炔基)苯基]甲烷(tetrakis-[4-(iodoethynyl)phenyl]methane)和四苯基卤化镤(tetraphenylphosphonium halides,图 20.4.27)之间发生反应,即生成由 C—I…X^-(X^-=Cl、Br、I)支撑的类金刚石型穿插结构。由卤键形成的该系列超分子网络等结构体中,卤化物阴离子充当四连接的节点,而四苯基镤阳离子充当模板和结构支持物(图 20.4.28),季铵盐如四乙基铵、四丁基铵的卤化物亦可代替镤阳离子充当模板和结构支持物。

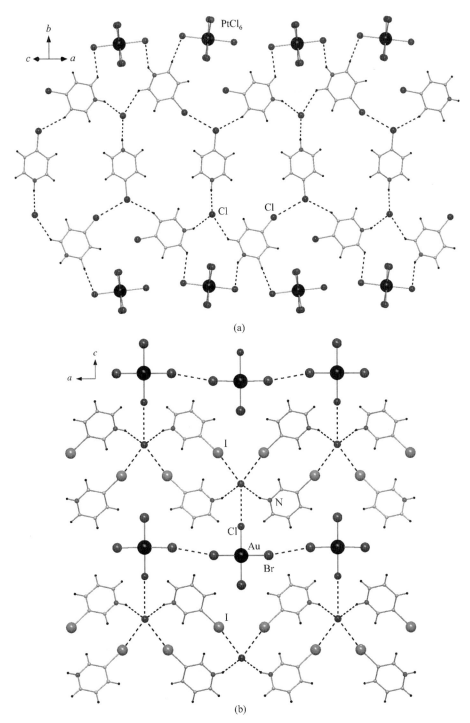

图 20.4.26　金属卤化物结构中的非共价相互作用：

(a) (4-ClpyH)$_3$[PtCl$_6$]Cl；(b) (3-IpyH)$_2$[AuBr$_{3.35}$Cl$_{0.65}$]Br$_{0.30}$Cl$_{0.70}$.

[参看：F. Zordan, S. L. Purver, H. Adams and L. Brammer, Halometallate and halide ions：Nu-cleophiles in competition for hydrogen bond and halogen bond formation in halopyridinium salts of mixed halide-halometallate anions, *CrystEngComm* **7**, 350~354 (2005).]

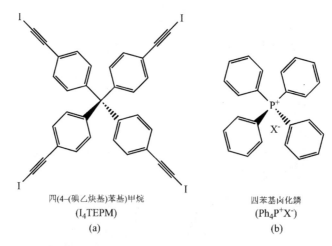

四(4-(碘乙炔基)苯基)甲烷
(I₄TEPM)
(a)

四苯基卤化鏻
(Ph₄P⁺X⁻)
(b)

图 20.4.27　四[4-(碘乙炔基)苯基]甲烷(a)和四苯基卤化鏻(b)的结构式(X⁻ = Cl⁻, Br⁻, I⁻)。

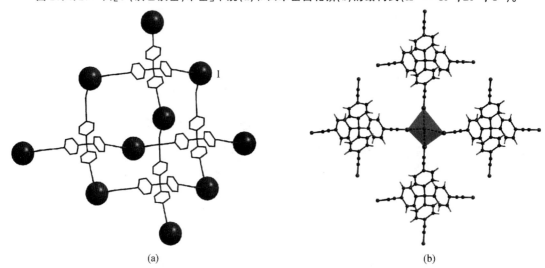

(a)

(b)

图 20.4.28　I₄TEPM · Ph₄P⁺I⁻ 的晶体结构:

(a)突出其菱形特征(为清晰起见,省略氢原子和四苯基鏻阳离子);

(b)碘离子周围的四面体配位环境。

[参看:C. A. Gunawardana, M. -Daković and C. B. Aakeröy, Diamondoid architectures from halogen-bonded halides, *Chem. Commun.* **54**, 607～610 (2018).]

关于通过卤素键合装配超分子结构的更多内容,参看如下两篇综述。[G. Cavallo, P. Metrangolo, R. Milani, T. Pilati, A. Priimagi, G. Resnati and G. Terraneo, The halogen bond, *Chem. Rev.* **116**, 2478～2601 (2016); B. Li, S. -Q. Zang, L. -Y. Wang and T. C. W. Mak, Halogen bonding: A powerful, emerging tool for constructing high-dimensional metal-containing supramolecular networks, *Coord. Chem. Rev.* **308** 1～21 (2016).]

20.4.6　Ag(Ⅰ)多面体与包藏其中的 C₂²⁻ 的超分子自组装

1998 年以来,范围广泛的包含 Ag₂C₂ 的晶态的二组分、三组分和四组分复盐已得到合成和表征(参看 14.3.5 小节及本章参考文献[17])。[Ag₂C₂ 的 IUPAC 的名称为 silver acelylenediide(乙炔化二银),旧称 silver acetylide(乙炔银)]。含 Ag_2C_2 的二组分、三组分和四组分的复盐可分别用化学式 $Ag_2C_2 \cdot nAgX, Ag_2C_2 \cdot mAgX \cdot nAgY$ 和 $Ag_2C_2 \cdot lAgX \cdot mAgY \cdot nAgZ$ 表示。累积的实验数据表明 C_2^{2-} 离子优先地处于 $C_2@Ag_n(n=6\sim10)$ 一价银的多面体中。多面体由离子键、共价键(σ,π 和混合型)和亲银作用(参见 19.6.2 小节)结合并稳定化。但 $C_2@Ag_n$ 笼十分易变,它的形成受多种因素的影响,如溶剂、温度、反应物化学计量比以及共存的负离子配位体、中性辅助的配位体、外向-二配位点的桥连配位体、冠醚、大四氮杂环和有机正离子等,所以笼的大小和形状一般不能预见。

1. 分立的分子

为了获得分立的分子,一个有效的谋略是在 $C_2@Ag_n$ 周围用中性的、多啮配位体安置保护防线,该配体具有封挡基团或端点阻止物功能。

小的冠醚已用作结构引导剂进入含 Ag_2C_2 体系以阻止银多面体的连接性和交联。从 $Ag(\mathrm{I})$(软正离子)与冠醚(硬氧配位点)的较弱主-客体互补性来判断,冠醚不会对 $C_2@Ag_n$ 的形成起重大影响,但可以作为银笼多面体一个顶点的加帽配位体。

$[Ag_2C_2 \cdot 5CF_3CO_2Ag \cdot 2(15C5) \cdot H_2O] \cdot 3H_2O$ (其中 15C5 为[15]冠醚 5)可从含有乙炔银、三氟乙酸银和冠醚的水溶液中得到。在该晶体中,分立的 $C_2@Ag_7$ 单元为五角双锥形,其中 4 个赤道的棱边由 $CF_3CO_2^-$ 基团桥连,另一个由单啮 $CF_3CO_2^-$ 和 H_2O 配位;两个轴顶角上的 Ag 原子则分别和一个 15-冠醚-5 结合,如图 20.4.29(a)所示。

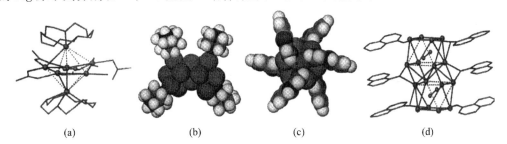

(a)　　　　　　　(b)　　　　　　　(c)　　　　　　　(d)

图 20.4.29　(a)在$[Ag_2C_2 \cdot 5CF_3CO_2Ag \cdot 2(15C5) \cdot H_2O] \cdot 3H_2O$ 中分立分子的冠醚夹层结构(F 和 H 已删去);(b)在$[Ag_{14}(C_2)_2(CF_3CO_2)_{14}(dabcoH)_4(H_2O)_{1.5}] \cdot H_2O$ 中,分立超分子的空间充满的图形(三氟乙酸和水配体已删去);(c) 分立的超分子$[Ag_8(C_2)(CF_3CO_2)_6(L)_6]$ 沿 $\bar{3}$ 轴观看的空间充满的图形(L 为 4-羟基喹啉,三氟乙酸配体已删去);(d) 在$[(Ag_2C_2)(AgC_2F_5CO_2)_6(L)_3(H_2O)] \cdot H_2O$ 中,中心对称超分子的结构[L 为 4-羟基喹啉,五氟丙酸根和水配位体已删去]。

[参看:Q.-M. Wang and T. C. W. Mak, *Angew. Chem. Int. Ed.* **40**, 1130~1133(2001); Q.-M. Wang and T. C. W. Mak, *Inorg. Chem.* **42**, 1637~1643(2003); X.-L. Zhao, Q.-M. Wang and T. C. W. Mak, *Inorg. Chem.* **42**, 7872~7876(2003).]

在含有乙炔银/全氟羧酸银溶液中,掺和进大量辅助配体 1,4-二氮二环[2.2.2]八烷(dabco)及 4-羟基喹啉可得分立的超分子晶体。

在$[Ag_{14}(C_2)_2(CF_3CO_2)_{14}(dabcoH)_4(H_2O)_{1.5}] \cdot H_2O$ 中,其核心是一个 Ag_{14} 的双笼,它由两个三角的十二面体单笼共用一个边组成。除 $CF_3CO_2^-$ 和 H_2O 配体外,有 4 个单质子化的 dabco 配体围绕核心单元,每个都端接配位到 $Ag(\mathrm{I})$ 顶点,如图 20.4.29(b)。对于分立的分子$[Ag_8(C_2)(CF_3CO_2)_6(L)_6]$ (L 为 4-羟基喹啉),从 $\bar{3}$ 对称轴观看的图形示于图 20.4.29(c)中,包藏在菱形六面体 Ag_8 核的 C_2^{2-},无序地处于晶体学 C_3 轴,该轴通过菱形六面

体的对顶角和 C≡C 键的中心。除去 $\mu\text{-}O,O'\text{-}CF_3CO_2^-$ 外,有 6 个 L 配体围绕 Ag 核,每个 L 以 $\mu\text{-}O$ 形式桥连在一条边上。对于 $[(Ag_2C_2)(AgC_2F_5CO_2)_6(L)_3(H_2O)]\cdot H_2O$(L 为 4-羟基喹啉),其分立的超分子核心是一个中心对称的 $(C_2)_2@Ag_{16}$,它由两个变形的单加帽四方反棱柱单笼共边组成双笼。整个核心由 12 个以 $\mu\text{-}O,O'$ 形式配位的 $C_2F_5CO_2$ 配体、2 个 H_2O 和 2 个单配位和 4 个 $\mu\text{-}O$ 配位的 L 配体形成,如图 20.4.29(d)所示。

在图 20.4.29 所示的结构中,疏水的全氟羧酸的尾部以及大的辅助配体成功地阻挡了相邻银多面体间的连接,因而导致形成分立的超分子。

2. 一维的链和柱

自由的内铵盐是两性离子,它提供一个羧酸基团和四级胺基团,这一系列的原型是三甲基铵衍生物,通称内铵盐($Me_3N^+CH_2CO_2^-$,IUPAC 名称为三甲基铵乙酸酯,简称 Me_3bet)。由于它的永久的双极性以及整体的电中性,内铵盐及其衍生物(考虑作羧酸型配体),在配位聚合物的形成中,比大多数羧酸盐具有突出有利条件:① 水溶性羧酸金属盐的合成途径;② 产生新的结构种类,如具有附加的负离子配体,它有不同的金属和羧酸盐的物质的量之比,形成有金属中心的配合物;③ 容易在季胺的 N 原子上或两极性端基之间的骨干上置换不同的基团,合成出不同性质的配体。将这类配体引进含 Ag_2C_2 体系中,已分离出若干一维链形或柱形结构的配合物。

$[(Ag_2C_2)_2(AgCF_3CO_2)_9(L^1)_3]$ 为一柱状结构,它由 Ag(Ⅰ)双笼稠合组成,双笼中一个为三角十二面体,另一个为双加帽三方棱柱体,其中每个都包藏一个 C_2^{2-}。这种中性柱由 $CF_3CO_2^-$ 及 L^1 配体组成的疏水护套所覆盖,如图 20.4.30(a)所示。

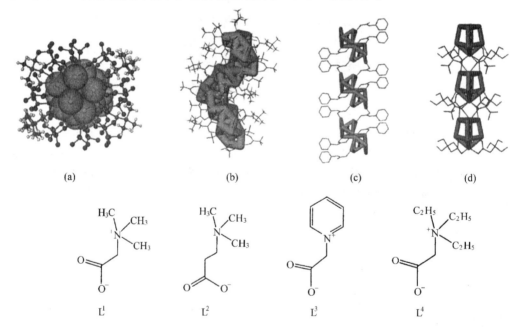

(a)　(b)　(c)　(d)

L^1　L^2　L^3　L^4

图 20.4.30　(a)在 $[(Ag_2C_2)_2(AgCF_3CO_2)_9(L^1)_3]$ 中,沿着包藏 C_2^{2-} 和带有疏水外套的无限 Ag(Ⅰ)柱投影图;(b) 在 $[(Ag_2C_2)_2(AgCF_3CO_2)_{10}(L^2)_3]\cdot H_2O$ 中,其内部包藏 C_2^{2-},其外部由 $CF_3CO_2^-$ 和 L^2 覆盖的无限 Ag(Ⅰ)螺旋柱的透视图;(c)在 $[(Ag_2C_2)(AgC_2F_5CO_2)_6(L^3)_2]$ 中,由 L^3 配体以 $\mu\text{-}O,O'$ 连接 $(C_2)_2@Ag_{16}$ 双笼形成的无限链的结构;(d)在 $[(Ag_2C_2)(AgCF_3CO_2)_7(L^4)_2(H_2O)]$ 中,由 L^4 和 $CF_3CO_2^-$ 桥连 $C_2@Ag_9$ 多面体构成的无限长链。

[参看:X.-L. Zhao, Q.-M. Wang and T. C. W. Mak, *Chem. Eur. J.* **11**, 2094~2102(2005).]

在 $[(Ag_2C_2)_2(AgCF_3CO_2)_{10}(L^2)_3]\cdot H_2O$ 中的核心是一个双笼,它由一四方反棱柱体和一变形的双加帽三方棱柱体共边形成,其中每个单笼都有一个 C_2^{2-}。这种类型的双笼稠合在一起形成螺旋柱,它由 $CF_3CO_2^-$ 和 L^2 配体组成的疏水护套所环绕,如图 20.4.30(b)所示。

在 $[(Ag_2C_2)(AgC_2F_5CO_2)_6(L^3)_2]$ 中的构建单元是一个中心对称的双笼,在其中每一半都包藏一个 C_2^{2-}。每个单笼是一个不规则的单帽三方棱柱体,还附加一个原子。L^3 配体以 $\mu\text{-}O,O'$ 配位型式连接一对双笼形成无限长链,如图 20.4.30(c)所示。

在 $[(Ag_2C_2)(AgCF_3CO_2)_7(L^4)_2(H_2O)]$ 中,基本构建单元是一变形的单加帽立方体。$CF_3CO_2^-$ 和 L^4 配体以 $\mu_3\text{-}$桥连跨在相邻的单笼形成一串珠状长链[图 20.4.30(d)]。

3. 二维结构

将辅助的 $N,N\text{-}$ 和 $N,O\text{-}$给体配体掺入含 Ag_2C_2 体系中,可导致形成一系列不寻常的二维结构化合物。

在 $[(Ag_2C_2)(AgCF_3CO_2)_4(L^5)(H_2O)]\cdot H_2O$ 的合成中,将用水热反应条件,开始的配体 4-氰基吡啶发生水解而形成 L^5。基本的构建单元是 $C_2@Ag_8$ 单笼,它为一变形的三角十二面体。这些多面体共边形成一曲折复合链,它进一步由 L^5 连成二维网架[图 20.4.31(a)]。

在 $[(Ag_2C_2)(AgCF_3CO_2)_8(L^6)_4]_n$ 中,易变的 L^6 配体的反式和邻位交叉式构象都观察到。结构单元是一个具有 C_2 对称性的中性十核聚集体 $[(Ag_2C_2)(AgCF_3CO_2)_8]$,它由一变形的四方反棱柱 $C_2@Ag_8$ 核与两个附加的 Ag 原子和 8 个桥连 $CF_3CO_2^-$ 基团组成。每个 $[(Ag_2C_2)(AgCF_3CO_2)_8]$单元被 8 个 L^6 配体包围,其中 4 个 L^6 配体采用反式构象而另外 4 个采用邻位交叉式。$[(Ag_2C_2)(AgCF_3CO_2)_8]$单元被反式 L^6 连接形成无限的链,这些链进一步被邻位交叉式构象的 L^6 交联形成二维网络[图 20.4.31(b)]。

由 L^7 配位体、H_3O^+ 和 $[Ag_{11}(C_2)_2(C_2F_5CO_2)_9(H_2O)_2]_\infty^{2-}$ 的负离子聚合体系组成 $(L^7\cdot H_3O)_2[Ag_{11}(C_2)_2(C_2F_5CO_2)_9(H_2O)_2]\cdot H_2O$ 晶体。晶体的基本构建单元是一个 Ag_{12} 双笼,它由两个不规则的单加帽三方棱柱体共边组成。双笼稠合在一起形成一条无限的、波浪形负离子柱。L^7 中的 O 原子和水分子由质子桥连而成 $L^7\cdot H_3O^+$,它和 $C_2F_5CO_2^-$ 基团通过氢键将负离子柱连成层状结构[图 20.4.31(c)]。

$[Ag_8(C_2)(CF_3CO_2)_8(H_2O)_2]\cdot(H_2O)_4\cdot(L^8H_2)$ 代表一种氢键结合的层形主体结构中含 $C_2@Ag_n$ 的不寻常的例子,其特点是有机客体物种的包合物。其核心是一个中心对称的 $C_2@Ag_8$ 单笼,其形状为略有变形的立方体。三氟乙酸配体以 μ_3 配位型式并进一步将单笼连接成曲折的无限 $Ag(I)$长链。三种独立的水分子其一是作为受体与 $L^8H_2^{2+}$ 正离子端基形成氢键,其次是作配体和 Ag 原子结合,其三是处在 C_2 轴上,作为相邻 $Ag(I)$ 链中水配体的桥的功能。中心对称的 $L^8H_2^{2+}$ 离子,每个都以氢键和一对处于相邻层间的端基水分子对结合,形成一个包合物,如图 20.4.31(d)所示。

4. 三维结构

应用 $C_2@Ag_n$ 多面体作为构建基块的谋略,通过采用潜在的外向-啮氮或氧给体在凝聚组分间桥连配体,作为新配位骨架的自组装,已分离得到显著有价值的晶体结构的三维超分子配合物。

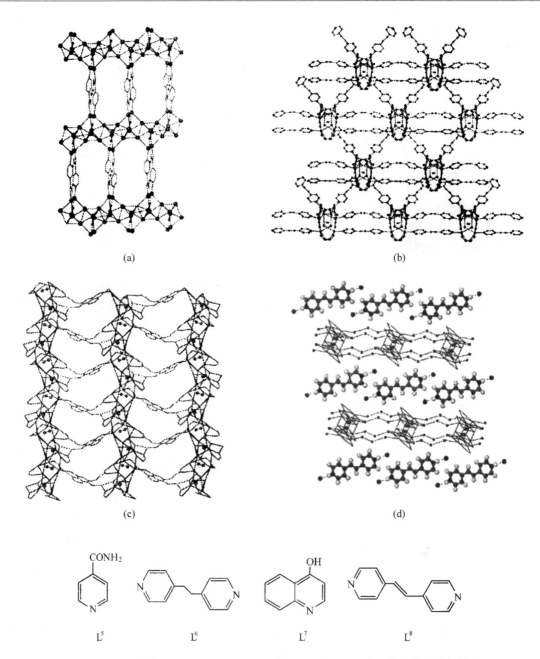

L^5 L^6 L^7 L^8

图 20.4.31 (a) 在[(Ag₂C₂)(AgCF₃CO₂)₄(L⁵)(H₂O)]·H₂O 中二维结构的球棍模型；
(b) [(Ag₂C₂)(AgCF₃CO₂)₈(L⁶)₄]ₙ 的层形结构，它由[(Ag₂C₂)(AgCF₃CO₂)₈]被反式及邻位交
叉式 L⁶ 配体交联而成；(c) 在(L⁷·H₃O)₂[Ag₁₁(C₂)₂(C₂F₅CO₂)₉(H₂O)₂]·H₂O 中，层形结构
的示意表示；(d) [Ag₈(C₂)(CF₃CO₂)₈(H₂O)₂]·(H₂O)₄·(L⁸H₂)的二维主体层形结构，它由氢
键将 Ag(Ⅰ)链接而成。[参看：X. -L. Zhao and T. C. W. Mak, *Dalton Trans.* 3212~3217(2004)；
Q. -M. Wang and T. C. W. Mak, *Inorg. Chem.* **42**, 1637~1643(2003)；X. -L. Zhao, Q. -M. Wang
and T. C. W. Mak, *Inorg. Chem.* **42**, 7872~7876(2003)；X. -L. Zhao and T. C. W. Mak,
Polyhedron, **24**, 940~948(2005).]

$[(Ag_2C_2)(AgCF_3CO_2)_4(L^9)_2]_n$ 是由银柱组成的三维骨架。银柱的基础单元是一个双笼,它由两种银多面体组成:一是不规则的三方棱柱体,另一是三方反棱柱体,每种都包含一个 C_2^{2-} 。外向-二唑连接体交联银柱以构成三维骨架,如图 20.4.32(a)所示。

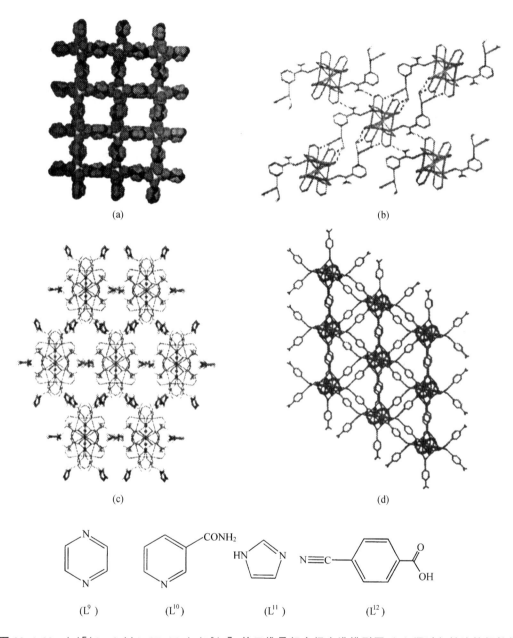

(a)

(b)

(c)

(d)

(L^9)　　　(L^{10})　　　(L^{11})　　　(L^{12})

图 20.4.32 (a) $[(Ag_2C_2)(AgCF_3CO_2)_4(L^9)_2]_n$ 的三维骨架空间充满模型图;(b) 通过氢键连接银柱的 $(Ag_2C_2)(AgCF_3CO_2)_8(L^{10})_2(H_2O)_4$ 三维结构;(c) 以氢键连接成的共价银链的 $(L^{11}H)_3 \cdot [Ag_8(C_2)(CF_3CO_2)_9] \cdot H_2O$ 的三维结构;(d) L^{12} 和银柱连接构建的 $[Ag_7(C_2)(CF_3CO_2)_2(L^{12})_3]$ 的(3,6)共价骨架。[参看: Q. -M. Wang and T. C. W. Mak, *Inorg. Chem.* **42**,1637~1643(2003);X. -L. Zhao and T. C. W. Mak, *Dalton Trans.* 3212~3217(2004); X. -L. Zhao and T. C. W. Mak, *Polyhedron*, **25**,975~982(2006).]

在 $(Ag_2C_2)(AgCF_3CO_2)_8(L^{10})_2(H_2O)_4$ 中,四方反棱柱的 $C_2@Ag_8$ 核心由 $CF_3CO_2^-$ 基团连接形成柱状结构。带有氨基的 L^{10} 和水配体的氢键作为给体,$CF_3CO_2^-$ 基团的 O 原子作为受体进一步将柱连接成三维支架[图 20.4.32(b)]。

在 $(L^{11}H)_3 \cdot [Ag_8(C_2)(CF_3CO_2)_9] \cdot H_2O$ 中,构建基块是 $C_2@Ag_8$ 单笼,它是含有 C_2 对称轴的单加帽三角十二面体形。这种类型的银笼由 $\mu_3\text{-}O,O,O'\text{-}CF_3CO_2^-$ 配体连接形成沿 a 轴方向的曲折的负离子 Ag(Ⅰ)柱。在晶体结构中,所有三种独立的 L^{11} 分子均质子化以满足整体电荷的平衡。注意在三维骨架构建中 $L^{11}H$ 正离子起关键作用。如图 20.4.32(c)所示,从质子化的 L^{11} 作给体,以 $CF_3CO_2^-$ 配体的 F 和 O 作受体的氢键将 Ag(Ⅰ)交联成三维骨架。

在 $[Ag_7(C_2)(CF_3CO_2)_2(L^{12})_3]$ 中,构建基块是中心对称的 $(C_2)_2@Ag_{14}$ 双笼,它的每一半都是变形的双加帽三方棱柱体。这种双笼稠合成无限长的柱,每一 Ag(Ⅰ)柱通过 L^{12} 放射状连接另外 6 个 Ag(Ⅰ)柱。每 3 个相邻的银柱环成三角孔穴,形成一(3,6)(或 3^6)拓扑学,如图 20.4.32(d)所示。

5. 含有 Ag_2C_2 的混合价 Ag(Ⅰ,Ⅱ)化合物

为了研究共存离子在多面体银(Ⅰ)笼自组装的效应,大环 N-给体配位体 1,4,8,11-四甲基-1,4,8,11-四氮环四癸烷(tmc)已用作 $[Ag^{Ⅱ}(tmc)]$ 的原地生成。这个谋略的有利之处在于可避免引进不同金属导致复杂化,例如与 Ag(Ⅰ)配位结合的竞争,或不需要的产物的沉淀。按此方法已分离和表征出 $[Ag^{Ⅱ}(tmc)(BF_4)][Ag_6^{Ⅰ}(C_2)(CF_3CO_2)_5(H_2O)] \cdot H_2O$ 和 $[Ag^{Ⅱ}(tmc)][Ag^{Ⅱ}(tmc)(H_2O)]_2[Ag_{11}^{Ⅰ}(C_2)(CF_3CO_2)_{12}(H_2O)_4]_2$ 混合价银的配合物。

在 $[Ag^{Ⅱ}(tmc)(BF_4)][Ag_6^{Ⅰ}(C_2)(CF_3CO_2)_5(H_2O)] \cdot H_2O$ 中,由于 tmc 的加入导致 Ag(Ⅰ)歧化为单质银和 $Ag^{Ⅱ}$ 的配合物,后者被 tmc 形成 $[Ag^{Ⅱ}(tmc)]^{2+}$ 而稳定化。$d^9 Ag^{Ⅱ}$ 中心与相邻 BF_4^- 相连形成弱的轴向相互作用而成 $[Ag^{Ⅱ}(tmc)(BF_4)]_{\infty}^+$ 柱,它进一步诱导新的负离子曲折链的自组装,这种链由含有 C_2^{2-} 的 Ag(Ⅰ)三角十二面体共边构成[图 20.4.33(a)]。

在 $[Ag^{Ⅱ}(tmc)][Ag^{Ⅱ}(tmc)(H_2O)]_2[Ag_{11}^{Ⅰ}(C_2)(CF_3CO_2)_{12}(H_2O)_4]_2$ 中,没有 BF_4^- 离子参加,正离子不形成一维阵列,而出现二聚超分子簇负离子[图 20.4.33(b)]。

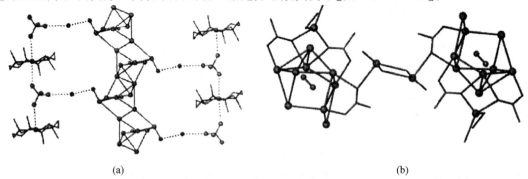

(a)　　　　　　　　　　　　　　(b)

图 20.4.33　(a) $[Ag^{Ⅱ}(tmc)(BF_4)][Ag_6^{Ⅰ}(C_2)(CF_3CO_2)_5(H_2O)] \cdot H_2O$ 的晶体结构;
(b) 在 $[Ag^{Ⅱ}(tmc)][Ag^{Ⅱ}(tmc)(H_2O)]_2[Ag_{11}^{Ⅰ}(C_2)(CF_3CO_2)_{12}(H_2O)_4]_2$ 中,二聚超分子负离子的结构。
$[CF_3CO_2^-$ 中的 F 原子及一些 $CF_3CO_2^-$ 已删去。参看:Q. -M. Wang and T. C. W. Mak, *Chem. Commun.* 807~808(2001);Q. -M. Wang, H. K. Lee and T. C. W. Mak, *New J. Chem.* **26**, 513~515(2002).]

6. 多面体笼组装的配位体诱导的瓦解

前面观察到的结构式样都是凸多面体,在其中包藏一个 C_2^{2-},所以自然地提出两个问题:一是 $C_2@Ag_n$ 笼可形成开口的式样 $[M]_m(\mu_n\text{-}C_2)$ 吗? 二是能否构建大的单笼,在其中包藏两个或多个 C_2^{2-}? 带着这两个问题,试着去干扰组装过程,办法是通过掺入具有强螯合和桥连作用多啮配体到反应体系,期望通过它和 C_2^{2-} 对银的配位的竞争,形成不完整的 $C_2@Ag_n$ 笼。吡嗪-2-甲酰胺具有非常短的空间间隔和强螯合能力的优点,选它作结构引导组分。此外,酰胺功能的引进可通过氢键的形成破坏 $C_2@Ag_n$ 的组装。按此预计的步骤,通过水热法合成了新的 Ag(I) 配合物 $Ag_{12}(C_2)_2(CF_3CO_2)_8(2\text{-pyzCONH}_2)_3$ 和 $Ag_{20}(C_2)_4(C_2F_5CO_2)_8(2\text{-pyzCOO})_4$ $(2\text{-pyzCONH}_2)(H_2O)_2$,二者都显示新的 $C_2@Ag_n$ 式样。前面提出的两个问题已有肯定的答案。

$Ag_{12}(C_2)_2(CF_3CO_2)_8(2\text{-pyzCONH}_2)_3$ 的基本结构单元构成一变形三角十二面体的 Ag_8 笼,在其中包藏 C_2^{2-},还组成开放的鱼形 $Ag_6(\mu_6\text{-}C_2)$ 母体[图 20.4.34(a)]。在 $Ag_6(\mu_6\text{-}C_2)$ 母体中,一个 C 原子由 4 个排成蝴蝶形的 Ag 原子所包围,另一个 C 原子和 2 个 Ag 原子连接。它的周围被 4 个吡嗪-2-甲酰胺配体围绕,正是空间上的拥挤阻碍了 Ag 原子聚成封闭的笼[图 20.4.34(b)]。

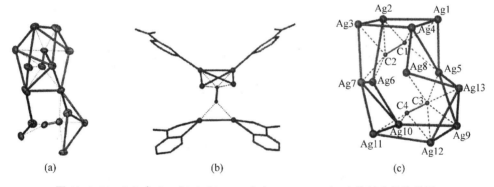

图 20.4.34　**(a)** 在 $Ag_{12}(C_2)_2(CF_3CO_2)_8(2\text{-pyzCONH}_2)_3$ 中的基本结构单元;
(b) 开放的鱼形 $Ag_6(\mu_6\text{-}C_2)$ 模体; **(c)** 在 $Ag_{20}(C_2)_4(C_2F_5CO_2)_8(2\text{-pyzCOO})_4$
$(2\text{-pyzCONH}_2)(H_2O)_2$ 中的 $(C_2)_2Ag_{13}$ 笼。

[参看: X. -L. Zhao and T. C. W. Mak, *Organometallics*, **24**, 4497~4499(2005).]

在 $Ag_{20}(C_2)_4(C_2F_5CO_2)_8(2\text{-pyzCOO})_4(2\text{-pyzCONH}_2)(H_2O)_2$ 中,基本的结构单元形成由 3 个多面体单位组合的聚集体:一个是开口的 $(C_2)_2Ag_{13}$ 笼[图 20.4.34(c)],两个为类似于变形的 $C_2@Ag_6$ 三方棱柱体。一对 C_2^{2-} 完全包在 Ag_{13} 笼中。为简单起见,Ag_{13} 笼可看作由两个变形的立方体共用一个面,断开 4 条棱、一个面加帽形成。两个包藏的 C_2^{2-} 保持其三重键特征,C—C 键长为 118(2) pm。

20.4.7　银(I)-乙炔合成子的超分子组装

2004 年,浅灰色粉末状碳化银(Ag_2C_4)被合成得到,它的行为与其较低的同系物 Ag_2C_2 类似,不溶于大多数溶剂,在干燥状态下受热或受机械冲击时极易爆炸。以 Ag_2C_4 和粗制的乙炔银配位聚合物 $[R—(C≡CAg)_m]_\infty$(R=芳基;m=1 或 2)为原料,得到了各种含 1,3-丁二炔及相关富碳乙炔基配体的双银和三银(I)盐。研究这些化合物中乙炔基的配位模式使人们认识到一类新的超分子合成子R—(C≡C) ⊃ Ag$_n$ (n = 4, 5),其通过亲银相互作用、π-π 堆积、银-芳族相互作用和氢键,可用于组装一系列 1-D、2-D 和 3-D 网络结构。

1. 含 C$_4^{2-}$ 二价阴离子的银(Ⅰ)配合物

在其所形成的银(Ⅰ)配合物中,线性—C≡C—C≡C—二价阴离子均表现出前所未有的 μ_8-配位模式,每个末端均被 4 个银(Ⅰ)原子封端(图 20.4.35)。但是,乙炔基-银之间的 σ 型和 π-型相互作用在对称和不对称的 μ_8-配位中起不同的作用。此外,辅助阴离子配体、氰基和水分子的共存也会影响乙炔末端的配位环境,该配位环境呈蝶形、倒钩形或平面 Ag$_4$ 篮状。C$_4^{2-}$ 中的碳-碳叁键和单键键长与在过渡金属 1,3-丁二炔-1,4-二基配合物中观察到的键长一致。Ag$_4$ 篮内的 Ag···Ag 距离均短于 340 pm,表明存在显著的 Ag···Ag 相互作用。

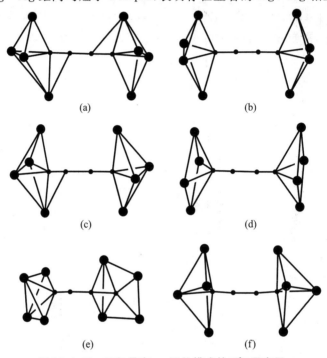

图 20.4.35 已知具有 μ_8-配位模式的 C$_4^{2-}$ 阴离子。

(a) Ag$_2$C$_4$·6AgNO$_3$·nH$_2$O (n = 2, 3)中两个蝶形篮的对称排布 [L. Zhao, T. C. W. Mak, *J. Am. Chem. Soc.* 126, 6852~6853 (2004).];(b) Ag$_2$C$_4$·16AgC$_2$F$_5$CO$_2$·6CH$_3$CN·8H$_2$O 中仅有 Ag—C σ键的对称模式;(c) 在三盐 Ag$_2$C$_4$·AgF·3AgNO$_3$·0.5H$_2$O 中,两个线性配位 C≡C—Ag 键的倒钩型 μ_8-配位模式;(d) Ag$_2$C$_4$·16AgC$_2$F$_5$CO$_2$·24H$_2$O 结构中两个平行的平面型 Ag$_4$ 聚集体的对称分布;(e) 在 Ag$_2$C$_4$·6AgCF$_3$CO$_2$·7H$_2$O 中由一个蝶形 Ag$_4$ 篮和一个平面型 Ag$_4$ 聚集体形成的不对称 μ_8-配位模式;(f) 在三盐 Ag$_2$C$_4$·4AgNO$_3$·2Ag$_2$FPO$_3$ 中由两个蝶形 Ag$_4$ 篮形成的不对称 μ_8-配位模式。

上述[Ag$_4$C$_4$Ag$_4$]聚集体可以通过其他阴离子配体,例如硝酸根和全氟羧酸根和/或水分子进一步连接,形成各种 2-D 或 3-D 配位网络。在 Ag$_2$C$_4$·6AgNO$_3$·2H$_2$O 结构中,[Ag$_4$C$_4$Ag$_4$]聚集体以赝六边形阵列排列,通过一个以 μ_3-O,O',O'' 和 O,O' 的螯合模式配位的硝酸根连接在一起,形成垂直于[100]的厚层[图 20.4.36(a)]。相邻层之间由其余两个独立硝酸根连接,通过与水配体之间形成的 O—H···O(硝酸根)氢键的引导,形成三维网络。

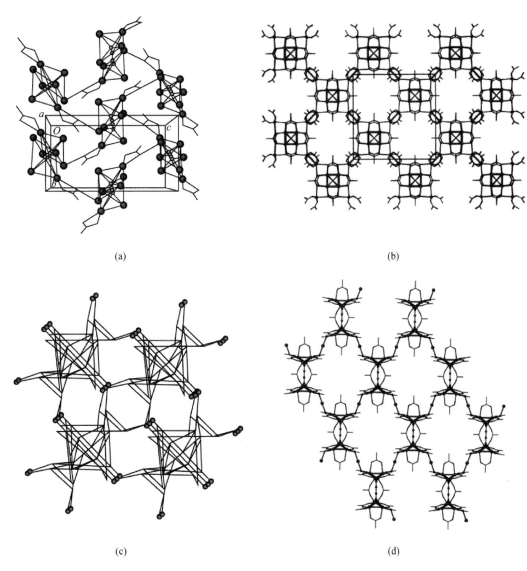

(a)

(b)

(c)

(d)

图 20.4.36　2-D 和 3-D Ag$_2$C$_4$ 配位网络的一些实例:
(a) Ag$_2$C$_4$ · 6AgNO$_3$ · 2H$_2$O 中[Ag$_4$C$_4$Ag$_4$]聚集体通过独立硝酸根连接形成赝六边形阵列;
(b) Ag$_2$C$_4$ · 16AgC$_2$F$_5$CO$_2$ · 24H$_2$O 中平行 ab 面的(4,4)-网络,其中,[Ag$_4$C$_4$Ag$_4$]通过[Ag$_2$(μ-O$_2$CC$_2$F$_5$)$_4$]连接在一起;(c) Ag$_2$C$_4$ · AgF · 3AgNO$_3$ · 0.5H$_2$O 中通过 μ_3-氟离子桥连形成的 3-D 配位网络;(d) Ag$_2$C$_4$ · 10AgCF$_3$CO$_2$ · 2[(Et$_4$N)CF$_3$CO$_2$] · 4(CH$_3$)$_3$CCN 中,[Ag$_4$C$_4$Ag$_4$]聚集体通过一个外接银原子和两个三氟乙酸根氧原子桥连而形成二维玫瑰花结构层。

在 Ag$_2$C$_4$ · 16AgC$_2$F$_5$CO$_2$ · 24H$_2$O 的晶体结构中,每个[Ag$_4$C$_4$Ag$_4$]单元通过八个[Ag$_2$(μ-O$_2$CC$_2$F$_5$)$_4$]桥接配体与八个这样的单元连接,形成(4,4)配位网络[图 20.4.36(b)]。通过垂直于该网络的 C$_4$ 碳链的连接,沿[001]方向形成一维无限通道,通道中容纳大量的五氟乙基基团。

在 $Ag_2C_4 \cdot AgF \cdot 3AgNO_3 \cdot 0.5H_2O$ 的晶体结构中，$[Ag_4C_4Ag_4]$ 聚集体通过硝酸根键合及共享银原子相互连接，形成银柱，这些银柱通过 μ_3-氟离子桥连，形成结构稳定的 3-D 配位网络[图 20.4.36(c)]。在 $Ag_2C_4 \cdot 10AgCF_3CO_2 \cdot 2[(Et_4N)CF_3CO_2] \cdot 4(CH_3)_3CCN$ 结构中，以额外的银原子和两个羧基氧原子作为桥基，$[Ag_4C_4Ag_4]$ 聚集体相互连接而形成二维玫瑰花结构层，其中二价离子 C_4^{2-} 则作为两个金属环共享的边界[图 20.4.36(d)]。

2. 异构苯二乙炔与超分子合成子 $Ag_n \subset C_2—x\text{-}C_6H_4—C_2 \supset Ag_n$ $(x=p, m, o; n=4, 5)$ 形成的银(Ⅰ)配合物

如上所述，对 1,3-丁二炔银(Ⅰ)配合物的研究表明，$Ag_4 \subset C_2—R—C_2 \supset Ag_4$ 可以作为合成子，与众所周知的超分子组装类似，借助于氢键和其他弱的分子间相互作用，可以进行配位网络的组装(参见 20.1.5 节)。参照 1,3-丁二炔，将对亚苯基环作为桥连基团 R 引入到超分子合成子 $Ag_n \subset C_2—R—C_2 \supset Ag_n$ 中，延长线性 π-共轭骨架，所得对-苯二乙炔二价阴离子中的芳香环可能参与 π-π 堆积和银-芳环相互作用。同时研究了异构的间苯二乙炔和邻苯二乙炔根，探讨末端乙炔基相对取向改变而产生的影响。

在 $2[Ag_2(p\text{-}C \equiv CC_6H_4C \equiv C)] \cdot 11AgCF_3CO_2 \cdot 4CH_3CN \cdot 2CH_3CH_2CN$ 中，对苯二乙炔根配体通过采用前所未有的 μ_5-η^1 模式配位，显示出迄今为止所报道的乙炔根的最高连接数。本质上，Ag_{14} 聚集体由两个独立的合成子 $Ag_n \subset C_2—(p\text{-}C_6H_4)—C_2 \supset Ag_n$ $(n=4, 5)$ 通过亲银相互作用和连续的 π-π 相互作用连接，沿 a 轴排列形成截断的、等同的银(Ⅰ)对称双链。每一个单链中，相邻的 Ag_{14} 片段被两个独立的三氟乙酸根的氧原子桥连，而这两个单链以交叉指状排列[图 20.4.37(a)]。

与在过渡金属配合物中间苯二乙炔基普遍采用的 μ_1, μ_1-配位模式不同，在 $Ag_2(m\text{-}C \equiv CC_6H_4C \equiv C) \cdot 6AgCF_3CO_2 \cdot 3CH_3CN \cdot 2.5H_2O$ 的晶体结构中，该配体表现出两种不同的乙炔末端键合模式，即 μ_4-$\eta^1, \eta^1, \eta^1, \eta^1$ 和 μ_4-$\eta^1, \eta^1, \eta^1, \eta^2$。通过位于连续间亚苯基对之间的反演中心，$Ag_n \subset C_2—(m\text{-}C_6H_4)—C_2 \supset Ag_n$ $(n=4)$ 合成子通过 $Ag \cdots Ag$ 相互作用沿 a 方向延伸形成银的双链[图 20.4.37(b)]，链间通过相邻的间亚苯基环之间交替的 π-π 相互作用进一步得以稳定。

在 $3[Ag_2(o\text{-}C \equiv CC_6H_4C \equiv C)] \cdot 14AgCF_3CO_2 \cdot 2CH_3CN \cdot 9H_2O$ 的晶体结构中，乙炔根通过三种不同的配位方式与银原子键合：μ_4-$\eta^1, \eta^1, \eta^1, \eta^2$，$\mu_4$-$\eta^1, \eta^1, \eta^2, \eta^2$ 和 μ_5-$\eta^1, \eta^1, \eta^1, \eta^1, \eta^2$ [图 20.4.37(c)]。两个独立的 $Ag_n \subset C_2—(o\text{-}C_6H_4)—C_2 \supset Ag_n$ $(n=4, 5)$ 合成子相互缔合，形成通过亲银相互作用以及邻-亚苯基环之间成对的 π-π 相互作用而进一步稳定的起伏的银链，Ag3 和 Ag9 跨接两个银单链。通过 $Ag \cdots Ag$（Ag10）相互作用以及 3 个氧原子(O2W, O4, O8)的桥连，银柱连接在一起形成两侧均带有邻亚苯基的皱褶层。

在上述三个配合物中，乙炔基对的间距的变短伴随着亲银性相互作用的增强，但以减弱 π-π 堆积为代价，分别产生断裂的双链，双链和银层。当一对乙炔根之间形成 60° 角时，邻苯二乙炔复合物中会出现 Ag_n 帽共用一个银原子的情况。

$[Ag_2(m\text{-}C \equiv CC_6H_4C \equiv C)] \cdot 5AgNO_3 \cdot 3H_2O$ 的晶体结构中，含有类似于对苯二乙炔配合物中的断开的银(Ⅰ)双链[见图 20.4.37(a)]。但是，含 Ag_{14} 聚集体的单链以平行方式排列，每个相适 Ag_{14} 对通过两个间苯二乙炔配体连接[图 20.4.37(d)]。$Ag_n \subset C_2—(m\text{-}C_6H_4)—$

$C_2 \supset Ag_n(n=4)$ 片段通过链内桥连的硝酸盐基团与相邻的间亚苯基环之间连续的 π-π 相互作用结合在一起,从而产生了断开的银(Ⅰ)双链。

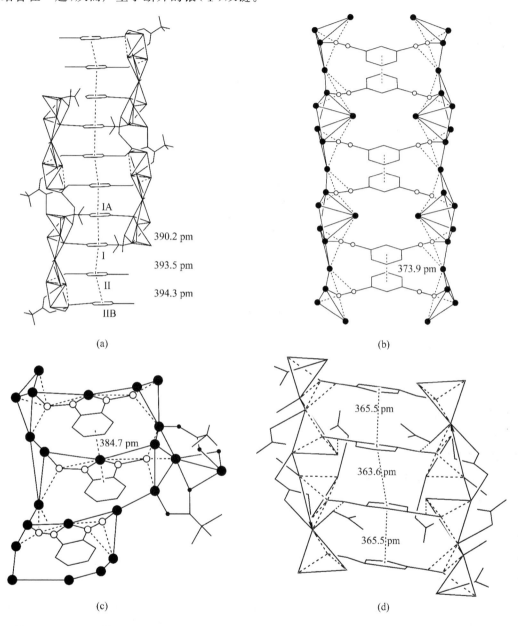

(a)　　　　　　　　　　　　　　　　　　　　(b)

(c)　　　　　　　　　　　　　　　　　　　　(d)

图 20.4.37　(a) 2[Ag₂(p-C≡CC₆H₄C≡C)]·11AgCF₃CO₂·4CH₃CN·2CH₃CH₂CN 中的 Ag(Ⅰ)双链片段,双链通过平行的对亚苯基环之间延续的 π-π 堆积得以稳定;(b) Ag₂(m-C≡CC₆H₄C≡C)·6AgCF₃CO₂·3CH₃CN·2.5H₂O 中的银双链,通过亲银作用和相邻的间亚苯基环 π-π 堆积组装,进一步得以稳定;(c) 3[Ag₂(o-C≡CC₆H₄C≡C)]·14AgCF₃CO₂·2CH₃CN·9H₂O 中由两条窄的银链通过交联的间亚苯基环成对的 π-π 作用而构建的加宽银链;(d) [Ag₂(m-C≡CC₆H₄C≡C)]·5AgNO₃·3H₂O 中 Ag(Ⅰ)双链片段,双链通过平行的间亚苯基环之间延续的 π-π 堆积得以稳定。

[参看 L. Zhao, T. C. W. Mak, *J. Am. Chem. Soc.* **127**, 14966~14967 (2005).]

各种乙炔银超分子合成子之间的结构相关性为在 Ag_2C_2 配合物中主导存在的 $C_2@$ $Ag_n(n＝6～10)$多面体提供了理论依据（请参见 20.4.5 节）。如果线性 $^-C≡C—C≡C^-$ 链收缩成哑铃形的 C_2^{2-}，则末端 Ag_n 帽原子之间的进一步重叠可能会产生具有 $6～10$ 个顶点的封闭笼（图 20.4.38）。

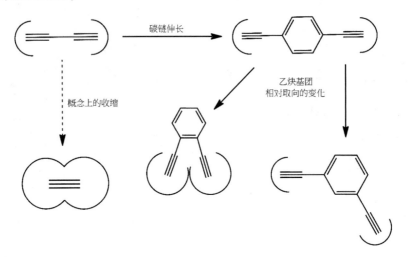

图 20.4.38　表示超分子合成子 $Ag_4 \subset C_2—C_2 \supset Ag_4$，
$Ag_n \subset C_2—R—C_2 \supset Ag_n (R＝p\text{-}，m\text{-}，o\text{-}C_6H_4；n＝4，5)$ 和
$C_2@Ag_n(n＝6～10)$ 之间结构关系的示意图。圆弧表示 $Ag_n(n＝4，5)$ 篮。

3. 含 $R—C_2 \supset Ag_n(R＝C_6H_5，C_6H_4Me\text{-}4，C_6H_4Me\text{-}3，C_6H_4Me\text{-}2，C_6H_4{}^tBu\text{-}4；n＝4，$ 5)的银（Ⅰ）芳基乙炔配合物

π-π 堆积或 π-π 相互作用是重要的非共价分子间相互作用，结构单元中含有的芳基部分，对自组装形成扩展结构有很大的贡献。参考苯二乙炔银（Ⅰ）配合物的晶体结构中 π-π 堆积的变化，对苯乙炔的相关银配合物及其不同取代基[$—CH_3$，$—C(CH_3)_3$]及甲基处在不同位置（$o\text{-}$，$m\text{-}$，$p\text{-}$）的同系物亦进行了系统研究。

在 $2AgC≡CC_6H_5 \cdot 6AgC_2F_5CO_2 \cdot 5CH_3CN$ 的晶体结构中，由 C1 和 C2 组成的乙炔基被四方金字塔形的 Ag_5 篮以独特的 $\mu_5\text{-}\eta^1，\eta^1，\eta^1，\eta^1，\eta^2$ 模式封盖，而另一个由 C9 和 C10 构成的乙炔基则被另一个蝶形 Ag_4 篮以 $\mu_4\text{-}\eta^1，\eta^1，\eta^1，\eta^2$ 的模式配位，如图 20.4.39(a)所示。反演中心位于 Ag1…Ag1A 键的中心，两个 Ag_5 篮共边形成 Ag_8 聚集体，而另一个 Ag_8 聚集体则是由一对反演中心关联的 Ag_4 篮融合而成。两个相邻的 Ag_8 聚集体分别由两个五氟丙酸酯基团通过 $\mu_3\text{-}O，O'，O'$ 和 $\mu_2\text{-}O，O'$ 配位模式连接，沿[111]方向形成一维无限链。在这种复合物中未观察到 π-π 相互作用。

在配合物 $AgC≡CC_6H_5 \cdot 3AgCF_3CO_2 \cdot CH_3CN$ [图 20.4.39(b)]中，存在由 π-π 堆积而稳定的无限平行苯环阵列（中心到中心距离 418.9 pm）[图 20.4.39(b)]。封盖的 Ag_5 篮的正方形平面通过亲银相互作用共边而融合，沿着[100]方向形成一个无限的配位柱，苯环处在柱的同一侧，形成连续的 π-π 堆积作用。

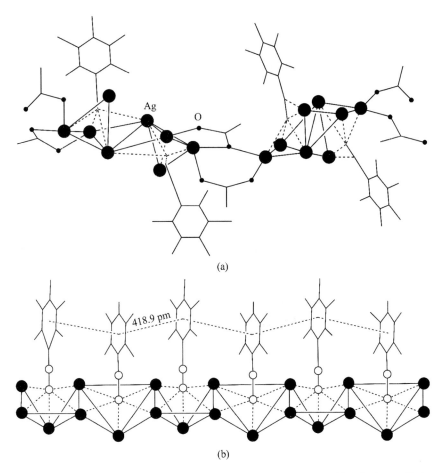

图 20.4.39　(a) $2AgC \equiv CC_6H_5 \cdot 6AgC_2F_5CO_2 \cdot 5CH_3CN$ 中苯乙炔配体的配位模式；
(b) $AgC \equiv CC_6H_5 \cdot 3AgCF_3CO_2 \cdot CH_3CN$ 中 $C_6H_5C \equiv C^-$ 配体的配位方式。银柱由相邻的
四方金字塔形 Ag_5 聚集体之间通过共边连接而成，且在柱的一侧存在延续的苯环 π-π 堆积。

　　当在苯基上引入取代基，芳香环间的 π-π 堆积会受到取代基大小及位置的影响。在
$2AgC \equiv CC_6H_4Me\text{-}4 \cdot 6AgCF_3CO_2 \cdot 1.5CH_3CN$ 的晶体结构中[图 20.4.40(a)]，甲基的影响
甚微，通过 π-π 堆积稳定而形成的银柱与 $AgC \equiv CC_6H_5 \cdot 3AgCF_3CO_2 \cdot CH_3CN$ 结构中的完
全相同[图 20.4.39(b)]。但是，当使用体积更大的叔丁基时，尽管形成了类似的银柱，但 π-π
堆积体系还是被打断了[图 20.4.40(b)]，整个 $C_6H_4{}^tBu\text{-}4$ 基团绕 $C({}^tBu)$—C(苯基)单键旋
转，产生高度无序的结构。另一方面，在苯环上引入间位甲基可以维持 π-π 堆积，但是银柱的
结构从共边变为共顶点[图 20.4.40(c)]。最后，使用 2-甲基取代的苯基配体会完全破坏 π-π
堆积，甚至打断 Ag_n 帽之间的 $Ag \cdots Ag$ 相互作用，形成由三氟乙酸酯基团连接的银链[图 20.
4.40(d)]。

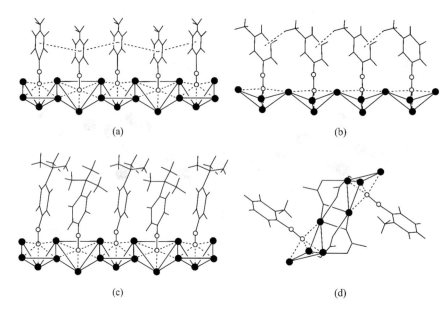

图 20.4.40 （a） 2AgC≡CC₆H₄Me-4 · 6AgCF₃CO₂ · 1.5CH₃CN 中通过金字塔形的 Ag₅ 篮融合连接并通过连续的苯环 π-π 作用堆积而稳定的银；（b） AgC≡CC₆H₄ᵗBu-4 · 3AgCF₃CO₂ · CH₃CN 中仅通过亲银相互作用连接的类似银柱；（c） AgC≡CC₆H₄Me-3 · 2AgCF₃SO₃ 通过原子共享形成银链；（d） AgC≡CC₆H₄Me-2 · 4AgCF₃CO₂ · H₂O 中通过三氟乙酸酯基团连接的银链。

20.5　超分子组装典型实例和进展

20.5.1　多孔金属-有机物骨架网络结构的设计和合成

金属-有机物骨架（MOFs）的设计和合成，已得到许多固体，它们具有吸附有用的气体和液体的性质。特别是高多孔性结构的建造，使分立的金属-羧酸盐簇合物和有机物相连，表明在孔的大小和功能上经得起系统地变更的检验。

考虑分立的四核 $Zn_4O(CH_3CO_2)_6$ 分子的结构，它和示于图 9.5.2 的 $Be_4O(CH_3CO_2)_6$ 同构。每个醋酸根配体被半个线形二羧酸盐置换，产生一个分子实体，后者又互相连接到另一个同样的实体，最终形成无限的配位网络。一种作为例证的实例是涉及 MOF-5 的 $Zn_4O(BDC)$［BDC 为苯-1,4-二羧酸酯（^-O_2C-C_6H_4-CO_2^-）］，它可由锌盐与苯-1,4-二羧酸在溶剂加热的条件下制得。在晶体结构中，一个 $Zn_4O(CO_2)_6$ 由 4 个 ZnO_4 四面体共顶点组成，6 个羧酸 C 原子组成"二级结构单元"（SBU），这些八面体排列的 SBUs 相互垂直地通过 p-亚苯基（—C_6H_4—）的连接，导致形成无限的简单立方网络，如图 20.5.1 所示。反过来，也可将小的 Zn_4O 作为 SBU，而把整个苯-1,4-二羧酸酯负离子看作有机连接体。

由于 SBU 和有机连接体都较大，且都具有内在的刚性，使得 MOF-5 结构有着异常的稳定性和高孔隙性。基于不同形状（三角形、四方形、四面体形、八面体形等）分立的 SBUs 作为"结点"，有机连接体作为"支柱"，进行网络设计谋略，已用在一大类 MOF 结构

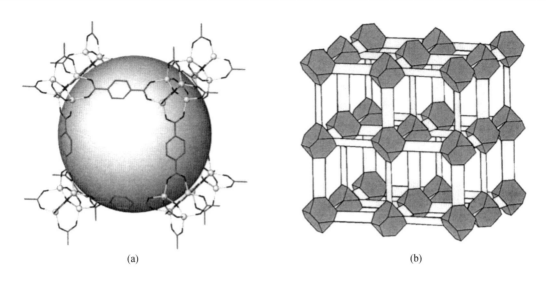

(a)   (b)

图 20.5.1　MOF-5 的晶体结构。

[(a)Zn_4O 四面体由苯二甲酸酯连接，H 原子已删去。(b) 骨架几何学，

削角四面体代表$(Zn_4O)O_{12}$簇，连线代表—C_6H_4—，形成的骨架为简单立方网络。

参看：O. M. Yaghi, M. O'Keeffe, N. W. Ockwig, H. K. Chae, M.

Eddaoudi and J. Kim, *Nature* **423**, 705~714(2003).]

的合成和应用中。这些 MOFs 显示出不同的几何学和网络拓扑学。以 MOF-5(或标记为 IRMOF-1)为原型，$Zn_4O(CO_2)_6$ 为 SBU，构建出一族具有多种多样的孔的大小和功能的等同网络和同构的立方骨架，包括 IRMOF-6，IRMOF-8，IRMOF-11 和 IRMOF-16 等，如图 20.5.2 所示。

一个多孔骨架和 MOF-5 同网络但不同结构的例子是 MOF-177，它结合了更扩展的有机连接体 1,3,5-苯三苯甲酸酯(BTB)，它的晶体组成是：$Zn_4O(BTB)_2 \cdot (DEF)_{15}(H_2O)_3$，其中 DEF 为二乙基甲酰胺。它的晶体骨架是有序的结构，估计它的比表面积为 $4500\ m^2\,g^{-1}$，大大地超过 Y 型沸石($904\ m^2\,g^{-1}$)和活性炭($2030\ m^2\,g^{-1}$)。

如图 20.5.3 所示，MOF-177 的基础是(6,3)网络，其八面体的中心 $Zn_4O(CO_2)_6$ 簇是连接 6 个的结点，BTB 单元中心是连接 3 个的结点。它的异常大的孔穴可容纳如溴苯，1-溴萘，2-溴萘，9-溴蒽，C_{60} 及多环染料如 Astrazon Orange R 和 Nile Red 等。

此外，高产率地制备这类 MOFs 的能力，以及可调节其孔径、形状和功能，导致它们可发展成为储藏气体的材料。热重分析和气体吸附实验已表明 IRMOF-6 带着稠合疏水单元 C_2H_4 作它的有机连接体，对最大地吸收甲烷具有理想的孔隙和必要的坚固性。多孔骨架的活性可以用氯仿对吸收的客体分子进行交换，然后在惰性气氛中逐渐加热到 800℃除去。除去气体的骨架稳定存在的范围是 100~400℃。在室温下，0~4.0 MPa 范围甲烷的等温吸收测量说明，它的吸附量在 298 K 和 3.6 MPa 条件下为 $240\ cm^3(STP)\ g^{-1}$[$155\ cm^3(STP)\ cm^{-3}$]。按体积计，1 单位体积的 IRMOF-6 在 3.6 MPa 压力下，吸收甲烷的量可达到压缩在约 20.5 MPa 钢瓶中甲烷体积的 70%。和 IRMOF-6 相比较，IRMOF-1 在同样的条件下吸收甲烷的量较少，只达 $135\ cm^3(STP)\ g^{-1}$。

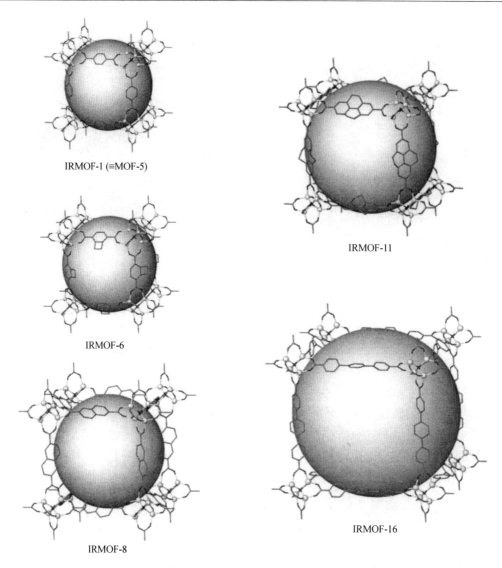

图 20.5.2　由 IRMOF-1(≡MOF-5)按三维扩展出来的 IRMOF-6，IRMOF-8，

IRMOF-11 和 IRMOF-16 的结构。

〔参看：M. Eddaoudi, J. Kim, N. Rosi, D. Vodak, J. Wachter, M. O'Keeffe and

O. M. Yaghi, *Science* **295**，469～472(2004).〕

基于 $Zn_4O(CO_2)_6$(SBU)的等网络的 MOFs 也具有较好的储氢性质。在 77 K 微重吸收测量给出的吸附量对 IRMOF-1，IRMOF-8，IRMOF-11 和 IRMOF-177 分别为 13.2，15.0，16.0 和 12.5(H_2 mg g^{-1})。在测量时达到的最高压力下，这些骨架的最大吸收值按每个 Zn_4OL_x 单元计分别为 5.0，6.9，9.3 和 7.1 个 H_2 分子，式中 L 代表线形二碳酸酯。

已证实 MOF-177 在室温下能大量吸收 CO_2 的性能就像超级海绵。在中等压力条件下(约 3.5 MPa)，它的庞大的空隙体积可吸纳 CO_2 33.5 mmol g^{-1}，这个数值远超过作为基准吸附剂的沸石 13X(在 3.2 MPa 为 7.4 mmol g^{-1})和活性炭 MAXSORB(在 3.5 MPa 为 25 mmol g^{-1})。以吸收的体积而言，在相同的温度和压力条件下，充满 MOF-177 的容器吸收 CO_2 大约是充满基准材

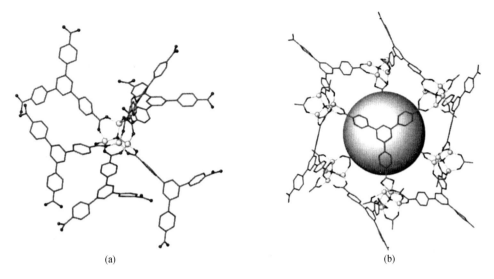

(a)　(b)

图 20.5.3　MOF-177 的晶体结构。

［(a) 中心的 Zn_4O 单元被 6 个 BTB 配位体配位；(b) 结构沿［001］向下看。参看：H. K. Chae，D. Y. Siberio-Pérez，J. Kim，Y. B. Go，M. Eddaoudi，A. J. Matzger，M. O'Keeffe and O. M. Yaghi，*Nature* **427**，523～527(2004)。］

料的 2 倍，是空瓶的 9 倍。

上述对 MOFs 的结构和吸收性能的研究都是基于分立的 $Zn_4O(CO_2)_6$(SBU)，近年发展了棒形金属-羧酸酯 SBUs，它们也可以给出一类稳定的固态结构和持久的空隙性。现对三种实例介绍于下。

(1) 在 $Zn_3(OH)_2(BPDC)_2 \cdot (DEF)_4(H_2O)_2$，即(MOF-69A)(式中 BPDC 为 4,4'-二苯基二羧酸酯)的晶体结构中，有两种分别被 4 个和 2 个羧酸酯基团配位的四面体和八面体 Zn^{II} 中心，形成 *syn*(顺位)，*syn* 形式。每个 μ_3-OH 离子桥连 3 个金属中心［见图20.5.4(a)］。这个

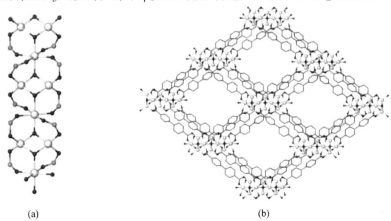

(a)　(b)

图 20.5.4　MOF-69A 的通道结构。

［(a) 球棍是无机 SBU 的表示；(b) SBUs 被二苯基连接体连接。DEF 和水分子都已删去。参看：N. L. Rosi，J. Kim，M. Eddaoudi，B. Chen，M. O'Keeffe and O. M. Yaghi，*J. Am. Chem. Soc.* **127**，1504～1518(2005)。］

无限的 Zn—O—C 棒平行地排列,侧面地连接成三维网格[见图20.5.4(b)],形成菱面体通道,它的边长为 1.22 nm,长对角线为 1.66 nm,DMF 和水等客体分子可填入其中。

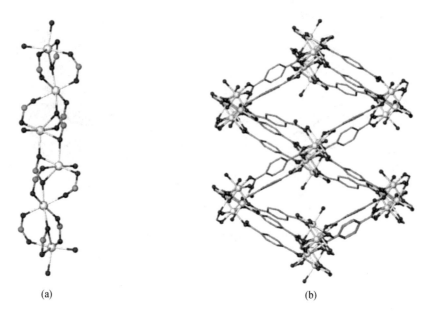

(a)　　　　　　　　　　　　　(b)

图 20.5.5　MOF-73 的通道结构。

[(a) 无机的 SBU 用球-棍表示;(b) SBUs 由 *p*-亚苯基连接。DEF 分子已删去。参看:N. L. Rosi, J. Kim, M. Eddaoudi, B. Chen, M. O'Keeffe and O. M. Yaghi, *J. Am. Chem. Soc.* **127**,1504~1518(2005).]

(2) 在 Mn₃(BDC)₃·(DEF)₂,即 MOF-73 中,Mn—O—C 棒由一对 6 配位的 Mn^{II} 中心连接构成[见图 20.5.5(a)]。其中一个金属中心由 2 个羧酸酯基团按 *syn*,*syn* 型式结合,1 个呈三螯合配位型式,而第 4 个为 *syn*,*anti*(反位)型式结合。另一个金属中心由 4 个羧酸酯按 *syn*,*syn* 型式,而 2 个按 *syn*,*anti* 型式结合。每条棒由 MnO₆ 八面体共顶点和共边连接,而且通过 *p*-苯亚基和相邻的 4 条棒连接。三维主体骨架具有菱面体通道,大小为1.12 nm×0.59 nm,DEF 客体分子填入其中[见图 20.5.5(b)]。

(3) MOF-75,即 Tb(TDC)NO₃(DMF)₂(TDC 代表 2,5-噻吩二羧酸酯)的结构包含 8-配位的 Tb^{III},它是被 4 个羧酸酯基团均以 *syn*,*syn* 型式结合、1 个 2 螯合 NO₃⁻ 配位体配位和 2 个端接 DMF 配位体配位[见图 20.5.6(a)]。Tb—O—C 棒沿 *a* 方向取向,由带有羧基碳原子的 TbO₈ 双二楔形体连接组成的扭曲梯子。棒在 *b* 和 *c* 方向通过噻吩单元侧向连接,产生菱面体通道,大小为 0.97 nm×0.67 nm,如图 20.5.6(b)所示。通道中安放 DMF 客体分子和硝酸根离子。

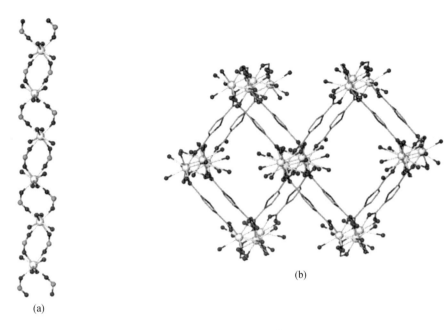

(b)

(a)

图 20.5.6　MOF-75 的通道结构。

[(a) 球-棍代表无机 SBU；(b) SBUs 由噻吩连接。DMF 分子和 NO$_3^-$ 已删去。参看：N. L. Rosi, J. Kim, M. Eddaoudi, B. Chen, M. O'Keeffe and O. M. Yaghi, *J. Am. Chem. Soc.* **127**,1504～1518(2005).]

20.5.2　共价有机网络

共价有机骨架(COF)是一类多孔有机结晶材料,其骨架完全由通过常规共价键连接的轻元素(B,C,N,O,Si,S)组成。此项研究于 2005 年取得突破,通过简单的"一锅法"缩合反应,高效地合成出 COF-1[(C$_3$H$_2$BO)$_6$·(C$_9$H$_{12}$)$_1$]晶体,其中,3 个苯二硼酸{C$_6$H$_4$[B(OH)$_2$]$_2$}分子缩聚形成平面状的 B$_3$O$_3$(环硼氧烷)环,脱除 3 个水分子(图 20.5.7)。

具有里程碑意义的工作是 COF-108,它具有三维孔道和极低密度(0.17 g cm^{-3})的网络结构(图 20.5.8),由三角形六羟基三亚苯(hexahydroxytriphenylene ,HHTP)和四面体形状的四(4-二羟基硼基苯基)甲烷(TBPM)反应制得。该合成路线具有普适性,可应用于硼酸体系的反应。例如,具有六边形或正方形拓扑的层状 COF 的相同结构系列已有报道。这使得相关材料体系孔径不断增大,高达 4.7 nm。另外,COF 也可通过形成 C—N 键而合成。

点击化学(Click Chemistry)已用于多孔有机网络的合成。四(4-乙炔苯基)甲烷和四(4-叠氮苯基)甲烷发生 Husigen 1,3-偶极环加成反应,产生如图 20.5.9 所示的多孔有机网络。

最近,Schiff 碱(席夫碱)化学或动态亚胺化学的共价有机骨架(COFs)的合成也有进展。这种特定类型 COF 合成的化学反应汇总于图 20.5.10。

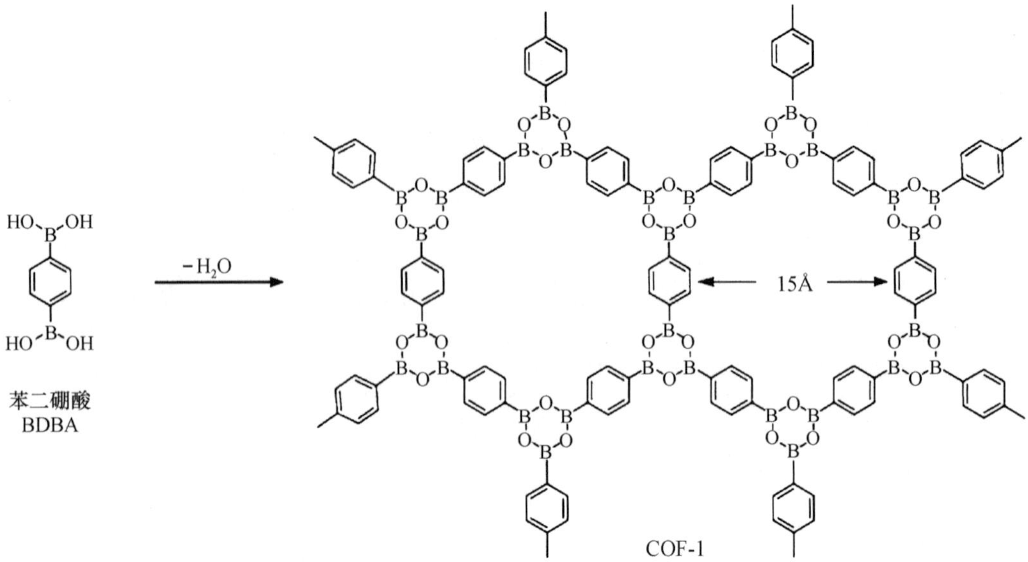

图 20.5.7　苯二硼酸缩合产生孔径为 0.7 nm 的 COF-1 结构。

［参看：A. P. Côté, A. I. Benin, N W. Ockwig, M. O'Keeffe, A. J. Matzger and O. M. Yaghi, Porous, crystalline, covalent organic frameworks, *Science* **310**, 1166~1170 (2005). ］

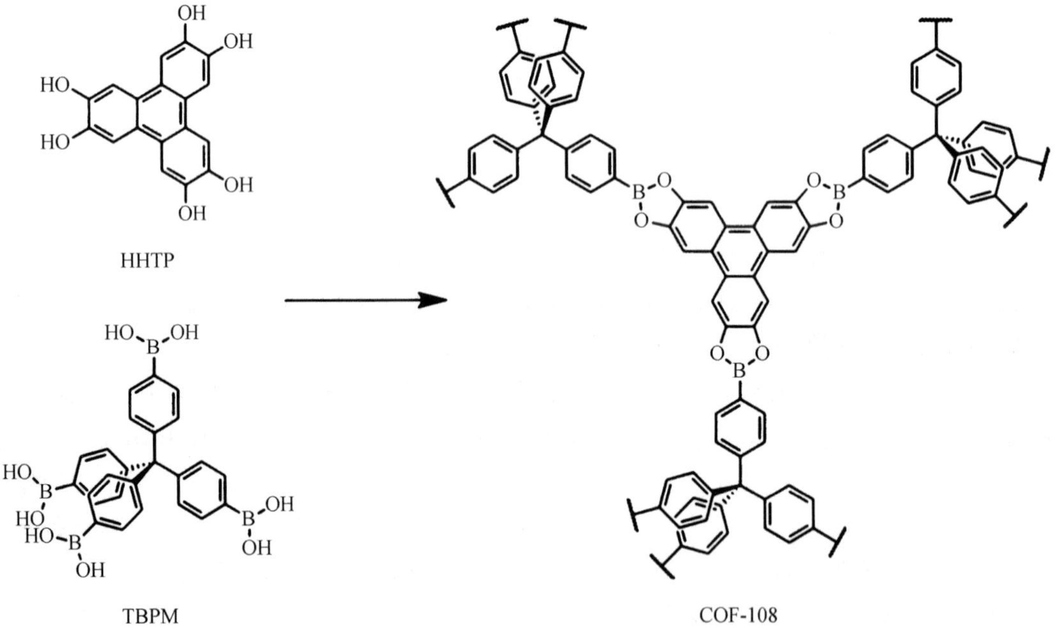

图 20.5.8　COF-108 合成中,通过 HHTP 和 TBPM 之间的分子缩合产生硼酸酯键。
（此处仅显示该三维骨架的片段,为清楚起见省略了氢原子。）

［参看：H. M. El-Kaderi, J. R. Hunt, J. L. Mendoza-Cortés, A. P. Côté, R. E. Taylor, M. O'Keeffe and O. M. Yaghi, Designed synthesis of 3D covalent organic frameworks, *Science* **316**, 268~272 (2007). ］

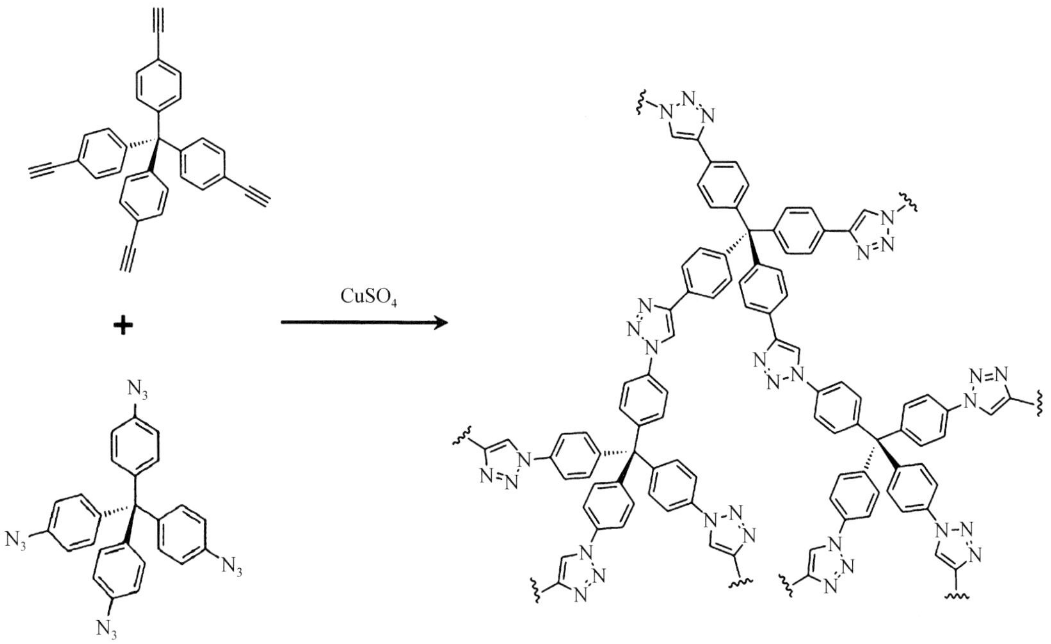

图 20.5.9 通过点击化学生成三维结构的 COF 晶体。

〔参看：T. Muller and S. Bräse，Click chemistry finds its way into covalent porous organic materials，*Angew. Chem. Int. Ed.* **50**，11844～11845（2011）.〕

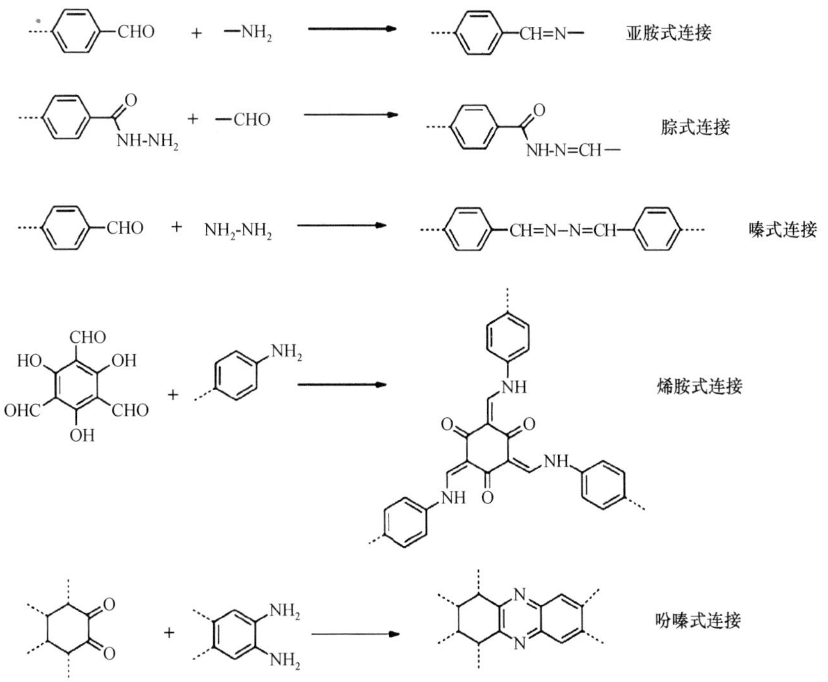

图 20.5.10 通过席夫碱化学制备 COF 的动态化学反应。

〔参看：J. L. Segura，M. J. Mancheño and F. Zamora，Covalent organic frameworks based on Schiff-base chemistry：Synthesis，properties and potential applications，*Chem. Soc. Rev.* **45**，5635～5671（2016）.〕

　　迄今为止,已经合成了多种稳定的二维(2D)COF 和几种具有不同拓扑的 3D COF。图 20.5.11 示出利用具有 D_{2h} 对称和 C_2 对称的单体得到双核 2D COF 的合成方案和结构。

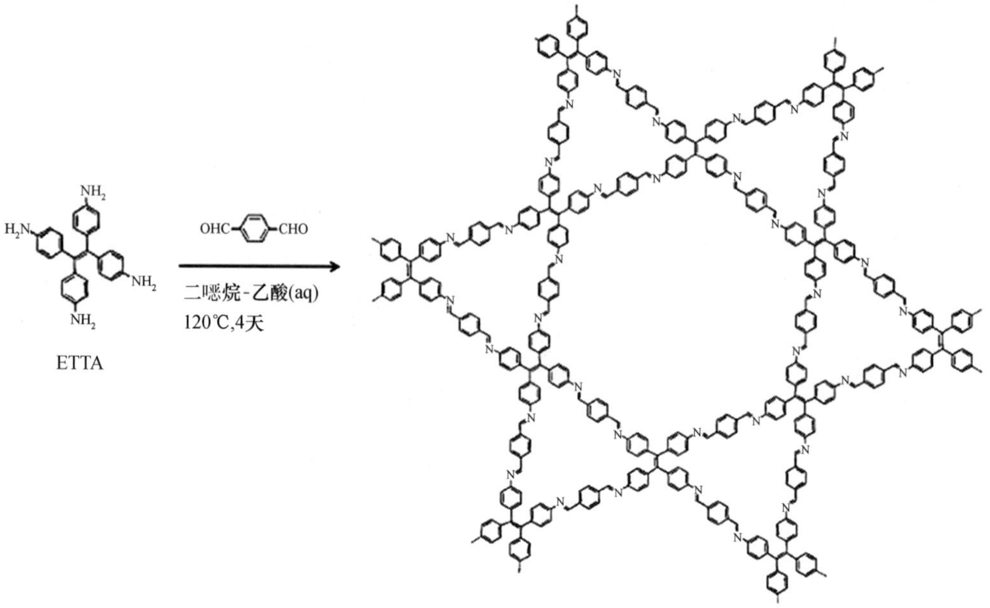

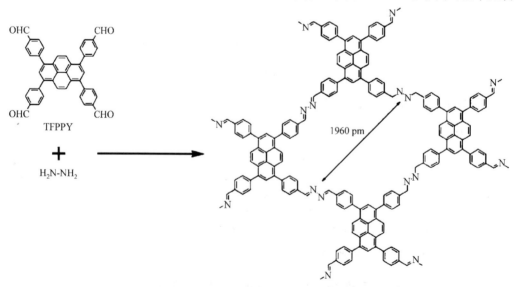

图 20.5.11　双重孔 2D COF 的合成和结构。

〔参看: T. Y. Zhou, S. Q. Xu, Q. Wen, Z. F. Pang and X. Zhao, One-step construction of two different kinds of pores in a 2D covalent organic framework, *J. Am. Chem. Soc.* **136**, 15885～15888 (2014).〕

　　肼与 1,3,6,8-四(4-甲酰基苯基)芘[1,3,6,8-tetrakis(4-formylphenyl)pyrene, TFPPY] 在水热条件下缩合,可组装出具有吖嗪连接的 COF,结构示于图 20.5.12。其中,芘单元占据

图 20.5.12　吖嗪连接的 COF 的合成和结构。

〔参看: S. Dalapati, S. Jin, J. Gao, Y. Xu, A. Nagai and D. Jiang, An azine-linked covalent organic framework, *J. Am. Chem. Soc.* **135**, 17310～17313 (2013).〕

顶点位置,弯曲的二氮杂丁二烯(C＝N—N＝C—)连接体位于菱形多边形的边上,层间通过 AA 堆积模式形成有序的芘柱和菱形微孔通道。

要了解更多关于通过共价键结合形成超分子结构的信息,可参考如下两篇综述。[P. J. Waller, F. Gándara and O. M. Yaghi, Chemistry of covalent organic frameworks, *Acc. Chem. Res.* **48**, 3053 ~3063 (2015); J. Jiang, Y. Zhao and O. M. Yaghi, Covalent chemistry beyond molecules, *J. Am. Chem. Soc.* **138**, 3255~3265 (2016).]

基于其实际和潜在的广泛应用,目前金属有机骨架(MOF)成为材料化学的主要研究课题,每年发表数以千计的文章。此处列出一些权威性的综述,建议有志于此项研究的青年人阅读以下文献。[J.-P. Zhang, X.-C. Huang and X.-M. Chen, Supramolecular isomerism in coordination polymers, *Chem. Soc. Rev.* **38**, 2385~2396 (2009); J.-P. Zhang, P.-Q. Liao, H.-L. Zhou, R.-B. Lin and X.-M. Chen, Single-crystal X-ray diffraction studies on structural transformations of porous coordination polymers, *Chem. Soc. Rev.* **43**, 5789~5814(2014); W.-X. Zhang, P-Q Liao, R.-B. Lin, Y.-S. Wei, M.-H. Zeng and X.-M. Chen, Metal cluster-based functional porous coordination polymers, *Coord. Chem. Rev.* **293** ~**294**, 263~278 (2015); T. R. Cook, Y.-R. Zheng and P. J. Stang, Metal-organic frameworks and self-assembled supramolecular coordination complexes: Comparing and contrasting the design, synthesis, and functionality of metal-organic materials, *Chem. Rev.* **113**, 734~777 (2013); H. Furukawa, K. E. Cordova, M. O'Keeffe and O. M. Yaghi, The chemistry and applications of metal-organic frameworks, *Science* **341**, 1230444 (2013); A. Schoedel, M. Li, D. Li, M. O'Keeffe and O. M. Yaghi, Structures of metal-organic frameworks with rod secondary building units, *Chem. Rev.* **116**, 12466~12535 (2016); N. R. Catarineu, A. Schoedel, P. Urban, M. B. Morla, C. A. Trickett and O. M. Yaghi, Two principles of reticular chemistry uncovered in a metal-organic framework of heterotritopic linkers and infinite secondary building units. *J. Am. Chem. Soc.* **138**, 10826~10829 (2016); S. J. Lyle, P. J. Waller and O. M. Yaghi, Covalent organic frameworks: Organic chemistry extended into two and three dimensions, *Cell Press Rev.* Trends in Chemistry, Vol. 1, No. 2, 173~184(2019).]

20.5.3　含苯三酚[4]芳烃大环的纳米胶囊的自组装

最近的研究表明,利用 *C*-烃基取代的碗形苯三酚[4]芳烃容易自组装形成球形六聚体笼,它的结构牢固因而在水介质中仍保持稳定(见图 20.5.13)。将 *C*-庚基苯三酚[4]芳烃在乙酸乙酯的溶液缓慢蒸发,可得[(*C*-庚基苯三酚[4]芳烃)$_6$(EtOAc)$_6$H$_2$O] · 6EtOAc 晶体。X 射线结构分析显示这个大的球形超分子被 72 个 O—H⋯O 氢键所稳定(每个大环基块有 4 个分子内氢键、8 个分子间氢键)。这个纳米大小的分子胶囊具有 1.2 nm^3 的内部孔穴体积,它包含 6 个乙酸乙酯分子和 1 个水分子,每个包合的乙酸乙酯客体分子的甲基端向着表面的凸出部分,而单个水分子居留在胶囊中心。在晶体结构中,外部的乙酸乙酯溶剂化分子,包埋在每个大环底部的下部边缘的烷基腿中。纳米胶囊按六方最密堆积排列。

上述氢键结合的六聚体胶囊 Ⅰ(见图 20.5.14)具有独特结构,可以看出通过对苯三酚[4]芳烃结构基块的部分上部边缘酚基去质子化作用,可起潜在的多螯合点配位体功能。按此设想,*C*-丙基-3-醇苯三酚[4]芳烃与 4 个等化学计量的 Cu(NO$_3$)$_2$ · 3H$_2$O 在丙酮和水混合液中进行处理,得到一种大的中性配位胶囊 Ⅱ {Cu$_{24}$ H$_2$O$_x$ (C$_{40}$ H$_{40}$ O$_{16}$)$_6$⊂[(CH$_3$)$_2$C＝O]$_n$},其中 $x \geqslant 24$, $n = 1 \sim 6$。单晶 X 射线分析定出 24 个 Cu^{II} 金属中心逆向插入到六聚体骨架,其结果使 72 个酚基质子中的 48 个得到置换,剩余的 24 个不受影响而形成分子内氢键(O⋯O 距离

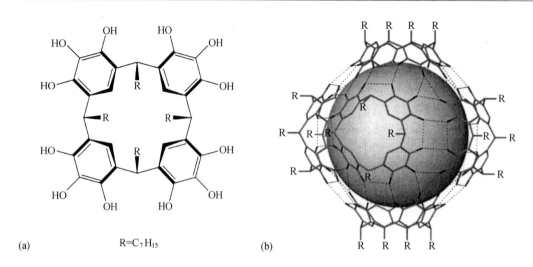

(a) R=C₇H₁₅　　(b)

图 20.5.13　6 个 C-庚基苯三酚[4]芳烃分子(a)，
由氢键组装成主体孔穴体积约 1.2 nm³ 的球形超分子(b)。

［H 原子已删去，氢键用虚线表示，参看：G. V. C. Cave, J. Antesberger, L. J. Barbour,
R. M. McKinley and J. L. Atwood, *Angew. Chem. Int.* **43**, 5263～5266(2004).］

240.0～248.8 pm)，如图 20.5.14 所示。大的配位胶囊Ⅱ可看作一个八面体，在它的顶角带有
6 个 16 元大环，8 个面的每一个都被[Cu₃O₃]平面环形单元加帽，Cu—O 191.1～198.0 pm，
O—Cu—O 85.67°～98.23°，Cu—O—Cu 140.96°～144.78°。

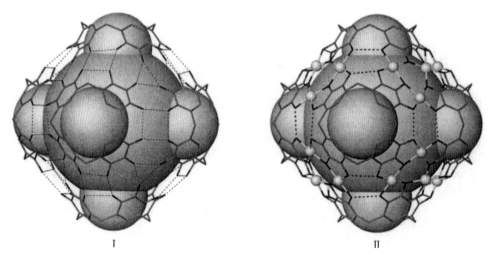

Ⅰ　　　　　Ⅱ

图 20.5.14　氢键结合的超分子胶囊Ⅰ与金属配位胶囊Ⅱ的比较。

［外部的烷基已删去。注意每一对分子间氢键已被 4 个平面四方形的 Cu—O 键置换。
在金属离子插入作用过程中产生同构的无机同系物。参看：R. M. McKinley, G. V. C.
Cave and J. L. Atwood, *Proc. Nat. Acad. Sci.* **102**, 5944～5948(2005).］

在孔穴内部的全部客体分子所处的位置，由于非准确的计量和无序作用，有一定的不确定
性。Ⅱ的(＋)-MALDI 质谱指明每个独立的胶囊中包含有水和丙酮不同比例的混合物。特别
是，有两个峰指明存在 24 个捕获的水分子，它们占据指向孔穴中心的轴向配位位置。

Ⅰ和Ⅱ这一对超分子胶囊是用多组分配位体构建大的配位笼的里程碑。这个优美的代表在Ⅰ中由氢键组装的坚固性所促成。Ⅰ作为一个模板,在保持结构完整性的基础上,在特殊位点使金属离子插入。值得注意的是胶囊的大小实际上没有改变,在Ⅰ中,属于分子间氢键结合的八元环上的 4 个酚基 O 原子,从八元环中心到 O 原子的距离为 188.3~197.6 pm,它和Ⅱ中Cu—O 键的距离 191.1~197.8 pm 相近。

20.5.4 合成纳米容器分子

将动态共价化学应用于原子尺度的自组装过程,几乎定量实现了具有约 1.7 nm³ 内腔的纳米级分子容器的一锅合成。

由热力学驱动、三氟乙酸催化,6 个 cavitands(卡维丹)**1** 和 12 个乙二胺在氯仿中缩合生成八面体纳米容器 **2**,如图 20.5.15 所示。每个四甲酰基卡维丹的边上伸出 4 个甲酰基,它们

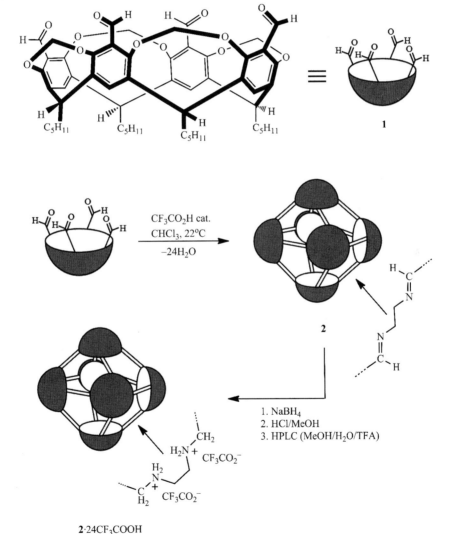

图 **20.5.15** 反应路线示出热力学控制的四甲酰基卡维丹 **1** 与乙二胺的缩合反应,产生八面体纳米容器 **2**,还原 **2** 生成其三氟乙酸盐 **2·24CF₃COOH**。

与连接分子的 24 个氨基反应形成 24 个亚胺键。用 NaBH₄ 还原所有亚胺键后,可以通过反相 HPLC 分离出六聚体的纳米容器,即三氟乙酸盐 **2**·24CF₃COOH,基于 **1** 的反应产率为 63%。所得白色固体的元素分析结果对应于化学计量式 **2**·24CF₃COOH·9H₂O。**2** 和 **2**·24CF₃COOH 的简单 ^{1}H 和 ^{13}C NMR 谱与其八面体对称性一致。

如果用 1,3-二氨基丙烷或 1,4-二氨基丁烷代替乙二胺进行相同的反应,则该产物为八亚氨基的半圆形(octaimino hemicarcerand),由两个面对面的卡维丹组成,它们通过四个二氨基桥接单元相连。

20.5.5 合成分子机器

在过去二十余年,化学家在功能材料的组装,涉及纳米尺度运动控制和应用的分子体系动力学等重要领域的研究均取得令人瞩目的成就。例如 Zn₄O(BDC)₃(BDC=1,4-benzenedicar-boxylate,即 1,4-苯二羧酸酯)组成的金属有机骨架 MOF-5 具有 3D 多孔结构,其中稳定的无机 [OZn₄]$^{6+}$ 团簇单元与八面体形的 [O₂C—C₆H₄—CO₂]$^{2-}$(BDC)阵列相连接,形成稳定且高度多孔的立方体框架,其在 2.0 MPa 压力下,78 K 吸附氢气的质量分数可达 4.5%(平均每单元含 17.2 个 H₂ 分子),在室温为 1.0%。[参看文献 N. L. Rosi, J. Eckert, M. Eddaoudi, D. T. Vodak, J. Kim, M. O'Keeffe and O. M. Yaghi, Hydrogen storage in microporous metal-organic frameworks, *Science* **300**, 1127～1129 (2003).]

最近关于类似拓扑结构的三维金属有机骨架 BODCA-MOF(BODCA=1,4-双环[2.2.2]辛烷二羧酸)的研究备受关注,它由分子组件构建,固体骨架中形成类似于陀螺仪(图 20.5.16)

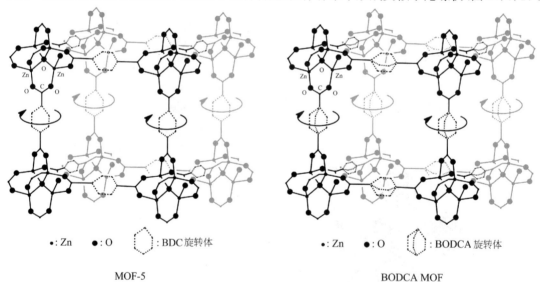

MOF-5   BODCA MOF

图 20.5.16   MOF-5(左侧)和 BODCA-MOF(右侧)与相应的 1,4-苯二羧酸酯和
1,4-双环[2.2.2]辛烷二羧酸(由较大的球代表)和 Zn₄O 簇(由较小的球显示)
形成的可旋转的同构网络(为清楚起见,省略了氢原子)。

[参看:C. S. Vogelsberg, F. J. Uribe-Romo, A. S. Lipton, S. Yanga, K. N. Houk, S. Brown, and M. A. Garcia-Garibay, Ultrafast rotation in an amphidynamic crystalline metal organic framework, *PNAS* **114**,13613～13618 (2017).]

的结构。在 $2.3 \sim 80$ K 的温度范围内,采用 29.49 和 13.87 MHz 自旋-晶格弛豫 ^{1}H 固态 NMR,显示脂环笼连接体在内部发生旋转,能垒为 0.777 kJ mol^{-1}。由于围绕旋转轴的每个笼均有外壳,所以晶体具有坚固的外表面,但包含可运动的内部单元,这一实例首次证明,单个材料可以兼有静态和动态,或者是两种动态的性质。晶体的模拟计算表明,"BODCA 球体"按顺时针或逆时针方向不断旋转,转速达每秒 500 亿次,速度与真空中的相若。

值得指出的是,由于在"分子机器的设计和合成"方面的杰出贡献,2016 年诺贝尔化学奖授予 Jean-Pierre Sauvage,J. Fraser Stoddart 和 Bernard L. Feringa。使用本书的学生可阅读他们的诺贝尔讲稿原文,其中包括每位获奖者的科学追求和取得成就方面的个人经历。[参看: J.-P. Sauvage, From chemical topology to molecular machines (Nobel Lecture), *Angew. Chem. Int. Ed.* **56**,11080~11093 (2017); J. Fraser Stoddart, Mechanically interlocked molecules (MIMs)—molecular shuttles, switches, and machines (Nobel Lecture), *Angew. Chem. Int. Ed.* **56**,11094~11125 (2017); B. L. Feringa,The art of building small:From molecular switches to motors (Nobel Lecture), *Angew. Chem. Int. Ed.* **56**,11060~11078 (2017).]

化学和其他学科结合,在材料、信息、能源和医药等方面取得了激动人心的成就。其中,在分子材料原理、性质和应用的发展中,超分子化学均发挥了主导作用。读者可以参看如下几篇有关超分子化学新进展的综述文献。[参看:E. Busseron, Y. Ruff, E. Moulin and N. Giuseppone, Supramolecular self-assemblies as functional nanomaterials, *Nanoscale* **5**,7098~7140 (2013); H. Yang, B. Yuan and X. Zhang,Supramolecular chemistry at interfaces:Host-guest interactions for fabricating multifunctional biointerfaces, *Acc. Chem. Res.* **47**, 2106~2115 (2014); D. Prochowicz, A. Kornowicz and J. Lewinski, Interactions of native cyclodextrins with metal ions and inorganic nanoparticles:Fertile landscape for chemistry and materials science, *Chem. Rev.* **117**, 13461~13501 (2017); vD. B. Amabilino, D. K. Smith and J. W. Steed,Supramolecular materials, *Chem. Soc. Rev.* **46**, 2404~2420 (2017); A. K. Nangia and G. R. Desiraju,Crystal engineering:An outlook for the future, *Angew. Chem. Int. Ed.* **58**,4100~4107 (2019).]

参 考 文 献

[1]　G. A. Jeffrey, *An Introduction to Hydrogen Bonding*, Oxford University Press, New York, 1997.

[2]　G. R. Desiraju and T. Steiner, *The Weak Hydrogen Bond in Structural Chemistry and Biology*, Oxford University Press, New York, 1999.

[3]　J.-M. Lehn,*Supramolecular Chemistry：Concepts and Perspectives*, VCH, Weinheim, 1995.

[4]　P. J. Cragg, *A Practical Guide to Supramolecular Chemistry*, Wiley, Chichester, 2005.

[5]　J. W. Sneed and J. L. Atwood,*Supramolecular Chemistry*, Wiley, Chichester, 2000.

[6]　K. Ariga and T. Kunitake, *Supramolecular Chemistry —Fundamentals and Applications*, Springer-Verlag, Heidelberg, 2006.

[7]　G. R. Desiraju (ed.), *The Crystal as a Supramolecular Entity*, Wiley, Chichester, 1996.

[8]　G. R. Desiraju (ed.), *Crystal Design：Structure and Function*, Wiley, Chichester, 2003.

[9]　A. Bianchi, K. Bowman-James and E. Garcia-España (eds.), *Supramolecular Chemistry of Anions*, Wiley-VCH, New York, 1997.

[10]　J.-P. Sauvage (ed.), *Transition Metals in Supramolecular Chemistry*, Wiley, Chichester, 1999.

[11]　M. Fujita (ed.), *Molecular Self-assembly：Organic versus Inorganic Approaches*, (Structure and Bonding, Vol. 96), Springer, Berlin, 2000.

[12]　F. Toda and R. Bishop (eds.), *Separations and Reactions in Organic Supramolecular Chemistry*, Wiley, Chichester, 2004.

[13]　D. Wöhrle and A. D. Pomogailo, *Metal Complexes and Metals in Macromolecules*, Wiley-VCH, Weinheim, 2003.

[14]　J. L. Atwood and J. W. Steed (eds.), *Encyclopedia of Supramolecular Chemistry*, Marcel-Dekker, New York, 2004.

[15]　D. N. Chin, J. A. Zerkowski, J. C. MacDonald and G. M. Whitesides, Strategies for the design and assembly of hydrogen-bonded aggregates in the solid state, in J. K. Whitesell (ed.), *Organised Molecular Assemblies in the Solid State*, Wiley, Chichester, 1999.

[16]　G. A. Ozin and A. C. Arsenault, *Nanochemistry: A Chemistry Approach to Nanomaterials*, RSC Publishing, Cambridge, 2005.

[17]　Q. Li and T. C. W. Mak, Novel inclusion compounds with urea/thiourea/selenourea-anion host lattices, in M. Hargittai and I. Hargittai (eds.), *Advances in Molecular Structure Research*, Vol. 4, Stamford, Connecticut, 1998.

[18]　M. I. Bruce and P. J. Low, Transition metal complexes containing all-carbon ligands. *Adv. Organomet. Chem.* **50**, 179~444 (2004).

[19]　N. W. Ockwig, O. Delgardo-Friedrichs, M. O'Keeffe and O. M. Yaghi, Reticular chemistry: occurrence and taxonomy of nets and grammar for the design of frameworks. *Acc. Chem. Res.* **38**, 176~182, (2005).

[20]　E. W. T. Tiekink, J. J. Vittel and M. J. Zaworotko (eds.), *Organic Crystal Engineering* (Frontiers in Crystal Engineering II), Wiley, Chichester, 2010.

[21]　E. W. T. Tiekink and J. Zukerman-Schpector (eds.), *The Importance of Pi-Interactions in Crystal Engineering* (Frontiers in Crystal Engineering III), Wiley, Chichester, 2012.

[22]　P. M. F. J. Costa, S. Friedrichs, J. Sloan and M. L. H. Green, Imaging lattice defects and distortions in alkali-metal iodides encapsulated within double-walled carbon nanotubes. *Chem. Mater.* **17**, 3122~3129 (2005).

[23]　G. R. Desiraju, J. J. Vittal and A. Ramanan, *Crystal Engineering: A Textbook*, World Scientific, Singapore, 2011.

[24]　E. W. T. Tiekink and J. J. Vittel (eds.), *Frontiers in Crystal Engineering*, Wiley, Chichester, 2006.

索 引